Botho Stüwe

Peene münde West

Botho Stüwe

Peene münde West

Die Erprobungsstelle
der Luftwaffe für geheime
Fernlenkwaffen und deren
Entwicklungsgeschichte

Bechtermünz Verlag

Jenen gewidmet, die sich bei der Verwirklichung neuer Luftfahrttechniken
verdient gemacht haben.

Genehmigte Lizenzausgabe für
Weltbild Verlag GmbH, Augsburg 1998
© by Bechtle Verlag Esslingen · München
Alle Rechte vorbehalten
Schutzumschlag: Erwin Wollenschläger, Augsburg
Umschlagmotiv: „Natter" beim Start / Bildstelle Deutsches Museum München
Satz: Fotosatz Völkl, Puchheim
Gesamtherstellung: Bercker Graphischer Betrieb GmbH, Kevelaer
Printed in Germany
ISBN 3-8289-0294-4

Inhalt

6

Der Friede ist die Sehnsucht unserer Welt,
der Unfriede – in vielfältiger Form –
aber auch ihre bleibende Realität.

1. Vorwort

Zu keinem Zeitpunkt der Menschheitsgeschichte vorher wurden so wesentliche, einschneidende, die menschliche Situation auf vielen Gebieten verändernde wissenschaftlich-technische Arbeiten geleistet wie im Wirkungsbereich der kriegführenden Völker des Zweiten Weltkrieges. Der Zwang der Kriegssituation ließ zudem ihre Ziele vielfach in atemberaubendem Tempo Gestalt annehmen.

An den in die Zukunft weisenden Arbeiten während des Krieges hatten die beiden Versuchsstellen in Peenemünde einen entscheidenden Anteil. Dabei legte die Heeresversuchsstelle Peenemünde-Ost mit der ersten Großrakete A4 die Grundlagen für die Weltraumraketen der Nachkriegszeit und »ehemalige Peenemünder« hatten auch an deren Verwirklichung wieder führend Anteil. Während jedoch die Arbeiten der Heeresversuchsstelle nach dem Kriege in der Öffentlichkeit weitgehend bekannt wurden, ja der Begriff Peenemünde mit ihr identisch schien, war und ist nur in eingeweihten Kreisen bekannt, daß es neben der Heeresversuchsstelle Peenemünde-Ost auch eine Versuchs- und spätere Erprobungsstelle der Luftwaffe Peenemünde-West am gleichen Ort gab. Wenn auch die dort geleistete Erprobungsarbeit zur damaligen Zeit mit ihren Projekten nicht – wie beim Heer in Werk Ost – in den Weltraum hinausgriff, so befaßte sie sich doch in vielen Dingen mit nicht minder revolutionärer Technik.

Trotz der räumlich engen Nachbarschaft beider Versuchsstellen auf ineinander übergehenden Arealen und des im wesentlichen Grunde gleichen Themas der Rückstoßantriebe waren ihre vom Ursprung herrührenden Arbeitsweisen doch vollkommen verschieden. Man ging deshalb auch noch während der Aufbauphase, Anfang 1938, von dem ursprünglich gefaßten Entschluß ab, den beiden Institutionen eine übergeordnete, gemeinsame technische Leitung zu geben.

Während das Heer eine Anlage bezüglich Entwicklung, Konstruktion und Fertigung zu schaffen und zu betreiben hatte, die bisher nichts Vergleichbares als Vorbild nehmen konnte, da eben noch nirgends auf der Welt eine Großrakete gebaut worden war, war der Luftwaffe die Möglichkeit gegeben, schon damals auf eine ganze Reihe von Instituten sowie erfahrenen Flugzeug- und Motorenwerken zurückzugreifen. Die Erprobungsprojekte in Peenemünde-West befaßten sich im wesentlichen mit von der Industrie entwickelten und gefertigten Erzeugnissen, die vom Reichsluftfahrtministerium (RLM) in Auftrag gegeben oder von Wissenschaftlern und Ingenieuren an das Ministerium, nach eigenen Vorstellungen von militärischer Notwendigkeit, herangetragen wurden. Bei der Verwirklichung der Aufgaben waren Institute und Forschungsstellen mit grundlegenden Arbeiten helfend tätig. Es mag nun sein, daß diese Verteilung der Aufgaben auf viele Institutionen und Firmen ein konzentriertes Interesse an den Arbeiten in Peenemünde-West nach dem Kriege verhindert hat. Auch kann das Licht der ohne Zweifel zur

9

damaligen Zeit dem internationalen Stand der Technik weit vorauseilenden, spektakulären Erfolge der Heeresversuchsstelle jenes der Luftwaffe einfach überstrahlt haben. Tatsache ist jedenfalls, daß die Arbeiten von Peenemünde-West kaum in der breiten Öffentlichkeit bekannt, geschweige denn je in zusammenhängender Form beschrieben wurden. Obwohl u. a. dort der erste Start eines wirklichen Raketenflugzeuges stattfand, der seinerzeitige Geschwindigkeitsweltrekord für Raketenflugzeuge – bis an die Schallgrenze heran – aufgestellt wurde, der erste Start eines Selbstfernlenkkörpers mit Pulsostrahltriebwerk erfolgte und dadurch auch wegbereitende Impulse neuer Technik veranlaßt wurden, gerieten diese Anfänge, zumindest in Verbindung mit Peenemünde-West, weitestgehend in Vergessenheit.

Der Grund, der dem kleinen, unbekannten Fischerdorf Peenemünde nach dem Zweiten Weltkrieg seine geheimnisumwitterte Bedeutung verliehen hat, waren die in Peenemünde und mit der deutschen Industrie und vielen anderen Institutionen erbrachten technischen Leistungen. Die Produkte reiften hier größtenteils in ihrer Erstmaligkeit zu damaliger Spitzentechnik heran. Daß sie letztlich nicht den erstrebten kriegsentscheidenden Erfolg brachten, ist ein anderes Problem, das in diesem Bericht teilweise auch angesprochen wird.

Es wäre nun ein einfacher, unrealistischer und unhistorischer Standpunkt, die Ergebnisse dieser Arbeiten nur als dem Krieg dienende Aktivitäten hinzustellen. Denn so wie die Tatsache Gültigkeit hat, daß es kaum etwas aus dem zivilen Bereich gibt, das nicht auch für den Krieg dienlich ist, so gibt es umgekehrt selten eine militärtechnische Erfindung, die nicht ebenso für den zivilen Einsatz Verwendung finden kann. Der menschliche Forschungsdrang, auf welchem Gebiet und für welchen Zweck auch immer, in Verbindung mit den ihn für ihre Zwecke ausnutzenden Regierungssystemen jeglicher Art, läßt sich weltweit nicht in die Ideologie palmwedelschwingender Pazifisten hineinzwängen; ob das nun zu bedauern oder zu begrüßen ist, sei dahingestellt. Die Nuklear- und die Raketentechnik stehen hier stellvertretend für andere, nicht so spektakuläre Arbeitsgebiete. Nach dem Kriege wurden die beiden Techniken, zur Atomrakete zusammengefaßt, sowohl zu weltweiter Bedrohung auf militärischem Gebiet als auch, wieder getrennt, bei der friedlichen, wenn auch problematischen Nutzung von Atomenergie und Weltraumfahrt zum Nutzen der Menschheit eingesetzt.

Diese Tatsache, daß sich mit der weiter fortschreitenden Entwicklung von Wissenschaft und Technik neben dem Nutzen auch die Bedrohung der Menschheit weltweit vollzogen hat, war schon im Zweiten Weltkrieg erkennbar. »... jetzt und in aller Zukunft ist Europa und die Welt für einen Krieg zu klein. Mit diesen Waffen wird ein Krieg für die Menschheit untragbar werden ...« Diese Worte sprach Adolf Hitler in fast prophetischer Voraussicht zu General Dr. Dornberger, als ihn am 7. Juli 1943 im Führerhauptquartier der in Peenemünde aufgenommene Film des ersten gelungenen A4-Starts vom 3. Oktober 1942 vorgeführt worden war. Dabei geschah das zu einem Zeitpunkt, als die Schußentfernungen ca. 250 km betrugen und noch keine Atombombe existierte.

Wer sich nun in der heutigen Zeit mit einem Stoff befaßt, der die Entwicklung, Erprobung und den Einsatz von Waffensystemen schildert, wird sicher mit der kritischen Frage nach der Notwendigkeit dieses Vorhabens konfrontiert werden. Die Ursachen dieser Kritik können vielfältig sein. Einerseits ist es die berechtigte

Sehnsucht der Menschen nach Frieden, die kriegerische Vergangenheit verdrängen und vergessen wollen, andererseits wird diese Sehnsucht vielfach von der unwirklichen Hoffnung geprägt, daß einseitige Vorleistungen den Frieden einleiten und sichern und damit am Ende eine allseits friedliche Welt verwirklicht werden könnte. Auch werden immer wieder Einwände von Gruppen laut werden, die sich die Friedenssehnsucht zunutze machen, um ihre politischen Ziele durchzusetzen, die allerdings mit der vorgegebenen »Friedensliebe« nichts gemein haben. Die Welt wird immer nur so friedlich sein, wie es der Unfriedlichste zuläßt, sofern man sich ihm nicht vollkommen ausliefern will.

Die in dem folgenden Bericht über Peenemünde geschilderten technischen Projekte sind in erster Linie wissenschaftlich-technische Leistungen, die seinerzeit in Deutschland erbracht wurden und größtenteils über den internationalen Stand der Technik um Jahre hinausgingen. Es ist also falsch, in ideologischer Verblendung oder besonderer Absicht jene Vorgänge, die in ihrer geistigen Leistung letztlich moralisch wertneutral sind, zu verschweigen oder zu verteufeln, nur weil sie seinerzeit, mit entsprechenden Sprengköpfen und Waffen versehen, dem militärischen Einsatz dienten. Das war während der damaligen Zeit in der ganzen kriegführenden Welt üblich und ist es bis in unsere heutige »friedliche« Zeit.

Weiterhin ist es falsch, wenn historische Vorgänge mit Wertvorstellungen der Gegenwart beurteilt werden. Der erst in der Nachkriegszeit weithin anerkannte Gedanke, daß der Wissenschaftler und Ingenieur seine Bereitschaft zur Mitarbeit an einem Projekt erst im Hinblick auf dessen Anwendung verantwortungsbewußt geben oder verweigern soll, war zur damaligen Zeit weltweit kein Thema. Trotzdem wird der kritische Maßstab des Gedankens der »freien und moralischen Entscheidung« an die Männer der damaligen Zeit angelegt. Aus der Sicherheit, die ihnen eine nach grenzenloser Freiheit strebende Zeit heute zu geben scheint, fällen die heutigen Kritiker ihr vernichtendes Urteil.

Nach dem Krieg begann sofort und vornehmlich in der damaligen UdSSR, später auch in den USA, mit größter Vordringlichkeit und Intensität die Weiterarbeit an den erbeuteten deutschen Waffen und geplanten Rüstungsprojekten. Die Jagd auf deutsche Patente, Erfindungen, Wissenschaftler und Techniker wurde mit teilweise rigorosen Mitteln und Tricks durchgeführt, wobei die Alliierten nicht selten in Streit gerieten. Die größte militärische Aufrüstungsepoche der Weltgeschichte setzte nach 1945 zu jenem Zeitpunkt ein, als die Menschheit nach einem mörderischen Krieg daran glaubte, daß der so oft beschworene »Weltfriede« in gerechter und dauerhafter Form Gestalt annehmen würde.

Ebenso wie deutsche Waffentechnik des Zweiten Weltkrieges nach dessen Ende von unseren ehemaligen Feinden gefragt war, begann eine Vielzahl westlicher Schriftsteller und Publizisten neben anderen Themen auch die in Peenemünde-Ost geleisteten Arbeiten zu vermarkten. Größtenteils gestützt auf die erbeuteten deutschen Unterlagen, hatten sie einen ergiebigen Stoff für die interessierten Leser in der Welt und verdienten auch im Ursprungsland, das ihnen die Grundlagen zu ihren Veröffentlichungen geliefert hatte, ihr Geld. Denn hier wie in der übrigen Welt waren die behandelten Arbeiten aus Gründen der kriegsbedingten Geheimhaltung anfangs genauso unbekannt. Dabei blieb es nicht aus, daß sich verständlicherweise viele, größtenteils ungewollte Ungenauigkeiten, Mißverständnisse und Unwahrheiten in ihre Veröffentlichungen einschlichen. Verständlich deshalb, weil die Autoren die Peenemünder Vorgänge nicht miterlebt und Peenemünde nie gesehen hatten. Auch von deutscher Seite wurde über Teilbereiche von Peenemünde geschrieben. Jedoch waren es auch hier vorwiegend Autoren, die zu Peenemünde nur eine lose oder keine direkte Beziehung hatten. Ausgenommen ist das bisherige Standardwerk von Walter Dornberger über den Bereich Peenemünde-Ost der Heeresversuchsstelle: »Peenemünde, Geschichte der V-Waffen.« Früher: »V2, der Schuß ins Weltall.«

Mit den geplanten dokumentarischen Berichten über Peenemünde-Ost und -West sollte eine möglichst umfassende, wahrheitsgetreue Darstellung der dortigen Vorgänge erarbeitet werden. Neben der zusammenhängenden Schilderung des Entstehens, des Aufbaus, der Organisation und der Erprobungsarbeit der Luftwaffendienststelle ist auch der Aufbau beider Institutionen (Ost und West) eingeschlossen worden. Insofern ergänzen und berühren sich auch beide Dokumentationen auf verschiedenen Gebieten.

Die Ausführungen über die Versuchs- bzw. Erprobungsstelle der Luftwaffe verfolgen ferner die Absicht, die geschichtlichen Anfänge und Zusammenhänge jener dortigen Arbeiten und der einschlägigen Industrie – die außer ihrer damaligen Bestimmung als Waffe bis in unsere heutige Zeit auch für den friedlichen, zivilen Bereich nachwirkenden Einfluß hatten – aufzuzeigen und zu würdigen. Dabei wird auch der deutschen Wissenschaftler, Techniker, Konstrukteure und Testpiloten gedacht, die durch Leistung und vielfältigen Einsatz, oft auch ihres Lebens, die teilweise epochemachenden Projekte verwirklichten bzw. zu einem technischen Stand führten, der eine solide Grundlage für die Weiterentwicklung durch die Siegermächte lieferte.

Der Autor ist sich bewußt, daß eine erschöpfende Dokumentation heute, nach so großem zeitlichen Abstand, nicht mehr möglich ist. Auch ist zu berücksichtigen, daß durch den Tod einer großen Zahl ehemaliger Peenemünder schon viele Informationslücken entstanden sind. Trotzdem glaubt der Verfasser, mit diesem Bericht der Nachwelt bemerkenswerte Informationen über die bestimmt nicht de jure, aber doch de facto als »Wiege der modernen Raketentechnik und Weltraumfahrt« anzusprechenden Institutionen zu hinterlassen, die sicher in dem Maße an Bedeutung gewinnen, wie Zeit darüber vergeht.

2. Beginn in Kummersdorf bei Berlin

An einem Wintermorgen Anfang Dezember des Jahres 1935 lag dichter Nebel über dem Müritz-See, dem größten Gewässer der »Mecklenburger Seenplatte«, auch allgemein als »kleine Schwester der Ostsee« bekannt. Auf dem Ostufer des südlichen Seeausläufers lag der Ort Rechlin. Er bestand hauptsächlich aus Häusern zur Unterbringung der Mitarbeiter einer in unmittelbarer Nähe gelegenen großen Erprobungsstelle der Luftwaffe gleichen Namens. Hier wurden u. a. Neu- und Weiterentwicklungen von Landflugzeugen wie auch Zubehör für die Luftwaffe erprobt und später im Kriege Beuteflugzeuge für Informationszwecke geflogen. Schon im Ersten Weltkrieg war Rechlin Erprobungsplatz gewesen. In den Jahren danach, als die Militärfliegerei in Deutschland verboten war, erprobte man hier heimlich Militärflugzeuge, die dann aber zur Enderprobung nach Lipezk bei Orel in die damalige UdSSR transportiert wurden. In diesen Jahren trug der Flugplatz die Bezeichnung »Erprobungsstelle des Reichsverbandes der Deutschen Flugzeugindustrie.« Im Laufe der Zeit weiter ausgebaut, besaß das große Versuchsareal neben seinem Hauptrollfeld mit einer Ringstraße von annähernder Kreisform und einem Durchmesser von etwa 2 km, östlich anschließend, noch einen zweiten Landeplatz. Umfangreiche Hallen-, Labor-, Werkstatt-, Wirtschafts- und Unterkunftsgebäude säumten den Rand der beiden Flugfelder. Als Außenplätze der E-Stelle dienten der Flugplatz Lärz und der Feldflugplatz Roggentin. Ersterer, mit befestigtem Hallenvorfeld und zwei Startbahnen, lag in 4,5 km südlicher Entfernung (Rollfeld- zu Rollfeldmittelpunkt) von der E-Stelle Rechlin. Der zweite Platz befand sich etwa 11km östlich von Rechlin. Beide Plätze werden in späteren Schilderungen nochmals erwähnt. Die E-Stelle war durch ein Stich- bzw. Werkbahngleis an die Reichsbahnstrecke Neustrelitz-Pritzwalk angeschlossen, das kurz nach dem Ort Mirow abzweigte, auf dessen Bahnhof man nach Rechlin umsteigen mußte.[1,2]

Trotz des schlechten Wetters, das keinen Flugbetrieb zuließ, erschien auf dem Erprobungsgelände an jenem Morgen ein schlanker, hochgewachsener Mann in Zivil und begab sich in das Bereitschaftszimmer der Erprobungsflieger. Er war dort öfter anzutreffen, auch wenn der Flugbetrieb abgesagt und die Gegenwart der Flugzeugführer nicht notwendig war. In diesem Fall beschäftigte er sich mit technischen Problemen, da sein Interesse nicht nur der Fliegerei allein, sondern auch der mit ihr verbundenen Technik galt. Der Name des Piloten war Erich Warsitz.

Warsitz war im Jahre 1934, damals 28jährig, von der Deutschen Verkehrsfliegerschule (DVS) in Stettin zur Erprobungsstelle der Luftwaffe Rechlin gekommen. War es nun das trübe Wetter oder welche Ursache auch immer, Erich Warsitz ließ an diesem Morgen seine Bücher unberührt, legte sich, da kein weiterer Flugzeugführer erschienen war, auf die im Zimmer stehende Couch und war bald eingeschlafen.

Nach etwa einer Stunde ging das Telefon. Warsitz schreckte hoch und griff zum Hörer. Es wurde ihm mitgeteilt, daß er sofort zum Kommandeur der E-Stelle, Major von Schönebeck, kommen sollte. Der Kommandeur sagte zu ihm:»Herr Warsitz, das RLM hat für einen besonderen Zweck einen tüchtigen Einflieger angefordert. Einzelheiten kann ich Ihnen nicht sagen, da das Projekt der strengsten Geheimhaltung unterliegt und ich selbst nicht unterrichtet bin. Andeutungen kann ich Ihnen erst machen, wenn Sie mir Ihre Zusage gegeben haben. Es kommen nur Sie oder Nietruch in Frage, weil Sie beide Junggesellen sind.« Nietruch war auch Erprobungsflieger der E-Stelle und stürzte später tödlich ab. Die sofortige Zusage von Warsitz ließ von Schönebeck nicht gelten. »Nehmen Sie sich eine Stunde Zeit zum Überlegen, und kommen Sie dann mit Ihrem endgültigen Bescheid wieder.«

Eine Stunde später erschien Erich Warsitz wieder bei seinem Kommandeur und bestätigte nochmals seinen Entschluß. »Soviel ich weiß, sollen Flugversuche mit Raketen durchgeführt werden, wozu ein Erprobungsflieger benötigt wird«, sagte von Schönebeck. »Sie fliegen morgen nach Berlin und melden sich im Technischen Amt des RLM bei Oberst Junck!«

Erich Warsitz kannte Junck, der früher Chefpilot bei Heinkel gewesen war, von der Seefliegerei in Warnemünde her. Oberst Junck gab Warsitz weitere Informationen und leitete ihn zu einem Dipl.-Ing. Göckel weiter. Wie noch in Kapitel 2.1. über Neuhardenberg erwähnt wird, erwarb sich Helmut Göckel später um den Aufbau des vorläufigen Erprobungsplatzes besondere Verdienste. Offensichtlich fungierte Göckel schon zur damaligen Zeit für die geplanten Flugversuche mit Raketenantrieben als Verbindungsmann zwischen dem RLM und dem Heereswaffenamt (HWA).

Am nächsten Tag wurde Warsitz von Göckel mit dem Pkw nach Kummersdorf, etwa 40 km südlich von Berlin, gefahren. Auf diesem Gelände, das in märkischem Sand und Kiefernwald lag, hielt Göckel vor einer Baracke. In dem Holzgebäude betraten beide Besucher einen Raum, der so mit Tabakqualm erfüllt war, daß man die etwa sieben um einen Tisch sitzenden Männer kaum erkennen konnte. Aus dem Kreis erhob sich ein junger, sportlicher Mann mit ausgeprägtem Kinn und stellte sich mit dem Namen von Braun vor. Es war der später nach dem Krieg in Raketentechnik und Raumfahrt weltbekannt gewordene Dr. Wernher von Braun. Von Braun machte Warsitz mit den anderen Herren bekannt. Zur damaligen Zeit hatte von Braun 25 Mitarbeiter. Warsitz sollte der 26. werden. Zu diesem Stab gehörten auch schon ab Anfang Dezember 1935 einige Heinkel-Monteure und der Heinkel-Ingenieur Walter Künzel, die ab Januar 1936 ganz nach Kummersdorf übersiedelten. Die Absicht von Brauns war es, neben der Verwendung seiner Raketentriebwerke in ballistischen Flugkörpern diese Sondertriebwerke auch in Flugzeugen einzusetzen. Dabei war sowohl an Starthilfsraketen für Propellerflugzeuge, insbesondere Kampfflugzeuge, als auch Flugzeugantriebsraketen für Jagdflugzeuge gedacht. Zu diesem Zweck hatten das HWA (Hauptmann Zanssen) als Triebwerkentwickler und das Technische Amt des RLM (Major von Richthofen) als Anwender schon am 5. Mai 1935 Verbindung aufgenommen. Dem folgte im Juni 1935 eine »Stellungnahme« vom HWA, Wa.Prw.1, in der die Zusammenarbeit zwischen Wa.Prw.1 und dem RLM festgelegt wurde, wobei bei der daraus resultierenden Besprechung auch schon Vertreter der Firma Junkers anwesend waren. Ebenso wurde in einer »Einverständniserklärung« im August 1935 eine Zusammenarbeit auf dem Gebiet der »Rauchspur« zwischen dem HWA, dem RLM und der Firma Heinkel festgelegt. Bei dieser dort formulierten Zusammenarbeit wurde beschlossen, ein auf dem Schießplatz Kummersdorf des Heereswaffenamtes entwickeltes Raketentriebwerk für flüssigen Sauerstoff und Alkohol (von Braun) in einem Flugzeug zu erproben. Aus Geheimhaltungsgründen umschrieb man anfangs diese Raketenantriebe mit »Vorrichtung für Rauchspur.«[13,14,15,16]

Bemerkenswert in diesem Zusammenhang ist die schon erwähnte Besprechung von Major von Richthofen vom Technischen Amt des RLM und Hauptmann Zanssen (HWA) am 10. Mai 1935 im RLM. Von Richthofen betonte darin, daß die Entwicklung von Raketenflugzeugen für die Zukunft notwendig sei, da in einigen Jahren die Bombenflugzeuge in Höhen von über 10 km fliegen würden, weshalb dann eine Bekämpfung von der Erde unwirksam sei. Die Bekämpfung durch Propellerjäger würde wegen der erforderlichen Steigzeit in Verbindung mit den hohen, sich steigernden Geschwindigkeiten der Bomber (Kampfflugzeuge) ebenfalls fraglich sein. Zum gleichen Zeitpunkt fanden bei der Firma Junkers Flugzeug- und Motorenwerke AG auch dem HWA bekannte Versuche mit Flüssigkeitsraketen als Flugzeugantrieb statt. Da diese Versuche durch die beim HWA auf dem Schießplatz Kummersdorf durchgeführten Triebwerk-Entwicklungen überholt waren, bat das RLM das HWA um eine Stellungnahme, ob der Stand der Triebwerkentwicklung es angebracht erscheinen ließe, mit den vorhandenen Mitteln schon in die Konstruktion eines Raketenflugzeuges einzutreten, und ob HWA, Prw., bereit sei, mit den Junkerswerken zusammenzuarbeiten.[13]

In der »Stellungnahme« wurde die grundsätzliche Bereitschaft des HWA bekundet, mit dem RLM und der Industrie auf dem Gebiet des Flüssigkeitsraketenantriebes für Flugzeuge zu kooperieren. Hierbei sei die Geheimhaltung zu sichern und die Weitergabe der mit öffentlichen Mitteln erarbeiteten Ergebnisse des HWA unbedingt zu vermeiden. Auch wird in der am 27. Juni 1935 durch von Braun unterzeichneten »Stellungnahme« erstmals eine zu errichtende »Raketenversuchsanstalt« erwähnt, in der sowohl die Antriebe für die senkrecht startenden ballistischen Raketen als auch deren Spezialausführung für ein Raketenflugzeug zu entwickeln und zu erproben seien.[14]

Die schon erwähnte Zusammenarbeit zwischen dem HWA, dem RLM und der Firma Heinkel auf dem Spezialgebiet des Raketenflugzeuges ist Gegenstand der weiteren Schilderung in den Kapiteln 2, 6, 7 und 8 dieses Berichtes. Diese Absicht wurde nicht nur vor der Öffentlichkeit, sondern auch gegenüber den höheren vorgesetzten Dienststellen zunächst weitestgehend geheimgehalten. Denn, war die Anwendung von Raketen für den vorerst geplanten artilleristischen Einsatz damals noch umstritten, um wieviel mehr Einwände brachte man gegen den Raketenantrieb in einem Flugzeug vor. Die Kritiker fürchteten damals als grundsätzliches Risiko, besonders durch den Schub der Raketendüse am Rumpfende, einen Überschlag des Flugapparates oder auch eine stabilisierende Wirkung des Gasstrahles, die eine Steuerbarkeit des Flugzeuges mit aerodynamischen Rudern nicht mehr gewährleisten würde. Zur damaligen Zeit galten Leute, die sich mit Raketen befaßten, in weiten Kreisen mehr oder weniger als Träumer und Phantasten. Zumindest wurde ihnen mit entsprechender Zurückhaltung begegnet.

Trotz der allgemeinen Vorbehalte, die damals der Raketentechnik in weiten zivilen wie militärischen offiziellen Kreisen entgegengebracht wurden, gab es, wie eben geschildert, doch Männer, die dieses Antriebssystem aus verschiedenen Überlegungen sogar als besonders geeignet ansahen, zukünftige Aufgaben und militärische Probleme zu lösen. Diese Vertreter saßen damals sowohl im Heereswaffenamt (HWA) der Reichswehr als auch später im Reichsluftfahrtministerium (RLM) – nach der offiziellen Enttarnung der Luftwaffe durch einen Erlaß Hitlers vom 26. Februar 1935. Die offizielle öffentliche Vorstellung der neuen Waffengattung erfolgte am 1. März 1935.

Doch kehren wir nach dieser einleitenden Hintergrundinformation wieder nach Kummersdorf und zum damaligen Besuch von Warsitz zurück. Über die Technik der Flüssigkeitsrakete, die Schwierigkeiten bei der Vergabe der finanziellen Mittel und den Kampf um die Anerkennung ihrer Arbeiten hielt Wernher von Braun Warsitz noch am Tage seines Eintreffens in Kummersdorf einen stundenlangen und ausführlichen Vortrag. Wie Warsitz nach dem Kriege freimütig gestand, waren für ihn als Laien in der Raketentechnik die technischen Einzelheiten zunächst verwirrend und vielfach unverständlich.

Nach den Ausführungen von Brauns gingen alle Anwesenden nach draußen, durchquerten einen Wald und standen vor einer Sandgrube. An einer Seite war eine Betonmauer als Splitterschutz errichtet, hinter der Start und Beobachtung dieser zu erprobenden Triebwerke erfolgte. Die Kummersdorfer Techniker hatten für Warsitz einen Standversuch mit einem Flugzeugrumpf der He 112 vorbereitet. Der Rumpf stand waagerecht, mit blockiertem Fahrwerk und entsprechenden Abspannungen und Verankerungen versehen, um den Schub des Triebwerkes aufzunehmen. Ernst Heinkel hatte diesen Rumpf ohne Berechnung zur Verfügung gestellt. Dieses Flugzeug war ehemals in einer Nullserie von 30 Stück in Konkurrenz zu Fw 159, Ar 80 und Me 109 gebaut worden, als die Jäger der Luftwaffe Ar 68 und He 51 abgelöst werden sollten. Es war nicht die erste Begegnung von Warsitz mit der He 112. Er hatte dieses Jagdflugzeug schon im Auftrag des RLM in Sarajevo für Jugoslawien vorgeführt, wo es auch in einigen Stück verkauft worden sein soll.

In diesem Rumpf war das von den Kummersdorfern entwickelte Triebwerk mit den Treibstofftanks eingebaut worden. Von Braun erläuterte Warsitz den prinzipiellen Aufbau. In Flugrichtung, vor dem Armaturenbrett, unmittelbar über den Knien des Piloten, war im Bug des Rumpfes der Sauerstofftank eingebaut worden. Hinter dem Pilotensitz, also in seinem Rücken, befand sich der Alkoholtank. Dahinter folgte das eigentliche Triebwerk mit Ofen und Düse, die durch die Öffnung der abgeschnittenen Heckspitze herausschaute. Hebel und Armaturen, die zur Zündung und Überwachung des Triebwerkes notwendig waren, befanden sich in Griff- und Blicknähe des Piloten. Jedoch konnte das Triebwerk zur damaligen Zeit weder abgestellt noch im Schub geregelt werden. Bei der späteren, kompletten und flugfähigen He 112R-V1, die mit Propellermotor als fliegender Prüfstand für das Raketentriebwerk diente, war der Aufbau dann anders. Dort war das Flugbenzin für den Kolbenmotor in zwei Flächentanks, das Alkohol-Wasser-Gemisch für den Raketenantrieb in einem Bugtank unterhalb des Motors und der Tank für den flüssigen Sauerstoff hinter dem Pilotensitz angeordnet. Später, bei der He

112R-V4 mit weiterentwickeltem Raketenantrieb und Turbopumpe für die Treib-stoffförderung, kam noch der H_2O_2-Tank im Rumpfmittelteil für die Dampferzeu-gung der Turbine hinzu.

Bis zum Tag des Besuches von Warsitz waren gerade die ersten gelungenen Stand-versuche gefahren worden. Bis dahin explodierten die Raketenöfen reihenweise bzw. traten sonstige Fehler auf. Das erzählte man Warsitz aber nicht, sondern tat recht selbstbewußt, als ob schon eine ausreichende Sicherheit im Betrieb vorhan-den wäre. Man ging von der richtigen, psychologischen Vorstellung aus, daß dem neuen Piloten, der das Flugzeug einmal fliegen sollte, gleich von vornherein ent-sprechende Sicherheit gegeben werden mußte. Deshalb setzte sich von Braun in das Cockpit des Rumpfes und ließ Warsitz neben sich auf dem Flächenstummel knien, während Künzel dicht unterhalb von Warsitz stand. Wie ihm später versi-chert wurde, war dies der erste Standversuch, den ein Mensch vom Pilotensitz aus zündete. Bisher war alles aus dem sicheren Schutz der Betonmauer heraus veran-laßt und beobachtet worden.

Nachdem von Braun seinen Platz im Rumpf eingenommen hatte, wechselte er mit den Männern hinter der Betonmauer entsprechende Kommandos, bis der Rake-tenantrieb einschaltbereit war. Erst als die Brennstofftanks durch die Verdampf-ung des flüssigen Sauerstoffs den notwendigen Förderdruck von 5 bis 6 bar Über-druck erreicht hatten – Brennstoffpumpen waren wie gesagt noch nicht vorgese-hen –, konnten die Treibstoffventile geöffnet und das Triebwerk mit Hilfe eines Glühkörpers gezündet werden. Von Braun bediente zu diesem Zweck einige He-bel in bestimmter Reihenfolge, deren Einhaltung besonders wichtig war. Mit ei-nem Knall zündete der Antrieb, und ein Getöse, wie es Warsitz noch nie gehört hatte, setzte ein. Er klammerte sich an der Wulst des offenen Cockpiteinstieges fest, um von den einsetzenden Luftdruckstößen nicht von der Tragflächenwurzel gerissen zu werden. Nach einigen Sekunden Betriebszeit schaute sich Warsitz lang-sam nach hinten um und sah in Verlängerung des Rumpfes eine schätzungsweise 10 m lange, rotweiße Schweißflamme. Im selben Augenblick registrierte er mehr im Unterbewußtwein, wie in ca. 35 m Entfernung von der schrägen Wand der Sandgrube eine der dort lose aufgelegten Stahlplatten mit einer Fläche von 2×1 m und 10 mm Dicke von den Feuergasen des Antriebes angehoben und durch die Luft gewirbelt wurde. Nach 30 sec Brennzeit – länger lief das Aggregat nicht – hör-te das infernalische Geräusch plötzlich auf. So wie es vorher fast körperliche Schmerzen bereitet und der Luftdruck den knienden Warsitz hin und her gebeu-telt hatte, so unwirklich war die plötzliche Stille. Die Monteure, die hinter der Be-tonwand und dicken Bäumen standen, kamen angelaufen und waren erleichtert, daß dieser Versuch ohne Zwischenfall abgelaufen war.

Von Braun drehte sich zu Warsitz um und fragte: »Was sagen Sie nun?« – »Sagen kann ich nichts, Herr Doktor. Im Moment reicht's mir.« – »Ja«, sagte von Braun, »das ist noch etwas fremd für Sie. Sie müssen sich daran gewöhnen. Aber es ist ja doch eine völlig harmlose Angelegenheit, denn wir haben schon zig Versuche ge-macht, und das ist schon als fast zuverlässig anzusprechen, das ganze Gerät.« War-sitz war zwar »einmalig ergriffen«, wie er später sagte, aber glaubte der leicht hin-geworfenen Bemerkung von Brauns. Nur mußte er in der nächsten Zeit am eige-nen Leib erfahren, daß der Antrieb alles andere als zuverlässig war. Die Vor-führung hatte jedoch ihren geplanten psychologischen Zweck erfüllt.[2]

Als stiller Beobachter hinter der Betonwand hatte auch Dr. Ernst Heinkel an diesem Tage der Vorführung des Raketenbrennversuches für den ausgewählten Testpiloten Erich Warsitz beigewohnt.[10]

Der Entschluß, diesen Versuch erstmalig mit drei Menschen ohne Schutz in unmittelbarer Nähe des Raketenantriebes ablaufen zu lassen, erforderte nicht nur persönlichen Mut, sondern auch den Mut zum Risiko. Nicht auszudenken, was es bei einem Unfall für Konsequenzen gegeben hätte, besonders da diese Versuche mit einem Flugzeugraketenantrieb geheim und ohne Genehmigung der obersten vorgesetzten Dienststellen durchgeführt wurden. Das zeigte sich auch später noch, als die Versuche den höchsten Führungsspitzen bekannt waren. Es sollte sich auch weiterhin zeigen, daß diese spontanen, mit dem Mut zum Risiko gefällten Entscheidungen bei Versuchen und Erprobungen der eigentliche Motor waren, der die Idee des bemannten Raketenfluges zum Erfolg führen sollte.

Die Tage des Besuches und der Einführung in Berlin und Kummersdorf waren für Warsitz vorüber. Er mußte wieder nach Rechlin zurück. Dort berichtete er Major von Schönebeck unter dem Siegel der Verschwiegenheit von seinem Besuch und übersiedelte einige Tage später, gegen Ende 1935, nach Kummersdorf, um Anfang 1936 dort seine Arbeit aufzunehmen.

Eine Freundschaft zwischen von Braun und Warsitz bahnte sich schnell an. Auch der Heinkel-Ingenieur Walter Künzel war ein Mann, der menschlich und fachlich für das geplante Projekt, die Verwirklichung eines Raketenflugzeuges, in jeder Beziehung hervorragend geeignet war. Warsitz sagte im Hinblick auf diese Arbeiten nach dem Kriege: »Künzel war ein Mann, der auch in den ganzen Verein 100prozentig paßte, ... so daß von Braun, Künzel und ich ein Trio waren, das bis zum Schluß nicht mehr auseinanderzubringen war.«[2]

Der für die Flugtechnik verantwortliche Walter Künzel hatte mit seinen Flugzeugmonteuren eine schwierige Aufgabe zu bewältigen, um das Flüssigkeitsraketentriebwerk von zunächst 2,942 kN (300 kp) Schub als Zusatztriebwerk in die He 112R-V1 für die geplanten Flugversuche einzubauen. Aufgrund des höheren Gewichtes durch das Raketentriebwerk mit den gefüllten Treibstofftanks und den zu erwartenden größeren Geschwindigkeiten mußten verstärkende Maßnahmen für die Zelle getroffen werden, um ein sicheres Fliegen mit diesem Spezialflugzeug zu gewährleisten. Aber noch größer waren die Probleme beim Triebwerk selbst. Bisher nur für unbemannte ballistische Versuchsflugkörper vorgesehen, war es ein noch unzuverlässiges und primitives Gerät. Es mußte erst, auf längere Sicht gesehen, für den bemannten Flugbetrieb weiterentwickelt und umkonstruiert werden. Eine Umstellung vom rein vertikalen auf den weit schwierigeren horizontalen Betrieb war notwendig. Bei den Prüfstandversuchen brannte immer wieder der untere Teil der Brennkammer durch, da sich dort eine Brennstoffkonzentration durch die Schwerkraft ergab. Die Vermutung lag nahe, daß auch bei Beschleunigungen, senkrecht zur Brennkammerachse, eine derartige Brennstoffkonzentration und damit ein Durchbrennen auftreten konnte. In einer Besprechung mit Dr. Heinrich Hertel, seinerzeit Direktor und Entwicklungschef bei Heinkel, wurde zur Untersuchung dieses Problems entschieden, eine Zentrifuge zu bauen. Ein für diesen Zweck hergerichteter, dem He-112-Cockpit ähnlicher Steuerstand mit einer Bremsvorrichtung befand sich im Drehpunkt eines aus etwa 15 m langen Eisenbahnschienen aufgebauten Gestelles, während ein Triebwerk und ein Gegengewicht an den beiden Enden montiert waren. Bei einem Versuch traten bei der Drehung durch den tangentialen Schub des Triebwerkes derart hohe Zentrifugalkräfte auf, daß der ganze Aufbau in Trümmer ging. Von Braun, der den Prüfstand gerade bediente, kam unverletzt davon. Die in großer Zahl durchgeführten Beschleunigungsversuche zeigten, daß mit Hilfe eines verbesserten Einspritzsystems der Treibstoffe kein Durchbrennen des Ofens bei Querbeschleunigungen auftrat.

Mit der Zentrifuge konnte zwar in primitiver, aber sehr einleuchtender Weise auch die Steuerbarkeit des Flugzeuges beim Arbeiten des Raketentriebwerkes demonstriert werden. Zu diesem Zweck wurde eine genau definierte Kraft am Rumpfende zur Wirkung gebracht und dabei dessen Auslenkung gemessen. Den gleichen Versuch wiederholte man bei laufendem Triebwerk, wobei im Rahmen der Meßgenauigkeit und gleicher Kraft, keine Abweichung der Auslenkung festgestellt wurde.

Während der Erprobung der Triebwerkanlage im Versuchsrumpf und der Festlegung der Einbaumaßnahmen bei der He 112R-V1 für die geplanten Flugversuche führte man parallel laufend eine große Zahl von Schweißexperimenten an Treibstoffbehältern und Brennkammern durch.[3]

Nach dem Umzug von Warsitz nach Kummersdorf konnte er an der systematischen Weiterarbeit und Verbesserung des geplanten fliegenden Raketenflugzeugprüfstandes He 112R-V1 teilnehmen. Er merkte sehr bald, daß der damals gelungene Standversuch ein ausgesprochener Glücksfall war. Jedoch hatte ihn die Aufgabe gepackt. »Ich hatte aber A gesagt und mußte nun B sagen. Ich wollte auch nicht mehr zurück. Ich war von dem ganzen Gedanken fasziniert«, sagte Warsitz nach dem Kriege.

Aber immer noch verlief fast kein Versuch reibungslos. Nach einer längeren Versuchsreihe mit entsprechenden Änderungen am Triebwerk und seinem Einbau war es inzwischen Frühjahr 1937 geworden. Bei einem dieser Versuche erfolgte eine so heftige Explosion, daß der Versuchsrumpf vollkommen zerstört wurde. Warsitz fuhr zu Heinkel nach Marienehe und bekam von ihm einen weiteren Rumpf für die Fortführung der Standversuche kostenlos zur Verfügung gestellt. Das war der erste nähere Kontakt von Warsitz zu Heinkel, der später noch sehr eng und freundschaftlich werden sollte.[2]

Das Ergebnis der weiteren Versuche und Änderungen war letztlich, daß die Zündungen und Brennversuche des Triebwerkes aus dem bemannten Rumpf heraus im Standversuch mit einiger Sicherheit gefahren werden konnten. Dabei wurden der Schub, der Treibstoffverbrauch, das Verbrauchsverhältnis der beiden Tanks untereinander, die Temperaturen und die Drücke gemessen, mit Vielfachschreibern registriert und anschließend ausgewertet.

Der Raketenschub betrug, wie schon erwähnt, zunächst ca. 3 kN. Diese Größenordnung sah man als ausreichend an, da der Raketenantrieb nur als Zusatztriebwerk für den ebenfalls vorgesehenen Kolbenmotor der He 112R betrachtet wurde. Es sollte damit in erster Linie die Brauchbarkeit eines Raketenmotors in einem Flugzeug bewiesen und die Behauptung widerlegt werden, ein Flugzeug sei durch den Schub einer Heckdüse ohne Gefahr für seine Flugstabilität nicht zu fliegen und zu beschleunigen. Geschwindigkeitsrekorde waren mit diesen Versuchen nicht geplant.

Als von Kummersdorf an Heinkel die Meldung kam, daß die Triebwerkerprobung so weit gediehen sei, daß die praktischen Flugversuche unter Einschluß aller Risiken durchführbar sei, stellte er eine flugklare He 112 mit Propellermotor zur Verfügung. Das machte er auf eigenes Risiko, ohne die Vorgänge über ein notwendiges Mindestmaß hinaus publik zu machen. Damit wurde natürlich auch, im Gegensatz zum offiziellen Dienstweg über die Ämter, Zeit gespart. Ebenso umging man die Einflußnahme aller Gegner dieser Entwicklung, und das waren, wie schon angedeutet, nicht wenige. Oberst Junck, damals Leiter des Technischen Amtes im RLM, war jedoch einer der begeisterten Befürworter des Raketenflugzeugprojektes.[2]

Um die auch später – in Kapitel 4.2. »Die Bauleitung« – erwähnten personellen Zusammenhänge besser verstehen zu können, ist es zweckmäßig, an dieser Stelle zu erwähnen, daß im Juli 1936 auf Veranlassung von Oberstleutnant von Richthofen der Dipl.-Ing. Uvo Pauls von der Erprobungsstelle Travemünde in das RLM, Berlin, versetzt wurde. Er übernahm dort innerhalb der Triebwerkgruppe des Technischen Amtes (C-Amt) das Referat für Raketentriebwerke, LC II 2b. Den Dienstbetrieb konnte er in drei Diensträumen mit einer Sekretärin und einem Mitarbeiter, dem schon erwähnten Dipl.-Ing. Göckel, aufnehmen. Im August 1936 kam Uvo Pauls erstmals nach Kummersdorf und lernte dabei – neben den anderen für das Raketenflugzeug maßgebenden Herren – auch Erich Warsitz kennen.[4, 5]

2.1. Flugzeugerprobung in Neuhardenberg, He 112R mit Raketenzusatztriebwerk

Für die Flugerprobung wurde es notwendig, einen geeigneten Platz zu finden. Wegen der Geheimhaltung kam vom RLM die Anweisung, keinen belegten Fliegerhorst der Luftwaffe zu wählen, sondern auf ein freies Feld oder auf eine Wiese auszuweichen. Warsitz und Künzel begannen um die Jahreswende 1936/37 mit der Suche nach einem geeigneten Platz in der Umgebung Berlins, um für die Zusammenarbeit mit den RLM-Dienststellen und Kummersdorf keine zu großen Entfernungen zu schaffen. Hierzu verwendeten sie den Doppeldecker He 72 »Kadett«, ebenfalls von Heinkel gestellt. Sie entdeckten – etwa 60 km östlich von Berlin, bei dem Ort Neuhardenberg – aus der Luft ein großes Feld.

Nachdem sie nach Kummersdorf zurückgeflogen waren, machten sich Warsitz und Künzel mit dem Auto sofort wieder auf den Weg, um Einzelheiten zu ermitteln. Die grasbewachsene Fläche gehörte zum Rittergut des Grafen Hardenberg und begann etwa 600 m vom nordöstlichen Ausgang der Ortschaft Neuhardenberg.[2] Karl August, Fürst von Hardenberg, ein Vorfahre des damaligen Besitzers, hatte das Gut mit insgesamt 7500 ha Land im Oderbruch 1814 vom Preußenkönig Friedrich Wilhelm III. erhalten als Dank gegenüber dem Staatskanzler.[6] Während die südöstliche Seite des Feldes von der Straße nach Letschin begrenzt wurde, waren zur damaligen Zeit die nördliche und die nordwestliche Seite von Hochwald eingefaßt, und die südwestliche Seite von einem niedrigen Schonungsstreifen, hinter dem sich ein ausgedehnter Acker befand. Die Abmessungen des Platzes – er war leicht schiefwinkelig – betrugen im Mittel etwa 1000×800 m, mit einer größten Diagonalausdehnung von etwa 1200 m (Abb. 1 u. Abb. 2).

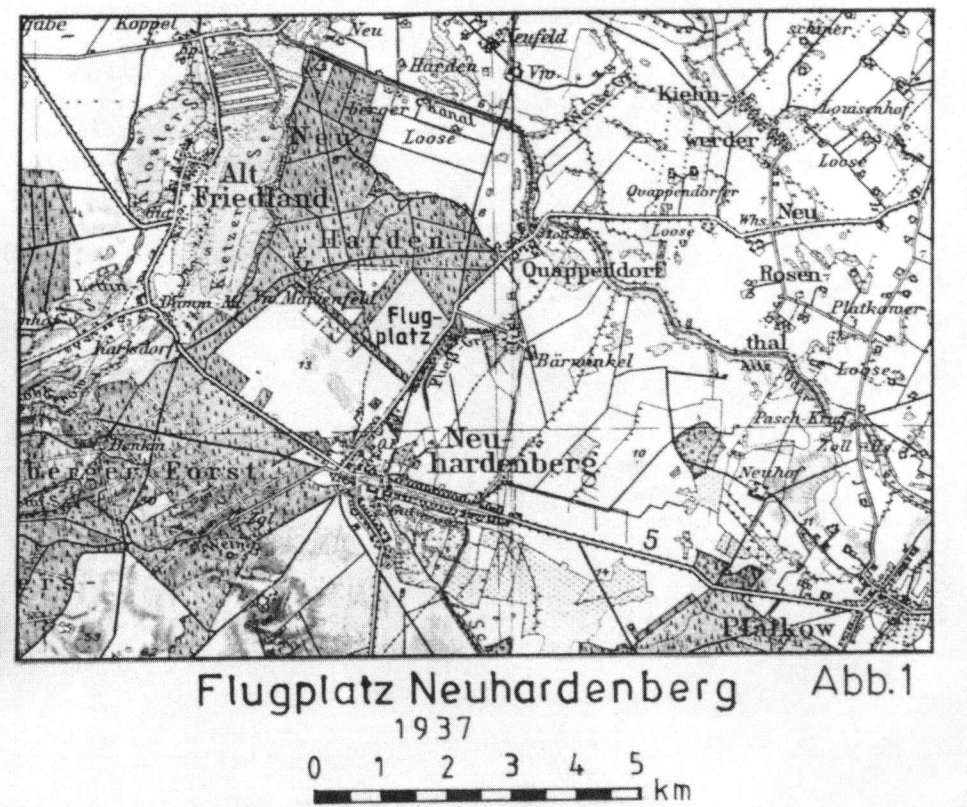

Flugplatz Neuhardenberg
1937

0 1 2 3 4 5 km

Abb.1

21

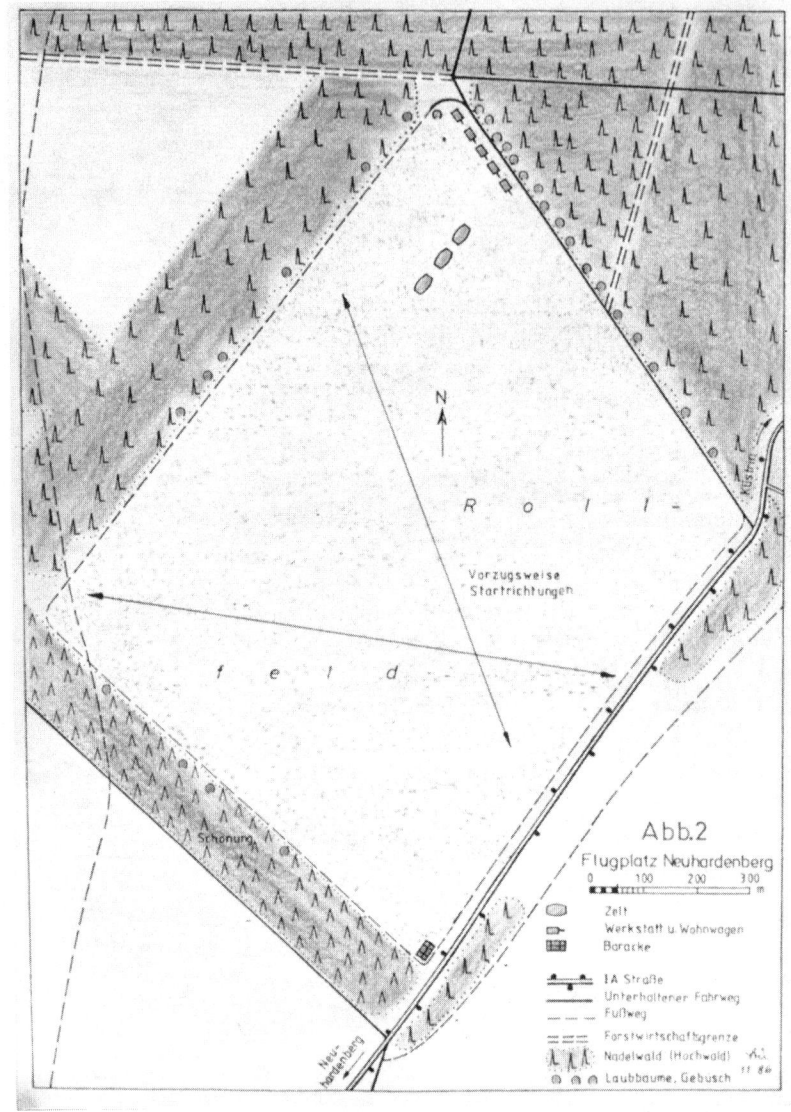

N

Vorzugsweise
Startrichtungen

R o l l -

f e l d -

Schonung

Abb.2
Flugplatz Neuhardenberg

0	100	200	300
			m

Zelt
Werkstatt u. Wohnwagen
Baracke

IA Straße
Unterhaltener Fahrweg
Fußweg
Forstwirtschaftsgrenze
Nadelwald (Hochwald)
Laubbäume, Gebüsch

Neu-
hardenberg

Diese freie Wiesenfläche war ein sogenannter Einsatzhafen, der den beiden Suchenden höchstwahrscheinlich bekannt gewesen war. Aufgabe dieser als E-Häfen verwendeten freien Wiesenflächen war es, den fliegenden Verbänden im Kriegsfall sofort unbekannte Ausweich- und Einsatzplätze zu bieten, um sie weitestgehend vor überraschenden Luftangriffen zu schützen. Auf Befragen gab das RLM den Platz für die vorgesehenen Flugversuche frei. Ein E-Hafen war jedoch in der Regel nur ein freies Feld, ohne Gebäude, Organisation oder sonstigen Einrichtungen. Außerdem hatte der Platz weder eine Einzäunung noch andere geeignete natürliche Abgrenzungen, um die primitivsten Voraussetzungen für eine Absicherung der Arbeiten zu gewährleisten. Daraus ergab sich die vordringliche Aufgabe, zunächst die Arbeitsbedingungen für die Lösung der geplanten Aufgaben zu schaffen. Mit der Organisation und der Veranlassung aller Maßnahmen zum behelfsmäßigen Ausbau des E-Hafens Neuhardenberg wurde vom Raketenreferat des RLM unter Dipl.-Ing. Pauls der Mitarbeiter Dipl.-Ing. Göckel betraut, der sich mit großem Einsatz dieser Aufgabe widmete. Er fungierte vor Ort faktisch als E-Stellenleiter. Später übernahm einen Teil dieser Arbeiten der Testpilot Erich Warsitz.[7]

Verwaltungstechnisch wurde Neuhardenberg dem Fliegerhorst Schönwalde angegliedert. Aus der Umgebung konnten Männer für eine Wachmannschaft eingestellt werden. Der Wachhabende wurde ein Herr Eulenfeld. Die Bewaffnung bestand anfangs aus Pistolen, später wurde sie auf Karabiner umgestellt. Während des weiteren Betriebes sicherte man das Gelände am Tage mit Einzelposten und nachts durch Doppelposten. Außer einem Ereignis etwa Mitte 1937 hat es bezüglich der Sicherheit keinen Zwischenfall gegeben. Ob dieser Vorfall nun ein Spionageversuch mit realem Hintergrund war oder der nächtliche Doppelposten einer Täuschung zum Opfer gefallen ist, ist nie geklärt worden. Jedenfalls eröffneten eines Nachts die beiden Posten eine wilde Schießerei auf eine angeblich am Waldrand gesichtete Gestalt. Es kann aber auch sein, daß den Posten die Nerven durchgegangen waren. Denn die Neugierde der mit Neuhardenberg in Verbindung kommenden Dienststellen und auch der in der Umgebung wohnenden Bevölkerung erweckte immer wieder Fragen an die Mitarbeiter des Flugplatzes nach Sinn und Zweck ihrer Arbeiten. Ebenso ging das Gerücht um, daß der Flugplatz und die darauf durchgeführten Erprobungsarbeiten angeblich ausspioniert würden. Diese Vorgänge konnten beim Wachpersonal durchaus zu einem Zustand überreizter Nervosität und damit auch zu einem Fehlverhalten geführt haben.

Als einziges Gebäude des Platzes stand in der Südostecke eine kleinere Baracke, in der neben Büro- und Abstellräumen für Geräte auch die Telefonvermittlung mit einem Klappenschrank und vorerst acht Anschlüssen eingerichtet war. Feldkabel stellten die Verbindung zur Post und den militärischen Dienststellen her. Die Vermittlungstätigkeit übernahm Herr Paul Engelmann. Eine Tankanlage besaß der Platz nicht. Die Flugzeuge sind zum Tanken meist nach Schönwalde geflogen worden.[7] Um in kürzester Zeit entsprechende Unterkunfts- und Arbeitsmöglichkeiten für die fehlenden Gebäude zu erhalten, flog Erich Warsitz nach Rechlin und organisierte von dort einen Werkstattzug. Dieser bestand aus zwei komplett eingerichteten Werkstattwagen, einem Bürowagen, einem Küchenwagen, einem als Kantine ausgebauten Speisewagen und einem Schlafwagen. Diesen Wagenpark stellte man an der nordöstlichen Seite des Platzes und parallel zu dem herumführenden Ringweg auf. Als Notbehelf für eine Flugzeughalle dienten drei in der

Nähe der Wagen aufgestellten Zelte (Abb. 2). Die Einrichtung des Platzes wurde noch durch zwei geländegängige Kraftwagen, eine Feuerwehr, einen Sanitätswagen, einen Kran, ein Notstromaggregat und einen fahrbaren Junkerskompressor ergänzt. Die Kraftwagenbetreuung übernahmen die Herren Gersdorf und Behrend. Alles Namen, die in Peenemünde wieder auftauchen sollten.

Neben diesen organisatorischen Vorbereitungen war auch die Eignung der Grasnarbe des Rollfeldes für den Flugbetrieb zu untersuchen, da ja keine befestigte Startbahn angelegt war. Zu diesem Zweck veranlaßte Herr Göckel Start- und Landungsversuche mit verschiedenen Flugzeugmustern. Dabei ergaben sich Schwierigkeiten mit dem Kampfflugzeug He 111. Die Grasnarbe war wegen des weichen und nachgiebigen Bodens für den Lande- und Startvorgang schlecht geeignet. Kurzzeitig wurden etwa 50 Lkw und eine entsprechende Zahl von Planierraupen angefordert, die den Boden abtrugen und durch einen geeigneteren, verdichteten und neu angesäten Erdbelag ersetzten. Die Betreuung und Instandhaltung des Rollfeldes übernahm ein Landwirt mit vier Gehilfen.[2, 7]

Nachdem die mit der Erprobung des Raketenflugzeuges beauftragte und bisher in Kummersdorf bei von Braun arbeitende Gruppe im Frühjahr 1937 nach Neuhardenberg umgezogen war, konnten etwa im Mai 1937 die dortigen Rollfeldarbeiten abgeschlossen werden. Im Laufe der Zeit hatte sich eine Arbeitsteilung insofern ergeben, als das Raketentriebwerk im Verantwortungs- und Zuständigkeitsbereich des Heeres in Kummersdorf bei von Braun blieb. Die nach Neuhardenberg umgesiedelte Heinkel-Gruppe, mit Walter Künzel an der Spitze, hatte die He 112R-V1 zu warten und den Einbau des Raketentriebwerkes in die Zelle nach den schon in Kummersdorf erarbeiteten Richtlinien durchzuführen. Bei Erich Warsitz verblieb die Organisation des Flugbetriebes und die Durchführung der praktischen Flugerprobung. Doch besaßen diese Arbeitsbereiche keine exakte Trennung, zumal die Identifikation mit dem Projekt bei allen Beteiligten so groß war, daß sie es nicht zuließ, Verantwortung und Arbeit möglichst dem anderen zu überlassen. Als weiterer Mitarbeiter, der sich bei den Standversuchen, Einbauten und Vorbereitungen der Erprobungsflüge unentbehrlich machte, hatte auch ein Herr Herbert Unger den Weg nach Neuhardenberg gefunden. Auch später, als die Erprobungsflüge in Peenemünde fortgesetzt wurden, war er für Erich Warsitz ein wichtiger Helfer. Überhaupt siedelten die meisten in Neuhardenberg ausschließlich als Zivilisten beschäftigten Mitarbeiter mit nach Peenemünde um und erhielten dort in der Technischen Verwaltung oder anderweitig entsprechende Aufgaben und Arbeitsmöglichkeiten.[2, 3, 4, 7]

Ähnlich wie in Kummersdorf wurde auch in Neuhardenberg ein Prüfstand für Standversuche aufgebaut. Der He-112-Rumpf mit Triebwerk und die schon in Kummersdorf teilweise mit dem Raketenmotor versehene komplette He 112R-V1 wurden ebenfalls nach Neuhardenberg überführt. Die durch den Umzug unterbrochenen Standversuche mit dem He-112-Rumpf konnten zur Triebwerkerprobung und -verbesserung in Neuhardenberg wiederaufgenommen werden. Der Einbau des Rückstoßtriebwerkes in die komplette He 112R-V1 mit den Zellenversteifungen wurde abgeschlossen, und mit Bahnneigungsflügen, bis zu einer Geschwindigkeit von 700 km/h, konnten diese zusätzlichen Zellenverstärkungen erprobt werden. Als dann zwei glatt verlaufene Standversuche mit dem Flugzeug gelungen waren, einigten sich von Braun, Künzel und der auf einen Flug drängende Warsitz darauf, nach einem weiteren gelungenen Standversuch am nächsten Tag den ersten Raketenflug anschließend sofort durchzuführen.[2, 3]

Am nächsten Morgen wurde die He 112R-V1 für den entscheidenden Standversuch klargemacht. Warsitz startete von seinem Pilotensitz aus das Raketentriebwerk, hörte noch einen fürchterlichen Krach, um danach kurzzeitig jedes Wahrnehmungsvermögen zu verlieren. Als er nach einigen Sekunden wieder seine Umgebung erfassen konnte, fand er sich, 3 bis 4 m neben dem Flugzeug liegend, mit einigen Trümmern des Pilotensitzes und des Steuerknüppels wieder. Passiert war ihm nichts. Der Explosionsdruck hatte Warsitz regelrecht aus dem offenen Pilotensitz herauskatapultiert. Triebwerk und Flugzeug wurden zerstört. Alle Beteiligten standen wieder am gleichen Punkt wie vor Wochen in Kummersdorf. Der schon festgelegte Termin einer Vorführung mußte im RLM kurzfristig abgesagt werden.

Heinkel half wieder mit einer kompletten He 112 aus. Nach einigen Wochen war das Flugzeug zur He 112R-V2 umgebaut, und die Standversuche begannen von neuem. Als drei Versuche glattgegangen waren, »... da habe ich ein Machtwort gesprochen: ›Schluß jetzt mit allen Versuchen auf der Erde, der nächste Versuch wird geflogen‹«, berichtete Erich Warsitz nach dem Kriege. Es war geplant, mit dem Kolbenmotor zu starten und in der Luft das Raketentriebwerk bei gedrosseltem Propellermotor einzuschalten.

Die Einfachheit des Raketentriebwerkes ging aus der Tatsache hervor, daß immer noch nach dem Betanken nur eine bestimmte Zeit bis zum Einschalten zur Verfügung stand, da sich der Förderdruck in den Treibstofftanks durch Verdunsten des flüssigen Sauerstoffes aufbaute. Wenn dann etwa 5 bis 6 bar Überdruck erreicht waren, mußte das Triebwerk entweder gezündet oder die Tankentlüftung zum Abblasen des Druckes geöffnet werden. Dann war die Füllung jedoch verloren. Es war, wie sich Warsitz später ausdrückte, »... nur ein fliegendes Labor und kein Raketentriebwerk damals«.

Für den ersten Flug war kein fremder Besucher eingeladen worden. Auch Heinkel nicht. Das auf 35 Mann angewachsene Neuhardenberger Team und Dornberger, von Braun und Pauls waren unter sich. Als Warsitz an einem Tag gegen Ende Mai 1937 in Neuhardenberg startete, war ungünstiges Wetter, Wolkenhöhe: 500 m. Normalerweise wurden Flüge, bei denen mit entsprechenden Pannen zu rechnen war, in einigen tausend Metern Höhe durchgeführt, um genügend Sicherheit für einen Fallschirmabsprung des Piloten zu haben. Alle rieten deshalb vom Start ab. Warsitz sagte jedoch: »Ich fliege trotzdem, klarmachen und keinen Ton mehr.«

Die He 112R-V2 startete mit dem Kolbenmotor und ging auf eine Höhe von etwa 450 m, bis dicht unter die Wolken. Nach einer Platzrunde waren die Drücke in den Brennstofftanks erreicht. Warsitz drosselte die Geschwindigkeit auf 300 km/h und betätigte seine Hebel zum Start des Raketentriebwerkes. Mit einer für den Piloten merkbaren und auch vom Boden aus zu beobachtenden Beschleunigung erhöhte sich die Geschwindigkeit des Flugzeuges auf etwa 400 km/h. Gleich danach bemerkte Warsitz in der Pilotenkanzel Rauch, und beißende Gase brannten in Gesicht und Augen. Das Raketentriebwerk funktionierte aber noch ordnungsgemäß und lieferte weiterhin Schub. Der Pilot nahm das Gas aus dem Kolbenmotor ganz heraus, um nicht noch schneller zu werden. Mit dem Eindringen von Rauch und Verbrennungsgasen stieg auch die Temperatur in der Pilotenkabine unerträglich an. Daß die Ursache dieser Vorgänge mit dem Raketentriebwerk zusammenhing, stand außer Zweifel. Ein Abstellen des Raketenmotors war nicht möglich. Die 30 sec Brenndauer mußten durchgestanden werden. Erich Warsitz hatte das Kabinendach wegen der Gase und der Hitze abgeworfen und meinte im Umsehen seitlich am Rumpfende eine Flamme zu entdecken. Er verfolgte zunächst die Absicht auszusteigen, schwankte dann aber wieder, da das Flugzeug dabei ganz verlorengegangen wäre. Durch seine Beobachtungen und Überlegungen sowie durch das Abstellen des Kolbentriebwerkes und den damit verbundenen Geschwindigkeitsverlust war er unbemerkt auf 200 m Flughöhe abgesunken. Damit war ein Absprung ohne Risiko nicht mehr möglich. Diese Vorgänge hatten sich in kürzester Zeit abgespielt. Es blieb nur noch eine Landung übrig. Da einerseits der Boden des Platzes näher kam und andererseits die Zeit zum Ausfahren des Fahrwerkes nicht mehr reichte, entschloß sich Warsitz zu einer Bauchlandung. Der Raketenantrieb arbeitete immer noch einwandfrei. Durch Slippen ließ er die He 112R-V2 an Höhe verlieren und setzte in dem Augenblick auf, als die Rakete ausgebrannt war. Der Pilot sprang sofort aus dem am Heck brennenden Flugzeug heraus. Die herbeieilende Feuerwehr löschte unmittelbar danach.

Der erste bemannte Raketenflug mit einem Flüssigkeitstriebwerk in der Fluggeschichte hatte stattgefunden. Wenn auch nicht mit einem speziellen Raketenflugzeug und auch nicht ohne Panne, so war doch bewiesen worden, daß die am Heck des Flugzeugrumpfes angreifende Schubkraft einer Raketendüse ein Flugzeug im freien Flug nicht instabil bzw. unsteuerbar werden läßt. Trotz der aufgetretenen Mängel war mit diesem Beweis ein Hauptargument der Kritiker eines Raketenflugzeuges entkräftet worden. In diesem Zusammenhang sei an die Pulverraketenflüge von Segelflugzeugen in den Jahren 1928/29 von Fritz Stamer, Gottlob Espenlaub und Fritz von Opel erinnert. Bei diesen Versuchen waren die Feststoffraketen aber ausschließlich so am Flugzeug montiert, daß ihre Schubkraft in oder in unmittelbarer Nähe des Auftriebsschwerpunktes angriff.

Wie sich bei der Untersuchung des Flugzeuges herausstellte, waren zwei Gründe für das Eindringen der Rauchgase in die Pilotenkanzel verantwortlich. Um zu verhindern, daß sich im Flugzeugrumpf ein explosives Treibstoffgemisch durch immer wieder auftretende Leckagen des Triebwerkes bilden konnte, hatte die Heinkel-Gruppe am größten Rumpfdurchmesser Entlüftungshutzen angebracht. Die damit geplante Zwangsentlüftung während des Fluges sollte eine Luftströmung im Rumpf nach hinten zur Düse des Raketentriebwerkes bewirken und auch dem beim Flug allgemein auftretenden Unterdruck im Rumpf von Flugzeugen entgegenwirken. Bei der Montage der Hutzen hatte man aber den entscheidenden Fehler begangen, ihre Öffnung zum Rumpfende zeigend anzuordnen. Damit entstand, wie eigentlich geplant, kein Stau und damit auch kein Überdruck an der Hutzenöffnung und im Rumpfinneren, sondern im Gegenteil, durch den außen vorbeiströmenden Fahrtwind wurde in der Hutzenöffnung ein Unterdruck verursacht. Dieser Unterdruck setzte im Rumpf eine Luftströmung vom Heck nach vorne zum Piloten in Bewegung. Diese Tatsache hatte zur Folge, daß über den Ringschlitz zwischen Düsenrohr und abgeschnittener Rumpfheckspitze heiße Flammengase in den Flugzeugrumpf bis zum Führersitz gesogen wurden.[2] Als weiteren und entscheidenden Fehler fand man im Ofenkühlmantel des Raketentriebwerkes einen Haarriß, durch den Brennstoff ausgetreten war und sich an der heißen Ofenwand entzündet hatte. Die damit zwischen äußerer Ofen- und Rumpfwand brennende Flamme, in Verbindung mit dem zur Pilotenkanzel gerichteten Luftstrom, verursachte die unerträglichen Umgebungseinflüsse in der Flugzeugkabine. Bei weiterer Untersuchung wurde festgestellt, daß die seitlich am Ofen brennende Flamme die Höhenruderbetätigung schon zu etwa Dreiviertel ihres Querschnittes zerstört hatte.[2] Hätte Erich Warsitz nicht sofort, auch unter Inkaufnahme einer Bauchlandung, den Flug unterbrochen, wäre es für ihn durch das in geringer Höhe fliegende Flugzeug sicher zur Katastrophe gekommen. Es hätte ja auch die Möglichkeit bestanden, durch Gasgeben mit dem noch im Leerlauf arbeitenden Kolbenmotor eine Platzrunde zu fliegen und zu versuchen, anschließend mit ausgefahrenem Fahrwerk ordnungsgemäß zu landen. Es ist aber unwahrscheinlich, daß die dabei notwendigen Steuerbewegungen von der fast zerschmolzenen Höhenruderbetätigung noch auf das Ruder übertragbar gewesen wären.

Das spielte sich im Mai 1937 ab. Dem RLM und dem Heereswaffenamt gingen entsprechende Berichte zu, denen Erprobungspilot Erich Warsitz am nächsten Tag durch persönliche Berichterstattung noch Ergänzungen hinzufügte. Von den eingeweihten Dienststellen kam darauf für die weitere Durchführung der Flugversuche in Neuhardenberg »grünes Licht«.

Vorausschaubar entstand für die Reparatur der He 112R-V2 und eine vorgesehene Änderung am Raketentriebwerk eine vierwöchige Pause in der praktischen Flugerprobung. Erich Warsitz nutzte diese Zeit, um sich einer längst fälligen Operation zu unterziehen. Eine innere Verletzung, die er sich anläßlich eines früheren Unfalls zugezogen hatte, hatte ihm in letzter Zeit immer häufiger starke Schmerzen bereitet. Nach gut drei Wochen konnte Warsitz das Gertrauden-Krankenhaus in Berlin geheilt verlassen.[2]

2.2. Starthilfsrakete und Flugzeugantrieb nach dem Walter-Prinzip, HWK 109-500, He 112R, Fw 56

Schon seit einiger Zeit hatte die Luftwaffe die Forderung nach Starthilfen für Flugzeuge in Form von Raketen gestellt. Der Gedanke der Starthilfe für Flugzeuge, um ihren Start bei größerer Zuladung und oder kurzer Startbahn zu ermöglichen, war nicht neu. Als Katapultstart auf Schiffen war er schon verwirklicht. Werner von Braun hatte auch schon gegenüber von Richthofen Raketenstarthilfen erwähnt, um ihn für die Raketentechnik zu gewinnen. Auch wurden hier schon die Kontakte zwischen dem HWA und dem RLM auf diesem Gebiet erwähnt. Parallel zum Raketentriebwerk der He 112R wurde auch an der Verwirklichung dieser Starthilfen mit dem O_2-Alkohol-System in Kummersdorf gearbeitet.[2]

Auch im Ausland, vornehmlich in England und den USA, hatte man ab 1938 beinahe für alle Frontflugzeuge ausschließlich Feststoffraketen-Starthilfen entwickelt. Auch hier wurde neben der einfachen Montage eine mögliche Abwerfbarkeit der Hilfsaggregate nach dem Start gefordert.[8]

Ebenso wie von Braun hatte die Firma Walter in Kiel/Tannenberg schon 1936 das erste Versuchsmuster einer Raketenstarthilfe mit 1,27 kN (130 kp) Schub entwickelt. Abweichend von der Treibstoffkombination flüssiger Sauerstoff und

Äthylalkohol, verwendete Walter als Treibstoff hochprozentiges Wasserstoff-superoxyd (H_2O_2) mit entsprechenden Katalysatoren und Brennstoffen, wobei Druckluft und – später bei den Flugzeugantrieben – Pumpen zur Förderung benutzt wurden. H_2O_2 ist eine wasserklare Flüssigkeit, die in jedem Verhältnis mit Wasser mischbar und auch in Konzentrationen von 80 % über lange Zeit lagerfähig ist. Ihr spezifisches Gewicht beträgt 1,46. Bei der Zersetzung von 100%igem H_2O_2 mit Hilfe der Katalysatoren werden 2889,45 kJ (690 kcal) + 0,47 kg O_2 pro kg frei. Damit ist diese Verbindung sowohl Sauerstoff- als auch Energieträger, und es wurde ihr in Deutschland eine vielseitige antriebstechnische Anwendungsmöglichkeit gegeben. Da das Walter-Antriebssystem in Zusammenhang mit den folgenden Versuchen in Neuhardenberg und später in Peenemünde noch eine große Rolle spielen wird, ist es zweckmäßig, einige grundsätzliche Informationen über seine technische Verwirklichung zu geben.

Prof. Hellmuth Walter entwickelte in den Jahren 1930 bis 1934 mit der Krupp-Germania-Werft in Kiel eine Gasturbine für den Antrieb von Schiffen, wobei eine Beheizung mit Wasserstoffsuperoxyd in Betracht gezogen wurde. Die Eigenschaften des H_2O_2 waren schon lange vorher bekannt, wurden aber von Prof. Walter erkannt hinsichtlich ihrer technischen Anwendbarkeit, die er mit genialen konstruktiven Lösungen zur Verwirklichung führte. Um das Anwendungsgebiet für diesen Treibstoff auf eine breitere Basis zu stellen, leitete Prof. Walter noch 1934 mit den Elektrochemischen Werken München (EWM) Untersuchungen ein, um die hochprozentige Herstellung und Eignung des H_2O_2 als Antriebsmittel für Unterwasserfahrzeuge zu ermitteln. Diese Arbeiten waren aus gleichem Grunde im Jahre 1935 Anlaß, auch Raketentriebwerke für Flugzeuge zu konstruieren.

Wegen des später stark angestiegenen Bedarfes an Wasserstoffsuperoxyd (Tarnname: T-Stoff) reichte die Münchner Fabrik der EWM bald nicht mehr aus. Deshalb errichtete sie mit erheblicher finanzieller Unterstützung des RLM, Berlin, in Lauterberg im Harz eine weitere Produktionsstätte. Bemerkenswert ist in diesem Zusammenhang, daß noch zu Beginn der 40er Jahre in Chemiebüchern zu lesen war:« Reines Wasserstoffsuperoxyd ist schwer herzustellen und äußerst leicht zersetzlich, so daß es keine technische Anwendung findet.«

Beim Walter-Antrieb wurde zwischen dem »kalten« und dem »heißen« Verfahren unterschieden. Für beide Verfahren benutzte man die schon erwähnte Eigenschaft von hochkonzentriertem Wasserstoffsuperoxyd, sich leicht – in Wasser und Sauerstoff zerfallend – zu zersetzen. Damit war es als kräftiges Oxydationsmittel verwendbar. Mit der Anwesenheit von Säuren konnte der Zerfall behindert, bei der Gegenwart schon geringer Spuren von z. B. Eisen- oder Kupfersalzen als Katalysatoren stark beschleunigt werden. Katalysatoren waren in fester oder flüssiger Form für diesen Vorgang geeignet. Als feste Oberflächenkatalysatoren benutzte man Keramikkörper, die mit einer Mischung aus Braunstein und Ätzkali überkrustet wurden. Auch fanden beschichtete Drahtgewebe aus versilbertem Nickel und Monel, die zu Packungen zusammengefaltet wurden, Verwendung.

Als flüssige Katalysatorlösungen eigneten sich Natriumpermanganat (N-Lösung) und Kalziumpermanganat (C-Lösung, Tarnname für beide Stoffe: Z-Stoff). Beide Komponenten wurden gewöhnlich in einem Mengenverhältnis (H_2O_2 zu Katalysator) von 20 zu 1 in die Zersetzerkammer eingespritzt. Im Laufe des Jahres 1943

28

ging die Firma Walter von der N-Lösung als Katalysator wegen ihrer geringen Kältebeständigkeit ab.

Beim Zusammentreffen von T- und Z-Stoff in der Zersetzerkammer, durch Druckluft oder Pumpen gefördert, reagierte beim kalten Verfahren der Z-Stoff mit der Menge des T-Stoffes, welche dem stöchiometrischen Verhältnis entsprach. Der Prozeß lief bei beiden Katalysatoren nach folgenden Gleichungen ab:

N-Lösung:

$$2 NaMnO_4 + 3 H_2O_2 \rightarrow 2 NaOH + 2 MnO_2 + 2 H_2O + 3 O_2$$

C-Lösung:

$$Ca(MnO_4)_2 + 3 H_2O_2 \rightarrow Ca(OH)_2 + 2 MnO_2 + 2 H_2O + 3 O_2$$

Diese beiden Reaktionen lieferten jeweils den Braunstein (MnO_2), der als Katalysator für den nachfolgend einsetzenden Hauptprozeß, die Zersetzung des Wasserstoffsuperoxyds, verantwortlich war:

$$100\%iges \ 2 H_2O_2 \rightarrow 2 H_2O + O_2 + 2889{,}45 \ kJ/kg \ (690 \ kcal/kg)$$

Dieser Zersetzungsvorgang fand im Mischraum der Zersetzerkammer statt. Dies war der Raum zwischen den Einspritzdüsen und dem Mischbecher, wie er noch in Abb. 16 von Kapitel 8.2. dargestellt und beschrieben wird.

Die Zersetzungstemperaturen waren von der H_2O_2-Konzentration abhängig. Bei z. B. 15%igem H_2O_2 erwärmten sich die Zersetzungsprodukte auf etwa 80 °C. Bei Konzentrationen über 65 % entstanden nur noch überhitzter Dampf und Sauerstoff, deren Temperatur bei 100%iger Konzentration 950 °C betrug.

Eine weitere Abhängigkeit der Zersetzungstemperatur war durch den Druck gegeben. Sie stieg mit dessen Erhöhung, wobei die Temperaturunterschiede bei höherer Konzentration und Zersetzungstemperatur geringer wurden. So betrug der Temperaturunterschied zwischen 1 bar und 300 bar Überdruck – bei 70%iger Konzentration – 200 °C, bei 90%iger Konzentration jedoch nur noch 25 °C mehr.

Durch Verbrennung von Kohlenwasserstoffen bei stöchiometrischen Verhältnissen im zerfallenden H_2O_2 entstand etwa das Doppelte der H_2O_2-Zersetzungswärme zusätzlich. Dabei wurden etwa 8375 kJ (2000 kcal) pro kg bei einer Temperatur von 2400 °C und 100%igem H_2O_2 frei. Praktisch lag die Grenze der Wasserstoffsuperoxyd-Konzentration während des Krieges nur bei 85 bis 86 %, wobei folgende Gründe ausschlaggebend waren:

1. Bei größeren Konzentrationen wurden die Temperaturen zu hoch, und warmfeste, hochlegierte Stähle für die Brennkammern waren in Deutschland im Kriege Mangelware.
2. Der Gefrierpunkt von 85%igem H_2O_2 betrug –16 °C und stieg mit der Konzentration weiter gegen Null an.
3. Bei Konzentrationen von mehr als 87 % wurde H_2O_2 detonierbar.

Bei der Handhabung von Wasserstoffsuperoxyd war zu bedenken, daß alle Verunreinigungen wie Öle, Fette und Farben in Behältern, Leitungen und Armaturen als Katalysatoren wirkten und die Zerfallsreaktion auslösen konnten. Ebenso verursachten Verunreinigungen an den Händen und der natürliche Fettgehalt der Haut bei T-Stoffberührung aus den gleichen Gründen Verätzungen. Gegenmittel war sofortiges Spülen mit viel Wasser. Bei den einschlägigen Arbeiten mit T-Stoff trugen die Arbeiter und Monteure damals Handschuhe und Schutzanzüge aus Gummi oder Polyvinylchlorid (PVC). Für die Lagerung und die Tanks in Raketentriebwerken hatten sich für den T-Stoff Behälter aus Reinaluminium und kupferfreien Al-Legierungen, die eloxiert und gewachst oder mit Oxin (wässerige Lösung von Präparat 177, Ätznatron und Perhydrol) behandelt waren, gut bewährt. Ebenso eigneten sich chromlegierte Stähle und Nickel sowie auch keramische Behälter und Glasgefäße. Die Flüssigkeit war vor Licht zu schützen, da sie sonst leicht zerfiel. Für Dichtungen, Schläuche und elastische Treibstoffbeutel waren Kunststoffe aus Polyvinylchloriden gut geeignet. Auch sind große, mit Kunststoffolie ausgekleidete Tankbehälter aus Eisen über viele Jahre anstandslos verwendet worden. Die Lagerbeständigkeit wurde durch Beimischen von Phosphorsäure oder Oxychinolin verbessert. Bei Umgebungstemperaturen von 100 °C trat nur eine geringe zusätzliche Zersetzung ein. Bei 140 °C und etwa 2,7 bis 3 bar Überdruck kam es zur Explosion. Bei Beschuß verhielt sich ein T-Stoff-Behälter wie ein gefüllter Wasserbehälter. Für die Herstellung von H_2O_2 waren Wasser, Strom und ein nicht unerheblicher Aufwand von Edelmetallen erforderlich.

Die Zerfallsreaktion von 80%igem H_2O_2 erfolgte so heftig, daß mit der dabei freiwerdenden Energie und der entstandenen Temperatur ein Raketenmotor betrieben werden konnte. Das bei der Reaktion entstandene Wasser wurde sofort zu Wasserdampf aufgeheizt und mischte sich mit dem ebenfalls spontan freiwerdenden Sauerstoff zum Reaktionsgas des Triebwerkes. Dabei konnten Düsenausströmgeschwindigkeiten von 800 bis 1200 m/sec erzielt werden. Die bei dem geschilderten Walter-Verfahren erreichten Reaktionstemperaturen bewegten sich in der Größenordnung von 469 bis 600 °C. Da bei derart niedrigen Temperaturen keine Kühlprobleme am Zersetzer und an der Düse der Triebwerke entstanden, nannte man den geschilderten Vorgang damals »kalten Schub«, »kaltes Walter-Verfahren« bzw., da nur ein Treibstoff Verwendung fand, auch »Einstoffverfahren«. Im Gegensatz dazu arbeitete der Von-Braun-Antrieb mit einer Brennkammertemperatur von etwa 2000 °C, wodurch die Probleme mit der Brennkammer wesentlich größer waren.

Wurde, wie schon angedeutet, in ein mit kaltem Schub arbeitendes Triebwerk zusätzlich in die Brennkammer ein Brennstoff wie Benzin, Dieselöl oder Petroleum eingespritzt, reagierte der freiwerdende Sauerstoff noch zusätzlich mit diesen Kohlenwasserstoffen. Um die dabei auftretenden Temperaturen in Grenzen zu halten, wurde in die Brennkammer, neben ihrer äußeren Kühlung, noch Wasser eingespritzt. Diese Maßnahme hatte neben dem zusätzlichen Kühleffekt noch den Vorteil, daß durch die hohe Temperatur in der Brennkammer das H_2O in Wasserstoff (H_2) und Sauerstoff (O) aufgespalten wurde (Dissoziation) und die sich daraus ergebende zusätzliche Verbrennungsreaktion eine Volumenvergrößerung der Reaktionsgase innerhalb der Brennkammer verursachte. Volumenvergrößerung bedeutete Druckerhöhung, diese wieder Vergrößerung der Ausströmgeschwindigkeit der Reaktions- und Feuergase, womit letzten Endes eine Schubvergrößerung gegeben war. Tabelle 1 zeigt die wichtigsten Walter-Raketen-Treibstoffe, die sowohl für die in Neuhardenberg als auch die später in Peenemünde-West durchgeführten Versuche und Erprobungen Verwendung fanden.

Die von der Firma Walter in Verbindung mit der Firma Heinkel entwickelten Starthilferaketen waren so aufgebaut, daß sie, wie auch die HWA-Aggregate, als stromlinienförmige Gondeln unter den Tragflächen eines Flugzeuges eingehängt werden konnten. Nach dem Start wurde das ausgebrannte Triebwerk abgeworfen, um den doch recht umfangreichen Triebwerkkörper nicht als geschwindigkeitshemmenden Ballast mitzuschleppen. Über dem vorderen Abschluß der gondelförmigen Starthilfe war zu diesem Zweck, unter einer schützenden Leinwandabdeckung, ein Lastenfallschirm untergebracht, der sich nach dem Abwurf entfaltete und ein zerstörungsfreies, langsames Niedergleiten ermöglichte. Danach war eine Wiederverwendung vorgesehen.[2, 3, 4, 5, 8, 9]

Noch vor dem ersten Flug der He 112R-V1 begannen 1937 in Neuhardenberg die Vorbereitungen für die praktische Erprobung der ersten Starthilferaketen von der Firma Walter. Der Schub der Aggregate betrug 1937 inzwischen 2,94 kN (300 kp) über eine Zeit von 30 sec. Spätere Konstruktionen entwickelten 4,9, 9,8 und 14,7 kN (500, 1000 und 1500 kp) Schub. Das spätere Einsatzaggregat HWK 109 500 (Abb. 3) arbeitete mit einem Schub von 4,9 kN über eine Zeit von 30 sec. Darauf wird aber in Kapitel 6 näher eingegangen werden. Ernst Heinkel hatte zum Zweck der Starthilfeerprobung zunächst ein Flugzeug, später zwei zweimotorige Kampfflugzeuge He 111E zur Verfügung gestellt. Unter jeder Fläche wurde neben dem Backbord- und dem Steuerbordmotor, nach außen versetzt, je eine Starthilferakete montiert. Das Triebwerk arbeitete mit Wasserstoffsuperoxyd als Oxydator und mit der Kalziumpermanganatlösung als flüssigem Katalysator. Beide Komponenten wurden durch Druckluft gefördert und in der Zersetzerkammer zusammengeführt. Der kalte Schub betrug, wie gesagt, über eine Betriebszeit von 30 sec anfangs 2 × 4,9 kN (500 kp) (Abb. 3).[3]

Bei der Montage von Starthilferaketen an Flugzeugen waren besondere Forderungen zu beachten und zu erfüllen. Zunächst durften die heißen Abgase keine Zellenteile bestreichen. Das bedingte eine entsprechende Strahlrichtung und dementsprechende Montage am Flugzeug. Hierbei war aber zu bedenken, daß die Schubkräfte nahe am Strömungswiderstandszentrum des Flugzeuges und dessen Schwerpunkt angreifen mußten, um Drehmomente möglichst klein zu halten. Dieser Wunsch war oft nur sehr schwer erfüllbar. Die Restdrehmomente, die während des Startvorganges am Flugzeug durch die Schubkräfte der Starthilfen verursacht wurden, mußten von den Steuerorganen des Flugzeuges ausgeglichen werden und stellten letztlich eine zusätzliche Belastung des Piloten dar.

Bei der Verwendung von zwei Starthilferaketen, wie sie bei der Montage an der He 111 in Neuhardenberg erfolgte, war darauf zu achten, daß die Schnittpunkte der beiden verlängerten Raketenachsen durch seitliche Anstellung im gleichen Punkt genau auf der Rumpflängsachse des Flugzeuges lagen, um seitliche Drehmomente zu vermeiden. Weiterhin lag dieser Schnittpunkt vor dem Flugzeugschwerpunkt, womit das Flugzeug von den Schubkräften »gezogen« wurde. Durch die weitere Anstellung der Schubachsen nach oben, unter einem Winkel von etwa 7° zur Flugzeuglängsachse, war eine weitere stabilisierende Wirkung beim Startvorgang durch die Schubkräfte der Starthilfeaggregate gegeben.[3, 8]

Die Erprobung der Starthilfen in Neuhardenberg begann mit ausgedehnten Standversuchen, wobei Handhabung und Betankung der Raketenaggregate schon in gewisser Weise unter den primitiven Verhältnissen eines E-Hafens geübt und erprobt werden konnten. Nachdem die Standversuche sowohl die Funktionssicherheit der Starthilfen als auch die Festigkeit und Eignung ihrer Aufhängung am Flugzeug erwiesen hatten, erfolgte der erste Start einer He 111 mit zwei vollbetankten Starthilferaketen noch vor dem ersten Start der He 112R-V1. Um das Ri-

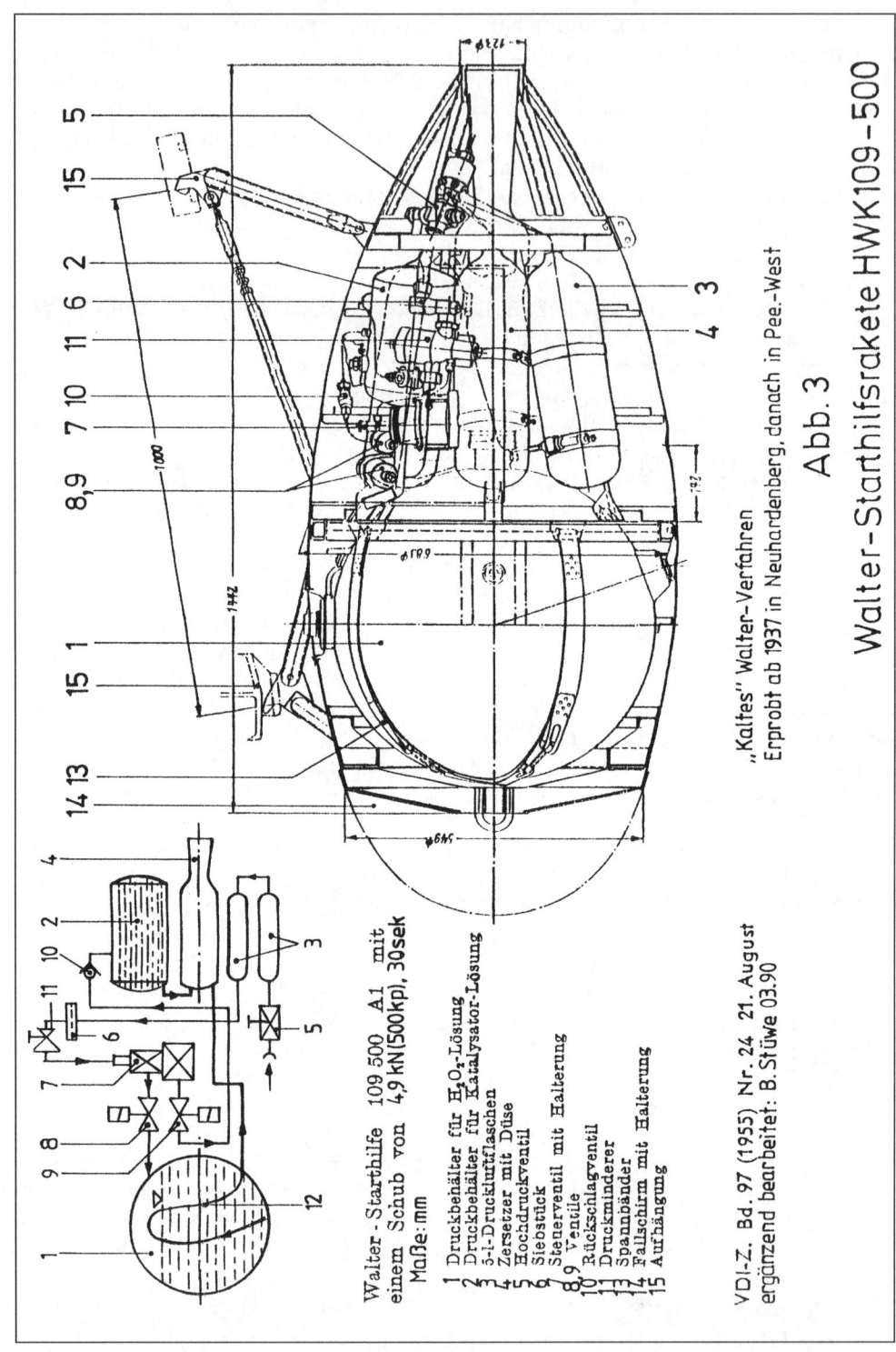

Walter-Starthilfe 109.500 A1 mit
einem Schub von 4,9 kN(500kp), 30sek
Maße : mm

1 Druckbehälter für H_2O_2-Lösung
2 Druckbehälter für Katalysator-Lösung
3 5-l-Druckluftflaschen
4 Zersetzer mit Düse
5 Hochdruckventil
6 Siebstück
7 Steuerventil mit Halterung
8,9 Ventile
10 Rückschlagventil
11 Druckminderer
12 Spannbänder
13 Fallschirm mit Halterung
14
15 Aufhängung

"Kaltes" Walter-Verfahren
Erprobt ab 1937 in Neuhardenberg, danach in Pee.-West

Abb. 3

Walter-Starthilfsrakete HWK109-500

VDI-Z. Bd. 97 (1955) Nr. 24 21. August
ergänzend bearbeitet: B. Stüwe 03.90

Raketentreibstoffe nach dem Walter - System

Treibstoff-komponenten	Oxydator	Katalysator	Brennstoff	Brennstoff	Techn. Daten Brennk.-Temperatur °C	Techn. Daten Ausströmge-schwindigk. m/s	Anwendung	Allgemeine Bezeichnung
Tarnbezeichnung	T-Stoff	Z-Stoff	C-Stoff	B+Br-Stoff	—	—	—	—
Treibstoff-beschreibung	Wasserstoff-superoxyd, H_2O_2 80%ig (+20% H_2O)**	Oberflächen-katalysator*	—	—	ca.500 konzentrationsabhängig	600÷800	He72,"Kadett" bei DVL	"Kaltes" Verfahren
	H_2O_2 80%ig (+20% H_2O)**	Kalzium-o.Natriumperman-ganat-Lösg. Ca(MnO$_4$)$_2$; Na MnO$_4$	—	—	460-600 konzentrationsabhängig	600÷1000	Fw56 "Stößer" He112R, He176 Me163A Starthilfe Fi103-Schleuder	"Kaltes" Verfahren
	H_2O_2 80%ig	Kalziumperman-ganat-Lösung, Anteil: 4,4%	—	Hydrazinhy-drat+Petroleum oder Gasolin; Anteil: 7,6%	ca.2200	≧3500	Starthilfe	"Heißes" Verfahren
	H_2O_2 84%ig	—	30%Hydrazinhydrat +57% Methanol +13% H_2O +Restteile Kalium-Kupfer-Cyanid	—	ca.2000	≧3000	Me163 B	"Heißes" Verfahren, selbstzündend ("Hypergole")

* Aus mit Kalzium- oder Natriumpermanganat- Lösung getränkten Bimssteinen
** Gegebenenfalls zur Kühlung der Zersetzerkammer eingespritzt

Anwendungstypische Walter-Raketentreibstoffe im Bereich des Flugplatzes Neuhardenberg und der Versuchsstelle der Luftwaffe Peenemünde-West 1937-1945

Tabelle 1

siko bei einem eventuellen Unfall so gering wie möglich zu halten, bestritt neben dem Piloten Erich Warsitz nur noch Walter Künzel den ersten Flug. Sicherheitshalber startete Warsitz bei dieser ersten Flugerprobung nur mit den Kolbenmotoren, ging bis dicht unter die etwa 1000 m hohe Wolkendecke, die leider auch bei diesem Versuch nicht höher war, drosselte die Motoren auf etwa 200 km/h Fluggeschwindigkeit und schaltete die zwei Starthilferaketen ein. Der Gesamtschub von ca. 5,88 kN (600 kp) machte sich sofort durch eine Fahrterhöhung bemerkbar. Da bei diesem ersten Erprobungsflug der Vertikalwinkel von 7° noch nicht verwirklicht war, gab es bei der Höhenhaltung eine Überraschung. Durch den unter dem Höhenleitwerk entlangströmenden Triebwerksstrahl der Starthilfen wurde dessen Umströmung so verändert, daß sich fast eine umgekehrte Ruderwirkung einstellte. Über die Unsicherheit um die Querachse hinaus verhielt sich das beschleunigte Flugzeug völlig normal. Es zeigte keine Tendenz zum Drehen und ließ sich ohne Schwierigkeit auf Kurs halten. Nachdem die beiden Starthilfen ausgebrannt waren, setzte Warsitz zur Landung an. Die erste Flugerprobung mit Walter-Starthilferaketen war, bis auf die erwähnte Unsicherheit, erfolgreich verlaufen. Der bisher praktizierten und bewährten Taktik folgend, war dieser Erstflug nicht nach Berlin gemeldet worden, obwohl allgemein die Anweisung bestand. Die Arbeiten und Vorbereitungen für die Flugversuche sollten in Neuhardenberg in Ruhe und ohne Hektik durchgeführt werden. Lediglich Dr. Hertel von Heinkel war unterrichtet worden. Überhaupt war man in Neuhardenberg den Dingen immer ein gutes Stück voraus. Während die Prüfstelle bei den späteren Flügen mit beladenem Flugzeug noch Untersuchungen anstellte, ob überhaupt 11 t Startgewicht zulässig seien, wurde von Warsitz bereits mit 12 t gestartet.[3]
Als der Vertikalwinkel beim Einbau der Starthilfen berücksichtigt worden war, hatte das Höhenruder wieder seine volle Wirksamkeit, und der nach oben gerichtete Anstellwinkel des Raketenschubes verursachte bei leichter Hecklastigkeit eine zusätzliche Steigkomponente, auch bei waagerechter Ruderstellung.
Im nächsten Erprobungsschritt wies Warsitz nach, daß mit der He 111 auch der Startvorgang bei Starthilfeunterstützung und entsprechend verkürzter Startstrecke ohne Schwierigkeit durchzuführen war.[2, 3]
Im Sommer 1937 konnten in Neuhardenberg über 100 Flüge mit Walter-Starthilferaketen erfolgreich absolviert werden. Dabei ging man auch, wie schon erwähnt, zum Start mit belastetem Flugzeug über. Für die He 111 galt als Forderung, daß bei einem Fluggewicht (mit voller Zuladung) von ca. 10 t, nach 600 m Roll- und Startstrecke eine Höhe von 20 m erreicht sein mußte. In Neuhardenberg wurde über diese Forderung bei den Startversuchen mit den Walter-Starthilferaketen noch hinausgegangen und das Gesamtgewicht auf 13 t erhöht. Die Belastung wurde mit Hilfe von Wassertanks, Blindbomben und Sandsäcken erreicht.
Durch die Erprobung kristallisierten sich beim Start folgende Abläufe als besonders geeignet heraus: Mit Startleistung wurde das Flugzeug, möglichst gegen den Wind, vom Stand aus über 20 bis 40 m mit Hilfe der Kolbenmotoren beschleunigt. Erst danach war es zweckmäßig den Schub der Starthilferaketen zuzuschalten. Nach einer entsprechenden Rollstrecke von weiteren 400 m konnte die schwerbeladene Maschine abheben und erreichte bei etwa 600 m Gesamtstartstrecke 20 bis 50 m Höhe. Zu diesem Zeitpunkt waren die Starthilfen ausgebrannt, und besonders bei großer Zuladung sackte das Flugzeug im gleichen Augenblick 2 bis

3 m durch. Danach mußte der Pilot zum Zwecke der Geschwindigkeitssteigerung auf einer Flugstrecke von etwa 1 km möglichst horizontal weiterfliegen. Die zeitliche Verschiebung zwischen Flugzeug- und Raketenstart war notwendig, da sonst die Starthilferaketen gerade im Augenblick des Abhebens ausgebrannt waren und in dieser entscheidenden Phase der Zusatzschub fehlte.

Besonders bei den ersten Flügen hatte Erich Warsitz vor der Landung den Wasserballast abgelassen bzw. Blindbomben abgeworfen, da das Fahrwerk der He 111 theoretisch für eine Landung mit 13 t Gesamtgewicht nicht zugelassen war. In der Praxis hielt das Fahrwerk bei sachgemäßem Aufsetzen diese Belastung aber aus. Ein Beweis mehr für die allseits bekannte Stabilität der Heinkel-Flugzeuge.

Nach den ersten gelungenen Starts und der erfolgten Meldung an das RLM wurde eine Vorführung vor den entsprechend eingeweihten Herren des Technischen Amtes, mit Oberst Junck an der Spitze, Dr. Heinkel, Dipl.-Ing. Pauls und einigen Vertretern des Finanzstabes durchgeführt. Zunächst erfolgte die eindrucksvolle Demonstration eines »Kavalierstartes« ohne Zuladung, wobei nach etwa 100 m Rollstrecke mit Kolbenmotoren die Startraketen zugeschaltet wurden und die He 111 kurz danach, von Warsitz abgehoben, im steilen Steigflug in den Himmel gezogen wurde. Dieser für einen Bomber ungewöhnliche Startvorgang, dessen optische Wirkung noch durch das laute, röhrende Geräusch der Starthilferaketen akustisch untermalt wurde, hinterließ besonders bei dem uneingeweihten Besucher einen nachhaltigen Eindruck, der ja für die weitere Finanzierung auch bezweckt war. Nach einer Reihe weiterer gelungener Vorführungen mit Beladung zogen die »Finanzgewaltigen« auch begeistert von dannen.[2]

Die Starthilferaketen-Versuche in Neuhardenberg, die dort ausschließlich mit He-111-Kampfflugzeugen und Walter-Starthilfen durchgeführt wurden, verliefen bis auf einige kritische Situationen ohne besondere Zwischenfälle. Eines Tages im Sommer 1937 stand ein Start mit dem belasteten, 12 t schweren Flugzeug an. Wegen der Windrichtung mußte Warsitz in nordwestlicher Richtung auf den dort stehenden Hochwald zu starten, der den Platz auf dieser Seite begrenzte. Kurz nach dem Abheben setzte dabei eine Starthilferakete aus. Die Folge war ein Drehen der He 111 um die Vertikalachse, da der einseitige Schub der zweiten, noch arbeitenden Rakete sofort ein Drehmoment verursachte. Warsitz reagierte schnell, gab Gegenruder und schaltete die zweite Starthilfe sofort ab, um das Drehmoment zu beseitigen. Das war der große Vorteil einer Flüssigkeits- gegenüber einer Feststoffrakete. Es entstand eine kritische Situation. Einerseits im Steigflug mit einer beladenen He 111 von 12 t Gesamtgewicht begriffen, aus dem Startkurs wegen der ausgefallenen Starthilfe herausgedreht und andererseits durch das notwendige Abschalten der zweiten Starthilfe ohne Einfluß einer zusätzlichen Beschleunigung, konnte Erich Warsitz die He 111 mit knapper Not und Mühe über die Baumspitzen hinwegziehen. Durch die noch vorhandene Schräglage rasierte die tiefer liegende Flächenspitze eine Baumkrone ab, während das noch ausgefahrene Fahrwerk eine weitere Baumkrone streifte.

Eine andere Panne ereignete sich noch während des Starts, als eine Starthilferakete explodierte. Durch sofortige Gaswegnahme und anschließenden »Ringelpiez« (Treten einer Bremse des Fahrwerkes, wodurch das Flugzeug um das blockierte Rad herumschwenkte) konnte weiterer Schaden verhindert werden.[2]

Bei den ganzen Versuchen hatte der Erprobungspilot Erich Warsitz in der Heinkel-Mannschaft bezüglich der Flugzeugwartung und der -umbauten einen großen Rückhalt. Ebenso standen ihm bei den Flügen Walter Künzel und der Bordmonteur Anton Beilmann in den kritischen Situationen während der Erprobungsflüge mit »eiserner Ruhe« zur Seite, wie Warsitz nach dem Kriege ausdrücklich betonte.[2]

Parallel zu den Starthilfeversuchen lief die Erprobung der Lastenfallschirme, an denen die leergebrannten Starthilferaketen für die Wiederverwendung zu Boden schwebten. Die Fallschirmbetreuung übernahm in Neuhardenberg ein Herr Hanne, der dann auch später mit nach Peenemünde ging und dort die Abteilung sowohl für Lasten- als auch Personenfallschirme übernahm.[7]

Für den Umgang mit den Treibstoffen und das Betanken der Starthilferaketen war eine Gruppe der Firma Walter aus Kiel unter der Leitung des Ingenieurs Asmus Bartelsen abgestellt worden. Neben der allgemein guten Zusammenarbeit, deren Motivation letztlich durch die gemeinsame Verantwortung für das Gelingen einer gestellten Aufgabe und das Erreichen eines gesteckten Zieles gegeben war, gab es auch andere, weniger gute Phasen der Zusammenarbeit. Durch die Arbeitsgruppen verschiedener Herkunft und Zuständigkeitsbereiche, die noch unter verhältnismäßig primitiven Umständen zusammenarbeiten mußten, blieb es nicht aus, daß es auch zu entsprechenden Reibereien, Unstimmigkeiten und schädlichem Konkurrenzdenken kam. In diesen kritischen Momenten war es immer wieder Erich Warsitz, der neben seinem hervorragenden fliegerischen Können die Gabe besaß, mit Humor, Geschick und kameradschaftlicher Haltung, Differenzen und Gegensätze auszugleichen. Auch berichteten ehemalige Angehörige des Flugplatzes Neuhardenberg, daß sie bei Warsitz für ihre dienstlichen und privaten Sorgen immer ein geneigtes Ohr fanden und er, wo immer es möglich war, helfend eingriff.[5]

In der Zwischenzeit, in der die Erprobungen mit den Starthilferaketen stattfanden, hatte die Entwicklungsgruppe des Heereswaffenamtes in Kummersdorf unter von Braun entscheidende Verbesserungen an dem Raketentriebwerk für die He 112R-V2 durchgeführt. Ebenso waren die Beschädigungen am Flugzeug beseitigt und ein neuer Motor, DB 600, eingebaut worden.

Nach den üblichen Standversuchen begannen auch wieder die Flugversuche. Die Betriebssicherheit des Raketentriebwerkes war inzwischen so gesteigert worden, daß Erich Warsitz teilweise ohne vorhergehende absichernde Standversuche startete. Auch ging er dazu über, allein mit dem Raketentriebwerk zu starten, wobei der Kolbenmotor, mit leichter Segelstellung des Propellers, nur im Leerlauf drehte. Besonders bei weiteren Vorführungen war das ein spektakulärer Effekt, um das Flugzeug mit Raketenantrieb bei den zuständigen Dienststellen mehr und mehr ins Gespräch zu bringen und dessen finanzielle Förderung weiterhin zu sichern. Durch die Verbesserung des Von-Braun-Triebwerkes motiviert, ging Warsitz zu immer gewagteren Versuchen über. Er startete z. B. mit Kolben- und Raketentriebwerk gleichzeitig und zog das Flugzeug nach kurzer Rollstrecke in steilem Winkel nach oben. Ebenso vollführte er mit dem Raketentriebwerk Loopings. Als krönenden Abschluß der He-112R-Erprobung in Neuhardenberg gelangen Warsitz Starts und Landungen ohne Kolbenmotor. Der Schub von 3 kN des Von-Braun-Triebwerkes reichte ihm aus, um das Flugzeug vom Boden abzuheben, eine halbe Platzrunde zu fliegen und danach sofort wieder zu landen. Also die Durch-

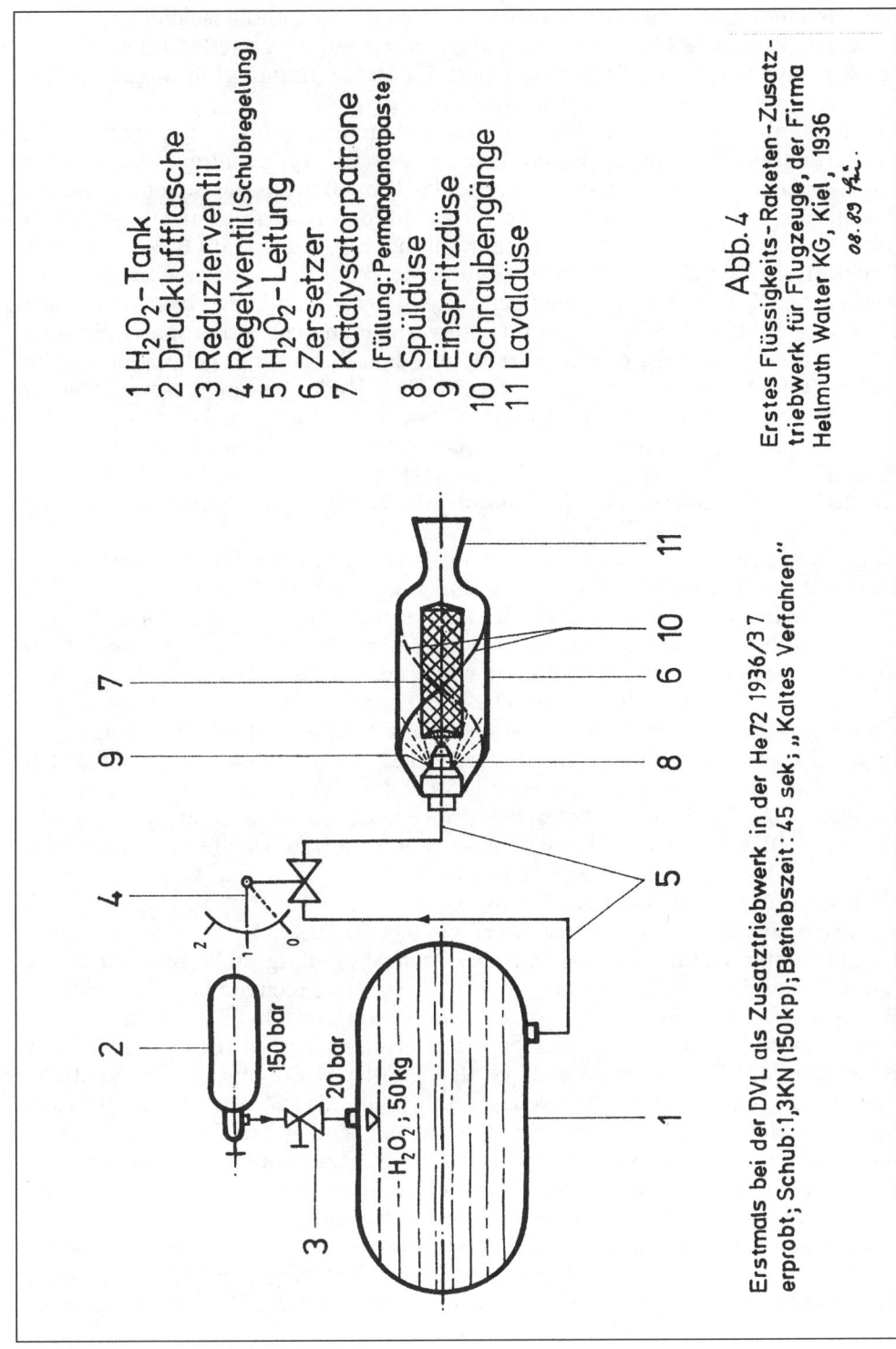

1 H_2O_2-Tank
2 Druckluftflasche
3 Reduzierventil
4 Regelventil (Schubregelung)
5 H_2O_2-Leitung
6 Zersetzer
7 Katalysatorpatrone
   (Füllung: Permanganatpaste)
8 Spüldüse
9 Einspritzdüse
10 Schraubengänge
11 Lavaldüse

150 bar

20 bar

H_2O_2; 50 kg

Abb. 4
Erstes Flüssigkeits-Raketen-Zusatz-
triebwerk für Flugzeuge, der Firma
Hellmuth Walter KG, Kiel, 1936

08. 83 *Ku.*

Erstmals bei der DVL als Zusatztriebwerk in der He72 1936/37
erprobt; Schub:1,3KN (150kp); Betriebszeit: 45 sek; „Kaltes Verfahren"

führung eines größeren Luftsprunges mit Raketenstart und anschließender Landung. Die Propellerblätter waren dabei auf Segelstellung gestellt. Das war immer ein sehr eindrucksvoller Programmpunkt der Raketenflugvorführungen vor entsprechend wichtigen Besuchern in Neuhardenberg.[2]

Die Erfahrungen an einem Flugzeug mit Raketentriebwerk hatten gezeigt, daß hier grundsätzlich andere Verhältnisse bei der Richtungshaltung während des Startvorganges gegeben waren. Während das Propellerflugzeug schon bei Beginn des Startes durch den Propellerwind Druck auf den Rudern besitzt, wodurch sofort eine Kurskorrektur möglich ist, entfällt diese Wirkung beim Raketenantrieb. In der ersten Zeit der Raketenstarts mußte der Pilot mit den Bremsen des Fahrwerkes den Kurs halten, was einerseits schwierig und andererseits eine Vernichtung der Antriebsenergie war. Um das zu vermeiden, baute man später ein sogenanntes Strahlruder ein, das, gleichzeitig mit dem Seitenruder gekoppelt, erst bei vollem Seitenruderausschlag betätigt wurde. Das Ruder bestand aus zwei Flächen wärmefesten Materials, die links und rechts von der Düsenmündung so drehbar gelagert waren, daß je nach Ruderbetätigung entweder die linke oder die rechte Ruderfläche in den Abgasstrahl des Triebwerkes hineinschwenkte. Die damit entstandene Reaktionskraft ließ das Rumpfende um den vorne liegenden Flugzeugschwerpunkt kurskorrigierend herumschwenken.[3]

Nach Steigerung der Betriebssicherheit des Sauerstoff-Alkohol-Triebwerkes wurden nicht nur die Bodenstandversuche entsprechend vermessen und ausgewertet, sondern man ging auch dazu über, die Flugversuche mit Kinotheodoliten zu vermessen, wobei Flugbahn, Fluggeschwindigkeit und Betriebszeit des Raketenmotors als besonders wichtige Faktoren von einer inzwischen eingerichteten Vermessungsgruppe ermittelt wurden. Diese Dokumentation der Erprobungsergebnisse war besonders für die Information vorgesetzter Dienststellen wichtig.[2]

In der Zwischenzeit bahnten sich weitere Arbeiten für den Flugplatz Neuhardenberg an. Die Firma Walter hatte bereits 1936 der Deutschen Versuchsanstalt für Luftfahrt (DVL) in Berlin-Adlershof ein Versuchsraketentriebwerk zur Verfügung gestellt, wobei H_2O_2, durch Druckluft gefördert, mit Hilfe eines pastenförmigen Katalysators zersetzt wurde. Damit konnte in 45 sec ein kalter Schub von 1,3 kN erreicht werden. Dieses Triebwerk wurde zunächst in ein Heinkel He 72 »Kadett«-Flugzeug als Zusatztriebwerk eingebaut. Das Schema dieses ersten im Flug erprobten Walter-Flugzeuganriebes ist in Abb. 4 dargestellt. In einem druckfesten Treibstoffbehälter 1 befanden sich 50 kg, entsprechend ca. 37,2 l, 80%ige H_2O_2-Lösung. Der Flüssigkeitsspiegel wurde von der Druckluftflasche 2 über Reduzierventil 3 mit etwa 20 bar Überdruck beaufschlagt. Über Leitung 5 floß bei Betätigung des Regelventiles 4 durch den Piloten H_2O_2 zunächst zur zentralen Spüldüse 8. Durch seinen gebündelten Strahl spülte das Wasserstoffsuperoxyd eine kleine Menge Natriumpermanganatpaste aus der Patrone 7 heraus, die ihrerseits jene durch den Einspritzkegel 9 eintretende Hauptmenge des H_2O_2 zersetzte. An der Innenwand des Zersetzers 6 befestigte wendelförmige Leitbleche bewirkten eine zusätzliche Verwirbelung des entstehenden Gas-Dampf-Gemisches und sorgten damit für eine Nachzersetzung. Das bräunlich gefärbte Reaktionsgas entspannte sich über die Lavaldüse 11 ins Freie. Mit Hilfe des Regelventiles 4 war dem Piloten durch die Dosierung des H_2O_2-Volumenstromes zum Zersetzer in gewissen Grenzen eine Schubregelung gegeben.

Bis 1937 konnte dieser Antrieb, in modifizierter Parallelentwicklung zu den Walter-Starthilferaketen, als Zusatztriebwerk für ein Flugzeug weiterentwickelt werden, wobei auf die Erprobungsergebnisse mit der He 72 bei der DVL zurückgegriffen wurde. Die Betriebswerte entsprachen etwa jenen der ersten Starthilfen. Mit 2,87 kN in 30 sec sollten auch hiermit keine Geschwindigkeitsrekorde aufgestellt, sondern, wie beim Von-Braun-Antrieb, die prinzipielle Wirkungsweise im Flugzeug und die Betriebssicherheit demonstriert werden.

Als Erprobungsflugzeug wählte die DVL das einsitzige, 1933 konzipierte, robuste Übungsflugzeug Fw 56 »Stößer«. Das Raketentriebwerk befand sich im Rumpf hinter dem Piloten. Um Drehmomente zu vermeiden, verlief die Schubkraft-Wirkungslinie der Düse genau durch den Flugzeugschwerpunkt. Die DVL überführte das Flugzeug im Laufe des Jahres 1937 zu entsprechenden Erprobungsflügen nach Neuhardenberg. Hier wurde besonders eine Versuchsreihe von Steigflügen absolviert, die durch einen eingebauten Höhenschreiber registriert wurden. Mit der Fw 56 und dem Walter-Zusatztriebwerk stand in Neuhardenberg ein Flugzeug zur Verfügung, das manch einem der interessierten Besucher, die trotz der Geheimhaltung dort erschienen, die Möglichkeit eines Fluges mit Raketenantrieb gab. So kam auch Ernst Udet, damals schon Chef des Technischen Amtes, im Laufe des Jahres 1937 oft nach Neuhardenberg und genoß mit großem Interesse und Vergnügen die beschleunigende Wirkung eines Raketenantriebes im Flugzeug. Mehr als einmal bedauerte er aber die geringe Betriebsdauer von 30 sec. Da dieses Flugzeug voll kunstflug- und sturzflugtauglich war, hatte Udet damit schon 1935 vor Gegnern seines Sturzfluggedankens im RLM durch praktische Flugvorführungen diese Angriffstechnik mit Zementbomben demonstriert.[2, 5, 9]

Nachdem die Erprobung mit den Walter-Starthilfsraketen an der He 111 und dem Walter-Zusatzraketentriebwerk in der Fw 56 die relative Betriebssicherheit dieses Antriebssystems bei vielen Erprobungsflügen in Neuhardenberg erwiesen hatte, lag der Gedanke nahe, auch den Walter-Antrieb in eine He 112 einzubauen. Vom RLM erging dann auch der Auftrag an die Firma Walter in Kiel, ein Triebwerk für diesen Zweck zu bauen. Ähnlich wie bei der Fw 56 erfolgte der Einbau als Zusatzantrieb im Rumpf einer He 112. Wie bei den Starthilfen bewirkte der flüssige Katalysator Kalziumpermanganat (Tarnname Z-Stoff) den Zerfall des Wasserstoffsuperoxyds (Tarnname T-Stoff) in der Zersetzerkammer. Dieses Walter-Triebwerk, dessen Leistung nicht viel größer war als jenes, welches in der Fw 56 Verwendung fand, kann jedoch in verschiedenen technischen Einzelheiten, z. B. in der Pumpenförderung des T-Stoffes, schon als Vorläufer des späteren Raketenmotors HWK I-203 angesehen werden. Hiermit war der Antrieb des bei Heinkel in Entwicklung befindlichen Raketenflugzeuges He 176 geschaffen worden.[2, 4]

Durch die geschilderten Maßnahmen existierten im Jahre 1937 in Neuhardenberg zwei He 112R mit Zusatzraketenantrieben. Eines mit Von-Braun-Antrieb und der Treibstoffkombination flüssiger Sauerstoff/Spiritus, He 112R-V2, und ein weiteres Flugzeug mit Walter-Antrieb unter Verwendung von T- und Z-Stoff, He 112R-V3. Auch mit diesem Flugzeug führte Erich Warsitz zunächst Bahnneigungsflüge durch, wobei eine Fahrwerkklappe verklemmte und trotz großer Bemühungen das Fahrwerk für die Landung nicht ausgefahren werden konnte. Eine Bauchlandung war unumgänglich, die aber glatt verlief. Nach entsprechenden Reparaturarbeiten konnte die He 112R-V3 mit Walter-Zusatzantrieb bis in den Herbst 1937 hinein von Warsitz in einem vollen Erprobungsprogramm erfolgreich ohne Zwischenfall getestet werden, wobei der Erstflug noch vor den ersten gelungenen Flügen der He 112R-V2 erfolgte. Wegen des hochprozentigen H_2O_2 hatte man erstmals im RLM für den Piloten einen besonderen Schutzanzug entwickeln lassen. Aus einer mit Polyvinylchlorid versetzten Textilfaser wurde ein ganzer Anzug mit Hemd, Strümpfen, Schuhen und Krawatte für Warsitz gefertigt. Dieses Material bedeutete zwar keinen absoluten Schutz bei der Benetzung mit Wasserstoffsuperoxyd, aber es ging nicht sofort in Flammen auf und verhalf dem Piloten nach einem Unfall zu einer gewissen Schutzfrist. Er konnte sich seiner Kleidung entledigen, bzw. es war der Feuerwehr Gelegenheit gegeben, mit viel Wasser den T-Stoff abzuspülen, ehe der Anzug zu einer schleimigen Masse zersetzt wurde. Reines PVC war, wie schon berichtet, gegen hochprozentiges H_2O_2 widerstandsfähig und wurde auch für Teile im Triebwerkbau verwendet. Mit diesen Werkstoffproblemen wird ein Thema angesprochen, das bei der seinerzeitigen Konstruktion und Erprobung von Raketentriebwerken einen breiten Raum einnahm. Wie schon angedeutet, standen die Konstrukteure bei der Verwirklichung von Transportbehältern – von Treibstofftanks im Flugzeug bis hin zu Steuerkolben, statischen und dynamischen Abdichtungen im Triebwerk – vor neuen und schwierigen Werkstoffproblemen.

Ergänzend zu den Erprobungen der Raketentriebwerke an Landflugzeugen in Neuhardenberg ermittelte man auch die Eignung der Starthilferaketen der Firma Walter an Flugbooten. Die Firma stellte dafür die abwerfbaren Geräte HWK 109-500 zur Verfügung. Die Startversuche fanden vor der Halbinsel Zingst an der pommerschen Küste statt. Als Werkstatt und Versorgungszentrale diente das Flugzeugbergungsschiff »Greif« der Erprobungsstelle der Luftwaffe Travemünde. Von hier aus wurden auch die Beobachtungs- und Vermessungsarbeiten zu den Starts durchgeführt. Als Erprobungsflugzeug diente das Flugboot Do 18. An seinem Rumpf wurden auf der Steuerbord- und der Backbordseite je zwei Starthilferaketen an entsprechenden Halterungen montiert. Vom RLM waren, besonders für die Startvermessung, die Ingenieure Dr. Gerhard Hengst und Dipl.-Ing. Wilhelm Dettmering abgestellt worden, die beide später auch nach Peenemünde gingen. Für die Betankung und Wartung der Starthilfen hatte die Firma Walter entsprechend geschultes Fachpersonal zur Verfügung gestellt. Die fliegerische Erprobung lag in den Händen der erfahrenen Seepiloten Conrad und Schuster. Im Vergleich zu der Erprobung von Starthilferaketen an Landflugzeugen, wo es, wie schon geschildert, auf den richtigen Zündzeitpunkt der Raketen im Bezug auf eine gewisse erreichte Höhe beim Brennschluß ankam, war es bei Seeflugzeugen notwendig, vor Brennschluß mit Sicherheit die Gleitstufe erreicht zu haben.

Die Erprobungen konnten mit der Do 18 erfolgreich und ohne Unfall abgeschlossen werden, wodurch auch hier die einwandfreie und relativ betriebssichere Funktion der Walter-Geräte nachgewiesen wurde.[2, 4]

Bei der Erprobung des Walter-Triebwerkes mit der He 112R ist ein Ereignis kennzeichnend für die Gefahr, in der sich ein Pilot seinerzeit befand, wenn er im Standversuch oder im Flug diese Versuche durchführte. Trotz aller möglichen Prüfungen und Sicherheitsvorkehrungen und der schon angesprochenen relativ großen Betriebssicherheit, die ein Walter-Raketenmotor 1937 schon besaß, waren die Versuche doch eine schmale Gratwanderung zwischen Leben und Tod.

Die Firma Walter KG in Kiel hatte ebenfalls, wie in Neuhardenberg, einen Rumpf des Jagdeinsitzers He 112 von Heinkel zur Verfügung gestellt bekommen, um Standversuche mit ihren Triebwerken durchzuführen. Nachdem eine ganze Reihe von Brennversuchen erfolgreich absolviert war, sollte eine Vorführung vor Herren des RLM stattfinden. Es war vorgesehen, daß Erich Warsitz das Triebwerk vom Pilotensitz aus zünden sollte. Nach den technischen Erläuterungen nahmen die Besucher hinter der obligatorischen Betonmauer Aufstellung, um durch Sehschlitze den Brennversuch beobachten zu können. Als sich Warsitz zum Rumpf begeben wollte, hielt ihn der verantwortliche Versuchsingenieur Bartelsen zurück, da er den Versuch lieber fernsteuern wollte. Warsitz machte ihm Vorhaltungen und verwies auf die vielen gelungenen Standversuche sowie auf den zu befürchtenden negativen Einfluß, den ein ferngesteuerter Versuch eventuell auslösen konnte. Aber Bartelsen ließ nicht locker. Er versicherte auf Befragen von Warsitz, daß am Triebwerk alles in Ordnung sei, er aber gerade bei der Vorführung doch lieber mit Fernsteuerung arbeiten wolle. Nach weiterem Wortwechsel folgte Warsitz Bartelsen widerstrebend hinter die Betonmauer. Die Zündung wurde ausgelöst, und statt des gewohnten, eindrucksvollen und für die Besucher immer wieder faszinierenden, dröhnenden Röhrens der Feuergase gab es eine fürchterliche Explosion. Danach Totenstille. Der ganze Raum hatte sich mit Rauch gefüllt. Dann hörte man einige Schreie, da zwei Monteure von Treibstoffspritzern im Gesicht getroffen waren. Nachdem die Wasserlöschleitung in Gang gesetzt, alles abgespült und der Rauch verzogen war, gingen Bartelsen und Warsitz zum Flugzeugrumpf.

Die Tankanordnung in der He 112R für das Walter-Triebwerk war ähnlich wie für die Von-Braun-Rakete, nur daß sich im Tank vor dem Pilotensitz der Katalysator Kalziumpermanganat und im Tank hinter dem Führersitz das Wasserstoffsuperoxyd befanden. Während des Startvorganges der Rakete mußte H_2O_2 in den vorderen Tank eingedrungen sein und ihn durch die schlagartige Reaktion, die einer Explosion gleichkam, auseinandergetrieben haben. Eine nähere Untersuchung zeigte, daß ein faustgroßer Splitter des geborstenen vorderen Treibstoffbehälters den Pilotenraum etwa in Brusthöhe schräg durchquert, die Sitzlehne auf der linken Seite durchschlagen hatte und dahinter in der aufgerissenen Rumpfbordwand seitlich steckengeblieben war. Aufgrund dieser Tatsache brauchte man nicht viel Phantasie, um zu erkennen, was geschehen wäre, wenn Warsitz von seinem Pilotensitz aus das Triebwerk gestartet hätte. Hier hatte der »sechste Sinn« von Ingenieur Bartelsen nicht nur das Leben des Testpiloten Erich Warsitz gerettet, sondern sicher auch das ganze Projekt Raketenflugzeug. Die leitenden Herren von Luftwaffe und Heer sagten immer wieder: »Sorgt dafür, daß nicht das Geringste passiert!« Zumindest war das noch die Devise vor dem Kriege. Im Krieg sah die Sache dann schon etwas anders aus. Da bekam der angestrebte Erprobungserfolg ein immer stärker werdendes Gewicht gegenüber dem Leben eines einzelnen.[2]

Das sich dem Ende zuneigende Jahr 1937 hatte einen gewissen Abschluß in der ersten Erprobungsphase mit raketengetriebenen Flugzeugen gebracht. Es war abzusehen, daß Anfang des Jahres 1938, aufgrund des Bebauungszustandes von Peenemünde-West, ein Erprobungsbetrieb unter wesentlich besseren Bedingungen, als ihn Neuhardenberg bieten konnte, aufzunehmen war. Denn die Erprobung auf dem E-Hafen war ja nur aus dem Grunde in Angriff genommen worden, um bis zur Fertigstellung der speziell für Raketenerprobungen der Luftwaffe errichteten Versuchsstelle keine Zeit zu verlieren.

Aus diesem Grunde wurden die Zelte in Neuhardenberg wortwörtlich abgebrochen, und einige Tage vor Weihnachten 1937 rollte der letzte Werkstattwagen in Richtung Rechlin wieder ab. Die große Betriebsamkeit, in der die Arbeiten dort von der Belegschaft oft in Tag- und Nachteinsätzen geleistet wurden, begann wieder der Ruhe und Einsamkeit zu weichen. Der Erprobungsplatz wurde wieder zur Wiese, und bald deutete nichts mehr darauf hin, daß hier im Jahre 1937 eine wichtige Weichenstellung für weitere spektakuläre Arbeiten auf dem Gebiet der Raketenflugzeugentwicklung stattgefunden hatte.

So wie der bevorstehende Umzug nach Peenemünde schon Ende 1937 in Neuhardenberg richtunggebend in die Zukunft wies, so hatte hier schon einige Zeit vorher anderweitig »die Zukunft begonnen«. Von der Firma Heinkel waren zwei Rumpfattrappen nach Neuhardenberg überstellt worden. Eine Attrappe stellte den Rumpf des von Heinkel geplanten Raketenflugzeuges He 176 dar. Die zweite Rumpfattrappe war nicht direkt ein Heinkel-Projekt, sondern ihre Konstruktion war der Firma von der Deutschen Forschungsanstalt für Segelflug (DFS) in Auftrag gegeben worden. Der Rumpf gehörte zu dem von der DFS ebenfalls als Raketenflugzeug geplanten schwanzlosen Baumuster DFS 194 (»Projekt X«). Leiter des Instituts zur Entwicklung schwanzloser Flugzeuge innerhalb der DFS war Alexander Lippisch. Aus der DFS 194 sollte später als nächster Entwicklungsschritt die Me 163A werden, wobei die Flugerprobung beider Flugzeuge in Peenemünde-West stattfand.

Die beiden Rumpfattrappen dienten zur Sitzerprobung, wobei die bei den Erprobungsflügen in Neuhardenberg gewonnenen Erfahrungen gegebenenfalls gleich als Konstruktionsverbesserungen einfließen sollten.

Auch eine kleine, zierliche, blonde Schlesierin, Einfliegerin bei der DFS, kam verschiedentlich nach Neuhardenberg. Sie war an der Sitzerprobung der Rumpfattrappen sehr interessiert. Ihr Name war Hanna Reitsch. Über diese angesprochenen Zusammenhänge wird aber später, bei der Schilderung der Peenemünder Vorgänge, ausführlich berichtet werden.[2, 7, 11]

2.3. Der Raketenantrieb

Da im Zusammenhang mit Peenemünde-West noch viel über Raketentriebwerke für die verschiedensten Zwecke geschrieben wird, soll anfangs wenigstens die prinzipielle Wirkungsweise dieses Antriebes etwas näher erläutert werden, wobei besonders auf die Schubgewinnung und das Massenverhältnis eingegangen wird.

Wie auch in Verbindung mit der Fi 103 in Kapitel 16 noch erwähnt wird, ist das Raketen- bzw. Rückstoßprinzip schon sehr lange bekannt. Es ist also ein Irrtum, wenn angenommen wird, daß mit der technischen Verwirklichung und Weiterentwicklung der Raketentechnik ab den 20er Jahren bis zur ersten Großrakete von Peenemünde in Werk Ost im Zweiten Weltkrieg auch deren Antriebsprinzip gleichzeitig »miterfunden« wurde.

Das Rückstoßprinzip erscheint erstmals nach sicheren Überlieferungen um 1230

n. Chr. in China bei der Anwendung als Treibsatz eines gefiederten Pfeiles. In der Folgezeit sind Kriegsraketen u. a. in Arabien um 1250 n. Chr. eingesetzt und um 1260 in Italien zur Bekämpfung von Seeräubern verwendet worden. Die in der Zeit danach allgemein entstandene Bezeichnung »Rakete« leitete sich aus dem italienischen Wort »rocchetta« her, was soviel wie »Spindel« bedeutet und auf den mehr oder weniger schlanken, stromlinienförmigen Flugkörper zurückzuführen war.

Bis über die Mitte des 19. Jahrhunderts hinaus fanden Raketengeschosse, alle ausschließlich mit einem Schwarzpulvertreibsatz versehen, auch in den europäischen Armeen mit wechselndem Erfolg Verwendung. Aber gegen die immer mehr verfeinerte Geschütztechnik und die damit verbundene Erhöhung von Schußentfernung und Treffgenauigkeit hatte die Raketenartillerie keine Existenzchance mehr. Pulverraketen waren nur noch im Rettungs-, Signal- und Feuerwerkbereich vertreten. Auch als Hagelzerstreuungsraketen fanden sie vielfach noch Verwendung. Damit schien der Einsatz der Raketentechnik zu Beginn des 20. Jahrhunderts an der Grenze seiner Möglichkeiten angelangt zu sein, zumal mit dem bisher verwendeten Schwarzpulver nur ein verhältnismäßig energiearmer Treibstoff zur Verfügung stand. Um den entscheidenden Schritt, der zur Aktivierung der Raketentechnik führte, nämlich die Verwendung flüssiger und energiereicherer Brennstoffe, besser verstehen zu können, wird die Wirkungsweise des Raketenprinzips im folgenden näher beschrieben.

Der englische Naturforscher Sir Isaac Newton hatte 1687 mit seinem Satz »actio et reactio«, auch als 3. Newtonsches Axiom bekannt, allgemein definiert, daß jede Kraft eine gleich große, entgegengesetzt gerichtete Kraft hervorruft. Von diesem Satz ausgehend, ist das Rückstoßprinzip eines Raketenantriebes leicht erklärbar. Zu diesem Zweck kann man sich einen Raketenofen bzw. eine Brennkammer, also jenen Raum einer Rakete vorstellen, wo durch Verbrennung der Treibstoffe und die dadurch entstehenden Feuergase ein Überdruck entsteht. Die zunächst an der Düse durch ein Ventil als geschlossen angesehene Brennkammer in Abb. 5 soll durch ein Gas mit dem Überdruck p gefüllt sein. Der Druck des Gases wirkt damit nach allen Seiten gleichmäßig auf die Innenwand der Brennkammer. Die somit statischen Druckverhältnisse im Inneren sind vollkommen ausgeglichen, es herrscht Druckgleichgewicht, und die Brennkammer befindet sich im Ruhezustand.

Wird das Ventil vor der Treibdüse plötzlich geöffnet, wie im zweiten Teil der Abb. 5 dargestellt, kann das eingeschlossene Gas über die Düse nach unten entweichen. Damit geht der statische Zustand der Brennkammer in den dynamischen über. Es herrscht im Innenraum Druckungleichgewicht. Mit dem Druck p strömt das Gas aus der Düse nach unten ins Freie, womit im Düsenbereich der Druck p kleiner wird. Da die nach oben gerichtete Druckkomponente von p weiterhin auf die obere Brennkammerfläche A drückt, entsteht aus dem Produkt p × A eine Schubkraft F, die eine Aufwärtsbewegung der Brennkammer zur Folge hat. Dieser geschilderte Vorgang beinhaltet das Antriebsprinzip eines Rückstoßtriebwerkes. In der Praxis werden anstelle des bisher betrachteten eingeschlossenen Gases der Brennkammer chemische Treibstoffgemische zugeführt, deren Verbrennung Feuergase entstehen läßt, die dann den Überdruck p in der Brennkammer verursachen, der sich über die Treibdüse ins Freie entspannt.

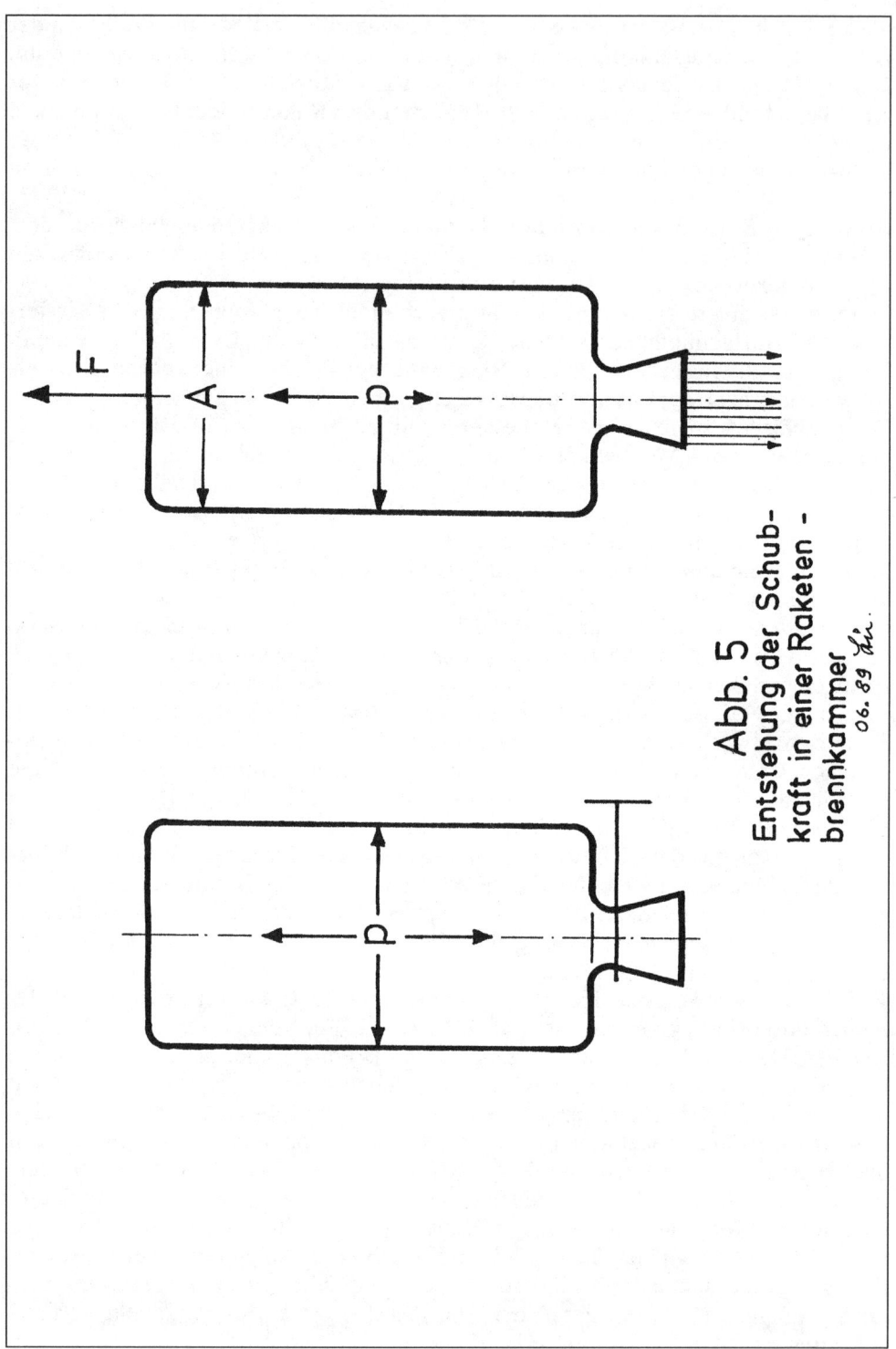

Abb. 5
Entstehung der Schub-
kraft in einer Raketen -
brennkammer

06. 89 Ju.

44

Aufgrund der geschilderten Vorgänge ist zu ersehen, daß es eine irrige Ansicht ist, daß die Schubkraft F durch Abstoßen des Raketentreibstrahles an der umgebenden Luft entstehen würde. Der Antriebsmechanismus läuft nicht außerhalb, sondern innerhalb der Brennkammer ab. Dabei pflanzt sich der Druck p über die einzelnen Gasmoleküle zur oberen Brennkammerwand fort. So betrachtet, ist die äußere Atmosphäre sogar ein Hindernis, die den Ausströmvorgang behindert, so daß im luftleeren Raum noch eine Schuberhöhung gegeben ist.

Wie bei der Schilderung der Fi 103 noch erwähnt wird, hat man den Begriff »Rakete« nicht für alle mit Rückstoßantrieben versehenen Flugkörper vorgesehen. Die Bezeichnung Rakete bzw. Raketentriebwerk ist nur dann gegeben, wenn bei dem hier betrachteten thermodynamischen Antriebssystem sowohl der Sauerstoff (Oxydator) als auch der Brennstoff für den Verbrennungsvorgang in der Brennkammer autark an Bord mitgeführt werden. Damit ist jeder auf die Luft angewiesene Rückstoßantrieb kein Raketenantrieb.

Mathematisch kann man die Funktion des Raketenantriebes unter Berücksichtigung des jeweiligen Treibstoffes auch wie folgt ausdrücken:

$$c \times m = v \times M$$

Hierin bedeutet c die Ausströmgeschwindigkeit der Verbrennungsgase, m deren Masse, v die jeweilige Geschwindigkeit und M die jeweilige Gesamtmasse der Rakete. Durch die Gleichung wird deutlich, daß die Größe ihres linken Produktes $c \times m$ eindeutig von dem Energiereichtum bzw. der Wärmetönung des Treibstoffes abhängig ist. Insofern hatte auch die normale Schwarzpulverrakete keine weitere Entwicklungsmöglichkeit mehr. Erst als es gelang, neue, hochenergetische, feste und flüssige Treibstoffe für die Raketentechnik beherrschbar und nutzbar zu machen, bekam sie die Chance aus der anfangs erwähnten Beschränkung herauszukommen. Während eine Feststoff- bzw. Pulverrakete mit modernen Feststofftreibsätzen Düsenausströmgeschwindigkeiten bis 2000 m/sec erreicht, kann diese bei der Kombination Alkohol-flüssiger Sauerstoff noch bis auf 2500 m/sec gesteigert werden. Die Ausströmgeschwindigkeit wächst mit zunehmendem Wasserstoffgehalt und abnehmendem Kohlenstoffanteil des Brennstoffes. Sie erreicht bei der Verbrennung von reinem Wasserstoff und Sauerstoff einen Höchstwert von praktisch 4000 m/sec.

Um auf die Grundformel der Raketentechnik zu kommen, muß man sich die Verhältnisse einer Rakete vor dem Start und im Betrieb vergegenwärtigen. Vor dem Start hat sie mit vollem Treibstoff eine Anfangsmasse von M_0. Während des Fluges setzt sich die Masse des Treibstoffes über die Verbrennung im Raketenofen in kinetische Strömungsenergie um, bis nur noch die Endmasse M_1 der leeren Rakete übrigbleibt. Aus dieser Tatsache deutet sich an, daß die beiden Raketenmassen M_0 und M_1 offensichtlich einen entscheidenden Einfluß auf die Fortbewegung einer Rakete haben.

Doch gehen wir nochmals auf die anfänglich erwähnte Formel des Raketenantriebes zurück. Wir haben es hier auch mit zwei Massen zu tun, einerseits mit der Masse der ausströmenden Verbrennungsgase m und andererseits mit der jeweiligen momentanen Masse der Rakete M. Beide bewegen sich analog der Abb. 6 mit ihrer jeweiligen Geschwindigkeit voneinander weg. Damit verwirklicht sich hier der aus der Mechanik bekannte Satz von der Erhaltung des Schwerpunktes. Er besagt,

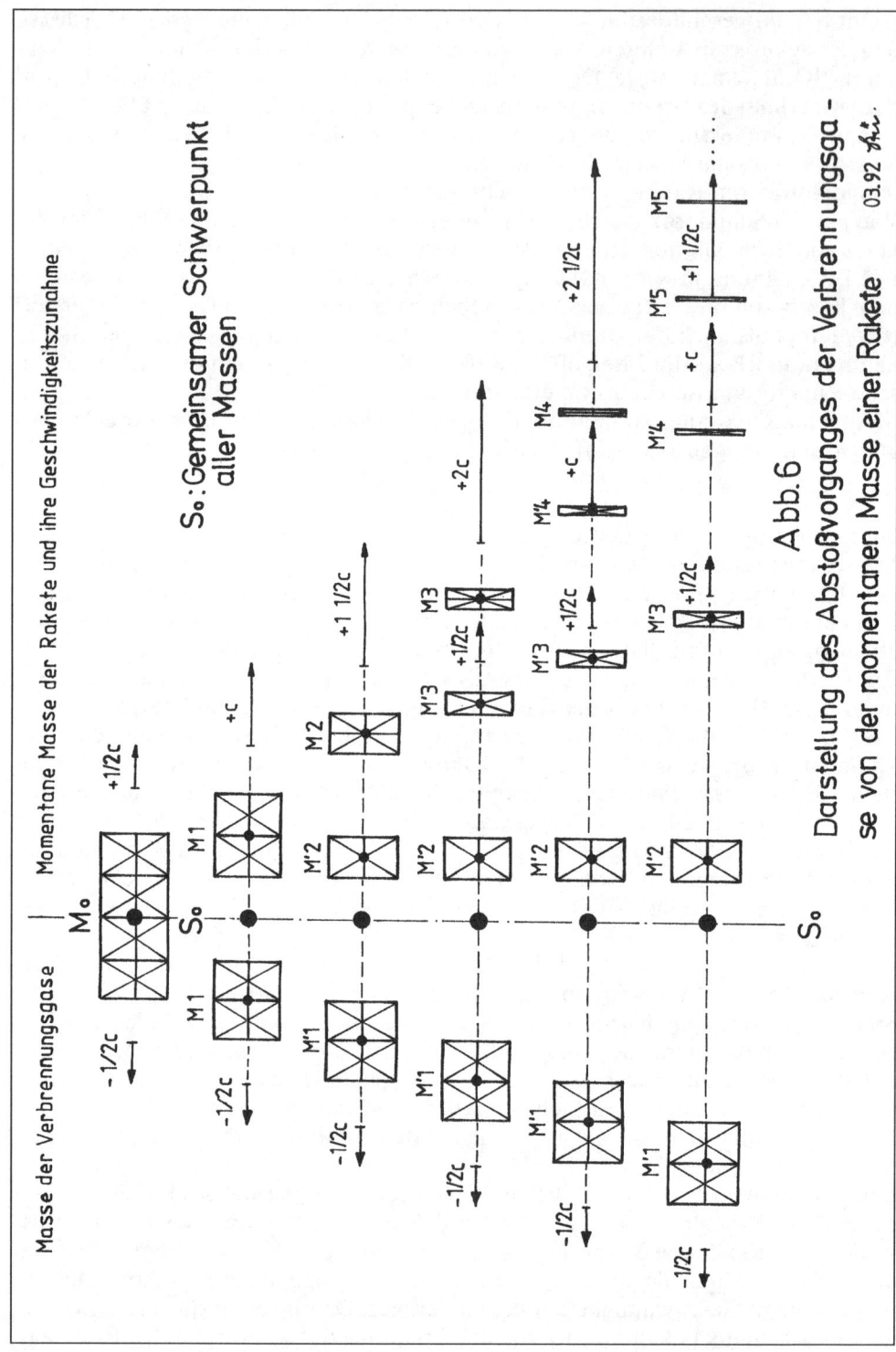

Masse der Verbrennungsgase   Momentane Masse der Rakete und ihre Geschwindigkeitszunahme

S_o: Gemeinsamer Schwerpunkt aller Massen

Abb. 6

Darstellung des Abstoßvorganges der Verbrennungsgase von der momentanen Masse einer Rakete

03.92 *Ai.*

46

daß der gemeinsame Schwerpunkt aller Bruchstücke eines durch eine Kraft auseinandergesprengten Körpers der gleiche bleibt. Um diesen Satz an einer Rakete näher zu erläutern, wenden wir uns der anschaulichen Darstellung von Max Valier aus seinem Buch »Raketenfahrt« (Verlag Oldenbourg, München 1930) zu. Er betrachtet die Rakete als einen langen Stab, der durch eine Sprengladung mit der Geschwindigkeit c in zwei gleiche Teile auseinandergesprengt wird. Beide Teile bewegen sich dadurch mit der Geschwindigkeit c/2 vom gemeinsamen Schwerpunkt voneinander weg. Bei der Betrachtung soll die linke Stabhälfte die Masse der Verbrennungsgase darstellen, während die rechte Hälfte die uns interessierende Rakete bedeuten soll. Um die Geschwindigkeit dieser rechten Hälfte von c/2 auf c zu steigern, müßte diese wieder mit der Geschwindigkeit c in der Hälfte auseinandergesprengt werden. Damit würden schon drei Viertel der Ausgangsmasse als »Treibstoff« verbraucht sein, um im verbleibenden Viertel Raketenmasse eine Geschwindigkeit von $v = c$ zu erteilen. Also die Ausgangsmasse der Rakete hätte viermal so groß wie ihre Endmasse sein müssen. Um diese Endmasse weiterhin auf $v = 2 c$ zu beschleunigen, hätte die Anfangsmasse $4 \times 4 = 16$ mal so groß sein müssen. Der Geschwindigkeitszuwachs um jeweils 1 c würde also in Viererpotenzen vor sich gehen.

Um nun diesen geschilderten Abstoßmechanismus zu immer kleineren Einheiten hin zu betrachten, wie er letztlich beim Ausstoß von Gasmolekülen bei einer Rakete gegeben ist, wollen wir zunächst den Schritt bei einem Drittel Abstoßmasse betrachten. Dabei würde die Raketenrestmasse erst nach drei Teilungsvorgängen die Fluggeschwindigkeit $v = c$ erreichen. Sie hätte dann eine Größenordnung von $(2 \times 2 \times 2) / (3 \times 3 \times 3) = 8/27$ der Ausgangsmasse. Entsprechend wäre die Ausgangsmasse $27/8 = 3{,}375$ mal so groß wie die Restmasse gewesen. Geht man zur Abstoßung immer kleinerer Teile über, so wird das Verhältnis Anfangsmasse zur Restmasse der Rakete immer günstiger. Der Geschwindigkeitszuwachs verläuft bis $v = c$ bei Abstoßen von einem Viertel der Anfangsmasse nach Potenzen von 3,165;

bei Zehntelabstoßung	nach Potenzen von 2,868
bei Hundertstelabstoßung	nach Potenzen von 2,729
bei Tausendstelabstoßung	nach Potenzen von 2,723
bei Zehntausendstelabstoßung	nach Potenzen von 2,720 usw.

Je kleiner man die abgestoßenen Teile macht, je mehr nähert man sich mit der Potenzzahl einem Grenzwert, der im Fall der praktisch unendlich kleinen Gasmoleküle den Wert 2,71828 annimmt. Diese Zahl wird in der Mathematik die Basis der natürlichen Logarithmen genannt. Ihren Formelbuchstaben bezeichnet man mit e.

In Hinblick auf die dargelegten Zusammenhänge gelangt man zur Grundformel des Raketenantriebes:

$$v = c \times \ln[\, M_0 : M_1]$$

Hierin ist v die Endgeschwindigkeit der Rakete, c die Ausströmgeschwindigkeit der Verbrennungsgase, M_0 die Anfangsmasse der Rakete einschließlich der Treibstoffe und M_1 die Endmasse der Rakete nach dem Verbrauch der Treibstoffe. In Worten drückt die Formel aus: Die Endgeschwindigkeit einer Rakete ist gleich der

Ausströmgeschwindigkeit ihrer Treibgase, multipliziert mit dem natürlichen Logarithmus des Verhältnisses von Anfangs- zu Endmasse.

Um das »Massenverhältnis« $M_0 : M_1$ zu ermitteln, das erforderlich ist, um bei gegebener Ausströmgeschwindigkeit c die Raketenendgeschwindigkeit v zu erreichen, ist die Formel wie folgt umzuformen:

$$M_0 : M_1 = e^{v/c}$$

Wie ersichtlich, ist das Massenverhältnis einer Rakete für deren Funktion und Wirkungsweise von fundamentaler Bedeutung. Mit diesen Ausführungen sollen die grundsätzlichen theoretischen Betrachtungen über den Raketenantrieb abgeschlossen werden. Es gäbe zwar noch einiges über die günstige Beeinflussung des Massenverhältnisses in Verbindung mit einer Mehrstufenrakete zu berichten, jedoch ist das ein Thema für die Raketen, die im Bereich der Heeresversuchsstelle des Werkes Ost entwickelt wurden.[12]

3. Heimatgeschichtliches um den »Peenemünder Haken«

3.1. Die geologische Geschichte der Insel Usedom

Um dem interessierten Leser mehr als nur die Schilderung technischer Begebenheiten, Vorgänge und Beschreibungen im Zusammenhang mit der Versuchsstelle der Luftwaffe Peenemünde-West zu bieten, soll auch ergänzend und abrundend über geologische und geschichtliche Vorgänge von und auf der Insel Usedom berichtet werden, da ohnehin der größte Teil dieses Berichtes von der Technik beherrscht wird.

Gegen Ende der Eiszeit, vor etwa 100 000 Jahren, befand sich die Odermündung wesentlich weiter nördlich, etwa auf der Höhe der jetzigen Oderbank, und das dahinterliegende Land ragte im Durchschnitt etwa 50 m höher aus dem Wasser heraus als heute. Später, vor etwa 10 000 Jahren, senkte sich das Küstengebiet langsam, bis nur noch die höheren Teile der Insel Usedom als Reste bzw. Inselkerne aus dem Wasser ragten. Durch das stete Arbeiten des Meeres wurden kleinere Inselkerne weggerissen und deren Sand an festere und größere Kerne angelagert, bis diese zusammenwuchsen. Abgeschnittene Meeresarme wurden zu Seen, und diese verlandeten vielfach im Laufe der Zeit zu Sümpfen. Der Verlandungsprozeß dauert bis heute an, ist jedoch aus Mangel an vorhandenen Sandinseln wesentlich langsamer geworden. Meer, Sand und Wind waren also nach der Eiszeit die formenden Kräfte, die der Insel Usedom im Laufe der Jahrtausende ihre heutige geologische Gliederung und Gestalt verliehen.

Wo auf der Insel toniger, lehmiger Boden, Kies oder Findlinge vorherrschen, hat man es mit Ablagerungen der Eiszeit, also den Inselkernen zu tun. Dünen, Moore und Sümpfe sind Anzeichen nachfolgender Verlandung. Die Gegend um die späteren Dörfer Peenemünde und Karlshagen, also das Gebiet der beiden Versuchsstellen und der Siedlung, ist ein Beispiel für die Bodenstruktur der ganzen Insel. Im wesentlichen besteht dieses Gebiet aus angetriebenem Sand. Die festen Inselkerne, durch die die Ablagerungen der Sandmassen erst möglich wurden, sind teils oberflächlich sichtbar, teils sind sie von Moor und Sand bedeckt. Der größte dieser Kerne ist mit etwa 2 m Höhe über Mittelwasser »Die Lenden«, jenes Gebiet, das später beim Bau der Versuchsstelle der Luftwaffe größtenteils die Fläche des südlichen Rollfeldes ausmachte. Es war die größte und wertvollste Ackerlandfläche der Umgegend. Die Bezeichnung »Die Lenden« kommt höchstwahrscheinlich von »die Linden (Lennen)«, die früher dieses fruchtbare Gebiet umsäumt haben.[1]

Kleinere, fruchtbare Inselkerne liegen auch rings um den Kölpien-See herum. Öst-

49

lich des Sees konnte deshalb auch von der Gutsverwaltung Peenemünde 1942/43 eine größere Ackerfläche angelegt werden. Ebenso bestanden zu dieser Zeit landwirtschaftlich genutzte Flächen östlich vom und dicht beim 1943/44 gebauten Hochbunker der Versuchsstelle der Luftwaffe.

In früheren Jahrtausenden verlief zwischen den kölpienschen Inselkernen und dem späteren Dorf Karlshagen eine etwa 3 km breite Wasserverbindung zwischen Peene und Ostsee, die später von beiden Seiten her verlandete. Damit entstanden neben anderen Flächen z. B. auch die Verlandungsgebiete »Torf Mösse« und »Große Strandwiese« (Abb. 7 = Umschlaginnenseite).[1]

Wie unsicher der Untergrund war, hat sich beim Bau des Rollfeldes gezeigt, dessen nördlicher und westlicher Teil mit großem finanziellen Aufwand aufgespült und befestigt werden mußte. Auch konnte das Material für die Versuchsstellenbauten von der bei Beginn schon vorhandenen Landstraße Karlshagen/Peenemünde-Dorf aus nach Peenemünde-West zunächst nur über ausgedehnte Knüppeldämme aus Eisenbahnschwellen transportiert werden.

3.2. Historische Vorgänge am »Peenemünder Haken«

Zahlreiche vorhistorische Funde beweisen, daß der »Peenemünder Winkel« schon in der Steinzeit, um etwa 3000 v. Chr., besiedelt war. Das Dorf Peenemünde hatte dem Kreisheimatmuseum in Swinemünde zahlreiche Steinbeile, Steinmeißel und eine Lanzen- und eine Pfeilspitze zur Verfügung gestellt, die aus Granit bzw. Feuerstein gefertigt waren und hauptsächlich auf den kölpienschen Inselkernen gefunden worden waren.

Aus der Wikingerzeit sind 1905 und 1908 beim Ausheben von Pflanzlöchern achteinhalb Goldringe im Wolgaster Stadtforst gefunden worden, die in die Zeit um 1100 bis 1200 n. Chr. einzuordnen sind. Da nordische Goldfunde aus dieser Zeit in Pommern recht selten waren, hat der Vorgeschichtler Carl Schuchardt diese Funde 1926 zum Anlaß genommen, eine Theorie zu entwickeln, die davon ausgeht, daß die versunkene, sagenumwobene Stadt Vineta auf dem Peenemünder Haken gestanden hat. Schuchardt ist jedoch später von dieser Theorie abgekommen und hat sich der Mehrzahl der deutschen Vorgeschichtler angeschlossen, die Vineta bei der alten Stadt Wollin vermuten. Diese nordischen Goldfunde stammen sicher von einem Wikingerschiff, das in der Brandung am Peenemünder Haken kenterte, dessen Strand seinerzeit weiter hinten lag. Alle Goldringe wurden dem damaligen Grundeigentümer, der Stadt Wolgast, zur Verfügung gestellt, die sie an das Landesmuseum in Stettin weitergab. Aus der Germanenzeit wurde ein Bronzearmring gefunden, der aus der Zeit um etwa 1500 v. Chr. stammt. Bei Baggerarbeiten in der Peene, die im weiteren Sinne den Bauarbeiten an den beiden Versuchsstellen zuzuordnen sind, kam um 1940 ein sehr schöner 57 g schwerer Goldring zutage, wie er etwa um 550 n. Chr. gefertigt wurde, also in der Zeit, da die deutschen Heldensagen spielen – z. B. wird im Nibelungenlied derartiger Schmuck anschaulich geschildert.

Wendet man sich der neueren Zeit zu, so taucht der Name Peenemünde aus dem Dunkel der Geschichte erstmals 1282 in einer Schenkungsurkunde auf, in der Herzog Bogislav IV. der Stadt Wolgast u. a. Wiesen »bis an den Winkel, welcher Peenemünde genannt wird« schenkte. In der folgenden Zeit stand Peenemünde unter der Gerichtsbarkeit des Rates der Stadt Wolgast.

Von den drei Mündungsflüssen der Oder: Peene, Swine und Dievenow, war die Peene im Mittelalter die befahrenste Wasserstraße nach Stettin und damit auch der umstrittenste Fluß zwischen Deutschen, Nordländern und Slawen. Bis in diese Zeit wird sicher auch die Peenemünder Schanze hinabreichen, wenn auch erst aus dem 17. Jahrhundert genauere Berichte vorliegen.

Schon im 15. Jahrhundert war die Schanze als Zoll- und Lotsenstelle vorhanden, und diese Funktion hat sie, von ihrer militärischen Bestimmung abgesehen, bis gegen Ende des 19. Jahrhunderts behalten. Im 30jährigen Krieg rückte die Peenemünder Schanze aufgrund ihrer strategisch wichtigen Lage zeitweise in den Mittelpunkt militärischer Handlungen größerer geschichtlicher Bedeutung. Zu Beginn des Krieges waren die Peenemünder und auch die gegenüber bei Kröslin liegende Schanze nur schwach befestigt und ohne Besatzung. Erst beim Anrücken des dänischen Königs Christian IV. wurde die Schanze bei Peenemünde im Juli 1628 von Kapitän von Eckstaedt mit einer Kompanie pommerscher Soldaten besetzt. Da er jedoch durch die klägliche Kriegführung des letzten Herzogs von Pommern, Bogislav XIV., keine wirksame Unterstützung fand und in Wolgast die pommerschen Soldaten wegen fehlenden Soldes zum Kämpfen nicht bereit waren, fielen die Schanze und die Stadt Wolgast in dänische Hand. Die Stadt und das Herzogschloß Wolgast wurden sowohl von den Dänen als auch von den desertierten pommerschen Soldaten geplündert. Einige Tage später warfen die Kaiserlichen die Dänen wieder aus Wolgast und Vorpommern heraus, und Christian IV. schiffte sich in der Nähe der Schanze ein, um wenig ruhmreich nach Dänemark zurückzukehren. Die beiden Schanzen wurden von kaiserlichen Truppen besetzt und gegen etwaige weitere Angriffe aus dem Norden ausgebaut.

Als zwei Jahre später König Gustav II. Adolf von Schweden am 6. Juli 1630 in Peenemünde mit ca. 14 000 Mann landete, vertrieb er die kaiserliche Besatzung auch von der Peenenmünder-Schanze und trat vom Peenemünder Haken aus seinen Siegeszug auf dem europäischen Kriegsschauplatz an. Als er 1633 bei Lützen fiel, wurde Schweden, durch den Krieg zur europäischen Großmacht emporgestiegen, im Frieden von Münster und Osnabrück (1648) Vorpommern, darunter die Insel Usedom mit Peenemünde, zugesprochen.

Im Krieg zwischen Brandenburg und Schweden konnte der Große Kurfürst letztlich u. a. die Peenemünder Schanze für sich gewinnen, mußte jedoch im Frieden von Saint-Germain 1679 seine Eroberungen in Vorpommern wieder abgeben.

Im Nordischen Krieg von 1700 bis 1721 konnte Friedrich Wilhelm I. die Peenemünder-Schanze für Preußen erobern und erhielt im Frieden von Stockholm Vorpommern bis zur Peene.

Im Siebenjährigen Krieg wurde das Fort Peenemünde durch Friedrich den Großen mit 30 Geschützen bestückt und bekam eine Garnison von fünf Offizieren und 190 Mann. Nachdem während des Krieges die Befestigung zwischen Preußen und Schweden mehrfach den Besitzer gewechselt hatte, konnte Preußen die Peenemünder Schanze im April 1759 endgültig in Besitz nehmen. Friedrich II. ließ sie, wie auch die Schanze auf dem westlichen Peeneufer, nach Kriegsende, 1763, schleifen.

In der Folgezeit von fast 200 Jahren versank der Peenemünder Haken mit seinem

Dorf und den Überresten der Schanze in tiefer Abgeschiedenheit und Einsamkeit. Verstärkt wurde dieser Zustand, da sich in den folgenden Jahrzehnten auch die Schiffahrt nach Stettin mehr und mehr zur Swine hin verlagerte. Dies änderte sich auch kaum, als 1824 der pommersche Oberpräsident Sack etwa 7 km südöstlich von Peenemünde eine Fischerkolonie gründete, die ihren Namen Hammelstall nach einem alten dort vorhandenen Stall der Domäne Mölschow erhielt. Diese Kolonie entwickelte sich so gut, daß 1829 etwa 3,5 km nördlich von Hammelstall eine ähnliche Siedlung gegründet wurde, die ab 1829 ihren Namen Karlshagen nach dem Stettiner Regierungsrat Karl Triest erhielt, der sich um die Gründung dieses Ortes sehr verdient gemacht hatte.[1, 2]

Seit etwa 1880 besuchten auch Badegäste Hammelstall und Karlshagen. Der Badebetrieb nahm besonders in Karlshagen, nach Bau der Landstraße bis nach Peenemünde und der 1910 eröffneten Eisenbahn von Heringsdorf nach Wolgaster-Fähre, stark zu. Karlshagen wuchs aus dem einsamen Fischerdorf heraus. Die in Hammelstall ihren Urlaub verbringenden Badegäste, es waren damals hauptsächlich Berliner, beanstandeten die Ortsbezeichnung Hammelstall derart nachdrücklich, daß der Ort umbenannt wurde. In Anlehnung an den östlich zwischen Hammelstall und dem Strand im Wald liegenden Landstrich Trassenmoor, wo bisher nur ein Waldhüter wohnte, wurde Hammelstall 1910 in Trassenheide umbenannt.[1]

Nach dem Ersten Weltkrieg bis in die Mitte der 30er Jahre entwickelten sich beide Orte zu gern besuchten Erholungsstätten, besonders bei jenen Gästen, die dem Trubel der großen Bäder, von Swinemünde bis Zinnowitz, aus dem Wege gehen wollten.

Damit war jener Zustand in der Entwicklung des Peenemünder-Hakens erreicht, den die ersten zehn Angehörigen der Bauleitung der Luftwaffe vorfanden, als sie sich am 15. September 1936 von Berlin aus in Peenemünde einquartierten, um ihre Arbeiten zur Erstellung beider Versuchsstellen »vor Ort« fortzuführen.[3]

3.3. Die Landschaft um Peenemünde vor dem Versuchsstellenbau

Während in den beiden vorhergehenden Kapiteln ein Überblick der geologischen und historischen Vorgänge am Peenemünder Haken gegeben wurde, soll im folgenden die Landschaft sozusagen als Momentaufnahme festgehalten werden, ehe die Bauarbeiten für beide Versuchsstellen dem weltabgeschiedenen Naturschutzparadies um Peenemünde ein Ende bereiteten. Allerdings muß erläuternd gesagt werden, daß die »Weltabgeschiedenheit« zwar verlorenging, die Landschaft jedoch in wesentlichen Teilen erhalten blieb und geschont wurde.

Wer Anfang der 30er Jahre als Urlauber mit der Bahn von Swinemünde kommend zum Peenemünder Haken vordringen wollte, mußte zunächst die Bäderstrecke über Ahlbeck, Heringsdorf bis nach Zinnowitz durchfahren. Er tat dann gut daran, erst eine Station später in Karlshagen-Trassenheide auszusteigen, da von hier die Möglichkeit bestand, mit einem Pferdefuhrwerk, meist einem Kremser, weiter nach Nordwesten befördert zu werden.

Einen zweiten Weg, nach Karlshagen-Trassenheide zu gelangen, gab es von Wolgast aus mit der Fähre über die Peene bzw. später, ab 1933, über eine Klappbrücke zum inselseitigen Bahnhof Wolgaster-Fähre. Von hier aus konnte man, sozusagen in entgegengesetzter Richtung wie vorher beschrieben, über Bannemin-Mölschow und Karlshagen-Trassenheide in Richtung Swinemünde fahren.

Der Vorplatz des Bahnhofs Karlshagen-Trassenheide war seinerzeit der Ausgangspunkt für die Beförderung der Reisenden zum etwa 3,5 km nordwestlich gelegenen Karlshagen. An diesem Bahnhof kreuzte sich auch die von Wolgaster-Fähre kommende Landstraße mit dem aus gleicher Richtung und etwa parallel verlaufenden Bahngleis. Während die Bahn in östlicher Richtung über Zinnowitz nach Swinemünde weiterlief, führte die Landstraße nach einer Linkskurve in nördlicher Richtung an den ersten Häusern von Trassenheide vorbei. Nach etwa 150 m zweigte nach Nordosten rechtwinklig eine breite Straße ab, die, die geringe Ortsbreite des Straßendorfes durchquerend, nach etwa 200 m als Waldweg durch Nadelhochwald in Richtung Strand weiterlief. Nach ungefähr 500 m ging ein Weg nach Südosten zu einem in Sichtweite gelegenen Kinderheim ab, das später, gegen Ende der 30er Jahre, durch einen U-förmigen Wohnbarackentrakt erweitert, unter allen Angehörigen der Versuchsstelle der Luftwaffe als »Fliegerheim« bekannt werden sollte. Folgte man dem Waldweg weiter, lag, für den Eingeweihten zwischen den Kiefernstämmen kurz sichtbar, auf der nordwestlichen Seite des Weges das Forsthaus Trassenmoor. Danach deuteten leichte Hügel links und rechts und später ein Ansteigen des Weges, die nahen Dünen des Ostseestrandes an. Kurz vor Erreichen des höchsten Punktes der Dünenkette, ehe der Waldboden in den feinen, weißen Dünensand überging, duckten sich linker Hand, in einer Mulde vor dem Wind geschützt, einige Holzhütten, die den Trassenheider Küstenfischern als Geräteschuppen dienten. Vom höchsten Punkt der Dünen aus ging der Blick weit über den westlichen Teil der Pommerschen Bucht. In nördlicher Richtung war die kleine Felseninsel Oie, auch »Helgoland der Ostsee« genannt, mit ihrem Leuchtturm erkennbar. Nach Nordwesten dehnte sich in weitem Bogen die bewaldete Küste mit gleichbleibend breitem, feinsandigem Strand bis zum Ende am Peenemünder Haken. Einzige Unterbrechung der Gleichförmigkeit war die bei Karlshagen in das Meer hinausragende Landungsbrücke. Von hier aus wurde, in den Sommermonaten mehrmals am Tage, mit einem kleinen Küstendampfer ein regelmäßiger Verkehr zur Insel Oie unterhalten.

Nach Südosten setzte sich der bewaldete Küstenbogen in Richtung Swinemünde fort. Auch hier war bei Zinnowitz eine Seebrücke sichtbar, an der verschiedentlich die von Stettin über Swinemünde kommenden Rügen-Dampfer der Reederei Bräunlich auf ihrem Wege nach Saßnitz auf Rügen anlegten.

Verließ man den Badestrand von Trassenheide wieder auf gleichem Wege in Richtung Dorf, so traf der wanderfreudige Gast gleich hinter den Dünen auf einen parallel zum Strand verlaufenden Waldweg. Dieser Weg konnte von Swinemünde aus längs des Strandes bis zum Peenemünder Haken verfolgt werden, wo er sich im Schilfvorland der »Großen Strandwiese« verlor. Innerhalb der Seebäder war er als Strandpromenade ausgebaut, zwischen den Orten nahm er wieder seinen urwüchsigen, romantischen Verlauf zwischen Wald und Dünengras.

Folgte man von Trassenheide aus wieder der Hauptstraße nach Nordwesten, breiteten sich hinter den letzten Häusern auf der westlichen Seite sumpfige Wiesen bis zum Peeneufer aus. Innerhalb dieser großen Sumpffläche, etwa zwischen der Dorfmitte von Trassenheide bis zur Ortsmitte des folgenden Dorfes Karlshagen, erstreckten sich die drei verlandenden Mölschower Seen. Nach etwa 1,5 km tauchten die ersten Häuser von Karlshagen auf. Wie Trassenheide war auch Karlshagen, außer seinem nördlichen Teil, im wesentlichen als Straßendorf entlang der Landstraße nach Peenemünde angelegt. Im Weitergehen sah man mitten im Wald auf der östlichen Straßenseite, nach dem Friedhof, die Ortskirche. Der Friedhof sollte im Jahre 1943 aus traurigem Anlaß eine wesentliche Erweiterung erfahren, da er die Opfer des ersten Bombenangriffes auf die Siedlung und Peenemünde-Ost aufnehmen mußte.

Am nördlichen Ortsende kreuzte ein Weg die Hauptstraße nach Peenemünde. Dessen südöstliche Richtung stellte die Verbindung zu einem schilfumrandeten Bootshafen an der Peene her. Ein motorgetriebener Fischkutter unterhielt, hauptsächlich in den Sommermonaten, eine Fährverbindung zu den auf dem jenseitigen Festlandufer der Peene gelegenen Orten Hollendorf und Cröslin. Von hier brachen in den Morgenstunden Beerenpflücker zum »Forst Pudagla« und dem nördlich sich anschließenden »Wolgaster Stadtforst« auf, die abends mit der Fähre wieder von der Insel Usedom zum Festland zurückgebracht wurden.

Von der erwähnten Kreuzung nach Nordosten verlief eine befestigte Straße bis zum Badestrand von Karlshagen. Hier waren im Laufe der Zeit, mit zunehmendem Badebetrieb, auf der nördlichen Straßenseite in Strandnähe Häuser für Feriengäste, eine Gastwirtschaft, Geschäfte für den täglichen Bedarf sowie ein Kinder- und Erholungsheim entstanden. Die Straße endete direkt im Sand der Dünen. Der Badegast konnte, die Breite des Strandes durchquerend, geradewegs die schon bei unserem Rundblick vom Strand bei Trassenheide entdeckte Seebrücke betreten. Dieser geschilderte Ortsabschnitt Karlshagens war allgemein unter dem Begriff »Strandkolonie« bekannt.

Wenden wir uns wieder der Kreuzung zu, so schien es, als ob von hier nach Norden die Welt mit »Brettern vernagelt« wäre. Man ist fast geneigt anzunehmen, daß dem etwa 200 m östlich zur Peene hin gelegenen »Forsthaus Scheide« dieser Name wegen der hier beginnenden Einsamkeit gegeben wurde. Von da nach Norden verlaufend, sollte sich später das Hauptbebauungsgebiet der beiden Versuchsstellen mit ihrer Siedlung erstrecken.

Wer die Kreuzung verließ und der beiderseits baumgesäumten Chaussee nach Peenemünde folgte, war nicht nur wie bisher auf der östlichen Seite von Kiefernwald umgeben, sondern auch auf der westlichen Seite der Straße umschloß ihn jetzt dichter Mischwald. Bei weiterem Eindringen in den Wolgaster Stadtforst zweigte nach Westen ein Waldweg zur »Holländerei Gaaz« ab. Dieser Molkereibetrieb, schon 1670 am Peeneufer errichtet, wurde 1727 wegen häufiger Überschwemmungen der Peenewiesen vom Ufer weg zum Waldrand nach Osten hin verlegt.

Nach einem guten Kilometer konnten auf der westlichen Seite der Straße im Wald einige Hügel gesichtet werden, die sogenannten »Voßberge«, die jedoch nur eine Höhe von 6 bis 7 m über NN erreichten. Dieses Gebiet wurde von der Straße durch eine weite, fast rechtwinklige Kurve nach Westen umrundet. Nach dieser Richtungsänderung hörte rechts, auf der jetzt nördlichen Straßenseite, der Wald auf. Von hier zweigte von der Straße nach Süden ein Waldweg in das Gebiet der Voßberge ab, der vorher am nahegelegenen »Forsthaus Peenemünde« vorbeiführte. Er verlief danach weiter in den Wald hinein, um sich an einem sumpfigen, verschilften Tümpel, dem »Schwarzen See«, zu verlieren. Unterwegs schlängelte er sich durch einen urwaldähnlichen Mischwald mit stämmigen Buchen und jahrhundertealten Eichen. Farnkräuter, die einen Reiter verbergen konnten, machten das Durchkommen fast unmöglich. Im Sommer summten Milliarden von Mücken über dem sumpfigen Boden und dem verschilften See.

Nach weiteren 500 m Landstraße hörte auch der Hochwald auf der südlichen Straßenseite auf, womit der Blick nach Süden, Westen und Norden über das weite, ebene Land des »Peenemünder Hakens« frei war. Voraus, Richtung Westen, ahnte man die Häuser des etwa 2 km entfernten Dorfes Peenemünde. Dieser Punkt lag fast im geographischen Mittelpunkt des damals unberührten, einsamen nördlichen Ausläufers der Insel Usedom. Das Gebiet besaß großen Wildreichtum. Schwärme von Schwänen, Enten, Wasserhühnern und Tauchern bevölkerten die ausgedehnten Schilf- und Tümpelgebiete ebenso wie die kilometerlange Küste der flachen See. Über Blaubeer- und Preiselbeerbüsche, durch Himbeer- und Brombeergestrüpp streiften Herden von Rotwild, und Wildschweine brachen durch den Wolgaster Stadtforst. Möwen waren allgegenwärtig, und Seeadler zogen ihre Kreise.

Bei weiterem Vordringen Richtung Westen blinkte im Norden in etwa 500 m Entfernung von der Straße wie ein helles Auge die Fläche des Kölpien-Sees, dessen im Norden schilfbestandene Ufer von dunklen, saftigen Wiesen umsäumt waren.

Verfolgte der Wanderer den Weg weiter nach Peenemünde, machte die Straße nach etwa 100 m einen Knick nach Südwesten. Nach der Biegung ragten links von der Straße die Flügel einer alten Windmühle in den Himmel. Nachdem die bisher gutbefestigte und baumbegrenzte Landstraße nach Passieren des Kilometersteines »12« und fast weiteren 400 m Fußmarsch in eine engere Ortsstraße übergegangen war, tauchten auf der nordwestlichen Seite die ersten Häuser des Dorfes Peenemünde auf.

Jeder Gast, der zu Beginn der 30er Jahre in dem unbekannten Ort Peenemünde eintraf, wird sicher erstaunt festgestellt haben, daß trotz der durchwanderten Einsamkeit hier noch Menschen anzutreffen waren. Damals war nicht zu ahnen, daß sich innerhalb der nächsten 15 Jahre ganz in der Nähe dieses Ortes derart spektakuläre Vorgänge abspielen würden, die das Fischerdorf Peenemünde weltbekannt machen sollten. Wer immer danach auf der Welt von der Entwicklung und Erprobung der ersten Großrakete bzw. von den ersten brauchbaren, auch in Serie gebauten Raketentriebwerken sprach, konnte Peenemünde nicht umgehen. Ja, man kann mit gewisser Berechtigung in diesem Zusammenhang von der »Wiege der Weltraumfahrt« sprechen, wenn sie auch nicht als solche geplant war, ist sie es doch durch die Ergebnisse zwangsweise geworden.

Ehe wir uns jedoch diesen Vorgängen zuwenden, werfen wir noch einen Blick auf das Dorf Peenemünde und seine nährere Umgebung. Der Ort erstreckte sich am nordöstlichen Ufer des »Cämmerer Sees«, der seinen Namen nach dem früher von der Stadt Wolgast eingesetzten Stadtvogt (Stadtkämmerer) bekommen hatte. Dessen Sitz befand sich in früheren Zeiten auf einem Hügel in der Mitte des Dorfes. Wer sich dem in eine Spitze auslaufenden östlichen Ortsteil zuwandte, konnte nach Passieren der letzten Häuser, einem Fußweg folgend, in südwestlicher Richtung durch Wiesen und Heide bis zum schon erwähnten Vorwerk Gaaz und darüber hinaus durch urwüchsigen Mischwald eines Ausläufers des Wolgaster Stadtforstes sogar bis zum Forsthaus Scheide bei Karlshagen gelangen. Diese und ähnliche Wanderungen, die auch nach dem Bau der beiden Versuchsstellen für die dort Beschäftigten möglich waren, vermittelten in besonderer Eindringlichkeit die herbe Schönheit, Einsamkeit und Ruhe dieser Landschaft.

Im westlichen, sich verbreiternden Ortsteil von Peenemünde gelangte man durch eine Grünanlage mit Dorfteich und Gedenkstein zur Erinnerung an die Landung Gustav Adolfs zu einer vom »Bollwerk« an der Peene kommenden Straße, die danach, an zwei Windmühlen vorbeiführend, in weitem Bogen nach Norden zum etwa 1,8 km entfernten »Vorwerk Peenemünde« abbog. Dieses Vorwerk hatte die Stadt Wolgast 1835 angelegt. Der Name »Vorwerk« sollte auch noch in einem Werkteil der späteren Versuchsstelle der Luftwaffe an gleicher Stelle erhalten bleiben, nachdem die ursprünglichen Gebäude schon längst abgerissen waren. Es umfaßte um 1900 etwa 450 ha Land und konnte viele hundert Kühe und Schafe unterhalten.

Die Bewohner Peenemündes, Anfang der 30er Jahre waren es 290 Personen, lebten vom Fischfang, von der Viehwirtschaft und vom Ackerbau. Im Dorf gab es eine Gastwirtschaft, die »Schwedenschanze«. Ihr Name spielte auf die noch vorhandenen Überreste dieses ehemaligen Hafenforts an. In der Wirtschaft wurde man »rauh, aber herzlich« bedient, die Tischtücher waren nie ganz sauber, aber es gab dafür so gut zubereitete Fische, wie sie in der ganzen weiten Umgebung nicht zu bekommen waren. Gespräche mit den Fischern in der »Schwedenschanze« oder am Bollwerk fingen beim »ollen Ostwind« an, gingen über den Fischfang und endeten wieder beim »ollen Ostwind«, ganz gleich, ob er nun aus Westen, Süden oder Norden kam.

Das Ortsbild Peenemündes wurde durch seine von außen recht schön und romantisch anzusehenden strohgedeckten Fachwerkhäuser geprägt, die jedoch, näher betrachtet, vielfach schon recht baufällig waren.[3, 4]

Um zu den Überresten der Schwedenschanze zu gelangen war es zweckmäßig, vom Dorfteich ausgehend einem Weg zu folgen, der im rechten Winkel von der vom Bollwerk kommenden Straße in nordwestlicher Richtung verlief. Dieser Feldweg führte parallel zum »Mühlen-See«, der – wie der Cämmerer See, jedoch wesentlich kleiner – eine Ausbuchtung der Peene am nordwestlichen Ende des Dorfes war. An der gleichen Stelle wurde später der Hafen des Kraftwerkes Peenemünde angelegt. Nach 400 m und einigen Kurven endete der Feldweg hart am Peeneufer und an den beiden Häusern der Lotsenstation. In unmittelbarer Nähe und nördlich der Station erhoben sich, ebenfalls dicht am Peenestrand, die Wälle der Schanze. Sie umschlossen eine quadratische Fläche von 70×70 m bei einer Höhe von 5,5 m. Übrigens waren diese Erdwälle nach den Voßbergen die höchste Erhebung des ganzen Peenemünder Hakens. Der Eingang zum umschlossenen Quadrat befand sich auf der südlichen Seite. Im Innenraum waren einige Schrebergärten angelegt, die durch die Wälle entsprechenden Schutz vor dem Seewind hatten.

Wer eine dieser künstlichen Erhebungen erklomm, hatte einen guten Rundblick über das weite und flache Land, auch über den Peenemünder Haken hinaus. Im Süden, die Peene aufwärts, sah der Betrachter auf dem Festland in gut 2 km Entfernung die Häuser und den Kirchturm des Ortes Cröslin. Glitt der Blick die Peene abwärts, fand er bei dem folgenden Ort, Freest, der genau gegenüber der Peenemünder Schanze lag, einen weiteren Punkt zum Verweilen. Da das Gelände hinter den Orten auf 10 bis 14 m Höhe anstieg, konnte auf dem Festland kein weiterer Einblick gewonnen werden. Schweiften die Augen weiter gegen Nordwesten, berührte der Blick die weit in die Peenemündung hineinragende flache Halbinsel »Der Struck« mit dem »Freesendorfer See« und einem kleinen Waldstück. Durch den schütteren westlichen Ausläufer dieses Mischwaldes hindurch waren mit dem Fernglas zwei Feldscheunen zu erkennen. Wer einmal diese Halbinsel, mit dem Boot von der Peene kommend, anlief, der glaubte eine vollkommen andere Welt zu betreten. Einsamkeit und Stille legten sich fast beklemmend auf das Gemüt. Der lockere, moorige, von keines Menschen Fuß zusammengetretene Boden gab unter jedem Schritt wie ein weicher Teppich nach. Hier wurde später für die Versuchsstelle der Luftwaffe ein Bombenabwurfplatz mit einem Zielkreuz für senkrecht fallende sowie eine Bretterwand und Holzschuppen für horizontal ferngelenkte Abwurfwaffen aufgebaut.[4]

Bei weiterer Blickwendung über den anschließenden »Greifswalder Bodden« nach Norden konnten bei entsprechender Witterung ausgeprägte Luftspiegelungen von südlichen Teilen der Insel Rügen beobachtet werden. Immer wieder ein faszinierender Anblick! Ebenfalls mit Blickrichtung entlang der Westküste des Peenemünder-Hakens, war die schmale, langgestreckte, kommaförmige Insel »Der Ruden« mit dem niedrigen, buschförmigen Wäldchen in fast 6 km Entfernung von der Peenemünder Schanze aus zu sehen. Da die Insel fast in Nord-Süd-Richtung liegt und ein Großteil ihrer Länge kaum aus dem Wasser ragt, war sie nicht in ihrer Gesamtlänge von fast 3 km sichtbar.

Glitt der Blick weiter nach Nordwesten, konnte man bei klarem Wetter und guten Augen die nördliche Steilküste von Rügen, der größten deutschen Insel, mit den Kreidefelsen erblicken. Ein besonders reizvoller Anblick der Kreideküste zwischen Stubbenkammer und Saßnitz ergab sich bei schnell wechselnder Beleuchtungsszenerie durch wolkiges und windiges Wetter dadurch, daß die Sonne, durch ein Wolkenloch fallend, voll auf die Kreideküste traf. Blendend weiß leuchtete sie dann vom »Prorer Wiek« herüber.

Ein weiterer Rundblick über die Ostsee wurde dem Betrachter damals verwehrt, da sich in das weiter entfernte, flache Vorfeld der Peenemünder Schanze von der Nordspitze der Insel Usedom her eine etwa 1 km lange Waldspitze des Wolgaster Stadtforstes hineinschob, die bei der späteren Anlage des Rollfeldes abgeholzt wurde.

Damit wollen wir unsere Besichtigungsreise beenden, im Geiste von der Peenemünder Schanze herunterklettern, das Objektiv unserer Kamera schließen und das in groben, aber wesentlichen Zügen aufgenommene Bild vom Norden der Insel Usedom in unserer Erinnerung bewahren.[4]

Wenn in der Folgezeit bis 1945 die Einsamkeit und Wesentliches der Landschaft noch erhalten blieb, so änderte sich das doch nach 1945 grundlegend, da die bisher abseits des großen Trubels gelegenen mitteldeutschen Badeorte ab Heringsdorf westwärts für den betrieblich organisierten Massentourismus ausgebaut wurden. Auch im westdeutschen Küstengebiet kam es, zwar nicht betrieblich-staatlich organisiert, im Endeffekt zu gleicher Umstrukturierung. Neue Bäder entstanden, aus großen Bädern wurden noch größere, aus kleinen wurden mittlere, und einsame Gegenden verschwanden ganz. Letztlich einerseits das Ergebnis der nach dem

Kriege allgemein gestiegenen und möglich gewordenen Reiseinitiative der Bevölkerung und andererseits besonders stark verursacht durch den Verlust von mindestens 700 km ostdeutscher Ostseeküste bis zur Memel hinauf.

Abschließend ist es noch interessant, zu erwähnen, daß nach dem Bau der beiden Versuchsstellen das Dorf Peenemünde in der ursprünglichen Form aufhörte zu existieren. Bei Beginn des Krieges mehr und mehr von den wehrtüchtigen Männern entblößt, hielt es auch viele Frauen nicht mehr in dem engeren Geheimhaltungsbereich. Es war ein sterbendes Dorf geworden, dessen Häuser im Laufe der Zeit verfielen bzw. auch teilweise Platz für Bauten der Versuchsstelle machen mußten. Es trat jener paradoxe Zustand ein, daß in dem Maße, wie die Vorgänge Gestalt annahmen, die zur späteren Berühmtheit Peenemündes nach dem Kriege führten, dessen Identität und Existenz verlorengingen. Als es noch in seiner Ursprünglichkeit bestand, kannte es kaum jemand. Als es nicht mehr in dieser Form existierte, wurde es weltbekannt.

Bleibt am Schluß noch nachzutragen, was aus Peenemünde und Umgebung nach 1945 wurde. Auch danach erkannte man die für militärische Aktivitäten einmalig günstige Lage dieses Geländes. Militärtechnische Forderungen haben ihre eigenen, vielfach gleichen Gesetze, unabhängig von Gesellschaftsform und Ideologie.

4. Peenemünde, vom Fischerdorf zur »Wiege der Weltraumfahrt«

4.1. Entschluß zum Bau der Heeres- und Luftwaffenversuchsstelle Peenemünde

Nachdem die »Versuchsstelle-West« auf dem Artillerie-Schießplatz Kummersdorf bei Berlin für die Raketenentwicklung und die hierfür notwendigen praktischen Schießversuche des Heereswaffenamtes schon im Jahre 1935 zu klein geworden war, hielt man Ausschau nach einem geeigneteren Gelände. Anfang Dezember 1935 hatte Wernher von Braun mit der Suche nach einem entsprechenden Platz begonnen. Gegen Ende Dezember machte der inzwischen in Kummersdorf tätige Erprobungspilot Erich Warsitz die Erkundungsflüge teilweise mit. Von Braun startete zu diesem Zweck mit seinem Dienstflugzeug, einer alten Junkers Junior-Maschine, die oft streikte, in Richtung Norden. Die Ostseeküste war im damaligen Deutschen Reich der einzige geeignete Raum, um Fernraketen zu erproben, weshalb sich hier auch die Suchbemühungen konzentrierten.

Eines Tages, über Rügen fliegend, entdeckte von Braun nahe der Ortschaft Binz ein ihm geeignet erscheinendes Gelände. Er landete in der Nähe und mußte wegen der rasch einbrechenden Dunkelheit dort übernachten. Am nächsten Tag stellte von Braun erstaunt fest, daß am Strand des ihn interessierenden Geländes Vermessungsarbeiten durchgeführt wurden. Auf Befragen und Andeutungen seines Vorhabens erteilte ihm der Bürgermeister die Auskunft, daß er bedaure, in diesem Fall nicht helfen zu können, da vor drei Tagen die Deutsche Arbeitsfront den Küstenstrich für ein KdF-Bad beschlagnahmt habe (KdF: Kraft durch Freude).[2]

Neben Rügen standen auch die Inseln Usedom und Wollin im Blickpunkt des näheren Interesses für eine Versuchsstelle. Während auf Wollin die vorgesehene Gegend um Dievenow für den geplanten Zweck als nicht geeignet angesehen wurde, richtete sich das Interesse der Beteiligten mehr und mehr auf den Nordzipfel der Insel Usedom, den Peenemünder Haken.

Im Zuge der Erkundungsflüge von Brauns erfolgte auch eine Besichtigung der Inseln Rügen und Usedom, an der neben von Braun und Walter Riedel (Riedel I) als Fachmann und Bauingenieur auch Dipl.-Ing. Johannes Müller teilnahm. Seinerzeit noch als freier Mitarbeiter des Heereswaffenamtes tätig, hatte Müller von der dortigen Dienststelle, Prüfwesen Abteilung 1, den offiziellen Auftrag erhalten, ein Gelände ausfindig zu machen, von dem aus Fernflugkörper mit einer Flugentfernung von mindestens 300 km gestartet werden konnten. Das Gelände mußte in der Lage sein, umfangreiche Gebäude und Anlagen aufzunehmen. Eine leichte Anbindung an die vorhandenen Transportwege sollte gegeben sein, und weiterhin hatte die geographische Lage die Geheimhaltung zu begünstigen.[1, 3]

Als inoffiziell und intern die Entscheidung für Peenemünde gefallen war, verfaßte Müller auf Veranlassung von Brauns einen mehrseitigen Aktenvermerk, der die Möglichkeiten auf dem Peenemünder Haken beschrieb. Weiterhin erstellte Dipl.-Ing. Müller in der Zeit von Januar bis Ende März 1936 Skizzen, Pläne und teilweise schon Gebäudezeichnungen für eine umfangreiche Versuchsstelle des Heeres.

Nach der Erkundung der Insel Usedom im Dezember 1935 fuhr Dr. von Braun zu seinen Eltern auf das Rittergut Oberwiesenthal – zwischen Görlitz und Liegnitz – nach Schlesien in den Weihnachtsurlaub. Nachdem von Braun seinen Eltern anvertraut hatte, daß er einen geeigneten größeren Platz für seine Arbeiten suche, zeigte ihm seine Mutter, die immer regen Anteil an den Arbeiten ihres Sohnes nahm, anhand einer Karte die Insel Usedom und machte ihn auf den Peenemünder Haken aufmerksam. Sie kannte die Gegend gut, da ihr Vater dort oft zur Entenjagd war.

Nach den Feiertagen, also Anfang 1936, flog Wernher von Braun von Berlin wieder nach Norden zur Insel Usedom und besah sich den nördlichsten Ausläufer mit dem Peenemünder Haken nochmals näher aus der Luft. An einer trockenen Stelle des späteren Rollfeldes landete er. Es war »Liebe auf den ersten Blick«. Seinerzeit war dieses Gelände noch sumpfig, unwegsam und teilweise durch steigendes Grundwasser überschwemmt.[2]

In Kummersdorf wieder angekommen, schrieb von Braun sofort einen Bericht über seinen Erkundungsflug. Major Dornberger und Oberst Dr. Becker vom Heereswaffenamt waren von den Möglichkeiten, die sich auf Usedom bei entsprechendem Ausbau boten, ebenfalls begeistert. Jedoch war die finanzielle Seite dieses Vorhabens noch vollkommen ungeklärt.

Durch den erfolgreichen Start der beiden A2-Raketen »Max« und »Moritz« Ende November 1934 auf Borkum und die in der Zwischenzeit bis 1936 erfolgreich erprobten Raketenöfen für 3 kN, 10 kN und 15 kN Schub wurden die Erfolge der Raketenentwicklungsabteilung Wa Prüf 11 Dr. Dornbergers in Kummersdorf-West auch höheren Orts bekannt. Anfang März 1936 besuchte Generaloberst Werner Freiherr von Fritsch, Oberbefehlshaber des Heeres, die Heeresversuchsstelle. Nach gut vorbereiteten und umfassenden theoretischen Informationen über die bisher geleisteten Arbeiten wurde dem hohen Besuch zum Abschluß die eindrucksvolle Praxis durch Raketenbrennversuche vorgeführt. Von Fritsch war beeindruckt und sagte Dr. Dornberger und Dr. von Braun jede Unterstützung zu, wenn sie aus ihren Raketen eine brauchbare Waffe machen würden. Dann fragte er unvermittelt: »Wieviel Geld brauchen Sie?« Nach diesem Gespräch wurden dem bisher mit recht bescheidenen Mitteln bedachten Kummersdorfer Arbeitsstab erstmals Gelder in Millionenhöhe zugesagt.

Wenige Wochen später erhielten Dr. Dornberger, seit 1935 zum Major befördert, und Dr. von Braun einen weiteren wichtigen Besuch. Oberstleutnant Wolfram von Richthofen, ein Vetter des erfolgreichsten Jagdfliegers des Ersten Weltkrieges, kam in seiner Eigenschaft als Leiter der Entwicklungsabteilung des Technischen Amtes vom RLM Berlin. Er wollte sich über den Stand der Arbeiten in Kummersdorf informieren. Da dort zu diesem Zeitpunkt auch die Absicht bestand, die Rückstoßantriebe nicht nur für Raketen, sondern auch für den Antrieb von Flugzeugen und, was zunächst näher lag, für Raketenstarthilfen bei überlasteten Flugzeugen zu verwenden, wurde die Gelegenheit des Besuches beim Schopf gefaßt und diese Möglichkeit von Richthofen anschaulich erläutert. Damit wurden bei ihm wahrscheinlich »offene Türen eingerannt«, da er sich den Vorschlägen äußerst zugänglich zeigte.

Nachdem von Richthofen auch die räumlichen Schwierigkeiten und das Fehlen entsprechender Versuchsanlagen für ein großzügiges Arbeiten in Kummersdorf geschildert worden waren, ermunterte er seine Gastgeber vom Heereswaffenamt, sich einen entsprechenden Platz zu suchen. »Ich bin gerne bereit, mich mit fünf Millionen daran zu beteiligen«, sagte er ohne Umschweife.

Mit diesem Angebot, so überraschend und hilfreich es auch war, fühlte sich das Heereswaffenamt in Kompetenzschwierigkeiten gebracht. Der inzwischen zum General beförderte Dr. Becker sagte zum Bericht, den von Braun am nächsten Tag über den Besuch von Richthofens machte: »Wenn Oberstleutnant von Richthofen fünf Millionen bietet, dann werde ich sechs Millionen drauflegen. Das wird in der Praxis so aussehen, daß Heer und Luftwaffe gemeinsame Sache machen, wir aber in dem Unternehmen die Führung behalten.« Damit standen für den möglichen Bau einer Versuchsstelle, im Rahmen damaliger Verhältnisse, für den Anfang beachtliche Geldmittel zur Disposition.[2]

Wie die Entwicklung zeigte, ist das Reifen des Entschlusses zum Bau einer besonderen Versuchsstelle für Raketen ausschließlich vor dem Hintergrund der technischen Erfolge in Kummersdorf zu sehen. Deshalb ist es richtig und notwendig, diesen Hintergrund zumindest in groben Zügen aufzuhellen, wenn über den Entschluß des Baues der Versuchsstellen in Peenemünde berichtet wird.

Neben den beiden auf Borkum verschossenen A2-Raketen ist noch die Entwicklung der A3- und der A5-Rakete zu nennen. Dabei war die letztere, mit einem 15-kN-Triebwerk versehen, als Vorstufe für die geplante A4-Rakete mit einer Tonne Nutzlast anzusehen.

Nachdem auch der Luftwaffe der Bericht von Brauns über den geplanten Standort einer neuen Versuchsstelle am Peenemünder Haken zugegangen war und von Richthofen General Albert Kesselring, damals Chef des Verwaltungsamtes (LD) im RLM, eingehend über seinen Besuch in Kummersdorf berichtet hatte, kam es am Vormittag des 2. April 1936 im neuerrichteten RLM-Gebäude Berlin in der Leipziger Straße zur entscheidenden Sitzung bei Kesselring. Außer Kesselring nahmen noch u. a. General Dr. Becker, der Chef der Luftwaffen-Bauleitung, Min. Direktor Gallwitz, Oberstleutnant von Richthofen, Major Dr. Dornberger, Dr. von Braun und Dipl.-Ing. Johannes Müller teil. Die Herren aus Kummersdorf hatten schon bestimmte Vorstellungen über die Bebauung und legten Pläne und Entwürfe für den Bau einer Versuchsstelle vor. Diese resultierten aus der schon erwähnten, im Dezember 1935 durchgeführten Erkundung Usedoms, an der ja schon Johannes Müller, später Leiter des Berliner Teiles der Luftwaffen-Bauleitung, teilgenommen hatte.[3]

Der bisher geschilderte Vorgang über die geschichtliche Entstehung beider Versuchsstellen auf dem Peenemünder Haken entspricht in groben Zügen den damaligen Abläufen. Jedoch ist mit Sicherheit nicht der Hinweis der Mutter von Brauns der erste und alleinige Grund gewesen, daß die Gegend um Peenemünde in die nähere Betrachtung für die Errichtung beider Versuchsstellen gezogen wurde. Die

1935 durchgeführte Besichtigung der Insel Usedom und die schon vom 14. Januar 1936 datierten Gebäudeskizzen mit in Einzelheiten gehenden Angaben wie die im Februar des gleichen Jahres skizzierte Bebauung von Werk Ost deuten darauf hin, daß Peenemünde schon mindestens im Jahre 1935, also höchstwahrscheinlich noch vor den Aktivitäten Wernher von Brauns auf diesem Gebiet, bei den zuständigen Stellen im Blickfeld des Interesses stand. Die Parallelität der von Braunschen Bemühungen ist sicher auf seine dynamische Art zurückzuführen, derartige Probleme nicht nur den dafür zuständigen Dienststellen zu überlassen. Man kann davon ausgehen, daß eine so wichtige Entscheidung wie die Wahl des Versuchsgeländes nicht ohne persönliche Mitwirkung von Brauns stattgefunden hat.

Kehren wir in die Besprechung bei Kesselring zurück. Wie schon erwähnt, gingen die vorgelegten Pläne von Müller schon in Einzelheiten hinein. Die temperamentvoll und in überschäumender Phantasie vorgetragenen Möglichkeiten, die sich in Peenemünde ergeben könnten, nötigten General Kesselring ein Lächeln ab, wie sich von Braun später noch erinnerte. Er stimmte dem Vorhaben zu und übertrug die gesamte Bauplanung und deren Ausführung der Luftwaffen-Bauverwaltung. Den Herren des Heereswaffenamtes hatte es die schlichte Schönheit der neuen Luftwaffenbauten angetan. Wie Dr. Dornberger später ausführte, wollten sie die neuen Bauten nicht im »Einheitsmodell 78 alter Typ« der Heeresbauleitung ausgeführt sehen. Weiter wurde festgelegt, daß unter einer gemeinsamen Verwaltungsspitze eine Heeres- und Luftwaffenversuchsstelle zu errichten war. Die Kosten hatten sich beide Interessenten zu teilen. Nach Abschluß der Bauarbeiten sollte das Heer Besitzer des gesamten Geländes sein. Noch am Tage der entscheidenden Besprechung fuhr ein Ministerialrat des RLM nach Wolgast, dessen Eigentum der Peenemünder-Haken war, und machte mit Bürgermeister Scholz den Kaufvertrag perfekt. Am Abend des 2. April 1936 meldete der Beauftragte telefonisch an Kesselring: »Der Ankauf des Geländes zum Preis von 750 000 RM ist erledigt!«[2]

Eine so große Schnelligkeit und ein derartig unorthodoxes Vorgehen hatte es in der deutschen Bürokratie bisher wahrscheinlich noch nie gegeben. Diese Handlungsweise sollte auch weiterhin in Peenemünde sowohl bei der Erstellung der gesamten Anlage als auch später im wesentlichen bei der Bearbeitung der wissenschaftlich-technischen Probleme bestimmend bleiben. Dieser Geist war es auch, der nach dem Kriege den »ehemaligen Peenemündern«, wohin immer sie auch verschlagen wurden, ein besonderes Zusammengehörigkeitsgefühl verlieh. Der Name »Peenemünde« wirkte noch nach Jahrzehnten wie eine Zauberformel als Brücke und Verbindung in ihren zwischenmenschlichen Beziehungen.

Mit dem Entschluß des Baues der Versuchsstellen wurde es auch notwendig, wie bisher schon in Kummersdorf geschehen, im besonderen Maße die Geheimhaltung des ganzen Projektes zu wahren. So schaltete man diesbezüglich schon recht früh Admiral Canaris ein, um durch entsprechende Ratschläge sich in dieser Beziehung keiner Versäumnisse schuldig zu machen. Auch Besuche von hohen und höchsten Stellen wurden nach dem Beginn in Peenemünde ab 1938 zunächst strengstens vermieden, um nach außen eine entsprechende Bedeutungslosigkeit der entstehenden Anlagen zu demonstrieren. Als sich z. B. Hitler am 23. März 1939 von dem Stand der Raketenentwicklung überzeugen wollte, besuchte er nicht Peenemünde, wo zu dieser Zeit schon gearbeitet wurde, sondern ließ sich auf den alten, primitiven Prüfständen in Kummersdorf die Raketenbrennversuche vorführen. Ebenso verfuhr man, als Hermann Göring, Oberbefehlshaber der Luftwaffe, Anfang April 1939 sich einen Überblick über die Raketenentwicklung verschaffte. Er ging ebenfalls nicht nach Peenemünde, sondern kreuzte mit großem Gefolge in Kummersdorf auf. Diese Heeresversuchsstelle, schon 1870 als Artillerie-Schießplatz angelegt, war immer ein allgemeiner Anziehungspunkt von Besichtigungsdelegationen gewesen, wodurch diese Besuche für einen ausländischen Geheimdienst keine Besonderheiten darstellen mußten.[2, 4]

Trotz dieser und weiterer Maßnahmen, die sicher dazu beitrugen, daß der Schleier der Geheimhaltung über den Stand der deutschen Raketenforschung erst recht spät gelüftet werden konnte, zeigte es sich jedoch später, daß Versuche dieser Größenordnung im Herzen Europas und in einem kleinen Land geheim nicht mehr möglich waren. Um wenigstens die Voraussetzungen dafür zu haben, hätte schon damals ein vollkommen unbewohntes Gebiet von einigen 100 km Ausdehnung zur Verfügung stehen müssen. Der Bereich der Einsamkeit und Weltabgeschiedenheit von einigen Kilometern um Peenemünde war zwar für eine romantische Wandererseele erhebend, reichte aber nicht aus, um geheime Raketenversuche durchzuführen, bei denen erstmals ein von Menschenhand gefertigtes Gebilde in den Weltraum vorstieß. Die Kondensstreifen der späteren A4-Versuchsschüsse waren entlang der Küste und vom Festland über viele Kilometer erkennbar. Ebenso bestand immer wieder die Gefahr, daß Steuerungsversager auf ausländisches Gebiet fielen, wie es später ja auch vorgekommen ist.

4.2. Die Bauleitung

Wie schon in der Sitzung bei General Kesselring am 2. April 1936 entschieden, übernahm die Luftwaffe den Bau beider Versuchsstellen auf dem Peenemünder Haken. Zu diesem Zweck setzte Kesselring im RLM den Ministerialrat Barelmann als Sonderbeauftragten ein, dem die ausführenden Bauleitungen direkt unterstellt waren.[5]

Es wurde eine Bauleitungsabteilung in Berlin, Französische Straße 48, unter Leitung des schon erwähnten Dipl.-Ing. Johannes Müller eingerichtet, die ihre Arbeit am 1. April 1936 aufnahm. Ihre Aufgabe bestand darin, die verschiedenartigsten Wünsche und Vorstellungen der späteren Nutznießer so zu koordinieren und zu gestalten, daß daraus entsprechende Bauten und eine möglichst einheitliche Anlage entstehen konnten. Dabei hatten zunächst die Baulichkeiten der Heeresversuchsstelle, später »Werk Ost« genannt, Vorrang. Besonders die technischen Bauten dieser Versuchsstelle mit ihren Prüfständen, Werkstätten und Montagehallen für eine geplante Großrakete stellten vielfach vollkommenes Neuland dar. Sie bildeten für die Berliner Gruppe einen besonderen Schwerpunkt ihrer Aufgaben. Aus diesem Grunde fanden im Sommer 1936 zwischen Müller, Dornberger, von Braun und Arthur Rudolph viele Kontakte und Besprechungen statt. Rudolph war Ingenieur und war schon 1935 als Mitarbeiter nach Kummersdorf gekommen.[3, 5]

Bei der Luftwaffe gab es bei Gründung der Bauleitung in Berlin anfangs noch keinen entsprechenden Ansprechpartner für die Gestaltung und den Aufbau dieses Versuchsstellenteiles. Auch aus diesem Anlaß war, wie schon berichtet, im Juli

1936 der Dipl.-Ing. Uvo Pauls als Referent für Raketentriebwerke von Travemünde nach Berlin in das RLM versetzt worden.

Die ersten und wichtigsten Aufgaben des neuen Referates waren die Kontaktaufnahme mit Dr. Dornberger und Dr. von Braun sowie die Koordination und Zusammenarbeit bei der Planung für Peenemünde, wobei besonders die Belange der Luftwaffe zu vertreten waren. Weiterhin mußte mit dem Sonderbeauftragten Ministerialrat Barelmann und der Berliner Bauleitung unter Müller Kontakt für die spezielle Planung und Ausführung der Versuchsstelle der Luftwaffe aufgenommen werden.[4]

Wie in Berlin wurde auch am 1. April 1936 in Peenemünde unter der Leitung von Dipl.-Ing. Abendroth, der später bis 1937 die Gesamtleitung hatte, eine örtliche Bauleitung eingerichtet. Ihre Aufgabe war es zunächst, das sumpfige, mücken- und wasserreiche Gelände durch Anlegen von Straßen und Gleisen sowie durch den Bau von Barackenunterkünften für die Bauarbeiter zu erschließen.

Nach Abendroth kam im August 1936 Dipl.-Ing. Hans Simon zur Bauleitung nach Peenemünde, um die Planung und Durchführung der Hochbauten – außer den technischen Gebäuden von Werk Ost – zu übernehmen. Nachdem in Berlin die wesentlichen Aufgaben der Planung beendet waren, zog dieser Teil der Bauleitung wegen der reibungsloseren und wirksameren Zusammenarbeit mit der örtlichen Bauleitung am 15. September 1936 mit zehn Mitarbeitern nach Peenemünde um. Sieben Mitarbeiter zogen es vor, die »Wildnis Peenemünde« zu meiden. Wie Hans Simon später extra betonte, entstand nach dem Umzug, besonders bei Johannes Müller, eine berechtigte Verärgerung darüber, daß Simon und nicht er zum stellvertretenden Bauleiter und nach Weggang von Abendroth, von Ende 1937 bis zum 1. August 1939, zum Leiter des Gesamtbauvorhabens ernannt wurde.

Im September 1936 waren die Baupläne für die vordringlichsten Bauten der Versuchsstelle des Heeres, Werk Ost, fertig. Dabei war, wie schon angedeutet, zu berücksichtigen, daß es sich vielfach um Baulichkeiten handelte, die durch ihre spezielle technische Bestimmung erstmalig zu entwerfen waren. Auch für die Versuchsstelle der Luftwaffe Peenemünde-West konnte in einer Besprechung 1936 bei der Bauleitung in Karlshagen der endgültige Bebauungsplan festgelegt werden.

Die Arbeitsplätze der Bauleitungsangehörigen waren zunächst über ein großes Gebiet verstreut untergebracht. Teilweise befanden sich die Büros im Haus »Waldblick« in Karlshagen, im Forsthaus Peenemünde und im Barackenlager beim späteren Werk Ost. Im Februar 1937 konnte die Bauleitung, zentral zusammengefaßt, in dem Komplex der fertiggestellten Bauleitungsgebäude untergebracht werden. Dieser Komplex bestand aus drei sich gut in die Landschaft einfügenden, einstöckigen, riedgedeckten Fachwerkhäusern. Sie befanden sich nordöstlich von der großen Straßenkreuzung der nach Peenemünde-Dorf abzweigenden Landstraße und der an ihr liegenden Hauptwache. Ein Gebäude beherbergte die Zeichen- und Konstruktionsräume, ein parallel dazu liegendes die Schlaf- und Unterkunftsräume und das dritte, quer zu diesen beiden angeordnete Gebäude das Kasino.

Ehe auf die personelle Besetzung und auf den organisatorischen Aufbau der Bauleitung der Luftwaffe näher eingegangen wird, ist es interessant zu erwähnen, daß der spätere Bundespräsident Heinrich Lübke als Repräsentant der Baugruppe Schlempp auch in Peenemünde tätig war. Diese Firma betätigte sich im Straßen- und Bahnbau sowie bei der Erstellung von Unterkünften.

Die Bauleitung war, zumindest bis 1941, nach ihrem Aufbau in 14 Abteilungen gegliedert, denen jeweils ein Abteilungsleiter vorstand:
Abteilung H »Hochbau«, Leiter Dipl.-Ing. Schwien. Diese Abteilung hatte in der Hauptaufbauphase noch folgende Abschnitte: O »Ost« für die Heeresversuchsstelle, später das Gelände W »West« für die Luftwaffe unter Leitung von Dipl.-Ing. Müller, danach wieder Dipl.-Ing. Schwien. Später wurde W eine gesonderte Abteilung für die Bauten des Werkgeländes West und die Verwaltungsbauten des Standortes. Abteilungsleiter und stellvertretender Bauleiter war Dipl.-Ing. Simon, später, als Simon ab Ende 1937 Bauleiter wurde, Dipl.-Arch. Bott und Bauassessor Schulze.
S »Siedlung«, Abteilungsleiter Reg.-Baumeister Pötschke.
A »Ausschreibungsabteilung«, arbeitete nur für W und S bis 1939. Leiter war Herr Reith.
T »Tiefbauabteilung«, für Straßen- und Bahnbau, Flugplatz und Hafen. Leiter Ing. Breitzke, später Dipl.-Ing. Kurz.
B »Be- und Entwässerung«, für sämtliche Anlagen, einschließlich Kläranlage und Wasserwerk. Leiter Herr Deppe. Später von T übernommen.
E »Elektroabteilung«, für sämtliche elektrischen Einrichtungen, einschließlich Umspann- und Schaltstationen. Leiter Ing. Kniebe, Dipl.-Ing. Dirk, später Ing. Mazurek.
M »Maschinenbau«, für die Werkstattausrüstungen. Bearbeiter Ing. Beneike, später von E übernommen.
Bs »Beschaffungs- und Rohstoffstelle«, Leiter Herr Eymael, danach Herr Albrecht. Wurde später von H übernommen.
He »Heizung«, für die gesamten Heizungs-, Lüftungs- und Kühlanlagen, einschließlich der Fernheizwerke. Leiter Ing. Böhk.
La »Landwirtschaft«, mit der größten Regiekolonne der Bauleitung für das Rollfeld in Werk West und die landwirtschaftlich genutzten Flächen. Leiter von Morsbach, später Herr Lattmann.
V »Verwaltung«, Leiter Franz Volkmann. Gliederte sich auf in a) Rechnungswesen, b) Personalabteilung, c) Kraftfahrwesen, d) Lichtpauserei, e) Steinbeschaffung mit Kolonne, f) Heimverwaltung.
Da im Jahre 1937 der stürmischste Aufbau in Peenemünde erfolgte, stieg auch die Zahl der Bauleitungsmitarbeiter im Juli auf 405, wobei 137 Angestellte beschäftigt waren.
Zur Jahreswende 1937/38 verließ Dipl.-Ing. Abendroth die Bauleitung und wurde zum LGK Dresden abberufen. Dipl.-Ing Hans Simon, der bisher Leiter der Abteilung W und stellvertretender Bauleiter war, übernahm an seiner Stelle die Gesamtleitung.
Nachdem die Luftwaffe angeordnet hatte, daß ihre Bauleitung möglichst bald die Heeresbauten zum Abschluß bringen sollte, wurden diese Bauvorhaben am 19. April 1939 von der neugegründeten Heeresbauleitung weitergeführt. Später in ein Neubauamt umgewandelt, wurde diese Dienststelle am 1. Mai 1940 vom Generalbauinspektor für die Reichshauptstadt, Albert Speer, übernommen.
Nach Abgabe der Heeresbauten sank die Mitarbeiterstärke der Luftwaffenbauleitung bis zum 1. September 1939 auf 104 Angestellte und 115 Lohnempfänger. Anfang August 1939 hatte Dipl.-Ing. Müller die Bauleitung übernommen, während

Dipl.Ing. Simon nach Graz versetzt und dort Vorstand des Luftwaffenbauamtes wurde.[6, 7]

Nach Kriegsausbruch am 1. September 1939 kamen weitgehende Änderungen und Vergrößerungen der Aufgaben, aber auch personelle Probleme auf die Dienststelle zu. Zehn Angestellte und 15 Lohnempfänger wurden zur Wehrmacht eingezogen, so daß Ende 1939 die Zahl der Angestellten 97 und die der Lohnempfänger 110 betrug. Ein Fachkräftemangel im Bereich des LGK XI hatte zur Folge, daß weitere neunzehn Angestellte von der Bauleitung der Luftwaffe Peenemünde an andere Dienststellen abgegeben werden mußten.

Mit Kriegsbeginn wurde auch die Erschließung des Vorwerkgeländes im Werk West in Angriff genommen. Hierdurch waren größere Erdarbeiten notwendig. Zu diesem Zweck setzte die Bauleitung noch im September 1939 eine Baukompanie von 150 Mann, die später auf 350 Mann vergrößert wurde, ein. Ebenfalls Ende September 1939 erhöhte man die Transportkapazität durch eine militärische Transportbatterie. Nach Abzug der Baukompanie im März 1940 und der Transportbatterie Ende Mai 1940 wurden die Bauarbeiten in der Hauptsache mit dienstverpflichteten Arbeitern und Lastkraftwagen weitergeführt. Auch legte man im Vorwerkbereich eine Feldbahn an, die mit Kipploren den Erdtransport bewältigte. Noch in den Jahren 1941/42 war sie dort in Betrieb.

Nach Kriegsausbruch konnten mit einem verringerten Personalstand und, wo möglich, durch Ausweichen auf Behelfs- und Barackenbauten die noch benötigten Baulichkeiten im Bereich Peenemünde-West erstellt werden.

Rückblickend kann gesagt werden, daß die der Amtsgruppe Bau des RLM unmittelbar unterstellte Bauleitung der Luftwaffe in Verbindung mit der großzügigen Förderung und Betreuung durch Ministerialrat Barelmann und in direkter Zusammenarbeit mit den verschiedenen Sachgebieten des RLM sich sehr gut bewährt hat. Die vielfach technisch schwierigen, erst- und einmaligen Werk- und Versuchsanlagen, konnten im allgemeinen termin- und sachgemäß erstellt werden.

Um das Bild der Bauleitung abzurunden, muß auch auf deren Aktivitäten im Freizeitbereich kurz eingegangen werden. Damals wurde allgemein in den Betrieben durch die DAF (Deutsche Arbeitsfront) zur Gründung von Betriebssportgemeinschaften aufgerufen. Auch bei der Bauleitung in Peenemünde bildete sich im Juli 1936 eine derartige Gemeinschaft mit den Abteilungen Fußball, Handball, Faustball, Leichtathletik, Tennis und Schwimmen. Die Übungswarte für die einzelnen Abteilungen wurden in Anklam geschult. Auch im Winter wurde die sportliche Betätigung nicht aufgegeben. Es gab zweimal in der Woche Waldlauf, Gymnastik und ein meist »wildes« Handballspiel, und alle, vom Bauleiter bis zum jüngsten Angestellten, die körperlich in der Lage waren, nahmen daran teil.

Im Jahre 1938 erhielt die Betriebssportgemeinschaft einen großen Aufschwung, während 1939/40 durch kriegsbedingte Einschränkungen die sportliche Betätigung nur noch von wenigen unentwegten, aber qualifizierten Sporttreibenden aufrechterhalten wurde. Die Sportgemeinschaft war die Trägerin einiger großer Sportveranstaltungen. So z. B. am 25. September 1938 in Anklam. Am 25. September 1940 konnte die Bauleitung Peenemünde sogar als Kreissieger abschneiden.

Seit Bestehen der Kegelbahn bis etwa zum Herbst 1939 wurde auch ein regelmäßiges Sportkegeln durchgeführt, das aber später wegen der ungünstiger werdenden Verkehrsverhältnisse aufgegeben wurde.[6, 7]

4.3. Der Bau beider Versuchsstellen

Bei der Schilderung des Aufbaus und der Organisation der Bauleitung der Luftwaffe und ihrer bisherigen Arbeit sind teilweise schon Schwerpunkte der Baudurchführung beider Versuchsstellen angeklungen. Dem interessierten Leser soll jedoch zumindest in groben Zügen der zeitliche Ablauf des Aufbaus noch näher erläutert werden. Dabei wird auch auf die geographische Lage der jeweiligen Bauaktivitäten eingegangen.

Wie in den vorangegangenen Kapiteln beschrieben, war das zu bebauende Gebiet von Karlshagen bis zum nördlichen Ende des Peenemünder Hakens ein im Durchschnitt von den bewaldeten Dünen der östlichen Küste nach Westen hin abfallendes Gelände, das am Peeneufer in ausgedehnte, meist sumpfige Wiesen überging. Während die Dünenhöhe zwischen 5 und 7 m schwankte, lagen die Wiesen meist auf einer Höhe von unter 1 m über NN. Darüber hinaus zogen sich die Sumpfflächen im Norden (Werk West) bis weit in den östlichen Wald hinein. Aus dieser landschaftlichen Struktur ergaben sich die Aufgaben des Bauleitungsvorkommandos unter Dipl.-Ing. Abendroth mit der 1936 begonnenen Baureifmachung des Geländes.

Schon vor den Planungen und dem Beginn der Bauarbeiten für die beiden Versuchsstellen waren in Karlshagen stationierte Arbeitsdiensteinheiten mit der Trockenlegung der angrenzenden Peenewiesen beschäftigt. Im Laufe des Jahres 1936 mußten die Naßbagger- und Erdarbeiten für das Rollfeld begonnen und vordringlich Unterkünfte für die Bauarbeiter erstellt werden. Letzteres geschah in Form des Arbeitergemeinschaftslagers Ost für zunächst 3000 Personen. Dazu gehörte die sogenannte KdF-Kantine für die mögliche Verpflegung von 4000 Personen. Der Komplex lag nahe und westlich des späteren Werkbahnhofes »Nord«. Etwa Mitte März 1936 konnten diese Baracken bezogen werden. Als weitere, ebenfalls noch vor dem allgemeinen Baubeginn errichtete Unterkunftsmöglichkeit erstellte man im Süden des zu bebauenden Areals und nördlich vom Dorf Karlshagen ein hufeisenförmig angelegtes Wohngebiet mit schönen Holzhäusern und einem Gemeinschaftshaus. Später wurde hier das »Versuchskommando Nord« (VKN), eine Institution der Heeresversuchsstelle, untergebracht, und es entstand der allseits bekannte Begriff VKN-Lager. Ebenfalls zur gleichen Zeit begann man mit der Trassenlegung der Werkbahn und deren Anbindung an die Reichsbahn in Zinnowitz.[6]

Der Bau der Verwaltungs- und Wirtschaftsgebäude für das Heer, in der Nähe des Werkbahnhofes »Nord« und der Bauleitung, konnte ebenfalls 1936 begonnen werden. Mit dem Millionenprojekt der Höherlegung des Rollfeldes für die Luftwaffe waren die größten Erdarbeiten verbunden. Zunächst mußte im späteren Bereich der Flugzeughallen eine größere Fläche für den Flugbetrieb hergerichtet werden. Eine weit nach Westen in das vorgesehene Rollfeld hineinragende Waldspitze war zu roden. Ebenso bestand später, 1937/38, die erprobungstechnische Notwendigkeit, für eine in Ost-West-Richtung angelegte Startbahn ein fast rechteckiges Waldstück zu schlagen. Dadurch entstand der später bei allen Versuchsstellenangehörigen bekanntgewordene Begriff »Schneise«.

Für den zu erwartenden Verkehr von Zinnowitz nach Peenemünde-Dorf mußte die schon bestehende Landstraße ausgebaut werden. So begann im April 1936 ein

Bau-Großeinsatz, der schlagartig und weit verzweigt zur gleichen Zeit begann. Die Ruhe auf dem einst so stillen Peenemünder Haken war dahin. Die ersten Schritte zur Verwirklichung der »Wiege der Weltraumfahrt« wurden getan. Dabei dachte die große Masse der Beteiligten sicher nicht im Traum an einen derartigen Begriff. Diese Bezeichnung konnte ja überhaupt erst nach dem Krieg geprägt werden, als der Raketenantrieb die Erwartungen eines Ziolkowsky, Goddart und Oberth in der Praxis erfüllt hatte. In der geheimen Hoffnung einiger weniger Vorausschauender, dieser Erfüllung auf dem Wege über eine Waffenentwicklung einen wesentlichen Schritt näher zu kommen, begannen im April 1936 in Peenemünde die umfangreichen Arbeiten für die größte Raketenversuchsstelle der damaligen Zeit. Dabei sollten später nicht nur die spektakulären technischen Vorgänge, sondern auch die vielfältigen Begleitumstände an Dramatik nichts zu wünschen übriglassen.[6]

Im Februar 1937 konnte die Bauleitung mit der Erstellung der meisten Anlagen und Werkstätten für das Entwicklungswerk beginnen (Abb. 8). Das Verwaltungs- und das Stabsgebäude sowie zwei Unterkunftsgebäude wurden bis Ende April und die erste Werkstatt der Heeresversuchsstelle im Mai 1937 bezogen. Etwa zu diesem Zeitpunt siedelte die auf etwa 90 Mitarbeiter angewachsene Kummersdorfer Belegschaft größtenteils von dort nach Peenemünde um. An den Prüfständen entlang der Küste bis zum späteren Prüfstand VII wurde zu diesem Zeitpunkt noch gebaut. Aus diesem Grunde bieb auch Dr. Thiel mit seiner Prüfstandsmannschaft noch in Kummersdorf.

Mitte 1937 machte sich bereits die Rationierung von Baustahl bemerkbar und erschwerte die termingerechte Durchführung des Bauprogrammes. Besonders wirkten sich diese Schwierigkeiten beim gerade anlaufenden Bau der Versuchsstelle der Luftwaffe aus.

Die neu zu erstellende Zufahrtsstraße nach dem Werk West, abzweigend vom nach Westen führenden Bogen der alten Landstraße nach Peenemünde, mußte teilweise durch 5 m tiefes Moor geführt werden. Erst nach Fertigstellung dieser Straße, Ende Juli 1937, konnte die Hauptbautätigkeit in Werk West aufgenommen werden. Da mit dem Bau der ersten Halle schon im April 1937 begonnen wurde, hatten vorher ausgedehnte Knüppelwege, meist aus alten Eisenbahnschwellen aufgebaut, den Materialtransport ermöglichen müssen. Ende 1937 war der größte Teil der geplanten Anlagen in Werk West begonnen und ein erheblicher Anteil fertiggestellt worden.

Nachdem noch im Herbst 1937 mit einem der bemerkenswertesten Bauwerke, dem mit vierfacher Schallgeschwindigkeit damals leistungsfähigsten Windkanal der Welt, für die Heeresversuchsstelle begonnen worden war, konnte im Jahre 1938, bis Ende April, über die Hälfte der Werkstätten und Prüfstände des Entwicklungswerkes dem Heer übergeben werden. Mit dem Rest der Heeresbauten konnte im gleichen Jahr angefangen und deren größter Anteil ab 19. April 1938 von der neugegründeten Heeresbauleitung weitergeführt werden.

Sowohl von dem an der See gelegenen Ostteil des Ortes Karlshagen ausgehend und parallel zur Küste nach Norden verlaufend als auch weiter nördlich am späteren Werkbahnhof Siedlung wurde schon im April 1937 mit dem »Bauabschnitt Siedlung« für beide Versuchsstellen begonnen. Die ersten Wohnungen konnten im Juli bezogen werden.[6]

Die Versuchsstelle der Luftwaffe nahm ihren Werftbetrieb im April 1938 auf, und am 1. April konnte das Rollfeld erstmals beflogen werden. Da die Größe des bis dahin errichteten Rollfeldes nur einen Teil der geplanten Ausmaße besaß, wurde im gleichen Jahr die Erweiterung in Angriff genommen. Dafür war es notwendig, einen die Küste begradigenden und schützenden Deich zu errichten. Dieser Deich ging zunächst von dem ebenfalls im Vorwerkbereich erbauten Hafen Nord aus und verlief, die nördliche Küste des Peenemünder Hakens umrundend, bis zur nördlichsten Waldspitze der Ostküste bei der »Großen Strandwiese«. Das dahinter liegende Gelände wurde in Tag und Nacht durchgeführten Bagger- und Spülarbeiten mit 3,5 Millionen Kubikmeter Sand aus der Peenemündung aufgefüllt. Ein Projekt, das sich über Jahre hinzog.

Das Jahr 1939 brachte die beinahe restlose Fertigstellung der Bauten der Heeresversuchsstelle im Bereich des Entwicklungswerkes. Im selben Jahr konnten auch das Verwaltungs- und das Flugleitungsgebäude (W21 und W23) in Werk West ihrer Bestimmung übergeben werden (Abb. 7).

Um nicht den Überblick über die fertiggestellten Bauvorhaben zu verlieren, ist es zweckmäßig, an dieser Stelle, Mitte 1939 vor Ausbruch des Krieges, mit der weiteren Schilderung der Bauarbeiten innezuhalten. Werfen wir einen Blick auf den bisher verwirklichten Bauumfang.[4, 6, 7]

Im Süden beginnend, war der Gleisanschluß am Zinnowitzer Reichsbahnhof durchgeführt. Die Werkbahn verlief nach Norden bis zum Werk West und dessen Vorwerkgelände. Zwischen Trassenheide und Karlshagen wurde zu dieser Zeit auf der östlichen Bahnseite mit den Rodungsarbeiten eines großen Platzes zur Errichtung eines Barackenlagers begonnen. Westlich der Siedlung und der Bahn war das VKN-Lager fast fertig. Auf der östlichen Seite der Bahn hatte die Siedlung im nördlichen Teil, bis auf den Boelcke-Ring, fast ihre geplante Gestalt. Am Strand zog sich im Süden die Bebauung bis zu den alten Häusern des Seebades Karlshagen hin. Im übrigen südlichen Siedlungsgebiet waren die Straßen erst in der Entstehung begriffen. Nördlich der Siedlung, wo mit dem geplanten Werk Süd die ersten Werkgebäude stehen sollten, war mit den Bauarbeiten Mitte 1939 noch nicht begonnen worden. Weiter nördlich, ab der nach Peenemünde führenden Biegung der alten Landstraße, waren die Bauten des Entwicklungswerkes und der Verwaltung fertig. An der nach Norden längs des Strandes aus dem bebauten Werkkomplex herausführenden Straße waren die Prüfstände auf ihrer Ostseite vielfach noch im Bau.

Die angelegte Straße von Werk Ost nach Werk West war fertig. Sie führte mit einer rechtwinkligen Biegung zunächst nach Südwesten, um nach einem weiteren Knick nach Nordwesten und einer Kreuzung mit der Werkbahn in das Werk West einzumünden. Das Verwaltungsgebäude (W21), die erste Ausbaustufe des Rollfeldes mit der Flugleitung und drei Hallen waren fertig. Die sich vor den Hallen hinziehende und weiter zum im Bau befindlichen Vorwerk führende Betonrollbahn war schon angelegt. Die später von der Halle W1 schnurgerade nach Norden verlaufende Betonstraße war im Bau. Der Hafen Nord war fast fertig. An den Molen seiner Ausfahrt wurde noch gearbeitet. Der vom Hafen ausgehende Deich näherte sich dem Scheitelpunkt des Hakens. Der Wald war für die letzte Ausbaustufe des Rollfeldes schon gerodet. Das war in wesentlichen Zügen der Bebauungszustand beider Versuchsstellen in der Mitte des Jahres 1939.

Die zweite Hälfte des Jahres galt im wesentlichen der Beendigung aller angefangenen Gebäude in beiden Werken. Mit besonderem Einsatz wurde der das Rollfeld schützende Deich Richtung Osten vorangetrieben, um die Höherlegung des dahinter liegenden sumpfigen Geländes durch Bagger- und Spülarbeiten in Tag- und Nachtschichten zu erreichen. Dieser Deich wurde ebenfalls vom Hafen Nord in südlicher Richtung bis zum Hafen Kraftwerk verlängert und von dort aus, den Cämmerer See von der Peene abschneidend, entlang dem Fluß nach Süden bis zum Hafen Karlshagen weitergeführt. Damit war der ganze nördliche Teil der Insel Usedom einerseits im Osten von den 5 bis 7 m hohen Dünen, andererseits im Norden und Westen von dem etwa 5 m hohen künstlichen Deich gegen Hochwasser geschützt.

Als letzter wesentlicher Bauabschnitt wurde das Werk Süd in Angriff genommen. Da sich am 21. November 1939 Hitler persönlich in die Stahlzuteilung für Peenemünde einschaltete und verfügte, daß der Aufbau und die Entwicklung zwar wie bisher geplant weitergehen sollten, das geforderte zusätzliche Stahlkontingent für einen beschleunigten Aufbau der großen Fertigungshallen wegen der allgemeinen Stahlverknappung aber nicht bewilligt werden könne, zog sich der Bau des Werkes Süd, teilweise fast ganz unterbrochen, bis in das Jahr 1943 hin.

Während im Norden schon das Wasserwerk und die Pumpstation im Werk Süd fertig waren, begann man 1939 mit dem Bau der großen, als Instandsetzungs-Werkstatt (IW) vorgesehenen Halle und östlich davon mit der Holzbearbeitungs-Werkstatt (HW). Weiter südlich war der größte Hallenbau in Peenemünde geplant. Hier sollte später ein Teil des Serienbaues der Versuchs- und Einsatzraketen mit allen dafür notwendigen Werkzeugmaschinen durchgeführt werden. Diese Halle hatte gewaltige Ausmaße. Bei einer Länge von über 200 m besaß die Halle ein Mittelschiff von 60 m Breite und 30 m Höhe. Vier weitere Seitenschiffe waren vom Mittelschiff durch Säulen abgetrennt. Die Bauarbeiten an dieser Fertigungs-Werkstatt (FW) und ihrer Einrichtung hatten unter der reduzierten Stahlzuteilung am meisten zu leiden. Im Jahre 1942 konnte in dem südlichen Gebäudeanbau zwar schon eine Konstruktionsabteilung einziehen, während der Hallenbau aber noch vielfach im Rohbau stand. Erst kurz vor dem ersten Luftangriff im August 1943 war es möglich, die Halle fast fertigzustellen.

Da es an großen Hallen weder im Entwicklungswerk mit der ZW (Zusammenbau-Werkstatt) noch im Werk Süd mit der schon stehenden großen IW-Halle (Instandsetzungs-Werkstatt) fehlte, hatte man für den bisherigen Versuchsserienbau des A4 diese Räumlichkeiten benutzt. Zwischen der FW-Halle und der Siedlung, von der Umgehungsstraße umschlossen, konnten ebenfalls zu Beginn der 40er Jahre die Verwaltungsgebäude des Werkes Süd begonnen werden. Hier errichtete man eine zweite Großkantine »Fischer«, eine Feuerwache und einen zweigeschossigen, rechteckigen Holzbau mit Innenhof, der als Konstruktionsgebäude diente. Erst viel später folgte auch ein großes Verwaltungsgebäude, das vor dem Luftangriff 1943 teilweise im Rohbau stand.

Zusammenfassend kann gesagt werden, daß die im April 1936 anlaufenden Bauarbeiten des Großprojektes Peenemünde ihren Höhepunkt in der Mitte des Jahres 1937 erreichten, der sich bis Ende des Jahres 1938 hinzog. Danach konnten bis etwa Mitte 1940 die wesentlichen Bauten und Anlagen fertiggestellt bzw. in Betrieb genommen werden. Anschließend ist ein natürliches Abklingen der Bauaktivitäten festzustellen, die auch durch den begonnen Krieg beeinflußt wurden. Den Abschluß der Bauarbeiten bildeten die im Werk Süd gelegenen Projekte. Während des gesamten Zeitraumes wurden schätzungsweise 550 Millionen Reichsmark verbaut.[2, 6, 7, 8]

4.4. Die Siedlung

Die Großzügigkeit der Peenemünder Anlagen kam auch durch den Bau einer Siedlung für die Mitarbeiter und deren Familienangehörige zum Ausdruck. Im Endzustand waren auf einem Areal von etwa 1,5 km Länge und einer Breite von 1,2 km Mehr- und Einfamilienhäuser errichtet worden. Im Laufe des Jahres 1941 konnte der Aufbau der Siedlung als abgeschlossen betrachtet werden.
Bei der Planung der Siedlung, die Dipl.-Ing. Fritz Pötschke unter Leitung von Dipl.-Ing. Hans Simon entworfen und ausgeführt hatte, bemühte sich die Bauleitung Eintönigkeit sowohl in der Anordnung als auch in der Ausführung der Häuser zu vermeiden. Die Gebäude mit ihren hohen, spitzgieblifen Dächern und Mansardenfenstern waren, wie damals bei den Luftwaffenbauten üblich, in formschönen und ausgewogenen Proportionen erstellt. An den öffentlichen Bauten wurden darüber hinaus durch Fassaden- und Eingangsverkleidungen mit Sandsteinornamenten schöne und ansprechende Blickpunkte geschaffen. Die Mehrfamilienhäuser waren vielfach mit Vorgärten ausgestattet und beherbergten oft zwei Parteien, jeweils eine im Erdgeschoß und die zweite in der Mansarde. Jedoch gab es auch viele einstöckige Wohngebäude.
Der Siedlungskern konnte schon im Jahre 1938 fertiggestellt werden. Man betrat das Wohngelände, von dem in der Nähe gelegenen Werkbahnhof »Siedlung« kommend, durch zwei, etwa 30 m voneinander entfernt stehende rechtwinklige Gebäude, wobei der längere Flügel jeweils nach Osten in die Siedlung hineinwies. Diese beiden Gebäudeflügel flankierten den »Bahnhofsplatz«. Die beiden kürzeren Schenkel verliefen parallel zur Werkbahn. Im Seitenflügel des rechten Gebäudes war das gern besuchte Gasthaus »Schwedenkrug« untergebracht. Im linken Gebäude befanden sich die Post, Bahnbetriebs- und Schalterräume der Werkbahn sowie öffentliche Telefonzellen.
Wer den Bahnhofsvorplatz in Richtung Siedlung durchschritt, stand vor einem im Mittelstück als wuchtiges Tor ausgeführten und verkleideten Gebäude, das als »Brandenburger Tor« bekannt war und eine Fahrzeugdurchfahrt in der Mitte besaß. Links und rechts davon führte je ein Fußgängerdurchgang in die Siedlung hinein. Vor dem Tor verliefen vom Vorplatz weg, parallel zur Werkbahn nach Süden, die »Von-Richthofen-Straße« und nach Norden die »Bahnhofstraße«. Nach jeweils etwa 280 m bogen beide Straßen im rechten Winkel nach Osten und zum Strand hin ab. Diese beiden Straßen hatten eine Länge von jeweils etwa 300 m und umschlossen das 1938 bebaute Gelände des Siedlungskernes. Die nördliche Umfassungsstraße war die »Waldstraße« und die südliche der »Fichtengrund«. Es sei hier vermerkt, daß Namen von Straßen und Plätzen sich im Laufe der Zeit auch änderten.
Durchschritt man das mittlere Tor, begrenzten rechts und links einstöckige Gebäudeflügel mit Mansarde den Beginn der breiten »Hindenburgstraße«. Sie er-

71

weiterte sich auf fast 50 m dadurch, daß die Häuser der südlichen Straßenseite in leichtem Bogen nach Süden zurückwichen. Wenn man wollte, konnte diese Straße als Hauptstraße der Siedlung angesehen werden. Entgegen der vielfach gemischten Bebauung der anderen Siedlungsteile, standen hier links und rechts ausnahmslos einstöckige Häuser mit hochgiebeligen Mansardendächern. Während die südlichen Gebäude mit ihrer Giebelseite senkrecht zur Straße standen, verliefen die Häuser auf der nördlichen Seite parallel zu ihr, wobei die Front der Häuser durch jeweiliges Zurücksetzen und Wiedervorspringen aufgelockert wurde. Diese Gebäude waren Geschäftshäuser mit Bäckerei und Café, Fleischereibetrieb, Milchgeschäft, Lebensmittelgeschäft, Friseursalons, Buchladen und Wohnungen der Geschäftsinhaber. Es waren verputzte Ziegelbauten mit Sandsteinsockel und Kolonnaden vor den Schaufenstern. Geschäftsstellen von Organisationen und Räume zur beruflichen Weiterbildung der Siedlungsbewohner waren hier ebenfalls vorhanden.

Gleich hinter der Durchfahrt des Brandenburger Tores gabelte sich die Fahrbahn zur südlichen Straßenseite hin, an den Giebeln der schon erwähnten Gebäude vorbeiführend, um sich am Ende der Straße wieder mit dem gerade nach Osten verlaufenden Teil zu vereinigen. In dem zwischen beiden Fahrbahnen entstandenen Geländestreifen war eine Grünanlage angelegt. Nach 230 m verengte sich die Straße durch Heranrücken der nördlichen Gebäude auf 20 m. Nach etwa weiteren 40 m in östlicher Richtung reichte von der rechten Seite her die Schule mit der Giebelseite bis zur Straße heran, während links das rechtwinkelige Gebäude der geplanten Badeanstalt stand, in dessen Räumen aber Geschäfte untergebracht wurden. Parallel zur Schule mit zwölf Klassen, Zeichensaal, Werk- und Festraum bildeten etliche, beiderseits stehende Wohnhäuser die nach Süden verlaufende »Schulstraße«, die sich mit der schon beschriebenen südlichen Umfassungsstraße im rechten Winkel traf. Gegenüber der Schule war ein Gemeinschaftshaus geplant, das aus zwei rechtwinkeligen Gebäudeteilen bestehen sollte. Badeanstalt, Schule sowie das geplante Gemeinschaftshaus umschlossen den »Marktplatz«. Über die Ausführung des letzteren Gebäudes gab es noch ein Gespräch zwischen RM Albert Speer und dem seinerzeitigen Bauleiter Johannes Müller, zur Bauausführung kam es aber nicht mehr. Von der nordöstlichen Ecke des Platzes zweigte nach Norden die »Dünenstraße« ab, die 1943 in »Horst-Wessel-Straße« umbenannt wurde und sich mit der ebenfalls schon erwähnten nördlichen Umfassungsstraße in einem rechten Winkel vereinte.

Die östliche Seite des Marktplatzes war Ausgangspunkt eines breiten, schnurgeraden Fußweges, der »Strandpromenade«, die über einige Stufen erreichbar war, durch das Dünengelände führte nach etwa 270 m in einer großen Freitreppe am Ostseestrand endete. Auf der südlichen Seite dieses Weges wurde Anfang 1939 gleich hinter den Dünen – parallel zum Ostseestrand auf etwa 350 m Länge nach Süden, als weitere Ausbaustufe der Siedlung – im Laufe der Zeit eine ganze Reihe von Einfamilienhäusern errichtet. Dort anschließend, bis an die vorhandenen Häuser der Strandkolonie Karlshagen, waren zur gleichen Zeit, teilweise im Wald liegend, schöne, einstöckige Unterkünfte für weibliche Arbeitskräfte und KHD-Mädchen erstellt worden.

In den Jahren 1939/40 wurde das westlich von den eben erwähnten Baulichkeiten liegende Gelände ebenfalls bebaut und in die Siedlung mit einbezogen, womit u. a.

auch der »Boelcke-Ring« entstand. Zum Norden hin erfolgte keine Erweiterung der Siedlung über ihr Zentrum hinaus, da sich hier später das Werk Süd der Heeresversuchsstelle anschloß. Im Jahre 1940 bebaute man noch die Lücken zwischen dem näher beschriebenen Siedlungskern und dem Strand beiderseits des Fußweges. Dabei setzten Anordnung und Gestaltung der Wohnhäuser wieder vielseitige Abwechslungsakzente. Besonders im Nordosten der Siedlung, dem letzten Bauabschnitt, stellten vorwiegend halbkreisförmig um Grünanlagen errichtete Wohnhäuser wieder eine Auflockerung und Gestaltungsvariante der Siedlung dar. Bemerkenswert ist noch ein großer Sportplatz im südlichen Siedlungskern. Auskünfte von Bewohnern besagten, daß in der Siedlung eine angenehme Wohnatmosphäre geherrscht hat, die durch die einmalige Lage am Ostseestrand ihre besondere Note erhielt.[3, 6, 7]

4.5. Die Werkbahn

Ein besonderes wichtiges Bauprojekt für den Aufbau und späteren Betrieb der Versuchsstellen war die Werkbahn. Aus diesem Grund wurde mit der Planung schon sehr früh begonnen, und die Trassenlegung war eine der ersten Arbeiten. An der Planung und Ausführung waren neben Angehörigen der Heeresversuchsstelle noch die Reichsbahn und die Firma Grün & Bilfinger, Stettin, beteiligt. Werkseitig hatte Ministerialrat Schubert – Gruppenleiter im OKH (Oberkommando des Heeres), Berlin – die Leitung.[3, 10]

Neben Planungs- und Organisationsarbeiten für die spätere Fertigung der Großrakete A4, die ja damals etwas vollkommen Neues bedeuteten, machte sich auf Drängen von Wernher von Braun der Ingenieur Harry Schejbal 1936 erste Gedanken über den Trassenverlauf und die Verteilung der Bahnhöfe für die geplante Werkbahn. Obwohl von Haus aus Fertigungsingenieur, der sich seine ersten Verdienste bei der Flugzeugserienproduktion erworben hatte, nahm er die Aufgabe zunächst widerstrebend an, arbeitete später jedoch mit Interesse daran. Förderlich für seine ungewohnte Aufgabe waren sicher sein Organisationstalent und sein gutes Verhältnis zu Ministerialrat Schubert. In dessen Hand lag die Beschaffung von allen Werkbahnfahrzeugen, wie Akku-Triebzügen, Dieselloks, Personen- und Güterwagen und der später eingesetzten E-Züge. Auch gehörte in seinen Zuständigkeitsbereich der Aufbau des späteren Fahrleitungsnetzes, des Zentralstellwerkes und die Ausrüstung der Bahnhöfe.

An der endgültigen Verwirklichung der Bahn war Schejbal nicht mehr beteiligt, da er auf eigenen Wunsch im Laufe des Jahres 1937 aus der Heeresversuchsstelle ausschied und in die Flugzeugproduktion zurückging. Anhand von Kartenunterlagen hat Schejbal dem Verfasser nach dem Krieg eine große Übereinstimmung der ausgeführten Gleisanlagen mit seinen damaligen Planungen bestätigt. Auch den als »Knotenpunkt« mit zwei Bahnsteigen und einer Bahnsteigunterführung für Fußgänger anzusprechenden Werkbahnhof »Siedlung« hatte er in dieser Form vorgesehen.[9]

Mit der Planung des speziellen Gleisverlaufes innerhalb der Versuchsstellen, zu den Prüfständen, Werkhallen und abgelegenen Werkteilen betraute die Bauleitung den Tiefbauingenieur Schalk. Die Tiefbauabteilung der Bauleitung unter

Herrn Breitzke, dem Ing. Nitsche als Assistent zur Seite stand, begann Anfang 1936 mit dem Trassenbau der Werkbahn. Dienststellenleiter der Bauleitung war zu dieser Zeit Dipl.-Ing. Abendroth.[7]

Der am weitesten nördlich gelegene größere Reichsbahnhof der Insel Usedom, nötig für die Anbindung der Werkbahngleise an das öffentliche Streckennetz der Reichsbahn (DR), war der Bahnhof »Zinnowitz«. Dieser Bahnhof hatte entsprechend viele Rangiergleise und besaß auch Versorgungsanlagen für Loks u. a. mit Kohle und Wasser.

Die Reichsbahn stellte während des Baues der Werkbahn Geräte, Baustoffe und Personal für die Schienenverlegung und technische Ausrüstung zur Verfügung. Dabei war der Reichsbahnhof Zinnowitz Stützpunkt und Umschlagplatz für die herangebrachten Menschen, Materialien und Geräte.[6, 10, 11]

Den Reichsbahnhof Zinnowitz konnte der Reisende einerseits von Ducherow kommend über Swinemünde und die anschließende Bäderstrecke erreichen, andererseits bestand die kompliziertere Möglichkeit, von der Stralsunder Strecke über Anklam kommend, in Züssow umzusteigen und bis Wolgast-Hafen zu fahren. Dort endete die Bahn und setzte sich, nachdem man zu Fuß über die Peeneklappbrücke auf die Insel Usedom gelangt war, vom Bahnhof »Wolgaster-Fähre« über »Bannemin-Mölschow« und »Karlshagen-Trassenheide« bis Zinnowitz fort.

Im Jahre 1936 wurde am nördlichen Ende des Zinnowitzer Reichsbahnhofsgebäudes, mit einigen Metern seitlicher Versetzung nach Osten, zunächst ein noch primitiver Kopfbahnsteig mit einer kleinen Holzbaracke als Wartehäuschen errichtet. Von hier aus wurde die Werkbahntrasse Anfang 1936 begonnen.

Von Zinnowitz-Werkbahnhof ausgehend, wo eine Weichenanlage das Werkbahngleis in das öffentliche Reichsbahnnetz überleitete, führten beide Gleiskörper zunächst nach Nordwesten. Nach etwa 1,5 km trennte sich das Werkbahngleis durch eine nördlich abbiegende Kurve, um nach 1 km, am Magdeburger Kinderheim und der ebenfalls dort einquartierten Haushaltsschule (dem späteren Fliegerheim) vorbei, in fast nördlicher Richtung einzuschwenken. Kurz bevor die Gleise den Weg vom Dorf Trassenheide zum Strand überquerten, bog die Trasse in einer scharfen Linkskurve wieder nach Nordwesten ab. Gleich hinter der Straßenüberquerung wurde der Werkbahnhof »Trassenheide-Dorf«, etwa 3,3 km Gleislänge von Zinnowitz entfernt, auf der westlichen Seite angelegt. Er bestand aus einem höher gelegenen Bahnsteig mit einer später am südlichen Ende erstellten Holzwartehalle.

Hinter Trassenheide behielt die Gleisrichtung, durch Wald und parallel zur Landstraße Trassenheide-Peenemünde führend, die Generalrichtung Nordnordwest bei. Nach 1,8 Gleiskilometern wurde gegen Ende 1939 eine Haltestelle »Trassenheide-Lager« errichtet, da auf gleicher Höhe ein Arbeiter-Barackenlager geplant war, das später mit Fremdarbeitern belegt wurde. Der Bahnsteig bestand aus einer langgestreckten, auf Pfählen errichteten Holzkonstruktion und war an der östlichen Gleisseite aufgebaut.

Weiter durch Wald verlaufend, wobei durch den westlichen, schmalen Waldstreifen die ersten Häuser von Karlshagen und später die Kirche mit dem Karlshagener Friedhof sichtbar wurden, überquerte das Gleis die von Karlshagen-Dorf zum Seebad (Strandkolonie) führende Straße. Unmittelbar dahinter errichtete man ebenfalls auf der östlichen Seite, 1,6 km vom letzten Haltepunkt entfernt, den Bahnsteig »Karlshagen«. Er konnte später besonders von den Bewohnern Karlshagens, den im südlichen Teil der Siedlung wohnenden Werkangehörigen und der Belegschaft des VKN-Lagers benutzt werden. Es war ebenfalls ein aufgeschütteter Bahnsteig mit befestigter Bahnsteigkante, ohne Wartehalle.

Als nächste Station folgte schon nach 0,6 km der Bahnhof »Siedlung«. Wie schon erwähnt, baute man ihn später zum größten Bahnsteig der Werkbahn aus. Gleich hinter dem Bahnhof Karlshagen fächerten die Schienen dreigleisig auf, wodurch für die Station Siedlung zwei Doppelbahnsteige möglich waren, die auch als einzige der Werkbahnhöfe eine Überdachung erhielten. Die Bahnsteige wurden untereinander durch eine Fußgängerunterführung verbunden. Dadurch entstand auch eine Verbindung von der westlich des Gleises parallel laufenden Landstraße zur Siedlung. Die Mehrgleisigkeit, etwa in der Mitte der gesamten Werkbahntrassenlänge, verfolgte auch den Zweck, für den normalerweise eingleisigen Schienenweg einen Ausweich- und Begegnungspunkt für den Gegenverkehr zu schaffen. Der Bahnhof Siedlung hatte für die Bewohner des mittleren und des nördlichenTeiles der Siedlung und des VKN-Lagers Bedeutung.

Etwa 0,76 km vom Bahnhof der Siedlung entfernt, gleich hinter deren nördlichem Ende, setzten Straße und Schiene nach Osten zu einer Umfassungskurve des später von hier aus sich nach Norden erstreckenden Werkes Süd an. Von dieser Umfassung, mit der jedoch erst Mitte 1939 begonnen wurde, war es für einen aufmerksamen Fahrgast möglich, durch Waldlücken und über die Dünen hinweg kurze Blicke auf die Ostsee zu werfen.

Außer dieser Straßen- und Schienenumführung gingen auch in gerader Richtung Straße und Schiene nach Norden, am Gelände des späteren Werkes vorbei, und vereinigten sich nach etwa 1,8 km mit der östlichen Umfassungstrasse. Während der Schienenweg auf der östlichen Umgehung keine Haltemöglichkeit mehr vorsah, waren auf dem westlichen Weg später, nach Errichtung des Werkes Süd, noch zwei Haltepunkte eingerichtet worden. Zunächst kam der Haltepunkt »Wasserwerk« am nördlichen Ende des Werkes Süd, kurz vor der Vereinigung des östlichen Schienenweges mit dem westlichen, in etwa 2,5 km Entfernung vom Bahnhof Siedlung, zur Verwirklichung. Später, als 1943 die große Halle F1 des Werkes Süd fertig wurde, ist auch weiter südlich in nur etwa 1,5 km Entfernung vom Bahnhof Siedlung der Bahnsteig »Halle F1« als provisorischer Haltepunkt auf der östlichen Seite des Gleiskörpers angelegt worden.

In Weiterverfolgung des Werkbahnaufbaues ist festzuhalten, daß zunächst 1936/37 die Werkbahntrasse in nördlicher Richtung an der nach Westen abbiegenden Landstraße Richtung Peenemünde vorbeiführte. Die Schienenabzweigung nach Peenemünde erfolgte erst nach 1939 im Zuge des Sauerstoff- und Kraftwerkbaues. Zu diesem Zweck errichtete man später einen großräumigen Kreuzungspunkt von Straße und Schiene. Hier trafen die alte, von Süden kommende Landstraße nach Peenemünde, das parallel zu ihr verlaufende Werkbahngleis und die östliche Umgehungsstraße mit ihrem Schienenstrang zusammen. Dieser große Knotenpunkt von Straße und Schiene machte eine ausgedehnte Schrankenanlage notwendig. Wer einmal nach Fertigstellung der Kreuzung gegen Ende 1942 vor der Hauptwache stand, die am nordwestlichen Rand des großen Platzes mit einem Postamt zusammen einen Komplex bildete, war sicher beim Nahen eines Zuges von den mit Glockenschlägen und rasselndem Geräusch niedergehenden »Schrankenwald« beeindruckt.

Von diesem Verkehrsknotenpunkt führten Straße und Werkbahngleis weiter in Richtung Norden, an dem östlich davon im Bau begriffenen Entwicklungswerk vorbei. Gleich hinter der im rechten Winkel von der Hauptstraße nach Osten abzweigenden Zufahrt zum Entwicklungswerk, dessen Verwaltungs- und Stabsgebäude, der Kantine Fischer, dem Offizierskasino und etlichen Unterkunftshäusern errichtete die Werkbahn für diesen ganzen wichtigen Komplex, etwa 0,8 km vom Bahnhof Wasserwerk entfernt, den Bahnhof »Nord« auf der Westseite des eingleisigen Bahnkörpers.

Um zum Luftwaffenbereich nach Werk West zu gelangen, lenkte man Straße und Werkbahngleis in weitem Bogen nach Westen um. Nach der Kurve hörte der Wald auf, und durch eine Kreuzung beider Verkehrswege wurde ein Seitenwechsel und mit einem leichten Knick nach Norden eine Richtungsänderung zum Werk West vorgenommen. Etwa 2 km vom Bahnhof Nord entfernt, war das Streckennetz für die allgemeine Personenbeförderung mit dem Bahnhof »West« beendet. Die Trasse ging darüber hinaus bis zum Vorwerk weiter und verzweigte sich dort im Hafengebiet bzw. auch für den Werkverkehr in den südlich von den Flugzeughallen gelegenen Werkbereich hinein.

Auf dem Gelände des Entwicklungs- und Versuchsserienwerkes waren ebenfalls ausgedehnte Schienenanlagen für den werkinternen Verkehr und als Abstellmöglichkeit vorgesehen, wie z. B. im Werk Nord bis zum Prüfstand VII im äußersten Norden. Auch im späteren Werk Süd, parallel zum Umgehungs- und westlichen Werkbahngleis, waren mehrgleisige Schienenwege angelegt worden. Nach 1939 wurde der westlich von Werk Süd gelegene, mit einem Ringwall versehene Abnahmeprüfstand Nr. 2 mit einem Stichgleis an die Werkbahn angebunden.[10, 13]

Neben der Schilderung des Gleisverlaufes und dessen Aufbau soll noch über die Organisation, die Betriebseinrichtungen und den Wagen- bzw. Lokpark der Werkbahn berichtet werden. Für die Durchführung des einwandfreien Werkbahnbetriebes war eine besondere Werkbahndirektion verantwortlich. Die Direktion unterstand der örtlichen Standortkommandantur und hatte ihre Diensträume bis gegen Ende 1943 in einer Baracke auf dem Gelände des Werkes Nord neben der dortigen Lokhalle, die wiederum etwa 300 m südwestlich des Prüfstandes VI aufgebaut war. In dieser Halle, in der die Diesel- und Dampfloks gewartet und abgestellt wurden, befand sich auch die Ladestation für die Batterien der Akkuzüge. Vier Quecksilberdampfgleichrichter sorgten für die notwendige Ladespannung.

Die Leitung der Werkbahndirektion lag in den Händen von Dipl.-Ing. Butt. Sein Betriebsleiter war Herr Klemm. Die Betreuung der Loks und Betriebsfahrzeuge unterstand Ing. Schäfer und seinem Werkmeister Baumann. Für die Gleisanlagen war Ing. Schalk zuständig. Die Fahrplanerstellung gehörte in den Zuständigkeitsbereich von Herrn Welker. Der Fahrzeugeinsatz wurde von Ober-Lokführer Becker geregelt. Nach Einführung des E-Zugbetriebes, Anfang 1944, übernahm Herr Alsen die Betreuung dieser Züge. Für den Fahrleitungsbau, dessen Wartung und Instandhaltung stellte die Direktion Herrn Ewert ein.

Als Endausbauzustand der Werkbahn war für den Personenverkehr der Betrieb mit E-Zügen nach dem Muster des Berliner Stadtverkehrs vorgesehen. Aus diesem Grund begann die Firma BBC die Elektrifizierung der Bahn im Frühjahr

1943. Die Fahrdrahtverlegung führte man damals schon im Weitspannsystem mit automatischer Nachspannung durch Umlenkrolle und Spanngewicht aus. Das Fahrdrahtnetz reichte vom Werkbahnhof Zinnowitz bis zum Werkbahnhof West und, von der Hauptwache abzweigend, bis zum Kraftwerk bei Peenemünde.

Innerhalb der Werkbereiche wurde mit Diesel- oder Dampfloks gefahren. Um die E-Züge zu warten und unterzustellen, ließ die Werkbahndirektion in der Nähe des Werkbahnhofs Siedlung, etwa 200 m nördlich des VKN-Lagers, eine große Bahnbetriebshalle errichten, die viergleisig an dem vom Bahnhof Siedlung kommenden dreigleisigen Bahnkörper angebunden war. Anfang 1944 zog die gesamte Werkbahndirektion in dieses neue Gebäude um. Der kritischer gewordenen Luftlage entsprechend, erhielt diese Halle auch einen Luftschutzbunker. Von diesem Umzug war die Lokgruppe unter Ing. Schäfer ausgenommen. Da schon beim ersten Luftangriff auf Peenemünde, in der Nacht vom 17. auf den 18. August 1943, die Lokhalle mit Ladestation im Werk Nord abgebrannt war, hatten Emil Schäfer und sein Werkmeister Hans Baumann auf dem Reichsbahnhof Zinnowitz für die Wartung und Unterstellung ihrer Loks noch 1943 eine neue Holzhalle erhalten. Die Ladung der Akku-Züge übernahm ein von der Reichsbahn gestellter Gleichrichterwagen. Noch ehe die ersten Bomben während des nächtlichen Angriffs fielen, gelang es Herrn Schäfer und einer Nachtwache, die Akku-Züge und Loks aus der Halle in Werk Nord herauszufahren und auf Nebengleisen abzustellen. Das Abbrennen eines Akku-Triebwagens mit Anhänger konnte jedoch nicht verhindert werden.

Wie schon erwähnt, war die Werkbahn vorwiegend eingleisig ausgeführt. An etlichen Bahnhöfen waren jedoch für Zugbegegnungen und zum Umsetzen von Loks Doppelgleise vorgesehen, die durch ein umfangreiches Abstellgleissystem, besonders in den Werkbereichen, ergänzt wurden.

Zum Befahren eines derart komplexen Schienensystems waren zwangsweise viele Weichen notwendig, die anfangs durch Weichensteller von Hand betätigt wurden. Als aber der Personen- und besonders der Güterverkehr mächtig zunahmen, mußte hier Abhilfe geschaffen werden. Deshalb baute man ein Zentralstellwerk östlich von der großen Instandsetzungswerkstatt im Werk Süd auf. Von hier aus konnten die Weichen und Signale fernbedient werden. Das gesamte Gleisnetz war auf einem Tableau an einer Wand in Leuchtröhren angelegt. Von einem Steuerpult aus konnten alle Signale und Weichen – außer den werkinternen Gleisanlagen – geschaltet werden, wobei die Leuchtröhren den Streckenabschnitt anzeigten, worin sich der zu überwachende Zug gerade befand. Die Farbe Rot signalisierte, daß der Zug in diesem Streckenabschnitt (Block) fuhr. Grün war die Farbe für einen freien Streckenabschnitt. Das Stellwerk und seine Steuerung waren nach dem damals neuesten Stand der Technik ausgerüstet worden. Nur in der Reichshauptstadt Berlin gab es gleich fortschrittliche technische Einrichtungen.

Eine weitere wichtige Voraussetzung für den E-Betrieb der Werkbahn war eine Gleichrichterstation für die Fahrspannung. Sie wurde etwa Mitte 1942 in Nähe des Fliegerheims bei Trassenheide, auf der westlichen Trassenseite der Bahn, fertiggestellt. Quecksilberdampfgleichrichter lieferten die Fahrspannung von 1100 V aus dem öffentlichen Drehstromnetz.

Für alle Hauptsignale, jeweils etwa 50 m von ihnen entfernt, waren Vorrichtungen zur mechanischen Zugbeeinflussung an den Schienen montiert. Ihre Stellung war direkt mit der des Signales gekuppelt. Beim Überfahren eines auf Halt gestellten Signales öffnete das an der Schiene montierte Schaltstück in Zusammenwirken mit dem Fühler des Bremsventiles am Triebfahrzeug dessen Bremsleitung, wodurch der Fahrstrom abgeschaltet und eine Notbremsung ausgelöst wurde.

Da auch Reichsbahnwagen auf den Werkbahngleisen fuhren, war es aus gesetzlichen Gründen notwendig, auch einen Vertreter der Reichsbahn für den Werkbahnbereich abzustellen, der die Aufsichtspflicht der Reichsbahn in der privaten Werkbahn übernahm. Für diese Aufgabe stellte die Reichsbahn den Oberrottenführer Röpke zur Verfügung.

Das Fahrpersonal wurde anfangs von der Reichsbahn gestellt. Für die zwei von der DR geliehenen Dampfloks standen zunächst zwei Lokführer und zwei Heizer zur Verfügung. Die Heizer wurden später durch vom Maschinenamt Stettin geschultes Werkbahnpersonal ersetzt. Auch mußten sich alle Diesellokführer und Akku-Triebwagenführer mit ihren Beifahrern einer Prüfung in Stettin unterziehen. Nachdem auch die Werkbahn einen werkeigenen Ober-Lokführer hatte, wurde ihm die Prüfung der Beifahrer übertragen.

Die Pflege und technische Überwachung des von der Reichsbahn an die Werkbahn abgetretenen Wagenparks, der ein- und auslaufenden Reichsbahnwagen und der auf Reichsbahngleisen fahrenden Werkbahnfahrzeuge überwachte der Oberwagenmeister Frömgen der Reichsbahn.[10, 13]

Um die Aufgabe und den Betrieb der Werkbahn richtig beurteilen zu können, darf nicht von dem hier veröffentlichten Personenfahrplan ausgegangen werden. Der Personenverkehr machte nur etwa ein Zehntel des ganzen Werkbahnverkehrs aus. Der Güterverkehr hatte einen gesonderten Fahrplan, wobei jeder Fahrt eine Betriebsnummer und eine Uhrzeit zugeteilt wurden.[10]

Der Betrieb der Werkbahn in den Jahren 1938 bis 1941 wurde anfangs mit Dampfloks der Reichsbahn, später mit Dieselloks und alten Personenwagen der Reichsbahn durchgeführt. Bei den Personenwagen handelte es sich vorwiegend um den schon bei der Reichsbahn in den 90er Jahren für den Vorortverkehr des vergangenen Jahrhunderts gebauten dreiachsigen Abteilwagen C3. Die Abteile waren durch einen schmalen, offenen Seitengang miteinander verbunden. Die Wagen konnten, um Bahnsteiglänge zu sparen, paarweise kurz gekuppelt werden.[13]

Die Akku-Triebwagenzüge waren schon gegen Ende 1941 in Betrieb genommen worden. Bis zur Vollelektrifizierung verkehrten sie vorwiegend auf dem Werkbahngelände. Danach dienten sie im wesentlichen als Zubringerzüge von Wolgaster-Fähre nach Zinnowitz und von Swinemünde Hauptbahnhof nach Zinnowitz, fuhren also auf Reichsbahngleisen, die ja keine Oberleitungen besaßen. Fahrgestell und Wagenaufbau stammten von der Firma Wegmann & Co. Kassel. Die elektrische Ausrüstung hatte die Firma Siemens AG geliefert. Die Betriebsspannung betrug 360 V.[10]

Ende 1943, Anfang 1944 war die Elektrifizierung der Bahn abgeschlossen, so daß der Betrieb mit den E-Zügen aufgenommen werden konnte. Hierbei handelte es sich um eine modifizierte Ausführung der Berliner S-Bahnzüge mit Oberleitungsbügel, Baureihe ET167. Die Fahrgasträume waren als Großräume mit Mittelgang und symmetrischer Sitzplatzanordnung ausgeführt. Die Reihe ET167 war eine Weiterentwicklung der Reihe ET166, deren Wagen als sogenannte »Olympiazüge« zur Olympiade 1936 in Berlin neu in Dienst gestellt worden waren. Die Fahrzeuge

Werkbahndirektion

Fahrplan

Gültig ab 3. Juli 1944

(Wolgaster-Fähre) – Swinemünde – Zinnowitz – West

km	Reichsbahn Zug Nr		352W	T1906	354	T1108	356	362	360	T1910	T1914 Mo-Fr	358	364
0,0	Wolgaster-Fähre	ab	5.57	6.37	7.45	11.20	13.25	15.17	17.36	19.10	20.15	22.20	23.22
3,7	Bannemin-Mölschow	..	6.04	7.04	7.52	11.28	13.32	15.23	18.03	19.18	20.23	22.27	23.29
6,1	Karlshagen-Trassenheide	..	6.10	7.10	7.58	11.36	13.38	15.29	18.09	19.24	20.29	22.33	23.35
8,5	Zinnowitz Reichsbhf.	an	6.14	7.16	8.02	11.41	13.42	15.35	18.13	19.29	20.34	22.37	23.39

km	Zug Nr		1901W	2191W	353	357	2917Sa	317	361	139	359 Mo-Fr	T1911	363
0,0	Swinemünde Hbf.	ab	4.50		5.40	10.05		13.55	15.20	18.05			21.20
5,8	Heringsdorf	..	5.22	5.34	6.07	10.34		14.24	15.51	18.34	21.00		21.50
13,3	Bansin	..	5.32	5.44	6.17	10.43	12.25	14.33	16.01	18.48	21.09	21.40	21.59
	Schmollensee	..	|	|	6.24	10.51	12.32		16.07	18.55	21.15	|	22.05
21,4	Ückeritz	..	5.44	5.57	6.34	10.57	12.40		16.16	19.03	21.23	21.52	22.13
24,4	Kölpinsee	..	5.51	6.05	6.41	11.03	12.46		16.23	19.09	21.29		22.19
26,3	Koserow	..	5.58	6.12	6.47	11.08	12.51		16.29	19.14	21.34		22.24
30,2	Zempin	..	6.11	6.28	7.03	11.21	13.18		16.41	19.31	21.46		22.36
34,1	Zinnowitz Reichsbhf.	an	6.18	6.35	7.10	11.27	13.25		16.47	19.37	21.53	22.16	22.42

Werkbahn Zug Nr		E3W	E5W	1901W	2191W	P9 S=E9	E11	E13W	E15	E217W	E25	E507Sa	E229 Mo-Fr	E29	E31 Mo-Fr	E33 Mo-Fr	E35	E511 Mo-Fr	E37 Mo-Fr	E39	E43	E45
Zinnowitz Werkbhf.	ab	5.00	6.15	■6.22	■6.40	6.46	7.26	8.45	10.10		12.00			14.30	15.10	16.00	16.58		18.45	19.46	20.50	22.50
Trassenheide-Dorf	..	5.05	6.20		6.46	6.52	7.31	8.50	10.15		12.05	n. Lager Süd		14.35		16.05	17.03	n. Lager Süd	18.50	19.51	20.55	22.55
Trassenheide-Lager	..	5.09	*6.23			6.56	*7.34	|	*10.19		12.08			*14.39		*16.09	|		|	19.56	|	*22.58
Karlshagen	..	5.13	6.28		|	7.01	7.39	8.57	10.23		12.13			14.43		16.13	|		18.57	20.00	21.02	23.02
Siedlung	..	5.16	6.31	6.37	6.55	7.04	7.42	9.00	10.25	11.05	12.15	13.20	13.30	14.47	15.27	16.16	17.11	18.19	19.00	20.02	21.05	23.05
Halle F 1	..	5.20	6.33	6.40	6.58	7.07	7.45	9.03	10.27	11.08	12.18	13.23	13.33	*14.50	15.30	16.18	|	18.21	19.03	20.05	21.07	|
Wasserwerk	an	5.22	|	6.42	7.00	7.09	7.46	9.05	10.29	11.10	12.20	13.24	13.34	14.52	15.32	16.20	17.14	18.23	19.05	20.07	21.09	23.08
Nord	..	5.23	6.36	6.45	|	S 7.12	7.49	9.07	10.31	11.12	12.22	|	13.36	14.54	15.34	16.22	17.16	|	19.08	20.09	21.11	23.11
West	..	5.27	6.40	6.50	7.07	S 7.16	7.53	9.11	10.35	11.16	12.26	|	13.40	14.58	15.38	16.26	17.20		19.11	20.13	21.15	23.15
Hauptw Nord	an											13.26						18.25				

West – Zinnowitz – Swinemünde – (Wolgaster-Fähre)

Zug Nr		E4W	E504W	E6	E212W	E14	E216W	E18	1904Sa	E24Sa	2292Sa	E26 (Sa = P 26)	E28 Mo-Fr	E30	E32 Mo-Fr	P1902 Mo-Fr	E34 Mo-Fr	E36	P2192 Mo-Fr	P38 Mo-Fr	E40 Mo-Fr	E42	E44	E46
Hauptw Nord	ab		6.21						●															
West	ab	5.31	|	7.30	8.25	9.17	10.45	11.22		12.48		13.06	14.35	15.14	16.00	17.36		17.45		18.06	19.16	20.16	21.22	23.20
Nord	..	5.34	|	7.34	8.29	9.21	10.49	11.25	12.47	12.53		13.10	14.39	15.18	16.04	17.41		17.51		18.10	19.20	20.20	21.26	23.24
Wasserwerk	..	5.37	6.23	7.37	8.32	9.24	10.52	11.28	fährt in Zz. durch	|	13.04	13.13	14.42	15.21	16.07	17.45		• hält	18.06	18.13	19.23	20.23	21.29	|
Halle F 1	..	5.39	6.25	7.39	8.34	9.26	10.54	11.30		|	13.07	13.15	14.44	15.23	16.09	hält nicht bis Koserow		• SaS	18.08	18.15	19.25	20.25	21.31	
Siedlung	..	5.42	6.38	7.43	8.36	9.29	10.56	11.33		13.00	13.10	13.18	14.47	15.26	16.17		17.55	17.58	18.11	18.18	19.28	20.28	21.34	23.30
Karlshagen	..	*5.44	|	7.45	an	9.31	an	11.36		|	|	13.20		15.28	16.19		|	18.01	18.13	|	19.30	20.30	21.36	|
Trassenheide-Lager	..	|	6.57	|		*9.35		*11.40	13.00	|		13.24	*14.53	*15.32	*16.23		|	18.06	|			|	*21.40	23.36
Trassenheide-Dorf	..	5.50	7.01	7.52		9.38		11.43		13.09	|	13.28		15.35	16.27		|	18.09	18.21	18.26	19.37	20.37	21.44	23.40
Zinnowitz Werkbhf.	an	5.55	7.05	7.56		9.42		11.47		13.13	●13.23	13.33	15.00	15.39	16.32		18.06	18.13	●18.26	18.31	19.41	20.41	21.49	23.45

km	Reichsbahn Zug Nr		352	354	140	2916Sa	1904Sa	2292Sa	356	366	1902 Mo-Fr	360	2192 Mo-Fr	388 Mo-Fr	T1912
0,0	Zinnowitz Reichsbhf.	ab	6.20	8.08	9.50	11.35		13.34	13.48		|	18.20	● → 18.40	19.55	20.47
3,9	Zempin	..	6.28	8.15	9.57	|	13.17	13.41	13.55		|	18.28	18.48	20.02	20.54
7,8	Koserow	..	6.47	8.32	10.16	11.54	13.36	13.56	14.16		18.22	18.48	19.14	20.14	21.06
9,7	Kölpinsee	..	6.52	8.36	10.20	11.59	13.41	14.01	14.20		18.27	18.53	19.19	20.19	21.11
12,7	Ückeritz	..	6.59	8.44	10.27	|	13.47	14.07	14.27		18.33	19.03	19.25	20.25	21.24
	Schmollensee	..	7.07	8.51	10.34	|	13.54	14.14	14.34		18.41	19.10	19.32	20.35	|
20,8	Bansin	..	7.14	9.00	10.44	12.17	14.02	14.22	14.41	15.22	18.49	19.17	19.40	20.43	21.36
28,8	Heringsdorf	an	7.23	9.09	10.53		14.10	14.30	14.50	15.30	18.57	19.26	19.48	20.52	an
34,1	Swinemünde Hbf.	..	7.47	9.36	11.22			14.56	15.18	15.38		19.57	20.14		

km	Zug Nr		351W	T1907	353	T1101	357	2917Sa	359	361	T1909	T2295 Mo-Fr	T1913 Mo-Fr	389	363
0,0	Zinnowitz Reichsbhf.	ab	5.21	6.01	7.18	10.50	11.30	13.30	14.00	16.57	18.21	18.45	19.52	21.56	22.50
2,4	Karlshagen-Trassenheide	..	5.26	6.09	7.23	10.56	11.35	13.38	14.06	17.02	18.27	18.50	19.56		22.55
4,8	Bannemin-Mölschow	..	5.32	6.16	7.28	11.02	11.40	13.44	14.12	17.07	18.33	18.55	20.04		23.00
8,5	Wolgaster-Fähre	an	5.39	6.24	7.36	11.09	11.48	13.52	14.19	17.15	18.40	19.03	20.11	22.12	23.08

P 7-Züge:

Haus 4	ab 6.44W	P. 1 Mo-Fr	ab	17.25	Mo. Mi. Fr.		
P. 1	an 6.53	Haus 4	an	17.35			
Haus 4	ab 7.10W	P 1 Sa	ab	12.55		19.02	
P. 1	an 7.20	Haus 4	an	13.05		19.12	

Zeichenerklärung: In E- und T-Zügen ist die Beförderung von Fahrrädern verboten.

W = Zug verkehrt nur werktags
Sa = „ „ „ samstags
Sa S = „ „ „ samstags u. sonntags
Mo–Fr = „ „ „ montags bis freitags

* = Zug hält bei Bedarf (beim Zugführer, -schaffner oder Lokomotivpersonal zum Aussteigen rechtzeitig melden, zum Einsteigen durch Zeichen bemerkbar machen)

● = Züge fahren Zinnowitz Rbf. ein.
■ = Züge fahren ab Zinnowitz-Reichsbf.

2 ..43 41 3 7 44

lieferte ebenfalls die Firma Wegmann & Co., während die elektrische Ausrüstung der »Peenemünder Version« wie auch bei den Akku-Triebwagen die Firma Siemens AG ausgeführt hatte.

Die Züge waren vorzugsweise tagsüber zu Viertelzügen und zu den Hauptverkehrszeiten zu Halbzügen zusammengestellt. Jeder Viertelzug hatte einen Trieb- und einen Steuerwagen, womit sich 118 Sitzplätze ergaben. Bei einer Betriebsspannung von 1100 V hatte der Viertelzug eine Antriebsleistung von 4×100 kW. Wagenkasten, Hauptrahmen und Drehgestelle waren aus Profilen und Blechen zusammengeschweißt. Die Höchstgeschwindigkeit war mit 80 km/h ausgewiesen.

Bei Kriegsende befanden sich in Peenemünde sieben Zuggarnituren mit den Nummern 286 bis 292. Nach dem Krieg wurden sie, nach Umbau der Stromabnehmer, dem dezimierten Berliner S-Bahnzugpark eingegliedert und fuhren, nach einem erneuten Umbau im Jahre 1952, als ET166 mit den Nummern 053 bis 059.[12]

Die Umstellung auf E-Zugbetrieb bedeutete einen wesentlichen Fortschritt im Fahrkomfort bei der Werkbahn Peenemünde. Besonders für die teilweise recht kurzen Bahnhofsabstände machte sich die große Beschleunigung der E-Züge sehr vorteilhaft bemerkbar. Für einen Berliner war es nicht ohne Reiz, in der gewohnten Reiseumgebung seines S-Bahnzuges sitzend, durch Baumlücken und über Dünen hinweg einen Blick auf die Ostsee zu erhaschen.

Mit Einführung des E-Betriebes hatte die Werkbahndirektion auch den Werkbahnhof Zinnowitz ausbauen lassen. Er erhielt drei Kopfbahnsteige und quer zu den Bahnsteigstirnseiten eine große Wartehalle mit Büro- und Verwaltungsräumen, die sich an das ursprüngliche Zinnowitzer Reichsbahngebäude anschlossen. Für alle Mitarbeiter der beiden Versuchsstellen galten ihre Dienstausweise auch als Fahrausweise. Ihre nicht in den Werken arbeitenden Angehörigen aus der Siedlung und die Bewohner des Peenemünder-Hakens ab Trassenheide hatten Sonderausweise.

Als Ergänzung des Personenfahrplanes sind neben dem gesonderten Güterfahrplan noch die sogenannten P-Züge zu erwähnen. Sie verkehrten in beiden Richtungen vom Haus 4 des Werkes Nord bis zum Prüfstand I, der etwa 300 m südöstlich des Prüfstandes VII im äußersten Norden der Heeresversuchsstelle lag. Als Zugmaschinen der Wagen dienten, noch wie in Ursprungszeiten der Werkbahn, die von der Reichsbahn geliehenen Dampfloks.[10]

Dadurch, daß neben der Elektrifizierung der Werkbahn auch ihre anderen Antriebssysteme (Akku, Diesel, Dampf) beibehalten wurden, bestand bei zu erwartenden Luftangriffen und entsprechenden Zerstörungen die Möglichkeit, daß frühzeitig wenigstens ein provisorischer Fahrbetrieb aufgenommen werden konnte. So mußte es ja dann auch in den Jahren nach August 1943 wegen mehrfacher Luftangriffe praktiziert werden. Den Schluß der Betrachtungen über die Werkbahn Peenemünde soll eine Aufstellung ihres Fahrzeugparkes in Tabelle 2 abrunden.

Aufstellung des Fahrzeugparkes der Werkbahn Peenemünde 1936–1945
Tabelle 2

Stück	Fahrzeug	Technische Angaben	Hersteller	Bemerkung
2	Dampflok	Tendermaschine, T14	Schwartzkopff	leihw. DR
2	Diesellok	550 kW, Hydraulik-getriebe: Fa. Voit	Schwartzkopff Motoren: MAN	Werkbahn
6	Diesellok	138 kW, Hydraulik getriebe: Fa. Voit	Schwartzkopff Motoren: MAN	Werkbahn
2	Diesellok	183 kW, Lamellen-Flüssigkeitsgetriebe	Klöckner, Motoren: Humboldt-Deutz	Werkbahn
4	Diesellok	183 kW, Normales Schaltgetriebe	Gemeinder, Motoren: Kaelble	Werkbahn
2	Diesellok	94 kW, Normales Schaltgetriebe	Gemeinder, Motoren: Kaelble	Werkbahn
2	Akku-Triebzug	360 V, Akku: 240 Ah, Fa. VARTA	Wegmann & Co. Elektr. Ausrüstung: Siemens AG	Werkbahn
7	E-Züge, ET 167	1100 V Viertelzug: 4 × 100 kW, Vielstufiges Nocken-Schaltwerk	Wegmann & Co. Elektr. Ausrüstung: Siemens AG	Werkbahn
ca. 100	Wagen	Abteilwagen C3, Perronwagen, Güterwagen: X-, O-, G-, R-Wagen	verschieden	leihw. DR
4	O_2-Wagen	je 50 000 l		Werkbahn
10	Meillerwagen	Transportwagen für A4		Werkbahn

Bemerkung: Die Hauptuntersuchungen der Loks und E-Züge wurde in Stargard/Pommern und die der Güter- und Personenwagen in Eberswalde bei den dortigen Reichsbahndienststellen durchgeführt.

4.6. Das Kraftwerk

Als ein markantes und wichtiges Bauwerk der Infrastruktur des Versuchsareals auf dem Peenemünder Haken, etwa 600 m nordwestlich vom Dorf Peenemünde, ragte das Kraftwerk mit seinen vier Schornsteinen und einer Gesamthöhe von gut 45 m aus der flachen Landschaft heraus. Es versorgte beide Versuchsstellen mit Energie. Der Abdampf wurde über Fernleitungen zur Heizung im Bereich des Werkes Süd und der Siedlung verwendet. Die Leitungen verliefen sowohl unter- als auch oberirdisch, hauptsächlich entlang den Werkbahngleisen, zunächst vom

Kraftwerk zur Hauptwache. Von dort umfaßten sie das Werk Süd und endeten im südlichsten Punkt beim VKN-Lager Karlshagen. Die Hin- und Rückleitungen besaßen eine Nennweite von 340 mm, der Betriebsdruck bewegte sich in der Größenordnung von 6 bar. Die Luftwaffe hatte, wie später noch beschrieben wird, schon in der ersten Ausbaustufe ihrer Versuchsstelle ein eigenes Fernheizwerk errichtet und war in dieser Beziehung unabhängig.

Es soll mit dieser kurzen Schilderung kein erschöpfender und ins einzelne gehender Bericht über das Kraftwerk Peenemünde erstellt, sondern lediglich die infrastrukturelle Organisation des ganzen Versuchsgeländes vervollständigt und in ihrem weitgespannten Rahmen verdeutlicht werden.

Da das Kraftwerk Peenemünde-Dorf als Kohlekraftwerk konzipiert war, hatte man, wie früher bei der Beschreibung der Landschaft um Peenemünde schon angedeutet, für die Kohleanlandung einen etwa 400 m langen und 200 m breiten Hafen an der Stelle des ehemaligen Mühlenteiches in nordwestlicher Richtung angelegt. Das Kraftwerk war dabei so angeordnet, daß Kessel- und Maschinenhaus parallel dazu lagen. Die etwa 214 m lange Förderbrücke für die Hauptbekohlung und die entsprechende Kohlelagermöglichkeit erstreckten sich dagegen senkrecht zur gleichen Hafenseite. Die Hafenzufahrt öffnete sich nach Südosten zum Cämmerer-See und damit zur Peene hin. Gegenüber auf dem Festland lag der Ort Cröslin. Mit Schreiben AZ 63 h 55 Wa Prüf 11/Gr VI vom 25. Oktober 1939 erhielt die Firma Siemens-Schuckert AG, Abteilung Kraftwerkbau, Berlin-Siemensstadt, den Auftrag zur Erstellung eines Heizkraftwerkneubaues bei Peenemünde auf der Insel Usedom. Der gewählte Standort an der Peene war für die Kühlwasserversorgung des Werkes besonders günstig.

An der Erstellung des Kraftwerkes waren, um nur die wichtigsten zu nennen, neben der Firma Siemens AG als Generalunternehmer noch folgende Firmen beteiligt: Die Firma Babcockwerke erstellte die Kesselanlagen mit Schornsteinen. Die Montage der Not- und Hauptbekohlungsanlage mit Becherwerk wurde von der Firma MAN durchgeführt. Die Firma Ibag war für die Montage des Krans der Hauptbekohlung und im Siebhaus für die Siebanlagen zuständig. Die Rohrleitungsmontage im Kraftwerkbereich führte die Firma V.R.B. durch. Für die Verlegung der Fernheizung im Gelände war die Firma Krantz tätig, während die Turbosätze von der Firma Wumag geliefert wurden.

Weil das Gelände der Baustelle vor 1937 im Überschwemmungsgebiet der Peene und im Durchschnitt nur 0,5 m über Mittelwasser gelegen war, wurde zunächst eine Aufspülung bis auf 2,5 m vorgesehen, wobei auch hier wieder ersichtlich wird, welch große Erdbewegungsarbeiten bei der Höherlegung des Geländes auf dem ganzen Peenemünder Haken notwendig waren. Ebenso wie bei der Aufspülung des Rollfeldes von Werk West lagen diese Arbeiten in den Händen der Firma Grün & Bilfinger, Mannheim. Durch Probebohrungen und Proberammungen im Jahre 1937, konnte Aufschluß über die Baugrundverhältnisse und die zu wählende Gründungsart gewonnen werden. Der Baugrund bestand aus einer oberen, 60 bis 80 cm starken Sandschicht, der eine Torfbodenschicht bis 3,6 m Tiefe folgte. Darunter setzte sich der Boden mit einer etwa 10 m starken Schwemmsandschicht fort, die, nach unten an Festigkeit zunehmend, schließlich in Geschiebemergel überging. Erst diese Bodenbeschaffenheit konnte als tragfähiger Baugrund angesehen werden. Als Folge starker Verwerfungen der genannten Bodenschichten lag

der Tiefenbereich des tragfähigen Baugrundes zwischen 7 und 16 m. Durch die ermittelte Bodenstruktur war eine künstliche Gründung durch Pfähle unumgänglich. Neben der Verwendung von Eisenbetonrammpfählen, vorzugsweise im Bereich der späteren Gebäude- und Turbinenfundamente, wurde, zur Einsparung
von Zement, auch fester grauer Mergel für die künstliche Gründung verarbeitet.
Da das Grundwasser vor dem Aufspülen schon 0,5 m unter Geländeniveau begann, war es nach Untersuchung der Grundwasserzusammensetzung erforderlich,
entsprechende Schutzmaßnahmen für die Betonpfähle und die Gebäudefunda-
mente durchzuführen. Im Grundwasser wurden zunächst nur eine geringe Karbo-
nathärte bei Gegenwart von Spuren gelöster Kohlensäure und gelöste Humus-
stoffe ermittelt. Später stellte sich heraus, daß bis zu 3000 mg Salzgehalt im Grundwasser möglich waren, je nachdem, ob der Wind mit oder gegen den Peenestrom
gerichtet war. Aufgrund dieser Tatsachen waren Sonderzemente erforderlich. Es
genügte bei den Pfählen eine fette und dichte Betonmischung und bei den Funda-
menten ein zweimaliger Bitumenschutzanstrich.[14]
Es könnte nun die Frage nach Sinn und Zweck eines eigenen Kraftwerkes für die
beiden Versuchsstellen aufgeworfen werden. Wie schon angedeutet und durch diese Tatsache noch unterstrichen, war zunächst die seinerzeit größte Versuchs- und
Erprobungsstelle für Raketen und Raketentriebwerke mit Energie zu versorgen.
Diese Versorgung sollte autark, unter eigener Kontrolle und eigenem Zugriff erfolgen. Sodann spielte als wesentlicher Gesichtspunkt die Geheimhaltung eine
Rolle, da man davon ausging, daß aufgrund der Spitzenlasten, wie sie z. B. bei A4-
Starts im Werk Ost gegeben waren, Rückschlüsse auf die Versuchsaktivitäten gezogen werden konnten, wenn die Energieversorgung in fremder Hand gelegen
hätte.[15, 17]
Die beiden Hauptgebäude des Kraftwerkes waren das Kessel- und das Maschinenhaus. Im Kesselhaus, dem höchsten Gebäude mit etwa 35 m Höhe, waren vier
Babcock-Wanderrostkessel mit je 64 t Dampfleistung pro Stunde eingebaut. Der
Platz für zwei weitere Kessel gleicher Leistung war vorgesehen. Ebenso hatte man
im gleichen Gebäude die Rauchgasfilteranlage installiert. Sie bestand aus elektrostatisch wirkenden Filtern, einer Anlage der Firma Lurgi. Weiterhin befanden
sich die Wasseraufbereitung und die Kohlebunker mit einem Fassungsvermögen
von etwa 200 t Steinkohle je Kessel im gleichen Gebäude. Dabei waren die Kohlebunker trichterförmig über den Kesseln im oberen Bereich des Kesselhauses eingebaut.
Das gegenüber dem Kesselhaus etwas niedrigere Maschinenhaus war für die Aufstellung von zwei Dampfturbinen mit je 15 000 kW ausgelegt, die dem Kraftwerk
eine Gesamtleistung von 30 MW verliehen. Der Raum für die Aufstellung einer
weiteren Turbine gleicher Leistung war ebenfalls vorgesehen. Weiterhin beherbergte das Maschinenhaus die Speisewasserbehälter und einen Ausgleichsbehälter
für die Fernheizung. Auf einer in etwa 10,5 m Höhe eingezogenen Geschoßdecke
waren die Reduzierstationen, die Dampfkühler und die Fernheizungs-Gegen-
strom-Vorwärmer montiert. An der nordöstlichen Front des Maschinenhauses befanden sich zwei Trafozellen. In den Trafokammern waren zwei Transformatoren
mit einer Leistung von je 20 000 kVA und einer Übersetzung von 6000 zu 20 000 V,
zwei Transformatoren mit je 3000 kVA bei einer Übersetzung von 15 000 zu 380 V
eingebaut. Drei weitere Trafokammern dienten für eine Erweiterung der Anlage.

Außerdem bestand das Kraftwerk aus einem Turmanbau mit vier Seewasserhochbehältern von je 44 m³ Fassungsvermögen, einem kleinen Trinkwasserbehälter sowie etlichen Aufenthaltsräumen mit entsprechenden sanitären Einrichtungen.

Den Abschluß des Gesamtkomplexes bildete ein viergeschossiger Schalthaus- und Büroanbau. In seinem Kellergeschoß befand sich die Heizungszentrale für die interne Warmwasserheizung und Warmwasserversorgung. Im Erdgeschoß waren die 6-kV- und 380-V-Anlagen, die Betriebskontrolle und in dem darüberliegenden Geschoß der Lurgi-Filterschaltraum, der Kabelboden und die Büros der Betriebsleitung untergebracht. Den oberen Abschluß im Dachraum bildeten auf einer Höhe von 20,5 m drei Weichwasserbehälter von je 50 m³ Inhalt. Die Verbindung zwischen den einzelnen Geschossen wurde durch eine Haupt- und eine Nebentreppe sowie durch einen Personen- und Lastenaufzug hergestellt. Ein weiterer Aufzug war noch im Kesselhaus eingebaut.

Für den Betrieb eines Kraftwerkes sind neben den Hauptgebäuden entsprechende periphere Einrichtungen und Bauwerke notwendig. Eine wichtige Vorrichtung dieser Art war das Einlaufbauwerk. Es hatte die Aufgabe, das für die Kondensation notwendige Kühlwasser dem Maschinenhaus zuzuführen. Das Gebäude war unmittelbar an der nordöstlichen Hafenspuntwand errichtet worden und entnahm von dort das Peenewasser, welches über eine schmiedeeiserne Rohrleitung seinem Bestimmungsort zugeführt wurde. In diesem Gebäude waren die mechanische Wasserreinigung und die Kühlwasserpumpen eingebaut. Die Sohle des Einlaufes lag mit −3,92 m unter Mittelwasser. Für die Rückführung des Kühlwassers war eine Kühlwasserabflußleitung aus Schleuderbetonmuffenrohren mit 1,5 m lichtem Durchmesser verlegt worden, die vom Maschinenhaus in ein Auslaufbauwerk unmittelbar an der Peenespuntwand mündete. Damit konnte im Winter die Hafeneinfahrt eisfrei gehalten werden.

Ein besonders weitverzweigtes Bauwerk war die schon erwähnte Anlage für die Haupt- und Notbekohlung des Kraftwerkes. Der Antransport der Kohle für die Hauptbekohlung erfolgte auf dem Wasserweg. Nur in Ausnahmefällen und bei Vereisung der Schiffahrtswege, wurde die Kohle mit der Bahn herangeschafft und dann über die Notbekohlung den Kesseln zugeführt. Die Anlage für die Hauptbekohlung bestand aus einer ebenfalls schon erwähnten Förderbrücke von 214 m Länge, die senkrecht von der nordöstlichen Hafenlängsseite ausging. Auf dieser in Eisenkonstruktion ausgeführten Brücke liefen ein Greifbagger von 5 t Fassungsvermögen und ein Förderband. Dieser Bagger entlud die am Hafenkai liegenden Schiffe und brachte die Kohle mit Hilfe des Förderbandes auf den Lagerplatz unterhalb der Förderbrücke. Hier war Platz für die Lagerung von 22 000 t Steinkohle. Vom Lagerplatz bzw. auch unmittelbar vom Frachtschiff wurde die Kohle über eine Umleitbrecherstation mittels eines Schrägbandes den Kohlebunkern oberhalb der Kessel im Kesselhaus zugeführt.

Wurde aus einem besonderen Grund die Kohle über die Werkbahngleise herantransportiert, trat die an der Nordwestseite des Kesselhauses errichtete Notbekohlung in Funktion. Dabei entluden sich die Kohletransportwagen der Reichsbahn in beiderseits der Gleise angeordneten Tiefbunkern aus Eisenbeton mit einem Fassungsvermögen von etwa 1200 t Steinkohle. Von hier sorgte ein über Gleis und Bunker fahrender Portalkran für den Transport der Kohle auf ein Förderband, von dem sie mit Hilfe eines Becherwerkes in das Kesselhaus senkrecht nach oben befördert wurde. Wie bei der Hauptbekohlung übernahm hier das waagerechte Förderband die Verteilung der Kohle auf die einzelnen Kesselbunker. Die Notbekohlung hatte, wie die Hauptbekohlung, eine maximale Förderleistung von 100 t/h Steinkohle.

Um die Energieversorgung für die Kraftwerksteuer- und Hifseinrichtungen, einschließlich aller elektrischen Anlagen in jedem Fall sicherzustellen, war ein Notstromdieselaggregat installiert worden. Die Treibstoffversorgung dieses Aggregates vom Tanklager übernahm eine Pumpstation, die mit entsprechenden Pumpen für Öl und Benzin ausgerüstet war.

Die Schaltwarte, das Gehirn des Kraftwerkes, war als weitestgehend bombensicheres Gebäude in Eisenbeton hergestellt. Die Wände waren einschließlich einer Ziegelsteinverblendung 2 m, die Decke 1,6 m und die Sohle 1 m stark ausgeführt, wobei die Decke eine Spiralbewehrung erhalten hatte. Die Kommandozentrale war mit einer Glasstaubdecke ausgerüstet und der Fußboden mit Mipolan ausgelegt. Die Treppenanlage zum Kabelkeller, die Klimaanlage, die Heizung und die Toiletten waren in einem nicht bombensicheren Ziegelanbau untergebracht. Die Klimaanlage sorgte für die Belüftung, während eine Warmwasserheizung die Erwärmung des Gebäudes übernahm. Der Ort der Einführungskabel war die verwundbarste Stelle der Schaltwarte, was sich beim zweiten Luftangriff 1944 bestätigen sollte. Die Warte fiel durch Beschädigungen an diesem neuralgischen Punkt total aus.[14, 17]

Im Bereich des Kraftwerkgeländes waren die Rohrleitungen für die Fernheizung in Betonkanälen verlegt, die mit abnehmbaren Betondeckeln abgedeckt waren. Es mußten etwa 250 laufende Meter Doppelkanäle und etwa 400 laufende Meter Einfachkanäle erstellt werden. Der geplante Endausbau der Fernheizung (bis etwa Swinemünde) wäre seinerzeit das längste Heizungssystem geworden.

Nach einer Kostenrechnung betrugen die reinen Baukosten für die Gebäude, einschließlich der Gründung, etwa 16,5 Millionen Reichsmark. Nach einer geschätzten Bauendabrechnung aus dem Jahre 1943 sollen sich die Gesamtkosten der Kraftwerkanlage mit Ausrüstung, entsprechender Infrastruktur, wie Hafen, Fernheizung, Erdkabel- und Oberleitungsnetz, auf etwa 52 Millionen Reichsmark belaufen haben.[17]

Außer für die interne Energieversorgung der Luftwaffen- und Heeresversuchsstelle sowie der Siedlung Karlshagen war das Kraftwerk auch an das öffentliche Netz der Märkischen Elektrizitätswerke (MEW) angeschlossen. Von den MEW wurde bis zur Inbetriebnahme des Kraftwerkes, von 1937 bis Anfang 1943 der ganze Versuchsstellenbereich ohnehin mit elektrischer Energie versorgt.[16]

Das Kabel- und Oberleitungsnetz des Kraftwerkes Peenemünde-Dorf war im Vorwerkbereich der Luftwaffenversuchsstelle mit einer Übergabestation und einem Erdkabel, das durch die Peene zum Festland verlief, mit dem MEW-Netz des Bezirkes Greifswald verbunden. Ebenso führte noch aus der Siedlung Karlshagen über Trassenheide und Banemin, südlich Wolgaster-Fähre, ein weiteres Erdkabel durch die Peene in das E-Werk von Wolgast. Von hier aus war der Verbund mit dem Bezirksnetz von Greifswald bzw. nach Süden mit dem Netz des Bezirkes Anklam hergestellt. Eine weitere Leitung auf Usedom, von der eben beschriebenen südöstlich bei Trassenheide abzweigend, verband das werksinterne Netz, nördlich des Achterwassers verlaufend, mit Swinemünde.

Mit dieser Leitungsverbindung waren die Versuchsstellen einerseits in ihrer Energieerzeugung unabhängig und nicht kontrollierbar, andererseits bestand die Möglichkeit, je nach Lage der Situation und des Bedarfes elektrische Energie an die MEW zu liefern, wie es gegen Ende des Krieges in verstärktem Maße durchgeführt werden mußte.

Wie schon angedeutet, begann die Inbetriebnahme des Kraftwerkes Anfang des Jahres 1942, wobei sich folgender zeitlicher Ablauf ergab:

2.6.1942   Inbetriebnahme der Neueinspeisung der öffentlichen Landesversorgung (MEW) über die kraftwerksinterne Schaltwarte.
5.8.1942   Beginn der Wasseraufbereitung und der Bekohlung. Anstecken des ersten Kessels.
15.9.1942   Inbetriebnahme der Fernheizung.
2.10.1942   Anlauf der Turbine I und anschließende Verbesserung ihrer Lager.
5.11.1942   Erster Parallelbetrieb mit der öffentlichen Landesversorgung (MEW). Beginn eines Neuvertrages.
22.1.1943   Aufnahme der dauernden Stromversorgung beider Versuchsstellen.
24.5.1943   Anlauf der Turbine II und Versorgung des Sauerstoffwerkes.

Die Inbetriebnahme des Kraftwerkes wie auch der Betrieb in späterer Zeit wurde, verursacht durch wirtschaftliche Gründe und zwangsweise durch den Facharbeitermangel im Kriege, ausschließlich mit ungelernten, älteren Arbeitern bewältigt. Zudem wurden von den einzelnen Herstellerfirmen gegen Ende der Aufbau- und Anfang der Inbetriebnahmephase einzelner Teilbereiche auch vorwiegend italienische Arbeiter eingesetzt. Dadurch entstanden neben den fachlichen auch noch sprachliche Probleme. Lediglich bei den Elektrikern und den Reparaturschlossern konnte auf ausgebildete Facharbeiter nicht verzichtet werden. Mit dem ungelernten Personal mußte der Betrieb an den Kesseln und den beiden Maschinensätzen durchgeführt werden. Daß es in dieser Situation, besonders in noch unfertigem Bauzustand, dauernd Schwierigkeiten gab, war durchaus verständlich. Aber die gesamte Anlaufzeit konnte dank des besonderen Einsatzes einiger Ingenieure und Meister ohne größere Vorkommnisse überwunden werden. Hier half Herr Rudolf F. Vohmann, Ingenieur der Betriebsleitung, mit perspektivischen Schemazeichnungen, den ungelernten und anzulernenden Arbeitern die Handhabung und Bewältigung ihrer Aufgaben wesentlich zu erleichtern. Auch waren dadurch Sprachschwierigkeiten bei den ausländischen Arbeitern leichter zu überwinden.[16, 17]

Wie bei der Werkbahn hatte Ministerialrat Schubert auch beim Kraftwerkbau die Belange des Bauherrn im Auftrage des OKW wahrzunehmen. Er war auch später oberster Chef des Kraftwerkes. Die Betriebsleitung war mit vier Ingenieuren besetzt, während in der Verwaltung drei bis vier kaufmännische Angestellte und eine Schreibkraft tätig waren. Das technische Betriebspersonal setzte sich aus fünf Meistern, 47 Facharbeitern und 52 ungelernten, teils aber angelernten Arbeitern zusammen. Dabei ist zu bedenken, daß die Belegschaftsstärke Schwankungen unterworfen war.[17, 18]

Der schon beim Bau des Kraftwerkes tätige Referatsleiter Dr.-Ing. Johl (WaPrüf 11 VI a) des OKH wurde etwa im Juni 1942 für die Gesamtleitung des Kraftwerkes als Direktor eingesetzt. Schon nach einem Vierteljahr löste ihn sein Vertreter, Direktor Springer, ab, der aber auch nur kurze Zeit blieb. Offenbar bestand keine Notwendigkeit, den Posten eines Direktors beim Kraftwerk Peenemünde zu besetzen.[17]

Außer bei den Turbinen, wo sich die Axiallager als zu schwach erwiesen und einen Umbau des ganzen Vorderlagers bedingten, konnten alle Anlagenteile zur vollen Zufriedenheit in Betrieb genommen und mit bestem Erfolg weiter betrieben werden. Die Bau- und Betriebsleitung legte von Anfang an besonderen Wert auf eine laufende Betriebsüberwachung. Deshalb wurde, wie allgemein in Kraftwerken üblich, eine lückenlose Kontrolle mit stündlichen und halbstündlichen Betriebsberichten durchgeführt, die täglich ausgewertet wurden.[16]

Hochleistungskessel benötigen besonders behandeltes Speisewasser. Deshalb legte die Betriebsleitung seinerzeit großen Wert auf eine besonders sorgfältige Speisewasserwirtschaft. Um Versalzungen der Kessel- und Turbinenanlagen durch falsches Speisewasser schon in der ersten Betriebsphase zu vermeiden, überprüfte man das Wasser der Aufbereitungsanlage stündlich, später alle vier Stunden, in einem dafür geschaffenen Labor. Diese peinliche Sorgfalt, auch in der Kondensatimpfung, hatte sich vielfältig gelohnt. Die vollkommen stein- und korrosionsfreien Kessel waren immer ein besonderer Stolz der Betriebsleitung. Die laufende Suche nach geeigneten Brunnen für das Speisewasser hatte den Chemikalienverbrauch im Laufe der Zeit auf ein Minimum herabgedrückt. Anstelle von Soda als Impfstoff wurden auch Versuche unternommen, die im O_2-Werk bei der Herstellung von flüssigem Sauerstoff anfallende Natron-Ablauge zur Wasseraufbereitung zu verwenden.

Die Turbinensätze waren zum Zwecke der Heizkraftkupplung als Anzapfmaschinen für die Fernheizung gebaut. Sie gestatteten damit einen bedeutend wirtschaftlicheren Betrieb als normale Kondensationsturbinen, da sie den größten Teil der sonst im Kühlwasser abgeführten Wärme in der angeschlossenen Fernheizung verwerteten. Wie der für die gesamte Maschinenanlage des Kraftwerkes verantwortliche Betriebsingenieur Walter Petzold in seinem Bericht über die erste Betriebszeit des Kraftwerkes im Juli 1943 ausführte, lagen zunächst für den Fernheizbetrieb keine Erfahrungen vor. Der Hersteller hatte eine Vorlauftemperatur von 160 °C geplant. Die Kraftwerkbetriebsleitung konnte jedoch ermitteln, daß bei einer Herabsetzung der Vorlauftemperatur auf 132 °C ein wirtschaftlicherer Betrieb der Fernheizung für den größten Teil des Jahres möglich war. Bei dieser Temperatur konnte die Heizung nur mit dem Abdampf der Turbinen betrieben werden. Erst bei tieferen Minustemperaturen mußte reduzierter Frischdampf zugesetzt werden. Aufgrund dieser Maßnahme ergaben sich Kohleeinsparungen von 8 bis 9 %.[16]

Wie geschildert, war die Betriebsleitung des Kraftwerkes Peenemünde nach der Aufnahme der laufenden Stromversorgung beider Versuchsstellen bemüht, durch Personalschulung, strengste Betriebskontrolle und überlegte Betriebsführung einen Wirkungsgrad zu erreichen, der die bestmögliche Ausnutzung der Kohleenergie ermöglichte. Als spezifischer Kohleaufwand konnte im Sommer 1943 bei entsprechender Heizbelastung ein Wert von 0,6 kg Kohle je kWh erreicht werden, und für den darauffolgenden Winter wurden 0,4 kg pro kWh erwartet. Demgegenüber lagen die Werte der öffentlichen Landesversorgung bei 0,8 bis 0,7 kg pro kWh.[16]

Einer der Hauptstromabnehmer war das Sauerstoffwerk, das nach dem Linde-Verfahren den flüssigen Sauerstoff für die Versuchsserienstarts der A4-Raketen produzierte. Diese »O_2-Last« stellte mit ihrem ziemlich gleichmäßigen Verlauf die Grundlast des Kraftwerkes dar.[17]

Als eines der wenigen Gebäude auf dem Peenemünder Haken hat das Kraftwerk die Nachkriegszeit überstanden. Denn erst nach dem Krieg fand die entscheidende Zerstörung durch umfangreiche Sprengungen der Russen und später der NVA statt. Am 18. Juli 1944, beim zweiten Luftangriff auf Peenemünde, einem amerikanischen Tagesangriff, der speziell dem nördlichen Teil des Hakens und der E-Stelle der Luftwaffe galt, erhielt das Kraftwerk schwere Treffer. Erst nach 24 Tagen war wieder ein gewisser Teilbetrieb möglich. Gegen Ende des Krieges mußte das Kraftwerk Peenemünde in immer stärkerem Maße Energielieferungen für das Festland übernehmen, da die ostdeutschen Kraftwerke mit ihrem Verbundnetz durch das Vorrücken der sowjetischen Truppen mehr und mehr verlorengingen. Diese Aufgabe ließ sich insofern leichter erfülllen, als besonders im Werk Ost der Versuchsbetrieb durch Verlagerung auf ein Minimum abgesunken war und 1945 ganz zum Erliegen kam.

Über die letzten Kriegstage, die Vereitelung der befohlenen Sprengung des Kraftwerkes und dessen Übergabe an die Sowjets hat Herr Vohmann einen ausführlichen Erlebnisbericht verfaßt. Dieser Bericht befindet sich im Deutschen Museum in München, Luft- und Raumfahrtarchiv.

5. Umzug nach Peenemünde, Aufbau der Organisation

Wie in Kapitel 2.2. beschrieben, waren die Flugerprobungen in Neuhardenberg mit Raketenzusatztriebwerken und Starthilferaketen vorerst unterbrochen worden, um den Umzug und die Wiederaufnahme der Versuche in Peenemünde vorzubereiten.

In Peenemünde-West näherte sich Anfang 1938 die erste Ausbaustufe bezüglich der Baulichkeiten und des Rollfeldes ihrer Fertigstellung. Von Weihnachten 1937 bis zur offiziellen Eröffnung der Versuchsstelle am 1. April 1938 war die Neuhardenberger Erprobungsmannschaft damit beschäftigt, Material, Geräte, Rumpfattrappen und Erprobungsflugzeuge, die der Firma Heinkel gehörten, nach Marienehe zu überführen. Werkzeuge und Geräte, die im Laufe der verflossenen Erprobungszeit des Jahres 1937 vom Raketenreferat im RLM Berlin unter Leitung von Dipl.-Ing. Uvo Pauls für die Arbeiten in Neuhardenberg angeschafft worden waren, und alle Akten mit technischem und kaufmännischem Schriftverkehr, wurden nach Peenemünde geschafft und dort zunächst in Werk Ost eingelagert.[1,2]

Von Braun war schon ab Februar 1937 von Kummersdorf nach Peenemünde umgezogen und in Werk Ost als Technischer Direktor tätig. Erich Warsitz hielt sich sowohl in Marienehe als auch im RLM in Berlin auf und bereitete sich auf seine Aufgabe in Peenemünde vor, wo er u. a. die Erprobung von raketengetriebenen Heinkel-Flugzeugen weiterführen sollte.[2]

Die beiden Ingenieure Gerhard Hengst und Wilhelm Dettmering, die, wie schon berichtet, durch ihre Arbeit mit Neuhardenberg verbunden waren, gingen ebenfalls nach Peenemünde. Dr. Hengst übernahm dort die Leitung der Fachgruppe E5. Wilhelm Dettmering blieb bei der Bearbeitung der Starthilferaketen und bekam, anfangs der Gruppe E2 zugeordnet, die technische Leitung der in Peenemünde beginnenden Truppenerprobung übertragen.[3,4]

Ein führender Mitarbeiter in Neuhardenberg, der sich dort unermüdlich um alle Belange gekümmert und große Verdienste um die dort durchgeführten Arbeiten hatte, war in Peenemünde nicht mehr anzutreffen. Dipl.-Ing. Helmut Göckel blieb im RLM in Berlin.[1]

Den übrigen Mitarbeitern von Neuhardenberg, wie Wachpersonal, Kfz- und Verwaltungspersonal, bot man vom RLM entsprechende Beschäftigungsmöglichkeiten in Peenemünde an, was die meisten Mitarbeiter akzeptierten. So gingen nach Abschluß der Aufräumungsarbeiten in Neuhardenberg die Herren Behrend, Engelmann, Gersdorf und Unger Anfang 1938 für einige Wochen zum Flugplatz Fürstenwalde. Hier wurden sie für ihre neue Aufgabe und ihre Tätigkeit in der Technischen Verwaltung geschult und vorbereitet. Anschließend, es war inzwischen Ende Februar 1938 geworden, kehrten sie zum RLM nach Berlin zurück und wurden

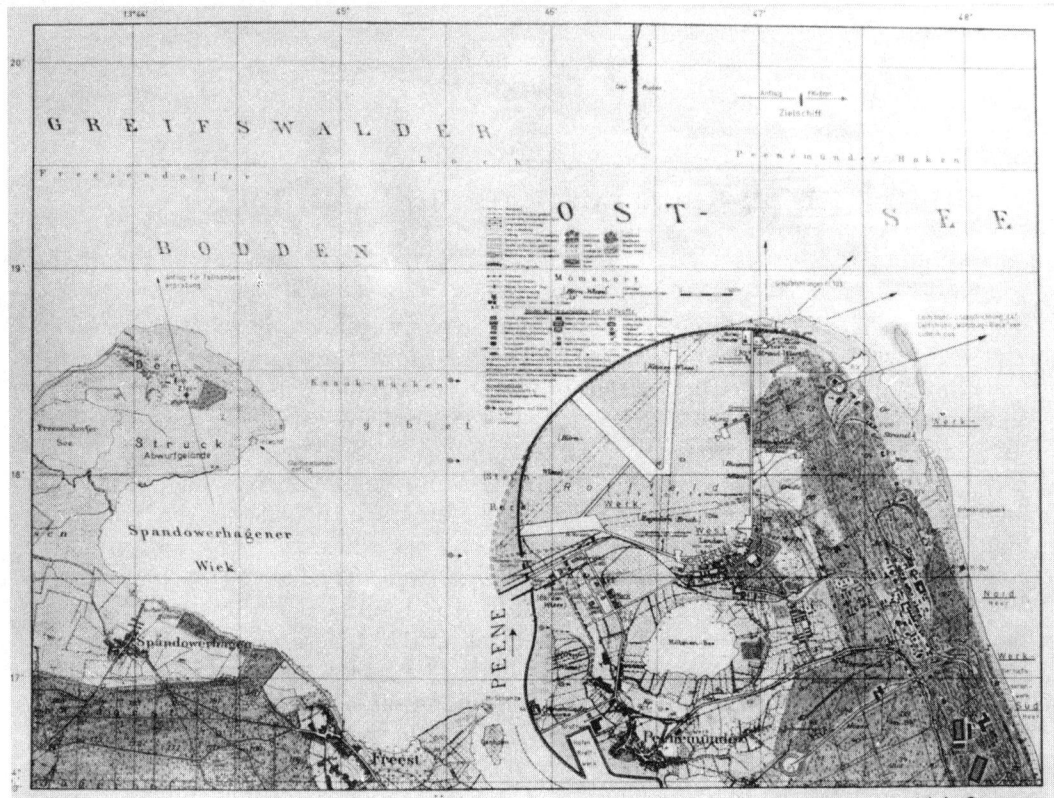

Übersichtskarte   **Abb.8**   November 1984

Erprobungsstelle d. Lw. Peenemünde-West mit Teilen der Versuchsstelle des Heeres Peenemünde-Ost von dort endgültig nach Peenemünde versetzt. Herr Ing. Herbert Pein, einer der ersten Mitarbeiter der Versuchsstelle und dort für die Betreuung aller betrieblichen, technischen und elektrischen Anlagen vorgesehen, nahm die vier Neuankömmlinge in Empfang. Da jedoch der Dienstbetrieb der Versuchsstelle noch nicht aufgenommen war, wanderten die ehemaligen Neuhardenberger jeden Morgen von ihrer Unterkunft bei Peenemünde-Ost auf der neugeschaffenen Straße die Strecke einer Werkbahnstation zur Luftwaffenversuchsstelle, um den Fortgang der Arbeiten an ihrer neuen Wirkungsstätte zu beobachten.[1]

Im Laufe des März 1938 trafen immer mehr Mitarbeiter für Peenemünde-West ein. Den ganzen betrieblichen Ablauf übernahm Herr Ing. Albert Plath. Er war aber schon seit dem 1. April 1937 für Neuhardenberg und dann beim Aufbau der Versuchsstelle in Peenemünde in enger Zusammenarbeit mit Uvo Pauls tätig. Als Werftleiter wurde Herr Ing. Hans Waas eingesetzt. Die Leitung der Prüfgruppe übernahm Herr Huber. Ihre Aufgabe bestand in der Überprüfung von Zelle und Motor der Flugzeuge und, was bei einer Versuchsstelle besonders wichtig war, der Überprüfung der fach- und flugzeuggerechten Ausführung von Sonder- und Versuchseinbauten. Im gleichen Gebäude, dem Flachbau W5, westlich der Werft W2, richtete man auch die Schlosserei, die Schreinerei und die Schmiede ein, die nicht nur für die Werft, sondern für die ganze Versuchsstelle tätig waren.

Die Leitung der Technischen Verwaltung mit Einkauf und Beschaffung übernahm Herr Heinz Birkholz, wobei die Karteiführung der Lagerhaltung Herr Paul Engelmann und die des Maschinenparkes Herr Koch bearbeitete. Annahme und Versand wurden Herrn Fritz Eulenfeld und das Hauptlager in der Werft Herrn Ewald Schwender übertragen.

Bei der Beschaffung von Material und Geräten war die Technische Verwaltung angewiesen, diese bei den Fliegerhorsten und luftwaffeneigenen Dienststellen durchzuführen. Alle darüber hinausgehenden Verbrauchsmaterialien für den Versuchs-, Labor- und Werkstättenbedarf konnten in der freien Wirtschaft eingekauft werden. Die Rechnungsabteilung unter Herrn Härtl nahm in W21 ihre Arbeit auf.

Für die Abwicklung des flugseitigen Erprobungsbetriebes mußten Flugleitung und Wetterwarte personell besetzt werden. Den Posten eines Flugleiters und gleichzeitigen Chefpiloten übernahm Herr Erich Warsitz. Sein Stellvertreter wurde Herr Josef Wrede. In der Bewältigung des routinemäßigen Flugbetriebes und in der Abwicklung der schriftlichen Arbeiten stand ihnen als zuverlässiger Mitarbeiter Herr Hämmerling mit einigen Hilfskräften zur Seite. Die Wetterwarte betreute als »Wetterfrosch« Herr Schmidt. Für die Durchführung des Platz- und Transportbetriebes auf dem weiten Gelände amtierte Platzmeister Krüger in seinem Büro des Erdgeschosses der Halle W3.[5]

Die Piloten der Versuchsstelle waren teils Offiziere oder Unteroffiziere der Luftwaffe, Ingenieurkorps-Angehörige (Flugbauführer, Flugbaumeister) oder Zivilisten der Versuchsstelle.

Darüber hinaus waren natürlich auch die reinen Verwaltungsstellen wie das Personalbüro für Angestellte unter Herrn Herbert Blüthner – der gleichzeitig Ingenieur beim Stabe war – und für die gewerblichen Mitarbeiter unter Herrn Paul Kubach einzurichten. Die Registratur übernahm Herr Lühr. Gehalts- und Lohnbüro nahmen ihre Arbeit auf, und der Kantinenbetrieb unter Herrn Dörres mußte für das leibliche Wohl der Versuchsstellenangehörigen sorgen. Die Leitung der Fliegerhorstverwaltung lag in den Händen von Herrn Reg.-Inspektor Johannes Lange. Erst als diese wesentlichen, für den Betrieb einer Versuchsstelle der Luftwaffe notwendigen Abteilungen und Einrichtungen geschaffen waren, konnte diese am 1. April 1938 ihren Dienstbetrieb aufnehmen. An diesem Tage wurde auch das teilweise fertiggestellte Rollfeld erstmals beflogen. Eine betonierte Startbahn gab es zu dieser Zeit noch nicht. Die Betreuung und Pflege des Flugplatzes hatte der Platzlandwirt Herr Lattmann übernommen, der seinen Betrieb im Vorwerk eingerichtet hatte.[3]

Die Gesamtleitung der unter der offiziellen Bezeichnung »Versuchsstelle der Luftwaffe Peenemünde-West«, abgekürzt »V. d. Lw. Pee.-West«, eröffneten Luftwaffendienststelle übernahm Herr Dipl.-Ing. Uvo Pauls, zunächst im Range eines Flieger-Stabs- bzw. später -Oberstabsingenieurs des Ingenieurkorps der Luftwaffe. Das entsprach dem militärischen Dienstgrad eines Oberstleutnants. Damit ging seine bisherige Mitarbeit bei der Planung und dem Aufbau der Versuchsstelle in die leitende Tätigkeit über.[5]

Parallel zur personellen Besetzung von Verwaltung und Organisation der Versuchsstelle wurde auch das technische Personal für die Erprobungs- bzw. Fachgruppen aufgefüllt. Über die berufliche Struktur und Herkunft dieser technischen Belegschaft wird in einem besonderen Kapitel noch berichtet werden.

Abschließend kann über den Aufbau der Versuchsstelle aus dem Bericht von Uvo Pauls »Was geschah in Peenemünde-West?« zitiert werden, der darin u. a. ausführte: »Sowohl für den personellen Aufbau als auch für die Durchführung der Erprobungsaufgaben entstand ein Organisationsplan der Erprobungsstelle-West, bei dem weitgehend die Erfahrungen ausgenutzt wurden, die bei den anderen Erprobungsstellen, vor allem z. B. in Travemünde, schon vorlagen. Hier verfügte man damals schon über fast zehn Jahre alte Erfahrungen in Ausbau und Führung einer E-Stelle. Die Beratung von dort, insbesondere durch den Betriebsleiter Fritsche, war eine große Hilfe. Außerdem gab es auch im Technischen Amt in Berlin Männer, denen es Freude machte, den Aufbau von Peenemünde-West so sehr wie möglich zu fördern und zu beschleunigen. Manches wäre ohne Eingreifen von Udet nicht so glatt und schnell gegangen.« Bei der Bezeichnung »Erprobungsstelle« trug Pauls in seinen Ausführungen schon der späteren Umbenennung der Dienststelle ab 1942 Rechnung.

Mit dem Aufbau der Versuchsstelle Peenemünde-West hatte die Luftwaffe eine Möglichkeit zur Erprobung der sich mehr und mehr in den Vordergrund schiebenden »Sonderwaffen« geschaffen. Der Begriff Sonderwaffen fand z. B. Anwendung auf alle unbemannten, ferngelenkten und selbstgesteuerten Flugkörper (FSK) mit und ohne Rückstoßantrieb. Diesen Aufgaben entsprechend waren Gelände, Personal und Organisation für die Versuchsstelle ausgesucht und aufgebaut worden.

Man kann die Beschreibung der Organisation nicht abschließen, ohne über jene Maßnahmen zu berichten, die damals gegen die Spionage und für die Geheimhaltung innerhalb der beiden Peenemünder Versuchsstellen getroffen wurden.

Neben den Kontrollen, die schon bei Zempin, an der schmalsten Stelle der Insel Usedom auf Schiene und Straße einerseits und auf der Klappbrücke über die Peene bei Wolgast andererseits vorgesehen waren, fanden am Werkbahnhof Zinnowitz, nach der Siedlung Karlshagen und an der Hauptwache Werk Ost, Zwischenkontrollen statt. Nach den außerhalb der Werke durchgeführten Vor- und Zwischenkontrollen, bei denen auch alle Bewohner, die nicht in einer der beiden Werke arbeiteten, mit Hilfe eines besonderen Ausweises erfaßt wurden, setzte die interne Werkkontrolle erst an der jeweiligen Eingangswache ein. Dieser hatte sich jeder Mitarbeiter zu unterziehen. Besucher mußten sich normalerweise, nach Anmeldung bei der Wache, in W21 aufhalten, wo ja ohnehin die Führungsspitzen saßen. War ein Besuch in Werkstätten oder Labors im Geheimhaltungsbereich unumgänglich, kam der entsprechende Sachbearbeiter nach W21, holte den Besucher ab und brachte ihn auch wieder zur Wache, wenn er das Werk verließ.

Innerhalb der Versuchsstelle gab es noch verschiedene Geheimhaltungsbereiche. Jeder Mitarbeiter war in seiner Aufenthaltserlaubnis auf diesen Bereich beschränkt. Um die »Geheimhaltungsstufe« kontrollier- und sichtbar zu machen, erhielt jeder Mitarbeiter einen Lichtbildausweis und eine Plakette von der Ausweisstelle zugewiesen. Verschiedene Farben, wobei für ein und dieselbe Person Plakette und Ausweis gleichfarbig sein mußten, wiesen diese Stufe aus. Die Plakette mußte im Werkbereich sichtbar getragen werden.

Auf dem Ausweis standen neben der Farbkennzeichnung ab 1942 auch noch die Gebäude vermerkt, in denen sein Besitzer vorzugsweise zu tun hatte. Folgende Farbgebungen für Ausweis und Plakette waren damals vorgesehen: Gelb in Verbindung mit einer goldfarbigen Plakette bedeutete unumschränkten Zutritt zu allen Gebäuden sowohl der Luftwaffen- als auch der Heeresversuchsstelle. Diese Farbkombination wurde nur an den Leiter der Luftwaffenversuchsstelle und an die Fachgruppenleiter vergeben. Darüber hinaus konnte Personal mit den gleichen Farben bedacht werden, das sowohl im Werk West als auch im Werk Ost zu tun hatte. Danach folgte als nächste »niedrigere« Stufe der gelbe Ausweis mit Gebäudevermerk und gelber Plakette, also eine schon beschränkte Geheimhaltungsstufe, die jedoch in der Praxis den Zutritt zu allen Gebäuden der Luftwaffenversuchsstelle bedeutete. Weiterhin gab es noch die Farben Rot, Blau und Grün. Die Farbe rot war dem Verwaltungspersonal vorbehalten, das normalerweise im Geheimhaltungsbereich nichts zu tun hatte. Blau und Grün besaß jenes Personal, das weder direkt noch indirekt Einblick in geheime Unterlagen hatte und nur von der Ansicht her die Vorgänge im Versuchsstellengelände kannte. Hierzu gehörten Transport-, Hofkolonnen- und Rollfeldarbeiter. Die Gültigkeit des Personalausweises wurde nach Ablauf eines Vierteljahres durch einen besonderen Quartalstempel in Form einer römischen Zahl bzw. später durch wechselnde, verschiedenfarbige Symbole von der Personalstelle kontrolliert und neu ausgewiesen.

Eine besondere Ausweis- und Plakettenausführung gab es für Besucher der Dienststelle, die vorwiegend längere Zeit, manchmal Monate, ja Jahre an der Versuchsstelle arbeiteten. Da sie gewöhnlich mit geheimen Projekten zu tun hatten, war neben der Farbe Gelb die zweite quergeteilte Plakettenhälfte mit der Farbe Blau ausgelegt.

Neben diesen äußeren Zeichen der Geheimhaltung fanden, entweder aus gegebenen Anlässen oder routinemäßig, etwa alle drei Monate Belehrungen über die Geheimhaltung statt. Auch ist durch besondere Aktionen die Wachsamkeit der Belegschaft in dieser Hinsicht geprüft worden. So kleidete man z. B. allgemein weniger bekannte Versuchsstellenangehörige, meist Mannschaftsdienstgrade aus dem Ingenieursoldaten-Kreis, in Offiziersuniformen und gab ihnen den Auftrag, sich ohne Ausweis und Plakette in einen bestimmten Labor- oder Werkstattraum zu begeben. Hier sollten sie entweder entsprechende Fragen stellen oder Unterlagen verlangen. Damit wollte man die Reaktion der Belegschaft prüfen, ob sie sich, durch die Uniform beeindruckt, zu verbotenem Handeln hinreißen ließ.

Eine nicht unwesentliche und praktische Organisationseinrichtung auf dem ganzen Versuchsgelände und in allen Gebäuden war eine umfangreiche Ausrufanlage. Ihre akustische Wirkung reichte mit Hilfe starker Schallstrahler von den Dachkanten der großen Hallen auch bis weit in das Rollfeldgebiet hinein. Wurde ein Mitarbeiter dringend gesucht und sein Aufenthaltsort war im Augenblick nicht bekannt, so rief der Suchende die Vermittlung an, die eine seinen Angaben entsprechende Durchsage über die Ausrufanlage vornahm.

Trotz der organisatorischen Maßnahmen gegen die Spionage in Peenemünde waren die äußeren Umstände durch das später angelegte große Fremdarbeiterlager bei Trassenheide diesen Bemühungen gerade nicht förderlich, wie in Kapitel 5.5. noch geschildert wird. Überhaupt waren die vielen Fremdarbeiter in der Wirtschaft und der Rüstung für Deutschland auch von größtem Nachteil. Der Spionage und Sabotage waren damit Möglichkeiten gegeben, die einfach nicht auszuschalten waren. Auf der anderen Seite wurden die Arbeitskräfte dringend benötigt, um dem mit fortschreitender Kriegsdauer immer größer werdenden Personalmangel zu begegnen und den Personalforderungen in Wirtschaft und Rüstung gerecht zu werden.

5.1. Das Gelände der Versuchsstelle der Luftwaffe Peenemünde-West

Die nachstehende, möglichst wahrheitsgetreue und genaue Schilderung des Versuchsstellengeländes und, wie schon geschehen, der Landschaft um Peenemünde kann Anlaß zu kritischen Äußerungen über deren Notwendigkeit geben. Aber mit diesem Kapitel soll einerseits der später noch näher erläuterten Tatsache Rechnung getragen werden, daß Landschaft und technische Vorgänge in Peenemünde nur schwer voneinander zu trennen waren, und andererseits soll sich ein Bericht »ehemaliger Peenemünder« über ihre damalige Arbeitsstätte auch durch eine möglichst genaue Ortskenntnis auszeichnen. Außerdem kann man die einschlägigen Kapitel dieses Berichtes über Peenemünde auch als nicht unwichtige, heimatgeschichtliche Ergänzung der Insel Usedom betrachten. Besonders, nachdem das Bestreben der damals noch existierenden Sowjetunion und der DDR dahin ging, über die Peenemünder Arbeiten den Mantel des Schweigens und Vergessens zu breiten. Hierbei leisten auch westliche und besonders deutsche Politiker und Medien bis in die Gegenwart kräftig Schützenhilfe, die ja ohnehin auf den leisesten internationalen Wink geflissentlich reagieren, wenn es um die »Bewältigung« deutscher Vergangenheit geht. Die von den Siegermächten beschlossene Beseitigung der Anlagen und Gebäude durch großangelegte Sprengungen in der Nachkriegszeit trug außerdem dazu bei, daß heute davon nur noch Spuren für den Eingeweihten erkennbar sind. Deshalb wurde bei den Schilderungen über die Versuchsstelle Peenemünde-West von dem Grundsatz ausgegangen: Möglichst viel der Vergangenheit entreißen, um es für Gegenwart und Zukunft zu bewahren.

Wie schon mehrfach ausgeführt, war die Versuchsstelle zum Zeitpunkt der Eröffnung am 1. April 1938 zwar in wesentlichen Teilen ihres geplanten Ausmaßes fertiggestellt, aber es fehlten noch viele Einzelheiten, wie sich aus dem folgenden Kapitel ergeben wird. Will man also einen Überblick der kompletten Gebäude, Einrichtungen und vom ganzen Gelände geben, ist es notwendig, mit der Schilderung teilweise in die Zeit gegen Ende des Jahres 1942 vorauszueilen. Zu diesem Zeitpunkt waren alle wesentlichen Baulichkeiten erstellt, und es herrschte voller Erprobungsbetrieb an vielen Projekten.

Der an den geographischen und örtlichen Gegebenheiten besonders Interessierte kann anhand der beiden Abbildungen 7 und 8 den Text des nachfolgend beschriebenen Rundganges durch das Gelände der Versuchsstelle anschaulich ergänzen.

Wer als Besucher, mit der Werkbahn von Zinnowitz kommend, bis zum Bahnhof West fuhr, hielt mit dem Zug, etwa 50 m seitlich nach Süden versetzt, vor dem Verwaltungsgebäude W21. Der Ausgang des eingleisigen Werkbahnsteiges führte durch eine hölzerne Wartehalle über einen plattenbelegten Fußweg an der Stirnseite des fast in Ost-West-Richtung verlaufenden Flügels der Verwaltungszentrale vorbei. Er mündete senkrecht in die Hauptzufahrtsstraße unmittelbar neben der Einfahrt zum Werkgelände ein.

An dieser Hauptstraße, von deren Bauschwierigkeiten durch tiefes Moor schon berichtet wurde, sollten usprünglich vor dem Haupteingang zur Versuchsstelle auf der nordöstlichen Seite ein und auf der südlichen Seite drei einstöckige Wohnheime errichtet werden. Aber es blieb bei der Verwirklichung nur eines Wohngebäudes W25 auf der südlichen Straßenseite. Hier waren hauptsächlich Angehörige des Ingenieurkorps, Offiziere und Gäste untergebracht.

Im Laufe des Jahres 1942, als das Revier südlich der Hauptwache im Bereich des Werkes Ost nicht mehr ausreichte, errichtete die Luftwaffe zwischen W25 und dem Haupteingang der Versuchsstelle mit einem Wohnbarackenbau noch ein Revier, womit die von Beginn an vorhandene ärztliche Dienststelle in W23 ergänzt wurde.

Die Werkeinfahrt und der Fußgängereingang – einerseits durch das Ende einer Mauer von W21 und andererseits durch das flache Gebäude der Wache auf der gegenüberliegenden Seite gebildet – waren durch ein schweres Stahlgitterschiebetor abschließbar. Hinter dem Schiebetor befand sich eine Schranke, womit die Fahrbahn am Tage gesperrt wurde.

Die Einfahrt erweiterte sich hinter der Schranke zu einem mit kleinen Granitsteinen gepflasterten Platz, der von den beiden rechtwinklig in ostwestlicher und nordsüdlicher Richtung verlaufenden Flügeln des Verwaltungsbaues umschlossen wurde. Das Gebäude war unterkellert, besaß hier eine Heizungsunterzentrale, war einstöckig und mit einem hochgiebeligen Dach ausgeführt, unter dem viele Mansardenzimmer die Möglichkeit zu kleineren Büroräumen boten, die mit zunehmender Belegschaft auch genutzt wurde. Den stirnseitigen Abschluß der beiden Gebäudeflügel bildeten je zwei kurze Querflügel, die dem ganzen Komplex ein gefälliges Aussehen verliehen. Im Querflügel des östlichen, bahnhofseitigen Endes von W21 war im ersten Stock die Versuchsstellenleitung untergebracht, während im nördlichen Ende die Bildstelle mit Kinosaal eingerichtet war. Die Treppenaufgänge beider Querflügel waren mit breiten, repräsentativen Treppen ausgestattet. Das Licht von jeweils drei parallelen, über Erdgeschoß und ersten Stock verlaufenden Fensterbändern spiegelte sich auf Fußboden und Treppen aus poliertem, hellem Juramarmor. Ein Messinggeländer gab dem lichtdurchfluteten Raum mit seinen Goldreflexen eine besondere, vornehme Note.

Außer diesen beiden Eingängen hatte jeder Gebäudeflügel in seiner Mitte noch einen Eingang, der jeweils bis in das Dachgeschoß hinaufführte und bei weniger aufwendiger Ausstattung die Ausmaße eines normalen Treppenaufganges besaß. Alle Eingänge waren mit Sandsteinverblendungen versehen.

Die Fernsprechvermittlung mit Fernschreibstelle hatte im Erdgeschoß und Scheitelpunkt des Gebäudewinkels ihren Platz gefunden. In den übrigen Räumen, die alle von einem das ganze Gebäude durchlaufenden Mittelgang mit Parkettfußboden zugänglich waren, besaßen die Fachgruppen ihre jeweiligen Dienstzimmer für Leitung, Sekretariat und führende Mitarbeiter. Weiterhin waren die Registratur, die Poststelle und zwei Personalstellen sowie die allgemeine Verwaltung in W21 untergebracht. Den Ausweis mit Plakette erhielt jeder neue Mitarbeiter an einem Schalter im Erdgeschoß des Haupttreppenaufganges von W21. Den gesamten Innenausbau von W21 hatte die Firma Franz, Freital, durchgeführt.

Die schon erwähnte Wache, ein direkt am Waldrand liegender Flachbau, hatte als Fußgängerdurchgang, mehr als auflockernden Blickfang denn als betriebstechnische Notwendigkeit, einen kleinen Torbogen, an dem seitlich eine Normaluhr angebracht war. Das Wachgebäude setzte sich rechtwinklig nach Norden in einem zum Vorplatz hin offenen Anbau fort, wobei sein flaches Dach auf der offenen Seite von vier quadratischen Säulen getragen wurde. Auf der inneren Rückwand des offenen Anbaues waren vier Stempeluhren mit den entsprechenden Kartenhaltern für die Arbeitszeiterfassung der gewerblichen Mitarbeiter der Versuchsstelle angebracht.

Wer als Besucher die Versuchsstelle betrat und dafür Auge und Sinn hatte, war von der zweckmäßigen Schönheit der beiden Gebäude beeindruckt. Obwohl sie in kürzester Zeit geplant und aufgebaut worden waren, hatte sich die Bauleitung, wie überall sichtbar, doch nicht zu eintönigen Allerweltsbauten oder stumpfsinnigen Betonklötzen hinreißen lassen. Diese, schon bei der Siedlung getroffene Feststellung ist keine Schönfärberei, sondern eine anhand von Fotos jederzeit nachprüfbare Tatsache.

Wenn man vom Vorplatz des Verwaltungsgebäudes in nordwestlicher Richtung der etwa 350 m langen Hauptstraße zum Rollfeld folgte, lag auf der linken Seite der Komplex W22 der Kfz-Abteilung. Der ebenfalls wie die Wache erdgeschossige Bau konnte zunächst als zurückgesetzte Verlängerung des nach Norden zeigenden W21-Flügels angesehen werden. Die Verbindung beider Gebäude war durch eine Mauer mit dreiteiligen Rundbögen hergestellt, womit wieder ein die Gleichförmigkeit unterbrechender Blickfang geschaffen war. Durch diese Torbögen gelangte man zu einem zweiten, parallel zum ersten Kfz-Gebäude angeordneten Flachbau, der aber von der Hauptstraße nicht zu sehen war. Vor dem Büroteil des Kfz-Gebäudes war eine Grünanlage angelegt, wobei einige schon früher hier vorhandene Laubbäume mit einbezogen waren. Beim Gang durch die Versuchsstelle konnte diese Beobachtung verschiedentlich gemacht werden, daß überall dort, wo es möglich war, jeder Baum der früheren landschaftlichen Struktur erhalten geblieben war.

An den Bau des Kfz-Büros schloß sich, in einem Winkel nach Nordwesten abbiegend, jetzt parallel zur Hauptstraße verlaufend, ein Garagenkomplex an. Gegenüber davon zweigte als erste Querstraße, rechtwinklig von der Hauptstraße nach Nordwesten, im großen Bogen eine betonierte Straße ab, die den Kiefernwald des ehemaligen Wolgaster Stadtforstes durchschnitt. Zunächst führte sie an dem südlich gelegenen Flachbau einer Schaltwarte vorbei, umfaßte alle rechts bzw. östlich von der Hauptstraße in diesem Waldgebiet liegenden Gebäude und bog nach etwa einem halben Kilometer im rechten Winkel zum Rollfeld ab. Hier mündete sie dicht neben der Halle W1 in die Betonrollbahn des Flugplatzes ein, die zwischen der Grasnarbe und den Flugzeughallen verlief. Vor den Hallen erweiterte sich die Bahn jeweils zu großen Abstell-, Arbeits- und Rollflächen für Geräte und Flugzeuge.

Zum Kfz-Gebäude zurückkehrend, ist festzustellen, daß auf der linken, südwestlichen Seite nach den Garagen ein etwa 2,5 m hoher, dichter Bretterzaun längs der Hauptstraße als Sichtschutz gezogen war, während sich auf der nordöstlichen Straßenseite der Wald zum Rollfeld hin fortsetzte. Dabei folgte die Straße etwa der ursprünglichen Bewuchsgrenze des ehemaligen Wolgaster Stadtforstes.

Auf dem weiteren Weg entlang der Hauptstraße zum Rollfeld nach Nordwesten kam man zunächst nach der eben erwähnten Umfassungsstraße an einer zweiten, nach Nordwesten abzweigenden Betonstraße vorbei, die, an einer nördlich gelegenen Wirtschaftsbaracke vorbeiführend, nach etwa 240 m auf einen Seiteneingang des größten Gebäudes der Versuchsstelle traf. Das Mittelstück dieses Bauwerkes bestand aus einer großen Stahlbeton-Halle von etwa 70 × 70 m, die, durch hohe Schiebetore abgeschlossen, von Nordwesten her über eine große Betonfläche zugänglich war. Um die Halle herum waren U-förmig auf den übrigen drei Seiten in Ziegelbauweise, wie bei den anderen Hallen auch, einstöckige Gebäudetrakte gebaut, womit die äußeren Gebäudeabmessungen etwa 85 × 85 m erreichten. Außerdem gingen von den beiden stirnseitigen Enden der Anbauten in nordwestlicher Richtung zwei etwa 40 m lange Seitenflügel aus, deren innere Längsseiten die große Betonplattform vor der Halle flankierend umschlossen. Die bebaute Fläche betrug etwa 7000 m^2.[23]

Dieses große Gebäude wurde erst recht spät, Anfang 1943, so weit fertiggestellt, daß die Halle und etliche Büroräume der Anbauten für die Montage der Fi-103-Erprobungskörper benutzt werden konnten. Überhaupt wurde das nordöstlich von der Hauptstraße liegende Waldgebiet hinter den Flugzeughallen als letztes Gelände des eigentlichen Versuchsstellenzentrums bebaut, da hier noch Reste und Ausläufer des vom Bau der Zufahrtsstraße her bekannten Moorgebietes vorhanden waren. Aus diesem Grunde wurden auch vor Baubeginn der großen Halle und deren Kanalisationsanschluß in Tag- und Nachtarbeit umfangreiche Pumparbeiten notwendig, um den Grundwasserspiegel zu senken. Alle Barackenbauten und Straßen dieses Areals waren zudem auf angeschüttetem Gelände angelegt. Aber auch nach dem zweiten Luftangriff auf Peenemünde, am 18. Juli 1944, einem Tagesangriff, der speziell der E-Stelle Peenemünde-West und Umgebung galt, wurden noch etliche weitere Büroräume in den Baulichkeiten der beschriebenen großen Halle von den Fachgruppen ausgebaut und genutzt. Die Treppen und Gänge blieben roh, unverputzt und teilweise ohne Bodenbelag. Eine Gebäudebezeichnung ist seinerzeit nie bekanntgeworden und ist auch nach dem Krieg von in diesem Gebäude damals tätigen E-Stellen-Angehörigen nicht ermittelbar gewesen. Es wurde immer nur von der »großen Halle hinter der Werft« gesprochen.

Sofern man auf der gegenüberliegenden Seite von der zweiten Querstraßenabzweigung der Hauptstraße über den schon genannten Holzzaun blickte, hätte man auch auf dieser Seite eine Weiterführung der Querstraße in südwestlicher Richtung feststellen können. Aber hier war deren Breite mit 20 m wesentlich größer. Sie diente als Zufahrtstraße zu den Spezialtanklagern T-L1 und T-L2, wobei die Zufahrt von Westen her erfolgte. Hier wurden in Spezialtanks und Spezialbehältern besonders die Treibstoffe für das Walter-Raketenantriebssystem und sonstige Sondertreibstoffe gelagert, wobei zwei große, rechteckige, überdachte Betonauffangwannen als Sicherung gegen auslaufenden Treibstoff dienten, denen je ein einstöckiges Lagergebäude von 200 m² in Ziegelverblendbauweise zugeordnet war. Ein vom Gleiskörper der Werkbahn abzweigendes Stichgleis – das vom Bahnhof West in großem Bogen die Werkanlagen westlich umrundete – verlief parallel zu der breiten Zufahrtsstraße und band das Tanklagergelände damit an die Werkbahn an. Während die Landschaft westlich der Hauptstraße sonst keinen Baumbewuchs aufwies, zog sich in den Streifen des Tanklagers noch ein Ausläufer alten Laubbaumbestandes hinein.

Wenden wir uns nochmals der östlichen Waldseite der Hauptstraße zu, so konnte man in etwa 30 m Entfernung im Wald, zwischen der ersten und der zweiten nach Osten abzweigenden Straße, zwei parallel aufgestellte Holzgebäude bemerken. Das der Hauptstraße näher liegende Gebäude war größer und höher ausgeführt. Es handelte sich um die bei allen E-Stellen-Angehörigen bekannte »Kantine Dörres« mit der offiziellen Bezeichnung W19. In dem saalartigen Innenraum mit Sonderausstattung war an der nördlichen Stirnseite eine Bühne eingebaut und gegenüber, an der südlichen Eingangsseite, gab es einen Kinovorführraum W19d sowie eine Garderobe. Damit waren auch Darbietungen der Truppenbetreuung, Konzerte und Kinovorführungen für eine größere Zuschauerzahl möglich. Hinter der Bühne, nach Nordwesten, war der Küchentrakt eingerichtet, während in einem kleineren, nordwestlich gelegenen seitlichen Anbau das Kasino für Offiziere, Ingenieurkorps-Angehörige und Besucher eingerichtet war.

Im großen Speisesaal spielte gelegentlich in der Mittagszeit und auch sonst bei besonderen Anlässen, z. B. Weihnachtsfeiern, die »Kapelle Sass«. Initiatoren dieser Kapelle waren die beiden Gebrüder Sass, die in der Verwaltung tätig waren. Einer der Brüder war im Zivilberuf Konzertmeister und hatte einige musikbegabte Zivilisten und auch Soldaten um sich geschart.

Das parallel zur Kantine und nordöstlich von ihr errichtete zweite Wirtschaftsgebäude war eine normale Baracke und diente zur Vorratshaltung. Sie war mit dem Hauptgebäude durch einen überdachten und glasverkleideten Quergang verbunden, der in die als Vorraum des Kantinensaales eingerichtete, schon erwähnte Garderobe einmündete. Der Zugang zur Kantine Dörres erfolgte von der ebenfalls schon genannten Verbindung: Hauptstraße – »große Halle«. Etwa in der Mitte zwischen diesen beiden Punkten zweigte ein kurzer, ebenfalls hochgelegter Fußweg nach Südosten ab, der in der Mitte des Verbindungsganges beider Wirtschaftsgebäude einmündete.

Wandte man sich wieder auf der Hauptstraße weiter nach Nordwesten, zum Rollfeld hin, wobei also auf der nordöstlichen Seite das Gebiet der Kantine Dörres und unsichtbar auf der südwestlichen Seite das Gebiet des Spezialtreibstofflagers verlassen wurde, traf man auf eine Kreuzung, deren nordöstliche Abzweigung in die schon erwähnte Betonfläche der »großen Halle« einmündete und von hier aus weiter verlief, bis sie sich mit der zum Rollfeld führenden ersten Umfassungsstraße vereinigte. Entgegengesetzt, also nach Südwesten, führte die Straße zunächst an der Verladerampe des flachen, im südwestlichen Kreuzungswinkel erstellten erdgeschossigen Gebäudes von Annahme und Versand, W26, vorbei. In gleicher Richtung zur Straße war ähnlich wie im Treibstofflagergelände ein Stichgleis der Werkbahn verlegt, das parallel zu W26 verlief. Der Prellbock des Gleisendes, das Ende der Verladerampe und die Gebäudeseite zur Hauptstraße, fielen in einer Front zusammen. Die Verladerampe, zu der von der Hauptstraße her einige Holzstufen hinaufführten, war in Höhe der Güterwagenladeflächen errichtet, so daß eine Ent- bzw. Beladung der Wagen auf gleichem Niveau erfolgen konnte. Von der Rampe, die durch ein vorgezogenes Dach des W26-Flachbaues gegen Witterungseinflüsse geschützt war, konnte durch ein breites Schiebetor eine ausgedehnte Lagerhalle betreten werden. Die Rampe ging an ihrem westlichen Ende in eine schräge Auffahrt bis auf Straßenniveau über, wodurch auch Fahrzeuge die Rampe befahren konnten. Der Zugang zum Büroteil von W26 war von der Hauptstraße ebenfalls über eine Außentreppe zugänglich, da auch dessen Fußboden mit dem Hallenboden in einer Ebene verlief. Im Kellergeschoß waren noch Büroräume, u. a. für die Karteiführung, und ein Luftschutzraum untergebracht. Hinter der südlichen Seite des massiven Gebäudes von W26 errichtete man später noch als Erweiterung des Lagerkomplexes eine Baracke.

Auf der der Verladerampe gegenüberliegenden Straßenseite befand sich ein kleines Wachhäuschen, das von einem Wachposten besetzt war. Von diesem Wachhäuschen erstreckte sich entlang der Straße nach Westen wieder ein Holzzaun, der den direkten Blick in den dahinter beginnenden Bereich der Flugzeughallen und Labors verhindern sollte. Auch wurde damit angezeigt, daß ab hier der innere Geheimhaltungsbereich begann und jeder, unabhängig von der Kontrolle an der Wache des Einganges, sich hier nochmals ausweisen mußte, ob er die Genehmigung zum Betreten dieses Werkteiles besaß. Der Holzzaun erstreckte sich nach Westen bis zur letzten, hier errichteten Junkers-Halle W20. Auf der dem Zaun gegenüberliegenden Straßenseite lief das zur Verladerampe von W26 hinführende Bahngleis. Ähnlich wie das Stichgleis zu den Spezialtanklagern bis zum werkumfassenden Gleis der Werkbahn mündete auch dieses dort ein, um danach weiter bis zum Vorwerk bzw. Hafen Nord zu führen. Die zunächst etwa bis auf Höhe der Junkers-Halle mit dem Bahngleis in gleicher Richtung laufende Straße von W26 machte hier durch einen Bogen eine Richtungsänderung nach Südwesten, wobei sowohl das zu ihr parallele Bahngleis als auch das Umfassungsgleis überquert wurden, und mündete in geradem Verlauf am südlichsten Punkt des Vorwerkstraßensystems ein.

Etwa in Höhe der später näher beschriebenen Halle W3, etwas westlich versetzt, waren an dieser südlichen Verbindungsstraße zum Vorwerk zwei bermerkenswerte Prüfstände errichtet worden. Der weiter westlich gelegene wurde erst im Laufe des Jahres 1943 fertig. Jedes der beiden Gebäude bestand aus einer kleineren, flachen Halle mit einem höheren Mittelstück, das entsprechende Oberlichter aufwies. An einer Ecke der mit Verblendklinkern verkleideten Gebäude war ein quadratischer, gedrungener Kamin angebaut, dessen Höhe von etwa 8 m über das Hallenmittelteil herausragte. Diese beiden Prüfstände waren speziell für die Fi-103-Triebwerke errichtet worden. Es handelte sich um die Prüfstände P1 und P2 mit der Gebäudebezeichnung W7 und W15. Ihre Lage hatte aber zur Halle W3 eine ungünstige Position. Probeläufe des Schubrohres der Fi 103 verursachten in ihren Räumen Lärmbelästigungen, die an die Grenzen des Erträglichen gingen. Man verstand oft sein eigenes Wort nicht. Neben den Schubrohren der Fi 103 wurden auch gelegentlich die Walter-Triebwerke der Gleitbombe Hs 293 getestet. Zum Unterschied von sonstigen Raketentriebwerkprüfständen für kleinere Triebwerke, wo die Feuergase meist waagerecht ins Freie traten, war hier der Triebwerkstrahl in die Halle hineingerichtet, und die Abgase wurden über eine Umlenkung von 90° durch den Kamin nach außen geführt. Diese Anlage war platzsparend, da kein abgesichertes Gelände für den heißen Abgasstrahl notwendig war. Auch bestand durch die an beiden Seiten des Kamins eingebauten Beobachtungsbunker die Möglichkeit, gegebenenfalls den Flammenstrahl ohne Gefahr aus nächster Nähe beobachten zu können.

Verließ man das Wachhäuschen in Richtung Rollfeld, folgte kurz vor der nächsten Kreuzung, schon nach etwa 30 m auf der linken, also westlichen Seite der Hauptstraße, das zentrale und interne Fernheizwerk der Versuchsstelle. Es wurde schon bei der Schilderung des Kraftwerkes Peenemünde-Dorf erwähnt. Seine Gebäudebezeichnung war W4. Es beheizte sämtliche Hallen und Werkstätten am Rollfeld durch Niederdruckdampf aus 3×75 m² großen Kesseln mit Wurfbeschickung. Die Büro- und Unterkunftsbauten (W25) wurden über Wärmetauscher mit WW-Pumpenheizung versorgt. Hierzu waren mehrere Kilometer Fernleitung in teilweise begehbaren Betonkanälen verlegt, die fast alle im Grundwasser lagen.[23]

Auf der gegenüberliegenden Seite der Hauptstraße befanden sich zwei Baracken, die man anfangs für Schulungs- und Vortragszwecke errichtet hatte. Mit ihnen hörte der Wald auf der östlichen Straßenseite auf. Vom Heizwerk W4 waren es nur noch wenige Meter, und man stand auf der letzten Kreuzung vor dem Rollfeld. Nach Nordosten ging von hier eine Betonstraße aus, die an dem Werkstattgebäude W5, einem schon erwähnten Erdgeschoßbau mit Flachdach, wo Schlosserei, Schreinerei, Schmiede und die Prüfgruppe untergebracht waren, vorbeiführte. Nach Passieren der rückwärtigen Seite von Halle W2 endete die Straße schließlich in Höhe von deren östlicher Giebelseite. Von hier aus erstreckte sich wieder der obligatorische Holzzaun, der an das südwestliche Ende der Halle W1 anschloß und somit den nördlich gelegenen Geheimhaltungsbereich optisch und räumlich begrenzte.

Außer diesen Beobachtungen von der besagten Straßenkreuzung war weiterhin ein innerbetriebliches Eisenbahngleis verlegt, das hinter den beschriebenen Baulichkeiten vorbeiführte, sich in Höhe des Endes von W2 in ein zweites Gleis aufteilte, wobei das Hauptgleis in Höhe des Meßhauses »Schneise« und die Abzweigung schon am nordöstlichen Flügel der Halle W1 mit einem Prellbock endete. Auf diesen beiden Abstellgleisen waren zeitweise Schlafwagen der Reichsbahn abgestellt, die problemlos zusätzliche Übernachtungsmöglichkeiten, z. B. für Dienstreisende, boten.

Ein Blick von der Kreuzung in entgegengesetzter Richtung, also nach Südwesten, folgte zunächst dem eben erwähnten Werkgleis, das am Heizwerk ebenfalls eine parallele Abzweigung mit Prellbock hatte und für das Abstellen der Kohlewaggons bestimmt war. Sie konnten ihre Fracht in Blickrichtung hinter dem Heizwerk entladen. Auf der gegenüberliegenden Straßenseite vom Heizwerk endete der vom Rollfeld kommende Seitenflügel des einstöckigen Flugleitungs-, Labor- und Werkstattgebäudes W23. Im Erdgeschoß hatte die Gruppe E7 ihre Werkstatt mit Lager unter Meister Czech. Im ersten Stock waren Labors der Fachgruppen E5 und E4 untergebracht.

Ein zweiter Flügel von W23, im rechten Winkel zum ersteren verlaufend und vom derzeitigen Standpunkt nicht sichtbar, war parallel zum Rollfeld angeordnet und beherbergte außer der werksärztlichen Dienststelle, einem Meßgerätelager von E4, Pilotenzimmern und dem Fallschirmlager am südwestlichen Ende die Flugleitung und die Wetterwarte. Ein erdgeschossiger, ebenfalls wie die Flugleitung unterkellerter Anbau mit vier Garagen war für die Horstfeuerwehr bestimmt und schloß die Flugleitung nach Südwesten ab. In die Kellerräume waren Luftschutzräume eingebaut.

Behalten wir in Gedanken unseren Standort auf der Kreuzung am Heizwerk W4 noch einen Augenblick bei, so konnte man, am Heizwerk und der Endfront des nach Süden zeigenden W23-Gebäudeflügels vorbeisehend, parallel zur Straße in Richtung Westen und gegenüber dem Kohlelagerplatz des Heizwerkes auf der nordwestlichen Straßenseite eine Baracke bemerken, wo die Waffenmeisterei, eine Werkzeugausgabe mit Lager und am westlichen Ende ein Laborraum mit Klimaschrank und Schütteltisch der Gruppe E4 eingerichtet waren. Überhaupt wurden, wie schon im Kapitel über die Bauleitung angedeutet, nach Kriegsbeginn die noch erforderlichen Räumlichkeiten, wo immer es möglich war, durch Barackenbauten ersetzt. Das kommt auch weiterhin zum Ausdruck, wenn man mit dem Blick der gleichen Straße und Schiene nach Westen folgte, wo er an deren südlicher Seite auf drei senkrecht zu ihr errichtete weitere Baracken stieß. Hier waren in Schnellbauweise Labor- und Büroräume der Gruppe E4 eingerichtet worden, die besonders den Erprobungsarbeiten an der Gleitbombe Hs 293 dienten. Weiterhin hatten hier die Firma Askania und wegen der Nähe der Prüfstände P1 und P2 die Firma Argus Büro- und Werkstatträume belegt.

An der nördlichen Straßenseite, in Höhe der drei Baracken, konnte man an der großen Rückfront der Halle W3 entlangsehen. Die typische Gliederung der die Hallen umschließenden Labor- und Werkstattgebäude war hier besonders deutlich erkennbar. Im Erdgeschoß unterteilten drei große Doppelstahltüren für drei Rüsträume und zwei Treppenhaustüren neben deckenhohen breiten Fenstern den Anbau der hinteren Hallenlängsseite. Im ersten Stock zog sich das lange Fensterband der Labors und Werkstätten über die ganze hintere Gebäudefront hin. Die seitlichen Anbauten waren ähnlich unterteilt, wobei hier aber nur zwei Rüsträume hintereinander angeordnet waren.

Die bisher beschriebene Straße mit Werkgleis endete, nachdem sie die hintere Längsseite der Halle W3 passiert hatte, etwa nach 50 m, indem sie in eine von Süden kommende Querverbindung einmündete. Diese Straße, die von der schon erwähnten Tanklagerstraße senkrecht abzweigte, kreuzte auch die von Annahme und Versand zum Vorwerk führende Straße, wurde jedoch dort von dem hier vorbeiführenden Holzzaun abgesperrt, wodurch sie für den Durchgangsverkehr nicht benutzbar war. Nach Passieren der Halle W3 erreichte sie die Betonbahn am Rollfeldrand.

Von dem bisherigen Beobachtungsstandpunkt waren es nur etliche Meter bis zum Ende der von W21 ausgehenden Hauptstraße des bebauten Versuchsstellenzentrums. Sie endete hier und vereinigte sich mit dem Weg, der alle jene Gebäude auf der Rollfeldseite verband, die eben von ihrer Rückseite her in Lage und Aufbau beschrieben wurden. Auf diesem Punkt wollen wir ein letztes Mal in der Erinnerung betrachtend verweilen. Deutlicher als bisher auf dem Wege zum Rollfeld war die bogenförmige Anordnung aller Gebäude noch einmal ersichtlich. Von der schon in Nordsüdrichtung errichteten Halle W1 (Reins-Halle) im Osten angefangen bis zur im Westen fast in Nordwestrichtung gelegenen Junkers-Halle W20 wurde etwa ein Viertelkreis gebildet. Geradeaus, in Richtung Norden, dehnte sich das weite Rollfeld mit guten 2,3 km bis zur äußersten Nordspitze. Außer dem Gürtel der betonierten Abstell- und Rollflächen der Hallenvorfelder des Flugplatzes durchzogen zwei im Laufe der Zeit angelegte und teilweise betonierte Start- und Landebahnen das Rollfeld, deren befestigte Längen 1,1 (ca. 316°) und 0,75 km (ca. 260°) betrugen. Eine nach Norden geplante, von der 316°-Bahn abzweigende Betonpiste wurde nicht verwirklicht, da einerseits das Rollfeld hier zwar schon aufgespült, aber noch nicht angelegt war. Eine gut 2,6 km lange, mögliche und geplante, vom Vorwerkbereich in nordöstlicher Richtung verlaufende Graspiste wurde nicht ausgebaut und wäre auch später wegen Gefährdung des Schleuderbetriebes der Fi 103 problematisch geworden (Abb. 7). Bei der Länge der befestigten Startbahnen war noch zu berücksichtigen, daß sich diese Bahnen auf der Grasnarbe fortsetzten. Damit vergrößerten sich die jeweiligen Gesamtlängen auf etwa 2 km. Mit diesen Möglichkeiten gehörte das Peenemünder Rollfeld zu einem der größten im Deutschen Reich. Am Gelände wurde in drei Bauphasen gearbeitet. Die Fertigstellung wurde aber, wie schon angedeutet, nie ganz erreicht. Besonders traf dies auf das nordöstliche Gebiet zu. Zunächst begann man 1936 um die geplanten Hallen herum ein Areal der ersten Ausbaustufe mit Spül- und Naßbaggerarbeiten (Fa. Goedhardt, Hamburg), mit etwa 1 Million m^3 Sand und Erde zu erstellen. Später, 1939 beginnend, wurden wieder weitere Arbeiten sehr großen Ausmaßes mit etwa 7 Millionen m^3 Aufspülung (Fa. Dyckerhoff & Widmann, Berlin; Steffen Sohst, Kiel; Mitzlaff & Beitzke, Stettin,) durchgeführt. Dazu gehörte eine vollständige Drainage mit Pumpwerk (Fa. Fiebig, Berlin; Köster, Karlshagen). Zu diesem Zeitpunkt wurde auch mit den betonierten Startbahnen begonnen. Als letzte Erweiterungsphase folgte die Hinterspülung des nördlichen Geländes nach Vollendung der Eindeichung (Fa. Grün & Bilfinger).

Über das Rollfeld hinaus ergab sich das schon in Kapitel 3.3. beschriebene Panorama. Direkt im Norden »schwamm« das Wäldchen der Insel Ruden auf der Grenze der Gewässer zwischen Bodden und Ostsee. Als markantes und weithin sichtbares Wahrzeichen hatte die flache Insel mit dem Bau der Versuchsstelle einen Holzturm in Gitterkonstruktion von etwa 27 m Höhe erhalten, der als oberen Abschluß ein quadratisches Holzhaus besaß. Er diente zunächst zur Erprobung und Vermessung der Antennen von Funklenkanlagen und Fernlenkkörpern. Später, in der ersten Hälfte des Jahres 1944, wurde er demontiert und etwa 100 m östlich des Kölpien-Sees auf Usedom wieder aufgebaut. Auch sei an dieser Stelle nochmals der Blick zum Horizont gerichtet, der bei klarem Wetter bis zu den Kreidefelsen Rügens reichte.

Bemerkenswert waren, wie gerade erwähnt, die Naßbaggerarbeiten der Firma

Grün & Bilfinger am Rollfeldrand. Ihr Eimerbagger war eine bleibende Silhouette mit wechselndem Standort vor der flachen Küste des Peenemünder Hakens. Oft wehte der Wind Geräuschfetzen der rumpelnden und quietschenden Eimerkette bis vor die Hallen der Versuchsstelle, als Beweis seiner nimmermüden Tätigkeit. Der ausgebaggerte Sand wurde durch einen Spüler über lange Rohrleitungen an Land gespült. Hier kam es nicht selten vor, daß aufmerksame Arbeiter im angeschwemmten Sand des Spülfeldes faust- und fast kinderkopfgroße Bernsteinbrocken fanden. Damit setzte dann ein schwunghafter Tauschhandel mit allen möglichen Dingen ein, die in der späteren Kriegszeit Mangelware darstellten. Zigaretten, Spirituosen, Lebensmittelmarken und viele andere Dinge wechselten den Besitzer gegen Bernstein. Geschickte Hände formten daraus vielfach Bernsteinschmuck, der noch Jahrzehnte nach dem Krieg in Erinnerung an Peenemünde getragen wurde, sofern er die Wirren des Kriegsendes überstand.

Vom Ende der Hauptstraße am Rollfeldrand bestand einerseits die Möglichkeit, sich an den Hallen vorbei nach Nordosten zu wenden, um die als östliche Flugplatzgrenze nach Norden führende Straße zu erreichen. Andererseits war es möglich, nach Westen diesen Bereich zu verlassen und einer nordwestlich verlaufenden Rollbahn zu folgen, die eine Abzweigung zum Hafen Nord im Vorwerk in südwestlicher Richtung hatte und etwa 100 m weiter in die breite Betonfläche einer langen Startbahn einmündete. Sie war vorzugsweise für Start und Landung von Raketenflugzeugen vorgesehen. Wenden wir uns zuerst dieser Richtung zu, um den Vorwerkbereich mit seinem Hafen etwas näher zu betrachten. Zu diesem Zweck gehen wir nach Südwesten, zunächst an einer kleinen Baracke vorbei, die als Fallschirmausgabe diente und zwischen dem Ende der Hauptstraße und der Flugleitung W23 lag. Der rollfeldseitige Flügel von W23 hatte zwei Eingänge, einen am östlichen Ende, dem Scheitelpunkt des rechtwinkligen Gebäudes, und den anderen am westlichen Ende, kurz vor dem turmartigen Vorsprung der Flugleitung. Hier waren neben den Dienstzimmern des Flugleiters und der Flugleitung die Wetterwarte und die Funkstelle des Flugplatzes untergebracht. Von diesen Räumen führte eine Treppe auf das Dach des Turmes, der mit einem Mast und Geräten zur Messung von Windrichtung und Windstärke ausgerüstet war.

Vom Dienstzimmer für die Abwicklung des Flugbetriebes im ersten Stock konnte an der östlichen Seite des vorspringenden Turmes ein kleiner Balkon betreten werden, dessen Fußboden gleichzeitig das Dach für den darunter liegenden zweiten Eingang war. Von diesem Balkon hatte man einen noch besseren Rundblick als von dem eben verlassenen Standpunkt. Es war für einen Betrachter ein unvergessener Eindruck, wenn er von hier aus den Abschied eines Sommertages beobachten konnte. Die Weite und Stille der Landschaft ließ die Wirklichkeit dieser Welt und der abendliche Frieden den Krieg vergessen.

Ab 1942 wurden die Ingenieursoldaten der E-Stelle dazu bestimmt, den nächtlichen Fluko-Dienst zu übernehmen. Die laut Dienstplan eingeteilte Wache hatte nach dem offiziellen Dienstschluß den in der Flugleitung diensthabenden Zivilangestellten abzulösen. Die Beschaulichkeit dieser Wachstunden wurde aber, besonders mit fortschreitender Kriegsdauer, oft durch die ersten telefonischen Meldungen über einfliegende Feindflugzeuge von der Fluko-Leitstelle in Swinemünde unterbrochen. Es galt nun die Meldungen chronologisch in eine Kladde einzutragen und auf einer Planquadratkarte die Standpunkte der einfliegenden Flugzeuge mit

Stecknadeln festzuhalten. Um die Nordspitze Usedoms waren auf dieser Karte zwei konzentrische Kreise gezogen. Sobald feindliche Flugzeuge in den äußeren Kreis eindrangen, war telefonisch die Meldung »Voralarm« an verschiedene Stellen des Standortes zu geben. Behielten die Flugzeuge den Kurs bei und drangen in den inneren Kreis ein, mußte die Meldung »Fliegeralarm« telefonisch durchgegeben werden. Von der Horstfeuerwehr wurde darauf für beide Versuchsstellen und Umgebung mit den Sirenen der Alarm ausgelöst. Meist kamen aber schon bei Voralarm Angehörige der Feuerwehr von der im Erdgeschoß untergebrachten Feuerwache in das darüberliegende Flugleitungszimmer, um den Fluko-Posten bei seiner Aufgabe zu unterstützen.

Interessante Beobachtungen boten auch Herbstabende, wenn Milliarden von Mücken, meist über dem nördlich vom Rollfeld sich hinziehenden Ausläufer des ehemaligen Wolgaster Stadtforstes, in wogenden, bis zu 50 m hohen Säulen standen. Ein Fluko-Dienst wurde eines Abends dadurch so irritiert, daß er die Wache der unter ihm liegenden Horstfeuerwehr alarmierte, da er einen Waldbrand vermutete. Auch kam es vor, daß startende Flugzeuge durch die Mückenschwärme Schwierigkeiten bekamen. So mußte z. B. ein Fieseler-Storch kurz nach dem Start wieder zur Notlandung ansetzen, da die Luftzufuhr für den Motor durch Mücken vollkommen verstopft war.

Wurde das Gebäude W23 verlassen, wobei noch das kleine, weiße Wetterhäuschen auf der Grünfläche vor dem W23-Eingang zu bemerken war, erreichte man, an dem flachen Garagenbau der Horstfeuerwehr vorbeigehend, schon nach 50 m die Vorderfront der Halle W3. Sie wurde – auf besonderen Wunsch der Versuchsstellenleitung – von Udet in unbürokratischer Form genehmigt, als letzte Halle des ersten Bauabschnittes der Versuchsstelle errichtet und umfaßte eine Fläche von etwa 5000 m². Das Gebäude war ähnlich wie die Hallen W1 und W2 als Stahlkonstruktion konzipiert, und von den Firmen Berliner Stahlbau und Lenz & Co., Berlin, errichtet worden. Im östlichen Verblendklinkeranbau hatte die Gruppe E4 im ersten Stock ihre Werkstatt, ein Fernsehlabor für die Gleitbombe Hs 293D und ein Funklenklabor für die Fallbombe »Fritz X« eingerichtet, wobei die zugehörigen Rüsträume sich im Erdgeschoß befanden. Vervollständigt wurden die Einrichtungen im ersten Stock noch durch einen Aufenthaltsraum für Bordwarte, dem sich ein Wasch- und Duschraum anschloß. Die Rückfront des Hallenbaues, deren Außenansicht schon beschrieben wurde, beherbergte neben zwei Treppenaufgängen im ersten Stock Werkstatt- und Kreisellaborräume der Gruppe E5. Im Erdgeschoß hatte neben einer Werkzeugausgabe, wie schon erwähnt, Platzmeister Franz Krüger sein Büro. Dessen Tätigkeit umfaßte auch den internen Gütertransport mit Hilfe einer kleinen Diesellok.[5] Der westliche Anbau von W3 war als umfangreiches chemisches Labor der Gruppe E3, unter Leitung von Dr. Demant, eingerichtet. Gegen Ende 1942 verwendeten auch die Firmen Fieseler und Argus in W3 einige Zeit etliche Räume als Büros und Werkstätten für die Fi-103-Erprobung.

Neben den schon erwähnten rückwärtigen Treppenaufgängen der Halle war an den rollfeldseitigen Enden der seitlichen Anbauten auch je ein Treppenhaus vorgesehen. Alle Treppen führten in das Obergeschoß, wo sie in einen um die ganze Halle herumführenden Gang einmündeten, der auf der Rückfront zum Halleninneren offen und durch ein Geländer abgesichert war, während die Seiten eine

Ganzverkleidung mit großen Fenstern besaßen. Von diesem Gang konnten alle im ersten Stockwerk gelegenen Räume betreten werden. Toiletten sowie Wasch- und Duschräume befanden sich,wie schon angedeutet, in den hinteren Treppenaufgängen und in den beiden Gebäudeecken des oberen Stockwerkes.

Die vordere Hallenfront war, wie bei allen Hallen üblich, durch große Falttore abschließbar, deren einzelne Felder in offenem Zustand in den beiden seitlichen Hallenecken zu einem Block hintereinander zusammengeschoben wurden.

Verließ man die Betonfläche vor der Halle W3 in Richtung Westen, stand der Betrachter nach etwa 200 m vor der Junkers-Halle W20. Das war eine verhältnismäßig primitive Halle in Stahlkonstruktion mit Rundbogendach, seitlichen und hinteren erdgeschossigen Anbauten. Die Gesamtfläche betrug 1400 m². Ihre Architektur paßte eigentlich nicht in die der Versuchsstelle hinein. Neben der Unterbringung einer Werkzeugausgabe und etlicher Werkstatträume diente sie im Laufe der Zeit verschiedenen Zwecken. Vor allem waren es anfangs die Firmen, die W20 als Abstellhalle für Fahrzeuge, Geräte und Vorrichtungen benutzten. Durch diese getrennte Unterbringung sollte eine Verwechselung mit Versuchsstelleneigentum vermieden werden. Später waren es auch die Erprobungskommandos der Truppe, die sich dieser Räumlichkeiten und Einrichtungen bedienten. Vor dieser Halle in Richtung Rollfeld war eine stationäre Flugzeugtankanlage mit unterirdischen Tanks eingerichtet worden. Meist wurden aber die Erprobungsmaschinen, besonders wenn sie mit Fernlenkkörpern beladen waren, von Tankwagen aus betankt, die zu den startklaren Flugzeugen hinfuhren. Hierfür war der Tankwart Daniel Oelke zuständig.[5]

Vor der Halle W20 machte die rollfeldsäumende Betonbahn einen Knick aus der westlichen in die nordwestliche Richtung und führte danach über eine größere Flächenerweiterung schnurgerade in dieser Richtung weiter. Nach etwa 300 m tangierte die Straße das zum Vorwerk führende werkinterne Bahngleis. Es vereinte die schon erwähnten vier Einzelgleise vom Bahnhof West, vom Tanklager, von Annahme und Versand und von der Rückseite der Flugzeughallen, um sich nach kurzer Eingleisigkeit über eine Weiche in zwei Gleise aufzuteilen. Diese beiden Gleiskörper bogen nördlich des Vorwerkgeländes nach Südwesten bis zur Peene ab und umschlossen dabei den Hafen Nord auf beiden Längsseiten. Vom nördlichen Gleis führten zwei Abzweigungen auf ein paralleles, separates Gleisstück von etwa 1 km Länge. Hier bestand die Möglichkeit, auf Schienenschlitten Schubversuche mit Raketentriebwerken durchzuführen. Am östlichen Ende dieser Versuchsstrecke befand sich das Meßhaus Vorwerk, auf dessen flachem Dach zwei Askania-Theodoliten montiert waren.[5]

Nur etwa 50 m südlich und parallel zu den genannten Bahngleisen führte von der Rollbahn eine Zubringerstraße am Meßhaus Vorwerk vorbei, in das nördliche Gebiet des Vorwerkes, bis zur Nordwestseite des Hafens hinein. Von hier aus konnten Schiffe be- und entladen werden, um Güter der Versuchsstelle auf dem Wasserweg zu befördern. An der Höhe des Straßenniveaus, mit etwa 3 m über dem Hafenwasserspiegel, konnte deutlich die Aufspülung des Geländes erkannt werden, das hier ursprünglich nur 0,5 bis 1 m über dem Wasserspiegel gelegen hatte. Von dieser betonierten Zufahrtsstraße erstreckte sich über zwei Abzweigungen ein Straßennetz nach Südosten, womit das eigentliche Vorwerkgelände dem werkinternen Verkehr erschlossen wurde. Dabei waren zwei parallele Straßen von etwa

105

650 m Länge nach Südosten fertig betoniert und zwei weitere Straßen, in der höhergelegten Trasse erkennbar, angelegt. Alle Straßen waren gegenüber dem ohnehin aufgespülten Gelände nochmals um etwa 1m erhöht worden. Da sich hier früher am Peenestrand ausgedehnte, flache und sumpfige Wiesen erstreckt hatten, mußten nach Errichtung des Deiches große Spülarbeiten durchgeführt werden, wie am Hafenufer schon sichtbar war. Demzufolge hatte das ganze Vorwerkgelände durch weißen, feinkörnigen Sand ein helles Aussehen, und erst im Laufe der Jahre wurde das Gelände sehr langsam von Bewuchs bedeckt.

Durch die rechtwinklige Anlage aller Vorwerkstraßen entstanden von ihnen umschlossene rechteckige Geländeflächen, die für die geplante Bebauung vorgesehen waren. Die schon errichteten Gebäude erstreckten sich entlang der beiden betonierten Straßen. Außer dem schon erwähnten Meßhaus Vorwerk war in dem südwestlich davon durch die Straßenführung entstandenen Geländerechteck an der nordöstlichen Hafenstirnseite eine Halle der Bootsgruppe mit der Gebäudebezeichnung V4 errichtet worden, die jedoch zunächst über den Rohbauzustand nicht hinausgekommen war und 1942 für den Gebrauch ausgebaut wurde. Geplant war eine Unterteilung der Halle: ein Drittel für die Reparatur und Herrichtung der Boote und zwei Drittel der Fläche für deren Winterlagerung. Die Anbauten der Südseite waren für Werkstätten, Unterkunfts- und Aufenthaltsräume der Bootsbesatzungen gedacht. Die Anbauten der Nordseite waren Tages- und Lehrräume, z. B. für Segler und das seemännische Personal der Bootsgruppe. Im Kellergeschoß befand sich eine Heizanlage. Die Stahlbetonhalle mit erdgeschossigem Anbau umfaßte 1000 m². Hersteller war die Fa. Lenz & Co., Berlin. Vom Vorplatz der Bootshalle lief eine Slipanlage für Boote und Wasserflugzeuge in das Hafenbecken hinein. In der Südostecke des Hafens waren Anlegestege für Boote in unmittelbarer Nähe der Slipanlage errichtet worden. Schon vor Baubeginn der massiven Bootshalle hatte die Bootsgruppe eine Baracke oberhalb der Anlegestege bezogen, in der ihr hauptsächlicher Dienstbetrieb ablief und die Hafenmeisterei untergebracht war. An der Hafenspuntwand in Verlängerung dieser Baracke war ein großer Lagerplatz für Kohle und Holz errichtet worden, von dem auch die Schlepper der Bootsgruppe bunkerten und das Heizwerk Vorwerk versorgt wurde. Als weitere Einrichtung besaß die Bootsgruppe nordöstlich der Bootshalle V4 das Betriebsgebäude der Hafenmeisterei mit Pumpanlage für Diesel und Benzin und einem Ölkeller für 200 000 l.

Der Hafen Nord war ein rechteckiges Wasserbecken von etwa 200 m Länge und 130 m Breite bei einer mittleren Wassertiefe von 4,5 m. Die Hafeneinfahrt, schon in der sich erweiternden Peenemündung liegend, war durch zwei lange Molen gegen Wellengang geschützt. Die Länge der westlichen Mole betrug annähernd 300 m. Beide Molen gingen lückenlos in den Deich über, so daß man sie auch als in die Peene hineinragende Deichverlängerungen betrachten konnte.[7, 23]

Die Bootsgruppe unter Kapitän Hans Witt hatte die Aufgabe, dem Erprobungsbetrieb der Versuchsstelle von See her entsprechende Hilfestellung durch Beobachtung, Funkverkehr und Transportaufgaben zu leisten. Da der ganze Bereich um Peenemünde auch in der Luft und auf dem Wasser Sperrgebiet war, mußte der Schiffsverkehr zur Insel Ruden, nach Rügen, zur Insel Oie und nach Bornholm von der Bootsgruppe bewältigt werden. Ebenso waren die Meßhausbesatzungen bei entsprechend großräumigen Versuchen zu den dort errichteten Meßhäusern bzw. Meßständen zu transportieren, sofern sie nicht mit dem Flugzeug eingeflogen wurden. Noch im Frieden führte die Bootsgruppe Segelkurse für Angehörige der Versuchsstelle durch, was aber mit Kriegsbeginn seltener wurde und später gänzlich unterblieb.

Eine so weite Aufgabenstellung erforderte auch einen entsprechenden Bootspark. So erstreckten sich die Wasserfahrzeuge vom Schlepper über Schuten, Leichter, Segelboote, Motorsegelkutter bis zu schnellen Motorbooten, den sogenannten A- und B-Booten, die besonders die Meßhausbesatzungen über See zu ihren Einsatzorten brachten.

Eine weitere Aufgabe der Bootsgruppe war die Sicherstellung der Seenotbereitschaft. Als Seenotdienstleiter fungierte Kapitän Hans Witt. Auch diese Aufgabe war von der Bootsgruppe wahrzunehmen – wegen der notwendigen Geheimhaltung und Absperrung des Gebietes zu Lande, zu Wasser und in der Luft.

Ein anderes bemerkenswertes Gebäude im nördlichen Vorwerkgelände war mit dem Kältehaus V5 gegeben. Hier bestand die Möglichkeit, in einem Großkälteraum an mechanischen, pneumatischen oder elektronischen Anlagen, ja ganzen Fernlenkkörpern Kälteversuche bis –60 °C durchzuführen. Das Gebäude bestand aus einem höheren Maschinenhaus für die Kompressoren der Linde-Kälteanlage und dem eigentlichen mit »Isoporka« gut isolierten, großflächigen, gerade in Stehhöhe gehaltenen, begehbaren Kälteraum. Mit Montage-, Werkstatt- und Nebenräumen hatte das Gebäude eine Fläche von 450 m². [23]

Sofern das Gebäude V5 in Richtung Südosten verlassen wurde, erreichte man nach Passieren einer rechtwinkelig nach Südwesten führenden Querstraße, auf der östlichen Straßenseite einen großen Gebäudekomplex von etwa 170×50 m. Hier befanden sich vier Raketenprüfstände, wovon drei fast laufend in Betrieb waren (P3, P4, P5 bzw. Gebäude V1, V2, V3). Der Komplex bestand aus vier längs der Straße nebeneinander errichteten kleineren Hallen von je etwa 25 m Länge, 18 m Breite und 8 m Höhe. Ihre Umfassungsmauern waren aus Stahlbeton ausgeführt und ganzflächig, wie bei allen Hallenbauten, mit roten Klinkern verkleidet. Das leichte Dach besaß, von der Hallenmitte aus nach beiden Seiten, eine leichte Neigung. An jeder Hallenseite war ein etwa 2,5 m hoher und etwa 3 m breiter, überdachter Beobachtungsraum angebaut. Von diesem Raum konnten durch zwei schmale, panzerglasgeschützte Sehschlitze, die in die etwa 0,5 m dicke Stahlbetonwand eingelassen waren, aus sicherer Deckung heraus die Triebwerkversuche in der Halle beobachtet werden. An den Straßenfronten und in Verlängerung der seitlichen Beobachtungsbunker waren die Hallen von Werkstatt-, Büro- und Sanitärräumen umbaut. Die freien, nordöstlichen Hallenseiten konnten durch große Faltstahltüren abgeschlossen werden. Tageslicht erhielt der Innenraum jeder Halle sowohl durch Fenster in den Stahltüren als auch durch Oberlichtfenster. An der Decke lief an einer Doppel-T-Schiene die Laufkatze eines elektrischen Kranes, womit größere Lasten innerhalb der Halle transportiert werden konnten. In dem Betonboden jeder Halle waren Eisenschienen eingelassen, die sich noch etwa 10 m vor den Hallentoren in den Vorplatz hinein fortsetzten. Dadurch waren Befestigungsmöglichkeiten für Gestelle und Vorrichtungen geschaffen, die ihrerseits wieder als Halterung für Triebwerke und Flugkörper dienen konnten.

Die Beheizung der Prüfstände und der in der Nähe gelegenen Gebäude wurde durch das schon erwähnte Heizwerk Vorwerk mit NDD über etwa 500 m Heizkanäle veranlaßt. Errichtet hatte diesen Gebäudekomplex die Firma Wiemer & Trachte, Berlin.[23] In den geschilderten Prüfstandhallen wurden kleinere Flüssigkeits- und Feststoff-Raketentriebwerke getestet, wie sie z. B. zum Antrieb der Flugkörper von Blohm & Voß und Henschel Verwendung fanden. Dabei waren die Triebwerke oder kompletten Flugkörper in der Halle so montiert, daß ihr Schubstrahl durch die geöffneten Hallentore ins Freie trat. Aus diesem Grunde war die Betonfläche vor den Toren der vier Hallen auf einer Tiefe von etwa 30 m mit einer 2 m hohen Backsteinmauer seitlich und hinten abgeschirmt, wobei die Flächen je zweier Hallen zu einem Areal zusammengefaßt waren. Es sei noch erwähnt, daß fast an gleicher Stelle, wo früher die Ställe und Schuppen des zu Peenemünde gehörenden Vorwerkes standen, beim Bau der Versuchsstelle das eben näher beschriebene Gebäude V5 und die Prüfstände P3 bis P5 bzw. V1 bis V3 errichtet wurden. Das »V« vor der jeweiligen Gebäudenummer kennzeichnete übrigens die Lage im Vorwerkbereich.

Außer den Prüfständen P3 bis P5 und dem Heizwerk (Abb. 7), lagen an den beiden nordsüdlich verlaufenden fertiggestellten Vorwerkstraßen noch weitere erdgeschossige, massive Flachbauten, die den verschiedensten Bestimmungen dienten. So unterhielten die Gruppen E3, E8 und andere, sofern sie besonders oder zeitweise, direkt oder indirekt mit der Erprobung von Raketentriebwerken zu tun hatten, in diesen Gebäuden, Büros, Labors und Werkstätten, um die Wege zwischen diesen Räumlichkeiten und den Prüfständen möglichst klein zu halten. Neben den Fachgruppen der Versuchsstelle hatten auch einschlägige Firmen ihre Werksstätten und Büros in den Gebäuden des Vorwerkes eingerichtet, wodurch eine enge Zusammenarbeit mit der Industrie gegeben war.

Wegen der im Vorwerk unterhaltenen Werkstätten mußte auch hier eine Werkzeugausgabe eingerichtet werden, deren Lagerhaltung den Besonderheiten der Werkstattaufgaben in diesem Bereich Rechnung zu tragen hatte.

Über den Landwirtschaftsbetrieb zur Pflege und Flugplatzerhaltung, der seinen Fahrzeug- und Maschinenpark ebenfalls im Vorwerk hatte, wurde schon berichtet. Gleichzeitig war hier auch ein Gutsbetrieb angegliedert. Da wir schon bei der Landwirtschaft sind, ist es zweckmäßig, die Schilderung des Versuchsstellenrundganges kurz zu unterbrechen und dazu zusammenfassend etwas zu sagen. Es war das Bestreben der Verwaltungsstellen, die Ernährung der großen Belegschaft beider Versuchsstellen möglichst autark zu gestalten und die gegebenen landwirtschaftlichen Möglichkeiten weitestgehend zu nutzen. Deshalb baute man 1941/42 südlich des später errichteten Hochbunkers des Werkes West landwirtschaftliche Gebäude, u. a. Stallgebäude für 700 Schafe und Ställe für Ochsen, Pferde und Schweine (700 m²). Ein Treibhaus für Gemüse und ein Lagerhaus für 4000 Ztr. Kartoffeln und 500 Ztr. Kohl (175 m²) vervollständigten die Gebäude. 1942/43 wurden östlich und dicht beim Hochbunker und am »Kölpien-See« noch 10 ha Ackerland gewonnen. Diesem Zweck diente auch das bei der Rollfeldbeschreibung erwähnte Hebewerk mit Drainage, womit neben der Senkung des Kölpien-See-Wasserspiegels gleichzeitig das Ackerland erschlossen wurde.[23] Südöstlich des Hochbunkers, neben der dortigen Straßen-Bahn-Kreuzung, entstand 1941/42 eine Zuchtfarm für 1600 Angorakaninchen mit Betriebsgebäuden (200 m²).

Aber fahren wir in der Schilderung des Versuchsstellengeländes fort. Sofern man auf einer der beiden fertiggestellten Straßen aus dem Prüfstandbereich heraus nach Südosten ging, war festzustellen, daß beide rechtwinklig in jene von Annahme und Versand kommende Verbindungsstraße einmündeten, die auch gleichzeitig den südlichen Abschluß des Vorwerkstraßennetzes darstellte. Die rollfeldseitige Vorwerkstraße ging jedoch über diese Einmündung hinaus und führte nach Süden, westlich am Kölpien-See vorbei, wonach sie sich nordöstlich des Kraftwerkes einerseits zur Peenemünder Schanze und andererseits zum Sauerstoff-Werk hin teilte.

Wer Landschaft und Einsamkeit liebte, dem bot sich vom Meßhaus Vorwerk aus für die weitere Erkundung des Versuchsstellengeländes die Möglichkeit, diesen Bereich über das breite, betonierte Ende der Raketenflugzeugstartbahn nach Westen zum Deich und zur Peenemündung hin zu verlassen. Diese Startbahnfläche hatte eine Länge von etwa 750 m und eine mittlere Breite von etwa 130 m. Das Startbahnstück wurde schon Ende 1938, Anfang 1939 als erste befestigte Bahn gleichzeitig mit der östlich gegenüberliegenden Rodung der »Schneise« für die Erprobung der He 176 im Eiltempo angelegt. Nach Überqueren dieser Startbahn erreichte man den das ganze Rollfeld umrundenden Deich. An seinem Fuß lief auf der Rollfeldseite ein befestigter Fahrweg, der vom Gleis des Schienenschlittens ausging, mit dem Deich parallel laufend das Rollfeld umrundete und in der Nähe des Schleuderplatzes für die Fi 103, genau im Norden des Flugplatzes, endete. Als Rollfeldringstraße war er im Sprachgebrauch allgemein bekannt. Dazu ebenfalls parallel verlief die sogenannte Ringleitung. Dies war eine als Luftkabel an Masten aufgehängte Leitung, die die Spannung sowohl für die Beleuchtung von markanten Punkten des Deiches, der Straße als auch für die Ausleuchtung des Spülfeldes lieferte. Die Bagger- und Spülarbeiten liefen ja in Tag- und Nachtschichten über Jahre hinweg.

Zu erwähnen ist noch im Zusammenhang mit den Betonstartbahnen, daß ihre Ausläufer oft für die Messung der Empfangscharakteristik und Eingangsempfindlichkeit von Antennen und Empfängern bei Fernlenkkörpern benutzt wurden. Auf diesen weiten Flächen waren alle störenden Einflüsse von Stahlbetongebäuden, wie sie in der Nähe der großen Hallen für die Ausbreitung der Hochfrequenzwellen in der Horizontalebene gegeben waren, ausgeschaltet.

Der Weg vom Vorwerk zum Schleuderplatz hatte seinen besonderen Reiz in den Abendstunden während eines Sonnenunterganges. Lichtreflexe der tiefstehenden Sonne belebten die Wasserfläche, und von der Deichkrone glitt der Blick weit über den Greifswalder Bodden im Westen und die See im Osten, deren Gewässer wie flüssiges Gold ineinander zu verschmelzen schienen. Hier konnte man in die Weite jener Landschaft schauen, die einst einen Caspar David Friedrich inspirierte, Landschaftsmaler und der vielleicht größte und genialste deutsche Künstler der Romantik zu werden. Die große Stille, nur unterbrochen von den Stimmen der Wasservögel aus den nahen Schilfinseln des seichten Uferwassers, unterstrich die Abgeschiedenheit der Landschaft.

In solchen Augenblicken wurde einem plötzlich bewußt, was dieses Peenemünde eigentlich geworden war. Die Namensbezeichnung hatte längst nichts mehr mit den noch stehengebliebenen armseligen Fischer- und Bauernhäusern zu tun. Peenemünde war schon damals bei allen Angehörigen von Werk Ost und Werk West wie auch darüber hinaus ein besonderer Begriff geworden. Spitzentechnik und Landschaft waren hier eine Synthese eingegangen. Die Versuche spielten sich ja raumgreifend in der Landschaft ab. Sie war sozusagen Bühne und Kulisse, auf und vor der sich die Versuchs- und Erprobungsszenen abspielten. Mit ihrer Weite gestattete sie überhaupt erst deren Durchführung.

Die Faszination eines laufenden Rückstoßtriebwerkes im Stand oder eines Raketenflugkörpers im Raum, die besonders damals noch jeden in ihren Bann zog, in Verbindung mit der Wichtigkeit einer Aufgabe, über der noch der Schleier höchster Geheimhaltung lag, hatte seinerzeit viele Mitarbeiter beider Versuchsstellen ergriffen. Die meisten Angehörigen beider Institutionen hatten weder vor ihrer Peenemünder Zeit – und in die Zukunft vorauseilend – noch danach, als der Vorhang der Peenemünder Bühne 1945 endgültig gefallen war, eine Arbeitsstätte in ähnlicher Umgebung und Größe, mit gleicher Wichtigkeit und spektakulärem Umfeld der Ereignisse.

Mit solchen und ähnlichen Gedanken, immer wieder Blicke auf die Landschaft ringsherum werfend, näherte man sich nach Passieren einer weiteren bis dicht an den Deich heranreichenden Betonstartbahn dem Schleuderplatz für die Fi-103-Erprobung. Bevor wir uns hier näher umsehen, ist noch das Zielschiff zu erwähnen, das vom ganzen Versuchsstellengelände sichtbar, östlich der Insel Ruden in Höhe ihres südlichen Ausläufers auf Grund gesetzt war. Da man sich dem Schiff beim beschriebenen Gang zu den Fi-103-Schleudern soweit wie möglich genähert hatte, war auch mit bloßem Auge unschwer zu erkennen, daß es sich um einen alten Frachter von etwa 4000 bis 5000 t handelte. Seine Längsachse lag in Nord-Süd-Richtung, etwa 2,3 km vom Rollfeldrand entfernt. Er diente, neben dem Abwurfgelände »Der Struck«, vorzugsweise als Ziel für die Erprobung der Gleitbombe Hs 293 bzw. Hs 293D und der Fallbombe PC 1400X (»Fritz X«).

Bei Erreichen der Betonfläche am nördlichsten Punkt der Versuchsstelle traf man zunächst auf die westlichste der Fi-103-Schleudern, deren Schußrichtung nach Norden wies. Diese etwa 70 m lange, unter einem Steigungswinkel von ca. 5° verlaufende Schleuder, auch »Borsig-Schleuder« genannt, unterschied sich von den anderen noch vorhandenen dadurch, daß sie als feste Betonschleuder mit einer Schienenlaufbahn aufgebaut war. Auch wurde hier der Flugkörper mit Hilfe eines Feststofftreibsatzes abgeschossen. Dieses Startgerät war eine Entwicklung der Firma Rheinmetall-Borsig, weshalb sich auch der allgemeine Begriff »Borsig-Schleuder« bei allen Fi-103-Leuten eingebürgert hatte. Obwohl diese Schleuder als erste etwa im September des Jahres 1942 errichtet wurde, fanden von hier aus nur wenige Abschüsse statt – in der Anfangsphase der Fi-103-Erprobung mit Prototyp-Zellen vom Dezember 1942 bis September 1943. Die Startanlage der Borsig-Schleuder ist noch im Laufe der ersten Hälfte des Jahres 1943 gegen Witterungseinflüsse und – was sicher wichtiger war – gegen Luftaufklärer mit einem überdachten Holzgestell versehen worden.[8]

Gute 100 m nordöstlich dieser ersten Schleuder stand das Meßhaus Nord. Dies war ein wichtiger optischer Vermessungspunkt, der von der Meßbasis oft für die verschiedensten Erprobungen besetzt wurde. Von hier aus konnten besonders der Startvorgang der Fi 103 und ihr erster Flugabschnitt und auch die Fernlenkkörper-Abwürfe optisch vermessen werden.[9]

Neben der betonierten Borsig-Schleuder, nach Nordosten versetzt, stand eine weitere Schleuder, die aber ihre Schußrichtung durch Drehung um ihren Anfangspunkt variieren konnte. Auch waren die Schienen des Raketenschlittens gegenüber der Betonrampe auf einen Gitterträger montiert. Diese Schleuder, auch eine Borsig-Konstruktion, hatte man speziell für die Erprobung der Winkelschüsse im Oktober 1942 errichtet.[11]

Später, im Laufe des Jahres 1943, als sich das RLM endgültig für die Walter-Schleuder entschieden hatte, wurden östlich von den beiden Borsig-Schleudern, soweit heute noch nachvollziehbar, drei dieser Startgeräte in verschiedenen Ausführungen gebaut, wobei die einzelnen Konstruktionen dem jeweiligen Stand der Technik entsprachen. Die schwenkbare Borsig-Schleuder und eine mit einem Splitterschutzwall versehene Walter-Schleuder, die für den Einsatz zunächst geplant und auch teilweise im Einsatzgebiet errichtet wurden, baute man wieder ab. Dadurch verblieben für die Haupterprobungszeit der Jahre 1943 und 1944 zwei Walter-Schleudern von etwa 81 und 45 m Länge mit je 6° Steigung, wobei die letztere die hauptsächlich verwendete Einsatzschleuder war, mit der auch die Mehrzahl der Erprobungsschüsse durchgeführt wurde. Beide Schleudern wiesen in nordöstliche Richtung mit einem Kurs von etwa 72° und befanden sich mit ihrem kleinen Erdabschußbunker fast 200 m südöstlich vom Meßhaus Nord. Ihr seitlicher Abstand betrug etwa 20 m.[9, 11] Für Vorführungen und zum Zwecke der Beobachtung der Versuchsschüsse diente ein Erdhügel hinter den beiden Schleudern.

Um den Rundgang durch das Gelände der Versuchsstelle fortzusetzen, mußte man sich vom Schleuderplatz wieder nach Süden wenden. In diese Richtung führte eine Straße schnurgerade zu den Hallen des zentralen Teiles der Versuchsstelle zurück. Zunächst kam man an einigen Holzbaracken vorbei, die den an der Entwicklung und Fertigung der Fi 103 beteiligten Firmen Argus und Fieseler (Büro Nord) als Büros, Werkstätten und Lager dienten. Hier war auch ein kleiner Luftschutzbunker errichtet worden, dem auf der westlichen Seite das Richthaus für die Kurseinstellung der Fi 103 folgte. Ab Juli 1943 wurden die Baracken teilweise für einige Zeit auch zur Schulung des in der Aufstellung befindlichen »Lehr- und Erprobungskommandos Wachtel« herangezogen, bis die Anlagen in Zempin fertig waren.[8, 10]

Während auf dem ganzen westlichen Teil des Vorwerk- und Rollfeldbereiches kein Baumbewuchs vorhanden war, rückten jetzt die ersten niedrigen Ausläufer des schon mehrfach erwähnten ehemaligen Wolgaster Stadtforstes im spitzen Winkel von Westen her an die nach Süden führende Straße heran und erreichten sie kurz vor einer nach Südwesten ins Rollfeld hineinführenden Betonstraße. Diese führte zunächst an zwei weiteren Baracken vorbei und erreichte dann ein in Leichtbauweise errichtetes hallenähnliches Gebäude, das allgemein als »Muna« (Munitionsanstalt) bezeichnet wurde. Hier hatte sich die Straße zu einer Fläche von etwa 100 × 60 m erweitert, die noch einen kleineren Ausläufer in südwestlicher Richtung besaß. Auch im Muna-Bereich unterhielt die Firma Fieseler Büros (Büro Muna) und Werkstätten.

Wenn auch in Peenemünde-West ausschließlich Versuche mit blinden, nicht scharfen Flugkörpern durchgeführt wurden, so gab es doch für die Feuerwerker der E-Stelle vielerlei Notwendigkeiten, mit Brand-, Rauch- und Sprengmitteln umzugehen. Da waren z. B. Zerstörzünder für die Steuerungs- und Empfangselemente bei Fernlenkkörpern zu montieren, Magnesiumfackeln und Rauchtöpfe für die Sichtbarmachung und Markierung an Flugkörpern anzubringen, Leuchtbomben

111

für Nachtabwurfversuche klarzumachen, Zündererprobungen durchzuführen und viele andere Arbeiten mit Zünd- und Sprengmitteln zu bewältigen.

Von der Abzweigung zur Muna, weiter nach Süden gehend, wurde die Straße nicht nur auf ihrer Ostseite, sondern auch kurzzeitig auf der Westseite von einer Baumgruppe gesäumt. Sie war noch ein Überbleibsel aus der schon beschriebenen weit nach Westen hineinragenden Waldspitze. Auch hier befanden sich zwei Baracken, in denen ebenfalls Firmen ihre Werkstätten und Büros eingerichtet hatten. Nach etwa 120 m trat der Wald rechtwinklig von der Straße um etwa 500 m nach Osten zurück. Das war die schon oft erwähnte sogenannte »Schneise«.

Nachdem über die Hälfte der fast 650 m breiten Schneise passiert war, konnten auf der Grasnarbe, etliche Meter von der Straße entfernt, merkwürdige dunkle Flecke auf dem Grasboden bemerkt werden. Bei näherer Betrachtung sah man, daß der Boden und das Gras in der Umgebung vollkommen verbrannt waren. Das war der bevorzugte Startpunkt, von dem aus schon seinerzeit die Starts der He 112, He 176 und dann die der Me 163 stattfanden. Die Abgase der Raketentriebwerke hatten hier im Boden ihre bleibenden Spuren hinterlassen.

Etwa 150 m danach erreichte die gut 1,8 km lange Nord-Süd-Verbindung die große Betonplattform am Meßhaus Schneise, die schon am Ausgangspunkt des Rundganges erwähnt wurde. Auf dieser Fläche war mit wechselndem Standort ein Zelt aufgebaut, das noch aus der Anfangszeit der He-176-Erprobung stammte und danach verschiedenen anderen Zwecken, wie z. B. der Hs-293-Erprobung, diente. An der über den ebenfalls schon erwähnten Holzzaun hinwegschauenden Meßhauszentrale (»Meßhaus Schneise«) vorbeigehend, stand man vor der großen Halle W1, die nach dem abgestürzten Flugbaumeister auch »Reins-Halle« genannt wurde (Kapitel 8.5.). An der nördlichen Seite dieser Halle wurden in einem Flachbau schon frühzeitig Lagerungsversuche mit »T-Stoff« in großen Keramikgefäßen durchgeführt. Der Hallenaufbau von W1 entsprach etwa dem der Halle W3, aber es fehlte der erste Stock auf dem rückwärtigen Anbau der Rüsträume. Im nordöstlichen Seitenflügel beherbergten die beiden Rüsträume des Erdgeschosses bis 1942 die Gruppe E4 mit der Bearbeitung, Prüfung und Erprobung der Fernlenkanlage für die Gleitbombe Hs 293. Danach wurden diese Räume von der Gruppe E7 zu ähnlichem Zweck für das Prüfen und Abwurfklarmachen der Fallbombe »Fritz X« übernommen. Die Erprobungsmannschaft der Hs 293 wurde in die Halle W3 und in eine der drei hinter ihr errichteten Baracken verlegt. Außer der Gruppe E4 waren in den übrigen Räumen Labors und Werkstätten während der Abwurferprobung des Gleitkörpers BV 143 der Firma Blohm & Voß eingerichtet. Im südwestlichen Anbau war früher schon eine Werkstatt für die He-176-Erprobung betrieben worden, die dann später für ähnliche Arbeiten an dem Raketenflugzeug Me 163 benutzt wurde. Zu erwähnen ist noch, daß im ersten Stock des nordöstlichen Seitenflügels der Halle W1, also über den E4- bzw. späteren E7-Räumen, die Meßbasis ihre Auswertebüros hatte, womit sie, in unmittelbarer Nähe des zentralen Meßhauses Schneise, einen »Meßbasiskomplex« bildete.

Als nächstes Gebäude, unmittelbar nach der Halle W1 und direkt vor dem an ihrer Rückseite vorbeiführenden Holzzaun, war eine kleinere Holzhalle errichtet worden. Hier erfolgte, mit Benutzung des davor angelegten Beton-Hallenvorfeldes, die Montage, Prüfung, Wartung und Betankung der Me-163-Versuchsflugzeuge. Von hier aus wurden sie, bei entsprechender Windrichtung, zum Start bis zum vorhin näher betrachteten Punkt der bewachsenen Startbahn geschleppt, um zischend und fauchend, vornehmlich Richtung Westen, quer über das ganze Rollfeld zu jagen. Die Errichtung der Montagehalle reichte bis in das Jahr 1938 zurück und diente schon für die Montage und Wartung der He 176, mit der Erich Warsitz seine ersten waghalsigen Luftsprünge und Flüge unternahm. Zuvor, ehe diese Holzhalle errichtet wurde, diente das schon erwähnte Zelt an gleicher Stelle als Notbehelf. Damals erprobte man auch hier in Bodenstandversuchen das Walter-Triebwerk für das Raketenflugzeug He 176. Zu diesem Zweck waren seinerzeit vier runde Durchbrüche in den Holzzaun geschnitten worden, um die Treibdüsen der Raketenöfen hindurchzustecken, damit sich deren Triebwerkstrahl in das dahinterliegende freie Gelände ausbreiten konnte. Hier, an dieser Stelle, hatte sich also 1938 fortgesetzt, was im Laufe des Jahres 1937 in Neuhardenberg mit der Erprobung von Raketentriebwerken in Flugzeugen begonnen wurde. Es war ein besonders markanter, luftfahrthistorisch wichtiger Punkt der Versuchsstelle, da auch hier jenes Raketenflugzeug Me 163-V4, KE+SW, startklar gemacht und betankt wurde, das am 2. Oktober 1941 den seinerzeitigen absoluten Geschwindigkeitsrekord für Flugzeuge von 1003,67 km/h im Horizontalflug aufstellte. Aber darüber wird später noch berichtet werden.

Weiter nach Westen gehend, erreichte man nach etwa 60 m den östlichen, einstöckigen Seitenflügel der Werfthalle W2. An seiner östlichen Stirnseite befand sich die Akku-Werkstatt von Meister Ehmke, die noch durch ein ebenfalls nach Osten ausladendes Vordach Unterstellmöglichkeiten bot. Hier wurden die Bordbatterien der Flugzeuge, Akkus verschiedenster Größe für die mobile Stromversorgung von Meßgeräten bei Messungen im Gelände und die auf dem ganzen Platz allgegenwärtigen Akku-Wagen gewartet und geladen. Im ersten Stock befand sich die Betriebsleitung mit Betriebs- und Werftleiter. Die Halle selbst unterschied sich kaum von den übrigen, schon beschriebenen gleichen Gebäuden. An der Spitze des mit leichter Neigung nach beiden Seiten abfallenden Hallendaches war der obligatorische, rot-weiß gestreifte Windsack an einem Mast befestigt. Da aber hier Betriebs- und Werftleitung, das Werkzeughauptlager mit Ausgabe, die Werkstätten der Werft, Tischlerei, Beiz- und Eloxalanlage, das Gerätelager, umfangreiche sanitäre Einrichtungen und im ersten Stock des westlichen Seitenflügels zunächst bis 1942 die Kantine untergebracht waren, hatten alle die Halle W2 umschließenden Gebäude eine größere Ausdehnung als bei den anderen beiden Flugzeughallen. Dieses Gebäude der Berliner Firmen Stahlbau GmbH und der Hochtief umfaßte eine Fläche von 6000 m2.[23] In der Halle herrschte meist große Betriebsamkeit, um die Flugzeuge der Versuchsstelle für die Erprobungs- und Versuchsflüge zu warten und möglichst einsatzklar zu halten. Die Flugzeuge waren ja hier nicht Selbstzweck, sondern dienten den verschiedensten Einsätzen bei der Erprobung. Von wichtigen Dienstreisen bis hin zu Beobachtungs-, Meß- und Abwurfversuchen reichte ihre Einsatzpalette, wofür sie die nötige zusätzliche Ausrüstung erhielten.

Nach der Halle W2 schloß sich mit nur wenigen Metern Abstand das schon erwähnte flache Gebäude W5 an, das außer den Werkstätten und der Prüfgruppe von Herrn Huber an der rollfeldseitigen Stirnfläche noch eine Trafo- und Schaltstation der Energieversorgung beherbergte. Kurz danach erreichte man wieder den Ausgangspunkt des ausgedehnten Geländerundganges. Bei dem beschriebenen Weg von der Hauptwache bei W21 über die Einmündung der Hauptstraße in den Rollfeldbereich, von hier über Flugleitung W23, Halle W3, Vorwerk, Ringstraße, Schleuderplatz, Muna, Schneise, Halle W1, Halle W2, W5 bis zurück zum Ausgangspunkt war immerhin ein Weg von etwa 10 km zurückzulegen, ohne daß man sich in Seitenstraßen und Abzweigungen, wie z. B. im Vorwerk, verlieren durfte. Mit dieser Schilderung der geographischen und örtlichen Verhältnisse sollte ein Überblick der gesamten Versuchs- bzw. Erprobungsstelle der Luftwaffe Peenemünde-West vermittelt werden. Später, bei der Schilderung der einzelnen Erprobungsprojekte, wird an einzelne Orte und Punkte des Geländes zurückgekehrt werden. Die hier vorgenommene Geländebeschreibung wird dann die Zuordnung von Erprobungsablauf und Geographie erleichtern.

5.2. Die Organisation

Schon im Vorwort wurde auf die unterschiedliche Arbeitsweise der Versuchsstelle der Luftwaffe gegenüber jener der Heeresversuchsstelle hingewiesen, um die Unzweckmäßigkeit einer gemeinsamen obersten Leitung zu begründen. Demzufolge wurde vom RLM in Übereinstimmung mit dem Heereswaffenamt diese ursprüngliche Absicht auch fallengelassen.

Im vorangegangenen Kapitel, bei der Schilderung des Erprobungsgeländes, seiner Baulichkeiten und Einrichtungen, ist verschiedentlich auf organisatorische Gegebenheiten hingewiesen worden. Aufgaben, Anlagen und Organisation einer technischen Institution stehen ja in enger Wechselbeziehung. Wenn für die Großrakete A4 mit ihren gewaltigeren Spezialgebäuden und Anlagen bezüglich Entwicklung, Montage, Prüfständen und Treibstoffen vielfach absolut neue Wege betreten wurden, waren bei der Luftwaffe für die Erprobung der Rückstoßtriebwerke für Flugzeuge und Fernlenkkörper neben den bekannten, klassischen Gebäuden der Luftfahrt, wie Hallen, Werft, Flugleitung, Tankanlagen, auch neue, bisher in diesem Zusammenhang unbekannte Einrichtungen zu schaffen. Diese Spezialeinrichtungen wurden im vorangegangenen Kapitel schon erwähnt und beschrieben.

Die Versuchsstelle der Luftwaffe Peenemünde-West wurde speziell für die Flugerprobung von ferngelenkten und selbstgesteuerten Flugkörpern (FK und FSK) mit und ohne Rückstoßantrieb gebaut. Zu diesen Flugkörpern kamen noch alle jene Projekte, bei denen Raketen als Antriebsmittel vorgesehen waren, wie z. B. raketengetriebene Flugzeuge und Starthilfen. Neben Feststoff-Raketenantrieben hatte sich die Luftwaffe hauptsächlich für die Flüssigkeits-Walter-Antriebssysteme auf der Basis Wasserstoffsuperoxyd mit entsprechenden Katalysatoren entschieden, während das Heer und Werk Ost beim A4 das Flüssigkeits-Raketenantriebssystem Alkohol/flüssiger Sauerstoff verfolgte. Die unterschiedlichen Treibstoffkombinationen hatten nicht nur einen historisch-entwicklungsgeschichtlichen Hintergrund, sondern man war auch aus versorgungstechnischen Gründen bestrebt, den Gesamttreibstoffverbrauch der verschiedenen, immer mehr in den Vordergrund tretenden Raketenantriebe möglichst auf mehrere Treibstoffsysteme zu verteilen. Wie sich z. B. später, bei der Fertigungsstückzahl der A4-Rakete herausstellte, wäre die obere Grenze – vom Materialverbrauch einmal abgesehen – nicht durch die Fertigungsmöglichkeiten des Mittelwerkes im Harz, sondern durch den

Treibstoffengpaß bei Alkohol vorgegeben worden. Ab August 1944 lieferte das Werk 600 Raketen pro Monat, hätte aufgrund seiner Fließbandkapazität aber ohne weiteres die doppelte Stückzahl herstellen können. Ähnlich sah es gegen Kriegsende beim Sauerstoff aus, bei dem noch die Verdampfungsrate während des Transportes und der Lagerung zu berücksichtigen war.[12]

Bei den Walter-Treibstoffen stellte sich gegen Kriegsende ein ähnlicher Mangel ein, der im wesentlichen auf die Zerstörung der Produktionsstätten durch Luftangriffe zurückzuführen war.

Die bei der Luftwaffe verwendeten Sondertreibstoffe des Walter-Systems erforderten in Werk West, wie früher schon erwähnt, über die normalen Flugplatzeinrichtungen hinausgehende Lagermöglichkeiten und im Umgang mit diesen Treibstoffen geschultes Personal.

Ebenso war eine umfangreiche Meßbasis mit Theodoliten bestückten Meßhäusern und Meßständen für die optische Vermessung und Dokumentation von Flugbahnen und beweglichen Versuchsabläufen notwendig. Auf die spezielle Vermessungstechnik wird in einem weiteren Kapitel gesondert eingegangen werden. Die Basis hatte für damalige Verhältnisse ein großes geographisches Gebiet abzudecken. Von der Kommandozentrale des Meßhauses Schneise auf dem Peenemünder Haken ausgehend, war einerseits mit drei weiteren Meßhäusern und einem Meßstand auf dem Rollfeld der Raum dieses Bereiches und seiner Umgebung zu erfassen. Dann betreuten vier weitere Meßhäuser den Küsten- und Seestreifen meßtechnisch bis Zinnowitz. Über den Usedomer Bereich hinaus, waren auf den näher und weiter entfernten Inseln Ruden, Oie, Rügen und Bornholm je ein oder zwei Meßstände für Großraumversuche errichtet worden. Bei A4-Starts arbeiteten Heer und Luftwaffe bei der optischen Vermessung teilweise zusammen. Solange die Rakete sichtbar war, wurde ihre Vermessung in der Aufstiegsphase vom Meßhaus Ost aus verschiedentlich durch eine Luftwaffenbesatzung vorgenommen.

Wenn auch in Peenemünde-West keine direkte Raketen-Triebwerkentwicklung betrieben wurde, so waren doch für bestimmte Messungen und Funktionsproben Prüfstände notwendig, die eine Inbetriebnahme kleinerer bis mittlerer Feststoff- und Flüssigkeitstriebwerke gestatteten. Auch für Messungen am Pulsostrahltriebwerk der Fi 103 waren, wie schon beschrieben, zwei spezielle Prüfstände errichtet worden. Den Abschluß der speziellen Einrichtungen in Werk West bildeten die Abschußschleudern des selbstgesteuerten Flugkörpers Fi 103.

Um es noch einmal in diesem organisatorischen Zusammenhang zu erwähnen, wurde die in Peenemünde-West errichtete Luftwaffendienststelle am 1. April 1938 eröffnet. Als Versuchsstellenleiter stand ihr bis zum 31. August 1942 mit Dipl.-Ing. Uvo Pauls ein Techniker vor. Da man ursprünglich sicher der Auffassung war, daß in Peenemünde-West im Rahmen der Gesamtentwicklung technischer Sonderwaffen neben der Erprobung auch der Versuch und damit in einem gewissen Maß auch Entwicklung zu betreiben war, wurde dieser Institution anfangs die Bezeichnung »Versuchsstelle« gegeben, womit ihr ein gewisser Sonderstatus verliehen wurde. Allen übrigen, ähnlichen Luftwaffendienststellen, wie z.B. in Rechlin und Travemünde, die sich mit den Problemen der Flugzeugtechnik und ihrer Teilgebiete befaßten, war im Unterschied zu Peenemünde-West gleich die Bezeichnung »Erprobungsstelle« zugeteilt worden. Oberster Chef aller Erprobungsstellen der Luftwaffe und der Versuchsstelle Peenemünde-West war Ernst Udet, in seiner Eigenschaft als Generalluftzeugmeister, bis zu seinem Freitod am 17. November 1941. So wie er schon den Aufbau der Versuchsstelle gefördert und dabei auftretende Schwierigkeiten unbürokratisch aus dem Wege geräumt hatte, galt danach sein Interesse auch den Arbeiten dieser Dienststelle. Sein Augenmerk richtete er u. a. besonders auf die Sicherheit der Erprobungs- und Versuchspiloten. Oft erschien er unangemeldet mit dem Flugzeug in Peenemünde, um sich über den Fortgang aktueller Arbeiten zu unterrichten.[3]

Im August 1933 erhielt das RLM in Berlin seine erste offizielle Gliederung, die bis Kriegsende noch mehrere Umorganisationen erfuhr. Im Jahre 1938 formierte sich auch die endgültige Gliederung der Luftwaffe, wobei das RLM, Berlin, immer noch die oberste Führungsbehörde unter dem R. d. L. (Reichsminister der Luftfahrt) und dem Ob. d. L. (Oberbefehlshaber der Luftwaffe) Hermann Göring war. Das Amt des Staatssekretärs der Luftfahrt und Generalinspekteurs der Luftwaffe hatte Erhard Milch inne.[13, 14]

Für den Zeitabschnitt, als Versuchsstelle der Luftwaffe, ist ihre Organisation aus Abb. 9 zu entnehmen. Der organisatorische Aufbau mit der Aufteilung in einzelne Technische Fachabteilungen entsprach dem der übrigen E-Stellen und dem des Technischen Amtes, wie er sich für die Flugzeugbelange im Laufe der Luftfahrtentwicklung in Deutschland ergeben hatte. Da diese Gliederung bei einer Versuchsstelle für technische Sonderwaffen teilweise keinerlei Berechtigung mehr besaß, hatten sich auch zeitweilig erhebliche Schwierigkeiten im Arbeitsablauf ergeben. Diese haben dann in Anerkennung der Sonderstellung der FSK und ihrer besonderen Bedeutung für die Zukunft dazu geführt, daß im Bereich des Technischen Amtes des RLM eine eigene Abteilung E9 gebildet wurde, die alle Belange auf dem Gebiet der Sonderwaffen zusammenfassend bearbeitete und auch die Teilentwicklungen in den übrigen Fachabteilungen führte. Bei der Versuchsstelle hatte sich der Ausgleich dieser Schwierigkeiten einigermaßen in der Weise ergeben, daß bei der Fachgruppe E2 die projektmäßige Zusammenfassung und Federführung in der Betreuung der Gesamtaufgabe und bei der Fachgruppe E4 in gewissem Sinne die technisch-arbeitsmäßige Zusammenfassung der Erprobung und Betreuung der FK lag. Dies galt aber später nicht für die Fi 103, bei der diese beiden Funktionen von der Sondergruppe ET (Erprobungsgruppe Temme) ausgeübt wurden.[15]

Der Organisationsplan der Versuchsstelle mit seinen festgelegten Arbeitsverbindungen soll jedoch nicht bedeuten, daß es sich hierbei um ein festes und starres Funktionssystem gehandelt hat, in dem jeder Tag und jeder Mitarbeiter eine festumrissene Aufgabe gehabt hätte. Bei diesem Erprobungsbetrieb spielte das Unvorhersehbare oft die Hauptrolle, und kein Tag glich dem anderen. Von der Belegschaft wurde Flexibilität verlangt und durch die großen Entfernungen und dem Transport schwerer Meßgeräte auch oft ein nicht unerhebliches Maß an physischer Belastung.[13]

Bei den beiden Organisationsplänen der Versuchs- bzw. E-Stelle (Abb. 9 und 11) ist besonders auf den Bereich der Industriegruppen hinzuweisen. Wie schon in Neuhardenberg praktiziert, wurde auch in Peenemünde im Einvernehmen mit dem Technischen Amt, Berlin, diese neue Art der direkten Zusammenarbeit mit der Industrie und den Entwicklungsfirmen fortgesetzt. Diese konnten selbständige Arbeitsgruppen nach Peenemünde-West schicken, denen bei der Versuchsstelle

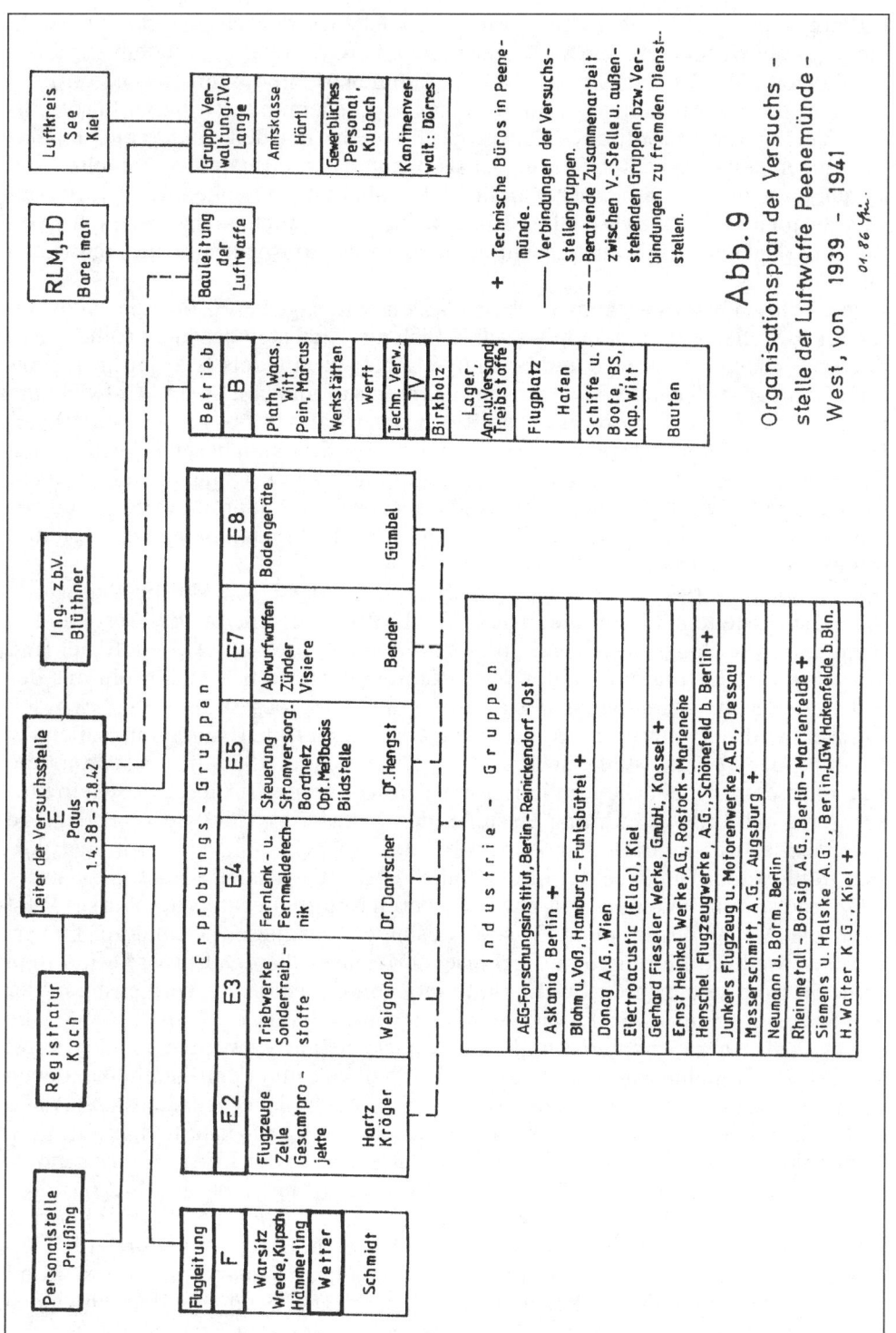

Abb. 9

Organisationsplan der Versuchsstelle der Luftwaffe Peenemünde -
West von 1939 - 1941

+ Technische Büros in Peenemünde.
— Verbindungen der Versuchs-
stellengruppen.
--- Beratende Zusammenarbeit
zwischen V.-Stelle u. außenstehenden Gruppen, bzw. Verbindungen zu fremden Dienststellen.

01.86 Th.

117

für ihre Arbeiten Räume, Laboratorien wie auch erforderliches Gerät zur Verfügung gestellt wurden. Auch Flugzeuge standen bereit, wobei sie mit dem zuständigen Personal der Versuchsstelle direkt zusammenarbeiten konnten. Die Firmengruppen blieben oft monate- und jahrelang in Peenemünde, wodurch bürokratische Verzögerungen entfielen. Der große Flugplatz mit den modernen Meßeinrichtungen und dem weiten Seeversuchsgebiet gab den Firmen Möglichkeiten, die sie zu Hause nicht hatten. Auch war die Geheimhaltung in Peenemünde besser gewährleistet als im dichtbesiedelten Binnenland. Es gab recht viele Firmen, die von dieser Gelegenheit Gebrauch machten. Im Organisationsplan sind die wichtigsten aufgeführt.[13, 15]

Udets Wunsch war es anfangs, noch in Friedenszeiten, gewesen, daß die Mitarbeiter der E-Stellen der Luftwaffe ausschließlich aus Zivilisten bestehen sollten. Das änderte sich aber im Kriege und besonders später nach Udets Tod, der im Technischen Amt grundlegende Änderungen in Organisation, Planung und Entwicklung mit sich brachte. Auf Anordnung von Reichsmarschall Göring wurden ab 1942 alle technischen Führungsstellen mit frontbewährten Soldaten besetzt. Auch auf die Erprobungsstellen hatte diese Umorganisation ihre Auswirkungen, und das nicht immer zum Guten. Als Folge dieser organisatorischen Änderung wurde auch der Posten eines Kommandeurs aller E-Stellen im Frühjahr 1942 neu geschaffen und mit einem Offizier besetzt.[3]

Später, ab April 1943, aber letztlich auch als Folge der Umstrukturierung wurde die Versuchsstelle in »Erprobungsstelle der Luftwaffe Peenemünde-West« umbenannt. An ihre Spitze trat schon ab September 1942 der Luftwaffenoffizier und Ritterkreuzträger Major – später Oberstleutnant – Otto Stams. Sowohl aus der wechselnden Bezeichnung als auch aus der Ablösung des Technikers durch den Offizier wird der Hintergrund der sich damals ändernden Auffassung über die Führung der Versuchsstelle sichtbar. Der Kriegsbeginn 1939 und besonders die sich nach den anfänglichen militärischen Erfolgen später für die deutsche politische und militärische Führung einstellenden Schwierigkeiten wie auch der Tod Udets ließen den militärischen Aspekt bei der Versuchsstelle stärker in den Vordergrund treten. Der Wechsel in der Führung der Dienststelle am 1. September 1942 fand sowohl im unteren als auch im oberen Mitarbeiterkreis des Werkes West prinzipiell keine Zustimmung. Er stieß besonders aus diesem Grund auf Unverständnis, weil die Leitung einer technischen Dienststelle der Luftwaffe mit dem Offizier, trotz seiner ohne Zweifel vorhandenen militärischen Verdienste, in der Regel einem technischen Laien anvertraut wurde. Es ist auch später, 1943, die Denkschrift einer Gruppe Rechliner Ingenieure bekanntgeworden, die kein Blatt vor den Mund nahm und von einer »Führerlosigkeit und dem Durcheinander in der obersten deutschen Führung« sprach. Die an den Sicherheitsdienst (SD) und das Sicherheitshauptamt (SHA), Berlin, gerichtete Schrift nannte speziell diese Umstrukturierung als Grund für die Fehlplanungen in der Luftwaffe. Besonders führten die Verfasser u. a. auf: die Vielfalt der Flugzeugtypen, drei Flugmotoren gleicher Leistungsklasse, Nichterkennung der Wichtigkeit der Fernlenkkörper usw. Aber zunächst versprach man sich offenbar an höherer Stelle durch die Umbesetzung eine straffere und effektivere Führung des Dienstbetriebes. Der Kommandeur stand militärisch über den Fachgruppen. Die Gruppen erhielten jedoch fachtechnisch und arbeitsmäßig ihre Anweisungen von den Fachabteilungen des

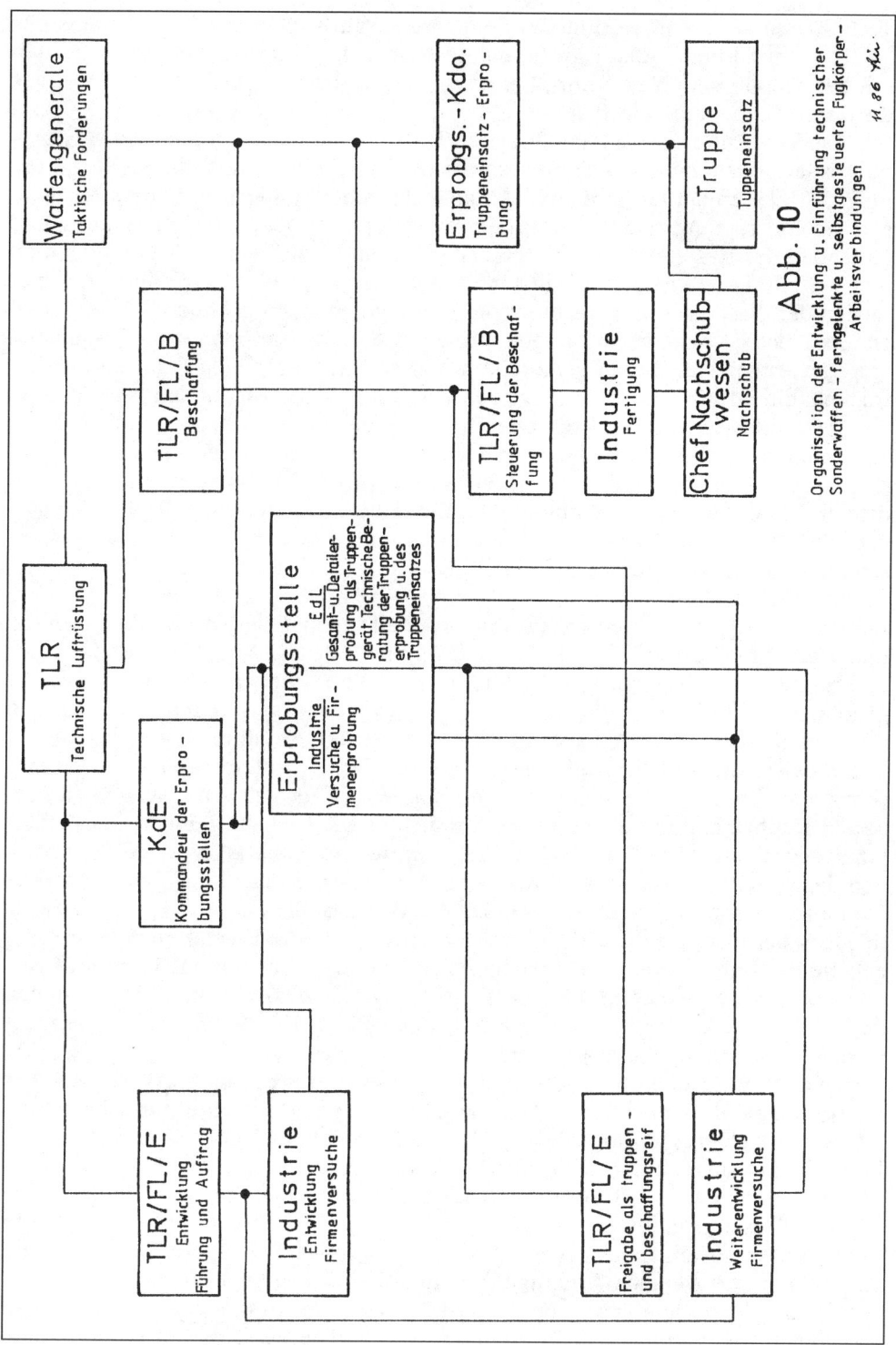

Abb. 10

Organisation der Entwicklung u. Einführung technischer
Sonderwaffen - ferngelenkte u. selbstgesteuerte Flugkörper-
Arbeitsverbindungen

11.86 Ahn.

Technischen Amtes in Berlin. Bei dem Organisationsplan der Erprobungsstelle (Abb. 11) wird neben einer größeren Ausführlichkeit auch die Zusammenarbeit mit der Truppe und ihren Lehr-, Versuchs- und Erprobungskommandos deutlich, die durch die beginnende Truppenreife der FSK und FK gegeben war.

Für das Verständnis der geschichtlichen Entwicklung der Versuchs- bzw. Erprobungsstelle Peenemünde-West ist es notwendig, neben ihren Aufgaben ihre Stellung im Rahmen der Gesamtentwicklung technischer Sonderwaffen bzw. der technischen Luftrüstung zu kennen. Im Organisationsplan Abb. 10 sind Stellung und Aufgaben der E-Stelle dargestellt. Es ist zwar ein ideales Bild, das den allgemeinen Verhältnissen entsprach, Einzelheiten waren im Laufe der zeitlichen Wandlungen der Organisation gegenüber dem im Plan wiedergegebenen Zustand aber anders. Auch ist es zuweilen vorgekommen, daß ein Zusammenhang abweichend von der festgelegten Norm gehandhabt wurde, was in der Folge meist zu Unzuträglichkeiten führte. Der Plan gibt den Zustand wieder, wie er sich besonders in den letzten beiden Jahren nach den Erfahrungen der vorangegangenen Zeit als allgemein sinnvoll ergeben hatte und auch dem Ablauf der gesamten Entwicklungsarbeiten entsprach. Zu bemerken ist noch, daß im Organisationsplan Abb. 10 die zeitlichen Arbeitsverbindungen und nicht die Unterstellungsverhältnisse dargestellt sind. Diese fielen zwar manchmal mit den Arbeitsverbindungen zusammen, sind jedoch hinsichtlich der Luftrüstung im Organisationsplan Abb. 10 a wiedergegeben.

Für die E-Stelle ergab sich daraus eine doppelte Abhängigkeit. Fachlich bestand unmittelbar die Verbindung mit der Amtsgruppe E des RLM bzw. später der TLR, und militärisch-disziplinar lief die Unterstellung über den Kommandeur der Erprobungsstellen (KdE) zum Amtschef TLR. Daneben war verwaltungsmäßig und regional noch die im Plan nicht berücksichtigte Bindung zum Luftgau gegeben. Diese zwiespältigen Unterstellungsverhältnisse haben im Laufe der weiteren Jahre mit den Erschwernissen des fortschreitenden Krieges zu erheblichen Mißlichkeiten geführt. Um diese zu mildern, versuchten die Fachabteilungen des Technischen Amtes im Jahre 1944 eine starke, unmittelbare Bindung mit den Fachgruppen der E-Stellen herzustellen. Im Zuge dieser Bestrebungen erfolgten auch die Zusammenlegungen einzelner Fachgruppen der E-Stellen untereinander. So wurden z. B. der Gruppe E4 in Karlshagen »Fernmelde- und Fernlenktechnik« Sachgebiete der Funk-E-Stelle Werneuchen zugeteilt, die zwar räumlich getrennt verblieben, aber der Gruppe E4 in Karlshagen unterstellt waren. Diese Bemühungen des Amtes sind aber durch die rasche Entwicklung des Kriegsgeschehens nicht mehr voll zur Auswirkung gekommen.

Vor dem Hintergrund der Organisation der FSK und FK konnte die Aufgabe der Erprobungsstelle Peenemünde-West zusammenfassend als eine doppelte aufgefaßt werden. Den Gepflogenheiten der Technischen Luftrüstung entsprechend, hatte sie die Aufgabe der kritischen Überprüfung und Stellungnahme zu den Industrieerzeugnissen vor Einführung neuer Geräte bei der Luftwaffe. Hierbei waren auch Gesichtspunkte der Truppenverwendung zu vertreten und zu klären, die der Industrie aus eigener Erfahrung nicht geläufig waren. Darüber hinaus stellte die E-Stelle das Versuchsfeld für die endgültige Gesamterprobung der Sonderwaffen dar, die der entwickelnden Industrie wegen der besonderen Erfordernisse im eigenen Rahmen nicht zur Verfügung standen. Die Versuche waren besonders

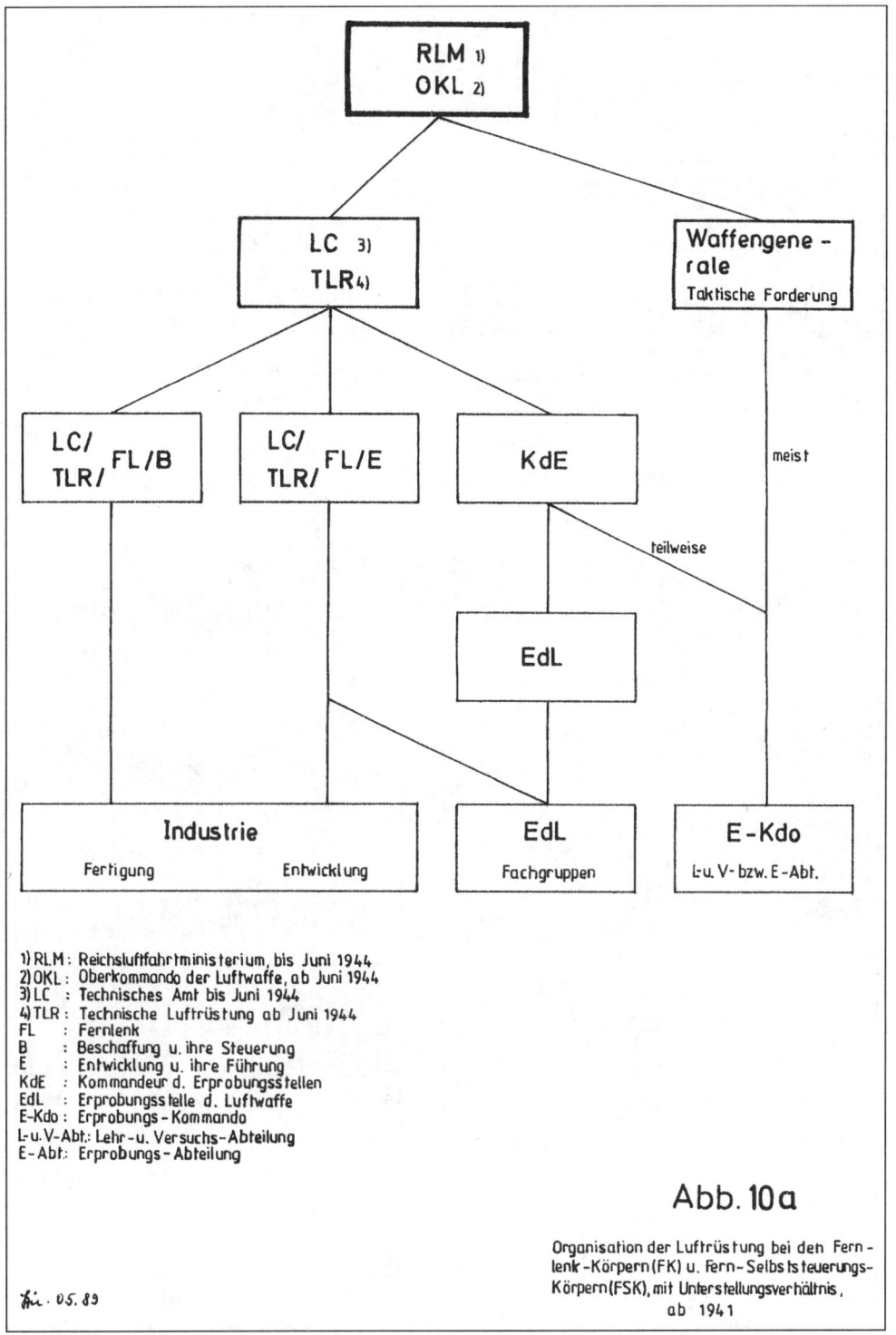

RLM 1)
OKL 2)

LC 3)
TLR 4)

Waffengene-
rale
Taktische Forderung

LC/
TLR/ FL/B

LC/
TLR/ FL/E

KdE

meist

teilweise

EdL

Industrie
Fertigung   Entwicklung

EdL
Fachgruppen

E-Kdo
L-u.V- bzw. E-Abt.

1) RLM : Reichsluftfahrtministerium, bis Juni 1944
2) OKL : Oberkommando der Luftwaffe, ab Juni 1944
3) LC : Technisches Amt bis Juni 1944
4) TLR : Technische Luftrüstung ab Juni 1944
FL : Fernlenk
B : Beschaffung u. ihre Steuerung
E : Entwicklung u. ihre Führung
KdE : Kommandeur d. Erprobungsstellen
EdL : Erprobungsstelle d. Luftwaffe
E-Kdo : Erprobungs-Kommando
L-u.V-Abt.: Lehr-u. Versuchs-Abteilung
E-Abt: Erprobungs-Abteilung

Abb. 10a

Organisation der Luftrüstung bei den Fern-
lenk-Körpern(FK) u. Fern-Selbststeuerungs-
Körpern(FSK), mit Unterstellungsverhältnis,
ab 1941

Hi. 05.89

121

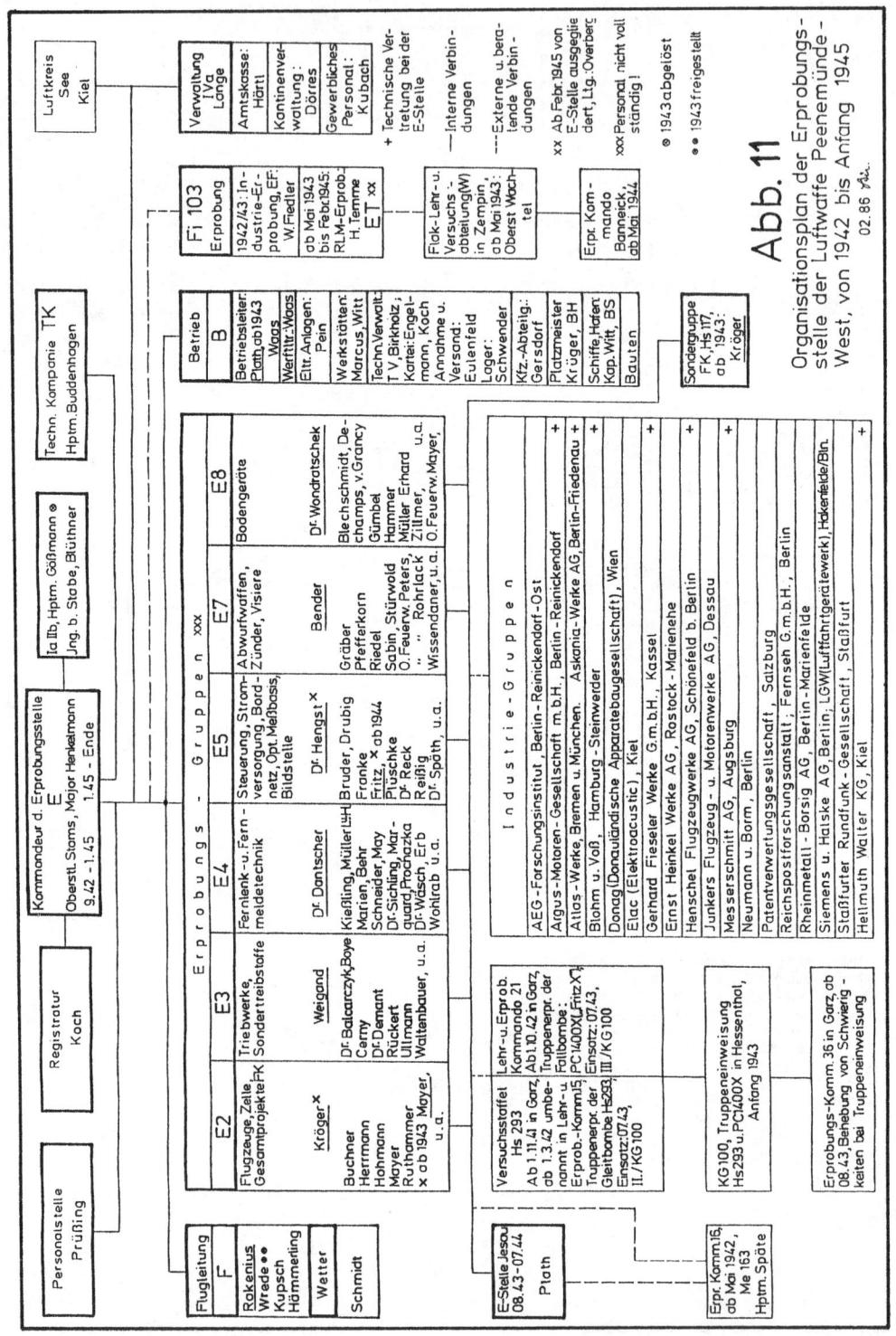

Abb. 11

Organisationsplan der Erprobungsstelle der Luftwaffe Peenemünde -
West, von 1942 bis Anfang 1945

02.86 Au.

122

gegenüber sonstiger Erprobung von Luftwaffengerät erschwert, weil nach jedem Versuch meist keinerlei Befund vorlag, da das Versuchsobjekt verlorenging. Diese Tatsache erforderte eine sehr sorgfältige Versuchsvorbereitung und umfangreiche Meßverfahren, um das Verhalten und entsprechende Funktionieren des Versuchsobjektes zu registrieren und bei Auftreten eines Fehlers auf dessen Ursache schließen zu können. Es mußten hierzu teilweise neue Verfahren und Anordnungen entwickelt werden. Natürlich waren auch reiche Erfahrungen erforderlich, um aus dem Verhalten bis zum Einschlag zuverlässige und brauchbare Schlüsse auf die möglichen Ursachen der aufgetretenen Fehler ziehen zu können.[15]

Das Kapitel der Organisation kann man nicht abschließen, ohne auch auf die allgemeinen zu lösenden Aufgaben kurz einzugehen. Von 1938 ab waren die Versuchsstellen des Heeres und der Luftwaffe benachbarte Dienststellen mit verschiedenen technischen Aufgaben, aber auch mit gemeinsam zu lösenden Problemen. Zu diesem Zweck wurde eine dritte Dienststelle, ein sogenannter Heeresgutsbezirk, eingerichtet, der die allgemeinen Einrichtungen wie Bahnen, Straßen, Strom- und Wasserversorgung, Feuerwehr, Verwaltung der Liegenschaften und Bereitstellung der Wohnungen, Unterkünfte und Verpflegung für die immer größer werdende Zahl der Werkangehörigen samt Familien veranlassen mußte. Aus diesem letzten Grund wurde ja auch die Siedlung im Laufe der Zeit über das ursprüngliche Zentrum hinaus, besonders nach Süden in Richtung Karlshagen, laufend vergrößert.[3]

5.3. Personal

Wenn in den vorangegangenen Kapiteln im Zusammenhang mit der Organisation vor allem über die Führung und das verwaltungstechnische Personal der Versuchsstelle geschrieben wurde, soll hier besonders über die strukturelle Zusammensetzung und Herkunft des allgemeinen technischen Personals der einzelnen Fachgruppen berichtet werden. Es wurde schon erwähnt, daß in Neuhardenberg Herren tätig waren, die auch wieder in Peenemünde-West Führungspositionen bekleideten. Das war aber eine Minderheit. Die überwiegende Zahl der Führungskräfte und der Belegschaft wurde von Peenemünde aus eingestellt. Dabei war die Herkunft der einzelnen Mitarbeiter recht verschieden. Sie umfaßte den frisch von der Technischen Hochschule kommenden Jungingenieur ebenso wie den erfahrenen Industriemann. Auch der frühere RLM-Angehörige war neben dem aus der Flugbaumeisterlaufbahn kommenden Mitarbeiter in Peenemünde-West anzutreffen. Die Laufbahn eines Flugbaumeisters wurde 1934 ins Leben gerufen. Die Flugbaumeister stellten eine neue Generation von Spezialisten dar, die bei entsprechender Eignung nach dem mindestens mit Note »gut« bestandenen Diplomexamen und einer weiteren dreijährigen Industrie- und Flugzeugführerausbildung zunächst den Titel eines Flugbauführers bekleideten. Nach einer entsprechenden Abschlußprüfung, sozusagen dem zweiten Staatsexamen, endete die Ausbildung mit dem Titel »Flugbaumeister«. Mit dieser Ausbildung konnten die Absolventen für ein bestimmtes Versuchs- und Erprobungsprogramm als selbständige, verantwortliche technische Bearbeiter und Testpiloten gleichermaßen eingesetzt werden. Nach Kriegsausbruch wurde das Abschlußexamen nicht mehr durchgeführt, womit in Peenemünde-West auch einige Flugbauführer zum Mitarbeiterkreis gehörten. Die Ausbildung zum Flugbaumeister bzw. Flugbauführer ließ den Absolventen bei Bewerbungen freie Berufswahl sowohl in der Industrie als auch beim Staat als Beamter z. B. im Ingenieurkorps der Luftwaffe. Eine ähnliche technische Laufbahn gab es seinerzeit auch bei der Deutschen Kriegsmarine.[3, 16]

Bei den unteren bis mittleren praktischen Führungskräften, wie Meister und Leiter von Werkstätten, waren meist erfahrene Leute mittleren Alters anzutreffen, die oft auf eine jahrelange Berufserfahrung zurückblicken konnten. Ebenso war es auch bei den Fachhandwerkern.

In den Jahren 1938/39 war die Versuchsstelle, besonders in den Fachabteilungen, personell noch sehr unvollkommen besetzt und organisatorisch noch keinesfalls ausgebaut. Der erste Abschnitt dieser Aufbauphase wurde erst im Sommer 1940 erreicht. Schon damals machte sich ein erheblicher, kriegsbedingter Mangel an guten Fachkräften bemerkbar.[15] Bei Arbeitsbeginn der Versuchsstelle im April 1938 nahmen etwa 40 männliche Werkangehörige ihre Arbeit auf. Diese Zahl wuchs mit dem personellen Ausbau der Fachabteilungen stetig und erreichte Mitte 1942 etwa 800 Mitarbeiter.[13]

Um trotz der Einsamkeit das Interesse an einer Tätigkeit in Peenemünde über den Reiz der interessanten Arbeit hinaus zu wecken, wurden entsprechende Lohn- und Gehaltszulagen gewährt. Aufgrund einer Verfügung der zuständigen obersten Verwaltungsbehörde, die wohl auf Initiative von Dr. Walter Dornberger, den Chef von Werk Ost, zustande kam, erhielten alle Beschäftigten eine Sonderzulage in beachtlicher Höhe zu ihren normalen Bezügen. Man muß dabei bedenken, daß es sich bei diesem Vorgang noch um eine Maßnahme in Friedenszeiten handelte. Später, im Krieg, erfolgte ja die Zuweisung von Arbeitskräften weitestgehend im Zuge von Dienstverpflichtungen, womit man entsprechend wichtigen Firmen und Dienststellen die notwendigen Arbeitskräfte zuführte. Hierbei konnten dann keine so humanen Rücksichtnahmen mehr praktiziert werden, da Arbeit und Leben in einem abgeschlossenen, einsamen Areal für den Betroffenen immer noch angenehmer war, als wenn er als Soldat im Fronteinsatz seine Pflicht hätte tun müssen.[3]

Wie schon angedeutet, war an der Versuchsstelle bis zum Kriegsbeginn der Zivilist dominierend. Danach und besonders nach Udets Tod 1941 trat die Uniform mehr und mehr in Erscheinung. Ein Großteil der Führungsspitze der Versuchsstelle wurde, sofern wenigstens eine militärische Grundausbildung vorhanden bzw. nachgeholt war, in das Ingenieurkorps der Luftwaffe übernommen. Die Aufstellung dieses Korps wurde am 20. April 1935 befohlen, wobei zunächst die bei der Luftwaffe im aktiven technischen Beamtendienst tätigen Mitarbeiter eingekleidet wurden. Trotzdem bevorzugten viele Ingenieurkorps-Angehörige auch danach das Tragen von Zivilkleidung. Die Uniform des Ingenieurkorps der Luftwaffe entsprach der des Luftwaffenoffiziers mit dem Unterschied, daß auf den beiden hellrosa Kragenspiegeln statt der silbergestickten Schwingen je nach Dienstgrad zwei-, drei- oder vierflügelige Luftschrauben im offenen oder geschlossenen Eichenkranz angeordnet waren. Die Dienstgradabzeichen begannen mit dem Flieger-Ingenieur (zweiflügelige Luftschraube im offenen Eichenkranz), dieser entsprach dem Leutnant. Flieger-Oberingenieur (dreiflügelige Luftschraube im offenen Eichenkranz) entsprach dem Oberleutnant. Flieger-Hauptingenieur (vierflügelige Luftschraube im offenen Eichenkranz) entsprach dem Hauptmann. Flieger-Stabsingenieur (zweiflügelige Luftschraube im geschlossenen Eichenkranz) entsprach dem Major. Flieger-Oberstabsingenieur (dreiflügelige Luftschraube im geschlossenen Eichenkranz) entsprach dem Oberstleutnant. Letzterer war der höchste in Peenemünde-West vertretene Ingenieurdienstgrad. Es gab dann noch den Flieger-Oberstingenieur und den Flieger-Generalingenieur. Die Schulterstücke der Ingenieur- und Offiziersdienstgrade waren identisch. Mit fortschreitender Kriegsdauer wurden die militärischen Voraussetzungen für das Ingenieurkorps-Personal erhöht. Über einen zunächst geforderten sechswöchigen Unteroffizierslehrgang hinaus war zuletzt noch ein intensiver 14tägiger Fahnenjunkerlehrgang zu absolvieren. Allgemein war angeordnet, daß auch schon ernannte Ingenieurdienstgrade diese Voraussetzung nachholen mußten.

Eine weitere Gruppe von Mitarbeitern waren die sogenannten Ingenieursoldaten. Da die Schwierigkeiten bei der Fachkräftebeschaffung 1940/41 sehr groß wurden, griff die Luftwaffe zu einem Radikalmittel und holte aus dem Reservoir ihrer eigenen Soldaten Fachkräfte heraus, die sie an den E-Stellen, in der Industrie für die Güteprüfung oder für sonstige Zwecke entsprechend ihrer Ausbildung einsetzte. Diese Ingenieursoldaten, die hauptsächlich im Laufe des Jahres 1941 in Peenemünde-West eintrafen, versahen zunächst als Soldaten in Uniform, deren Dienstgrade sich hauptsächlich im Mannschaftsbereich bewegten, ihren Dienst. Sie wurden gemeinsam von einer dem RLM zugeordneten Dienststelle in Berlin-Adlershof personell betreut. Mit der ihnen zugewiesenen Planstellennummer waren diese Soldaten der Nachwuchs für das Ingenieurkorps. Je nach Bedarf ihrer Dienststelle erfolgte dann die Ernennung zu einem Dienstgrad des Ingenieurkorps, wobei der Dienstgrad von Alter und Ausbildung des Ernannten abhing. Hierbei führte man zunächst den Begriff des Flieger-Ingenieurs »a. K.« (auf Kriegsdauer) ein. Der Unterschied zu den aktiven Korpsangehörigen bestand bei der Uniform in der um die Hälfte verringerten Breite der Schulterstücke. Daher rührte auch die scherzhafte Bezeichnung »Schmalspurlaufbahn«. Später ließ man die diskriminierende Rangabzeichenverminderung aber fallen und wandelte die Bezeichnung »a. K.« in »Reserve« oder »d. B.« (des Beurlaubtenstandes) um.

Voraussetzung für die Aufnahme in den Ingenieursoldatenkreis war zumindest das Ingenieurexamen einer damaligen Ingenieurschule. So erstreckte sich diese Personalgruppe vom Fachschulingenieur bis zum promovierten Akademiker und wiederum vom berufserfahrenen Mitarbeiter bis zum Jungingenieur, der gerade vor seiner Einberufung zum Militär das Examen abgelegt hatte. Die geschilderten Vorgänge und Voraussetzungen bei der Übernahme der Ingenieursoldaten in das Ingenieurkorps galten auch für die Eingliederung der ursprünglich als Zivilisten eingestellten Mitarbeiter der Versuchsstelle.

Da die Tätigkeit der Ingenieursoldaten oft schon vor ihrer Ernennung über die einem einfachen Soldaten zumutbare Aufgabe hinausging, kam es hier für den Betreffenden oftmals zu schwierigen Situationen. Soweit es sich um die innerdienstlichen Arbeiten handelte, gab es meist keine Probleme, da hier die Verhältnisse ja bekannt waren. Wenn aber mit fremden Dienststellen, Firmen oder gar mit der Truppe eine Zusammenarbeit zu vollziehen war, dann hatte eben ein einfacher Gefreiter einem Zivilisten, Flieger-Hauptingenieur oder einem Hauptmann gegenüber nur wenig Chancen, seine Meinung in einer Situation der Gleichberechtigung vorzubringen. Aus diesem Grund mieden die Betroffenen eine derartige Situation von vornherein, oder sie bekamen von der Versuchsstelle Zivilerlaubnis erteilt, sofern es sich bei Dienstreisen nicht umgehen ließ.

Die Versuchsstelle hatte 20 Ingenieursoldaten, wovon etwa zwölf im Laufe der Zeit nach Bedarf zu einem Dienstgrad des Ingenieurkorps ernannt wurden. Alle Ingenieursoldaten erhielten den ihnen zustehenden Wehrsold. Eine Bezahlung für die geleistete Arbeit erfolgte nicht. Da neben diesen Mitarbeitern im Laufe der Zeit auch Facharbeiter, Funker, Waffenmeister als Soldaten bzw. im Unteroffiziersrang von der Versuchsstelle beschäftigt wurden, konnte die anfangs gehandhabte Unterbringung in verstreuten Privat- bzw. Zivilunterkünften nicht mehr beibehalten werden. Zunächst konzentrierte man alle Soldaten der Versuchsstelle ab Herbst 1941 in einer Baracke des Unterkunftslagers Werk Ost. Von hier aus wurden auch die ersten Ernennungen vorgenommen. Im Juni 1942 zog der ganze »Verein« der Werk-West-Soldaten in drei neue Wohnbaracken um, die zu einem größeren Barackenareal gehörten, das etwa 800 m östlich vom Kölpien-See errichtet worden war. Dazu kam noch eine Kantinen- und Schreibstubenbaracke. Mit diesem Umzug wurde gleichzeitig die »Technische Kompanie« der Versuchsstelle ins Leben gerufen, von der alle Soldaten erfaßt, betreut und einem gewissen militärischen Dienst unterworfen wurden. Ein Hauptfeldwebel übernahm mit einer Schreibstube die verwaltungstechnischen Aufgaben, und als Kompaniechef fungierte ein Offizier aus der Erprobungsfliegermannschaft der Versuchsstelle. Durch die zwiespältige Doppelfunktion der Ingenieursoldaten machte sich verschiedentlich eine gewisse Unzufriedenheit unter ihnen breit. Allerdings hatten sie den großen Vorteil, an interessanten Projekten mitzuarbeiten, sich beruflich weiterzubilden und gegenüber ihren im Kriegseinsatz stehenden Kameraden ein teilweise zwar verantwortungsvolles, aber doch relativ sicheres Leben in einer schönen Umgebung zu führen.

Die Struktur der Dienststellungen innerhalb der Versuchsstelle kann man, von unten beginnend, wie folgt beschreiben: Der Hilfsarbeiter, meist schon ein älterer, ungelernter Zivilarbeiter, hatte Transportaufgaben und Hilfe beim Aufbau von größeren Versuchen zu leisten. Die technischen Hilfskräfte wurden teils von Ingenieursoldaten und Zivilisten mit Technikerausbildung gestellt. Hilfssachbearbeiter waren Zivilisten mit Ingenieurausbildung oder Ingenieurkorps-Angehörige. Ebenso verhielt es sich bei den Sachbearbeitern. Die Stufe der Fachgruppenleiter bildeten mit einer Ausnahme ausschließlich Ingenieurkorps-Angehörige mit akademischer Ausbildung. Der Zivilist war hier später die Ausnahme. Das uniformierte Bild der Versuchsstelle, außer vom Ingenieurkorps her, wurde dann auch noch durch die Offiziere und Soldaten der verschiedenen Versuchs- und Erprobungskommandos der Truppe erweitert und ergänzt.

Mit zunehmendem Personalstand verstärkte sich auch der Versuchs- und Erprobungsbetrieb, der ebenfalls eine entsprechende Zahl von Piloten erforderte. Anfang 1941 hatte die Versuchsstelle 16 Flugzeugführer, wovon etwa zehn »konventionelle« Flugzeugführer ohne Ingenieurausbildung zur Flugleitung gehörten. Die übrigen Piloten waren in den Fachgruppen tätige Ingenieurpiloten (Flugbaumeister). Zu diesem Stamm der versuchsstelleneigenen Flugzeugführer kam eine wechselnde Zahl von Testpiloten der in Peenemünde-West vertretenen Firmen und E-Kommandos der Truppe.

Anhand der geschilderten Gegebenheiten von Organisation, Personal und Aufgaben handelte es sich bei der Versuchsstelle um einen recht komplexen Betrieb. Der Leiter dieser Dienststelle war gegenüber dem Technischen Amt in Berlin für das Funktionieren des Betriebes sowie für die sichere, schnelle und möglichst erfolgreiche Durchführung der Erprobungsprojekte verantwortlich. Er stand oft vor schwerwiegenden Entscheidungen in der Koordinierung des vielschichtigen Mitarbeiterkreises. Die verschiedensten Vorstellungen, Vorschläge und Reaktionen mußten abgestimmt und in eine möglichst erfolgversprechende Richtung gelenkt werden. Der Leiter der Versuchsstelle, Dipl.-Ing. Pauls, bestätigte jedoch nach dem Kriege, daß diese schwierige und sorgenvolle Tätigkeit vielfach durch den Korpsgeist, der von jeher in der Fliegerei bestand, erleichtert wurde.[3]

Am Schluß der Personalbetrachtung ist auch noch ein Kapitel zu schildern, das zwar mit der Belegschaft von Peenemünde-West direkt nichts zu tun hatte, aber auch eine personelle Realität war. Außer dem schon erwähnten Fremdarbeiterlager nördlich Trassenheide errichtete man ab 1942 eine Konzentrationslager-Außenstelle. Dieses Lager wurde an der von Werk Ost nach Werk West führenden Straße eingerichtet, wobei ein Teil der schon vorhandenen Baracken bisher der Verwaltung und der Bauleitung gedient hatte.

Soweit heute noch feststellbar – und aufgrund der jeden Tag in Werk West mit Zugstärke einmarschierenden Häftlinge durchaus möglich – soll zunächst das KZ Ravensbrück etwa 800 Häftlinge nach Peenemünde abgestellt haben.[17] Als die erste Kolonne mit ihren gestreiften Häftlingsanzügen durch die Wache marschierte, herrschte zunächst Betroffenheit bei den Versuchsstellenangehörigen. Diese resultierte bei den meisten weniger aus einer bisherigen Unkenntnis über die Existenz von KZs, deren Vorhandensein vom Hörensagen ja bekannt war, als vielmehr aus der erstmaligen direkten, hautnahen Konfrontation mit ihren Insassen. Die Kapos führten die Häftlinge vom Lager zu ihrer Arbeitsstätte nach Peenemünde-West und zurück. Neben Erdarbeiten auf dem Rollfeld, Hilfe bei der Betankung von Flugzeugen, Arbeiten in den Werkstätten und in der Werft bewältigten sie auch Transportaufgaben. Im Laufe der Zeit gewöhnte sich die Belegschaft an den Anblick der »KZler«, zumal sie auch als Boten der Hauspost herangezogen wurden und somit täglich in den Vorzimmern der Fachabteilungen präsent waren. Auch fuhren sie in der Werkbahn, jedoch mit Bewachung, in den gleichen Abteilen wie die Arbeiter und Angestellten der beiden Werke mit. Außer für die geschilderten Tätigkeiten wurden die Häftlinge auch für größere Bauarbeiten herangezogen. So waren sie maßgeblich am Bau des für Werk West errichteten Hochbunkers beteiligt. Der Bau dieses Bunkers wurde auf besonderes Betreiben von Werftleiter Waas und Betriebsingenieur Bick nach dem ersten Luftangriff auf Peenemünde noch im Jahre 1943 begonnen. Sein Standort lag im Wald, gute 100 m in nordwestlicher Richtung von der Kreuzung der Werkbahn mit der nach W21 führenden Straße entfernt. Seine Existenz hat sicher manchem E-Stellenmitarbeiter bei dem zweiten Luftangriff, speziell auf Werk West, im Jahre 1944 das Leben gerettet.

In einem späteren Ereignis, im Februar 1945, wird über einige der Insassen des KZ-Lagers Peenemünde noch zu berichten sein.

5.4. Die Meßbasis

Der Begriff »Meßbasis« mag für einen Uneingeweihten zunächst etwas unverständlich sein, und er wird nicht so recht wissen, was er sich darunter vorstellen soll. Zugegeben, dieses Wort hatte seinerzeit in Werk West auch eine mehrfache Bedeutung. In den vorangegangenen Kapiteln wurde es verschiedentlich erwähnt, und auch Einzelheiten über die Funktion der Meßbasis innerhalb der Versuchsstelle wurden berichtet. Als Meßbasis bezeichnete man damals sowohl die organisatorisch zur Fachgruppe E5 gehörende Dienststelle als auch die den zwei oder drei Kinotheodoliten zugeordneten geographischen Verbindungen zum Zwecke der optischen Vermessung von Flugbahnen fliegender Objekte. Zu diesen Verbindungen gehörten auch die fernsprech- und steuerungstechnischen Leitungen für die Kameraauslösung der Theodoliten. Bei Versuchen, die sich über größere Entfernungen erstreckten und bei denen Träger- und Versuchsflugzeuge beteiligt waren, gehörte auch eine Funk- bzw. Sprechfunkverbindung zwischen Flugzeug und der Meßbasisleitstelle im erweiterten Sinne zur Meßbasis.

Mit der Entwicklung der Raketentechnik und der Fernlenk- und Fernsteuerungskörper war auch eine entsprechende Meßtechnik zur Erfassung und Kontrolle ihrer Flugbahnen zu schaffen. Sie mußte in der Lage sein, die von den Körpern geflogenen räumlichen Bahnkurven zu vermessen und aufzuzeichnen, um bei gegebenen Lenkkommandos ihre Funktion und Reaktion auswerten zu können. Bei den Flugobjekten der Versuchsstelle der Luftwaffe handelte es sich ausschließlich um Körper, die sich im Luftraum bewegten und von der Erde oder von Flugzeugen aus bei entsprechender Witterung mit Blickkontakt verfolgt werden konnten. Hierbei machte die Fi 103 insofern eine Ausnahme, als die von ihr zurückgelegten Entfernungen bei Weitschüssen zu groß waren, um von einer räumlich auf Blickkontakt begrenzten Meßbasis aus verfolgt zu werden. Deshalb mußte zur rein optischen Vermessung eine Radar- oder, wie es damals hieß, funkmeßtechnische Erfassung hinzukommen. Wir wollen aber zunächst nur bei der optischen Flugbahnvermessung bleiben, da sie für Peenemünde-West die Regel war, und erst bei der Fi-103-Erprobung auf die Funkmeßtechnik zurückkommen.

Ehe auf die äußeren Hilfsmittel der Meßbasis eingegangen wird, die ohnehin schon zum Teil beschrieben wurden, ist es notwendig, über Einzelheiten der Meßmethode und der Auswertung zu berichten. War ein Abwurf- oder Abschußversuch mit einem Flugkörper vorgesehen, mußte die Meßbasis von der zuständigen Dienststelle verständigt und der geographische Bereich des Versuches angegeben werden, mit der Zusatzinformation, wie die Erprobung dort ablaufen sollte. Möglichst wurde das schon einige Zeit vorher veranlaßt, um der Meßbasis die Gelegenheit zur Vorbereitung zu geben und den Auftrag in ihren Arbeitsablauf einplanen zu können. Gegebenenfalls waren auch die Fahrbereitschaft, die Bootsgruppe oder die Flugleitung zu informieren, wenn es sich um Versuche außerhalb des unmittelbaren Versuchsstellenbereiches handelte. Die Meßhausbesatzungen mußten dann über Land, Wasser oder Luft zu den für den Versuch günstig gelegenen Meßhäusern gebracht werden. Die Meßhäuser bzw. Meßstände waren mindestens mit zwei Personen zu besetzen. Ein Meßhaus bestand normalerweise aus einem erdgeschossigen Klinkerbau mit einem oder mehreren Räumen, auf dessen mit einem Geländer gesicherten Flachdach zwei oder drei Kinotheodolite aufgestellt waren. Ein Meßstand hatte gewöhnlich ein oder zwei Theodolite, die auf einer Betonplattform zu ebener Erde standen. Die Schutzhauben der Theodolite bestanden bei den Häusern aus festem Segeltuch, bei den Ständen auch aus Holzschutzhauben, die ein Vorhängeschloß sicherte.

Zur Vorbereitung einer Messung wurde an den Askania-Kinotheodoliten ein von der Besatzung mitgenommener frischgeladener 12-V-Akku für die Stromversorgung angeschlossen. Der Akku hatte den Verschlußmotor der Kamera zu betätigen. Der auf einem Metallfuß stehende Theodolit wurde mit Hilfe von drei Fußschrauben und einer Libelle gegebenenfalls horizontiert. Die Kassette mit dem Normalfilm (24 × 36 mm) legte man in die Theodolitenkamera ein, und alle Funktionen sowie die Verbindungen mit der Zentrale im schon öfter erwähnten Meßhaus Schneise mußten überprüft werden. Der Kinothedolit mit dem Kameragehäuse sowie dem Aufnahmefernrohr mit dem Aufnahmeobjektiv von 1000 mm Brennweite besaß an zwei gegenüberliegenden Seiten in Stehhöhe je ein Okular für ein Richtfernrohr mit zehnfacher Vergrößerung. Jeweils seitlich von jedem Okular war in Griffhöhe auf der rechten Seite ein Handrad angebracht. Damit bestand die Möglichkeit, das Aufnahmeobjektiv mit dem waagerecht liegenden zylindrischen Kameragehäuse und die beiden Richtfernrohre gemeinsam sowohl um eine vertikale als auch um eine horizontale Achse zu drehen. So konnte, von der Horizontalen ausgehend, jeder Punkt des Raumes oberhalb des Theodoliten angemessen werden.[18]

Von der Zentrale im Meßhaus Schneise wurden vor Beginn jeder Messung jedem Meßhaus oder Meßstand die Zeit und die Anflugrichtung bei einem Abwurfversuch und die »X-Zeit« sowie der Richtungswinkel beim Abschuß einer Fi 103 angegeben. Die Aufnahmefolge während der Messung, auch Meßtakt genannt, betrug je nach Art des Versuches und der Geschwindigkeit des Objektes $1/10$, $1/4$, $1/2$ sec usw. und wurde von der Zentrale für alle im Einsatz befindlichen Theodoliten bzw. Meßhäuser synchron ausgelöst und gesteuert. Auch bei den Ballonmessungen zur Bestimmung von Windrichtung und Windgeschwindigkeit in den einzelnen Höhenlagen wurde so verfahren. Bei der Windmessung hatte die Aufnahmefolge wegen der geringen Geschwindigkeit des »Flugobjektes« natürlich größere Abstände.

Bei der Messung hatten die beiden Personen am Theodoliten die Aufgabe, das Trägerflugzeug vor dem Abwurf eines Flugkörpers oder einen Flugkörper vor seinem Start mit dem Theodoliten einzufangen, um mit Sicherheit den Beginn des Versuches aufzuzeichnen. Danach mußten sie durch entsprechende Drehung ihres jeweiligen Handrades dafür sorgen, daß ihr zu vermessendes und zu verfolgendes Flugobjekt sich möglichst in Fadenkreuzmitte des Richtfernrohres befand. Die Meßperson am Handrad für die Höhenrichtung hatte die waagerechte Linie und der Messende am Seitenhandrad die senkrechte Linie des Fadenkreuzes mit dem Flugobjekt in Deckung zu halten. Je besser jedem der beiden die Lösung dieser Aufgabe gelang, um so näher war das Objekt in Fadenkreuzmitte abgebildet. Dieses jeweilige Bild wurde im Augenblick der Aufnahme von der Theodolitenkamera auf dem Film abgebildet, wobei gleichzeitig das Fadenkreuz und der zugehörige momentane Höhen- und Seitenwinkel des Aufnahmefernrohres mit eingeblendet und abgebildet wurden. Je nach Aufnahmefolge ergab sich somit ein Film von Einzelbildern mit dem mehr oder weniger in Fadenkreuzmitte befindlichen Flug-

129

objekt und den eingeblendeten Höhen- und Seitenwinkeln des Aufnahmefernrohres. Dieser Meßvorgang wurde bis zum Aufschlag des Flugkörpers bzw. Ende des Versuches durchgeführt.

Bei der Vermessung der Fi 103 wurde der Kinotheodolit auf die Abschußschleuder bzw. bei der Vermessung der Startphase des A4 auf den Prüfstand VII von Werk Ost gerichtet, und nach dem Start folgte man der Flugbahn so weit, bis keine optische Erfassung des Flugobjektes mehr möglich war.[18]

Eine Besonderheit während einer Vermessung entstand, wenn ein Flugobjekt, besonders ein schnelles Flugzeug, das Meßhaus bzw. den Meßstand in seiner unmittelbaren Nähe überflog. Die dadurch bedingte hohe Nachführgeschwindigkeit war der Theodolitenbesatzung dann mit dem Getriebe der Handräder nicht mehr möglich. In solchen Fällen wurde der Theodolit »ausgeklinkt«, wodurch er um die Vertikalachse frei von Hand drehbar war. Zu diesem Zweck befanden sich unterhalb des eigentlichen Theodolitengehäuses, an einem ringförmigen Rahmen befestigt, vier normalerweise senkrecht nach unten zeigende, auch radial nach außen herausklappbare Handgriffe. Mit diesen Handgriffen konnte der Theodolit nach dem Ausklinken bzw. Auskuppeln von seinen Handradgetrieben, was durch axiales Herausziehen der Handräder erfolgte, mit einer schnellen Drehbewegung von Hand um etwa 180° um die Vertikalachse herumgeschwenkt werden. Damit bestand die Möglichkeit, das enteilende und dadurch scheinbar wieder langsamer werdende Flugobjekt nach »Einklinken« der Handräder wieder einzufangen und normal weiter zu verfolgen. Das war aber nur eine Ausnahme. Allgemein liefen die Versuche in derartigen Entfernungen von der Meßbasis ab, daß eine Verfolgung des Meßobjektes durch eine eingespielte Theodolitenbesatzung ohne Schwierigkeiten möglich war.

Nach Beendigung einer Messung wurde die Filmkassette aus dem Theodoliten herausgenommen, der Akku abgeklemmt und die Schutzhaube wieder übergezogen. Die an die Bildstelle abgegebenen Filme wurden dort entwickelt, und die neugefüllte Kassette mit dem Film wurde abgeholt. Der entwickelte Film konnte dann in der Meßbasis ausgewertet werden.

Für die Vermessung der Flugbahn eines Objektes waren normalerweise nur zwei Meßstellen erforderlich. Um aber, besonders bei wichtigen Versuchen und Ausfall einer Theodolitenmeßstelle, mit Sicherheit eine Auswertung zu ermöglichen, wurden vorsichtshalber drei Meßhäuser bzw. Meßstellen besetzt. Zur Erklärung der Berechnung für die Auswertung gehen wir aber von zwei Meßstellen aus.

Für die Berechnung des Dreiecks zwischen zwei Meßhäusern bzw. Meßständen und dem Meßobjekt (Flugkörper) waren, wie schon berichtet, die Meßergebnisse zweier Theodoliten A und B erforderlich (Abb. 12). Die Länge der Grundlinie dieses Dreiecks, also die Entfernung dieser beiden Meßstationen, war aus den Gauß-Krüger-Koordinaten berechnet worden und für alle Meßhäuser und Meßstellen der Peenemünder Meßbasis bekannt. Weiter bekannt waren die gemessenen Seitenwinkel α_s und β_s. Der Winkel aus den beiden Meßstrahlen a_s und b_s an der Spitze des Dreiecks (Flugkörper) errechnete sich aus $\gamma_1 = 180 - (\alpha_{s1} + \beta_{s1})$.[18]

Jedoch war das Flugobjekt nicht immer in Bildmitte, dem Fadenkreuzschnittpunkt aufgenommen, wie in Abb. 12 für drei aus 25 Meßpunkten, $p_1 \ldots p_{25}$, den Anfangs-(p_1), den mittleren (p_{13}) und den Endpunkt (p_{25}) der Flugbahn gezeigt. Deshalb

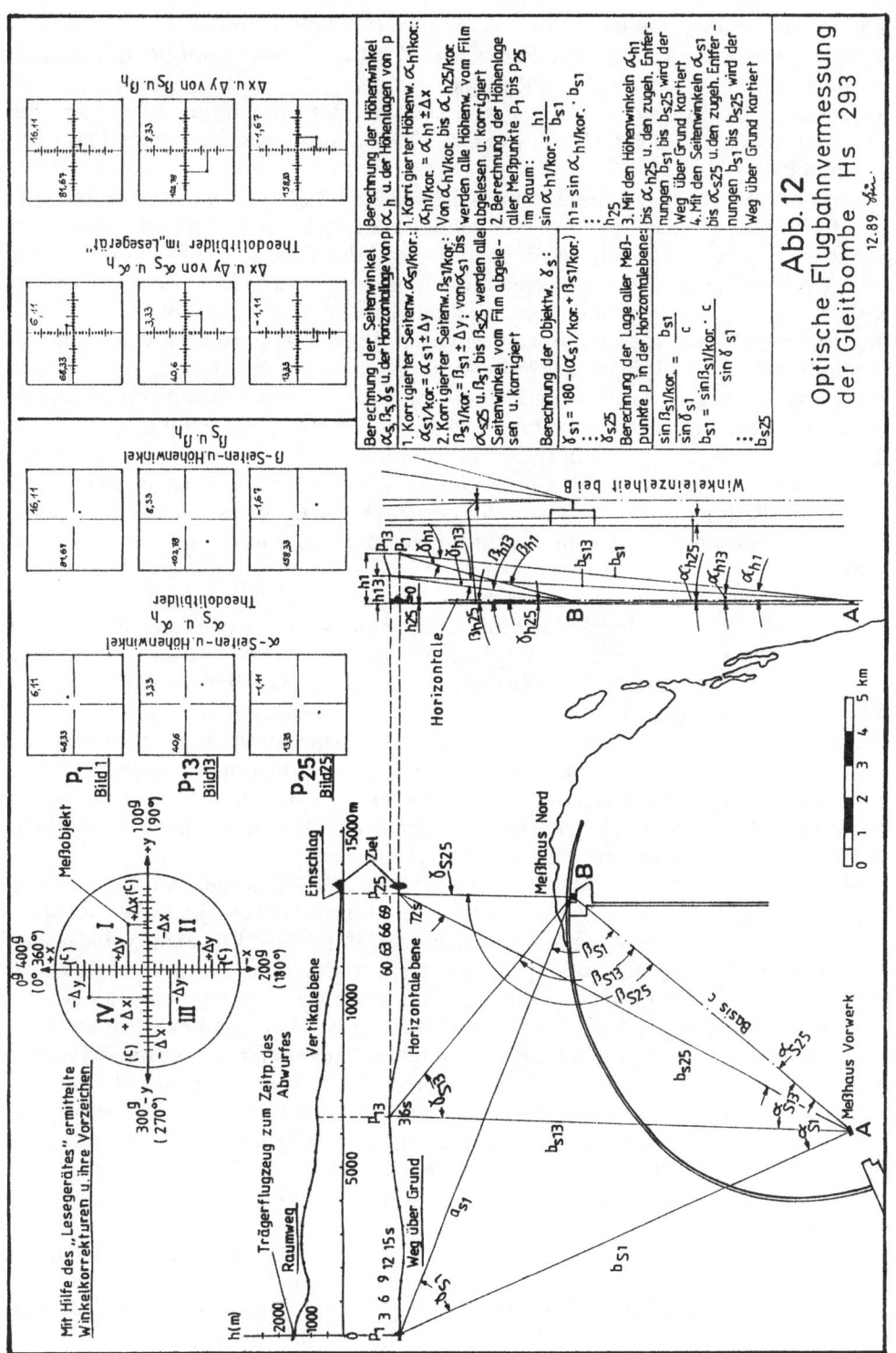

Abb.12

Optische Flugbahnvermessung
der Gleitbombe Hs 293

131

war es notwendig, zunächst eine Korrektur der Seitenwinkel α_{s1} ... α_{s25} und β_{s1} ... β_{s25} um den jeweiligen Winkelbetrag $\pm \Delta\gamma$ vorzunehmen, woraus sich die korrigierten Seitenwinkel $\alpha_{s1/korr.}$ und $\beta_{1/korr.}$ bis $\alpha_{s25/korr.}$ und $\beta_{s25/korr.}$ ergaben. Das Vorzeichen des Korrekturwertes ergab sich aus der aufgenommenen Lage des Flugkörpers im jeweiligen Quadranten des Fadenkreuzes, wie aus Abb. 12 zu entnehmen ist.

Da im Fadenkreuz des Aufnahmeobjektives keine Gradeinteilung eingraviert war, um die Winkelabweichungen des abgebildeten Flugkörpers auf der x- bzw. der y-Achse ablesen zu können, wurde Bild für Bild des Theodolitenfilmes unter dem Objektiv eines beleuchteten Lesegerätes hindurchgeführt. Dabei deckte sich jeweils das Fadenkreuz auf dem Film mit dem gleichen Fadenkreuz des Lesegerätes, das mit einer Minuteneinteilung auf den x- und den y-Koordinaten versehen war. Damit konnten die Höhen- und Seitenablagen des Flugobjektes zur Fadenkreuzmitte abgelesen und als Plus- und Minuskorrekturen in das Meßprotokoll eingetragen werden. Dieser Auswertvorgang war unter dem allgemeinen Begriff »Filmlesen« bei der Meßbasis bekannt. Bei der seinerzeitigen Auswertung rechnete man wegen der feineren Unterteilung mit Neugrad, wobei ein Vollkreis in 400^g geteilt ist (Altgradteilung = 360 °). Das Fadenkreuz des Lesegerätes besaß eine Skalenteilung in Neuminuten $(^c)$. Eine Neuminute ist der zweihundertste Teil eines Neugrades.

Der Nullpunkt für alle Theodoliten-Höhenwinkel $(0 ... 200^g)$ war die horizontale Ebene, wobei darunterliegende Winkel, bis zum Wasserspiegel, negativ wurden (Abb. 12, Winkeleinzelheit bei B). Der Nullpunkt bzw. die Ausgangslinie aller Theodolitenseitenwinkel $(0 ... 400^g)$ war die jeweilige Basislinie c (Abb. 12).[18]

Mit den Seitenwinkeln konnte der dritte Winkel γ berechnet werden. Damit bestand die Möglichkeit, je nach Bedarf die Seite b_s oder a_s über den Sinus-Satz zu berechnen, womit Seitenwinkel und Entfernung des Flugobjektes von A oder B bekannt waren. Zur Berechnung der Entfernung benutzte die Meßbasis große Kreisrechenschieber. Im Vermessungswesen wird das beschriebene Meßprinzip der Triangulation als »Vorwärtseinschneiden« bezeichnet.

Ab einer Entfernung von 400 m vom Theodoliten zum Meßobjekt wurde eine Korrektur bei der Berechnung berücksichtigt, die durch geophysikalische Gegebenheiten wie die Erdkrümmung und die Lichtbrechung (Refraktion) notwendig wurde. Die Korrekturwerte konnten Tabellen entnommen werden. Ebenfalls wurde der Winkel γ mit zunehmender Entfernung immer kleiner und damit die berechnete Entfernung ungenauer. Zur Vermeidung dieser Ungenauigkeit setzte man, außer für die Erfassungssicherheit des Objektes, auch einen weiteren und dritten Meßstand ein, der günstigere γ-Winkel-Werte für die Berechnung ergab.[18]

Die berechneten Entfernungen wurden mit einem Polarkoordinatographen auf einen Bogen Zeichenkarton graphisch übertragen. Hierbei war der Standort des für die Berechnung benutzten Meßpunktes A oder B der Nullpunkt. Entfernung und Seitenwinkel jeder Messung wurden auf dem Polarkoordinatographen eingestellt, und mit der jeweiligen Einstellung wurde ein Punkt auf dem Karton markiert. Bei der Kartierung entstand somit entsprechend der vermessenen Flugbahn eine gerade oder eine krumme Linie. Einige geringfügig aus dem Linien- oder Kurvenverlauf herausspringende Meßpunkte wurden mit dem Lineal oder dem Kurvenlineal geglättet. Man bezeichnete die aus der Vogelschau gesehene Kartierung der Flugbahn als den »Weg über Grund«. Gleichzeitig wurden Windrichtung und Windgeschwindigkeit mit kartiert, um eine eventuelle Richtungsbeeinflussung bzw. »Abtrift« des Flugobjektes von der erwarteten Flugbahn zu ermitteln. Die Windgeschwindigkeit, der sogenannte »Reisewind«, wurde von der Wetterwarte angegeben bzw. durch eigene Ballonmessungen ermittelt.[18]

So wie aus den Seitenwinkeln α_s und β_s über die Entfernungen a_s oder b_s der Weg über Grund bestimmt wurde, so war es mit Hilfe der Höhenwinkel α_h oder β_h und der für jeden Meßpunkt daraus berechneten Höhen über Grund möglich, den »Raumweg« zu berechnen und zu kartieren. Aus dem Raumweg waren Auf- und Abwärtsbewegungen des Flugkörpers bis zum Aufschlag zu erfassen. Aus den ermittelten Entfernungen in Beziehung zur Zeit wurden weitere Werte wie Flug-, Steig- und Sinkgeschwindigkeit und, bei Verwendung von Schubraketen, die Beschleunigung errechnet.

Bei den ferngelenkten Flugkörpern, z. B. der nachgelenkten Fallbombe PC 1400X oder der Gleitbombe Hs 293, gehörten zu den Auswertunterlagen neben den kartierten Flugbahnen auch noch die von einer Bodenstelle – meist einem Labor der Fachgruppe E4 – empfangenen und durch einen Mehrfach-Schleifenoszillographen aufgezeichneten Kommandostreifen. Hierbei handelte es sich um ein Oszillogramm, auf dem neben einem Zeitmeßtakt alle vom Bombenschützen während der Flugzeit des Körpers gegebenen Lenkkommandos aufgezeichnet waren. Der Vergleich von gegebenem Kommando und geflogener Bahn war ein wichtiges Kriterium der Auswertung.

Die Ermittlung der Beschleunigung der Fi 103 beim Start auf der Schleuder wurde, wie in Kapitel 16 noch näher beschrieben wird, mit einem Oszillographen aufgenommen, der die Ansprechfolge von in gleichem Abstand an der Schleuder angebrachten Induktivgebern während des Schleudervorganges aufzeichnete. Aus der rascher werdenden Ansprechfolge, durch den Flugkörper ausgelöst, konnte auf dessen Geschwindigkeitszunahme geschlossen werden. Auch die Auswertung dieses Oszillogramms mit einer Standlupe zwölffacher Vergrößerung gehörte neben der mit dem Theodoliten vom Meßhaus Nord aufgenommenen Abschuß- und Startphase zur vermessungstechnischen Aufgabe der Meßbasis.[18]

Für die Vermessung der nachgelenkten Fallbombe PC 1400X nahm die Bildstelle verschiedentlich auch noch einen Verfolgungsfilm vom Trägerflugzeug aus auf, der den Weg über Grund zusätzlich verdeutlichte und neben den vermessenen und gezeichneten Kurven der Meßbasis zur Auswertung herangezogen wurde.

Bei der Auswertung der A4-Flugbahn sind neben der optischen Flugbahnvermessung auch die Meßergebnisse der »Freya«- und der »Dora«-Stationen verwendet worden, die entlang der pommerschen Ostseeküste bis nach Ostpreußen aufgebaut waren. Die optische Bahnvermessung war ja, wie schon erwähnt, auf eine verhältnismäßig kurze Strecke beschränkt und auch vom Wetter abhängig.

Die bei der Erläuterung der Arbeitsweise der optischen Meßbasis in Peenemünde-West angesprochenen Projekte stellen nur einen kleinen, aber besonders informativen Ausschnitt der Aktivitäten dieser Dienststelle dar. Sie hat noch an vielen anderen Projekten mitgearbeitet. Es war fast kein Versuch in Peenemünde-West denkbar, wo nicht auch gleichzeitig die Meßbasis mit ihrer Meßtechnik tätig wurde.[18]

Auch in Peenemünde-Ost, beim Heer, war eine meßtechnische Abteilung eingerichtet, die sich besonders mit den meßtechnischen Problemen bei dem A4 beschäftigte. Schon vom Prinzip der Flugkörper her – in Peenemünde-West Geräte im Unterschallbereich und Maximalhöhen bis 12 000 m, in Peenemünde-Ost eine ballistische Rakete, die mit viereinhalbfacher Schallgeschwindigkeit flog und bis an die Grenze der Atmosphäre in Höhen von 90 bis 100 km vordrang – waren die Aufgaben beider Meßtechniken verschieden. Neben der eigentlichen optischen und elektronischen Flugbahnvermessung des A4 waren noch zusätzliche Vermessungsaufgaben am Flugkörper selbst vorzunehmen. Vor dem Start mußte z. B. die Kreiselplattform zur dynamischen Raketenachse ausgerichtet werden. Auch war die Rakete auf der Abschußstelle so einzurichten, daß die Kreiselplattform horizontal lag. Diese und noch andere Orientierungsvermessungen mußten dann bis zum Abschuß laufend überwacht werden, da beim Auftanken kleine Verformungen der statischen Konstruktionsteile des Flugkörpers auftraten. Das ist jedoch ein Thema speziell für Werk Ost und wurde hier nur zur Verdeutlichung der unterschiedlichen Meßproblematik beider Versuchsstellen kurz erwähnt.[19]

Es ist leicht einzusehen, daß für die geschilderte Durchführung der Vermessungsaufgaben, der Kartierung der Flugbahnkurven und der Auswertung der Ergebnisse entsprechendes Fachpersonal notwendig war. Leiter der Meßbasis war, unter Gruppenleiter Dr. Hengst, bis 1944 Fl.-Stabsingenieur Reissig, ab Ende 1944 Fl.-Hauptingenieur Otto Franke. Für die praktischen Vermessungs-, Auswertungs- und Zeichenarbeiten griff die Versuchsstelle zum großen Teil auf Vermessungsingenieure und Vermessungstechniker zurück, die als Soldaten bei der Heeresartillerie für ähnliche Zwecke eingesetzt waren. So erschienen Mitte Juni 1941 ein Unteroffizier und etwa zwölf Mannschaftsdienstgrade in Heeresuniform von der Vermessungs-, Lehr- und Ersatzabteilung Jüterbog in Peenemünde-West. Es kam nicht selten vor, daß Angehörige der Versuchsstelle von Besuchern gefragt wurden, was Heeressoldaten bei einer Luftwaffendienststelle zu tun hätten. Später, im August 1942, wurde die gesamte Vermessungsmannschaft von der Luftwaffe übernommen.[18]

5.5. Tarnung und Sicherung gegen Luftangriffe

So wie bei der Organisation abschließend die Geheimhaltungsmaßnahmen geschildert wurden, soll in diesem Kapitel über Tarnung und Sicherung des großen Versuchsgeländes gegen Luftaufklärung und Luftangriffe berichtet werden, die mit Beginn des Krieges 1939 notwendig wurden.

Zunächst war man bestrebt, wie schon erwähnt, die Gebäude möglichst im Wald versteckt und ohne große Rodungsarbeiten zu errichten. Sodann vermied man, wie ebenfalls schon geschildert, als Täuschungsmanöver von Anfang an den Besuch von hochgestellten, allgemein bekannten Persönlichkeiten, wodurch die scheinbare Unwichtigkeit der Anlagen gegenüber dem ausländischen Nachrichtendienst demonstriert werden sollte.[20, 21]

Um das weitverzweigte, umfangreiche Straßennetz im Bereich der Werke und ihrer näheren Umgebung zu tarnen und auch Orientierungen an markanten Straßenverläufen zu erschweren, waren Spritzkolonnen tätig. Ihre Aufgabe war es, die Betonstraßen und Startbahnen mit grüner Tarnfarbe zu überziehen. Sie waren laufend im Einsatz und begannen, wenn sie hinten fertig waren, buchstäblich von vorne, um die abgewitterten Flächen wieder aufzufrischen. Zumindest praktizierte man diese Tarnmöglichkeit bis zum ersten Luftangriff. Darüber hinaus wurden auch an Gebäuden Tarnanstriche und Tarnnetze verwendet, wobei letztere besonders für große Spezialgebäude, wie z. B. bei den großen Hallen des Werkes Süd der Heeresversuchsstelle, Verwendung fanden. Hier war man hauptsächlich bestrebt, die Seiten zu tarnen, um Konturen und Größe der Hallen zu verwischen.

Neben diesem teilweise großen Tarnaufwand wurden aber auch Fehler gemacht, die im Vergleich zur Wichtigkeit des zu schützenden Objektes schon an bodenlosen Leichtsinn grenzten, wie gleich geschildert wird. Gewiß sind über Peenemünde, unabhängig von der später einsetzenden Luftaufklärung, über viele Kanäle Berichte, Angaben und Hinweise nach England gelangt. Es sei z. B. an den sogenannten »Oslo-Bericht« erinnert, der nach einer Quelle (J. Mader) Dr. Heinrich Kummerow zugeschrieben wird und über dessen Freund und damaligen Chef Dr. Erhard Thomfor nach Norwegen gebracht und schon im November 1939 nach London weitergeleitet worden sein soll. Beide, Kummerow und Thomfor, im Entwicklungsbüro der Loewe-Opta-Gesellschaft in Berlin tätig, sollen sich im Laufe der Jahre eine umfassende Übersicht über den Stand der deutschen wissenschaftlichen Forschung, besonders auf dem Gebiet der Rüstung, verschafft haben.

Als zweite Information schreibt der amerikanische Physiker Arnold Kranish in seinem Buch »Der Greif« den Oslo-Bericht Paul Rosbaud zu, einem Bruder des später bekannt gewordenen Dirigenten Hans. Aber beide Angaben sind falsch. Der sogenannte Oslo-Bericht stammte von Dr. Hans Ferdinand Mayer, Leiter des Zentrallaboratoriums eines großen deutschen Elektrokonzerns. Er verfaßte ihn anläßlich einer Dienstreise Anfang November 1939 in Oslo, wo er den aus zwei Teilen bestehenden Bericht über die norwegische Post der britischen Gesandtschaft zuleitete. Wenige Tage später lag der Bericht auf dem Schreibtisch von Professor Jones. In England sah man diesen Bericht als so unglaubwürdig an, daß er zunächst in den Archiven des Londoner Geheimdienstes verschwand. Weiterhin gab es Berichte eines dänischen Chemikers aus dem Jahre 1942 und vom März 1943, die auf Raketenexperimente in Peenemünde hinwiesen.[22, 71]

Ebenfalls lagen in London zahlreiche Meldungen der »Polnischen Heimatarmee« vor. In diesem Zusammenhang bekamen zwei Mitglieder der polnischen Untergrundbewegung aus einem Gefangenenlager in Polen durch Zufall ein Kommando nach Peenemünde. Das Ziel ihrer Kommandierung war ihnen jedoch unbekannt. Als polnische Fremdarbeiter kamen sie in das Lager Trassenheide auf Usedom. Hier hielten sie alles, was sie sahen und hörten, schriftlich fest. Im Januar 1943 konnte einer der beiden Polen, Studienrat von Beruf, in einem Brief den harmlosen Satz einfließen lassen, der ihnen vor ihrem Abtransport nach Deutschland mitgeteilt worden war und für den Fall einer Spionagemöglichkeit verwendet werden sollte: »Ich möchte wissen, wie die alte Tante Katja dieses Wetter verträgt.« Der die beiden betreuende polnische Widerstandsoffizier konnte zwar nicht ahnen, daß die Spione ausgerechnet in der geheimsten militärischen Anlage der Deutschen gelandet waren. Jedenfalls erschien zwei Wochen später ein deutscher Kraftfahrer, der verräterische Kontakte zu polnischen Untergrundkämpfern geknüpft hatte und sich tatsächlich, ohne Verdacht zu erregen, zu den beiden Polen im Lager Trassenheide durchfragen konnte. Die Aufzeichnungen, die ihm heimlich zugesteckt wurden, waren drei Tage später in Warschau und nach einer Woche über Schweden in London.

Auch lagen Hinweise einer jungen Polin vor, die als Dienstmädchen bei einem führenden Angehörigen von Werk Ost in dessen Wohnung arbeitete. Häufige Besprechungen, die hier stattfanden, vermittelten ihr wichtige Hinweise über die Arbeiten in Peenemünde, wobei sie geschickt die Kenntnis der deutschen Sprache, wie auch ihre Ausbildung als Physikerin verbarg.[22]

Dieser Verrat aus den eigenen Reihen und die zu erwartende Spionagetätigkeit von feindlicher Seite waren – von den Fehlleistungen in der Wachsamkeit des betroffenen Personals abgesehen – mehr oder weniger höhere Gewalt und auf Dauer nicht zu vermeiden. Jedoch wird das weitere eigene Versagen bei der Tarnung in Peenemünde durch die spätere gezielte Luftaufklärung der Engländer deutlich. Als Duncan Sandys am 20. April 1943 von der englischen Regierung beauftragt wurde zu untersuchen, welche neuen Waffen die Deutschen in Vorbereitung hätten, betrachtete er zunächst einige schon am 15. Mai 1942 zufällig und ohne Auftrag auf einem Filmrest gemachten Luftaufnahmen von Peenemünde. Die Auswertung konnte damals außer »neuen Flugplätzen, kreisförmigen Erdanlagen und merkwürdigen Gebäuden« keine konkreten Hinweise liefern.

Auf Anweisung von Sandys erfolgte am 24. April 1943 der erste gezielte Aufklärungsflug über Peenemünde. Auch danach stellte die Filmauswertung z. B. bei den Fi-103-Abschußschleudern in Peenemünde-West nur eine »Pumpmaschinerie« für die Landgewinnung fest. Sandys gab sich nicht zufrieden. Er war inzwischen überzeugt, daß in Peenemünde in Verbindung mit den nicht erklärbaren Anlagen auch neue Waffen entwickelt und erprobt wurden. Da die englischen militärischen Stellen trotz der Spionageunterlagen diese Ansicht für reine Spekulation hielten und zu keinem Luftangriff auf Peenemünde zu bewegen waren, wollte Sandys jetzt Beweise vorlegen. Bestärkt wurde er noch in seiner Meinung, als sich die deutschen Führungsspitzen ab April 1943 in steigendem Maße in geheimnisvollen Andeutungen bezüglich einer Vergeltung für die immer stärker werdenden Terrorangriffe der Alliierten ergingen.[22]

Nachdem am 22. Juni 1943 mit einem Spitfire-Flugzeug ein erneuter, aber wegen unterbelichteter Filme mißglückter Aufklärungsflug der Engländer stattgefunden hatte, erfolgte schon am nächsten Tag ein weiterer Flug, der mit gutem Ergebnis abgeschlossen wurde. Bei der Filmauswertung konnten im Gebiet der Fi-103-Schleudern in Peenemünde-West fünf kleinere, bisher nie gesehene Fluggeräte mit Stummelflügeln entdeckt werden. Ebenso wurden im Prüfstand VII in Werk Ost ein senkrecht stehendes Objekt und weitere waagerecht liegende, spitz zulaufende Körper bemerkt. Mit Hilfe der bisher vorliegenden Unterlagen war es für die Engländer unschwer feststellbar, um was es sich bei dieser Entdeckung handelte. Gerade dieser Leichtsinn, die Flugkörper in ihren Konturen erkennbar im Freien ohne Tarnung liegen zu lassen, gab Duncan Sandys die Argumente in die Hand, bei seinem Schwiegervater, Winston Churchill, einen Luftangriff auf Peenemünde durchzusetzen. Diese Entscheidung wurde dann auch am 29. Juni 1943 getroffen und in der Nacht vom 17. auf den 18. August 1943 von den Engländern durchgeführt.[22]

Sicher wäre im Laufe der Zeit ein Angriff auf Peenemünde nicht vermeidbar gewesen. Aber wenn nicht in so eindeutiger Form der Verdacht neuer Waffenentwicklungen den Engländern von den Peenemündern selbst so unvorsichtig bestätigt worden wäre, hätte Sandys höchstwahrscheinlich noch etliche Zeit benötigt, um die Royal Air Force zu einem Angriff auf Peenemünde zu bewegen. Diese Zeit wäre dann der ungestörten Weiterentwicklung, besonders der A4-Rakete, zugute gekommen.

Bis zum ersten Angriff auf Peenemünde und auch danach flogen die feindlichen Bomberverbände bei Angriffen auf Berlin und Mitteldeutschland vielfach dicht an Peenemünde vorbei und sammelten sich oft über der Pommerschen Bucht. Hierbei eröffnete man deutscherseits im Raum um Peenemünde kein Flakfeuer, damit der Gegner in der bisherigen Auffassung über die Bedeutungslosigkeit der dortigen Anlagen bestärkt werden sollte. Man ging sozusagen auf Tauchstation.

Als weitere Tarnmaßnahme wurde um den ganzen Peenemünder Haken ein Gürtel von Nebelposten gelegt, die im Westen auf der Peene bzw. in der Peenemündung verankert waren und sich im Osten ab Trassenheide im Wald entlang der Küste nach Norden erstreckten. Als aktive Verteidigungsmöglichkeiten gegen Luftangriffe waren schwere Flakbatterien bei Zempin als Sperriegel aufgebaut, da man bei einem Luftangriff auf Peenemünde vermutete – was sich später auch als richtig erweisen sollte –, daß die Angriffsflüge parallel zur Küste erfolgen würden. Weitere schwere Flakbatterien waren vom Siedlungsstrand aus weiter nach Norden errichtet worden. Auch hatte man mittlere und leichte Flak im Gelände bis zum Rollfeldrand in Werk West verteilt. Die leichte und mittlere Flak, vielfach auf Hochständen, Gebäudedächern und im Gelände errichtet, bedienten Zivilisten beider Versuchsstellen, wie es ja bei allen größeren Industriebetrieben im Krieg üblich war. Einen weiteren Flaksperriegel, als Gegenstück zu Zempin, hatte die Luftverteidigung im Norden in Form eines verankerten, schweren Flakkreuzers – später sollen es zwei gewesen sein – zwischen der Insel Rügen und der Insel Ruden errichtet. Er stellte mit seiner geballten Feuerkraft von schwerer, mittlerer und leichter Flak eine wesentliche Verstärkung der Luftverteidigung von Peenemünde dar. Auch am Usedomer Peeneufer beim Hafen Karlshagen wie beim Vorwerk Gaaz und am jenseitigen Peeneufer waren Flaknester eingerichtet worden.

6. Fortsetzung der Neuhardenberger Erprobungen in Peenemünde

Wie schon berichtet, nahmen in Neuhardenberg die Walter-Starthilferaketener-
probungen mit dem Kampfflugzeug He 111 im Jahre 1937 einen breiten Raum ein.
Da auf diesem wichtigen Gebiet von der Firma Walter weitere Entwicklungen geplant waren, setzte man die Versuche 1938 in Peenemünde-West unter wesentlich
besseren Bedingungen und größter Dringlichkeit fort. Zunächst wurden die Versuche mit der Starthilfe HWK 109-500 im Sommer 1938 wieder aufgegriffen, um
die Serien- und Truppenreife zu erproben. Dieses Gerät war, wie schon erwähnt,
im Sommer 1937 mit ersten Mustern an dem Flugboot Do 18, aber auch in Neuhardenberg Gegenstand der Erprobung. In Peenemünde führte Erich Warsitz die
Versuchsflüge wieder hauptverantwortlich durch. Neben den Starts mit der He 111
begannen die Versuche mit den Walter-Starthilfen auch an den Bomben-
flugzeugen Ju 88 und Do 18.[1, 2]
Erich Warsitz holte 1941 von der Firma Messerschmitt den Großraumlastensegler
Me 321 nach Peenemünde, womit auch Flüge und Erprobungen mit den Walter-
Starthilfen durchzuführen waren. Zu dem Thema Starthilfen und Lastensegler
sind noch interessante Einzelheiten als Hintergrundinformation zu berichten, wobei wir etwas in die Zukunft nach Ausbruch des Krieges hinausgreifen müssen.
Parallel zum Junkers-Lastensegler Ju 322 »Mammut« wurde noch 1940 bei den
Messerschmitt-Werken auch der Lastensegler Me 321 »Gigant« entwickelt. Die
Entwicklung dieser beiden riesigen Segler wurde durch die Tatsache ausgelöst, daß
im Herbst 1940 das geplante Unternehmen »Seelöwe« – die Invasion Englands –
auch aus dem wesentlichen Beweggrund abgeblasen wurde, daß keine Transportmittel zur Verfügung standen, die einen errichteten Brückenkopf im Süden Englands mit schwerem Gerät aus der Luft versorgen konnten.
Bei der Firmen-Flugerprobung beider Segler ab April 1941 wurde die schon angelaufene Serienfertigung der Ju 322 wegen ungünstiger Flugeigenschaften zugunsten des Messerschmitt-Lastenseglers Me 321 wieder gestoppt. Mit größter
Dringlichkeit beschleunigte man daraufhin die Durchführung dieses Projektes für
die zunächst verschobene Invasion Englands. Am 6. November 1940 hatte der leitende Konstrukteur Fröhlich mit 20 Mitarbeitern im Werk Leipheim bei Messerschmitt mit der Konstruktion begonnen. Im März 1941 konnte schon der erste
Start und die darauf folgende, schon erwähnte Bewertung beider Großsegler erfolgen. Als Schleppmaschine kam nur jene Ju 90 in Betracht, die schon zu gleichem
Zweck bei der Ju 322 Verwendung gefunden hatte und mit amerikanischen Motoren ausgerüstet war.
Der Großraumlastensegler Me 321 bestand aus verschweißten Stahlrohren mit
Stoffbespannung. Er konnte eine Nutzlast von 22 t bei einem eigenen Leergewicht

138

von 12 t tragen. Das entsprach einer kampfstarken Kompanie Soldaten, einem Panzer P III oder einer 8,8-cm-Flak einschließlich Zugmaschine, Bedienungspersonal und Munition.

Der Lastensegler benötigte nur einen Piloten, der in einer gepanzerten Führerkabine saß, und zusätzlich drei Mann Besatzung. Die Bewaffnung war in vier Türmen mit je einem MG 15 untergebracht. Den Start ermöglichten vier abwerfbare Räder. Die Landung erfolgte auf zwei hintereinander liegenden Kufenpaaren.

Das Problem des Schleppstarts der Me 321 lag darin, daß außer der einen damals vorhandenen Ju 90 kein anderes deutsches Flugzeug in der Lage war, den Großraumlastensegler sicher in die Luft zu bringen. Die seinerzeitigen deutschen Flugzeug-Triebwerke der Ju 90 waren dafür zu schwach. Um das Problem zu lösen, führte man den sogenannten »Troika-Schlepp« ein. Bei dieser Methode schleppten drei Me 110C den Lastensegler, was aber für alle beteiligten Flugzeuge äußerst gefährlich war. Für den Startvorgang wurden zudem fast 1200 m Startbahn benötigt. Um diesen Startvorgang abzukürzen und die drei Schleppflugzeuge in der kritischen Phase des Startvorganges zu entlasten, montierte man an den Tragflächen des Lastenseglers bis zu acht Starthilferaketen HWK 109-500. Die Erprobung fand, wie eingangs schon erwähnt, in Peenemünde-West statt. Bessere Startmöglichkeiten ergaben sich dann durch den Schlepp mit der Ju 290A. Die Ideallösung erreichte man aber mit der aus zwei He 111 zusammengebauten He 111Z (Zwilling). Die He 111Z baute man aus zwei serienmäßigen He 111H-6 auf. Dabei wurde jeweils die linke bzw. die rechte Tragfläche demontiert, und beide Flugzeuge wurden durch ein Tragflächenmittelstück mit einem fünften Motor verbunden. Im Frühjahr 1942 wurden bei Heinkel die ersten beiden Flugzeuge hergestellt und an der E-Stelle Rechlin serienreif erprobt. Danach standen die beiden Flugzeuge auch in Peenemünde West für einige Zeit zur Verfügung. Die Initiative für die He 111Z ist auf einen Vorschlag Udets zurückzuführen, der sich ja immer dann verstärkt einschaltete, wenn es galt, Schaden vom fliegenden Personal abzuhalten. Die Versuche in Rechlin waren sehr erfolgreich, die erwarteten Ergebnisse wurden weit übertroffen, und die Erprobung konnte in wenigen Tagen abgeschlossen werden. Vom Erstflug bis zur Übergabe an die Truppe vergingen knapp drei Monate. Die Leistung der fünf Motoren reichte aus, um eine Me 321 zu schleppen, wobei ein Vollastschlepp aber mit Starthilfeunterstützung erfolgen mußte. Dabei waren an jedem der beiden Rümpfe des Schleppflugzeuges zwei R-Geräte HWK 109-500 und neben den beiden Außenmotoren eine Starthilfe HWK 109-501 montiert. So ausgerüstet, konnte die He 111Z auch drei Lastensegler Go 242 schleppen. Mit jeder Schleppkombination konnten Höhen von 4000 m erreicht werden.[2]

Von der Me 321 wurden 200 Stück gebaut und nach Frankreich für den vorgesehenen Zweck überführt. Als aber endgültig feststand, daß die Invasion Englands in absehbarer Zeit nicht erfolgen würde, wurden drei Staffeln an die verschiedenen Abschnitte der inzwischen entstandenen Ostfront verlegt und dort mit Erfolg eingesetzt. Später baute man auch eine motorisierte Version der Me 321, die, mit sechs Motoren ausgerüstet, einen echten Großraumtransporter darstellte und unter der Bezeichnung Me 323 »Gigant« wahrscheinlich das größte Transportflugzeug des Zweiten Weltkrieges war.[2]

Weiterhin unternahm man 1941 in Peenemünde, nach jeweils eingehenden Standerprobungen, Schleppversuche mit dem Gespann He 111/Go 242, wobei der Lastensegler Go 242 im Schlepp der He 111 gestartet wurde. Zur Unterstützung des Schleppflugzeuges und für eine Verkürzung der Startstrecke diente je eine backbord- und steuerbordseitig montierte Starthilferakete R I 202 bzw. HWK 109-500. Die Walter-Starthilferaketen waren in Rumpfnähe unterhalb der Tragflächen des Segler-Schulterdeckers befestigt.

Außer mit der abwerf- und wiederverwendbaren Walter-Füssigkeitsrakete führte man die Erprobungen auch mit den Feststoffraketen R I 502 der Firma Rheinmetall-Borsig AG von je 50 kg Vollgewicht durch. Hierzu wurden vier Raketen in ein abwerfbares Heckgerüst montiert. Ihre Zündung erfolgte bei der Erprobung zunächst nacheinander und elektrisch mit Schaltern von Hand, später automatisch. Da jede Rakete eine Brenndauer von 6 sec bei 4,9 kN (500 kg) Schub hatte, ergab sich bei kontinuierlicher Zündung der vier Raketen eine Schubkraft von 4,9 kN während 24 sec. Zur leichteren Herstellung bzw. Füllung der Pulverraketen waren die Ausströmdüsen auswechselbar montiert. Die Flugerprobung des Schleppgespannes und die Abwurferprobung der Starthilferaketen erfolgte in Peenemünde, während die Überlaststarterprobung mit Festlegung der dabei benötigten Startstrecke bei der E-Stelle Rechlin in Zusammenarbeit mit Peenemünde durchgeführt wurde.

Als Ergebnis des Vergleichs zwischen den Walter- und den Rheinmetall-Starthilferaketen konnte festgehalten werden, daß die bei belastetem Segler ohnehin geringe Steiggeschwindigkeit des Schleppgespannes nach Ausbrennen der Walter-Raketen bis zum Erreichen der Fallschirmabwurfhöhe durch die recht voluminösen Raketenkörper weiterhin negativ beeinflußt wurde. Das Abwerfen des Heckgerüstes der unempfindlicheren Pulverraketen sofort nach Brennschluß in Bodennähe hatte diesen Nachteil nicht. Deshalb wurde für diesen Anwendungsfall der Starthilfen die Feststoffrakete von der Versuchsstelle befürwortet. Die geschilderten Versuche wurden Mitte 1942 von der Gruppe E2 unter Leitung von Flugbauführer Carl Ruthammer durchgeführt, wobei Ing. Bernhard Hohmann den Einbau und die Überwachung der Starthilfen übernommen hatte. Auch als Pilot für die Lastensegler war Hohmann vielfach eingesetzt worden, da er vor seiner Peenemünder Zeit Flugleiter einer Segelflugschule gewesen war.[9]

Aus den bisherigen Schilderungen geht hervor, daß die ersten Arbeiten der neueröffneten Versuchsstelle der Luftwaffe mit der Erprobung von Walter-Starthilfen an Kampfflugzeugen begannen. Später, 1941, wurden diese Versuche sowohl mit Walter- als auch mit Rheinmetall-Starthilferaketen an Lastenseglern bzw. Schleppgespannen fortgesetzt.[3]

Wie im Zusammenhang mit den Versuchen an Starthilferaketen 1937 in Neuhardenberg erwähnt, wurde auch bei von Braun in Kummersdorf an derartigen Geräten gearbeitet. Diese Triebwerke hatten wie die Walter-Starthilfen Gondelform, und ein Fallschirm ließ sie nach dem Start des zu beschleunigenden Flugzeuges zu Boden schweben. Schon 1936 lieferte das HWA an die DVL, Berlin-Adlershof, die ersten Aggregate zur Erprobung im Prüfstand und an einer Ju (A) 50 »Junior« als Versuchsträger. Die Ergebnisse machten eine Neuentwicklung der Zündung vom Glühkörper zu einer kontinuierlich brennenden Zündflamme notwendig, um die Anfahrdruckspitzen zu vermeiden. Auch wurde die Brennstoffeinspritzung und -zerstäubung verbessert. Darüber hinaus überarbeitete und definierte die DVL grundsätzlich die Befestigungsrichtlinien von Starthilfen an Flugzeugen.[7] Besonders nach dem Umzug nach Peenemünde wurde die Entwicklung der Starthilfen unter Dipl.-Ing. Dellmeier auf dem Prüfstand IV in Werk Ost vorangetrieben. Im Gegensatz zu den Walter-Starthilfen verwendete man hier als Treibstoffe flüssigen Sauerstoff und Alkohol. Die praktische Flugerprobung erfolgte 1940 in Werk West an einer He 111, wobei der Abwurf der ersten Attrappe am 28. August 1940 durchgeführt wurde. Die Startraketen von Werk Ost wurden auch in verschiedenen Schubstärken von 9,8, 14,7, 19,6 und 24,5 kN (1000, 1500, 2000 und 2500 kp) geplant und teilweise bis zur Erprobungsreife entwickelt. Das Gerät mit der Bezeichnung B8a bzw. Gerät R I 101 mit 9,8 kN (1000 kp) Schub über 30 sec, hatte seine Eignung bei der Erprobung durchaus bewiesen. Die Starthilfen von Werk Ost waren besonders für die Flugzeuge Ju 88 und He 177 vorgesehen.

Die beiden Treibstoffkomponenten O_2 und Alkohol wurden, wie bei den Walter-Geräten, durch Druckluft aus ihren Tanks zur Brennkammer gefördert. Die Treibstofförderung und die Zündung konnten auch vom Pilotensitz des Flugzeuges aus veranlaßt werden. Ebenso waren die Hilfstriebwerke jederzeit durch Fernbedienung abschaltbar. Normalerweise vollzog sich die Abschaltung beider Triebwerke (backbord- und steuerbordseitig) in dem Augenblick, wenn eine der beiden Starthilfen ausgebrannt war, um einen gleichzeitigen Brennschluß zu garantieren. Damit war auch bei Ausfall einer Rakete im Start die Abschaltung des zweiten Aggregates garantiert, und gefährliche Drehmomente konnten das Flugzeug nicht beeinflussen. Diese pannensichere Schaltung wurde auch besonders bei den »heißen« Walter-Triebwerken vorgesehen. Die Betriebsbereitschaft wurde dem Piloten über Kontrollelemente angezeigt, und ein Einschalten war nur möglich, wenn alle Betriebs- und Sicherheitsvoraussetzungen gegeben waren.

Bei den Abwurferprobungen und Sinkgeschwindigkeiten von etwas mehr als 6 m/sec traten an den Triebwerkgondeln Verformungen und Beschädigungen auf. Diese Beschädigungsanfälligkeit der HVP-Starthilfen war sicher auch darin begründet, daß ihre Form ein länglicher Zylinder war, der bei der Landung am Fallschirm und den dabei unvermeidlichen mehrfachen Überschlägen quer zur Längsachse starken Aufschlagkräften unterworfen war. Hingegen konnten die in Längsrichtung stark gewölbt und mehr eiförmig ausgebildeten Walter-Starthilfen auf dem Boden abrollen. Letztlich wurde dem Walter-Aggregat wegen der schwierigen Transport- und Nachschubverhältnisse für flüssigen Sauerstoff beim Einsatz für die Truppe der Vorzug gegeben.[5, 9, 10, 11, 12]

6.1. Starthilferakete HWK 109-501

Diese Walter-Starthilferakete unterschied sich auf den ersten Blick, außer durch ein etwa 400 mm langes zylindrisches Mittelstück, kaum von der HWK 109-500 (Abb. 3). Auch sie besaß im Bug des gondelförmigen Körpers einen Fallschirm, der eine weiche Landung nach dem Ausbrennen und dem Abwurf ermöglichte. Jedoch arbeitete ihr Antrieb nach dem »heißen« Walter-Verfahren, das im Zuge der Neuhardenberger Erprobungen im Prinzip schon beschrieben wurde. Aufgrund dieser Tatsache hatte die HWK 109-501 auch einen wesentlich höheren Schub. Dem

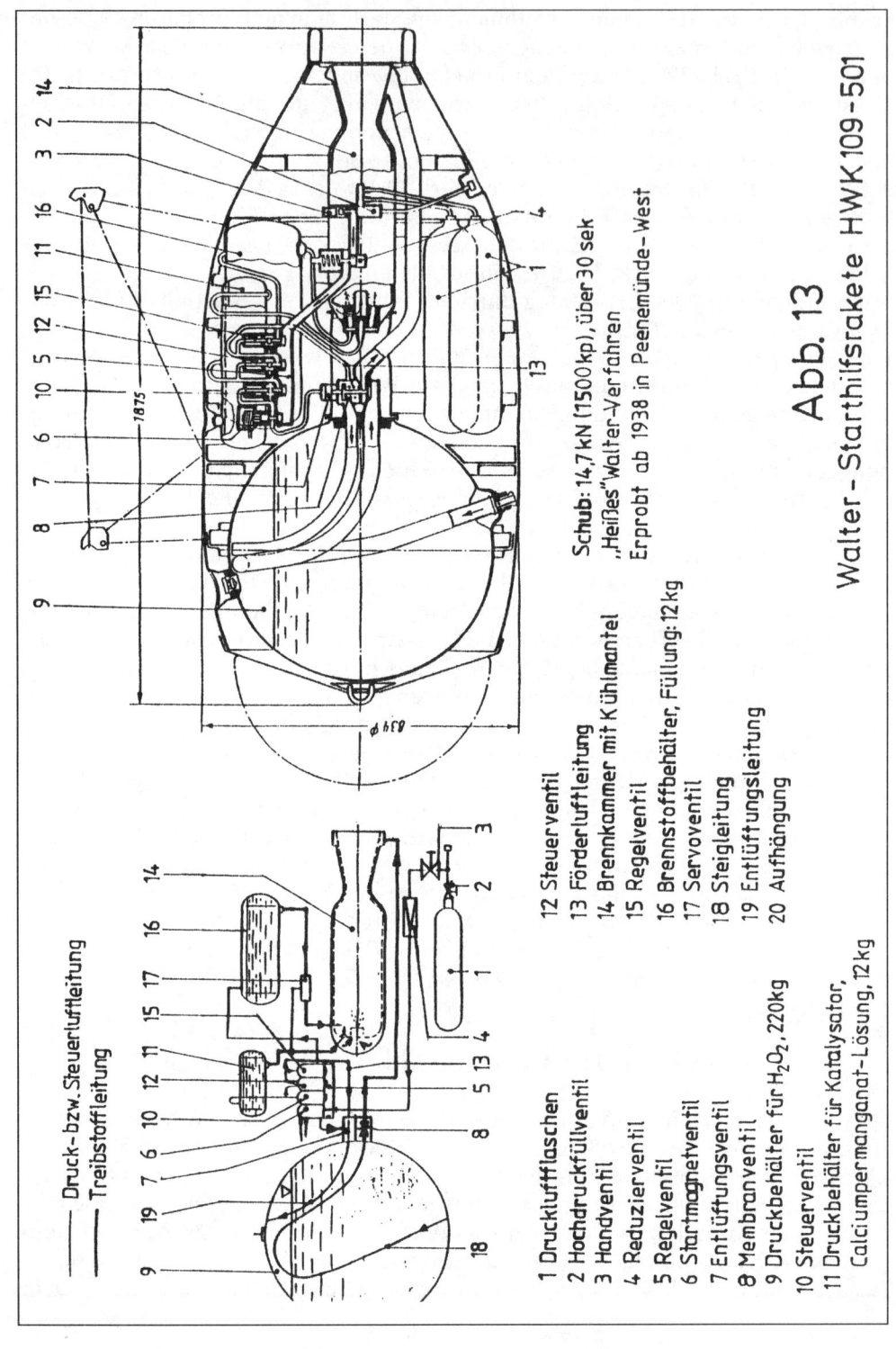

Abb. 13

Walter – Starthilfsrakete HWK 109 – 501

Druck- bzw. Steuerluftleitung
Treibstoffleitung

Schub: 14,7 kN (1500 kp), über 30 sek
„Heißes" Walter-Verfahren
Erprobt ab 1938 in Peenemünde-West

1 Druckluftflaschen
2 Hochdruckfüllventil
3 Handventil
4 Reduzierventil
5 Regelventil
6 Startmagnetventil
7 Entlüftungsventil
8 Membranventil
9 Druckbehälter für H₂O₂, 220kg
10 Steuerventil
11 Druckbehälter für Katalysator,
Calciumpermanganat-Lösung, 12kg

12 Steuerventil
13 Förderluftleitung
14 Brennkammer mit Kühlmantel
15 Regelventil
16 Brennstoffbehälter, Füllung: 12kg
17 Servoventil
18 Steigleitung
19 Entlüftungsleitung
20 Aufhängung

Wasserstoffsuperoxyd H_2O_2 (T-Stoff), durch den Katalysator Kalziumpermanganat (Z-Stoff) in der Brennkammer zur Zerfallsreaktion gebracht, wurde Petroleum (Br-Stoff) für die Verbrennung zugeführt. Um die Zündwilligkeit zu erhöhen, mischte man dem Br-Stoff noch einen geringen Anteil von Hydrazinhydrat (B-Stoff) bei. Die Verbrennungstemperatur erreichte dabei bis zu 2200 °C. Der Schub betrug 14,7 kN (1500 kp) über 30 sec. Das komplette, unbetankte Gerät wog 250 kg. Das Treibstoffgewicht setzte sich aus 220 kg H_2O_2, 12 kg Katalysatorlösung und 20 kg Petroleum zusammen (Abb. 13 und Tab. 1).

Es gab noch eine Variante des beschriebenen Aggregates, das Gerät HWK 109-503, mit einer anderen Brennkammerausführung und einem Schub von 9,8 kN (1000 kp) über 45 sec.[8]

Von dem Aggregat HWK 109-501 wurde nur eine geringe Stückzahl gebaut, und man führte auch 1942 Starterprobungen mit Kampfflugzeugen in Peenemünde durch. Bei den wesentlich höheren Schubkräften des heißen Verfahrens hätten ungleiche Zündzeitpunkte oder ungleichmäßiges Arbeiten der Starthilfen zu katastrophalen Folgen führen können. Deshalb war, wie im vorangehenden Kapitel schon geschildert, eine pannensichere Schaltung entwickelt worden, die automatisch das oder die anderen Triebwerke abschaltete, wenn eines versagte. Bei einem Erprobungsflug explodierte die »heiße« Steuerbord-Starthilfe an einer He 111 nach der Zündung und gerade während des Abhebens. Die Sicherheitsschaltung sprach zwar sofort an, aber die rechte Landeklappe war zerstört und im Rumpf wurde ein beträchtliches Loch aufgerissen. Flugbaumeister Max Mayer, der das Flugzeug flog, konnte die He 111 aber wieder heil landen. Außer bei der He 111Z, zur Unterstützung der Schleppstarts mit Lastensegler, ist kein weiterer Einsatz dieses Gerätes bekannt geworden.[8, 13]

Für den Eingeweihten war bei der Funktion eines Walter-Triebwerkes sofort erkennbar, ob es sich um einen »kalten« oder einen »heißen« Schub handelte. Beim kalten Walter-Verfahren trat aus der Treibdüse ein stark bräunlich gefärbter, einer Rauchfahne ähnlicher Treibstrahl aus, während das heiße Verfahren nach der Zündung neben einer ausgeprägten Flamme, die wie trübes Glas aussah, einen fast rauchlosen Gasstrahl zur Folge hatte.

6.1.1. Truppeneinsatz

Die mit dem Walter-Starthilferaketenaggregat HWK 109-500, bei der Truppe kurz mit R-Gerät bezeichnet, in Peenemünde durchgeführte Erprobung zur Serienreife wurde im Laufe des Jahres 1939 abgeschlossen. Es wurde noch im gleichen Jahr mit der Aufstellung eines Erprobungskommandos unter der Führung von Hauptmann Mattenklott begonnen, um die Truppenreife vorzubereiten. Auf Veranlassung des Generalstabes der Luftwaffe wurde die Einheit nach Giebelstadt verlegt. Dort erhielt sie die Bezeichnung »Lehrstab S«. Noch in Peenemünde wurde die technische Leitung dem Dipl.-Ing. Wilhelm Dettmering übertragen. In Giebelstadt erarbeitete Wilhelm Dettmering mit etwa elf weiteren Ingenieuren, die ihm von der Forschungsabteilung des RLM zugeteilt wurden, die gesamte Bodenorganisation für den Truppeneinsatz der Walter-Starthilferaketen. Wie bereits berichtet, hatte Dipl.-Ing. Dettmering zusammen mit Dr. Gerhard Hengst Erfahrungen mit den Walter-Starthilfen schon 1937 bei der Erprobung an dem Flugboot Do 18 sammeln können.

Nachdem die theoretischen und praktischen Grundlagen für den Truppeneinsatz der Starthilfen erarbeitet waren, ging man daran, die Truppenorganisation aufzubauen. Es wurden Kompanien aufgestellt, denen je ein Ingenieur aus dem Stabe von Wilhelm Dettmering zugeordnet wurde und die in die Einsatzhäfen verlegt wurden. Mehrere Einsatzhäfen unterstellte man einem sogenannten Leithorst. Die Aufgabe der Starthilfekompanien war es, die Walter-Raketentriebwerke technisch zu warten, zu betanken und an die Einsatzmaschinen zu montieren.[4]

Ein besonderer Befürworter der Starthilferaketen war auch Dr. Ernst Heinkel. Er hatte als einer der wenigen schon vor dieser Zeit den Großserienbau dieser Geräte gefordert, den er dann auch in seinem Fertigungswerk in Jenbach/Tirol verwirklichte.[14] Die Truppe erhielt die Starthilfen nach Beendigung des Frankreich-Feldzuges etwa Mitte 1940. Wenn auch später, während des Krieges, über 3000 Starts mit Walter-Starthilferaketen ohne Unfall mit He-111-, Do-18- und Ju-88-Kampfflugzeugen in ganz Europa durchgeführt wurden, so hatte die Truppe bei der fliegerischen Handhabung anfangs einige Schwierigkeiten, die auch entsprechende Opfer forderten.[1, 2]

Es war während der deutschen Luftangriffe auf England, die mit dem »Adlertag« am 13. August 1940 in verstärktem Maße begannen, als eine Ju 88, mit zwei Seeminen beladen, auf dem Flugplatz Eindhoven in Holland zum Start rollte, um auf Feindflug gegen England zu gehen. Der Pilot war ein junger Leutnant, der ausgerechnet vorher als Erprobungspilot in Peenemünde-West gewesen war. Das Flugzeug startete, und nach der entsprechenden Verzögerungszeit wurden die beiden Starthilferaketen gezündet. Jedoch setzte eine Starthilfe kurz nach der Zündung aus. Der Pilot schaltete nun die zweite Starthilfe nicht ab – was damals wegen einer noch fehlenden Automatik notwendig war – und nahm auch das Gas aus den Motoren nicht heraus – was ebenfalls ohne weiteres möglich gewesen wäre, da er noch auf der Startbahn rollte –, sondern wollte offenbar die Maschine mit Gewalt in die Luft bringen. Das entstehende Drehmoment durch die eine noch brennende Starthilfe drehte das Flugzeug aus der Startrichtung heraus, wodurch es nicht abheben konnte und in einer Tannenschonung neben dem Flugplatz zum Stehen kam. Kurz danach explodierte aus ungeklärten Gründen eine Mine, wodurch das ganze Flugzeug bis auf die Kanzel zerrissen wurde. Der Pilot, scheinbar noch am Leben, war offensichtlich gerade im Begriff, sich aus den Trümmern zu befreien, als die restliche Maschine in Flammen aufging. Halb verkohlt, mit dem Oberkörper schon aus den Überresten der Kanzel hängend, konnte er später geborgen werden. Zunächst ließ man aber die Maschine zum Zwecke der näheren Untersuchung unberührt stehen. Erich Warsitz wurde noch am Heiligen Abend 1940 von Peenemünde im Auftrag des RLM nach Eindhoven beordert, um das Unglück zu untersuchen. Er konnte an Ort und Stelle eindeutig die Fehlbedienung nach dem Starthilfeausfall ermitteln, die den bedauerlichen Unfall verursacht hatte.

Kurz darauf geschah ein ähnlicher Fall in Nantes, Südfrankreich, jedoch mit weitaus schwereren Folgen. Auch hier startete eine Ju 88 zum Englandflug. Ebenso wie in Eindhoven setzte während des Startvorganges eine Starthilferakete kurz nach dem Abheben des Flugzeuges aus. Die Folge war ein seitliches Ausbrechen, wobei das Flugzeug in etwa 3 m Höhe in das Flugleitungsgebäude des Platzes hineinraste. Unmittelbar nach dem Aufprall explodierte die Last von 8 × 250 kg Bomben. Vom Flugzeug, dem Gebäude und der gerade darin ruhenden Wachmannschaft von etwa 15 Mann blieb nichts mehr übrig. Auch hier wurde entweder vergessen, sofort die zweite Starthilfe auszuschalten, oder versucht, mit einer Starthilfe und den Motoren gewaltsam doch noch auf Höhe zu kommen. Nach diesen beiden Unfällen weigerten sich die Truppe und ihre Führung, weiter mit den Walter-Starthilfen zu fliegen, da sie die Unglücksursachen in der nicht ausgereiften Technik dieser Aggregate vermuteten. Vom Generalstab der Luftwaffe wurde daraufhin der Einsatz der Walter-Starthilfen zunächst verboten. In dieser schwierigen Situation bekam Erich Warsitz vom Generalluftzeugmeister Udet den Auftrag, nochmals sofort nach Frankreich zu fliegen und die Truppe zuerst zu beruhigen, zu schulen und ihr das Vertrauen zu den Starthilfen wiederzugeben. Eine Aufgabe, die verdeutlichte, welch großes Vertrauen das RLM in Berlin dem menschlichen Einfühlungsvermögen, der Überzeugungskraft und dem fliegerischen Können von Erich Warsitz entgegenbrachte. Denn es war für ihn als Zivilisten keine leichte Aufgabe, sich gegenüber der hohen Generalität durchzusetzen bzw. sie von der Sicherheit der Walter-Starthilfen und den gemachten Startfehlern der Flugzeugführer zu überzeugen.

Udet stellte Warsitz seine Reise-He-111 zur Verfügung, womit er sich, vermutlich in Begleitung des Flugbauführers Ruthammer, zunächst nach Nantes begab, wo eine Führungsabordnung der Luftflotte 3 (Generalfeldmarschall Hugo Sperrle) zugegen war. Warsitz nahm zuerst vor den Generälen zu dem Unfall Stellung und wies nach, daß die Ursache des Unglücks durch Fehler in der fliegerischen Bedienung und Handhabung der Walter-Starthilferaketen zu suchen war. Sodann konnte er auf seine rund 500 erfolgreichen Erprobungsflüge mit diesen Geräten, unter teilweise schwierigeren Bedingungen als in Nantes, hinweisen.

Nach diesen Ausführungen ließ sich Warsitz eine Ju 88 mit zwei Starthilfen klarmachen und zog die Maschine im Flug mit eingeschalteten Starthilfen fast senkrecht nach oben. Das war eine Demonstration, wie sie der Truppe eigentlich nicht vorgeführt werden sollte. Aber Warsitz tat dies bewußt, um besonders die Betriebssicherheit der Aggregate bei Beschleunigungen zu demonstrieren. Er führte dann nachts noch einen zweiten Flug vor. Hierbei kam er mit Vollgas im Geradeausflug in 20 m Höhe auf den Platz zu, schaltete die Starthilfen ein und machte mit dem zweimotorigen Kampfflugzeug bei laufenden Motoren und arbeitenden Starthilferaketen einen Looping. Eine derartig eindrucksvolle Vorführung hatten alle Anwesenden noch nie gesehen. Mit einem Schlag waren die Vorurteile wie weggeblasen. Das Eis war gebrochen.

Erich Warsitz hat seine Schulungen und Vorführungsflüge noch an verschiedenen Einsatzhäfen in Frankreich und auch in Holland durchgeführt. Dabei hat er sich jeweils einen tüchtigen Flugzeugführer herausgesucht, den er möglichst von früher her kannte, und mit ihm nach entsprechender Schulung einige demonstrative Starts mit Starthilfen durchgeführt. Dieser Pilot übernahm dann die interne fliegerische Weiterbildung mit Starthilfen innerhalb seiner Einheit. Nach Beseitigung dieser Anfangsschwierigkeiten hat es dann später keine derartigen Vorfälle auf dem ganzen europäischen Kriegsschauplatz mehr gegeben.[1]

6.2. Weiterführung der He-112R-Erprobung

Wie im Kapitel über die Flugversuche mit der He 112R in Neuhardenberg berichtet, existierten dort zwei Flugzeuge mit Raketenzusatztriebwerken. Eines mit dem O_2-Alkohol-Triebwerk des HWA (He 112R-V2), womit die Flüge mit Raketenzusatzantrieben ja überhaupt begannen, und das zweite mit dem Walter-Triebwerk (He 112R-V3). Bei den Neuhardenberger Versuchen hatte sich besonders durch die vielen Starts mit Walter-Starthilferaketen die relativ hohe Betriebssicherheit dieses Systems herausgestellt. Weiterhin war in Neuhardenberg auch die Eignung der Rakete als Flugzeugantrieb mit Heckdüse demonstriert worden. Aufgrund dieser positiven Ergebnisse lag es nahe, an die Konstruktion eines wirklichen Raketenflugzeuges heranzugehen. Es war Dr. Heinkel, der im Jahre 1937, also noch zur Neuhardenberger Zeit, diesen Gedanken äußerte. Er, der immer im Rausch der Geschwindigkeit lebte und dessen geheimer Wunsch das Erreichen der Schallgeschwindigkeit war, arbeitete unermüdlich an dessen Verwirklichung. Das war zu dem Zeitpunkt, als die Flugerprobungen mit dem Jagdeinsitzer-Prototyp He 100 bei Heinkel liefen, der den absoluten Geschwindigkeitsrekord über die 700-km/h-Grenze für Propellerflugzeuge erreichen sollte, der bisher von den Italienern gehalten wurde. Auch wurde zur gleichen Zeit bei Heinkel in Marienehe die Entwicklung des ersten Turbinenluftstrahl-Flugzeuges (TL-Flugzeug) He 178 intensiv vorangetrieben.

In dieser Situation der in die Zukunft weisenden Aktivitäten rief Ernst Heinkel alle führenden Männer seines Werkes zusammen. An der denkwürdigen Besprechung in Marienehe bei Rostock nahmen neben Dr. Heinkel dessen Technischer Direktor Dr. Hertel, die Aerodynamiker und Zwillingsbrüder Dipl.-Ing. Walter und Dipl.-Ing. Siegfried Günter, Chefkonstrukteur Oberingenieur Karl Schwärzler, Herr Josef Köhler und andere teil. Als wichtiger Gast war Erich Warsitz von Neuhardenberg gekommen, denn er sollte ja das geplante Flugzeug fliegen. Aufgrund seiner Erfahrungen, die er bei den Versuchen in Neuhardenberg gesammelt hatte, wurde ihm ein entscheidendes Mitspracherecht bei der Konzeption des Flugzeuges zugestanden. Auf Einzelheiten dieser Besprechung soll aber erst bei der Schilderung der Vorgänge über die He 176 eingegangen werden.

Der Entschluß zum Bau dieses Flugzeuges erforderte auch die Klärung, welches Triebwerk für die He 176 verwendet werden sollte. Man entschloß sich von der Triebwerkseite in zwei Schritten vorzugehen, um an die Schallgeschwindigkeit heranzukommen. Zunächst war der Einbau des schon relativ sicheren Walter-Antriebes RI-203 vorgesehen. Damit sollte die Flugerprobung bis etwa 700 km/h erreicht werden. Danach konnte der Einbau eines wesentlich stärkeren Triebwerkes mit Alkohol und flüssigem Sauerstoff des HWA in die zweite He176 V2 vorgenommen werden. Dieses Triebwerk sollte dann die Geschwindigkeit bis an die 1000 km/h realisieren. Das war auch der Grund, warum 1938/39 in Werk Ost weitere Triebwerk- und Schubversuche in einem He-112-Rumpf vorgenommen wurden und auch in Peenemünde-West die Flugerprobung mit der He 112R-V2 und einem O_2-Alkohol-Zusatztriebwerk, mit Erich Warsitz als Pilot, weiterlief.

Mit den geschilderten Zusammenhängen wird deutlich, daß die Federführung und Veranlassungen der damaligen Raketenflugzeugerprobungen bei der HVP, bei Heinkel und dem RLM lagen, wobei Erich Warsitz sozusagen in mehrfacher

Zuständigkeit, als Erprobungspilot des RLM bei Heinkel einerseits und als Flugleiter und Chefpilot bei der Versuchsstelle Peenemünde-West andererseits, eingebunden war. Auf technische Einzelheiten und Erprobungen der He 112R und besonders der späteren He 176 hatte die Versuchsstelle keinen direkten Einfluß, sondern sie stellte nur ihren Betrieb, ihre Organisation und den Flugplatz zur Verfügung.[1,6]

Die Wiederaufnahme der Versuchsflüge mit der He 112R-V2 in Peenemünde-West erfolgte mit einem verbesserten Raketenzusatztriebwerk der HVP. Dieses Aggregat wurde in der ersten Hälfte des Jahres 1939, wie die Starthilferaketen, auf dem Prüfstand IV der Heeresversuchsstelle Peenemünde-Ost einer langen Erprobung unterzogen, deren Ergebnisse und Verbesserungen erst nach vielen Schwierigkeiten zufriedenstellend waren. Bei den Schubversuchen hatte man das Triebwerk wieder in den Rumpf einer He 112 eingebaut, der waagerecht liegend in dem aus Eisenträgern aufgebauten Prüfstandgestell gehalten war. Die Brennversuche leitete damals der Ingenieur Klaus Riedel. Prüfstandmeister war seinerzeit Günter Haukohl, dem als Meßgehilfe Ernst Kütbach zugeteilt war. Wernher von Braun, Erich Warsitz und besonders Herbert Unger nahmen an diesen Bodenversuchen öfter als Beobachter im Werk Ost teil. Unger informierte dann den Versuchsstellenleiter von Werk West, Fl.-Oberstabsingenieur Pauls, über die Abläufe dieser Versuche, die recht schleppend vorangingen und mit vielen Schwierigkeiten behaftet waren, wie sich Pauls noch nach dem Kriege erinnerte. Herbert Unger war bei der Versuchsstelle »Mädchen für alles«, wie er sich selbst bezeichnete. In seiner offiziellen Stellung als DAF-Obmann (Deutsche Arbeits-Front) hatte er einerseits gute Verbindungen zu den NS-Dienststellen, womit er der Versuchsstellenleitung oft hilfreiche Informationen zukommen lassen konnte, wenn von dieser Seite unbequeme und dem Geheimhaltungsgebot nicht entsprechende Aktionen mit der Belegschaft geplant oder in Vorbereitung waren. Weiterhin hatte er die Funktion eines Jagdaufsehers inne, die wegen des Sperrgebietes nur ein Versuchsstellenangehöriger wahrnehmen durfte. Da Unger schon in Neuhardenberg mit den Heinkel- und den Walter-Monteuren auf technischem Gebiet mitgearbeitet hatte und zu Warsitz ein besonderes Vertrauensverhältnis besaß, hat er auch diese Aufgaben in Peenemünde-West weitergeführt. Vor jedem Start von Warsitz drehte Unger persönlich das Hauptventil am Raketentriebwerk auf und fuhr bei Start und Landung mit dem Begleitwagen so lange bzw. so früh wie möglich neben dem Flugzeug her, um bei einem Unglück sofort zur Stelle sein zu können.[1,5,6]

147

7. Dauerflugweltrekord mit der He 116

Wie aus den Kapiteln 2.2. und 6. zu entnehmen ist, wurde in den Jahren 1937 bis 1939, außer den Vorbereitungen für das Raketenflugzeug He 176 und den flankierenden Erprobungen mit den He-112R-Flugzeugen als Raketentriebwerkträger, in Peenemünde-West ein besonderer Schwerpunkt bei der Erprobung der Walter-Starthilferaketen gesetzt. Im Zuge dieser Arbeiten war es wieder Dr. Ernst Heinkel, der im Mai 1939 mit einer neuen Idee an die Versuchsstelle herantrat. Er strebte einen neuen Dauerflugweltrekord an. Die Starthilfen sollten dabei als Mittel eingesetzt werden, um das Ziel zu verwirklichen. Als Start- und Landeplatz war das Rollfeld der Versuchsstelle Peenemünde-West ausgewählt worden, da hier die Organisation für die Wartung und Betankung der Starthilferaketen gegeben war.[1] Heinkel verwendete für diesen Versuch sein viermotoriges Langstrecken-Postflugzeug He 116. Hiervon existierten 1939 zwei Muster, die 1937 im Auftrag der Deutschen Lufthansa gebaut worden waren und für den Flugdienst nach Ostasien eingesetzt werden sollten. Zu einem Serienbau kam es damals nicht, da zu diesem Zeitpunkt in Deutschland kein Höhenmotor von 500 PS zur Verfügung stand. Ein Höhenmotor dieser Stärke wäre für den vorgesehenen Zweck notwendig gewesen, da der Pamir in Zentralasien in großer Höhe zu überfliegen gewesen wäre. Die beiden Prototypen besaßen Motoren des Typs Hirth HM 508 J mit einer Leistung von 4 × 240 PS. Diese Triebwerke waren dann auch für die mit Zusatztanks bis an die Höchstgrenze beladenen Rekordmaschine zu schwach, um das Flugzeug in die Luft zu bringen. Deshalb befestigte man in Peenemünde vier Walter-Starthilfen – unter jeder Tragfläche zwei Aggregate – an der He 116.
Beim ersten Start, am 27. Juli 1939, ereignete sich eine böse Überraschung. Eine der Starthilfen löste sich von ihrer Halterung, schoß als frei fliegende Rakete nach vorne und beschädigte das Fahrwerk und den Propeller des steuerbordseitigen Innenmotors. Das Flugzeug legte sich dabei auf die Steuerbordtragfläche. Die Motoren und die Starthilferaketen wurden sofort abgeschaltet. Die Besatzung verließ wegen der drohenden Brand- und Explosionsgefahr fluchtartig das Flugzeug. Dabei hatte sie noch Glück im Unglück. Wenn sich das auslaufende Flugbenzin mit dem Wasserstoffsuperoxyd der Starthilfen vermischt hätte, wäre ein brisanter Sprengstoff entstanden. Bei dessen Explosion hätte das vollgetankte Flugzeug restlos zerstört und die Besatzung in höchste Lebensgefahr gebracht werden können. Auch bei diesem Unglück zeigte sich wieder der Vorteil einer jederzeit abschaltbaren Flüssigkeits-Raketenstarthilfe gegenüber einer weiterbrennenden Feststoffrakete.
Der Rekordversuch wurde von dem zweiten Flugzeug des gleichen Typs mit dem Namen »Rostock« (D-ARFD) am 30. Juli wiederholt und auch erfolgreich beendet. Im Nonstopflug pendelte die »Rostock« mit ihrer Heinkel-Besatzung zwi-

schen Zinnowitz und Leba hin und her. Genau nach 46 Stunden und 18 Minuten hatte sie am 1. August 1939 mehr als 10 500 km zurückgelegt und landete wohlbehalten in Peenemünde-West.[3]

Dieser Rekord bestand nur kurze Zeit. Die Japaner überboten ihn und machten es sich beim Start einfacher. Sie ließen das Flugzeug einfach eine abfallende Startbahn herunterrollen. Dieser zunächst frappierende Vergleich beider Startmöglichkeiten hinkt jedoch insofern, als derart abschüssige Startbahnen normalerweise nicht vorhanden sind, wogegen mit Starthilfeunterstützung auf jeder einigermaßen geeigneten und verhältnismäßig kurzen Bahn gestartet werden kann.

Der Vollständigkeit halber sei noch erwähnt, daß beide Musterflugzeuge danach an die japanische Luftverkehrsgesellschaft in Mandschukuo verkauft wurden und dort bis zum Ende des Zweiten Weltkrieges flogen.[1,2]

8. He 176, erstes Raketenflugzeug der Welt mit Flüssigkeitsraketentriebwerk

Bisher ist die He 176 schon verschiedentlich genannt worden, um mittelbar oder unmittelbar mit ihr zusammenhängende Projekte wie z. B. jenes der He-112R-Versuche besser verstehen zu können. Nachdem in Neuhardenberg an Propellerflugzeugen mit Raketenzusatztriebwerken bewiesen worden war, daß ein Flugzeug mit einer Heckdüse sowohl zu starten als auch zu fliegen war, stand der Entwicklung eines reinen Raketenflugzeuges nichts mehr im Wege. Damit kehren wir in die schon in Kapitel 6.2. erwähnte Besprechung bei Heinkel in Rostock-Marienehe gegen Ende 1937 zurück. Die Diskussion über die He 176 mündete letztlich in die Fragestellung ein, ob ein Raketenflugzeug mit normalen Abmessungen, wie sie z. B. ein Jagdflugzeug damaliger Größenordnung besaß, zu bauen wäre oder ob ein kleineres, nur auf eine möglichst hohe Spitzengeschwindigkeit angelegtes Raketenflugzeug zu entwickeln sei. Im ersten Fall wäre – sofern in diesem Zusammenhang in der damaligen Zeit überhaupt von Sicherheit die Rede sein konnte – doch ein gewisser Sicherheitsfaktor eingebracht worden. Die Größe hätte aber wieder einen negativen Einfluß auf die erreichbare Geschwindigkeit ausgeübt. Ein kleines, speziell auf Geschwindigkeit getrimmtes Flugzeug würde das Gefahrenrisiko des Piloten auf jeden Fall erhöhen, wie es die Erprobung dann auch zeigen sollte. Aufgrund dieser Tatsachen wandte sich Dr. Heinkel gegen Ende der Besprechung an Warsitz mit den Worten: »Eigentlich müßte Warsitz das bestimmen, denn er ist derjenige, der es fliegen muß. Was meinen Sie, wofür sind Sie?« Warsitz erwiderte: »Herr Doktor, ich bin schon für den letzten Vorschlag und bin dabei überzeugt, daß, nachdem ich über ausreichende Erfahrung auf dem Gebiet verfüge, … mir nichts passiert.« Diese Antwort erfolgte im Beisein aller Besprechungsteilnehmer. Nach der Besprechung kamen Heinkel und Warsitz nochmals unter vier Augen auf dieses Thema zurück, und Warsitz berichtete nach dem Kriege darüber, daß er und Heinkel sich einig waren, gleich mit dem ersten Raketenflugzeug an den Geschwindigkeitsbereich einer Zahl mit drei Nullen, also wenigstens an die 1000 km/h heranzukommen. Das sollte aber noch nicht offiziell publik werden. Hier trafen sich die Interessen der beiden Männer in einem Punkt. Heinkels alte Sehnsucht, als erster ein Flugzeug zu bauen, das die Schallgeschwindigkeit erreicht, und Warsitz' Ehrgeiz, dieses Flugzeug zu fliegen, gingen hier einen fast verschwörerischen Pakt ein.[1]
Die angestrebte Geschwindigkeit von 1000 km/h mit der He 176 sollte ein wesentlicher Schritt nach vorne in unbekanntes fliegerisches Neuland sein und einen deutlichen Abstand zu der mit Propellerflugzeugen erreichbaren Maximalgeschwindigkeit aufweisen. Heinkel selbst schrieb dazu in seinen Erinnerungen an die Zusammenarbeit mit von Braun:»… aber zur gleichen Zeit, da wir danach streb-

ten, die 700-km-Grenze zu überschreiten … hatte mich angesichts der erfolgreichen Flüge mit Raketen (in Neuhardenberg, d. Verf.) die Versuchung erfaßt, nach mehr zu greifen, vielleicht nach 900, vielleicht nach 1000 km Geschwindigkeit.«[1,2] Unmittelbar nach dieser grundlegenden Besprechung richtete Dr. Heinkel für die Entwicklung und Konstruktion der He 176 die Abteilung Sonderentwicklung II ein und baute dafür in seinem Werk Marienehe zunächst eine Baracke. Unter größter Geheimhaltung ging man im Herbst 1937 an die Arbeit. Nur die unmittelbar mit dem Thema Betrauten hatten hier Zutritt. Diese Geheimhaltung verfolgte einen doppelten Zweck. Einerseits unterlag die spezielle Konstruktion eines Raketenflugzeuges, das letztlich neben dem Rekordversuch nur für den militärischen Zweck einsetzbar war und außer seinem Antrieb auch sonst zukunftsträchtige Merkmale aufwies, selbstverständlich der militärischen Geheimhaltung. Andererseits nahm man anfangs die Arbeiten ohne Wissen und Billigung des RLM in Berlin auf, was von Heinkels Seite noch eine Weile so bleiben sollte. So wie man in Kummersdorf mit den Zusatzraketentriebwerken geheim begann und die obersten, vorgesetzten Dienststellen entsprechend der erreichten Erfolge erst nach und nach einweihte, so begann auch hier bei Heinkel zunächst alles aus Privatinitiative unter dem Siegel der Verschwiegenheit, besonders auch um Gegner des Flugzeugraketenantriebes nicht auf den Plan treten zu lassen. Außerdem wollte Heinkel der Konkurrenz seine neuen Aktivitäten auf diesem Gebiet nicht frühzeitig auf die Nase binden.

Neben der Entwicklung und Konstruktion des auf einen Entwurf von Dipl.-Ing. Walter Günter zurückgehenden Hochgeschwindigkeitsflugzeuges unter Direktor Dr. Heinrich Hertel (später Professor), dem Chefkonstrukteur Obering. Karl Schwärzler, Dipl.-Ing. Siegfried Günter, dem Zwillingsbruder von Walter, der die Aufgabe seines inzwischen tödlich verunglückten Bruders übernahm, sowie Herrn Josef Köhler und anderen wurde anfangs der Bau von Holzattrappen betrieben. Wie schon geschildert, stand eine solche Attrappe auch schon Ende 1937 in Neuhardenberg für Sitzerprobungen zur Verfügung. Freimütig gestand Warsitz nach dem Kriege: »Als die erste Attrappe fertig war, ich glaube, da haben wir alle gedacht, das Ding wird nie fliegen. Wie das aussah, und wie klein das Ding geworden war!«[1,3] Anstelle der primitiven Baracke wurde sehr schnell für die Sonderentwicklung ein massives Gebäude bei Heinkel errichtet. Hier wurde nun mit Hochdruck an der Verwirklichung der He 176 weitergearbeitet. Nach weiteren Attrappenbauten, deren Besichtigungen und Änderungen, besonders der Kanzelausführung, konnte mit dem Bau des Versuchsmusters 1 (V1) begonnen werden. Den Aufbau der Kanzel mit Bedienelementen und der Instrumentierung hatte Erich Warsitz als zukünftiger Testpilot weitestgehend zu bestimmen und festzulegen.[1]

8.1. Entwicklung

Da mit dem neuen Flugzeug Geschwindigkeiten zumindest bis in die Nähe der Schallgeschwindigkeit vorgesehen waren, hatte die Konstruktion von Rumpf und Tragflächen dieser Tatsache Rechnung zu tragen. Als im Jahre 1937 die ersten Striche für die He 176 bei Heinkel aufs Papier gebracht wurden, waren die wesentli-

chen notwendigen Konstruktionsmerkmale der Profil- und Formgebung von Tragflächen für den angestrebten Hochgeschwindigkeitsflug zwar bekannt, aber bezüglich der Stabilitätsfrage waren keine Unterlagen vorhanden. Für die Auftriebs-
und Widerstandsbeiwerte (c_a- und c_w-Werte) konnten nur Rückschlüsse aus dem
Bericht NACA 492 von Starke-Dönhoff über Profilmessungen an Luftschrauben
gezogen werden. Mit der Lösung dieser Probleme verwirklichte die Firma Heinkel
an den Tragflächen der He 176 erstmals die typischen Merkmale einer für damalige
Verhältnisse als Hochgeschwindigkeitsflugzeug anzusehenden Maschine.[1,6]

Die Problematik dieses Flugzeuges bestand damals darin, daß es sowohl im
Unterschallbereich starten und landen, im Fluge möglichst nahe an die Schallgeschwindigkeit herankommen und somit für den Langsam- und Hochgeschwindigkeitsflug gleichermaßen geeignet sein sollte. Die Notwendigkeit des Überschallfluges bestand zur damaligen Zeit noch nicht, da zwischen den normalen erreichten Höchstgeschwindigkeiten der Propeller-Jagdflugzeuge von 500 bis 600 km/h
bis zur von den Rückstoßtriebwerken erreichbaren Schallgeschwindigkeitsnähe
noch eine große Geschwindigkeitsdifferenz gegeben war.

Es soll nun hier nicht die Aerodynamik des Überschallfluges erschöpfend behandelt werden, aber einige Begründungen für die damals ausgeführte Tragflächenform der He 176 sind sicher von Interesse. Zunächst sollen einige grundsätzliche
Bemerkungen zum Tragflächeneffekt an im Unterschall fliegenden Flugzeugen
gemacht werden. Anschließend werden die Änderungen zum damaligen Hochgeschwindigkeitsflug dargestellt. Die Aufgabe der Tragfläche eines Flugapparates
besteht darin, mit Hilfe der sie umströmenden Luft, dem Fahrtwind F, eine Luftkraft R zu bewirken, die das Gewicht des Flugzeuges mit entgegengesetzter Wirkungsrichtung kompensieren kann, womit ihm ein gleichmäßiger Flug ermöglicht
wird (Abb. 14).[4] Die Luftkraft R der Tragfläche wird von der Auftriebskraft A
hergeleitet. Die Auftriebskraft A ist durch die unterschiedlich starke Wölbung der
oberen und der unteren Tragflächenseiten gegeben, deren Konfiguration als Profil der Tragfläche bezeichnet wird. Eine stärkere Wölbung der Flächenoberseite
gegenüber der Unterseite hat oben einen geringeren statischen Druck der Luftströmung gegenüber der Unterseite zur Folge. Durch diese Druckdifferenz entsteht mit Hilfe der Tragfläche eine von der Profilsehne ausgehende, senkrecht
nach oben gerichtete Kraft, die Auftriebskraft A. Auftriebskraft A und Luftkraft R
greifen im Druckmittel des Profils an, das etwa bei einem Drittel seiner Tiefe, von
der Nase aus gerechnet, liegt. Die Auftriebskraft ist aber nicht frei von Einflüssen,
wie aus Abb. 14 zu ersehen ist. Demzufolge wirkt der Luftwiderstand W als senkrechte Komponente zur Auftriebskraft A, wodurch die resultierende und das Flugzeug tragende Luftkraft R in ihrer Wirkungsrichtung zur Flügelhinterkante verlagert wird.

Der Luftwiderstand W besteht im wesentlichen aus Reibungsverlusten der die
Tragflächen umströmenden Luft, dann aus dem Staudruck, der von der Luftdichte (Höhe) und Geschwindigkeit abhängig ist, sowie aus einem Widerstandsbeiwert, der in seiner Größe ebenfalls stark von der Geschwindigkeit und der Profil-
formgebung beeinflußt wird. Dieser Widerstandsbeiwert c_w erreicht bei Annäherung an die Schallgeschwindigkeit ein Maximum, um danach bei weiterer Geschwindigkeitssteigerung auf sehr kleine Werte abzusinken.

Einen wichtigen Einfluß auf die Luftkraft R hat der Winkel zwischen Profilsehne

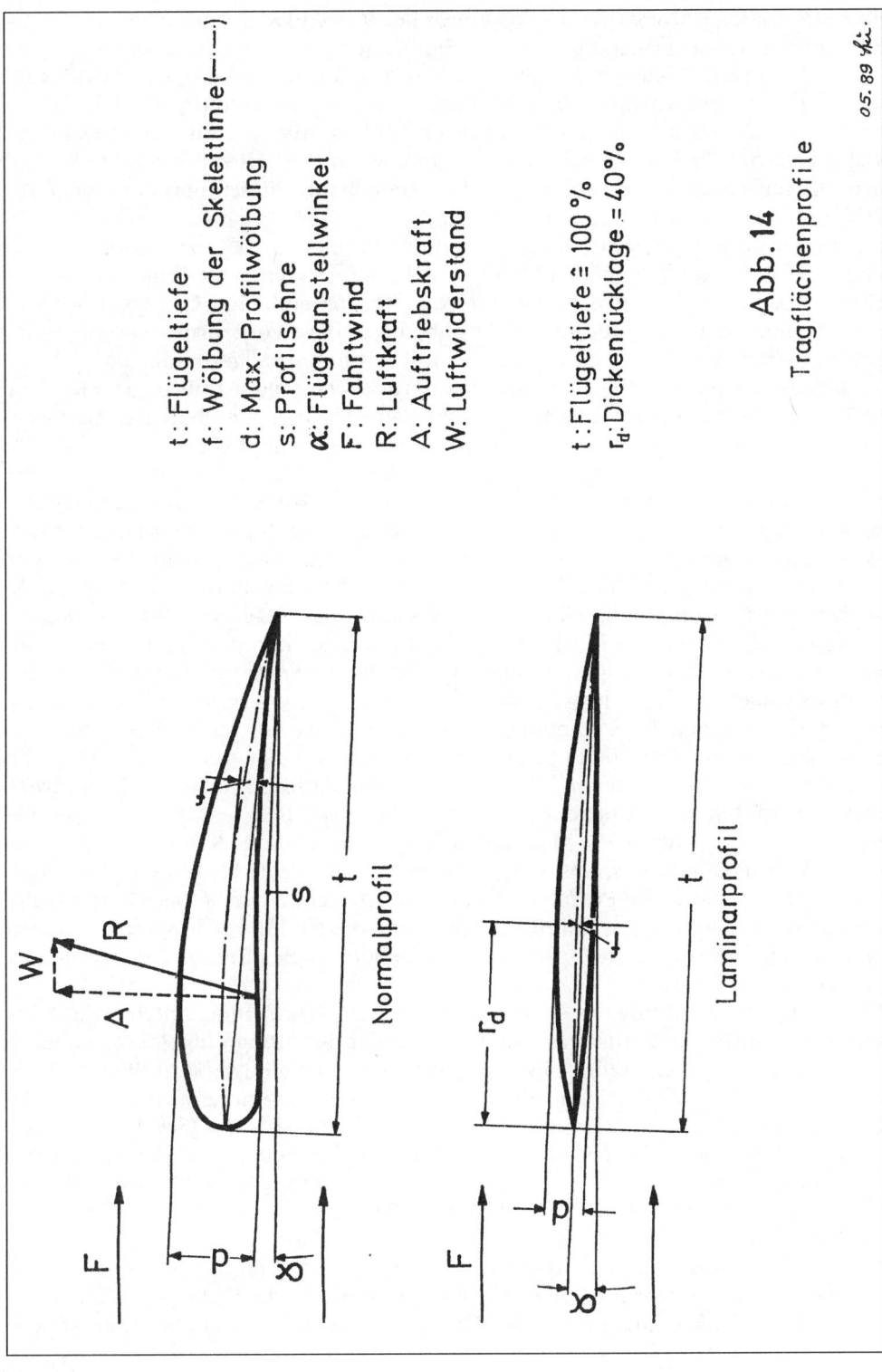

t : Flügeltiefe
f : Wölbung der Skelettlinie (——)
d : Max. Profilwölbung
s : Profilsehne
α : Flügelanstellwinkel
F : Fahrtwind
R : Luftkraft
A : Auftriebskraft
W : Luftwiderstand

t : Flügeltiefe $\hat{=}$ 100 %
r_d : Dickenrücklage = 40 %

Normalprofil

Laminarprofil

Abb. 14
Tragflächenprofile

05.89 fi.

153

und Strömungsrichtung, der als Anstellwinkel α der Fläche bezeichnet wird. Mit ihm ändern sich Angriffspunkt, Größe und Richtung der Luftkraft R.

Zusammenfassend kann man aus dem Dargelegten festhalten, daß dicke Tragflächenprofile mit großen Wölbungsunterschieden guten Auftrieb, aber hohen Luftwiderstand in den damals üblichen Flughöhen ergeben. Auch ist ersichtlich, welch entscheidenden Einfluß das Profil und dessen Anstellwinkel auf die Flugeigenschaften eines Flugzeuges haben. Sinngemäß sind diese Tatsachen auch auf Höhen- und Seitenleitwerk zu übertragen.[4]

Die bisher betrachteten aerodynamischen Zusammenhänge bezogen sich auf einen im Unterschall fliegenden Flugapparat. Es stellt sich nun die Frage, bis zu welchen Geschwindigkeiten die geschilderten Zusammenhänge Gültigkeit haben. Der Grund, warum ein Flugzeug nicht ohne besondere Vorkehrungen seine Fluggeschwindigkeit bis an die Schallgeschwindigkeit heran steigern kann, liegt in der Tatsache der Kompressibilität (Zusammendrückbarkeit) der Luft begründet. Nur bis zu einer bestimmten Geschwindigkeit kann diese Eigenschaft der Luft vernachlässigt werden. Bezeichnet man die Schallgeschwindigkeit mit M (331 m/s bei 0 °C), so muß schon bei 0,2 M, also etwa bei 66 m/s = 240 km/h, die Kompressibilität berücksichtigt werden, da hier schon die Ablösungserscheinungen der strömenden Luft von der Tragfläche und ihrem Profil stark beeinflußt werden. Während alle anderen Werte bei der Ermittlung des Luftwiderstandes W an einer Tragfläche ziemlich einfache Zusammenhänge haben, macht der schon erwähnte Widerstandsbeiwert durch seine große Geschwindigkeits- und Anstellwinkelabhängigkeit die Sache des Hochgeschwindigkeitsfluges kompliziert. Besonders an der Unterdruck- bzw. Saugseite eines Profiles ergeben sich bei hohen Geschwindigkeiten auch große Beiwertsänderungen, die auf die schon erwähnten Ablösungserscheinungen der Strömung zurückzuführen sind. Strömungsablösungen an Profiloberflächen treten dann besonders stark auf, wenn an der Profilschulter die örtliche Oberfächengeschwindigkeit der Strömung größer als die Schallgeschwindigkeit wird. Die dann entstehenden Kompressionswellen verursachen einen raschen Abfall des Auftriebes. Messungen haben während des Krieges gezeigt, daß bei dünnen Profilen und Anstellwinkeln bis 5° die Strömung zwischen 0,7 und 0,9 M abreißt. Für dicke Profile lagen diese Werte schon bei 0,6 bis 0,8 M. Da die ersten Werte etwa in jenen Bereich fielen, in den die He 176 vordringen sollte, wird deutlich, daß entsprechend spezielle Formgebungen des Tragflächenprofiles zu berücksichtigen waren.

Durch die Verminderung des Auftriebes bei hohen Geschwindigkeiten erfährt das Flugzeug eine Verlagerung aller Neutralpunkte in Richtung Flügelnase, wodurch eine Kopflastigkeit entsteht. Außerdem wird das Höhenleitwerk zusätzlich durch die breitere Wirbelstraße der abreißenden Tragflächenströmung stärker von unten beeinflußt, was diese Kopflastigkeit noch unterstützt (Abb. 15). Um diese Effekte zu vermeiden bzw. zumindest auf noch größere Geschwindigkeiten hinauszuschieben, entwickelte man das sogenannte Laminarprofil, das bei großer Schlankheit und annähernder Profilsymmetrie die größte Profildicke in großer Rücklage, d. h. zur Flügelhinterkante hin verschoben hatte (Abb. 14).[4]

Eine weitere Gefahrenquelle des Hochgeschwindigkeitsfluges bestand damals in der mechanischen Überlastung der Trag- und Steuerflächen. Da diese Konstruktionsteile elastische Bauelemente sind, ist leicht einzusehen, daß die an ihnen wir-

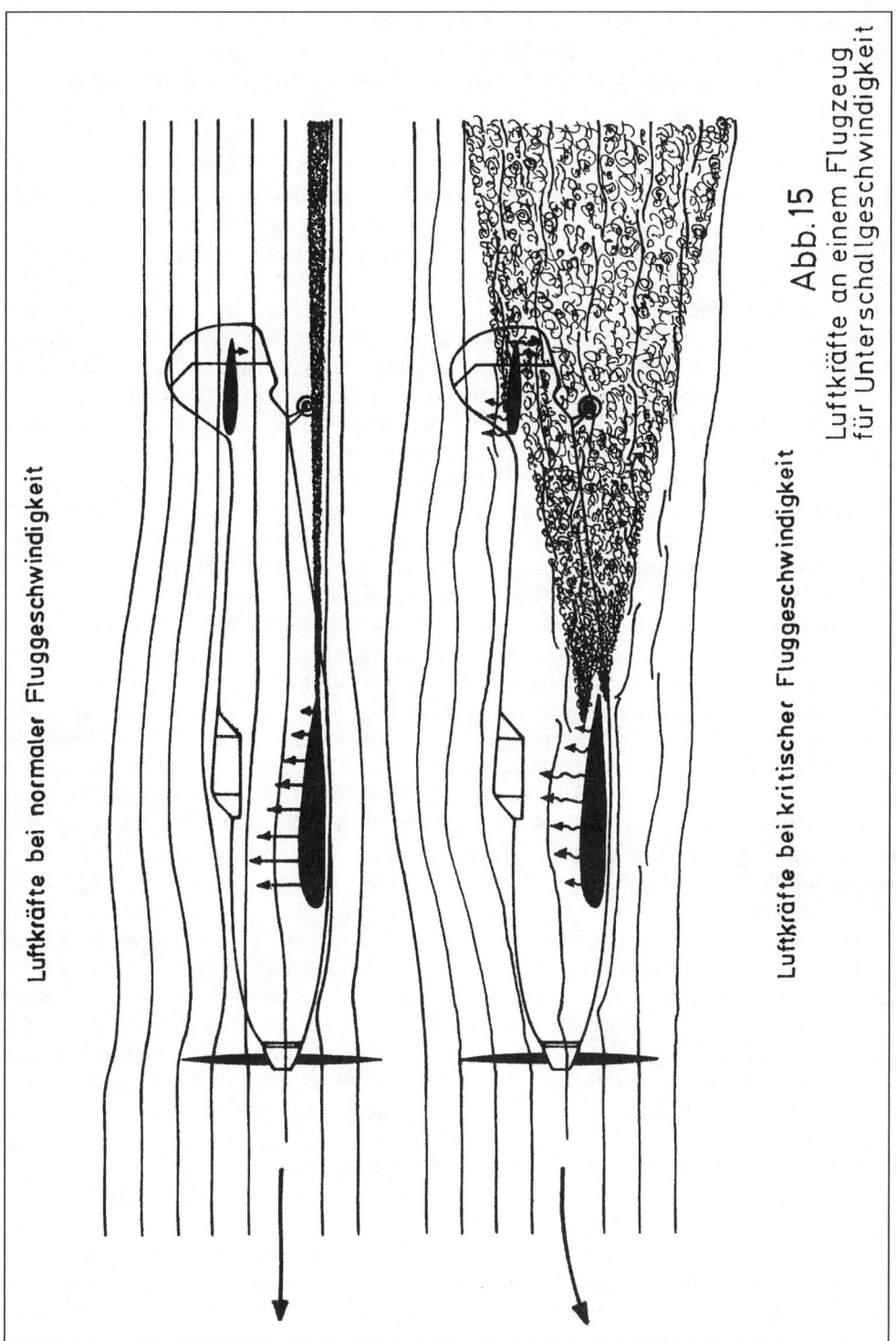

Luftkräfte bei normaler Fluggeschwindigkeit

Luftkräfte bei kritischer Fluggeschwindigkeit

Abb.15
Luftkräfte an einem Flugzeug
für Unterschallgeschwindigkeit

155

kenden Druck- und Stoßkräfte bei abreißender Strömung kritische Resonanzschwingungen verursachten, die leicht zum Bruch der Flächen führen konnten. Auch in dieser Beziehung schafften schlanke Laminarprofile Abhilfe. Die gefahrbringenden Drucksprünge traten hier erst am Profilende auf, so daß die Druckverteilung über das Profil nicht so ungünstig beeinflußt wurde.

Außer dem Laminarprofil wählte man bei der He 176 auch den elliptischen Flügelumriß. Diese Form verringert den Randwiderstand und gestaltet damit die Auftriebsverteilung über die Flügellänge möglichst günstig. Mit den geschilderten Konstruktionsmerkmalen hoffte man bei der He 176 die Voraussetzungen geschaffen zu haben, um den Geschwindigkeitsrekord mit einer vierstelligen Zahl verwirklichen zu können.

Es sei noch ergänzend erwähnt, daß schon ab Mitte der 30er Jahre in Deutschland wesentliche Arbeiten zum Hochgeschwindigkeitsflug geleistet wurden und in vielen Institutionen die Möglichkeiten zur Untersuchung des Überschallfluges bestanden. Außer dem vom Heer in Peenemünde-Ost 1937 errichteten Windkanal mit über vierfacher Schallgeschwindigkeit verfügte die Luftwaffe in der Deutschen Versuchsanstalt für Luftfahrtforschung (DVL) in Berlin-Adlershof, der aerodynamischen Versuchsanstalt Göttingen (AVA) und der Luftfahrtforschungsanstalt Hermann Göring (LFA) bei Volkenrode über jeweils mehrere Windkanäle mit mehrfacher Schallgeschwindigkeit. In Kochel/Tirol war neben zwei Windkanälen mit 3,3- und 4,4facher Schallgeschwindigkeit ein solcher mit M = 10 bei Kriegsende im Bau. Die benötigte Gebläseleistung betrug 80 000 PS bzw. 58 840 kW. Außerdem befaßte sich auch das damalige Kaiser-Wilhelm-Institut (KWI) mit Schnellflugproblemen.[4] Später, nachdem der Bau der He 176-V1 schon weit vorangekommen war, wurde im Hochgeschwindigkeitskanal der DVL bei Dr. Tietjenz ein Modell des Flugzeuges bis zu einer Geschwindigkeit von M = 0,9 durchgemessen. Dieses aus Stahl gefertigte Modell von etwa 180 mm Länge dürfte wohl das erste Flugzeugmodell für derart hohe Geschwindigkeiten gewesen sein. Die genaue Fertigung bereitete große Schwierigkeiten, da es Spezialwerkstätten für diesen Zweck noch nicht gab.[1, 6] Auch sollten später die Konstrukteure bei der Entwicklung der Me 163 vor den gleichen Problemen stehen, wie noch in Kapitel 10 berichtet wird.

Nach diesen allgemeinen Erläuterungen wollen wir zur Konstruktion und zum Bau der He 176 nach Rostock-Marienehe zurückkehren. Es kann einleitend festgehalten werden, daß bei diesem Flugzeug viele für die Zukunft richtungweisende Gedanken verwirklicht und auch Problemlösungen für die späteren Raketen- und Turbinenluftstrahlflugzeuge diskutiert wurden. Da von den strömungstechnischen Überlegungen her die Tragflächen schon im Mittelpunkt standen, soll auch mit der Schilderung ihrer konstruktiven Einzelheiten begonnen werden. Neben dem flachen Laminarprofil mit 40 % Dickenrücklage und 9 % Dicke, entsprechend 90 mm, waren auch die in Ellipsenform verlaufenden Flächenränder entsprechend scharfkantig ausgebildet. Ein Teil des Treibstoffes sollte in den aus Hydronalium gefertigten und dicht geschweißten Hohlräumen der Tragflächen untergebracht werden. Flächentanks waren ja eine altbekannte Tatsache, jedoch bestanden sie bis dahin aus separaten Behältern, die in die Flächenräume eingebaut wurden. Bei der He 176 stellte dagegen die Flächenbeplankung gleichzeitig die Tankwand dar. Weiterhin war die Beplankung, neben der Dichtschweißung, wegen der geringen und schlanken Profilwölbung nur mit Sprengnieten möglich. Hierbei wurde durch Zünden eines kleinen Sprengsatzes im rohrförmigen Nietschaft dieser wulstförmig zum Schließkopf aufgeweitet. Das Dichtschweißen der Flächentanks bereitete anfangs große Schwierigkeiten und benötigte bis zur endgültigen Lösung einen beträchtlichen Zeitaufwand. Wegen dieser Problematik hatte man, um die Entwicklungszeit zu überbrücken, zunächst einen normalen, zweiholmigen Flügel in Metall-Schalenbauweise eingesetzt, mit dem dann auch die Flugerprobung begann.[1, 7]

Die Spannweite betrug nur 5 m, bei einem Flächeninhalt von 5 m², wobei die beiden Tragflächenhälften im unteren Drittel des Rumpfdurchmessers angesetzt waren. Das Flugzeug war demzufolge als freitragender Mitteldecker anzusprechen. An den beiden Flächenhinterkanten war zwischen Rumpf und den nach außen versetzt angebrachten Querrudern noch je eine Spreizklappe angeordnet.

Der Aufbau des Rumpfes mit seinem Cockpit und der aus einem Stück gefertigten oberen Glasabdeckung mit Spitze hatte gegenüber allen bis dahin gebauten Konstruktionen kein vergleichbares Vorbild. Von den geringen Abmessungen, die durch die Entscheidung für eine Flugzeug-Hochgeschwindigkeitsstudie vorgegeben waren, einmal abgesehen, tat man bei der Firma Heinkel alles, um die Sicherheit für den Piloten möglichst groß zu machen. Da der vertikale Rumpfdurchmesser im Kopfbereich des Piloten wegen des Stirnwiderstandes, nur etwa 0,7 m betrug, machte man für die Gestaltung des Pilotensitzes aus der Not eine Tugend. In halbliegender Position wie in einem Liegestuhl, wobei die Beine zum Bug des Rumpfes zeigten und leicht angewinkelt waren, wurde der Pilot regelrecht in das Cockpit »integriert«. Warsitz wäre es lieber gewesen, in Bauchlage mit dem Kopf nach vorne zu liegen, jedoch hätten sich dadurch für die Instrumentierung und die Anordnung der Bedienelemente große konstruktive Schwierigkeiten ergeben. Die vorgesehene Position, ob nun auf dem Bauch oder auf dem Rücken liegend, hatte den Vorteil, daß bei den zu erwartenden Beschleunigungen der Kreislauf des Piloten entlastet wurde. Man wollte die von Kunstflug und Stuka-Einsatz her bekannten Erscheinungen, Blutstau und Blutleere im Gehirn, und die daraus resultierenden Sehstörungen und kurzzeitigen Bewußtlosigkeiten von vornherein vermeiden.[1, 6, 7]

Ebenfalls aufgrund der beengten Platzverhältnisse unterhalb des Pilotensitzes wurde für Warsitz entgegen des sonst üblichen Sitzfallschirmes ein besonderer Rückenfallschirm entwickelt, angefertigt und erprobt. Besondere Schwierigkeiten bereitete die aus einem Stück gefertigte obere Plexiglasabdeckung mit Rumpfspitze, die eine Vollsichtkanzel darstellte. Die zusätzliche Forderung nach Verzerrungsfreiheit bedeutete eine weitere Erschwernis der Aufgabe. Sie wurde von der Firma Kopperschmidt in Hamburg vorbildlich gelöst. Drei Versteifungsrippen, die sich der Form der Haube auf der Innenseite genau anpaßten und am Boden des Rumpfvorderteiles befestigt waren, sorgten für eine Festigkeitserhöhung der Acrylhaube. Für den Ein- und Ausstieg war in die Haube oberhalb des Pilotensitzes, im gleichen Verlauf wie die Kanzeloberfläche, eine abwerfbare Abdeckung eingearbeitet. Mit dieser Konstruktion war die erste aus einem Stück gefertigte Vollsichtkanzel verwirklicht worden. Die Plexiglashaube war in den Boden des Rumpfvorderteiles ohne Übergang eingestrakt, wie der Fachausdruck lautet.[1]

Die Betätigung des Seitenruders erfolgte wie üblich mit Fußpedalen, die des

Höhenruders mit einem kurzen Steuerknüppel, der aufgrund der halbliegenden Position etwas gebogen über den Piloten herübergezogen war. Wegen der hohen Geschwindigkeiten erwartete man am Steuerknüppel kleine Betätigungswege und an den Rudern große Ruderkräfte. Damit wurde das erforderliche Feingefühl für den Piloten bei den Steuerbewegungen negativ beeinflußt. Dieses Problem lösten die Heinkel-Konstrukteure in der Weise, daß der Angriffspunkt der Ruderkräfte für das Steuergestänge auf eine Spindelmutter gelegt wurde. In dieses Muttergewinde war das untere Teil des Steuerknüppels (Lastarm) mit seinem Spindelgewinde eingeschraubt. Durch Drehen des Steuerknüppelknopfes konnte der Pilot den Lastarm von der Lagerung des Knüppels bis zur Mutter verlängern oder verkürzen und damit die Ruderausschläge und Betätigungskräfte den jeweiligen Bedingungen anpassen.

Damit in dieser Hinsicht vor der eigentlichen Flugerprobung Erfahrungen gesammelt werden konnten, ging die Firma Heinkel mit dem komplett fertiggestellten Flugzeug später in den großen Windkanal der Aerodynamischen Versuchsanstalt Göttingen (AVA). Hier konnten die Start- und Landebedingungen am Original durchgemessen werden, und der Pilot Erich Warsitz hatte die Gelegenheit, sich mit den Steuerdrücken und der Veränderbarkeit der Ruderausschläge vertraut zu machen.[6]

Um dem Piloten in der halbliegenden Position noch einigermaßen gute Sichtverhältnisse zu geben, konnte in seinem vorderen Blickfeld, wie sonst üblich, auch kein Armaturenbrett vorgesehen werden. So mußten die Instrumente links und rechts von den Oberschenkeln des Flugzeugführers in Konsolen eingebaut werden. Die He 176-V1 mit Walter-Antrieb war auf der Backbordkonsole – von vorne nach hinten – mit Kompaß, Fahrtmesser, Höhenmesser und in der Steuerbordkonsole mit Wendezeiger, Zersetzerkammer-Manometer, Tankanzeige, Schaltknopf und der Anzeige für Landeklappen und Fahrgestell ausgerüstet.[26] Ebenfalls durften die Bedienelemente für das Triebwerk und die Zelle, wie später noch erklärt wird, nicht vor dem Piloten angeordnet werden. Um einen Eindruck von der Enge der Kanzel zu bekommen, muß man sich vorstellen, daß es nicht möglich war, eine Bedienungsfunktion vorzunehmen, die ein Anziehen und Abwinkeln des Ellenbogens erforderte. Man ging deshalb bei der Konstruktion dazu über, Bedienelemente, die mit der rechten Hand zu greifen waren, auf der linken Seite, und solche, die mit der linken Hand erreichbar sein mußten, auf der rechten Seite anzuordnen. Damit war jedesmal ein Übergreifen notwendig.[1]

Da mit dem Flugzeug ungewöhnliche Geschwindigkeiten erreicht werden sollten, sah man von der Konstruktion her auch bisher noch nicht verwirklichte Rettungsmöglichkeiten vor. Es wäre z. B. bei Geschwindigkeiten von 800, 900 oder gar 1000 km/h unmöglich gewesen, auf normale Weise mit dem Fallschirm aus der Kanzel »auszusteigen«. Der Fahrtwind würde das verhindert haben, und ein gewaltsamer Versuch hätte den Tod des Piloten verursacht. Aus diesem Grund hatte man sich bei Heinkel ein regelrechtes Rettungssystem ausgedacht. Die ganze Kanzel, einschließlich Pilot, war vom Rumpf abtrennbar. Zu diesem Zweck wurde sie mit dem dahinterliegenden Rumpfspant über vier Befestigungs- und Verriegelungssysteme verbunden, wobei äußerlich die aerodynamisch glatte Form des Rumpfes erhalten blieb. Diese vier Befestigungs- bzw. Trennstellen hatte man zunächst durch vier elektrisch zu zündende Sprengbolzen verwirklicht. Die Absprengbodenversuche haben in Marienehe viel Zeit gekostet und gezeigt, daß mit den Sprengbolzen allein die Vorstellungen der Heinkel-Konstrukteure bei der Trennung von Rumpf und Kanzel nicht zufriedenstellend verwirklicht werden konnten. Zur Verbesserung des Trennvorganges wurden die Sprengbolzen noch durch eine zusätzliche Druckluftschleuderanlage, die aus drei Druckluftzylindern bestand und mit 200 bar Betriebsdruck arbeitete, unterstützt. Offenbar war die »weichere«, sich entspannende Druckluft für den Ablauf des Trennvorganges besser geeignet als die harten, kurzen Explosionsstöße der Sprengpatronen allein. Sowohl in der »Geheimhalle« der Sonderentwicklung bei Heinkel als auch später in Peenemünde wurden mehrere hundert »Abschüsse« beider Rumpfteile am Boden durchgeführt, bis man von der Sicherheit des Trennungssystems überzeugt war. Bei diesen in allen Lagen des Rumpfes durchgeführten Bodenerprobungen simulierte man die Luftkräfte durch lange Gummiseile, die an verschiedenen Stellen und in variierten Richtungen entgegen der Abschußrichtung an der Kanzel angriffen.[1, 6]

Durch die Trennstelle zwischen Kanzel und Rumpf kam in die Übertragungsglieder der Steuerung zunächst eine gewisse »Weichheit« hinein, die es durch konstruktive Maßnahmen weitestgehend zu beseitigen galt. Man befürchtete sonst unangenehme Auswirkungen auf die Rudergabe, besonders bei hohen Geschwindigkeiten.[6]

Mit der geschilderten Konstruktion waren grundsätzliche Gedanken des später bei Heinkel entwickelten Schleudersitzes schon im Ansatz vorhanden. Auch im Ausland hatte man sich Gedanken über Katapultanordnungen zur Rettung von Piloten aus Notsituationen gemacht, die aber, soweit bekannt, im Kriege nicht zur praktischen Anwendung gekommen sind. Erst nach dem Krieg wurde z. B. in das amerikanische Turbo-Raketenversuchsflugzeug Douglas-Skyrocket D 558-2, das im Mai 1947 erstmals flog, ein Rettungssystem mit abwerfbarer Rumpfspitze eingebaut, das offensichtlich die Lösung bei der He 176 zum Vorbild hatte.[5]

Die Weiterentwicklung des in der He 176 verwirklichten Grundgedankens zum ersten, zunächst mit Druckluft betriebenen Schleudersitz in Deutschland wurde von Heinkel beim Bau der He 280-V1 vorgenommen. Diese als Jagdeinsitzer konzipierte Maschine war das erste mit zwei Strahlturbinen (He S8) angetriebene Flugzeug der Welt. Es wurde am 30. März 1941 von Fritz Schäfer erstmals geflogen. Aber schon vor der He 280 hatte Heinkel einen Versuchsträger für Turbinen-Luftstrahltriebwerke (TL-Triebwerke), die He 178, gebaut. Im nachhinein betrachtet, leitete dieses Flugzeug das »Jet-Zeitalter« ein und war ein Meilenstein in der Geschichte der Luftfahrt. Denn dieser Versuchsträger war überhaupt das erste Flugzeug der Welt, das mit einem TL-Triebwerk geflogen ist. Der Erstflug gelang Erich Warsitz am 27. August 1939 in Marienehe.[8, 9]

Aus den genannten zeitlichen Abläufen ist ersichtlich, daß die Entwicklung des ersten Raketenflugzeuges He 176 und die des ersten TL-Flugzeuges He 178 fast parallel gelaufen sind. Die Neuentwicklungen auf dem Gebiet der TL-Triebwerke waren Dr. Heinkel durch die Verpflichtung des jungen Physikers Dr. Pabst von Ohain und dessen Assistenten Max Hahn gelungen. Schon im Jahre 1936 hatte Dr. Heinkel in seinem Werk Marienehe eine geheime Abteilung für Strömungstriebwerke geschaffen, deren Leitung er von Ohain anvertraute. Dieser hatte sich schon seit 1934 mit der Theorie von Strahltriebwerken befaßt. Von Ohains Arbeiten bei Heinkel mündeten als erstes Entwicklungsziel in den Bau zweier für die Flugerprobung vorgesehenen TL-Triebwerke, die He S3B, ein. Eine der beiden Turbinen wurde nach entsprechenden Vorversuchen als Zusatztriebwerk in die als fliegender Prüfstand dienende hochbeinige He 118 eingebaut.[9]

Es soll in diesem Zusammenhang nicht die geschichtliche Entwicklung der bei Heinkel gebauten TL-Flugzeuge geschildert werden, da deren Erprobung mit der Versuchsstelle der Luftwaffe Peenemünde-West nichts zu tun hatte. Jedoch war deren Chefpilot, Erich Warsitz, als Einflieger und Erprobungspilot mit wesentlichem Anteil an der Verwirklichung der TL-Flugzeuge beteiligt. Hier treten wieder Warsitz' damalige mehrfache Zuständigkeiten in Erscheinung, die ihm vom RLM in Berlin zugeteilt waren. Einerseits war er als Chefpilot und Flugleiter in Peenemünde-West tätig und andererseits als Chefpilot den Heinkel-Flugzeug-Werken, Rostock-Marienehe, für Raketen- und TL-Flugzeuge, kurz »Sonderflugzeuge« genannt, zugewiesen. Somit ist es sicher richtig, bei der Schilderung der He 176, die ja ausschließlich von Warsitz geflogen wurde, auch die übrigen epochemachenden Neuentwicklungen bei Heinkel kurz erwähnt zu haben, zumal bei der Konstruktion der Zellen manches Gedankengut zum einen Flugzeug in die Überlegungen zum anderen eingeflossen ist.[1, 6]

Nach der kurzen Zusammenfassung über die Anfangsentwicklung der TL-Flugzeuge bei Heinkel, die, wie geschildert, mit der He 176 u. a. einen Berührungspunkt in der Verwirklichung eines Rettungssystems für den Piloten hatte, wenden wir uns wieder der He 176 zu. Als die Versuche zur Abtrennung von Kanzel und Rumpf am Boden erfolgreich verlaufen waren, ging man dazu über, durch Abwürfe aus großen Höhen von einer He 111 die Brauchbarkeit des Rettungssystems in der Luft zu erproben.

Um diese Versuche besser verstehen zu können, muß noch der Grundgedanke dieses Systems näher betrachtet werden. Dabei soll für einen gravierenden Störfall eine Fluggeschwindigkeit von 800 bis 1000 km/h angenommen werden. In dieser Situation hätte sich der Pilot mit seiner Kanzel vom Rumpf trennen müssen. Zu diesem Zweck mußte er mit der rechten Hand zur linken Seite übergreifen, in Kopfnähe einen Hebel ziehen, der an der Kanzelrückwand angebracht war. Damit setzte er den Trennvorgang zwischen Kanzel und Rumpf in Aktion. Auf die plötzlich frei und offen werdende stumpfe Trennfläche des Rumpfes wirkte der hohe Fahrtwind sofort bremsend und sicher auch zerstörend ein und ließ ihn mit seinen Tragflächen gegenüber der frei nach vorne weiterfliegenden, strömungstechnisch gut durchgebildeten Kanzel mit schneller Abstandsvergrößerung zurückbleiben. Die Kanzel war nun, mit einer angenommenen Anfangsgeschwindigkeit von 900 km/h zum Zeitpunkt der Trennung vom Rumpf, dem freien Fall unterworfen, wobei sie sich wegen fehlender aerodynamischer Stabilität auch überschlagen konnte. Für das weitere Abbremsen der Fallgeschwindigkeit war an der äußeren Kanzelrückwand ein zusammengelegter Bremsfallschirm angebracht, der aber erst nach einem gewissen Fallweg von etwa 1000 m gezogen werden durfte, bis sich die Fallgeschwindigkeit der Kanzel durch den Luftwiderstand verringert hatte. Das war notwendig, um Zerstörungen am Schirm zu vermeiden. Zum Zwecke der Auslösung des Bremsfallschirmes hatte der Pilot einen zweiten Hebel, mit der linken Hand nach rechts übergreifend, zu ziehen. Nach der Öffnung des Schirmes wäre die Kanzel in der Luft, mit der Spitze nach unten hängend, stabilisiert worden. Auch diese stabilisierende Drehung konnte, wie der Abschußvorgang selbst, kritische Beschleunigungskräfte auf den Körper des Piloten ausüben. Durch den Bremsfallschirm und einen entsprechenden Fallweg hätte sich für die Kanzel eine reduzierte Endgeschwindigkeit von etwa 300 km/h, entsprechend 83 m/s, eingestellt. Nach Abwerfen der Einstiegsabdeckung, die ja oberhalb vom Kopf des Piloten in der Kanzel angeordnet war, konnte er die Gurte seines Sitzes lösen und mit Unterstützung der Sogwirkung an der freien Ausstiegsöffnung die Kanzel verlassen. Auch danach mußte der Pilot ein vorzeitiges Öffnen seines Rückenfallschirmes vermeiden, um Beschädigungen am Schirm und eigene Verletzungen zu verhindern. Beim freien Fall erreicht ein menschlicher Körper, bedingt durch den Luftwiderstand, eine Endgeschwindigkeit von etwa 175km/h. Erst diese Fallgeschwindigkeit gestattet ein gefahrloses Überstehen des Fallschirmöffnungsstoßes. Die Landung auf der Erde wäre dann, wie bei jedem normalen Fallschirmabsprung, mit 4 bis 5 m/s Sinkgeschwindigkeit erfolgt.

Aus dem geschilderten Vorgang eines Rettungsablaufes ist ersichtlich, daß für dessen Gelingen wegen der notwendigen Bremsfallwege auch eine gewisse Höhe notwendig war. Man hatte damals ermittelt, daß bei einer Anfangs- bzw. Trenngeschwindigkeit von etwa 1000 km/h für eine sichere Landung mit dem Fallschirm, eine Höhe von 6000 m vorhanden sein mußte. Das war natürlich ein Nachteil für hohe Geschwindigkeiten in niedrigeren Höhen.

Aus verschiedenen Gründen mußte der Rumpf, der bereits vollkommen fertiggestellten He 176-V1 Anfang 1939 um 120 mm nach vorne verlängert werden. Dadurch konnte der Raum zwischen Rumpftrennspant und Kanzelrückwand und damit der Fallschirm so vergrößert werden, daß die Sinkgeschwindigkeit mit Pilot auf 15 m/s herabgesetzt werden konnte, womit der bisherige Bremsfallschirm ein echter Lastenfallschirm wurde.[1, 6]

Wie schon erwähnt, sind die geschilderten Vorgänge soweit als möglich durch Abwurfversuche von einer He 111 nachgebildet und erprobt worden. Aus Geheimhaltungsgründen fanden diese Versuche in Peenemünde-West statt. Es ging dabei neben der sicheren Funktion des Abtrennens auch um die auftretenden Beschleunigungen in der Kanzel beim Abschießen und Abbremsen durch den Fallschirm. Da man diese Versuche nicht mit einem Menschen machen wollte, wurde eine Berliner Firma, die in der Herstellung von Prothesen sehr versiert war, beauftragt, nach Angaben des Flugmediziners Dr. Ruff eine von der Größe, vom Gewicht und von der Schwerpunktlage her dem Piloten Erich Warsitz nachgebildete Puppe herzustellen. Die Festigkeit der Glieder und die Belastbarkeit der Gelenke entsprachen der eines normalen Menschen. Außer der im Führersitz festgeschnallten Puppe und einer Schaltuhr zum Auslösen des Lastenfallschirmes wurden bei den Abwurfversuchen noch registrierende Beschleunigungsmesser eingebaut, um die Verhältnisse bei Trennen, Fallen und Entfaltungsstoß des Lastenfallschirmes messen zu können.[1, 6]

Bei der aus 6000 bis 7000 m Höhe abgeworfenen Kanzelattrappe, die nach Form, Gewicht und Festigkeit dem Original entsprach, ergaben sich anfangs Schwierigkeiten besonders bei der Funktion des Brems- bzw. Lastenfallschirmes. Durch die starke Sogwirkung der flachen Hinterseite der fallenden Kanzel, die den Fallschirm trug, und den dadurch bedingten Luftrückstau wurde die Schirmentfaltung stark behindert. Deshalb sah man auch hier eine zusätzliche pneumatische Ausstoßvorrichtung vor, die den Lastenfallschirm von der flachen Kanzelrückwand weg, aus dem Sogbereich herausschoß. Es wurden in Peenemünde-West viele Abwürfe mit dem vergrößerten Fallschirm durchgeführt. Das Ergebnis muß offenbar ziemlich streuende Beschleunigungswerte gezeigt haben, die auch an die Grenze des für einen Menschen Ertragbaren heranreichten. Erich Warsitz berichtete etwas verklausuliert:»… daß es so u. a. ein bißchen vom Glück abhing, aber der Mensch normalerweise die Beschleunigungen und das Abbremsen doch aushalten konnte.« Auch Walter Künzel vertrat nach dem Krieg eine ähnliche Auffassung.[1, 6]

Bei den Verhältnissen in Peenemünde landete die Kanzel oft im Wasser der Ostsee. Sie mußte mit einem Motorboot der Bootsgruppe vom Hafen Nord her geborgen und an Land gebracht werden. Zu diesem Zweck zog man das im Wasser treibende Versuchsobjekt einfach hinter dem Boot her. Durch die schwojenden Bewegungen im Wasser konnte man dabei durch die Plexiglaskanzel die »Puppe Warsitz«, wie er selbst sein künstliches Konterfei nannte, erkennen. Das gab einerseits zu manchen Flachsereien Anlaß, andererseits beschlich Warsitz aber auch die Vorstellung, daß diese Situation einmal Wirklichkeit werden könnte.

Schon bei den Steigflügen mit den Walter-Zusatztriebwerken in Neuhardenberg hatte sich gezeigt, daß die normalen Flugzeugbordinstrumente für diese starken vertikalen Beschleunigungen teilweise nicht geeignet waren. Folglich wurden schon damals einschlägige Firmen eingeschaltet, die in kürzester Zeit Instrumente für diesen bis dahin nicht aufgetretenen Spezialfall entwickelten. Damit wurde die He 176 auch auf diesem Gebiet für alle später gebauten Flugzeuge mit Rückstoßtriebwerken Wegbereiter.[1]

Wenn auch in die He 176-V1 das Walter-Triebwerk mit 5,88 kN (600 kp) Standschub eingebaut werden sollte und damit noch keine angedeuteten Senkrechtflüge möglich waren, so sollte ja in die V2, die endgültige Ausführung des Rekordflugzeuges, ein neues Flüssigkeitstriebwerk der HVP mit etwa 9,8 kN (1000 kp) eingebaut werden, wodurch bei einem maximalen Fluggewicht von 1000 kg wesentlich ausgeprägtere Steigflüge zu erwarten waren. Walter Künzel hat nach dem Kriege in mühevoller Arbeit die Daten der auf einen Entwurf des Heinkel-Aerodynamikers Walter Günter zurückgehenden Konstruktion des Raketenflugzeuges He 176-V2 zusammengestellt. Hierbei stützte er sich auf die gründliche Prüfung aller vorhandenen Aufzeichnungen von Herrn Prof. Heinrich Hertel, seinerzeit Entwicklungsdirektor bei Heinkel, Flugkapitän Erich Warsitz und seine eigenen Erinnerungen. Das Ergebnis dieser Arbeiten ist in Tabelle 3 zusammengestellt. Walter Günter selbst ist, wie schon erwähnt, noch im Jahre 1937 tödlich verunglückt.[3, 6]

An dieser Stelle ist es notwendig, besonders auch in Hinblick auf die angesprochene spezielle Instrumentierung, etwas über den geplanten militärischen Einsatz eines Raketenflugzeuges zu erwähnen. Es ist zwar von Dr. Heinkels Seite behauptet worden, daß er die He 176 nur für die Erringung des Weltgeschwindigkeitsrekordes geplant und gebaut hätte, aber man kann sich schlecht vorstellen, daß diese Absicht der alleinige Grund für dieses Projekt war. Für die Version der He 176 ist das sicher zutreffend. Darüber hinaus wird aber auch an einen ernsthaften militärischen Zweck bei der Weiterentwicklung der He 176 gedacht worden sein. Wernher von Braun – auf dessen Initiative die Versuche mit Raketenantrieben für Flugzeuge in Kummersdorf begannen – schlug am 6. Juli 1939, als die Versuche mit der He 176 schon erste Erfolge zeitigten, dem RLM in einem Entwurf die Verwirklichung »eines leistungsfähigen Jagdflugzeuges mit Strahlantrieb« vor. In seinen Ausführungen ging er noch einen Schritt weiter, indem er den Senkrechtstart seines Flugzeuges vorsah. Das war das Prinzip des Interceptors bzw. Objektschutzjägers, dessen Start durch ein Dreiachsen-Kreiselsystem wie beim A4 automatisch gesteuert werden sollte, womit der Pilot vollkommen entlastet gewesen wäre.[10]

Aber auch im Generalstab der Luftwaffe tauchte schon davor der Gedanke des Interceptors auf. So wurde bei der He 176 von eingeweihten Kreisen des RLM auf die Konstruktion in dieser Hinsicht Einfluß genommen. Man erhob die Forderung nach seitlichen Waffenschächten für den möglichen Einbau von Bordkanonen. Das führte in mehreren Besprechungen bei Heinkel und im RLM zu beträchtlichen Reibereien. Heinkel mit seinen Mitarbeitern und auch Warsitz wollten zunächst nur ein Rekordflugzeug bauen, während das RLM schon frühzeitig die Möglichkeit für einen Waffeneinbau verlangte. Da amtlicherseits nicht von der Forderung abgegangen wurde, sah man seitlich vom Piloten diese Räume zwar vor, nutzte sie aber für den Einbau von Instrumenten. Diese Debatten haben die Konstruktion um mindestens einige Wochen zurückgeworfen, wie Warsitz nach dem Krieg erklärte.[1]

Aufgrund der gegenüber Propellerflugzeugen kurzen Betriebsdauer eines Raketenflugzeuges und des sich daraus ergebenden verhältnismäßig geringen Aktionsradius, aber seiner enormen Steiggeschwindigkeit war sein taktischer Einsatz im wesentlichen aus der Natur dieser Tatsachen vorgegeben. Dementsprechend kam für ein Raketenflugzeug, wie schon gesagt, nur der Einsatz als Objektschutzjäger in Betracht, wie er ja dann später mit der Me 163 auch verwirklicht wurde. Es ist zu diesem Thema der Me 163 in Kapitel 10 noch Entscheidendes zu sagen, z. B. warum der Raketenantrieb – von Spezialeinsätzen abgesehen – als Flugzeugantrieb eine zwar spektakuläre und faszinierende Lösung war, doch letztlich nur ein Zwischenspiel blieb. Schon im Zweiten Weltkrieg erkennbar war die Überlegenheit des TL-Triebwerkes, das sich dann nach dem Krieg endgültig durchsetzte.

Da anfangs keine einsetzbaren TL-Triebwerke zur Verfügung standen, wollte man sich zur damaligen Zeit zunächst die rasante Steiggeschwindigkeit der schon einen gewissen technischen Stand aufweisenden Rakete zunutze machen. Mit einem 45°-Steigflug sollte rasch an Höhe gewonnen werden, um beim Anflug eines feindlichen Bomberverbandes bzw. auch erst bei dessen Annäherung diesen von unten möglichst geradlinig anzufliegen. Bei Herankommen auf Schußentfernung im Horizontalflug sollte ein Ziel bekämpft werden. Danach konnte mit weiterer Schubunterstützung gegebenenfalls ein zweiter Angriff geflogen werden, um anschließend in den Sturzflug überzugehen. Im Verlauf dieses Sturzes sollte dann auch die Rückkehr zum Einsatzhorst erfolgen. So oder ähnlich waren das auch die Gedanken der Luftwaffenführung, die dann aber später mit der Me 163 doch nicht so problemlos durchzuführen waren, wie noch berichtet wird. Ebenso haben wir in Kapitel 2 gesehen, daß im Technischen Amt des RLM die Gründe für die Entwicklung eines raketengetriebenen Objektschutzjägers schon im Mai 1935 als gegeben erachtet wurden.

Kehren wir aber zur Konstruktion der He 176 zurück. Nachdem über Tragflächen und Kanzel schon nähere Ausführungen gemacht und die zukunftsweisenden Neuerungen besonders hervorgehoben wurden, soll nun der Rumpf betrachtet werden. Wie schon erwähnt, waren Rumpf und Kanzel an ihrer Nahtstelle, beim Trenn- bzw. Rumpfspant, über die Sprengbolzen und die pneumatische Schleudervorrichtung miteinander verbunden. Der sich über ein fast zylindrisches Mittelstück nach hinten verjüngende Rumpf war in Ganzmetallschalenbauweise mit annähernd kreisförmigem Querschnitt aufgebaut. Hinter dem Trennspant waren beim Walter-Antrieb die Treibstoffbehälter für Wasserstoffsuperoxyd (T-Stoff) und die Kalziumpermanganat-Lösung (Z-Stoff) angeordnet. Der T-Stoff-Behälter konnte etwa 430 kg – entsprechend 320 l T-Stoff – und der Z-Stoff-Behälter maximal 33 kg – entsprechend 22 l $Ca(MnO_4)_2$ – aufnehmen. Die Vermischung beider Komponenten im Zersetzer verursachte die Freisetzung der chemisch gebundenen Energie des H_2O_2.[1, 11]

Nach den Treibstoffbehältern aus Reinaluminium folgten die Triebwerkkomponenten, wie Druckluftflaschen, Falltank, Dampferzeuger, Treibstoffpumpe, Reduzierventil für die Druckluft und die beiden Hauptventile für T- und Z-Stoff. Sie waren in einen Montagerahmen eingebaut, der wiederum an einen weiteren, nach dem Trennspant folgenden kreisförmigen Rumpfspant montiert war. Auf der dem Heck zugewandten Seite des Rumpfspantes ragte das Schubübertragungsrohr heraus, das über sternförmige Kraftübertragungselemente auf eine Druckplatte wirkte, die ihrerseits wieder mit dem Rumpfspant verbunden war. In Hecknähe des Rumpfes war dieses Rohr axial durch den Triebwerkzersetzer abgeschlossen, wobei die Düsenmündung aus der Heckspitze des Rumpfes herausschaute. Ergänzt wurde der T-Stoff-Behälter durch zwei Flächentanks in den Flächenwurzeln mit je 30 kg H_2O_2 (Abb. 16). Durch diese Anordnung des Triebwerkes im Rumpf konnte der Schub vom Übertragungsrohr in größtmöglicher Nähe des Flugzeugschwerpunktes auf den Rumpf übertragen werden.[1, 6, 11]

Das Leitwerk war als freitragendes Normalleitwerk in Ganzmetallbauweise ausgeführt. Die geringe Dicke der Tragflügel von 90 mm und deren teilweise als Treibstofftank benutzter Innenraum gestattet es nicht, wie bei Jagdflugzeugen sonst üblich, das Fahrwerk durch seitliches Wegklappen in den Flügel hineinzuversenken. Deshalb hatte man ein pneumatisch betriebenes, nach oben und leicht nach hinten gerichtetes Einfahren der Räder in den Rumpf vorgesehen. Durch diese Konstruktion war die geringe Spurweite von 0,7 m vorgegeben. Das Rumpfende wurde durch einen starren Spornschuh getragen. Die Höhe des zierlichen Flugzeuges betrug nur 1,44 m.

Vielleicht mag für manchen Leser der Begriff »erstes Raketenflugzeug der Welt« etwas zu hoch gegriffen sein, da ja schon in den 20er Jahren, wie erwähnt, Flugzeuge mit Feststoffraketen flogen. Jedoch war die He 176 das erste Flugzeug mit einem Raketen-Flüssigkeitstriebwerk, das einen kontrollierten Flug gestattete, und vor allem jenes Flugzeug, in dem auch viele der damals neuesten Erkenntnisse erstmals in konzentrierter Form verwirklicht waren.[1, 6]

8.2. Das Triebwerk

So wie die Zelle der He 176 futuristische Konstruktionsmerkmale besaß, wobei trotz der geringen Abmessungen die elegante und formschöne Linienführung ins Auge stach, waren auch beim Walter-Triebwerk dieses Flugzeuges erstmalig technische Lösungen verwirklicht worden, die für die Weiterentwicklung der späteren Walter-Raketenflugzeugtriebwerke richtungweisend bleiben sollten.[1, 6]

Schon 1937, als in Neuhardenberg, wie beschrieben, Raketenzusatztriebwerke an Propellerflugzeugen ihre Brauchbarkeit demonstriert hatten, begann die Firma Walter in Kiel das erste wirkliche, komplette, selbständige Flüssigkeitsraketentriebwerk für Flugzeuge zu entwickeln, wobei die geschilderten Versuche mit dem Zusatztriebwerk der He 112R als begleitende Vorerprobung anzusehen waren. Dieses Triebwerk mit der Bezeichnung HWK RI-203, wobei HWK für Hellmuth Walter Kiel stand, und die Weiterentwicklung HWK RII-203, für die spätere Me 163A, waren die Vorläufer eines der erfolgreichsten in Serie gebauten deutschen Kleinraketentriebwerke der HWK-Reihe. Mit verhältnismäßig geringen Änderungen wurden später wesentliche Leistungssteigerungen erreicht, wie bei der Me-163-Erprobung noch berichtet wird. Vom RLM wurde für alle Rückstoß-, also Raketen- und TL-Triebwerke, die sogenannten »Sondertriebwerke«, die Grundnummer 109 festgelegt, wobei das He-176-Triebwerk die Nummer 109-500 erhielt.[11, 12]

Der Raketenmotor RI-203 der He 176 arbeitete nach dem »kalten« Walter-Verfahren und verwendete hochkonzentriertes Wasserstoffsuperoxyd als Energieträger, das durch Zersetzung mittels eines Katalysators ein Sauerstoff-Dampf-Gemisch mit einer Temperatur von 500 bis 600 °C lieferte (Tab. 1).[11]

Wie bei der Walter-Starthilfe 109-500A mit kaltem Schub, Kapitel 2.2., arbeitete auch das Triebwerk der He 176 mit flüssiger Kalziumpermanganatlösung als Katalysator. Dabei zerfiel das H_2O_2 nach der Formel:

$$2\ H_2O_2 \longrightarrow 2\ H_2O + O_2 + 2303\ kJ/kg,\ \text{bei einer 80\%igen } H_2O_2\text{- Lösung}$$

Es wurde schon erwähnt, daß im Walter- Zusatztriebwerk für die He 112R-V3 in Neuhardenberg die Pumpenförderung des H_2O_2 verwirklicht wurde, womit dem Piloten erstmals in gewissen Grenzen die Möglichkeit der Schubregelung über die Drehzahlbeeinflussung einer Treibstoffturbopumpe gegeben war. Auch beim He-176-Triebwerk hatte man diese Schubregelung vorgesehen, während der Katalysator Kalziumpermanganat, wie bisher üblich, durch Druckluftbeaufschlagung des Flüssigkeitsspiegels im Z-Stoff-Tank gefördert wurde (Abb. 16). Die Antriebsenergie für die Turbine der Pumpe entnahm man einem ebenfalls nach dem kalten Walter-Verfahren arbeitenden Dampferzeuger, der seinen T-Stoff beim Start über einen Falltank und während der Betriebsphase über eine von der Hauptleitung abzweigende Nebenschlußleitung erhielt, die den Falltank für einen neuerlich notwendig werdenden Startvorgang wieder auffüllte.[11]

Die Zusammenhänge bei der Schubgewinnung durch den H_2O_2-Zerfallsprozeß des kalten Walter-Verfahrens lassen sich aus dem Impuls I = Schub F, multipliziert mit der Betriebszeit t herleiten:

$$I = F \times t = m \times v = (G/g) \times v$$

Hierbei ist: F die mittlere Schubkraft = 5,88 kN = 600 kp
t die Schubdauer von 60 sec
G die Menge von T- und Z-Stoff = 490 kg + 33 kg = 523 kg max.
g die Erdbeschleunigung = 9,81 m/s^2

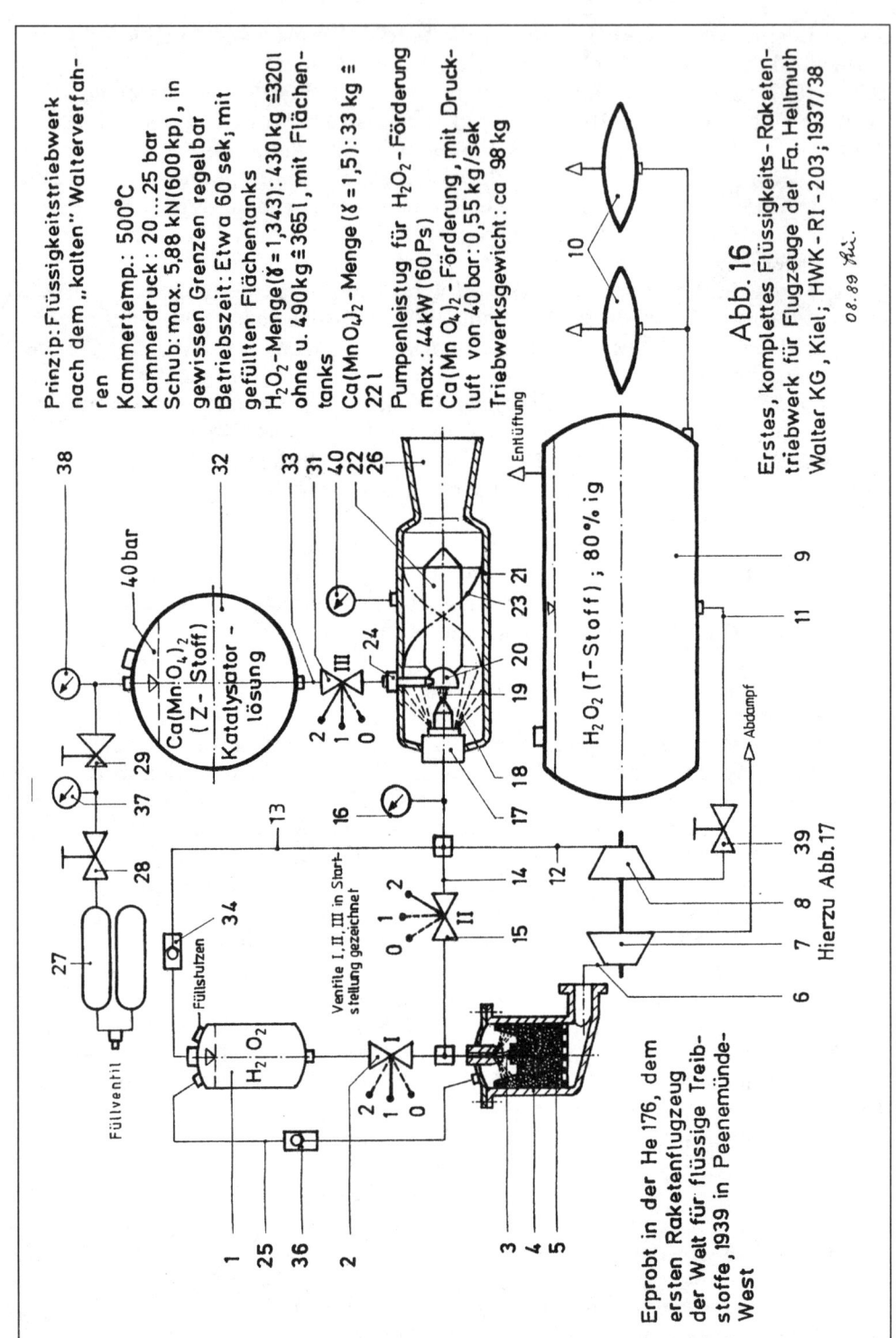

Prinzip: Flüssigkeitstriebwerk nach dem „kalten" Walterverfahren

Kammertemp.: 500°C
Kammerdruck: 20...25 bar
Schub: max. 5,88 kN (600 kp), in gewissen Grenzen regelbar
Betriebszeit: Etwa 60 sek, mit gefüllten Flächentanks
H_2O_2-Menge ($\gamma = 1,343$): 430 kg $\hat{=}$ 320 l ohne u. 490 kg $\hat{=}$ 365 l, mit Flächentanks
$Ca(MnO_4)_2$-Menge ($\gamma = 1,5$): 33 kg $\hat{=}$ 22 l

Pumpenleistug für H_2O_2-Förderung max.: 44 kW (60 Ps)
$Ca(MnO_4)_2$-Förderung, mit Druckluft von 40 bar: 0,55 kg/sek
Triebwerksgewicht: ca 98 kg

Abb. 16

Erstes, komplettes Flüssigkeits-Raketentriebwerk für Flugzeuge der Fa. Hellmuth Walter KG, Kiel, HWK-RI-203; 1937/38

08.89 Pi.

40 bar

$Ca(MnO_4)_2$ (Z-Stoff) Katalysatorlösung

H_2O_2 (T-Stoff); 80%ig

Entlüftung

Abdampf

Füllstutzen

Ventile I, II, III in Startstellung gezeichnet

Hierzu Abb. 17

H_2O_2

Füllventil

Erprobt in der He 176, dem ersten Raketenflugzeug der Welt für flüssige Treibstoffe, 1939 in Peenemünde-West

166

Aus den Angaben errechnet sich die Ausströmgeschwindigkeit v des Walter-Raketenmotors HWK RI-203 über den Impuls I zu:

$$I = F \times t = 5,88 \times 60 = 352,8 \text{ kN sec} = 36\,000 \text{ kp sec}$$
$$v = (I \times g)/G = (352,8 \times 102 \times 9,81)/523 = 675 \text{ m/s}$$

Soweit das Prinzip des He-176-Triebwerkes. Wenden wir uns nun den Einzelheiten des Aufbaues und der Funktion bei Start und Flug und der Schubregelung zu (Abb. 16). Zunächst mußte der Raketenmotor für den Start vom Bodenpersonal vorbereitet werden, was bei der He-176-Erprobung in Peenemünde-West von den Spezialisten der Firma Walter unter Leitung des Ingenieurs Asmus Bartelsen erfolgte. Zu diesem Zweck waren die Hochdruck-Leichtstahlflaschen 27 mit Hilfe eines Kompressors auf 150 bar aufzufüllen, wobei vorher schon das Reduzierventil 29 auf einen Förderdruck von 40 bar eingestellt wurde. Die Kontrolle des Vor- und Nachdruckes von 29 war mit Hilfe der Manometer 37 und 38 nach Öffnen des Hauptventiles 28 möglich. Weiterhin wurden der Katalysatortank 32 mit etwa 33 kg Katalysatorlösung (Z-Stoff) und die Tanks 9 und 10 mit etwa 490 kg 80%iger H_2O_2-Lösung (T-Stoff) gefüllt. Aus diesen Mengen ist zu ersehen, daß sich das Mischungsverhältnis von T- zu Z-Stoff in der Triebwerkzersetzerkammer 21 in der Größenordnung von 15 zu 1 bewegte (Abb. 16). Ebenso mußte auch der Start- bzw. Falltank mit einer 80%igen H_2O_2-Lösung gefüllt werden.[11]
Nach diesen Vorbereitungen und dem Öffnen des zweiten Hauptventiles 39 war das Triebwerk startbereit. Der Pilot mußte zum Starten schnell und hintereinander das Ventil I auf Stellung »1« bzw.»2« und Ventil II auf Stellung »2« bringen. Damit floß T-Stoff aus dem Fall-bzw. Starttank 1 über Ventil I in den Hilfszersetzer 4, wofür zunächst der hydrostatische Druck durch den Höhenunterschied zwischen 1 und 4 genügte. Durch die Zerstäuberdüsen 3 wurde der T-Stoff in feinverteiltem Zustand über die Katalysatorsteine 5 gesprüht, womit ein sofortiger spontaner Zerfall des T-Stoffes ausgelöst wurde. Das entstehende Dampf-Sauerstoffgemisch von etwa 500 °C baute im Hilfszersetzer 4 einen Überdruck von etwa 30 bar auf, der sich über die Leitung 6 in der Turbine 7 entspannte und das Turbinenrad 2 mit einer maximalen Drehzahl von 16 000 U/min in Drehung versetzte (Abb. 17). Das auf gleicher Welle befestigte Pumpenrad 5 der Zentrifugalpumpe 8 (Abb. 16) förderte aus dem H_2O_2-Tank 9 und den beiden Flächentanks 10 über Leitung 11 und das geöffnete Ventil 39 den T-Stoff über Leitung 12, weiter über Leitung 14 und das geöffnete Ventil 15 in den Hilfszersetzer 4 und auch über Leitung 13 und Rückschlagventil 34 in den Starttank 1. Damit war einerseits die weitere Versorgung von 4 mit H_2O_2-Lösung zum Betrieb der Turbopumpe 7 und 8 gesichert, und andererseits wurde der Starttank 1 wieder mit T-Stoff für einen eventuell notwendigen weiteren Startvorgang aufgefüllt. Auch erhielt der Starttank 1 damit den notwendigen Förderdruck gegenüber dem Hilfszersetzer 4, der ja nun nicht mehr, wie beim Startvorgang, drucklos war. Diesem Zweck diente auch die Leitung 25 mit dem Rückschlagventil 36, die beide verhinderten, daß sich im Hilfszersetzer 4 ein höherer Druck als im Starttank aufbaute.[11]
Vom Knotenpunkt der Hauptversorgungsleitung 12, mit den Nebenschlußleitungen 13 und 14, zweigte der T-Stoff-Volumenstrom zum Triebwerkzersetzer 21 ab. Hier trat der T-Stoff einerseits durch eine zentrale, axial wirkende Spüldüse 19

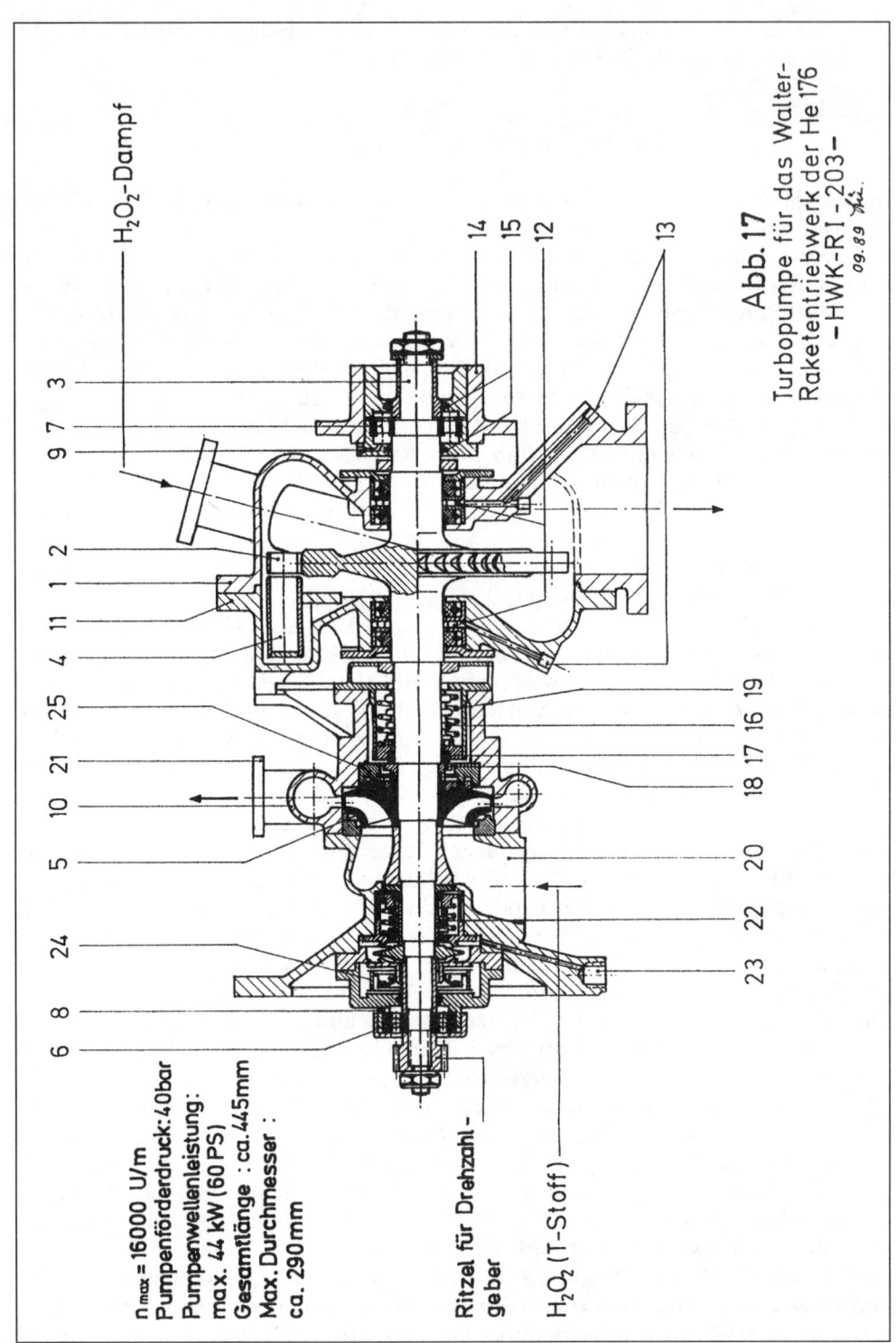

H₂O₂-Dampf

H_2O_2-Dampf

14
15
12

13

n_max = 16000 U/m
Pumpenförderdruck: 40bar
Pumpenwellenleistung:
max. 44 kW (60 PS)
Gesamtlänge : ca. 445mm
Max. Durchmesser :
ca. 290mm

Ritzel für Drehzahl-
geber

H₂O₂ (T-Stoff)

3
7
9
2
1
11
4
25
21
10
5
24
8
6

16 19
17
18
20
22
23

Abb. 17
Turbopumpe für das Walter-
Raketentriebwerk der He 176
—HWK-RI-203—
09.89 *Mü.*

168

und ein einen Kegelmantel sprühendes Düsensystem ein. Der axiale Düsenstrahl traf einen Mischbecher 20, wo er um 180° umgelenkt und verwirbelt wurde. Der Förderdruck des T-Stoffes war vom Piloten mit Hilfe des Manometers 16 kontrollierbar.

Nach den beiden Betätigungshebeln der Ventile I und II mußte der Pilot das Katalysatorventil III voll auf Stellung »2« öffnen. Damit trat der durch die Druckluft von 40 bar beaufschlagte Z-Stoff über die Leitung 33 und die Zerstäuberdüse 24 radial in den Mischbecher 20 des Zersetzers 21 ein. Hier vermischte er sich mit dem schon vorhandenen H_2O_2, wodurch die Zersetzung eingeleitet wurde. Das entstehende Sauerstoff-Dampf-Gemisch bewirkte einen Zersetzerkammerdruck von etwa 20 bis 25 bar, der sich über die Lavaldüse 26 ins Freie entspannte und einen Maximalschub von 5,88 kN (600 kp) bewirkte. Sowohl der Förderdruck des Z-Stoffes als auch der Zersetzerkammerdruck konnte vom Piloten durch die Manometer 38 und 40 kontrolliert werden.[11]

Sofort nach dem Start des Raketenmotors hatte der Pilot das Ventil I auf Stellung »0« zurückzuschalten, in welcher es wieder geschlossen war, um die Füllung von Tank 1 für einen weiteren notwendig werdenden Start zu bewahren.

Die zwischen dem Verdrängungskörper 22 und der Zersetzeraußenwand angeordneten schraubenförmigen Leitbleche 23 sorgten für eine zusätzliche Verwirbelung des entstehenden Sauerstoff-Dampf-Gemisches und bewirkten damit eine Nachzersetzung eventuell noch vorhandener H_2O_2-Reste.

Sobald die Turbopumpe arbeitete, konnte mit dem Ventil II über den Hilfszersetzer 4 die ihr zugeleitete Dampfmenge, damit die Turbinendrehzahl und dadurch wieder die Fördermenge des T-Stoffes geregelt werden. Der Pumpen- und der Turbinenantriebsdruck waren so aufeinander abgestimmt, daß der Pumpenförderdruck immer um etwa den gleichen Betrag über dem Turbinendruck lag, wodurch über den ganzen Drehzahlbereich eine stetige Förderung der H_2O_2-Lösung in den Hilfszersetzer 4 gegeben war.[11]

Wie schon geschildert, mußte das Triebwerk damals mit Vollschub gestartet werden. Erst danach war es möglich, durch Zurücknahme des Ventiles II von Stellung »2« gegen Stellung »1« den T-Stoff und mit Ventil III den Z-Stoff in der Durchflußmenge zu reduzieren, wodurch der Schub verringert werden konnte. Hierbei bestand die Gefahr, wenn die beiden Hebel nicht gleichmäßig zurückgenommen wurden, daß das Triebwerk abschaltete, was ja später bei der Vorführung in Roggentin geschah. Damals war es nur der Geistesgegenwart und dem technischen Verständnis von Erich Warsitz zu verdanken, daß es nicht zum Unglück kam.[1]

Nachdem der Aufbau und die Funktion des Walter-Raketenmotors geschildert worden sind, wenden wir uns noch abschließend etwas näher den einzelnen Komponenten zu. Da ist zunächst der Hilfszersetzer 4. Als Werkstoff hatte sich warmfester Stahlguß bewährt. Eine Korrosion der Innenwände trat nicht ein, da sich die in der H_2O_2-Lösung enthaltene Phosphorsäure als Phosphat an ihnen niederschlug und die Wände damit schützte. Das wichtigste Element des Zersetzers waren die Katalysatorsteine 5 (Abb. 16). Sie bestanden, wie schon erwähnt, aus Bimszement- oder Tonsteinen, die mit einer Natrium- oder Kalziumpermanganat-Lösung getränkt waren. Besser waren platinierte Bimssteine, die aber teuer waren, und das Edelmetall war im Krieg schwierig zu beschaffen. Als wichtig erwies sich besonders, daß der T-Stoff keine Verunreinigungen und der zugesetzte Stabilisator, z. B. Phosphorsäure, keine nachteiligen Folgen auf den Katalysator haben durften. Um einen Zersetzer zu bemessen, mußte man davon ausgehen, daß 1 kg Katalysatorsteine etwa 0,2 kg/s und insgesamt etwa 2 bis 3 t H_2O_2-Lösung bei einem Druck von 30 bis 40 bar zersetzen konnten. Danach wurden die Steine zweckmäßig regeneriert und konnten wieder verwendet werden. Bei der Steingröße hatten sich Abmessungen von etwa 1 cm^3 als günstig erwiesen.[11]

Als nächstes wichtiges Triebwerkelement betrachten wir die Turbopumpe (Abb. 17). Das Material für das Gehäuse 1 war eine kupferfreie Aluminiumlegierung. Das Turbinenlaufrad 2 und die Welle 3 hatte man aus nichtrostendem Stahl in einem Stück geschmiedet. Die Schaufeln des Laufrades waren mit ihren Wurzeln in entsprechende Schlitze des Rades eingelassen, wobei ein über die Schaufelspitzen aufgeschrumpfter Ring zusätzlich die Zentrifugalkräfte aufnahm und gleichzeitig Schaufelschwingungen verhinderte. Der H_2O_2-Dampf wurde über eine einzige Treibdüse 4 dem Turbinenlaufrad 2 zugeführt, wodurch das Prinzip einer Pelton-Freistrahlturbine verwirklicht war. Ein kleiner Teil des Antriebsdampfes wurde innerhalb des Turbinengehäuses abgezweigt und über Leitkanäle durch das Schaufelrad 2 hindurch auf die der Treibdüse entgegengesetzt liegende Seite geführt. Damit sollte einerseits der Dampfverbrauch und andererseits der nach rechts gerichtete axiale Restschub verringert werden. Dieser Schub war einmal durch die Kraft des Treibstrahles und weiterhin als Reaktionskraft durch die Saugwirkung des Pumpenrades 5 gegeben, die einander entgegenwirkten. Die T-Stoff-Pumpe bestand aus dem schon erwähnten Aluminium-Zentrifugalrad 5 und dem zugehörigen Pumpengehäuse 10, dessen das Pumpenrad umhüllende Kontur der Kurve einer Spirale folgte.

Für die Lagerung des kompletten Rotors waren auf der linken Seite ein Schulterkugellager 6, das gleichzeitig noch verbliebene Axialkräfte aufnahm, und rechts ein Rollenlager 7 vorgesehen. Zur Schmierung der Lager waren spezielle Kanäle 8 und 9 in die Gehäuseteile eingearbeitet.

Ein besonderes Problem war die Abdichtung des Antriebsdampfes und des zu fördernden T-Stoffes untereinander sowie der Welle 3 gegenüber den Gehäuseteilen 1, 10 und 11. Die Abdichtung zwischen Turbinengehäuse 1 mit Deckel 11 und Welle 3 übernahm je eine beidseitige doppelte Kammerring-Stopfbuchse 12, deren Packungen aus graphitiertem Asbest bestanden. Aus dem Zwischenraum jeder Doppelstopfbuchse führte je eine Leckleitung 13 heraus, um die Leckrate der ersten Dichtung nach außen abzuführen. Ein unkontrollierter Austritt des Dampf-Sauerstoff-Gemisches mit seinem 37,6%igen O_2-Anteil hätte eine Explosionsgefahr dargestellt, zumal sich auf der rechten Seite des Turbinengehäuses 14 das Rollenlager 7 mit seinem Fettvorrat befand. Deshalb war auch zwischen der rechten Doppelstopfbuchse 12 und dem Rollenlager 7, wie auch nach diesem Lager, noch je eine Asbest- Filzdichtung 15 zwischen Welle und Gehäuse angeordnet.[11, 12]

Auf der linken Seite des Turbinengehäuses war zunächst wieder eine doppelte Kammerring-Stopfbuchse 12 für die Abdichtung des Turbinendampfes mit der zugehörigen Leckleitung 13 eingebaut. Dann folgte eine Balgdichtung 16 gegen den Pumpendruck des geförderten H_2O_2, wobei der Metallbalg einerseits am Turbinengehäusedeckel 11 abdichtend befestigt war, während das pumpenseitige Ende des Balges auf einen drehgesicherten Kohlering 17 drückte. Dieser Ring hatte wieder abdichtenden Kontakt mit einem Stahlring 18, der in das Aluminiumrad 5 eingepreßt war. Der axial federnde Balg wurde in seiner zwischen 17 und 18 wirksamen Abdichtkraft noch durch die Druckfeder 19 unterstützt. Damit war zwischen Balg 16 und Kohlering 17 eine statische und zwischen 17 und dem sich mit dem Pumpenrad 5 drehenden Stahlring 18 eine dynamische Abdichtung gegeben. Links vom Pumpenrad 5, also auf seiner Saug- bzw. Niederdruckseite, trat das H_2O_2 in die Einlauföffnung 20 vom T-Stoff-Tank kommend ein, wurde durch die Zentrifugalkräfte im Rad 5 druckerhöhend beschleunigt und verließ auf der Hochdruckseite, über Ausgang 21, in Richtung Zersetzerkammer die Pumpe (Abb. 16 u. 17). Links vom Pumpeneinlauf 20 folgte wieder eine Balgdichtung 22 mit ähnlichem Aufbau wie auf der rechten Seite. Nach dieser Dichtung sorgte wieder eine Leckleitung 23 für die Abführung einer eventuellen Leckage, die wieder dem T-Stoff-Tank zugeführt wurde. Lippendichtung 24 und Labyrinthdichtung 25 bewirkten eine weitere Abdichtung des T-Stoffes entlang der Welle.[11, 12]

Bei der heutigen Beurteilung der dynamischen Dichtungen der Pumpe ist zu berücksichtigen, daß zur damaligen Zeit noch keine Dichtungstheorie existierte und erst nach dem Kriege eine solche entwickelt wurde. Auch waren für viele Anwendungsfälle, besonders auf dem Elastomerbereich, noch nicht die erst nach dem Kriege entwickelten hochwertigen Dichtwerkstoffe vorhanden. Problematische Dichtaufgaben wurden damals vorwiegend empirisch und aus der Erfahrung der Praxis gelöst. Die Lösungen waren besonderes Wissensgut der einschlägigen Firmen. Trotzdem sind in Deutschland im Kriege bemerkenswerte Konstruktionen entwickelt worden. So sind z. B. Kohle- und Balgdichtungen heute noch verwendete Dichtelemente. Durch den Zusammenbruch 1945 zunächst aus dem Blickfeld verloren, traten diese Erfahrungen später durch die erwachenden Aktivitäten der deutschen Industrie vielfach aus der Versenkung wieder hervor.[13]

Abschließend sei noch etwas über die verwendeten Werkstoffe des Triebwerkzersetzers bzw. der Zersetzerkammer gesagt. Es handelte sich hier nicht um eine Brennkammer, wie später bei der Me 163B, in der eine wirkliche Verbrennung stattfand, wobei Temperaturen von etwa 2000 °C entstanden. Die Zersetzungstemperaturen bewegten sich demgegenüber nur zwischen 500 und 600 °C, weshalb ja auch der Begriff »kaltes Walter-Verfahren« gegenüber dem »heißen Verfahren« bei der Verbrennung geprägt wurde. Wie die Temperaturen ausweisen, konnten die Werkstoffe der Brennkammer beim heißen Verfahren ihre Funktion nicht ohne Kühlung ausüben. Bei der Zersetzung war keine Kühlung notwendig, sondern bei diesen Temperaturen und den mäßigen mechanischen Belastungen, eigneten sich nahtlos gezogene Rohre aus Kohlenstoffstahl. Die Entspannungs- bzw. Treibdüse konnte, wie im Turbinenbau üblich, ausgelegt werden.[11, 12]

8.3. Erprobung

Als die Flächen und der Rumpf mit Instrumentierung und eingebautem Triebwerk der He 176 bei Heinkel in Rostock-Marienehe komplett gefertigt waren, verließen in einer Sommernacht des Jahres 1938 mehrere sorgfältig abgedeckte Spezialwagen das Heinkel-Werk. Mit abmontierten Flächen wurde das Flugzeug durch ein Begleitkommando unter Führung des schon in Neuhardenberg tätig gewesenen Ingenieurs Walter Künzel zur Flugerprobung nach Peenemünde-West transportiert. Der Werkflugplatz in Marienehe war einerseits für die geplanten Flugversuche zu klein, und andererseits konnte die Geheimhaltung vor der Öffentlichkeit nicht in dem Maße wie in Peenemünde gewährleistet werden.

Sofern die Entwicklung der He 176 über die bisher eingeschalteten Luftwaffendienststellen nicht schon höheren Ortes im RLM bekannt gewesen war, hatte die Firma Heinkel ihre bisherige Geheimhaltung, zumindest gegenüber dem Generalluftzeugmeister Ernst Udet, der gleichzeitig oberster Chef aller E-Stellen war, aufgeben müssen. Nur er konnte Heinkel die Erlaubnis für die Durchführung der Flugversuche in Peenemünde-West erteilen. Gleichzeitig bat Dr. Heinkel im RLM darum, auch auf ausdrücklichen Wunsch von Warsitz, daß die Erprobungsdurchführung ohne Einflußnahme der Versuchsstelle durchgeführt werden konnte. Man wollte damit offensichtlich die Mitsprache bei den Versuchen an der He 176 auf ein Mindestmaß beschränken. Ohnehin waren ja an der Verwirklichung dieser Flugzeugstudie die Firmen Heinkel (Zelle), Walter und HVP (Triebwerk) und entsprechende Zulieferfirmen tätig. Von der später noch geschilderten massiven Einflußnahme durch das RLM soll hier einmal abgesehen werden.[1]

Sicher wird diese Anordnung für die Erprobungsdurchführung, wobei die Versuchsstelle ihren Platz, ihre Organisation, ihre Einrichtungen und damit einen gewissen Personalstand zur Verfügung stellen mußte, ohne den geringsten Einfluß auf den Ablauf der Arbeiten nehmen zu können, verständlicherweise nicht deren ungeteilte Zustimmung gefunden haben. Es ist dann auch später, nachdem die ersten Rollversuche und Luftsprünge durchgeführt waren, von einigen Angehörigen der Versuchsstelle angestrebt worden, über das RLM auf die Arbeiten an der He 176 Einfluß zu gewinnen. Dadurch kam es dann zwischen Dr. Heinkel und Peenemünde-West zeitweise zu unerfreulichen Spannungen.[1, 6]

An dieser Stelle ist es interessant, ehe auf die Flugerprobung der He 176 näher eingegangen wird, eine Begebenheit zu schildern, die einige Hintergründe der späteren Unstimmigkeiten auch zwischen dem RLM und Dr. Heinkel aufzeigt. Es war kurz vor dem Transport der He 176 nach Peenemünde, also etwa im Juni 1938, als Ernst Udet mit Generalstabsingenieur Roluf Wilhelm Lucht und einem Stab des RLM wegen anderer Angelegenheiten nach Peenemünde-West kam. In einem günstigen Augenblick nahm Lucht Warsitz, der auch zugegen war, beiseite und eröffnete ihm, daß er die Flugerprobung der He 176 nicht durchführen werde. Auf die erstaunte Frage von Warsitz, aus welchem Grunde, erklärte Lucht, daß im Technischen Amt das Risiko bei der Flugerprobung der He 176 für ihn als zu groß angesehen werde und sein Leben nicht aufs Spiel gesetzt werden solle. Warsitz war mit dieser Regelung nicht einverstanden und wandte sich direkt an Udet, worauf ein Disput zwischen Udet und Lucht entstand, wobei Lucht die bedeutsamen Worte sprach: »Herr Generaloberst, aus den besprochenen Gründen, daß wir uns es nicht erlauben können, und ganz abgesehen davon, ist es ein Heinkel-Flugzeug, und Heinkel hat es gebaut, und Heinkel zieht auch die ganze Erprobung durch. Das soll er mit seinen Piloten machen, wir wollen unseren Warsitz nicht aufs Spiel setzen dafür!« Da griff Warsitz schnell wieder ein und erklärte, daß er Triebwerk und Zelle bis in alle Einzelheiten kennen würde und er die bisherigen Vorarbeiten geleistet habe und nur bei der Erprobung durch ihn die Sicherheit gegeben sei, daß nichts passiere. Dann erwähnte er noch, daß Führerraum und Bedienungshebel nach seinen Maßen gefertigt und angeordnet seien. Darauf sagte Udet sinngemäß, daß man das ja ändern könne, aber er müsse ja eigentlich dem Warsitz recht geben. Danach fuhr er wörtlich fort: »Er hat bisher seinen Arsch hingehalten, und nun, wo es mal darum geht, Lorbeeren zu ernten, da soll es jemand anders machen? Und abgesehen davon, bin ich überzeugt, daß es bei den ersten Flügen wirklich nur klargeht, wenn sie Warsitz fliegt, denn er kennt sie. Und ich bin dafür, wir lassen ihn auch weiter seinen Arsch riskieren, er wird es schon machen!« Damit waren die Würfel gefallen, Erich Warsitz hat dann die He 176 auch bis zum Schluß als Einziger geflogen.[1]

Da, wie schon erwähnt, das Walter-Triebwerk erst im Jahre 1937 aus den in Neuhardenberg verwendeten Zusatztriebwerken neu entwickelt worden war, begannen in Peenemünde-West wieder umfangreiche Standversuche. Für die Triebwerkbetreuung hatte die Firma Walter wieder den ebenfalls schon in Neuhardenberg beschäftigten Ingenieur Asmus Bartelsen mit seinen Monteuren abgestellt. Damit ging fast die gleiche Erprobungsmannschaft wie in Neuhardenberg jetzt in Peenemünde-West an die Arbeit, um mit einem Raketenflugzeug erstmals in der Welt in Geschwindigkeitsbereiche vorzustoßen, die damals für die Luftfahrt vollkommenes Neuland darstellten. Während 1937 in Neuhardenberg die grundsätzliche Eignung des Flüssigkeitsraketenantriebes mit Heckdüse für ein Flugzeug erbracht wurde, sollte 1939 in Peenemünde der Schritt möglichst bis oder sogar über die 1000-km/h-Grenze erreicht werden. Das war eine große Aufgabe für alle Beteiligten, wobei der Pilot Erich Warsitz ein lebensgefährliches Risiko einging.[1]

Für die Arbeiten am Triebwerk und zur Durchführung der Standversuche wurde der Platz zwischen der Werfthalle W2 und der Halle W1 nahe dem zwischen beiden Hallen verlaufenden Holzzaun vorgesehen, während für reine Werkstattarbeiten noch ein Raum im Erdgeschoß des südwestlichen Anbaues von W1 zur Verfügung stand. Als Witterungsschutz bei den Triebwerkversuchen war dicht am Holzzaun zunächst ein Zelt aufgestellt worden, das aber kurze Zeit später durch eine kleinere Halle ersetzt wurde. Dieser Ort war der in Kapitel 5.1. erwähnte »... luftfahrthistorisch wichtige Punkt der Versuchsstelle«, der beim Rundgang durch das Versuchsstellengelände schon angesprochen wurde, womit sich ein zeitlicher Betrachtungskreis wieder schließt. Neben den Triebwerkversuchen mußten die Zellenteile der He 176 nach Ankunft des Transportes in Peenemünde wieder montiert werden. Die Arbeiten erfolgten unter größter Geheimhaltung. Der Platz um das Zelt bzw. später um die Halle herum wurde nochmals zusätzlich abgesperrt. Die Montagearbeiten an der Zelle erfolgten mit äußerster Sorgfalt unter Aufsicht von Testpilot Erich Warsitz und Walter Künzel. Jedes Einzelteil und jeder Montagevorgang wurde von ihnen peinlich genau kontrolliert. Die für die Aerodynamik wichtigen Zellenabmessungen überwachte eine von Heinkel eigens abgestellte Vermessungsgruppe. Eine allgemeine fieberhafte Tätigkeit hatte alle Beteiligten erfaßt. Dabei erwiesen sich die immer wieder durchgeführten Kontrollen als besonders wichtig. Es passierte z. B., daß die Querruderbetätigungen verkehrt angeschlossen wurden, so daß sie umgekehrt zur Stellung des Steuerknüppels gewirkt hätten.[1, 14]

Nach der Montage mußten umfangreiche Standversuche mit dem eingebauten Triebwerk durchgeführt werden. Dabei gab es Rückschläge und Schwierigkeiten am laufenden Band. Änderungen mußten am Triebwerk vorgenommen und deren

Wirksamkeit wieder durch Versuchsreihen ermittelt werden. Die ganze Arbeitsgruppe war in Tag- und Nachtarbeit tätig, und es geschah nicht selten, daß nicht nur 36 Stunden, sondern 48 Stunden hintereinander gearbeitet wurde. Erich Warsitz hebt in seinen Erinnerungen ausdrücklich die Einsatzbereitschaft auch der Monteure hervor, die fast mit Besessenheit ihre Arbeit verrichteten. Oftmals fand man einen Monteur neben seinem Arbeitsplatz, vom Schlaf übermannt, in einer Ecke hockend oder im Sonderraum der Halle W1 am Boden liegend vor.

Nachdem etwa im Herbst 1938 das Triebwerk so weit geändert und erprobt war, daß es mit einiger Sicherheit funktionierte, begann man zu gleicher Zeit mit den Rollversuchen. Denn wie schon erwähnt, betrug die Spurbreite des Fahrwerkes nur 0,7 m, wodurch seine seitliche Rollstabilität erst ermittelt werden mußte. Auch wurde schon erwähnt, daß die Roll- und Startbedingungen für ein Raketenflugzeug ganz andere als bei einem Propellerflugzeug sind. Aus diesem Grund wurde auch bei der He 176 ein Strahlruder eingebaut, das erst bei einem vollen Ruderausschlag wirksam wurde. Da anfangs die Rollversuche vorsichtshalber ohne Eigenantrieb durchgeführt werden sollten, sah man sich nach einem geeigneten Zugfahrzeug um. Der seinerzeit schwerste und schnellste Personenwagen war ein 7,6-l-Mercedes-Kompressor-Wagen, der eine Geschwindigkeit von 165 km/h erreichte. In unbürokratischer Weise wurde ein Wagen von der Mercedes-Vertretung in Berlin telefonisch bestellt und durch den Leiter der Versuchsstellen-Fahrbereitschaft am nächsten Tag von Berlin abgeholt.[1]

Noch am gleichen Tag probierte Warsitz den Wagen auf der von W21 zum Flugplatz führenden Betonstraße aus. Wegen der Kürze der Strecke kam er nur auf 120 km/h. Danach fuhr er mit dem Auto auf der Startbahn des Rollfeldes und erreichte wegen des hohen Rollwiderstandes der Grasnarbe nur eine Maximalgeschwindigkeit von 140 km/h. Nachfolgende Rollversuche mit der geschleppten He 176 auf dem Rollfeld, wobei Erich Warsitz im Flugzeug und ein Kraftfahrer im Zugfahrzeug saßen, erbrachten eine Höchstgeschwindigkeit von 110 km/h. Dabei stellte sich heraus, daß noch keinerlei Steuerdruck auf den Rudern lag. Warsitz berichtete: »Ich konnte bei 100 oder 110 km den Steuerknüppel ausschlagen, wohin ich wollte, da reagierte die Kiste überhaupt nicht darauf.« Weiterhin ergab der Versuch, daß durch die geringe Spurweite des Fahrwerkes die Seitenstabilität sehr gering war und die kleinste Bodenunebenheit entweder die linke oder die rechte Flächenspitze den Boden berühren ließ, da sie sich ja nur 60 cm über dem Boden befand. Wie sich später herausstellte, rissen durch die Bodenberührungen vielfach die Endkappen der Tragflächen ab. Warsitz wurde nun ungeduldig und wollte unbedingt höhere Geschwindigkeiten erreichen. Da entsann er sich des schönen, breiten Strandes von der Nordspitze Usedoms bis nach Zinnowitz. Das waren etwa 15 km. Er nahm den Mercedes und fuhr die Strecke bis nach Zinnowitz ohne Flugzeug ab. In der Nähe des Wassers war der Strand fest genug, um streckenweise eine Maximalgeschwindigkeit von 155 km/h zu erreichen. Diese Geschwindigkeit nahm Warsitz erfreut zur Kenntnis. Der feste Sand hatte also eine merklich geringere Reibung als der Grasboden. Beim Wenden in Zinnowitz ereilte ihn aber das Pech. Er sackte mit den Hinterrädern im weichen Sand weg und konnte sich aus eigener Kraft nicht mehr befreien. Ein herbeigeholter Trecker blieb ebenfalls stecken. Man mußte von Werk West eine Zugmaschine kommen lassen, die, an einem dicken Baum verankert, beide Fahrzeuge mit der Seilwinde wieder flottmachte. Da das Risiko durch den weichen Sand zu groß erschien, ließ man die Absicht, Rollversuche am Strand durchzuführen, wieder fallen.[1]

Es blieb nun nichts anderes übrig, als die höheren Rollgeschwindigkeiten mit dem eigenen Flugzeugantrieb zu erreichen. Warsitz ging dazu über, mit voll eingeschaltetem Triebwerk zu starten – was von der Natur der Triebwerkbedienung nicht anders möglich war – und drosselte danach den Schub auf das für die angestrebte Rollgeschwindigkeit notwendige Maß. Der Pilot war beim ersten Mal äußerst überrascht von der großen Beschleunigung, die der Antrieb dem Flugzeug verlieh. Weiterhin wurde schon beim ersten Start mit Eigenantrieb die Empfindlichkeit des Fahrwerkes gegen Bodenunebenheiten wieder bestätigt. Die Folge war schon beim ersten Rollversuch eine Bodenberührung der linken Flächenspitze, die einen Ringelpiez des Flugzeuges verursachte. Da die Montage einer neuen Flächenendkappe einen halben Tag in Anspruch nahm und beim Start auch noch höhere Geschwindigkeiten bis zum Abheben erreicht werden mußten, befestigte man unter jeder Flächenspitze einen Schleifbügel, der sie vor Bodenberührung schützen sollte. In der Zwischenzeit war auch festgestellt worden, daß dem Rollvorgang besonders von den Maulwurfshaufen die größte Gefahr drohte. Deshalb fuhr man vor jedem Versuch die Startbahn mit ein oder zwei Kraftwagen ab, wobei auf den Trittbrettern stehende Beobachter die Strecke kontrollierten.[1]

Bei den Rollversuchen stellten sich auch wieder Mängel am Raketentriebwerk heraus, die beseitigt werden mußten. In dem Maße, wie die Funktion des Triebwerkes danach immer sicherer wurde, unternahm Warsitz auch längere Rollversuche. Das war gegen Ende des Jahres 1938. Da einerseits aufgrund der bisherigen Versuchsergebnisse größere Konstruktionsänderungen an Zelle und Triebwerk notwendig wurden und andererseits der Winter vor der Tür stand, unterbrach man die Erprobung und nutzte die Wintermonate für die Durchführung dieser Arbeiten. In diese Zeit fiel auch die Tragflächenauswechslung, da die Firma Heinkel inzwischen die Dichtschweißung der Flächentanks beherrschte. Die Treibstoffbehälter waren überhaupt Kunstwerke der Schweißtechnik, und mit dem damals neu eingeführten Arcatom-Schweißverfahren für Leichtmetall wurde auf diesem Gebiet Pionierarbeit geleistet.[1, 6]

Als Anfang März 1939 die Flugerprobung mit der He 176 fortgesetzt wurde und der Pilot die Rollversuche zu Luftsprüngen von 2 bis 5 m Höhe erweiterte, merkte er, daß die damalige Startbahn für einen richtigen Raketenstart zu kurz war. Aus diesem Grund veranlaßte Warsitz sicherheitshalber eine Verlängerung der Startstrecke. Im Eiltempo erfolgte zu gleicher Zeit die Rodung der schon öfter erwähnten »Schneise« auf der östlichen Startbahnseite und eine betonierte Verlängerung ihres westlichen Endes. Damit war eine freie Start- bzw. Landestrecke von etwa 2,8 km in Ost-West-Richtung gegeben. Ebenso hatte das Rollfeld der Versuchsstelle damit das erste betonierte Startbahnstück erhalten, dem mit Fortschreiten der Spülarbeiten am Nordrand des Flugplatzes später weitere folgen sollten (Kapitel 5.1.).[1]

Die Luftsprünge darf man sich nicht als elegante, formvollendete Flugfiguren vorstellen. Durch die kursstabilisierende Betätigung des Strahlruders, teilweise mit Unterstützung durch die Bremsen während des Rollens, war das eine mehr oder weniger kippelige und schwänzelnde Angelegenheit, bei der auch die Kanzelspitze Nickbewegungen machte. Bei einem Start ging sogar die Kanzelspitze zu Bruch.

Besonders in der ersten Phase der Flugerprobung stand die elegante und form-vollendete Linienführung des Flugzeuges in umgekehrtem Verhältnis zu seinen Bewegungen am Boden und in der Luft.[1]

Bei den einsetzenden Rollversuchen und Luftsprüngen mit der He 176 stand Erich Warsitz als Versuchspilot unter besonderer ärztlicher Kontrolle. Er erhielt eine entsprechend ausgewählte Ernährung, die besonders blähende Nahrungsmittel vermied. Auch sein Privatleben mußte der besonderen physischen und psychischen Belastung Rechnung tragen. Er galt für die Flugmediziner in dieser Hinsicht als Versuchsperson.[1]

In der Zwischenzeit kam auch Dr. Heinkel öfter nach Peenemünde, um sich über die Schwierigkeiten und den Fortgang der Arbeiten zu informieren. Wenn es auch manchmal so schien, als ob er den Erstflug kaum erwarten könne, so war er »... aber im großen und ganzen ... sehr vernünftig und wußte schon, daß es nicht so einfach war, mit einem neuen Vogel in die Luft zu gehen, und daß allerhand Vorerprobungen dazu gehörten«, wie es Warsitz nach dem Kriege ausdrückte. Heinkel und auch Udet wie auch die führenden Herren des Technischen Amtes im RLM hatten den großen Wunsch, beim Erstflug unbedingt dabeizusein. Warsitz, Künzel und Bartelsen blieben ihrem alten Grundsatz treu und waren sich trotz der gegebenen Versprechen einig, daß der erste Flug zwar mit allen technischen Erfordernissen der Vermessung und Verfilmung, aber geheim, ohne jeglichen Besuch und Beobachter von außen, durchgeführt werden sollte. Der gefürchtete Vorführeffekt, der eine zusätzliche Nervosität um das Gelingen der Demonstration beim ohnehin recht angespannten Piloten verursacht hätte, sollte beim ersten Flug vermieden werden.[1, 6]

Vom Frühjahr 1939 bis in den Mai hinein wurden über 100 Kurzflüge mit wechselnden Höhen durchgeführt. Dabei steigerte Warsitz die Luftsprünge bei einer Höhe von 20 m bis auf eine Weite von 100 m. Nachdem sich die Luftsprünge, die aber noch keinen eigentlichen Flug darstellten, auch im RLM herumgesprochen hatten, war es nicht mehr zu umgehen, die He 176 auch den maßgebenden Herren der obersten Luftwaffenbehörde vorzuführen. So erschienen etwa Mitte Mai 1938 die Herren Milch und Udet mit ihrem Stab und auch Dr. Heinkel, um die He 176 zu besichtigen und einem Luftsprung beizuwohnen. Da es ein offizieller Besuch bei der Versuchsstelle war und auch noch andere seinerzeit in der Erprobung befindliche Projekte besichtigt wurden, nahmen auch die Versuchsstellenleitung, Flieger-Oberstabsingenieur Pauls und Herren der Fachabteilungen an der Vorführung teil. Beim Eintreffen der Generalität stand das Raketenflugzeug schon betankt auf dem Flugplatz vor der Halle zwischen W1 und W2. Die ersten Worte Udets zu Warsitz waren: »Mensch, das sind keine Flächen, das sind ja Trittbretter! Und damit wollt Ihr fliegen?« – »Nun, warum nicht, geflogen ist sie schon, wenn auch nur Kurzflüge, aber in der Luft war sie schon«, erwiderte Warsitz. Das waren typische Udet-Aussprüche, wie er sie immer bei der Hand hatte. Dabei redete er Leute, die er mochte, mit der zweiten Person im Plural, also mit »Ihr« an. Erich Warsitz führte wieder einen schon fast zur Routine gewordenen Kurzflug durch. Da er wegen widriger Windrichtung nicht auf der glatten Ost-West-Bahn starten konnte, mußte eine andere Richtung auf dem Gelände gewählt werden. Dadurch sahen das Rollen und der wackelnde Luftsprung, dann der anschließende Landevorgang, der wegen des etwas weiten Sprunges in das noch nicht fertige Rollfeld hineinging und deswegen mit einem Ringelpiez beendet werden mußte, »... katastrophal windig aus«, wie

Warsitz berichtete. Der Begleitwagen brachte ihn wieder zur Startstelle zurück, wo GFM Milch auf Warsitz zuging und ihn wegen besonderer Leistungen zum Flugkapitän ernannte. Danach gratulierten Ernst Udet und alle übrigen.[1, 14]

Nach der Vorführung entwickelte sich eine ausgedehnte Diskussion, in der Udet als Hauptwortführer den teilweise an Heinkel gerichteten Vorwurf erhob, daß für dieses neue Antriebssystem wegen der höheren Sicherheit nicht ein größeres Flugzeug gebaut worden wäre. Da schaltete sich Warsitz ein und versuchte Udet zu überzeugen, daß er das Flugzeug vom ersten Federstrich auf dem Zeichenbrett kennen würde und die Erprobung nach seiner Überzeugung glattginge. Ernst Udet ließ sich aber nicht überzeugen und verbot wegen der Gefährlichkeit jeden weiteren Flug mit der He 176. Die Diskussion beendete er wie den Anfang der Vorführung wieder mit einem seiner typischen Aussprüche im Hinblick auf die He 176: »Jede geglückte Landung hiermit ist ein mißglückter Absturz!«[1]

Nachdem der Besuch auch alle übrigen Neuigkeiten besichtigt hatte, flog er wieder nach Berlin zurück. Die Enttäuschung bei Heinkel und Warsitz war groß. Auf dem Foto, das nach dem Besuch aufgenommen wurde, ist Dr. Heinkel, Warsitz und Künzel die Ratlosigkeit anzumerken. Offensichtlich hat Warsitz das Flugverbot tief getroffen. Denn schon kurze Zeit später flog er nach Berlin und bekniete Udet, doch die weitere Flugerprobung zu gestatten. Er versuchte ihm klarzumachen, daß die Flüge mit der He 176 für die Zukunft der Fliegerei von ganz besonderem Wert und unbedingt notwendig seien. Auch gab er Udet die Garantie und versprach ihm hoch und heilig, daß nichts passieren würde, obwohl er das ja nicht konnte. Scheinbar hatte Warsitz bei Udet einen besonders guten Tag für sein Vorhaben erwischt. Mit den Worten: »Haut ab und macht, was Ihr wollt, aber seid vorsichtig«, entließ er Warsitz. Dieser kehrte mit der freudigen Nachricht nach Peenemünde zurück: »Weitermachen, Udet hat es genehmigt!«[1]

Die Fortsetzung der Erprobung begann wieder mit einer Anzahl von Kurzflügen, worüber der Mai des Jahres 1939 verging und der Juni anbrach. So kam der 15. dieses Monats, ein schöner Frühsommertag des Jahres 1939. Am Vormittag und kurz nach dem Mittag waren insgesamt fünf gelungene Luftsprünge durchgeführt worden, als Warsitz am Spätnachmittag unvermittelt zu Walter Künzel sagte: »Künzel, der nächste Flug ist eine Platzrunde!« Künzel war nach den gelungenen fünf Kurzflügen auch einverstanden. Nur Bartelsen zögerte und wollte den Flug auf den nächsten Tag verschieben, da er das Triebwerk nochmals durchsehen und einer Kontrolle unterziehen wollte. Einmal hatte Bartelsen, wie schon geschildert, Warsitz das Leben gerettet, als er ihm die Zustimmung für einen Triebwerk-Standversuch verweigerte, den Warsitz unbedingt aus dem Cockpit eines He-112-Rumpfes heraus starten wollte. Diesmal gab Warsitz nicht nach. Er argumentierte, daß nach fünf erfolgreichen Luftsprüngen auch ein sechster Start mit Platzrunde vom Triebwerk bewältigt werden könne. Als er nicht umzustimmen war, machte Bartelsen mit seinen Monteuren das Triebwerk zum Start fertig. Man füllte die Flächentanks zu den vollen Hauptbehältern im Rumpf aus Gewichtsgründen nur teilweise, so daß eine Betriebsdauer von etwa 50 sec möglich war. Künzel prüfte nochmals die Zelle sowie alle Betätigungs- und Steuerelemente.

Erich Warsitz hatte zwischenzeitlich seine weiße Kombination ausgezogen und sich in der wärmenden Sonne auf einen Feldstuhl gesetzt. Zufriedenheit über den am Vorabend gefaßten Entschluß überkam ihn. Er dachte an Heinkel, Udet und

auch ein paar weitere vom Ministerium, die alle beim Erstflug dabeisein wollten. Er schloß die Augen, und im Geiste ging er die Handhabungen des Startvorganges durch, so wie er es viele Male bei den bisherigen Luftsprüngen getan hatte. Nur diesmal sollte der Schubhebel im Vollschub stehenbleiben. Nochmals gingen seine Gedanken zum gestrigen Abend zurück, als er zum erstenmal in seiner an gefährlichen Situationen nicht armen Testpilotenlaufbahn »… so einiges, was den Schriftkram betraf, geordnet hatte …«. Plötzlich wurde Warsitz aus seinen Gedanken aufgeschreckt. Lautes Rufen, Gelächter und dazwischen ein Quieken ließen ihn seine Augen öffnen, als ihm auch schon zwei Monteure ein kleines Ferkel als Glücksbringer in den Schoß legten. Sie hatten es heimlich vom Gutshof des Vorwerkes geholt. Jemand machte ein Foto und hielt die Szene im Bild fest.
Bartelsen und Künzel waren mit der Kontrolle des Flugzeuges fertig. Warsitz zog seine Kombination wieder an, zwängte sich in seine enge Kabine und wurde angeschnallt. Danach schleppte man die He 176 wegen der Windverhältnisse zum betonierten westlichen Ende der Startbahn nördlich des Vorwerkes. Zuvor hatten zwei Kraftfahrzeuge die Startbahn nach Maulwurfshügeln abgefahren. Foto- und Filmpersonal war anwesend und nahm alle Einzelheiten, auch die der Vorbereitung, für Auswertungs- und Dokumentationszwecke mit der Kamera auf. Für Warsitz war das immer eine unangenehme Situation. Er hatte dabei das Gefühl, daß er vor seinem letzten Flug nochmals lebend festgehalten werden sollte.[1, 6]
Während den Piloten bei den Vorbereitungen zum Flug eine gewisse Nervosität befallen hatte und ihm alles nicht schnell genug ging, war er kurz vor dem Start in seinem Führersitz »… die völlige Ruhe selbst«. Wie ein Bienenschwarm wimmelten die zuständigen Monteure um das Flugzeug herum. Dann kam das Kommando: »Alles klar!« In dem Moment kam Walter Künzel zu Warsitz an die noch offene Kanzel heran und drückte ihm die Hand. Während er Warsitz anschaute, bemerkte dieser Tränen in den Augen von Künzel. Sie waren gute Freunde. Die Kanzel wurde geschlossen und die He 176 noch einige Meter zum eigentlichen Startplatz gerollt. Im Rumpf öffnete Unger die Hauptventile, und dann kam das Kommando: »Startklar!« – »Im selben Moment, … ich konnte es nicht abwarten, da war die Pulle aber auch drin«, sagte Warsitz in Erinnerung an den damaligen denkwürdigen Augenblick. Die He 176 rollte mit zunehmender Fahrt an und hatte schon gute 200 km/h erreicht. Warsitz wollte gerade den Knüppel zum Abheben leicht anziehen, als sich die linke Flächenspitze ruckartig der Erde zuneigte. Der Schutzbügel streifte den Boden und verhinderte eine Beschädigung der Flügelspitze. Das Flugzeug brach durch die Bodenreibung nach links aus. Der Pilot wollte zunächst den Schubhebel zurückreißen, aber im Bruchteil einer Sekunde entschied er sich für die Fortsetzung des Starts und ließ den Vollschub stehen, zog den Knüppel ein wenig an und merkte, wie die He 176 vom Boden abhob. Mit großer Beschleunigung machte die Maschine einen Satz nach vorne, und glücklich registrierte Warsitz, daß er, von unbändiger Kraft getrieben, flog. Als er von den Instrumenten hochblickte, merkte er mit erneutem Schreck, daß seine Flugrichtung nicht auf die Schneise am östlichen Platzrand zulief, sondern auf deren nördliche Flanke, wo noch der Hochwald des ehemaligen Wolgaster Stadtforstes stand, zustrebte. Eine Richtungskorrektur war in Bodennähe und mit der noch verhältnismäßig geringen Geschwindigkeit nicht möglich. Um an den Stämmen der näher kommenden Bäume nicht zu zerschellen, drückte Warsitz den Steuerknüppel so

weit wie möglich nach, nahm Fahrt auf und raste dicht über dem Boden dahin. Er wußte, daß er eine möglichst hohe Geschwindigkeit brauchte, um die im Fluge noch unerprobte Maschine mit Sicherheit hochziehen zu können. Kurz vor dem Wald nahm Warsitz den Steuerknüppel zügig an den Bauch, spürte, wie das Flugzeug sich aufbäumte und mit riesigem Sprung über die höchsten Bäume flog. Das Triebwerk konnte jetzt seine volle Kraft entfalten und ließ die He 176 schräg aufwärts über die freie See in den tagblauen Himmel hineinschießen. Der Start sah von außen und später auf dem Film katastrophal aus, und kein Zuschauer gab Warsitz mehr eine Chance, aus dieser Situation heil herauszukommen. In kürzester Zeit hatte das Flugzeug fast 600 km/h erreicht. Der Pilot drosselte sofort den Schub. Aber das Triebwerk war damals noch nicht so weit, daß man jede Schubstufe bequem einstellen konnte. Besonders bei Verminderung der Leistung bestand die Gefahr des Triebwerkaussetzens. Aufgrund dieser Tatsache nahm Warsitz auch nur sehr vorsichtig das »Gas« heraus, wobei die Geschwindigkeit trotzdem weiter auf über 600 km/h anstieg. Da die Betriebszeit wegen der geringen Tankfüllung nur 50 sec betrug, mußte sofort nach dem Start an die Einteilung des Fluges gegangen werden. Warsitz war, wie schon gesagt, nach Osten über den ehemaligen Wolgaster Stadtforst gestartet. Er ging jetzt, etwa 500 m von der Küste entfernt, in eine Linkskurve, die äußerste Nordspitze des Peenemünder Hakens umfliegend. Bei den Bewegungen am Steuerknüppel und mit den Seitenruderpedalen merkte der Pilot sofort die große Empfindlichkeit des Flugzeuges im Ruder. Schon Bewegungen im Millimeterbereich an den Steuerorganen verursachten aufgrund der hohen Geschwindigkeit von 600 bis 700 km/h größere Fluglagenänderungen der He 176. Warsitz kam bei der Umrundung des Hakens, entgegen seiner ursprünglichen Startrichtung, ziemlich weit vom Flugplatz weg über die See hinaus. Das lag nicht in seiner Absicht, denn bei einer Notwasserung hätte er als nicht besonders guter Schwimmer größte Schwierigkeiten bekommen, zumal er aus Platzgründen auch keine Schwimmweste tragen konnte. Weil die Geschwindigkeit mit fast 700 km/h für den näher kommenden Landeanflug noch sehr hoch war, versuchte der Pilot den Schub stärker zu drosseln. Dabei trat der gefürchtete Vorgang ein, das Triebwerk setzte ganz aus. Um den Antrieb wieder anzulassen, mußten, wie schon erklärt, zwei Hebel schnell hintereinander und danach ein dritter betätigt werden. Der Raketenantrieb zündete auch tatsächlich wieder, und mit Vollgas schoß das Flugzeug wegen der Empfindlichkeit der Ruder mit beachtlichem Sprung nach oben. Überhaupt lagen die Beschleunigungskräfte der He 176 in anderen Größenordnungen als bei den Propellerflugzeugen.

Da sich Warsitz jetzt über der Peenemündung befand, mußte er wieder zu einer Linkskurve ansetzen, um durch Fahrt- und Höhenverminderung in den Platz hineinzukommen. Nach weitestgehender vorsichtiger Drosselung des Antriebes stellte er noch in der Kurve das Triebwerk ganz ab und schwebte nördlich des Vorwerkes auf die vor etwa 50 sec verlassene Startbahn mit einer Landegeschwindigkeit von etwa 250 km/h zu. Hier kam er nach einer relativ anständigen Landung zum Stehen.[1]

Die schon beim Landeanflug seitlich vom einschwebenden Flugzeug mitfahrenden Begleitfahrzeuge, bei denen auch immer ein Löschwagen der Feuerwehr war, erreichten die stehende Maschine. Die Kanzel wurde geöffnet, Warsitz kletterte heraus und wurde sogleich von den Umstehenden auf die Schultern genommen.

Einer hatte eine Sektflasche in der Hand, Gläser wurden vollgegossen, und man stieß an auf den gelungenen Flug, den ein mit einem Flüssigkeitsraketenantrieb ausgerüstetes Flugzeug erstmals in der Welt kontrolliert durchgeführt hatte. Dem Brauch entsprechend, zerschellten alle ihre Gläser seitlich am Fahrwerk der He 176.[1]

Nun wollen wir nochmals zu dem beinahe mißglückten Start zurückkehren. In der Zwischenzeit hatte man an der bewußten Stelle des Rollfeldes, wo das Flugzeug plötzlich nach links weggekippt war, festgestellt, daß in der Zeit nach der Bahnkontrolle bis zum Start, also in vielleicht fünf Minuten, ein Maulwurf tatsächlich wieder einen Sandhaufen gewühlt hatte, den Warsitz beim Start überrollt hatte.

Bei diesem ersten kontrollierten Raketenflug der Welt war außer dem schon genannten Personenkreis und sich zufällig am Rollfeld aufhaltenden Angehörigen der Versuchsstelle kein weiterer Zuschauer zugegen gewesen. Noch nicht einmal die Versuchsstellenleitung war informiert worden, da Warsitz die Durchführung des Startes plötzlich angesetzt hatte. Auch von Braun in Werk Ost wußte von diesem Vorgang nichts.[1]

Nach der Landung wurden zunächst von Warsitz und den Walter- und Heinkel-Leuten die technischen Vorgänge diskutiert und an Künzel und Bartelsen möglichst viele Informationen gegeben, die während des kurzen Fluges feststellbar waren. Danach rief Warsitz Dr. Heinkel in Marienehe an und mit den Worten: »Herr Dr. Heinkel, ich melde Ihnen gehorsamst, gerade den ersten Raketenflug der Welt mit Ihrer He 176 durchgeführt zu haben. Daß ich noch lebe, hören Sie an meiner Stimme« informierte er Heinkel von seinem raschen Entschluß. Dr. Heinkel war so überrascht, daß er zunächst nur das Wort »Was?!« herausbrachte. Später sagte er noch: »Wunderbar, Warsitz, ich bin auch nicht böse, kommen Sie morgen früh sofort zu mir!« Am nächsten Morgen flog Erich Warsitz von Peenemünde nach Marienehe zur Firma Heinkel. Hier gab er Dr. Heinkel und seinen an der Entwicklung beteiligten Herren einen ausführlichen Bericht über den ersten Flug der He 176. Dr. Heinkel konnte es sich danach aber nicht verkneifen, zu seinem Testpiloten unter vier Augen zu sagen: »Warsitz, aber daß ich nicht dabei war, so ganz habe ich es Ihnen doch noch nicht vergessen.« Erich Warsitz erklärte seinen raschen Entschluß einerseits mit der guten Konstitution und Stimmung, in der er sich am gestrigen Tage befunden habe und die man nicht habe voraussehen können. Andererseits erwähnte er auch die Befürchtung, daß es Schwierigkeiten bei diesem Erstflug hätte geben können und damit ein Besuch von offizieller Seite für die Durchführung des Versuches nicht förderlich gewesen wäre. Dr. Heinkel sah das dann auch ein, und die Angelegenheit war damit endgültig erledigt.

Da Dr. Heinkel am Abend des gleichen Tages noch Udet über den geglückten Erstflug der He 176 telefonisch unterrichtet hatte, wurde Warsitz gegen Mittag des 17. Juni, als er wieder in Peenemünde war, von Generaloberst Udet telefonisch zu seinem Erfolg beglückwünscht, wobei er ihm auch die Anerkennung von Reichsmarschall Göring übermittelte.[1]

Nachdem Erich Warsitz auch zur Berichterstattung über den geglückten Erstflug im RLM gewesen war, wurden wieder Änderungen am Triebwerk und an der Zelle des Versuchsflugzeuges bezüglich der Optimierung der Ruderflächen durchgeführt. Danach fanden wieder Kurzflüge statt. Das Ziel dieser Arbeiten war es, das Verhalten des Flugzeuges bei Gewichts- und Geschwindigkeitssteigerungen zu er-

gründen. Im Zuge dieser Erprobung flog Warsitz am 20. Juni 1939 die zweite gelungene Platzrunde, die offiziell angekündigt wurde und in der Luftfahrtgeschichte allgemein als gelungener Erstflug der He 176 genannt wird. Mit gefüllten
Flächentanks erreichte die He 176 eine Startgeschwindigkeit von über 300 km/h.
Während des Fluges betrug die Maximalgeschwindigkeit bei einer Höhe von 700
bis 800 m etwa 850 km/h. Mit gut 400 km/h schwebte das Flugzeug zum Landeanflug ein, um dann mit etwa 250 km/h Landegeschwindigkeit mit leeren Tanks am
Boden aufzusetzen.

Ehe auf die Schilderung der weiteren Ereignisse eingegangen wird, ist es notwendig, auf die bisher beschriebene zeitliche Reihenfolge bzw. auf die genannten
Daten der He-176-Flugerprobung einzugehen. Da konkrete Unterlagen fehlen,
ist es schwer, historisch gesicherte Zeitangaben zu machen. Es sind auch Prof. Dr.
Heinkel aus gleichem Grund Fehler in seinem Buch »Stürmisches Leben« bei der
Schilderung der Sonderflugzeuge unterlaufen. Während der Bearbeitung der He-
176-Flugerprobung ist der Verfasser auf Diskrepanzen bei der Ermittlung markanter Daten gestoßen. Nun ist das für die Schilderung der grundsätzlichen Abläufe nicht so wichtig, ob dieser oder jener Vorgang etliche Wochen oder Tage davor oder danach stattfand. Aber der Vollständigkeit halber soll die Unsicherheit
von Zeitangaben doch erwähnt werden. So haben sich nach verschiedenen Literaturangaben die Begebenheiten bei der He-176-Erprobung angeblich wie folgt
zugetragen:

1. Am 20. Juni 1939 Erstflug von Warsitz mit der He 176. Am 21. Juni Zweitflug
   vor Milch und Udet, Ernennung von Warsitz zum Flugkapitän. Verbot weiterer
   Flüge durch Udet.
2. Dieser Reihenfolge schloß sich Warsitz zwar in seinem Vortrag zur Pressekon-
   ferenz am 15. September 1959 in Speyer an, den er anläßlich des 20. Jahrestages
   des ersten Raketen- und Düsenfluges der Welt hielt. Dies erfolgte aber nur aus
   Mangel an eigenen Unterlagen. Seine Ernennung zum Flugkapitän erwähnte er
   dabei nicht.
3. In dem Interview am 24. Oktober 1952, das am 8. November 1952 abgeschlossen wurde, erklärte Warsitz einem Herrn Paul Kettel sieben Jahre früher ausführlich und in Einzelheiten die Begebenheiten um die Erprobung der Sonderflugzeuge. Hier ist die Reihenfolge jedoch anders. Er kann zwar keine genauen
   Daten nennen, betont die Reihenfolge bei der He-176-Erprobung aber auf das
   entschiedenste. Demzufolge fand die erste Vorführung der He 176 vor dem
   RLM mindestens vier Wochen vor dem Erstflug mit einem Kurzflug statt. Dabei erfolgte seine Ernennung zum Flugkapitän und das Verbot weiterer Flüge
   durch Udet. Da Warsitz den Erstflug etwa um den 25. Juni 1939 vermutete, müßte dieser Kurzflug vor dem RLM etwa Mitte Mai 1939 stattgefunden haben,
   also wesentlich früher als der 20. Juni. Dieser Tag ist als wirklicher Erstflug
   schlecht möglich, weil Warsitz gleich am Tag danach von Heinkel nach Marienehe gebeten wurde und von dort erst am nächsten Tag nach Peenemünde
   zurückflog, womit am 21. Juni keine Vorführung vor Milch und Udet gewesen
   sein konnte. Man sieht daran, daß hier wesentliche Ungereimtheiten in der Literatur bestehen. David Irving schreibt gar in seinem Buch »Die Tragödie der
   deutschen Luftwaffe« auf Seite 127: »Am 27. Juni hatten Milch und Udet das er-

ste Flugzeug der Welt mit Raketenantrieb, die He 176, beim Heinkel-Werk Marienehe im Flug gesehen.« Dort ist sie ja nun wirklich nicht geflogen.

Diese abweichenden Angaben sollen hiermit wenigstens angesprochen werden und sind sicher auf die den Autoren nicht zugänglich gewesenen Unterlagen zurückzuführen. Die Häufung gleicher Daten in verschiedenen Veröffentlichungen ist offenbar im gegenseitigen Abschreiben zu sehen. Der Verfasser dieses Berichtes hat sich bei der Schilderung der He-176-Flugerprobung in der Reihenfolge der Ereignisse an das Warsitz-Interview gehalten. In der Festlegung der Daten wurde vom »heimlichen« Erstflug am 15. Juni 1939 ausgegangen, dessen Datum Dipl.-Ing. Uvo Pauls in seiner als Manuskript geschriebenen Dokumentation »Was geschah in Peenemünde-West« angibt und das Dr. Josef Dantscher, damals in Peenemünde-West Leiter der Fachgruppe E4, in seinen hinterlassenen Unterlagen ausdrücklich bestätigt. Vom 15. Juni, nach Warsitz, Pauls und Dantscher, mindestens vier Wochen zurückgerechnet, ergibt sich für die erste offizielle Vorführung vor Milch und Udet mit einem größeren Luftsprung ein Datum um den 15. Mai 1939. Damit soll die Diskussion über den zeitlichen Ablauf beendet werden.[14]

Nach dem 20. Juni 1939 fand am 21. Juni 1939 nochmals eine gelungene Platzrunde vor Milch, Udet und einer Abordnung des RLM statt. Danach sind wieder Änderungen am Triebwerk und der Zelle vorgenommen worden. Besonders verkleinerte man die Ruder nochmals, da sie bei den hohen Geschwindigkeiten immer noch zu extreme Steuerbewegungen des Flugzeuges verursachten. Anschließend folgten wieder Kurzflüge am laufenden Band und auch Platzrunden mit steigenden Gewichten (Treibstoffen) und Geschwindigkeiten. Alle Erprobungen verliefen relativ reibungslos ohne schwerere Schäden oder Brüche.[1]

In dieser Phase der Flugerprobung kam im Laufe des Juli 1939 unerwartet ein Anruf von Oberst Max Pendele aus Berlin, der Warsitz am Telefon auf Befehl von Udet jeglichen Kurz- oder Platzflug mit der He 176 verbot. Auf die etwas aufgebrachte Reaktion von Warsitz sagte Pendele beschwichtigend:»Warsitz, regen Sie sich gar nicht auf, Sie haben keinen Grund dazu. Es hat einen besonderen Grund, und Sie fliegen schon wieder!« Einige Tage später wurde bekannt, daß in Rechlin eine Vorführung vor Hitler geplant war. Um dieses Vorhaben durch einen vorhergehenden Unfall nicht zu gefährden, hatte Udet das Flugverbot erteilt. Erich Warsitz hat noch versucht, bei Udet und Heinkel weitere Flüge zur Geschwindigkeitssteigerung durchzusetzen, um die Vorführwirkung noch zu erhöhen. Aber ihm wurde bedeutet, daß einzig und allein das Gelingen des Fluges wichtig sei. Die Geschwindigkeit würde bei dieser Gelegenheit keine Rolle spielen. Warsitz mußte sich dieser Ansicht fügen. In der Zwischenzeit hatte das RLM auch den Tag der Vorführung bekanntgegeben. Es war der 3. Juli 1939 dafür vorgesehen.[1, 14]

8.4. Vorführung in Roggentin

Die Vorbereitungen für die Demonstration in Rechlin mußten getroffen werden. Erich Warsitz ist mit Walter Künzel zur Platzbesichtigung dorthin geflogen. Für die Vorführung der He 176 war ein Platz bei dem Ort Roggentin, etwa 10 km östlich von Rechlin, vorgesehen. Hier war ein grasbewachsenes, ebenes Gelände ohne

Gebäude und Betonbahn. Nach der Prüfung des Platzes erklärte sich Warsitz bereit, dort zu fliegen. Der E-Stelle Rechlin gegenüber stellte man die Forderung, auf dem Gelände ein Zelt für Montagearbeiten zu errichten. Alle übrigen Geräte und Vorrichtungen für das Versuchsflugzeug hatte Peenemünde zu stellen.[1]

Es ist interessant, den Hintergrund und den Anlaß der Vorführung in Roggentin etwas näher zu schildern. Zu Beginn des Juni 1939 äußerte GFM Milch gegenüber RM Göring seine Sorgen und Bedenken über die unzureichende Materialzuteilung, besonders an Aluminium und Stahl, für den weiteren Ausbau der Luftwaffe. Als das OKW (Oberkommando der Wehrmacht) Mitte Juni 1939 die Rohstoffkontingente für den folgenden Monat bekanntgab, erfuhr Milch, daß sogar die wichtigsten Rohstoffe für die Luftwaffe knapper denn je zuvor waren. Als Erhard Milch auch noch davon Kenntnis erhielt, daß Großadmiral Erich Raeder Hitler in einem privaten Gespräch überredet hatte, der Marine die größten Materialkontingente und das größte Industriepotential zuzuweisen, schlug er Göring vor, durch eine große Vorführung neuester Waffen und Geräte Hitlers Interesse auf die Luftwaffe zu lenken. Das war der tiefere Sinn der Vorführungen in Rechlin und Roggentin. Damit ist auch die vom RLM gegenüber Dr. Heinkel und Warsitz immer wieder betonte Wichtigkeit des Gelingens der Vorführung zu verstehen.[15]

Wenn man bisher die Initiative Dr. Heinkels mit der He 176 vom RLM auch nur mit halbem Herzen zugelassen hatte, so wollte man sich offenbar trotzdem des spektakulären Vorführeffektes mit diesem Flugzeug für den genannten Zweck bedienen.

Schon einige Tage vor dem 3. Juli 1939 siedelte Warsitz mit einem »kleinen Verein«, wie er sich ausdrückte, nach Rechlin um. Die He 176 wurde wieder in einem Nachttransport mit demontierten Flächen nach Roggentin gebracht und dort für den Tag der Vorführung hergerichtet.

Am 3. Juli traf Hitler in der Frühe mit einem Sonderzug in Mirow ein. Neben seinem persönlichen Stab und Adjutanten befand sich in seiner Begleitung auch der Chef des OKW, GFM Wilhelm Keitel. Nach dem Verlassen des Sonderzuges fuhren Hitler und seine ganze Begleitung, zu der auch Göring, Milch und Udet gehörten, zur E-Stelle Rechlin, um sich die neuesten Entwicklungen der Luftwaffe anzusehen und vorführen zu lassen.

Peenemünde-West führte außer der He 176 noch eine He 111 mit Starthilferaketen vor, die von einem Peenemünder Piloten geflogen und mit einer He 111 ohne Starthilferaketen verglichen wurde, die ein Rechliner Pilot startete. Bei gleichem Start beider Flugzeuge hatte die erste He 111 schon etwa 200 m Höhe erreicht, als das zweite Flugzeug gerade abhob. Dieser Vergleich beeindruckte Hitler besonders, und er interessierte sich sehr für die Starthilferaketen. Weiterhin wurde ein Funkmeß-Frühwarnsystem vorgestellt, und eine neue 3-cm-Flugzeugbordkanone, die MK 101, zeigte eine größere Zielgenauigkeit bei starker Wirkung. Auch konnte sich Hitler eine druckfeste Flugzeug-Höhenkabine ansehen. Ein in Rechlin entwickeltes besonderes Kaltstartverfahren für Flugmotoren bei Temperaturen unter dem Gefrierpunkt war eine weitere Neuigkeit. Daneben wurden noch neue Flugzeugtypen vorgeflogen, man warf eine 500-kg-Bombe mit Rückstoßantrieb zur Erhöhung der Auftreffwucht ab und demonstrierte viele andere Geräte.

Als die Vorführung in Rechlin beendet war, fuhr Hitler kurz vor Mittag in kleinerem Kreis nach Roggentin, um sich dort den Flug der He 176 anzusehen. Zuvor ereignete sich noch eine kleine Begebenheit. Am frühen Morgen des 3. Juli hatte Erich Warsitz trotz des Verbotes von Udet auf dem Roggentiner Platz noch einen Rollversuch als Funktionsprobe für das Walter-Triebwerk gemacht. Als Udet mit seiner roten Siebel von Berlin nach Rechlin flog, sah er zufällig den Rauchstreifen des Triebwerkes am Boden. Als er in Rechlin aus seinem Flugzeug stieg, befahl er: »Warsitz, sofort nach Rechlin kommen!« In einigen Minuten war Warsitz mit dem Wagen dort und meldete sich bei Udet. Ohne Begrüßung sagte er: »Ihr habt geflogen!« – »Herr Generaloberst, das habe ich nicht.« »Ich habe aus der Luft die Rauchstreifen gesehen!« – »Herr Generaloberst … ich habe mir erlaubt, einen Rollversuch zu machen, der unbedingt zum reibungslosen Verlauf der Vorführung erforderlich war …« – »Alles klar?« Warsitz sagte: »Alles ist restlos klar!« – »Na, dann will ich nichts gesehen haben.«

Nachdem die Wagenkolonne mit Hitler, Göring, Milch, Udet, Keitel und Begleitung in Roggentin eingetroffen war, wurde ihnen zunächst die He 178, also das erste Flugzeug der Welt mit einem Turbo-Luftstrahltriebwerk, gezeigt. Dr. Heinkel und Dr. von Ohain hielten entsprechende Vorträge, und anschließend setzte sich Warsitz in den Führersitz und fuhr einen Standversuch vor. Hitler stellte danach einige Fragen und zeigte sich sehr interessiert. Erich Warsitz, der schon öfter anläßlich von Vorführungen mit dem Führer zugegen war bzw. auch mit ihm kurz gesprochen hatte, sagte nach dem Kriege, daß er Hitler nie zuvor so ernst wie bei seinem Rechliner Besuch gesehen hätte. Aufgrund der allgemeinen politischen Lage in Europa war das, im nachhinein betrachtet, auch verständlich.

Nach dem He-178-Versuch ging Erich Warsitz zur He 176 hinüber und nahm mit Künzel, Bartelsen und Beilmann an der Maschine Aufstellung. Als Hitler mit seiner Begleitung sich ebenfalls der He 176 genähert hatte, begrüßte er Warsitz mit Handschlag. Die Erläuterungen zum Flugzeug gaben Dr. Heinkel und Udet. Anschließend entfernte sich der ganze Besucherschwarm einige hundert Meter, während Warsitz in das Flugzeug stieg und festgeschnallt wurde. In diesem Augenblick kam Generalstabsingenieur Lucht nochmals zu Warsitz zurück, reichte ihm die Hand durch die noch offene Kanzel und nach einem »Hals- und Beinbruch, Warsitz« drehte er sich schnell um und ging den Vorausgegangenen nach. Warsitz hatte auch zu Lucht ein sehr gutes Verhältnis. 1952 sagte er, auf diese Begebenheit zurückblickend: »Das ist mir, als wäre es erst gestern gewesen.« Er fuhr dann in seinen Ausführungen fort: »Ich hatte manchmal das Gefühl, daß sie alle, einschließlich Göring, deshalb reichlich nett zu mir waren, weil sie immer annahmen, vielleicht sehen wir ihn das letzte Mal. Auf der anderen Seite schätzten sie mich wohl, weil ich, was die Fliegerei betraf, etwas Besonderes leistete.«[1]

Zu der Abordnung, die von Peenemünde-West nach Rechlin gekommen war, gehörte auch Dipl.-Ing. Uvo Pauls, der Leiter der Versuchsstelle. Nachdem die He 176 fertig zum Start auf dem Rollfeld stand, meldete Pauls Udet das Flugzeug startklar. Mit Warsitz hatte der Versuchsstellenleiter für den Start ein Flaggenzeichen vereinbart, das er jetzt gab. Erich Warsitz startete, kam gut vom Boden weg und ging danach gleich in die Kurve, um nicht zu weit vom Platz wegzukommen. Er flog dann in etwa 700 bis 800 m Höhe an der Zuschauergruppe vorbei und setzte wieder in einer Kurve zur Landung an. Warsitz nahm den Schub heraus, hatte sich aber etwas verschätzt und zu früh damit begonnen. Das Flugzeug wäre nicht mehr in den Platz hineingekommen. Bei nochmaligem Schubgeben setzte das Triebwerk ganz aus. Inzwischen verlor Warsitz, noch mit beträchtlicher Fahrt, schnell an Höhe und strebte an der Platzgrenze in Bodennähe auf einen großen Ziegelsteinhaufen zu. Im Geist sah er das Unglück schon kommen. Er reagierte schnell, versuchte das Letzte, schaltete nochmals seine zwei Triebwerkhebel und danach den dritten. Tatsächlich zündete die Rakete wieder, und mit einem 50 m hohen Satz erreichte das Flugzeug den Platz. Nach dem Abschalten setzte Warsitz zu einer fabelhaften Landung an.[1, 14]

Die meisten Zuschauer waren der Ansicht, daß dieser Luftsprung vor der Landung besondere Absicht war. Alle Eingeweihten und mit den technischen Einzelheiten vertrauten Zuschauer haben jedoch gezittert. Auch Heinkel, Udet und Lucht wußten, daß der Flug um Haaresbreite schiefgegangen wäre. Aber keiner sagte ein Wort.

Nachdem die Maschine ausgerollt war, kam der Wagen des Führers mit dessen Adjutant Wilhelm Brückner und holte Warsitz zur Zuschauergruppe zurück. Hier fand gerade noch ein Versuch bezüglich eines Materialproblems statt, den sich Hitler gerade zeigen ließ. Warsitz unterhielt sich zwischenzeitlich mit Brückner und einigen anderen Herren. Anschließend setzte sich die Besuchergruppe in ihre Wagen, um nach Rechlin zurückzufahren. Im Vorbeifahren sagte Göring etwas zu Hitler, worauf dieser zu Warsitz hinschaute und ihm zuwinkte. Die Vorführung war beendet.[1]

Während Hitler mit seinem Sonderzug wieder wegfuhr, wurde für die verbliebenen Gäste und einen gewissen Kreis von Rechlinern, dem auch Göring, Milch und Udet angehörten, zu einem Mittagessen der E-Stelle Rechlin eingeladen. Nach dem Essen kam der Adjutant Görings zu Warsitz und bat ihn zum Reichsmarschall. Als Warsitz an dessen Tisch trat, an dem auch Udet saß, erhoben sich beide und gingen gemeinsam mit Warsitz etwas abseits. Während Göring an einer Heizkörperverkleidung lehnte und seine Virginia rauchte, gratulierte er Warsitz zu der gelungenen Flugvorführung. Als der Flugkapitän auf eine entsprechende Frage Görings sagte, er sei überzeugt, daß es in einigen Jahren nur noch wenige Flugzeuge mit Luftschrauben geben werde, lachte Göring und nannte Warsitz einen Optimisten. Nachdem sie sich noch über die Starthilferaketen unterhalten hatten, beendete Göring das Gespräch mit den Worten: »Also, Herr Warsitz, weil es so gut geklappt hat … schenke ich Ihnen 20.000 Mark für die heute gelungene Vorführung.« Zu Udet gewandt: »Ernst, du weißt ja Bescheid, aus dem Sonderfonds.« Damit war die Unterredung beendet.[1]

Bei der Vorführung in Roggentin wurden ohne Zweifel die neuesten Waffen und Geräte der Luftwaffe vorgeführt. Auch handelte es sich dabei nach internationalem Standard um die seinerzeit modernsten Waffen und Flugzeuge der Welt. Aber die Vorführung sollte ihren Zweck nicht erreichen. Die Rohstoff- und Materiallage der Luftwaffe verbesserte sich nicht.[15]

Dem starken Eindruck der ohne Zweifel gelungenen Vorführung wurde verschiedentlich ein negativer Einfluß auf die danach folgenden politischen Entscheidungen Hitlers zugeschrieben. Als Milch bei der allgemeinen Begeisterung nach der Vorführung davor warnte, zu vieles zu schnell zu erwarten und daß man vielfach nur Versuchsmuster gesehen habe, die erst in fünf Jahren bei der Truppe sein könnten, und daß keine falschen politischen Schlüsse daraus gezogen werden dürften, zupfte ihn Göring am Ärmel und zischte ihm ins Ohr: »Halt's Maul!« Hitler erwiderte jedoch, daß es keinen Krieg geben werde.

Auf jeden Fall kann man vermuten, daß Roggentin bei Hitler sicher einen nachhaltigen Eindruck hinterlassen hatte, und zwar in dem Sinne, daß die Streitkräfte und besonders die Luftwaffe ihm alles ermöglichen würden. Denn als Milch Jahre später Rudolf Heß fragte, ob Hitler bezüglich Danzigs und des Korridors geblufft habe, wies dieser den Begriff Bluff zurück und sagte: »Hitler habe a) mit der Überlegenheit der deutschen Rüstung, b) mit der Klugheit Englands, sein Empire nicht in Gefahr zu bringen, gerechnet und glaubte daher an ein Nachgeben wie bei Prag und dem Sudetenland.«[15]

Es trifft aber nicht den Kern der Sache, wenn man der Roggentiner Vorführung ein derart großes Gewicht verleiht. Denn zu diesem Zeitpunkt war der politische Boden für einen Krieg schon längst vorbereitet, und zwar unabhängig davon, ob oder in welchem Maße Hitler das seine zu dessen Ausbruch beitrug. Es war nur eine Frage der Zeit, wann es zur Katastrophe kommen würde. Die aufstrebende Stärke und die gewonnene Einheit des Deutschen Reiches hatte wieder, wie schon vor Ausbruch des Ersten Weltkrieges, jene Größenordnung erreicht, die seine westlichen und östlichen Nachbarn nicht mehr akzeptieren wollten. Ein Beweis dafür sollen nur einige maßgebenden ausländischen Stimmen erbringen, denen noch viele hinzugefügt werden könnten: Schon am 11. April 1935 berichtete der Staatssekretär im polnischen Außenministerium, Graf Szembek, über ein Gespräch mit dem US-Botschafter Bullit: »Ich sagte zu ihm (Bullit): Wir sind Zeugen einer Angriffspolitik der Welt gegen Hitler mehr noch als einer aggressiven Politik Hitlers gegen die Welt.«

Sir Neville Henderson, britischer Botschafter in Berlin, am 14. Mai 1939 an den Unterstaatssekretär Cadogan: »Wird in fünf oder zehn Jahren Deutschland immer noch weit mehr zu fürchten sein, als das heute schon der Fall ist? Wenn dem wirklich so wäre, wäre es dann nicht besser heute als morgen, wenn schon der Krieg unausweichlich ist.«

Präsident Franklin D. Roosevelt Anfang Februar 1938 in einem privaten Brief an Lord Elibank, daß er mit Leib und Seele darauf hinwirke, »die amerikanische Öffentlichkeit dazu zu erziehen, sich einem Kreuzzug gegen Hitler anzuschließen« (laut Lord Elibank in einem Artikel »Franklin Roosevelt, England's Friend« in der Zeitschrift »Contemporary Review«, Juni 1955).

Am 6. Juli 1939 gab Graf Szembek die Ansicht Potockis, des polnischen Gesandten in Washington, über die Stimmung in den USA wieder: »... alle jubilieren, denn sie haben eine Brandstelle gefunden: Danzig, und dazu ein Volk, daß kämpfen will: die Polen. Sie werden an uns verdienen. Die Zerstörung unseres Landes kümmert sie nicht, man kann ja am Wiederaufbau verdienen. Wir sind für sie nur Neger, die für sie arbeiten dürfen.«

Winston Churchill in einem Artikel des »Paris Soir« am 21. Juni 1939: »Es liegt ein gut Stück Wahrheit in den Vorwürfen in bezug auf die gegen die Achsenmächte gerichtete Einkreisung. Es ist gegenwärtig nicht mehr nötig, die Wahrheit zu verbergen.«

Der polnische Botschafter in Washington, Jerzy Potocki, schrieb am 12. Januar 1939 an den polnischen Außenminister: »... kann ich nur sagen, daß Präsident Roosevelt als geschickter politischer Spieler und als Kenner der amerikanischen

Psychologie die Aufmerksamkeit des amerikanischen Publikums sehr bald von der innenpolitischen Lage abgelenkt hat, um es für die Außenpolitik zu interessieren. Man mußte nur von der einen Seite die Kriegsgefahr richtig inszenieren, die wegen des Kanzlers Hitler über der Welt hängt, andererseits mußte man ein Gespenst schaffen, das von einem Angriff der totalen (totalitären) Staaten auf die Vereinigten Staaten faselt.«

1951 hat ein ehemaliges Mitglied des Roosevelt-Kabinetts, Jesse Jones, zugegeben: »Ohne Rücksicht auf seine oft wiederholte Feststellung: ›Ich hasse den Krieg‹, war er gierig darauf, in den Krieg zu kommen, weil dieser seine dritte Wiederwahl sichern konnte.«

Der jüdische Schriftsteller Emil Ludwig Cohn (mit den höchsten Auflagenziffern der deutschen Buchproduktion vor 1933) schreibt in den »Annals« vom Juni 1934: »Hitler will nicht den Krieg, aber er wird dazu gezwungen werden.«[16]

Nach diesem kurzen Einblick in die Auffassungen und die Äußerungen damaliger maßgebender Persönlichkeiten, die für sich sprechen und nicht kommentiert zu werden brauchen, wollen wir uns wieder unserem eigentlichen Thema zuwenden. Drei Tage nach der Vorführung in Roggentin wurde Warsitz durch Udet für den nächsten Tag ins RLM bestellt. Vorgeschrieben war dunkler Anzug. Udet eröffnete ihm, daß er in die Reichskanzlei zum Führer bestellt sei. Dort nahm ihn Brückner in Empfang, der nach kurzem Verschwinden in Hitlers Arbeitszimmer wieder herauskam und mit den Worten »Flugkapitän Warsitz« den Besucher anmeldete. Warsitz trat ein, und die Tür wurde hinter ihm geschlossen. Hitler kam um seinen großen Schreibtisch herum, ging auf Warsitz zu und begrüßte ihn. In einer Ecke, wo ein Sofa, zwei Sessel und ein kleiner Tisch standen, nahmen sie Platz. Nach zunächst allgemeinen persönlichen Fragen kam Hitler auf die Vorführung zurück und stellte viele technische Fragen, die Warsitz »… sehr oft ins Erstaunen versetzten, so daß ich gar nicht wagte, sie laienhaft zu beantworten«, wie er später sagte. Damit wurde das allgemein bekannte Verständnis Hitlers für technische Zusammenhänge wieder einmal deutlich. Nach 20 Minuten traten Göring und Udet ein. Das war das Zeichen der Beendigung des Gespräches. Hitler brachte Warsitz noch einige Schritte zur Tür, ermahnte ihn nochmals dringend zur Vorsicht, wünschte ihm nach altem Fliegerbrauch »Hals- und Beinbruch« und entließ ihn mit den sinngemäßen Worten, daß er sich viele solcher Männer in seiner Luftwaffe wünschte.[1]

Erich Warsitz wartete im RLM auf Udets Rückkehr. Als der Generalluftzeugmeister nach einer gewissen Zeit eintraf, sagte er: »Der Führer hat befohlen, daß Ihre gesamten Bezüge und auch Versicherungen verdoppelt werden.« Hiermit waren alle finanziellen Einkünfte gemeint, die Warsitz vom RLM bekam. Dazu erhielt er noch sein Gehalt von Peenemünde und das Festgehalt von der Firma Heinkel mit zusätzlichen Prämien für Kurz- und Geschwindigkeitsflüge. Auch dieser Vertrag mit Heinkel wurde kurz danach auf Veranlassung von Udet entsprechend aufgestockt. Wie Warsitz selbst nach dem Kriege sagte, hatte er 1939 Einkünfte von insgesamt 600.000 Reichsmark und 1938 nicht viel weniger erhalten. Hierfür wurde ihm auf höchste Anordnung noch Steuerfreiheit gewährt.

Bei der Vorführung in Roggentin ist die He 176 zum letzten Mal geflogen worden. Von der Leistung des Triebwerkes her waren ihr keine weiteren fliegerischen Möglichkeiten gegeben. In die V1-Zelle konnte das wesentlich stärkere Von-Braun-Triebwerk nicht eingebaut werden, da durch die vielen Umbauten und Reparaturen die Festigkeit der Zelle eine höhere Geschwindigkeit ohne Risiko nicht mehr erlaubt hätte. Deswegen war ja von Anfang an die V2-Zelle der He 176 bei Heinkel in Vorbereitung, in die alle Erfahrungen von der V1-Erprobung einflossen. Herr Oberingenieur Karl Schwärzler, Chefkonstrukteur von Heinkel, und Herr Pappel sagten immer zu Warsitz, daß 600 km/h die oberste Grenze seien, schneller dürfe sie nicht fliegen. Aber Warsitz hielt sich nicht immer daran, wie die Erprobungsergebnisse in Peenemünde-West gezeigt haben.[1]

In der Zeit nach dem Roggentiner Flug wurde in Marienehe an der Verwirklichung der He 176-V2 gearbeitet, während die Heeresversuchsstelle in Peenemünde-Ost mit ihrem Triebwerk nur sehr langsam vorankam. Sicher ist das auch darauf zurückzuführen, daß diese Ausflüge in die Luftfahrttechnik für Peenemünde-Ost ja nur neben ihrer Hauptaufgabe, der Schaffung einer ballistischen Großrakete, herlaufen konnten. Somit entstand in der Erprobung von Flugzeugen mit Raketenantrieben in Peenemünde eine Pause. Es wurde aber schon für den Rekordflug der He 176-V2 geplant, und man traf alle Vorbereitungen für dessen Durchführung. Als Meßstrecke hatte Warsitz den Kurs entlang dem Peeneufer nach Süden gewählt. Er mußte wegen der beschränkten Betriebszeit des Antriebes sofort nach dem Start in diese Meßstrecke einschwenken und durfte keine unnötige Anflugzeit verlieren. Das hätte bedeutet, auf der Ost-West-Startbahn von der Schneise im Osten aus zu starten und nach dem Abheben durch eine Linkskurve nördlich des Vorwerkes nach Süden, Richtung Peenemünde, in die Meßstrecke einzubiegen. Hier war dann eine Entfernung von 3 km mit der größtmöglichen Geschwindigkeit zu durchfliegen. Für die Vermessung des Fluges sollte der Vermessungstrupp der Flak Stettin herangezogen werden. Die vorgesehene Meßstrecke war wegen der Tatsache der geringen Betriebszeit des Flugzeuges notwendig und war sonst kein Versuchsterritorium, so daß hier auch keine festen Meßhäuser der Versuchsstelle errichtet waren.[1]

Wenn ein internationaler Flugzeug-Geschwindigkeitsrekord angestrebt wurde, mußten zwei Sachverständige, die Rekordzeugen, anwesend sein, und der Flug mußte in der Schweiz angemeldet werden. Dabei waren Flugzeugtyp, Motorart, Leistung und viele andere Daten anzugeben. Hierbei wären bei der He 176 wegen der Geheimhaltung Schwierigkeiten entstanden. Dr. Heinkel meinte damals, daß er die Anmeldung mit gewissen Einschränkungen bezüglich der Datenangabe bei Udet oder auch Göring erreichen könnte.

Zu alledem kam es aber nicht mehr, da bei Kriegsbeginn am 1. September 1939 auf Führerbefehl alle Entwicklungen, die nicht innerhalb eines Jahres in Form von Großserien zum Tragen kamen, mit sofortiger Wirkung zu stoppen waren. Besonders betroffen war Erich Warsitz von dieser Entscheidung. Er hat bei Udet mit allen Mitteln versucht, daß die bisher so vielversprechenden Arbeiten mit der He 176 weiter fortgeführt werden konnten. Offenbar muß auch Udet, der derartig revolutionären Neuerungen, wie schon berichtet, meist skeptisch gegenüberstand, versucht haben, im Sinne von Warsitz tätig zu werden. Wahrscheinlich wollte er Warsitz, dem er sehr zugetan war, einen Gefallen erweisen. Später hat dann auch er, wie Warsitz berichtete, den Kampf aufgegeben. Udet mußte Dr. Heinkel und Warsitz die Weiterarbeit an der He 176 verbieten, wobei er den allgemein gehaltenen Führerbefehl für diesen speziellen Fall noch interpretierte. Die Bearbeitung der Starthilferaketen war seinerzeit von dem Verbot ausgenommen.[1]

Die He 176-V1 stand zunächst noch bei Heinkel im Werk Marienehe, wohin sie von Peenemünde aus transportiert worden war. Im Laufe des Jahres 1940 ist sie dann, in eine versiegelte Spezialstahlkiste verpackt, dem Luftfahrtmuseum in Berlin am Lehrter Bahnhof übergeben worden. Sie sollte dort nach dem Kriege als erstes Raketenflugzeug der Welt ihren Platz erhalten. Bei einem Fliegerangriff auf Berlin im Jahre 1944 wurde das Flugzeug in noch verpacktem Zustand zerstört. Mit ihm sind auch viele weitere Exponate der deutschen Luftfahrtgeschichte vernichtet worden. Die zum Teil auch in die deutschen Ostgebiete ausgelagerten Ausstellungsstücke gingen dann durch die Kriegswirren und letztendlich durch die Gebietsabtrennungen verloren.

Nach der Vorführung in Roggentin wurde bei Heinkel mit Hochdruck an der Fertigstellung der He 178 gearbeitet, die Warsitz in Rechlin im Stand ebenfalls vorgeführt hatte. Besonders am Triebwerk mußten bezüglich der Zündung und der Treibstoffgemisch-Aufbereitung noch etliche Änderungen vorgenommen werden. Den Erstflug mit der Turboluftstrahlturbine He S3B machte Erich Warsitz am 27. August 1939 auf dem Werkflugplatz bei Heinkel in Marienehe. Dieser Tag war also ein weiterer Meilenstein in der Luftfahrtgeschichte. Das Zeitalter der Düsenflugzeuge, heute allgemein als »Jet-Zeitalter« bezeichnet, wurde an jenem schönen, frühen Sonntagmorgen eingeläutet. Dieses Ereignis fand über eineinhalb Jahre vor dem ersten Start der englischen Gloster mit einem Whittle-Strahltriebwerk statt.

Am 1. November 1939, also kurz nach Beendigung des Polenfeldzuges, fand, ebenfalls durch Warsitz geflogen, eine Vorführung vor Milch, Udet und Lucht in Marienehe mit der He 178 statt, die zwar zunächst beim ersten Start wegen eines Defekts in der Treibstoffzufuhr mit einem Ringelpiez abgebrochen werden mußte. Aber kurz vor dem Wegflug der Besucher konnte der Flug doch noch erfolgreich vorgeführt werden.

Kurz nach dieser Vorführung kam es zwischen Dr. Heinkel und Erich Warsitz zu Meinungsverschiedenheiten, die auch in gewisser Beziehung eine Ursache im Wechsel der technischen Direktion bei der Firma Heinkel hatten. Prof. Heinrich Hertel, einer der hervorragendsten deutschen Flugzeugkonstrukteure, war gegangen. An seine Stelle trat Dipl.-Ing. Robert Lusser. Mit Lusser fand Erich Warsitz von Anfang an keine gedeihliche Zusammenarbeit. Als Warsitz eines Tages im RLM bei Udet von seinen Schwierigkeiten bei der Firma Heinkel sprach, sagte dieser: »Schmeißt ihm den Scheißkram doch hin!« Diese Rückendeckung hatte sich Warsitz für alle Fälle geholt, von der er dann auch bei einer darauffolgenden Auseinandersetzung mit Heinkel unter vier Augen Gebrauch machte. Warsitz und Dr. Heinkel trennten sich. Das war Ende 1939. Aber Mitte 1941, als Erich Warsitz, wie schon berichtet, wegen der Walter-Starthilferaketen in Frankreich bei der Truppe weilte, trafen sich beide zufällig im »Maxim« in Paris wieder. Dr. Heinkel kam an den Tisch von Warsitz, und beide haben wieder ihre alte Freundschaft besiegelt. Dem waren schon zwei nette Briefe von Dr. Heinkel vorausgegangen, worin er Warsitz über die weitere Entwicklung der Turboluftstrahlflugzeuge berichtet hatte.

Nach der Versöhnung rief Dr. Heinkel gegen Ende 1941 Warsitz einmal in Peenemünde an und lud ihn zu sich nach Marienehe ein. Hier bat er Erich Warsitz, die inzwischen fertiggestellte He 280-V1 zu fliegen, die schon ihren Erstflug mit dem

Piloten Fritz Schäfer absolviert hatte. Warsitz war von den Flugeigenschaften dieses ersten zweistrahligen Flugzeuges der Welt »sehr begeistert«, wie er nach dem Kriege berichtete.[1]

8.5. Folgenschwerer Flug mit der He 112R-V4

Es wurde schon in Kapitel 6.2. geschildert, daß in Werk Ost 1938/39 Raketentriebwerkstandversuche mit einem verbesserten, für die He 176-V2 vorgesehenen HVP-Raketenmotor durchgeführt wurden. Hierzu hatte man, wie ebenfalls schon erwähnt, auf dem Prüfstand IV einen aus starken Profileisen aufgebauten Schubmeßwagen verwendet, der auf Schienen fahrbar angeordnet war. In einem hohen Gestell, das auf dem Wagen emporragte, konnte ein He-112-Rumpf mit eingebautem Raketenmotor aufgehängt und verspannt werden. Hier sind auch schon zur Neuhardenberger Zeit, also im Jahre 1937, als das Werk Ost in Peenemünde schon seinen Dienstbetrieb aufgenommen hatte, für den gleichen Zweck Standversuche mit dem noch primitiven Raketenantrieb gefahren worden, dessen Anfänge letztlich bis in die Kummersdorfer Zeit zurückreichten (Kapitel 2).[17]
Das Sauerstoff-Alkohol-Triebwerk von Werk Ost war seit Neuhardenberg wesentlich verbessert worden. Es besaß schon längst eine Treibstoffpumpenförderung, damit eine Regelbarkeit des Schubes und hatte die Möglichkeit, durch drei pyrotechnische Zünder im Fluge dreimal abgestellt und wieder angefahren zu werden. Durch 180 Brennversuche war dem Antrieb im Stand bis zum Mai 1939 eine entsprechende Sicherheit gegeben worden.[25] Der als Zusatzantrieb in die He 112R-V4 einzubauende O_2-Alkohol-Raketenmotor war somit jenem für die He 176-V2 vorgesehenen in den technischen Einzelheiten schrittweise angenähert worden. Man wollte alle durchgeführten Verbesserungen und Neuerungen mit wesentlich geringerem Risiko an dem Propellerflugzeug erproben, ehe das Triebwerk in dem Raketenflugzeug endgültig Verwendung fand. In dieser Ausführung erhielt es die Bezeichnung R II 101a und hatte eine Brenndauer von 120 sec bei einem maximalen Schub von 9,806 kN (1000 kp) (Tab. 3). Die letzten 13 Abnahmeversuche fanden etwa im Mai 1939 mit der komplett ausgerüsteten He 112R-V4 in Werk Ost im Stand statt. Am 9. Juni 1939 wurde das Flugzeug mit den entsprechenden Berichten und Unterlagen nach Werk West zur Flugerprobung überführt.[31] Aber auch diese Triebwerkversion war noch nicht die endgültige Ausführung. Es waren noch Verbesserungen bei der Treibstoffzerstäubung durch erhöhten Pumpendruck, eine Feinregulierung des Dampfes der Förderpumpe, die Mehrfachzündung durch eine Bosch-Zündkerze, ein weicherer Zündeinsatz und pneumatische Einspritzventile in Entwicklung gewesen. Diese Weiterentwicklungen sollten aber wegen der nachfolgend geschilderten Ereignisse nicht mehr zur Erprobung kommen.[25, 27, 28, 29, 30]
Erich Warsitz fing ab Juni 1939 an, Flugversuche mit der He 112R-V4 in Peenemünde-West durchzuführen, wobei auch der Flugbaumeister Gerhard Reins von der Fachgruppe E2 als Pilot beteiligt war. Die Flugversuche verliefen ohne nennenswerte Störungen, und es konnten 24 einwandfreie Flüge durchgeführt werden, womit ein komplettes Flugprogramm absolviert wurde.[18, 19, 32]
Im Sommer 1940 sind die Flugversuche »auf höhere Weisung«, wie es Uvo Pauls

vorsichtig ausdrückte, weiter fortgesetzt worden.[2, 14] Daraus geht hervor, daß die zuständigen Herren von Werk Ost und Dr. Heinkel sich bei der He-112 R-Erprobung, sicher mit einer gewissen Berechtigung, nicht an die aus dem Führerbefehl abgeleiteten Weisungen des RLM gebunden fühlten, die mit der He 176 zusammenhängenden Raketenflugzeug-Erprobungen nach Kriegsbeginn einzustellen. Diese Versuche hatten ja, wie beschrieben, seinerzeit in Kummersdorf begonnen und waren eine Angelegenheit zwischen ihrem Initiator von Braun, also dem Heer, und Dr. Heinkel (Kapitel 2). Die Versuchsstelle der Luftwaffe hatte, wie schon berichtet, kein entscheidendes Mitspracherecht bei den bisherigen Raketenflugzeugversuchen. Auch wollte sich ihre Leitung hier nicht mehr einmischen, da für sie mit dem Verbot des RLM, an der He 176 weiterzuarbeiten, die Raketenflugzeug-Erprobung zu diesem Zeitpunkt als abgeschlossen angesehen wurde.[24]

Bei der von Warsitz durchgeführten Flugerprobung mit der He 112R-V4 im Sommer 1940 wurde der Ingenieurpilot Flugbaumeister Gerhard Reins immer stärker eingebunden. Er war offenbar der jüngere Assistent bzw. auch Nachfolger von Warsitz für die Raketenfliegerei, da dieser sich vielleicht schon damals mit dem Gedanken an eine andere Tätigkeit beschäftigte, wie noch berichtet wird.[30, 31]

Als verantwortlicher Flugleiter von Peenemünde-West muß Erich Warsitz die Erprobungsflüge der He 112R-V4 mit dem Raketenzusatztriebwerk des Werkes Ost als zu gefährlich angesehen haben. Auch wird er als Luftwaffenangehöriger sich nach Udets Interpretation des Führerbefehles und der endgültigen RLM-Anordnung der Unterlassung von Raketenflugzeug-Erprobungen in gewisser Weise betroffen gefühlt haben. Jedenfalls hatte er in der Flugleitung von Werk West im Beisein des Ohrenzeugen C. Neuwirth erklärt: »Mit diesem Vogel (He 112R-V4, d. Verf.) fliegt mir keiner mehr!« Auch hat der damalige Versuchsstellenleiter Dipl.-Ing. Pauls dem Verfasser nach dem Krieg mitgeteilt, daß er seinerzeit der Sicherheit des damaligen Sauerstoff-Alkohol-Triebwerkes von Werk Ost für den bemannten Flug mit der He 112R skeptisch gegenübergestanden habe.[22, 23 ,24]

Wie es nun trotz dieser Umstände zu einem Start des Ingenieurpiloten Reins mit der He 112R-V4 und dem Raketenzusatzantrieb von Werk Ost kam, konnte bisher nicht mehr ermittelt werden. Alle maßgebenden und direkt Beteiligten sind schon verstorben, und die noch Lebenden haben entweder darüber keine Kenntnis oder hüllen sich über die letzten Zusammenhänge in Schweigen. Auch Erich Warsitz hat hierüber keine Aufzeichnungen hinterlassen und sich darüber öffentlich nicht geäußert. Lediglich Uvo Pauls teilte dem Verfasser nach seiner Frage über die Hintergründe des Reins-Fluges mit: »Zweifellos kam der Wunsch, diesen gefährlichen Flug zu riskieren, nicht von West. Anlaß waren Ehrgeiz, hohe Prämie für den Piloten (sicher von Heinkel ausgesetzt , d. Verf.) und der Weltrekord.«[21, 24]

Es war am 18. Juni 1940; der Versuchsstellenleiter Uvo Pauls war am frühen Morgen nach Dessau geflogen, um mit Herren der Firma Junkers ein Projekt für die Entwicklung eines Turbinenluftstrahltriebwerkes zu besprechen. Gegen 11 Uhr wurde er in Dessau von Erich Warsitz angerufen, der ihm mitteilte, daß Reins mit der He 112R-V4 bei einem Geschwindigkeitsmeßflug mit Raketenantrieb tödlich abgestürzt sei. Pauls verließ sofort die Besprechung und flog nach Peenemünde zurück. Er schrieb dem Verfasser, auf diesen Tag zurückblickend: »Da die Beteiligten sich darüber klar waren, daß auch 1940 von mir ein Versuchsflug der He 112 mit einem derartigen Triebwerk nicht genehmigt würde, machten sie diesen im Sommer 1940 an einem Tage, als ich am frühen Morgen nach Dessau geflogen war …«[24]

Aus dem Unfallbericht der HVP geht hervor, daß am Dienstag, dem 18. Juni 1940, mit der He 112R-V4 ein Flug zur Vermessung der horizontalen Höchstgeschwindigkeit mit und ohne Strahlantrieb angesetzt war. Nach den späteren Angaben von Herbert Unger[33] und dem Unfallbericht läßt sich folgern, daß Reins mit seinem Flugzeug den ersten Meßflug mit Propellermotor über die Meßstrecke des Rollfeldes von West nach Ost durchflogen hatte. Nach einer 180°-Kurve über See hat er die Meßstrecke wieder und diesmal von Ost nach West mit dem Raketenmotor angeflogen. Der Einsatz des Triebwerkes erfolgte etwa in 210 m Höhe, wobei die Maschine im Fluge auf etwa 250 m anstieg. Nach Aussagen aller Augenzeugen, unter denen auch von Werk Ost Dr. Wernher von Braun und Dipl.-Ing. Gerhard Reisig waren, verliefen Zündung, Betrieb und Brennschluß völlig normal. Das Flugzeug hatte bei Brennschluß über der Peenemündung eine Geschwindigkeit von schätzungsweise 500 km/h. Nach dem Abschalten des Raketenantriebes zog Reins das Flugzeug steil nach oben, wobei es nach Aufbrauchen seiner überschüssigen Geschwindigkeit auf fast 800 m Höhe stieg. Hier machte der Pilot eine 180°-Kurve und drückte das Flugzeug unter 30° an, um mit dem Propellermotor auf die Meßstrecke zurückzufliegen. Dabei erreichte die He 112R-V4 eine Geschwindigkeit von etwa 500 km/h. Doch zum Entsetzen aller Zuschauer blieb der Abfangvorgang aus, und das Flugzeug stürzte ohne die geringste Steuerbewegung auf das flache östliche Ufer der Peenemündung, 50 m vom westlichen Rollfeldrand entfernt. Kurz danach entstand ein kleiner Aufschlagbrand wegen des geplatzten Alkoholtanks. Flugbaumeister Reins lag etwa 500 m vom völlig zertrümmerten Flugzeug entfernt. Nach den schweren Verletzungen zu schließen, muß der Pilot sofort tot gewesen sein.[32, 33] Herbert Unger und der Leiter der Fahrbereitschaft Max Behrend, ebenfalls Augenzeugen des Unfalles, bargen den Körper des toten Piloten. Unger war schon in Neuhardenberg als Treibstoffspezialist auch Betreuer der jeweiligen He-112-Versuchsmuster gewesen.[33]

Aus dem Bericht der Abteilung Materialuntersuchung (MU) der HVP ergab sich als eindeutige Ursache des Unfalles der Warmbruch des Gelenkhebels am Höhenruder durch starke Flammeneinwirkung mit Temperaturen über 500 °C.[34] Da das Flugzeug, wie schon in Kapitel 2 beschrieben, als Kraftstoff das in den Flächentanks untergebrachte Flugbenzin, das für den Raketenantrieb benötigte Spiritus-Wasser-Gemisch in einem Bugbehälter unter dem Kolbenmotor und das H_2O_2 für die Dampferzeugung der Treibstoff-Turbopumpe im Rumpfmittelteil mitführte, war zu untersuchen, welche Treibstoffkomponente den Brand ausgelöst hatte.

Aufgrund der in Werk Ost vorgenommenen Untersuchungen am ausgebauten Raketenofen des zerstörten Flugzeuges wurde durch Abdrücken ein Haarriß im Kühlmantel festgestellt. Nach Beizen des Ofens, um eventuelle Verunreinigungen im Riß zu beseitigen, wurde er am 25. Juni 1940 auf dem Prüfstand III betrieben. Aus dem Haarriß strömten während der Betriebszeit 250 cm³ Spiritus-Wasser-Gemisch aus. Diese Menge erschien den Beteiligten aber als zu gering, um die starken Brandwirkungen im Heck, im Seiten- und Höhenruderbereich und letztlich die Zerstörung des Höhenruder-Gelenkhebels zu verursachen. Aus der Beurteilung geht aber nicht hervor, ob der in einem Flugzeugrumpf auftretende und in Kapitel 2.1. in seiner Wirkung schon beschriebene Unterdruck während des Fluges berücksichtigt wurde, wobei der Triebwerkstrahl an der aufgeschnittenen Heckspitze diesen Vorgang noch durch eine gewisse Ejektorwirkung vergrößern konnte. Damit hätte auch die Leckrate gegenüber dem Standversuch größer sein können. Wie dem auch gewesen sein mag, Dr. Walter Thiel kommt in seinem Untersuchungsbericht nach Ausschluß aller weiteren Möglichkeiten in Punkt 4) zu folgendem Schluß: »… muß mangels anderer Erklärung als Unfallursache angenommen werden:

Aus einem Riß im Kühlmantel des Antriebsofens ist im Heckteil der Maschine fein zerstäubtes Spiritus-Wasser-Gemisch während des Anlauf- und Brennvorganges ausgetreten und hat sich mit Luft gemischt (und entzündet, d. Verf.). Das Luft-Brennstoff-Gemisch hat die Branderscheinungen im Inneren des Heckteiles verursacht, die dabei entstehenden Flammen sind aus den Spalten des Hecks in die Höhen- und Seitenruderteile gesaugt worden und haben dort zu starken Anschmorungen und zum Warmbruch des Höhenrudergelenkhebels geführt«.[34]

Auch Uvo Pauls mit seinen Beiträgen, wie auch der frühere Flugbaumeister von Peenemünde-West und spätere Leiter der Fachgruppe E2, Dipl.-Ing. Max Mayer, informierten den Verfasser übereinstimmend, daß der Kühlmantel der Brennkammer ein Leck bekam und der dadurch austretende und sich entzündende Brennstoff die Betätigung des Höhenruders durch Hitzeeinwirkung stark beschädigte, womit der gleiche Fehler wie seinerzeit in Neuhardenberg auftrat.[14, 20, 35]
Mit diesem traurigen Vorgang, der einen jungen, fröhlichen und tüchtigen Mitarbeiter der Versuchsstelle das Leben kostete, endeten zunächst die bemannten Flüge mit Raketentriebwerken in Peenemünde-West. Die Versuche mit der He 176 waren aufgrund des Kriegsbeginnes 1939 wegen der schon genannten Weisungen des RLM verboten worden, und die bis zum tödlichen Absturz von Reins weitergeführten Flüge mit der He 112R wurden danach auch nicht mehr fortgesetzt. In Werk Ost mußten außerdem jetzt alle Kräfte für die weitere Verwirklichung der Rakete A4 eingesetzt werden, wodurch die Arbeiten auf dem Gebiet der Luftfahrt zunächst endeten.[19]
Abschließend kann man sagen, daß die geschilderten Flugversuche mit Raketenantrieben von 1937 in Neuhardenberg bis zum verhängnisvollen 18. Juni 1940 in Peenemünde von dem technischen Weitblick eines von Braun, von den unternehmerischen Fähigkeiten Dr. Heinkels, von der technischen Genialität Hellmuth Walters und dem überragenden fliegerischen Können und technischen Einfühlungsvermögen von Flugkapitän Erich Warsitz geprägt wurden. Ein historisches Kapitel der Fluggeschichte, das in dem geschilderten Zusammenhang auch schon wegen der damaligen Geheimhaltung in der Öffentlichkeit fast unbekannt blieb, ging damit zu Ende. Aber an anderer Stelle waren die Weichen für eine Weiterführung dieser Versuche, auch in Peenemünde-West, schon gestellt.
Nach dem tödlichen Absturz von Gerhard Reins erhielt die östlichste Flugzeughalle in Werk West zur Erinnerung an ihn seinen Namen. Die Bezeichnung

»Reins-Halle« wurde zum allgemeinen Begriff und ließ die organisatorische Bezeichnung W1 in der Folgezeit fast vergessen.

Mit dem vorläufigen Abschluß der Raketenflugzeug-Erprobung in Peenemünde-West neigte sich gegen Ende des Jahres 1941 auch die Tätigkeit von Erich Warsitz bei der Versuchsstelle ihrem Ende zu. Er war zwar noch sporadisch bis Anfang 1942 in Peenemünde, begann aber eine andere Aufgabe ins Auge zu fassen. Auch Udet drängte ihn mit den Worten:»Warsitz, Ihr seid zu alt«, die Extremfliegerei an den Nagel zu hängen.

Nach einer zunächst verfügten Beurlaubung vom 1. Dezember 1941 bis 31. März 1942 durch den General-Chefingenieur verließ Erich Warsitz anschließend endgültig die Versuchsstelle Peenemünde-West.[36]

Etliche Kontakte und Besprechungen mit dem RLM und Wernher von Braun ebneten für Warsitz den Weg, sich seinem zweiten Interessengebiet, der Technik, zuzuwenden. Er übernahm sowohl in Amsterdam als auch in Nossen/Sachsen wie in der Niederlausitz unter der Bezeichnung Warsitz-Werke als deren Inhaber Fertigungsbetriebe, die Teile und Bauelemente wie Ventile, Armaturen für die Fi 103 und Öfen für das A4 herstellten.

Sein Nachfolger im Amt des Flugleiters in Peenemünde-West wurde bis zum Ende der E-Stelle in Wesermünde Hauptflugführer Gerd Rakenius.

Projektdaten der He 176-V2 in der endgültigen geplanten Ausführung mit Sauerstoff-Alkohol-Triebwerk der HVP
Tabelle 3

Rüstgewicht (Flugwerk + Triebwerk + ständige + zusätzliche Ausrüstung)	400 kg
Abfluggewicht (Rüstgewicht + Kraftstoffe + Pilot; Nutzlast entfällt)	1000 kg
Kraftstoffe (Alkohol + flüssiger Sauerstoff)	500 kg
Schub (max.)	9,806 kN (1000 kp)
Schub (min.)	2,94 kN (300 kp)
Flächenbelastung (Start)	1,96 kN/m^2 (200 kp/m^2)
Flächenbelastung (Landung)	0,98 kN/m^2 (100 kp/m^2)
Flügelfläche	5 m^2
Spannweite	5 m
Länge (über alles)	ca. 6 m
Rumpfdurchmesser (max.)	ca. 0,7 m
Steuernde Länge	ca. 3,2 m
Geschwindigkeit (max.)	1000 km/h
Geschwindigkeit (min.)	179 km/h
Steiggeschwindigkeit (mittlere)	67,5 m/s
Steigen auf 10 000 m	2,5 min

Nachdem Erich Warsitz nach Kriegsende von den Russen aus dem amerikanischen Sektor Berlins gewaltsam entführt worden war und ihnen keine Auskünfte über seine im Krieg geleistete Tätigkeit gegeben hatte, sperrten sie ihn zur

Zwangsarbeit bis 1950 in das berüchtigte Straflager 7525/13 in Sibirien ein. Nach seiner Rückkehr war er als selbständiger Unternehmer und späterer Generaldirektor eines US-Konzerns tätig.[1]

Flugkapitän Erich Warsitz starb im Alter von 76 Jahren am 12. Juli 1983 in Lugano. In der von dem ehemaligen Leiter der Versuchsstelle Peenemünde-West Uvo Pauls und der Firma Messerschmitt-Bölkow-Blohm GmbH unterzeichneten und von Uvo Pauls verfaßten Todesanzeige heißt es u. a.: »Erich Warsitz war ein hochbegabter Flugzeugführer … Seine geradlinigen Wesenszüge hatte er als Teil seiner Kindheit in die Erwachsenenwelt hinübergenommen und bis ins Alter bewahrt. Er war ganz, was er war. Hinter dem manchmal burschikos wirkenden Erscheinungsbild verbarg sich ein feines Gemüt.«

9. Das »Siemensgespann«

Schon im Jahre 1917, im Ersten Weltkrieg, hatte die Firma Junkers Versuche mit einer Fernlenkung von Flugzeugen unternommen. Nachdem sich aber bei der Verwirklichung zu große Schwierigkeiten eingestellt hatten, waren die Bemühungen wieder abgebrochen worden.[1]

Etwa um die gleiche Zeit hatte die Funktechnische Versuchsabteilung (FTVA) in Döberitz, Leutnant Niemann, in Zusammenarbeit mit Professor Schmidt/Halle und Direktor Forßmann (Mannesmann-Werke) mit der Entwicklung eines Fernlenkflugzeuges »Fledermaus« begonnen.[1] Für die Kommandoübertragung Boden-Flugzeug und Rückmeldung zum Boden verwendete man Funkgeräte der Firma Siemens. Das Flugzeug wurde mit einer in Windrichtung verlegten Seilwinde gestartet. Zu seiner Höhenhaltung tastete der Höhenmesser mit Hilfe elektrischer Kontakte den Bordsender, so daß am Boden seine Signale empfangen werden konnten und die Flugzeughöhe bekannt war. Der Flugzeugstandort konnte mit Hilfe von zwei Peilstationen am Boden ermittelt werden, wobei die Signale des Bordsenders angepeilt wurden. Die Flugregelung wurde automatisch durch ein »Selbststeuergerät« von Ingenieurleutnant Drexler veranlaßt. Funktionen während des Fluges, wie Bomben- oder Bordkameraauslösung, Kurskorrekturen und die Rückkehr zum Startplatz, konnten durch Funkkommandos ausgelöst werden. Die »Landung« erfolgte mit Hilfe eines Lastenfallschirmes, der das auf den Kopf gestellte Flugzeug verhältnismäßig weich abfangen sollte. Über die Erprobung gibt es unterschiedliche Aussagen, wobei eine von zwei fertiggestellten, eine andere von fünf geflogenen Flugzeugen spricht.[1]

Die Flugzeugfirma Mercur in Berlin-Neukölln hatte sich 1918 ebenfalls mit dem Bau eines Fernlenkflugzeuges befaßt, das aber nicht mehr fertig wurde.

Nach dem Ersten Weltkrieg vergab das Heereswaffenamt 1926 Entwicklungsaufträge für Flugregler und Fernlenkanlagen an die Drahtlos-Luftelektrische Versuchsanstalt Gräfelfing (DVG), der Prof. Dr. M. Dieckmann vorstand. Hierbei wurden auch wieder die Ideen von Ingenieur Drexler auf ihre Verwendbarkeit geprüft, die man zunächst in Motorbooten erprobte. Da die verwendeten Geräte im Verhalten manchmal recht »eigenwillig« waren, hat man sie, soweit bekannt, in Flugzeuge nicht mehr eingebaut.

Ab 1927 trat wieder die Firma Siemens auf den Plan mit Fernlenkgeräten, deren Kommandogabe von der Fernschreibtechnik abgeleitet war. In erweiterter Form brachte ihre Tochterfirma, Gesellschaft für elektrische Apparate (Gelap), Berlin, diese Geräte bei den damals allgemein bekannten Zielschiffen der Reichsmarine »Zähringen« und »Hessen« zum Einsatz.[1]

Der Fortschritt und die Weiterentwicklung bei Flugreglern und Rudermaschinen einerseits und die Vervollkommnung der Hochfrequenztechnik im Laufe der 20er und 30er Jahre andererseits ließen den Gedanken der Fernlenkung in der Luftfahrt allgemein und stärker in den Vordergrund treten.[2] Die Verwirklichung dieses Gebietes der Technik lag zur damaligen Zeit also in der »Luft«, bzw. es bot sich die Funkfernlenkung von Flugzeugen durch die geschaffenen Voraussetzungen geradezu an.

Wie noch näher berichtet wird (Kapitel 16.4.1.), war die Firma Siemens in Ergänzung ihrer Fernlenkgeräte mit ihrem Zentrallabor und dem neu eingerichteten Luftfahrtgerätewerk (LGW) in Hakenfelde bei Berlin auch auf dem Gebiet der Flugregler tätig.[2] Diese Arbeiten führten u. a. Anfang 1940 zu einer vollständigen, erprobungsreifen Funkfernlenkung von Flugzeugen, an deren Verwirklichung die Herren Schlupp, Philip, Schuchmann und Gerald Klein besonderen Anteil hatten. Am 19. Mai 1940 konnte in Peenemünde-West vor Herren des RLM der erste programmierte und ferngelenkte Flug einer unbemannten dreimotorigen Ju 52 durchgeführt werden, wobei die Fernlenkung von einer zweiten, bemannten Ju 52 und auch vom Boden aus erfolgte. Alle Bewegungen, wie Starten, Steigen, Kurven, Sinken, Landen und Bremsen, wurden mit dem unbemannten Flugzeug vorgeführt. Die Demonstration war ein voller Erfolg, und die vorsichtshalber in die Luft geschickte Me 109 mit scharfer Munition, von Flugbaumeister Max Mayer geflogen, brauchte nicht einzugreifen.[4]

Die Entwicklung hatte zum Ziel, nach der Erprobung von programmgesteuerten und ferngelenkten Flügen mit vollautomatischer Landung bemannter und unbemannter Flugzeuge zu funkgelenkten, unbemannten Bombern mit Rückkehr zu gelangen. Das Siemens-Verfahren sah vor, mit Hilfe einer am Boden und oder in einem Begleitflugzeug installierten Lenksendeanlage ein Flugzeug fernzulenken. Der Sender hatte zwei Kanäle bzw. Trägerfrequenzen. Über einen Kanal, z. B. A, konnte jeweils eine der möglichen Betriebsarten veranlaßt werden: 1. die Programmsteuerung oder 2. die Fernlenkung des Flugzeuges mit der Übermittlung aller Befehle, wie Gasgeben, Starten, Steigen, Kurven, Sinken, Landen, Bremsen usw. Die senderseitige Übertragung der Befehle über die Kanäle wurde mittels Telegrafieimpulsen und Doppeltonmodulation (Dualverfahren) durchgeführt.[5] Die Kommandos stellte man bei der Programmsteuerung in einem Tastkasten ein, und ihr Ablauf konnte mit Hilfe einer Drucktaste ausgelöst werden. Dabei lief eine Nockenwalze im Tastkasten des Senders um und tastete nacheinander die Tastimpulse ab. Ein Vorimpuls setzte im Empfänger der ferngelenkten Maschine eine ähnliche Walze in Drehung, die etwa phasengleich mit der Geberwelle des Senders umlief. Die Empfängerwalze leitete ihre Kontaktimpulse an Relais weiter, die entsprechende Betriebsfunktionen des ferngelenkten Flugzeuges auslösten. Durch gegenseitige Verriegelung wurde verhindert, daß unvollständige Kommandos oder Störimpulse zu Fehlkommandos führten. In dieser Form waren 223 Kommandos für Flugmanöver und 33 Arbeitskommandos möglich. Die Impulsdauer betrug jeweils 0,7 sec. Bei Bedarf konnte über einen zweiten Funkkanal B mit Hilfe von Dauerkommandos ein Landeanflug mit Fernlenkung vom Boden veranlaßt werden, wobei die Höhenruder des Flugzeuges betätigt wurden.

Die Arbeitsfrequenzen der Kanäle lagen im Kurzwellenbereich bei 3 bis 6 MHz bzw. 100 bis 50 m Wellenlänge oder im UKW-Bereich bei 42 bis 48 MHz bzw. 7,14 bis 6,25 m Wellenlänge. Demzufolge war die Reichweite durch die Ausbreitungseigenschaften der entsprechenden Frequenzen bestimmt. Die Kurzwellen breiten sich hauptsächlich indirekt, durch Reflexion an der Heavyside-Schicht aus und sind damit für weite Entfernungen bestimmt. Jedoch beeinflußt sie auch die Unsicherheit dieser Ausbreitungsart, wie Fading (Schwund) durch atmosphärische und kosmische Störungen. Hingegen ist die Ausbreitung der elektromagnetischen Wellen des UKW-Bereiches wesensgleich mit der der Lichtwellen. Dadurch war die Kommandoübertragung nur bei »optischer Sicht« zwischen Sende- und Empfangsstation möglich, aber von sonstigen Störungen frei.

Als Sender am Boden oder im Flugzeug wurden FuG 10 oder FuG 17 (FuG = Funkgerät) verwendet. Die Tastung erfolgte mit dem Kommandogeber 91 Kpl 1 und, wie schon erwähnt, in Doppelton-Telegrafie mit Amplitudenmodulation (AM). Die Funklenkung der Normalausrüstung, Kanal A, konnte folgende Kommandos des Start-Stopp-Systems übertragen: Neben den eigentlichen flugtechnischen Lenkbefehlen, Gasgeben, Starten, Steigen usw., war auch die Betriebsartenwahl der Programmsteuerung, wie Automatpeilung, automatischer Peilwarteflug (Kreisen um den Sender), automatischer Peilstandlinienflug (Senderanflug ausgewählter Richtung), automatischer Landebakenan- bzw. -abflug, automatische Landung und automatischer Landeanflug mit Fernlenkung vom Boden aus, möglich.

Als zusätzliche Sonderausrüstung war der Kanal B mit Dauerkommandos für das Höhenruder beim Landeanflug und Lenkung vom Boden vorgesehen. Die zugeordneten Bordgeräte im ferngelenkten Flugzeug bestanden in der normalen Bordfunkanlage aus Nachrichten-, Peil- und Funklande-Gerät. Weiterhin war der elektrische Funkhöhenmesser FuG III oder FuG 10 mit PeilG Vm vorgesehen (PeilG = Peilgerät). Außerdem bestand die Ausrüstung in den Geräten APZ 5 mit FuBl 1 (FuBl = Funkblindfluggerät) oder FuBl 2 mit FuG 101. Dazu kam die Kommandoauswertung 91 Kpl 2 mit Programmsteuerung, die mit einer Dreirudersteuerung DK 12 mit Kursteil für PeilG V und FuBl 1, einem Höhenteil zu FuG 101 und der dazugehörigen Motorsteuerung mit Aufschaltgeräten ausgestattet war.[5]

Neben der Vorführung in Peenemünde-West am 19. Mai 1940 erfolgte die erste vollautomatische Blindlandung 1941 in Berlin-Diepensee (Berlin-Schönefeld). Weitere erfolgreiche Versuchsflüge mit der Anlage »FZ 10/20« folgten. Im Jahre 1943 stand die Weiterentwicklung der Anlage »FZ 11« für unbemannte Kampfflugzeuge He 111 kurz vor dem Abschluß, als das ganze Projekt wegen des als zu hoch erachteten Aufwandes gestoppt wurde.[3, 5]

Wie später in Kapitel 15 noch berichtet wird, sollte auf den unbemannten Einsatz von Flugzeugen bei dem »Mistel-Projekt« im Jahre 1944/45 in modifizierter Form wieder zurückgegriffen werden. In diesem Zusammenhang ist gleichzeitig eine Begriffsbestimmung vorzunehmen. Es wurde damals einerseits von Lenkung und andererseits von Steuerung im Zusammenhang mit Flugkörpern und Flugzeugen gesprochen. Dabei wurde der Begriff Lenkung bzw. Fernlenkung dann verwendet, wenn die Flugbahn eines Flugkörpers oder eines Flugzeuges von außen (Erde, Flugzeug) beeinflußt werden konnte, wobei das ferngelenkte Objekt gewöhnlich unbemannt war. Von Steuerung sprach man, wenn die Flugbahn von außen nicht beeinflußt werden konnte. So war ein Flugobjekt, das unbemannt und z. B. von einem Flugregler auf Kurs gehalten wurde bzw. nach einem bordeigenen Programm verschiedene Kurse, Höhen und andere Flugfiguren ausführen konnte, ein selbstgesteuerter Flugkörper. Nach dieser Definition gab es also eine Fernlenkung und eine Selbststeuerung und demzufolge einen Fernlenk-Körper (FK) oder einen Fern-Selbststeuerungs-Körper (FSK). Auf diese Begriffe wird bei den Schilderungen in den Kapiteln 11, 12 und 16 immer wieder zurückgegriffen werden. Es ist aber anzumerken, daß sich auch offizielle und mit dem Thema betraute Stellen nicht immer an diese Terminologie hielten, was aus manchen Quellenzitaten auch ersichtlich ist.

10. Me 163

10.1. Vorgeschichte

Mit der Entstehung des Raketenflugzeuges Me 163 sollte sich für Peenemünde-West eine Möglichkeit ergeben, nach der He 176, das faszinierende Erprobungsprojekt »Raketenflugzeug«, diesmal sogar mit Eigenbeteiligung, weiterzuführen. Vorgeschichte, Entwicklung, Erprobung und Einsatz der Me 163 »Komet« sollen anschließend geschildert werden.

Im Zusammenhang mit den Arbeiten in Neuhardenberg gegen Ende des Jahres 1937 wurde am Schluß des Kapitels 2.2. schon darauf hingewiesen, daß dort auch eine Rumpfattrappe der Firma Heinkel stand, die sie im Auftrag der DFS, Darmstadt-Griesheim, entwickelt und gebaut hatte und die für einen vom RLM an die DFS 1937 gegebenen Auftrag bestimmt war, der ein »schwanzloses Flugzeug mit Strahlantrieb« forderte. Weil vom RLM keine Typenbezeichnung angegeben war, nannte der bei der DFS für Nurflügelflugzeuge zuständige Aerodynamiker Alexander Lippisch den Auftrag zunächst »Projekt X«.

Aus der Duplizität der Ereignisse, einerseits der mehr schlecht als recht vom RLM geduldeten privaten Entwicklung des Raketenflugzeuges He 176 bei Heinkel und andererseits den von der gleichen Institution geforderten Arbeiten Lippischs bei der DFS und später bei den Messerschmitt-Werken, geht eindeutig in diesem Zusammenhang eine Benachteiligung der Heinkel-Entwicklung hervor. Besonders deutlich wird diese Haltung noch durch das schon in Kapitel 8.4 erwähnte Verbot einer Fertigstellung der He 176-V2 und der zwar mit geringeren Mitteln, aber letztlich doch weitergeführten Unterstützung der Arbeiten von Alexander Lippisch. Offensichtlich wollte sich das Technische Amt des RLM nicht von der Industrie und dem privaten Unternehmertum eines Ernst Heinkel die Entwicklungsrichtung neuer Flugzeuge der Luftwaffe vorschreiben lassen.[1,2]

Nachdem die Entwicklungs- und Erprobungsgeschichte der He 176 in den Kapiteln 2 und 8 geschildert wurde, wollen wir uns den Werdegang des zweiten Raketenflugzeuges mit Flüssigkeitstriebwerk, der Me 163, ansehen und schildern, wie sich diese parallele Entwicklung zur He 176 gestaltete.

Der Schöpfer der Flugzeugzelle war ohne Zweifel der am 2. November 1894 in München geborene Alexander M. Lippisch. Er sollte zu einem der bekanntesten Aerodynamiker und Flugzeugkonstrukteure der Welt werden. Zunächst war Lippisch im Ersten Weltkrieg bei der Fliegertruppe und ab 1918 bei den Zeppelin-Werken in Lindau als Assistent für Aerodynamik tätig, wo er systematische Profilmessungen durchführte. Ab 1921 fand man Lippisch auf der Wasserkuppe in der Rhön bei den Anfängen der Segelfliegerei. Viele damalige Hochleistungssegler wurden von ihm konstruiert. Während seiner Tätigkeit auf der Wasserkuppe erhielt Lippisch auch seinen Spitznamen »Hangwind«. Sonderformen wie Nurflügel, Delta-Flügel und später auch Kreisflügel waren spezielle Entwicklungsthemen, die Lippisch anfangs in systematischen Modellversuchen erforschte. Ab 1927, Lippisch war noch Student, folgten dann die bemannten Segelflugzeuge der Storch-Reihe und Delta-Typen.[2]

Auf der Wasserkuppe fand auch der erste Flug eines bemannten Raketenflugzeuges statt. Lippisch hatte nach vorangegangenen Modellversuchen zu diesem Zweck das Segelflugzeug »Ente« gebaut, mit dem der Segelflieger Fritz Stamer am 11. Juni 1928 den ersten Flug mit Feststoffraketen durchführte. Das Flugzeug blieb, mit Hilfe eines Gummiseiles gestartet und durch zwei nacheinander gezündete Raketen von je 0,2 kN (20 kp) Schub getrieben, insgesamt 30 sec in der Luft. Beim vierten Flug zündete die erste Rakete ordnungsgemäß, explodierte aber kurz danach und setzte das Flugzeug in Brand. Stamer drückte die »Ente« in einen leichten Sturzflug, wodurch die Flammen verlöschten. Nach geglückter Landung zündete die zweite Rakete durch einen Kurzschluß und brannte aus.[5]

Als ein weiterer Mann der ersten Stunde auf der Wasserkuppe befaßte sich der Tischler und flugtechnische Autodidakt Gottlob Espenlaub 1929 auch mit raketengetriebenen Eigenbauflugzeugen, die alle, wie auch die »Ente«, mit Feststoffraketen der Firma Sander angetrieben wurden, da es seinerzeit noch kein geeignetes Flüssigkeitstriebwerk gab. Der Vollständigkeit halber seien auch noch die Flüge von Fritz von Opel erwähnt. Er ließ sich von dem Flugzeugkonstrukteur Julius Hatry ein Raketenflugzeug mit Raketenstartwagen bauen. Das Flugzeug selbst, ein Hochdecker von 12 m Spannweite, besaß 16 Sander-Feststoffraketen, während der Startwagen mit drei Feststoffraketen von insgesamt 8,8 kN (900 kp) Schub angetrieben wurde. Nach einem total mißlungenen Erststart durch Hatry und zweier wegen zunächst zu geringer Schubkraft der Startraketen mißlungener Versuche durch von Opel selbst gelang ihm am Nachmittag des gleichen Tages ein Start mit anschließendem Raketenflug. Bei der Landung gingen aber infolge der hohen Geschwindigkeit von 130 km/h die Kufe und der Rumpfboden zu Bruch. Von Opel blieb unverletzt.[4, 5]

Etwa 1931 wurde Alexander Lippisch Technischer Direktor der 1925 von den Segelflugpionieren auf der Wasserkuppe gegründeten Rhön-Rossitten-Gesellschaft (RRG). Rossitten auf der Kurischen Nehrung in Ostpreußen war durch den dort lebenden Flieger und Flugpionier Ferdinand Schulz bekannt geworden, der hier am 11. Mai 1924 mit einem primitiven, selbstgebauten Segelflugzeug 8 Stunden und 42 Minuten in der Luft geblieben war, was damals Weltrekord bedeutete. Durch weitere von ihm aufgestellte Rekorde rückte Rossitten weiter in das Blickfeld der Öffentlichkeit und entwickelte sich neben der Wasserkuppe zu einem weiteren deutschen Segelflugzentrum.[3, 7]

Doch wenden wir uns wieder den Delta-Flugzeugen zu, da sie die Vorläufer in der Entwicklungslinie zur Me 163 werden sollten. Von ihnen versprach man sich gegenüber den herkömmlichen Flugzeugen gesteigerte Flugleistungen. Lippisch gelang es nach zahlreichen Modellversuchen von 1925 bis 1927, das erste schwanzlose Segelflugzeug, den »Storch I«, fertigzustellen. Als Einflieger der Flugzeugmuster fungierte bei Lippisch der bekannte und geniale Pilot Günther Groenhoff. Sein Name ist mit der Segelfliegerei im allgemeinen und mit den schwanzlosen Flugzeugen Lippischs im besonderen untrennbar und für alle Zeiten verbunden. Groenhoff flog die verschiedenen Entwicklungsstufen vom Storch I bis zum

Storch V, der bereits einen Propellermotor von 5,88 kW (8 Ps) besaß. Im September 1929 startete dieses Flugzeug mit dem Motor und, wegen dessen geringer Leistung, mit Unterstützung eines Gummiseiles. Nach etlichen Flügen erfolgte auch eine erfolgreiche öffentliche Demonstration dieses Nurflügelflugzeuges auf dem Flugplatz Berlin-Tempelhof vor vielen Angehörigen der Luftfahrtabteilung des Reichsverkehrsministeriums. Kurze Zeit später stürzte Groenhoff mit dem Storch V in Darmstadt ab. Er kam bei dem Unfall ziemlich heil davon, das Flugzeug ging aber zu Bruch. Die RRG war zur Weiterführung der Versuche finanziell nicht mehr in der Lage.[1]

In dieser Situation kam dem ganzen Projekt der schwanzlosen Flugzeuge die Tatsache zu Hilfe, daß der Absturz Groenhoffs von einem Mann beobachtet wurde, der sich ebenfalls schon in gleicher Richtung konstruktive Gedanken gemacht hatte. Es war der bekannte Flugkapitän Hermann Köhl, der mit Freiherrn von Hünefeld und dem irischen Oberst Fitzmaurice 1928 den ersten Atlantikflug mit einer Ju (W) 33 von Ost nach West durchgeführt hatte. Köhl, der sich nach dem Ersten Weltkrieg besondere Verdienste um den Aufbau des deutschen Luftverkehrs erworben hatte, war von den Ideen Lippischs sehr angetan und faßte nach dem Absturz Groenhoffs den Entschluß, der RRG und Lippisch unter Einschluß und Verwertung seiner Gedankengänge, finanziell zu helfen. Da auch Köhl nur über geringe Mittel verfügte, mußten sich die Dimensionen des neuen Flugzeugmusters in kleinem Rahmen bewegen.[1]

Köhl schwebte als Entwicklungsziel eines der Großflugzeugprojekte von Professor Hugo Junkers vor, die dieser aus seinem schon 1910 erworbenen Nurflügel-Patent DRP 253 788 mit der Bezeichnung J-1000 nach dem Ersten Weltkrieg abgeleitet hatte, die aber infolge der damaligen Einschränkungen des Versailler Diktates nicht verwirklicht werden konnten. Diese Projekte sahen eine weitgehende Ausnutzung des Flächeninnenraumes für Lasten, Passagiere und Triebwerke vor, wobei die vier Triebwerkräume für Wartungs- und Reparaturarbeiten während des Fluges begehbar waren. Damit war ein Höchstmaß an Sicherheit erreichbar. Diese Entwicklungen mündeten nach Lockerung der Beschränkungen dann auch bei Junkers in zwei gebaute Ausführungen, die Ju G 38 im Jahre 1929 mit der Zulassung D-2000 und die D-2500 »von Hindenburg« im Jahre 1931, ein. Sie waren als Vorläufer der geplanten J-1000 gedacht.[3]

Nachdem Lippisch zwischenzeitlich noch einen weiteren Gleiter mit Hilfsmotor, »Hans Huckebein«, als Hochdecker gebaut hatte, ging er, den Junkers-Ausführungen folgend, zum Tiefdecker über. Für das zunächst als Segelflugzeug geplante, von Köhl geförderte schwanzlose Lippisch-Projekt stellte Direktor Theo Croneiß von der Deutschen Verkehrsflug-AG (später von der Lufthansa übernommen) einen Motor zur Verfügung. Da die Entwicklung gute Fortschritte machte, fand sich auch das Reichsverkehrsministerium bereit, Mittel für den Bau des Flugzeuges bereitzustellen. Im Jahre 1930 war der neue Flugapparat als Segler fertig, wobei Lippisch die einzelnen Entwicklungsschritte immer wieder durch Modellversuche abgesichert hatte. Er führte mit der Bezeichnung »Delta I« die Reihe der weiteren geplanten »Deltas« an. Mit Beginn der Delta-Flugzeuge war Lippisch im Rahmen der DFS die Aufgabe gestellt, die bei allen schwanzlosen Konstruktionen vorhandene mangelhafte Stabilität um die Hochachse zu beseitigen.

Am Himmelfahrtstag des Jahres 1931 startete Groenhoff mit der Delta I zum erstenmal auf der Wasserkuppe. Alle, die in irgendeiner Weise dem Projekt geholfen hatten, waren begeistert. Aber Groenhoff äußerte sich über den gelungenen Flug: »Lippisch wird sich wundern, so einfach ist das Fliegen dieses Vogels nicht.« Damit deckten sich die Erfahrungen Groenhoffs mit jenen, die später noch von Fieseler mit der Delta III (»F3 Wespe«) gemacht werden sollten. Zwischen der Delta II, die Groenhoff noch geflogen hatte, und der Fertigstellung der Delta III traf Lippisch ein schwerer Rückschlag. 1932 stürzte Groenhoff beim Segelflug-Wettbewerb in der Rhön, der mit den Delta-Flugzeugen nichts zu tun hatte, tödlich ab und nahm alle Erfahrungen, die er mit den Nurflügelflugzeugen bisher gesammelt hatte, mit ins Grab. Außer einigen Flugberichten hatte er diesbezüglich keine Aufzeichnungen hinterlassen.[1, 3 ,7]

Etwa zum gleichen Zeitpunkt wandte sich eine große Zigarettenfabrik mit einem Auftrag an die Firma Fieseler. Sie hatte aus Reklamegründen die Absicht, drei Flugzeuge mit aus dem Rahmen fallender Form zum Deutschlandflug 1932 an den Start zu bringen. Gerhard Fieseler schlug ein zweimotoriges schwanzloses Flugzeug in Delta-Form vor, vermutete aber gleichzeitig berechtigterweise Schwierigkeiten in der Steuerbarkeit dieser Konstruktion. Er wandte sich aus diesem Grund an den Spezialisten Lippisch, der, von dem Gedanken begeistert, die gesamte Konstruktion übernahm, da er ja ohnehin zu diesem Zeitpunkt an den Deltas arbeitete. Lippisch gab dem Entwurf die Bezeichnung Delta III, während das Projekt und die Fertigung von drei Musterflugzeugen bei Fieseler unter der Bezeichnung F3 Wespe lief. Das wegen der Wettbewerbsausschreibung mit zusammenklappbaren Flügeln ausgestattete zweisitzige Flugzeug wurde von zwei in Tandemanordnung eingebauten Pobjoy-Neun-Zylinder-Motoren von je 55 kW (75 Ps) angetrieben.[6] Beim ersten Probestart erfolgte während des Abhebens ein 3 m hoher Sprung mit anschließendem Absturz. Der neue Aufbau erhielt vor der Flügelnase ein zusätzliches Höhenleitwerk. Aber auch danach ging die »Wespe« mit Fieseler am Steuer noch zweimal zu Bruch. Er ließ daraufhin in seinem Werk die Arbeiten am zweiten und dritten Exemplar einstellen und rüstete das erste Muster mit Endscheiben und einem Doppelsteuer aus, um die Seitenstabilität zu erhöhen. Aber auch dadurch konnte keine grundlegende Verbesserung der Flugeigenschaften erreicht werden. Hier fehlte jetzt die große Erfahrung eines Groenhoff auf diesem Spezialgebiet, um mit den Deltas weiterzukommen.

Fieseler, der letztlich mit seinem eigenen Betrieb andere Aufgaben hatte, wollte mit der RRG zum Abschluß kommen. Obwohl er etwa 50 Flüge mit dem Delta-Flugzeug selbst durchgeführt hatte, war er von dessen Lebensgefährlichkeit überzeugt. Da zum gegebenen Zeitpunkt auch von Lippisch keine Verbesserungen vorgeschlagen wurden, stellte Fieseler bei der DVL den Antrag auf Flugabnahme. Die DVL schickte den erfahrenen Flugzeugführer Hans Dieter Knoetsch, den Fieseler entsprechend informierte. Nach einem gemeinsamen Flug sagte Knoetsch: »Sie haben recht, Herr Fieseler, dieses Flugzeug kann kein Mensch fliegen.« Damit war das Schicksal von F3 Wespe bzw. Delta III besiegelt. Die Weiterarbeit an dem Flugzeug wurde amtlicherseits verboten. Es blieb letztlich auch nur ein Schritt auf dem Wege zur Me 163. Zwischen der Firma Fieseler und der RRG kam es zu einem Vergleich, womit die RRG das fertige Muster der Delta III und dessen Kosten zu tragen hatte, während Fieseler die teilweise gefertigten anderen beiden Muster und deren Kosten zu übernehmen hatte.[1, 3, 6, 9]

Im Jahre 1933 ging die RRG in die Deutsche Forschungsanstalt für Segelflug (DFS) über und wurde wegen der ungünstigen Lage des Platzes von der Wasserkuppe nach Darmstadt-Griesheim verlegt. Die Leitung der DFS übernahm der bekannte Meteorologe Prof. Dr. Walter Georgii. Innerhalb dieser neuen Anstalt übertrug man, wie schon erwähnt, Alexander Lippisch das Institut zur Entwicklung schwanzloser Flugzeuge. Einfliegerin der DFS wurde die ebenfalls bisher in der RRG auf der Wasserkuppe tätig gewesene Fliegerin Hanna Reitsch.

Bei der Übergabe der Delta III hatte sich Fieseler jetzt an die DFS und an Georgii zu wenden, was er mit der ausdrücklichen schriftlichen Warnung tat, dieses Flugzeug von keinem Piloten fliegen zu lassen.[1, 6]

Bei der DFS war die Nachfolge von Groenhoff noch nicht geklärt. Zwar bot sich nach dessen Tod der damals schon bekannte Segelflieger Heini Dittmar bei Lippisch als Pilot für die schwanzlosen Flugzeuge an. Lippisch lehnte aber zunächst mit den Worten ab: »Heini, das kannst du noch nicht.«

Heini Dittmar war 1929 als Volontär zu den »Rhönindianern« auf die Wasserkuppe gekommen. Als erfahrenem Segelflugmodellbauer hatte ihm Lippisch den Bau seiner schwanzlosen Modellflugzeuge übertragen. Die Zusammenarbeit von Lippisch und Dittmar gestaltete sich zu beider großen Zufriedenheit. Lippisch bekam seine Modelle dank der großen Baupraxis von Dittmar wesentlich früher als sonst, und dieser profitierte vom großen theoretischen Wissen Lippischs.

Schon zu Groenhoffs Zeit hatte Dittmar mit brennendem Interesse auch den Flugversuchen der schwanzlosen Flugzeuge beigewohnt. Später, nach dem Tode Groenhoffs, baute Dittmar selbst Segelflugzeuge, z. B. den »Condor«, die er hervorragend flog. Ebenso stellte er mit Lippischs »São Paolo« einen Streckenweltrekord auf, wobei es sich hierbei aber durchweg um normale Flugzeuge mit Rumpf und Leitwerk handelte. Ein Jahr nach dem Tode Groenhoffs stellten sich bei Heini Dittmar weitere Erfolge ein. Nach dem Rüsselsheimer Zielflug nahm Professor Georgii Dittmar auf eine Südamerika-Expedition mit, bei der er mit einem Wolkenflug trotz beginnenden Gewitters einen Weltrekord aufstellte, der ihn auch international in Segelfliegerkreisen bekannt machte. Diese Erfolge brauchte Dittmar, um sich bei Lippisch für die schwanzlosen Flugzeuge zu empfehlen.[8]

In der Zwischenzeit hatten sich Georgii und Lippisch trotz der Warnungen Fieselers und des amtlichen Verbotes zu einem neuen Piloten für die Delta-Flugzeuge entschlossen, denn Lippisch wollte ja mit den schwanzlosen Flugzeugen weiterkommen. Es war der Pilot Wiegmeyer, der mit der Delta IV verunglückte. Ein weiterer Pilot, Tönnes, der inzwischen für die Delta-Erprobung herangezogen wurde, stürzte tödlich ab. Jetzt rissen die Nackenschläge für Lippisch nicht mehr ab. Kurz nach dem Fliegertod von Tönnes stürzte Wiegmeyer nach einem überzogenen Start in Halle mit der Delta III ab, und sein tödlicher Unfall in Oberpfaffenhofen folgte. In dieser verzweifelten Lage stellte sich Professor Georgii vor Alexander Lippisch und war als dessen Fürsprecher der eigentliche Retter der späteren Me 163. Hilfe erhielten beide von Oberst Ritter v. Greim, der die Delta III selbst flog und das vernichtende Urteil eines in Rechlin arbeitenden Dr. Kupper als unsachlich zurückwies.[6, 8, 22]

Die Delta- IVb- und -c-Muster entstanden danach aus den bei Fieseler noch vorhandenen Rohbauten der F3 Wespe. Nach eingehenden Versuchen, wobei die Ausführung III Seitenruder an den Flügelenden erhielt, die an schräg nach unten hängenden gekielten Flächenfortsätzen angebracht waren, konnte erstmals eine deutlich bessere Seitenstabilität gegenüber den ersten Versuchsmustern erzielt werden. Die Endlösung dieses Flugzeuges war die zweisitzige DFS 39, Delta IVc, mit einem Motor von 62,5 kW (85 Ps), der in der Rumpfspitze angeordnet war. Das Heck des kurzen Rumpfes lief in eine senkrechte Stabilisierungsflosse aus.[3] Bei der Verwirklichung leisteten Frithjof Ursinus als Aerodynamiker und Fritz Krämer als Konstrukteur wertvolle Hilfe.[22]

Nachdem Heini Dittmar von der Südamerika-Expedition zurückgekehrt war, entschloß sich Lippisch, ihn im Rahmen der DFS zum Versuchspiloten bei den schwanzlosen Flugzeugen zu machen. Dittmar flog die Delta IV erstmals 1934, wobei er merkte, daß es immer noch ein »Sauschlitten« war, wie er sich ausdrückte. Beim ersten Start machte das Flugzeug mit dem Kennzeichen D-ENFL immer noch Bocksprünge, und die Landung nach einem Flug von 20 min sah nicht viel besser aus. Dittmar machte mit diesem Flugzeug die gleichen Erfahrungen wie Fieseler und alle anderen Piloten.[8]

Der nächste Entwicklungsschritt von Lippisch ergab ein Flugzeug mit gleichem Flügelaufbau und gleicher Steuerung wie die DFS 39. Der grundlegende Unterschied gegenüber den Vorläufern war eine liegende Anordnung des Piloten in einer Vollsicht-Flügelnase und der geplante Einbau eines Argus-Motors mit Druckschraube. Das ebenfalls als Vertikalfläche auslaufende Rumpfheck besaß erstmals ein Seitenruder zur Erhöhung der Ruderwirksamkeit um die Hochachse. Mit diesem Erprobungsmuster DFS 40, Delta V, wurden ausschließlich Schleppversuche durchgeführt, wobei meist eine He 46 als Schleppflugzeug diente. Die Flugversuche führten Heini Dittmar und der Pilot Rudolf Opitz durch. Bei einem späteren Schleppflug kam Opitz mit der DFS 40 ins Trudeln und mußte mit dem Fallschirm aussteigen, der sich erst kurz vor dem Boden öffnete. Das Flugzeug wurde zerstört. Opitz war unter Mitwirkung von Udet für die Schlepperprobung von einem Lastensegler-Verband in Hanau nach Darmstadt zur DFS versetzt worden.[1, 3]

Während den Initiatoren der Delta-Flugzeuge, Lippisch und Köhl, ähnlich wie Hugo Junkers, als Entwicklungsziel bisher ein ziviles Nurflügelflugzeug für den Personen- und Güterverkehr vorschwebte, tauchte von anderer Seite der Gedanke für die Verwirklichung eines Hochgeschwindigkeitsversuchsflugzeuges auf, womit eine militärische Anwendung angestrebt wurde. Wie schon in Kapitel 2.2. bei den Flugerprobungen in Neuhardenberg beschrieben, hatte die DVL von den Arbeiten Hellmuth Walters an Raketentriebwerken und deren Flugerprobung in Neuhardenberg Kenntnis und war dort teilweise selbst mit beteiligt. Sicher von den Versuchen in Neuhardenberg angeregt, die wiederum letztlich auf die Initiative von Brauns zurückgingen, ließ Dr. Adolf Baeumker von der DVL durch seinen Mitarbeiter Dr. Lorenz einen Auftrag an Lippisch gehen, die Zelle für ein kleines raketengetriebenes Hochgeschwindigkeitsflugzeug aus den Erfahrungen mit der DFS 39 und der DFS 40 zu entwickeln. Beide Flugzeuge, besonders die DFS 40, hatten im Göttinger Windkanal und bei den Flugerprobungen gute Leistungen und Stabilität bewiesen. Lippisch übernahm deshalb für das neue Flugzeug den Tragflächenumriß von den Vorgängern. Das kurze Rumpfende erhielt eine vertikale Flosse mit Seitenruder. Bei der Erprobung hatte sich nämlich gezeigt, daß die Seitenruder an den Flächenenden bei höheren Geschwindigkeiten zum Flattern neigten. Diese Neukonstruktion DFS 194 wurde, da vom RLM zunächst noch keine Typenbezeichnung erteilt war, wie eingangs schon erwähnt, unter der Bezeichnung »Projekt X« gebaut.[1, 3]

Mit diesen Arbeiten begann durch die Initiative Dr. Baeumkers 1937 bei der DFS ein ähnliches Projekt, wie es bei Heinkel mit der He 176 in Vorbereitung war, ohne daß beide Institutionen Näheres über die Ziele der anderen wußten.

Die Tragflächen des neuen Flugzeuges begann man in den Werkstätten der DFS herzustellen. Der Rumpf wurde, sicher aus Kapazitätsgründen, wie ebenfalls schon erwähnt, kurioserweise bei der Firma Heinkel in Auftrag gegeben, weshalb auch eine Attrappe zur Sitzerprobung gegen Ende 1937 in Neuhardenberg stand, wo Erich Warsitz die Raketenflug-Vorversuche für die in Entwicklung befindliche He 176 machte (Kapitel 2.2.).[1]

Dr.-Ing. Lippisch, Dipl.-Ing. Joseph Hubert und Kraemer begannen Ende 1937 in Darmstadt hinter verschlossenen Türen mit der Konstruktion der DFS 194. Das RLM wollte die Geheimhaltung. Sogar Heini Dittmar wurde nicht informiert, obwohl er nach Sachlage der Dinge der spätere Erprobungspilot hätte sein müssen. Man ging hier also andere Wege wie bei Heinkel, wo Warsitz schon von der Planung der He 176 an in die Entwicklung mit einbezogen wurde.

Als sich im Laufe der Zeit herausstellte, daß die Fertigungsmöglichkeiten bei der DFS mit dem Projekt X überfordert waren, übernahm die Firma Messerschmitt auf Anweisung des RLM Ende 1938 die ganze Abteilung Lippisch. Anfang 1939 siedelte Lippisch zunächst mit etwa zwölf Mitarbeitern, deren Zahl sich später auf 70 erhöhte, von Darmstadt nach Augsburg um. Unter der Bezeichnung Abteilung »L« der Firma Messerschmitt wurden die Arbeiten hier fortgesetzt. Insbesondere galt es die grundsätzliche Aerodynamik und Statik im Detail zu vollenden.[1, 8]

Die DFS 194 bzw. das Projekt X wurde nach einigen Änderungen fertiggestellt. Ein Fahrwerk besaß das Flugzeug nicht, sondern ein nach dem Start abwerfbares Rollwerk. Die Landung erfolgte auf einer ausfahrbaren Kufe, die von einer Hydraulik ausgefahren wurde. Das Heck ruhte auf einem festen Sporn.

Nachdem die Firma Walter in Kiel mit der Fertigstellung des vorgesehenen Raketentriebwerkes in Verzug geraten war, da andere Dinge wegen des inzwischen begonnenen Krieges Vorrang hatten, fanden zunächst in Augsburg Schleppversuche mit der DFS 194 statt. Das Flugzeug sollte das Triebwerk HWK RI-203 erhalten, also den gleichen Raketenmotor mit »kaltem« Walter-Verfahren, wie er in die He 176 von Heinkel eingebaut war (Abb. 16). Hier war er nur in einem Exemplar gebaut worden, da die He 176-V2 ja mit dem stärkeren Von-Braun-Triebwerk ausgerüstet werden sollte. Erst später, 1941, konnte das Triebwerk in die DFS 194 eingebaut werden, wonach sie nach Peenemünde-West überführt wurde. Da es wegen der Kriegsverhältnisse immer wieder zu Schwierigkeiten und Verzögerungen bezüglich der Triebwerk-Fertigstellung kam, führte Heini Dittmar bis zum Sommer 1941 Schleppversuche ohne Antrieb hinter Motorflugzeugen durch und probierte anfangs im Schlepp entsprechende Ruderlagen aus, um die Tendenz von deren Wirkung zu erproben. Hierbei wurde es dann später schon zur Selbstverständlichkeit, ein für den Raketenantrieb vorgesehenes Flugzeug auf dem Rollwerk im Schlepp zu starten, die Räder nach dem Freiwerden vom Boden aus gefahrloser Höhe abzuwerfen und nach dem Segelflug ohne Motor auf einer Kufe zu landen. Im Laufe des Sommers 1941 konnte das Triebwerk RI-203 in Peenemünde eingebaut werden, und Dittmar absolvierte damit 45 Flüge. Hierbei erreichte er Geschwindigkeiten bis 550 km/h und Steighöhen von 3000 m.[1,2,8]

Die DFS 194 war vom Standpunkt eines Raketenflugzeuges nur für niedrige Geschwindigkeiten und den Schub des RI-203-Motors konstruiert worden, der für diesen Zweck auch nicht den für die He 176 erreichten Wert von 5,88 kN (600 kp) besaß, sondern nur für ca. 3,92 kN (400 kp) ausgelegt war.

Da Professor Walter in naher Zukunft stärkere Raketentriebwerke liefern wollte, tat Dr. Lippisch den nächsten Schritt in Richtung Hochgeschwindigkeitsflugzeug, das höheren Beanspruchungen gewachsen war. Dem Flugzeug wurde vom RLM die endgültige Bezeichnung Me 163A zugeteilt.[1,2] Es sei noch erwähnt, daß die Typenbezeichnung zunächst DFS bzw. Me 194 lautete. Die Nummer 163 war anfangs für einen Hochdecker der Firma Messerschmitt verwendet worden, der als Konkurrenzentwurf zu dem Fieseler-Flugzeug Fi 156 »Storch« gedacht war. Das 163-Muster, von der Firma Messerschmitt entwickelt und von der Weser-Flugzeugbau gefertigt, flog schon 1938 erstmals, hatte aber schon damals keine Chance gegenüber der Fieseler-Konstruktion, so daß die freiwerdende Nummer 163 dann endgültig der Lippisch-Konstruktion zugeordnet wurde. Obwohl keine Entwicklung von Messerschmitt, besaß das Raketenflugzeug die Bezeichnung Me 163A.[2,3]

10.2. Entwicklung

Nachdem die Geschichte der Nurflügelflugzeuge bis zur Me 163A ausführlich beschrieben wurde, sollen noch wesentliche Schritte der Weiterentwicklung behandelt werden, deren Verlauf über die Hauptserienversion und die einzige Einsatzvariante Me 163B über die Me 163C bis zur Me 263 führte. Hierbei ist es notwendig, auch auf die Versuchsflüge einzugehen, die Anlaß weiterer Entwicklungsschritte waren bzw. sie absichernd begleiteten.

Die Erfahrungen, die sowohl im antriebslosen als auch im angetriebenen Flugzustand mit der DFS 194 gesammelt wurden, waren richtungsweisend für die Konstruktion der Me 163A. Da für derartige Flugzeugentwicklungen nach Ansicht des RLM zum damaligen Zeitpunkt keine besondere Dringlichkeit bestand, wurden laufend Arbeitskräfte aus der Entwicklung abgezogen, wodurch Verzögerungen entstanden.[1]

Ebenso wie vorher die He 176 in konventioneller Bauweise mit Rumpf und normalem Leitwerk eine futuristische Linienführung besaß, so sah man auch der Me 163A äußerlich ihre Bestimmung als Hochgeschwindigkeitsflugzeug in der besonderen aerodynamischen Formgebung an.

Nachdem die Versuchsserie der durch einen Flüssigkeitsraketenmotor angetriebenen Lippisch-Flugzeuge mit der DFS 194 als V1-Muster begonnen hatte, setzte sie sich über deren Weiterentwicklung mit der Me 163A in den Mustern V2 und V3 fort. Diese Exemplare verwendete man zu Bruch- und sonstigen Vorversuchen. Die Me 163A-V4 mit dem Kennzeichen KE + SW war dann das erste flugfähige Muster dieser Serie, deren Zelle im Laufe des Jahres 1940 von der Lippisch-Entwicklungsmannschaft bei Messerschmitt in Augsburg fertiggestellt wurde. Die Werkstatt unter Leitung von Dipl.-Ing. Karl Hamburger hatte viele Schwierigkeiten bei der Herstellung der ersten Muster zu überwinden. Ein Rumpfmittelstück war in Gemischtbauweise zu fertigen und eine vollkommen neue Kufenhydraulik zu entwickeln und zu bauen.[8] So wie bei der He 176 konstruktionsbedingt der technologische Schwerpunkt auf die Weiterentwicklung der Aluminium-Schweißtechnik gelegt wurde, so war bei der Me 163A die zur damaligen Zeit neuartige Gemischtbauweise für ein Hochgeschwindigkeitsflugzeug zu vervollkommnen.

Ehe auf die Flugerprobung näher eingegangen wird, sei noch etwas über den Aufbau der Me 163A gesagt. Das Flugzeug war ein freitragender, schwanzloser, einsitziger Mitteldecker mit Raketenantrieb, abwerfbarem Rollwerk, ausfahrbarer Landekufe und festem Sporn.

Der Rumpf, zunächst aus dem schon erwähnten Mittelstück bestehend und in Gemischtbauweise aus Stahl, Leichtmetall und Kunststoff hergestellt, mußte genietet, gelötet und geschweißt werden. Das Mittelstück hatte mehrere Funktionen gleichzeitig zu erfüllen. Es sollte nicht nur Flügelkräfte aufnehmen und übertragen, es hatte auch ein Stück Rumpf zu sein, das als Haupttank zur Aufnahme des H_2O_2 diente. Als Tankisolation und Dichtstoff verwendete man den damals gerade neu entwickelten und eingeführten thermoplastischen Kunststoff Polyvinylchlorid (PVC) mit der Handelsbezeichnung »Mipolam«, den zu schneiden und zu verschweißen für einen Flugzeugbauer Neuland war.

Die Tragflächen waren aus Holz zu fertigen. Für Segelflugzeuge bis 300 km/h Geschwindigkeit war das damals kein Problem mehr, aber für ein Raketenflugzeug mit geplanten 1000 km/h eine große Leistung, zumal eine hohe Profilgenauigkeit der mehrfach verleimten Flächennase verlangt wurde. Der Hauptholm der Tragflächen, aus mit Tegofilm verleimtem Buchensperrholz gefertigt, besaß eine besondere Formsteifigkeit. Die Verbindung Rumpf/Tragfläche erhielt dank der kombinierten Befestigung der Stahlbeschläge und deren Holzlaschen durch Verschrauben und Kleben eine besonders günstige Krafteinleitung und Kraftübertragung.

Um die Trudelsicherheit zu gewährleisten, waren, wie später noch erläutert wird, an den Tragflächen feste Vorflügel eingebaut. An der Hinterkante, nach außen versetzt, befand sich je ein Quer- bzw. Höhenruder und innen, zum Rumpf hin, je eine Trimmklappe. Von der Unterseite jeder Fläche konnte noch eine Landeklappe ausgefahren werden. Auf das Rumpfende war ein Seitenleitwerk mit Flosse und Ruder aufgeschraubt. Die Ruderorgane wurden mit Hilfe von Stoßstangen, Torsionswellen, Kegelradgetrieben und Spindelgetrieben betätigt. Die Ruderflächen waren mit Stoff bespannt und lackiert.

Die Spannweite betrug 8,85 m, die Länge 7,47 m und die Flügelfläche 17,5 m². Das Leergewicht lag bei 1000 kg, mit Triebwerk 1100 kg. Die maximale Treibstoffzuladung betrug 1100 kg, zusätzlich 100 kg für den Piloten mit Fallschirm.

Die Tragflächen besaßen eine Pfeilung von 23,3°, ihr Profil hatte am Rumpfübergang eine größte Dicke von 14 % in 30 % Flügeltiefe und an der Flügelspitze eine größte Dicke von 8 % in 25 % Flügeltiefe. Zur Flügelspitze hin war die Tragfläche mit 5,7° geschränkt.[8]

Die Vorflügel und die Anordnung der Quer- bzw. Höhenruder verhinderten ein Abreißen der Strömung, auch bei großen Anstellwinkeln. Die Trimmklappen, zum Rumpf zu an den Flügelinnenseiten montiert, bewirkten die Längsstabilisierung. Das bei allen Flugzeugen vorhandene Momentengleichgewicht zwischen Auftrieb an den Tragflächen und einem entsprechenden Abtrieb am Höhenleitwerk zur Verwirklichung eines geraden, stabilen Horizontalfluges mußte natürlich auch bei einem Nurflügelflugzeug gegeben sein. Bei der Me 163A und ihren Weiterentwicklungen übernahm die Trimmklappe die Rolle des bei konventionellen Flugzeugen üblichen Höhenruders. Der Auftrieb, der auch bei Nurflügelflugzeugen hinter dem Schwerpunkt an der Tragfläche angreift, bewirkte bei der Me 163A ein ständig kopflastiges Moment, das von den je nach Geschwindigkeit mehr oder weniger nach oben ausgefahrenen Trimmklappen kompensiert wurde. Wie die Flugerprobung durch Heini Dittmar und Reinhard Opitz ergab, konnte das Flugzeug im Geschwindigkeitsbereich von 100 km/h bis 1000 km/h leicht ausgetrimmt werden, was bei der hohen Geschwindigkeit wegen der großen Ruderkräfte sehr wichtig war. Die an der Flächenunterseite beidseitig angeordneten Landeklappen wurden ölhydraulisch aus- und eingefahren und setzten die Landegeschwindigkeit herab.

Die Steuerungsbetätigung wurde für das Seitenruder, wie allgemein üblich, mit den Füßen über Ruderpedale veranlaßt. Mit dem Steuerknüppel betätigte man die Quer- bzw. Höhenruder. Wurde der Knüppel seitlich nach links oder rechts bewegt, reagierten die Querruder wie bei jedem normalen Flugzeug entgegengesetzt, um das Seitenruder zur Einleitung einer Links- bzw. Rechtskurve durch entsprechende Schräglage des Flugzeuges zu unterstützen. Bei einer Knüppelbewegung nach vorne oder hinten (Drücken und Ziehen) wirkten die Querruder als reine Höhenruder und gingen beim Drücken gemeinsam nach unten und beim Ziehen gemeinsam nach oben. Sofern kombinierte Bewegungen mit dem Steuerknüppel ausgeführt wurden, stellten sich die Querruder auch auf eine kombinierte Ruderstellung ein, z. B. Ziehen mit Kurve links oder rechts bzw. Drücken mit Kurve links oder rechts.

Für die Me 163A hatte die Firma Walter in Kiel ein aus dem Aggregat HWK RI-203 weiterentwickeltes stärkeres Triebwerk HWK RII-203 in Aussicht gestellt, das aber nicht gleichzeitig mit der Me-163A-Zelle fertig wurde. So stellte man wieder Schleppflüge an den Anfang der Flugerprobung, wie zuvor bei der DFS 194. Den ersten Schleppflug führte Heini Dittmar 1940 an einem ruhigen Herbsttag durch. Da man noch nicht sicher wußte, wie lang die geschleppte Startstrecke der ohne Triebwerk etwa 1000 kg schweren Me 163A war, ging man vom kleineren Augsburger Werkflugplatz zum 20 km entfernten großen Lechfelder Rollfeld.[8]

Der Start mit einer Me 110 als Schleppflugzeug, Dr. Hermann Wurster am Steuer und Elias im Funkersitz, verlief ohne Probleme. Als Dittmar noch im Schlepp einige Ruderbewegungen durchführte, merkte er, daß Lippisch mit der Me 163A ein großer Wurf gelungen war; deren Flugleistung konnte man mit den Erstlingsflügen der DFS 194 nicht vergleichen. Nach dem Ausklinken und grober Überprüfung der Ruderwirkung deutete sich schon bei diesem ersten Flug ohne Triebwerk für den Piloten eine neue Art des Fliegens an, wie sie sich später in Peenemünde-West sowohl mit der Me 163A als auch mit der Me 163B fast in Vollendung darstellte. Heini Dittmar erreichte schon mit mäßiger Neigung eine Geschwindigkeit von 350 km/h und eine Minimalgeschwindigkeit von 80 km/h. Nach der Landung wurde das Flugzeug wieder auf 3000 m Höhe geschleppt und flog nach dem Ausklinken im Segelflug zum Werkflugplatz der Messerschmitt-Werke nach Augsburg zurück.[8]

In der folgenden Zeit unternahm man weitere Schleppflüge mit anschließender Segelflugerprobung bei gesteigerten Geschwindigkeiten, um die Ruderwirkung und das erwartete Ruderflattern zu ermitteln. Bei 360 km/h trat dann auch ein Flattern des Seitenruders im Bahnneigungsflug auf, das aber, nur wegen eines nicht genügend großen Gewichtsausgleiches von der für die Treibdüse vorgesehenen Heckspitzenöffnung angefacht, schnell behoben wurde. Anschließend konnte Dittmar, immer noch ohne Triebwerk und ohne senkrecht zu stürzen, im starken Bahnneigungsflug 500 km/h erreichen. Bei 520 km/h trat nochmals ein sehr kräftiges Höhenruder- bzw. Querruderflattern auf, was aber nicht so einfach zu beseitigen war, da die aerodynamischen Zusammenhänge bei der Me 163A als Nurflügel-Konstruktion andere waren als z. B. bei einem normalen Segelflugzeug mit Rumpf und getrennten Höhen- und Querrudern. Das Raketenflugzeug besaß, wie schon erwähnt, an den Tragflächenhinterkanten neben den Trimmklappen wie jedes normale Flugzeug auch Querruder, die aber, wie ebenfalls schon beschrieben, gleichzeitig Höhenruder waren. Wenn diese Ruder im Sturzflug zu flattern begannen, bestand für Dittmar die große Schwierigkeit darin, mit den flatternden Rudern, da sie ja gleichzeitig Höhenruder waren, das Abfangen des Flugzeuges durchzuführen.[8, 9]

Eine weitere Schwierigkeit trat bei der Erprobung des Abkippverhaltens auf, bei deren Durchführung Heini Dittmar einige kritische Situationen erlebte. Zweimal kam er dabei ins Trudeln und konnte diesen Zustand auch durch starkes Nachdrücken nicht beseitigen. Im Gegenteil, das Drücken verstärkte diesen unangenehmen Flugzustand. In dieser verzweifelten Lage, zum Aussteigen war die Höhe schon zu gering, ließ der Pilot als letztes Mittel den Steuerknüppel einfach los, und das Flugzeug fing sich von alleine. Bei der anschließenden Besprechung erinnerte sich ein Teilnehmer an den Absturz von Reinhard Opitz mit der DFS 40 und dessen damalige Behauptung, er habe trotz stark kopflastiger Trimmung und starken Drückens das Trudeln nicht beenden können. Hier war die Erklärung zu finden: Durch das kopflastige Trimmen wurden die Trimmklappen nach unten gestellt, womit das Gesamtprofil der Tragfläche eine stärkere Wölbung erhielt. Wenn durch diese partiell stärkere Wölbung die Strömung im Sturzflug abriß und der Pilot zudem noch stark nachdrückte, legte sich im Querruder- bzw. hier Höhenruderbereich die Strömung nicht mehr an. Dieser zum Trudeln führende Flugzustand wurde bei der Me 163A seinerzeit noch durch das fehlende Triebwerk und den dafür im Heck eingebauten Ballast verstärkt, da man hiermit eine größere Schwerpunktrücklage verursacht hatte.[8]

Alexander Lippisch löste das Problem zunächst mit einstellbaren Vorflügeln, die dann von festen Schlitzen geringeren Widerstandes (C-Schlitze) abgelöst wurden, so wie sie z. B. die Me 109 und die Me110 seinerzeit auch besessen hatten. So ausgerüstet, wurde die Me 163A vollkommen trudelsicher. Während dieser Flugerprobungen bei Messerschmitt, die sich bis zum Frühjahr 1941 hinzogen und aus 15 Schleppflügen bestanden, erschien eines Tages Generaloberst Udet in Augsburg und konnte sich von den eindrucksvollen Flugeigenschaften der Me 163A überzeugen. Nach der Landung von Dittmar suchte Udet vergeblich nach dem Antrieb des Flugzeuges, da er nicht glauben konnte, daß ihm hier ein motorloser Flug vorgeführt worden war. Jetzt kam Udet offenbar zum Bewußtsein, welche Möglichkeiten in diesem Flugzeug steckten. Sofort nach seiner Rückkehr nach

Berlin ordnete er für die Me-163-Entwicklung die höchste Dringlichkeit an. Außerdem wurden die bisherigen sechs Versuchsmuster auf eine kleine Vorserie von zehn Me 163A-0 erweitert. Die Fertigung übernahm die Firma Segelflugzeugbau Wolf Hirth.[8, 9]

Bis zum Abschluß der Flüge in Augsburg konnte Dittmar die Geschwindigkeit der Me 163A im motorlosen Sturzflug bis auf 900 km/h steigern. Im Mai 1941 meldete die Firma Walter, daß sie mit dem Triebwerk fertig sei, worauf die Me 163A-V4 im Schleppflug von Augsburg, mit Zwischenlandung in Rechlin, nach Peenemünde-West überführt wurde, der noch die V5 (CD + IL) folgte. Hier wurde auch Reinhard Opitz in die Flugerprobung mit einbezogen, wobei sich beide Piloten mit dem Gespann Me 110/Me 163A gegenseitig schleppten. Man wollte mit Opitz möglichst schnell einen Reservepiloten für die Me-163-Erprobung zur Verfügung haben, um die Situation, wie sie sich nach Groenhoffs Absturz dargestellt hatte, nicht noch einmal zu erleben.[8] Während das Triebwerk im Mai 1941 in die V4 eingebaut wurde, schulten Dittmar und Opitz abwechselnd mit der V5 im Schlepp einer Me 110 in Peenemünde.

Das Walter-Raketentriebwerk HWK RII-203 für die Me 163A-V4 war ähnlich dem HWK RI-203 der He 176 aufgebaut. Es arbeitete auch nach dem kalten Walter-Verfahren, wobei die Katalysatorlösung aber nicht wie beim He-176-Triebwerk mit Druckluft, sondern wie das H_2O_2 mit der Turbopumpe gefördert wurde. Das machte eine Tandem-Pumpe notwendig, deren Turbinenlaufrad zwei mit ihm auf einer Welle sitzende Zentrifugalpumpenräder antrieb, und die später noch näher beschrieben wird. Der maximale Schub betrug 6,67 kN (680 kp).[8, 10] Die Betriebszeit des Raketenmotors erstreckte sich bei Volleistung über ca. 90 sec. Bei Drosselung konnte die Gesamtflugzeit auf 12 min ausgedehnt werden. Die Gipfelhöhe lag bei 15 200 m, die in etwa 4 min erreicht werden konnte. Als Startstrecke waren etwa 1200 m notwendig. Die geringste Landegeschwindigkeit betrug 160 km/h. Der kleinste c_w-Wert (Widerstandsbeiwert) für die Me 163A lag bei 0,011.[10]

Am 10. August 1941 kam der große Augenblick, in dem die Me 163A-V4, KE + SW, erstmals mit Raketenantrieb und Heini Dittmar am Steuer startete. Wolfgang Späte läßt diesen in seinem Buch »Der streng geheime Vogel Me 163« auf Seite 31 zu diesem Ereignis sagen: »… Das Datum wird mir unvergeßlich bleiben. Denn der erste ›scharfe‹ Start, der erste Flug mit Triebwerk in der Me 163 war das großartigste fliegerische Erlebnis, das ich bisher hatte. … Ich hatte selbst nicht geglaubt, daß mich ein Flug innerlich noch derart packen könnte wie dieser Start in Peenemünde. Immerhin habe ich nun jahrelang in meinem Fliegerleben immer wieder Neues, unerhört Interessantes durchgemacht. Und ich war doch vorher schon ein paarmal mit Raketentriebwerken geflogen, nämlich in der DFS 194. Aber als ich mit dem Schub von 650 kg hinter mir über die Ostsee hinausschoß und dann steiler, immer steiler nach oben zog, ohne daß die Fahrt auch nur einen Kilometer pro Stunde nachließ, da war mir bewußt: Hier beginnt eine neue Art des Fliegens.«[8]

Von den DFS-194-Flügen einmal abgesehen, fand mit diesem Start der Raketenflug in Peenemünde-West, nach dem tödlichen Absturz von Gerhard Reins im Juni 1940, wieder seine Fortsetzung.

Bei den folgenden Flügen mit Triebwerk wurden auch schon Geschwindigkeitsmessungen mit Kinotheodoliten vorgenommen, die entlang einer besonderen Meßstrecke aufgestellt waren, und zunächst von der Lippisch-Mannschaft unter der Leitung von Dipl.-Ing. Harth durchgeführt.[8] Später, nachdem auch die Meß-basis der Versuchsstelle personell stärker besetzt war, übernahm sie diese Ver-messungsarbeiten.

Schon beim zweiten Start mit Triebwerk erreichte Dittmar im Horizontalflug eine größere Geschwindigkeit als die 750 km/h, die Wendel mit Propellermotor bei sei-nem Rekordflug erreicht hatte. Beim dritten Flug startete er mit der vollgetankten Me 163A-V4, stieg mit Raketenantrieb auf 3000 m Höhe, ging in den Horizontal-flug über und steigerte die Geschwindigkeit stetig auf 800, 850, 880, 900 km/h ..., da setzte das Triebwerk aus, der Treibstoff war verbraucht.[8] Mit diesem Wert hatte Dittmar im Horinzontalflug auch die von Warsitz mit der He 176 erreichte Geschwindigkeit überboten und war so schnell wie noch kein Mensch vor ihm ge-flogen.

Zwischen den Flügen waren immer wieder Reparaturen an dem noch recht man-gelhaften Triebwerk durchzuführen, wie es auch bei der He-176-Flugerprobung notwendig gewesen war.

Um die Geschwindigkeit noch weiter in die Nähe der Schallgrenze zu steigern und die dort erwarteten Effekte zu erforschen, beschloß man nach allgemeiner Bera-tung, auch mit Augsburg, beim nächsten Flug das etwa dreiviertel vollgetankte Flugzeug im Schlepp einer Me 110 auf mindestens 3000 m Höhe zu bringen und dort das Triebwerk zu zünden. Danach kam der denkwürdige 2. Oktober 1941. Die V4, KE + SW, mit Dittmar am Steuer, wurde von Opitz bei Gegenwind etwas müh-sam vom Peenemünder Rollfeld mit der Me 110 hochgeschleppt. Nachdem mit weiten Schleifen eine Höhe von 4000 m erreicht worden war, näherte sich das Schleppgespann, die Peenemündung von Westen überquerend, wieder dem Roll-feld. Nachdem Dittmar ausgeklinkt hatte, sprang das Triebwerk sofort an und ließ sich zügig bis auf Vollast hochfahren. Der Schub war in dieser Höhe merkbar stär-ker als in Bodennähe, und die Geschwindigkeit steigerte sich stetig bis auf 900 km/h, als Dittmar in die von West nach Ost quer über das Rollfeld verlaufende Meßstrecke einflog. Der Fahrtmesser stieg weiter über 950, 970, 980 km/h, und das Triebwerk war mit seiner Beschleunigung noch nicht am Ende. Die 900 km/h hat-te Dittmar im Sturzflug öfter geflogen und wußte, daß die dabei auftretenden Be-anspruchungen vom Flugzeug verkraftet wurden. Laut Aussage der Theoretiker war Dittmar bekannt, daß es mindestens 1000 km/h auch noch bewältigen konnte. Aber was kam danach? Heini Dittmar hielt den Triebwerkhebel weiter auf Voll-schub und wartete angespannt auf die unbekannten Ereignisse. Der Geschwindig-keitsmesser stand jetzt bei 1000 km/h, das Fahrtgeräusch war nicht lauter als bei 600 oder 800 km/h. Da, kurz nach Erreichen der 1000-km/h-Marke, machte sich ein leichtes Flattern bemerkbar in der Zelle und am Steuerknüppel, der ein wenig nach links gezogen wurde. Ein Gegenhalten war unmöglich. Die linke Tragfläche wurde mit unvorstellbarer Gewalt nach unten gedrückt, und die Bugspitze senkte sich. Dittmar riß den Schubhebel, den er bisher eisern auf Vollschub gehalten hat-te, zurück, wobei das Triebwerk ausging. Wenig später hatte der Pilot das Flugzeug wieder in der Hand. Nach Erreichen geringerer Geschwindigkeiten probierte Ditt-mar die Ruderfunktionen. Alles war in Ordnung. Die Zelle hatte offensichtlich keinen Schaden genommen. Das Triebwerk sprang auch wieder an, und mit mäßi-gem Schub flog Heini Dittmar den Treibstoff aus, um nach glatter Landung die Gratulation der Wartungsgruppe entgegenzunehmen. Am Abend stand die genaue Auswertung der vermessenen Geschwindigkeit fest: 1003,67 km/h waren von Dittmar erreicht worden. Wegen der Geheimhaltung standen der Pilot, die Geschwindigkeit, der Flugzeugtyp und das Datum in keinem Rekordbuch, und was die Geheimhaltung während des Krieges verschleiern mußte, war nach dem Krieg nicht mehr gefragt. Nur in eingeweihten und sich für diese Vorgänge speziell interessierenden Kreisen waren und wurden diese Ereignisse bekannt.

Der Traum von Heinkel und Warsitz, eine Geschwindigkeit in der Größenordnung von vier Stellen vor dem Komma zu erreichen, war etwa zwei Jahre nach ihren eigenen Bemühungen mit der He 176 an gleicher Stelle, aber mit anderen Akteuren und einem anderen Flugzeug wahr geworden. Für den Rekordflug erhielt Heini Dittmar seinerzeit den Lilienthal-Preis für Schnellflug-Forschung und wurde gleichzeitig zum Flugkapitän ernannt.[2, 8]

Nachdem sich Udet, Chef des Technischen Amtes im RLM, von der Richtigkeit der zunächst angezweifelten Rekordgeschwindigkeit der Me 163A überzeugt hatte, verlangte er eine Bewaffnung und eine Großserie des Raketenflugzeuges. Lippisch hatte große Mühe, ihn zu überzeugen, daß dieses Flugzeug für den kriegsmäßigen Einsatz noch nicht geeignet sei. Udet verlangte jedoch die sofortige Inangriffnahme eines einsatzfähigen Raketenjägers. Er, der bei der He 176 noch so abfällige und witzige Bemerkungen gemacht hatte, gab der Weiterentwicklung der Me 163A zur einsatzfähigen Me 163B die höchste Dringlichkeitsstufe. Die Planung der Serienfertigung wurde schon im Herbst 1941 in einer Besprechung bei Generaloberst Udet in Berlin festgelegt. Danach war eine erste Serie von 70 Flugzeugen zu bauen, wobei man sich des Risikos einer so großen V-Serie durchaus bewußt war. Während die Tragflächen im Prinzip von der Me 163A übernommen werden konnten, mußte der Rumpf völlig neu konstruiert werden. Er hatte wesentlich mehr Treibstoff und viele für den militärischen Einsatz notwendige Einbauten aufzunehmen.

Während die ersten vier Flugzeuge im Entwicklungsbau von Messerschmitt in Augsburg bei der Abteilung »L« entstanden, wurden alle Einzelteile im Regensburger Werk gefertigt; der Zusammenbau von Rümpfen und Tragwerken, einschließlich der Vor- und Endmontage, wurde auf dem Fliegerhorst Obertraubling durchgeführt.[1, 8]

Diese Aktivitäten von Generalluftzeugmeister Ernst Udet sind seine letzten gewesen. Für ihn, der für die Beschaffung neuer geeigneter Flugzeuge der Luftwaffe zuständig war, häuften sich 1940/41 die Schwierigkeiten. Die Luftschlacht um England hatte gezeigt, daß die Flugzeuge der Luftwaffe letztlich hierfür nicht ausreichend waren. Die Reichweite der Jäger war zu gering. Die Zerstörer, eigentlich als schwere Jäger geplant, benötigten selbst Jagdschutz, Der Stuka, Ju 87, im Polen- und im Frankreichfeldzug noch hervorragend geeignet, war jetzt zu langsam. Das Kampfflugzeug Do 17Z konnte zuwenig Bomben tragen. Es blieben noch die He 111H und die Ju 88, deren Tageinsätze aber kaum noch möglich waren. Die nach General Wevers Tod gestrichenen viermotorigen Bomber fehlten dringend. Die Behelfslösung mit den Verkehrsflugzeugen Fw 200 und Fw 200C waren nur für die bewaffnete Fernaufklärung im Atlantik geeignet. Die Probleme drückten Udet schwer. Seine Gesundheit, durch Nikotin und Alkohol geschwächt und durch Pervitin wieder aufgeputscht, konnte den Belastungen nicht mehr standhalten. Schwierigkeiten und mangelnde Stückzahlen bei den Neuentwicklungen taten ein übriges. Zwischen dem robusten und dynamischen »Manager« GFM Milch einerseits und andererseits RM Göring, der ihn in dieses Amt geholt hatte, aber langsam fallenließ, wurde seine den Aufgaben nicht mehr gewachsene Persönlichkeit zerstört. Er war mit seiner Gesundheit und seinen Nerven am Ende. Für die politische Führung war Udet zum Sicherheitsrisiko geworden. Sein Telefon wurde überwacht, und er erhielt Flugverbot, was ihn besonders schwer traf.

Am 17. November 1941 rief er frühmorgens seine Freundin Inge Bleyle an, um sich von ihr zu verabschieden. Noch am Telefon hörte sie den Schuß, der seinem Leben ein Ende setzte.[16]

Offiziell hieß es, Udet sei bei der Erprobung eines neuen Flugzeugtyps tödlich verunglückt. Sicher war Generaloberst Udet nicht allein für die damaligen Probleme und das, nach hervorragenden Anfangserfolgen, spätere Scheitern der Luftwaffe verantwortlich. Aber ihm fehlten die technischen und wirtschaftlichen Erfahrungen für einen derartigen Posten, den er nicht gewollt, aber für den er die Verantwortung übernommen hatte.

In Peenemünde-West, dessen Aufbau Ernst Udet in vielen Situationen unbürokratisch gefördert hatte, war er letztmals im August 1941, es könnte der 13. gewesen sein. Zwei Ingenieursoldaten sahen vom westlichen Turm der Halle W1, wie er langsam aus seinem Reiseflugzeug kletterte. Hier blieb er zunächst etwas verloren stehen, ehe er von den zuständigen Herren der Me-163-Erprobung begrüßt wurde. Anschließend schritt er auf die neben dem Gebäude stehende kleinere Holzhalle zu, wo die fertig zum Start vorbereitete Me 163A-V4 stand, deren Triebwerkstart und Flug er anschließend beobachtete.

Außer einigen Filmen, in denen Udet sein fliegerisches Können zeigt, ist nichts von ihm in der Erinnerung geblieben. Sein Grab auf dem Invalidenfriedhof in Berlin ist, wie viele andere auch, von den Kommunisten nach dem Krieg beseitigt worden. Heinz Nowarra, dessen oberster Chef Ernst Udet einst war, schreibt am Schluß seines Buches »Udet«: »… So ist zu wünschen, daß der unbeschwerte, liebenswerte Mensch Ernst Udet mit all seinen Vorzügen und Schwächen doch noch eine ganze Weile unvergessen bleibt. Diejenigen unter uns, die ihn erlebt und vielleicht sogar selbst gekannt haben, werden ihn sowieso nicht vergessen.«

Das Amt des Generalluftzeugmeisters übernahm nach dem Tode Ernst Udets GFM Erhard Milch zusätzlich zu seinen Aufgaben als Staatssekretär, Generalinspekteur der Luftwaffe und Vertreter Görings.

Bei der Weiterentwicklung der Me 163A zur B-Ausführung griff man bezüglich der Steuerung und des prinzipiellen Aufbaues des Tragwerkes weitestgehend auf die A-Version zurück. Aber schon äußerlich war der Anblick des neuen Raketenflugzeuges nicht so schön und elegant. Der Rumpf, nicht mehr schlank, besaß jetzt kräftige, gedrungene, fast plumpe Umrisse. Die Tragflächen wirkten nicht grazil wie die einer Schwalbe, sondern waren dicker und kräftiger. Trotzdem, wenn man die Me 163B »Komet« nicht direkt im Vergleich mit ihrer Vorgängerin sah, konnte sich kein Betrachter ihrer gelungenen Symbiose von Kraft und Schnelligkeit entziehen, und mit längerem Betrachten mußte man ihr auch Schönheit – eine ihr eigene Schönheit – zugestehen (Abb. 18). In diesem Zusammenhang bestand in Peenemünde-West die verschiedentlich benutzte Redewendung: »Was funktioniert (im aerodynamischen Sinne), ist auch schön.«

Der Rumpfbug bestand, zum Schutze des Piloten bei Beschuß, aus einer Panzerspitze, die aus 15 mm dickem Panzerstahl gefertigt und gleichzeitig Trimmgewicht war. Der auf der Spitze montierte Propeller trieb den dahinter angeordneten Generator an, der bei 24 V eine Leistung von 2 kW besaß, Batterie, Stromversorgung, Funkgeräte, Druckluftpumpe und -flasche folgten im Schutze der Spitze. Oberhalb von ihr, zum Piloten hin versetzt, übernahm eine nach oben halbkreisförmig gearbeitete 90 mm dicke Panzerglasscheibe den Schutz des Piloten im Kopfbereich. Dicht dahinter befanden sich auf einer gemeinsamen Konsole in Augenhöhe der Kompaß und, vom Piloten aus gesehen, rechts daneben das Reflexvisier Revi-16B. Bis auf den freien Fußraum für die Kunststoff-Seitenruderpedale wurde der Bugraum unterhalb der Panzerglasscheibe durch das mittlere Gerätebrett abgeschlossen, dem sich backbordseitig das linke und steuerbordseitig das rechte Gerätebrett anschlossen.[9]

Dicht vor und auf dem linken Gerätebrett waren oben die Notwurf- und Entriegelungshebel der Führerraumhaube mit bordwandseitiger Lagerung angeordnet. Darunter folgten der Handgriff des Treibstoff-Schnellablasses und das Ventil für die Rollwerknotbetätigung mit dem Manometer für die Druckluftversorgung und rechts daneben der Hebel des Schalters zum Aus- und Einfahren von Kufe und Spornrad. Dicht unterhalb des linken Armaturenbrettes befand sich das Manometer für die Druckmessung der Rollwerknotbetätigung.

Von oben links anfangend, war das mittlere Gerätebrett in der ersten Reihe mit der Deviationstabelle für den Kompaß, den Bedienelementen der beiden Funkgeräte, dem Schalt-Zähl-Kontrollkasten SZKK4 der Schußwaffenanlage, in der zweiten Reihe mit dem Anzeigegerät bzw. Lampenfeld für Rollwerk und Kufe, dem Fahrtmesser, dem Wendehorizont, dem Variometer und dem Brennkammerdruck-Manometer (6 bar für den unteren Teillastbereich) bestückt. In der dritten Reihe hatte man links den Netzschalter, das Schauzeichen für die Staurohrheizung, den Knopf für den Frequenzabgleich der FT-Anlage, eine Warnlampe für die Treibstoff-Restmenge und ein weiteres Brennkammerdruck-Manometer (25 bar für den oberen Teil- und Vollastbereich) angeordnet. In der vierten und letzten Reihe konnte man von links die Borduhr, den Höhenmesser, den Drehzahlmesser der Turbopumpe, den Treibstoffverbrauchsmesser und das Brennkammertemperatur-Meßgerät erkennen.[9]

Auf dem rechten Gerätebrett waren mit dem O_2-Wächter für den Höhenatmer, dem Fernventil für die Höhenatmeranlage und deren Druckmesser nur drei Armaturen vertreten.

Unter den Armaturenbrettern verlief parallel zur linken und rechten Rumpfwand des geräumigen Führerraumes der Me 163B je ein T-Stoff-Tank. Auf bzw. oberhalb des backbordseitigen Tankes waren vorne der Schubhebel mit Anfahrknopf, der Drucköbehälter, das Handrad für die Trimmklappenverstellung mit der Trimmklappenanzeige, die Tabelle für Schlepp- und Triebwerkstart, der Schaltkasten für die Trimmklappenbetätigung mit Kardanwelle und ein Behälter für die Ölreserve der Landeklappenbetätigung montiert. Links vom Pilotensitz befanden sich sowohl der Schalt- als auch der Pumpenhebel zum Ausfahren der Landeklappen.[9]

Auf dem steuerbordseitigen T-Stoff-Cockpittank war eine flache Gerätebank mit Sicherungsschaltern montiert, in der die Hauptverteilung des elektrischen Bordnetzes untergebracht war. Entlang der Bordwand verlief das Notwurfgestänge für die Führerraumhaube, die den ganzen offenen Cockpitraum vom Ende der Panzerspitze, über die Panzerscheibe hinweg bis zur Kopfstütze des Pilotensitzes abdeckte. Weiterhin waren steuerbordseitig noch die Anschlüsse für Hörer und Mikrophon der Kopfhaube und des Atemschlauches der Sauerstoffmaske wie der Höhenatmer mit Sauerstoffdusche vorgesehen.[9]

Vor dem Führersitz, zwischen den Beinen des Piloten, befand sich der Steuerknüppel KG12E, der im oberen Längendrittel den Durchladeknopf und oben den Auslöseknopf mit Sicherungselementen für die Bordwaffen besaß. Der Knüppel war am Cockpitboden im Steuerknüppelgehäuse gelagert und die Durchtrittsöffnung hier mit einem Lederbalg abgedeckt. Wie teilweise schon beschrieben, bestand das Steuerwerk aus Hand- und Fußsteuerung. Die Handsteuerung mit dem Knüppel bewirkte die Höhen- und Quersteuerung. Mit der Fußsteuerung konnte über die Fußhebel-Pedale das Seitenruder im Flug betätigt und die Spornlenkung beim Start veranlaßt werden. Die Trimmklappenverstellung war durch das schon erwähnte Handrad zu betätigen, während die Landeklappen mit Hilfe des ebenfalls erwähnten Pumpenhebels ölhydraulisch ausgefahren wurden.

Der verstellbare Pilotensitz war für einen mit Höhenatmer ausgerüsteten Sitzkissenfallschirm und mit den üblichen Sicherheitsgurten ausgelegt. Die Rückenpanzerung betrug 8 mm, die Schulter- und Kopfpanzerung besaß eine Dicke von 13 mm. Den rückwärtigen Schutz ergänzte eine seitliche Panzerung.[9]

Nachdem die Bedien- und Kontrollelemente des Führerraumes und deren Anordnung näher beschrieben wurden, soll noch auf einige wichtige von ihnen betätigte bzw. kontrollierte Fahr- und Flugwerkelemente näher eingegangen werden.

Das Fahrwerk bestand, wie schon erwähnt, aus dem Rollwerk und dem Spornrad. Der Start wurde auf dem in der ausgefahrenen Landekufe eingehängten Rollwerk und dem ausgefahrenen Spornrad durchgeführt. Das Rollwerk wurde nach dem Start abgeworfen. Kufe und Sporn sind danach eingezogen worden. Die Landung erfolgte auf der ausgefahrenen Kufe und dem ebenfalls wieder ausgefahrenen Spornrad.

Der kreuzförmig aus Stahlblech geschweißte Rollwerkträger, aus Achse und Kufenauflage bestehend, war mit zwei EC-Bremsrädern 700 × 175 mm und einem Luftdruck von 5,5 bar ausgerüstet. Die Kufenauflagefläche besaß, in Längsrichtung angeordnet, zwei Bolzen, die in entsprechende Buchsen der Landekufe beim Einhängen des Rollwerkes eingriffen und alle horizontalen Kräfte beim Rollen und beim Start aufnahmen. Weiterhin waren im Achsenteil des Rollwerkträgers zwei unter Federvorspannung stehende Einhängeösen so eingebaut, daß die Kufe beim Einhängen zwischen ihnen zu liegen kam. Die Ösen fluchteten in dieser Stellung mit den Enden der Verriegelungswelle des Verriegelungsgehäuses der Landekufe, wodurch die Ösen über die hakenförmigen Enden der Welle schnappten. Dadurch war das Rollwerk mit der Kufe fest verbunden und gegen Abfallen beim Abheben des Flugzeuges gesichert.

Die Entriegelung des Rollwerkes und die Trennung von der Landekufe bewirkte man mit Hilfe der Druckölanlage, die eine 180°-Drehung der Verriegelungswelle veranlaßte. Dadurch zeigten deren bisher nach oben gerichtete hakenförmige Enden nach unten, und die Ösen rutschten unter dem Gewicht des 80 kg schweren Rollwerkes, die Einhängeösen leicht nach außen drückend, über die abgerundeten Enden der Verriegelungswelle ab. Damit fiel das Rollwerk nach unten weg.

Die zunächst aus Holz, später U-förmig aus Dural gefertigte und mit Profilen versteifte Landekufe besaß eine mit Stahlblech verkleidete Gleitfäche. Sie war an drei Schwenkböcken gelagert, die selbst wieder im Kufenschacht schwenkbar befestigt und durch zwei Spurstangen miteinander gekuppelt waren. Am vorderen Schwenkbock griff außer der Spurstange noch die Kolbenstange des Arbeitszylinders für das Ein- und Ausfahren der Kufe an. In einer Weiterentwicklung erhielt die Landekufe eine Torsionsrohrfederung, die aufgrund der Erprobungsflüge notwendig wurde.

Der Sporn, zunächst als lenkbarer Gleitsporn, später als Radsporn ausgelegt, war am Spant 11 des nach hinten verlängerten Kufenschachtes schwenkbar gelagert. Das Spornrad besaß eine Bereifung von 260×85 mm. Das Rad war an einem Ausleger gelagert, der vom Ausfahr- und Steuerzylinder betätigt wurde, wobei der Steuerzylinder über die hydraulische Steuerleitung von der Fußsteuerung zum Kurshalten beim Startvorgang nach steuer- bzw. backbord bewegt werden konnte. Die Betätigung des Fahrwerkes, wie Ver- und Entriegelung des Rollwerkes, das Ein- und Ausfahren der Landekufe und des Sporns, wurde pneumatisch-hydraulisch über den Hydraulikschalter am linken Gerätebrett ausgelöst, war aber auch über eine Notbetätigung zusätzlich zu bewirken. Für die Überwachung des Fahrwerkes war das schon bei der Cockpitbeschreibung erwähnte Vier-Lampen-Leuchtfeld vorgesehen. Je zwei Leuchten zeigten den Funktionszustand der Landekufe und des Rollwerkes an. Bei eingefahrener Landekufe und eingehängtem Rollwerk leuchteten die roten (Gefahr!) und bei ausgefahrener Landekufe und abgeworfenem Rollwerk die grünen Lampen auf (für die Landung bereit!).

Wie schon verschiedentlich erwähnt, war das Leitwerk aus dem Seitenleitwerk, den Querrudern – die je nach Knüppelausschlag auch als Höhenruder wirkten - und den Trimmklappen aufgebaut. Die Flosse des Seitenleitwerkes bestand aus zwei Halbschalen mit der oberen Endkappe als Abschluß. Jede Halbschale war aus dem Vorder- und Hinterholm wie aus den Rippen und der Beplankung zusammengesetzt. Verbunden wurden die Halbschalen an der Flossennase durch Gelenkbänder und am Vorder- und am Hinterholm sowie an den Rippen 2 und 4 durch Verschraubungen. An der Flossenhinterkante war ein U-Profil eingenietet, wobei etwa in der Mitte ein Ausschnitt für das Ausgleichsgewicht des Seitenruders vorgesehen war. In der Seitenflossennase war eine Antenne verlegt (Abb. 18).

Das massenausgeglichene Seitenruder war an den Rippen 1 und 5 der Flosse drehbar gelagert. Sein Aufbau bestand aus einem durchgehenden Holm, den profilgebenden Rippen, der drehsteif konstruierten Rudernase, dem Ausgleichgewicht, der oberen und unteren Endkappe und der Endleiste, in die man unten die Trimmkante eingesetzt hatte. Die Beplankung bestand aus einem Stoffüberzug, der mit einem feuerfesten Anstrich versehen war. Das komplette Seitenleitwerk konnte mit Vorder- und Hinterholm an den Gegenbeschlägen des Rumpfes verschraubt werden.

Die Quer- bzw. Höhenruder waren außen an jeder Tragflächenhinterkante bei den Rippen 11 bis 18 gelagert. Das Gerüst bestand aus dem Holm, den Rippen und der drehsteif ausgebildeten Rudernase. Die Ruderflächen waren ebenfalls mit Stoff bespannt und besaßen Trimmkanten.

Ähnlich wie die Quer- bzw. Höhenruder hatte man die weiter zum Rumpf hin versetzten Trimmklappen aufgebaut. Sie waren im Bereich der Rippen 4 bis 10 an der Tragflächenhinterkante schwenkbar gelagert. Ihr Gerüst bestand aus dem Holm,

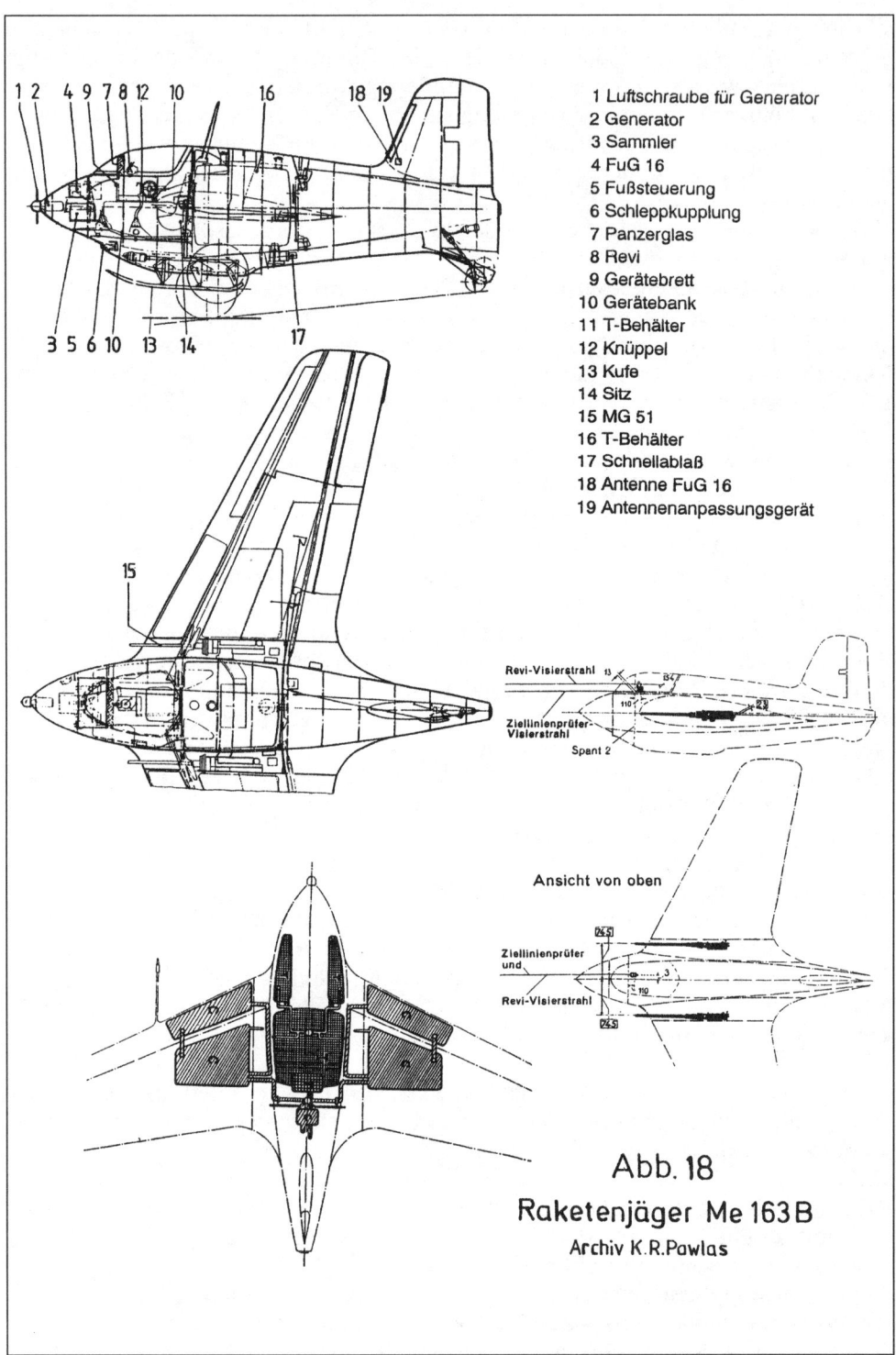

1 Luftschraube für Generator
2 Generator
3 Sammler
4 FuG 16
5 Fußsteuerung
6 Schleppkupplung
7 Panzerglas
8 Revi
9 Gerätebrett
10 Gerätebank
11 T-Behälter
12 Knüppel
13 Kufe
14 Sitz
15 MG 51
16 T-Behälter
17 Schnellablaß
18 Antenne FuG 16
19 Antennenanpassungsgerät

Revi-Visierstrahl
Ziellinienprüfer-
Visierstrahl
Spant 2

Ansicht von oben

Ziellinienprüfer
und
Revi-Visierstrahl

Abb. 18
Raketenjäger Me 163B
Archiv K.R.Pawlas

218

den an den hinteren Enden mit einer Leiste verbundenen Rippen und der drehsteif ausgebildeten Trimmklappennase. Auch dieses Leitwerkelement war mit Stoff bespannt.

Das komplette Tragwerk war zweiteilig mit einer Holzbeplankung in Schichtbauweise ausgeführt und jede Fläche an drei Punkten mit entsprechenden Beschlägen am Rumpf gelagert. An jeder Tragflächennase war ein fester Vorflügel eingebaut, der aufgrund seiner Wölbung auf der Flächenunterseite 5 % und auf der Oberseite 10 % der Flächentiefe einnahm. An jeder Flächenunterseite war in 50 % der Flächentiefe je eine Landeklappe eingelassen.

Die Tragflächen besaßen je zwei Holme, einen Vorder- und einen Hinterholm. Der Vorderholm war als Kastenholm konstruiert, in dessen backbordseitiger Hälfte Meß- und elt-Leitungen (elt war eine damals übliche Abkürzung für den Begriff »elektrische«, »elektrotechnische«) für das Staurohr und die Antenne des FuG 25a verlegt waren. In den beiden Vorderholmen waren auch noch die Züge für die Querruderverstellung eingebaut. Der Hinterholm hatte U-förmiges Profil, das im Bereich der Flächenwurzel in eine Trapezform überging. Zur weiteren Versteifung und Profilierung der Tragflächen dienten Rippen, die durch ihre Anordnung zwischen den beiden Holmen in Nasen-, Mittel- und Endrippen unterteilt wurden. Die geschilderte Konstruktion des Tragwerkes bewirkte, daß die Holme und die Holzbeplankung gemeinsam die Biegekräfte aufnehmen konnten und die Beplankung allein die Torsionskräfte.

Zwischen den Rippen 2 und 7 jeder Flächenhälfte war die Beplankung durch ein zusätzliches oberes und unteres Gitterwerk selbsttragend ausgeführt, da sich in diesem Raum der C-Stoff-Flächentank befand. Die Behälterräume waren durch Klappen zugänglich. Die Tragflächenunterseiten besaßen Handlöcher zur Wartung der Tragflächeneinbauten.

Ebenfalls an den beiden Flächenunterseiten waren die beiden Landeklappen angelenkt. Sie schwenkten an Scharnieren nach vorne aus. Wie schon beschrieben, erfolgte ihre Ausstellung mit Hilfe einer links beim Führersitz angeordneten Pumpe von Hand über hydraulische Leitungen. Ihre Stellung konnte an einem aus der oberen Flächenhälfte herausragenden Anzeigestab durch die Cockpitscheibe erkannt werden.[9]

Da neben dem Walter-Triebwerk auch bei BMW (von Zborowski) eine Parallelentwicklung lief, schlug die Firma BMW vor, wegen einer besseren Montage und Wartung des Raketenmotors das Hecksegment mit Seitenleitwerk am Triebwerkspant anzuflanschen. Bei einer Demontage wurde die Verschraubung gelöst und das Heck über das komplette Triebwerk hinweg nach hinten abgezogen. Diese Lösung wurde später in der Me-163B-Serienproduktion verwirklicht. Auch schlug BMW zur Belüftung des Triebwerkraumes Kiemenschlitze vor, die in der Rumpfhaut der Heckspitze in Längsrichtung eingebracht wurden.

Wie mit der 163A wurde auch bei den B-Ausführungen zwangsweise, aber letztlich sinnvoll, zuerst mit der Erprobung als Gleiter begonnen, wobei die verschiedensten Schleppflugzeuge das Erprobungsflugzeug auf Höhe brachten. Die Gleitflüge verliefen zufriedenstellend. Als im Sommer 1943 die ersten HWK-109-509-A1-Raketenmotoren von Walter geliefert wurden, hatte die Firma Messerschmitt etwa die Hälfte der zunächst geplanten 70 Flugzeuge gefertigt.[1]

Währenddessen kam es zwischen Professor Messerschmitt und Dr. Lippisch zu offenen Differenzen, und Lippisch ging nach Wien, um mit der Übernahme des 100-Mann-Betriebes eines Herrn Paucker und fünf Mitarbeitern seiner Abteilung »L« eine eigene Luftfahrtforschungsanstalt aufzubauen. Hier entwickelte er bis Kriegsende u. a. mehrere Überschallflugzeugprojekte, wie z. B. die LP-13a für ein Staustrahltriebwerk. Nachdem die Firma Messerschmitt die 70 Me-163B-Zellen ausgeliefert hatte, gab sie deren Fertigung auf, die dann auf Veranlassung des RLM im März 1943 der Leichtflugzeugbau Klemm GmbH übertragen wurde. Mit diesem Auftrag war die Anweisung an den Inhaber Dr.-Ing. Hanns Klemm verbunden, seinen Betrieb auf Ganzmetallverarbeitung umzustellen. Bisher hatte Dr. Klemm nur Schul- und Sportflugzeuge gebaut. Da er aber aus Überzeugung keine Militärflugzeuge bauen wollte, trat er von der Leitung seines Betriebes am 23. Mai 1943 zurück. Bei der Firma Hans Klemm Fleugzeugbau GmbH fertigte man 364 Me 163B-1 und lieferte 327 Stück 1944 und 37 Flugzeuge 1945 an die Luftwaffe aus.[3] Bis Kriegsende stand die Firma Klemm unter kommissarischer Leitung. Nach dem Weggang Dr. Lippischs von Messerschmitt übersiedelte die ganze Abteilung »L« von Augsburg nach Laupheim, wo sie die Weiterentwicklung der Me 163 betrieb.[1, 3, 8]

Es sollen nun noch weitere Einzelheiten der Me-163B-Entwicklung ausführlich beschrieben und die dabei aufgetretenen Schwierigkeiten näher betrachtet werden. Wie schon vorangehend erwähnt, waren die Probleme beim Triebwerk besonders groß. Aus diesem Grund soll darauf gleich näher eingegangen werden, da ein Triebwerk größerer Leistung die Voraussetzung für den geplanten Interzeptor mit großer Steigfähigkeit war.

Um den Raketenantrieb für die schwerere Einsatzversion Me 163B im Schub zu vergrößern, mußten die Walter-Ingenieure vom »kalten« auf das »heiße« Walter-Antriebsverfahren übergehen. Dieses Verfahren wurde schon in Kapitel 2.2. beschrieben und ist in Tabelle 1 aufgeführt. Daraus geht hervor, daß es sich im ursprünglichen Sinne um ein »Dreistoff-Verfahren« handelte, wobei neben dem H_2O_2 und einer Katalysatorlösung als dritte Komponente ein Brennstoff Verwendung fand. Für ein Triebwerk, das, einmal gezündet, im Schub konstant bis zum Verbrauch der Treibstoffe automatisch mit Vollschub arbeitete, wie es z. B. bei der Starthilferakete HWK 109-501 verwirklicht war, konnten Förderung und Dosierung der drei Treibstoffkomponenten beherrscht werden. Bei einem Flugzeugantrieb hingegen, der an- und abzustellen und im Teillastbetrieb zu funktionieren hatte, bereitete die Fördermengenabstimmung von drei Treibstoffkomponenten aus sicherheitstechnischen Gründen zu große Schwierigkeiten. Deshalb bediente sich die Firma Walter eines von dem Raketenforscher Prof. Dr. Otto Lutz sowie seinen Mitarbeitern Dr. Haußmann, Dr. Nöggerath und Dipl.-Ing. Egelhoff 1935 vorgeschlagenen und in den folgenden Jahren in der LFA Braunschweig verwirklichten Prinzips der selbstzündenden Treibstoffe mit dem Oxydator H_2O_2 (T-Stoff). Die Treibstoffkomponente, die Katalysator und Brennstoff zugleich beinhaltete (C-Stoff), bestand aus einer Mischung von 30 % Hydrazinhydrat und 57 % Methanol, dem noch 13 % Wasser mit geringen Anteilen (0,6 g/l) von Kalium-Kupfer-Cyanid hinzugefügt waren (Tab. 1). Dr. Nöggerath schuf für diese selbstzündenden Treibstoffkombinationen den Begriff »Hypergole«.

Ergänzend kann hierzu noch erwähnt werden, daß außer bei der Firma Walter

1940/41 auch bei BMW, ebenfalls in Zusammenarbeit mit Professor Lutz, hypergole Treibstoffkombinationen entwickelt wurden. Als Oxydator diente hier 95%ige hochkonzentrierte Salpetersäure mit 5%iger Schwefelsäure (SV-Stoff) und als Brennstoff Methanol (M-Stoff), wie später noch berichtet wird.[4, 11]

Es ist sicher verständlich, daß die praktische Anwendung der selbstzündenden Treibstoffe im Triebwerk HWK 109-509-A1 für die Me 163B auf entsprechende Schwierigkeiten stieß, die bei der Firma Walter Verzögerungen des Liefertermins auslösten. Hier war besonders die Abstimmung der Stoffe in der Reihenfolge der Zuführung beim Anlassen problematisch, wodurch eine Anzahl von Sicherheits-Rückschlagventilen und Druckreglern notwendig war, deren sichere Funktion und Anwendung eine entsprechende Entwicklungszeit beanspruchte.[4]

Wenden wir uns nun der Beschreibung des interessanten Raketenmotors HWK 109-509-A1 zu, der später, in seiner Leistung gesteigert und mit einer Marschdüse versehen, unter der Bezeichnung HWK 109-509-A2 eines der bemerkenswertesten Raketen-Antriebsaggregate für Flugzeuge wurde und seiner Zeit weit voraus war. Im nachhinein betrachtet, hatte man im Ausland in diesem Zeitabschnitt weder ein vergleichbares Antriebsaggregat geplant, geschweige denn verwirklicht. In Abb. 19 ist das Triebwerk dargestellt, anhand dessen die folgende Beschreibung vorgenommen wird.

Der Aufbau des Gerätes war, wie auch der seiner Vorgänger RI-203 (He 176) und RII-203 (Me 163A), so vorgenommen, daß alle Hilfsaggregate, wie Treibstoffpumpe, Dampfgenerator, Steuer- und Regelventile, kompakt in einem annähernd würfelförmigen Montagegerüst angeordnet waren. Von der heckseitigen Fläche dieses Montageraumes verlief ein Schubübertragungsrohr zur Rumpfheckspitze. Am Rohrende befand sich die Brennkammer. Das Rohr war im eingebauten Zustand sowohl durch vier sternförmig angeordnete Versteifungs- bzw. Krafteinleitungsbleche mit der Montagefläche als auch über zwei waagerechte Doppelstreben mit dem Ringspant der bugseitigen Rumpfhälfte verbunden. Außerdem wurde das Rohr durch eine untere Strebe, die sich ebenfalls auf dem Ringspant abstützte, nochmals gehalten.

Im Übertragungsrohr waren Treibstoffleitungen verlegt, die zu den Einspritzdüsen im Brennkammerboden führten. Die Länge des Rohres war so bemessen, daß der Angriffspunkt der Schubkraft möglichst weit nach vorne verlegt war. Der Motorschwerpunkt lag ungefähr in Höhe der im Montagegerüst eingebauten Turbopumpe.[10] Die Tandem-Turbopumpe förderte sowohl den T-Stoff als auch den C-Stoff aus folgenden Tanks:

T-Stoff aus dem Haupttank hinter dem Pilotensitz mit	1040 Litern
T-Stoff aus dem Führerraumtank links mit	60 Litern
T-Stoff aus dem Führerraumtank rechts mit	60 Litern
C-Stoff aus dem Flächentank links mit	177 Litern
C-Stoff aus dem Flächentank rechts mit	177 Litern
C-Stoff aus dem Flügelnasentank links mit	73 Litern
C-Stoff aus dem Flügelnasentank rechts mit	73 Litern
Das ergab einen Gesamtvorrat an T-Stoff von	1160 Litern
und einen Gesamtvorrat an C-Stoff von	500 Litern

Das entsprach einem Gesamttreibstoffgewicht von 2026 kg.[9]

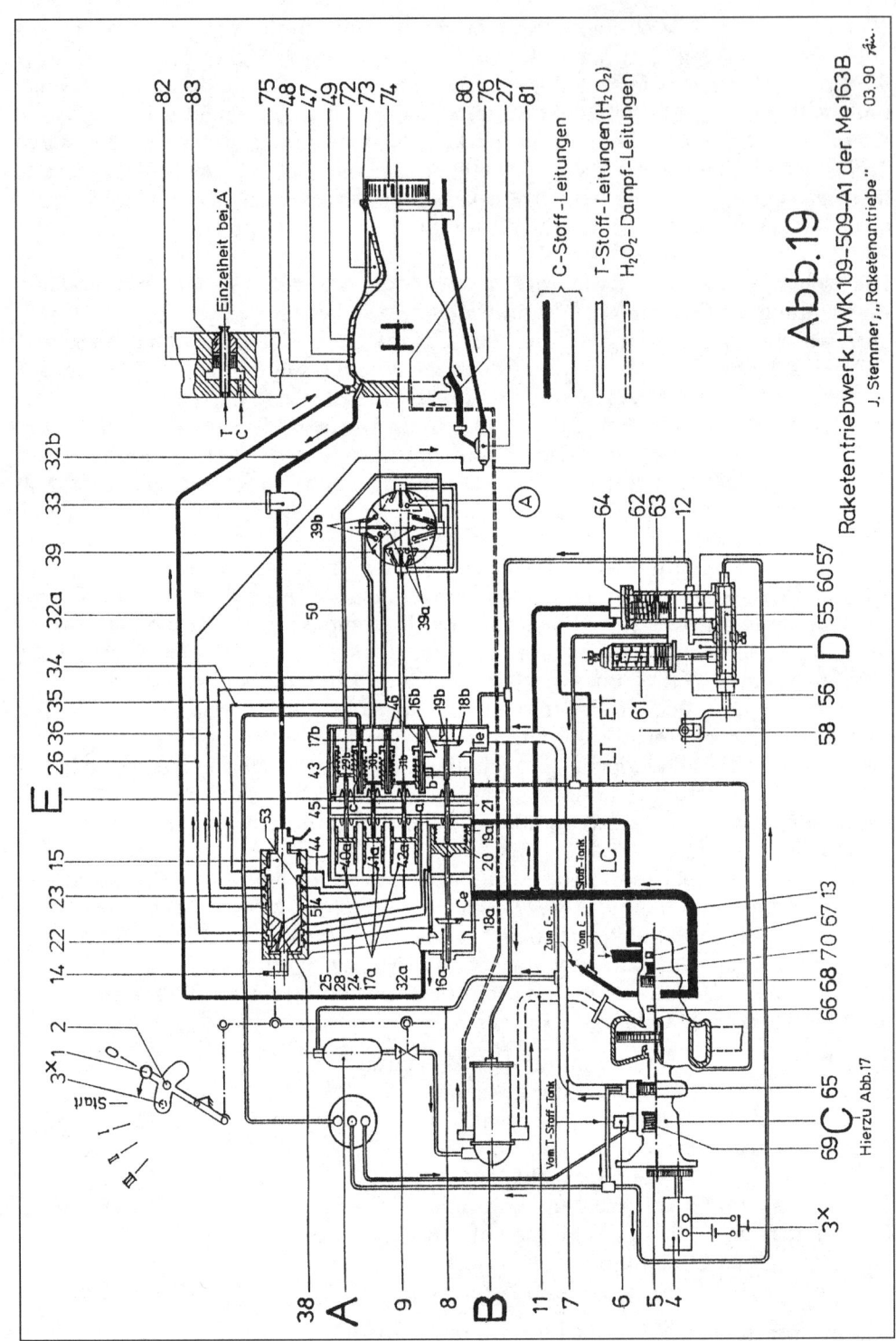

Abb.19

Raketentriebwerk HWK109-509-A1 der Me163B

C-Stoff-Leitungen
T-Stoff-Leitungen(H₂O₂)
H₂O₂-Dampf-Leitungen

J. Stemmer „Raketenantriebe"   03.90

Hierzu Abb.17

Während bei der He 176 nur der T-Stoff (H_2O_2) mit der Turbopumpe gefördert und die Katalysatorlösung Z-Stoff (Kalziumpermanganat) durch Druckluftbeaufschlagung des Flüssigkeitsspiegels der Zersetzerkammer zugeführt wurde, besaß das Me-163A-Triebwerk, wie schon erwähnt, eine Tandem-Pumpe für beide Treibstoffkomponenten. Die Tandem-Turbopumpe verwendete die Firma Walter auch bei der Me 163B zur Förderung der beiden Treibstoffkomponenten T- und C-Stoff (siehe auch Kapitel 8.2.).

Die Zusammenhänge bezüglich der HWK-Flugzeugraketentriebwerk-Entwicklung und der dabei verwendeten Treibstoffe sind absichtlich ausführlich und in immer wieder vergleichender Form dargestellt, da in der Literatur teilweise unklare und auch unrichtige Angaben gemacht werden.

Nach den allgemeinen Ausführungen über das Raketentriebwerk HWK 109-509-A1, wenden wir uns dessen Funktion zu, um abschließend über die Triebwerkkomponenten noch entsprechende Einzelheiten zu berichten.

Die Treibstofförderung wurde in dem Augenblick in Gang gesetzt, wenn der Pilot den Schalthebel 1 in Startposition brachte und durch die Bohrung 2 den sichtbar gewordenen Anlaßknopf 3 drückte (Abb. 19). Der damit anlaufende elektrische Anlasser 4 setzte über das Stirnradgetriebe 5 die Tandem-Turbopumpe C in Drehung, die aus dem T-Stofftank über Leitung 6 H_2O_2 ansaugte. Gleichzeitig öffnete der Schubhebel 1 den Falltankhahn 9, wodurch T-Stoff über Leitung 8, den Falltank durchströmend, in den Dampfgenerator B gelangte. Der sofort einsetzende Zerfallsprozeß des T-Stoffes übernahm mit dem dabei entstehenden Dampf über Leitung 11 den weiteren Antrieb der Turbine und damit der Pumpe C bzw. ihrer beiden Pumpenaggregate 65 und 68. Dadurch wurde eine erste Förderung von C- und T-Stoff eingeleitet. Sofern über das Start- und Turbinenregulierventil D genügend T-Stoff gefördert wurde, konnten der Falltank A über Leitung 8 und der Dampfgenerator B über Leitung 12 direkt mit T-Stoff gefüllt bzw. versorgt werden. Bei einer erreichten Drehzahl von 6400 bis 8000 U/min (40 bis 50 % der maximalen Drehzahl) entwickelten die beiden Zentrifugalpumpen 65 und 68 eine T- und C-Stoff-Förderung, deren Verbrennung einen Brennkammerdruck von 4 bis 5 bar Überdruck verursachte. Für die Weiterführung des Anlaßvorganges war die Funktion des Anlassers nicht mehr notwendig. Der Pilot konnte den Druckknopf 3 loslassen und den Schubhebel 1 von der Startstellung weiter zu Schubstufe I verstellen.[10]

Der Treibstoffdruck stand über Leitung 7 (T-Stoff), über Leitung 13 (C-Stoff), am Hauptregulierventil E, auch Druckwaage genannt, an, womit dieses Bauelement in Tätigkeit treten konnte. Zwangsweise erfolgte das über ein Gestänge des Schubhebels 1 durch den Piloten, womit auch, wie vorher schon der Falltankhahn 9, der Hebel 14 des Stufenventiles 15 betätigt wurde. Wie aus Abb. 19 ersichtlich, erfolgte die Regulierung der beiden Haupttreibstoffströme von T- und C-Stoff in den drei getrennten Komponenten des Hauptregulierventiles E, nämlich dem Servokolben 20 mit den Schließventilen 16a und 16b, den Druckausgleichsregulierventilen 17a und 17b wie in dem Brennstoff- bzw. Stufenventil 15.

Die drei Komponenten waren in zwei getrennten Aluminiumgehäusen untergebracht, wobei sich in den in einem Gehäuse angeordneten beiden Ausgleichsregulierventilen 17a und 17b der C- und der T-Stoff direkt gegenüberstanden. Deshalb diente das Mittelstück als Trenn- und Dichtungsgehäuse, damit Brennstoff und

Sauerstoffträger nicht vorzeitig zusammenkommen konnten. Als Dichtelemente der beweglichen Stößel 21 und 45 dienten Balgrohre aus VA-Stahl, die eine absolute Abdichtung bewirkten. Um aus den jeweils hinter den Balgdichtungen liegenden Kolbenräumen, in denen wegen der dynamischen Kolbendichtung keine absolute Leckfreiheit gegeben war, eine Leckage abzuleiten, führte die Leitung LC in die C-Stoff-Pumpen-Ansaugseite von C und die Leitung LT zum Auspuffrohr der Turbopumpe C.

Wenden wir uns nun der Arbeitsweise des Hauptregulierventiles E zu. Stand kein Treibstoff-Förderdruck an den Ventileingängen Ce und Te der Schließventile 16a und 16b an, wurden die beiden aus rostfreiem Stahl gefertigten Ventilkegel 18a und 18b von den Druckfedern 19a und 19b in ihre aus gleichem Werkstoff gefertigten Dichtsitze gedrückt. Mit anlaufender Turbopumpe wirkte der sich erhöhende Pumpendruck des C-Stoffes über Leitung 13 auf den Servokolben 20, der – entgegen der Federkraft von 19a und 19b – sowohl Ventilteller 18a als auch – über Stößel 21 – Ventilteller 18b von ihren Dichtsitzen nach rechts bewegte. Damit konnten beide Treibstoffkomponenten über Leitung 13 und 7 bzw. die Eingänge Ce und Te in die Ventilgehäuse von 16a und 16b eindringen.

Verfolgen wir zunächst den weiteren Weg des C-Stoffes, der in besonderer Weise dafür ausersehen war, die Regelung und Dosierung der beiden Treibstoffanteile in Verbindung mit dem Brennstoffregulier- bzw. Stufenventil 15 zu übernehmen. Ventil 15 bestand aus einem gehärteten Stahlzylinder 22, der in einer Messinghülse 23 abdichtend und drehbar geführt wurde. Drei im ausgebohrten Teil von 22 an verschiedenen Stellen des Umfanges und hintereinander eingebrachte Schlitze deckten sich mit denen der feststehenden Führungshülse 23. Im vollen Teil von 22 waren einige Nuten eingefräst, die bei dessen Drehung Verbindung mit Bohrungen in der Führungshülse 23 herstellten. Von hier aus führte je eine Leitung 25 und 28 auf beide Seiten des Servokolbens 20, eine Leitung 26 zum Kühlmantelüberdruckventil 27 und eine Druckausgleichsleitung 24 zwischen die Gehäuse des Schließventiles 16a und des Brennstoffregulierventiles 15.

Wenn sich der Betätigungshebel 14 des Brennstoffregulierventiles 15 (durch den Schubhebel 1) in geschlossener Stellung befand, dichtete der Stahlzylinder (Drehschieber) 22 den Durchgang für den unter Pumpendruck stehenden C-Stoff über die Leitungen 34, 35 und 36 ab. Die Nuten des Drehschiebers 22 stellten aber über Leitung 26 die Verbindung zum Überdruckventil 27 her, wobei die Druckausgleichsleitung 28 – zwischen Stufenventil 15 und den Rückseiten des Servokolbens 20 und der Steuerkolben 40a, 41a, 42a des Druckausgleichsregulierventiles 17a – über a geöffnet wurde. Damit waren hinter dem Servokolben 20 und den drei Steuerkolben 40a, 41a, 42a gleiche Druckverhältnisse gegeben, was eine wichtige Voraussetzung für ihre nachfolgende Regelfunktion bedeutete. Wurde der Drehschieber 22 um einige Grade Richtung »Start« gedreht, stellte sich der umgekehrte Zustand ein, d. h., der Durchgang bei a wurde geschlossen, weil der jetzt unter Druck stehende C-Stoff, wie schon geschildert, den Servokolben 20 mit Schließventilen 18a und 18b nach rechts bewegte und auch das Überdruckventil 27 beeinflußte.

Gehen wir weiter von der Startstellung des Drehschiebers 22 und den sich unter dem C-Stoff-Druck nach rechts gelangten Servokolben 20 aus, konnte der über Ce und Leitung 13 in den Servozylindern von 16a eingetretene C-Stoff zunächst über die dünne Steuerleitung 24 zum Brennstoffregulierventil 15 gelangen, wo durch den Drehschieber 22 eine Verbindung zur Leitung 26 hergestellt war. Von hier gelangte der C-Stoff zu dem Dreiwege-Sicherheitsventil 27, das durch den Druck geschlossen wurde. Weiterhin trat der C-Stoff vom Servozylinder über den geöffneten Ventilkegel 18a in die Leitung 32a ein und strömte bis zum Kühlraum 49 der Brennkammer H. Von hier aus floß der C-Stoff wieder heraus und gelangte über Leitung 32b und Filter 33 zurück zum ausgebohrten Teil des Drehschiebers 22 von 15. Durch den unterschiedlichen Durchmesser der Leitungen 32a (22 mm) und 26 (ca. 8 mm) schloß das Sicherheitsventil 27, ehe der zur Kühlung der Brennkammer herangeführte C-Stoff den Kühlmantel 49 erreichte. Ventil 27 war normalerweise nur nach Abstellen des Triebwerkes geöffnet, um den C-Stoff aus dem Kühlmantel 49 aus Sicherheitsgründen ablaufen zu lassen.

Weiteres Drehen von 22 öffnete nacheinander die Durchlässe der Versorgungsleitungen 34 (erste Schubstufe), Leitung 35 (zweite Schubstufe) und Leitung 36 (dritte Schubstufe), um den Brennstoff zu den C-Stoff-Einspritzdüsen 39a des Brennkammerkopfes 37 zu leiten. Um jede Schubstufe nicht sofort voll wirksam werden zu lassen, trat zunächst jeweils nur eine geringe C-Stoff-Menge über die anfangs schmale Nut im Drehschieber 22 in die Versorgungsleitungen 34, 35 und 36 ein. Damit wurde eine abrupte Steigerung des Schubes in jeder Stufe und eine zu starke Beschleunigung des Flugzeuges vermieden.

Um den Drehschieber 22 nicht einer zu großen einseitigen Kraft nach links durch den C-Stoff-Druck auszusetzen, war das volle Stück mit einer Druckausgleichsbohrung 38 versehen. Die Betätigungsachse von 22 war durch eine graphitierte Asbest-Stoffbuchsenpackung abgedichtet, um keinen C-Stoff nach außen treten zu lassen.

Das Druckausgleichs- und Regulierventil 17b für den T-Stoff war so aufgebaut, daß den T-Stoff-Einspritzdüsen 39b des Brennkammerkopfes 39 die richtige prozentuale T-Stoff-Menge zugeleitet wurde, wie sie im Verhältnis zu den mit Stufenventil 15 eingestellten Durchlaßquerschnitten des C-Stoffes notwendig war. Diese Abhängigkeit des T-Stoff-Förderdruckes vom C-Stoff-Förderdruck war durch die C-Stoff-Steuerkolben 40a, 41a und 42a des C-Stoff-Druckausgleichsregulierventiles 17a gegeben, die mit den Stößeln 21 auf die Kolben 29b, 30b, 31b des T-Stoff-Druckausgleichsregulierventiles 17b wirkten. Die vom C-Stoff-Förderdruck verursachte jeweilige Kraft der Kolben 40a, 41a, 42a hatte, gegen die auf die Kolben 29b, 30b, 31b wirkende Kraft der Druckfedern 43, Einfluß zu nehmen.

Die 2 × 3 Steuerkolben der Druckausgleichsregulierventile 17a und 17b bestanden aus gehärteten Stahlkolben, die in Büchsen geführt wurden, die ihrerseits wieder in das Ventilgehäuse eingepreßt waren.

In der ersten Schubstufe, durch Schubhebel 1 und Stufenventil 15 eingestellt, wurde der C-Stoff über Steuerleitung 44 auf den Steuerkolben 40a geleitet, wodurch er nach rechts geführt wurde. Diese Bewegung übertrug die Stange 45 auf den T-Stoff-Kolben 29b, der sich bis zum Anschlag an seiner Führungsbüchse bewegen konnte, wie in Abb. 19 gezeichnet. Beide Kolben hatten den gleichen Durchmesser, wobei der T-Stoff-Kolben 29b am Umfang seiner Führungsfläche Durchlaßschlitze besaß. Ähnliche Schlitze waren auch in die Führungsbüchse seines Gehäuses eingearbeitet. Durch die Bewegung vom Kolben 29b nach rechts kamen beide Schlitze in Deckung. Weiterhin war der über Leitung 7 von der Turbopumpe C geförderte T-Stoff durch die schon beschriebene Öffnung von Schließventil 18b über

Öffnung b in die Ringräume 46 der Buchsen von Kolben 29b, 30b und 31b einge-treten. Damit stand T-Stoff-Druck an jedem Schlitz der drei Buchsen an. Durch diese Bedingungen trat der Brennstoff über die sich deckenden Schlitze bei c in den von Kolben 29b und dessen Buchse gebildeten Innenraum ein und floß von dort über die zentrale Leitung 50 zu den Doppeleinspritzdüsen des unteren Seg-mentes von Brennkammerkopf 39. Da während des geschilderten Vorganges aber auch gleichzeitig über den Drehschieber 22 des Ventiles 15 C-Stoff über Leitung 34 zu den Doppeldüsen 39 des unteren Segmentes vom Brennkammerkopf ge-flossen war, konnte durch Gegenwart von T- und C-Stoff in der Brennkammer das Triebwerk zünden und in der ersten Schubstufe weiterlaufen.

Die Druckverhältnisse innerhalb der beiden jetzt mit C- und T-Stoff gefüllten Kolbenräume von 40a und 29b waren entscheidend für die Regelfunktion des Hauptregulierventiles E. Sofern auf beiden Kolben im ausgeschalteten Zustand des Triebwerkes noch kein Treibstoffdruck wirkte, waren Kolben 40a und 29b durch Druckfeder 43 mit Hilfe der Übertragungsstange 45 in eine linke Position gebracht, und die Schlitze von Buchse und Kolben bei 29b waren nicht in Deckung. Trat beim Startvorgang zunächst C-Stoff in den Kolbenraum von 40a ein, bewegte sich der Kolben unter dem Einfluß des ansteigenden Druckes nach rechts. Diese Bewegung übertrug sich, wie schon geschildert, über Stange 45 und entgegen der Federkraft von 43 auf den noch nicht vom T-Stoff-Druck beauf-schlagten Kolben 29b. Die geschilderte Situation änderte sich in dem Augenblick, wenn die Schlitze von Buchse und Kolben bei 29b in Deckung kamen. In diesem Zustand floß T-Stoff aus dem Ringraum 46 in den Kolbenraum und beaufschlagte 29b mit seinem Förderdruck, womit die Kräfte von 40a und 29b einander entge-genwirkten. Beide Kolben kamen dann in dem Augenblick in ihrer nach rechts ge-richteten Bewegung zum Stillstand, wenn die Kolbenschlitze gerade eine so große Drosselung des T-Stoffes bewirkten, daß beide Kolben eine gleich große Kraft ver-ursachten. Aufgrund der von den Druckverhältnissen herrührenden Kraftbeein-flussung der C- und T-Stoff-Kolben verwendete man auch bei den Ventilen 17a und 17b den schon genannten Begriff »Druckwaage«.

Um den Schub des Triebwerkes zu vergrößern, wurde Schubhebel 1 von Stellung I auf II bzw. III gestellt, womit Drehschieber 22 des Brennstoffregulierventiles 15 die Steuerleitungen 53 und 54 wie die Versorgungsleitungen 35 und 36 mit C-Stoff-Druck beaufschlagte. Dieser Vorgang löste in den Kolben 41a und 30b bzw. 42a und 31b die gleichen Vorgänge aus, wie eben beim ersten Kolbenpaar 40a und 29b beschrieben. Damit wurde den anderen Einspritzdüsen-Segmenten der Brenn-kammer H C- und T-Stoff zugeführt.

Ähnliche Funktionselemente wie das Hauptregulierventil E besaß das Start- und Turbinenregulierventil D. Es hatte die Aufgabe, die Turbinen- und damit die Pum-penleistung für den C- und den T-Stoff so zu beeinflussen, daß sie in Übereinstim-mung mit der gewollten Treibstofförderung zur Brennkammer standen. Weiterhin bewirkte dieses Ventil auch eine Abstimmung mit der Druckregulierung im Hauptregulierventil E. Es hatte somit die Aufgabe, die durch das Brennstoffregu-lierventil 15 und über die Kolben der Druckausgleichsreduzierventile 17a und 17b bewirkte Vergrößerung des Treibstoffangebotes, über Leitung 13, mit Hilfe des Dampfgenerators B eine Erhöhung der Turbinendrehzahl zu veranlassen.

Auf Schubstellung III von Hebel 1 und damit bei voller Tätigkeit der drei Kolbenpaare 40a und 29b, 41a und 30b, 42a und 31b der Ventile 17a und 17b erreichten die Turbine und die T- und die C-Stoff-Pumpen 65 und 68 ihre maximale Drehzahl von 16 000 U/min. Der Pumpenbetriebsdruck betrug dabei 45,5 bar Überdruck, die T-Stoff-Fördermenge 6,9 kg/s und die C-Stoff-Fördermenge 2,17 kg/s. In der Brennkammer herrschte ein Überdruck von 21 bar.

Der Ventilkörper des dreiteiligen Start- und Turbinenregulierventiles D bestand aus einem Aluminiumgehäuse, in dem im unteren Teil ein waagerecht liegender Drehkolbenschieber 55, ein senkrechter Einlaßsteuerkolben 56 und ein ebenfalls senkrechter Schnellreglerkolben 57 den T-Stoff zum Dampfgenerator B steuerten. Der Drehkolbenschieber 55 wurde mit Hilfe des Hebels 58 betätigt, der wiederum mechanisch mit dem Schubhebel 1 parallel gekoppelt war, wodurch der Pilot beide Hebel automatisch miteinander bediente. Der T-Stoff, dessen geförderte Menge ja die Dampfentwicklung im Dampfgenerator B veranlaßte, wurde dem Drehkolbenschieber 55 von einer Abzweigung des T-Stoff-Ausganges der Turbopumpe C über Leitung 60 zugeführt. Senkrecht über dem Drehkolbenschieber stehend, waren zwei als automatische Sicherheitsventile arbeitende Komponenten 61 und 62 des Start- und Turbinenregulierventiles D angeordnet. Das linke Ventil 61 arbeitete mit dem Drehkolbenschieber 55 eng zusammen und diente als Begrenzung des Pumpenförderdruckes, damit während des Start- und Reguliervorganges keine zu hohen Werte erreicht wurden. Der in seiner Federbelastung einstellbare Kolben überwachte den T-Stoffdruck nur während der ersten 20° des Stellweges von Hebel 58 und baute unzulässigen Überdruck über die Leitungen ET, LT und den Turbinenauspuff ab. Danach bestand voller Durchgang des Wasserstoffsuperoxyds über Leitung 12 zum Dampferzeuger B.

Das rechte Ventil 62 arbeitete als Drehzahlbegrenzung, speziell im Hinblick auf die Brennstoffseite (C-Stoff) der Turbopumpe, mit dem linken Ventil 61 zusammen, damit hier kein Überdrehen der Turbine im Defektfall auftreten konnte. In dieser Eigenschaft beeinflußte es mit seinem Kolben 63 den Schnellreglerkolben 57. Normalerweise wurde 63 durch eine Druckfeder offengehalten. Weiterhin wirkte während des Betriebes der C-Stoff-Druck auf die Oberseite einer Membrane 64, deren Kraft in gleicher Richtung wie jene der Druckfeder wirkte. Entgegen dieser Gesamtkraft von Feder und Membrane wirkte der T-Stoff-Druck auf die kleine mittlere Kolbenringfläche von 63. Wenn der C-Stoff-Druck um mehr als 1,5 bar unter den Druck des T-Stoffes absank, wurde Kolben 63 etwas angehoben. Dadurch konnte der T-Stoff-Druck auf die untere volle Kolbenfläche wirken, womit eine genügend große Kraft entstand, die den Kolben schnell nach oben führte und den T-Stoff-Auslaß über Leitung 12 zum Dampfgenerator B – und damit die Dampferzeugung – unterbrach.

In Kapitel 8.2. über das Triebwerk HWK RI-203 der He 176 ist schon die dort verwendete Turbopumpe zur Förderung des T-Stoffes (H_2O_2) in Einzelheiten beschrieben worden (Abb. 17). Prinzipiell war die Tandem-Turbopumpe des Walter-Raketenmotors 109-509-A1 für die Me 163B ähnlich aufgebaut. Wie die Bezeichnung »Tandem« schon andeutet, wurde aber im Gegensatz zur Turbopumpe der He 176 auch die zweite Treibstoffkomponente, also der Brennstoff (C-Stoff), mit einer weiteren Pumpe gefördert, was auch beim HWK-RII-203-Motor der Me 163A für die Katalysatorflüssigkeit verwirklicht war. Da beide Pumpenräder links und rechts vom Turbinenlaufrad mit ihm auf einer Welle angeordnet waren, resultierte daraus der Begriff Tandem-Turbopumpe.

Während die Turbine aller Pumpenausführungen weitestgehend identisch war, muß auf die beiderseits von ihr angeordneten Pumpen des HWK-109-509-A1-Triebwerkes näher eingegangen werden (Abb. 19). Auf der rechten Seite neben der Turbine befand sich die C-Stoff- bzw. Brennstoffpumpe 68. Die Pumpenwelle war hier durch ein Rollenlager 66 einerseits und durch ein Kugellager 67 im Gehäusekopf andererseits gelagert. Dieses Kugellager war als Schulterkugellager zur Aufnahme axialer Schübe ausgebildet. Zur Schmierung der Lager waren besondere Kanäle vorgesehen, die nach sechs Flügen bzw. 9000 kg H_2O_2-Förderung jeweils aufgefüllt werden mußten.

Die auf der linken Seite vom Turbinenlaufrad angeordnete T-Stoff- bzw. H_2O_2-Pumpe 65 entsprach konstruktiv der C-Stoff-Pumpe. Beide Pumpen bestanden aus je einem Aluminium-Zentrifugalrad, das auf der Welle verkeilt war. Jedem Pumpenrad war eine schneckenförmige Schraubenpumpe 69 und 70 als Verstärkerstufe auf der Ansaugseite vorgeschaltet. Unterschiede der beiden Pumpenräder bestanden lediglich in ihrem Durchmesser und in ihren zugehörigen Ausströmquerschnitten im Pumpengehäuse. Das war notwendig, da die zu fördernde T-Stoff-Menge mehr als das Doppelte der C-Stoff-Menge bei gleichem Förderdruck betragen mußte. Beide Flüssigkeiten verließen das Pumpengehäuse seitlich von der Turbine, wobei die Strömungsrichtungen gegeneinander gerichtet waren. Dadurch wurde eine Verringerung der Axialschübe auf die Welle möglich. Das T-Stoff-Austrittsgehäuse war als Spiralgehäuse konstruiert, das C-Stoff-Gehäuse dagegen als Ringkammer und lag über dem Rollenlagereinbau, um hier eine Kühlung zu ermöglichen. Dieses Lager war wegen seiner Nähe zur Turbine einer stärkeren Wärmebelastung unterworfen.

Damit die Treibstoffkomponenten nicht entlang der Welle durchtreten konnten, war, ähnlich der Turbopumpe des He-176-Triebwerkes, ein kompliziertes Dichtungssystem aus Stahl-, Kohleringen, Blockdichtungen und Federbälgen zwischen den Pumpen- und den Turbinenräumen eingebaut. Auch waren wieder Lecksammelräume vorgesehen, aus denen die Leckage abgeführt wurde, die bis zu 0,23 l/min bei Vollast betragen konnte (Abb. 17 und Abb. 19).

Während bei der He 176 und der Me 163A wegen des dort »kalten« Schubes nur eine Zersetzung des H_2O_2 in ihren jeweiligen Triebwerken stattfand, war die Brennkammer des Me-163B-Raketenmotors wegen der höheren Verbrennungstemperatur von etwa 2000 °C größeren Belastungen ausgesetzt. Deshalb erforderte ihre Konstruktion auch besondere Maßnahmen der Kühlung. Zu diesem Zweck besaß die Brennkammer H (Abb. 19), wie schon erwähnt, einen inneren und einen äußeren Mantel 47 und 48, die den Kühlraum umschlossen. Der Kammerkopf war durch eine Platte 39 abgeschlossen, in der die Einspritzdüsen 39a und 39b montiert waren. Der innere Stahlmantel war aus einem Stück geschmiedet und stellte einen fast kugelförmigen Brennraum dar. Im größten Durchmesser betrug die Wandstärke etwa 3 mm und verstärkte sich zum Düsenhals hin auf etwa 4 mm. Während des Betriebes war der Mantel einer Druckbeanspruchungsdifferenz von etwa 17 bar unterworfen, weil der Kühlmitteldruck des C-Stoffes um diesen Betrag größer als der Brennkammerdruck war. Im Bereich des Kugelraumes konnte die Wandtemperatur durch die Wärmeabfuhr des Kühlstromes auf etwa 200 °C und im Düsenhals auf 500 °C gehalten werden. Um dem Kühlmittelstrom eine möglichst gute Zirkulationsströmung zu geben, waren im Bereich des Düsenhalses schraubenförmig gewundene Führungsrippen angeordnet. Weiterhin hatte man in dieses Brennkammerteil ein hohles Aluminiumfüllstück 72 eingebaut, das ebenfalls vom Kühlmittel durchströmt wurde.

Der äußere Brennkammermantel 48 bestand aus zwei quer zur Längsrichtung getrennten und verschweißten Hälften, wobei die Trennstelle in Höhe des Düsenhalses lag. Der Außen- und der Innenmantel 47 und 48 der Brennkammer waren beide mit der Kopfplatte 39 verschweißt. Am Düsenende hatte man die Mantelrohre nicht fest verbunden, um beiden Teilen wegen der hohen Temperatur die Möglichkeit der Ausdehnung zu geben. Das Kühlmittel dichtete man durch einen eingeklemmten Asbestring 73 ab. Nach dem ringförmigen Asbestabschluß des Kühlmantelraumes folgte ein mit axialen Schlitzen versehener Ring 74. Die Schlitze sollten, da sie sich in Nähe der Düsenöffnung der Heckrumpfspitze befanden, über den Ringspalt Brennkammerdüse/Rumpf eine Absaugung des Rumpfinneren bewirken, um eventuelle durch Leckage entstandene Treibstoffdämpfe zu beseitigen. Man ging davon aus, daß die mit großer Geschwindigkeit aus der Düse austretenden Feuergase im Bereich des geschlitzten Ringes einen Unterdruck erzeugten, der über die Schlitze eine Absaugung des Triebwerkraumes veranlassen konnte. In der Praxis soll diese Absaugvorrichtung die Erwartungen aber nicht überzeugend erfüllt haben, weshalb die Firma BMW später einen zusätzlichen Vorschlag machte, der dann auch verwirklicht wurde.

Die Kühlstoffzufuhr des C-Stoffes erfolgte über Leitung 32a und Stutzen 75 in das Füllstück 72 hinein. Von hier floß das Kühlmittel entgegen der allgemeinen Strömungsrichtung zum Austritt der Leitung 32b in der Kopfplatte 39. Die Temperaturerhöhung des Kühlmittels betrug nach dem Durchlaufen des Kühlmantels etwa 80 °C. Über einen weiteren Stutzen 76 des Kühlmantels konnte nach dem Abstellen des Raketenmotors das ganze Kühlsystem über das dann offene Kühlmantel-Überdruckventil 27 entleert werden. Das war auch während des Fluges der Fall, wodurch eine gefährliche Dampfbildung im heißen Kühlmantel vermieden wurde, dessen Druck ein sicheres Funktionieren der Ventile beim Wiederanfahren sehr in Frage gestellt hätte.

Den Abschluß der Brennkammer bildete die 50 mm dicke, schon mehrfach genannte Kopfplatte 39, die über einen Flansch mit dem Schubübertragungsrohr verbunden war. Der C- und der T-Stoff wurden zwölf Doppeleinspritzdüsen zugeführt, die auf vier Segmenten der Kopfplatte 39 mit je drei Düsen 39a und 39b angeordnet waren. Zu jedem Segment führte eine C- und eine T-Stoff-Leitung, die dann zu den Düsen abzweigten. Aus der Abb. 19 ist ersichtlich, daß sich die erste Düseneinspritzstufe im unteren Teil der Kopfplatte 39 befand und über Leitung 50 in Funktion trat, wenn der Pilot den Schubhebel 1 in Startstellung I brachte. Die zweite Stufe befand sich oberhalb, wogegen die dritte in zwei seitlichen Segmenten angeordnet war.

Außer den Einspritzdüsen besaß die Kopfplatte noch zwei weitere kleine Bohrungen. Eine hier nicht gezeichnete Bohrung galt als Anschluß für einen Druckmesser zur Anzeige des Brennkammerdruckes, die zweite Bohrung 80 war für den Anschluß der Dampfleitung 81 vorgesehen. Die Dampfzufuhr aus dem Generator B zur Brennkammer hatte den Zweck, in der Startphase, wenn sich der Dampfdruck aufbaute, die Brennkammer durchzublasen, um Fehlexplosionen durch Treibstoffreste zu verhindern.

Zur Konstruktion der Treibstoffdüsen ist zu sagen, daß ihre Doppelfunktion für die T- und C-Stoff-Zerstäubung so verwirklicht war, daß der T-Stoff durch den zentralen Einsatz strömte und die Düsenmündung unter einem Sprühwinkel von 90° verließ. Der Brennstoff (C-Stoff) strömte zunächst in einen Ringkanal der Kopfplatte 39 und von hier aus über den Ringfilter 82 in den Drallkörpereinsatz 83. Von hier aus trat der C-Stoff in einem zylindrischen Sprühstrahl in die Brennkammer ein. Die Durchdringung beider Sprühstrahlen verursachte eine innige Vermischung beider Treibstoffkomponenten, die schon im Bereich der Düsenmündungen die hypergole Zündung und Verbrennung einleitete. Zur Abstimmung der C-Stoff- und der T-Stoffmenge waren im Drallkörpereinsatz 83 noch entsprechende tangentiale Bohrungen eingebracht.

Die Konstruktion der Zerstäuberdüsen bereitete wegen deren Zweiteiligkeit erhebliche Schwierigkeiten bei der Abdichtung der Treibstoffe untereinander, da der Einspritzdruck in den einstellbaren Schubstufen von 4 auf 15 bar anstieg. Die ungewollte Vermischung beider Komponenten entstand vorzugsweise beim Anlassen oder Abstellen des Triebwerkes, da hier C-Stoff aus der Düse tröpfelte und sich in der zentralen T-Stoff-Düse ansammeln konnte. Die dann auftretenden Explosionen zerstörten die Einspritzdüsen. Eine Vermeidung dieses Nachteiles brachte teilweise ein federbelastetes Ventil, das über die H_2O_2-Düsen gestülpt wurde.[10]

Der Schub des Raketenmotors 109-509-A1 erreichte beim Betrieb in Meereshöhe und bei einem maximalen Brennkammerdruck von 21 bar einen Wert von F = 16,67 kN (1700 kp). Der Treibstoffverbrauch bei Vollast betrug 9,45 kg/s, wovon der T-Stoff-Verbrauch für die Turbopumpe mit etwa 0,4 kg/s bei 5 % lag. Im Teillastbetrieb verringerte sich der Pumpenanteil, weil der Brennkammerdruck reduziert wurde. Damit stieg aber der spezifische Treibstoffverbrauch so stark an, daß er in Meereshöhe und bei minimalem Verbrennungsdruck mit 0,392 kg/kN h fast den doppelten Wert wie bei Vollast erreichte.

Beim Betrieb in größeren Höhen verminderte sich der Gegendruck auf die Fläche der Ausströmdüse. Geht man von einem maximalen Kammerdruck von 21 bar in Meereshöhe aus, für den die Düse berechnet wurde, führte dies zunächst zu einer Verminderung des inneren Wirkungsgrades. Ausgeglichen und sogar überboten wurde dieser Verlust in der Höhe aber durch den zusätzlichen Schub, der infolge der größeren Mündungsdruckdifferenz (Kammerdruck minus Außendruck) entstand und für den Schubzuwachs mit der Düsenmündungsfläche zu multiplizieren war.

Aus diesen Zusammenhängen erklärt sich auch die Eigenschaft eines Raketenmotors, der entgegen allen anderen Verbrennungskraftmaschinen seine Leistung mit zunehmender Höhe bis zu einem Maximalwert steigert. In einer Höhe von 12 000 m über NN betrug der Schubzuwachs des hier beschriebenen Triebwerkes etwa 10 %, wobei der spezifische Treibstoffverbrauch im Teillastgebiet aber stark anstieg. Beim Horizontalflug in großen Höhen war es möglich, daß ein größerer Schub zur Verfügung stand, als er zur Überwindung des Luftwiderstandes für die maximal zulässige Geschwindigkeit des Flugzeuges notwendig war. Um die Geschwindigkeitsgrenze nicht zu überschreiten, mußte der Antrieb gedrosselt, d. h. im Teillastbereich betrieben werden. Das hätte aber, wie erwähnt, zu unökonomischen Betriebsverhältnissen geführt. Die optimalen Schubwerte erreicht ein Raketenantrieb, wenn er mit jenen Werten betrieben wird, für die er berechnet ist.

Für den Walter-Raketenantrieb 109-509-A1 war das gegeben, wenn er mit einem Kammerdruck von 21 bar arbeitete. Diese Tatsachen bewogen die Walter-Konstrukteure, eine Verbesserung des Me-163B-Antriebes vorzunehmen. Sie entschieden sich, für den Höhen-Horizontalflug neben der eigentlichen Hauptdüse ein spezielles Antriebsaggregat in Form einer zusätzlichen Marschdüse vorzusehen. Dieser Antrieb erhielt die Bezeichnung HWK 109-509-A2 und wurde von der Firma Walter im August 1944 angeboten. Die Marschdüse lieferte einen Schub von 2,9 kN (300 kp) und konnte auch zusammen mit der Hauptdüse betrieben werden, womit sich ein Gesamtschub von 19,6 kN (2000 kp) ergab. Bei einem Gesamtgewicht von 170 kg betrug das Leistungsgewicht damit 0,023 kg/kW (0,017 kg/Ps). Die Betriebsdauer konnte mit Hilfe der Zusatzdüse in 12200m über N-N um etwa 50 % vergrößert werden. Damit bestand für den Steigflug die Möglichkeit, mit beiden Düsen unter 40 bis 45° in 3 min auf 12 000 m Höhe zu kommen und anschließend mit der Marschdüse zu operieren.[10]

Das von der Firma Walter angebotene verbesserte Raketentriebwerk mit Marschdüse gab den Anlaß, auch einer Weiterentwicklung der Zelle des Raketenjägers näherzutreten. Schon während die Fertigung der ersten Me 163B bei Messerschmitt im März 1943 zu Ende ging, unterbreitete die E-Stelle der Luftwaffe Peenemünde-West am 1. März 1943 entsprechende Verbesserungsvorschläge. Die darauf eingeführten Änderungen konnten das Flugzeug zwar verbessern, machten es aber noch nicht zu einem Jäger entsprechend der Projektbeschreibung, die 10 min Flugzeit in 12 km Höhe gefordert hatte. Nach den damals neuesten Berechnungen der Abteilung »L« bei Messerschmitt ergaben sich 3,9 min Flugzeit in 12 km Höhe und 5,8 min mit Starthilfe.[13]

Am 6. Juni 1943 nahm die E-Stelle ein zweites Mal zu diesem Thema Stellung durch den Sachbearbeiter der Gruppe E2, Dipl.-Ing. Carl Ruthammer, der ausführte: »... daß ein Weiterbau der Me 163B (über die laufende Serie der 70 Flugzeuge hinaus) im augenblicklichen Rüstzustand nicht verantwortet werden kann.« Nachdem der Verfasser des Berichtes ausdrücklich betont hat, daß die E-Stelle nach wie vor die Weiterverfolgung des R-Jägers als einzig wirksames Mittel zum Schutz von Großstädten und Industriezentren gegen hochfliegende Kampfverbände für dringend erforderlich hält, folgte im Absatz A des Berichtes eine kritische Beurteilung der Me 163B im damaligen Bauzustand:

1. Zu geringe Flugzeit für Anflug und Luftkampf in der Höhe.
2. Beschußempfindlichkeit (ungeschützte Treibstoffbehälter und Holzflächen). Wurde aber wegen der überlegenen Geschwindigkeit als nicht schwerwiegend angesehen.
3. Zu geringe Feuerdichte mit nur zwei vorgesehenen Schnellfeuerwaffen.
4. Verstärkung der Bugpanzerung von 8 auf 15 mm aus rein trimmtechnischen Gründen (totes Gewicht).
5. Fehlen einer Druckkabine, wodurch die Einsatzhöhe auf 12 000 m begrenzt wäre. E-Stelle hatte Bedenken bei Verwendung eines Druckanzuges in einem Jäger, der zur Unbeweglichkeit des Piloten geführt hätte.
6. Einige weitere Mängel, die in der Erprobung festgestellt wurden: Störanfälligkeit der Hydraulik und Schleppkupplung sowie die Gefahr für den Piloten beim Überschlag usw.

Der Absatz B befaßte sich mit der möglichen oder nicht möglichen Beseitigung der Beanstandungspunkte.

Der Absatz C behandelte die Neuentwicklung eines R-Jägers, wobei auch ein einziehbares Fahrwerk erwähnt, aber als zu gewichtsaufwendig betrachtet wurde, da mehr Gewicht mit Flugzeitverlust gleichzusetzen war.

Im Absatz D wurde ein RL-Triebwerk der Firma Walter erwähnt, an dem sie seinerzeit arbeitete, wobei man Erfahrungen verwertete, die schon ab 1934 mit einem Stau-Strahltriebwerk gesammelt worden waren. In diesem Raketen-Luftstrahl-Gerät wurde Luft entsprechend der Fluggeschwindigkeit in einem Diffusor vorverdichtet und durch einen vielstufigen Axialkompressor bis auf 5 bar weiter verdichtet. Den Kompressor trieb eine H_2O_2-Gas-Dampf-Turbine an. Abdampf und Luft vermischten sich in der Brennkammer und konnten dort z. B. mit T- und C-Stoff verbrannt werden. Die Reaktionsgase traten aus einer gekühlten Treibdüse aus. Dieser Antrieb hätte der Me 163 die große Steigfähigkeit eines reinen Raketenflugzeuges belassen, ihr aber, bei gleicher Höchstgeschwindigkeit, eine etwa dreifache Betriebsdauer gegeben. Sicher auch wegen der hier schon mehrfach angesprochenen starken Belastung der Walter-Entwicklung konnte das erste RL-Triebwerk gerade bis Kriegsende auf dem Prüfstand in Erprobung genommen werden.[13, 14]

Interessant ist, daß die kritische Beurteilung der Me 163B sich zwar in den wesentlichen Punkten des Berichtes der E-Stelle bei der Truppenerprobung des EK16 und im Einsatz bestätigte, aber von der obersten Führung der E-Stellen in Rechlin nicht unterstützt wurde. Das Rechliner Exemplar des Peenemünder Berichtes trägt die Randbemerkung: »K. d. E. ist hier anderer Ansicht !« Der Kommandeur der E-Stellen, Oberst Edgar Petersen, vermerkte noch persönlich: »Bericht ist sofort zurückzuziehen!« Offenbar war ihm die deutliche und kritische Beurteilung der Me 163B als Einsatzflugzeug in der damaligen Ausführung den höheren Dienststellen gegenüber unangenehm, obwohl neben der begründeten Kritik in dem Bericht auch Vorschläge zur Verbesserung gemacht wurden. Der weitere Entwicklungsgang der Me 163B bestätigte letztlich die Bedenken der E-Stelle. Ein weiteres und wichtiges Argument von Oberst Petersen wird aber die damals angespannte Luftlage gewesen sein, die jedes Mittel zu ihrer Verbesserung rechtfertigte, auch wenn es noch keine optimale Lösung darstellte.

Bleiben wir aber beim neuen Walter-Raketentriebwerk mit Marschdüse, die eine Flugzeitvergrößerung versprach und entsprechende Weiterentwicklungen der Me 163B auslösen sollte.[3]

Offenbar waren schon Anfang 1942 die Mängel der Me 163B für den militärischen Einsatz allgemein bekannt. Denn im Januar des gleichen Jahres begannen die Projektarbeiten an einer Modifizierung der Me 163B, die damit zur Me 163C wurde. Ihre Aufgabe sollte jener der B-Ausführung als stark bewaffneter Objekt- bzw. Heimatschützer für große Flughöhen entsprechen. Der Entwurf ging von einem ebenfalls einsitzigen, schwanzlosen Mitteldecker mit Raketenantrieb aus, wobei möglichst viele Teile der Me 163B übernommen werden sollten. Der Rumpf war in Leichtmetall- und Stahlbauweise hergestellt und etwas verlängert. Für die Erfüllung des Wunsches nach einem einziehbaren Fahrwerk reichte die Vergrößerung aber noch nicht aus. Deshalb mußte die Landekufe der B-Ausführung beibehalten werden. Dadurch waren die Schwierigkeiten bei der hohen Landegeschwindigkeit und die fehlende Bodenmobilität nicht beseitigt. Das Tragwerk, aus Holz mit grundierter, gespachtelter und wetterfest lackierter Oberfläche gefertigt, entsprach jenem der Me 163B. Um eine Gipfelhöhe über 12 000 m hinaus zu erreichen, wurde auch eine Druckkabine vorgesehen. Die oft bemängelte schlechte Sicht aus der Me 163B verbesserte man durch eine aufgesetzte, stromlinienförmige Kabinenabdeckung, die eine Rundumsicht gestattete. Die Feuerkraft wurde durch den Einbau von vier MK 108 bzw. je zwei MK 103 und zwei MK 108, gegenüber zwei MG 151/20 oder zwei MK 108 bei der Me 163B, erhöht.

Obwohl die vollständigen Projektbedingungen schon im Februar 1942 vorlagen, begann man erst ab August 1942 mit dem Bau der geplanten Änderung an der Me 163B-V6 (CE + RE) als Vorerprobungsmuster. Ein Jahr später, im Januar 1943, konnte mit dem Bau der ersten Me 163C begonnen werden, deren Endmontage bereits im Februar erfolgen konnte. Nach zwischenzeitlichen Bruchversuchen erhielt das Flugzeug am 25. Juli 1943 das Triebwerk HWK 109-509-A2 mit Marschdüse.

Auch die Firma BMW (von Zborowski) entwickelte für die Me 163C ein ähnliches Raketentriebwerk mit der Bezeichnung P-3390-C und der RLM-Nummer 109-708 A. Es besaß ebenfalls zwei Brennkammern. Als Sauerstoffträger verwendete BMW, wie schon erwähnt, hochprozentige Salpetersäure (SV-Stoff) und als Brennstoff Tonka 500 (R-Stoff) im Mischungsverhältnis 3,5 zu 1. Unter der Bezeichnung »Tonka« verbargen sich Amin-Gemische basischen Charakters (Rohxylidin, Triaethylamin), die mit Wasser nicht mischbar, von gelber bis brauner Farbe waren und naphtalinartig rochen. Beide Treibstoffkomponenten besaßen vorzügliche hypergole bzw. selbstzündende Eigenschaften.

Mitte Juni 1943 erfolgte der Einbau eines BMW-Raketenmotors in die Me 163B-V10 in Berlin-Spandau, wobei gleichzeitig eine Nachrüstung der Tanks erforderlich war, die wegen der aggressiven Salpetersäure eine spezielle Passivierung erhalten mußten. Zur Anwendung in der Me 163B und C kamen letztlich aber nur Walter-Triebwerke.[3, 10, 15]

Ab März 1943 waren vier Me 163C bei der Oberbayerischen Forschungsanstalt Dr. Konrad in Oberammergau – einem Messerschmitt-Werk – im Bau, die wahrscheinlich auch alle fertiggestellt wurden. Von den Erprobungsflügen dieser Weiterentwicklung ist wenig bekannt. Die Teilerprobung begann im April 1944. Auch war die erreichte Flugzeitverlängerung Gegenstand besonderer Untersuchungen, deren Ergebnisse aber nicht den Erwartungen entsprachen. Das Marschtriebwerk brachte zwar eine Erhöhung der Betriebszeit, was aber durch das Gewicht der beiden zusätzlichen Maschinenkanonen fast ausgeglichen wurde, zumal die beiden Cockpittanks durch den Einbau entfallen mußten. Ein Versuch, durch Außentanks dieses Manko auszugleichen, erbrachte, vermutlich wegen des erhöhten Luftwiderstandes, in 12 000 m Höhe auch nur eine Gesamtflugdauer mit Antrieb von 10 min.

Noch während die Untersuchungen mit der Me 163C-0 im Sommer 1944 liefen, verlor die Firma Messerschmitt das Interesse an dem Raketenflugzeug. Dieses von der Firma auf Anweisung des RLM mit der Abteilung »L« angenommene, nicht aus eigener Entwicklung stammende und deshalb auch nicht sonderlich geliebte Kind wurde an die Firma Junkers Flugzeug- und Motorenwerke AG, Dessau, abgegeben. Aufgrund dieser Vorgänge erhielt Junkers im Spätsommer 1944 den Auftrag, ein Nachfolgerflugzeug für die bisherigen Me-163-Ausführungen zu entwickeln.[8]

Mit diesem Auftrag liefen an der Me 163B-V18 Voruntersuchungen für das neue Projekt, parallel zur C-Ausführung. Der Rumpf der V-18 wurde aufgeschnitten, erhielt ein verlängerndes Zwischenstück und ein vorerst starres Dreibeinfahrwerk mit lenkbarem Bugrad. Mit dieser geänderten Me 163B-V18, die als Me 163D bezeichnet wurde, konnten Ende Dezember 1944 Rollversuche und mehrere Starts und Landungen im Segelflug durchgeführt werden, wobei die Einflüsse der zellenseitigen Änderungen untersucht wurden, die an dem neuen Raketenflugzeug-Projekt verwirklicht werden sollten. Diese Neuentwicklung erhielt die Bezeichnung Ju 248. Vermutlich noch im Dezember 1944 erfolgte eine Umbenennung in Me 263, um den Bezug zur Me 163 deutlich zu machen. Die Me 263, verschiedentlich auch als Me 163D bezeichnet, war also nicht aus der Me 163C hervorgegangen, sondern stellte eine Neuentwicklung dar.[15]

Die Abteilung »L«, bisher bei der Firma Messerschmitt integriert, arbeitete schon im frühen Stadium der Entwicklung mit der Firma Junkers zusammen. Hier hatte eine Konstruktionsabteilung unter Professor Heinrich Hertel die Entwicklungsaufgabe der Ju 248 bzw. Me 263 übernommen.[3] Technisch beinhaltete dieses letzte aus dem Lippisch-Nurflügel-Entwurf hervorgegangene Muster eines Raketen-Objektschutzjägers alle jene Verbesserungen, die man aufgrund der Me-163-Erprobungen bis dahin ermittelt hatte.

Der Rumpf, in Dural-Schalenbauweise hergestellt, besaß eine Druckkabine mit abnehmbarer Bugspitze. Heckseitig schloß sich das Mittelstück an. Am Mittelstück konnte das Rumpfende mit Schnellverschlüssen befestigt und bei Demontage über das Triebwerk hinweg nach hinten weggezogen werden. Die Cockpitabdeckung war dreiteilig und stromlinienförmig auf den Rumpf aufgesetzt und gestattete eine Rundumsicht. Der mittlere Teil war nach rechts aufklapp- und abwerfbar. Allgemein wurde der Rumpf aerodynamisch verbessert und gestreckter konstruiert. Seine Vergrößerung war wegen des vorgesehenen einziehbaren Fahrwerkes notwendig.

Das Tragwerk entsprach jenem der 163B, war dementsprechend aus Holz aufgebaut, besaß jedoch größere Flächentanks, wodurch einige Änderungen an den Inneneinbauten und eine Verlegung der Antriebe für die Lande- und Trimmklappenbetätigung notwendig wurden. Ebenso wie ihre Vorgängerinnen, war auch die Me 263 als Pfeilflügelmitteldecker ausgeführt. Die als Vorflügel wirkenden Schlitze in der Flügelnase der Me 163B wurden durch automatische Vorflügel ersetzt. Vor den Landeklappen erhielten die Tragflächen noch zusätzliche Spreizklappen.[3]

Das hydraulisch ein- und ausfahrbare Dreiradfahrgestell besaß neben den in Höhe der Tragflächen angeordneten beiden Haupträdern noch ein lenkbares Bugrad. Während die Haupträder nach hinten oben in den Rumpf eingezogen wurden, klappte das Bugrad nach hinten in eine Rumpfwulst ein, die gleichzeitig als Notkufe dienen konnte. Die Wulst nahm auch den Lufteinlaufstutzen für die Druckkabinenbelüftung auf.

Als weitere Ausrüstung erhielt die Me 263 serienmäßig Einhängebeschläge an den Flügelwurzeln, die für zwei Raketenstarthilfen vorgesehen waren. Am Rumpfende war ein Bremsfallschirm eingebaut. In den Flügelwurzeln befanden sich als Bewaffnung zwei MK 108 mit dem Kaliber von 30 mm. Als FT-Anlage verwendete man für den Sprechverkehr ein FuG 16ZY und für das Leitverfahren ein FuG 25a.[3, 15]

Kurze Zeit nach Auftragerteilung konnte mit dem Bau einer Attrappe begonnen werden. Ab 30. September 1944 erfolgten Versuche mit dem Fahrwerk und Festigkeitsversuche mit dem Leitwerk. Um z. B. die Strömungseinflüsse der Beschläge für die Außenlasten zu ermitteln, wurden im November Windkanalversuche in Dessau durchgeführt.

Die Umrüstung bzw. Fertigung der Tragwerke sollte die Firma Puklitzsch in Zeitz übernehmen. Für die Herstellung von Vorder- und Hinterteil des Rumpfes war das Junkers-Stammwerk Dessau-Süd vorgesehen. Das Fahrwerk sollte bei der Firma Kronprinz und VDM in Raguhn gefertigt werden. Die Forschungsanstalt Graf Zeppelin übernahm die Ausrüstung des Flugzeuges mit dem Bremsfallschirm, der einen Durchmesser von 4,1 m besaß.

Am 15. Dezember 1944 konnte die Attrappe der Me 263 in Raguhn bei Gegenwart von japanischen Offizieren besichtigt werden, die nach einer wirksamen Waffe für die Bekämpfung der amerikanischen B-29-Bomber suchten. Wie aus den bisherigen Ausführungen zu ersehen ist, wurden die ersten Me 263 aus neu entwickelten und gefertigten wie aus serienmäßigen Teilen der Me 163B montiert. Bis zum Dezember 1944 konnte auch der Urformkörper fertiggestellt werden, der dazu diente, die Schablonen für die konturabhängigen Werkzeuge herzustellen. Wie es für eine Massenfertigung Voraussetzung ist, sollten alle Bauteile und Baugruppen gegeneinander austauschbar und miteinander montierbar sein. Hier gab es aber schon bei der Me 163B immer wieder Schwierigkeiten, die auch Anfang 1945 bei den ersten Mustern der Me 263 nicht vermieden werden konnten. Die Urformkörper wurden wegen der immer schwieriger werdenden Bedingungen des Krieges vielfach aus feuchtem Holz gefertigt, und der anschließende Verzug der Konturen führte zu fehlerhafter Herstellung der Schablonen. Durch Versteifungen, Neuvermessung und Nacharbeit mußten diese Fehler behoben werden.

Eine weitere Schwierigkeit bei den ersten beiden Mustern Me 263 V1 und V2 ergab sich darin, daß die Anschlußmaße der ersten Walter-Triebwerke nicht zeichnungsgerecht waren. Da eine Korrektur hier nicht mehr möglich war, mußte der Rumpf der ersten beiden Flugzeugmuster um 50 mm verlängert werden.

Ende Januar 1945 konnte mit der Endmontage der ersten Me 263 begonnen werden, die am 6. Februar 1945 abgeschlossen wurde. Die anschließenden Schleppversuche durch eine Ju 188 mit dem ersten, behelfsmäßig gefertigten Muster erbrachten eine große Kopflastigkeit. Danach wurden noch zwei weitere Flugzeuge bis zum fast fertigen Bauzustand montiert, wobei an allen drei Prototypen die Fahrgestelle, hauptsächlich wegen fehlender Hydraulikzylinder, noch nicht einziehbar ausgeführt waren. Bei den Me 263 V2 und V3 war die Kopflastigkeit beseitigt worden. Die Schleppversuche zeigten, besonders auch bei langsameren Geschwindigkeiten, gute Ergebnisse.[3, 15]

Zum Einbau eines der geplanten Walter-Triebwerke HWK 109-509-C4 kam es nicht mehr, da hier noch wichtige Einzelteile fehlten. Dieser Raketenmotor entwickelte einen Standschub von 23,53 kN (2400 kp), wovon auf das Haupttriebwerk 19,6 kN (2000 kp) und auf das Marschtriebwerk 3,92 kN (400 kp) entfielen. Das Haupttriebwerk konnte bis auf 3,92 kN Schub heruntergeregelt werden. Der Gesamttreibstoffvorrat aus C- und T-Stoff betrug 2440 l .[1, 3, 10]

Ab Januar 1945 scheint es verschiedene Auffassungen bezüglich des Weiterbaues, und Einsatzes der Raketenjäger im OKL gegeben zu haben. Während am 13. Januar 1945 noch auf eine Großserie der Me 263 gedrängt wurde, forderte man gegen Ende des Monats die Einstellung des Flugzeuges zugunsten der He 162. Ein anderer Bericht forderte die Umrüstung des JG 400 von der Me 163 auf die Me 263. Am 20. März 1945 ließ das OKL die Me 263 völlig außer acht und forderte wieder die Umrüstung des JG 400 von der Me 163 auf die He 162. Diesem Plan wurde zuletzt am 1. April 1945 widersprochen, und man forderte die Ablösung der Me 163 durch die Ho 229.

In dem allgemeinen Durcheinander der letzten Kriegswochen verlieren sich die Spuren der Me 263. Nach Informationen ehemaliger Luftwaffenangehöriger haben die sowjetischen Truppen eine Me 263 in Brandis unbeschädigt erbeutet. Ebenso soll auch die Attrappe in ihre Hände gefallen und mit der Me 263 in die Sowjetunion gebracht worden sein. Die noch vorhandenen Studien, Berechnungen und Bewaffnungen ergänzten das ganze erbeutete Material. Diese Kriegsbeute, zu der noch eine unbekannte Anzahl von Me-163-Ausführungen kam, diente der sowjetischen Entwicklung als ausgezeichnete Grundlage für den Nachbau des Raketenjägers in der sowjetischen Luftwaffe.[1, 19, 15]

Ergänzend ist noch zu erwähnen, daß Dr. Lippisch auf der Basis der Me 163A schon ab 1939 noch weitere Studien ausgearbeitet hatte. Er versuchte dabei eine Leistungssteigerung gegenüber der Me 163A mit Nachfolgemodellen zu erreichen. Auch als die Serienfertigung der Me 163B schon lief, arbeitete er 1942 noch zwei Projekte aus, die der Weiterentwicklung dienten. Bei der Me 163 »C« sollte die Verwindung der Tragflächen von etwa 6°, die der Erhöhung der Stabilität diente, entfallen. Damit sollte auf Kosten der Stabilität eine Geschwindigkeitssteigerung erreicht werden. Praktische Versuche führte man später unter der Regie der Firma Messerschmitt mit Heini Dittmar als Piloten durch. Eine weitere Version, Me 163 »D«, blieb nur Projekt und sollte eine Rumpfverlängerung von 1 m erhalten. Das wäre aber, wegen der sonst zu hohen Flächenbelastung, nur mit einer Tragwerkvergrößerung möglich gewesen. Die beiden Lippisch-Projekte »C« und »D« sind nicht identisch mit den späteren bei Junkers erarbeiteten Ausführungen Me 163 C und D, sondern sollten nur eine Weiterentwicklung der Me 163B andeuten. Das wird in der Fachliteratur häufig verwechselt.[15]

Abschließend ist noch eine Entwicklung zu erwähnen, die der Pilotenschulung diente, auf die in Kapitel 10.4. über das hier Geschilderte hinaus noch eingegangen wird. Während die Flugschüler für den Raketenjägereinsatz anfangs Flüge mit den Segelflugzeugen »Kranich«, »13,5-m-Habicht«, »8-m-Habicht« und schließlich »6-m-Stummelhabicht« durchführten, folgten danach Flüge mit der geschleppten Me 163B bei – mittels wassergefüllter Tanks – verschiedenen Fluggewichten. Da es aber dem OKL sicherer schien, den zunächst unerfahrenen Schüler anfangs nicht allein in einer Me 163B fliegen zu lassen, zumal die hohe Landegeschwindigkeit schon große Anforderungen an den Piloten stellte, entschloß man sich ab Frühjahr 1944 zum Bau eines zweisitzigen Schulflugzeuges mit der Bezeichnung Me 163S. Aus einer serienmäßigen Me 163B wurden zur Umrüstung Triebwerk und Rumpf-Treibstoffbehälter ausgebaut und dafür ein erhöhter, zweiter, mit Rundumsicht-Verglasung ausgestatteter Sitz für den Fluglehrer mit allen notwendigen Kontroll- und Steuerelementen eingebaut. Die Kabinen- und Flächentanks blieben erhalten, um durch unterschiedliche Füllung mit Wasser verschiedene Gewichts- und Schwerpunktlagen simulieren zu können. Im Sommer 1944 konnte das erste Schulflugzeug bei der Deutschen Lufthansa in Berlin-Staaken fertiggestellt werden.

Außer der ersten Ausführung wurden, soweit bekannt, noch vier weitere Me 163S gebaut, wovon auch zwei im März 1944 zur E-Stelle Karlshagen (Peenemünde-West) gebracht wurden, um dort ihr Flugverhalten von der Gruppe E2 durch Bernhard Hohmann untersuchen zu lassen. Ob noch weitere Schulflugzeuge hergestellt wurden, ist nicht bekannt. Zumindest eine Me 163S fiel den sowjetischen Truppen in die Hände, die auch in der UdSSR geflogen wurde.[15]

10.3. Erprobung

In Abschnitt 10.2. über die Entwicklung sind schon entsprechende Erprobungen erwähnt worden, die zwangsläufig für die Weiterentwicklung eines seinerzeit vollkommen neuartigen Flugzeuges – für damals bisher nie erreichte Geschwindigkeiten – notwendig waren. Trotzdem soll aber der Erprobung noch ein Kapitel gewidmet werden, das sich als Ergänzung mit noch nicht erwähnten Vorgängen und der im wahrsten Sinne des Wortes aufopferungsvollen Arbeit der Erprobungspiloten befaßt. Auch die Aktivitäten des EK 16 werden mit eingeschlossen.

Aus der bisher geschilderten Me-163-Flugerprobung geht hervor, wie das geniale fliegerische Können eines Heini Dittmar zur Vollendung dieses Flugzeuges beigetragen hatte. Ebenfalls geht daraus hervor, wie der Schwerpunkt der Erprobung von den Gleitflugversuchen in Augsburg und dem Lechfelder Rollfeld für die Starts mit Triebwerk nach Peenemünde-West verlegt wurde. Hier bediente man sich der gleichen Räumlichkeiten, wie sie zuletzt für die He 176 und He 112R zur Verfügung standen. Das waren einerseits die erdgeschossigen Werkstatträume im südwestlichen Flügel der Halle W1 bzw. Reins-Halle und die unmittelbar daneben stehende kleinere Holzhalle, wo die Me-163-Flugzeuge startklar gemacht und auch Triebwerkprobeläufe durchgeführt wurden. Als Start- und Landestrecke fand vorzugsweise die ebenfalls für die He-176-Erprobungsstarts auf Veranlassung von Warsitz angelegte und benutzte West-Ost bzw. Ost-West-Startbahn Verwendung. Je nach Windrichtung wählte man auch andere geeignete Startrichtungen

Wie ebenfalls schon geschildert, war nach der Überführung der Me 163A-V4, Kennzeichen KE + SW, am 17. April 1941 nach Peenemünde der Pilot Rudolf Opitz in die Erprobung mit eingebunden worden. Damit standen in Peenemünde zunächst zwei Piloten für die Werk-Flugerprobung der Me-163-Flugzeuge zur Verfügung.

Im Sommer 1941 konnte die Firma Walter das Triebwerk für die Me 163A-V4, HWK RII-203, liefern, worauf es von Angehörigen der E-Stelle mit Beteiligung von Technikern der Firmen Walter und Messerschmitt bzw. der Abteilung »L« in das Flugzeug eingebaut wurde. Der darauf durchgeführte Rekordflug von Flugkapitän Heini Dittmar wurde schon geschildert. Am 8. November 1941 konnte auch die zweite Me 163A-V5, Kennzeichen GG + EA, ohne Triebwerk von Augsburg nach Peenemünde überführt werden. Nachdem sich bei den bisherigen Flügen mit der V4 herausgestellt hatte, daß die Querruder zu klein waren, schaffte man sofort

Abhilfe. Die Änderung übertrug die Firma Messerschmitt auf alle nachfolgenden Versuchsmuster.[1,8,15]

Schwierigkeiten bei den Erprobungsflügen in Peenemünde machte besonders anfangs das Triebwerk. Hier gab es vor allem Probleme bei der Schubregulierung zwischen 1,47 kN (150 kp) und 7,35 kN (750 kp). Auch gab es Probleme beim Wiederanlassen nach erfolgter Abstellung im Fluge. Sofern es gelang, war der Schub oft nicht mehr konstant, was sich besonders im Steigflug bemerkbar machte. Das Problem des schwankenden und abfallenden Schubes bei den Walter-Triebwerken, besonders bei wechselndem Teillastbetrieb, hatte seine Ursache u. a. in den Katalysatorsteinen des Dampfgenerators, dessen Dampf bekanntlich die Turbopumpe antrieb. Nach mehrmaligem Betrieb begannen die aus einem Braunstein-Zementgemisch bestehenden Katalysatorsteine zu zerfallen. Die kleinkörnigen Zerfallsprodukte verhinderten, vom Dampf in den Leitungen mitgerissen und sich an Sieben und Armaturen festsetzend, den gleichmäßigen vollen Dampfvolumenstrom des Antriebsdampfes für die beiden Treibstoff-Turbopumpen.

Dr. Demant, von der Fachgruppe E3 der E-Stelle und Leiter des chemischen Labors, das im Westflügel der Halle W3 untergebracht war, hatte in der Zwischenzeit durch ein patentiertes Verfahren Abhilfe geschaffen. Er gab dem Braunstein-Zement-Gemisch Kochsalz bei. Nach dem Aushärten wurde das Salz der so gewonnenen Steine ausgewaschen. Die dadurch entstandene Porosität ergab eine große Oberfläche und damit eine intensivere und gleichmäßigere Dampfbildung mit größerer Haltbarkeit der Steine. Die Regelbarkeit im Teillastbereich wurde durch die Einführung dieser neuen Fertigungsmethode bei den Katalysatorsteinen wesentlich verbessert.[8]

Obwohl die Firma Walter mit den geschilderten Problemen noch zu kämpfen hatte, erhielt die zweite in Peenemünde vorhandene Me 163A-V5 am 29. April 1942 ebenfalls das HWK-Triebwerk RII-203, womit die Flugerprobung intensiviert werden konnte. Zuständig und verantwortlich für die Anwendung und den Einbau von Walter-Raketenmotoren in Flugzeuge war im hier geschilderten Zusammenhang bei Messerschmitt und in Peenemünde-West der Walter-Ingenieur Otto Oertzen. Bis Kriegsende begleitete er in dieser Eigenschaft sowohl die Erprobungsarbeiten in Peenemünde und Jesau als auch beim EK16, dem er noch während des Einsatzes bis gegen Kriegsende hilfreich zur Seite stand.[8,15]

An dieser Stelle ist es notwendig, auf das schon mehrfach erwähnte Erprobungskommando 16 (EK16) näher einzugehen. Am 20. April 1942 erhielt der damalige Oberleutnant d. R. und Jagdflieger Wolfgang Späte mit bis dahin 80 Abschüssen vom General der Jagdflieger (G. d. J.), Generalmajor Adolf Galland, den Auftrag, ein Truppen-Erprobungskommando, das EK16, aufzubauen. Es hatte die Aufgaben, die Entwicklung der Me 163 so zu beeinflussen, daß die notwendigen Wünsche der Truppe möglichst frühzeitig berücksichtigt und eine Anzahl von Piloten und entsprechendes Bodenpersonal ausgebildet wurden. Wolfgang Späte hatte neben seiner großen Erfahrung als Jagdflieger auch technische Vorkenntnisse, die er sich einerseits beim Bau von Segelflugzeugen als auch bis zu seiner Einberufung zur Luftwaffe 1939 an der TH Darmstadt mit dem Vorexamen erworben hatte. Durch seine vielen Erfolge in der Spitzengruppe der deutschen Segelflieger und seine Tätigkeit als Testpilot bei der DFS ab 1937 kannte er neben Alexander Lippisch auch Heini Dittmar, Rudolf Opitz, Willi Elias und viele andere der Abteilung

»L« bei Messerschmitt schon lange vor Beginn ihrer gemeinsamen Tätigkeit mit der Me 163.

Nach seiner Einweisung bei General Galland flog Oberleutnant Späte nach Augsburg zur Firma Messerschmitt. Hier wurde er von Dittmar und Elias in Empfang genommen und über den bisherigen Werdegang der Me 163A informiert. Von den beiden und anderen Angehörigen der Abteilung »L« konnte Späte die Technik der Me 163A an dem schon fertiggestellten Muster V4 erstmals erläutert werden.[8] Mit Energie und Elan stürzte sich Wolfgang Späte in die Bewältigung der anfangs ungewohnten und schwierigen Aufgabe. Er und Angehörige seines E-Kommandos werden uns in diesem und vor allem im folgenden Abschnitt 10.4. noch häufiger begegnen. Nachdem die Montage der Me 163A-V6 bis V13 zum Ende des Jahres 1942 abgeschlossen war, fehlte es an Triebwerken, weshalb die Flugzeuge in Augsburg im Segelflug eingeflogen und zum späteren Triebwerkeinbau nach und nach per Bahntransport nach Peenemünde-West verschickt wurden. Entsprechend dem Eintreffen der Raketenmotoren konnte hier für die Erprobung, die Ausrüstung der Flugzeuge Me 163A-V6 (CD + IK), V7 (CD + IL), V8 (CD + IM), V9 (CD + IN), V10 (CD + IO) und V11 (CD + IP) mit einem Raketenantrieb vorgenommen werden. Dabei war schon entsprechendes Bodenpersonal des EK16 tätig. Soweit bekannt, erhielten die Flugzeuge V12 und V13 keinen Antrieb und dienten zur Schulung für den antriebslosen Segelflug.

Mit der zunehmenden Intensivierung des Me-163-Schulungsbetriebes in Peenemünde-West entschlossen sich die Fachgruppen E2 und E3 der bis zum 31. August 1942 noch als Versuchsstelle der Luftwaffe unter Dipl.-Ing. Uvo Pauls firmierenden Dienststelle, daran aktiv teilzunehmen. Sie wollten diesmal nicht, wie bei der He 176, nur Zuschauer, sondern mit eigenen Ingenieurpiloten in der Flugerprobung gestaltend tätig sein. In einer Besprechung am 23. oder 24. August 1942 hatten die Gruppenleiter Ingenieur Hermann Kröger, E2, und Fliegerstabsingenieur Leo Weigand, E3, gegenüber Oberleutnant Späte, Obleutnant Kiel vom EK16 und Flugkapitän Dittmar mit großer Entschiedenheit erklärt, daß die Versuchsstelle an der Flugerprobung der Me 163 teilzunehmen wünsche. Wenn sie erprobungstechnische Ergebnisse ermitteln und formulieren solle, dann müsse die Versuchsstelle auch die Möglichkeit haben, das zu beurteilende Flugzeug zu fliegen. Das war das Argument der beiden Gruppenleiter. Wolfgang Späte war mit dem Wunsch einverstanden.

Während die Gruppenleiter Kröger und Weigand, beide Piloten, auf die Teilnahme an der Umschulung wegen ihrer anderweitigen Aufgaben sinnvollerweise verzichteten, kamen ihre jeweiligen Sachbearbeiter für die Me 163, Flugbauführer Dipl.-Ing Carl Ruthammer und Flugbaumeister Dipl.-Ing. Hans Boye und als deren Vertreter Flugbauführer Dipl.-Ing. Alfred Leppert und Ingenieur Bernhard Hohmann in Frage. Die Schulung und Einweisung nahm Rudolf Opitz mit den Me-163-Pilotenaspiranten vor. Nachdem sie einige Segelflugstarts und Ziellandungen mit dem Habicht absolviert hatten, verzichtete Carl Ruthammer nach einer Bruchlandung freiwillig auf eine weitere Teilnahme. Hans Boye erwies sich bald als sehr guter und geschickter Versuchsflieger in allen Geschwindigkeitsbereichen der Me 163A. So war es möglich, daß Boye, Opitz und Späte Starts im Kettenverband als Demonstration vor hochgestellten Persönlichkeiten absolvieren konnten. Flugbaumeister Boye führte 1942 eine Reihe von Triebwerkerprobungsflügen durch, die den Weg dafür ebneten, daß im Jahre 1943 die Pilotenausbildung des EK16 beginnen konnte.

Im Januar 1943 mußte Hans Boye mit der Me 163A-V7 wegen Triebwerkausfalls auf der Ostsee notwassern, wobei das Kabinendach weggerissen wurde und ihm ein Schwall Wasser ins Gesicht schlug. Er erlitt schwere Kopf- und Augenverletzungen. Boye mußte danach wegen eines bleibenden Augenschadens das Fliegen unterlassen, hat aber durch seine weitere Ingenieurarbeit wesentlich dazu beigetragen, daß die Me 163B, mit dem »heißen« Walter-Triebwerk von der Truppe eingesetzt werden konnte.

Da sich Flugbaumeister Hans Boye bis zu seiner Verletzung als Pilot der Me 163 so hervorragend bewährte, hatte man die Schulung Lepperts unterlassen. Für den ausgefallenen Ruthammer war Bernhard Hohmann eingesprungen. Mit einer Motorflugausbildung bis zum A2-Schein und Erfahrung im Segelflug stellte er sich bei der Umschulung auf die Me 163 sehr geschickt an und zeigte bei kritischen Situationen, daß er starke Nerven besaß. Bernhard Hohmann hat für die Arbeiten von Hans Boye mit der Me 163A und B viele Flüge zur Verbesserung des störanfälligen Triebwerkes durchgeführt, wobei er manche kritische Situation überstehen mußte. Er blieb nach dem Ausscheiden von Hans Boye der einzige E-Stellen-Pilot, der die Me 163 bis Kriegsende in der Erprobung und bei Vorführungen geflogen hat.

Am 25. August 1942 geriet die Me 163A-V5, die als zweites Erprobungsflugzeug nach Peenemünde gekommen war, dort anläßlich eines Triebwerkfluges mit dem gerade zum Hauptmann beförderten Hans Kiel vom EK16 beim Start in Brand. Hauptmann Kiel, der als Leiter für die Piilotenausbildung im EK16 vorgesehen war, hatte – entgegen der Vereinbarung mit Opitz, nur mit halber Tankfüllung zu starten – die Tanks heimlich ganz füllen lassen. Dadurch kam er wegen der größeren notwendigen Rollstrecke in ein welliges Gebiet der Grasstartbahn. Nach 400 m wurde die V5 auf etwa 10 m hochgeschleudert und fiel danach, weil noch nicht flugfähig, auf die Räder zurück, die beim Aufprall abbrachen. Obwohl Kiel das Triebwerk abschaltete, verursachte der aus einem Leck auslaufende T-Stoff große Brandschäden am dahinrutschenden Flugzeug. Kiel konnte mit angeknackster Wirbelsäule von der Rettungsmannschaft geborgen werden. Das Feuer löschte die hinter dem Flugzeug obligatorisch herfahrende Feuerwehr.[8] Hauptmann Kiel ist nach seiner Genesung wieder zu seiner Fronteinheit zurückversetzt worden und erlitt später über Sizilien den Fliegertod.

Um die schon bei der He 176 während des Starts wegen der anfangs nicht vorhandenen Ruderkräfte aufgetretenen Schwierigkeiten des Kurshaltens auch bei der Me 163A zu beseitigen, ordnete man in Düsenmitte der V8 ein Strahlruder an, das mit der Seitenruderbetätigung gekoppelt war. Durch dieses empfindlich wirkende Ruder konnte das Flugzeug auch auf einer Betonbahn vom Start an in Startrichtung gehalten werden, was bisher mit der Kielleiste des Sporns auf einer Grasbahn einigermaßen möglich gewesen war. Durch den gegebenen Start auf einer Betonbahn entfielen die geschilderten negativen Einflüsse von Bodenunebenheiten. Die Startstrecke verkürzte sich auf etwa 700 m.

Wie es naheliegend und für die Treibstoffeinsparung während der Startphase für die Me 163 sinnvoll gewesen wäre, unternahm man auch Versuche mit Starthilferaketen der Firma Rheinmetall-Borsig AG. Hierbei war die Verwendung eines Strahlruders besonders notwendig, um gegebenenfalls bei Ausfall einer Rakete bzw. unterschiedlichem Brennschluß dieser Feststoffraketen dem Piloten die Möglichkeit eines wirksamen Gegensteuermomentes zu geben. Das Feststoffraketen-Aggregat entwickelte 2,45 kN (250 kp) Schub an jeder Tragfläche über eine Zeit von 6 sec. Es handelte sich um ähnliche Starthilfsraketen, wie sie bei den Lastenseglern Verwendung fanden und in Kapitel 6 erwähnt wurden. Obwohl sich die Starthilfen an der Me 163 bei der Erprobung bewährten, erfolgte im späteren Einsatz keine Anwendung. Der Grund war sicher die Verkomplizierung des Startvorganges und der Bodenorganisation, weshalb davon Abstand genommen wurde.[8, 15]

Im Zusammenhang einer Vergrößerung der effektiven Flugdauer der Me 163B mit Triebwerk sind noch die Schienenstartversuche in Peenemünde-West zu nennen. Man hoffte, durch den Start des Flugzeuges mit Hilfe eines schienengeführten Startwagens, auf dem zusätzlich zwei Feststoffraketen montiert waren, eine wesentliche Treibstoffersparnis und damit eine Vergrößerung der Flugdauer zu erreichen. Ein Vergleich des Verbrauches der Startphasen bis zur Abhebegeschwindigkeit auf dem Rollwerk und auf dem Schlitten gestattete die Feststellung des unterschiedlichen Treibstoffverbrauches und damit gegebenenfalls die Berechnung der Flugzeitverlängerung. Die Versuche wurden auf der nördlich des Vorwerkes angeordneten Schienenstartanlage von gut 1 km Länge durchgeführt und von den Meßhäusern Vorwerk und Schanze durch die Meßbasis vermessen (Abb. 7). Für die Versuchsanordnung war auf einem flachen Schienenschlitten eine mit einem Raketenmotor ausgestattete form- und gewichtsgetreue Me-163B-Attrappe aufgebaut, wobei der Schlitten zusätzlich mit zwei Feststoffraketen als Starthilfen ausgestattet war. Für den Start bis zur Abhebegeschwindigkeit von etwa 270 km/h wurden alle Antriebe gleichzeitig gezündet.

Die Versuche verliefen aber nicht so glatt, da es Probleme beim Abbremsen des ganzen Gefährtes gab. Bei zwei Starts schoß der Schlitten über die Schienen hinaus, und der ganze Aufbau wurde zerstört. Auch waren die Radlagerungen des Wagens den Belastungen und der hohen Geschwindigkeit offenbar nicht gewachsen. Das hätten aber konstruktive Maßnahmen letztlich ändern können.

Die Versuche in Peenemünde-West hatten, wenn man so will, ihre Vorgeschichte und Veranlassung zunächst im Bericht von Hauptmann Späte bezüglich des schon geschilderten Startunfalls von Hauptmann Kiel, worin er auch die bisher fehlenden Starthilfemöglichkeiten für die Me 163 erwähnte. Dieser Bericht veranlaßte den im Technischen Amt des RLM für Flugzeuge mit Strahltriebwerken zuständigen Bearbeiter Fliegeroberstabsingenieur Antz, einen zunächst bestechenden Plan zu entwickeln. Dieser sah die Aufstellung von »Startzügen« vor, die aus Lokomotive, Treibstoffkesselwagen, Plattenwagen, Flugzeugtransportwagen, Werkstattwagen, Lagerwagen, Startwagen, Unterkunfts- und Gefechtswagen bestanden. Man hätte diese Einrichtung sozusagen als rollende Flugplätze ansprechen können. Mit je sechs Me-163B-Flugzeugen sollten sie auf dem Bahngleisnetz an jedem entsprechenden und geeigneten Ort des Reiches und Europas eingesetzt werden. Der als Starthilfe vorgesehene Gleis-Raketenwagen sollte der Me 163B zu einer erheblichen Reichweiten- und Flugdauer-Vergrößerung dienen. Das ganze Bahn- und Schienenstartsystem sparte Flugplatzeinrichtungen und konnte dem Abfangjägersystem Me 163 eine vielerorts verfügbare Gegenwärtigkeit geben. Bei den sieben Dienststellen, denen der Vorschlag als »Geheime Kommandosache«-

Schreiben zur Beurteilung zuging, fand er aber wenig Gegenliebe. Hauptsächlicher Grund war der Mangel an für die Verwirklichung notwendiger Kapazität. Wie die Versuche in Peenemünde später zeigten, war außerdem noch ein nicht unerheblicher Wartungsaufwand für die Startwagenanlage notwendig. Eine weitere Voraussetzung für den Einsatz der »rollenden Startanlagen« waren entsprechend ebene und genügend große Wiesen in der Nähe der Gleisanlage für die Landung der gestarteten Flugzeuge, wodurch die Beweglichkeit wieder Beschränkungen unterworfen war. Mit Einstellung der Peenemünder Versuche gegen Ende 1944 verschwand auch das ganze Projekt einer Starthilfeunterstützung für die Me 163 in der Versenkung.

Ein weiteres Problem stellte sich bei der Erprobung in der Vereisung und dem Beschlagen der Kabinenverglasung heraus. Zur besseren Belüftung des Führerraumes erhielt die Cockpithaube seitlich, links neben dem Piloten, eine kleines Schiebefenster. Diese Maßnahme hatte auch vielfach den Vorteil, daß bei Eintreten von T-Stoff-Dämpfen in den Führerraum durch undicht werdende Verschraubungen am Triebwerk beim Öffnen des Fensters auch eine Absaugung der beißenden und die Sicht behindernden Dämpfe möglich wurde. Als erste erhielt die 51. Me 163B das Fenster eingebaut.[8, 15]

Aus den Me-163A-Erprobungen ist ersichtlich, daß ihre Ergebnisse und die gewonnenen Erfahrungen auch maßgebend für die Konstruktion des Entwurfes der Me 163B waren. Diese B-Ausführung war die von Generalluftzeugmeister Ernst Udet geforderte bewaffnete Einsatzversion des Raketenjägers. Schon Anfang September 1941 waren die Entwurfsarbeiten mit einem stärkeren Triebwerk, größerer Treibstoffkapazität und geänderter Tragflächen- und Rumpfstruktur in der Abteilung »L« bei Messerschmitt weit fortgeschritten. Die eigentliche Konstruktion verzögerte sich wegen mangelnder Personalkapazität und lief erst im Dezember 1941 voll an.[15]

Ab Mai 1942 konnten im Windkanal der Aerodynamischen Versuchsanstalt (AVA) in Göttingen viele die Konstruktion begleitende Hochgeschwindigkeitsmessungen an Modellen durchgeführt werden. In Göttingen untersuchte man verschiedene Rumpfspitzen, Waffengondeln und Vorflügelvarianten auf ihren Strömungseinfluß.

Etwa Mitte 1942 war die Zelle der ersten Me 163B-V1 (VD + EK) in Augsburg so weit fertiggestellt, daß ab dem 26. Juni 1942 Schleppstarts und Gleitflüge vorgenommen werden konnten. Ein einbaufertiges Triebwerk stellten zu diesem Zeitpunkt weder die Firma Walter noch BMW zur Verfügung. Etwa einen Monat später war auch das zweite Exemplar Me 163B-V2 (VD + EL) fertiggestellt.[15]

Während der ersten Schleppstarts hatte Heini Dittmar festgestellt, daß die Lage des Flugzeuges über die ersten 600 bis 800 m für einen Start mit Triebwerk viel zu ungünstig gewesen wäre. Solange es in Dreipunktauflage rollte, war wegen des niedrigen Sporns der Anstellwinkel so groß, daß einerseits der Strömungswiderstand sehr hoch (Treibstoffverbrauch) und dem Piloten keine Sicht nach vorne gegeben war. Eine konstruktive Änderung ließ sich nicht umgehen. Dipl.-Ing. Hubert von der Abteilung »L« in Augsburg bat Hauptmann Späte zu einer Besprechung, da mit der Änderung in der laufenden Serienproduktion der 70 geplanten Flugzeuge ein Terminverzug unumgänglich war. Die von Flugkapitän Dittmar vorgeschlagene Lösung sah einen nach unten verlängerten Sporn vor, der noch mit einem Spornrad ausgerüstet wurde, wodurch die Rollage fast derjenigen eines mit Bugrad ausgerüsteten Flugzeuges entsprach. An der Me 163B-V1 wurde dieser neue Sporn in provisorischer Ausführung erfolgreich erprobt. Später wurde er zu einem einziehbaren und an die Seitenruderlenkung angekoppelten Sporn vervollkommnet. In dem achten seiner vielen Arbeitsberichte, worin Hauptmann Wolfgang Späte die Änderung und den Terminverzug gegenüber dem Amt und dem Luftwaffenführungsstab vertreten mußte, schlug er noch eine ähnliche Vergrößerung des Sporns bei den fertigen Me-163A-Schulflugzeugen vor. Von Berlin kamen keine Einwände gegen diese Maßnahme.[8]

Im Oktober 1942 erlitt Flugkapitän Dittmar beim Einfliegen der Me 163A-V12 ohne Triebwerk in Augsburg bei der Landung eine schwere Wirbelsäulenverletzung. Aus irgendeinem Grund war die gefederte Landekufe nicht ausgefahren, und der Kufenschacht hatte den Landestoß ohne abfangende Federung hart auf den Pilotensitz übertragen. Die Untersuchung durch den von Hauptmann Späte herbeigeholten Flugmediziner und Spezialisten Dr. Justus Schneider ergab, daß einerseits der nicht gefederte Pilotensistz und andererseits die anatomische Form des Sitzes als Ursachen der schweren Verletzung anzusehen waren. Die Formgebung hatte man zwar in guter Absicht gewählt, sie übertrug aber alle Vertikalstöße voll auf das Rückgrat, ohne dem Oberkörper, da er ja fest angeschnallt war, eine Ausweichmöglichkeit zu geben. Diese Erfahrung berücksitigte man bei der Me-163B-Ausrüstung durch einen gefederten Sitz, dessen Schale nicht gewölbt, sondern fast eben gestaltet wurde, womit die natürlichen »Knautschzonen« des Körpers wirksam werden konnten. Die A-Version erhielt wenigstens eine zusätzliche Federung.[8, 15]

Bei der Diskussion des Unfalls von Heini Dittmar und der Ausführung der notwendigen Sitzfederung brachte Dr. Schneider wegen des nur geringen vorhandenen Raumes als Vorschlag die Torsionsrohrfederung ins Gespräch. Aus Mangel an Entwicklungskapazität wandte sich Dr. Lippisch darauf an einen Herrn Latscher in Wien, der dort ein Ingenieurbüro unterhielt. Herr Latscher fand eine elegante Lösung für die Sitzfederung und konstruierte auch in kurzer Zeit ein neues Abwurf-Rollwerk für die Me 163A. Beide Lösungen gingen von dem Prinzip der Torsionsrohrfederung aus. Das sogenannte »Latscher-Fahrwerk« beseitigte besonders die Eigenschaft des starken Schaukelns der Me 163 auf unebenen Grasstartbahnen beim Roll- und Startvorgang. Im Oktober 1942 konnte das erste Fahrwerk an der Me 163A-V10 erprobt werden. Es bewährte sich fortan bei vielen Schulstarts in allen Situationen hervorragend.

Nach dem Ausfall von Flugkapitän Dittmar lag die weitere Firmenerprobung der Me-163A- und B-Muster in den Händen von Rudolf Opitz. In Peenemünde und Augsburg absolvierte er viele Flüge für die Werkerprobung, wobei er auch noch als Pilot für Flüge der E-Stelle einsprang, die mit der Me 163 nichts zu tun hatten.[8, 15]

Aber zunächst hatte Leutnant Rudolf Opitz, der als früherer Lastenseglerpilot der Luftwaffe auch einen militärischen Rang bekleidete, wenige Tage nach dem Unfall von Dittmar einen für diesen vorgesehenen Erprobungsflug mit dem Bremsfallschirm durchzuführen. Der Schirm sollte dem Zweck dienen, im Notfall das Flugzeug von etwa 900 km/h auf 500 km/h abzubremsen, um dem Piloten ein gefahrloses Abspringen mit dem Fallschirm zu gestatten. Ähnliches wollte man bei der He

176 mit der absprengbaren Kanzel erreichen. Der Fallschirm ließ sich aber nach dem Öffnen nicht, wie geplant, absprengen. Opitz konnte wegen des großen Luftwiderstandes mit dem offenen Schirm nicht mehr zum Platz zurückkommen und mußte auf einem in der Nähe befindlichen Acker landen, was ihm ohne Beschädigungen gelang.

Der Herbst 1942 war von großer fliegerischer Aktivität auf dem Augsburger und dem Lechfelder Flugplatz geprägt. Mit der Me 163A, aber auch mit den ersten beiden Me-163B-Mustern waren viele Starts durchzuführen, um Verbesserungen und Änderungen des Fahrwerkes und der Landekufe zu erproben. Hierbei waren neben Opitz auch Späte und Oberleutnant Joschi Pöhs vom EK16 als Piloten beteiligt. Nachdem die Me 163B-V2 bereits die komplette Funkanlage erhalten hatte, mußten erste Erprobungsflüge mit der Stromversorgung durchgeführt werden, um deren Eignung für die Versorgung des gesamten elektrischen Bordnetzes im Flugbetrieb zu ermitteln. Wie schon erwähnt, lieferte im Flug ein durch eine Luftschraube – »Seppler-Schraube« – angetriebener Generator, im Pufferbetrieb mit einem Akku verhältnismäßig geringer Kapazität, die elektrische Energie. Diese Flüge dienten gleichzeitig zur Erprobung der eingebauten MG151-Bordwaffen, wobei im Sturzflug neben dem Rollfeld aufgestellte Zielscheiben beschossen wurden. Diese Flüge führte man alle im Segelflug durch, wobei ein Me-110-Schleppflugzeug das Erprobungsflugzeug auf 2000 oder 3000 m Höhe brachte. Der gewöhnlich zweimalige Anflug der Scheiben konnte mit 800 km/h und nach dem Abfangen und nochmaligen Hochziehen auf 600 bis 800 m Höhe mit 500 km/h ein zweites Mal durchgeführt werden.[8]

Am 30. Oktober 1942 ereignete sich in Regensburg ein folgenschwerer Unfall beim Einfliegen der Me 163B-V5. Dazu ist vorauszuschicken, daß Hanna Reitsch im Oktober 1942 eines Tages bei Dr. Lippisch in Augsburg auftauchte, um sich als Erprobungspilotin für die Me 163 anzubieten. Lippisch war einverstanden. Aber Heini Dittmar als bisheriger Chefpilot der Me 163 hatte zu Hanna schon von der DFS her kein gutes Verhältnis und wollte bei einer Beteiligung von Frau Reitsch an den Erprobungsflügen sein Amt niederlegen. Die ganze Abteilung »L« einschließlich Rudolf Opitz wußte, daß die Einsatzreife der Me 163 ohne das fliegerische Können von Heini Dittmar stark gefährdet oder nicht zu erreichen war. Da Dr. Lippisch bereit war, Hanna Reitsch auch gegen den Willen von Dittmar an der Erprobung zu beteiligen, erwarteten alle eine Lösung des Personalproblems vom Chef des Erprobungskommandos, von Wolfgang Späte. Diesem fiel ein, daß im Messerschmitt-Werk in Regensburg für die Abnahmeflüge der Serienflugzeuge ein erfahrener Pilot gesucht wurde. Mit dieser optimalen Lösung war auch das RLM einverstanden. Hanna Reitsch wurde in das Projekt Me 163 eingebunden, und Heini Dittmar blieb der Erprobung erhalten. Soweit die Vorgeschichte.

Der Unfall selbst war dadurch ausgelöst worden, daß sich das Rollwerk nach dem Start zum Erprobungsflug nicht hatte abwerfen lassen. Flugkapitän Hanna Reitsch versuchte durch alle möglichen Fluglagen die lästigen Räder loszuwerden, was aber nicht gelang. So war die Pilotin gezwungen, mit dem Fahrwerk zu landen, kam aber nicht ganz an den Platz heran und setzte auf einem frisch gepflügten Acker auf. »... Das Flugzeug machte zwei Sprünge, nachdem ein Rad des Fahrwerks abgebrochen war, und blieb nach einer Rechtsdrehung um 180° ohne große Beschädigung liegen. Flugkapitän Hanna Reitsch war durch den Landestoß mit dem Kopf auf dem Reflexvisier aufgeschlagen. Dies war dadurch begünstigt bzw. überhaupt möglich gewesen, weil sie wegen ihrer geringen Körpergröße dicke Rückenpolster benutzte und daher weit vorne saß und sich vermutlich nicht besonders fest angeschnallt hatte. ...« So hieß es u. a. im Arbeitsbericht Nr. 11 von Hauptmann Wolfgang Späte.

Hanna Reitsch erlitt einen vierfachen Schädelbasisbruch, zwei Gesichtsschädelbrüche, eine Versetzung des Oberkiefers und eine Gehirnquetschung. Von der Nase schien nicht mehr viel übriggeblieben zu sein. Mit einem Taschentuch vor dem Gesicht saß Hanna in der Kabine der Me 163, als Opitz und Elias bei ihr eintrafen. Auf ihrem Notizblock befanden sich entsprechende Vermerke über den Hergang des Unfalls! Nachdem sie aus dem Flugzeug gehoben worden war, ging sie zu Fuß zum Flugplatz und ließ sich mit einem normalen PKW, in dem sie aufrecht neben dem Fahrer saß, ins Krankenhaus fahren. Der Betriebsarzt und Opitz begleiteten sie. Zu Fuß ging Frau Reitsch dann über eine Nebentreppe in den dritten Stock bis zur Wohnung eines Arztes. Von dort wurde erst das Krankenhaus verständigt.

Nach mehreren Operationen und bedenklichem Zustand ging es ihr besser. Mit ungeheurer Willenskraft und selbsterdachtem autogenem Training konnte Hanna Reitsch die Folgen der schweren Verletzung nach Jahresfrist überwinden.[8]

Mit der intensiven Flugerprobung begann auch die Kleinarbeit zur Beseitigung der durch sie ermittelten Mängel. Im Winter 1942/43 lief eine hektische Flugaktivität ab, wobei der inzwischen zum Oberleutnant beförderte Rudolf Opitz die vielen in Augsburg und Peenemünde anfallenden Werk-Erprobungsflüge durchführte und die Piloten des EK16, Späte, Kiel und Pöhs, ihn nach Kräften entlasteten. Aus der zunächst hölzernen Landekufe der Me 163B wurde eine Metallkufe. Anfangs zu schmal, mußte sie verbreitert und verstärkt werden. Die Hydraulik der Kufenfederung war zu störanfällig. Es gab keine Erfahrungen von anderen Flugzeugen. Alles war neu an dem Raketenjäger. Die Plexiglasabdeckung der Kabine war nicht verzerrungsfrei, was nach Verringerung der Materialstärke von 8 auf 6 mm bei den Firmen Kopperschmidt & Söhne bzw. Röhm & Haas beseitigt wurde. Um Weihnachten 1942 machte Dipl.-Ing Carl Ruthammer nach einem Besuch bei der Abteilung »L« in Augsburg Hauptmann Späte darauf aufmerksam, daß es bei der Weiterentwicklung der Me 163B offenbar nach dem Flug des ersten Prototyps nicht mehr recht weitergehe. Da auch andere Eingeweihte der gleichen Meinung waren, machte Späte noch vor dem Weihnachtsfest anläßlich einer Dienstreise der ganzen Lippisch-Mannschaft schwere Vorwürfe wegen der ihm gemeldeten Saumseligkeit. Zu seinem Erstaunen gaben alle um ihn versammelten führenden Mitarbeiter Lippischs ohne Protest klein bei. Alle gaben ehrlich zu, daß sie bei den vorgesehenen Einbauten für den militärischen Einsatz mit dem Schwerpunkt des Flugzeuges nicht mehr zurechtkamen. Der Schwerpunkt eines schwanzlosen Flugzeuges liegt konstruktionsbedingt verhältnismäßig dicht vor dem Neutralpunkt. Sofern durch zusätzliche Einbauten der Schwerpunkt unzulässig nach hinten verlagert wird, ist das Flugzeug nicht mehr zu fliegen.

Da war zunächst das Triebwerk, das heckseitig schwerer als vorgesehen ausfiel. Der zusätzlich geplante Bremsfallschirm vergrößerte die Hecklastigkeit mit etwa weiteren 4 kg. Die Druckkabine stellte eine ziemliche Gewichtsvergrößerung dar, die zwar vor dem Neutralpunkt wirksam wurde, benötigte aber wieder eine am

Triebwerk anzuflanschende Pumpe, die weit hinter dem Neutralpunkt lag. Der Schutz für die Treibstoffbehälter bedeutete gleichfalls eine Verlagerung des Schwerpunktes nach hinten. Die taktische Bremse zur Geschwindigkeitsverminderung kurz vor dem Angriff, die dem Piloten eine längere Zeit für den Einsatz seiner Bordwaffen geben sollte, war zwar nicht schwerpunktverändernd, bedeutete aber wieder etliche Kilogramm Gewicht. Ihre Wirksamkeit war außerdem noch nicht zufriedenstellend. Das Strahlruder hatte sich zwar bei kaltem Schub der Me 163A bewährt, würde aber in den heißen Feuergasen des Me-163B-Antriebes mit dem bisher verwendeten Material nicht standhalten. Der neue einziehbare Sporn mit Spornrolle belastete das Heck wieder mit zusätzlichem Gewicht. Das waren die hauptsächlichen Fakten, die den Aerodynamikern der Abteilung »L« die Verwirklichung der nachträglichen Forderungen unmöglich machten, obwohl diese sich im Laufe der Erprobung zur Verbesserung der Me 163B als mehr oder weniger notwendig herausgestellt hatten.

Auf Befragen von Hauptmann Späte, wie es nun weitergehen solle, erklärte Dr. Lippisch widerstrebend, daß nur noch ein V-Leitwerk am Rumpfheck anstelle des einteiligen Seitenleitwerkes die heckseitige Schwerpunktverlagerung durch seine Auftriebskomponente ausgleichen könne. Diese Änderung, so führte Lippisch weiter aus, mache aus seiner schönen Schwanzlosen eine Mißgeburt, würde aber auch eine vollkommene Umkonstruktion der Steuerungsanlage notwendig machen, wobei wegen der zusätzlich auftretenden Momente des V-Leitwerkes eventuell auch eine Rumpfverstärkung notwendig würde. Die Änderung hätte auch ein Neueinfliegen des gesamten Flugzeuges zur Folge gehabt. Dr. Lippisch hatte sich trotzdem dazu durchgerungen, von zwei Mitarbeitern ein neues V-Leitwerk zeichnen zu lassen. Wolfgang Späte läßt ihn in seinem Buch »Der streng geheime Vogel« den bezeichnenden Satz sagen: »Man soll mir nicht ideologischen Starrsinn vorwerfen.«

Nach dem Offenbarungseid der etwa sechs um Hauptmann Späte versammelten Führungskräfte von Lippischs Abteilung »L« herrschte bedrückende Stille. Späte brach dieses Schweigen und machte den radikalen Vorschlag, die Verwirklichung der ganzen nachträglichen Forderungen einfach fallenzulassen. Demzufolge sollte auf die Druckkabine verzichtet, der Bremsfallschirm fallengelassen, die taktische Bremse weggelassen und der Behälterschutz nicht eingebaut werden. Nur über den neuen, verlängerten Sporn mit Rolle ließ Späte nicht mit sich reden. Alle stimmten dem Vorschlag erleichtert zu, der einer großen Kommission im RLM unterbreitet und von ihr auch genehmigt wurde. Ein von Hauptmann Späte in seinen zwei folgenden Arbeitsberichten vorsichtshalber verlangtes Versuchsmuster mit V-Leitwerk wurde nicht genehmigt.[8]

Neben der eben geschilderten grundsätzlichen Diskussion und der durch sie ausgelösten weitreichenden Entscheidungen bezüglich des Aufbaues der Me 163B mußte immer wieder und hauptsächlich Kleinarbeit geleistet werden. So waren auch viele Eingangskontrollen an Teilen und Baugruppen der Zulieferindustrie notwendig, wobei sich z. B. herausstellte, daß die Hauptbolzen der Flächenanschlußbeschläge bis maximal 2 mm Spiel besaßen! Bei hohen Geschwindigkeiten hätte das zum Abmontieren der Tragflächen führen können. Die Firma Messerschmitt hatte die Fertigung der ersten 70 Tragflächenpaare an ein ehemaliges Lastenseglerwerk in Zeulenroda vergeben.

Wenn die Me 163 auf der Kufe gelandet war, mußte sie erst hochgebockt, auf Räder gestellt und konnte dann erst fortgefahren werden. Da dies erfahrungsgemäß 25 bis 30 min dauerte und im Einsatz zu unzulässiger Blockierung der Start- und Landebahn geführt hätte, machte der Oberleutnant Pöhs des EK16 den Vorschlag eines Schnelltransportwagens. Dieses vorne einachsige mit darüber liegendem Motor, Führersitz und Lenkrad ausgeführte Fahrzeug stützte sich heckseitig auf ein hydraulisch zu betätigendes Hebegerät mit Raupenlaufwerk ab. Der gabelförmige Ausleger, ähnlich dem eines Bombenwagens, griff beidseitig vom Rumpf der Me 163 unter ihre Flächenwurzeln. Nachdem das Flugzeug angehoben war, konnte der »Scheuch-Schlepper«, wie das Gefährt später hieß, mit seiner Last schnell aus dem Landebereich herausfahren. Das Fahrzeug war auch ohne Hebegerät, sowohl mit Ketten- als auch mit Radlaufwerk, allein als Schlepper verwendbar.

Nachdem die Vorerprobung mit den ersten beiden Me 163B weitgehend abgeschlossen und in die V21 das erste »heiße« Walter-Triebwerk eingebaut war, hatte man für den 24. Juni 1943 den ersten offiziellen Triebwerkstart einer Me 163B in Peenemünde-West vorbereitet. Die Verantwortung für die Durchführung dieser Vorführung lag in den Händen der Industrie, speziell der Firmen Messerschmitt und Walter. Als Pilot hatte nach dem Unfall von Heini Dittmar Rudolf Opitz die Aufgabe als Chefpilot und Einflieger für die Werkerprobung übernommen. Eine große Zahl von Besuchern füllte an jenem Morgen die Casino- und Eßräume der Kantine Dörres und versammelte sich danach in Gruppen am Rande des Rollfeldes, über dem ein kräftiger Nordwestwind wehte. Das EK16 war vollzählig erschienen, und wer irgendwie von der Abteilung »L« abkömmlich war, hatte sich von Augsburg eingefunden. Aus Laupheim, südlich von Ulm, wohin inzwischen die Me-163-Fertigung von Messerschmitt unter der Bezeichnung »Fahrzeugbau Laupheim« verlegt war, hatten sich, außer dem Sonderbeauftragten Schmedemann, etliche Interessierte von den dort etwa 270 Beschäftigten eingefunden.

Ein Zuschauer, dem sich an diesem Tag ein beruflicher Lebenstraum zu erfüllen schien, war ebenfalls gekommen, Dr. Alexander Lippisch. Zwar war er am 30. Juni bei Messerschmitt ausgeschieden, wollte sich aber sicher die Gelegenheit nicht entgehen lassen, in dem Erstflug der Me 163B seinen über Jahrzehnte verfolgten Nurflügelgedanken in einem gewissen Abschluß des Entwicklungszustandes verwirklicht zu sehen. Auch war es für ihn sicher nicht unwichtig, wenn nach dem gelungenen Flug, wahrscheinlich über die ersten Flugzeuge hinaus, weitere Me 163 in Auftrag gegeben wurden. Mit den Lizenzgebühren erhielt Dr. Lippisch dann nach vielen Jahren erstmals auch eine materielle Anerkennung.

Von der Firma Walter war neben der Triebwerkmannschaft auch der Technische Leiter Dipl.-Ing. Emil Kruska, ein langjähriger führender Mitarbeiter von Professor Hellmuth Walter, anwesend.

Mehrere Ju 52 landeten mit weiteren Besuchern aus dem RLM und dem Generalstab der Luftwaffe. Flugzeuge mit Angehörigen der E-Stelle Rechlin und der Bordwaffen-Erprobungsstelle Tarnewitz trafen ebenfalls ein. Neben dem General der Jagdflieger Galland, zeigten auch weitere Waffengeneräle ihr Interesse an dem Erstflug der Me 163B.

Der im Laufe des Vormittags vorgesehene Start der V21 (VA + SS) verzögerte sich bis in den Nachmittag hinein, da noch auf den verspätet eintreffenden Generalfeldmarschall Milch gewartet werden mußte. Nach seiner Ankunft wurde das halbvoll betankte Flugzeug von der schon erwähnten Holzhalle, westlich der Halle W1, im Schlepp mit Schrittempo eines Lastwagens zum Startplatz gezogen. An der linken und rechten Flächenspitze des leicht schwankenden Flugzeuges ging je ein Mann des Werkstattrupps von Elias, um gegebenenfalls richtungskorrigierend eingreifen zu können. Dicht dahinter folgte ein Wasserlöschwagen der E-Stellen-Feuerwehr, und ein weiterer Angehöriger der Werkstatt begleitete den Konvoi mit einem Handfeuerlöscher. Der vom Piloten Rudolf Opitz gewählte Startpunkt befand sich auf der grasbewachsenen Rollfeldfläche, diesmal wegen der Windrichtung etwa 200 m nördlich der beiden Gebäude Halle W3 und Flugleitung W25. Die nordwestliche Startrichtung verlief also zwischen den beiden betonierten Abschnitten der nordwestlichen und der ostwestlichen Startbahn, womit der Pilot etwa eine Startstrecke von 1,8 km vor sich hatte (Abb. 7). Diese reine Graspiste war notwendig, da die V21 noch nicht den neuen Sporn mit Rad eingebaut hatte und heckseitig den ursprünglichen Schleifsporn besaß, der mit seinem Steuerkiel die weiche Grasnarbe bis zum Schluß des Dreipunkt-Rollvorganges benötigte.

Rudolf Opitz hatte schon den einzigen vorhandenen, ihm eine Nummer zu großen, weißen PVC-Schutzanzug angezogen, den auch Heini Dittmar bisher bei den Triebwerkstarts benutzt hatte. Die Vermutung ist nicht so abwegig, daß dieser Anzug noch aus der Zeit von Erich Warsitz stammte. Nachdem der für den praktischen Einbau des Triebwerkes zuständige Walter-Werkmeister Jahnke auf Anordnung von Opitz den Starthebel gängiger gemacht hatte, kletterte der Pilot über eine kleine, an den Rumpf angelehnte Stahlleiter in das Cockpit der Me 163B. Willi Elias, der Vertreter der Firma Messerschmitt, und Jahnke stiegen danach auf die Leiter und waren Opitz bei den Startvorbereitungen behilflich. Der Pilot zog die Anschnallgurte fest, stülpte die Sauerstoffmaske über Mund und Nase und zog über die Augen eine Fliegerbrille, um so gegen eventuellen T-Stoff-Dampf geschützt zu sein. Die Plexiglashaube wurde geschlossen und die Leiter weggezogen. Auf Anweisung von Jahnke traten einige hundert Zuschauer auf eine durch Männer des EK16 markierte Entfernung zurück.

Während mit dem Triebwerk der Me 163B schon das Anlaßverfahren geschildert wurde, soll jetzt dieser Vorgang auch von einem am Flugzeug stehenden Zuschauer in seiner Auswirkung beschrieben werden. Nach Schließen der Haube überprüfte Opitz nochmals alle Schalter und Armaturen. Man sah es an den Bewegungen seines Kopfes. Die Trimmung war auf 5° hecklastig zu stellen. Als erste Maßnahme zum Start des Triebwerkes war der am vorderen Gerätebrett links unten angeordnete Knopf des Bordnetzschalters zu drücken. Dadurch versorgte die vom außen angeschlossenen Startwagen gepufferte Bordbatterie alle Verbraucher des Bordnetzes. Die elektrischen Bordanzeigeinstrumente lagen an Spannung und waren betriebsbereit. Jetzt war ein höher werdendes Singen des Anlaßmotors und der Turbopumpe zu hören. Nach kurzer Zeit trat unterhalb des Rumpfes weißer Abdampf der jetzt angetriebenen Turbine ins Freie und wurde vom steifen Nordwestwind nach hinten weggerissen. Für den eingeweihten Zuschauer war ein leichtes Absinken der Turbinendrehzahl hörbar, weil die beiden Pumpen mit der Förderung des Treibstoffes begannen. Fast zur gleichen Zeit setzte in der Brennkammer mit einem Knall und anschließendem orgelndem Rauschen des sich bildenden Triebwerkstrahles die erste Betriebsstufe des Raketenmotors ein. Eine spitze

Schweißflamme hatte sich an der Düsenmündung gebildet. Ein Monteur aus dem Werkstatt-Trupp von Willi Elias zog den Stecker des Batteriewagens, der bisher die Stromversorgung für den Anlaßvorgang übernommen hatte, aus der Steckverbindung an der vorderen rechten Rumpfseite heraus. Nachdem Opitz den Schubhebel über die zweite und dritte Raste vorgeschoben hatte, setzte der volle Schub ein. Sofern man in der Nähe des startenden Flugzeuges stand, schwoll das Triebwerkgeräusch bis zur Unerträglichkeit an, und man mußte die Hände schützend vor die Ohren halten. An der Düsenöffnung hatte sich die bisher kurze, spitze, in eine meterlange, wie trübes Glas aussehende Flamme verwandelt, in der sich auch die Machschen Knoten ausbildeten.

Aber schon bevor der volle Schub der Brennkammer einsetzte, war die Me 163-V21 mit einem etwas plump wirkenden Hüpfer über die vorgelegten Bremsklötze gerollt und begann mit zunächst geringer und dann rascher werdender Geschwindigkeit auf nordwestlichem Kurs über das Rollfeld zu jagen. Mit einem Schub von 1,5 t entfernte sich das kleine, mit 2560 kg Gewicht nur halbvoll betankte Flugzeug vom Startpunkt. Von hinten gesehen, verschwammen die Konturen des Raketenflugzeuges durch Staub, aufgewirbelte Grasbüschel und die flimmernde Luft des heißen Gasstrahles. Nur das grelle Licht der Düsenöffnung leuchtete noch scharf umrissen aus dem Dunst der Wirbelschleppe hervor.

Alle Eingeweihten merkten, daß es vom Triebwerk her ein guter Start werden mußte. Das Flugzeug war von seiner Startrichtung etwas nach rechts abgekommen und rollte noch in Dreipunktauflage, als es plötzlich etwa 3 bis 4 m in die Luft stieg. Dabei behielt es seine Lage im Raum bei, war also schon steuerbar, aber noch nicht flugfähig, da es wieder zu Boden sackte und mit solcher Wucht aufschlug, daß die Kufe voll eingedrückt, das rechte Rad abgerissen und das linke nach oben in den Rumpf gedrückt wurde. Alle Spezialisten waren sich einig: Sofort Triebwerk aus und den Start abbrechen. Aber Rudolf Opitz ließ den Schub voll drin, rutschte auf der Kufe weiter, wobei die Geschwindigkeit trotzdem zunahm und das Flugzeug nach etwa 100 m Rutschstrecke, so als sei nichts geschehen, vom Boden abhob. Nach kurzer Zeit fiel der Rest des Fahrwerkes ab, und in flachem Steigwinkel ging Opitz mit etwa 500 km/h in eine Linkskurve, stieg bis etwa 2000 m Höhe, um mit hoher Geschwindigkeit in den Horizontalflug überzugehen. Danach setzte das Triebwerk aus, der Treibstoff war verbraucht. In weiter Kurve umrundete Opitz den Peenemünder Haken im Segelflug und landete anschließend glatt auf der ausgefahrenen Kufe.

Opitz berichtete nach dem Flug, daß ihn eine Bodenwelle nach oben geschleudert habe, er aber das sichere Gefühl gehabt habe, trotz des Gleitens auf der Kufe, noch in die Luft zu kommen.

Nach der Landung fragte GFM Milch Stabsingenieur Eick, der inzwischen Nachfolger von Stabsingenieur Antz im Technischen Amt GL/C-E2 des RLM geworden war: »Was kriegt denn der Opitz für seinen riskanten Flug?« Als Eick erwiderte, daß er keine besondere Vergütung dafür bekäme, sagte Milch spontan: »Dann wollen wir ihm aus Mitteln, die Sie schon irgendwo flüssigmachen werden, eine Prämie von 5000 Mark auszahlen.«

Ehe GFM Milch nach Berlin zurückflog, fragte er Hauptmann Späte, wie er die Me 163 einschätze und ob sie weiter verfolgt oder zugunsten des ebenfalls in Entwicklung befindlichen TL-Jägers Me 262 ad acta gelegt werden sollte. Wolfgang

Späte befürwortete den Weiterbau und sagte abschließend: »... Wenn ich auch zu 100 % hinter der Me 163 stehe, die Me 262 bewerte ich mit 300 %!«.[8]

Diese Bewertung Spätes sollte sich noch in der Kriegszeit in Deutschland und in der Nachkriegszeit in der allgemeinen internationalen Entwicklung niederschlagen. Das Turbinen-Luftstrahl-Triebwerk (TL-Triebwerk) setzte sich zukünftig als allgemeiner Antrieb für Militär- und später auch für Zivilflugzeuge durch. Von Forschungsflugzeugen abgesehen, eröffneten die immer stärker werdenden TL-Triebwerke mit ihrem Einstoffsystem längere Betriebszeiten und einen einfacheren, ungefährlicheren Umgang mit dem Treibstoff bei immer größer werdender Überschallgeschwindigkeit.

Der erste erfolgreiche Triebwerkstart einer Me 163B mit dem »heißen« Walter-Raketenmotor brachte dem ganzen Projekt einen großen Auftrieb. Aber zunächst kam der erste Luftangriff auf Peenemünde vom 17./18. August 1943, der eine sofortige Verlegung des EK16 zunächst nach Anklam und wegen des dort nicht geeigneten Flugplatzes anschließend nach Bad Zwischenahn veranlaßte. Dieser mit drei Startbahnen, vier Hallen und einer Werft ausgestattete Platz war hervorragend geeignet, obwohl noch eine andere Einheit auf dem Platz lag und vom EK16 zunächst nur die Halle A belegt wurde.[8]

Ab Sommer 1943 wurde das Kommando ständig verstärkt und besaß bis zum Herbst etwa 20 Flugzeugführer und entsprechendes Wartungspersonal. Das sollte der Stamm der ersten Me-163-Jagdgruppe sein.

Eine wichtige Voraussetzung für den Einsatz des Raketenjägers war das möglichst schnelle und direkte Heranführen des Flugzeuges an den Feind. Dies geboten besonders die geringe zur Verfügung stehende Betriebszeit des Raketenmotors mit 5 min Vollschub und die große Geschwindigkeit. Hierbei war die Gruppe E4 der E-Stelle nicht mit einem eigenen nachrichtentechnischen Lösungsvorschlag beteiligt, sondern führte nur den Einbau und die technische Überprüfung der von der taktischen Seite her geforderten Funkanlage durch. So wurde der Einbau wie die Funktion des FuG 16 ZE bzw. 16 ZY für den UKW-Sprech- und Zielflugverkehr und des FuG 25a – Funkfeuerempfanggerätes – geklärt. Es wurde also nur technische Unterstützung hinsichtlich Aufbau und Betreuung der Anlagen und Geräte für die Versuche des EK16 mit den Verfahren »Egon«, »Korff« und »Telefunken« geleistet.[17]

Für die jeweiligen Sender war hinter der Plexiglashaube, auf dem Rumpf und nach hinten leicht geneigt, eine Schwertantenne und unter der linken Tragfläche eine weitere kleine, senkrecht nach unten zeigende Schwertantenne montiert. Für die Empfänger befanden sich im Trag- und Höhenleitwerk eingelegte Drahtantennen.

Auf die Anforderung von Hauptmann Späte, einen für die Ausarbeitung des Jägerleitverfahrens der Me 163 geeigneten Mann zugeteilt zu bekommen, meldete sich noch in Peenemünde der Nachrichten-Oberleutnant d. R. Gustav Korff bei ihm. Dieser schmächtige, bescheidene, aber vor Ideen sprühende Offizier brachte es in kürzester Zeit fertig, ein Leitverfahren auszuarbeiten und praktisch erstmals in Bad Zwischenahn mit Hilfe eines Me-110/Me-163B-V8-Schleppgespannes vorzuführen. Auch im späteren Einsatz bewährte sich das Verfahren ausgezeichnet.

Oberleutnant Korff löste nicht nur das Leitverfahren für die Me 163, sondern schlug auch die bei den Nachtjägern teilweise eingesetzte Bewaffnung der »schrägen Musik« für die Me 163 vor. Dieses System bestand aus schräg nach oben gerichteten Bordkanonen, die es dem Nachtjäger ermöglichten, sich bei Nacht mit Hilfe seines Funkmeßgerätes unbemerkt durch Fahrtangleich unter einen Feindbomber zu »schleichen« und so in guter Schußposition seine Waffen aus nächster Nähe einzusetzen. Da am Tage eine derartige Annäherungsweise mit der Me 163 wegen des feindlichen Abwehrfeuers nicht möglich war, sah Korff ein Unterfliegen des Feindzieles mit voller Geschwindigkeit von 800 bzw. 900 km/h vor und ließ seine Waffen durch einen modulierten Infrarot-Abtaststrahl, der ebenfalls nach oben gerichtet war, automatisch auslösen. Auch war ein Unterfliegen des Zieles von vorne möglich. Oberleutnant Korff hatte damit aus der Not eine Tugend gemacht. Er nutzte die hohe Geschwindigkeitsdifferenz zwischen Angreifer und Ziel, die dem Jäger nur einige Sekunden zum Zielen und Waffeneinsatz beim klassichen Zielanflug, z. B. von hinten, auf einen Bomber gegeben hätte, zugunsten des Jagdflugzeuges aus. Durch den großen Fahrtüberschuß bzw. die sich addierenden Geschwindigkeiten bestand für den Feindbomber kaum eine Abwehrchance, wie wir im nächsten Kapitel noch sehen werden, wo auf Korffs Arbeiten noch näher eingegangen wird.

Im Herbst 1943 entfaltete das EK16 auf dem Flugplatz Zwischenahn eine große Aktivität in der Ausbildung des Bodenpersonals und in der Schulung der Piloten. Der Flugbetrieb mit Segelflugzeugen, einschließlich Stummelhabicht, und Schleppflügen der Me 163A und B mit und ohne Wasserballast erfüllte das Rollfeld mit Leben. In eine installierte Unterdruckkammer mußten alle Piloten hinein, nachdem sie einen dreiwöchigen Höhenanpassungslehrgang auf der Zugspitze absolviert hatten. In der Unterdruckkammer wurde über ein bis zwei Stunden täglich trainiert. Die Flugmediziner hatten herausgefunden, daß der längere Aufenthalt in großer Höhe, von z. B. 3000 m, einem Menschen eine große Höhenfestigkeit verleiht. So war neben der Technik auch der Dienstbetrieb einer Raketenflieger-Einheit zu erproben, der beim Umgang mit den Spezialtreibstoffen begann und über Zellen- und Triebwerkkunde in bezug auf neuartige Geräte, medizinische Betreuung bis hin zu einer Spezialausbildung der Piloten reichte. Bei dem Ganzen, für eine militärische Truppe vielfach technisches und organisatorisches Neuland, war Oberleutnant Joschi Pöhs mit seiner Erfahrung als Jagdflieger und der ausgezeichneten technischen Begabung für Wolfgang Späte als Technischer Offizier eine unersetzliche Hilfe.(8)

Zur Unterstützung der Werkerprobung in Lechfeld hatte der KdE, Oberst Petersen in Rechlin, 50 Ingenieure, Techniker und Wartungspersonal aus Peenemünde-West ausgegliedert und unter der Bezeichnung »Kommando Hummel« dort zur Verfügung gestellt. Im Laufe des Jahres 1944 wurde das Kommando nach Zwischenahn verlegt, wo es bis zum Herbst 1944 blieb und der Truppe wertvolle Dienste leistete, um dann nach Peenemünde zurückzukehren.

In Lechfeld, wo die Erprobung mit den ersten 20 noch bei Messerschmitt in Augsburg gefertigten Nullserien-Flugzeugen Me 163B-0 durchgeführt wurde, leistete die Peenemünder Spezialgruppe gute Arbeit und konnte nach und nach die Fehler einer Nullserie analysieren und abstellen. Die Zahl von 20 Flugzeugen, von denen 11 durch Bombenangriffe zerstört wurden, erhöhte man später auf weitere 50, die bei Klemm in Böblingen gefertigt wurden.

Am 30. November 1943 ereignete sich der erste tödliche Unfall bei der Truppenerprobung. Der erfahrene Flugzeugführer Oberfeldwebel Wörndl war aus einer steilen Kurve mit der Me 163A-V6 im Landeanflug abgeschmiert. Beim Aufschlag explodierte das Flugzeug und riß einen großen Trichter auf. Ein Nachfliegen der Absturzsituation von Pöhs und Späte ergab die Erkenntnis, daß Wörndl ein Opfer der speziellen Nurflügel-Konstruktion der Me 163 geworden war. Bei einer engen 90°-Kurve wurden die an der Tragflächenhinterkante angeordneten Höhenruder (gleichzeitig Querruder) stark auf Richtung Ziehen gestellt. Diese stark ausgestellten Ruderflächen bewirkten neben der Ruderwirkung auch eine starke Störung der Tragflächen-Umströmung, die zum Absturz von Wörndel führte. Wollte man diese Eigenschaft der Me 163 nicht zur Wirkung kommen lassen und einen Höhenverlust bei einer Steilkurve vermeiden, war neben den Höhenrudern auch das Seitenruder zu betätigen, wodurch sich eine sogenannte Schiebekurve ergab, die den Absturz verhindete.

Inzwischen war es auch der Erprobung in Lechfeld gelungen, die Schwierigkeiten mit den Landeklappen der Me 163B zu beseitigen, die sich wegen der großen Fluggeschwindigkeit und des dadurch an den Tragflächen entstehenden Soges im eingefahrenen Zustand nach außen deformierten. Die Materialumstellung auf eine Chromnickelstahl-Legierung verhinderte mit deren größerer Festigkeit die Deformation.

Etwa kurz vor Weihnachten 1943 erschien in Zwischenahn wieder Flugkapitän Hanna Reitsch. Nach einem guten Jahr hatte sie ihre großen Verletzungen überwunden und machte als einzige Frau den Schulbetrieb unter den männlichen Piloten mit. Es waren seinerzeit etwa 28 Piloten, die an der Schulung teilnahmen. Nachdem Frau Reitsch unter Hauptmann Thaler etliche Schleppstarts und zwei Triebwerkflüge mit der Me 163A durchgeführt hatte, wollte sie unbedingt auch einen der ersten Starts mit einer der beiden unterdessen in Zwischenahn eingetroffenen »Bertas« machen. Hier griff jedoch der als Weihnachtsgeschenk zum Major beförderte Wolfgang Späte ein, der seiner alten Segelfliegerkameradin bisher die Teilnahme an der Schulung gestattet hatte, und unterband weitere Flüge. Er war der richtigen Ansicht, daß jetzt mit dem Einsatzflugzeug Me 163B sofort vom ersten Flug an Luftkampfsituationen zu erproben waren. Diese konnten wiederum nur Piloten mit Front- und Luftkampferfahrung durchführen, die Hanna Reitsch nicht besaß. Die Aufgabe des EK16 lautete schließlich Truppenerprobung. Hanna Reitsch zog Späte gegenüber alle Register weiblicher Verführungskunst, um ihn umzustimmen. Major Späte gab aber nicht nach und wollte auch die Verantwortung für einen Unfall nicht übernehmen.[8] Trotzdem blieb Flugkapitän Hanna Reitsch die einzige Frau, die damals in Deutschland und sicher auch in der Welt ein Raketenflugzeug geflogen hat.

Die bei jedem Flug immer wieder vorhandene Gefahr wurde allen Beteiligten gleich am 30. Dezember 1943 wieder drastisch vor Augen geführt. Es stand ein Werkstattflug mit der Me 163A-V8 an, die bis Juli 1943 in Peenemünde zur Erprobung von Strahlrudern und Starthilfen gedient hatte. Pilot war Oberleutnant Pöhs. Kurz nach dem Abheben blieb ihm das Triebwerk stehen. Zum Aussteigen war die Höhe noch zu gering. Es gelang ihm, in einer »Todeskurve« wieder zum Rollfeld zurückzukommen. Im Einschweben mit geringer Fahrt streifte eine Flügelspitze einen Funkmast, da die schwache Ruderwirkung zum Ausweichen nicht mehr ausreichte. Das Flugzeug wurde herumgedreht und spießte mit einer Flügelspitze in den Boden, um danach, sich überschlagend, zu explodieren. Oberleutnant

Joschi Pöhs, bester Freund und unersetzlicher Mitarbeiter von Wolfgang Späte, war sofort tot. Sein Nachfolger als Technischer Offizier des KG16 wurde Oberleutnant Otto Böhner.

In der Zwischenzeit trat bei der Firma Messerschmitt immer deutlicher die Aversion gegenüber der Me 163 zutage, wie Major Späte in seinem Arbeitsbericht Nr. 32 vom 15. Januar 1944 in aller Deutlichkeit ausführte. Bis zu diesem Zeitpunkt kam gerade die dritte Me 163B in Zwischenahn an.[8] In gewisser Weise war diese Haltung verständlich, da die Firma voll mit der Entwicklung und Erprobung des TL-Jägers Me 262 beschäftigt war und die Me 163 sicher als unnütze Belastung ansah. Allerdings war die Praxis der bis an die Grenze der Sabotage verzögerten Me-163-Fertigung kein gängiger Weg, um derartige Probleme im Kriege zu lösen.

Wegen der geringen Zahl der eintreffenden Einsatzflugzeuge machte sich auch eine gewisse Unzufriedenheit bei den inzwischen ausgebildeten Piloten des EK16 breit, weshalb der ganze Verein ein zweites Mal zur Höhenanpassung in die Alpen auf das Sellajoch geschickt wurde.

In den ersten drei Monaten des Jahres 1944 machten die Triebwerke der Me 163B besondere Schwierigkeiten durch unverhofftes Aussetzen während des Startvorganges oder im Flug. Auch ließen undichte T-Stoff-Leitungen Dämpfe in die Kabine eindringen. So mußte Major Späte am 18. Februar 1944 mit der V20 den Flug in 7000 m Höhe wegen fallenden Ofendruckes abbrechen. Mit der V14 traten anschließend Dämpfe in die Kabine, und der Schub begann zu stottern, das Überhitzungswarnlicht leuchtete auf, der Flug mußte abgebrochen werden. Die nachfolgende Landung mit noch rund 1000 kg Treibstoff auf 10 cm dicker Schneeschicht und 260 km/h Landegeschwindigkeit wurde problematisch. Da die Gleitgeschwindigkeit in Platzrandnähe noch immer 120 km/h betrug, öffnete Späte kurzentschlossen die Kabinenhaube, schnallte sich ab, schob sich aus dem Cockpit heraus und ließ sich zusammengerollt über die linke Tragfläche auf den Boden fallen. Durch seinen Fallschirm, der Späte auf den Hinterkopf schlug, erlitt er eine Gehirnerschütterung, die ihn für drei Wochen im Lazarett festhielt. Als Späte eines Tages während dieser Zeit von Willi Elias besucht wurde, fragte er ihn, warum sich der Schnellablaß nicht hatte betätigen lassen, den er vor der Landung mit der V14 vergeblich zu betätigen versuchte. Verlegen mußte Elias zugeben, daß zwar der Betätigungshebel, aber wegen eines Defektes nicht das Ventil eingebaut war. Um die Kufe für Extremsituationen griffiger zu machen, hatte man sie schon vorher mit Riffelstäben im Fischgrätmuster versehen, die einen stärkeren Bremseffekt verursachten. Ausgerechnet die V14 besaß diese Kufenausführung noch nicht. Nachdem noch viele andere Mängel, hauptsächlich am Triebwerk, durch die Werk- und Truppenerprobung an den ersten Me163B erkannt und anschließend beseitigt worden waren, erreichte Major Späte etwa um den 20. Mai 1944 ein Fernschreiben, worin er zum GdJ Galland befohlen wurde. Hier teilte man ihm mit, daß seine Aufgabe als Führer der EK16 und die Truppenerprobung der Me 163B sofort beendet seien. Das Flugzeug sollte, so wie es war, in Serie gehen und bei entsprechender Anzahl zum Einsatz kommen. Major Späte war in der Zwischenzeit für eine neu aufzustellende Jagdgruppe vorgesehen, um angeblich mit der Führung eines größeren Verbandes vertraut zu werden. Später sollte ihm voraussichtlich das Geschwader mit der Me 163 für den Einsatz übergeben werden. Unterderhand erfuhr Späte von Hauptmann Bartls, daß Oberst Gordon Gollob die Lenkung der

Entwicklung der Me 163 übernehmen sollte. Letztlich froh, aus dem Intrigenspiel heraus zu sein, übernahm Späte als Kommandeur die Aufstellung und den Einsatz der IV.JG 54 mit dem Propellerjäger Fw 190.

Abschließend wollen wir noch einmal zur Werkerprobung in Augsburg und zur E-Stellen-Erprobung nach Peenemünde zurückkehren. Neben Oberleutnant Rudolf Opitz war auch Heini Dittmar so weit wiederhergestellt, daß er schon seit einiger Zeit an der Werkerprobung in Augsburg teilnehmen konnte. Aber jeder Start war für ihn, mit seinem beschädigten Rückgrat, ein Spiel mit dem Tode. Einen Unfall konnte er sich nicht erlauben. Trotzdem hatte Dittmar auf dem Flugplatz Lechfeld bei Augsburg im Mai 1944 die Me 163B-1a mit ungeschränkten Tragflächen eingeflogen und viele Trudelversuche damit durchgeführt. Im Juli 1944 führte Flugkapitän Dittmar mit der Me 163B-V16 Starthilfeerprobungen mit Feststoffraketen durch, was für ihn besonders gefährlich war.[8, 15]

Nach Bemühungen um einen weiteren Erprobungspiloten fanden Dittmar und Opitz endlich einen alten Segelflugkameraden, der früher Segelfluglehrer auf der Wasserkuppe war. Dieser Heinz Peters, erfreut über die ihm zugedachte Aufgabe, führte bald die schwierigsten und bedenklichsten Erprobungsaufgaben durch. Nach Flügen zur Kufenerprobung und Landestoßmessung, die er heil überstand, ging er eine besonders schwierige, vom Amt geforderte Festigkeitserprobung im Juni 1944 an. In 6000 m Höhe, ließ er – durch entsprechende Flugfiguren – bei einer Geschwindigkeit von 700 und 880 km/h positive Beschleunigungen von 6 g auf das angetriebene Flugzeug wirken. Die Werte wurden auf einem Oszillographenstreifen registriert. Die Me 163B-V41 (PK + QL) wurde dabei gewaltig nach oben und unten geworfen. Peters war sicher der erste Pilot der Welt, der Erkenntnisse dieser Zusammenhänge von Geschwindigkeit und Beschleunigung eines Flugzeuges auf einem Registrierstreifen mit zur Erde brachte.[8, 15]

Neben seinem Mut zu riskanten Erprobungsflügen besaß Heinz Peters aber auch die Eigenschaften eines zuverlässigen Erprobungsfliegers, der die uneingeschränkte Anerkennung der damals für die Werkerprobung zuständigen Ingenieure Beushausen und Guthier besaß. So war er auch jener Pilot, der die Me 163C mit dem zusätzlichen Marschtriebwerk flog. Ebenso überführte er das doppelsitzige Schulflugzeug Me 163S im August 1944 von der DLH in Staaken, wo es gefertigt worden war, erstmals im Schlepp einer Me 110, nach Brandis zum JG 400. Hier flog er das Flugzeug auch ein.[8, 15]

Als die erste Me 263-V1 (Ju 248) bei Junkers in Dessau bis zum 6. Februar 1945 fertiggestellt war, führte Peters auch mit diesem aus einem verlängerten Me-163B-Rumpf und modifizierten Me-163B-Tragflächen provisorisch aufgebauten Muster erste Schleppversuche durch. Auch mit den noch im März 1945 fertiggestellten zwei weiteren Prototypen Me 263-V2 und V3 konnten von Heinz Peters Flüge ohne Triebwerk absolviert werden.[8, 15]

Während der letzten Phase der geschilderten Werkerprobung in Augsburg und bei Junkers in Dessau erhielt die E-Stelle Karlshagen (Peenemünde-West) vom OKL TLR Fl. E2, vom 16. Januar 1945 den Auftrag, ein E-Stellen-Erprobungsprogramm für 8-263 bzw. Me 263 aufzustellen. Der Bericht vom 20. Januar 1945 wurde von den Fachgruppen E2 und E3, Dipl.-Ing. Boye, Ingenieur Hohmann, verfaßt. Die Aufstellung des verlangten Erprobungsprogramms war in neun Punkte gegliedert, wobei jedem Punkt die zu seiner Erledigung vorgesehene Dienststelle zugeordnet wurde:

1. Flugeigenschaften;   E-Stelle Karlshagen, E2
2. Flugleistungen;   E-Stelle Karlshagen
3. Erprobung der Fahrwerkanlage;   E-Stelle Rechlin, E2; E-Stelle Karlshagen
4. Allgemeine Triebwerkerprobung;   E-Stelle Karlshagen, E3, im Flug
5. Erprobung der Triebwerkanlage;   E-Stelle Karlshagen, E3, auf Prüfstand
6. Erprobung der Energieversorgung;   E-Stelle Karlshagen, E5
7. Geräteausrüstung;   E-Stelle Karlshagen
8. Erprobung des Funkgerätes und des Einbaues, Bestimmung der Reichweite (E-Stelle Rechlin)
9. Erprobung der Waffenanlage (E-Stelle Tarnewitz/EK16)[18]

Wie schon geschildert, wurden die ersten Muster der Me 263 zwar im Segelflug erprobt, aber wegen noch fehlender Triebwerke konnte das aufgeführte Erprobungsprogramm nicht mehr durchgeführt werden. Den großen Schlußstrich unter die Arbeiten an der Me 163 und deren Weiterentwicklungen zog das Ende des Krieges. Die Arbeiten verloren sich im Durcheinander des allgemeinen Unterganges.

10.4. Einsatz

Die Aufgabe des EK16 bestand neben der Truppenerprobung der Me 163B, der Schulung der Piloten und der Ausbildung des Bodenpersonals auch in der Anlage und Überwachung des Ausbaues der zukünftigen Einsatzhäfen mit ihren Sondereinrichtungen. Die nach Planung des Generalstabes der Luftwaffe einzurichtenden bzw. zu ergänzenden Flughäfen waren zunächst: Deelen; Venlo; Twente; Wittmundhafen; Zwischenahn; Nordholz; Kaltenkirchen; Husum; Parchim; Stargard; Oranienburg; Brandenburg/Briest; Brandis; Rechlin; Lechfeld.
Außer den Sondereinrichtungen mit reichlichem Wasserangebot für die Prüfung und Wartung der Triebwerke, den Spezialtanklagern und dem Spezialbodengerät (Scheuch-Schlepper usw.) mußte auch das Jägerleitsystem aufgebaut werden. Hierfür war im EK16, wie in Kapitel 10.3. schon erwähnt, der Nachrichtenoberleutnant Gustav Korff zuständig, der seine Aufgabe mit großem Elan und viel Kreativität anging. Als er seinen Dienst Ende Juni 1943 auf Anforderung von Major Späte beim EK16 in Peenemünde antrat, war die Me 163B, wie ebenfalls schon erwähnt, für den UKW-Funksprechverkehr Flugzeug – Bodenleitstelle mit dem FuG 16 ZE bzw. ZY und für die Führung vom Boden aus mit dem Kennungsgerät FuG 25a ausgerüstet. Der Einbau und die technische Überprüfung dieser von der taktischen Seite geforderten Geräte wurden seinerzeit von der Gruppe E4 der E-Stelle durchgeführt.[8, 17]
Bis zum Eintritt Korffs in das EK16 bestanden bei der Truppe recht unterschiedliche, unklare und wechselnde Ansichten über die taktische Führung der Me 163B. Oberleutnant Korff ging diese Aufgabe aufgrund seiner Vorbildung und Erfahrung zielstrebig an. Wegen der bisher nicht gegebenen hohen Geschwindigkeit und geringen Flugzeit des Raketenflugzeuges kam dessen genauer und direkter Heranführung an den Gegner eine entscheidende Bedeutung zu.[8, 17]
Als Oberleutnant Korff aus den damals vorhandenen Mitteln sein Führungssy-

stem theoretisch erarbeitet hatte, unterbreitete er seinen Vorschlag General Wolfgang Martini, dem Chef des Nachrichtenverbindungswesens der Luftwaffe. Von hier aus mußte er die Genehmigung bekommen, ob seine Vorstellungen in die allgemeinen Funkmeßsysteme der Luftwaffe aufgenommen werden und Verwendung finden konnten. Hiermit hatte er vollen Erfolg und fuhr mit der Versicherung, daß er in jeder Beziehung mit Geräten und Material unterstützt würde, von Wildpark Werder nach Peenemünde zurück. Über den Fortgang seiner weiteren Versuche mußte Korff fortan der obersten Nachrichtenstelle der Luftwaffe, unter seiner Dienststellenbezeichnung »Funkversuchsstelle 216 im Erprobungskommando 16«, berichten.

Der Vorschlag Korffs zum Führen der Me 163B ging von einem dezentralisierten Kleingefechtsstand mit Seeburgtisch unter Verwendung von Bodenfunkmeßgeräten und den für die Me 163B vorgesehenen beiden Bordfunkgeräten aus. Als Bodenfunkmeßgeräte standen von der allgemeinen Funkmeldeorganisation der Luftwaffe die »Freya«- und die »Würzburg-Riese«-Geräte zur Verfügung (Abb. 20). Für den vorgesehenen Zweck benötigte die Bodenanlage Freya, wenn sie im Frequenzband um 125 MHz arbeitete, nur einen Kennungsempfänger »Gemse« für die Kennungsfrequenz 156 MHz. Beim Flak-Funkmeßgerät Würzburg-Riese war zusätzlich noch ein Abfragesender Q (»Kuh«) einzubauen.

Die Verfolgungsmessung der Me 163 konnte mit einem Bodengerät II (Frequenz f2) im sogenannten Einstandverfahren erfolgen, wobei aber bei Entfernungen von über 60 km der Fehler ± 0,5° betrug. Dieses »EGON«-Einstandverfahren (Erstling-Gemse-Offensiv-Navigation) war auch im EGON-Zweistandverfahren mit zwei in einer Entfernung von 100 km (E-Meßbasis) aufgestellten Bodengeräten möglich und konnte damit verbessert werden, da die E-Meßgenauigkeit von ± 300 m unabhängig von der Entfernung war (Abb. 20).[19]

Als Kursorientierung diente dem Piloten der Me 163 eine auf der Anfluggrundlinie des Einsatzflugplatzes stehende Y-Anlage, die einen Peilstrahl auf den vorher berechneten Treffpunkt mit dem Feindziel gerichtet hielt (Abb. 20). Der Treffpunkt wurde mit Hilfe von durch Korff und seinen Leuten erstellten Rechenunterlagen und zum Teil auch mit selbstgefertigten Rechnern ermittelt.

Ein weiteres Glied in der Kette der Führungsgeräte für die Me 163 war das bordseitige Kenngerät FuG 25a »Erstling«. Dieses bei der GEMA (Gesellschaft für elektrische Apparate/Berlin) entwickelte Nachfolgegerät des FuG 25 »Zwilling« besaß einen Kennungsempfänger, einen Kennungssender und ein Kenngerät. Der Empfänger war als Diodenempfänger mit NF-Verstärker und der Sender als mit 800 Hz tonmodulierter 300-W-Impulssender aufgebaut. Die Stromversorgung des mit den Röhren siebenmal RV12 P2000, zweimal LD1, einmal LS50 und einmal RG12 D60 bestückten Gerätes übernahm ein eingebauter Umformer, der gleichzeitig den Antrieb für die Tastung des Kennungsgebers im Kenngerät bewirkte. Der Kennungsgeber bestand aus einem sich drehenden Nockenkörper, in den zwei flache Steckschlüssel mit je fünf ausbrechbaren Nocken eingesteckt werden konnten. Jeder Schlüssel bewirkte mit seinen stehengebliebenen Nocken die Kontaktgabe für eine vom FuG 25a abgestrahlte Kennung. Dieses Signal erzeugte auf der Sichtanzeige des dem Leitstand zugeordneten Bodengerätes (Abb. 20) ein starkes und durch seine Kennungstastung auch ein sehr auffälliges Signal, das dem normalen Reflexionsecho direkt zugeordnet werden konnte. Das FuG 25a schal-

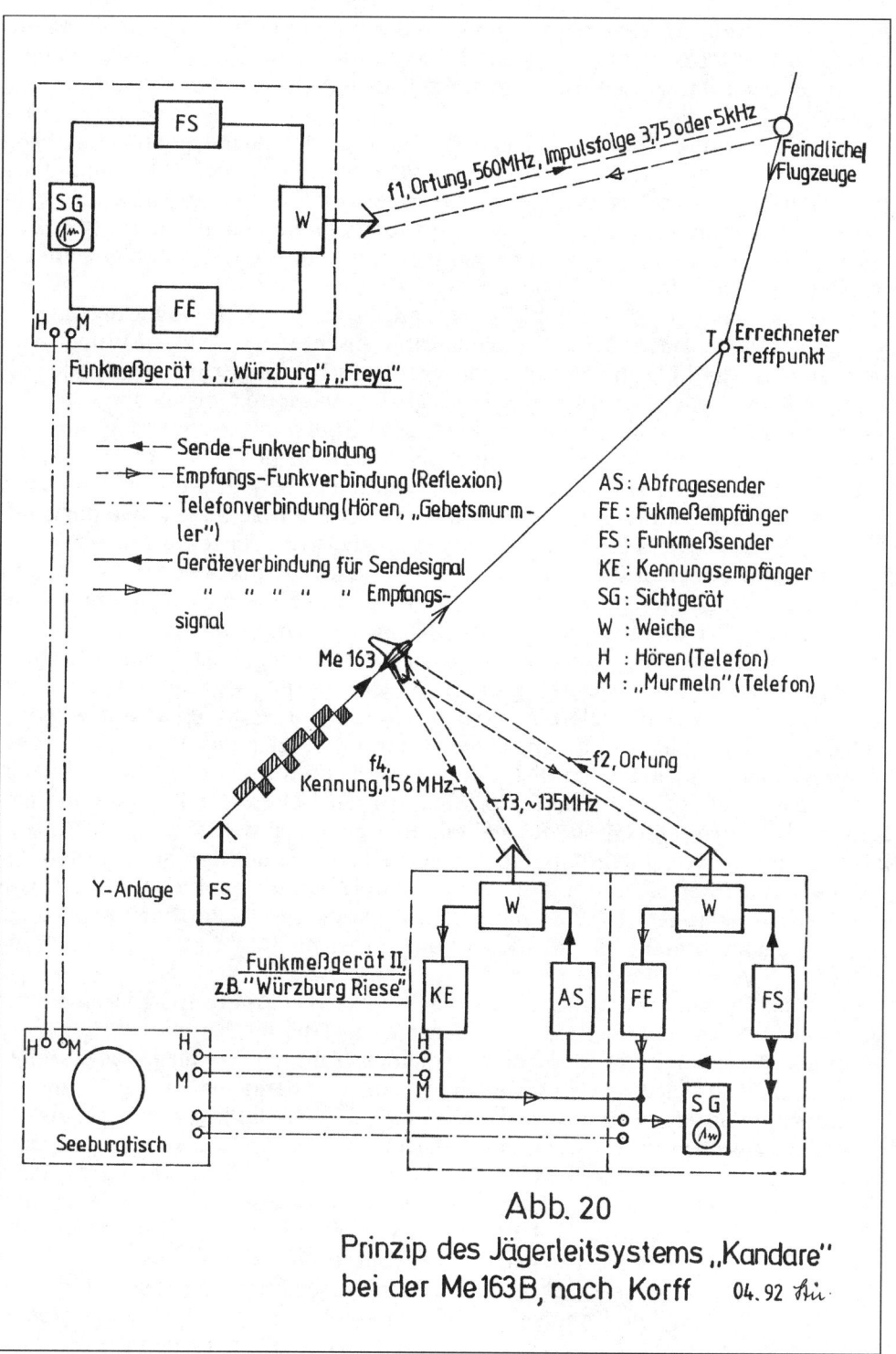

Abb. 20

Prinzip des Jägerleitsystems „Kandare"
bei der Me163B, nach Korff 04.92 ℔

tete sich automatisch ein, wenn es durch das Abfragegerät des Funkmeßgerätes am Boden mit der Frequenz f3 angestrahlt wurde (Abb. 20). Das Ortungssignal der Me-163B-Zelle war verhältnismäßig schwach, da nur der kleine Rumpf aus Metall bestand.

Zum FuG 25a gehörte noch ein kleines Bediengerät, das am mittleren Gerätebrett der Me 163B direkt unter dem Revi angeordnet war. Es enthielt eine Glimmlampe zur Anzeige, daß eine Abfrage vom Boden aus erfolgte, einen Wahlschalter für Schlüssel »1« oder »2« und eine Prüftaste, womit der Kennungssender auch ohne Abfrage vom Boden eingeschaltet werden konnte, wobei die Glimmlampe im gewählten Kennungsrhythmus aufleuchtete.[9, 19]

Ehe auf die Schilderung des Führungsvorganges der Me 163B eingegangen wird, werfen wir noch einen Blick auf den Seeburgtisch, auf dem die Luftlage von Freund- und Feindflugzeugen dargestellt wurde und der Zentrum des Jägerleitgefechtsstandes war. Dieser runde Tisch besaß eine mattierte Glasscheibe von etwa 1,8 m Durchmesser, auf der eine Landkarte des Einsatzraumes abgebildet war. Mit Hilfe von Nachrichtenhelfern konnten über Kurbeln projizierte farbige Lichtstrahlen über die Glasplatte nach allen Richtungen bewegt werden. Für einen Lichtstrahl waren je zwei Helfer notwendig, wobei einer die Seiten- und der zweite die Höhenwerte des Lichtstrahles an der Kurbelskala einstellte. Die einzustellenden Werte erhielten die Helfer von den Freya-, Würzburg- oder Y-Stellungen über Fernsprecher auf ihre Kopfhörer hereingesprochen. In diesen Stellungen waren ebenfalls Nachrichtenhelfer oder -helferinnen damit beschäftigt, laufend die von ihren Geräten angezeigten Werte bezüglich Richtung, Entfernung und Höhe vor sich hin zu sprechen, weshalb sie auch »Gebetsmurmler« genannt wurden. Die auf den Seeburgtisch projizierten und den Freund- und Feindflugzeugen zugeordneten farbigen Lichtpunkte gaben dem Führungsoffizier des Jägerleitgefechtsstandes einen genauen Überblick der jeweils gegenwärtigen Luftlage. Ergänzt wurde das Spiel der Lichtpunkte durch die Arbeit weiterer Helfer, die mit Fettstiften Zeichen auf die Glasplatte malten, sie wieder wegwischten und auf Anordnung den Weg von Lichtpunkten nachzeichneten. Feindflugzeuge wurden gewöhnlich mit roten, eigene mit grünen oder weißen Lichtpunkten markiert. Um einen Korffschen Jägerleitstand zu bedienen, waren etwa 80 Personen notwendig, wovon allgemein mehr als die Hälfte von Nachrichtenhelferinnen gestellt wurden.[8]

Sofern hochfliegende Feindflugzeuge in den Bereich eines Me 163-Einsatzplatzes eindrangen, hatten ein oder mehrere Flugzeuge aus der Sitzbereitschaft heraus zu starten und auf direktem Weg auf den Zielpeilstrahl der Y-Anlage einzudrehen (Abb. 20). Wenn sich das Flugzeug von rechts dem Peilstrahl näherte, hörte der Pilot im Kopfhörer seiner Fliegerhaube zunächst akustische Morsepunkte, die bei Erreichen des Peilstrahles in einen Dauerton und bei linksseitiger Abweichung vom Peilstrahl in Morsestriche übergingen. So konnte der Pilot, von den Signalen im Kopfhörer geführt, entlang des Peilstrahles zum vorausberechneten Treffpunkt T fliegen, wobei seine und die Position des von einem weiteren Funkmeßgerät I ermittelten Feindzieles jederzeit auf dem Seeburgtisch erkennbar waren. Notwendige grundlegende Kurskorrekturen und damit eventueller Funksprechverkehr mußten nur stattfinden, wenn sich die Feindlage ändern sollte. Das von Gustav Korff entwickelte Jägerleitsystem für die Me 163B konnte bis zum Frühjahr 1944 noch stark verfeinert werden. Zuletzt bestanden zwei Verfahren mit den Tarnnamen »Kandare I« und »Kandare II«.[8]

Eine weitere wichtige Voraussetzung für den erfolgreichen Einsatz der Me 163 war die Waffenwirkung. Es wurde schon angedeutet, daß die Zeit für den Waffeneinsatz infolge der hohen Annäherungsgeschwindigkeit der Me 163B von etwa 550 km/h an einen feindlichen Bomber im Horizontalflug sehr klein war. Sie betrug vom Zeitpunkt des wirksamen Einsatzes der Schnellfeuerkanonen bis zum Augenblick des Wegziehens aus dem Zielanflug wegen der Kollisionsgefahr nur zwei bis drei Sekunden. Dadurch konnte man gerade einige Schüsse auslösen, was natürlich im umgekehrten Fall für die Abwehr des Bombers genauso galt.

Neben den Verantwortlichen im EK16 machte sich auch Oberleutnant Korff über dieses Problem Gedanken, obwohl es nicht zu seinem Aufgabengebiet gehörte. Major Späte untersagte ihm zunächst, in dieser Richtung tätig zu werden, da er Sorge hatte, daß Korff seine eigentliche Aufgabe, die Erstellung des Jägerleitsystems, vernachlässigen würde. Als diese Bedenken aber unbegründet waren und andere führende Offiziere des EK16 für eine Überprüfung des inzwischen von Korff ausgearbeiteten Angriffssystems eintraten, ließ Wolfgang Späte seinen Nachrichtenoffizier in dieser Richtung aktiv werden.

Oberleutnant Korff wollte, wie schon kurz erwähnt, das seinerzeit bekannte Prinzip der Vertikalbewaffnung (»schräge Musik«) mit optischer Schußauslösung für die Me 163B anwenden. Diese für den Angriff sowohl nach unten als auch nach oben in Versuchen erprobte und mit verschiedenen Schußauslösesystemen versehene Bewaffnung war also schon bekannt und kam bei Nachtjägern auch zum Einsatz. Als Korff etwa August/September 1943 seinen Vorschlag im RLM mit einem modulierten Ultrarot- bzw. Infrarot-Lichtstrahl (UR-Lichtstrahl) als Schußauslösung für Bordraketen unterbreitete, erfuhr er, daß ein derartiges Abtastgerät schon bei der AEG für einen anderen Zweck (A4 von Peenemünde-Ost) existierte. Dieses Gerät war damals in Zusammenarbeit mit der Firma Zeiss entwickelt worden. Das von Gustav Korff vorgeschlagene Angriffsverfahren beurteilte das RLM als ausgezeichnete Lösung des geschilderten Problems bei der Me 163B. Noch am gleichen Tag erhielt die Firma AEG den Auftrag, ihr bisheriges Abtastgerät in ein Ultrarot-Zielgerät mit Auslösegerät für eine Waffe weiterzuentwickeln. Der TH Braunschweig wurde die technisch-wissenschaftliche Bearbeitung des ganzen Verfahrens übertragen.[8, 20]

Für den physikalisch interessierten Leser sei noch der Begriff des ultraroten Lichtes etwas erläutert. Wie bekannt, setzt sich das nahezu weiß erscheinende Sonnenlicht aus sieben sichtbaren Lichtarten verschiedener Farbe und Wellenlänge zusammen. Die sieben Spektralfarben reichen vom violetten Licht mit 0,4 μm Wellenlänge bis zum roten Licht mit 0,8 μm Wellenlänge. Neben den sichtbaren Lichtarten besitzt das Sonnenlicht noch jenseits (ultra) des violetten und roten Lichtes unsichtbare Lichtarten, als ultraviolettes- und ultrarotes Licht bezeichnet. Für den Anwendungsbereich der Ortung, der zielsuchenden Selbstlenkung und im vorliegenden Fall der Waffenauslösung ist das ultrarote Licht wegen seiner geringen Brechbarkeit, der größten Ausbreitungsgeschwindigkeit und der Unsichtbarkeit besonders geeignet.

Einige Wochen nach Korffs Besuch im RLM – das EK16 war schon von Peenemünde nach Bad Zwischenahn verlegt worden – erschienen dort zwei Ingenieure der AEG, um weitere Einzelheiten der inzwischen mit dem Tarnnamen »Bordwaffensystem Zossen« benannten und in Arbeit befindlichen Anlage zu besprechen. Demzufolge war als Ultrarotsender ein von der Firma Schott/Jena mit einem UR-Filter ausgerüsteter 100-W-Scheinwerfer vorgesehen. Das Gerät wurde so in der Me 163 angeordnet, daß der unsichtbare UR-Lichtstrahl mit einem gewissen Vorhaltewinkel in Flugrichtung schräg nach oben gerichtet war. Die zwei Bearbeiter der AEG einigten sich mit Korff für die Modulations- bzw. Kennungsfrequenz des Lichtstrahles auf 1720 Hz. Diese Kennung erreichte man mit Hilfe einer runden geschlitzten Blechblende, die von einem kleinen Elektromotor angetrieben wurde und durch die der UR-Lichtstrahl hindurchtreten mußte. Die dadurch 1720mal in der Sekunde verursachten Lichtblitze sollten beim Unterfliegen eines Zieles mit 50 bis 100 m Höhendifferenz von diesem reflektiert werden, was damals als ultrarote Anstrahlmethode bezeichnet wurde. Die reflektierten Lichtsignale lösten in einem Ultrarot-Empfänger in der Me 163B die ebenfalls schräg nach oben ausgerichteten Waffen aus. Dieser Empfänger war so aufgebaut, daß er nur auf Ultrarotsignale mit der Modulationsfrequenz von 1720 Hz ansprach. Als Empfangselement für ultrarotes Licht verwendete man damals in Deutschland fast ausschließlich die Bleisulfidzelle.[8, 20, 21] Die Ultrarotanlage war im oberen Bereich des Rumpfes zwischen Kabinenabdeckung und Schwertantenne eingebaut.

Als Bewaffnung für die schräge Musik der Me 163B hatte man die Bordrakete R4/M »Orkan« vorgesehen, die aus je vier hintereinander in den beiden Flächenwurzeln angeordneten Verschußrohren gestartet wurde. Ihr Kaliber betrug 55 mm bei einer Länge von 812 mm. Die vier Leitwerkflächen entfalteten sich nach Verlassen des Rohres. Die Sprengstoffmenge betrug 0,52 kg, die Treibladung aus einem Diglykolhohlstab hatte ein Gewicht von 0,815 kg. Der maximale Schub erreichte 2,4 kN (245 kp) bei einer Brennzeit von 0,75 sec. Die maximale Geschwindigkeit betrug 525 m/s und die maximale Reichweite 1500 m. Diese Rakete wurde später besonders bei dem TL-Jäger Me 262 mit großem Erfolg eingesetzt (siehe auch Kapitel 18.1.).[20]

Nach der erfolgreichen praktischen Erprobung des Waffensystems »Zossen« mit dem Propellerjäger Fw 190 bei der E-Stelle Werneuchen im Sommer 1944, wobei man an Fesselballonen aufgehängte Leinwandflächen als Ziel benutzte, wurden 32 fertige Einbausätze von der Firma HASAG in Leipzig hergestellt. Der die Flüge in Werneuchen durchführende Pilot Leutnant Hachtel schulte danach im Herbst 1944 unter Hauptmann Thaler auf die Me 163 um und führte auch die Truppenerprobung der Senkrechtbewaffnung in Brandis durch. Zunächst änderte sich aber an den Bordwaffen der Me 163 nichts, und die Einbausätze wurden in einer Halle des Flugplatzes Brandis eingelagert.

Während in Zwischenahn die Truppenerprobung und die Ausbildung noch auf vollen Touren liefen, wobei sich auch immer wieder Unfälle mit Verletzungen und auch tödlichem Ausgang ereigneten (Oberleutnant Joschi Pöhs), näherte sich mit dem 14. Mai 1944 der erste Einsatzflug mit einer Me 163B. Der Aufbau der Bodenorganisation in Zwischenahn war so weit abgeschlossen, daß man diesen Einsatz durchführen konnte, auf den alle fertig ausgebildeten Piloten insgeheim schon brennend warteten. Am Vormittag dieses Tages wurden Bomberkonzentrationen über England gemeldet. Gegen Mittag begab sich Major Späte an den Start hinaus, da Flugzeuge im Anflug gemeldet wurden. Als er die für ihn zum Einsatz fer-

tig gemachte Me 163B-V41 sah, verschlug es ihm die Sprache. In leuchtendem To-
matenrot war das Flugzeug gespritzt worden. Offenbar wollte man Späte mit der
traditionsreichen Farbe (Manfred v. Richthofen hatte sie im Ersten Weltkrieg verwendet) eine Freude bereiten. Mit zwiespältigen Gefühlen kletterte er in das auffällige Flugzeug. Nachdem der Feindverband wieder abgedreht hatte, kam eine
neue Meldung. Ein Bomberpulk kam mit Jagdschutz auf den Einsatzraum des
Zwischenahner Platzes zu. Haube schließen! Späte überprüfte alle Bedien- und
Anzeigeelemente, beobachtete dann Böhner, der telefonisch mit der Leitstelle von
Oberleutnant Korff verbunden war und jetzt die Hand hob. Er ließ den Zeigefin-
ger kreisen. Das bedeutete: Start. Schubhebel in Anlaßstellung. Surrend begann
der Anlaßmotor zu laufen, der Startvorgang begann. Eine Minute darauf war Späte in der Luft. Blick über die Instrumente, Fahrwerk ab, Kufe ein. Ofendruck betrug 21 bar, Drehzahl normal. Die Kanonen wurden entsichert, das Revi eingeschaltet, und mit 700 km/h stieg das Flugzeug in nordwestlicher Richtung vom
Platz weg. »Eichhörnchen von Brüllaffe – Caruso 30«, konnte Späte die Stimme
von Korff im Kopfhörer vernehmen. Das hieß, Eichhörnchen, das Flugzeug, sollte
nach Anweisung der Bodenstelle, Brüllaffe, einen Kompaßkurs von 300° fliegen,
was etwa einer nordwestlichen Richtung entsprach. Der Steigwinkel war noch
nicht so steil, daß die Kompaßanzeige gestört war. Späte mußte der Bodenstelle ihre Kursangabe bestätigen: »Von Eichhörnchen – Viktor – Caruso 30«, was im Klartext hieß: Von Eichhörnchen – verstanden – Kurs 300°. Mit diesen und ähnlichen verschlüsselten Bezeichnungen wurde in der Luftwaffe der Funksprechverkehr abgewickelt. Bei den Zahlenangaben konnte z. B. ein Schlüssel vereinbart werden, der alle Werte um eine Zehnerpotenz verkleinerte, wie im vorgenannten Beispiel demonstriert. Auch war dieses Verfahren bei den Höhenangaben mit zwei Nullen üblich.
Nach Erreichen des durchgesagten Kompaßkurses bestätigte Späte: »Brüllaffe
von Eichhörnchen – Caruso 30.« Kurz darauf kam vom Boden eine Korrektur:
»Verbessern auf Caruso 33.« Danach folgte die Bestätigung des Flugzeuges: »Brüllaffe von Eichhörnchen – Caruso 33 – Hanni 20 (2000 m Höhe)«, meldete Späte.
»Bleiben Sie Caruso 33«, kam Korffs schnelle und etwas aufgeregte Antwort, der
die Frage folgte: »Sehen Sie Indianer (Begleitjäger)?« »Nein!« Angestrengt suchte Major Späte den blauen Himmel ab. »Aber Sie müssen jetzt was sehen, Sie sind
dran!« kam Korffs drängende Stimme von unten. Nach nochmaligem Suchen entdeckte Späte tatsächlich zwei nebeneinander fliegende einmotorige Begleitjäger
in Richtung 11 Uhr seines Gesichtskreises, also links oberhalb von seinem Standpunkt. Die erste Heranführung einer Me 163B an den Feind ist als Ergänzung zum
geschilderten reinen Funkleitverfahren absichtlich ausführlicher beschrieben worden, um auch diese Möglichkeit der Funksprechführung aufzuzeigen.
Ehe Major Späte zum Angriff ansetzte, suchte er als erfahrener Jagdflieger zuvor
nochmals den Himmel ab und gewahrte tatsächlich zwei weitere Begleitjäger in
größerem Abstand zu den beiden ersten. Um das Überraschungsmoment nicht zu
verlieren, mußte er die beiden letzten angreifen. In einer Korkenzieherspirale versuchte sich Späte von unten in den Rücken der beiden ahnungslosen Gegner zu
bringen. Scheinbar hatte er bei diesem Steigflug den Knüppel doch ein wenig
zurückgenommen, um nicht vor den Gegner zu gelangen. Prompt blieb bei der negativen Beschleunigung das Triebwerk stehen. Während dieser ganzen Vorgänge
erspähten die amerikanischen Piloten die rote Me 163B nicht, die jetzt bis zum

261

Wiedereinschalten des Triebwerkes über zwei Minuten ohne Antrieb fliegen mußte, wodurch sich der Gegner langsam entfernte. Nach Ablauf der Verzögerungszeit sprang das Triebwerk wieder an, und Späte holte die schon fast am Horizont verschwindenden letzten beiden Feindflugzeuge schnell ein. Hierbei ereilte ihn ein weiteres Mißgeschick. Da das Mach-Warngerät in der V41 noch nicht eingebaut war, erreichte das Flugzeug, kurz bevor es in Schußposition kam, die kritische Geschwindigkeit. Die Bugspitze ging nach unten, und das Flugzeug machte Sprünge und schüttelte sich, als Späte mit Gewalt am Knüppel zog. Durch diese Beschleunigungen blieb das Triebwerk wieder stehen. Der Fahrtmesser zeigte 960 km/h. Danach brach Major Späte den Flug ab und landete in Zwischenahn.

Einige Tage nach dem ersten Einsatzflug von Major Späte mit der Me 163B mußte er, wie schon berichtet, die Neuaufstellung und anschließende Führung der IV. Gruppe des Jagdgeschwaders 54 im Ostfront- und späteren Westfronteinsatz übernehmen, die mit Fw-190-Propellerjägern flog. Nach Rückkehr von einem Feindflug an die westliche Invasionsfront, im Oktober 1944, erhielt Wolfgang Späte am Morgen des nächsten Tages einen Anruf vom Inspekteur der Tagjagd beim General der Jagdflieger. Oberst Trautloft teilte ihm mit, daß er zur Raketenfliegerei zurückversetzt sei, um das neu gebildete, mit der Me 163B ausgerüstete Jagdgeschwader 400 zu übernehmen. Der inzwischen zum Hauptmann beförderte Rudolf Opitz hatte bei General Galland um dringende Zurückversetzung von Major Späte zum Me-163-Einsatz gebeten. Anfang Dezember 1944 fuhr Wolfgang Späte nach einem längeren Lazarettaufenthalt nach Brandis.

Da in diesem Kapitel öfter Gliederungsbezeichnungen fliegender Verbände der deutschen Luftwaffe Verwendung finden, soll dem Leser eine kurze Erläuterung der Begriffe gegeben werden.

Rotte:	2 Flugzeuge
Kette:	3 Flugzeuge
Staffel:	3 Ketten = 9 Flugzeuge + 3 Reserve = 12 Flugzeuge
Gruppe:	3 Staffeln = 27 Flugzeuge + 6 Reserve = 33 Flugzeuge
Geschwader:	3 Gruppen = 81 Flugzeuge + 27 Reserve = 108 Flugzeuge + 1 Gruppenstaffel + 1 Geschwader-Stabskette von 3 Flugzeugen = 120 Flugzeuge

Die beiden Gruppenkommandeure und Hauptleute des Jagdgeschwaders (J. G.) 400, Opitz und Fulda, empfingen Major Späte an der Wache des weitflächigen Flugplatzes Brandis. Er lag etwa 20 km östlich von Leipzig und besaß neben einer Anzahl von Flugzeughallen, Werkstatt- und Unterkunftsgebäuden eine fast 2 km lange Startbahn. Anschließend ging das Gelände in Äcker und Waldflächen über, womit abgelegene und auseinandergezogene Abstellmöglichkeiten für Flugzeuge gegeben waren. Vor dem Gefechtsstand des Geschwaders war eine Gruppe von Flugzeugführern in Pelzwesten und Pelzstiefeln angetreten. Es gab ein herzliches Wiedersehen mit alten Bekannten. Auch neue Gesichter waren darunter. Alle erwarteten sich von ihrem neuen Chef und Kommodore, daß es mit dem Einsatz der Me 163 nun entscheidend vorangige, was Gegenstand der folgenden Ausführungen sein soll.

Aber zuvor ist noch ein kurzer Blick auf die Fertigungssituation, speziell der Me

163B, zu richten. Neben den großen Anstrengungen der Werkerprobung in Augsburg und der E-Stellen-Erprobung in Karlshagen (Kapitel 10.3.) gingen auch die unermüdlichen Abnahmeflüge für die Auslieferung an die Truppe weiter. In Kapitel 17 wird noch ein kleiner Ausschnitt über die E-Stelle Jesau berichtet, und der unermüdliche Einsatz der Piloten Lamm, Perschall, Voy und Leutnant Ziegler beschrieben, deren Bemühungen die termingerechte Belieferung der neu aufgestellten Staffeln mit frontreifen Flugzeugen ermöglichten.

Die Produktion der Me 163B war damals trotz der pausenlosen Bombenangriffe fast planmäßig verlaufen. Die ursprüngliche Fertigung bei den Klemm-Werken I und II in Böblingen hatte man bezüglich der Einzelteilfertigung wegen der Bombenangriffe auf eine Vielzahl von Kleinbetrieben im Schwarzwald verlegt. Von hier kamen die Teile und Baugruppen zur Endmontage in die Werke zurück. Später ist diese Montage nach Brieg bei Magdeburg verlagert worden. Neben den 100 bei Klemm produzierten Me 163 fertigte auch noch Junkers eine ähnliche Zahl.[8] Bis Kriegsende wurden mindestens 364 Me 163B hergestellt, von denen 70 als Me 163B-0 der Nullserie und 294 Flugzeuge der eigentlichen Hauptserie zuzurechnen waren. Durch rigorose Konzentration der vorhandenen Mittel war es noch einmal gelungen, nachdem im Juli 1944 das große Amt des Generalluftzeugmeisters in das Rüstungsministerium übergegangen war, unter Hauptdienstleiter Saur einen geradezu unglaublichen Ausstoß an Jagdflugzeugen zu erreichen. Das waren neben dem Raketenjäger Me 163 die Propellerjäger Fw 190 und Me 109 wie auch der TL-Jäger Me 262.

Kehren wir aber zum letzten Abschnitt des Me-163-Flugzeuges – seinem Einsatz – zurück, dessen Beginn Opitz und Fulda ihrem neuen, alten Chef Major Späte nach seinem Eintreffen in Brandis schilderten. Demzufolge wurde die erste Staffel unter Hauptmann Olejniks Führung ab März 1944 mit zunächst 12, später 19 ausgebildeten Flugzeugführern in Wittmundhafen in Einsatzbereitschaft gebracht. Das anfangs auf allerhöchsten Befehl erteilte Verbot von Feindeinsätzen wurde Ende Juni gelockert. Danach kam es wegen technischer Mängel und ungenügender Erfahrung in der Funkmeßführung nur zu einer Feindberührung durch Unteroffizier Schiebeler. Er kam gerade bis dicht unter eine »Lightning«, als das Triebwerk wegen Treibstoffmangels stehenblieb.

Im Juli mußte die Staffel nach Brandis verlegen, wo sie den Schutz der Hydrierwerke von Leuna übernehmen sollte. Der Einwand von Hauptmann Opitz, daß der Platz für die geringe Reichweite der Me 163 zu weit östlich liege, fand beim G. d. J. kein Gehör. Obwohl die Fliegerhorste von Merseburg, Bitterfeld oder Schkeuditz viel besser geeignet gewesen wären, blieb es bei Brandis. Später wurde die erste Staffel noch durch zwei weitere Staffeln ergänzt.

Obwohl alle Piloten den Mut und den unbedingten Willen hatten, sich mit der Rakete und 700 km/h Steiggeschwindigkeit zu den Bomberverbänden hinaufzukatapultieren, waren die »dicken Autos« entweder schon wieder im Abflug oder sie waren noch nicht nahe genug heran. Mit der Bestimmung des richtigen Startzeitpunktes klappte es noch nicht. Es gelangen zwar Rottenstarts, denen verschiedentlich auch der Anflug auf einen Feindverband glückte, aber hier zeigte sich, was Pöhs und Korff schon vor einem Jahr vorausgesagt hatten: Die Zeit für einen gezielten Schuß war wegen der großen Fluggeschwindigkeit der Me 163 zu gering. Das Fehlen einer taktischen Bremse machte sich entscheidend bemerkbar. Deren nachträglicher Einbau in die fertigen Flugzeuge war in der damaligen Situation vollkommen unmöglich. Auch die Senkrechtbewaffnung Korffs, inzwischen »Jägerfaust« benannt, lief viel zu langsam an und war erst wieder auf Veranlassung von Opitz bei der Ankunft Spätes in einige einsatzklare Me 163 eingebaut worden.

Leutnant Hartmut Ryll von der ersten Staffel hatte als erster eine bemerkenswerte Erfahrung mit der Me 163 gemacht, um die fliegerische Überlegenheit dieses Flugzeugs zum Tragen zu bringen. Er fand heraus, daß die Me 163B im Sturzflug ohne Antrieb 900 km/h erreichte und danach in Bodennähe hart abgefangen werden konnte, ohne Schaden zu nehmen. Als er bei einem Angriff auf einen »Viermot«-Bomber von Begleitjägern abgedrängt und angegriffen wurde, stellte er sein Flugzeug auf den Kopf und stürzte senkrecht nach unten, von einem heftig schießenden Feindjäger anfangs verfolgt. Der brach aber seinen Verfolgungssturz wegen der immer größer werdenden Geschwindigkeit und auch, um nicht den Anschluß an seinen Verband zu verlieren, ab. Nachdem Ryll das zweimal so gelang, ohne daß ein einziger Treffer an seinem Flugzeug zu sehen war, stand seine Theorie fest. Diese ging von der Tatsache aus, daß alle starren Waffen in Jagdflugzeugen wegen der Erdanziehung mit einer gewissen Überhöhung eingebaut waren, um diesen Einfluß auf das Geschoß bei einer festgelegten Entfernung auszugleichen. Sofern unter den Bedingungen des Sturzfluges geschossen wurde, entfiel die Erdanziehung, wodurch die Flugbahn des Geschosses weitestgehend mit der überhöhten Abgangsrichtung (Laufrichtung) zusammenfiel. Das bedeutete aber, daß der Gegner sein Ziel überschoß.

Trotz aller Anfangsschwierigkeiten, wobei für die Piloten die Aufgabe bestand, sich unter Einsatzbedingungen mit dem Korffschen Funkmeßführungssystem vertraut zu machen und eine der kurzen Schußmöglichkeit entsprechende Angriffstaktik zu erfliegen, konnten im August 1944 erstmals einige sichere Abschüsse von der ersten Staffel erzielt werden.

So war es auch bezeichnenderweise Leutnant Ryll, dem Anfang August nach einem zunächst erfolglosen Einsatz endlich der erste anerkannte Abschuß einer Boeing B17 mit der Me 163 gelang. Etwa zwei Wochen später, am 16. August 1944, errang Feldwebel Siegfried Schubert den zweiten Erfolg der ersten Staffel, dem er am 24. August gleich zwei weitere Abschüsse viermotoriger Bomber hinzufügte. Am gleichen Tage konnten auch Leutnant Hans Bott und Feldwebel Straßnicky je einen Abschuß verbuchen, deren Siegesfreude aber durch den Verlust von Hartmut Ryll getrübt wurde. Der Abschuß von Ryll blieb mysteriös, da er sich nicht wie sonst im Sturzflug in den Flakschutz des Platzes begab, sondern in etwa 1500 m Höhe waagerecht und immer langsamer werdend flog, obwohl eine Mustang sich schießend näherte. Rylls Flugzeug neigte sich zum Sturz, aus dem es nicht mehr abgefangen wurde. Die Ursache des ganzen Vorganges konnte nicht geklärt werden.

Die in Venlo liegende zweite Staffel hatte bisher keine Erfolge melden können. Hier lag der Grund einerseits in einer Verletzung ihres Staffelkapitäns Hauptmann Otto Böhner, die er sich anläßlich einer Notlandung zugezogen hatte und die ausgerechnet in die Anlaufphase des Einsatzes fiel. Andererseits lag der Flugplatz etwas abseits der einfliegenden englischen und amerikanischen Bomber. Am 6. September 1944 mußte der Platz in aller Eile wegen der näher kommenden Invasionsfront geräumt werden und die Staffel verlegte ebenfalls nach Brandis.

Nachdem vom OKL mit dem 8. September 1944, aufgrund der ersten Erfolge, an alle Befehlsstellen die Me 163 einsatzbereit erklärt und in einer ausführlichen Beschreibung die Eigenschaften und besonderen Möglichkeiten des Kampfeinsatzes erläutert worden waren, folgten kurz darauf die Aufstellungsbefehle für die vierte, fünfte, sechste und siebte Staffel. Die dritte Staffel war unter Oberleutnant Franz Rösle schon in der Aufstellung begriffen. Als Kommandeur der I. J.G. 400 wurde Major Späte befohlen. Zunächst mußte aber Hauptmann Rudolf Opitz vom 14. Oktober 1944 an die Stelle von Späte einnehmen, da dieser, wie schon geschildert, erst Anfang Dezember nach seinem Lazarettaufenthalt in Brandis eintraf. Vier Wochen später gab Opitz das Kommando an Hauptmann Fulda ab, weil er das in Stargard neu zu bildende II. J.G. 400 übernahm. Die Ausbildungsstaffel unter Oberleutnant Franz Medicus erweiterte man zu einer Ergänzungsgruppe, die Hauptmann Nuller, später Hauptmann Olejnik übernahm. Diese Gruppe setzte sich aus zwei Staffeln zusammen, deren Staffelkapitäne Leutnant Hermann Ziegler und Leutnant Adolf Niemeyer wurden. Ihre Standorte waren anfangs Sprottau und Brieg, später Udetfeld und zuletzt Esperstädt.[8]

Wie aus dem bisher von Opitz und Fulda Geschilderten ersichtlich, schien es so, als ob im August 1944 ein Durchbruch im erfolgreichen Einsatz der Me 163B erreicht worden wäre. Am 11. September konnte Unteroffizier Kurt Schiebeler über dem Platz von Brandis einen viermotorigen Bomber vor der zuschauenden Flugplatzbesatzung abschießen und am nächsten Tag über Merseburg nochmals einen gleichen Bomber in Brand schießen, den Absturz aber nicht beobachten. Nach diesem bisher siebenten bzw. eventuell achten Abschuß des I. J.G. 400 schien der Faden der Erfolge gerissen zu sein. Die Problematik der Me 163 im Kriegseinsatz trat wieder voll zutage, wie dem weitergeführten Informationsbericht von Opitz und Fulda zu entnehmen ist.

Schon bald hatten die feindlichen Begleitjäger herausgefunden, daß die Me 163 ihnen an Geschwindigkeit und Steigvermögen im angetriebenen Flugzustand haushoch überlegen war und auch noch nach Verbrauch des Treibstoffes – aus großer Höhe im Segelflug durch Sturz- und Abfangbewegungen wie auch im Kurvenflug – ein schwer in Schußposition zu bringender Gegner war. Aber mit abnehmender Höhe und des größer werdenden Zwanges zur Drosselung der Flug- auf die Landegeschwindigkeit wurde die Me 163 immer hilfloser, um im Landeanflug letztlich eine wehrlose Zielscheibe zu werden. Als Schutz konnte in dieser Situation nur die geballte Feuerkraft der leichten Flugplatzflak dienen. Diesbezüglich war Unteroffizier Rudolf Zimmermann mit seiner Me 163 gleich nach dem zunächst letzten Erfolg von Schiebeler ein Beispiel. Von Mustangs verfolgt, verfehlte er den Platz und landete glücklich auf einem Acker, wobei seine Verfolger, nachdem sich der Pilot fluchtartig in Sicherheit gebracht hatte, noch einige Tiefangriffe ohne größeren Schaden auf seine Me 163 flogen. Der Pilot Ernst landete auf dem Flugplatz Mockau in einem Bombentrichter. Der Flugzeugführer Andreas flog in das geschlossene Abwehrfeuer eines Bomberpulks, konnte aber noch mit dem Fallschirm abspringen.[8]

Die zweite Staffel griff mit neun Einsätzen am 13. September 1944 in die Luftabwehrkämpfe ein, hatte aber keinen Erfolg. Mangel an einsatzklaren Flugzeugen, fehlende Ersatzteile und Prüfgeräte verschärften die Situation. Zudem häuften sich Triebwerkausfälle und Hydraulikschäden. Offensichtlich verursachten diese ganzen technischen Mängel auch entsprechende Unfälle beim Einsatz. So überschlug sich Oberfeldwebel Reukauf nach einem Triebwerkausfall beim Start und starb im auslaufenden T-Stoff. Oberleutnant Schulz verunglückte bei der Landung tödlich. Oberleutnant Rösle, Führer der dritten Staffel, explodierte sein Flugzeug nach einem Feindflug bei der Landung im Augenblick des Aufsetzens, da Hydrauliköl und T-Stoff, aus Lecks auslaufend, zusammenkamen. Feldwebel Jupp Mühlstroh hatte Glück, als er seine Me 163 nach langer Sitzbereitschaft wegen eines menschlichen Bedürfnisses verließ, da das Flugzeug kurz danach ohne äußeren Einfluß explodierte.

Als Opitz und Fulda mit ihrem Bericht eine kurze Pause einlegten, fragte Major Späte, ob diese Pechsträhne auch beendet werden konnte. Hauptmann Fulda verneinte und mußte gestehen, daß es noch schlimmer kam. Am 7. Oktober z. B. flogen die Amerikaner Großeinsatz auf die Leuna-Werke und das Merseburger Industriegebiet. Inzwischen hatte das Bodenpersonal 20 Me 163 für den Start bereitgestellt. Also eine recht ansprechende Zahl. In Rotten und einzeln starteten die Piloten der ersten und der zweiten Staffel Richtung Westen. Aber die meisten kamen nicht an den Gegner heran. Die, denen es glückte, kamen zu keinem wirkungsvollen Angriff. Nach Rückkehr vom Feindflug wurden die Flugzeuge wieder aufgetankt, starteten erneut und kamen alle wieder ohne Abschußmeldung zurück. Als einer der ersten Startenden beim zweiten Einsatz mußte Feldwebel Siegfried Schubert sein stotterndes und spuckendes Triebwerk abstellen, kam beim Ausrollen in ein noch weiches, frisch angelegtes Rollfeldstück, wo sich sein überschlagendes Flugzeug durch eine Explosion in Stücke zerlegte. Der von allen Kameraden anerkannte, erfolgreiche Me-163-Pilot verlor dabei sein Leben. Über die rauchenden Trümmer hinweg, mußten die anderen Piloten zum Einsatz starten. Auch Feldwebel Straßnicky – »Nicky« genannt – kam an diesem Tag vom Feindflug nicht zurück. Er fiel im Luftkampf in der Nähe von Bitterfeld.

Ein weiterer Großangriff auf Leuna, etwa vier Wochen später, brachte auch kein besseres Ergebnis. Von Begleitjägern verfolgt, gab es bei den Landungen ebenfalls wieder Verluste. Zwei Me 163 mußten mit Rückenwind und zu großer Höhe landen. Feldwebel Fritz Husser beendete seinen Rollvorgang in einer Kiesgrube mit Überschlag und konnte von einem zufällig dort anwesenden Walter-Ingenieur aus dem Flugzeug gezogen werden. Der Rottenkamerad schwebte noch etwas höher ein, drückte zweimal sein Flugzeug nach unten, wobei es mit einer Flächenspitze den Boden berührte, um sich, sich überschlagend, in seine Einzelteile zu zerlegen. Der Pilot, Unteroffizier Eisenmann, konnte nur noch tot geborgen werden. Oberfeldwebel Bollenrath war es gelungen, sich im Sturzflug und mit dem daraus gewonnenen Fahrtüberschuß eine ihn verfolgende Mustang vom Leibe zu halten. Als aus dem rasanten Interzeptor im Landeanflug nur noch ein langsames Segelflugzeug wurde, traf ein vernichtender Feuerstoß aus nächster Nähe, schon an der Zone des Flakschutzes, die Me 163. Steuerlos neigte sie sich nach unten und schlug im nahen Dorf Zeitlitz auf.

Den Bericht der beiden Kommandeure abschließend, erwähnte Hauptmann Fulda noch die prekäre Treibstofflage. Der Nachschub von T- und Z-Stoff sollte angeblich nur noch aus Restbeständen erfolgen, die auf verschiedenen Fliegerhorsten und in Depot-Tanklagern aufbewahrt wurden. In Brandis stand zum damaligen Zeitpunkt nur noch eine Menge für 50 Vollstarts zur Verfügung.[8]

Nach diesem Bericht, der vom großen Mut, Einsatzwillen und dem Gedanken der

Me 163-Piloten beseelt war, der schwer leidenden Heimat Entlastung zu bringen, traten aber auch neben den bis dahin nie gekannten Flugleistungen des Raketenflugzeuges dessen Nachteile für den militärischen Einsatz voll zutage. Diese setzten sich aus grundsätzlichen und konstruktionsbedingten, aber noch änderbaren Anteilen zusammen, wie mit der schon erwähnten Ju 248 bzw. Me 263 demonstriert wurde. Die grundsätzlich geringe Betriebszeit des Raketenmotors ließ sich aber nur unwesentlich verbessern.

Als Major Späte das J.G. 400 übernahm, fand er einen komplett eingerichteten und gut funktionierenden Geschwaderstab vor, der ihm jede organisatorische Arbeit abnahm. Der Stab war in der Villa Brockhaus am nördlichen Rand des Brandis-Flugplatzes untergebracht. Als Späte zunächst einen Vollaststart mit einer Me 163B durchgeführt hatte, um wieder mit dem Raketenflugzeug vertraut zu werden, setzte er sich mit seinen Flugzeugführern zusammen. Es ging ihm besonders um ihre Erfahrungen, die sie bei den bisherigen Einsätzen sammeln konnten. Als Späte auch mit den jungen, neu hinzugekommenen Piloten sprach, stellte er fest, daß alle am Jahresende 1944 vom unbändigen Drang erfüllt waren, durch einen besonderen Einsatz mit einem Raketenflugzeug dem Vaterland einen Dienst zu erweisen. Neben dem Willen zur bedingungslosen Pflichterfüllung mußte er aber auch an anderer Stelle sich anbahnende Disziplinlosigkeiten feststellen. Die bisher geltende Werteskala kam ins Rutschen.[8]

Die zweite Gruppe von Spätes Geschwader hatte auf dem Fliegerhorst Stargard die Aufgabe, das Hydrierwerk von Pölitz gegen Luftangriffe zu schützen. Bei seinem Besuch war er über die dort geleistete Aufbauarbeit erstaunt, die trotz des furchtbaren Bombenkrieges von der deutschen Kriegsorganisation erbracht worden war. Außer den 36 von Rudolf Opitz ausgebildeten Piloten für die fünfte, sechste und siebte Staffel stand ausgebildetes Bodenpersonal mit allem erforderlichen Gerät zur Verfügung. Die von Opitz ausgesuchten drei Staffelkapitäne, Leutnant Franz Woidich, Leutnant Peter Gerth, Leutnant Reinhard Opitz (ein Bruder von Rudolf), hatten Fronterfahrung als Jagdflieger und jeder eine technische Vorbildung. In Stargard trafen Flugzeuge, Treibstoffe, Waffen, Munition, Kraftfahrzeuge, Bekleidung, Verpflegung usw. ein. Aber es kam zu keinem Einsatz mehr, da sich die Front der Oder näherte. Die darauf befohlene Verlegung über Stendal, Zwischenahn, Wittmundhafen und Nordholz führte nach Husum. Von hier aus konnten noch am 7. Mai 1945 einige Einsätze auf Moskitos geflogen werden, wobei Leutnant Gerth auch einen Abschuß meldete.

Am vorletzten Tag des Zweiten Weltkrieges stürzte Rudolf Opitz noch bei einem Testflug ab. Aber das Glück, das ihm während der ganzen Zeit seiner gefährlichen Fliegerlaufbahn zur Seite stand, ließ ihn, wenn auch mit einigen Verletzungen, überleben.

In einer Flugzeughalle in Brandis war auch das verkleinerte Erprobungskommando 16 untergebracht, das nach dem Weggang von Späte von Hauptmann Thaler weitergeführt wurde.

Bis in den Monat April hinein wurden noch feindliche Aufklärer im Alarmstart bekämpft, wobei es Unteroffizier Rudolf Glogner am 16. März 1945 in einer Verfolgungsjagd mit einer Moskito gelang, einen Motor in Brand zu schießen. Nach dem Krieg wurde bekannt, daß der Aufklärer bei der Landung auf einem alliierten Feldflugplatz zu Bruch gegangen war.

Am 10. April 1945 kam es zum ersten und einzigen Einsatz der Korffschen Senkrechtbewaffnung. Leutnant Kelb startete mit seiner dafür ausgerüsteten Me 163 von Brandis aus. Der Flug wurde mit einem großen Flakfernrohr von der Flugleitstelle aus verfolgt. Man beobachtete, wie Kelb das Führerflugzeug von 110 Lancaster-Bombern angriff und dicht unterhalb vorbeiflog. In diesem Augenblick löste sich der Bomber regelrecht in Flammen und Rauch auf, wobei benachbarte Flugzeuge des Pulks ebenfalls getroffen wurden. Als Kelb im Weitersteigen in einen Schwarm Begleitjäger geriet, stellte er sein Flugzeug auf den Kopf und kehrte im Sturzflug in den Flakschutz des Platzes zurück. Diesen letzten zwei Erfolgen standen aber noch fünf Totalverluste gegenüber.

Nach dem Krieg wurde bekannt, daß der Einsatz der Me 163 bei den feindlichen Bomberbesatzungen einen großen Schrecken auslöste, und es wurde bestätigt, daß die Maschine im Luftkampf wegen ihrer Schnelligkeit und ihrer kleinen Silhouette kaum zu treffen war.

Hiermit schließt das Kapitel über die Vision eines Nurflügelflugzeuges – der Me 163. Was blieb von denen, die es erdachten und verwirklichten, und denen, die es unter vielfältiger Gefahr flogen? Sie traten in einer repräsentativen Auswahl noch einmal in diesem Zusammenhang am 2. Juli 1965 aus dem Dunkel der Vergangenheit und aus verschiedenen Ländern der Erde kommend, in das öffentliche Blitzlicht für ein historisches Gruppenfoto. Der Grund war die offizielle Enthüllung einer von den Engländern zurückgegebenen Me 163B mit dem Wappen der siebten Staffel des Jagdgeschwaders 400 im Deutschen Museum, München. Dieses dort restaurierte Flugzeug erhielt auch ein ebenfalls von den Engländern zurückgegebenes Walter-Triebwerk. Der exklusive Kreis auf dem Foto war um die beiden sitzenden damaligen Hauptakteure, Dr. Alexander Lippisch und Professor Hellmuth Walter, stehend gruppiert. Als bekannte Piloten der Me 163 erkennt man Reinhard Opitz, Wolfgang Späte und Mano Ziegler. Heini Dittmar war zu diesem Zeitpunkt durch einen Flugunfall schon einige Jahre tot. Auch Hanna Reitsch fehlte in diesem Kreis.

Um noch einmal eine abschließende, möglichst gerechte Beurteilung des Raketenflugzeuges zu geben, soll zunächst das neutrale Urteil des englischen Testpiloten Eric Brown herangezogen werden, der die Me 163B, allerdings nur im Segelflug, in allen Fluglagen und möglichen Geschwindigkeiten getestet hat und in seinem Buch »Berühmte Flugzeuge der Luftwaffe« auf Seite 257 schreibt: »Will man die ›Komet‹ unter Würdigung aller Aspekte beurteilen, dann muß man sagen, daß ihre Wirksamkeit im Einsatz etwas zweifelhafter Natur war. Sie war für ihre Piloten möglicherweise bedrohlicher als für den Gegner, zu dessen Vernichtung sie eingesetzt wurde ... Ohne sich in Widersprüche zu verwickeln, kann man jedoch behaupten, daß die Me 163B einer brillanten Konzeption ihr Entstehen verdankte. Hätte man mehr Zeit zur Entwicklung des Walter-Raketenantriebes zur Verfügung gehabt, um ihn zuverlässiger und anpassungsfähiger zu machen, die ›Komet‹ wäre bestimmt zu einer ernsthaften Bedrohung der alliierten Bomber bei Tage geworden. ...« Eric Brown war auch an der Rückführung der im Deutschen Museum restaurierten Me 163 beteiligt.

Das Schlußwort soll aber stellvertretend für alle anderen Me-163-Piloten Mano Ziegler haben, der durch seine vielen Abnahmeflüge einer derjenigen Piloten war, die die meisten »scharfen« Starts mit dem Raketenflugzeug absolvierten. Er

schreibt in seinem Buch »Raketenjäger Me 163« am Schluß seiner kurzen Einführung: »... Das Kraft-Ei war ein Flugzeug, und denen, die es einst fliegen durften, wird heute noch in der Erinnerung warm um die Brust und kalt im Rücken. Es hatte alle Eigenschaften einer ebenso schönen wie leichtsinnigen Frau, es konnte einen innerhalb weniger Minuten in den Himmel heben und zur Hölle schicken – ganz nach Laune. Und nicht zuletzt darum liebten wir es.«
Diese mehr nostalgischen Rückblicke waren aber nicht das einzige, was von dem Prinzip Me 163 blieb. Nach weiteren Flügen mit Raketenflugzeugen nach dem Krieg, z. B. der X-1, der X-2 und der X-15 von Bell, USA, stand am Ende das Space Shuttle, der wiederverwertbare Raumtransporter. Er steigt mit Raketenantrieb bis in den Weltraum auf, um im Segelflug wieder auf der Erde zu landen.

11. Gleitkörper von Blohm & Voß (FSK)

11.1. Entwicklungen

Bald nachdem der Mensch die Technik des bemannten Fliegens mit motorgetriebenen Flugapparaten einigermaßen sicher beherrschte und deren Wichtigkeit für den Kriegseinsatz immer mehr in den Vordergrund rückte, begann auch der kühne und faszinierende Gedanke eines unbemannten Fluggerätes die Kreativität der einschlägigen Fachleute zu beflügeln.

Im Jahre 1910 beschäftigte sich Wilhelm von Siemens, ein Sohn des Firmengründers Werner von Siemens, mit Voruntersuchungen an geflügelten Gleitbomben, die aus Ballonen und Zeppelinen abgeworfen wurden. Nach Kriegsausbruch 1914 wurde diese Idee wieder aufgegriffen, und im Frühjahr 1915 wurden kleine Modellgleiter von Fesselballonen und Flugzeugen abgeworfen, wobei man auch elektrische Lenkversuche mit einer Kommandogabe über Draht bei einer Entfernung von 3000 m vornahm.[3]

In Zusammenarbeit mit dem Laboratorium Wilhelm von Siemens' im Wernerwerk Berlin beteiligten sich Ingenieur H. Dietzius und die Brüder Steffen an der Gleiterentwicklung. Später nahmen auch Professor Reichl, Dr. Franke, Dipl.-Ing. Wolff u. a. an deren Weiterentwicklung teil. Diese Versuche konnten ab 1916 erfolgreich von den Luftschiffen Z XIII, L 25 und L 35 mit etwa 75 Gleitern durchgeführt werden.[1, 2, 3]

1917 entwickelte u. a. Siemens Torpedogleiter, die aus zwei in Längsrichtung aufklappbaren Rumpfhälften bestanden, an denen im Auftriebsschwerpunkt ein Doppeldecker-Tragwerk befestigt war. Der geöffnete Rumpf konnte einen Marinetorpedo aufnehmen und danach zugeklappt als Torpedogleiter verwendet werden. Die Geräte hatten zunächst ein Gewicht von 300 kg, später von 1000 kg. Die elektrische Drahtsteuerung konnte bis zu einer Drahtlänge von 8 km aus einer Flughöhe von 1500 m erfolgreich erprobt werden.[3]

Die Steuerungselemente bestanden körperseitig aus Relais, Kondensatoren, Widerständen und Motoren, wobei letztere durch Zahn- und Schneckenradgetriebe Steuerhebel betätigten, die ihrerseits wieder über Seilzüge die Ruder der Gleiter verstellten. Als Stromversorgung der Steuerung war an der Rumpfspitze ein propellergetriebener Dynamo eingebaut.

Vom Geber des Trägers übertrug man die Fernlenkkommandos über das Steuerkabel auf die Relais im Gleiter, die über eine elektrische Schaltung die Stellmotoren ansteuerten. Jeder Steuerimpuls bewirkte eine Ruderverstellung von 3°. Das Kabel für die Kommandoübertragung wickelte sich aus einer blechverkleideten Spule auf der Rumpfoberseite des Flugkörpers ab.[1] Diese Anordnung wurde im Zweiten Weltkrieg prinzipiell, aber in verfeinerter und vervollkommneter Ausführung für die Fernlenkung der Fernlenkkörper einsatzreif verwirklicht (Kapitel 12).

Bald erkannte man, daß die langsamen, schwerfälligen Luftschiffe für einen Einsatz von Gleitkörpern nicht geeignet waren. Dietzius entwickelte darauf, wegen der geringen Bodenfreiheit bei Flugzeugen, flache Eindecker-Flugkörper. Als Träger waren die bei Siemens-Schuckert 1918 im Bau befindlichen sechsmotorigen Riesenflugzeuge R-VIII vorgesehen, von denen aber nur ein Flugzeug Ende 1918 fertiggestellt wurde.[4] Bis zum Kriegsende wurden etwa 100 Torpedogleiter gebaut.[3]

Der Gedanke, unbemannte und auch ferngelenkte Flugkörper für den militärischen Bereich zu bauen, war also für den von uns behandelten Berichtszeitraum vor und zu Beginn des Zweiten Weltkrieges nicht neu und sicher aus dem Wunsch entstanden, die Reichweite flugzeuggestützter Kampfmittel zu vergrößern, Ausweichbewegungen des Feindes folgen zu können und gleichzeitig die den Flugkörper zum Einsatz bringende Besatzung eines Trägers der unmittelbaren Bekämpfung vom Zielobjekt her durch die größere Entfernung entziehen zu können. 1918 endeten bei Siemens, Junkers und auch bei Mercur-Flugzeugbau die Versuche mit Gleitkörpern.[3] Nach dem Ersten Weltkrieg ergab sich im Laufe der Zeit ein weiterer Gesichtspunkt für den Einsatz von Fernlenkkörpern von der Zielgenauigkeit her. Durch die Verbesserung der Flugzeuge bezüglich Reichweite, Geschwindigkeit und Zuladung trat die Möglichkeit der Bekämpfung von Seezielen aus größeren Entfernungen in den Bereich der Verwirklichung. Bei dem normalen Bombenwurf eines Horizontalbombers standen beim Angriff z. B. auf einen Panzerkreuzer für einen Wirkungstreffer, in der Breite gesehen, nur jeweils etwa 15 m von der Schiffslängsachse nach beiden Seiten hin zur Verfügung. Das bedeutete, daß auch der Bombenabwurfpunkt in der Luft nur um ± 15 m differieren durfte. Hier schaffte eine Gleitbombe, die sich in einem flachen Winkel dem Ziel bzw. der Bordwand näherte, bessere Verhältnisse. Je nach dem Gleitwinkel der Bombe konnte sich der zulässige Abwurffehler gegenüber der Fallparabel eines Steilabwurfes vier- bis fünffach vergrößern, um noch einen Wirkungstreffer im Ziel anzubringen. Voraussetzung war allerdings, daß die Kursstabilität des Flugkörpers in Höhe und Seite gewährleistet war.[5]

In der Zeit nach dem Ersten Weltkrieg begannen in verschiedenen Institutionen und Firmen Aktivitäten auf dem Gebiet der drahtlosen Fernlenkung, denen durch die sich rasant entwickelnde Hochfrequenztechnik immer größere Anwendungsmöglichkeiten erschlossen wurden, wie auch schon in Kapitel 9 erwähnt wurde. Parallel dazu entstanden auch Komponenten für Flugregler, die zur Kurs- und Lagenstabilität von Flugzeugen und Flugkörpern einsetzbar waren, wie in Kapitel 16.4.1. noch näher beschrieben wird.

Neben der Hochfrequenz- (Lenkung) und der Feinwerktechnik (Flugregler) waren auch die Aerodynamiker mit Versuchen an entsprechenden Flugkörperzellen nicht müßig. Es sei z. B. auf die Gleitkörperversuche mit Modellen nach dem Ersten Weltkrieg hingewiesen. Hier war es zunächst Alexander Lippisch, der schon in den 20er Jahren als flankierende Erprobung zur Verwirklichung seiner Idee des Nurflügelflugzeuges mit Nurflügelmodellgleitern Versuche bei der Rhön-Rossitten-Gesellschaft durchführte.[6] Diese Institution wurde 1933 in Deutsche Forschungsanstalt für Segelflug (DFS) umbenannt. Wie in Kapitel 10 schon beschrieben, übertrug man Prof. Dr. Walter Georgii die Leitung dieses Institutes.

Bei in der DFS von Dipl.-Ing. Muttray wie auch bei der Deutschen Versuchsanstalt für Luftfahrt (DVL), Berlin-Adlershof, von Dr. Tietjens weitergeführten Versuchen mit Gleitermodellen ohne automatischen Kursregler wurde erkannt, daß trotz genauester Fertigung und Vermessung der aerodynamischen Formgebung bei allen Konstruktionsvariationen kein Geradeausflug sowohl bei den Nurflügelmodellen als auch bei den konventionellen Rumpfmodellen möglich war. Günstigstenfalls ging der anfangs gerade Neigungsflug in einen Kurvenflug mit Landung über. Meist war der Kurvenflug aber Beginn eines Spiralabsturzes.[5, 7] Aus den Versuchen folgte, daß ein Gleitflugkörper ohne Selbststeuerung nicht verwendungsfähig war.

Obwohl die ernsthaften Bemühungen, einen selbst- bzw. ferngelenkten Flugkörper zu realisieren, wie geschildert, bis in den Ersten Weltkrieg zurückreichten, begann der zweite Anlauf zu dessen Verwirklichung in Deutschland erst kurz vor dem Zweiten Weltkrieg und die offizielle Entwicklung erst mitten im Kriege.

Aus den geschilderten Begebenheiten geht einmal mehr hervor, daß »einsame Erfindungen«, wie sie Jules Verne geschildert hat, die weit über den jeweiligen Stand von Wissenschaft und Technik hinausgehen, sich in einem Roman zwar gut verkaufen lassen, aber in der harten Wirklichkeit nicht möglich sind. Es bedarf immer eines vorbereiteten Umfeldes von Forschungsergebnissen und angewandter Technik, um den Gedanken einer Vision Wirklichkeit werden zu lassen. Darüber hinaus wird aber auch erkennbar, wie wichtig eine Institution oder Persönlichkeit ist, die geeignete Aktivitäten erkennt, fördert und in richtige Bahnen lenkt, um eine technische Aufgabe möglichst schnell und ökonomisch zu realisieren.

Eine der ersten Firmen, die mit der Entwicklung einer angetriebenen Gleitbombe für die Bekämpfung von Schiffszielen begann, war die Firma Blohm & Voß, Abteilung Flugzeugbau, Hamburg-Steinwerder, unter Chefkonstrukteur Dr.-Ing. Richard Vogt. Die Konzeption dieser Waffe ging von der Tatsache aus, daß durch den Antrieb einer geflügelten Bombe mit größerer Reichweite eine Waffe entstand, mit der die Flakabwehr des Zieles auf den Angreifer ausgeschaltet bzw. deren Wirkung auf ein Minimum herabgesetzt wird. Weiterhin sollte durch den automatischen Abstieg von der Abwurfhöhe, der vorgesehenen ebenfalls automatischen Höhenhaltung dicht über dem Wasser, bei der Fernlenkausführung für den entlasteten Bombenschützen nur eine Kurskorrektur um die Hochachse übrigbleiben. Hiermit konnte er Abwurffehler und Ausweichbewegungen des Zieles ausgleichen. Durch Ausrüstung mit einem Zielsuchgerät sollte die endgültige und optimale Lösung verwirklicht werden. Die automatische Kurshaltung gestattete dem Flugkörper auch die weitere Anwendung des Katapultstartes beim Kampf Schiff gegen Schiff oder von Küstenstellungen aus.[7, 8]

Im Frühjahr 1939 begann die Entwicklung des Flugkörpers bei B & V unter der Typenbezeichnung BV 143. Im Herbst wurde er dem RLM als neue Waffe vorgeschlagen und dort unter der Bezeichnung 8-143 geführt. Als selbstgesteuerter oder ferngelenkter Überwassertorpedo konzipiert, erhoffte man sich eine etwa dreifache Reichweite gegenüber einem normalen Lufttorpedo. Aus etwa 1500 m Höhe von einem Flugzeug abgeworfen, sollte sich der Flugkörper, durch einen Walter-Raketenmotor angetrieben, mit einer Geschwindigkeit bis zu 720 km/h in flacher Flugbahn dem Wasserspiegel nähern. Schon 0,5 sec nach dem Abwurf war vorgesehen, daß von der Rumpfunterseite ein Fühler etwa um 60° nach vorne wegklappte, wobei dessen unteres bewegliches Ende – das Schwert – bei Wasserberührung über einen Hubmagneten das Ventil eines Druckluftzylinders öffnete, dessen Kolben über eine Hebelübertragung die Querruder ausstellte. Durch ein Umkehrgetriebe wurde unmittelbar danach das Höhenruder auf »Ziehen« gestellt. Während dieser Vorgänge sollte sich der Körper bis auf etwa 2 m der Wasseroberfläche genähert haben und, durch die ausgelösten Ruderbewegungen abgefangen, wieder auf etwa 12 m Höhe steigen, wobei das Höhenruder pneumatisch in Nullposition gestellt werden sollte. Diese geschilderten Steuermanöver hatten sich bis in Zielnähe zu wiederholen, wo in der letzten Anflugphase das Zielsuchgerät (ZSG) »Hamburg« die Steuerung übernehmen sollte.[7, 9]

Während das erste Muster BV 143 noch gerade Tragflächen, ein vollkommen symmetrisches Kreuzleitwerk und eine Rumpflänge von 5980 mm besaß, hatte die erste verbesserte Ausführung BV 143 A-1 V-förmig angesetzte Tragflächen. Dieses in etwa 200 Stück gebaute Erprobungsmuster ist mit seinen technischen Daten in Abb. 21 festgehalten.[9]

Den Raketenmotor hatte die Firma Walter aus ihrer Starthilfe HWK 109-500 aufgebaut, wobei seine Komponentenanordnung den Rumpfgegebenheiten der BV 143 angepaßt und das Gewicht vermindert wurde. Wie bekannt, arbeitete dieses Gerät mit »kaltem« Schub (Kapitel 2.2.). Als Rumpfbug und Nutzlast fand die Panzersprengbombe SD 500 Verwendung, die mit ihrer Spitze etwa 520 mm aus dem Rumpf herausragte. Dem Kugelbehälter für den T-Stoff und verschiedenen Triebwerkventilen folgte der Kurskreisel des elektrischen Anschütz-Flugreglers, der den Kurs (Drehung um die Hochachse) kontrollierte. Dahinter umschloß die Rumpfwand des Mittelteiles vier 825 mm lange Druckluftflaschen und den etwa 400 mm langen Z-Stoff-Behälter. Auf einem dahinter angeordneten etwa 1400 mm langen Gerätebrett, das sich bis zur Zersetzerkammer des Antriebes erstreckte, waren zwei weitere Kreisel so aufgebaut, daß einer die Querlage (Drehung um die Längsachse) und der andere als Höhenkreisel die Längslage (Drehung um die Querachse) kontrollieren konnte.[7]

Im Gegensatz zum Kurskreisel des in Kapitel 16.4.2. noch zu beschreibenden Flugreglers der Fi 103, der neben der Kursregelung (Drehung um die Hochachse) durch eine Neigung des äußeren Kardanringes zur Hochachse um 15° bzw. 20° nach hinten auch noch die Querlage durch ein vom Seitenruder verursachtes Schieberollmoment kontrollierte, war dies bei der BV 143 in dieser Form nicht notwendig. Hier wurde die Querlage vom Flugregler über Querruder an den Hinterkanten der Tragflächen überwacht, die bei der Fi 103 fehlten. Die Annäherung des Flugkörpers an die Wasseroberfläche mit einer Sinkgeschwindigkeit von etwa 4 m/s veranlaßte die Aufschaltung eines Variometers auf den Höhenkreisel. Durch Kontakte am Variometer sollte der Kreisel so beeinflußt werden, daß er einen der Soll-Sinkgeschwindigkeit entsprechenden Ruderausschlag veranlaßte. Erst nach längeren Versuchen und Verbesserungen, wobei die Steuerung zur Erprobung auch in Flugzeuge eingebaut wurde, konnte ihre Funktion befriedigen. Die Messung der Sinkgeschwindigkeit nahm man mit Hilfe einer Windfahne vor, die an einem etwa 1 m langen Ausleger an der Bugspitze oder der Tragflächennase befestigt war. Die Sinkgeschwindigkeit konnte damit bis auf 1,5 m/s genau gemessen werden. Der anfangs eingebaute Anschütz-Flugregler gab nur »Schwarzweiß«-Kommandos mit Hilfe von Elektromagneten auf die Flugkörperruder, was entwe-

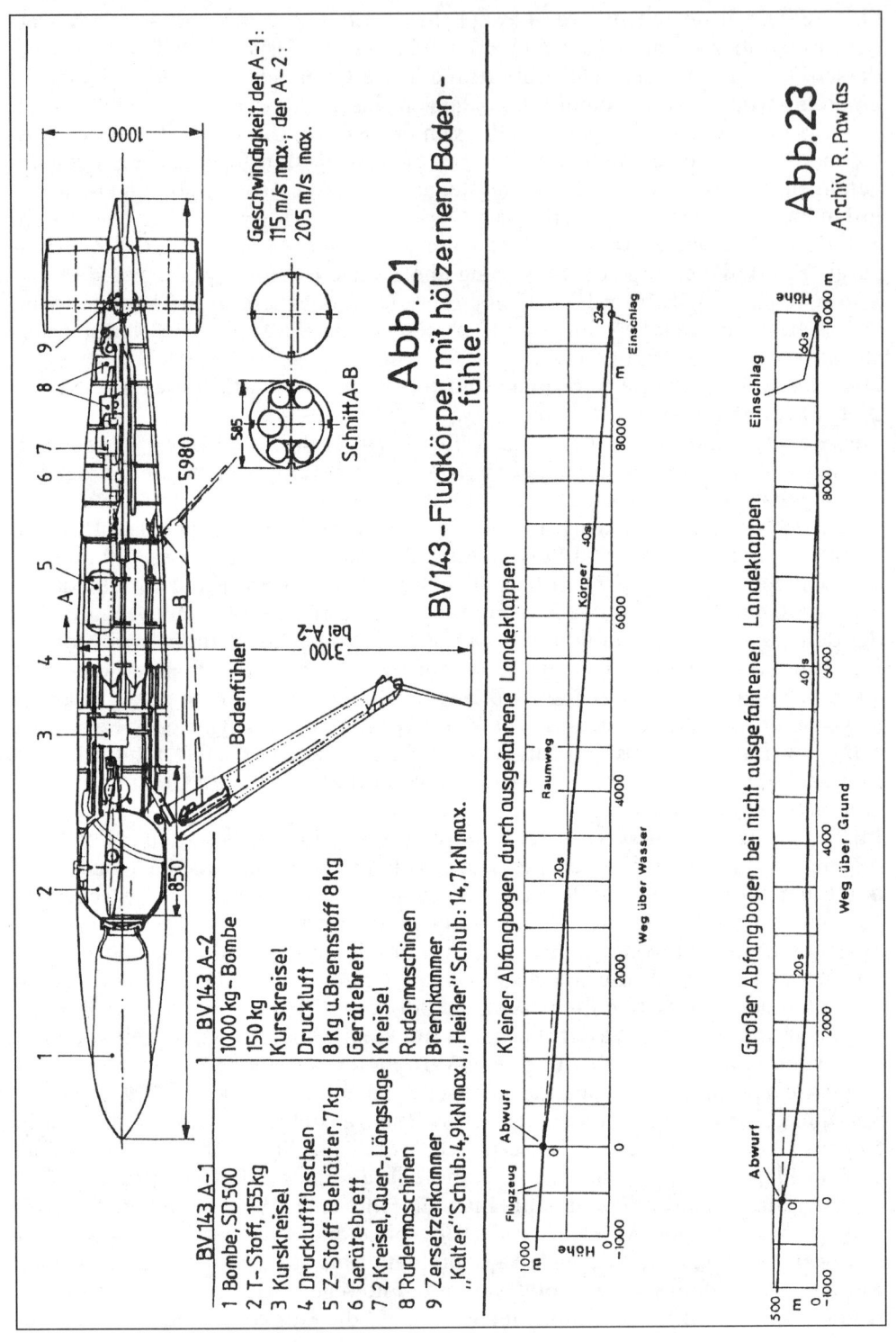

BV143 A-1

1 Bombe, SD 500
2 T-Stoff, 155 kg
3 Kurskreisel
4 Druckluftflaschen
5 Z-Stoff-Behälter, 7 kg
6 Gerätebrett
7 2 Kreisel, Quer-, Längslage
8 Rudermaschinen
9 Zersetzerkammer
"Kalter" Schub:4,9 kN max.

BV143 A-2

1000 kg-Bombe
150 kg
Kurskreisel
Druckluft
8 kg u.Brennstoff 8 kg
Gerätebrett
Kreisel
Rudermaschinen
Brennkammer
"Heißer" Schub: 14,7 kN max.

Geschwindigkeit der A-1:
115 m/s max.; der A-2:
205 m/s max.

Bodenfühler

3100 bei A-2

Schnitt A-B

Abb. 21
BV143-Flugkörper mit hölzernem Boden-
fühler

Kleiner Abfangbogen durch ausgefahrene Landeklappen

Flugzeug

Abwurf

20s

Raumweg

Körper 40 s

52 s

m

Einschlag

Höhe

Weg über Wasser

Großer Abfangbogen bei nicht ausgefahrenen Landeklappen

Abwurf

20s

40 s

60 s

Einschlag

Höhe

Weg über Grund

Abb. 23
Archiv R. Pawlas

der einer Ruderstellung bestimmter Größe oder der Nullstellung entsprach. Zwischenstellungen waren nicht möglich.[9]

Bei der Flugerprobung stellte sich heraus, daß die BV 143 bei Geschwindigkeiten über 150 m/s zu unvermittelten Steigflügen neigte. Man stellte fest, daß die Strömungsgeschwindigkeit an den Tragflächenwurzeln Schallgeschwindigkeit erreichen konnte. Durch ein Herunterziehen der Profilnase konnte dieser Effekt beseitigt werden. Um die Eigenschwingung des Flugkörpers zu dämpfen, versetzte man außerdem nach Messungen im Windkanal das Höhenleitwerk. Bisher in Rumpflängsachse und vor dem Seitenleitwerk angeordnet, wurde es nach hinten oberhalb des Rumpfes versetzt, so daß es an der oberen Seitenruderflosse montiert war.

Durch Wasserschleppversuche bei der Hamburgischen Schiffbau-Versuchsanstalt konnte nachgewiesen werden, daß die Ruderbetätigungskräfte der Elektromagnete des Anschütz-Flugreglers ausreichend waren. Für den schon angesprochenen automatischen Zielanflug der BV 143 in der letzten Flugphase hatte die Firma Elac in Kiel das Zielsuchgerät »Hamburg« auf Ultrarotbasis entworfen. Diese Arbeiten standen unter der Leitung von Dr. E. W. Kutzscher. Das Zielsuchgerät sollte mit Hilfe eines Parabolspiegels von 5° Öffnungswinkel in der Lage sein, den Flugkörper mit einer Genauigkeit von 0,1° ins Ziel zu bringen.[7]

Die ebenfalls schon erwähnte Katapultversion der BV 143 unterschied sich in Konstruktion und Fertigung erheblich von der Luftstartausführung. Als Schleuderantrieb diente, ähnlich wie später bei der Fi 103, ein Katapult mit Walter-Dampferzeuger.

Die Entwicklung des BV-Flugkörpers in Verbindung mit den noch im nächsten Kapitel geschilderten wesentlichen Erprobungsarbeiten mündete letztlich unter Berücksichtigung und Verwertung aller gesammelten Erfahrungen über eine BV-143A-2-Ausführung (Abb. 21) in die BV 143B ein. Dieses Gerät sollte mit einem »heißen« Walter-Raketentriebwerk ausgerüstet werden, das aus der Walter-Starthilferakete HWK 109-502 abgeleitet wurde. Als Sprengkopf konnte eine 1000-kg-Bombe verwendet werden. Der Einsatz war durch He-177-Trägerflugzeuge geplant. Den Flugkörper und seine Ausrüstung hatte man fertigungs- und montagegerecht in Blockbauweise konstruiert. Zur besseren Nachlenkung besaßen die Tragflächen Endscheiben (Abb. 21).[10]

Schon ab 1941 hatten mit der Anlage »Kehl/Straßburg« Fernlenkversuche stattgefunden, um damit die bei der BV 143A-2 vorgesehene Korrektur der Flugrichtung vorzubereiten. Bei Blohm & Voß konnte dieser Flugkörper noch entworfen und als Modell im Windkanal vermessen werden, ehe das gesamte Projekt nach fast vierjähriger Entwicklungs- und Erprobungszeit im Jahre 1943 endgültig gestrichen wurde. Bis zu diesem Zeitpunkt waren etwa 250 BV-143-Flugkörper gefertigt worden, wobei auch noch eine kleine Serienfertigung anlief.[7]

Während sich für alle anderen bei der Erprobung aufgetretenen Probleme immer wieder Lösungen fanden, konnte eine der wesentlichsten Aufgaben der BV 143, die mechanische Höhenhaltung dicht über dem Wasser mit dem Fühler, nicht verwirklicht werden. Ebenso haben die Ausweichlösungen mit dem optischen und einem kapazitiven Feinhöhenmesser nicht befriedigt.[7,9]

Offenbar war man bei der Lösung dieser Aufgabe zu jenem Zeitabschnitt an der Grenze des technisch Machbaren angelangt, weshalb auch bei der später in Kapitel 12.2. geschilderten ferngelenkten Gleitbombe Hs 293 die Lenkung um die Querachse, also die Höhenhaltung, vom Bombenschützen neben der Richtungslenkung mit zu bewältigen war.

Über die BV-143-Flugkörper und deren Erprobung, hier anschließend nur in gekürzter Form wiedergegeben, ließe sich ein ganzes Buch schreiben. Obwohl in vielen technischen Gedanken und Lösungen Vorreiter auf dem noch zu schildernden Gebiet der selbstgesteuerten und ferngelenkten Flugkörper, stand dieses Projekt unter keinem günstigen Stern. Inwieweit der hier getriebene geistige und materielle Aufwand und die gewonnenen Erfahrungen richtungweisend für andere und ähnliche Projekte wurde, ist schwer zu beurteilen, da die Flugkörperprojekte damals in Deutschland teilweise zeitlich parallel und einander überdeckend abliefen. Auch hat die Geheimhaltung eine gegenseitige Information zumindest behindert. Eine weitere, aber im Wettbewerb um nichts mehr erfolgreichere Entwicklung der BV-Flugkörper stellte die als Ferngleitbombe konzipierte BV 246 »Hagelkorn« mit ihren Variationen dar. Dieser zunächst schon früher als BV 226 von Dr. Vogt begonnene Flugkörper war als verbilligter Ersatz für die ohnehin schon mit geringen Kosten herstellbare Fi 103 (V1) von ihm vorgeschlagen worden.

Durch eine außergewöhnliche Maßnahme von Hitler persönlich erregte dieser zunächst abgelehnte Flugkörper wieder allgemeine Aufmerksamkeit. Es war an einem Donnerstag im Sommer des Jahres 1943, als das Führerhauptquartier bei der Firma Blohm & Voß anrief und Chefkonstrukteur Dr. Richard Vogt sprechen wollte. Ihm wurde mitgeteilt, sich am Sonntag zu einer Besprechung beim Führer in Berchtesgaden einzufinden. Eine Rückfrage beim RLM, welcher Art diese Besprechung sei, wurde von der obersten Luftwaffendienststelle kühl und kurz dahingehend beantwortet, daß dort von einer Besprechung nichts bekannt sei. Dr. Vogt möge an Unterlagen mitnehmen, was er wolle. In Berchtesgaden traf Vogt alle Chefkonstrukteure der deutschen Luftfahrtindustrie. Keiner wußte etwas über den Grund dieser Besprechung, wobei den Beteiligten besonders das Fehlen aller offiziellen Luftwaffenvertreter, einschließlich Görings, auffiel. Nach der Begrüßung am Nachmittag eröffnete Hitler dem Kreis der Fachleute: »Unser Land ist jetzt in einer kritischen Situation. Um gewisse Entscheidungen treffen zu können, muß ich wissen, welche Flugzeuge sich gegenwärtig in der Entwicklung befinden und welche Pläne Sie mir noch anbieten können. Sie mögen denken, daß ich diese Informationen eigentlich von meinem Luftfahrtministerium erhalten sollte. Aber ich möchte sie direkt von Ihnen haben. Ich möchte mit Ihnen einzeln sprechen. Geben Sie mir ungeschminkte und offene Antworten.«

Als Dr. Vogt zur Berichterstattung an der Reihe war und außer von einem Ersatz für die veraltete Ju 87 auch von der bisher vom RLM abgelehnten Entwicklung seiner Ferngleitbombe berichtete, betrachteten Hitler und der für Fragen der Produktion bereitstehende und hinzugezogene Reichsminister Speer interessiert die ausgerollten Zeichnungen. Wie immer wieder erkennbar, stellte Hitler intelligente technische Fragen und kannte sich mit Zeichnungen sehr gut aus. Die Einfachheit des neuen Fernflugkörpers gegenüber der Fi 103 faszinierte Hitler und Speer. Hitler verlangte von Vogt, ihn nach den ersten erfolgreichen Flügen persönlich anzurufen. Als Dr. Vogt das nach etwa einem Monat versuchte, eröffnete ihm ein SS-Offizier, daß der Führer wegen der russischen Offensive an die Ostfront gefahren sei.[1]

Die Besprechung bei Hitler war für Dr. Vogt und der Geschäftsleitung von B & V ein neuer Anstoß, die Entwicklung und Erprobung der BV 246 wiederaufzunehmen und zu beschleunigen. Auch war mit der Aufforderung Hitlers an Dr. Vogt, ihn über die ersten Flugergebnisse der Ferngleitbombe zu informieren, das Fernschreiben des Kommandeurs der E-Stellen Oberst Petersen hinfällig, die BV 246-Entwicklung aus folgenden Gründen einzustellen: 1. Neben mangelnder Erprobungskapazität entsprächen die taktischen Möglichkeiten der BV 246 nicht mehr den seinerzeitigen Forderungen. Wenn der notwendige Gleitwinkel von 1 : 23 gehalten werden sollte, wäre nur eine Geschwindigkeit von 340 bis 400 km/h erreichbar. 2. Das Flakzielgerät 76 (Fi 103) befände sich (Sommer 1943) bereits in einem Zustand, der in Kürze Einsatzreife erreichen ließe.[1]

Sowohl die Fi 103 als auch die antriebslose Ferngleitbombe BV 243 waren von ihrer Zielgenauigkeit her nur Flächenbekämpfungswaffen, wobei erwartet wurde, daß 75 % der BV 243 bei einer Gleitentfernung von 200 km innerhalb einer elliptischen Fläche von 14 × 18,5 km niedergehen würden, wobei die kurze Achse in Flugrichtung lag. Das hätte einem über doppelt so großen Zielfehler entsprochen, wie er aufgrund der Peenemünder Erprobungsergebnisse bei der Fi 103 zu erwarten war.[7] Diese Tatsachen waren verständlich, da der BV-Flugkörper keinen Antrieb besaß und die Kursstabilität nicht von einem Kompaß überwacht wurde. Die Kursregelung erfolgte nur über einen Kurskreisel mit zugehörigem Dämpfungskreisel. Die jeweilige Höhe entlang der Flugbahn, vom Abwurfpunkt aus 7000 m, war automatisch durch den Gleitwinkel gegeben, der bei der Langstreckenversion BV 246B den hervorragenden Wert von 1 : 26 hatte. Er wurde durch die große Flügelstreckung (Verhältnis der Flügelspannweite zur mittleren Flügeltiefe) ermöglicht und war ursprünglich sogar auf den theoretischen Wert von 1 : 30 festgelegt worden.[5, 7]

Diese Gegebenheiten, die zwar angeblich für das RLM keine wesentliche Vereinfachung gegenüber der Fi 103 bedeuteten, aber auch die geschilderten Nachteile beinhalteten, hatten zunächst zur Ablehnung der BV 243 geführt.

Am 17. Dezember 1943 fand im RLM, Berlin, aufgrund der geänderten Sachlage, eine General-Luftzeugmeister-Besprechung statt, in der Dr. Vogt Gelegenheit hatte, die neue Ferngleitbombe noch einmal näher vorzustellen. Sein wesentliches Argument für eine zweite Waffe nach Art der Fi 103 war die Einfachheit des Gerätes, das nur ein Drittel des von der Fi 103 benötigten Materials erforderte, und die sehr geringen Montagekosten. Auch führte Dr. Vogt die taktischen Möglichkeiten bei Vorhandensein zweier Fernflugkörper an.[7] Nach dieser Besprechung konnten die Arbeiten bei B & V mit der Genehmigung von GFM Milch fortgesetzt werden.

Außer dem Langstrecken-Flugkörper wurden im Laufe der Zeit folgende weitere Ausführungen von der Luftwaffenführung verlangt:

BV 246 A	Kurzstrecken GB (auch für Fernlenkung mit Kehl-Straßburg)
BV 246 B	Langstrecken GB
BV 246 E-1	Zielmodell (für »Wasserfall« und »X4«)
BV 246 E-2	Träger für Kampfstoff u. ä.
BV 246 E-3	zusätzliche Heulbombe eingebaut
BV 246 F-1	Nahziel GB
BV 246 F-2	zusätzlich ZSG eingebaut (HF-Zielsuchgeräte)
BV 246 F-3	zusätzlich UR-ZSG eingebaut (Ultrarot-Zielsuchgeräte und Fernsehlenkung)

BV 246 F-4	für Fernsteuerung
BV 246 F-5	ZSG (modulierte HF)
BV 246 F-6	für Funkfernlenkung[7] (Höhenfernlenkung geplant)

Von diesen Ausführungen soll besonders die Konstruktion der BV 246B, von der die größte Musterstückzahl hergestellt wurde, näher betrachtet werden, deren Merkmale Dr. Vogt in der RLM-Besprechung am 17. Dezember größtenteils auch herausstellte. Als Trägerflugzeuge waren die He 111, die Ju 88 u. a. mit bis zu je zwei am ETC 2000 aufgehängten Körpern vorgesehen. Die Abwurfhöhe betrug 7000 m, die von dem flugzeugseitig eingebauten Großhöhenmesser FuG 103 der Firma Carl Zeiss ermittelt wurde. In der Abb. 22 sind Aufbau und technische Daten der BV 246B »Hagelkorn« festgehalten.[1,7] Der vordere, 1815 mm lange Sprengkopf hatte einen Durchmesser von 542 mm und war aus zwei tiefgezogenen Stahlblech-Halbschalen zusammengeschweißt. Die hintere Öffnung wurde durch einen Deckel abgeschlossen, der wiederum eine mit einem Klemmdeckel abschließbare Füllöffnung von 250 mm Durchmesser besaß. Der Sprengstoff von 435 kg Gewicht bestand aus Amatol 39 und wurde durch den Aufschlagzünder 66 zur Detonation gebracht, dessen Armierung 2 min nach dem Abwurf erfolgte. In je einer seitlichen Vertiefung des Sprengkopfes wurden die beiden Tragflächen mit Hilfe einer Spannbrücke und vier Schrauben befestigt. Schulterbleche sorgten für einen gleichmäßigen Übergang zum Rumpf. Um hochwertiges Material zu sparen, ging Dr. Vogt neue Wege. Die Tragflächen erhielten ein Gerippe aus acht aufeinander-gepunkteten Stahllamellen, deren Zwischenräume bei gleichzeitiger Feinprofilierung der Oberfläche mit Magnesit-Zement ausgegossen wurden.[7] Aus diesem Material stellte man auch die Steinholzfußböden her (Abb. 22).

Das 1335 mm lange Heckteil bestand aus zwei verleimten Preßholzschalen, wobei die untere durch einen eingeleimten Frontspant verstärkt war. Im Heckinneren war auf einem Gerätebrett die Steuerung aufgebaut. Drei Stegbleche sorgten für eine Befestigung mit dem vorderen Bombenteil. Es war auch daran gedacht, das Heckteil als Kunststoffpreßteil auszubilden.

Das Leitwerk, ebenfalls aus Holz gefertigt, besaß Ruder aus der Preßmasse »Lignidur« (Phenolharz mit Holzschnitzelfüllung). Auf der Heckoberseite befand sich der Abreißstecker, über den dem Flugkörper bis zum Abwurf zur Schonung der eigenen Bordbatterie eine Spannung von 24 V = für die Heizung sowie den Anlauf der Kreisel und der Impuls für die Entfesselung des Siemens-Lagekreisels LKu 4 übertragen wurde. Durch den Sprengkopf führten zwei Kabelkanäle zum Heck, die für Verbindungsleitungen vorgesehener Zielsuchgeräte und Zündleitungen eingebaut waren.[7,13]

Für die Trimmung des Flugkörpers besaß die Seitenleitwerkflosse eine Öffnung, in die bis zu 3,5 kg Sand eingefüllt werden konnte. Bei der Verwendung als Gleitbombe im Geradeausflug wurde das Höhenruder festgeklemmt. Die Kommandos der elektrischen Kreiselkurssteuerung beeinflußten also nur das Seitenruder. Kurs- und Dämpfungskreisel wurden indirekt mit Hilfe einer 24-V-Batterie angetrieben, die ihrerseits einen Umformer versorgte, der eine hochfrequente Spannung für die Kreiselmotoren lieferte. Ihre Drehzahl betrug 30 000 U/min. Die elektrischen Kreiselsignale und die Lage der Ruderpotentiometer wurden

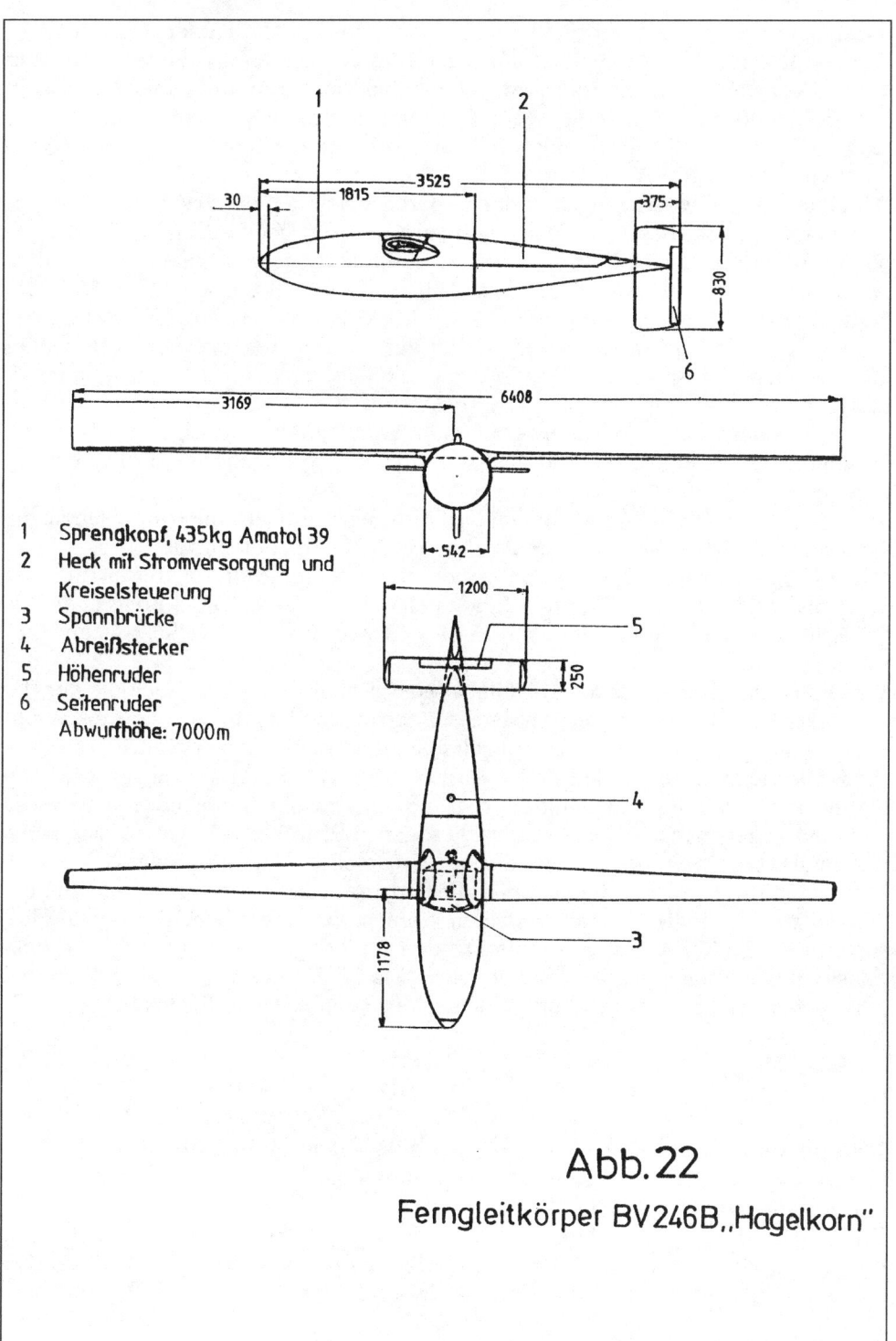

1 Sprengkopf, 435kg Amatol 39
2 Heck mit Stromversorgung und
  Kreiselsteuerung
3 Spannbrücke
4 Abreißstecker
5 Höhenruder
6 Seitenruder
  Abwurfhöhe: 7000m

Abb. 22
Ferngleitkörper BV246B „Hagelkorn"

durch einen Antriebsregler elektrisch gemischt und an die Rudermaschinen zur Ruderverstellung weitergegeben. Da der Flugkörper beim Steigflug mit dem Trägerflugzeug und nach dem Abwurf aus 7000 m Höhe auf seiner Bahn zum Ziel 50 bis 60 min mehr oder weniger großer Kälte ausgesetzt war, erwärmte man die Bordbatterie zur Erhaltung ihrer Speicherkapazität durch zwei Heizwiderstände von je 100 W.[7]

Abschließend soll noch einiges zu den anderen Versionen der BV 246 gesagt werden. Das A-Muster besaß ein Höhenleitwerk mit Endscheiben, an die für das geplante Fernlenk-Doppeldeckungsverfahren Leuchtpatronen montiert wurden. Auch erprobte man eine Bauchflosse in Verbindung mit einem geänderten Höhenleitwerk. Während ursprünglich für die A-Ausführung ein Gleitwinkel von 1 : 25 vorgesehen war, stellte man sie später auf Nahziele um, wobei mit Hilfe eines nachgeschleppten Bremskegels dem Körper ein Gleitwinkel von 1 : 7 gegeben wurde.

Je nach Reichweite experimentierte man auch mit rechteckigen Holzflügeln verschiedener Spannweite und gab diesen Ausführungen die Typenbezeichnung F-1.

Die BV 246F-3 war für die Montage der Fernsehkamera »Tonne« vorgesehen, die später aber mit der Henschel-Gleitbombe Hs 263D erprobt wurde.

Die F-6-Muster sollten eine Höhenfernlenkung erhalten, wurden aber nicht mehr fertiggestellt. Von den F-Typen befanden sich am 1. Januar 1945 noch etwa 200 Stück in Arbeit. Ein Teil sollte als Kampfstoffträger mit der Fw 190A-4 zum Einsatz kommen.[7]

Wenn man die Geschichte der BV-Gleitkörper liest, insbesondere auch die der BV 246, welche ohne Zweifel gute Ansätze und technische Lösungen aufzuweisen hatten, ist man fast geneigt, von einem ungeliebten Kind der Luftwaffenführung zu sprechen. Die vielen zugelassenen und geforderten Typen und Ausführungen wie auch die im nächsten Kapitel geschilderten grotesken Erprobungsabläufe mit teilweise mehrfach gegebenen und wieder zurückgezogenen Erprobungsaufgaben lassen eine ordnende Hand vermissen. Hier, wie bei den meisten Flugkörperentwicklungen, wurde eine Vielzahl von Projekten und Ausführungen in Angriff genommen. In Friedenszeiten hätte man das noch vertreten können, um eine möglichst optimale Lösung für ein Waffensystem zu ermitteln. Aber im Krieg, wo Arbeitskräfte, Produktionsmittel, Fertigungsstätten und letztlich Material wegen der allseitig großen Anstrengungen knapp waren, mußte dieses Verhalten negative Folgen haben.

11.2. Erprobung

Vor und während der Abwurferprobung mit BV-Gleitbomben BV 143 an der Versuchsstelle der Luftwaffe Peenemünde-West beschäftigte man sich dort zusätzlich mit grundlegenden Versuchen an antriebslosen Gleitkörpermodellen von DVL, DVS, DFS wie auch mit dem Projekt eines eigenen Flugkörpers G.B. 200, der durch Flugbaumeister Max Mayer entworfen wurde.[3] Im Bericht der Versuchsstelle 457/39 geheime Kommandosache E2a vom 14. Oktober 1939 errechnete Max Mayer von E2 die maßgebenden flugmechanischen Größen von sechs Gleitkörpermodellen einheitlich neu, da ihre Werte aus den bisherigen Flug- und

Windkanalversuchen nicht ohne weiteres vergleichbar angegeben waren.[11]
Von folgenden Modellen, deren Maßstäbe sich zwischen 1 : 3 und 1 : 1,6 – bei Gewichten von 106 bis 200 kg – bewegten, wurden die Werte berechnet:
DFS I (Modellmaßstab M.: 1 : 3; 1 : 1,6)
Tragfläche: Elliptische Außenkontur, Clark-Y-Profil, V-Stellung: 12°
Höhenleitwerk: Elliptische Außenkontur, symmetrisches Profil
DFS II (M.: 1 : 3; 1 : 1,6)
Tragfläche: Kreisförmige Außenkontur, Clark-Y-Profil, V-Stellung: 10°
Höhenleitwerk: Elliptische Außenkontur, symmetrisches Profil
DVL GV 11-1 (M.: 1 : 1,6)
Tragfläche: Trapezflügel mit gerundeten Flächenenden, schlankes, symmetrisches Profil, V-Stellung: 17°
Höhenleitwerk: Trapezförmige Außenkontur in Pfeilform mit gerader Hinterkante und abgerundetem Endstück, schlankes, symmetrisches Profil
G.B. 200 (M.: 1:1,6)
Tragfläche: Knickflügel kurzer Streckung. V-Stellung innen: 30° und außen: 15°
Höhenleitwerk: Trapezförmige Außenkontur in Pfeilform mit gerader Hinterkante, aus geradem Blech ohne Profil gefertigt[11]

Wie ersichtlich, hatte man bei der DFS zwei Entwicklungsrichtungen eingeschlagen. Die Flugkörper mit kreisförmigen und elliptischen Tragflächen wurden von Dipl.-Ing. Muttray und die Untersuchungen der Trapez- und Pfeilflügel von Dipl.-Ing. Feder bearbeitet. Die zuerst als DFS I von den Schwarz-Propellerwerken, Berlin, unter der Bezeichnung RSA 160 (Rauch-Spur-Automat 160, wegen des Maßstabes 1 : 1,6) gefertigten Geräte stürzten bei der Abwurferprobung ohne Steuerung im Jahre 1940 alle ab. Von Januar bis Juni 1940 erprobte man die Geräte sowohl mit einer Askania- als auch einer Anschütz-Steuerung mit wechselndem Erfolg, wobei sie aber im Flug noch nicht ausreichend stabilisiert werden konnten. Gleitmodelle mit Rechteckflügeln und Endscheiben zeigten zwar gute Flugeigenschaften, wurden aber wegen der größeren Bauhöhe abgelehnt. Unter der Bezeichnung »Flügel großer Tiefe ohne Höhenleitwerk« entwarf man schwanzlose Flugkörper, womit aber keine Erprobungen durchgeführt wurden.[6]
Nachdem auch ein Gleitkörpermodell der DVL, GV 11-1, mit Trapezflügeln im Gleitversuch erprobt worden war, rüstete man RSA-160-Körper mit einer Askania-Kreisel-Steuerung aus, die eine Dreiachsen-Stabilisation ermöglichte. Diese pneumatische Steuerung arbeitete mit drei Kreiseln, die eine Drehzahl von 40 000 U/min hatten. Ein Lagekreisel war für die Bahnneigung und den Kurs und je ein Dämpfungskreisel für die Quer- und die Hochachse der Flugkörper vorgesehen (siehe auch Fi 103). Am 4. und 5. September 1941 warf man je einen Flugkörper RSA 160 durch das Trägerflugzeug Do 17 Z (KD + NC) in Peenemünde ab.[12] Das erste Gerät mit der W.Nr.: 140 wurde aus 1500 m Höhe abgeworfen und hatte bei 123 kg Gewicht eine Flächenbelastung von 203 kg/m². Die mittlere Bahnneigung betrug 1 : 9. Die Richtungsstabilität war bis zur 60. Sekunde einwandfrei, wich danach aber um 4,5° von der Abwurfrichtung ab. Die W.Nr.: 139, ebenfalls aus 1500 m, aber aus einer Rechtskurve von 2°/s abgeworfen, hatte auch eine mittlere Bahnneigung von 1 : 9, behielt bei leichtem Pendeln um die Abwurfrichtung den Kurs aber bei. Die Geschwindigkeit beider Gleitkörper lag bei 90 bis 100 m/s.[12]

Die Muster der Eigenentwicklung der Versuchsstelle G.B. 200 ließ man bei Rheinmetall-Borsig AG bauen. Es handelte sich hier eigentlich mehr um einen Leitwerkträger, der eine serienmäßige SC-250-kg-Bombe aufnehmen konnte. Die eingebaute pneumatische Askania-Steuerung besaß einen nach hinten geneigt angeordneten Kurskreisel mit kardanischer Aufhängung, der den Flugkörper um Hoch- und Längsachse stabilisierte. Bemerkenswert war die Kontrolle um die Längsachse insofern, als durch die Neigung des Kreisels bei einer Längsdrehung durch einen Ruderausschlag ein entgegengesetzt wirkendes Rollmoment wirksam wurde. Also hier war eine ähnliche Steuerungsanordnung verwirklicht, wie sie später auch bei der Fi 103 in den Kapiteln 16.4.2.2. ff. noch näher beschrieben wird. Auch wird dort noch auf die Schwierigkeiten hingewiesen, die in diesem Zusammenhang bei der Firma Askania mit der Kurskreiselneigung auftraten.

Die Kommandos der Kreiselsteuerung wurden auf magnetisch betätigte Querruder gegeben, wodurch ein Geradeausflug erreicht wurde. Der Einsatz war von Jagdflugzeugen aus auf Flächenziele geplant. Die Weiterentwicklung des Gerätes stellte die Versuchsstelle 1942 zugunsten der ferngelenkten Flugkörper »FritzX« und Hs 293 ein.[5]

Aus den bisherigen Schilderungen und den noch in Kapitel 12 zu beschreibenden Arbeiten über Fernlenkkörper ist ersichtlich, wie weit verbreitet die Idee des Flugkörpers seinerzeit in Deutschland war und bei wie vielen Firmen und Institutionen an deren Verwirklichung ernsthaft gearbeitet wurde. Weiterhin wird aber auch klar, daß auf weiten Gebieten dieser Technik neue Wege beschritten wurden.

Neben den Flugerprobungen der BV 143 führte man etwa ab Februar 1941 auch Standerprobungen in Peenemünde-West mit dem im Körper eingebauten Walter-Raketenmotor bei verschiedenen T- und Z-Stoff-Mengen und variiertem Förderluftdruck von 130 bis 190 bar durch. Es wurden u. a. Schubkräfte von 3,92 kN (400 kp) und 4,6 kN (470 kp) bei 57 sec bzw. 62,5 sec Brenndauer erreicht.[7]

Das gleiche Erprobungsmuster BV 143A-V6 warf man danach antriebslos aus einer Höhe von 310 m und mit einer Geschwindigkeit von 350 km/h über der Ostsee ab. Nach einer anfänglichen Sinkgeschwindigkeit von 3 m/s ging der Körper nicht in eine flache Flugbahn über, sondern tauchte mit hoher Geschwindigkeit in das Wasser ein. Dem Erprobungsmuster V-7 ging es nicht besser. Am 7. März 1941 stürzte es aus nicht geklärter Ursache aus einer Höhe von 1200 m ab. Das V-8-Gerät ging nach einem Gleitflug von 48 sec Dauer plötzlich in den Sturzflug über und verschwand im Wasser. Ein besseres Ergebnis brachte der Flugkörper V-11, der am 15. März 1941 aus 1100 m Höhe abgeworfen wurde, zunächst in einen starken Sinkflug mit 4,5 m/s überging und sich vor der Wasseroberfläche noch abfing. Mit dem V-17-Gerät wollte man eine größere Flugstrecke mit Triebwerk erproben und konnte bei Drosselung des Antriebes und damit vergrößerter Betriebszeit von 70 sec eine Flugstrecke von 24 km in 3 min 40 sec erreichen. Danach wurden mit anderen Geräten Sinkgeschwindigkeiten zwischen 2 und 5 m/s, Abwurfhöhen zwischen 250 und 1600 m wie Abwurfgeschwindigkeiten von 236 bis 360 km/h erprobt.[7]

Aus dem Erprobungsverlauf erkennt man, daß anfangs häufig, später auch immer wieder sporadisch Erprobungskörper mit fehlerhaftem Verhalten im Wasser verschwanden, ohne daß eine eindeutige Fehlerursache festgestellt werden konnte. Bei der Flugerprobung in Peenemünde-West machte man sich deshalb schon frühzeitig Gedanken, hier Abhilfe zu schaffen. Anfängliche Leuchtzeichen am Flug-

körper, die bei den entsprechenden Ruderkommandos aufblinkten, erwiesen sich auf größere Entfernungen und bei diesigem Wetter als zu leuchtschwach. Deshalb baute man im Rumpf auf dem Gerätebrett einen Schreiber ein, der die einfachen Hartruderausschläge des Anschütz-Flugreglers aufzeichnen sollte. Aber auch ein verstärktes Gerätebrett bot bei den Abwurfversuchen, die für diesen Fall über Land in Polen durchgeführt wurden, keinen Schutz gegen die Zerstörung des Schreibgerätes. Man entschloß sich deshalb, die Registriergeräte in einem abwerfbaren Behälter seitlich unterhalb des Flugkörperrumpfes anzubringen und die Abwürfe über See in Peenemünde wieder fortzusetzen. Eine Schaltuhr, nach dem Abwurf des Flugkörpers in Gang gesetzt, veranlaßte den Abwurf des Behälters vom Rumpf zu einem Zeitpunkt, wo die Annäherung an die Wasseroberfläche und damit alle wesentlichen Flugreglerfunktionen schon erfolgt sein sollten. Die Geschwindigkeit des durch Sprengnieten vom Flugkörper getrennten, schwimmfähigen Behälters wurde durch einen ausgestoßenen Bremsfallschirm auf 16 m/s vermindert, ehe er ins Wasser tauchte. Im Wasser sorgte eine abgegebene Natrium-Fluoreszinmenge für eine weithin sichtbare Grünfärbung der Eintauchstelle, der später noch ausgestoßene Rauchwolken zur leichteren Auffindung verhalfen.[7, 10]
Für die später eingebaute pneumatische Askania-Steuerung verwendete man ein Registriergerät, das pneumatische Askania-Kolben zum Schreiben besaß und damit kontinuierliche Diagrammverläufe aufzeichnen konnte.
Weitere Versuche, um die wirklich während des Fluges vom Flugregler gegebenen Kommandos festzuhalten, unternahm man mit einer in den Abwurfbehälter eingebauten Filmkamera. Ihr Objektiv war so ausgerichtet, daß sie sowohl die Ruderausschläge am Heck als auch die Skala eines Differenzdruckmessers filmte, der die Luftsteuerimpulse aus den Fangdüsenleitungen des Askania-Flugreglers anzeigte (siehe auch Kapitel 16.4.2.2. ff.). In der Praxis bereiteten diese Messungen insofern Schwierigkeiten, als vielfach nur Schreibgeräte mit gut verlaufenen Flügen geborgen oder die Behälter, trotz des Bremsfallschirmes, bei Wasserberührung stark beschädigt wurden.[10]
Der Registrierbehälter erhielt auch oft einen schreibenden barometrischen Höhenmesser, dessen Kurve die vertikale Bahn des Abwurfkörpers darstellte. Dieses Gerät war in einer zusätzlichen zylindrischen Kammer von etwa 500 mm Länge und 200 mm Durchmesser im Abwurfbehälter untergebracht.[7]
Als die pneumatische Askania-Steuerung zur Verfügung stand, wurde die Flugerprobung der BV 143A mit der Anschütz-Steuerung eingestellt. Die neue Steuerung hatte keine Schwarzweiß-, sondern eine stetige Ruderbewegung. Bei ihrer Verwirklichung überlegte man, ob zusätzlich zum Lagekreisel, der den Kurs und die Längslage kontrollierte, ein Kreisel für die Querlage (Drehung um die Längsachse) notwendig wäre, oder ob die V-Stellung des Tragwerkes eine flugkörpereigene Rollstabilität gewährleisten würde. Man entschloß sich für einen zusätzlichen Kreisel, der die Rollstabilität mit Hilfe der Querruder überwachte. Deshalb besaß dieser Askania-Flugregler zunächst vier Kreisel, einen kardanisch gelagerten Lagekreisel, dessen Kreiselachse nicht wie bei den Gleitkörpern und später auch bei der Fi 103 waagerecht, sondern senkrecht angeordnet war. Ebenso, wie beim späteren Fi 103-Flugregler, konnte der Lagekreisel gefesselt und kurz vor dem Abwurf elektromagnetisch entfesselt werden. Der mit 40 000 U/min pneumatisch angetriebene Kreiselrotor fixierte durch seine Lagenstabilität in Verbindung

mit seiner kardanischen Lagerung im Raum zwei mit den Kardanachsen verbundene Strahlrohre. Jedem Strahlrohr waren zwei körperseitig fixierte Fangdüsen zugeordnet, deren Mündungen bei gewünschter Fluglage des Körpers von der Strahlrohröffnung gleich weit entfernt waren (Neutralstellung). Der Staudruck in den Fangdüsen und in den von ihnen ausgehenden Signalleitungen war damit gering und gleich groß. Die Strahlrohre, die mit einem Signalluftdruck von 1,5 bar Überdruck versorgt wurden, waren mit ihren körperfesten Fangdüsen so angeordnet, daß diese sich bei Drehung des Flugkörpers, z. B. um seine Hochachse (Kurs), aus ihrer Neutralstellung gegenüber dem Strahlrohr herausdrehten und damit in einer Fangdüsenleitung ein höherer Signaldruck aufgebaut wurde. Dieser steigende Druck veranlaßte in einer Differenzdruckdose der Seitenrudermaschine ein der Abweichung entgegengesetztes Ruderkommando. Ebenso hatte man für die Stabilisierung der Querachse (Längslage) das zweite Strahlrohr des Lagekreisels eingesetzt und löste damit Gegenkommandos des Höhenruders bei Abweichungen von seiner Sollfluglinie aus. Die beiden pneumatischen Stellantriebe für die Ruder erhielten dabei einen Betätigungsluftdruck von 6 bar Überdruck (siehe auch Kapitel 16.4.2.2. ff.).

Außer dem Lage- und dem Querruderkreisel besaß der Askania-Flugregler noch zwei zusätzliche Dämpfungskreisel, deren Antriebsluft als Ab- und Steuerluft einem Strahlrohr zugeführt wurde, das wiederum mit seinem Staudruck, je nach Lagenabweichung, eine von zwei Fangdüsen beaufschlagte, deren Signalleitungen parallel zu denen des Lagekreisels geschaltet waren. Die Laufachsen beider Dämpfungskreisel waren so im Flugkörper angeordnet, daß sie bei Abweichungen vom Kurs und von der Längslage mit ihrer Präzessionsbewegung ihre Strahlrohre vor die jeweilige Fangdüse schwenkten. Da die Signalleitungen der Dämpfungskreisel zu den gleichen Leitungen des Lagekreisels so parallel geschaltet waren, daß ihre Signale in der jeweiligen Differenzdruckdose der Rudermaschinen verkleinert und damit auch gedämpft wurden, konnten abrupte Steuerbewegungen von Höhen- und Seitenruder wie aufschaukelnde Schwingungen des Flugkörpers vermieden werden. Vergleicht man diesen Askania-Flugregler der BV 143 mit jenem in den Kapiteln 16.4.2.2. ff. ausführlicher beschriebenen Gerät der Fi 103, so ist die Ähnlichkeit beider Geräte unschwer zu erkennen. Später, als der Lagekreisel der Askania-Steuerung neben den Höhen- und Seitenrudern auch die Querruder bediente, konnte der zusätzliche vierte Kreisel entfallen, womit der BV-143-Flugregler dem Fi-103-Regler noch ähnlicher wurde.[7]

Bei der Flugerprobung mit der kontinuierlich wirkenden Askania-Steuerung war bei den Flugkörpern ein wesentlich ruhigerer Flug als mit der Anschütz-Steuerung zu beobachten. Beim Abwurf wurden die Landeklappen voll ausgefahren und dann stetig und langsam eingezogen, wodurch ein großer Abfangbogen entstand (Abb. 23). Anfangs zeigte sich nach etlichen Abwürfen ein treppenartig ansteigender Flugbahnverlauf, der auf einen zu geringen Andruck der Abgreifer an der Exzenterscheibe des Lagekreisels zurückzuführen war und wodurch ein Fehlkommando »Ziehen« gegeben wurde. Durch Verstärkung der Zugfeder, die beide Abgreifer gegen den Exzenter drückte, traten diese Flugbahnabweichungen nicht mehr auf. Eine weitere Fehlerquelle mußte bei der Einführung der Askania-Steuerung insofern beseitigt werden, als sich bei Schwingungsversuchen des ganzen Flugkörpers um die Querachse ein Auswandern des entfesselten Lagekreisels ergab. Durch eine stoßgedämpfte Lagerung der Kreiselsteuerungsgrundplatte konnte diese Erscheinung beseitigt werden. Weiterhin stellte man verschiedentlich ein Flattern der Ruder fest. Dieses Flattern konnte sowohl durch einen Massenausgleich der Ruderblätter als auch durch Änderungen am Arbeitskolben der Rudermaschinen behoben werden.[9]

Ehe auf die konstruktiven Verbesserungen des BV-143A-Flugkörpers durch die Ergebnisse seiner Flugerprobung eingegangen wird, soll noch über die Problematik des mechanischen 15,5 kg wiegenden Bodenfühlers berichtet werden, der die vorgesehene Höhenhaltung über dem Wasser aber nie verwirklichen konnte. Da die mechanische Höhenhaltung durch den Fühler schon frühzeitig als schwierig erkannt wurde, ging man in einer der ersten Arbeiten daran, die Funktion des Fühlersystems separat am Boden zu erproben. Wie anfangs schon beschrieben, sollte der bewegliche Fühler automatisch verhindern, daß der sich in flacher Flugbahn dem Wasser nähernde Flugkörper in das Wasser eintauchte. Er sollte als sogenannter »Überwasserläufer« dem Ziel entgegenfliegen. Bei der Vorerprobung an Land führte man Wasserschußversuche auf den ruhenden Fühler durch mit einem Wasserstrahl von 200 m/s Strömungsgeschwindigkeit, der das ebenfalls am Fühler gelenkig befestigte Schwert »beschoß«, womit der Eintauchvorgang simuliert wurde. Nach entsprechend sorgfältiger Profilierung des Schwertes konnten die Standversuche erfolgreich beendet werden. In der praktischen Flugerprobung stellte sich aber heraus, daß bei höheren Sinkgeschwindigkeiten, z. B. von 8 m/s, kein Abfangen durch den Fühler mehr möglich war. Durch die kinetische Sinkenergie tauchte der Flugkörper in das Wasser ein.[9]

Um die Flugerprobung der BV 143 nicht zu verzögern, stellte man die Versuche mit dem Fühler zurück und baute einen optischen Feinhöhenmesser der Firma Zeiss ein. Dieses Gerät sandte unter einem bestimmten Winkel einen Strahl modulierten Lichtes aus, der an der Wasseroberfläche reflektiert und vom Empfänger in dem Augenblick empfangen wurde, wenn die Flughöhe dem Sollwert entsprach bzw. der Ausfallwinkel des gesendeten Lichtstrahles dem Einfallwinkel des empfangenen Lichtstrahles entsprach (Abb. 24). Die Modulationsfrequenz des Lichtes hatte man so hoch gelegt, daß ein Ansprechen des Empfängers auf reflektiertes Licht des bewegten Wassers nicht möglich war. Bei der Annäherung des Flugkörpers an die Wasseroberfläche gab der Höhenmesser in 25 m Höhe ein Vorkommando, wodurch die Sinkgeschwindigkeit über die Steuerung verringert wurde.[9]

Wie es Sinn und Zweck einer Flugerprobung ist, ergaben sich auch seinerzeit bei den BV 143-Abwürfen entsprechende Ergebnisse und Hinweise für eine konstruktive Optimierung des Gerätes. Oft waren diese Erkenntnisse mit einer Vereinfachung der bisherigen Lösung verbunden. So wandte man sich auch einer Verbesserung des Triebwerkes zu. Der Walter-Antrieb hatte einen stufenförmigen Schubverlauf, dessen Maximalwert durch einen Staudruckgeber bei 200 m/s gedrosselt wurde. Einen ähnlichen Effekt erzielte man mit einem vereinfachten Antrieb insofern, als anstelle der bisher vier für die Treibstofförderung vorgesehenen Druckluftflaschen nur zwei verwendet wurden, deren Förderdruck infolge des geringeren Volumens mit zunehmender Betriebszeit merkbar abnahm, womit auch der Treibstoffdurchsatz – und damit der Schub – geringer wurde. Neben dem Fortfall einiger Armaturen und zweier Druckluftbehälter verkleinerte sich auch das Triebwerkgewicht. Eine weitere konstruktive Vereinfachung und Verbesserung

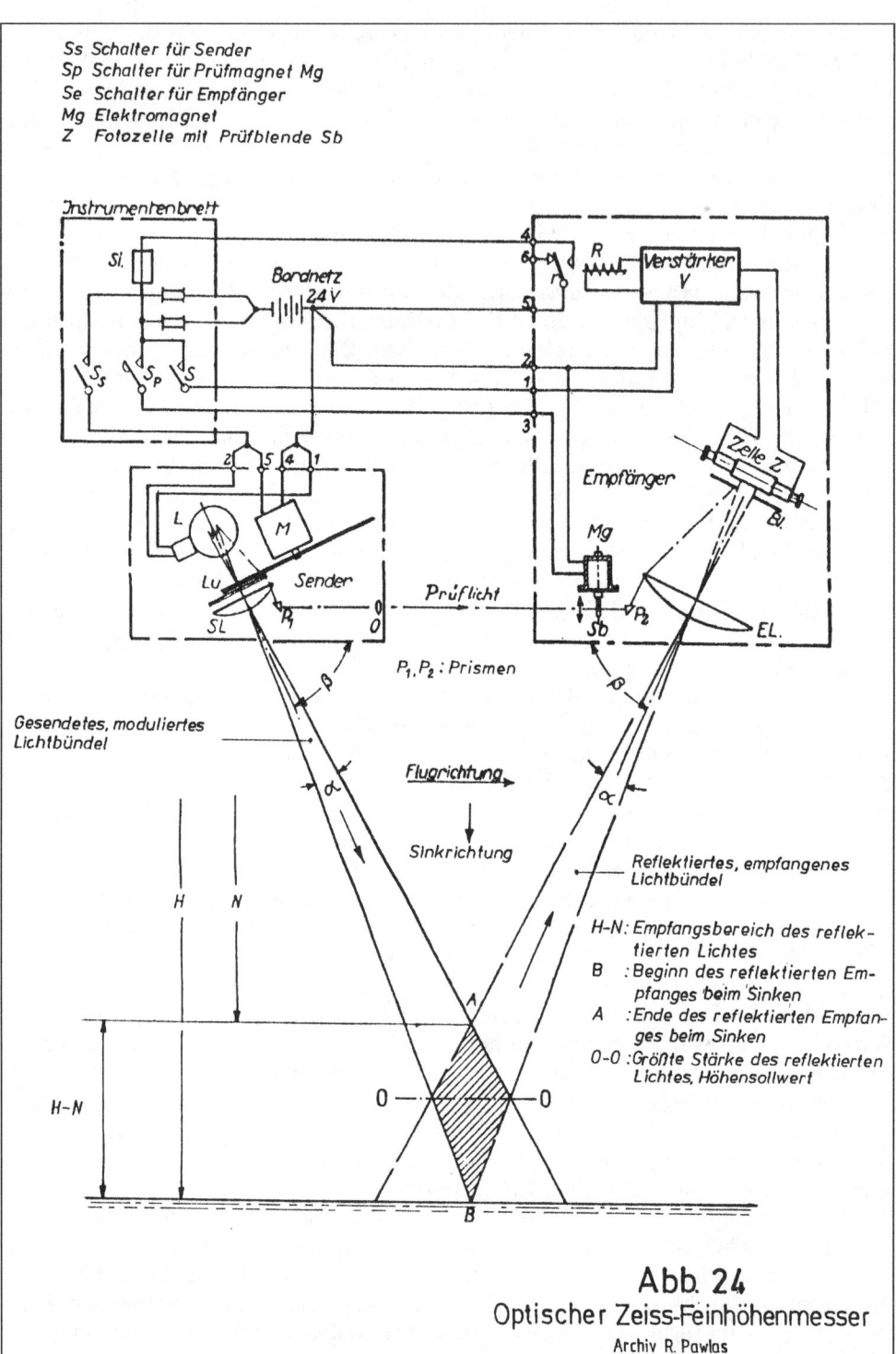

Ss Schalter für Sender
Sp Schalter für Prüfmagnet Mg
Se Schalter für Empfänger
Mg Elektromagnet
Z Fotozelle mit Prüfblende Sb

Instrumentenbrett

Sl.

Bordnetz
24 V

Ss   Sp   S

2   5   4   1

L

M

Lu   Sender

SL   P₁   0
                    0

Verstärker
V

R

r

Empfänger

Mg

Zelle Z

Sb   P₂

EL.

Prüflicht

P₁,P₂ : Prismen

β   β

Gesendetes, moduliertes
Lichtbündel

Flugrichtung

α   α

Sinkrichtung

Reflektiertes, empfangenes
Lichtbündel

H   N

H-N: Empfangsbereich des reflek-
       tierten Lichtes
B   : Beginn des reflektierten Em-
       pfanges beim Sinken
A   : Ende des reflektierten Empfan-
       ges beim Sinken
0-0 : Größte Stärke des reflektierten
       Lichtes, Höhensollwert

H-N

A

0 - - - - - - 0

B

Abb. 24
Optischer Zeiss-Feinhöhenmesser

Archiv R. Pawlas

wurde am bisher aus Leichtmetall gegossenen dickwandigen Treibstoffbehälter dadurch gewonnen, daß er durch eine geschweißte dünnwandige Stahlblechkonstruktion ersetzt wurde. Das Gewicht verringerte sich damit von 109 kg auf 90 kg, bei einem um 35 % verringerten Fertigungsaufwand. Gleichzeitig erhielt der neue Behälter eine Heizschlange, womit bei geringer Außentemperatur vom Trägerflugzeug aus eine Beheizung sowohl des Treibstoffes als auch des Geräteraumes durch Warmluft erfolgen konnte.[10]

Nach den ersten Abwürfen vereinfachte man – noch bei Verwendung der Anschütz-Steuerung – die Mechanik der elektromagnetischen Höhenruderbetätigung. Während bei der ersten Ausführung kleinere Höhenabweichungen auch einen kleinen Höhenruderausschlag von ± 5° auslösten, konnten bei größeren Abweichungen nach Überwindung einer Federzange die Ruder voll ausschlagen. Diese Komplikation ließ man im Zuge der Vereinfachungen fallen.

Da die elektrische Anlage des Flugkörpers anfangs über den ganzen Rumpf verteilt war und die einzelnen Bauelemente dadurch oft schwer zugänglich waren, entwickelte man eine kompakte und auswechselbare Einheit, wobei auch die Betriebssicherheit erhöht wurde.

Im Zuge weiterer Verbesserungen und Vereinfachungen entfiel die V-Stellung des Tragwerkes, da die neue Askania-Steuerung auch die Stabilität des Flugkörpers um die Längsachse überwachte. Ein Vergleich des Fertigungsaufwandes der ersten und der verbesserten Geräte erbrachte bei je zehn gefertigten Flugkörpern ein Verhältnis von 2100 zu 2000 Arbeitsstunden, bei 50 Geräten etwa 1600 zu 600 Stunden pro Gerät.[10] Da der Flugkörper aber nicht in Großserie gebaut wurde, hatten diese Überlegungen nur statistischen Wert.

Wenden wir uns zum Abschluß der Betrachtungen über die BV-Flugkörper noch der Erprobung des Ferngleiters BV 246 zu. Der Vollständigkeit wegen ist zu sagen, daß die hier geschilderten Arbeiten nur einen Ausschnitt des Programms der Firma Blohm & Voß auf diesem Gebiet darstellten. Es sei nur an ihre Torpedoträger und Torpedogleiter erinnert, die aber normalerweise in Peenemünde nicht erprobt wurden. Bekannt ist lediglich, daß 26 Torpedoträger L10 mit dem Tarnnamen »Friedensengel« in Peenemünde abgeworfen wurden, wobei ein Tragwerk die Reichweite eines Marinetorpedos erhöhte. Ansonsten war der Torpedowaffenplatz E3, Hexengrund/Leba, für derartige Erprobungen zuständig.[7]

Die im letzten Kapitel aufgeführten elf BV-246-Ausführungen veranlaßten auch ein umfangreiches Erprobungsprogramm, um ihre Eignung für den jeweiligen Anwendungsfall zu untersuchen. Besonders waren es entsprechende Tragflächen- und Leitwerkänderungen, mit denen man den Flugkörper an die jeweilige Aufgabe anzupassen versuchte. Die Flugerprobung der BV 246B wurde Peenemünde-West am 2. Juli 1943 übertragen. Die Dienststelle war zu diesem Zeitpunkt schon von Versuchsstelle in Erprobungsstelle und ab August des gleichen Jahres in Erprobungsstelle Karlshagen umbenannt worden. Die E-Stelle Rechlin sollte die möglichen Anflugverfahren der Trägerflugzeuge bis zum Abwurf untersuchen. Die Truppenerprobung wurde dem KG 101 in Greifswald übertragen. Schon am 3. Juli konnte das erste Gerät in Peenemünde abgeworfen und im Flug erprobt werden. Bei weiteren Abwürfen aus großen Höhen stellte man fest, daß der angestrebte Gleitwinkel von 1 : 30 nicht erreicht wurde. Um deshalb den Widerstandswert des Flugkörpers möglichst klein zu halten, war die Oberfläche der Erprobungsmuster mit der K-Farbe

TL-631B gespritzt worden, die eine besonders glatte Oberfläche erzielte. Ein weiterer Grund, warum eine Gleitwinkelverschlechterung eintrat, war die Tatsache, daß der Flugkörper in den großen Höhen von 7000 m leicht vereiste, wodurch Oberflächen-, Profil- und Gewichtsänderungen den Gleitwinkel ungünstig beeinflußten. Bei dem durch die Erprobungsabwürfe ermittelten Gleitwinkel von 1:25 ergab sich bei gleichzeitiger Reichweitenverringerung eine günstigere Trefferlage als sie bei dem ursprünglich erwarteten Gleitwinkel von 1:30 errechnet worden war. 50 % aller Treffer lagen in einer Ellipse von 5 km Länge und 10 km Breite.[7, 13]

Am 12. Dezember 1943 wurde die Serienfertigung der Gleitbombe freigegeben.[13] Mit diesem Zeitpunkt begann einer der kuriosesten und verwirrendsten zeitlichen Entscheidungsabläufe in der damaligen deutschen Waffenentwicklung. Die Vorgänge lassen eine Konzeptlosigkeit bei der oberen Luftwaffenführung bezüglich neuer Waffensysteme an diesem Beispiel erkennen, sofern man nicht unterstellt, daß dies eine bewußte Verschleppungstaktik – eventuell zugunsten der Fi 103 – sein sollte. Kaum, daß die Serienfertigung angelaufen war, wurde das gesamte Projekt am 26. Februar wieder gestoppt. Die Erprobungsgruppen der Industrie, von B & V und LGW, mußten wieder in ihre Werke zurückkehren. Am 8. März 1944 entschloß man sich nach entsprechenden Beratungen die Erprobung am 14. März in Karlshagen wiederaufzunehmen.[13] Wegen der wieder als zu groß beurteilten Zielabweichung stoppte man das Projekt BV 246B, gab aber eine Kleinserie von 550 Körpern als Zieldarstellungsgerät für die Verwendung als Flakzielmodell und Erprobungsträger für Steuerungen frei. Da der Ferngleiter im Augenblick nicht mehr aktuell war, wurde durch FS vom 22. Mai 1944 vorgeschlagen, auch die Truppenerprobung einzustellen. Am 9. Juni 1944 erreichte Karlshagen die Mitteilung der Technischen Luftrüstung, daß die gesamte Entwicklung und Erprobung als Ferngleitbombe, Nahgleitbombe und Flakzielmodell bis zum Abschluß weiterzuführen sei.[13] Wieder am 6. Juli 1944 wird laut KdE-Befehl die Erprobung des Gerätes BV 246 gestoppt, die Erprobung des Gerätes 246E-1 als Flakzielmodell läuft weiter. In der Besprechung beim KdE in Rechlin legte man fest, daß für das Flakzielmodell die Erprobung des Kurvenflugprogrammes entfallen solle, das Gerät aber als Erprobungsträger für zielsuchende Einrichtungen bereitzustellen sei.[13]

Vom 3. Juli 1943 bis zum 5. Juli 1944 wurden 119 Körper abgeworfen:

17 Versuchsmuster, wovon 4 Stück mit der Askania-Steuerung, 2 Stück mit der VDO-Steuerung, 11 Stück mit der LGW-Steuerung erprobt wurden.
102 Serienmuster, wovon 101 Stück mit der LGW-Steuerung und 1 Stück ohne Steuerung abgeworfen wurden.
61 Flugkörper dienten zur Ermittlung des Gleitwinkels.
36 Gleitbomben waren Träger zur Erprobung der Steuerung.
22 Körper benutzte man bei der Erprobung des Flakzielmodelles.
Ein Erprobungsschwerpunkt ergab sich im Monat Juli 1944, wo allein in fünf Tagen 34 Flugkörper abgeworfen wurden, von denen 8 Stück abstürzten.

Als am 5. Juli 1944 das KG 101 die Lieferung von 16 Gleitkörpern für die Truppenerprobung forderte, wurden alle Ausführungen bis auf das Zieldarstellungsgerät wieder gestoppt. Weiterhin erging die Anordnung, alle in Karlshagen vorhandenen Erprobungsmuster zu sammeln, die mit 29 Stück am 17. Juli 1944 bei dem zweiten

Luftangriff auf Peenemünde, vorwiegend auf Werk West, zerstört wurden. Das für den Zieldarstellungsflugkörper notwendige FuMG erhielt starke Beschädigungen. Nach langwierigen Besprechungen gab man am 14. August 1944 das Zieldarstellungsgerät auch als Erprobungsträger für Zielsuchgeräte (ZSG) wieder frei. Am 15. August erfolgte neben der Wiederfreigabe der Nahgleitbombe auch dafür die Festlegung einer neuen E-Stelle in Faßberg bei Celle.

Während der Erprobung der ZSG faßte man den Plan ins Auge, das Gerät »Radieschen« in die Nase des Flugkörpers einzubauen, um die BV 246 damit automatisch in die an der englischen Küste aufgestellten Leitstrahlsender der alliierten Bomberflotten zu leiten. Ähnlich plante man auch Einsätze gegen Stahl- und Walzwerke mit den ZSG »Netzhaut« und »Ofen« auf Ultrarotbasis. Zwölf Flugkörper wurden noch mit dem »Radieschen« ausgerüstet. Auch hatte die Zentralstelle für Hochfrequenz-Forschung (ZHF) begonnen, den Flugkörper für den geplanten Masseneinsatz mit diesem ZSG zu vereinfachen. Zwei BV 246 sind damit aber nur erprobt worden. Etwa zur gleichen Zeit plante man, das ZSG »Radieschen« für den gleichen Zweck auch in die nachgelenkte Fallbombe »FritzX« einzubauen, was in Kapitel 12.3. näher beschrieben wird.

Vom 7. Juli bis zum 31. Dezember 1944 sind noch 82 Flugkörper in der Erprobung abgeworfen worden. Der Restbestand betrug am 1. Januar 1945: 80 Stück BV 246B, 218 Stück BV 246E und 301 Stück BV 246F. Von dem Flugkörper BV 246 wurden insgesamt fast 1100 Stück gefertigt. Für den Einsatz hatte man als Trägerflugzeug erprobt: He 111H-6 mit dem FuG 103 als Höhenmesser. Sie stieg mit zwei BV 246 auf 7000 m Höhe in 45 min. Geplant waren noch Einsätze mit der AR 234, der Me 262 und dem Jagdbomber BV P. 204. Zum Einsatz einer Flugkörperversion ist es nie gekommen. Auch wurde die Truppenerprobung nicht abgeschlossen.

Aus heutiger Sicht scheint diese damalige verworrene Handlungsweise gelinde gesagt unverständlich. Sicher werden zwei Faktoren hier eine wesentliche Rolle gespielt haben. Erstens bemühte man sich krampfhaft, aus den vielfältig angebotenen wie in Entwicklung bzw. Erprobung und teilweise zum Einsatz gekommenen Gleit-, Selbststeuerungs- und Fernlenkkörpern und den ebenfalls vorhandenen und in Entwicklung gewesenen Fernlenk-, Selbststeuerungs- und Zielsuchverfahren eine optimale Symbiose für möglichst viele taktische Einsatzfälle zu finden. Zweitens waren diese Einsatzfälle wegen der durch die neuen Waffen auftauchenden anderen militärischen Möglichkeiten von der höheren Truppenführung vielfach nicht sogleich erkennbar, da diese noch in Waffeneinsätzen konventioneller Art zu denken gewohnt war. Die Revolution der Waffentechnik, die besonders in Deutschland im Zweiten Weltkrieg ausgelöst und auf vielen Gebieten in weit vorangeschrittenen Anfängen verwirklicht war, löste bei den technischen und militärischen Dienststellen oft Unsicherheit bei der Planung und halbherzige Entscheidungen beim Einsatz aus (siehe auch »FritzX« und Hs 293).

Die technische Luftwaffenführung wußte oft nicht so recht, welchen Weg der Verwirklichung sie bei neuen Waffen beschreiten sollte, wobei auch noch die Material- und Fertigungsengpässe hinzukamen. Die militärischen Stellen befanden sich bezüglich strategischer Planung und taktischen Einsatzes der neuen Waffensysteme auf ungewohntem Gebiet. Beiden Institutionen ließ die Hektik des für Deutschland immer kritischer werdenden Krieges nicht die Möglichkeit, sich ihrer Aufgaben in Ruhe und Besonnenheit anzunehmen.

12. Fernlenkkörper

12.1. Allgemeine Gesichtspunkte zur Fernlenkung von Flugkörpern

Zu diesem Thema ist schon einiges in Kapitel 11 geschrieben worden, da auch bei den BV-Flugkörpern eine Fernlenkung in Betracht gezogen wurde, aber ihr gedanklicher Ansatz im wesentlichen doch die Selbststeuerung in den Vordergrund gestellt hatte. Während man bei den BV-Fernselbststeuerungskörpern (FSK) von einem Flugautomaten ausging, der, einmal abgeworfen, möglichst alle Steueraufgaben bis zum Ziel mit eigenen Bordmitteln erreichen sollte, wurde bei den Fernlenkkörpern (FLK bzw. FK) die Lenkung vom Abwurf bis zum Ziel einem Lenkschützen übertragen.

Zunächst haben alle FSK die Faszination der automatisch ablaufenden Vorgänge und damit auch – in unserem Fall – die fast vollkommene Entlastung des Bombenschützen für sich. Jedoch wurden in Kapitel 11 auch die Schwierigkeiten deutlich, die damals bei der Verwirklichung eines BV-Flugautomaten auftraten, wobei die automatische Höhenhaltung über Wasser problematisch und die zielsuchende Steuerung der letzten Flugphase noch nicht ausreichend gelöst war. Auch hatte man damals Bedenken, daß der Effekt der automatischen Zielfindung durch verstärkt wirksame Scheinziele gestört werden könne.

Die Fernlenkung der Flugkörper sollte dazu dienen, Ziele aus großer Höhe oder Entfernung von einem Flugzeug aus anzugreifen, deren Ausweichbewegungen zu folgen und sie möglichst genau zu treffen. Vorzugsweise hatte man sich zur Aufgabe gestellt, mit den Fernlenkkörpern Seeziele zu bekämpfen. Mit der Aufgabenstellung »… aus großer Höhe – bzw. … aus großer Entfernung« ergaben sich auch zwangsweise zwei Bombentypen. Die Fern- bzw. nachgelenkte Fallbombe und die ferngelenkte Gleitbombe.

12.2. Die Fallbombe PC 1400X (»FritzX«)

Wenn der normale Bombenwurf eines damaligen Horizontalbombers mit dem optischen Lotfernrohr (Lotfe) betrachtet wird – wobei die Bombe im freien Fall einer wegen des Luftwiderstandes deformierten Fallparabel folgt –, so hatte das Lehrgeschwader Greifswald mit Abwürfen aus 6000 bis 7000 m Höhe auf das Zielschiff »Hessen« nur 6 % Treffer erzielt.[1] Der Verlauf der Fallparabel vom Abwurfpunkt bis zum Aufschlag und die damit erreichte Wurfweite ist durch die Geschwindigkeit des Flugzeuges, dessen Flughöhe, den Windeinfluß und den Luftwiderstand gegeben, wobei Zielfehler durch Kurs-, Abwurfpunktdifferenzen und aerodynamische Ungenauigkeiten des Körpers noch nicht eingeschlossen sind.

Um die Verhältnisse bei diesem klassischen Bombenwurf zu verbessern, forderte das RLM im Sommer 1939 die Entwicklung einer Panzerbombe, die sich aus 8000 m Höhe in das Ziel lenken ließ.[1] Darauf unternahm die DVL in Berlin-Adlershof mit ihrer Gruppe für Sonderaufgaben unter Leitung von Dr. Max Kramer Vorversuche zur Selbst- und Fernlenkung von Fallbomben. Mitarbeiter waren Oberingenieur H. Bock, Borges, Ingenieur W. Ernst u. a. Zunächst rüstete man 100- und 250-kg-Bomben mit vier in X-Form angeordneten Stummelflügeln unterschiedlicher Spannweite und einem Kastenleitwerk aus. Hiermit wurden zunächst Abwurfversuche durchgeführt, um die günstigste Form der aerodynamischen Stabilisationselemente zu ermitteln.[1] Danach folgten auch die ersten Versuche mit einer 250-kg-Bombe, deren Fallbahn nach dem Abwurf mit Hilfe einer provisorischen Funkfernlenkung vom Flugzeug aus beeinflußt wurde.[2]

Nachdem als Fernlenkanlage eine von der Firma Carl Zeiss vorgeschlagene elektrisch-optische Methode mit Hilfe einer Lotfe-Sonderausführung, welche die Nachlenkwerte ermittelte, wie auch ähnliche Verfahren der DFS und DVL abgelehnt worden waren, ging man dann endgültig zur reinen FT-Fernlenkung über, die in Kapitel 12.2.3. näher beschrieben wird.

12.2.1. Entwicklung und Aufbau

Nach den Vorversuchen bei der DVL verlegte die Gruppe Dr. Kramers zur Firma Ruhrstahl AG, Entwicklungsstelle Brackwede, Westfalen. Hier begann die Entwicklung und Konstruktion der späteren Einsatzversion und nachgelenkten Fallbombe PC 1400X (X1), deren gebräuchlichster Name »FritzX« wurde. Das »X« stand für die in flacher X-Form angeordneten Stummelflügel und war ein Merkmal weiterer Fernlenkkörper Dr. Kramers (Abb. 25). Neben der offiziellen Einsatzbezeichnung PC 1400X bestand auch die hauptsächlich für die Versuchsausführungen verwendete Bezeichnung SD 1400X.

Der Bombenkörper der normalen vorhandenen, nicht lenkbaren panzerbrechenden Bombe PC 1400, der konstruktions- und einsatzbedingt aus einer Nickel-Molybdän-Legierung bestehen sollte, wurde wegen Materialknappheit durch Legierungen aus Chrom-Vanadium bzw. Mangan-Silizium ersetzt. Die Versuche mit den Ausweichmaterialien konnten erst im Herbst 1942 abgeschlossen werden. Am 8. August 1942 durchschlug ein Versuchskörper bei einem Probewurf aus etwa 6000 m Höhe eine Panzerplatte von 120 mm Dicke. Rheinmetall-Borsig entwickelte aus Materialersparnisgründen für die Bekämpfung von Handelsschiffen auch einen Gefechtskopf aus St 35.61. Die 320 kg Sprengstoff des 1150 kg schweren Bombenkörpers wurden durch einen höhensicheren Aufschlagzünder HZ 42 bzw. HZ 43 zur Detonation gebracht.[1,2]. Die Zünderbuchse des Aufschlagzünders war zwischen Aufhängebeschlag und Sprengkopfende auf der Körperoberseite eingelassen.

Im Schwerpunkt des kompletten Flugkörpers waren am Gefechtskopf die schon erwähnten, sich nach außen verjüngenden Stummelflügel in asymmetrischer X-Form festgeschraubt. Die Flächen waren durch Endleisten abgeschlossen, die

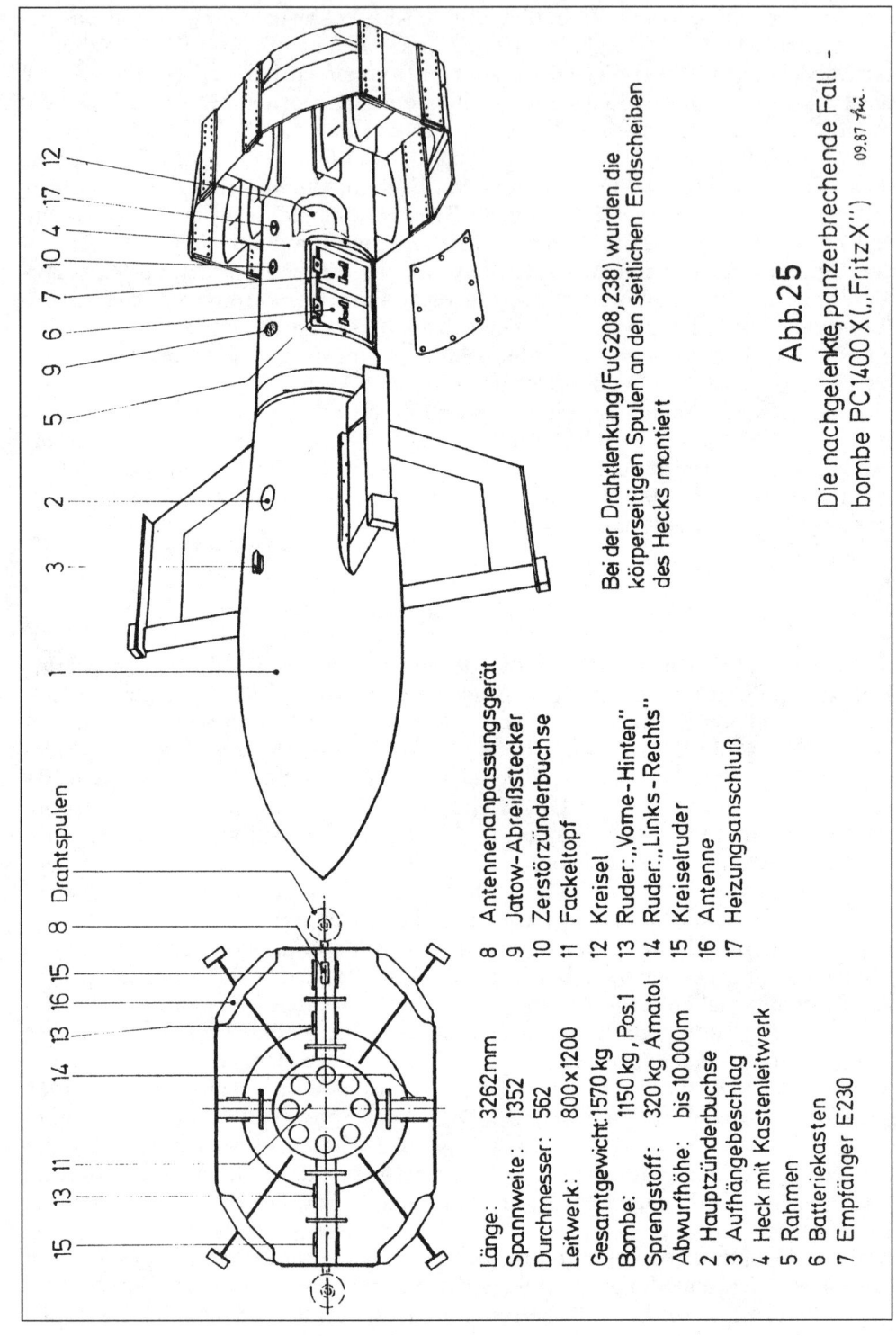

Drahtspulen

Länge: 3262 mm
Spannweite: 1352
Durchmesser: 562
Leitwerk: 800x1200
Gesamtgewicht: 1570 kg
Bombe: 1150 kg, Pos.1
Sprengstoff: 320 kg Amatol
Abwurfhöhe: bis 10000m

1 Bombe
2 Hauptzünderbuchse
3 Aufhängebeschlag
4 Heck mit Kastenleitwerk
5 Rahmen
6 Batteriekasten
7 Empfänger E230
8 Antennenanpassungsgerät
9 Jatow-Abreißstecker
10 Zerstörzünderbuchse
11 Fackeltopf
12 Kreisel
13 Ruder: „Vorne-Hinten"
14 Ruder: „Links-Rechts"
15 Kreiselruder
16 Antenne
17 Heizungsanschluß

Bei der Drahtlenkung (FuG 208, 238) wurden die
körperseitigen Spulen an den seitlichen Endscheiben
des Hecks montiert

Abb.25

Die nachgelenkte, panzerbrechende Fall -
bombe PC 1400 X (,,Fritz X") 09.87 *Ai.*

292

Gierbewegungen während des Falles entgegenwirken sollten. Die an den vorderen Flächenspitzen aufgeschraubten Holzklötzchen, bei den ersten Erprobungsmustern noch nicht vorhanden, sollten die Fallgeschwindigkeit auf etwa 280 m/s begrenzen. Man wollte wegen ihres negativen Einflusses auf die Steuerung die Überschallströmung an den Profilen des Leitwerkes mit Sicherheit vermeiden. Ebenfalls im Schwerpunkt befand sich auf der Rumpfoberseite der schon erwähnte schwalbenschwanzförmige Aufhängebeschlag, da der Flugkörper wegen seiner Größe nur als Außenlast in einem elektrisch oder pyrotechnisch auszulösenden Bombenschloß am Trägerflugzeug aufgehängt werden konnte.

Auf dem Leitwerkansatz des PC-1400-Bombenkörpers wurde ein fast zylindrisch verlaufendes rohrförmiges Aluminiumheck mit Kastenleitwerk und kreuzförmig angeordneten Leitwerkflächen festgeschraubt. Gehen wir mit der Beschreibung des Heckteiles von seiner Stoßstelle mit dem Bombenkörper aus, so befand sich gleich dahinter auf der Backbordseite eine große, rechteckige Öffnung, die mit einem Deckel unter Zwischenlage einer Kunststoff-Flachdichtung und Schrauben verschlossen werden konnte. In der Öffnung waren zwei Einschubführungen eines aus Aluminiumprofilen aufgebauten Rahmens sichtbar, die senkrecht zur Körperlängsachse verliefen. Die Längsprofile dieses Rahmens waren bug- und heckseitig durch zwei dem Heckinnendurchmesser entsprechende Aluminiumblechflansche abgeschlossen, die gleichzeitig über vier Schwingmetalle zur Halterung des ganzen Rahmens im Heck dienten. Von der Seite gesehen, wurde in den zwei Einschubführungen dieses Rahmens, links bzw. bugseitig, der Batteriekasten mit einem Nickel-Cadmium-Akku und pastenförmigem Elektrolyten sowie einem Zerhacker – später Umformer –, also die bordseitige Stromversorgung des Flugkörpers und rechts der kastenförmige Lenkempfänger E230 eingeschoben. In der Tiefe des jeweiligen Einschubes befand sich je eine am Rahmen fest montierte elektrische List-Steckverbindung mit je zwei Führungs- und Raststiften, in die beide Gegenstecker und Führungsbuchsen der Einschubkästen eingriffen. Nach dem Einschieben war die elektrische Verbindung vom Batteriekasten über die bordeigene Kabelbaumverdrahtung zu den Verbrauchern hergestellt. Der Empfänger erhielt eine Heizspannung für die Röhren von 24 V=, eine Anodenspannung von 210 V=, der Kreisel 36 V/3 ~/500 Hz für seinen Antrieb und die Ruder 24 V=. Auf die Bedeutung und Funktion der hier genannten Komponenten wird später noch eingegangen. Zu erwähnen ist noch, daß sich oberhalb des Empfängersteckers im Rahmen und am Empfänger je eine koaxiale HF-Steckverbindung befand. Die rahmenseitige Steckerhälfte erhielt über ein abgeschirmtes HF-Kabel von dem oberen, steuerbordseitigen, als Antenne isoliert eingebauten Bremsrohr die vom Trägerflugzeug gegebenen HF-Kommandos zugeführt. Zwischen Antenne und HF-Kabel befand sich noch das in die waagerechte, steuerbordseitige Leitwerkfläche eingebaute Antennenanpassungsgerät. Es hatte die Aufgabe, das Hochfrequenzmagnetfeld der zwischen Antenne und Masse liegenden Ankopplungsspule auf die Spule des ersten Empfängerabstimmkreises und dessen hochohmige Eingangsröhre elektrisch anzupassen und zu übertragen (Abb. 25). Die elektrische Verbindung von der Rahmenverkabelung zu den im Heck gelegenen Verbrauchern wurde über ein Kabelende mit einer mehrpoligen List-Steckverbindung hergestellt. Nach dem Einschub von Stromversorgungs- und Empfängerkasten schob man von der oberen Rahmenleiste je eine in einem Schlitz und einem festen Gewindebolzen bewegliche Arretierlasche nach unten vor die Stirnseite der Kästen, wo sie zu ihrer Sicherung mit einer Mutter des Bolzens fixiert wurde. Oberhalb der beiden Einschübe war, mit der Oberfläche des Heckrohres bündig, das Buchsenteil eines runden, 14poligen Abreißsteckers (Jatow-Stecker) eingelassen. Dieser Stecker wurde, sobald der Körper mit Hilfe des Bombenwagens unter dem Flugzeug hing, mit dem aus dem Flugzeug heraushängenden Gegenstecker verbunden, dessen Kabel mit Hilfe von zwei Drahtseilen zugentlastet war. Über diese Steckverbindung erfolgte zur Schonung der flugkörpereigenen Batterie die gesamte Energieversorgung des Flugkörpers aus der bordeigenen Batterie des Trägerflugzeuges. Beim Abwurf trennten sich beide Steckerhälften. Dabei schaltete die körperseitige Steckerhälfte durch ein federndes Kontaktelement die körpereigene Stromversorgung des Batteriekastens an alle Verbraucher an. Diesen Vorgang veranlaßte die zentrische Nase der Flugzeugsteckerhälfte, die bei der Trennung aus ihrer Führung der körpereigenen Steckerhälfte herausglitt und das federnde Kontaktelement freigab. Neben dem Abreißstecker, zum Heck hin versetzt, folgte die Zünderbuchse des Zerstörzünders, der auch bei der Abwurferprobung in Peenemünde aus Sicherheitsgründen im Laufe des Jahres 1942 eingebaut und erprobt wurde. Er hatte die Aufgabe, bei ungewolltem Aufschlag der Bombe als Blindgänger auf Land speziell den Empfänger und die Stromversorgung zu vernichten, damit aus den Trümmern keine Rückschlüsse auf eine Hochfrequenz-Fernlenkung oder gar auf die verwendeten Frequenzen gezogen werden konnten. Etwa bis zu Beginn des Empfängereinschubes verlief die äußere Konfiguration des Heckrohres konisch und unter dem gleichen Winkel wie das auslaufende Ende des Bombenkörpers. Dieser Abschnitt war aus zwei unterschiedlich langen Ringelementen zusammengesetzt. Nach diesen zwei konischen Ringelementen schlossen zwei weitere, axial verschraubte, aber zylindrische Ringelemente an, wobei das Ende des letzten mit der Hinterkante des Kastenleitwerkes zusammenfiel (Abb. 25).

In die runde Öffnung des Heckendes wurde der Fackeltopf eingeschraubt, dessen äußerer Mantel eine Verlängerung des Heckrohres über das Kastenleitwerk hinaus darstellte. Der vorgefertigte Fackeltopf enthielt mehrere runde Magnesiumfackeln für den Tagabwurf bzw. einen Scheinwerfer für den Nacht- oder Dämmerungsabwurf. Die Leuchtmarkierungen wurden in dem Augenblick gezündet, wenn sich beim Abwurf die beiden Abreißsteckerhälften voneinander trennten. Die Zündung wurde von der schon erwähnten zentrischen Nase des flugzeugseitigen Steckerteiles mit einem dort eingebetteten Gleitkontakt bewirkt, der beim Durchgleiten durch die Führung des Bombensteckerteiles dort kurzzeitig zwei Gegenkontakte überbrückte und den Zündstrom auslöste.

Zwischen Empfänger und Fackeltopfboden war im Heckrohr ein Ringspant angeordnet, in den der Flansch des zylindrischen Kreiselgehäuses eingeschraubt wurde. Die DVL-Steuerung Dr. Kramers besaß einen Lagekreisel. Dieser kardanisch gelagerte Kreisel war so auf seiner runden, den Befestigungsflansch bildenden Grundplatte montiert, daß die Drallachse parallel zur Querachse des Flugkörpers verlief, wenn man dem waagerecht unter dem Flugzeug hängenden Körper die gleichen Achsen zuordnete, wie sie seinem Trägerflugzeug eigen waren.

Im kreuzförmigen Leitwerk mit symmetrisch profilierten Flächen, die je Flächenelement aus zwei in Aluminiumguß gefertigten Halbschalen bestanden, waren die

Rudermagnete untergebracht. Sofern man von hinten auf das Leitwerk des waagerecht liegenden Flugkörpers sah (Abb. 25), schaute der Betrachter zunächst in den zentrisch zum Leitwerk angeordneten Fackeltopf hinein. Senkrecht vom runden Heckkörper verlief sodann nach oben und unten je ein Flächenelement des Seitenleitwerkes, in das je ein Seitenruder eingebaut war. Man bezeichnete sie auch bei der Fallbombe als »Links-Rechts-Ruder«. Beide Flächen waren am Heckrohr befestigt und am äußeren Ende mit der Endscheibe des Kastenleitwerkes abgeschlossen.

Die gleiche Anordnung besaß die horizontal liegende Leitwerkfläche, in die ebenfalls zwei Ruder eingebaut waren. Bei einem horizontal fliegenden Körper wären das die Höhenruder gewesen. Da die PC 1400X aber eine Fallbombe war, mußten den Rudern analog der Flug- und Blickrichtung des Bombenschützen beim Abwurf die Funktion »vorne« und »hinten« zugeordnet werden. Abweichend vom Seiten- bzw. Links-Rechts-Leitwerk, war die Vorne-Hinten-Leitwerkfläche beidseitig nach außen um den gleichen Betrag verlängert. Innerhalb dieser beiden Verlängerungen befanden sich die sogenannten Kreiselruder. Während die Links-Rechts-und Vorne-Hinten-Ruder die Aufgabe hatten, die Fallbahn des Körpers mit Hilfe der vom Bombenschützen gegebenen FT-Kommandos zu beeinflussen, verhinderten die vom Kreisel kommandierten, gegensinnig wirkenden Ruderpaare bei ihrem Ansprechen automatisch eine Drehung der Bombe um die Längsachse. Alle Ruder waren aus strömungstechnischen Gründen entweder von den äußeren Endscheiben des Kastenleitwerkes oder durch zusätzlich auf die Profile der Leitwerkflächen gesetzte Endscheiben eingefaßt (siehe auch Kapitel 19.2.1.), (Abb. 25).

Die vier Endscheiben der Leitwerkflächen waren bugseitig durch einen Aluminiumleitring und, in einem gewissen Abstand davon, heckseitig durch vier Bremsrohre zu einem sogenannten Kastenleitwerk miteinander verbunden. Von hinten gesehen, war das rechte obere Rohr, wie schon erwähnt, elektrisch isoliert in den Leitwerkrahmen eingefügt und diente, damit von der Körpermasse isoliert, als Antenne.

Zum Abschluß der Beschreibung der PC 1400X werfen wir noch einen Blick auf die als Rudermaschinen wirkenden Rudermagnete. Sie waren alle gleich aufgebaut und bestanden aus zwei sich mit ihrer aktiven Fläche gegenüberliegenden Elektro-Topfmagnete. Beide Magnete waren durch je einen Winkel gehalten, der an einem als Fuß gestalteten Aluminium-Formstück festgeschraubt war. Der als runde Scheibe ausgebildete Anker lag in der Mitte des Arbeitsluftspaltes zwischen beiden Elektromagneten und war in dieser Position durch einen um beide Magnete herumführenden leichten Blechrahmen gehalten, der an den Magnetenden in je eine Ruder- bzw. Spoiler- oder Unterbrecherfläche überging. Dieser Spoilerrahmen war wiederum in Höhe der Spoilerflächen durch zwei breite, mit Durchbrüchen versehene Blattfedern verbunden, die an den beiden Stirnseiten des Aluminiumfußes festgeschraubt waren. Damit stellten Spoiler, Rahmen und Anker ein um die Blattfederfestpunkte schwingungsfähiges System dar. Sofern ein Elektromagnet vom Ausgangsrelais des Empfängers an Spannung gelegt wurde, bewegte sich der Anker und damit der Spoilerrahmen zu dieser Spule hin, bis er an Topf und Kern des Magneten anschlug. Bei Spannungslosigkeit bewegten die Blattfedern das Rudersystem in die Nullage zurück. Bei Erregung der gegenüberliegenden Spule durch den Empfänger erfolgte eine Bewegung des Ankers zur anderen Seite hin. Diese Hinundherbewegung des Spoilerrahmens ließ seine jeweilige Spoilerfläche durch Schlitze an der höchsten Stelle des Leitwerkflächenprofiles austreten (Abb. 25). Sofern sich der Anker in Ruhestellung befand, schauten auch die Spoilerflächen nicht über die Schutzleisten hinaus, die alle Durchtrittschlitze auf den Leitwerkoberflächen begrenzten. Die Anzugskraft der Elektromagnete auf den in Ruhe- bzw. Mittelstellung befindlichen Anker betrug 2,94 N (0,3 kg). Dessen Haltekraft lag bei etwa 14,71 N (1,5 kg). Die Leistungsaufnahme der Magnete lag bei etwa 4 W. Die Eigenfrequenz des leichten Bewegungssystems betrug etwa 20 Hz. Der Weg der Störklappen aus der Nullage heraus besaß eine Größenordnung von ± 3mm.[4]

Spoiler oder Unterbrecher als bewegliche Ruderkanten wurden schon 1920 in England vorgeschlagen, um eine Vermeidung des gegensinnigen Wendemomentes bei normalen Querrudern zu bewirken. In Amerika griff man diese Idee auf und konnte daraus eine geeignete Flugzeugquersteuerung entwickeln. Dr. Kramer war wohl der erste Anwender, der die Wirkung von Unterbrechern oder Spoilern für die Fernlenkung von Flugkörpern erkannte und in die Tat umsetzte. Dabei gelang es ihm, die stetige Steuerung eines Flugkörpers mit der einzigen Ausführung eines Ruderorgans zu bewirken, das nur ein Ja-Nein-Stellwerk darstellte.[5] Die Wirkung eines Unterbrechers bei der PC 1400X bestand darin, daß er die Strömung um eine symmetrisch profilierte Leitwerkfläche auf der Seite des Austrittes im Flächenbereich unterbrach bzw. abschirmte und damit gegenüber der anderen Seite einen Überdruck aufbaute. Die an der Fläche dadurch entstandene Druckdifferenz ließ an ihr eine Ruderkraft in Richtung der Unterdruckseite, also der nicht gestörten Strömung, entstehen.

Parallel zur Abwurferprobung 1941/42 konnten anfängliche Schwierigkeiten mit den Spoilern, besonders durch Messungen im gerade fertiggestellten Hochgeschwindigkeitswindkanal der DVL, behoben werden.[3] Näheres über die Wirkung von Unterbrecher-, Spoiler- oder Leistenrudern wird in Kapitel 19.2.1. im Zusammenhang mit der Hs 117 noch geschildert werden.

12.2.2. Prinzip von Fernlenkanlage und Fernlenkung bei »FritzX«

Über die taktische Aufgabe der Fernlenkung einer Flugbombe, speziell der Fallbombe PC 1400X, ist schon in Kapitel 12.2. berichtet worden. Die Lenkkorrekturen für diesen nachgelenkten Körper wurden nach dem sogenannten Zieldeckungsverfahren vorgenommen. Das bedeutete, das Trägerflugzeug mußte das Ziel wie bei einem normalen Bombenabwurf anfliegen, wobei die Auslösung des Flugkörpers wie üblich mit Hilfe des Lotfernrohr-Zielgerätes (bei FritzX Lotfe 7D) vorgenommen wurde. Nachdem der abgeworfene Körper in das Blickfeld des in der Kanzel über dem Lotfe liegenden Lenkschützen gekommen war, hatte er die Aufgabe, mit einem rechts neben ihm senkrecht angeordneten Kommandogeber und den damit gegebenen Funklenkkommandos die sich nach unten entfernende Fallbombe mit dem Ziel in Deckung zu bringen. Das mußte ihm möglichst nach etwa 14 bis 16 sec gelungen sein. Während weiterer 12 bis 16 sec war der Flugkörper in dieser Lage zu halten, bis der Aufschlag erfolgte.[6] Da die Abwurfhöhe

4000 bis 7000 m betrug, wurde dem Lenkschützen die Aufgabe optisch entweder durch das schon erwähnte verschiedenfarbige Magnesium-Licht des Fackeltopfes bei Tage und durch Nachtleuchtsätze bzw. Scheinwerfer in der Dämmerung erleichtert. Die letztlich nur noch als leuchtender Punkt sichtbare Bombe galt es also mit Hilfe der Fernlenkanlage ins Ziel zu bringen. Die Verschiedenfarbigkeit war aus Verwechselungsgründen notwendig, wenn gleichzeitig mehrere Körper aus einem angreifenden Verband geworfen wurden. Geringere Höhen als 4000 m waren nicht möglich, da dann die Fallzeit nicht ausreichte, um die Bombe in Zieldeckung zu bringen. Wegen der angestrebten Deckung von Bombe und Ziel bezeichnete man dieses Verfahren auch als Doppeldeckungsverfahren.

In Abb. 26 ist ein FritzX-Abwurf dargestellt. Vom Abwurfpunkt 0 bis zum Treffpunkt 8 sind neun Deckungsgeraden gezeichnet, die vom Auge des Bombenschützen über den jeweiligen Ort des Flugkörpers auf dessen nachgelenkter Bahn zum entsprechenden Standpunkt des Zieles verlaufen. Man erkennt den vom freien Fall abweichenden Weg der Bombe durch die Nachlenkkommandos. Dargestellt ist hier nur jene Ansicht der Fallbahn, die sich durch die Kommandos »vorne – hinten« ergeben. In gleicher Weise war aber auch die seitliche Abweichung der Deckungsgeraden durch den Schützen zu kontrollieren und gegebenenfalls durch Links-Rechts-Kommandos bzw. durch Mischkommandos, z. B. »vorne links«, »vorne rechts« oder »hinten rechts«, »hinten links«, die Deckung Bombe – Ziel zu erreichen.

Der Flugzeugführer hatte nach Auslösen des Flugkörpers und während des Lenkvorganges durch Ausfahren der Landeklappen und Übergehen in den Steigflug die Geschwindigkeit des Trägerflugzeuges zu vermindern. Er durfte z. B. bei Flakbeschuß keine Ausweichbewegungen machen oder vom Kurs des Zielanfluges abweichen. Ein Bombenschütze brauchte viel Übung am Bombenwurfsimulator und in der Praxis sowie ein entsprechendes Fingerspitzengefühl, um die mögliche Zielgenauigkeit einer funktionsgerechten FritzX von 50 % aller Abwürfe in einem Kreis von 7 m Radius bzw. 100 % in einem Kreis von 13 m Radius zu erreichen. Die grundsätzliche Schwierigkeit lag dabei darin, daß z. B. eine Abweichung von 20 m am Anfang der Flugbahn als großer, gegen deren Ende hin als kleiner Abweichungswinkel gesehen wurde, die nötigen Korrekturen mit dem Kommandogeber aber gleich groß sein mußten.[6]

12.2.3. Funklenkanlage »Kehl-Straßburg« für FritzX

Das Technische Amt des Generalluftzeugmeisters im RLM hatte gegen Ende Januar 1940 in enger Zusammenarbeit mit der Versuchsstelle der Luftwaffe Peenemünde-West, Gruppe E4 unter Leitung von Dr.-Ing. Josef Dantscher, die Vorentwicklungen der einschlägigen Firmen für eine UKW-Kommandofernlenkung in dem Programm Kehl-Straßburg zusammengefaßt. Schon hier wurden u. a. alle gerätemäßigen Schnittstellen und Steckerbelegungen festgelegt.

Von den vielen grundsätzlich möglichen und damals in Entwicklung gewesenen Verfahren wählte man bei den beiden hier zu schildernden Fernlenkkörpern FritzX und Hs 293 für die Einsatzversion und deren Weiterentwicklungen das Fernlenkverfahren mit periodischen Dauerkommandos und UKW-Übertragung

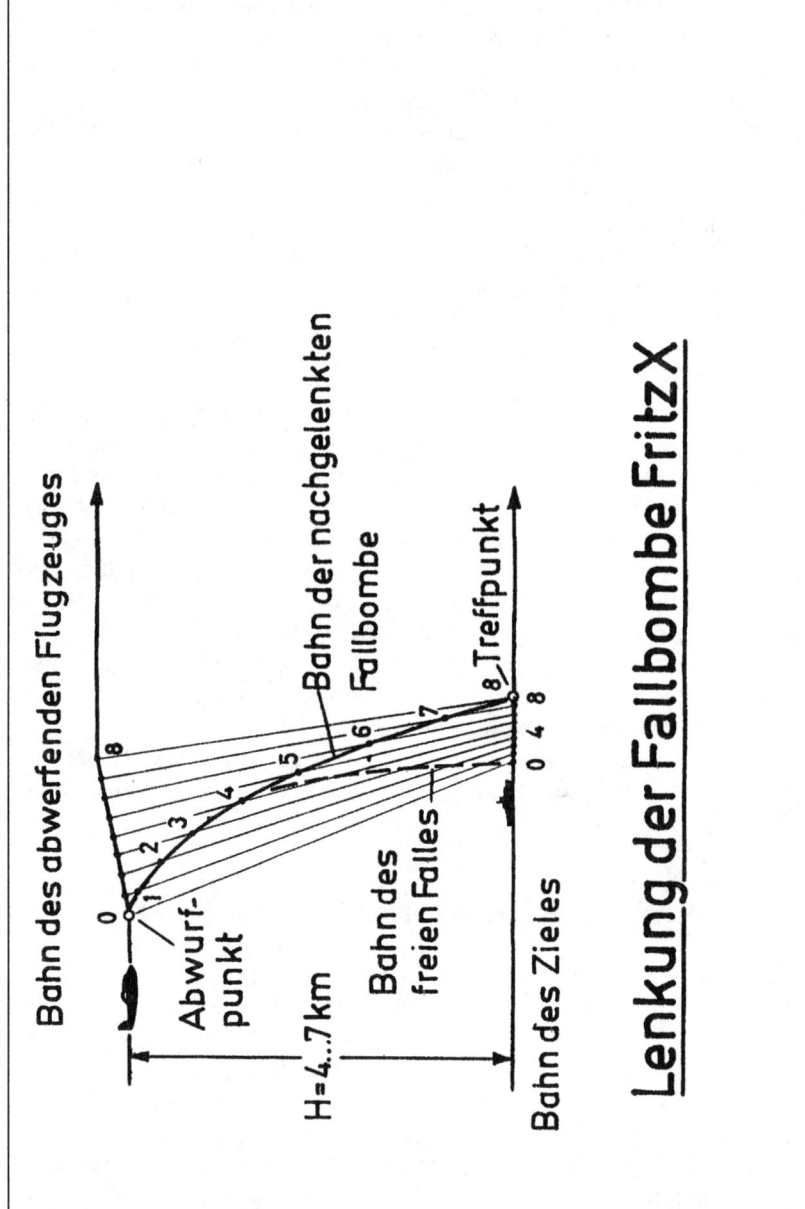

Lenkung der Fallbombe FritzX

Abb. 26

aus. Der Begriff periodische Dauerkommandos bedeutete, daß auch bei Kommandogabe Null, also wenn vom Bombenschützen kein Kommando gegeben wurde, die Lenkruder bei FritzX sich um ihre Neutralposition nach beiden Wirkungsrichtungen mit 5 Hz bewegten und bei Hs 293 die Querruder mit 10 Hz »klapperten«, wobei hier, wie später noch näher erklärt wird, die Wirkung einer Höhenrudermaschine hinzukam. Demzufolge war die jeweilige Ruderstellung beider Fernlenkkörper im Verhältnis zu ihrer Masse zu kurz, um eine Ruderwirkung bei Kommandogabe Null nach irgendeiner Seite zu veranlassen. Erst wenn die Verweildauer eines Ruders durch ein Kommando nach einer Seite über eine gewisse Zeit größer wurde, stellte sich eine merkbare Ruderwirkung ein. Wenn hier im Zusammenhang mit der FritzX auch schon die Hs 293 genannt wird, so war bei beiden Körpern das Fernlenkübertragungssystem Sender (Kehl) und Empfänger (Straßburg) gleich. Es war das einzige damals bei der Luftwaffe militärisch eingesetzte System. Bei ihm wurde eine Hochfrequenzwelle mit bestimmter Tastfrequenz abwechselnd für jede Steuerebene (Hoch- und Querachse) mit je zwei Tonfrequenzen moduliert. Aus dem zeitlichen Verhältnis (s. o. Verweildauer) beider Tonfrequenzen wurde der quantitative Steuerwert für jede Ebene bestimmt.

Die FritzX hatte gegenüber der Hs 293 die einfachere Lenkung. Bei ihr wurde, wie schon ausgeführt, die eigene Stabilisierung um die Längsachse durch einen Kreisel auf separate Unterbrecher (Ruder) gegeben, so daß die Fernlenkung ohne Kopplung mit der Eigenstabilisierung auf die Höhen- (vorne-hinten) und Seitenruder (links-rechts) erfolgen konnte. Damit waren die Ruderebenen während des freien Falles der Bombe im Raum – vom Abwurf bis zum Aufschlag – fixiert, was ja die Voraussetzung für die Lenkung durch einen Bombenschützen war. Die beiden Lenkkoordinaten vorne-hinten und links-rechts bei FritzX waren als kartesische Koordinaten anzusprechen (Abb. 27 u. 29).

Da die Störklappen (Spoiler) in ihrer mechanischen und aerodynamischen Wirkungsweise einfach waren, konnten die empfangenen Tastfrequenzen unmittelbar von den Relais des Empfängers auf die Magnetspulen der Ruder gegeben werden und damit konnte man die Auswertung des Ruderausschlages ohne eine besondere Aufschaltung der summierenden aerodynamischen Wirkung überlassen. Der Aufwand bei Fertigung, Montage und Überwachung war deshalb gering, und es genügten wenige Prüfgeräte.[8]

Nach der Schilderung des allgemeinen Fernlenkprinzips der Fallbombe FritzX wollen wir uns den Hochfrequenzkomponenten der Fernlenk-Sendeanlage im Trägerflugzeug und der Funklenk-Empfangsanlage im Flugkörper zuwenden (Abb. 28). Im Trägerflugzeug befand sich ein Sender S203, der abwechselnd für jede der beiden Flugkörperachsen mit je einem Kommandofrequenzpaar f_1, f_2 und f_3, f_4 moduliert wurde, die die Tongeneratoren TG1 bis TG4 des Modulationsteiles MT203 erzeugten. Die Tastung des Senders wurde für jede Ebene durch je zwei Kommandokontakte KK1/KK2 und KK3/KK4 vom Kommandogeber Ge203a (»Knüppel«) periodisch bewirkt (Abb. 28). Die abstimmbaren Trägerfrequenzkanäle TK waren durch einen auswechselbaren Quarz Q frequenzstabilisiert. Über das Antennenanpassungsgrät AAG und die spezielle Funklenksendeantenne SA des Flugzeuges erfolgte die Ausstrahlung der vom MT203 modulierten Hochfrequenzenergie des Senders S203 (Abb. 28).

An Bord des Fernlenkkörpers wurden die gegebenen Kommandos von der Emp-

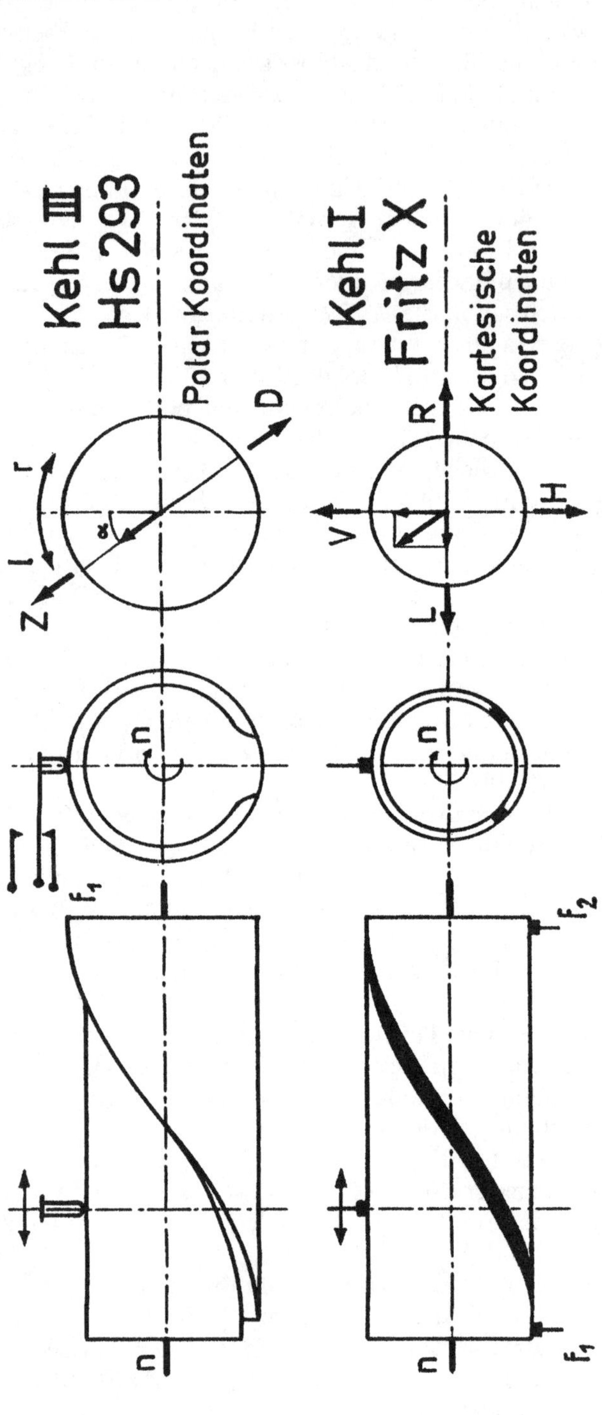

Kehl III
Hs 293

Polar Koordinaten

Kehl I
Fritz X

Kartesische
Koordinaten

Koordinaten d.Kommandogebers für Hs293,Fritz X

Hierzu Abb. 34 u.29   Abb.27

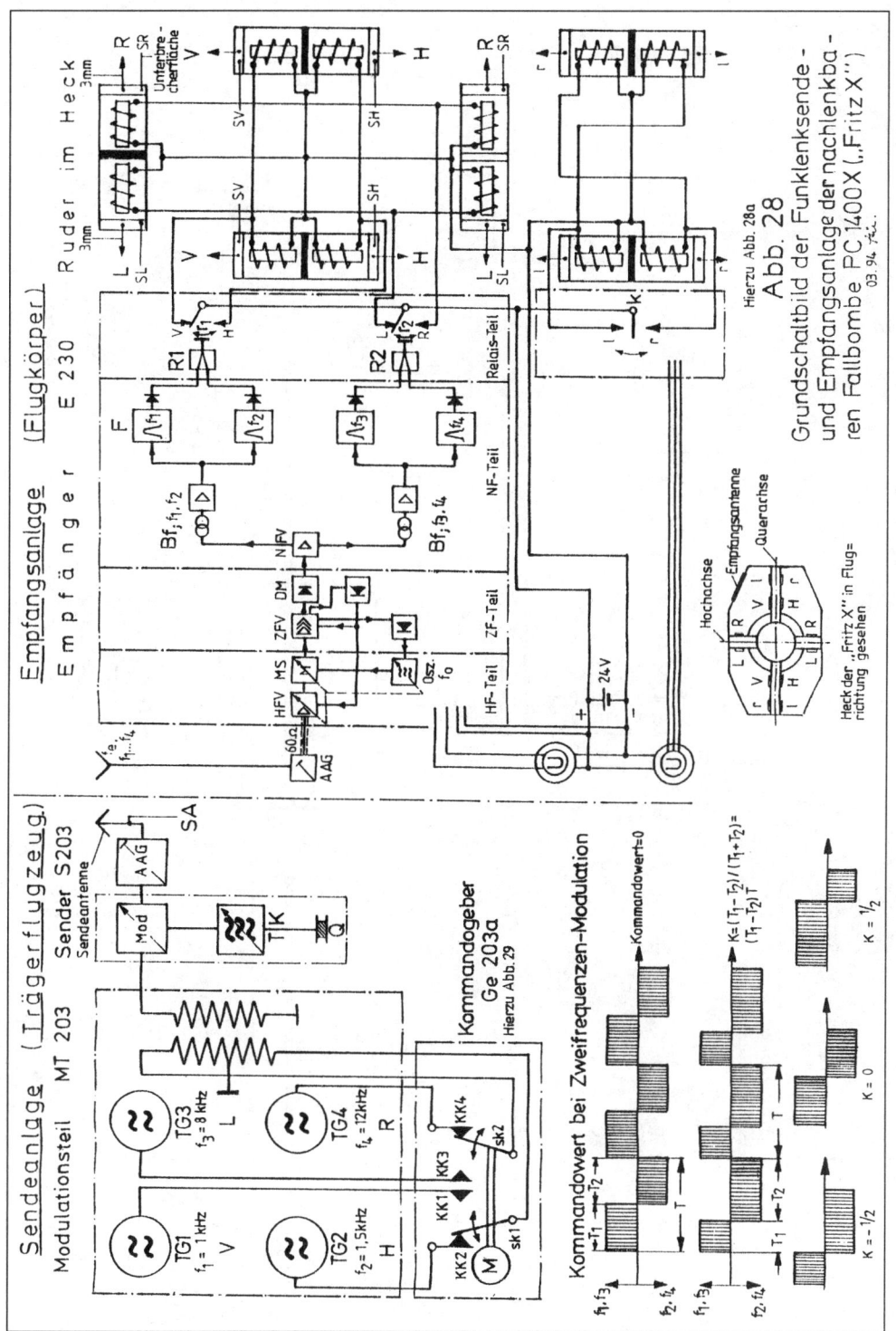

Empfangsanlage (Flugkörper)

Empfänger E 230

Ruder im Heck

Sendeanlage (Trägerflugzeug)

Modulationsteil MT 203

Sender S 203

Kommandogeber Ge 203a
Hierzu Abb. 29

Kommandowert bei Zweifrequenzen-Modulation

Kommandowert = 0

$$K = \frac{(T_1 - T_2)}{(T_1 + T_2)} T = \frac{(T_1 - T_2)}{T}$$

K = 1/2

K = 0

K = -1/2

Hierzu Abb. 28a

Abb. 28

Grundschaltbild der Funklenksende- und Empfangsanlage der nachlenkbaren Fallbombe PC 1400 X (,,Fritz X")
03. 94 Fri.

Heck der ,,Fritz X" in Flug=
richtung gesehen

301

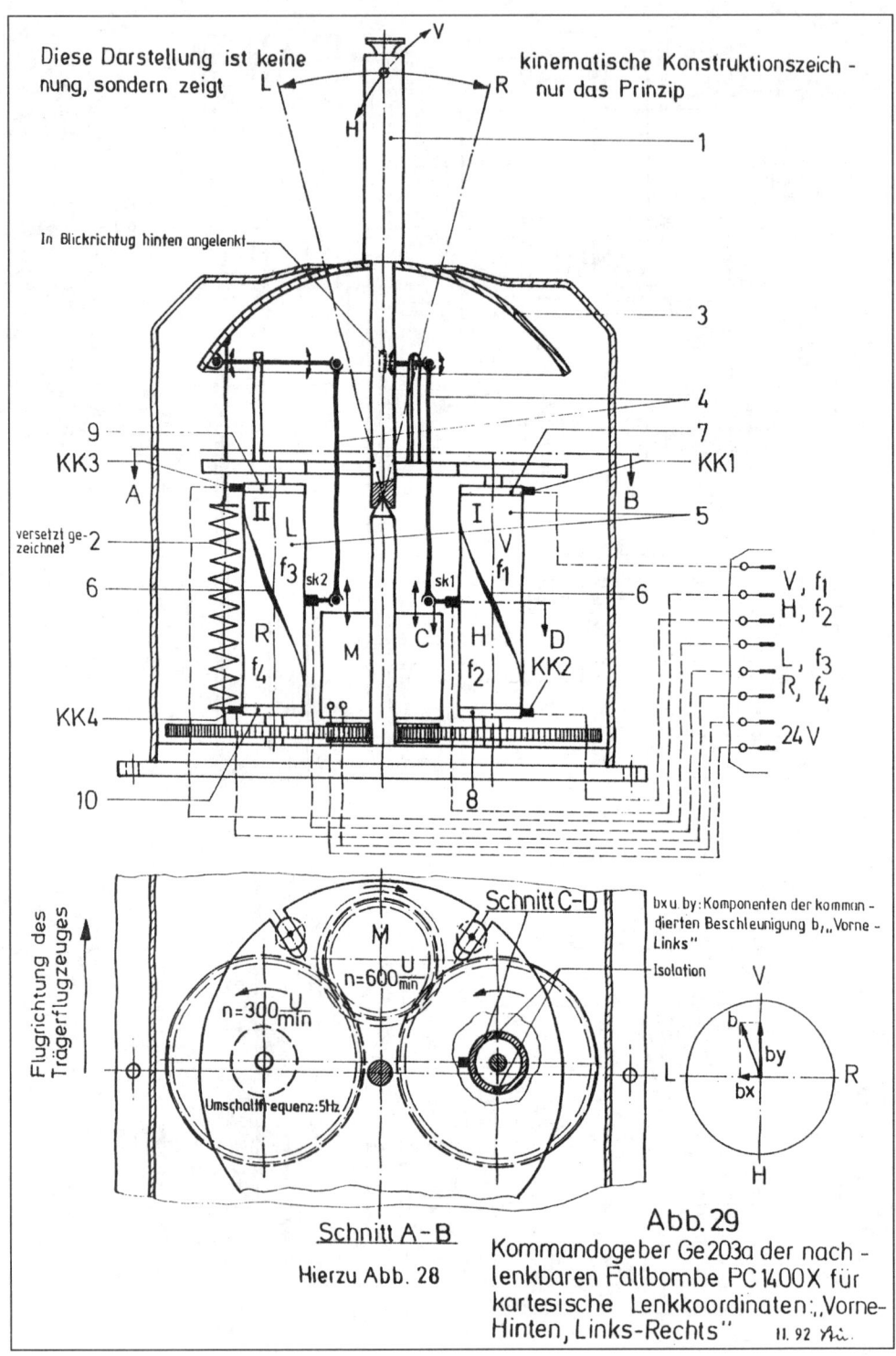

Diese Darstellung ist keine kinematische Konstruktionszeichnung, sondern zeigt nur das Prinzip

In Blickrichtug hinten angelenkt

Abb. 29

Kommandogeber Ge 203a der nachlenkbaren Fallbombe PC 1400 X für
kartesische Lenkkoordinaten: „Vorne-
Hinten, Links-Rechts"

Schnitt A-B
Hierzu Abb. 28

Flugrichtung des Trägerflugzeuges

Schnitt C-D

bx u by: Komponenten der kommandierten Beschleunigung b, „Vorne-
Links"

Isolation

II. 92

302

fangsantenne EA aufgenommen und über das Antennenanpassungsgerät AAG zum Empfänger E230 geleitet. Nach Verstärkung und Demodulation (HF-Teil, ZF-Teil, NF-Verstärker und den Filtern F des NF-Teiles) wurden die ausgesiebten Kommandofrequenzen f_1 bis f_4 gleichgerichtet und den Relais R1 und R2 zugeführt. Bei FritzX handelte es sich um zwei polarisierte Relais (T-Relais) mit ihren Kontakten r_1 und r_2. Die schon erwähnten Kreiselruder wurden vom Kreisel betätigt, wobei dessen Funktion in Abb. 28 durch den Kontakt k dargestellt ist.

Nach der prinzipiellen Einführung in das Fernlenksystem der PC 1400X wenden wir uns wichtigen Einzelheiten der Anlage zu, wobei mit der Sendeanlage im Flugzeug begonnen wird. Wie schon angedeutet, lag der Bombenschütze, wie es bei deutschen Kampfflugzeugen allgemein üblich war, auf der Steuerbordseite im Bug der Kanzel über dem senkrecht nach unten zeigenden Lotfe auf einer gepolsterten, leicht nach oben geneigten verstellbaren Ebene. Für den FritzX-Abwurf befand sich der Kommandogeber Ge203a im Bereich der rechten Hand des Schützen. Er bestand aus einem länglichen Kasten quadratischen Querschnittes, aus dem senkrecht nach oben ein nach allen Seiten beweglich gelagerter Lenkstab bzw. »Knüppel« 1 herausschaute (Abb. 29). Die senkrechte Lage erhielt der Knüppel durch vier Zugfedern 2, die mit gleicher Zugkraft das schalenförmige Lagerelement 3 in waagerechter Position hielten. Sofern der Bombenschütze den Knüppel nach einer Auslenkbewegung losließ, schnellte dieser durch die Zugfedern in seine senkrechte Position zurück, die gleichzeitig Kommando Null bedeutete. Außer den Zugfedern führten vom knüppelseitigen kugelschaligen Lagerelement 3 noch zwei um 90° versetzte Hebelübertragungen 4 zu je einem Kohle-Schleifkontakt sk1 und sk2 hin, die bei einer Kippbewegung des Knüppels axial über je eine rotierende und senkrecht angeordnete Kontaktwalze 5 hinwegglitten. Bei senkrechter Stellung des Knüppels befanden sich die beiden Kontakte sk1 und sk2 in der Mitte ihrer Kontaktwalze I und II. Jede der beiden Steuerebenen des Flugkörpers war einer Walze zugeordnet. Jede Walze war durch ein wendelförmiges Isolierstück 6 in zwei elektrisch leitende, voneinander isolierte Hälften in Längsrichtung unterteilt. Ihre Oberflächen waren mit einer Kontaktsilberlegierung überzogen. Sofern z. B. der einen Hälfte von Walze I über KK1, Schleifring 7 und sk1 die Modulationsfrequenz f_1 zugeführt wurde und über KK2 und sk1 die Modulationsfrequenz f_2, gab der Sender bei senkrechter Stellung des Knüppels wegen der gleich langen Kontaktgleitbahnen auf der Walze auch gleich lange Kommandoimpulse vorne-hinten an den Empfänger des Flugkörpers. Das bedeutete aerodynamisch, wegen der Kürze und Gleichmäßigkeit der Impulse, keine Lenkreaktion bei der Bombe bzw. einen Kommandowert Null. Ebenso verhielt es sich bei gleicher Knüppelstellung mit den Modulationsfrequenzen f_3 und f_4 an der Walze II, die Kommandoimpulse links-rechts veranlaßten.

Bewegte der Lenkschütze den Knüppel aus der Senkrechten z. B. um einen bestimmten Winkel nach vorne, glitt der Kontakt sk1 auf der Walze I nach oben, wodurch der Modulationsimpuls f_1 wegen der größer werdenden Kontaktumfangslinie länger wurde. In gleichem Maße wie sich f_1 verlängerte, verkürzte sich die Kontaktzeit von sk1 an der Walze I für f_2 (Abb. 29). Das hatte zur Folge, daß die beiden Magnetspulen V (Abb. 28) im Heck des Flugkörpers auch länger erregt wurden als die ihrer gegenüberliegenden Spulen H. Dadurch wurde die Periode T = T1 + T2 nicht mehr gleichmäßig zwischen V und H aufgeteilt, sondern T1 wurde länger, und damit ragten die beiden Unterbrecherklappen SV länger in Richtung V aus dem Profil der waagerechten Leitwerkfläche des Hecks heraus. Aerodynamisch hatte das zur Folge, daß auf der vorderen Leitwerkoberfläche die Strömung pro Zeiteinheit länger unterbrochen wurde als auf der hinteren Flächenseite. Wie schon erwähnt, bedeutete eine Strömungsunterbrechung an einer Fläche hier auch eine Druckerhöhung, die im Falle der FritzX auf die beiden waagerechten Leitwerkflächen eine Luftkraft nach hinten auslöste, die das Heck der Bombe in diese Richtung drückte. Dadurch erfuhr der Flugkörper ein Kipp- bzw. Steuermoment um seinen vorne liegenden Schwerpunkt, so daß sich die Bombenspitze und damit der ganze Flugkörper nach vorne bewegte. Aus diesem Zusammenhang ist auch der Begriff »Unterbrecher« für die Ruderelemente der FritzX verständlich, der aus deren Funktion als Strömungsunterbrecher resultierte. Drückte der Lenkschütze den Knüppel weiter, bis zum Anschlag nach vorne, dann kam der Bürstenkontakt sk1 ebenso wie der feste Schleifkontakt KK1 auf dem Schleifring 7 zu liegen, wodurch ein Vollkommando Vorne getastet wurde, da keine Kontaktgabe mit der unteren Walzenhälfte und demzufolge kein Restkommando H mehr gegeben wurde. Dadurch schauten die Unterbrecherflächen SV (Abb. 28) nur in Position V aus der waagerechten Leitwerkfläche heraus. Analog zu dem geschilderten Kommando V (vorne) spielten sich die Vorgänge auch bei den gegebenen Kommandos H (hinten) und, in der zweiten Lenkebene der Walze II, bei den Kommandos L-R (links-rechts) ab.

Die Walzen I und II wurden beim Geber Ge203a für FritzX (Kehl I) durch einen drehzahlgeregelten Gleichstrommotor mit $n = 600$ U/min über ein in die Grundplatte eingebautes Stirnradgetriebe mit dem Übersetzungsverhältnis $ü = 1:2$ angetrieben. Die Kontaktwalzen drehten sich dadurch mit 300 U/min, was einer 5-Hz-Bewegung der Unterbrecherflächen SV-SH und SL-SR bedeutete (Abb. 28). Durch die Ruderwirkung war es möglich, die Fallbahn des Flugkörpers um ± 800 m in Flugrichtung und ± 400 m nach der Seite zu korrigieren.

Für den Kommandogeber 203a hatte schon bei der DVL 1939 eine Vorentwicklung begonnen. Ab 1940 übernahm die Firma Opta, Leipzig, die Vervollkommnung und den Bau des Gerätes.[9] Eine Weiterentwicklung des Kommandogebers sowohl für FritzX als auch für Hs 293 ersetzte den mechanischen Kontaktabgriff der Modulationsfrequenzen auf den Walzen durch eine Kippschaltung (Multivibrator), die mit Hilfe von T-Relais gebildet und durch vom Lenkknüppel bewegte Potentiometer-Abgriffe gesteuert wurde. Dadurch ließ sich der Geber stark verkleinern und mechanisch vereinfachen. Der neue Geber, als »Knirps« bezeichnet, war für kartesische (FritzX) und polare (Hs 293) Steuerung der Funklenkanlagen vorgesehen (Tab. 4).[8]

Als nächstes Gerät in unmittelbarer Nähe des Lenkschützen war der Schaltkasten Sch K203 steuerbordseitig an der Kanzelwand montiert. Er hatte die Aufgabe, nacheinander die Betriebszustände im Flugkörper und in der Sendeanlage kurz vor dem Abwurf in Gang zu setzen. Er besaß zwei nebeneinanderliegende, mehrstufige Knebelschalter. Die Schaltstellung 1 (Schalter 1, Abb. 28a) veranlaßte, daß die Röhren aller Fernlenkgeräte körper- und flugzeugseitig geheizt wurden und daß der Kreiselumformer und der Kreisel anliefen. Der Kreisel erreichte nach etwa 1 min seine volle Drehzahl. In Schaltstellung 2 (Schalter 2, Abb. 28a) liefen die Sender- und Empfängerumformer sowie der Kommandogeber an, womit die

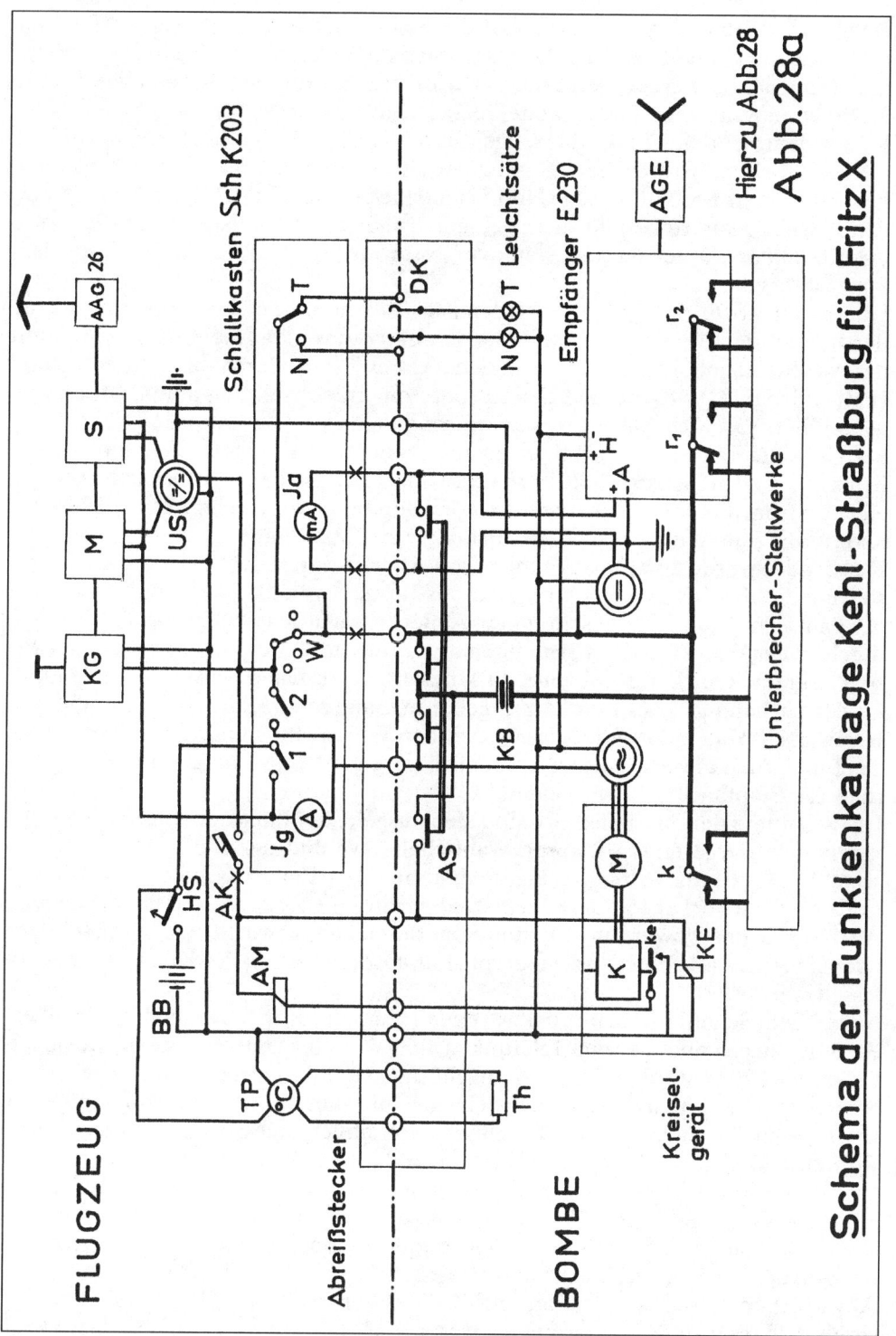

Schema der Funklenkanlage Kehl-Straßburg für Fritz X

Abb.28a

Hierzu Abb.28

305

Bombe abwurfbereit war. An den über den Schaltern angebrachten zwei Miniaturinstrumenten Ig und Ia konnte der Gitter- und Anodenstrom für Sender und Empfänger abgelesen werden, während das dritte, rechte Instrument die abgestrahlte HF-Spannung anzeigte. Der zweite, rechte Knebelschalter war der Wahlschalter W, mit dem bei den Einsatzflugzeugen und mehreren mitgeführten Flugkörpern die gewünschte abzuwerfende Bombe gewählt werden konnte. Das war maximal bei vier Körpern pro Flugzeug (He 177) möglich (Abb. 28a).[8] Zwischen den beiden Knebelschaltern befand sich noch eine runde Mattscheibe, auf der die Worte »Gerät unklar« aufleuchteten, wenn vergessen worden war, den Kreisel vor dem Start zu fesseln.

Durch den Abwurfknopf AK oder den Auslösekontakt des Lotfernrohres wurde der Kreisel der Bombe entfesselt, der Kreiselkontakt ke geschlossen und damit der Auslösemagnet des Bombenschlosses AM erregt, wodurch das Bombenschloß (PVC oder ETC) öffnete und der Körper vom Trägerflugzeug abfiel. Im Durchgleiten der Nase des Abreißsteckers wurde durch den Gleitkontakt DK der vorher gewählte Tag- oder Nachtleuchtsatz gezündet. Der Schalter AS in der bombenseitigen Abreißsteckerhälfte schaltete alle körperseitigen Verbraucher auf die eigene Stromversorgung um, wodurch die Bombe energietechnisch völlig autark und für die Funklenkvorgänge arbeitsfähig war (Abb. 28a).

Der Sender wurde erst im Augenblick des Abwurfes in seiner Leistung hochgetastet, um die abgestrahlte Hochfrequenz aus Tarnungsgründen nur auf den Vorgang des Falles der Bombe zu beschränken. Außerdem wurde die abgestrahlte Energie durch einen Widerstand im Antennenanpassungsgerät AAG26 während der ersten Sekunden nach dem Abwurf stark herabgesetzt. Das geschah durch Kontakt ke, der nach dem Abwurf einen Zeitgeber in Gang setzte, der wiederum über ein Relais nach Ablauf der Verzögerungszeit den Widerstand eliminierte. Dieser Vorgang hatte den Zweck, bei der anfänglich geringen Entfernung eine Übersteuerung des Empfängers zu vermeiden.

Die Schaltung der durch den Schaltkasten ausgelösten Funktionen ist in Abb. 28a vereinfacht dargestellt. So waren Wahlschalter W und der dreistufige Betriebsschalter gegenseitig verriegelt. Dadurch konnte der Betriebsschalter erst betätigt werden, wenn vorher mit dem Wahlschalter ein Flugkörper gewählt worden war. Auch wurde der Abwurf nicht unmittelbar durch den Abwurfdruckknopf, sondern über ein Relais ausgelöst, das wiederum nur ansprach, wenn der Kreisel vorher gefesselt war.[8]

Neben dem Schaltkasten, im rückwärtigen Raum der Kanzel, befanden sich übereinander angeordnet der von Telefunken 1939/40 unter Dipl.-Ing. Leyn entwickelte Sender S203 und darunter das zugehörige Modulationsgerät. Der dreistufige Sender, mit einer quarzgesteuerten Schwingstufe, einer Verdopplerstufe und einer Endstufe in Parallelschaltung, besaß vier von außen steck- und auswechselbare Röhren LS50, wobei die Endstufe mit zwei dieser Röhren eine modulierte Ausgangsleistung von 30 W besaß (HF-Leistung 70 W). Jede Stufe war von außen mit Hilfe von drei eingebauten Trimmern und zugehörigen Miniaturinstrumenten abstimmbar. Die quarzgesteuerten Trägerfrequenzen arbeiteten mit 18 verschiedenen Kanälen, bei 100 KHz Abstand, zwischen 48 und 50 MHz. Damit konnten 18 Abwürfe von verschiedenen Flugzeugen eines Verbandes zur gleichen Zeit durchgeführt werden. Die Senderquarze waren auf die halbe Trägerfrequenz abgestimmt und erregten den Sender über einen Verdoppler. Für die vier im Modulationsgerät erzeugten Modulationsfrequenzen verwendete man 1,0 und 1,5 sowie 8 und 12 KHz, die den Sender 40%ig amplitudenmodulierten. Die Senderleistung wurde über ein Antennenanpassungsgerät der Flugzeugantenne zugeführt. Das Modulationsteil MT203 – ab 1940 von Loewe-Opta, Leipzig, entwickelt – erzeugte die vier Tonfrequenzen mit Hilfe von vier Tongeneratoren, wobei je Generator eine Röhre RV12P2000 verwendet wurde.

In einem weiteren Schalt- und Kontrollgerät, dem Temperaturprüfgerät, befanden sich ein Kippschalter für die Tag-Nacht-Umschaltung des Leuchtsatzes und darüber ein Temperaturmeßgerät zur Anzeige der Körpertemperatur. Rechts daneben war ein weiterer Kippschalter zur Ein- und Ausschaltung der Körperheizung und darüber eine zweite Temperaturanzeige für die Flugzeugraumtemperatur angeordnet. Die Warmluft führte man dem Flugkörper über einen zugentlasteten Balgschlauch zu, wobei sich die Körperöffnung nach dem Abwurf und der Trennung vom Schlauch durch einen federnden Deckel automatisch verschloß.

Ein weiteres wichtiges Gerät, auf das noch näher einzugehen ist, war der Empfänger E230 der Empfangsanlage »Straßburg« im Flugkörper (Tab. 5). Dieser hochwertige Überlagerungsempfänger wurde bei der Firma Staßfurter Rundfunk GmbH unter der Leitung von Oberingenieur Theodor Sturm entwickelt und trug in der Vorserie 1940 zunächst die Bezeichnung E30. In dieser Form, zwar nur speziell für FritzX konzipiert, hatte man die Anschlüsse aber schon so genormt, daß eine Mitverwendung in der Hs 293 möglich war. Während die E30-Ausführung noch im Laufe des Jahres 1940 die Rudermagnete der FritzX mit zwei Schaltröhren 12P10S ansteuerte, erfolgte gegen Ende des Jahres die Umstellung des Empfängerausganges auf zwei polarisierte T-Relais der Firma Siemens (T.rls.64), und damit bekam der Empfänger seine endgültige Bezeichnung E230. Der Empfänger war mit zehn speziellen Wehrmachtröhren RV12P2000 bzw. 2001 und zwei RG12D2 bestückt. Für den mit der Hochfrequenz weniger vertrauten Leser soll noch etwas zu dem Begriff des Überlagerungs- bzw. Superheterodynempfängers (Super) gesagt werden. Der Gedanke, einen möglichst leistungsfähigen Empfänger zur Verarbeitung hochfrequenter Signale zu bauen, geht von der Tatsache aus, daß elektromagnetische Schwingungen sehr hoher Frequenz, beim E230 zwischen 48 und 50 MHz, schwer zu verarbeiten sind. Um diese Schwierigkeiten zu umgehen, benutzt man in einem Überlagerungsempfänger die empfangene Hochfrequenz nur zur Modulation einer im Gerät selbst erzeugten Zwischenfrequenz. Das sieht in der Praxis so aus, daß dem Gitter der ersten Röhre des Eingangskreises nicht nur die empfangene hochfrequente Antennenschwingung, z. B. der Frequenz f_e, moduliert mit der Kommandofrequenz z. B. f_1, sondern auch die im Oszillator Osz erzeugte Hochfrequenzschwingung f_0 zugeführt wird. Dabei stellt man f_0 so ein, daß $\Delta f = f_e - f_0$ nicht mehr im hörbaren Bereich, aber auch nicht im Gebiet normaler Funkträgerfrequenzen liegt, sondern Δf z. B. etwa 100 kHz beträgt. Die von der Antenne empfangene und die vom Oszillator herrührende Schwingung geben überlagert Schwebungen von der Frequenz $\Delta f/2$, wobei diese Schwebungen jedoch im Takte der Tonfrequenz f_1 moduliert sind. Diese modulierte Zwischenfrequenz wird weiter verstärkt und nach Demodulation (Trennung der Hochfrequenz von der Niederfrequenz) und weiterer Verarbeitung der Lenksignale dem Empfängerausgang zugeleitet. Dadurch ergeben sich zwei wichtige Vorteile. Der Empfänger

ist nur mit seinem ersten Eingangskreis auf die zu empfangende Frequenz abzustimmen, was eine rastbare Kanaleinstellung möglich macht. Alle übrigen Emp-
fängerkreise können auf die konstante Zwischenfrequenz ein für allemal in der
Fertigung abgeglichen werden. Mit dieser Tatsache ergibt sich die Möglichkeit der
Verwendung von Bandfiltern, wodurch die Abstimmschärfe (Selektivität) des
Empfängers sehr gesteigert werden kann. Der zweite Vorteil bei der Verwendung
langer Wellen der Zwischenfrequenz liegt darin, daß für sie die unerwünschten,
aber praktisch nicht zu umgehenden Kapazitäten von Spulen, Leitungen usw. wie
auch Selbstinduktionen, die bei hohen Frequenzen unvermeidliche Nebenschlüs-
se und Rückkopplungen bilden, keine Rolle spielen.[6, 8]
Das Blockschaltbild des Empfängers ist in Abb. 28 dargestellt. Daraus geht hervor,
daß die Funklenksignale beider Lenkebenen von der Empfangsantenne EA aufgenommen und über das Antennenanpassungsgerät AAG sowie ein HF-Kabel
von 60 Ω, der HF-Vorverstärkerstufe HFV zugeführt wurden. Die starken Schwankungen der Empfangsfeldstärke beim Abwurf infolge schnell wachsender Entfernung und Interferenzen machten eine automatische Pegelregelung APR notwendig, die bei der guten Empfindlichkeit von etwa 2 μV eine Regelung von 1 : 10^5
gewährleistete. In der folgenden Mischstufe MS, die ja, wie schon erwähnt, das We-
sen des Überlagerungsempfängers ausmacht, wurde die im Oszillator Osz erzeugte Hilfsspannung mit der empfangenen und verstärkten Hochfrequenzspannung
gemischt, aus der dann die Zwischenfrequenzspannung hervorging, die im folgenden Zwischenfrequenzteil ZFV verstärkt wurde. Dem ZF-Teil war noch zur Kompensation aller Verstimmungseinflüsse eine automatische Scharfabstimmung ASA
zugeordnet, die einen Bereich von ± 35 kHz abdeckte und durch eine gute Tem-
peraturkompensation ergänzt wurde.[8] Die verstärkte Zwischenfrequenz wurde
demoduliert und die erhaltene Niederfrequenz nach einer weiteren Verstärkung
(Niederfrequenzvorverstärker, NFV) durch zwei Bandfilter BF getrennt, die die
Frequenzbereiche f_1, f_2 und f_3, f_4 durchließen. Nach weiterer Verstärkung wurden
die vier Tonfrequenzen durch Resonatorkreise (Filter F) ausgesiebt und nach
Gleichrichtung zur Steuerung der polarisierten Relais R1 und R2 verwendet. Analog zum Sender mit seinen 18 Sendefrequenzen, besaß auch der Empfänger 18
Empfangskanäle, dessen rastbares Abstimmelement für den ersten Kreis durch
eine Bohrung im Empfängergehäuse mit Hilfe eines Schraubenziehers betätigt
werden konnte. Hinter einem Fenster erschienen dabei die Kanalnummern von
1 bis 18.
Nachdem die Funklenkung der FritzX beschrieben wurde, wobei diese und die
weiteren ausgeführten und entwickelten Sende- und Empfangsanlagen aus den
Tab. 4 und 5 ersichtlich sind, wenden wir uns der körpereigenen Kreiselsteuerung
zu. Wie schon erwähnt, hatte die DVL zur Fixierung der Querachse des Körpers
im Raum (Verhinderung der Drehung um die Längsachse) bei der FritzX nur
einen Lagekreisel mit Fesselung vorgesehen. Die Drallachse des kardanisch gelagerten Kreisels lag beim eingebauten Gerät parallel zu der zu überwachenden
Querachse des Körpers (Abb. 30). Der Drehstrom-Asynchronkreisel, vom Umformer des Batteriekastens mit einer Dreiphasenwechselspannung von 36 V und
400 Hz angetrieben, erreichte eine Drehzahl von 28 000 U/min. Ursprünglich war
vorgesehen, den Kreisel bis zum Abwurf über den Jatow-Stecker durch eine flug-
zeugeigene Stromversorgung anzutreiben und ihn nach dem Abwurf und der Ent-

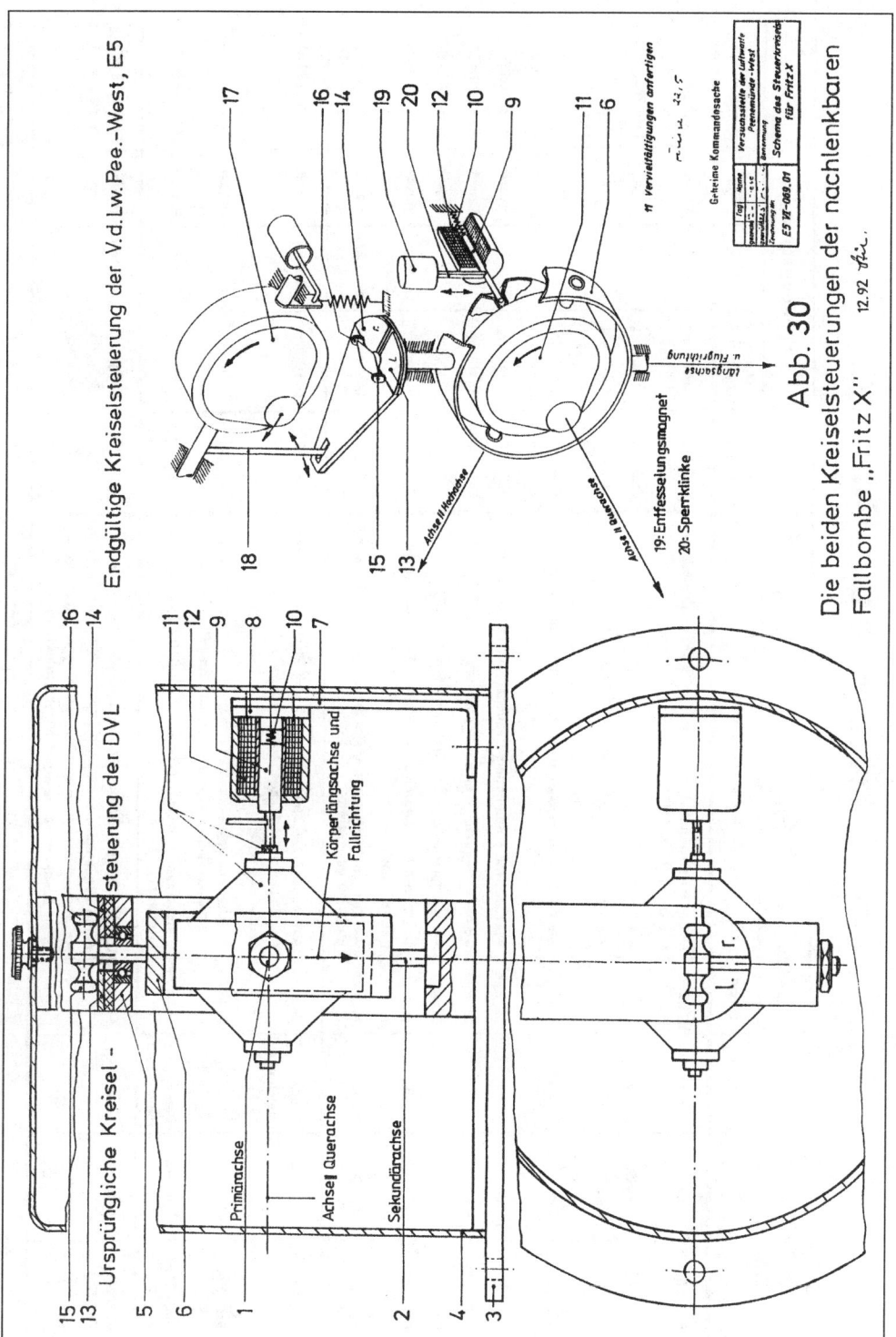

Abb. 30

Die beiden Kreiselsteuerungen der nachlenkbaren
Fallbombe „Fritz X"

309

Ausgeführte Fernlenkanlagen für Flugbomben

Sendeanlagen					Empfangsanlagen				
System-Bezeichnung	Tarn-Bezeichnung	Firma	Stand	Technische Daten	System-Bezeichnung	Tarn-Bezeichnung	Firma	Stand	Lenkobjekt
FuG 203a	Kehl I	Telefunken Opta	Einsatz	48...50 MHz. Amplitudenmodulation. 18 Kanäle. Modul. Frequenzen 1/1,5/8/12 kHz.	FuG 230a	Straßburg	Staru	Einsatz	1 Fritz X
FuG 203b	Kehl III	"	"	wie Kehl I	FuG 230b	Straßburg	"	"	1 Hs 293
FuG 203c	Kehl IV	"	"	wie Kehl I mit Wahlschalter für 1 Fritz X und 1 Hs 293	FuG 230a und b	Straßburg	"	"	1 Fritz X und 1 Hs 293
FuG 203d	Kehl IV	"	"	wie Kehl I mit Wahlschalter für 1 bis 4 Fritz X und 1 bis 4 Hs 293	FuG 230a und b	Straßburg	"	"	1 bis 4 Fritz X u. 1 bis 4 Hs 293
FuG 203h	Kehl	"	Muster	wie Kehl I, mit 5.Modulationsfrequenz (3,5kHz) für Zündung	FuG 230h	Straßburg	"	Muster	Hs 293 u.298
FuG 203-1	Kehl-1	"	Einsatz	Ausweichfrequenz ca 60 MHz. Sonst wie Kehl I. IV	FuG 230-1	Straßburg-1	"	Einsatz	Fritz X u. Hs 293
FuG 203-2	Kehl-2	"	Einsatz	Ausweichfrequenz ca 27 MHz. Sonst wie Kehl I. IV	FuG 230-2	Straßburg-2	"	Einsatz	Fritz X u. Hs 293
FuG 205	Greifswald	Lorenz	Muster	48...50 MHz. Frequenzmodulation. 18 Kanäle. 4 Modulationsfrequenzen wie Kehl?	FuG 235	Kolberg	Lorenz-Staru	Muster	Fritz X u.Hs 293
FuG 206	Kehl H ?	Telefunken	Muster	wie Kehl I, mit 5.Modulationsfrequenz (3,5 kHz) für Zündung und kleinem Knüppel	FuG 232	Colmar	Friesecke & Höpfner	Muster	Hs 298 u. X 4, Hs 117 u. 117 H
FuG 207	Dortmund	Staru-(Telefunken)	Einsatz	Tonfrequenz-Doppeldraht-Übertragung. Phasensprungfreie Modulation durch Frequenzumtastung 422/473 u.665/735 Hz. Spulen zweiseitig	FuG 237	Duisburg	Staru	Einsatz	Hs 293 (u.FritzX)
FuG 208	Düren	"	Fertigung	Gleichstrom-Doppeldraht-Übertragung. 600 V. Umtastung mit Relaisknüppel +/–, stark/schwach. Spulen einseitig	FuG 238	Detmold	Staru	Fertigung	Fritz X (u.Hs 293)
FuG 520	Düsseldorf	Donag-(Telefunken)	Fertigung	Gleichstrom-Doppeldraht-Übertragung. 200 V. Spulen nur körperseitig	FuG......	(Detmold)	Donag	Fertigung	X 4 (und X 7)
FuG 512 FuG 510 FuG 513	Kogge Kai Kran	Telefunken	Muster	1,19 - 1,31 GHz, Ers. für Kehl. Phasensprungfreie Modulation durch Frequenzumtastung 6/9 u. 13/16 kHz. Sender-Vormuster Kai, Serienmuster Kran. Kippknüppel, Klapper mit „Karte" u. „Pol", Zündkommando durch 200 Hz Umtastfrequenz	FuG 530 bis 532	Kogge (Brigg und Fregatte)	Telefunken	Muster	Fritz X, Hs 293, Hs 298 u.X4, Hs 117

Tabelle 4

310

Fernlenk-Empfänger für Flugbomben

System-Bezeichnung	Tarn-Bezeichnung	Träger	Prinzip	Kanäle	Modulation	Sonstige technische Daten	Firma	Stand	Lenkobjekt
E 30	Straßburg	48...50MHz	Überlagerung	—	Amplitudenmodulation 1/1,5/8/12kHz	Ausgang: Schaltröhren RL12 P 10 S	Staru	Vorserie	Fritz X u. Hs 293
E 230	Straßburg	48...50MHz	Überlagerung	18 Kanäle, Kanalabst.100kHz	Amplitudenmodulation 1/1,5/8/12 kHz	Ausgang: Relais T.rls.64; Röhren RV 12 P 2000 RV 12P 2001, RG 12 D2 Empfindlichkeit ca 2μV, Pegelregelg.1:10^5	Staru	Einsatz	Fritz X u.Hs 293
E 230h	Straßburg h	48...50MHz	Überlagerung	wie E 230	Amplitudenmodulation 1/1,5/8/12 u.3,5kHz als Zündkommando	wie E 230	Staru	Muster	Hs 293 u.298
E 230-1	Straßburg-1	ca 60MHz	Überlagerung	9 Kanäle,Kanalabst 200kHz	wie E 230	wie E 230	Staru	Einsatz	Fritz X u.Hs 293
E 230-2	Straßburg-2	ca 27MHz	Überlagerung	9 Kanäle,Kanalabst.200kHz	wie E 230	wie E 230	Staru	Einsatz	Fritz X u.Hs 293
E 231	Marburg	48...50MHz	Überlagerung	wie E 230	Amplitudenmodulation 2 NF-Diskriminatoren für phasensprungfreie Modulation. 5 Modulat.-Frequenzen		Staru	Muster	Hs 293
E 235	Kolberg	48...50MHz	?	18 Kanäle	Frequenzmodulation sonst wie E 230		Lorenz	Muster	Fritz X u.Hs 293
E 232	Colmar	48...50MHz	Überlagerung	4 bzw.5Kanäle, Kanalabstand 200kHz	5 Modulationsfrequ. sonst wie E 230	Empfindlichkeit ca 6 μV, 2NF-Diskriminato-ren	Friesecke & Höpfner	Fertigung	Hs 298 (u X4) Hs 117, Hs 117H
E 237	Duisburg	Doppeldraht	Tonfrequenz	—	2NF-Diskriminatoren 422/473u.665/735 Hz	Pegelregelung 1:10^5, Schaltröhren RG 12 D2	Staru	Einsatz	Hs 293 (u.Fritz X)
E 238	Detmold	Doppeldraht	Gleichstrom	—	+/-, stark/schwach	2 Relais T.rls. 64, 2 Gleichrichter	Staru	Fertigung	Fritz X(u.Hs 293)
E 530	Brigg	ca 1100 MHz	Überlagerung	18 Kanäle ?	2 NF-Diskriminatoren für phasensprungfreie Modulation 6/9 und 13/16 kHz. Zündkommando durch 200 Hz Umtastfrequenz		Telefunken	Muster	Fritz X, Hs 293
	Walzenbrigg	ca1100MHz	Pendelreflex	?			Telefunken	?	Hs 298, X4
	Fregatte	ca 1100MHz	Überlagerung	18 Kanäle	wie Brigg		Telefunken	Muster	Fritz X, Hs 293

Tabelle 5

311

fesselung als auslaufenden Kreisel ohne Antrieb zu verwenden. Jedoch war das Standvermögen bzw. die Lagestabilität der Auslaufphase über die geforderte Betriebsdauer von 40 sec nicht ausreichend, so daß auf den während der ganzen Fallzeit angetriebenen Kreisel übergegangen wurde. Das bedeutete natürlich für die körpereigene Stromversorgung einen größeren technischen Aufwand.

Nach der Entfesselung betrug der Freiwinkel um die Primärachse 1 des Kreisels etwa ± 45° und jener um die Sekundärachse 2 etwa ± 50° (Abb.30). Der Kreisel war auf einer runden Aluminiumplatte 3 aufgebaut, die mit einem Ansatz versehen, sowohl die zylindrische Schutzkappe 4 zentrierte als auch dem ganzen Gerät zur Befestigung im Flugkörper diente. Auf der Grundplatte war ein rechtwinkliger Lagerbock 5 befestigt, dessen langer Schenkel im eingebauten Zustand parallel zur Flugkörperlängsachse verlief. Zwischen den kurzen Schenkeln von 5 war der äußere Kardanring 6 des Kreisels in Kugellagern gehalten, während 90° dazu die schon erwähnte Primär- oder Kreiselgehäuseachse 1 gelagert war. Auf einem weiteren Winkel 7 befand sich der Fesselmagnet 8, dessen verlängerter Tauchanker 9 von einer Druckfeder 10 in eine zentrische Ausnehmung des Kreiselgehäuses 11 gedrückt wurde und den Kreisel in dieser Stellung fesselte. Bei Erregung der Spule 12 zog ihr Magnetfeld den Anker 9 – entgegen der Federkraft von 10 – in die Spule 12 hinein, und das Gehäuse 11 bzw. der ganze Kreisel waren entfesselt. In Verlängerung von Achse 2, über dem oberen kurzen Lagerbockschenkel von 6 und auf ihm elektrisch isoliert befestigt, befanden sich zwei Kontaktplättchen 13 und 14, denen zwei mit der Achse 2 fest verbundene, drehbare Kontaktröllchen 15 und 16 mit geringem Kontaktabstand gegenüberstanden. Die Kontaktgabe zwischen 13/15 und 14/16 wurde, nachdem der Flugkörper abgeworfen und der Kreisel entfesselt war, durch dessen Lagenstabilität im Raum bewirkt. Siehe auch Kapitel 16.4.2.1. zur Fi 103.

Schaute man beim Fall der FritzX, wie der Bombenschütze, auf das Heck des Flugkörpers und nahm als Störung um die Längsachse eine Rechtsdrehung (Uhrzeigersinn) an, dann bewegte sich die körperfeste Kontaktplatte 13 zum fest durch den Kreisel im Raum stehenden Kontaktröllchen 15 hin (Abb. 30) und schloß den Stromkreis für die Kreiselrudermagnete links (l) (Abb. 28 u. 30), wodurch ein linksdrehendes Gegenmoment ausgelöst wurde. Bei einem linksdrehenden Störmoment erfolgte über die Kontaktplatte 14 und Röllchen 16 ein rechtsdrehendes Moment durch Erregen der Kreiselrudermagnete rechts (r), wobei in Abb. 28 dem Kontakt k die Funktion der Röllchen 15 und 16 bzw. der Kontaktplatten 13 und 14 zugeordnet ist. Die von den Kreiselrudern veranlaßten Drehmomente kamen dadurch zustande, daß sie nicht wie die Lenkruder gleichsinnig, sondern gegensinnig aus den Leitwerkflächen heraustraten und sich in den Luftstrom stellten. Das geht auch aus der Schaltung der Abb. 28 hervor. Die Kontaktgabe zwischen den Kontaktplatten und den ihnen zugeordneten Röllchen dauerte naturgemäß nur so lange, bis das Gegenkommando die Störung um die Längsachse des Körpers wieder ausgeglichen hatte. In Kapitel 12.2.5. wird auf die Kreiselsteuerung nochmals näher eingegangen, da die Abwurferprobung zeigte, daß der Lagekreisel allein nicht ausreichte, um den Körper im Raum fehlerfrei um seine Längsachse zu stabilisieren.

Aufgrund unterschiedlicher Eigenschaften, Varianten und Abwehrmöglichkeiten der antriebslosen Fallbombe PC 1400X und der raketengetriebenen Gleitbombe

Hs 293 entwickelte man im Laufe der Zeit verschiedene Fernlenkanlagen. So entstanden z. B. zu den Standard-Sendeanlage FuG 203a und b (für FritzX und Hs 293) die weiteren Anlagen FuG 203c und d, FuG 203-1 und -2, FuG 205, FuG 206 und 512 mit Wahlschalter für FritzX und Hs 293 und mit verschiedenen Modulations- und Trägerfrequenzen. Auch entstanden für beide Fernlenkkörper die Drahtlenksende- und Empfangsanlagen FuG 207/237 und 208/238, auf die in Kapitel 12.7. noch näher eingegangen wird. In Tab. 4 sind alle Sende- und Empfangsanlagen aufgeführt und in Tab. 5 alle entsprechenden Fernlenkempfänger zusammengestellt.[8]

Besonders für den Fall des Einsatzes feindlicher Störsender wurden die Sende- und Empfangsumrüstsätze FuG 203-1/230-1 mit Trägerfrequenzen um 60 MHz und FuG 203-2/230-2 mit Trägerfrequenzen um 27 MHz bereitgehalten. Ebenso entstand die Anlage FuG 205/235 mit 48 und 50 MHz und Frequenzmodulation. Alle Umrüstsätze brauchten aber nicht eingesetzt zu werden. Ebenso verhielt es sich mit einem Tarnsender, der in einem falschen Frequenzbereich verkehrte Kommandos senden konnte. Aber auch darüber wird in dem weiteren Kapitel 12.8. mehr geschrieben werden.

12.2.4. Antennen

Vergegenwärtigt man sich nochmals die Abwurfbahn der FritzX (Abb. 26), so ist aus der Abbildung ersichtlich, daß für Sendung und Empfang der FT-Kommandos ein verhältnismäßig kleiner Raumwinkel in Betracht kam. Für diesen Raumwinkel mußte durch die Anordnung der Sende- und Empfangsantenne gewährleistet sein, daß deren Antennendiagramme günstige Abstrahl- und Empfangsverhältnisse aufwiesen. Außerdem war darauf zu achten, daß nach anderen Richtungen eine möglichst geringe Antennenwirksamkeit erreicht wurde. Hierdurch erschwerte man der gegnerischen Abwehr sowohl die Erkennung einer Fernlenkung als auch die der verwendeten Frequenzen und schränkte die Möglichkeit der Störung des Fernlenkvorganges stark ein. Diese Überlegungen haben auch dazu geführt, als Weiterentwicklung der Fernlenkanlage Kehl/Straßburg eine im Ultrakurzwellenbereich (dm-Bereich) arbeitende Anlage »Kogge« (FuG 512/530) zu planen. In diesem Frequenzbereich von 1100 MHz hatte man die Möglichkeit, Antennen mit ausgeprägter Richtcharakteristik zu entwickeln, so daß die angestrebte Tarnung bzw. Verringerung der Störbarkeit noch wesentlich verbessert werden konnte.

Um auch beim Durchlaufen der Empfangsminima – wie sie besonders beim UKW-Betrieb durch ausgeprägte Interferenzen zwischen direktem und am Boden (Wasser) reflektiertem Sendestrahl auftraten – noch ausreichende Empfangsbedingungen zu haben, war eine Empfängerempfindlichkeit von etwa 1 μV notwendig.[6]

Wie schon geschildert, war die Antenne der Sendeanlage des Systems Kehl als Drahtdipol auf beiden Seiten des Rumpfes der Trägerflugzeuge vom Rumpfmittelteil zu den Spitzen der Höhenruderflosse gespannt. Während an der Höhenruderflosse mit je einem länglichen Isolator aus Trolitul eine möglichst verlustfreie Befestigung erzielt wurde, war die Antennendurchführung am Rumpf auf beiden Seiten mit Hilfe einer runden Scheibe gleichen Materials hergestellt worden, die später durch eine Keramikdurchführung ersetzt wurde. Im Rumpf waren die

Drähte über das Antennenanpassungsgerät und ein 60-Ω-HF-Kabel an den Sender angeschlossen.[8]

Für die Fallbombe FritzX hatte man, wie schon erwähnt, das obere, steuerbordseitige Bremsrohr als Antenne verwendet, das isoliert in den Leitwerkring eingebaut war. Das Antennenanpassungsgerät befand sich hier in der rechten Leitwerkschale, wo ihm die Innenseite der rechten Endscheibe zur Befestigung diente. Der Eingang der Antenne war zusätzlich von außen zugänglich gemacht mit Hilfe einer Steckbuchse, die ebenfalls an der Leitwerkschale befestigt war. Damit bestand die Möglichkeit, beim Prüfen der Empfangsanlage die Hochfrequenzsignale über Kabel direkt an den Empfänger des Flugkörpers zu geben. Im Inneren der Leitwerkschale verlief vom Anpassungsgerät ein 60-Ω-HF-Kabel zum HF-Stecker der Empfängersteckverbindung im Geräterahmen des Flugkörpers. Die besten Empfangsverhältnisse waren für den Flugkörper dann gegeben, wenn die Senderwelle von hinten auf das Heck des Flugkörpers traf.

12.2.5. Erprobung

Hinsichtlich der Erprobung dieser neuartigen Geräteentwicklung sollen zunächst einige allgemeine Gesichtspunkte erwähnt werden, die auch mehr oder weniger auf alle anderen bei der Versuchsstelle der Luftwaffe Peenemünde-West erprobten Systeme anwendbar waren. Chrakteristisch für neue technische Waffensysteme, wie sie damals erprobt wurden, war der Umstand, daß bei ihrer Verwirklichung nicht von einer Detailfrage, etwa der Zelle, der Fernlenkung, dem Truppeneinsatz oder der Taktik ausgegangen werden konnte, sondern daß die Entwicklung von den technischen Möglichkeiten und der Beherrschung aller Einzelprobleme auszugehen hatte. Hier mußte unter Ausschöpfung aller technischen Gegebenheiten die günstigste Lösung insofern erbracht werden, daß jede Rückwirkung der Einzelprobleme auf das Gesamtproblem sorgfältig zu berücksichtigen war. Nur so entstand die Aussicht, daß eine Waffe geschaffen wurde, die gegenüber den bisher bekannten wesentliche Vorteile erbrachte, entwicklungsfähig blieb und von der Truppe im Einsatz zum Erfolg geführt werden konnte.

Diese genannten Voraussetzungen waren sowohl auf seiten der entwickelnden Industrie als auch im Rahmen einer rein militärischen Organisation schwierig oder unvollkommen zu erfüllen. Aus diesem Grund kam der Erprobung derartiger Entwicklungen besondere Bedeutung zu. Sie mußte zusammenfügen, was von der Industrie und dem militärischen Sektor als Teillösung eingebracht werden konnte. Ihr kam die kritische Überprüfung und Stellungnahme vor der Einführung neuer Geräte zu. Dort mußten auch bereits die Erfahrungen des Truppengebrauches und des Fronteinsatzes einfließen. Diese zusammenfassende Erprobung war weder der Industrie noch der Truppe möglich. Die technische Erprobung neuer Geräte wurde in Zusammenarbeit mit der Industrie von der Versuchsstelle Peenemünde-West, die Einführung in den Truppeneinsatz von militärischen Erprobungskommandos vorgenommen. Zwischen den drei Institutionen bestand damals eine enge Zusammenarbeit und ein reger Erfahrungsaustausch.[8]

Von den beiden in Peenemünde-West erprobten und auch später eingesetzten Fernlenkkörpern, PC 1400X und Hs 293, fanden die Vor- und Abwurferprobungen zuerst mit der panzerbrechenden Fallbombe PC 1400X (FritzX) statt. Die aerodynamische und mechanische Bearbeitung des Projektes lag bei der Gruppe E7 unter Leitung von Flieger-Stabsingnieur Hans Bender. Die Betreuung der Fernlenkanlagen, einschließlich der Einbauten in die Erprobungsflugzeuge und der Entwicklung bzw. des Baues der Prüfgeräte, wurde von der Gruppe E4 unter Leitung von Flieger-Oberstabsingenieur Dr. Josef Dantscher durchgeführt. Je nach Bedarf waren auch andere Gruppen, wie E2 und E5, bei der Entwicklung und Erprobung tätig. Als federführender Hersteller des Flugkörpers war die Firma Rheinmetall-Borsig, Berlin-Marienfelde, bei der Versuchsstelle vertreten.

Für die Erprobung und den späteren Einsatz projektierte die Gruppe E4 aus den Einzelkomponenten die Flugzeugbordanlage, also das FuG 203, und baute sie zunächst in die He 111 H4, DC + CD ein, der später noch die VB + WT und RN + EH als Erprobungsträger folgten.[8, 11] Später, in den Jahren 1943/44, klärte man auch die Einbauten für andere Flugzeugmuster. Als eigentliche Träger kamen zwar neben der He 111 nur noch die He 177 und die Do 217 in Frage, aber darüber hinaus hatte man die Sendereinbauten für alle jemals in Aussicht genommenen Flugzeugmuster geklärt.[8]

Im Mai 1940 begannen die Versuchsstelle, E4d unter Dipl.-Ing. Karl Victor Schneider, und die Firma Telefunken mit der Inbetriebnahme der Bordanlage FuG 203a (Kehl I). Zunächst wurden sämtliche Spannungen, die vom Sendeumformer U10/S zu Sender und Modulationsgerät führten, an den Verteilerdosen gemessen. Anfänglich mußten zu geringe Heizspannungen (mittlerer Sollwert = 12,65 V) durch Spannungsabfälle und Schwankungen der Umformerspannung beseitigt werden. Ebenso waren die Abweichungen der vom Umformer erzeugten Gittervorspannungen (Sollwert etwa 270 V) nach oben zu groß. Durch einen zusätzlichen Vorwiderstand wurde der Sollwert individuell eingestellt.[12]

Nach der Spannungsprüfung, bei der die Sendeanlage in die He 111 (DC + CD) eingebaut war, erfolgte Anfang Juni 1940 die Überprüfung der Gesamtanlage am Boden. Dabei wurden die vier Modulationsfrequenzen mit Hilfe von vier Schaltern anstelle des Gebers auf einen Kathodenstrahloszillographen gegeben. Der Modulationsgrad konnte somit auf 40 % eingestellt werden. Der Klirrfaktor war so gering, daß er aus der Oszillographenkurve nicht ermittelt werden konnte, aber später mit einer Klirrfaktormeßbrücke gemessen wurde. Die Störmodulation des Umformers betrug etwa 5 % und lag mit ca. 480 Hz unterhalb der vier Modulationsfrequenzen von 1000, 1500, 8000 und 12 000 Hz. Bei den gleichen Versuchen mit zwei Gebern stellten sich an diesen Geräten Ungenauigkeiten in der Kontaktgabe heraus. Zur Kontrolle wurden die Messungen nochmals im Labor mit den Empfängern E2 und E3 (Straßburg) durchgeführt, wobei Meßgeräte und Steuermagnete die richtige Funktion anzeigten.[12] Mit dem gleichen Musterflugzeug He 111H4 DC + CD führte man auch Messungen mit dem Senderdipol durch. Zu diesem Zweck erhielt das Flugzeug in der Mitte des Rumpfes auf beiden Seiten je einen Antennendurchführungsisolator DJ6Ln26.522 und das Antennenanpassungsgerät AAG26 von Telefunken eingebaut. Als günstigste Anordnung in bezug auf Gleichmäßigkeit des Antennenstromes bei den verschiedenen Frequenzen und der möglichst unbehinderten Abstrahlung erwies sich ein Dipol von $3/2\lambda$. Er wurde von den beiderseitigen Rumpfdurchführungen zur Backbord- und Steuerbordspitze der Höhenruderflossen gezogen.

Am 21. August 1940 wurde das zweite Erprobungsflugzeug He 111H4 VB + WT nach Peenemünde überführt. Mit der eingebauten Gesamtanlage ermittelte man in Berlin-Diepensee (Schönefeld) vom 18. bis 24. September 1940 die möglichen HF-Kabellängen vom Sender zum Antennenanpassungsgerät. Dabei wurde im AAG26 die Anzapfung der Ankopplungsspule so geändert, daß bei jeder HF-Kabellänge von 4 bis 10 m die Stromverteilung in beiden Dipolhälften symmetrisch wurde.[12]

In Peenemünde stellte man fest, daß bei großer Nähe des Senders zum Empfänger (Flugkörper) und also großer Feldstärke die Empfängerregelung nicht ausreichte. Das bedeutete eine Übersteuerung, wodurch der Empfänger nicht in der Lage war, gegebene Kommandos an die Ruder weiterzugeben. Aufgrund dieser Tatsache forderte die Versuchsstelle eine Herabsetzung der Feldstärke von 40 : 1 in den ersten Sekunden nach dem Abwurf der FritzX. Die Firma Telefunken entwickelte darauf das umschaltbare AAG26, bei dem durch einen Querwiderstand die Antennenstromstärke während der ersten 5 bis 15 sec herabgesetzt wurde. Die durch ein einstellbares Zeitrelais wählbare Verzögerungszeit nahm nach deren Ablauf über ein weiteres Relais den Widerstand aus dem Antennenkreis heraus, wodurch die volle Sendeenergie wirksam wurde. Am 13. September 1940 konnte das erste umschaltbare AAG26 in die DC + CD eingebaut werden. Messungen mit einem Nahfeldstärkemesser am Flugzeug auf dem Rollfeld in Peenemünde ergaben, daß die Einhaltung des Herabsetzungsverhältnisses von 100 : 1 möglich war.[12]

Flugversuche mit der Sendeanlage verliefen, von anfänglichen Schwierigkeiten am Modulationsgerät abgesehen, erfolgreich. Am 10. September 1940 ging das erste feuchtigkeitsfeste Modulationsgerät in Peenemünde ein. Verschiedene Flüge zur Ermittlung der Sendereichweite erbrachten für einen im Labor mit einer Stabantenne arbeitenden Empfänger wegen der Gebäudeabschirmung nur eine Reichweite von etwa 25 km. Weitere Versuche, bei denen eine Blechattrappe der FritzX, mit einem Originalheck versehen, auf dem etwa 25 m hohen Holzgitterturm der Insel Ruden aufgebaut war, erbrachten selbst bei der geringen Höhe von 150 bis 200 m des Sendeflugzeuges eine Reichweite von etwa 40 km.[10, 12] Weitere Flüge in Höhen um 7000 m stellten die Brauchbarkeit der Sendeanlage auch in diesem Fall unter Beweis. Um die Abstrahlverhältnisse der Trägerflugzeug-Sendeantenne auf den FritzX-Körper zu untersuchen, fanden weitere Überflugversuche der auf dem Ruden-Turm aufgestellten, empfangsmäßig voll ausgerüsteten Blechattrappe statt. In sämtlichen Lagen des Flugzeuges konnte ein Aussetzen des Empfanges nicht beobachtet werden. Es bestätigte sich aber erneut, daß, sobald sich das Flugzeug über dem Turm befand (bis etwa 100 m Höhe), der Empfänger bei voller Sendeleistung zuregelte, womit die Notwendigkeit des umschaltbaren AAG 26 unterstrichen wurde.[10, 12]

Nach den Messungen und Erprobungen mit besonderem Schwerpunkt in Hinblick auf die Stromversorgung der Sendeanlage im Flugzeug, auf Ausbreitung, Reichweite und Empfangsverhältnisse der gegebenen Kommandos folgte die Erprobung der Einzelgeräte auf Höhen-, Kälte-, Feuchtigkeits- und Schüttelfestigkeit. Die Höhenfestigkeit mußte bis etwa 10 km Höhe, die Temperaturfestigkeit von $-5°$ bis $+60°C$ Umgebungstemperatur, die Schüttelfestigkeit bei ± 5 g und die Beschleunigungsfestigkeit bis ca. 8 g gewährleistet sein. Darüber hinaus war selbstverständlich der kleinstmögliche Aufwand an Gewicht, Raum- und Energiebedarf zu verwirklichen. An die Betriebssicherheit unter den gegebenen Umständen waren die höchsten Forderungen zu stellen, da jeder Versager einen vergeblichen Feindflug mit all seinen Risiken bedeutete.

Noch bevor die eigentliche Abwurferprobung der FritzX in Peenemünde einsetzte, hatte sich die Versuchsstelle mit einem Zielverfahren zu beschäftigen, das von der Firma Siemens Apparate und Maschinen GmbH (SAM) vorgeschlagen wurde und speziell für eine nachgelenkte Fallbombe vorgesehen war. Die Versuche wurden mit einer von der Firma Junkers für diesen Zweck zur Verfügung gestellten Ju 88 am 17. Juli, 30. Juli, 1. August und 3. August 1940 geflogen, wobei deren Durchführung die Gruppe E2 übernahm.[13] Das Verfahren sah vor, daß das Flugzeug nach dem Abwurf der Bombe der Fallbahn im Sturzflug folgen sollte, um durch größtmögliche Bomben- und später Zielnähe, unter Verwendung des Doppeldeckungsverfahrens bei der Lenkung, die Zielfehler so gering wie möglich zu halten. Die zehn Würfe, von denen acht von der Meßbasis vermessen wurden, erfolgten auf das Zielkreuz der Halbinsel Struck. Das Zielkreuz, aus aneinandergelegten weißen Platten bestehend, besaß eine Schenkellänge von 25 m und eine Schenkelbreite von 2 m. Die Schwierigkeiten, woran dieses Verfahren letztlich scheiterte, lagen darin begründet, daß die Flugfiguren des Trägerflugzeuges nach dem Abwurf zu schwierig waren, um das gesteckte Ziel zu erreichen. Laut Verfahrensanweisung war die Geschwindigkeit des Flugzeuges nach Auslösen der Bombe so weit zu verringern, daß diese beim anschließenden Sturzflug wieder gefunden wurde, also im Blickbereich des Flugzeugführers und Lenkschützen blieb und das Flugzeug in größtmögliche Nähe des Körpers dessen Fallbahn folgte. Danach war der Abstand Bombe – Flugzeug wieder so zu vergrößern, daß der folgende Abfangvorgang möglichst oberhalb 4000 m (Bereich der leichten Flak) abgeschlossen war, aber auch gleichzeitig zu jenem Zeitpunkt, da die Bombe das Ziel erreicht hatte. Bei den Erprobungsflügen ließ sich weder eine ausreichende Verringerung der Horizontalgeschwindigkeit noch die anschließend notwendige Sturzfluggeschwindigkeit erreichen, obwohl die Abfanghöhen bei allen Flügen ohnehin erst zwischen 2900 und 1750 m, also weit unter der geforderten 4000-m-Grenze lagen. Weitere Schwierigkeiten ergaben sich für den Flugzeugführer aus der Vielzahl der Handgriffe. Während des Hochziehens nach dem Abwurf waren zur Geschwindigkeitsverminderung außer der Gashebelbedienung die Luftschrauben und Trimmklappen zu verstellen und die Sturzflugbremse auszufahren, wozu etwa 10 sec zur Verfügung standen. Dabei traten beim Übergang vom Hochziehen in den Sturzflug so hohe Ruderkräfte auf, daß beide Hände für das Steuer benötigt wurden. Auch ließ es sich dabei nicht immer vermeiden, daß während dieser Manöver das Flugzeug aus der Richtung kam, was wieder für den Bombenschützen und das Doppeldeckungszielverfahren negativ war.[13] Nach den mangelhaften Erprobungsergebnissen stellte man eine Weiterverfolgung dieses Zielverfahrens ein.

Kehren wir zur FritzX zurück. In der Zwischenzeit hatten sich die beteiligten Fachgruppen der Versuchsstelle auch Gedanken über die vor jedem Erprobungswurf notwendigen Prüfungen und die hierfür zu entwickelnden und zu bauenden Prüfgeräte gemacht. Danach wurde jede von Rheinmetall-Borsig in großen, stabilen Holzkisten angelieferte PC 1400X zunächst in der Werkstatt von E7, im Erdgeschoß des Südflügels von W25, ausgepackt und mechanisch überprüft. Besonders in der Anfangszeit der Erprobung erfolgte auch eine genaue geometrische Vermessung auf einer großen Richtplatte, auf die der Körper mit dem Deckenkran gehoben wurde. Interessant war hierbei die Schwerpunktlage von der Körperspitze und der Flügelkante aus, deren Toleranzen von Körper zu Körper in der Größenordnung von 5 bis 10 mm lagen.[14]

Die mechanisch überprüften Körper wurden je nach Bedarf von der Untergruppe E4c unter Dipl.-Ing. Theodor Erb fernlenk- und steuerungstechnisch überprüft. Hierzu diente die Prüftafel PT203/230 oder das speziell nur für die Körperprüfung verwendete Prüfgestell PGst230, das mit Schaltkasten, Modulationsgerät, Sender, Kommandogeber und Umformer stationär in einem kastenförmigen Gehäuse angeordnet war und ebenso transportabel in einem Opel-Blitz-Funkwagen Verwendung fand. Später ist dieses Prüfgerät, besonders für den Truppengebrauch raumsparend modifiziert, auf einem schubkarrenförmigen Untergestell aufgebaut worden.[6]

Weiterhin gehörte für die steuerungstechnische Prüfung ein Prüfempfänger und anfangs ein Prüfbatteriekasten, die in den Geräterahmen des jeweils zu prüfenden Flugkörpers eingeschoben wurden. Später erweiterte man das Prüfgestell dahingehend, daß es auch die körperseitige Stromversorgung enthielt, womit der Prüfbatteriekasten entfiel. Die 24-V-Versorgung, Heizspannung, Anodenspannung und Kreiselspannung wurden über ein Kabel und einen Zwischenstecker direkt auf den Batteriekastenstecker des Geräterahmens am zu prüfenden Körper gegeben. Die HF-Kommandos führte man aus Tarnungsgründen dem körperseitigen Antennenanpassungsgerät über ein abgeschirmtes HF-Kabel zu, das zu diesem Zweck an der steuerbordseitigen Endscheibenfläche eine schon erwähnte Steckbuchse besaß.

Die Verbindung von der Prüftafel zum Jatow-Abreißstecker der FritzX erfolgte über ein Kabel mit entsprechendem Gegenstecker, womit der versorgungsmäßige Zustand einer unter dem Trägerflugzeug hängenden Bombe hergestellt war. Nach Betätigung des Betriebsschalters am Schaltkasten über Stufe 1 auf Stufe 2 mußten alle Fernlenkruder im 5-Hz-Takt »klappern«, da der Knüppel des Kommandogebers normalerweise in der Mitte auf Kommandostellung Null stand. Der Prüfende konnte nun durch Betätigung des Knüppels am Geber die dort gegebenen Kommandos mit den Ruderbewegungen am Körper vergleichen, wobei jedes Kommando durch langsame Knüppelbewegung von der Mitte bis zum Vollkommando und zum Anschlag auch eine stetige zeitliche Zunahme des gegebenen Kommandos an der entsprechenden Unterbrecherfläche zur Folge haben mußte. Bei Vollkommando blieb die Ruderfläche in der gegebenen Kommandostellung stehen (siehe auch Kapitel 12.2.2.). In dieser Form wurden alle Kommandos vorne-hinten und rechts-links durchgeprüft.

Sofern schon ein Kreisel in den Körper eingebaut war, was bei den Erprobungsgeräten meistens erst kurz vor dem Abwurf erfolgte, war das Ansprechen der Kreiselruder bei entfesseltem Kreisel zu beobachten, da die Körper nicht immer in der Waagerechten zur Querachse auf dem Transport- bzw. Abstellwagen lagen. Entsprechend der Schieflage gab es bei den Kreiselrudern ein Gegenkommando. Die Funktion der Kreiselruder war dann überprüfbar, wenn der Körper auf dem Bombenwagen lag. Die sich addierenden Lagerspiele und die Elastizität des Tragarmes sowie die Nachgiebigkeit der Reifen bewirkten bei Bewegungseinleitungen am Leitwerk des Körpers und entfesseltem Kreisel eine Betätigung der Kreiselruder im Takte der Bewegungen. Diese recht primitiv anmutende Kreiselprüfung hatte sich im praktischen Versuchsstellenbetrieb aber als wirksam und einfach erwiesen. Nach der Prüfung mit Fremdversorgung über den Jatow-Stecker riß der Prüfer die vom Prüfgestell kommende Steckerhälfte ab, womit der Abwurf und die Trennung des Flugkörpers vom Flugzeug simuliert wurde. Die schon beschriebene Umschaltung innerhalb der körperseitigen Steckerhälfte auf elektrische Eigenversorgung gab die Möglichkeit der Funktionsprüfung über den Batteriekastenstecker der FritzX. Auch hier wurden wieder alle Kommandos gegeben und auf richtige Funktion überprüft. Zu ermitteln war nun noch die Kontaktgabe des Abreißsteckerteiles DK (Abb. 28a) beim Durchgleiten der prüfseitigen Steckernase, die für die Zündspannung der Leuchtsätze zu sorgen hatte. Zu diesem Zweck wurde an den Zündspannungsstecker im Fackeltopf am Heck des Körpers eine Prüflampe bzw. ein Spannungsmesser angeschlossen und der Durchgleitvorgang mit dem Jatow-Stecker von Hand mehrfach wiederholt.

Alle Prüfergebnisse, einschließlich der Körpernummer, wurden in einem Prüfprotokoll festgehalten, das, mit der Unterschrift des Prüfenden versehen, Bestandteil der Lebenslaufakte des Flugkörpers war. Diese wurde später, nach dem Abwurf, durch die von der Meßbasis vermessene und gezeichnete Raumkurve und die Kurve über Grund mit dem Verfolgungsfilm aus dem Trägerflugzeug und dem Registrierstreifen über die vom Bombenschützen gegebenen Kommandos ergänzt.

So wie die Geräte und ihre Anwendung zur Funktionsprobe der FritzX vor der Abwurferprobung zu entwickeln, zu bauen und erprobend einzusetzen waren, ergab sich auch für die Versuchsstelle die Notwendigkeit, die Trägerflugzeuge bezüglich ihrer Sendeanlage FuG 203a zu überprüfen und die gerätemäßigen Voraussetzungen dafür zu schaffen. Aus diesem Grund entwickelte die Gruppe E4 zunächst das Prüfgerät FuP203X, im allgemeinen Sprachgebrauch auch als »Abreißsteckerprüfgerät« bezeichnet. Dieses Gerät war in einem Alu-Kästchen von etwa $170 \times 125 \times 125$ mm untergebracht. Hinter der teilweise aufklappbaren Rückwand befand sich das aufgewickelte Auslöse-Rückmeldekabel mit PVC- bzw. ETC-Stecker und eine Masseklemme für die Isolationsmessung. Auf der Oberseite befand sich die 14polige Jatow-Steckerhälfte, wie sie auch in die FritzX eingebaut war. Die Frontseite war mit einem großen »X« gekennzeichnet, zur Unterscheidung von dem ähnlichen Gerät für die Gleitbombe Hs 293, das mit einem »H« gekennzeichnet war. Links auf der Frontplatte diente ein als Strommesser geschaltetes Instrument zur Spannungs- und Widerstandsmessung, wobei für die letztere Funktion neben der eigentlichen Verschaltung des Kästchens noch eine 4,5-V-Batterie eingebaut war. Oberhalb des Instrumentes befand sich eine Signallampe: »Rückmeldung«. Rechts vom Instrument hatte ein vielstufiger Prüfschalter die Aufgabe, in elf Schaltstellungen: 0, I bis X, die einzelnen Stromkreise auf Durchgang, Spannungen und Isolationswiderstand zu überprüfen, wobei die Stellung 0 (Null) zur Prüfung der eingebauten 4,5-V-Batterie diente. Die Bezeichnung »EA« innerhalb der einzelnen Sektoren bedeutete Endausschlag des Instrumentes, während mit + BB die Bordbatteriespannung des Trägerflugzeuges gemeint war. Der Knebelschalter, von Hand betätigt, bewegte sich dabei über eine 360°-Skala, die, in Sektoren eingeteilt, in jedem Sektor den Sollwert angab, den das Instrument anzeigen mußte. Dabei war der Knebelschalter für die drei Stellungen des in das Flugzeug eingebauten Schaltkastens (Stellung 0, 1 und 2) einmal durchzudrehen.

Oberhalb des Schalters am Prüfkästchen befand sich der Druckknopf »Auslösen«, der den Abwurf des Flugkörpers elektrisch simulierte.

Vor der Prüfung steckte man das Gerät auf die aus dem Trägerflugzeug heraushängende Jatow-Steckerhälfte. Das Auslöse-Rückmeldekabel wurde mit dem zugehörigen PVC-Stecker (Stecker des Bombenschlosses für Auslösung mit Sprengpatronen) verbunden. Bei Vorhandensein eines ETC-Schlosses (Schloß für elektrische Auslösung) mußte dieses vorher gespannt werden. Die Masseklemme wurde mit der nächstliegenden Flugzeugmasse verbunden. Danach konnte die Prüfung durch Drehen des Schalters beginnen. Der Isolationswiderstand auf Stellung VI durfte 60 MΩ nicht unterschreiten. Wurde das Gerät von der flugzeugseitigen Steckerhälfte getrennt, schlug auf Schalterstellung VIII beim Durchgleiten der Steckernase das Instrument aus und zeigte damit den Spannungsimpuls an, der den Leuchtsatz zündete.[18]

Als weiteres wichtiges Gerät, speziell für die Erprobung der PC 1400X bei der Versuchsstelle, wurde die Registriereinrichtung gebaut, womit die während eines Erprobungsabwurfes vom Bombenschützen gegebenen Kommandos empfangen und aufgezeichnet wurden. Sie bestand aus einer Grundplatte, die sowohl einen Batteriekasten als auch einen Empfänger der FritzX nebeneinander aufnehmen konnte. Die Grundplatte war mit einem über die Stirnflächen beider Geräte verlaufenden flachen Verschaltungskasten versehen, der sowohl die beiden Versorgungsstecker von Batteriekasten und Empfänger als auch ihre Verdrahtung untereinander aufnahm. Weiterhin war auf diesem Kasten in Empfängernähe eine dort senkrecht einschraubbare Stabantenne vorgesehen, die zum Empfang der Fernlenkkommandos diente. Die vier Kommandoausgänge des Empfängers waren über Bananensteckerbuchsen nach außen geführt, von wo sie durch ein Verbindungskabel mit den gleichen Buchsen zweier Meßschleifen eines Siemens-Vierfachoszillographen verbunden wurden. Die Lichtzeiger zweier Meßschleifen des Oszillographen schrieben mit Hilfe des Vorschubes eines Fotopapierstreifens die als Rechteckimpulse erscheinenden Kommandos auf. Eine weitere Meßschleife konnte den Meßtakt einer Zeitschaltuhr fixieren, der zum Vergleich der zeitlichen Dauer der Kommandos L, R und V, H diente. Auch war vom Oszillographen ein 500-Hz-Meßtakt automatisch eingeblendet. Zum Registriergerät gehörte noch ein Funkempfänger (Radione), mit dem der Sprechfunkverkehr des Trägerflugzeuges mit der Bodenstelle in der Flugleitung abgehört wurde, um den die Registrierung durchführenden Techniker über den Abwurfzeitpunkt zu informieren. Dieser Zeitpunkt wurde in der Endphase des Erprobungsfluges, 3 und 1 min vor Abwurf, angekündigt und die letzten 10 sec bis zum Abwurf laufend durchgegeben. Innerhalb des letzten Zeitintervalls mußte der Papiervorschub des Oszillographen eingeschaltet werden. Die Registriereinrichtung stand gewöhnlich im Labor von E4c. Alle Erprobungsunterlagen gingen zur abschließenden Beurteilung an die Gruppe E7.

Sollte der Erprobungsabwurf einer PC 1400X durchgeführt werden, erfolgte zunächst eine Überprüfung des Trägerflugzeuges mit dem Abreißsteckerprüfgerät FuP 203X durch die Gruppe E4c, wobei gewöhnlich auch der Quarz des gewählten Frequenzkanales in den Fernlenksender eingeschraubt wurde. Die Gruppe E7 belud dann, nach Einbau des Fackeltopfes, einen Bombenwagen, gewöhnlich LP-VC 2500, mit einer FritzX aus dem von E4 geprüften Vorrat, der anfangs in der

Werkstatt von E7 und ab 1942 in einem Rüstraum der Reins-Halle lagerte. Der Wagen wurde sodann unter das vor der Halle abgestellte Trägerflugzeug gerollt und der Tragarm hydraulisch so weit angehoben, daß die flugzeug- und die körperseitigen Abreißsteckerhälften miteinander verbunden werden konnten. Bei der weiteren Prüfung bediente man sich zur Schonung der Flugzeugbordbatterie normalerweise eines Batteriestartwagens, der, von außen angeschlossen, bis nach dem Anlassen der Flugzeugmotoren die Flugzeugbatterie pufferte. Im Laufe der Abwürfe ab dem 23. November 1940, an dem der erste aus 7000 m Höhe auf den Struck mit der He 111 DC + CD durchgeführt wurde[10], hatte sich dann folgender weiterer Prüfablauf für den Abwurfbetrieb ergeben: Nach der elektrischen Verbindung von Flugzeug und Körper nahmen gewöhnlich zwei Angehörige der Gruppe E4c die weitere Prüfung vor. Der zuvor im Labor überprüfte und mit einer frisch geladenen DEAC-Batterie von 24 V bestückte Batteriekasten und der auf den vorgesehenen Abwurfkanal gerastete und in E4b überprüfte Empfänger wurden in den Körper eingeschoben, wobei die Einschuböffnung noch offenblieb. Sofern noch kein Kreisel eingebaut war, führte die Gruppe E5 diese Arbeit mit einem von ihr überprüften, gefesselten Kreisel durch. Eine Prüfperson kletterte darauf in die Kanzel des Trägerflugzeuges und schaltete die Sendeanlage am Schaltkasten von Stufe 0 über 1 und 2 ein. Im Körper liefen dadurch der Empfänger- und der Kreiselumformer an. Auf Zuruf bzw. Zeichengabe des am Körper stehenden Prüfers wurden mit dem Kommandogeber in der Kanzel die Kommandos vorn-hinten und links-rechts gegeben und auf ihre richtige und exakte Ausführung geprüft. Danach wurde der Sender zunächst ausgeschaltet. Anschließend setzten die Monteure von E7 das Bombenschloß auf die Bombenwarze, wobei das ETC gespannt oder das PVC mit zwei Sprengpatronen versehen wurde. Der Bombenwagen wurde hochgepumpt und das Schloß am Trägerflugzeug befestigt. Den körperseitigen Fackeltopfstecker versah man entweder mit einer Zündpille oder mit einer Kontrollampe. Die Auflagebacken des Bombenwagenarmes führte man um ein kleines Stück nach unten, bis der Körper frei im Bombenschloß hing. Danach wurde der Sender wieder eingeschaltet und nach einwandfreier Null-Kommandogabe bzw. nach V-, H-, L-, R-Kommandos das Zeichen für den Abwurf gegeben, den der Techniker in der Kanzel des Trägerflugzeuges durch den Abwurfknopf auslöste. Die FritzX fiel aus dem Bombenschloß heraus und wurde durch den Tragarm des Bombenwagens, der noch durch einen Balken abgesichert war, aufgefangen. Dabei mußte beobachtet werden, ob die Zündpille oder die Kontrolllampe für die Prüfung der Fackeltopf-Zündspannung beim Durchgleiten beider Abreißsteckerhälften ansprachen. Auch mußte die Kommandogabe nach dem »Abwurf« ein weiteres einwandfreies 5-Hz-Klappern der Ruder bewirken, was bedeutete, daß die Jatow-Steckerhälfte im Flugkörper auf Eigenversorgung umgeschaltet hatte. Durch rhythmische Bewegungen um die Körperlängsachse, über die Heckrohre von Hand durch zwei Personen eingeleitet, wurde überprüft, ob die Kreiselruder in gegensinniger Folge ansprachen, was gleichzeitig bedeutete, daß der Kreisel durch den Abwurfknopf entfesselt und die Kreiselfunktion in Ordnung war.

Nach diesen Prüfvorgängen war der Sender sofort abzuschalten und der Batteriekasten zur Schonung der Batterie ein kurzes Stück herauszuziehen, wodurch die Eigenversorgung unterbrochen wurde. Das Bombenschloß konnte wieder vom

Flugzeug auf den Körper gesetzt, gespannt bzw. geladen und wieder in die Schloß-Halterung des Trägerflugzeuges eingefahren und befestigt werden. Die flugzeug-seitigen Pratzen waren gegen den Bombenkörper zu ziehen, und die Schloßver-kleidung am Flugzeug mußte befestigt werden. Der Kreisel mußte wieder gefes-selt und die Jatow- und die Fackeltopf-Steckerhälften mußten miteinander ver-bunden werden. Der Batteriekasten wurde wieder eingeschoben und gesichert. Die Geräteöffnung am Körper war zu verschließen, das Entsicherungsseil des schon vorher eingebauten Zerstörzünders war zwischen Flugzeug und Zünder zu befestigen, der Heizschlauch war anzuschließen. Der Bombenwagen wurde nach geringer Absenkung und nochmaligem kräftigem Rütteln am Körper weggefah-ren. Trägerflugzeug und Flugkörper wurden für den Erprobungsflug freigegeben. Außer den schon genannten und beschriebenen Prüfgeräten PGst- bzw. PT230, FuP 203 und dem Registriergerät entwickelte und baute die Gruppe E4 der Ver-suchsstelle sowohl für die nachgelenkte Fallbombe FritzX als auch für die Gleit-bombe Hs 293 noch weitere spezielle Prüf- und Meßgeräte als Prototypen, die be-sonders auch im späteren Truppeneinsatz verwendet wurden. Während die Labors von E4 sich schon vor Beginn der Abwurferprobung ihre labormäßigen Meß- und Prüfgeräte bzw. Prüfplätze aufgebaut hatten, bestand die Notwendigkeit, für den Truppengebrauch geeignete und robuste Geräte zu entwickeln und zu bauen, die auch teilweise in Zusammenarbeit mit der einschlägigen Industrie realisiert und besonders dort gefertigt wurden. Hier waren noch zu nennen: PGE230 zur Prü-fung der Empfänger E30 bzw. E230; PE203, ein Prüfempfänger, der die über Ge-ber, Modulationsteil, Sender und Dipol abgestrahlten Kommandos der Bordan-lage FuG 203 prüfte und auch die im Schaltkasten befindlichen Instrumente »24V« und »210V« kontrollierte; PV62, Prüfvoltmeter zur Messung der Anoden-, Gitter- und Heizspannung von Sender- und Modulationsteil; PV230, Prüfvoltme-ter für die Überprüfung der Stromversorgung der Empfangsanlage FuG 230 mit betriebsmäßiger Belastung, auch bei geschlossenem Körper über den Jatow-Stecker einsetzbar.[19,20,21,22] Die Meß- und Prüfgeräteentwicklung wurde im Rah-men der Erprobung bewußt etwas ausführlicher beschrieben, da sie zumindest auf dem hochfrequenz- und nachrichtentechnischen Gebiet einen erweiterten Ein-blick in die Aufgaben und die Arbeitsweise der damaligen Versuchsstelle gestattet. Vom 23. November 1940 bis zum Jahresende 1941 konnten nur neun FritzX-Ab-würfe durchgeführt werden, wobei es oft vorkam, daß wochenlang nicht geflogen, ein geplanter Flug wegen schlechter Sicht verschoben wurde oder die Wetterlage noch während des Steigfluges auf Abwurfhöhe sich so verschlechterte, daß der Flug abgebrochen werden mußte. Dieser Umstand ließ die notwendigen Informationen aus der Abwurferprobung für eine truppenreife Weiterentwicklung der FritzX nicht so recht vorankommen. Deshalb faßte die Luftwaffenführung eine grundlegende Änderung ins Auge, die im folgenden Kapitel näher geschildert wird.
Zuvor wurde aber noch eine Verbesserung vorgenommen, da die ersten Abwürfe bei der Kreiselsteuerung Mängel zutage gefördert hatten. Die geringe aerodyna-mische Dämpfung der Fallbombe reichte nicht aus, um Schwingungen um die Längsachse genügend schnell abklingen zu lassen. Das hatte zur Folge, daß auf-tretende Schieberollmomente, wie sie besonders bei kombinierten Kommandos z. B. vorne-links, vorne-rechts usw. auftraten, eine Anfachung der Drehschwingun-gen hervorriefen.[4]

Die Gruppe E5 der Versuchsstelle entwickelte die Kreiselsteuerung der FritzX dahingehend weiter, daß dem Lagekreisel 11 ein Wendezeiger bzw. Dämpfungskreisel 17 zugeordnet wurde (Abb. 30). Sofern, wie schon beschrieben, der Körper eine Drehstörung im Uhrzeigersinn um die Längsachse erhalten hatte, wobei Kontaktplatte 13 mit Röllchen 15 in Berührung war, resultierte daraus ein Gegenkommando vom Lagekreisel nach links. Dadurch entfernten sich 13 und 15 wieder in dem Maße, wie sich Platte 14 und Röllchen 16 annäherten. Diese Drehung bewirkte durch die sich mitdrehende Kreiselspitze von 17 in Pfeilrichtung, daß am Dämpfungskreisel ein Präzessionsmoment seiner Gehäusespitze nach unten entstand, was, durch Arm 18 übertragen, für die Kontaktplatte 14 eine Wegbewegung vom Kontaktröllchen 16 bedeutete. Durch diese Bewegung beider Kontaktelemente in gleicher Richtung, aber mit geringerer Geschwindigkeit von 14 gegenüber 16 trat das Gegenkommando mit Verzögerung ein, was einer Dämpfung gleichkam und ein Überschwingen des Körpers über seine Nullage verhinderte. Sinngemäß galt dieser Vorgang auch bei einem Gegenkommando nach rechts. Mit diesem Kreisel rüstete man alle weiteren FritzX-Geräte aus. Die im gleichen Bericht der Versuchsstelle[4] vorgeschlagene und auch durch Abwürfe in Peenemünde erprobte pneumatische Steuerung, wobei die Ruder durch elektro-pneumatische Stellwerke betätigt wurden, fand allerdings keine Verwirklichung.

12.2.6. E-Stelle Süd

Wer der seinerzeitige Initiator der Idee einer Erprobungsstelle für Flugkörper in südlichen Gefilden war, konnte der Verfasser heute nicht mehr ermitteln. Der Gedanke wird sich vermutlich aus logischer Konsequenz wegen der anstehenden Aufgaben und der im Süden zu erwartenden besseren Wetterlage ergeben haben, wobei die FritzX mit ihren Abwurfhöhen oberhalb 4000 m ein besonderes Gewicht hatte. Auch gab es schon ein Vorbild aus gleichem Anlaß, wie wir gleich sehen werden. Im Sommer 1941 flog eine Delegation des RLM und der Versuchsstelle der Luftwaffe Peenemünde-West unter Leitung von General-Ingenieur Marquard und Oberst-Ingenieur Fleischhauer, der später auch Leiter der E-Stelle wurde, nach Rom. Die Herren verhandelten dort mit dem Chef des deutschen Verbindungsstabes zur italienischen Luftwaffe, Oberst-Ingenieur Schwencke, wegen der Errichtung einer E-Stelle zur Erprobung von Abwurfwaffen. Die Versuchsstelle Peenemünde war u. a. durch Stabs-Ingenieur Bender von E7 und Stabs-Ingenieur Reißig von der Meßbasis E5 vertreten.
Es wurden zwei Gegenden besichtigt. Einmal das Gebiet von Foggia (Flugplatz) und Manfredonia (Abwurfplatz) in der Landschaft Apulien an der Südostküste Italiens. Zum anderen war die Umgebung von Grosseto an der Nordwestküste, wo in Orbetello und im Hafen von St. Stefano schon ein Kommando der E-Stelle Travemünde mit Torpedoerprobungen tätig war, Gegenstand näherer Betrachtung.[14] Die Entscheidung fiel zugunsten des Raumes Foggia – Manfredonia aus. Ergänzend sei noch erwähnt, daß es auch in Nordafrika zur Zeit des dort kämpfenden Afrika-Korps eine E-Stelle Tropen gab, die sich hauptsächlich mit den Problemen des Einsatzes von Flugzeugen im Wüstengebiet beschäftigte.
Foggia, Provinzhauptstadt und Verkehrsknotenpunkt von Apulien, hatte damals

etwa 60 000 Einwohner und liegt 35 km landeinwärts vom Golf von Manfredonia entfernt. Hier hatten die Engländer schon im Ersten Weltkrieg am westlichen Rande der Stadt einen Flugplatz angelegt. Später, vor und während des Zweiten Weltkrieges, wurden weitere Flugplätze rund um die Stadt errichtet, so daß Foggia eine wichtige Luftwaffenbasis wurde, deren sich neben der italienischen auch die deutsche Luftwaffe bediente. Noch später, als die Alliierten Italien von Süden her besetzten, nahmen die Engländer Foggia am 27. September 1943 ein und begannen von dort aus Luftangriffe gegen Deutschland.[15]

Nachdem die Entscheidung für Foggia gefallen war, ging im September 1941 ein Vorkommando von Peenemünde nach Foggia bzw. Si Ponto, wo in erster Linie die Meßbasis für die optische Vermessung der Abwürfe aufzubauen war.[16] Die Basis erhielt drei Meßstände mit je einem bzw. zwei Askania-Theodoliten, die sich um ein Zielkreuz aus weißen Kalksteinbrocken gruppierten, wie sie die ganze Gegend des Geländes bedeckten. Die Zielmarkierung lag in dem Dreieck Manfredonia – Annunziatella – von dort nach Süden zur Straße 89, Foggia – Manfredonia, die auch die südliche und dritte Begrenzung des Territoriums darstellte (Abb. 31).

Die Meßbasisleitstelle legte man südlich der Straße Nr. 89 auf einer Anhöhe an. Die Leitstelle erhielt zunächst ein Zelt, später einen massiven Schuppen, worin ein Feldtelefon und das Funksprechgerät zur Verständigung mit dem Trägerflugzeug installiert wurden. Ebenfalls erfolgte von hier aus die Registrierung der während des Abwurfes vom Bombenschützen gegebenen Kommandos durch einen Angehörigen der Gruppe E4c. Alle Meßstände waren durch Feldtelefone miteinander verbunden. Von der Leitstelle I (Abb. 31) hatte man einen guten Überblick sowohl auf das Zielkreuz als auch auf die beiden anderen, östlich der Verbindung Annunziatella – Straße 89 gelegenen Meßstände II und III. Entsprechend der Anlage der Meßbasis erfolgte der Abwurfanflug der Trägerflugzeuge auf das Zielkreuz von West nach Ost, wodurch die Meßpunkte der Flugkurve durch fast rechtwinklige Schnittpunkte der optischen Meßstrahlen von Meßstand I zu den Meßständen II und III gebildet wurden. Dabei hatte die Leitstelle hauptsächlich jene Kurvenverläufe zu vermessen, die durch die Lenkkommandoanteile vorne-hinten, und die Meßstelle II jene, die durch die Anteile links-rechts beeinflußt wurden. Meßstelle III war zur Sicherheit angelegt, wenn eine der anderen beiden Stellen bei einem Abwurf ausgefallen wäre.

Der Blick von der Leitstelle wurde im Norden, in etwa 3 km Entfernung, durch die teilweise steil abfallenden Hänge des Gargano-Gebirges begrenzt. In südwestlicher Richtung, entlang der flachen Küste, blinkten die Flächen ausgedehnter verlandender und versumpfter Lagunen, hinter denen die Türme des Thermalbades Margherita di Savoia und bei klarem Wetter auch die der 50 km entfernten Hafenstadt Barletta sichtbar waren.

Leiter der Meßbasis in Si Ponto wurde Fl.-Hauptingenieur Rudolf Weipert von der Meßbasis Peenemünde-West, dem für die Besetzung der Meßstände und für Auswertungsarbeiten acht Vermessungsingenieure bzw. -techniker zur Seite standen. Die Auswertung der Theodolitenfilme brachte man in dem seinerzeit kleinen Badeort Si Ponto durch Anmieten eines Ferienhauses dicht am Strand der Adria unter, wo auch die Dunkelkammer für die Entwicklung der Filme und des Registrierstreifens eingerichtet wurde, in der zwei Fotografen tätig waren. Weiterhin stand in einem kleinen Nebenraum ein Feldtelefon, das über ein Feldkabel direkt

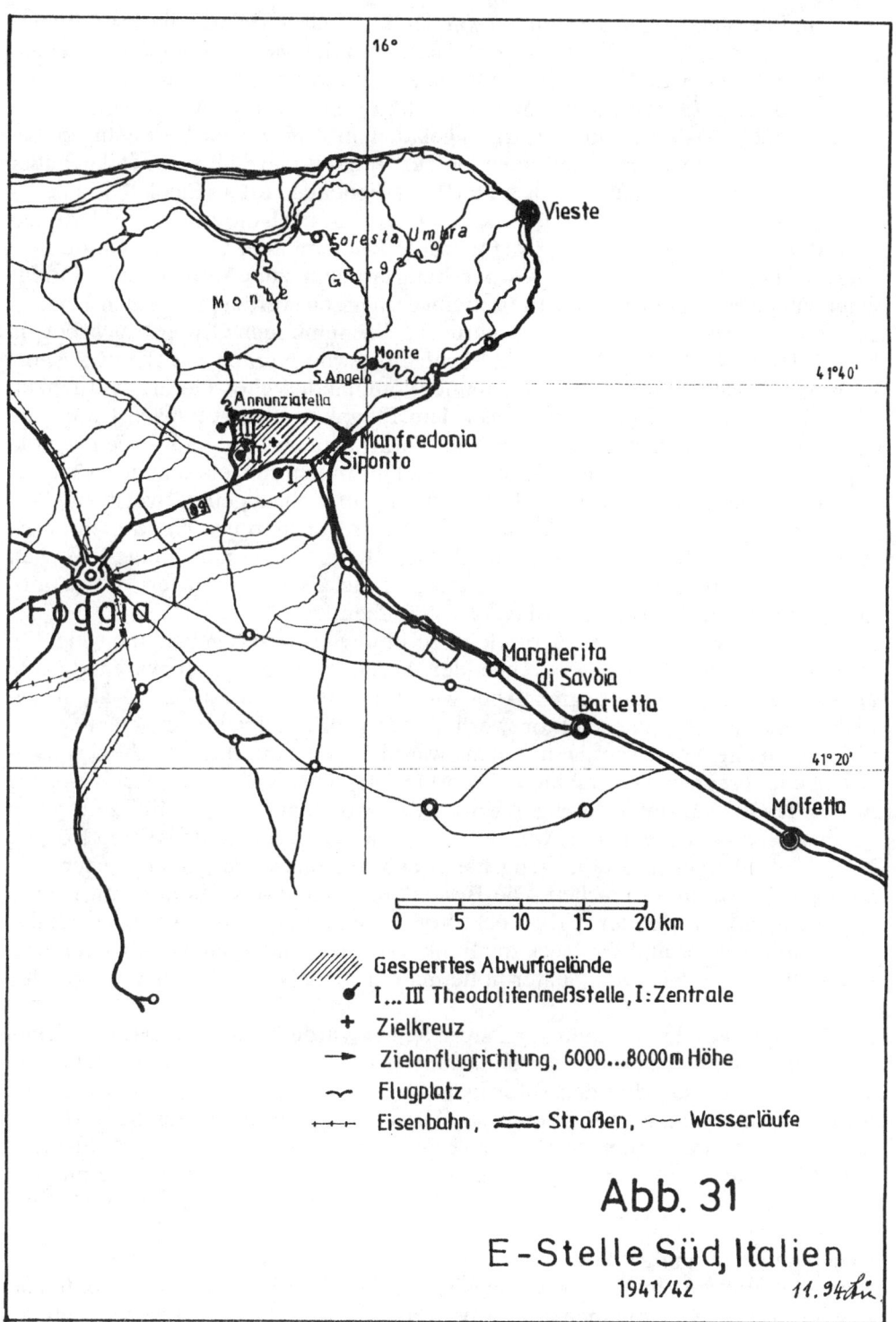

16°

Vieste

Foresta Umbra

Gargano

Monte

Monte
S.Angelo

Annunziatella

Manfredonia
Siponto

41°40'

89

Foggia

Margherita
di Savoia

Barletta

41°20'

Molfetta

0 5 10 15 20 km

///// Gesperrtes Abwurfgelände
⚑ I...III Theodolitenmeßstelle, I:Zentrale
+ Zielkreuz
→ Zielanflugrichtung, 6000...8000 m Höhe
〜 Flugplatz
+++ Eisenbahn, ══ Straßen, 〜 Wasserläufe

Abb. 31

E-Stelle Süd, Italien
1941/42   11.94 Liu

mit dem Flugplatz Foggia verbunden war. Hiermit wurden später die Erprobungsstarts angekündigt, was gleichzeitig das Ausrücken der Meßbasisbesatzung bedeutete, die mit einem LKW zu den Meßständen gefahren wurde. In der Garage des
erdgeschossigen Gebäudes war noch ein Akku-Ladegerät installiert worden, um
die Theodoliten-Akkus immer in frisch geladenem Zustand zur Verfügung zu haben. Dem Haus gegenüber, um einen kleinen, runden Platz angeordnet, lag außer
einem weiteren Wohnhaus das als Unterkunft dienende Hotel »Cicolella«, eine Fi-
liale des gleichnamigen Hotels in Foggia, wo anfangs auch die zweite mit der Flug-
und Abwurferprobung am Flugplatz betraute Peenemünder Gruppe wohnte.
Im Dezember 1941 konnten die Vorbereitungsarbeiten zum Aufbau der E-Süd für
einen zunächst provisorischen Betrieb abgeschlossen werden. Nach den Feiertagen der Jahreswende 1941/42 verlagerte die Peenemünder Gruppe nach Foggia
bzw. Si Ponto. PKW, LKW, Meß- und Prüfgeräte waren schon per Bahntransport
vorweggeschickt worden. Die »Geheime Kommandosache«-Geräte wurden im
Flugzeugtransport mitgenommen. Auf dem Flugplatz konnte zunächst nur eine
kleine, primitive Baracke als Labor- und Werkstattraum bezogen werden, wo die
Prüf- und Meßgeräte untergebracht wurden. Der Innenraum einer in der Nähe gelegenen Flugzeughalle wurde teilweise durch ein Zelt abgeteilt, worin die Abwurfkörper gelagert und geprüft wurden. Die Trägerflugzeuge belud man durch
Angehörige der Werkstatt E7 außerhalb der Halle. Schon nach einigen Wochen
stellte man sieben große Wohnbaracken auf, die als Büro-, Lager-, Werkstatt-,
Unterkunftsgebäude und Zentrale der E-Süd dienten.
Nachdem alle Voraussetzungen für den Erprobungsbetrieb gegeben und viele Wochen der Vorbereitung und anstrengenden Arbeit vorausgegangen waren, wartete
alles auf den Erprobungsbeginn. Aber wie groß war die Enttäuschung, als ausgerechnet das Wetter, jener Faktor, weshalb der ganze Aufwand getrieben wurde,
nicht mitspielte. Vom »sonnigen Italien« war nichts zu bemerken. Wochenlang war
es trübe und regnerisch. Erst am 28. Februar 1942 konnte der erste Registrierflug
mit der He 111 VB + WT durchgeführt werden, wobei nur die vom Flugzeug gegebenen Kommandos registriert wurden. Am 10. März warf man den ersten Körper,
Nr. 130, mit dem gleichen Flugzeug, hauptsächlich, um sich mit den örtlichen Verhältnissen vertraut zu machen. Die Besatzung bestand aus: Hauptmann Bobsin
(Flugzeugführer), Bender, Erb, Reck, Voß (Bordwart), wobei die Fliegerstabs-
ingenieure Bender und Dr. Reck die Funktion des Bombenschützen bei den weiteren Flügen übernahmen. Später holte man auch C. Neuwirth aus Peenemünde
hinzu.[11]
Als das Wetter in den Wochen vor Ostern besser wurde, sollte mit der eigentlichen
Abwurferprobung begonnen werden. Zunächst verzögerten aber Schaltfehler im
Trägerflugzeug weiterhin den sofortigen Abwurfbetrieb. Als die Fehler beseitigt
waren, begannen anfangs systematische Versuche, das aerodynamische Verhalten
der FritzX bei der Kommandogabe zu erproben, wobei ein Geber in den Körper
eingebaut war, der während des Falles ein vorher festgelegtes Programm von
Kommandos gab. Schnell zeigte es sich, daß die Bombe die Kommandos annahm
und im Flug erwartungsgemäß reagierte.
Nachdem schon einige Abwürfe durchgeführt waren, stellte sich eines schönen,
sonnigen Morgens eine Überraschung ein. Die Meßbasisbesatzung in Si Ponto hatte schon vergeblich auf einen Anruf aus Foggia gewartet, der wie gewöhnlich das

Abwurfprogramm des Tages bekanntgeben sollte. Um Gewißheit zu haben, griff ein Meßbasisangehöriger selbst zum Hörer des Feldtelefons, bekam aber trotz mehrfacher Betätigung des Kurbelinduktors keine Verbindung. Weitere vergebliche Versuche ließen nur den Schluß zu, daß die Leitung unterbrochen war, zumal sich die Kurbel des Rufinduktors auffällig leicht drehte und im Hörer keinerlei Nebengeräusche zu hören waren. Darauf verließen zwei Mann, mit einem in Si Ponto stationierten PKW und einem Feldfernsprecher bewaffnet, den Ort und fuhren in Richtung Foggia ab. Das Feldkabel war teilweise in Luftlinie querfeldein über zufällig vorhandene Masten und entlang der damals schmalen, baumgesäumten Straße nach Foggia von Baum zu Baum primitiv verlegt. Da die Leitung streckenweise mit dem PKW nicht zugänglich war, mußte auf gut Glück von erreichbaren Stellen eine Anzapfung zur Einkreisung des Fehlers vorgenommen werden. Schon nach dem zweiten Versuch meldete sich die Zentrale in Foggia, und sie wurde von dem Umstand in Kenntnis gesetzt. Nachdem die Fehlerquelle zu Fuß erreicht war, stellte sich heraus, daß man das Kabel mit Absicht durchgeschnitten hatte. Der Fehler konnte schnell behoben und die Verbindung wieder hergestellt werden. Dieser Vorgang machte den Peenemündern schlagartig klar, daß es wieder einmal mit der Treue des italienischen Verbündeten in entsprechenden Kreisen offensichtlich nicht weit her war. Nachdem sich der Vorgang noch zweimal wiederholt hatte, wobei auch ganze Leitungsstücke herausgeschnitten worden waren, reklamierte die E-Stelle bei den Italienern mit allem Nachdruck, worauf besonders der Verlauf des Kabels in unübersichtlichem Gelände durch eine italienische berittene Carabinieri-Abteilung unter dem Kommando eines Leutnants rund um die Uhr bewacht wurde. Danach trat kein Sabotagefall mehr auf, und zwischen der Wachmannschaft und der deutschen Si-Ponto-Gruppe entwickelte sich ein sehr kameradschaftliches Verhältnis. Mit der Bewachung wurde auch die verbotene Bestellung der am nördlichen Rand des Abwurfgeländes gelegenen Felder unterbunden, deren Eigentümer wegen der Gefährdung für den Ernteausfall eine Ablösesumme bekommen hatten. Aber sie wollten verständlicherweise sowohl das Geld als auch die Ernte einbringen.

Als nach den Programmabwürfen mit der ferngelenkten Flugerprobung begonnen wurde, stellte sich heraus, daß der Körper die gegebenen Kommandos nicht annahm. Als Ursache wurde erkannt, daß die Heckantenne der FritzX durch die ionisierten Abgase zweier Leuchtsätze, die anfangs neben dem eigentlichen Fackeltopf für die Sichtbarmachung der Rollbewegung des Körpers an den seitlichen Leitwerkflächen montiert waren, abgeschirmt wurde. Nach Weglassen der beiden Leuchtsätze erfolgte eine ungestörte Kommandoannahme. Schon zu Ostern konnten im RLM Filme und Auswertunterlagen der Meßbasis gezeigt werden.

Außer den Peenemündern war auch noch Dr. Kramer, der eigentliche Erfinder des nachgelenkten Systems der Fallbombe, mit einer FX-Erprobungsgruppe der DVL in Foggia. Er hielt aber nur einen recht losen Kontakt zu den Peenemündern, der sich auf das Allernotwendigste beschränkte.[14] Das hinderte ihn jedoch nicht, nach erfolgreichem Abschluß der FritzX-Erprobung den Peenemündern in Manfredonia eine feuchtfröhliche Abschiedsfeier zu spendieren.

Weiterhin war vom Institut Professor Georg Madelungs an der TH-Stuttgart Herr Rühle mit einer Rechliner Erprobungsgruppe anwesend, die ein Programm über das Eindringen von Bomben in verschiedene Bodenarten in Abhängigkeit von der

Auftreffgeschwindigkeit verfolgte. Im Rahmen dieses Programms bediente man sich der mit einem Feststoffraketenmotor angetriebenen Panzerbombe X5 (Stahlmax). Die X-Serie dieser Spezialbomben bestand aus sieben Varianten, X1 bis X7, die im Laufe der Zeit entwickelt wurden. Bis auf die Ausführungen X4 und X7 hatten sie alle den panzerbrechenden Einsatz für Punktziele mit der PC 1400X gemeinsam. Bei der Ausführung X1, die als Versuchsmuster aus der SD 1400 (»Esau«) hergestellt worden war, handelte es sich um den unmittelbaren Vorläufer der FritzX.[1, 14] Haupthersteller der angetriebenen Panzerbomben war, wie auch bei der FritzX, die Firma Rheinmetall-Borsig. Soweit bekannt, dienten die Abwurfkörper der X-Serie ausschließlich experimentellen Zwecken bezüglich Antrieb, Durchschlagskraft, Steuerungs- bzw. auch Fernlenkversuchen. Bei einem Treffer war ihre Wirkung enorm. Die angetriebenen Panzerbomben konnten in mehr oder weniger flachem Neigungsflug aus geringen Höhen Panzerstahl bis zu 200 mm Dicke durchschlagen.[1] Bei der Abwurferprobung zeigte sich aber eine durch den Antrieb hervorgerufene große Streuung, die dieses Waffensystem für den Einsatz gegen Punktziele ungeeignet machte.

Die Peenemünder Meßbasis in Si Ponto hat die Versuche der beiden anderen Gruppen nicht vermessen. Die Rechliner besaßen eine eigene Auswertung in Si Ponto, im gleichen Gebäude mit den Peenemündern. Für die Abwürfe der Stahlmax stellten die Peenemünder aber ein FritzX-Trägerflugzeug zur Verfügung, mit dem sich ein fast zur Katastrophe führender Abwurf ereignete. Bei einem Neigungs-Zielanflug in geringer Höhe öffnete das Bombenschloß nicht. Die fast 2,5 t schwere Bombe blieb am Träger hängen. Flugzeugführer und Bordwart zogen gemeinsam verzweifelt am Steuerhorn, um das Flugzeug noch vor dem Boden abzufangen. Bei der späteren Vermessung des Flugzeuges in Peenemünde stellte sich heraus, daß bei dem gerade noch gelungenen Abfangmanöver wegen der hohen Flächenbelastung die Tragflächen mit ihrem Holm um etliche Zentimeter aus ihrer Normalposition herausgerissen worden waren.

Im ganzen sind bei der E-Süd etwa 20 ferngelenkte FritzX von der Peenemünder Gruppe geworfen und ihre Meßergebnisse ausgewertet worden. Am 17. Mai 1942 erfolgte der letzte Abwurf.[10] Besonders die Versuche gegen Ende der Erprobung lagen alle als Volltreffer im Ziel. Vom Meßbasisleitstand aus konnten die Flugbahn und die gegebenen Lenkkommandos während des Falles in dieser Ebene deutlich bis zum Aufschlag verfolgt werden. Nach jedem Erprobungstag fuhr ein Teil der Meßstandbesatzungen mit dem leichten Transport-LKW in das recht unebene, felsige Abwurfgelände zum Zielkreuz, um alle Teile, die auf eine Fernlenkung der Bombe hinwiesen, aus den Trümmern herauszuholen. Auch war das Zielkreuz verschiedentlich auszubessern. Bemerkenswert war, daß trotz des Falles aus 6000 bis 8000 m Höhe nicht selten Röhren aus dem Empfänger vollkommen heil und sogar noch funktionsfähig geblieben waren!

Gegen Ende Mai 1942 baute die Peenemünder Gruppe ihre Einrichtungen bei der E-Süd samt Meßbasis ab. Per Bahn und Flugzeug transportierte man die versuchsstelleneigenen Geräte nach Peenemünde. Das Personal von Si Ponto fuhr, nachdem es wie sonst allabendlich letztmals das vom Soldatensender Belgrad ausgestrahlte Lied »Lili Marleen« gehört hatte, einen Tag vor den Pfingstfeiertagen zu einem Kurzurlaub nach Deutschland. Danach wurden alle Mitarbeiter wieder in den Dienstbetrieb der Versuchsstelle im Rahmen ihrer Fachgruppen eingegliedert. An der E-Stelle Süd konnte ein erfolgreiches Erprobungsprogramm abgeschlossen werden, das die Truppenreife der nachgelenkten Fallbombe PC 1400X um einen entscheidenden Schritt vorangebracht hatte.

Foggia wurde im Juli 1943 noch kurzzeitig Einsatzplatz. Auch war es Nachschubdepot für Fernlenkgeräte und -körper, wie es in Kapitel 12.11. noch erwähnt wird. Weniger bekannt wurde die Tatsache, daß bei der Einnahme Foggias am 27. September 1943 durch die achte britische Armee dem Feind Kehl/Straßburg-Gerätesätze und komplette FritzX- und Hs-293-Körper in die Hände fielen. Es ist anzunehmen, daß wegen der großen Geheimhaltung der Lager für Fernlenkwaffen der kämpfenden deutschen Truppenführung dieses Depot nicht bekannt war und deshalb keine Maßnahmen zur Räumung getroffen wurden. Mysteriös bleibt dieser Vorgang aber trotzdem, daß eines der seinerzeit geheimsten Waffensysteme beim Rückzug einfach »vergessen« wurde.

Als endgültige Stufe zur Truppenreife des Flugkörpers waren die kurz nach dem Abzug aus Foggia durchgeführten zehn Abwürfe in Peenemünde anzusehen. Hier warf man vom 21. bis zum 24. Juni 1942 aus 6000 m Höhe nach dem Doppeldeckungsverfahren auf das Zielkreuz der Halbinsel Struck ein Trefferbild mit zehn Flugkörpern. Der erste Abwurf mußte aus der Beurteilung herausgenommen werden, da die Abweichung von 134 m auf einen Fehler der Visiereinrichtung zurückzuführen war. Bei den restlichen neun Würfen lagen 100 % der Treffer in einem Kreis mit dem Radius von 14,5 m vom Zielmittelpunkt und 50 % der Treffer in einem Kreis mit dem Radius von 6,9 m vom Zielmittelpunkt entfernt. Bombenschütze bei allen Würfen war Cornelius Neuwirth, der zunächst als Bordfunker zur Versuchsstelle gekommen war und sich im Laufe der Abwurferprobung mit der FritzX schon frühzeitig den Ruf eines allseits anerkannten, guten Lenkschützen erwarb.[17] Der letzte Vorgang gehört zwar nicht mehr zum Thema E-Süd, rundet aber als abschließender Erprobungsschritt das in Foggia gewonnene Bild zur endgültigen Truppenreife der Fallbombe ab.

Auch nach den bisher geschilderten Abwurferprobungen erfolgten noch weitere Arbeiten auf diesem Gebiet mit der Fallbombe, die sich bis in die Jahre 1943/44 hinzogen, wobei u. a. auch besonders die Drahtlenkung und Weiterentwicklungen des Flugkörpers bearbeitet wurden.

12.3. Varianten der FritzX

Um den Anwendungsbereich und die Wirkung des Systems der nachgelenkten Fallbombe zu erweitern und zu verbessern, plante man, die für die Hs 293D entwickelte Fernsehkamera »Tonne«, über die in Abschnitt 12.5. noch näher berichtet wird, zu verwenden, um das Doppeldeckungsverfahren und damit den Zwang zum Zielüberflug abzulösen. Auch wurde versucht, die FritzX mit dem Zielsuchgerät (ZSG) »Radieschen« auszurüsten. Der Tarnname ist als Abkürzung von RAhmen und DIpol = Radi abgeleitet, womit die Bombe sich automatisch und zielsuchend auf gegnerische Funkmeßstationen steuern sollte. Hier war besonders an die LORAN-Stationen in England gedacht, von denen aus die alliierten Bomberströme nach Deutschland geleitet wurden. Versuchsweise baute man das erste, bei der Reichspostforschungsanstalt (RPF) von Dr. Kleinwächter entwickelte passive Zielsuchgerät in zwei Körper mit verlängertem Heckteil ein. Am 23. August 1944 fand der erste Erprobungsabwurf aus 7000 m Höhe auf einen bei Leba aufgestellten 500-W-Sender statt, der mit 5 MHz betrieben wurde. Der zweite Abwurf erbrachte, wie der erste, eine Ablage von 30 bis 35 m »zu kurz«. Dieser Fehler war dadurch gegeben, daß das Zielsuchgerät schon im horizontalen Teil der Abwurfbahn das Kommando »hinten« gab, wodurch die FritzX schon anfangs eine so große Ablenkung in diese Richtung erfuhr, daß sie während des weiteren Falles mit dem Gegenkommando »vorne« nicht mehr ausgesteuert werden konnte.[6]

Auch das thermische Zielsuchgerät »Ofen« hatte man für eine zielsuchende Steuerung der FritzX in Erwägung gezogen. Aber hier, wie bei dem ZSG Radieschen – von dessen anfänglichen Fehlkommandos einmal abgesehen –, mußte die Zielgenauigkeit sicher noch verbessert werden, weshalb wegen des nicht absehbaren Abschlusses eine Weiterverfolgung nicht mehr zu vertreten war. Außerdem konnte Südengland 1944 für einen Bombenabwurf kaum noch angeflogen werden.

Auch auf aerodynamischem Gebiet versuchte man Verbesserungen, z. B. mit negativ gepfeilten Flächen, zu erreichen, brach dann aber das Projekt FritzX im Herbst 1944 in Weiterentwicklung und Fertigung zugunsten der anschließend behandelten Gleitbombe Hs 293 ganz ab. Der Nachteil des Zielüberfluges war bei der Gleitbombe nicht gegeben, und das Trägerflugzeug konnte außerhalb der Flakwirkung des Zieles bleiben. Insgesamt wurden etwa 2500 FritzX gefertigt.[1]

Als Ersatz bzw. Weiterentwicklung der FritzX schlug man schon am 23. Juni 1942 mit der Tarnbezeichnung »PeterX« eine schwerere Bombe vor. Hierbei sollte durch aerodynamische Verfeinerung und auswechselbare Sprengköpfe eine universellere Einsatzmöglichkeit des nachlenkbaren Fallbombensystems geschaffen werden. Das Leitwerk war von der FritzX entnommen, wobei das Rumpfheck mit dem Fackeltopf mindestens um 145 mm über das Leitwerk hinausging. Bei der Aerodynamischen Versuchsanstalt (AVA) in Göttingen überprüfte man verschiedene Modelle mit und ohne Endscheiben.

Auch in Peenemünde sind einige Geräte PeterX in E7 vorhanden gewesen, eine Abwurferprobung fand aber nicht statt. Letztlich waren hier die gleichen Argumente wie bei der FritzX maßgebend, die zur Einstellung des Projektes führten. Mit den Worten: »… ist für Einsätze gegen gepanzerte Ziele die Ausbringung der ebenfalls noch geschilderten Gleitbombe Hs 294 mit allen Mitteln zu beschleunigen …« beendete die TLR Entwicklung und Erprobung des ganzen nachlenkbaren panzerbrechenden Fallbombenprinzips.[1]

12.4. Die Gleitbombe Hs 293

In Kapitel 11 ist schon einiges über Gleitkörper geschrieben worden. Ende des Jahres 1939 entschloß sich das RLM, die Entwicklung von Gleitbomben in der Flugzeugindustrie zusammenzufassen. Es forderte: »… eine gegen Handelsschiffe und schwach gepanzerte Schiffseinheiten einzusetzende Bombe zu schaffen, die die Gefährdung des angreifenden Flugzeuges durch die gegnerische Flakabwehr auf ein Minimum herabsetzt.«[1, 2] Die Henschel Flugzeugwerke A.G. (HFW) in Schönefeld bei Berlin waren an dieser Aufgabe interessiert. Auf Anraten von Dr. Lorenz im RLM forderten die HFW-Direktoren Hormel und Frydag Professor

Herbert Wagner im Januar 1940 auf, bei den HFW einzutreten, und er kam diesem Wunsch auch nach. Außer Professor Wagner waren bei der Entwicklung der Gleitbombe noch die Ingenieure Josef Schwarzmann für alle elektrischen Einrichtungen, Reinhard Lahde und Otto Pohlmann für flugtechnische Fragen sowie Wilfried Hell für den Zellenbau tätig.

Nach kurzer Beschäftigung mit den DVL-Gleitkörpern und deren ungesteuerten Abwurfversuchen (siehe auch Kapitel 11) glaubte die Gruppe um Professor Wagner das Fehlverhalten dieser Modelle in der starken V-Form der Tragflächen erkannt zu haben.[1] Das RLM schlug Professor Wagner für die Lösung seiner Aufgabe einen Flugkörper vor, der auf die Wasseroberfläche herabgleiten und in geringer Höhe, durch einen Höhenmesser selbstgesteuert, über dem Wasser weiterfliegen sollte. Damit lehnte sich die oberste Luftwaffendienststelle an das schon ein Jahr vorher bei Blohm & Voß begonnene Prinzip des BV-143-Flugkörpers an (Kapitel 11). Diesen wie auch den Vorschlag eines nach dem Lenkvorgang ins Wasser eintauchenden Torpedoes lehnte die Gruppe Professor Wagners einerseits wegen der ungünstigen Verhältnisse bei rauher See und andererseits wegen zu großer Schwierigkeiten bei der Verwirklichung ab. Auch stellte man eine gelenkte Fernwaffe, ähnlich der späteren Fi 103, für den Angriff auf Flächenziele nur kurzzeitig zur Diskussion.

Nach diesen Überlegungen entschied sich Professor Wagner, ohne zu diesem Zeitpunkt von den anderen damals laufenden Fern- und Lenkwaffenentwicklungen Kenntnis gehabt zu haben, eine ferngelenkte Gleitbombe zu entwickeln, die imstande war, aus sicherer Entfernung ein relativ kleines Ziel unmittelbar zu treffen. Wie sich aus den nie richtig gelösten Problemen bei der BV 143 im nachhinein zeigte, war diese seinerzeitige Weichenstellung richtig und sollte letztlich zum erfolgreichen Einsatz dieses Flugkörpers führen. Einfache Vorversuche zeigten, daß ein Ziel von der Größe eines Schiffes getroffen werden konnte. Das RLM nahm den Vorschlag Professor Wagners an und benannte den Entwurf in Anlehnung an die Flugzeugbezeichnungen Hs 293.[1]

12.4.1. Entwicklung und Aufbau

Der Entschluß, einen Fernlenkkörper zu entwickeln, der aus größerer horizontaler Entfernung ein bewegliches Seeziel bekämpfen konnte, legte mit der Aufgabe auch die Grundkonzeption fest. Deshalb war es notwendig, dem Gerät zunächst mit Hilfe von Tragflächen einen entsprechenden Auftrieb zu verleihen. Ebenfalls bestand die Aufgabe, den Körper mit Steuerorganen zu versehen, die mit Hilfe einer Fernlenkanlage Kurskorrekturen in vertikaler und horizontaler Ebene auslösen konnten. Diese Rahmenbedingungen ergaben mit zwingender Notwendigkeit bei der Verwirklichung eines Flugkörpers die Form eines kleinen Flugzeuges. Einen Antrieb hatte man in der Anfangskonzeption noch nicht ins Auge gefaßt. Für den Sprengkopf war die Minenbombe SC500 von 550 kg Gewicht vorgesehen. Sie besaß 295 kg des Sprengstoffes »Trialen-150«.[2] Für die Zündung des Sprengstoffes war der Aufschlagzünder 38b vorgesehen. Den Bombenkörper rüstete man mit einem zweiteiligen Trapezflügel von 3100 mm Spannweite und symmetrischem Profil in Spantbauweise aus, dessen beide Hälften auf einen durch den Sprengkopf gesteckten Rohrholm geschoben wurden (Abb. 32).

Das Heck besaß im Innenraum ein rechteckiges, in Längsrichtung angeordnetes Gerätebrett, auf dem alle für die Fernlenkung notwendigen Geräte und Komponenten beidseitig montiert waren. Das Gerätebrett umschlossen zwei aus Aluminiumblech geprägte Halbschalen, die an der Stoßstelle mit dem Bombenkörper rohrförmig und zum Heck hin flossenähnlich ausgebildet waren, wobei die untere Flächenhälfte als Bauchflosse heruntergezogen war. Aus dem Heckraum führte ein horizontales Rohr über die Flossenendkante hinaus und trug am Ende den Fackeltopf, der normalerweise, mit fünf Magnesiumfackeln bestückt, dem Lenkschützen als Sichthilfe beim Lenkvorgang diente. Im Innenraum des Hecks nahm das gleiche Rohr die Höhenrudermaschine auf. Die beiden, auf einer Welle befestigten Höhenruder waren über einen Lenkhebel, der aus dem Rohr herausführte, mit der Spindel der Rudermaschine verbunden. Die Welle des Höhenruders, an der Höhenruderflosse befestigt, hatte man gegenüber den auf der Körperlängsebene liegenden Tragflächen nach oben versetzt angeordnet. Dadurch lagen Flosse und Ruder nicht in den Turbulenzen der Tragflächenwirbelschleppe (Abb. 32). Soweit der prinzipielle Aufbau des Gerätes. Auf wichtige Einzelheiten wird später noch näher eingegangen.

Zunächst sollen die Überlegungen und der Entwicklungsgang bezüglich der Lenkung und der Stabilität des Flugkörpers behandelt werden. Hier mußte man sich wenigstens über die prinzipielle Angriffsmethode im klaren sein. Man ging davon aus, daß die Abwurfentfernung zwischen 3 km als Minimal- und einer noch durch die Abwurferprobung zu ermittelnden Maximalentfernung liegen konnte. Diese ist später, allerdings mit Antrieb, auf 16 km aus einer Abwurfhöhe von 8000 m und bei entsprechender Sicht gesteigert worden. Das Trägerflugzeug hatte sich unter normalen Umständen dem Ziel auf gleichem Kurs in einem den Verhältnissen entsprechenden seitlichen Abstand (zwischen 4 bis 10 km) so zu nähern, daß das Ziel auf seiner Steuerbordseite voraus lag (Abb. 33).[1, 4, 5] Die Hs 293 sollte normalerweise aus dem Horizontalflug ohne Zielgerät abgeworfen werden, konnte aber auch, wie sich später herausstellte, aus fast jeder Fluglage des Trägerflugzeuges ausgelöst und ins Ziel gebracht werden. Auch Steilabwürfe bis zu einer Zielstrahlneigung von 30° und Flächenabwürfe bis zu einem Gleitwinkel von 1 : 30 bei einer Mindesthöhe von 100 m waren möglich. Damit ergaben sich gegenüber der FritzX wesentliche Vorteile in der Angriffsmethode.

Wie die ersten Abwürfe später in Peenemünde zeigten und in Kapitel 12.4.4. näher erklärt wird, war der Lenkvorgang bis zum Ziel ohne zusätzlichen Antrieb nur schlecht möglich, wodurch trotz der dadurch bedingten Erweiterung der Bodenorganisation ein Antrieb notwendig wurde. Bei der weiteren Schilderung der Entwicklungsvorgänge wird dann auch von der Tatsache des Vorhandenseins eines Antriebes ausgegangen. Demzufolge hatte mit geringer Verzögerung nach dem Abwurf das Triebwerk zu zünden, und der Lenkschütze mußte das Kommando »Ziehen« mit dem Kommandogeber über die Funklenkanlage veranlassen. Sobald der durchgesackte und danach beschleunigte Flugkörper ins Blickfeld des Bombenschützen kam, hatte dieser die weitere Aufgabe, ihn durch entsprechende Lenkkommandos auf die Visierlinie, d. h. in Doppeldeckung Flugkörper – Ziel zu bringen. Dieser Zustand mußte möglichst bis zum Aufschlag im Ziel durch entsprechende Lenkkommandos mit dem »Knüppel« des Kommandogebers erhalten werden. Hierbei half dem Schützen der beim Abwurf gezündete und schon er-

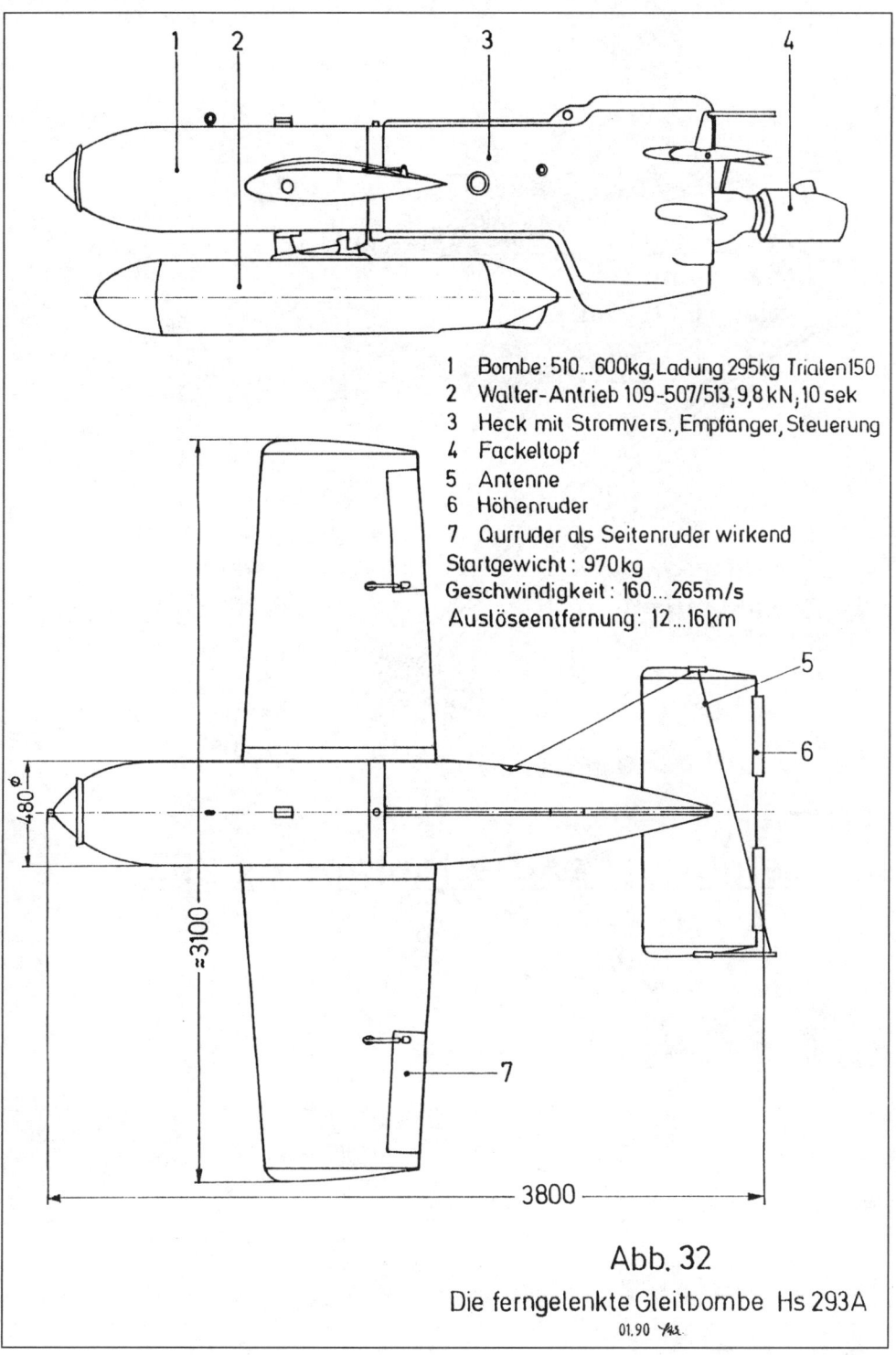

1 Bombe: 510...600kg, Ladung 295kg Trialen150
2 Walter-Antrieb 109-507/513; 9,8 kN; 10 sek
3 Heck mit Stromvers., Empfänger, Steuerung
4 Fackeltopf
5 Antenne
6 Höhenruder
7 Qurruder als Seitenruder wirkend
Startgewicht : 970 kg
Geschwindigkeit : 160...265 m/s
Auslöseentfernung: 12...16 km

Abb. 32

Die ferngelenkte Gleitbombe Hs 293A

01.90 Yu

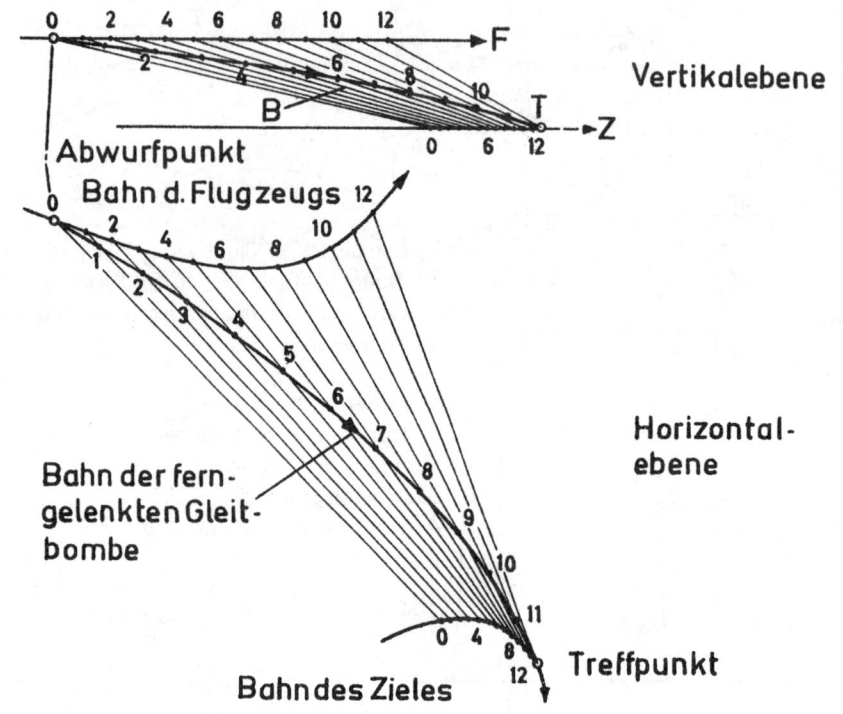

Vertikalebene

Abwurfpunkt

Bahn d. Flugzeugs

Bahn der fern-
gelenkten Gleit-
bombe

Horizontal-
ebene

Treffpunkt

Bahn des Zieles

Lenkung der Gleitbombe Hs 293

Abb. 33

wähnte rauchlose Leuchtsatz von 100 bis 110 sec Brenndauer, der die Bombe, besonders bei größeren Zielentfernungen, auch am Tage deutlich markieren mußte. In der Nacht oder der Dämmerung verwendete man, wie auch bei der FritzX, Scheinwerfer mit farbigen Filterscheiben. Die Flugzeiten des Körpers betrugen 25 bis 80 sec. Diese Zeit gab dem Bombenschützen genügend Gelegenheit, die durch den Antrieb auf eine Endgeschwindigkeit zwischen 120 und 250 m/s beschleunigte Bombe ins Ziel zu bringen.[1] Sofern der Bombenschütze mit Hilfe des Kommandogebers über die Funklenkanlage den Körper in Deckung mit dem Ziel brachte bzw. einen abgewichenen Körper wieder in Deckung bringen mußte, begann die Gleitbombe unter dem Einfluß der kommandierten Ruderwirkung eine einem Kreisbogen ähnliche Kurve zu beschreiben. Der Schütze sah, wie sie sich mit steigender Geschwindigkeit in die befohlene Richtung bewegte, womit er eine beschleunigte Bewegung erkannte. Deshalb hatte er die Aufgabe, diese Bewegung noch vor Erreichen der Ziellinie durch einen rechtzeitigen entgegengesetzten Ruderausschlag zu verlangsamen und im Zieldeckungszustand zu stoppen. Diese Art der Deckungslenkung bezeichnete man als »Beschleunigungsverfahren«.[3]

Dieses Verfahren konnte auch durch automatische Umwandlung des Lenkbefehles so verändert werden, daß der begonnene Kreisbogen gestreckt und damit dem Lenkschützen der Eindruck eines sich mit konstanter Geschwindigkeit der Ziellinie nähernden Körpers vermittelt wurde. In diesem Fall sprach man vom »Geschwindigkeitsverfahren«, wobei der Schütze die Bombe aber auch in ihrer Lenkbewegung rechtzeitig vor dem Einwandern in die Ziellinie abfangen mußte. Letztere Methode hatte gegenüber dem Beschleunigungsverfahren den Vorteil des geringeren Schulungsaufwandes für sich, nutzte aber die Lenkfähigkeit (Wendigkeit) der Bombe durch die größeren Bahnradien nicht aus. Um den vielseitigen Ansprüchen der Praxis gerecht zu werden, entschloß sich Professor Wagner bei der Hs 293 im wesentlichen für das Beschleunigungsverfahren, dem jedoch ein Geschwindigkeitsanteil bei gegebener Flugbahn vermittelt werden konnte.[3]

Aus Überlegungen, Berechnungen, Vor- und Lenkversuchen mit einem später noch näher beschriebenen, einfachen Schwenkplatten-Simulator versuchte die Gruppe Professor Wagners zu einem möglichst frühen Zeitpunkt der Entwicklung, alle Probleme bei Lenkung, Stabilität und Steuerung des Flugkörpers zu erkennen und deren Lösungen in der Entwicklung und Konstruktion zu berücksichtigen. Diese Verhaltensweise behielt man auch bei, als das erste Muster der Hs 293 bezüglich seiner Ausführung und Leistung beurteilt werden konnte. Bei der Weiterentwicklung, den Varianten und den nachfolgenden Flugkörpern schlug sich diese Methode in Vereinfachungen und Verbesserungen nieder. Diese Auffassung, daß die Fragen der Zelle und der Gesamtlenkung aufs engste miteinander gekoppelt sind, und die Einsicht, daß die einwandfreie Lösung jeder Kleinigkeit entscheidend für den Erfolg des Gesamtprojektes war, führten letztlich zu einem erfolgreichen einsatzfähigen Entwicklungsstand des Projektes Hs 293. Auch mag darin einer der Gründe erkennbar sein, warum der Gleitkörper BV 143, trotz vieler gedanklich guter Ansätze, nicht in gleicher Weise zum Erfolg geführt werden konnte. Hier hat man die Probleme der Steuerung, z. B. die Höhenhaltung, nicht mit gleicher Zielstrebigkeit wie bei der Hs 293 von Anfang an geklärt und aus Schwierigkeiten bei der Verwirklichung nicht die Konsequenzen gezogen.[1, 4]

Neben der Lenkung und der Steuerung war es besonders auch die Stabilität der

Hs 293 um die Querachse (Längsneigung), deren sich die Entwicklung frühzeitig annahm. Sie ging davon aus, daß die ausschließlich durch die Strömungskräfte verursachte Nickschwingung bei einem kleinen, schnellen Flugzeug, wie es die Hs 293 darstellte, gegenüber der schwerkraftbedingten Phygoide eine wesentlich höhere Frequenz hat. Die Schwingungsdauer der Nickschwingung lag unterhalb 1 sec, die der Phygoide über 100 sec. Mit Hilfe des einfachen Lenksimulators war ermittelt worden, daß die Frequenz des menschlichen Einspielens auf die Zieldeckung etwa in der Mitte der beiden Flugkörperschwingungen liegen würde. Aus diesen Gegebenheiten schloß die Entwicklung, daß eine Instabilität durch die Phygoide jederzeit durch die Fernlenkung beseitigt werden konnte. In ähnlicher Weise war die Nickwinkelschwingung zu beurteilen, da ihre Frequenz viel höher als die erreichbare und erforderliche Frequenz des Steuerkreises war, womit sich vom Standpunkt der Resonanz und der Stabilität her eine automatische Stabilisierung der Längslage erübrigte.[1]

Für einen einflügeligen ferngelenkten Gleitkörper muß die Toleranz des durch ein Höhenruderkommando veranlaßten Auftriebes kleiner als der mittlere Auftrieb sein. Andernfalls geht die Richtungszuordnung einer Änderung der Steuerknüppellage und der Beschleunigungsänderung verloren. Da man auch bei dem kleinsten mittleren Auftriebswert, wie er z. B. bei Steilangriffen gegeben war, weit von dieser Situation entfernt sein wollte, mußte die Toleranz des Höhenruderausschlages bei jeweils gleicher Stellung des Kommandogebers kleiner als 0,1° sein. Der größte notwendige Ausschlag bei kleiner Geschwindigkeit betrug 12°. Außer von der Höhenrudermaschine und den Übertragungsgliedern forderte dieses Gebot auch eine große Genauigkeit des Funklenkempfängers.

Die Zelle der Hs 293 war von Anfang an für eine maschinelle Serienfertigung ausgelegt. Alle aerodynamischen Profile waren symmetrisch. Auch ließ Professor Wagner gründliche Untersuchungen bezüglich des Einflusses von Profilungenauigkeiten beim Auftrieb und bei den Rollmomenten durchführen. Hierzu diente eine besondere Vorrichtung, die mit Hilfe von Präzisionsmeßuhren die Oberflächenkonturen abtastete. Auch die Fertigung benutzte die Werte von Meßuhren und gab sie in eine Rechenmaschine ein, die dann gegebenenfalls Korrekturen für die Werkzeugmaschine angab, die eine zeichnungsgerechte Fertigung garantierten. Vorgeschlagen und entwickelt hatte die Rechenmaschine Herr Zuse, der Angestellter der Firma Henschel war. Man kann sicher sagen, daß dies eine der frühesten, wenn nicht überhaupt die erste Anwendung war, wo ein elektrischer Rechner zur Überwachung und Steuerung von Werkzeugmaschinen herangezogen wurde. Heute sind prozeßgesteuerte Werkzeugmaschinen allgemein im Einsatz.[1]

Zelle und Flügelprofil der Hs 293 waren so entworfen und ausgewählt worden, daß eine von der Geschwindigkeit möglichst unabhängige Flugleistung erreicht wurde. Eine Stauscheibe beeinflußte das Höhenruder so, daß dessen Ausschlag umgekehrt proportional zum Staudruck bzw. zur Fluggeschwindigkeit verändert wurde. Diese Maßnahme verringerte die Genauigkeitsanforderungen an die Funklenkung und gestattete eine konstante Verstärkung im Antennenkreis des Empfängers. Auch die Nullstellung des Höhenruders wurde automatisch durch die Stauscheibe eingestellt, um einen möglichst geschwindigkeitsunabhängigen Auftrieb zu erhalten. Damit die Maximalgeschwindigkeit von Mach 0,85 (283 m/s), für die der Flugkörper ausgelegt war, besonders bei Steilabwürfen nicht überschritten wurde, besaßen die Flügelspitzen konische Widerstandskörper mit einer stumpfen Stirnfläche. Sie waren so ausgelegt, daß bei Mach-Zahlen von 0,75 bis 0,8 der Strömungswiderstand plötzlich geschwindigkeitsbegrenzend anstieg.

Wie schon kurz angedeutet, betätigte eine Rudermaschine das Höhenruder kontinuierlich. Dies geschah mit Hilfe eines Gleichstrom-Nebenschlußmotors, der das Höhenruder mit Hilfe eines T-Relais über den zeitlichen Mittelwert des Feldstromes, proportional zur Differenz zwischen Höhenruderstellung und dem gesendeten Funklenksignal, das die geforderte Ruderstellung angab, einstellte. Die Differenz wurde durch Potentiometer gemessen. Ein an den Motor gekoppelter Tachometer lieferte einen Strom zur Dämpfung des Systems.[1]

Das Wissen, daß ein Seitenruder für ein Flugzeug im Schnellflug nicht benötigt wird, war damals schon allgemeine Erkenntnis. Der Fortfall des Seitenruders bei der Hs 293 brachte eine wesentliche Vereinfachung des Steuersystems. Entsprechend große Querruder können bei einem kleinen Flugzeug in der gleichen Zeit eine Rollbewegung um die Längsachse einleiten, in der eine Auftriebsänderung durch einen Höhenruderausschlag wirksam wird. Innerhalb eines Rollwinkelbereiches von ± 20° betrug die Drehgeschwindigkeit des Körpers 2 U/s. Die Fertigungsgenauigkeit der Zelle war groß genug, um gleiche Rollgeschwindigkeiten nach backbord und steuerbord zu gewährleisten. Als Richtungsbezugssystem der Rollbewegung innerhalb der Gleitbombe diente ein kardanisch aufgehängter Kreisel.[1]

Um den Lenkvorgang zunächst in einem einfachen Simulator darzustellen, bediente man sich, wie eingangs schon angedeutet, am Anfang einer ebenen Glasplatte, auf die eine die Bombe darstellende Stahlkugel gelegt wurde. Die Glasplatte verband man über elektrische Motoren und Exzenter mit einem nach allen Seiten beweglichen Steuerknüppel in der Art, daß eine Neigung aus dessen Mittelstellung in Richtung und Größe auch einer entsprechenden Neigung der Glasplatte aus der Horizontalen entsprach. Die Beschleunigung, welche der Kugel dadurch vermittelt wurde, entsprach etwa jener, die dem Flugkörper mit Hilfe der Fernlenkkommandos gegeben wurde. Bei genügender Empfindlichkeit der Kopplung zwischen Knüppel und Platte konnte, nach einiger Übung, die Kugel innerhalb einer Zielfläche gehalten werden, die etwa den Abmessungen eines mittleren Schiffes aus 5 km Entfernung entsprach.[1] Übrigens verwendete man diesen einfachen Simulator auch für das Projekt FritzX, wobei die komplizierte elektrisch-mechanische Bewegungsübertragung vom Knüppel zur Platte auch mit einer entsprechenden, rein mechanischen Hebelübertragung bewirkt wurde.

Um das Lenkverfahren der Hs 293 näher zu untersuchen und auch um eine möglichst wirklichkeitsnahe Schulung für die Lenkschützen zu besitzen, baute die DFS unter Leitung von Professor Eduard Fischel eine Modellanlage bzw. einen Simulator im Maßstab 1 : 1000, wobei der Zeitmaßstab ungekürzt war. Die Bombe hatte man durch eine kleine, brennende Glühlampe von etwa 2 mm Durchmesser dargestellt, die, an einem dünnen Draht hängend, mit gelenkter Geschwindigkeit nach unten herabgleiten konnte. Der Draht war wiederum an einem Mast befestigt, der senkrecht auf einem motorgetriebenen Wagen, dem »Bombenwagen«, errichtet war, der gelenkt über den Boden des Versuchsraumes fahren konnte. Damit war der »Bombe« die Geschwindigkeit und der Weg über Grund vermittelt. Der Kurs des Wagens und die Vertikalgeschwindigkeit der »Bombe« konnten mit Hilfe von Übertragungselementen und einem Kabel vom Platz des Bombenschützen mit

337

Hilfe eines Gebers beeinflußt werden, wodurch ihr Weg durch den Raum gegeben war. Der Schütze selbst saß auf einem zweiten, mit einem Elektromotor angetriebenen Wagen, dem »Trägerflugzeugwagen«, der von einer zweiten Person (Flugzeugführer) gesteuert wurde. Durch eine Blende vor dem Knüppel war das Sichtfeld des Schützen so eingeengt, daß er nur die Bombe, aber nicht den Bombenwagen sehen konnte, damit er sich keiner visuellen Entfernungshilfsmittel am Boden bedienen konnte, die es in Wirklichkeit auch nicht gab. Als Ziel diente ein kleines Modellschiff, das, ebenfalls an einem Ausleger befestigt, von einem »Zielwagen« bewegt wurde, der in Kurs und Geschwindigkeit von einer anderen Stelle, dem Schaltpult, gelenkt werden konnte. Das Schaltpult diente zum Ein- und Ausschalten der Gesamtanlage und besaß eine Registriereinrichtung, der die Knüppelbewegungen (gegebenen Kommandos) des Schützen und die ausgeführten Bewegungen der Bombe zugeleitet wurden.

Um die verschiedenen Lenkverfahren (Beschleunigungs-, Geschwindigkeits- und kombiniertes Lenkverfahren) zu untersuchen, konnten mit Hilfe von »Einsätzen«, die links und rechts vom Knüppel eingesteckt wurden, jedem Lenkverfahren seine charakteristischen Merkmale elektrisch aufgeprägt werden. Das flugmechanische Verhalten der Gleitbombe war bei der Anlage nur insoweit berücksichtigt, als die Bahnänderungen nicht ruckartig, sondern exponentiell erfolgten.[3]

12.4.2. Prinzip der Fernlenkanlage bei Hs 293

Nach den Erläuterungen zum Lenkvorgang der Hs 293 wenden wir uns seinem System und den Geräten zu, die eine Lenkung der angetriebenen Gleitbombe in der beschriebenen Form praktisch ermöglichten. Zuvor soll noch etwas zum Aufbau des Kommandogebers Ge203b der Funklenkanlage FuG203b gesagt werden (Abb. 34). Wie beim Geber der Fallbombe FritzX, waren hier ebenfalls anfangs zwei durch einen geregelten Gleichstrommotor über ein Getriebe in Drehung versetzte Kontaktwalzen I und II vorgesehen. Ihre Drehzahl hatte gegenüber dem FritzX-Geber den doppelten Wert von 600 U/min. Außerdem war jede Walze hier nicht Kontaktträger, sondern als Schaltnocken mit wendelförmiger Konfiguration ausgebildet, der bei jeder Umdrehung einen jeder Walze zugeordneten Umschaltkontakt KK1 und KK2 betätigte. Beide Kontakte waren über die Stellung des Lenkknüppels parallel zu den Walzenachsen zu bewegen. Analog zum FritzX-Geber bedeutete auch beim Hs-293-Geber die zu den Walzenachsen parallele Knüppelstellung für die Kontakte KK1 und KK2 eine auf die Walzenlänge bezogene Mittelstellung und gleichzeitig Kommandogabe »Null«. Gegenüber dem FritzX-Geber war der Hs-293-Geber aber so eingebaut, daß der Knüppel bei Kommando Null waagerecht lag. Für die Lenkkoordinate »Linksneigung LN« – »Rechtsneigung RN« (f_3, f_4) hatte das ein »Klappern« beider Querruder von der waagerechten Stellung um 10 bis 12° nach oben im 10-Hz-Takt zur Folge. Dabei bewegten sich die Ruder nicht im Gleich-, sondern im Gegentakt. Das bedeutete, wenn z. B. das Backbordruder im Vollausschlag oben stand, befand sich das Steuerbordruder in waagerechter Stellung, und umgekehrt.[6] Für die Lenkkoordinate »Ziehen Z« – »Drücken D« (f_1, f_2) war bei gleicher Knüppelstellung eine waagerechte Lage des Höhenruders gegeben.

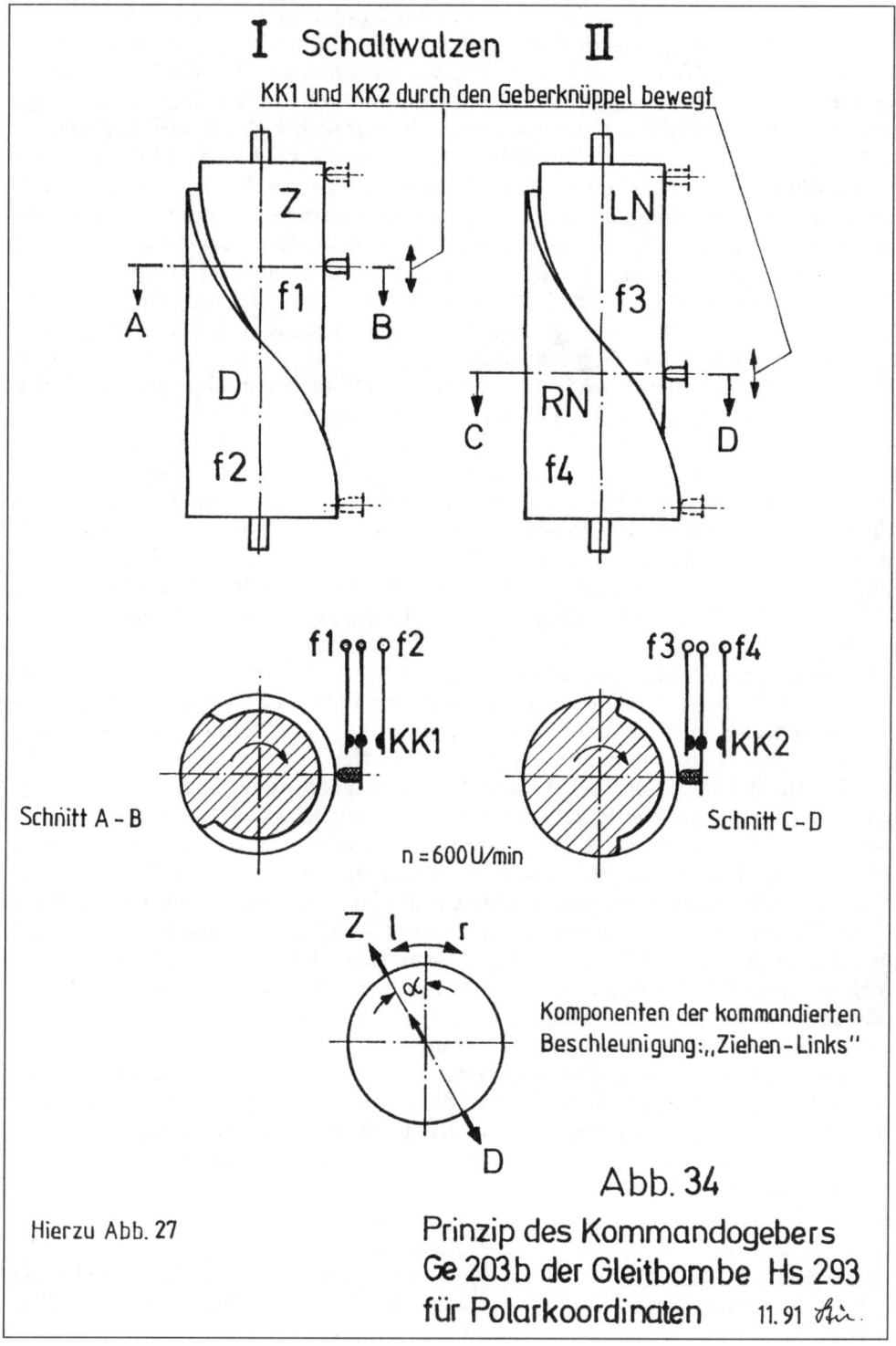

I Schaltwalzen II

KK1 und KK2 durch den Geberknüppel bewegt

Z
f1
A
D
f2
B

LN
f3
RN
f4
C
D

f1 o o f2
KK1
Schnitt A - B

f3 o o f4
KK2
Schnitt C - D

n = 600 U/min

Z l r
α
D

Komponenten der kommandierten
Beschleunigung: „Ziehen - Links"

Hierzu Abb. 27

Abb. 34

Prinzip des Kommandogebers
Ge 203 b der Gleitbombe Hs 293
für Polarkoordinaten   11.91

Sofern die beiden Kontakte KK1 und KK2 mit Hilfe des Geberknüppels in ihre jeweiligen Endstellungen gebracht wurden, tastete die Walze I entweder volles Kommando LN (Backbord-Querruder Vollausschlag nach oben, Steuerbord-Querruder waagerecht) oder volles Kommando RN (Steuerbord-Querruder Vollausschlag nach oben, Backbord-Querruder waagerecht). Walze II gab entweder volles Kommando Z, wodurch das Höhenruder um 43° nach oben schwenkte, bzw. volles Kommando D, was einen Höhenruderausschlag von 30° nach unten bedeutete.[6] Zwischenstellungen hatten entsprechend verringerte Ruderausschläge zur Folge, wie in diesem Kapitel anhand der Abb. 35 noch näher erklärt wird.

Zu erwähnen ist nochmals, daß entgegen dem ausschließlich senkrechten Einbau des FritzX-Gebers neben dem Lotfe in der Kanzel des Trägerflugzeuges der Hs-293-Geber in waagerechter Lage sowohl in der Kanzel als auch in der Bodenwanne (He 111) von einem Zielgerät unabhängig eingebaut wurde. Damit war dem vornehmlich vertikalen Blickfeld beim FritzX- und dem vornehmlich waagerechten Blickfeld beim Hs-293-Einsatz Rechnung getragen worden.

Die Sendeanlage für die Fernlenkung der Hs 293 war bis auf den Geber praktisch dieselbe wie für die FritzX. Zu Beginn der Entwicklung baute man sie zwar als gesonderte Anlage FuG 203b (»Kehl III«), hat dann aber beide Anlagen – FuG 203a für FritzX (»Kehl I«) und Kehl III für Hs 293 – konsequenterweise zum FuG 203c und d (»Kehl IV«) für den gemischten Abwurf FritzX und Hs 293 weiterentwickelt (Tab. 4). Eingebaut wurden die Anlagen später in die Flugzeugtypen Do 217, Fw 200 und He 177. Die Sendeanlage Kehl IV gab es in zwei Ausführungen: FuG 203c, mit Wahlschalter für eine FritzX und eine Hs 293; FuG 203d mit Wahlschalter für ein bis vier FritzX und eine bis vier Hs 293 (Tab. 4).[4] Wegen der praktischen Übereinstimmung der beiden Sendeanlagen für FritzX und Hs 293 wird hier auf eine Beschreibung nicht mehr eingegangen und auf das Kapitel 12.2.2. und den Sender der Abb. 28 verwiesen.

Die Empfangsanlage der Hs 293 war entsprechend der Steueranlage, trotz der entfallenden Eigenstabilisierung, gegenüber jener der FritzX wesentlich umfangreicher. Während die FritzX keine mittelbare Aufschaltung auf die Ruderorgane benötigte und ihre Eigensteuerung (Stabilisierung um die Längslage) von der Lenkung völlig unabhängig war, mußte bei der Hs 293 durch die vorgesehene Ruderanlage (Höhen- und Querruder) und deren Kopplung mit der Eigensteuerung eine besondere Aufschaltung und ein Zusammenwirken mit den Eigensteuerelementen verwendet werden. In Abb. 36 sind beide Prinzipien der unmittelbaren und der mittelbaren Aufschaltung schematisch dargestellt. Die erste Methode ließ die Ruderorgane direkt durch den Empfänger betätigen. Beim zweiten Lenkvorgang war der Empfänger so auszulegen, daß Rudermaschinen oder dergleichen betätigt werden konnten, die bei Erreichen der kommandierten Stellung durch ein Rückführungskommando stillgesetzt wurden. Diese Funktionen mußten mit einem besonderen Aufschaltgerät zwischen Empfängerausgang und den Ruderbetätigungsorganen veranlaßt werden.[4]

In Abb. 35, dem Schema der Funkempfangsanlage der Hs 293, ist die Anordnung der mittelbaren Lenkung mit Aufschaltgerät dargestellt. Über das Aufschaltgerät ASG230 wurde bei einer Kommandogabe die Höhenrudermaschine M in Gang gesetzt, bis durch die Rückführung die kommandierte Stellung zurückgemeldet wurde. Näheres über die Fernlenk-Empfangsanlage der Hs 293 ist aus Abb. 37 zu

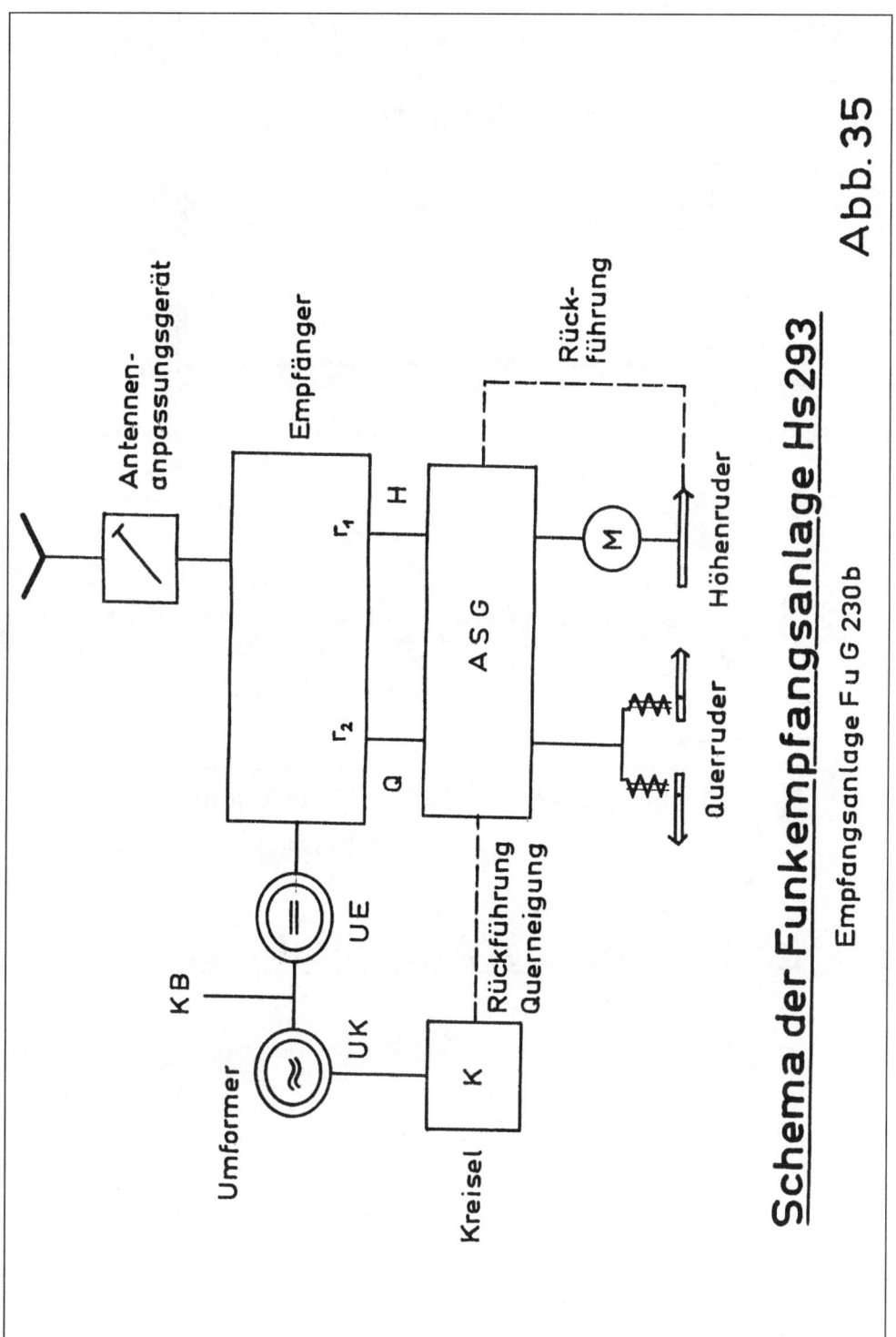

Schema der Funkempfangsanlage Hs293

Empfangsanlage Fu G 230b

Abb. 35

341

Unmittelbare Aufschaltung z.B. Fritz X

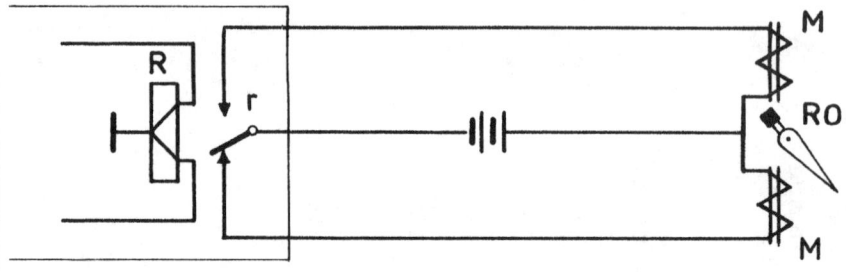

Empfänger   Aufschaltgerät   Ruderorgan

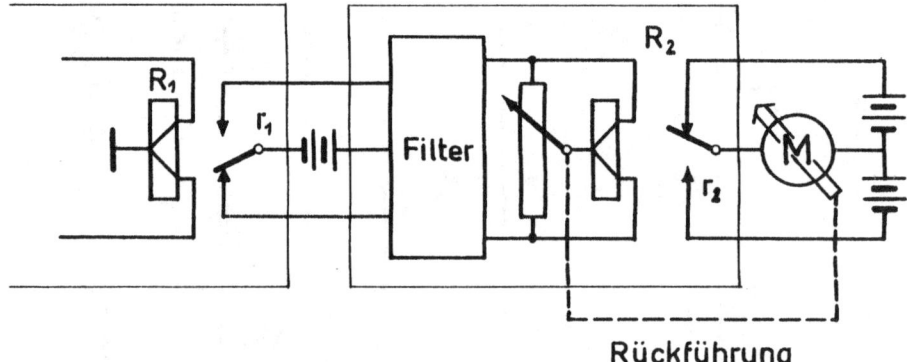

Rückführung

Mittelbare Aufschaltung mit Rückführung z.B. Hs293

Schema der Aufschaltung

Abb. 36

ersehen, worin die Aufgabe des Aufschaltgerätes ausführlicher dargestellt ist. Gehen wir zunächst vom Kreis der Höhenruderbetätigung aus, der maßgebend für die Größe der Beschleunigung des Flugkörpers war. Der von der Sendeanlage des Bombenflugzeuges mit der Kommandofrequenz modulierte HF-Träger wurde durch den Kommandogeber mit einer Tastfrequenz von 10Hz gesendet. Diese hochfrequenten Rechteckimpulse (siehe Abb. 28) wurden nach entsprechender Verstärkung über den Empfängerrelaiskontakt r1 dem Filter F1 zugeführt, worin die Grundwelle von 10 Hz ausgesiebt und über einen Gleichrichter dem polarisierten T-Relais R3 zugeführt wurde (nicht gezeichnet). Dessen Kontakt r3 schaltete die Feldwicklung der Höhenrudermaschine HRM abwechselnd auf Rechts- und Linkslauf, während der Anker dauernd an Gleichspannung lag. Der Motor M verstellte über die Spindel Sp sowohl das Höhenruder HR als auch gleichzeitig den Schleifer S1 des Doppelpotentiometers HRP, von dessen Stellung das Potential der Wicklungs-Mittelanzapfung von R3 abhing. Wird angenommen, daß vom Empfängerkontakt r1 der Kommandowert K = 0 gegeben wurde und das Höhenruder dabei auf D (Drücken) stand, dann befand sich der Schleifer S1 am linken Ende des Potentiometers, und die Mittelanzapfung von R3 lag an +Potential von KB. Damit wurde R3 so lange erregt, wie die am oberen Ende von F1 liegende Spannung negativer als +KB war. Da das untere Ende der Sekundärwicklung von F1 an Mitte KB lag, war das immer so lange der Fall, wie die Amplitude der Wechselspannung die halbe Batteriespannung von 12 V nicht überstieg. Legte man Filter F1 so aus, daß dieser Wert bei K = 0 (U_{10Hz} = max.) gerade erreicht wurde, so blieb Relaiskontakt r3 vorerst in der gezeichneten linken Stellung stehen, und die Höhenrudermaschine HR lief an. Dabei wurde Schleifer S1 nach rechts verschoben, das Relais R3 begann zu ticken, d. h., Kontakt r3 bewegte sich vom linken Gegenkontakt zum rechten, dann wieder zum linken usw., wobei die Kontaktzeiten für Rechtslauf zunächst noch größer als die für Linkslauf waren. Dieser Vorgang setzte sich mit größer werdenden Linkslaufkontaktzeiten so lange fort, bis Schleifer S1 und damit das Höhenruder HR die Mittelstellung erreicht hatten und damit das dem Empfänger gegebene Signal ausgeführt war. Danach tickte R3 symmetrisch, und Motor M erhielt abwechselnd gleich lange elektrische Impulse für Links- und Rechtslauf, denen er infolge der mechanischen Trägheit nicht folgen konnte. Dieser Vorgang hatte eine die Einstellgenauigkeit stark fördernde Eigenschaft, da die mechanischen Übertragungsglieder der Ruderverstellung nicht über die Reibung der Ruhe, sondern über die Reibung der Bewegung des oszillierenden Motorankers zum Stillstand kamen.[5]
Neben der Stellungsrückführung des Höhenruders durch Schleifer S1 war noch eine Geschwindigkeitsrückführung vorgesehen, weil in Reihe mit R3 noch eine Spannung eingeführt wurde, die der Laufgeschwindigkeit der Höhenrudermaschine HRM proportional war. Dies geschah mit Hilfe eines kleinen Generators G (Tacho-Dynamo TD), der durch die Spindel Sp angetrieben wurde. Diese Maßnahme unterstützte den Regelvorgang beim Anlauf und diente gleichzeitig als Dämpfung zur Verhinderung von Regelschwingungen.
Da die Ruderwirkung von der Fluggeschwindigkeit v abhängt, mußte der Ausschlag des Höhenruders HR noch von dieser abhängig gemacht werden. Das bewirkte ein Staudruckgeber SG, dessen in den Luftstrom hineinragende Platte über eine Hebelübertragung den Potentiometerschleifer S2 so verstellte, daß der Zeitpunkt

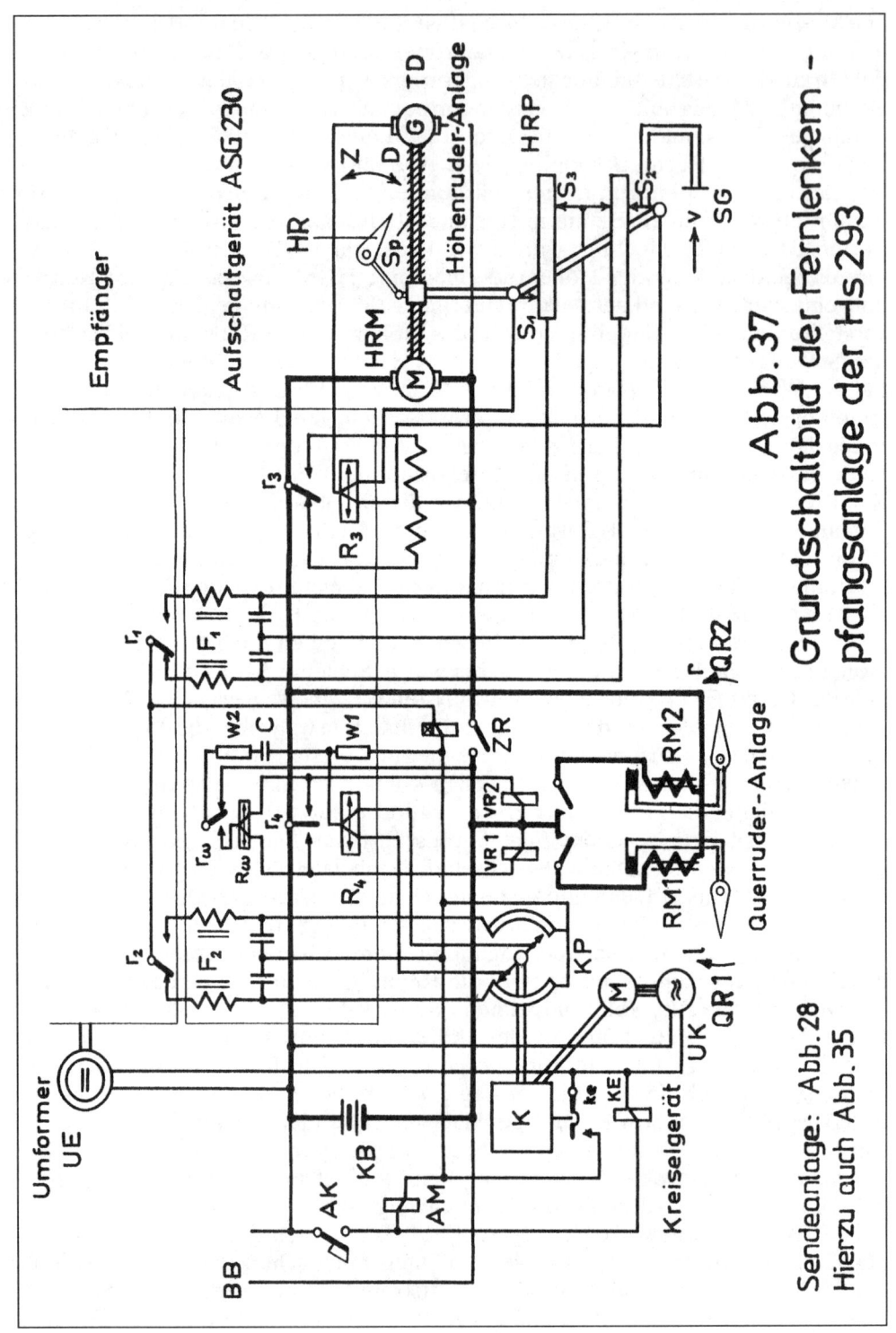

Abb. 37
Grundschaltbild der Fernlenkem - pfangsanlage der Hs 293

Sendeanlage: Abb. 28
Hierzu auch Abb. 35

344

des Höhenruderendausschlages oder eines bestimmten Kommandowertes bei hoher Geschwindigkeit früher und bei geringerer Geschwindigkeit später eintrat.[5] Für die Seitenrichtung der wirksamen Beschleunigung eines fliegenden Körpers ist seine Querlage maßgebend. Sie wurde bei der Hs 293 ähnlich wie die Höhenrudereinstellung kommandiert. Die beiden Querruder wurden durch die Rudermagnete RM1 und RM2 von der Mittelstellung nur nach oben zum Vollausschlag gebracht und durch Federn zurückgeholt. Die Dauer des jeweiligen Vollausschlages bestimmte die Kombination Querrudersignal plus Rollwinkelsignal, wobei letzteres von dem Kreisel K über das Kreiselpotentiometer KP in das Aufschaltgerät eingespeist wurde. Im einzelnen sah das so aus: Der Relaiskontakt r2 des Empfängers betätigte über das 10-Hz-Filter F2 das Relais R4, dessen Kontakt r4 über zwei Vakuumrelais VR1 und VR2 die Querrudermagnete RM1 und RM2 abwechselnd erregte. Die Kommandorückführung der Querruder erfolgte über das Kreiselpotentiometer KP, die Dämpfung durch das Relais Rω, das gleichzeitig mit dem Relais R4 erregt wurde. Die der Drehgeschwindigkeit ω des Körpers zugeordnete Spannung entstand am Widerstand W1 dadurch, daß der Kondensator C über den die Zeitkonstante und die Höhe der Aufladung bestimmenden Widerstand W2 aufgeladen wurde. W2 lag durch den Relaiskontakt rω abwechselnd an + und − KB. Sofern r4 z. B. Vollkommando links gab, war VR1 erregt, RM1 hatte angezogen, und das linke Querruder QR1 schlug nach oben aus, während das rechte Ruder QR2 in der Ruhestellung verblieb. Dadurch drehte der Körper, in Flugrichtung gesehen, so lange entgegen dem Uhrzeigersinn um seine Längsachse, bis – bei Übereinstimmung des Winkels zwischen der Kreisellaufachse (vertikal) und der Querachse des Körpers mit dem Winkel 90°+ α – Kontakt r4 symmetrisch tickte und die beiden Querruder abwechselnd um je eine halbe Periode ($^1/_{20}$ sec) nach oben ausschlugen (Abb. 34). Durch die aerodynamische Trägheit des Flugkörpers war damit die Querruderwirkung Null. Gleichzeitig wirkte die durch die Höhenruderstellung bedingte Beschleunigung in jene Richtung, die durch die Stellung des Lenkknüppels gegeben war.[5]

Zur Lenkaufschaltung der Hs 293 hat später, im Oktober 1944, Ingenieur Martin Marquardt von E4 der E-Stelle Arbeiten durchgeführt. Er erfaßte die beschriebene Henschel-Lenkaufschaltung mit Filter, Potentiometer und Relais rechnerisch und stellte sie zwei weiteren Lösungen gegenüber. Dabei handelte es sich um eine Auswertung der Schaltzeitverhältnisse durch magnetische Kompensation und durch ein Potentiometer zwischen den Spulen der Auswerterelais.[28] Neben den Aufschaltproblemen befaßte sich die E-Stelle auch mit der Neu- und Umkonstruktion von Kommandogebern. Hier war es wieder die Gruppe E4 (Marquardt), die für Lenkaufschaltungen mit einer Schaltfrequenz von 25 Hz einen Geber konstruierte und bauen ließ. Auch die Gruppe E7 (Fl.-Stabsingenieur Bender und Fl.-Ingenieur Letschert) hatte eine vielversprechende und vereinfachte Geberkonstruktion in Arbeit.[29]

Alle übrigen Bestandteile der Gesamt-Funklenkanlage Kehl-Straßburg für die Hs 293 waren mit der Anlage für die Fallbombe FritzX weitgehend identisch (Abb. 28). Auch hier erfolgte durch Drücken des Abwurfknopfes AK der Abwurf des Flugkörpers, wodurch zunächst der Kreisel K durch Erregung des Relais KE entfesselt und durch Kontakt ke der Auslösemagnet AM betätigt wurde. Der Kontakt ke legte gleichzeitig die Minusleitung an die Quersteuerung, während die Höhen-

steuerung erst nach ca. 1 sec über das thermische Verzögerungsrelais ZR eingeschaltet wurde. Diese Folgeschaltung sollte verhindern, daß der abgefallene Körper, dessen Triebwerk durch den Gleitkontakt des Jatow-Abreißsteckers gleichzeitig mit dem Leuchtsatz gezündet wurde, mit dem Trägerflugzeug kollidierte,
falls vom Lenkschützen zu früh Kommando »Ziehen« gegeben worden wäre.
Demzufolge erhielt auch das Höhenruder des Flugkörpers vor dem Start mit dem
Trägerflugzeug zur Sicherheit eine leichte Voreinstellung in Richtung
»Drücken«.[5]

12.4.3. Antennen

Für die Sendeantenne am Trägerflugzeug wie auch für die Empfangsantenne am
Flugkörper Hs 293 galt sinngemäß das gleiche wie für die der antriebslosen Fallbombe FritzX (Kapitel 12.2.4.). Während die Sendeantenne der Sendeanlage FuG
203b (Kehl III) am Flugzeug jener für die Fallbombe entsprach, gab es bei der
Gleitbombe kein geeignetes Bauelement am Heck, das sich, wie bei der FritzX, als
Empfangsantenne angeboten hätte. Deshalb war eine Drahtantenne schräg über
die Höhenruderflosse gezogen, die von einem Isolierstab an der Backbord-Flos-
senspitze ausging, durch eine Öse des Steuerbord-Isolierstabes gefädelt war, um
von dort schräg nach vorne in Rumpfmitte an einer isolierten Antennendurchführung zu enden. Die geringe an der Hs 293 mögliche Antennenhöhe von etwa
0,15 m von der Körpermasse brachte neben den schon in Kapitel 12.2.4. bei der
FritzX erwähnten und zu bewältigenden Empfangsschwierigkeiten eine weitere
hinzu, die aber alle durch die hohe Eingangsempfindlichkeit des Empfängers bewältigt wurden, um den großen Bereich des Eingangspegels von etwa $1 : 10^5$ verarbeiten zu können.
Als besonderes Problem befürchtete man, daß die ionisierten Gase des Triebwerkstrahles Stör- und Abschirmwirkungen auf die FT-Kommandos ausüben
könnten. Auch bei der FritzX wurde das ja schon durch zwei an den Leitwerkend-
scheiben für Versuchszwecke angebrachte Magnesiumfackeln beobachtet. Hierüber und darüber, wie dieses Problem angegangen und gegebenenfalls zu lösen
war, berichtet das Kapitel 13.[5]

12.4.4. Erprobung

Die Abwurferprobung der Hs 293A wurde bei der Versuchsstelle der Luftwaffe
Peenemünde-West durchgeführt. Wie auch bei der FritzX, übernahmen später militärische Erprobungskommandos die Einführung der Waffe bei der Truppe, wobei
die Versuchsstelle und die entwickelnde und fertigende Industrie beratend Hilfe
leisteten. Hierbei lag der Schwerpunkt besonders im Prüfwesen, der Lenkschüt-
zenschulung und der Vermittlung eines Grundwissens im Bereich der Fernlenkgeräte.
Nach der Konstruktions- und Bauzeit von Ende 1939 bis in den Herbst 1940 hinein begann in Peenemünde die Abwurferprobung mit der Hs 293. Für die aerodynamischen Fragen, die Flugerprobung und die Heizungsprobleme war die Gruppe

E2 und für die Fernlenkung einschließlich der Entwicklung und des Baues der Prototyp-Prüfgeräte die Fachgruppe E4 zuständig. Bei entsprechenden Problemen wurden auch andere Fachgruppen hinzugezogen, wie z. B. E5 (Kreisel) und E7 (Visier- bzw. Entfernungsmeßprobleme).

Die Erprobung der von den Firmen Telefunken GmbH und Leipziger Funkgerätebau GmbH (Opta) entwickelten Sendeanlage FuG 203a (Kehl I) ist schon bei der FritzX in Kapitel 12.2.5. geschildert worden. Wegen der bis auf den Geber vorhandenen Ähnlichkeit mit der Sendeanlage FuG 203b (Kehl III) für die Hs 293 waren damit die wesentlichen Erprobungsarbeiten an beiden Anlagen, also auch an jener für die Hs 293, Ende Oktober 1940 abgeschlossen.

Wie bei der FritzX, mußten auch die Hs-293-Körper vor jedem Abwurf durch eine Funktionsprobe geprüft werden, womit sie durch den Prüfer für die weitere Erprobung bzw. später für den Einsatz freigegeben wurden. Hierfür hatte die Fachgruppe E4 fast alle speziellen Prüfgeräte zu entwickeln und deren Prototypen zu bauen. Die Prüfvorgänge waren in entsprechenden Prüfvorschriften zu formulieren und festzuhalten. Für die Prüfung der Empfangsanlage FuG 203b (Kehl III, Zelle) fanden die gleichen oder ähnliche Geräte Verwendung wie bei der FritzX. Die folgende Aufstellung erfaßt schon den Aufwand an Bodengeräten, die für die Truppe vorgesehen waren:

1 Kfz-Prüfwagen 230 für den Einsatz, beinhaltend:
1 Prüfgestell Pgst230, wiederum bestehend aus:

1 Prüfsender PS230	1 Kommandogeber Ge203b
1 Schaltkasten Schk203b	1 Zündkasten (H)
1 Kommandogeber-Prüfgerät	1 Temperaturanzeiger
1 Modulationsteil MT203b	1 Überbrückungsknopf
1 HF-Kabel	1 Stromversorgungskabel mit Jatow-Stecker

Weiterhin gehörten noch dazu: Werkzeuge, Batterie- und Isolationsprüfgerät, Isolationsmeter, Voltmeter, Prüfwerkzeuge und -geräte.[19]

Der Flugkörper wurde in fünf Kisten vom Werk geliefert und mußte nach dem Auspacken montiert werden. Bei der Flugerprobung in Peenemünde nahm man nach dem Auspacken, besonders in der Anfangsphase, zunächst eine separate Prüfung des Gerätebrettes, des Herzstücks der Empfangsanlage, vor. Auf ihm waren backbordseitig das Aufschaltgerät, der Lenkempfänger E230b, der Empfängerumformer und steuerbordseitig der Kreisel mit Kreiselumformer, das Sammelgerät und die Bordbatterie angeordnet. Für die Prüfung diente bei der Versuchsstelle der Gerätebrettprüfstand, der aus einem Rumpfhinterteil (RHT) mit Leitwerk und einem Ersatz-Querruder (PGQ230) wie einem Geräteprüfanhänger 230 bestand, der im wesentlichen dem Einbau des Kfz-Prüfwagens 230 entsprach.[6, 19]
Später im Einsatz wurde nur die Abschlußprüfung nach der Montage des Flugkörpers durchgeführt, die auch den größten Anteil der Gerätebrettprüfung enthielt, aber letztlich von einem vorgeprüften und eingestellten Gerätebrett ausging. Um einen weiteren Einblick in den Zusammenhang der Gerätebrettfunktion und damit der Steuerung der Hs 293 zu erhalten, soll hier zunächst die Gerätebrettprüfung beschrieben werden. Nachdem es auf mechanische Fehler, Verkabelungsdefekte und Kontrolle aller Schraub- und Steckverbindungen geprüft war, schob

man ein zum Prüfstand gehörendes Rumpfhinterteil teilweise über das zu prüfende Gerätebrett des fahrbaren Prüfstandes. Die Stecker des Heckteiles für die Höhenrudermaschine, das Verzögerungsrelais und den Querrudermagneten waren mit den Gegensteckern des Gerätebrettes zu verbinden. Der Kreisel war auf Fesselung zu prüfen. HF-Kabel und Stromversorgungskabel mit Jatow-Stecker mußten zwischen Heckteil und Geräteprüfanhänger gesteckt werden. Je eine Prüflampe wurde mit dem Leuchtsatz- und dem Zündstecker des Gerätebrettes verbunden. Die Kanalangabe des Quarzes im Sender des Prüfanhängers mußte mit dem eingestellten Kanal im Empfänger übereinstimmen. Als Abschluß der Vorbereitungen war der Prüfwagen mit dem Drehstromnetz zu verbinden und der Zellenhauptschalter am Gerätebrett auf »Ein« zu stellen.[6, 19]
Die Prüfung begann mit der Betätigung des Schaltkastens Schk203b am Geräteprüfanhänger von Stufe »0« auf »1«. Das 24-V-Instrument schlug aus, die Sender-(US), Empfänger(UE)- und mit letzterem der auf der gleichen Achse montierte Kreiselumformer liefen an, die Röhren des Senders wie auch des Empfängers wurden geheizt, und der Kreisel lief gefesselt mit steigender Drehzahl (Abb. 28, 28a u. 37). Nach 1,5 bis 2 min wurde auf Stellung »2« geschaltet. Das 210-V-Instrument (Anodenspannung) am Schaltkasten zeigte an, die Geberwalzen liefen und tasteten den Sender. Bei waagerechter Knüppelstellung mußten die Querruder im 10-Hz-Takt gleichmäßig klappern, was einer neutralen Ruderwirkung um die Längsachse des Körpers entsprach. Die Gleichmäßigkeit der Ausschläge konnte gegebenenfalls am Potentiometer F9 des Sammelgerätes (SAG) nachgestellt werden, wobei die Toleranz am Geberknüppel 1,5° aus der Mittelstellung nach links und rechts betragen konnte. Am Kommandogeber wurde kurzzeitig je »links«-»rechts« gegeben, die Querruder mußten seitenrichtig ausschlagen. Bei Geberstellung 45° »links« und »rechts« mußten die Querruder seitenrichtig in Vollausschlag stehenbleiben. Bei den Prüfungen durfte der Vollausschlag der Querruder wegen Überhitzung der Betätigungsmagnete 10 sec nicht überschreiten. Die allgemeine Zellentemperatur mußte mindestens + 5°C betragen. Nach Abnahme der Kreiselhaube und mechanischer Entfesselung des Kreisels K – was anfangs in dieser Form geschehen mußte – wurden mit dem Geber zunächst wieder Linkskommandos verschiedener Neigung mit Hilfe der am Gebergehäuse um die Knüppellagerung eingelassenen Ringskala gegeben. Bei jedem Kommandowert und fixierter Knüppelstellung schwenkte der Prüfer den äußeren Kardanring KR des Kreisels von Hand in die gleiche Richtung, bis die Querruderkontrollampen am Querruderkontrollgerät die »Null-Lücke« anzeigten. Das wäre beim fliegenden Gerät jener Zeitpunkt gewesen, da nach einem gegebenen und vom Körper eingenommenen Neigungswinkel die Querruder durch die Steuerung wieder in Nullposition geklappt hätten. Um einen Vergleich des gegebenen Eichwinkels am Geber zum Schwenkwinkel am Kreisel zu haben, wurde für diese Prüfung auf den fest mit der Körpermasse verbundenen Kreisel-Befestigungsbügel eine Kreisskala KS (Querrudermaßstab) gesteckt, über die ein mit KR fest verbundener Zeiger Z glitt. Der gegebene Winkel am Geber mußte mit dem abgelesenen Winkel am Querrudermaßstab bis auf vorgegebene Toleranzen übereinstimmen.[6]
Beim fliegenden Gerät wäre der geschilderte Vorgang gerade umgekehrt gewesen, da hier der Kreisel mit Kardanring KR der feste Bezugspunkt im Raum gewesen wäre, um den sich der Flugkörper mit dem an ihm festmontierten Befestigungsbü-

gel gedreht hätte. Für den Meß- bzw. Prüfvorgang war das aber wegen der Reversibilität der Bewegungsvorgänge ohne Einfluß gewesen.
Die gleiche Prüfung wurde auch für die Stellung der Querruder bei Rechtsneigung durchgeführt, wobei für beide Fälle die Abweichungen folgende Werte haben durften:

Kommando	L	125°	Toleranz:	106°	bis	144°
Kommando	L	60°	Toleranz:	51°	bis	69°
Kommando		0°	Toleranz:	± 0°		
Kommando	R	90°	Toleranz:	77°	bis	103°
Kommando	R	165°	Toleranz:	140°	bis	190°

Danach war der Kreisel wieder von Hand zu fesseln. Eine ähnliche Prüfung war am Höhenruder notwendig, wobei zunächst ein Höhenrudermaßstab dicht neben der Höhenruderflosse so auf das Ruder gesteckt wurde, daß die Winkelstellung des Ruders, mit der feststehenden Flosse als Zeiger, auf ihm abzulesen war. Der Kreisel wurde wieder entfesselt. Anschließend mußte der Überbrückungsknopf am Prüfwagen oder, je nach Ausführung, der Knopf am Abreißstecker gedrückt werden, der den Abwurf des Körpers elektrisch simulierte. Dadurch leuchtete die Mattscheibe »Gerät unklar« am Schaltkasten auf, was ein Zeichen für die Entfesselung des Kreisels, für den folgenden Prüfvorgang aber notwendig war. Die Prüflampen der Nacht- bzw. Dämmerungsfackel und der Schubzündung mußten mit 1 bis 2 sec Verzögerung ansprechen. Zur Kontrolle waren mit dem Geber folgende Kommandos zu veranlassen:[6, 19]

Drücken: 30°, 20°, 0°
Ziehen: 20°, 30°, 40°

Diese Werte wurden mit dem Ausschlag des Ruders am Höhenrudermaßstab verglichen. Abschließend prüfte man noch den richtigen Einfluß des Staudruckgebers auf die Höhenrudergabe. Bei Kommando »0« am Geber durfte der von Hand betätigte Staudruckhebel keinen Einfluß auf die Kommandogabe haben. Sofern am Geber »Voll Ziehen« gegeben und der Staudruckhebel in Vollausschlag war, mußte das Höhenruder auf 3° »Ziehen« zurückgehen. Bei Kommando »Voll Drücken« hatte sich das Ruder auf 2° »Drücken« einzustellen.
Bei der Endmontage der Hs 293 befestigte man das geprüfte Gerätebrett GB mit Hilfe von zwei Schraubbolzen am Rumpfvorderteil RVT (Bombenkörper). Zwei aus der RHT-Kiste entnommene Streben wurden zur seitlichen Halterung des GB, nach oben und unten versetzt, ebenfalls am RVT und dem hinteren Ende des GB befestigt. Die in der RHT-Kiste befindlichen Tragflächen wurden mit Hilfe des durch den Bombenkörper gesteckten Rohrholmes an ihm befestigt, und beim Anziehen der Arretierschrauben wurde der Flächenanstellwinkel eingestellt. Das Heckteil schob man teilweise über das Gerätebrett, der Stecker des Heckteiles war mit dem Gegenstecker des Gerätebrettes zu verbinden und zu sichern. Nach Vorschieben des Heckteiles bis zum Bombenkörper wurden beide Rumpfteile mit dem Rumpfverbindungsbolzen gesichert (Abb. 32). Aus der LS-Kiste entnahm man den Leuchtsatz, der nach Durchprüfen mit dem Isolationsmesser am Heck-

teil befestigt wurde. Nach Austrimmen auf der Trimmwaage war der Körper bis auf die Abschlußprüfung für den Abwurf vorbereitet.

Wenden wir uns nach diesen einleitenden Informationen der eigentlichen Flugerprobung der Hs 293 in Peenemünde-West zu. Sie begann am 5. September 1940, noch vor Abschluß der Windkanalversuche, mit einem beim Transport an der Leitwerkhinterkante leicht beschädigten, aber ausgebesserten und nicht angetriebenen Flugkörper. Der Versuch diente zur Untersuchung des Abganges der Zelle vom Trägerflugzeug. Die Beobachtung und Verfilmung von einem Begleitflugzeug aus zeigte ein einwandfreies Lösen des Körpers ohne Gefahr der Kollision mit dem Flugzeug. In steilem Gleitflug, mit leichter Rechtsdrehung und entsprechender Kursabweichung, aber ohne volle Drehung, erreichte der Körper den Boden auf dem Struck. Bei einem zweiten Versuch am 28. Januar 1941 konnte das gleiche beobachtet werden. Als Trägerflugzeug für die ersten Versuche hatte die Firma HFW eine He 111 H1 (KC + NW) mit der Sendeanlage Kehl III in versuchsmäßiger Installation zur Verfügung gestellt.

Mit dem gleichen Flugzeug und dem Körper W12 aus der V2-Serie begann am 17. Dezember 1940 der gelenkte Abwurf, dem weitere sechs Körper folgten, die alle entsprechend der ersten Versuchsversion (V1) ohne Triebwerk aufgebaut waren. Diese Versuche zogen sich bis zum 29. Januar 1941 hin. Als Ergebnis dieser ersten gelenkten Abwürfe ohne Antrieb konnte folgendes festgehalten werden:

1. Die Flugeigenschaften der Zelle waren nicht zu beanstanden.
2. Das einwandfreie Arbeiten der Fernlenkanlage konnte bei drei Würfen festgestellt werden. Bei einem Wurf waren die Anschlüsse für die Querruderkommandos am Geber verwechselt worden.
3. Die Ausführung der Sendeanlage im Flugzeug war hinsichtlich der Installation mangelhaft ausgeführt, und die Antennendurchführung am Flugzeug mußte verbessert werden.[7]

Am 14. Juli 1941 lieferten die HFW schon eine Zelle der Baureihe V3 mit Triebwerkaufhängung, aber ohne Triebwerk an die Versuchsstelle, um die technische Stellungnahme der Fachgruppen einzuholen. Aus dem entsprechenden Bericht[8] der Versuchsstelle ist der seinerzeitige Entwicklungsstand ersichtlich. Die wichtigsten Forderungen, Vorschläge und Feststellungen der Fachgruppen lauteten darin:

Zelle: Die Austauschbarkeit verschiedener bei den Versuchen verwendeter Tragflächen wurde gefordert.

Triebwerk: Die Triebwerkaufhängung ergab, wie bei der V2, keine Beanstandungen.

Heizung: Bis auf die noch nicht verwirklichte Triebwerkheizung gab es keine Beanstandungen.

FT-Anlage: Verschiedene Erdungen, Entstörungen und Abschirmungen sowie quetschfreie Kabelverlegungen waren zu fordern. Für das Aufschaltgerät war die Prüfung und Aussortierung aller Röhren durchzuführen. Bei der Steuerungsweiterentwicklung sollte das Aufschaltgerät entfallen. Verzicht auf das Sammelgerät durch Verkabelung auf dem Geräterahmen. Das aus Hartgewebe gefertigte Gerätebrett sollte wegen zu geringer Steifigkeit durch einen Metallrahmen ersetzt werden. Weiterhin wurden Vorschläge verschiedener mechanischer Änderungen zur Verbesserung der Montage-, Einstell-, Prüf- und Justierarbeiten unterbreitet. Eine einheitliche Verwendung der List-Stecker wurde gefordert.

Steuerung: Verbesserungen der Schleifer des Höhenruderpotentiometers wie auch eine Abdeckung der Kreiselkontakte wurden angeregt. Die Fesselung des Kreisels sollte für die Prüfung auch ohne Abziehen des Heckteiles möglich sein. Außerdem fehlte eine Anzeige des Kreiselzustandes. Die Versuchsstelle entwickelte zu diesem Zweck ein neues Gerät, wobei auch der Drehstromgenerator durch Verwendung eines Gleichstromkreisels entfiel.

Aus den bisher geschilderten Arbeiten bei der FritzX- und der Hs-293-Erprobung werden die Aufgaben und Arbeitsweisen der Versuchsstelle deutlich erkennbar. Von der Zusammenfassung verschiedener durch die Industrie gelieferter Einzelkomponenten zur Fernlenksendeanlage im Flugzeug über die Entwicklung und den Bau von Prüfgeräten, mit gleichzeitiger Erstellung von Montage- und Prüfanweisungen, der Weiterentwicklung eines für den entsprechenden Flugkörper geeigneteren Kreisels bis zum Erfliegen der endgültigen Ziel-, Einsatz- und Fernlenkmethode war ein vielseitiges Arbeitsprogramm zu bewältigen. Auf den letzten Punkt wird bei der weiteren Schilderung der Hs-293-Erprobung noch näher eingegangen.

Von Januar 1941 bis zum 29. August 1941 fanden mit dem Hs-293-Flugkörper 31 Abwürfe auch zu anderen Zwecken statt.[9] Zunächst wollte man das Anflug- und Abwurfverfahren und die Lenkung der Zelle ohne Triebwerk noch näher untersuchen und gegebenenfalls weiter verbessern. Das wurde bei einer Zielentfernung von 5 km erprobt. Dabei war es notwendig, nach dem Abwurf eine 90°-Linkskurve in 10 sec und eine anschließende Rechtskurve zu fliegen, um dem Flugkörper eine gewisse Voreilung zum Trägerflugzeug zu geben, die mit der Rechtskurve dann wieder vermindert werden sollte, um in größtmöglicher Zielnähe gute Trefferergebnisse zu erzielen. Die erstrebte größere Zielnähe im Augenblick des Aufschlages der Bombe war aber trotz verschiedener Kurvenvariationen nicht zu erreichen. Zudem kam in der Anfangszeit noch die geringe Erfahrung der Lenkschützen hinzu. Ein bei den HFW in Entwicklung befindliches kreiselstabilisiertes Fernglas für den Bombenschützen hätte vielleicht eine Verbesserung der Ergebnisse gebracht.[9]

Die bisherigen Abwurfversuche zeigten, daß der ursprüngliche Gleitbombenentwurf (V1), der ohne Antrieb konzipiert war, wegen der geringen Geschwindigkeit, besonders in der Anfangsphase des Fluges, Schwierigkeiten bei der Lenkung bereitete. Deshalb war die einzige größere Änderung am Projekt durchzuführen. Es mußte nach einem geeigneten Rückstoßtriebwerk Ausschau gehalten werden. Deshalb sollen die Vorgänge um die Abwurferprobung an dieser Stelle kurz unterbrochen werden, um etwas über die Triebwerkwahl und spätere Triebwerkentwicklung bei der Hs 293 zu berichten. Zunächst hatte man von den HFW ein von der Firma Rheinmetall-Borsig AG entwickeltes Feststofftriebwerk 109-515 vorgesehen, ähnlich wie es bei den Starthilfeerprobungen an Lastenseglern in Peenemünde verwendet wurde. Dieses Triebwerk lieferte mit einem Nitrozellulose-Diäthylenglykol-Dinitrat-Feststofftreibsatz von 34 kg Gewicht einen Schub von 9,8 kN (1000 kp) über 10 sec.[2] Der Grund für diese Wahl war der gegenüber einem Flüssigkeitstriebwerk geringere Aufwand an Bodenorganisation.[9]

Die im Vorwerk von Peenemünde-West durchgeführten Standversuche zeigten an diesem Raketenmotor das Auftreten von kurzzeitigen Anfangsschubspitzen, deren Werte 160 bis 230 % des mittleren Standschubes ausmachten. Außerdem war

die geforderte Konstanz der Schubrichtung fraglich, da sich das Triebwerkrohr infolge der Erwärmung durchbog.[9] Daraufhin entschied sich die Entwicklung doch für das Flüssigkeits-Walter-Triebwerk HWK 109-507, das dann auch hauptsächlich der Antrieb bis zum Einsatzschluß im Jahre 1945 blieb. Diese Walter-Rakete arbeitete nach dem »kalten« Walter-Verfahren. Die chemische Zerfallsenergie von 80%igem H_2O_2 (T-Stoff), durch den Katalysator Kalziumpermanganat (Z-Stoff) freigesetzt, lieferte einen Schub von 5,79 kN (590 kp) über 10 sec (Tab. 1).[2]
In zwei Stahlbehältern von 230 mm Länge und 92 mm Durchmesser war der Z-Stoff untergebracht, und ein Aluminiumtank von 50 l Fassungsvermögen nahm den T-Stoff auf. Der Luftdruck von 150 bar aus zwei Stahlflaschen von 560 mm Länge und 130 mm Durchmesser förderte nach Zündung des Antriebes und dem damit verbundenen Zerstören zweier Sprengmembranen beide Treibstoffkomponenten in die 400 mm lange Zersetzerkammer. Dabei gab ein Ventil den T-Stoff erst mit kurzer Verzögerung frei. Die Achse der Ausströmdüse des Zersetzers, in dem sich ein Druck von ca. 29 bar aufbaute, verlief von der Waagerechten 30° nach unten, womit die Reaktionskraft des Triebwerkes schräg nach oben durch den Schwerpunkt der Gleitbombe ging.[2] Wie aus Abb. 32 ersichtlich, war das stromlinienförmig verkleidete Triebwerk unterhalb und parallel zur Flugkörperlängsachse an drei Punkten mittels federbelasteter Schnappbolzen aufgehängt. Dabei konnten die beiden vorderen Bolzen in vertikaler Richtung verstellt werden, um die Schubachse auf optimale Flugstabilität einzustellen.[12]
Später, bei den erschwerten Einsatzbedingungen, zeigte es sich, daß die verwendete Förderdruckluft infolge ihres größeren Feuchtigkeitsgehaltes zum Vereisen innerhalb der Leitungsarmaturen neigte. Deshalb gab das RLM bei der Firma BMW die Entwicklung eines entsprechenden Triebwerkes in Auftrag, bei dem diese Gefahr nicht bestand. Bei BMW hatte Helmut von Zborowski mit äußerster Hartnäckigkeit einem neuen Sauerstoffträger, der hochkonzentrierten Salpetersäure, zur Anwendbarkeit und zum Durchbruch in der Raketentechnik verholfen. Auf den Prüfständen der Firma im dichten Kiefernwald nördlich Berlins, bei den Dörfern Basdorf und Zühlsdorf, wurde u. a. auch das für die Henschel-Flugkörper, speziell die spätere Jägerrakete Hs 298 (Kapitel 18) bestimmte Triebwerk mit der internen Bezeichnung P3374 und der RLM-Bezeichnung 109-511 erprobt. Es beruhte auf der großartigen Idee des Differenzkolbensystems, das von Zborowski verwirklicht hatte. Bei diesem Triebwerk diente ein Teil der in der Brennkammer entstehenden Verbrennungsgase zur Förderung der flüssigen Brennstoffe, wodurch das Triebwerk von zusätzlicher fördernder Druckluft unabhängig war.[12, 13]
Neben dem Sauerstoffträger war Methylalkohol als Brennstoff vorgesehen. Bei einer Betriebszeit von 12 sec konnte die Rakete einen Schub von 5,88 kN (600 kp) liefern. Bei der Abschlußerprobung auf den Vorwerk-Prüfständen von Peenemünde-West am 13. Januar 1944 explodierte das Gerät durch den verbrecherischen Leichtsinn eines nicht direkt Beteiligten, der im Beobachtungsraum der Prüfstandhalle den Hauptschalter der Versuchsanlage spielerisch umgelegt hatte.[2] Die noch an der Versuchsvorbereitung tätigen BMW-Leute standen dabei dicht neben dem aufgebockten Triebwerk. Ein Monteur, dem beide Beine abgerissen wurden, starb kurz darauf. Der die Versuche leitende Ingenieur Kurt Sohr und zwei weitere Monteure wurden durch die Luft geschleudert und erlitten schwere Verätzungen und Verletzungen.[11]

Für bestimmte Zwecke, z. B. für die Hs 293D, hatte das Walter-Triebwerk einen zu geringen Schub. Deshalb forderte die Firma HFW ein Triebwerk größerer Leistung. Die Bedingungen wurden speziell für einen ferngelenkten Gleitkörper gestellt. Bei einem maximal zulässigen Vollgewicht von 100 kg sollte eine ständige Verwendungsbereitschaft sowie größte Betriebs- und Funktionssicherheit in weiten Luftdruck- und Temperaturbereichen gegeben sein. Hinzu kam die Forderung nach geringen Material- und Fertigungskosten. Die nur kurze Betriebszeit von wenigen Sekunden kam den gestellten Forderungen bezüglich der Materialwahl und der Armaturenentwicklung entgegen. Für 10 sec sollte der Schub 9,8 kN (1000 kp) betragen.[12] In enger Zusammenarbeit mit der Firma Schmidding, Tetschen-Bodenbach, wurde das Triebwerk unter der RLM-Nr. 109-513 realisiert. Als Treibstoff dienten 21,7 kg 98%iges Methanol und 30,2 kg gasförmiger Sauerstoff, der mit einem Druck von 230 bar gespeichert wurde. Der auf 30 bar reduzierte O_2-Druck bewirkte über eine Verdrängungsgummiblase im Methanoltank gleichzeitig die Brennstofförderung.

Für die Hs 293G, eine Sturzbombenversion für den Steilabwurf, kam ein weiteres Feststofftriebwerk 109-512 der Firma Westfälisch-Anhaltische-Sprengstoff AG (WASAG), Reinsdorf, zur Entwicklung. Es handelte sich um ein Diglycol-Feststofftriebwerk mit einem Maximalschub von 11,77 kN (1200 kp) bei 10 sec Brennzeit. Es war geplant, diesen Raketenmotor statt des BMW-Antriebes 109-511 generell auch für die Gleitbombenversion der Hs 293 einzusetzen.[23]

Mit diesen kurzen Ausführungen über Gleitkörpertriebwerke, die fast alle für die Hs 293 und deren Varianten in Betracht gezogen wurden, soll die Schilderung der Erprobungsarbeiten mit der Gleitbombe wieder fortgesetzt werden. Um die Treffgenauigkeit mit bloßem Auge zu verbessern und auch die bisher geringste Abwurfhöhe von 1300 m auf 100 m herabzusetzen, ging man endgültig zu den Abwürfen mit Triebwerk über, wobei das Walter-Triebwerk Verwendung fand. Die Flugrichtung des Trägerflugzeuges verlief dabei vor und nach dem Abwurf geradlinig. Der Kurs war so gewählt, daß je nach Abwurfhöhe das Ziel im Augenblick des Abwurfes unter 20 bis 50° steuerbord voraus zur Flugrichtung im Blickfeld des Bombenschützen erschien. Damit erreichte man, daß sich das Trägerflugzeug beim Einschlag etwa 2 km näher am Ziel befand als im Moment des Abwurfes. Gegenüber den beim antriebslosen Verfahren entfallenden Kurven, bei denen keine Lenkkommandos wegen der nicht möglichen Doppeldeckung gegeben werden konnten, waren beim Flug mit Triebwerk schon frühzeitig Kommandos möglich.

Ein in Zielrichtung stabilisiertes Fernglas hätte nach damaliger Schätzung bei gleicher Trefferwahrscheinlichkeit die Abwurfentfernung um das 2,5fache erhöhen lassen. Hinsichtlich der Treffgenauigkeit konnte zu diesem Zeitpunkt noch nichts Endgültiges gesagt werden, da die ersten sechs funktionsfehlerfreien Abwürfe von verschiedenen Schützen, zum Teil als erste Abwürfe, durchgeführt wurden. Bemerkenswert war, daß bereits der erste einwandfreie Abwurf mit Schub, von Professor Wagner gelenkt, zu einem Treffer in Zielmitte führte. Als Bombenschützen für die Hs 293 waren für die Versuchsstelle noch Flugbauführer Fritz Buchner E2, Dr. Reck E5 und Cornelius Neuwirth eingesetzt. Als Ziel benutzte man eine blechbeschlagene Bretterwand, einen Holzschuppen auf dem Struck und später das Zielschiff.

Die Zelle gab bei allen Abwürfen zu keinen Beanstandungen Anlaß. Die Ruderwirkung in Richtung »Ziehen« wurde bei den ersten Abwürfen als zu gering empfunden. Auch entsprach der Verlauf zwischen wachsendem Staudruck und der Verkleinerung der Höhenruderausschläge nicht den theoretischen Werten. Durch Änderungen an der Verkleidung der Staudruckplatte und an der Kinematik des Staudruckhebels ergaben sich einwandfreie Flugeigenschaften.[9]

Das für die Messung der Abwurfentfernung verwendete Revi (Reflexvisier) hatte sich bei den Abwürfen nicht bewährt. Mit Hilfe von in den Flugkörper eingebauten Registrier- und Rückmeldeanlagen wollte man zukünftig versuchen, im Flug auftretende Störungen zu erfassen, die im Ausfall bestimmter Empfängerröhren vermutet wurden.

Der im Übungsgerät simulierte Zielvorgang mußte wirklichkeitsgetreuer dargestellt werden. Hauptsächlich die Berücksichtigung der scheinbaren Beschleunigungsverringerungen bei der Zielannäherung des Flugkörpers und der damit größer werdenden Entfernung Flugzeug – Körper war zu verwirklichen.

Die bisher erfolgte Heizung der Gleitbombe mittels eines in das Flugzeug eingebauten Kärcherofens als Wärmequelle wurde durch einen Temperaturzeiger überwacht. Eine weitere Erprobung dieser Anlage durch mehrstündige Höhenflüge mußte noch durchgeführt werden. Die Führung der Warmluft bis in das Triebwerk war bei der V2-Ausführung wegen zu großer Umbauten noch nicht möglich.

Die Höhenrudermaschine neigte zum Festfahren in den Endstellungen, was durch Gummipuffer beseitigt wurde.

Das verwendete Walter-Triebwerk (3,92 kN, 15 sec) benötigte einen Spezialtrupp für Wasserversuche, Betankung, Preßluft, Zünderventil und Kontrollarbeiten. Bei den Stand- und Abwurfversuchen traten keine Schwierigkeiten auf.

Innerhalb des geschilderten Erprobungszeitraumes mit der Hs 293 ereignete sich am 18. Juni 1941 ein schwerer Unfall. Kurz nach dem Start der He 111 DC + CD, die mit einem Hs-293-Körper beladen war, stürzte das Flugzeug aus geringer Höhe in die Ostsee. Der Ingenieur Johann Kießling von E4 und Dr. Reck von E5 kamen noch aus dem Wrack heraus, wogegen der Flugzeugführer und der Bordwart sich nicht mehr aus dem Flugzeug befreien konnten.[10] Wie schon erwähnt, war die DC + CD jenes Flugzeug, mit dem der erste Abwurf einer FritzX am 23. November 1940 durchgeführt wurde.

Neben der eigentlichen Erprobungsarbeit am Flugkörper war auch dessen Verpackung in Kisten und im Transport zu erproben und zu verbessern. Eine besondere Bedeutung kam der Verpackung des Gerätebrettes zu. Beschleunigungs- und Transportversuche wurden durchgeführt, und die Versuchsstelle schlug eine verbesserte Verpackungskiste vor.[14]

Schon am 1. November 1941 stellte man unter Führung von Hauptmann Hollweck die Versuchsstaffel 293 mit vier He-111-Flugzeugen auf, die in enger Verbindung mit der Versuchsstelle arbeitete. Durch die Umbenennung am 1. März 1942 in Lehr- und Erprobungskommando 15 begann die eigentliche Truppenerprobung (Abb. 11).[15] Um die Versuchsstelle und den Flugplatz von Peenemünde-West zu entlasten, wurde dem EK15 der Flugplatz Garz auf Usedom zur Verfügung gestellt. Er lag dicht bei der gleichnamigen Ortschaft, und die südliche Grenze seines Rollfeldes reichte fast bis zum Stettiner Haff. Die Flugzeuge konnten über zwei in südöstlicher Richtung verlaufende Startbahnen auf das Haff hinaus starten.

Die weitere Erprobungsarbeit der Versuchsstelle bis Ende Mai 1942 erbrachte als

Ergebnis eine zuverlässige Anwendbarkeit der Hs 293 innerhalb der von den HFW vorgesehenen Entfernungsbereiche. Bei guter Sicht und geübten Bombenschützen konnte die Abwurfentfernung bis zur längsten Leuchtsatzbrenndauer (etwa 12 km) ausgenutzt werden. Hierbei mußte es sich um rauchfreie Leuchtsätze handeln, um die Sichtverhältnisse für den Lenkschützen nicht zu verschlechtern. Weiterhin ergaben Abwürfe aus großen Höhen (7,5 km) ohne Widerstandskörper, daß diese in absehbarer Zeit entfallen konnten. Damit würden sich die bis dahin erreichten Mindestabwurfhöhen von 150 bis 170 m und die kleinsten Zielentfernungen von 3,5 bis 4 km voraussichtlich noch weiter verringern lassen. Die FT-Anlage war im Prinzip einwandfrei. Die Rudermaschinenbeheizung bereitete bei der Verwirklichung große Schwierigkeiten. Das Höhenbeständigmachen hatte im Labor zu ersten Erfolgen geführt. Der Kreisel schlug nach Vergrößerung seines Schwenkbereiches von 23 auf 40° für Richtung »Ziehen« nicht mehr an.

Das Walter-Triebwerk arbeitete auch bei –15 °C einwandfrei. Nach Einbau der geforderten Druckluft-Hochdrucksicherung könnten die Triebwerke beim Truppeneinsatz schon vor dem Beladen der Flugzeuge mit Druckluft aufgetankt werden. Die Beheizung der Hs 293 beim Einsatz mit Do-217- und He-177-Flugzeugen war noch zu klären. Bei Abwürfen von Do-217-Trägern hatte sich die Sendeanlage FuG 203 gut bewährt. Für den Sprengkopf sollte der Zünder 38b zur Anwendung kommen. Scharfe Abwürfe hatte man bis dahin (Mai 1942) noch nicht durchgeführt. Es war noch zu erproben, ob die Beschleunigungen des Körpers bei harten Ruderausschlägen den entsicherten Zünder zum Ansprechen brachten. Die Zerstörzünderanlage für die Sendeanlage im Trägerflugzeug wie der Zerstörzünder für die Vernichtung der Empfängeranlage im Körper bei Blindgängern bzw. Notwürfen wurden erprobt.

Die Messung der Entfernung des Zieles, besonders bei Flachwürfen, war im Mai 1942 noch ungeklärt. Eine Basismessung des Zieles hätte nur Erfolg gehabt, wenn die Ziellänge bekannt gewesen wäre. Für den Einsatz und bei Schräganflügen konnte diese Methode nicht eingesetzt werden. Entfernungsmesser auf elektrischer Grundlage waren für diesen Zweck in der Entwicklung und sollten demnächst zur Erprobung kommen. Die Bestimmung des Zielstrahlwinkels kurz vor dem Abwurf versprach für den Lenkschützen insofern eine Erleichterung, als er den Geberknüppel schon in der ersten Anflugphase des Körpers bis zum Einlaufen in Zieldeckung, zumindest in grober Annäherung bei den steilsten und flachsten Abwurfwinkeln, auf den entsprechenden Neigungswinkel einstellen konnte. Bei Kenntnis der Neigung des Zielstrahles und der Höhe des Flugzeuges durch den Höhenmesser war dann auch die Entfernung von der Besatzung berechenbar. Ein entsprechendes Visier war damals in Erprobung, wobei aber noch eine eingespiegelte Libelle für die horizontale Haltung fehlte. Aus den in den Erprobungsberichten immer wieder erwähnten Hilfsmitteln für den Lenkvorgang, wie kreiselstabilisierten Ferngläsern, Visier- und Entfernungsmeßeinrichtungen, ist zu ersehen, daß man dem Lenkschützen hier Hilfsmittel, besonders für die Anfangsphase des Fluges, in die Hand geben wollte.

Acht Zielübungsgeräte waren inzwischen beim EK15 in Erprobung. Wesentliche Beanstandungen wurden der Versuchsstelle nicht gemeldet. Der Transportwagen für das Zielübungsgerät war noch nicht geliefert. Die zum Prüfbetrieb notwendigen Bodengeräte hatte man beim Erprobungskommando eingesetzt, und die sich daraus ergebenden Änderungen wurden durch die Versuchsstelle veranlaßt. Fünf Betriebszüge für den Montage- und Prüfbetrieb waren in Auftrag gegeben.

Durch die Versuchsstelle konnten beim EK15 neun Bombenschützen und vier Flugzeugführer eingewiesen und dabei 43 Hs-293-Abwürfe durchgeführt werden. Ab Pfingsten 1942 übernahm das Erprobungskommando die Ausbildung in eigener Verantwortung. In der Zwischenzeit war als Ziel zu der Bretterwand, dem Holzschuppen und dem Zielkreuz auf dem Struck ein 5000-t-Frachter 1,5 km östlich der Südspitze der Insel Ruden und 2,2 km nördlich vom Peenemünder Haken für Abwurfwaffen auf Grund gesetzt worden.

Wie die bisherige Statistik zeigte, benötigte die Versuchsstelle zum Klarmachen von 30 Zellen 58 Gerätebretter. Damit hatten 50 % defekte Bretter an die HFW zurückgeschickt werden müssen. Für den Nachschub hätten, nach dem damaligen Entwicklungs- und Fertigungsstand, einer Einsatztruppe die doppelte Zahl der Gerätebretter für eine bestimmte Zahl von Körpern zur Verfügung gestellt werden müssen. Die Versuchsstelle schlug deshalb vor, in der Nähe der Einsatzhäfen später kleine Firmenreparaturwerkstätten vorzusehen und durch die HFW- und BAL (Bau-Aufsicht Luft)-Dienststellen eine bessere Kontrolle auch bei den Zulieferanten durchzusetzen.

Damals (Mai 1942) mußten von der Versuchsstelle noch genaue Trefferbilder aufgestellt werden. Aufgrund der bis dahin ermittelten Abwurfergebnisse konnte seinerzeit aber schon festgestellt werden, daß die Ausfälle bei etwa 30 % der zum Abwurf gekommenen Flugkörper lagen. Sofern mit den restlichen 70 % der Körper – von durchschnittlichen Bombenschützen – in der Anfangszeit der Einsätze 70 % Treffer erzielt worden wären, hätte man davon ausgehen können, daß mit 100 Hs 293 etwa 49 Treffer zu erzielen waren. Beim Einsatz mit Do-217-Flugzeugen mit je zwei Körpern wäre gerade ein Treffer pro Flugzeug zu erwarten gewesen. Daraus ist ersichtlich, daß die gestörten Abwürfe durch Fehlerquellen auf keinen Fall mehr als 30 % betragen durften. An der Verminderung dieser Fehler war noch zu arbeiten.[16]

Am 5. Juni 1942 ereignete sich beim Startklarmachen einer Hs 293 unter einer He 111 ein Unfall durch die Fehlzündung des Triebwerkes. Der Schubstrahl erfaßte den hinter dem Flugkörper stehenden Ingenieur Johann Kießling von E4 und schleuderte ihn über die Höhenruderflosse des Trägerflugzeuges hinweg auf das Rollfeld. Das war der zweite Unfall mit der Hs 293, den er überlebte.

Mit dem Bericht Nr. 1769/42 geheime Kommandosache E2a vom 5. Juni 1942 wurde zunächst noch einmal der Flugkörper und dessen Funktion zusammenhängend beschrieben. Danach behandelte man besonders das Zielverfahren, das sich in der Zwischenzeit näher definieren ließ. Demzufolge wurde der Flug der Hs 293 in drei wesentliche Abschnitte eingeteilt:

1. Der Flug mit Triebwerk
2. Das Einlaufen in Zieldeckung
3. Das Halten in Zieldeckung

Aus den weiteren Ausführungen geht hervor, daß man offenbar die Suche nach bestimmten Hilfsmitteln wie Ferngläsern, Visieren und den Möglichkeiten ihrer Anwendung beim Zielverfahren zunächst aufgegeben hatte. Die durch diese Suche bedingte Erschwerung des Vorganges, besonders unter den nervlichen Belastungen eines Einsatzfluges, war sicher mit ausschlaggebend für diese Entscheidung gewesen. Die Grundsätze für die Lenkung der Hs 293 faßte die Versuchsstelle in Ergänzung der oben genannten drei Punkte in sieben weiteren Punkten zusammen:

1. Vor dem Abwurf war der Knüppel des Kommandogebers schon auf das kombinierte Anfangskommando »Voll ziehen« und »30° rechts« zu bringen. Nach der Meldung »Los« des Flugzeugführers war der Geberknüppel bei unverändertem Querkommando innerhalb von 10 sec von »Voll ziehen« auf »Null« zurückzunehmen. Diese Kommandogabe hatte trotz des erst nach 3 sec dem Bombenschützen senkrecht unterhalb der Kanzel sichtbar werdenden Körpers zu erfolgen. Erst danach begann der Flugkörper langsam nach rechts (steuerbord) auszuwandern. Einige Sekunden nach Brennschluß des Triebwerkes hatte die Zelle das Bestreben, nach unten abzusinken. Der Knüppel war dann von »Null« auf etwa »20° ziehen« zu stellen.
2. Nach Brennschluß des Triebwerkes und Einlaufen des Körpers in Zieldeckung waren hastige und abrupte Lenkkommandos zu vermeiden.
3. Nach Erreichen jeder gewünschten Geschwindigkeitsänderung (womit nur die vom Bombenschützen gesehenen horizontalen und vertikalen Änderungen senkrecht zum Zielstrahl gemeint sind) war der Knüppel in Ausgangslage zurückzunehmen.
4. Jedes Überpendeln des Zieles war zu vermeiden.
5. Bei der Feinlenkung war die (Lenk-)Geschwindigkeit des Flugkörpers zum Ziel in dem Maße zu verringern, je mehr er sich dem Ziel näherte (Punkt 3).
6. Beim Halten in Zieldeckung war wegen der scheinbar immer geringer werdenden Auswanderungsgeschwindigkeiten erhöhte Aufmerksamkeit geboten.
7. Für die Lenkung des Körpers bei Abwürfen aus verschiedenen Entfernungen und Höhen galten sinngemäß die gleichen Grundsätze.

Die Richtlinien der Versuchsstelle für die Flugzeugbesatzungen bei Störungen besagten:

1. Bei Steuerungsversagen war zu versuchen, jenes Kommando zu ermitteln, das gestört war. Danach mußte der Körper nach unten gelenkt werden.
2. Versagte das Triebwerk, sollte versucht werden, den Flugkörper trotzdem ins Ziel zu bringen. Kurzzeitige Aussetzer hatten keine nachteiligen Folgen für die Lenkung.
3. Wurde die Zelle 10 sec nach dem Auslösen nicht gesichtet bzw. wurde sie wegen Leuchtsatzversagens oder im Dunst aus den Augen verloren, war Kommando »Drücken« zu geben.

Über die normalen Abwürfe hinaus wurden auch Flach- und Steilabwürfe untersucht. Daraus resultierte für den ersten Fall, daß diese nur bei geringer Abwurfentfernung durchführbar waren, um das Ziel im Gleitflug noch zu erreichen. Gleichzeitig durfte die Entfernung wegen einer ausreichenden Lenkzeit nicht zu klein gewählt werden. Flachwürfe erforderten wegen der geringeren Entfernungen besondere Übung, da die Lenkzeiten kleiner als bei Höhen zwischen 1000 bis 2000 m waren.

Steilabwürfe erfolgten normalerweise aus größeren Höhen, wobei die dem Körper beim Abfallen mitgegebene Anfangsgeschwindigkeit des Trägerflugzeuges kleiner als die angestrebten 335 km/h sein konnte. Das dadurch stärkere Durchfallen des Körpers verlangte eine besondere Aufmerksamkeit des Lenkschützen beim Abfangen, da die größere Ablage der Zelle zum Ziel leicht zu übersteuernden Lenkkommandos verführte, was dann wegen der großen Bahnneigung besonders schwierig auszugleichen war.

Die Grenze der Weitwürfe war einerseits von der vorhandenen Sicht und andererseits von der Brenndauer des Leuchtsatzes gegeben. Außerdem erforderte das »Indeckunghalten« vermehrte Wachsamkeit, da die visuell verlangsamte Bewegung des Körpers aus der Zieldeckung eine scharfe Beobachtung erforderte, um die Bewegungstendenz möglichst frühzeitig zu erfassen. Das Verhältnis von Treffentfernung zur Abwurfentfernung und der Blickwinkel zum Ziel im Auftreffmoment sowie die Grenzen der Abwurfbedingungen waren noch endgültig zu erfliegen. Einen besonders wichtigen Punkt legte die Versuchsstelle noch insofern fest, als nach jedem Abwurf und vor jedem Ausschalten der Fernlenk-Sendeanlage am Schaltkasten die HF-Anzeige zu kontrollieren war. Das wurde später im Einsatz oft vergessen, so daß die Fehlerquelle bei Meldungen über gestörte Abwürfe in grober Bewertung entweder der Sende- oder der Empfangsanlage zugewiesen werden konnte, was für die Versuchsstelle wichtig gewesen wäre.[17]

Der Einbau und die Funktion der Sendeanlage FuG 293b (Kehl III) in den Erprobungsflugzeugen He 111 H12 sollen noch etwas näher geschildert werden, um dem Leser auch die Aufgaben des Bombenschützen und des Flugzeugführers vor und während des Abwurfes zu erläutern. Sinngemäß ist das zu Schildernde natürlich auch auf andere Flugzeugtypen anwendbar, da die Anlage ja die gleiche war. Bevor der Bombenschütze zu einem Erprobungs- oder Einsatzstart in das Flugzeug stieg, hatte er folgende Kontrollen vorzunehmen:

1. PVC-Pratzen angezogen und Verkleidungsblech geschlossen? (Pratzen des Bombenschlosses und seine Verkleidung).
2. Heizstutzen an die Zelle angeschlossen?
3. Zündstecker gesteckt?
4. Abreißstropp für Zerstörzünder eingeklinkt?
5. Jatow-Stecker gesteckt?
6. Schubstecker (Zündung Triebwerk) gesteckt?
7. Leuchtsatzstecker gesteckt?
8. Heizverbindung Körper/Schub hergestellt?
9. Preßluft am Triebwerk (150 bar) aufgefüllt?
10. Keine Beschädigungen an Zelle und Antenne?
11. Höhenruder auf 3° Ziehen voreingestellt?
12. Welcher Kanal am Empfänger eingerastet?
13. Im Flugzeug prüfen, ob Quarz- und Empfängerkanal übereinstimmen.
14. Selbstschalter: »Gerät«; »Umformer«; »Betätigung« eindrücken.
15. Heizungs-, Zündkasten-, Schaltkasten-Schalter auf »Aus« bzw. »0«.
16. Kurz vor dem Start Selbstschalter: »Sonderbeheizung«; »Bombenausrüstung«; »FT-Anlage« eindrücken.

Im Inneren des Flugzeuges entsprach, bis auf die Anordnung und die Funktion des Gebers, der Aufbau der Hs-293-Sendeanlage jener der FritzX-Sendeanlage FuG 203a (Kehl I). Der Hs-293-Geber Ge203b war in der He 111 so in eine stromlinienförmige Ausbuchtung der steuerbordseitigen vorderen Kanzelwand eingelassen, daß sein Knüppel bei Kommando »Null« waagerecht in den Kanzelinnenraum des A-Standes hineinragte. Es war aber auch ein Einbau in die Bodenwanne (C-Stand) der He 111 möglich. Danach folgte auf der gleichen Seite der Schaltkasten Sch K203b. Er besaß drei Miniaturinstrumente:

»Gerät 24 V« (Ausschlag bis rote Markierung)
»Gerät 210 V« (Ausschlag bis rote Markierung)
»HF-Anzeige«

Der Zündschaltkasten für die Armierung der Zündanlage des Flugkörpers befand sich unterhalb des Schaltkastens. Danach folgte ebenfalls auf der Steuerbordseite, an der Hinterwand des Spantes 8 bzw. hinter dem klappbaren Bordwartsitz, die Unterverteilungstafel mit den für das FuG 203b benötigten Selbstschaltern:

»Umformer«
»Gerät«
»Betätigung«

Auf der gleichen Wand waren noch die Temperaturtafel mit dem Leuchtsatzschalter für »Tag« oder »Nacht« (Fackeln oder Scheinwerfer), der Heizungsschalter und die Anzeigegeräte für die Temperatur am »Eintritt« und im »Gerät« befestigt. Die Heizungseinstellung konnte durch Verschieben des Kalt- bzw. Warmluftschiebers rechts vom Pilotensitz aus vorgenommen werden. Auf der anderen Seite des Rumpfspantes, also backbordseitig hinter dem Pilotensitz, waren auf der Hauptschalttafel die Selbstschalter:

»Sonderbeheizung« (Körper)
»Bombenausrüstung«
»FT-Anlage« (Fernlenkanlage)

montiert. Im B-Stand, also schon im Bereich des Bordfunkers, waren der Sender mit Modulationsteil und der Umformer der Gesamtanlage auf der Steuerbordseite montiert. Nach dem Start hatten Lenkschütze und Flugzeugführer folgende Aufgaben: Bei Außentemperaturen unter + 5° C war der Heizungsschalter einzuschalten. Da die Heizung – ein Kärcherofen – auf den Staudruck angewiesen war, durfte der Heizungsschalter nur im Flug eingeschaltet werden. Nach der Inbetriebnahme erfolgte die Einstellung der Körpertemperatur durch den Bombenschützen oder den Flugzeugführer, wobei das Instrument »Gerät« zwischen + 5 °C und + 40 °C und das Instrument »Eintritt« nicht über + 5 °C anzeigen durfte. Sobald sich der Zeitpunkt des Abwurfes näherte, war für diesen Vorgang folgendes zu beachten: Der Schaltkasten war frühestens eine Stunde, spätestens fünf Minuten vor dem Abwurf auf Stufe 1 zu schalten. Instrument 24 V mußte dabei mindestens bis zum roten Strich ausschlagen. Vor dem Abwurf war der Lenkknüppel

aufzustecken und zu sichern. Der Zündschaltkasten war einzuschalten. Der Lenkschütze beobachtete das Ziel, während der Flugzeugführer auf Anflugkurs ging.
Auf Kommando »Achtung!« des Flugzeugführers schaltete der Lenkschütze den
Schaltkasten auf Stufe 2. Alle drei Instrumente mußten am Schaltkasten ausschlagen. Eine Bereitschaftslampe auf der Pilotengerätetafel im Blickfeld des Piloten
zeigte ihm durch Aufleuchten, daß die ganze Fernlenkanlage abwurfbereit geschaltet war. Der Bombenschütze nahm eine möglichst bequeme Lage vor dem
Geber mit Blickrichtung zum Ziel ein. Er stellte den Geber mit dem Lenkknüppel
auf Kommando »Voll ziehen« und »30° rechts«. Sofern er danach das Ziel wieder
im Blickfeld hatte, gab er die Meldung »Fertig«. Darauf drückte der Flugzeugführer den Abwurfknopf auf der Bedienbank bei gleichzeitiger Meldung »Los!«. Anschließend erfolgte, wie schon beschrieben, der eigentliche Lenkvorgang bis zum
Aufschlag. Unmittelbar danach war die HF-Anzeige zu kontrollieren, der Schaltkasten auf »0« zu stellen, der Zünd- und der Heizungsschalter auszuschalten und
der Lenkknüppel abzumontieren.[18]

Weiterhin enthält der Peenemünder Bericht noch Anweisungen für den Flugzeugführer. Nach dem Abwurf, der bei 335 km/h Fluggeschwindigkeit durchzuführen war, hatte der Pilot die Geschwindigkeit gleichmäßig auf 250 km/h zurückzunehmen, wobei möglichst eine Sinkgeschwindigkeit von 0 m/s am Variometer
anstehen sollte. Diese Maßnahmen waren dazu bestimmt, dem Bombenschützen
möglichst störungsfreie Verhältnisse für den Lenkvorgang zu geben. Empfohlen
wurde auch der Anflug mit Kurssteuerung. Sofern der rechte Motor dem Lenkschützen das Ziel verdeckte, war auf dessen Anforderung »Motor!« eine leichte
Rechtskurve zum Ziel entweder mit der Kurssteuerung bei 1°/s oder von Hand
einzuleiten.

Nach weiteren Verhaltensanweisungen bei Störungen der Anlage vor dem Abwurf
schließt der Bericht mit allgemeinen Flugeigenschaften der He 111 und untergehängter Hs 293. Demzufolge konnten der Start und die Landung mit der Hs 293
ohne Bedenken durchgeführt werden. Der Geschwindigkeitsverlust betrug bei
Kampf- und Steigleistung ca. 10 km/h gegenüber der Geschwindigkeit ohne
Außenlast. Auch Einmotorenflug war im Rahmen der bei der He 111 gegebenen
Möglichkeiten durchführbar.

Verschiedentlich ist schon der Kälte- und Feuchtigkeitseinfluß besonders auf den
Flugkörper erwähnt worden. Die Gruppe E2 der Versuchsstelle führte im Kälteraum des Vorwerkes im Juli 1942 an einer funktionsfähigen Zelle mit Walter-Triebwerk Versuche durch, um den Einfluß tiefer Temperaturen auf deren Funktionen
zu untersuchen. Die Umgebungstemperatur wurde auf −35 °C abgesenkt, wobei
der Flugkörper mit zehn Temperaturmeßstellen in Form von Widerstandsthermo-
metern ausgerüstet war. Drei Meßstellen befanden sich im Triebwerk, besonders
an den Treibstofftanks, sieben Meßstellen waren in der Zelle an der Batterie, am
Kreisel, am Empfänger, unterhalb des Aufschaltgerätes und inner- und außerhalb
der Rudermaschine befestigt. Alle 15 min wurden die Werte der Meßstellen, von
ca. 0 °C an, abgelesen und somit der Abkühlvorgang festgehalten. Nach 4,5 h hatten fast alle Meßstellen die Temperatur von −35 °C angenommen. Eine Funktionsprobe nach 24 h verlief einwandfrei.[20]

Neben der Kälte bereitete noch die Feuchtigkeit den Fernlenkanlagen entsprechende Schwierigkeiten durch Absinken des Isolationswiderstandes, durch Auf-

treten von Neben- und Kurzschlüssen an Kontakten und Steckverbindungen und Korrosionen. Um den zu erwartenden Belastungen der Flugkörper durch den kombinierten Einfluß von Kälte, Feuchtigkeit, Höhe und Erschütterungen bei den späteren Einsatzflügen möglichst nahe zu kommen, führte die Gruppe E4 von Mai bis Juli 1942 in Zusammenarbeit mit dem EK15, in Ergänzung schon früher durchgeführter Meßflugerprobungen, an zwölf Körpern jeweils sechsstündige Dauerflüge durch. Die Flüge 1 bis 8 absolvierte man mit der bisher beschriebenen Fernlenkanlage FuG 203b/230b und die Flüge 9 bis 12 mit dem Relais-Aufschaltgerät, ähnlich wie es später bei der FuG-206/232-Anlage Verwendung fand (Tab. 4). Vom fünften Flug an wurden Änderungen an den bisher aufgetretenen und erkannten Fehlerquellen vorgenommen. Sie bestanden in der Imprägnierung der Querruder-Magnete, der Entfernung von Steckerschutzhauben und Vergießen empfindlicher Stecker, besonders an den Querrudern und den Höhenrudermaschinen. Weiterhin hatte man durch eine Schaltungsänderung im Trägerflugzeug dafür gesorgt, daß ohne Abwurf und Kreiselentfesselung die Quer- und Höhenruder des Körpers über die Funklenkanlage betätigt werden konnten. Für Schub und Leuchtsatz war eine Signallampe am Heck der Hs 293 montiert. Die Überprüfung jedes Körpers erfolgte bei den Erprobungsflügen jede volle Stunde nach einem vorher festgelegten und gleichen Programm. Der Bombenschütze in der Kanzel führte das Programm mit dem Kommandogeber durch, und der Beobachter in der Bodenwanne, der das Heck des Flugkörpers direkt vor sich sah, trug die beobachtete Reaktion des Körpers in ein Protokoll ein. Über die bordeigene Verständigung konnten sich Bombenschütze und Beobachter im Versuchsablauf abstimmen. Nach Ausschalten der Feuchtigkeitseinflüsse hatten sich die Ausfälle merkbar verringert. Die letzten vier Flüge des Programms konnten ohne Fehler einwandfrei durchgeführt werden.[21]

Da bei der Dauerflugerprobung in der Hs 293 schon das neue Gerätebrett Verwendung fand, soll auf diese Weiterentwicklung der Fernlenkanlage näher eingegangen werden. Schon am Anfang der Flugerprobung mit der Hs 293 wurden Verbesserungs- und Vereinfachungsmöglichkeiten an der Fernlenk- und Steuerungsanlage erkennbar Diese beabsichtigte Professor Wagner schon frühzeitig, in weiteren Bauserien einfließen zu lassen.

Einer der Assistenten Professor Wagners, Dr. von Borbely, hatte im Flugtechnischen Institut der TH in Berlin eine theoretische Untersuchung über die Umströmung von Tragflügeln gemacht. Eines seiner Ergebnisse war, daß eine sehr kleine Ruderfläche, die sich an der Hinterkante eines Flügels senkrecht in die Strömung stellt, eine erstaunlich große Auftriebserhöhung bringen kann. Die Windkanalversuche erbrachten in gewissem Maße eine Übereinstimmung mit der Theorie.[1]

Auf dieser Erkenntnis aufbauend, die letztlich eine erweiterte Anwendung der FritzX-Spoiler darstellte, wurde die Steuerung bei der Versuchsversion Hs 293A-V2, später auch bei der Hs 293C, erprobt. Obwohl man bei Henschel sowohl für die Quer- als auch für die Höhenruder eine Klappensteuerung entwickelt hatte, ersetzte man bei den Versuchsmustern zunächst nur die Querruder durch eine Klappensteuerung. Da diese Störklappen gegensinnig sowohl nach oben als auch nach unten ausgefahren wurden und damit eine Drehung des Körpers nach rechts und links verursachen konnten, benötigte man nur eine Ruderklappe an einer Tragflächenseite (Abb. 38). Durch diese Vereinfachung konnte das ganze Filter- und

Gleichrichterteil des Gerätebrettes entfallen. Etwa gegen Ende 1943 wurde von der generellen Einführung dieser vereinfachten Steuerung bei der Hs 293 Abstand genommen. Sie blieb aber Vorbild für die Ausführung des Geräteteiles der Henschel-Flugkörper Hs 298 und Hs 117. Hier kam die komplette Klappensteuerung – also auch für die Höhenruder – zur Anwendung, wodurch das ganze Aufschaltgerät entfiel (Kapitel 18 und 19).[4]

Bei der kurzen Beschreibung der vereinfachten Steuerung soll auf die Wirkung der Quer- und auch der Höhenruderklappen eingegangen werden (Abb.38). Bei Kommandogabe »Null« klapperten sowohl die Querruderleiste 1 als auch die beiden Höhenruderleisten 2 und 3 im 10-Hz-Takt um ihre mittlere Neutralposition. Damit war keine Ruderwirkung auf den Flugkörper um die Quer- und Längsachse gegeben. Bei einer Linksneigung des Steuerknüppels nahm die Verweildauer der Leiste 1 im oberen Bewegungsbereich in dem Maße zu, wie sie im unteren abnahm. Wie bei der FritzX vereinfacht erklärt, bedeutete das eine länger unterbrechende Störung der oberen gegenüber der unteren Tragflächenströmung, was oben gegenüber der unteren Fläche eine Druckerhöhung veranlaßte. Die dadurch nach unten gerichtete, auf die Tragfläche wirkende Luftkraft erteilte dem Flugkörper – in Flugrichtung gesehen – ein entgegen dem Uhrzeigersinn wirkendes Drehmoment. Damit wurde eine Linkskurve eingeleitet. Sinngemäß war der Ablauf bei einer Rechtsneigung des Kommandogeberknüppels. Bei Vollkommando »links« oder »rechts« blieb die Steuerklappe 1 in Ruheposition entweder oben oder unten stehen.

Gleiche Ruderwirkung zeigten auch die Klappenruder 2 und 3 an der Höhenruderflosse II. Hier veranlaßte das Kommando »Ziehen« eine größere obere zeitliche Präsenz beider Klappen und das Kommando »Drücken« eine solche unterhalb der Mittelstellung, bis das Vollkommando auch hier beide Ruder entweder oben oder unten fixierte. Wie bei der komplizierteren Steuerung mit Querruder und Höhenrudermaschine wurde auch bei der Klappensteuerung der Hs 293 die Querruderklappe über Kreisel 4 kommandiert. Die Neigung des Körpers um die Längsachse war dadurch mittels eines Kreiselabgriffes durch den Geberknüppel gegeben.

Die Größe des kommandierten Ausschlages der Höhenruderleisten 2 und 3 war bei der vereinfachten Steuerung ebenfalls von der Stellung des Staudruckhebels 5 abhängig. Bei höherer Geschwindigkeit wurde Hebel 5 entsprechend der Staudruckrichtung und entgegen der Kraft von Feder 6 bewegt. Übertragungsglied 7 bewegte damit die Anschlagbrille 8 in gleicher Richtung. Durch die sich zur Ruderleiste hin bewegende beidseitige Anschlaföffnung 9 wurde der vertikale Bewegungsspielraum der von dem Doppelhubmagneten 10 betätigten Stellglieder 11 wegen der Hebelverhältnisse verkleinert. Bei kleiner werdender Geschwindigkeit und geringerem Staudruck bewegte Zugfeder 6 Hebel 5 und Übertragungsglied 7 mit Brille 8 von den Leistenrudern weg, wodurch sich die Anschlaföffnung 9 dem Drehpunkt 12 näherte und dadurch den Leistenrudern 2 und 3 einen größeren Ausschlag entsprechend dem gegebenen Kommando erlaubte.[1,4]

Aus dem Bericht Nr. 401/43 n. f. D. (nur für den Dienstgebrauch) E7b der Versuchsstelle geht hervor, daß die Entfernungsmessung vom Trägerflugzeug zum Ziel immer noch ein Thema bei der Versuchsstelle war. In dem Libellenwinkelmeßgerät SL30 der Firma Plath, Hamburg, hoffte man ein geeignetes Meßgerät gefunden zu haben. Die Flugerprobung fand in einem Entfernungsbereich bis 14 km und in Flughöhen bis 2500 m statt. Bei den Flügen wurde ein Ziel in bestimmter Größe angeflogen, am Gerät ein bestimmter Winkel eingestellt und vom Messenden so lange gewartet, bis das Ziel mit der in den Strahlengang des Okulares eingeblendeten Libellenblase in Deckung war. In diesem Augenblick gab der Beobachter über FT eine Zeitmarke an die Meßbasisleitstelle, die mit einem oder zwei Theodoliten ihrer Meßhäuser das Flugzeug messend verfolgte. Durch späteren auswertenden Vergleich mit der über den gemessenen Winkel des Libellenmeßgerätes ermittelten Zielentfernung und dem von der Meßbasis errechneten Wert konnte der Entfernungs- und Winkelfehler des Gerätes berechnet werden. Man hatte sich einen Fehler von 15 % bezüglich der Entfernung vorgegeben. Die Auswertung ergab bei 90 Messungen mit Winkeln von 3 bis 20 und 40°, Entfernungen von 1,2 bis 14 km und Flughöhen von 250 bis 2500 m einen mittleren Entfernungsfehler von 5,4 %. Auch war das Gerät sowohl mit Handschuhen als auch mit Sauerstoffmaske gut zu handhaben. Es ist aber nicht bekanntgeworden, daß ein Entfernungsmeßgerät später im Einsatz jemals zur Anwendung kam. Die Versuche der DFS (Professor Fischel) mit kreiselstabilisierten Ferngläsern für den Lenkschützen zum Zwecke des Entfallens der Leuchtsätze und der besseren Sicht wurden wegen der besonders bei Böen starken Eigenbewegung des Flugzeuges wieder fallengelassen.[3]

Nachdem die Flugerprobung der Hs 293A-1 einen gewissen Abschluß erreicht hatte, verschob sich der Schwerpunkt der Erprobung 1943 mehr auf die Flugerprobung der Fernlenkkörper in Verbindung mit anderen Trägerflugzeugtypen, mit denen sowohl die FritzX als auch die Hs 293 zum Einsatz kommen sollten. Für den Einsatz der Hs 293 waren neben der He 111 H-6 und der He 111 H-12 noch besonders die Do 217 E-5, die Do 217 M-5 und darüber hinaus noch die Fw 200 C-6 und die He 177 A-5/U vorgesehen. Die geplante Umrüstung der Ju 290 A-8 für den Gleitbombeneinsatz wurde nicht mehr fertig. Dagegen kam in einigen Fällen als Notlösung die Ju 290 A-7 zum Einsatz.[23] Für diese Vorhaben galt es in Peenemünde die notwendigen Fernlenk-Sondereinbauten bis hin zur Heizung der Flugkörper zu klären, durchzuführen und die Prototypen zu erproben. Darüber hinaus waren die Flugerprobungen mit den entwickelten Varianten der Hs 293 und ihrer Trägerflugzeuge eine weitere Aufgabe. Auf die wichtigsten Flugkörperausführungen wird im folgenden Kapitel noch näher eingegangen.

12.5. Varianten der Hs 293

Wie es in der Waffenentwicklung allgemein üblich und auch notwendig ist, kann man ein System nicht für alle möglichen Einsatzfälle auslegen. Auch decken die Erprobungsergebnisse Mängel auf und regen zu Verbesserungen an, die nicht selten auch wieder mit Vereinfachungen verbunden sind. So versuchte man auch bei Henschel durch Weiterentwicklungen das Hs-293-Prinzip zu verbessern und den Anwendungsbereich zu erweitern.

Damit der Leser hierüber einen Gesamtüberblick erhält, werden die hauptsächlichsten Varianten der Reihe nach mit einigen Hinweisen aufgeführt und anschließend die einzelnen Entwicklungen kurz dargestellt. Der Hs 293D ist außerdem, wegen der damals erstmals verwirklichten Fernsehlenkung, ein besonderes Kapitel gewidmet.

1. Hs 293 V1:	Prototyp der anfangs geplanten Ausführung ohne Triebwerk.
2. Hs 293 V2:	Zunächst ohne Triebwerk zur Flugerprobung ausgeliefert, dann teilweise mit Triebwerk 209-515 (Rheinmetall-Borsig) und 109-507 (Walter) für die Abwurferprobung ausgerüstet. Etwa 100 Stück gefertigt.
3. Hs 293 V3:	Einführung (wie auch bei FritzX) des endgültigen Funkempfängers E230 (früher E30). Etwa 100 Stück gefertigt.
4. Hs 293 A-0; A-1:	A-1 war Einsatzversion mit Funk-Fernlenkung (FuG 203b/230b) und Walter-Triebwerk (HWK 109-507). Etwa 1250 Stück für den Einsatz gefertigt. A-0 noch mit Trimmgewichten (»Elefantenrüssel«) und Bremskörpern.
5. Hs 293 A-2:	Vereinfachte Steuerung mit einer Störklappe an einer Tragfläche.
6. Hs 293 V4:	Etwa 80 Stück aus A-0 mit vereinfachter Steuerung umgebaut. Gegen Ende 1943 fallengelassen und die Steuerung bei Hs 298 und Hs 117 verwendet. Ohne Trimmgewichte und Widerstandskörper.
7. Hs 293 V5:	Wie A-1, aber mit kleineren Flächen für den Einsatz an TL-Flugzeugen, z. B. Ar 234.
8. Hs 293 V6:	Bestückt mit zwei 209-507 Walter-Triebwerken, die nacheinander zündeten.
9. Hs 293 B:	Umbauten aus A-1 für die Drahtlenkung (FuG 207/237). Etwa 200 Stück umgerüstet.
10. Hs 293 C:	Flugkörperausführung, an der viele Änderungen erprobt wurden: Draht- oder Funklenkung, Störklappen, verschiedene Sprengköpfe. Leitung: Dipl.-Ing. Reinighaus, Firma Henschel.
Hs 293 C-V1:	Modifiziertes Steuerungssystem mit Störklappen. Sonst wie A-1.
Hs 293 C-1:	Zellenabmessungen verschiedentlich geändert.
Hs 293 C-V2:	Modifizierte Funklenkung Hs 293 und FritzX (FuG 203c/230a).
Hs 293 C-2:	Wahlweise Funk- oder Drahtlenkung.
Hs 293 C-3:	Wie C-2; von C-2 und C-3 60 Stück gebaut.
Hs 293 C-4:	Hs-293-Heck mit konischem Bombenkörper, Gewicht: 900 bis 1094 kg. Walter-Antrieb 109-507B. Vorgänger der Hs 294. Etwa 60 Stück gebaut, kein Einsatz.
11. Hs 293 D:	Wie A-1, Fernlenkung mit Hilfe einer Fernsehanlage. Ausgangskörper: Hs 293 V4. 260 Stück gebaut.
12. Hs 293 E:	Wie A-1, Steuerung wie C-V1. 18 Stück gebaut, dann gestrichen. Leitung: Dr. Marcard.
13. Hs 293 F:	Schwanzloser Aufbau des Körpers mit Delta-Flügeln. Zwei Feststofftriebwerke 109-533 (Schmidding). Windkanalversuche, Ende 1943 eingestellt.

14. Hs 293 G:	Sturzbombe für Steilabwurf. Triebwerk 109-512 (WASAG). Geschwindigkeit ca. 900km/h. 10 Stück gebaut. Wegen des komplizierten Zielverfahrens eingestellt.
15. Hs 293 H:	Einsatz gegen Bomberpulks als Luft-Luft-Flugkörper. Ursprünglich zwei Triebwerke 109-513 (Schmidding). Funklenkung mit FuG 203b/230b und zusätzlichem fünftem Kommando zur Sprengung im Pulk.
Hs 293 H-V1:	Prototyp von H, aus A weiterentwickelt, 600-kg-Sprengkopf.
Hs 293 H-V2:	Verbesserter Prototyp.
Hs 293 H-V3:	Mit Annäherungszünder.
Hs 293 H-V4:	Wie V3, Zünder wurde durch Triebwerk gestört.
Hs 293 J:	Wie H, jedoch mit 800-kg-Sprengkopf.

Alle Bezeichnungen mit einem »V« waren Versuchsversionen, die Buchstaben »A« bis »J« stellten die Hauptvarianten dar.[2, 23]

Nach Erprobung der Prototypen Hs 293 V1 bis V3 folgte ab November 1941 die Ausführung A-0 und im Januar 1942 die Einsatzversion A-1 (Abb. 32). Davon wurden einschließlich einiger Versuchsmuster und aller entnommenen Varianten etwa 1900 Stück gefertigt, wovon etwa 1250 Stück für den Einsatz zur Verfügung standen.[2]

Die Hs 293B besaß die Drahtlenkung mit der Fernlenkanlage FuG 207 »Dortmund«/FuG 237 »Duisburg« (Tab. 4), und man hielt etwa 200 Geräte für den Fall bereit, daß die FT-Fernlenkung vom Feind gestört worden wäre. Siehe auch Kapitel 12.7.[2] Unter der Bezeichnung Hs 293C verbargen sich viele Ausführungen, mit denen die unterschiedlichsten Verbesserungen und Weiterentwicklungen erprobt wurden, die sowohl die Lenkung und Steuerung als auch den Bombenkörper betrafen. Hieraus resultierte auch der Bombentorpedo Hs 294, dessen Verwirklichung schon ab 1941 geplant wurde. Diese Arbeiten liefen bei Henschel unter der Leitung von Dipl.-Ing. Reinighaus, jedoch unter der Gesamtleitung von Professor Wagner. Es wurden etwa 60 Körper gefertigt.

Die Hs 293D, für die Fernlenkung mittels einer Fernsehanlage bestimmt, wird im Kapitel 12.6. näher beschrieben.

An der Hs 293E erprobte man unter Leitung von Dr. Marcard bei Henschel die 1942 entworfene Klappensteuerung, die schon an einer Hs 293 A-2 in Versuchen erprobt wurde (Abb. 38). Ende 1943 entschloß man sich, die vereinfachte Steuerung bei der Hs 293 nicht anzuwenden. Sie blieb aber Vorbild für die Flugabwehrkörper Hs 117 und Hs 298.[2]

Eine besondere Weiterentwicklung wurde mit der Typenbezeichnung Hs 293F vorgenommen. Bei den bisherigen Mustern hatte man schon immer versucht, die Flächenbelastung von über $3,92 \text{ kN/m}^2$ (400 kp/m^2) auf $2,94 \text{ kN/m}^2$ (300 kp/m^2) zu verringern, um durch eine größere Flügelstreckung von $\lambda = 4 : 3$ (Spannweite : mittlere Flügeltiefe) einen besseren Gleitwinkel zu erhalten. Es wurden drei Flugkörperausführungen mit Delta-Tragflächen entworfen. Als Antrieb sollten zwei Schmidding-Pulverraketen SG 33 – mit der RLM-Bezeichnung 109-553 – Verwendung finden, die über eine Zeit von 4 sec einen Schub von je $17,16 \text{ kN}$ (1750 kp) lieferten. Beide Feststoffraketen waren parallel liegend unterhalb des Rumpfes angebracht. Sie kamen auch bei dem Flugkörper Hs 117 als abwerfbare Starthilfen zur Anwendung. Das Projekt stellte man Ende 1943 wieder ein.[2, 23]

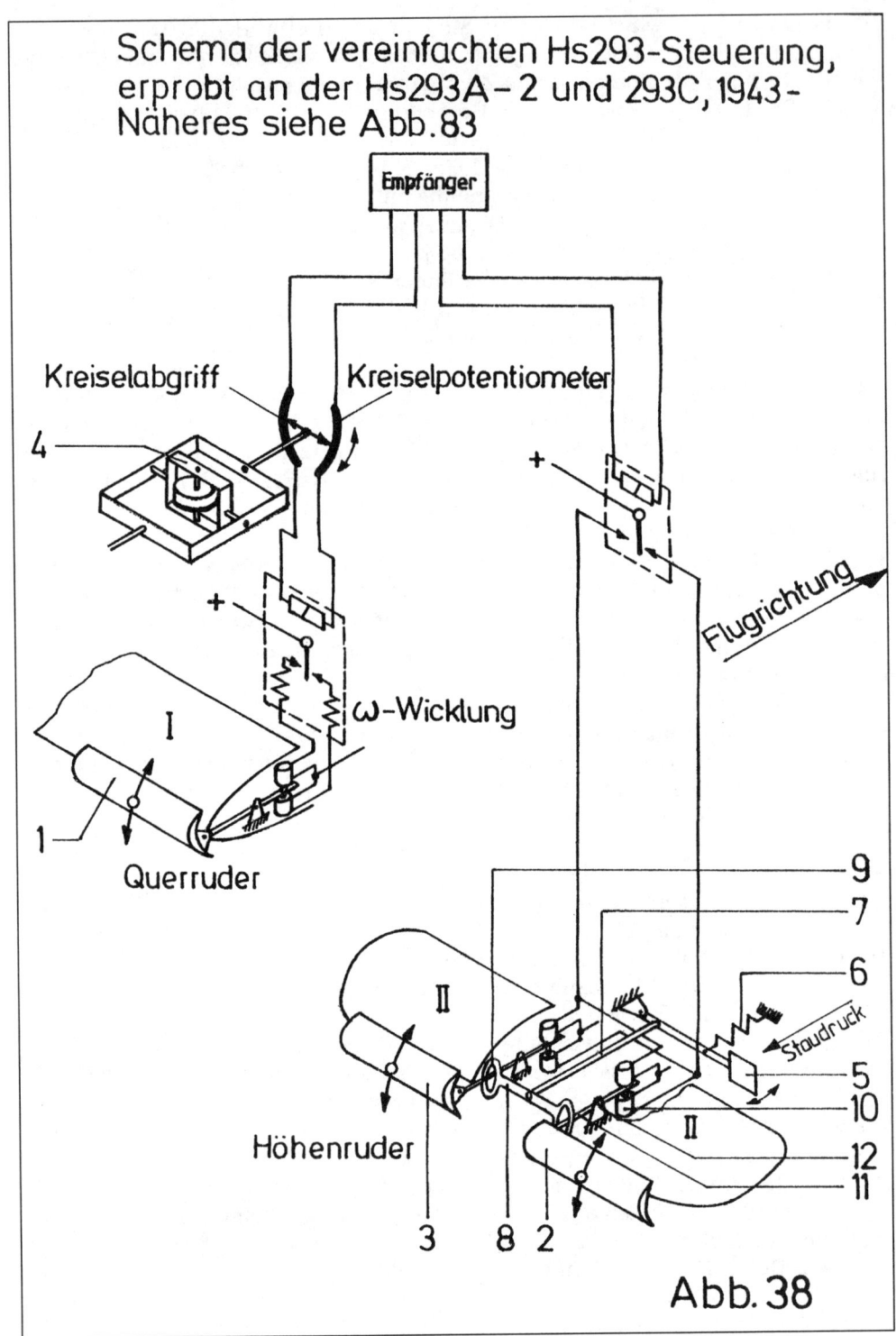

Schema der vereinfachten Hs293-Steuerung, erprobt an der Hs293A–2 und 293C, 1943 – Näheres siehe Abb.83

Empfänger

Kreiselabgriff   Kreiselpotentiometer

4

+

ω-Wicklung

I

1

Querruder

Flugrichtung

9

7

6

II

Staudruck

5

10

Höhenruder

II

12

11

3   8 2

Abb. 38

Im Einsatz konnte die feindliche Abwehr der angegriffenen Seeziele wegen der kleinen Abmessungen des anfliegenden Gleitkörpers nur sehr geringe Abschußerfolge erzielen. Deshalb ging man dort dazu über, mit Hilfe von in das Wasser geschossenen Granaten einen Gischtvorhang zwischen anfliegender Bombe und Ziel zu legen, um dem Lenkschützen das genaue Zielen, besonders in der Endphase des Anfluges, zu erschweren. Auch kam es vor, daß Flugkörper durch aufspringende Wassersäulen direkt getroffen und zum Absturz gebracht wurden. Um diese Abwehrmöglichkeit zu verhindern, erarbeitete Henschel ein Steilabwurfverfahren, bei dem die Bombe in einem Winkel von 60 bis 80° mit einer Geschwindigkeit von 240 m/s in das Ziel stürzen sollte. Zu diesem Zweck wurde der Flugkörper mit einem Schwenkkreisel versehen und zur Begrenzung der Fluggeschwindigkeit wieder mit den anfangs entwickelten Widerstandskörpern ausgerüstet. Nachdem zehn Geräte unter der Bezeichnung Hs 293G gefertigt waren, wurde aber das Zielverfahren als recht kompliziert erkannt und man stellte das Projekt wieder ein.[2]

In einer weiteren Ausführung mit der Bezeichnung Hs 293H wurde das Ziel angestrebt, die in Pulks einfliegenden Bomberverbände zu bekämpfen. Durch einen Vorversuch ermutigt, wobei eine Hs 293 an eine vorausfliegende He 111 so dicht wie möglich herangeführt wurde, erarbeitete die Firma Henschel Anfang 1943 ein entsprechendes Verfahren.[24, 25] Für die Erprobung dieses Verfahrens wurde zunächst die Hs 293A verwendet, die einen zusätzlichen Zündschalter erhielt, der über Funk durch den Empfängerausgang mit Hilfe eines fünften Kommandos auf den Bombenzünder wirkte (Tab. 4). Ebenso erhielt das Modulationsteil der Sendeanlage im Trägerflugzeug eine fünfte Modulationsfrequenz von 3,5 kHz, die in dem Augenblick getastet wurde, wenn die Detonation der Bombe im Pulk ausgelöst werden sollte.[25] Das erste Angriffsverfahren ging von zwei eingesetzten Flugzeugen aus, dem Trägerflugzeug und einem Beobachtungsflugzeug. Der Träger hatte den anzugreifenden Verband um 1500 bis 3000 m zu überhöhen, während der Beobachter etwa in Höhe des feindlichen Verbandes flog. Bei Ausweichbewegungen des Feindes hatte der Träger diesen im großen und ganzen zu folgen. Durch die räumliche Konstellation beider Flugzeuge – und die damit verbundenen verschiedenen Blickwinkel – war ein »räumliches Sehen« gegeben, wodurch der richtige Zeitpunkt der Detonationsauslösung erkannt werden konnte. Nach Abwurf des Flugkörpers vom Träger hatte der Lenkschütze die Aufgabe, ihn auf seitlich und vertikal richtigem Kurs durch Doppeldeckung ins Ziel (Pulk) zu lenken. Der Beobachter im unteren Flugzeug sah den Körper als leuchtenden Punkt sich dem Verband in vertikaler Richtung nähern und mußte bei dessen Eintauchen ins Ziel über die B.-z.-B.-Anlage (Bord zu Bord) dem Träger das Kommando zur Sprengung geben. Hierfür hatte man ebenfalls zwei Verfahren vorgesehen:

1. Kurz vor der Detonationsauslösung zündete der Beobachter eine Magnesiumfackel und einen Rauchsatz als Vorkommando. Das Zündkommando »Fertig, los!« folgte über die B.-z.-B.-Anlage gleich danach an den Flugzeugführer des Trägers, der durch Knopfdruck die Zündung auslöste.
2. Über Funk sollte ein Relais im Trägerflugzeug die manuell-optische und mündliche Kommandogabe vom Beobachtungsflugzeug aus ersetzen.

Die Zündung hatte zweckmäßigerweise etwas unterhalb des Zieles zu erfolgen, um eine möglichst große Wirkung zu erzielen. Der Wirkungsradius wurde bei der herkömmlichen 600-kg-Minenbombe der Ausführung A-1 mit etwa 250 kg Sprengstoff FP 60/40 auf 40 m geschätzt. Um eine größere Splitterwirkung zu erzielen, sollte zu mehr Stahl und weniger, aber höherwertigem Sprengstoff übergegangen werden, womit eine Gewichtszunahme von etwa 200 kg gegeben war. Der Wirkungsradius wurde dann auf etwa 60 m geschätzt. Diese Ausführung lief unter der Bezeichnung Hs 293J.[25]

Einsätze sind mit der Hs 293H durch die »Sonderkette H« vom Einsatzhafen Achmer/Osnabrück erfolgt. Die Einheit hatte drei Do 217 mit verlängerten Flächen. Da die Pulks in großen Höhen von 10 000 bis 12 500 m flogen, mußten die Motoren der Do 217 mit der GM-1-Anlage versehen werden, womit ihnen in großen Höhen Stickoxydul (N_2O), auch unter dem Begriff »Lachgas« bekannt, in kälteverflüssigter Form zur Leistungssteigerung über den Luft-Ansaugschacht eingespritzt wurde. Bei den Einsätzen war der Geschwindigkeitsüberschuß trotzdem nicht groß genug, so daß es den Fliegerleitoffizieren nie gelang, die beiden Flugzeuge vom Boden aus zeitgerecht an einen Pulk heranzuführen. Der schon mehrfach erwähnte Lenkschütze C. Neuwirth hatte etliche Einsätze mitgeflogen, wobei er sich die Frage stellte, warum die Angriffe nicht von vorne angesetzt wurden.[24] In der Henschel-Beschreibung heißt es jedoch lapidar: »Ein Angriff auf Gegenkurs erscheint ausgeschlossen.«[25]

Die Firma Henschel hat dann noch aufgrund von Vorschlägen, besonders auch aus der Truppe, das Ermitteln des Sprengzeitpunktes mit Hilfe eines Funkmeßgerätes betrieben. Hierzu bot sich das Gerät »Neptun R« bzw. FuG 216R an. Es ermöglichte eine Entfernungsmessung in einem 50°-Kegel. Auf dem Anzeigerohr erschien in entsprechendem Abstand vom Primärimpuls als feststehendes Reflexionszeichen, der Feindverband. Wurde der Körper abgeworfen, löste sich aus dem Primärimpuls das auf den Verband zueilende Zeichen des Flugkörpers. Neben dem eigentlichen Lenkschützen wurde durch einen weiteren Beobachter der Sprengimpuls in dem Augenblick ausgelöst, wenn das Körperzeichen mit dem Zielzeichen gerade in Deckung war. Damit entfiel ein zweites Beobachtungsflugzeug. Es bedurfte aber großer Übung, den Deckungszeitpunkt richtig zu erfassen. Es wurden auch Annäherungszünder (bei Hs 293 H-V3, -V4) in Betracht gezogen. Nach den erwähnten Einsätzen konnten aber keine weiteren mehr durchgeführt werden, da die Do 217 an die Invasionsfront in Süditalien abgegeben werden mußten.[24, 25]

Mit der Hs 293J vergrößerte man den Bombenkörper auf etwa 500 kg Sprengstoff für etwaige Spezialeinsätze. Es sind nur wenige Muster gebaut worden. Ein Einsatz fand nicht statt.

Eine interessante Variante der Hs 293 war die schon genannte Hs 294 (Abb. 39). Ihr lag der Gedanke zugrunde, den mit dem Hs-293-System erzielbaren Treffern eine größere Wirkung auch bei stark gepanzerten Seezielen zu geben. Es wurde beschlossen, die Treffer möglichst unter der Wasserlinie anzubringen, um die verdämmende Wirkung des Wassers zu einer größeren Zerstörung auszunutzen.[2] Wie schon erwähnt, wurden die Vorversuche mit einem Hs-293-Heck und einem vergrößerten, konischen Bombenkörper mit der Bezeichnung Hs 293 C-4 durchgeführt. Diese Planungen reichten schon bis in das Jahr 1941 zurück.[1] Während beim

Heck und bei der Steuerung des Flugkörpers durch die Hs-293-Ausführungen und die damit durchgeführten Abwurferprobungen große Erfahrungen vorlagen, mußten mit dem Bombenkörper umfangreiche Versuche durchgeführt werden. Er sollte vor dem Ziel in das Wasser eintauchen, wobei das Heck anfangs mit Hilfe von Sprengbolzen, später durch Sollbruchstellen abbrach. Der anschließende Unterwasserlauf war durch die kinetische Energie des Körpers in einem kurzen, stabilen, geradlinigen Weg geplant. Die Professoren Georg Madelung und Herbert Wagner verwirklichten diese Forderung durch sogenannte Abreißkanten bzw. Abreißringe. Ein Ring wurde an der Spitze, etwa 98 mm von ihr entfernt, angebracht und verursachte bei der Fahrt durch das Wasser einen reproduzierbaren Kavitätsraum längs des Bombenkörpers. Ein weiterer, am Ende des Unterwasserlaufkörpers vorgesehener Ring bzw. eine Verdickung legte sich an die innere Wasserwand des Kavitätsraumes an, wodurch der Körper laufstabil wurde. Ein wirkungsvoller magnetischer Abstandszünder, wie er auch bei den damaligen Schiffstorpedos zum Einsatz kam, sollte den Lufttorpedo in der endgültigen Ausführung unterhalb des Zieles zur Detonation bringen, wodurch auch dem Schiff mit stärkster Panzerung das Rückgrat gebrochen wurde, was den Totalverlust bedeutete.[4, 26]

Der Sprengkopf der Serienausführung Hs 294 A-0 hatte ein Gewicht von 1456 kg, wovon 630 kg, später 658 kg, auf den Sprengstoff entfielen. Mit 2170 kg hatte die Hs 294 gegenüber der Hs 293 ein mehr als doppelt so großes Gesamtgewicht, womit für den Antrieb auch ein größerer Schub notwendig wurde. Demzufolge erhielt der Flugkörper zwei unterhalb des Rumpfes parallel liegende Walter-Triebwerke HWK 109-507D mit einem Gesamtschub von 12,7 kN (1300 kp) über eine Betriebszeit von 10 sec (Abb. 39). Die dadurch vermittelte Geschwindigkeit betrug maximal 245 m/s = 882 km/h. Als weiteres Triebwerk war das BMW-Projekt 3375 mit einem Schub von 14,7 kN (1500 kp) vorgesehen, das aber aus nicht mehr feststellbaren Gründen gestrichen wurde. Wie bei der Hs 293 plante man dann auch das WASAG-Diglycol-Feststofftriebwerk 109-512 als Ausweichmotor einzusetzen.[2]

Außer den Vorentwürfen projektierte und baute Henschel folgende Ausführungen:

Hs 294 V-1: Etwa 20 Stück für verschiedene Versuche gefertigt.
Hs 294 A-0: Geplante Serienausführung, ca. 80 Stück gefertigt.
Hs 294 V-2: Steuerung geändert, ca. 45 Muster gefertigt.
Hs 294 A: Ausführung für aerodynamische Untersuchungen.
Hs 294 B: Ausführung für Drahtlenkung »Dortmund«/»Duisburg«.
Hs 294 D: Ausführung mit Fernsehlenkung, ca. 20 Stück gefertigt, wobei die Kamera und der Sender jeweils in den Spitzen der beiden Triebwerke eingebaut waren.
Hs 294 A-1: Serienausführung mit FT-Lenkung für »Kehl III« bzw. »IV«/»Straßburg« (Tab. 4 und 5).[2]

An der Erprobungsstelle der Luftwaffe Karlshagen, wie die E-Stelle jetzt nach ihrer zweiten Umbenennung hieß, führte die Gruppe E2 schon Anfang 1943 den ersten Abwurf von einer He 111 durch. Der Körper kollidierte nach dem Abwurf mit dem Trägerflugzeug. Die Besatzung, mit dem Gruppenleiter Kröger als Pilot,

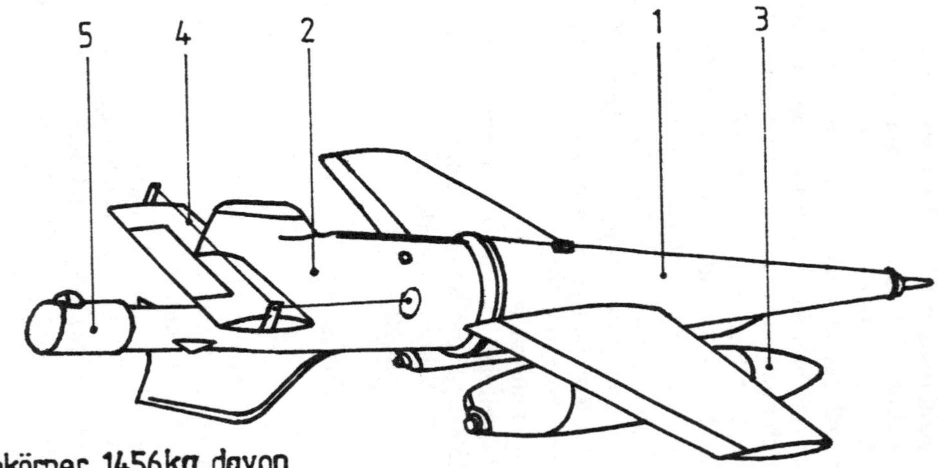

1 Bombenkörper, 1456 kg, davon
 658 kg Sprengstoff
2 Heck
3 Triebwerk, HWK 109-507D, 2×6,35 kN, 10 sek
4 Antenne
5 Fackeltopf

Geschw.: 245 m/s in Luft, 90 m/s unter Wasser
FT- und Drahtsteuerung

Abb. 39

Ferngelenkter Lufttorpedo Hs294

mußte mit dem Fallschirm aussteigen. Das Flugzeug schlug auf dem Festland auf. Danach folgten von August bis Oktober 1943 zwölf Abwürfe mit der kompletten Hs 294 und 15 Abwürfe mit den Sprengköpfen (Wasserläufern). Von den zwölf Abwürfen waren fünf Versager, teils durch Ausfall der Sendeanlage, zwei offensichtliche Fehler in der Empfangsanlage, und der Rest ging durch Triebwerkdefekte verloren. Das Verhalten der sieben funktionsfähigen Körper war einwandfrei. Sie ließen sich leichter auf das Ziel einlenken als die Hs 293.

Die Erprobung der separaten Sprengköpfe sollte die Funktion des Wegeschalters und der Zündanlage aufzeigen. Der Wegeschalter wurde von einem Wasserlaufrad angetrieben und entsicherte den jeweils eingebauten Zünder nach wenigen Metern. Die Entsicherung konnte bis auf einen Abwurf, wobei ein normaler Zünder 38B eingebaut war, nicht erfolgreich demonstriert werden. Die Erprobungsstelle plädierte für den Einsatz der Hs 294 anstelle der Hs 293 unter vorläufigem Entfallen des Unterwasserlaufes. Sie argumentierte, daß bei gleichem sonstigem Einsatzaufwand eine größere Sprengstoffmenge an den Feind getragen werden konnte, zumal aufgrund der Einsatzerfahrungen wegen der starken Abwehr immer nur ein Anflug möglich war.

Von 28. Oktober bis 1. November 1943 fanden noch drei Hs-294-Abwürfe ohne Zündanlage von einer He 177 statt, von denen zwei einwandfrei funktionierten. Wie aus dem Bericht weiter hervorgeht, lief damals schon die Serienfertigung des Flugkörpers.[27]

Anfang 1944 war die verfahrensmäßige Mustererprobung der Hs 294 weitgehend abgeschlossen. Die Frage der Zündung konnte bis dahin noch nicht ganz geklärt werden. Aus Gründen der allgemeinen Kriegslage und der fehlenden Industriekapazität wie auch letztlich wegen zu geringer geeigneter Trägerflugzeuge stellte man das Projekt ein. Abschließend kann aber festgehalten werden, daß mit der Hs 294 damals ein gewisser Abschluß in der Entwicklung ferngelenkter Flugkörper für den Angriff auf Seeziele erreicht wurde. Bei der endgültigen Verwirklichung hätte sie den alle seinerzeitigen Belange erfüllenden, eigentlichen Lufttorpedo dargestellt.[4, 26]

Außer der Hs 294 hatte die Firma Henschel Anfang 1942 die Hs 295 als Weiterentwicklung der Hs 293J geplant, die aber wegen des erhöhten Gewichtes ihrer verschiedenen Bombenkörper auch zwei Triebwerke erhielt. Es wurden etwa 50 Versuchsgeräte der verschiedensten Ausführungen gebaut, teils mit und teils ohne Widerstandskörper. Aber auch hier bereiteten die fehlenden und geeigneten Trägerflugzeuge der ganzen Entwicklung ein Ende.

Als letzte Kurzstrecken-Gleitbombe ist noch die Hs 296 zu erwähnen, die äußerlich der Hs 295 ähnlich war, aber als kombinierte Sturz-Gleitbombe Verwendung finden sollte. Deswegen erhielt sie auch den Schwenkkreisel der Hs 293G. Für den Sprengkopf hatte man, außer einer PC(Panzer)-Bombe für Sondereinsätze, auch eine Schwere Hohl-Ladung (SHL) geplant. Aber hier wie bei den vorangegangenen Entwicklungen fehlte es an geeigneten Trägerflugzeugen. Das für den Einsatz vorgesehene Flugzeug Me 264 konnte nur in einem Muster fertiggestellt werden. Ende 1944 begann die Firma Henschel noch eine Studie über eine Langstrecken-Gleitbombe, die von dem Höhenbomber Hs 130E aus 16 000 m Höhe abgeworfen werden sollte. Der etwa 8500 mm lange Bombenkörper sollte Stummelflügel mit 2500 mm Spannweite erhalten. Das Heck wurde mit einem 3400 mm langen

Ringleitwerk ausgerüstet. Der etwa 6400 kg schwere Körper sollte durch ein Diglykoltriebwerk auf eine Geschwindigkeit von über 1000 km/h beschleunigt werden. Es wurden verschiedene Funk-, Lenk- und Leitsysteme wie auch Zielsuchgeräte in Erwägung gezogen. Die Studie wurde nicht mehr beendet. Die angeblich von der TLR dafür ausgegebene Nummer Hs 315 ist fraglich.[2]

12.6. Die Gleitbombe Hs 293D

Wie schon in Kapitel 12.4. erwähnt, besaß die Hs 293D eine Fernsehlenkung. Da die Fernsehtechnik vor dem Zweiten Weltkrieg in Deutschland einen Stand erreicht hatte, der auch eine ausreichende Qualität der Bildübertragung zum Zwecke einer Fernlenkung in Aussicht stellte, wurde ihre Verwirklichung ins Auge gefaßt. Die damalige Fernsehnorm beruhte auf einer Bildübertragung mit 441 Zeilen nach dem Phasensprungverfahren. Die Bildfolgefrequenz eines vollständigen Bildes betrug 25 Hz. Bei n = 25 Hz folgte das Auge der periodischen Verschiebung der Lichtpunktzeile durch das Dunkelfeld noch so, daß das Bildfeld flimmerte, und zwar um so stärker, je heller es war. Um das zu vermeiden, hatte man damals das Zeilensprungverfahren entwickelt. Hierbei wurden z. B. bei der ersten Abtastung nur die Zeilen 1, 3, 5 ... usw. und bei der zweiten die dazwischen liegenden Zeilen 2, 4, 6 ... usw. übertragen. Damit wurde die Bildfläche senkrecht zur Zeilenrichtung doppelt so schnell von der Aufhellungsbahn des Elektronenpunktes durchlaufen, und das Auge konnte nicht mehr folgen. Das Bild erschien ihm beruhigt. Bei diesem Verfahren blieb die Zahl der Bilder von n = 25 erhalten, man erzielte aber die Wirkung einer Bildfolgefrequenz von n = 50 ohne Einbuße an Bildgüte und ohne Erweiterung des Frequenzbandes. Auch waren wesentlich hellere Bilder herstellbar.[6]

Im Hinblick auf die taktischen Einschränkungen, die sich aus einem mehr oder weniger notwendigen Zwangskurs für das Trägerflugzeug bei der Fernlenkung nach dem Doppeldeckungsverfahren ergaben, und die Erschwernis, die bei großen Zielentfernungen hinzukam, versprachen sich die Initiatoren bei der Fernsehlenkung folgende Vorteile:

1. Da der Bombenschütze nach dem Zielbild lenkte, das von der Fernsehkamera des Flugkörpers zum Trägerflugzeug übertragen wurde (Zielweisungsverfahren), brauchte er nicht mehr das Ziel selbst im Auge zu behalten. Weiterhin fielen damit alle Beschränkungen für den Kurs des Trägerflugzeuges nach dem Abwurf fort.
2. Das Zielbild auf dem Bildschirm wurde entgegen dem Doppeldeckungsverfahren mit Annäherung des Flugkörpers an das Ziel größer und infolge der atmosphärischen Sichtverhältnisse auch deutlicher, womit man sich einen genaueren Treffer auf eine empfindliche Stelle des Zieles versprach.[1]

Bevor auf die damalige geschichtliche Entwicklung und die technischen Einzelheiten der Fernsehtechnik im allgemeinen und der Fernsehlenkung im besonderen eingegangen wird, sei noch etwas Grundsätzliches zu den Begriffsbezeichnungen gesagt. Es ist in den einschlägigen Kapiteln die seinerzeitige deutsche Fachsprache verwendet worden, da Deutschland damals auf dem Gebiet der Gleit-,

Fernlenk-, Selbststeuerungskörper, der Raketentechnik sowie des Fernsehens für industrielle und militärische Anwendung führend war. Dementsprechend entstanden hier auch für diese Technik die deutschen Begriffe und Bezeichnungen.

Durch die Niederlage des Deutschen Reiches und das danach von den Siegern ausgesprochene Verbot jeglicher Aktivitäten auf den genannten Gebieten gerieten die deutschen Spezialbegriffe größtenteils in Vergessenheit. Als in gewissem Umfang die Verbote wieder gelockert wurden, kamen vom Ausland, besonders aus der für Westdeutschland zuständigen englischsprechenden Welt, viele damalige Begriffe in englischer Sprache wieder zurück. Das ist dann auch in der darauffolgenden Zeit so geblieben. Damit ergab sich – bei den jungen deutschen Ingenieuren und Wissenschaftlern der Nachkriegszeit und besonders bei der allgemeinen deutschen Bevölkerung – der Eindruck, als ob mit den hauptsächlich englischen Bezeichnungen der »neuen« Technik auch diese selbst als Neuland nach Westdeutschland exportiert worden wäre.

12.6.1. Entwicklung der Fernsehanlage

Es ist sicher nicht verwunderlich, daß zu einer Zeit, als es eben möglich war, galvanisch abgetastete Metallschablonen durch Kurzschluß als Silhouette im Bild darzustellen – vielleicht sogar schon früher –, die Wichtigkeit des Fernsehens für den Kriegsfall hervorgehoben wurde. So betonte schon B. Rosing 1910 in der französischen Zeitschrift »Excelsior« neben den zivilen auch die strategischen Anwendungsmöglichkeiten der »elektrischen Teleskopie«. Als es eben gelungen war, grob gerasterte Fernsehbilder von Filmen zu übertragen, meinte F. W. Winckel, daß das Fernsehen ein wichtiges Kriegsinstrument zu sein vermöge. 1930 äußerte sich D. von Mihály, daß dem Fernseher besonderes Gewicht als Kundschafterinstrument in der Armee zukomme. Auch F. Banneitz und seine Mitarbeiter vom Reichspostzentralamt (RPZ) äußerten ähnliche Gedanken z. B. zum Zwecke der Luftaufklärung.

Im Sommer 1940 gelang der Fernseh GmbH zum erstenmal ein für die Luftaufklärung geeignetes Fernsehbild von 1029 Zeilen bei 25 Bildwechseln pro Sekunde. Das Bild wurde versuchsweise sowohl drahtlos mit einem 10-W-Sender als auch über ein 30 m langes Kabel trägerfrequent mit ± 15 MHz übertragen. Der Deutschen Reichspost gelang es aber nicht, den damaligen Generalluftzeugmeister Udet, vom militärischen Wert einer solchen Anlage zu überzeugen.[2]

Im Laufe des Jahres 1940 bearbeiteten zahlreiche deutsche Forschungsinstitute Aufgaben hoher Dringlichkeit, die sich die deutschen Wissenschaftler und Ingenieure aufgrund ihrer Vorstellung von den militärischen Bedürfnissen mehr oder weniger selbst gestellt hatten. Ebenso verwirklichte die Industrie oft selbstgestellte Ziele, wie in entsprechenden Kapiteln dieses ganzen Berichtes deutlich wird. Auch verschiedene andere Vorschläge, die Fernsehtechnik für militärische Ziele einzusetzen, z. B.:

1. Fernsehverbindung Boden – Flugzeug zur Informationsübermittlung,
2. Nachtjäger-Leitverfahren in Verbindung mit dem »Seeburg-Tisch« durch die Reichspost-Fernseh-Gesellschaft (RFG),
3. im April/Mai 1939 das prinzipiell verwirklichte Verfahren der Schnellbild-Übertragung zur Verhinderung gegnerischer Peilung des Senders durch die DRP,

erzielten bei den militärischen Stellen zunächst kein Echo.

Anfang September 1939 tauchte dann offenbar bei der DRP, der Fernseh GmbH und dem RLM gleichzeitig der Gedanke auf, von einem Flugzeug abwerfbare Flugkörper mit einer Fernsehlenkung auszurüsten. Zu den ersten Vorschlägen gehörte ein »Zielweisungsgerät« der Fernseh GmbH für eine frei fallende Bombe zur Bekämpfung von Scheinwerferstellungen, was aber wegen der Ungleichförmigkeit der Rasterzeilen aufgegeben wurde.[2] Daraufhin entwickelte die gleiche Institution (K. Thöm) ein manuelles Fernsehlenkverfahren, ebenfalls für eine frei fallende Bombe, in die ein mechanischer Bildabtaster für ein nur 50zeiliges Bild eingebaut war. Von Februar 1940 bis Mitte 1942 fanden Erprobungsflüge mit Flugzeugen ohne Abwürfe statt, wobei sich die Erkennbarkeit des Zieles infolge des groben Rasters aber als nicht ausreichend herausstellte.

Inzwischen hatten die Reichspost-Forschungsanstalt (RPF), Oberpostrat Dr. Georg Weiß, und die mit eingeschaltete Fernseh GmbH (FSG), Dr. Möller, gemeinsam begonnen, eine allerdings wesentlich kostspieligere Fernsehlenkanlage »Tonne/Seedorf« zu entwickeln.[2] Dieses Gerät sollte in den schon beschriebenen Flugkörper Hs 293 Professor Wagners eingebaut werden. Mit Erteilung des offiziellen Entwicklungsauftrages des RLM unter der E-Nr. 415/40, Anfang 1940, an die RPF, die Firma FSG und die Firma Loewe-Radiowerke, Werk Berlin (LRB), begannen dort die offiziellen Arbeiten.[4] Die Ausführung des Flugkörpers mit Fernsehlenkung erhielt die Bezeichnung Hs 293D. Er war für den gleichen Einsatzzweck – zur Bekämpfung von Seezielen im Gleitanflug – vorgesehen wie die Hs-293-Ausführungen mit der FT-Lenkung nach dem Doppeldeckungsverfahren. Die Befehlslenkung blieb die gleiche, wie schon beschrieben. Allerdings konnte der Lenkschütze nach dem zielweisenden Fernsehbild im Trägerflugzeug lenken, während das Flugzeug die Möglichkeit hatte, sich nach dem Abwurf schon vom Ziel zu entfernen. Bei der späteren Abwurferprobung trat aber, besonders in der Lenktechnik, eine Reihe neuer Probleme auf, wie noch berichtet wird.[1]

Um die bei einer Fernsehlenkung gegebenen Verhältnisse in Vorversuchen näher untersuchen zu können, baute man schon 1939/40 bei der RPF und der Fernseh GmbH ortsbewegliche Fernseh-Reportage-Anlagen in Tornisterbauweise (Dipl.-Ing. Walter Bruch). Die Geräte hatten 441 Zeilen und 10 W Sendeleistung. Bei den anschließenden, 1941 von der RPF zusammen mit der DVL in Berlin-Adlershof durchgeführten Erprobungsflügen konnte 150 bis 300 km Reichweite von dem einen zu einem anderen Flugzeug erzielt werden. Weitere Fernseh-Übertragungsversuche zur Untersuchung der Bildqualität fanden ebenfalls zwischen zwei Flugzeugen statt. In eine Focke-Wulf, Fw 58 »Weihe«, die den Flugkörper simulierte, war eine von der Fernseh AG gelieferte Fernsehkamera mit UKW-Sender eingebaut. Im »Trägerflugzeug« befand sich der Empfänger mit Bildröhre. Der an den Versuchen beteiligte Dipl.-Ing. Gerhart Goebel, bis 1940 Leiter der Reichspost-Filmstelle in Berlin und dann Referent für Wissenschaftliche Kinematographie in der RPF, schrieb darüber in seinem Brief vom 3. Dezember 1980 an den Verfasser: »Zunächst wurde experimentell die Abnahme der Fernseh-Bildqualität auf dem Monitor in Abhängigkeit von der Entfernung zum UKW-Sender im Flugzeug ermittelt. Die Beobachtungsresultate wurden zunächst in Form eines Protokolls notiert, z. B. ›Entfernung Sender – Empfänger 50 km, starker Grieß. Moiré-Störung von Königs-Wusterhausen‹ usw. Um objektive Meßprotokolle zu schaffen, habe ich dann das Monitorbild auf Film 16 mm aufgenommen. ... Die Filmregistrierungen, die ich noch mit meiner eigenen Kamera gemacht hatte, wurden hinfort mit einer instituteigenen Kamera gemacht, und zwar unter der Leitung des ... Wilhelm Ebenau, meines Nachfolgers.«

Der damalige Postrat, später Oberpostrat, Wilhelm Ebenau war dann auch bei der Abwurferprobung der Hs 293D in Peenemünde-West als Vertreter der RPF mit zwei Mitarbeitern hauptsächlich innerhalb der Gruppe E4f unter Leitung von Dipl.-Ing. Kurt Wemheuer beteiligt. Die Untergruppe E4f bestand außer Wemheuer aus weiteren drei Mitarbeitern, wobei alle, bis auf einen, nach Peenemünde dienstverpflichtete Angehörige des damaligen Fernsehsenders Berlin waren.

Im August oder September 1943 hat der damalige Reichspostminister Dr. Wilhelm Ohnesorge mit dem Initiator des Projektes »Tonne/Seedorf«, Dr. Weiß, den Erprobungsfilm eines Hs-293D-Abwurfes, der das Monitorbild des Zielanfluges zeigte, Hitler in der Wolfsschanze vorgeführt.[3] Ohnesorge war es schon 1935 gelungen, den militärischen Anwendungsbereich der Fernsehtechnik der Luftwaffe zu unterstellen, weshalb auch hier immer wieder eine enge Zusammenarbeit mit dem RLM bestand.[3, 5]

Nach diesen allgemeinen Hintergrundinformationen soll auf die technische Entwicklung und den Aufbau der Fernsehgeräte näher eingegangen werden. Gegenüber den Anlagen des damaligen, öffentlich versuchsweise betriebenen Fernseh-Rundfunks, die normalerweise ortsfest waren und deren geräte- und energietechnischer Aufwand wenig Beschränkungen unterlag, mußten jene für den Betrieb in einem Flugzeug und Flugkörper grundsätzlich andere Bedingungen erfüllen. Eine derartige Neuentwicklung hatte folgende Voraussetzungen zu berücksichtigen:

1. Geringer Raumbedarf und kleines Gewicht der Geräte.
2. Geringer Energiebedarf.
3. Größtmögliche Vereinfachung des Geräteaufbaues, wenige Röhrentypen.
4. Bedienungsfreiheit von Kamera und Sender (Flugkörper).
5. Geringer Bedienungsaufwand des Empfängers (Trägerflugzeug).
6. Erschütterungsunempfindlichkeit.
7. Höhenfestigkeit.

Die Fernsehanlage bestand körperseitig aus der Kamera »Tonne A« und dem Sender »Seedorf«. Flugzeugseitig war der Empfänger »Seedorf« mit gleicher Tarnbezeichnung wie der Sender vorgesehen. Beide Anlagen waren, wie schon erwähnt, eine Gemeinschaftsentwicklung der Fernseh GmbH und der RPF.[1] Möglich waren diese Entwicklungen durch die Fortschritte, die in den Jahren 1934 bis 1936 sowohl in der Hochvakuumtechnik als auch in der angewandten Elektronenoptik gemacht wurden. Während noch wenige Jahre zuvor Fernsehtechnik und Elektronenoptik nichts miteinander zu tun hatten, weil die systematisch betriebene geometrische Elektronenoptik bedeutend jünger war und das ältere Fernsehen noch mit seinen mechanischen Lochscheiben (Nipkow, 1884), Spiegelrädern (Weiller, 1889) und Linsenkranzabtastern (Mechau, Telefunken, 1935) auskam.[6, 7]

Mit den gesteigerten Ansprüchen an die Schärfe des Fernsehbildes wurde die Beherrschung der zu bewegenden Massen für die mechanische Abtastung schwieriger. Hier bot sich der bewegte Elektronenstrahl als relativ einfaches Mittel an, um das zu übertragende Bild in viele Einzelpunkte aufzulösen und die zugehörigen elektrischen Impulse am Empfangsort wieder so rasch zu einem Mosaikbild zusammenzufügen, daß dem Auge ein Vorhandensein aller Bildpunkte vermittelt wurde.[7]

Um das Bild (Ziel) von einem Ort zu einem anderen zu übertragen, wurde es im Sender (Flugkörper) wie im Empfänger (Flugzeug) in eine große Zahl einzelner Elemente (Bildpunkte) aufgelöst. Diese Zerlegung wurde sowohl in der Bildsenderöhre (»Bildabtaströhre« bzw. Ikonoskop) wie in der Bildempfangsröhre (»Bildschreibröhre« bzw. Monitor) durch ein elektronenoptisches Linsen- und Prismensystem (»Bildfeldzerleger«) vorgenommen. Der Bildfeldzerleger diente zur Erzeugung und Bewegung eines Elektronenbündels, das eine bestimmte Form und festgelegte Eigenschaften aufweisen mußte. Die Ablenkorgane beider Bildfeldzerleger, der Bildabtaströhre (sendeseitig) und der Bildschreibröhre (empfangsseitig), wurden von einem gemeinsamen Kontaktgeber phasengleich gesteuert, womit eine genau synchrone Bewegung des Strahlenbündels in beiden Röhren eintrat.[7]

Die Bildfeldzerleger mit Strahlblende arbeiteten mit einem gebündelten Elektronenstrahl kleinen Querschnittes, der die einzelnen Bildpunkte ausblendete. Ihr Vorbild hatten sie grundsätzlich in der Braunschen Röhre mit Glühkathode. Aber die Ansprüche, die an eine damalige Oszillographenröhre gestellt wurden, genügten bei weitem nicht denjenigen, die man an eine Bildfeldzerlegerröhre stellen mußte. Hier waren wesentlich kleinere Bildfleckdurchmesser notwendig, deren Relativgröße nicht über $1/_{200}$ bis $1/_{400}$ der Bildlänge betragen durfte. Weiterhin benötigte man größere Ablenkwinkel des Elektronenstrahles bis zu 20° von der Röhrenachse, wobei auch beim größten Ablenkwinkel der Strahldurchmesser sich nicht wesentlich vergrößern durfte. Darüber hinaus sollte der Zerlegerstrahl so kurz wie möglich sein, um die Baulänge der Röhre nicht zu groß zu machen. Zu erfüllen waren diese Forderungen nur mit fehlerfreien und sorgfältig ausgerichteten elektronenoptischen Elementen. Damit lag der Schwerpunkt der damaligen Entwicklung auf dem Gebiet der Vermeidung bzw. Korrektur von Bildfehlern der Elektronenlinsen und der Ablenkorgane.[7]

Nach diesen allgemeinen Informationen des einschlägigen damaligen Entwicklungsstandes der Elektronenoptik wenden wir uns der speziellen technischen Entwicklung der Fernsehlenkanlage der Hs 293D zu. Die als Vorsatz (»Vorschuh«) auf den Bug des Flugkörpers gesetzte Fernsehkamera »Tonne A« besaß als Bildabtaströhre das Superikonoskop IS9. Hierin wurde das vom Kameraobjektiv auf eine Cäsium-Fotokathode oder Mosaikplatte vom Format ca. 7 × 9 mm projizierte optische Bild (Ziel) elektronenoptisch durch einen Elektronenstrahl mit Hilfe einer magnetischen Linse als Sendebild abgetastet.[1, 7] In Abb. 40 sind sowohl das Fernsehübertragungssystem als auch das Ikonoskop (Bildzerleger) im Prinzip dargestellt. Das Ikonoskop war eine Abart der Kathodenstrahlröhre. Anstelle des Leuchtschirmes besaß es im Inneren seines evakuierten Glaskolbens G eine Cäsium-Fotokathode (Mosaikplatte). Sie bestand einerseits aus einer fein unterteilten lichtelektrisch wirksamen Schicht S und andererseits aus einem metallischen Signalplättchen M. Die Schicht S setzte sich aus vielen feinen, tropfenförmigen, elektrisch voneinander isolierten Fotozellen zusammen. Die Zellen waren unter Zwischenlage einer Isolierhaut auf dem Plättchen M aufgebracht, das wiederum über den Widerstand R mit der Absaugelektrode A elektrisch verbunden war.

Wie in jeder Kathodenstrahlröhre wurde auch im Ikonoskop ein Elektronenstrahl E mit Hilfe einer elektrisch geheizten Kathode K erzeugt. Die aus der Kathode austretenden Elektronen wurden durch ein nachgeschaltetes elektrisches Linsensystem H zu einem scharfen Strahl gebündelt. Ehe der Strahl auf die Fotokathode traf, mußte er zwei waagerecht liegende Platten P1, P2 und zwei senkrecht angeordnete Ablenkplatten P3, P4 passieren. Die beiden Platten P1, P2 waren mit dem Kippgerät KG1 und die Platten P3, P4 mit dem Kippgerät KG2 verbunden. Beide Kippgeräte hatten die Aufgabe, den Elektronenstrahl über die Ablenkplatten durch Spannungsimpulse bestimmter Frequenz so zu beeinflussen, daß er die Fotokathode – z. B. beim damaligen Ikonoskop IS9 – mit einem senkrecht liegenden 224zeiligen Raster überzog. Nach Beendigung einer Bildflächenabtastung mußte dieser Vorgang entsprechend der Bildfolgefrequenz von 25 Hz nach $1/25$ sec wieder erfolgen, bis in 1 sec die Fotokathodenfläche 25mal abgetastet war. Um das zu erreichen, wurde den Ablenkplatten P3, P4 vom Kippgerät KG2 eine Spannung von 25 Hz (Kippspannung) und den Ablenkplatten P1, P2 vom Kippgerät KG1 eine Spannung von $25 \times 224 = 5600$ Hz zugeführt.

Sofern das optische Bild (Ziel) von Objektiv O der Kamera auf Schicht S projiziert wurde, erhielt jede Fotozelle eine der Helligkeit des jeweiligen Bildpunktes entsprechende Lichtmenge. Infolgedessen wurden in den Fotozellen – analog der Lichtmenge – Elektronen frei, die durch eine an die Anode A gelegte positive Vorspannung von S nach A abgesaugt wurden. Infolge des Elektronenverlustes wurde jede Fotozelle während der Bilddauer gegenüber der Anode A auf eine positivere Spannung aufgeladen, die dem Helligkeitswert der zugehörigen Bildpunkte entsprach. Die freigewordenen Fotoelektronen flossen in Form eines sich durch die mittlere Bildhelligkeit ändernden Gleichstromes zur Anode A. Dadurch bildete jede der kleinen Fotozellen mit der Metallplatte M, die keinem Elektronenabzug unterworfen war und demzufolge auch ein anderes Potential besaß, einen kleinen Kondensator. Glitt der Elektronenstrahl rasterförmig über die Fotokathode, konnte man ihm die Funktion eines »Umschalters« zuweisen. Sofern er eine Fotozelle traf, löste er einen Entladungsstoß des Elementarkondensators: Fotozelle – Platte M aus. Dessen Strom i floß über den Widerstand R zur Anode A. Die Stromstärke wurde durch die dem Helligkeitswert entsprechende Kondensatorladung bestimmt. An R entstand also ein Spannungsabfall, der dem Helligkeitswert des abgetasteten Bildpunktes entsprach. Nach Beendigung einer Rasterabtastung, die $1/25$ sec dauerte, begann das Spiel von neuem. Am Widerstand R entstand also ein Spannungsprofil, das $1/25$ sec dauerte und dem Bildinhalt entsprach. Dieser Bildinhalt wurde verstärkt und zur Modulation der Trägerwelle des Fernsehsenders herangezogen.[20, 21]

Als Objektiv war in die Kamera das Zeiss-Biogon mit einer Lichtstärke von 1 : 2,8 und der Brennweite von 35 mm eingebaut worden, womit sich ein Bildwinkel von etwa 13° ergab. Weiterhin besaß die Kamera einen Taktgeber, der den Bild- und Zeilenwechsel veranlaßte, zwei Kippgeräte für Zeilen- bzw. Bildkipp und einen Verstärker. Der Sender »Seedorf«, in den Flugkörper eingebaut, strahlte das von der Kamera mit 224 Zeilen und 50 Bildern/Sekunde aufgenommene Bild über die am Heck des Flugkörpers angebrachte Yagi-Antenne aus. Für die Bildabtastung war bei dieser Anlage auf den Zeilensprung verzichtet worden. Um bei der vorwiegend horizontalen Ausdehnung der Ziele in dieser Richtung eine bessere Bild-

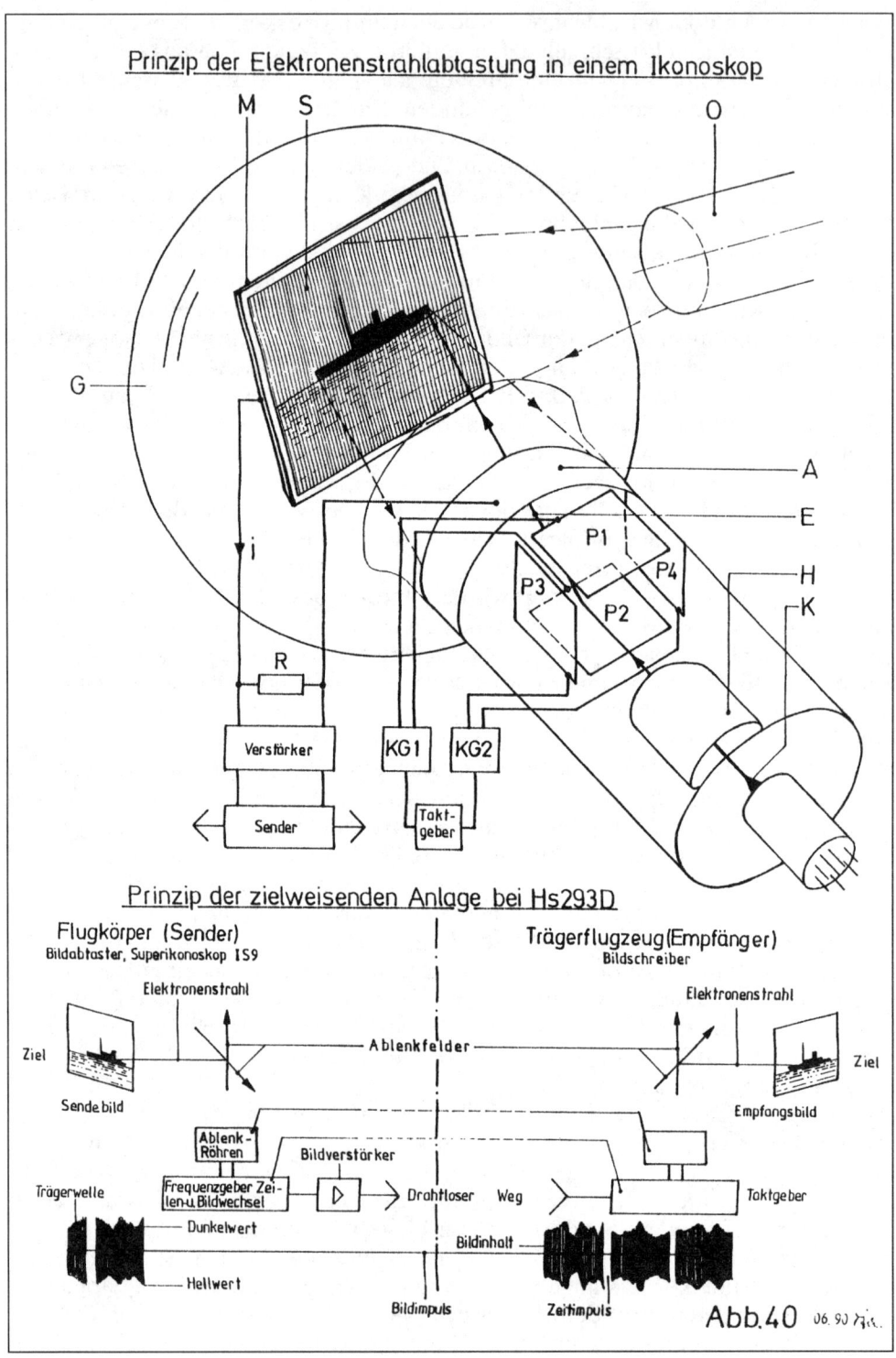

Prinzip der Elektronenstrahlabtastung in einem Ikonoskop

M S   O

G

i   A
                                                        E
                              P1
                          P4
                    P3
                          P2   H
                                                        K

R

Verstärker   KG1   KG2

Sender   Takt-
                    geber

Prinzip der zielweisenden Anlage bei Hs293D

Flugkörper (Sender)   Trägerflugzeug(Empfänger)
Bildabtaster, Superikonoskop IS9   Bildschreiber

Elektronenstrahl   Elektronenstrahl

Ziel   Ziel
                    — Ablenkfelder —

Sendebild   Empfangsbild

Ablenk-
Röhren   Bildverstärker

Frequenzgeber Zei-   ▷   → Drahtloser   Weg   Taktgeber
len-u.Bildwechsel

Trägerwelle

— Dunkelwert   Bildinhalt

— Hellwert

Bildimpuls   Zeitimpuls

Abb.40 06.90

378

auflösung zu erhalten, entschied man sich nach einigen Versuchen für die schon erwähnte senkrechte Zeilenlage. Jede Baugruppe der Kamera-Sender-Anlage bestand als in sich abgeschlossenes Element, die alle über Steckverbindungen miteinander verbunden waren. Die Kamera war in einem Chassis von $170 \times 170 \times 400$ mm aufgebaut. Damit hatte man die Forderung der Raumersparnis weitgehend erfüllt. Für den Betrieb benötigte die Kamera 29 Röhren: 27 Stück RV 12 P2000 und 2 Stück RL 12 T1, wobei nur zwei Röhrentypen zum Einsatz kamen. Die Stromversorgung erfolgte aus einer DEAC-Batterie von 24 V über einen Oemig-Umformer von 38 W, der an ein Netzgerät einen Wechselstrom von 500 Hz lieferte.[1] Um der weiteren Forderung nach Bedienungsfreiheit der Kamera gerecht zu werden, mußten besondere Maßnahmen für die Stromversorgung der Bildübertragungsröhre getroffen werden:

1. Der Heizstrom wurde mit einem selbstregelnden Eisen-Wasserstoff-Widerstand konstant gehalten. Das war eine Eisendrahtwendel, die zur Oxydationsvermeidung in einem mit Wasserstoffgas gefüllten Glaskolben angeordnet war und vom Heizstrom durchflossen wurde. Bei steigendem Strom bewirkte die größer werdende Erwärmung des Drahtes eine Widerstanderhöhung, die den Strom schon nach ganz kurzer Zeit wieder auf den alten Wert herabdrückte. Bei einer Stromschwankung nach unten veranlaßte der umgekehrte Effekt kurzzeitig wieder einen Stromanstieg. Die Wasserstoffüllung diente zur Wärmeableitung nach außen.[8]
2. Die Anodenspannung von 800V= für den Abtastelektronenstrahl stabilisierte man mit der Glimmstrecke einer Glimmlampe. Dabei machte man sich den Verlauf der Strom-Spannungskennlinie einer Glimmstrecke zunutze. Steigert man die an eine Glimmstrecke gelegte Gleichspannung, so beginnt bei Erreichung der Zündspannung U_z ein Strom zu fließen, und die Spannung an der Glimmstrecke sinkt auf die Brennspannung U_b ab, die nur sehr schwach mit steigendem Verbraucherstrom I_v zunimmt. Wählt man für eine widerstandsmäßig angepaßte Glimmlampe eine so hohe Zündspannung z. B. > 1000 V=, so sinkt bei Zündung die Brennspannung U_b auf 800 V= ab. Da U_b mit steigendem Strom I_v der Verbraucher (Röhren) nur sehr schwach zunimmt, wirkt eine Glimmstrecke wie eine Gleichstromquelle mit sehr kleinem Innenwiderstand.[9]
3. Die Stabilisierung der Gleichspannung zur Fokussierung des Abtaststrahles sowie zur Speisung der magnetischen Linse im Kamerateil war durch eine Röhrenschaltung vorgenommen worden.

Durch diese Maßnahmen und durch Verwendung temperaturkompensierter Kreise waren Nachregelungen an der Kamera-Sender-Anlage nicht notwendig. Um auf eine Blenden- oder Verstärkungseinstellung verzichten zu können, wurde eine sogenannte Schwarzsteuerung mit nachfolgender automatischer Verstärkungsregelung angewandt. Damit konnte, unabhängig vom Helligkeitsumfang des Zielobjektes, stets der ganze für die Bildübertragung zur Verfügung stehende Modulationsbereich durchgesteuert werden. Die zunächst vorgesehene automatische Blendenwahl konnte entfallen.

Die durchgeführten Schüttelversuche fielen positiv aus. Die Kamera war in dem zur Erprobung gebrachten Zustand zwar nicht grundsätzlich höhenfest, erfüllte aber diesbezüglich alle Ansprüche, die während der Flugerprobung mit der Hs 293D gestellt wurden.[1] Von anfänglich 32 000 RM konnte der Kamerapreis bei einer Fertigung von ca. 400 Stück im Jahre 1944 auf etwa 16 000 RM herabgesetzt werden.[2]

Nach der Schilderung der Aufnahmetechnik wollen wir uns dem Gebiet der Übertragungstechnik des Senders zuwenden. Auch hier sind neue Entwicklungsgedanken verwirklicht worden. Für die Trägerfrequenz des Senders von ca. 400 MHz, d. h. einer Wellenlänge von 73 cm, bei 10 bis 20 W Leistung wurde die sogenannte Negativmodulation angewandt. Diese auch nach dem Krieg für den Fernseh-Rundfunk verwendete Modulationstechnik lieferte eine bessere Bildqualität bei schwacher Empfangsfeldstärke, da Störungen keine überstrahlenden Lichtflecke, sondern Dunkelstellen erzeugen, welche die Erkennbarkeit des Bildes nicht so stark beeinflussen. Bei der Negativmodulation des Bildinhaltes werden die Synchronisationsimpulse positiv, wodurch eine einfache Fading-Regelung möglich ist.[1] Der Sender »Seedorf« besaß eine selbsterregte Spezialtriode TU 50, die über eine Diode, DU 10, in kombinierter Last- und Gitterspannungsmodulation zu 60 % moduliert wurde.

Besonders wichtig war die Wahl der Bildabtast-Synchronisierung zwischen der Sende(Körper)- und der Empfangsseite (Flugzeug). Als sicherstes Verfahren führte man die Mitnahme-Synchronisierung ein. Zu diesem Zweck erhielt die Kamera einen frequenzstabilisierten Muttergenerator (Taktgeber) für die Zeilen-Synchronisierfrequenz von 11,2 kHz. Die dem Bildinhalt überlagerten positiven Synchronisierungsimpulse dienten dazu, einen völlig gleichen Frequenzgenerator im Empfänger durch Mitnahme zu synchronisieren (Abb. 40). Das Zeilenkippgerät der Empfangsseite erhielt also seine Impulse vom Generator des Empfängers, so daß ein Ausfall der von der Kamera (Sender) übertragenen Impulse das Kippgerät nicht beeinflußte. Dadurch wurde die Synchronisierung der Zeilenkippgeräte in der Kamera und im Empfänger auch bei Übertragungsstörungen sichergestellt. Besonders bei Ausfall von Synchronisierungsimpulsen ließen sich unangenehme Bildstörungen durch Zeilen- bzw. Zeilengruppenausfall vermeiden.[1]

Eine Übertragung der Bildkippimpulse für die Synchronisierung der Bildfolgefrequenz bzw. des Bildwechsels von 50 Hz bereitete wegen der niedrigen Frequenz bei der Dimensionierung der Schaltkreise entsprechende Schwierigkeiten. Auf die Übertragung vom Sender zum Empfänger wurde deshalb verzichtet und die Kippfrequenz in jedem Gerät getrennt durch Frequenzteilung der Zeilenkippfrequenz gewonnen. Durch Verwendung temperaturkompensierter Schwingkreise konnte die Frequenzstabilität der Frequenzgeneratoren in einem Temperaturbereich von − 10 bis + 70 °C mit einer Genauigkeit von 10^{-3} gewährleistet werden.

Die Stromversorgung des Senders lieferte die gleiche Batterie wie für die Kamera über den Oemig-Umformer. Für die Ausstrahlung der Fernsehsignale war am Heck der Hs 293D eine Yagi-Antenne mit einem Reflektor, einem Strahler und drei Wellenleitern montiert.[1]

Für den Bildempfang des Lenkschützen im Trägerflugzeug war der Überlagerungs-Fernsehempfänger »Seedorf« entwickelt worden. Er besaß eine Bildröhre mit einem Schirmdurchmesser von 13 cm. Die Elektronenstrahlspannung betrug 6 kV. Bildröhre, Endverstärker, die Kippgeräte (Zeile und Bild) und das Hochspannungsteil waren konstruktiv zu einem Gerät zusammengebaut. Der Frequenzgeber mit Frequenzteiler, ebenfalls auf einem Chassis aufgebaut, konnte mit der erstgenannten Baugruppe zusammengesteckt werden. Der komplette Empfänger hatte die Abmessungen von $170 \times 200 \times 400$ mm mit einem Schirmbildausschnitt von 8×9 cm, den ein Abdeckrahmen umschloß.

Mit Hilfe der Stabilisierung von Hochspannung und Fokussierungsstrom erreichte man eine gleichbleibende Strahlschärfe. Die Spannung zwischen Schwarz und Weiß war automatisch geregelt. Auch wurden die Schwankungen der Empfangsfeldstärke automatisch ausgeglichen. Mit diesen Maßnahmen war die Bedienung des Empfängers auf drei Einstellungen beschränkt worden, die auch vor dem Abwurf vorgenommen werden konnten:

1. Einstellung der Grundhelligkeit (Potentiometerknopf).
2. Einstellung des Kontrastumfanges (Potentiometerknopf).
3. Einstellung der Bildphase über die Mitnahmesynchronisierung (Druckknopf).[1]

Der Empfänger »Seedorf« war mit Diodenmischer (LG 1) und einem dreistufigen ZF-Verstärker mit jeweils LV-1-Röhren ausgerüstet. Die ZF lag bei 8,4 MHz, die Bandbreite betrug $\pm 2{,}5$ MHz. Für ein gut sichtbares Fernsehbild war an der Antenne eine Eingangsspannung von 100 µV notwendig.[10]

Für die Umrüstung einer Hs 293, wobei von der V4-Ausführung ausgegangen wurde, zur Fernsehlenkbombe Hs 293D wurde ein Umrüstsatz entwickelt. Anstelle der anfangs an der Spitze angeordneten Trimmgewichte befestigte man ein kastenförmiges Gestell aus Elektrongruß (»Vorschuh«) das die Kamera aufnahm (Elektro-Optik GmbH). Über eine Steckerleiste wurde unterhalb des Gestelles das Netzgerät mit der Kamera verbunden. Der Umformer bekam seinen Platz zwischen den oberen beiden Befestigungsfüßen des Gestells. Über das Gestell war eine aerodynamische, zylindrische Blechverkleidung gestülpt, die formschlüssig auf den Bombenkörper überging. Als vorderer Abschluß der Verkleidung diente eine Klarsichtscheibe, welche durch die Batteriespannung gegen Beschlagen und Vereisung beheizt wurde. Auf der Steuerbordseite der Kappe war parallel zur Rumpfmittellinie eine Windfahne gelagert, deren Achse über Zahnsegmente im Kamerainneren eine Verschiebung des Kameraobjektives in Richtung der Flugkörper-Hochachse bewirken konnte. Diese mechanische Optikverstellung ist auch durch eine optische Lösung mit Hilfe eines Doveschen Prismas erreicht worden. Damit zeigte das Objektiv bzw. dessen optische Achse immer in Flugrichtung, womit ihr eine Flugwindfestigkeit gegeben war. Die Verlängerung des Rumpfvorderteiles durch die Kamera betrug 450 mm. Um neben den bereits vorhandenen Fernlenkgeräten des Gerätebrettes die zusätzlichen Bauelemente der Fernsehanlage, wie den Umformer, den Fernsehsender und eine zusätzliche DEAC-Batterie, unterzubringen, mußte auch das Brett und damit das Rumpfhinterteil um ca. 230 mm verlängert werden. Das Fluggewicht der Zelle erhöhte sich durch die Umrüstung um 130 bis 150 kg.

In das Trägerflugzeug mußte über dem horizontal liegenden Kommandogeber der Empfänger »Seedorf« eingebaut werden. Dessen Stromversorgung befand sich im Rumpfmittelteil des Flugzeuges. Die außenbords unterhalb des Rumpfes montierte Yagi-Empfangsantenne wurde nach den ersten Versuchen etwas versetzt, um auftretende Störungen durch die Propellermodulation zu vermeiden. Auch war am Tragflügel des Flugzeuges, oberhalb der Windfahne des Körpers, ein Leitblech anzubringen, um eine Anströmung der Fahne in Flugrichtung zu bewirken. Damit konnte zunächst eine Fesselung der Windfahne vor dem Abwurf und eine notwendige Entfesselung danach vermieden werden.[1]

12.6.2. Prinzip der Fernlenkung

So einfach, wie die Lenkung nach dem Zielweisungsverfahren mit Hilfe einer Fernsehanlage im ersten Augenblick aussehen mag, war sie aber nicht. Bei näherer Betrachtung der gegebenen Möglichkeiten konnte man vier Fernsehlenksysteme unterscheiden, um das Doppeldeckungsverfahren abzulösen.

Das schon erwähnte flugwindfeste System, bei dem die optische Achse der Fernsehkamera stets in Flugrichtung zeigte, ergab den als Hundekurve bekannten einfachsten Verfolgungsweg des Flugkörpers zum Ziel. Diese Kurve ergab sich aus der Tatsache, daß der Lenkschütze seine Kommandos nach dem Fernsehbild automatisch so gab, daß die Bahntangente an jedem Ort des Flugkörpers stets auf den gleichzeitigen Ort des Zieles gerichtet war (Abb. 41). Die theoretische Untersuchung der Hundekurve zeigte zwei grundlegende Eigentümlichkeiten:

1. Der Flugkörper traf ein bewegliches Ziel immer von hinten. Das bedeutete, seine Bahn mußte von rückwärts tangential in die Bahn des Zieles einlaufen.
2. Sofern die Geschwindigkeit des Flugkörpers mehr als doppelt so groß war wie jene des Zieles, wurde der Krümmungsradius der Verfolgungskurve bei Zielannäherung kleiner und erreichte im Augenblick des Treffens den Wert Null.[1]

Unter den normalen Einsatzbedingungen, wie sie damals zu erwarten waren, mußte in günstigen Fällen bei reinen Hundekurven mit einem Trefferfehler von 16 m gerechnet werden. Bei besonders günstigen Anflugbedingungen entsprechend weniger. Da der Krümmungsradius einer Hundekurve in Zielnähe immer kleiner wird, bestand auch die Gefahr, daß die notwendige Krümmung der Kurve die flugmechanischen Eigenschaften des Körpers überschritt. Dann flog er auf seinem kleinsten möglichen Kurvenradius weiter, wodurch mehr oder weniger große Zielfehler auftraten.

Außer dem flugwindfesten System gab es noch das körperfeste System, bei dem die optische Achse der Fernsehkamera parallel zur Flugkörperachse und körperfest montiert war. Bei diesem einfacheren Kameraeinbau wich die Bahntangente der Hs 293D von der Richtung zum Ziel naturgemäß um den Anstell- und Schiebewinkel des Körpers ab. Dabei war letzterer bei der Hs 293 wegen des Fehlens eines Seitenruders sehr gering. Aber trotzdem erreichte der Flugkörper seine größtmögliche Bahnkrümmung früher. Mit dem früheren Verlassen der Verfolgungskurve wuchs der Trefferfehler erheblich, womit das körperfeste System für die Fernsehlenkung nicht geeignet war.

Eine weitere Fernsehlenkmethode war das raumfeste System. Hierbei war die optische Achse der Fernsehkamera beim Abwurf durch die Flugrichtung des Trägers auf das Ziel gerichtet und danach weiterhin durch die Lagenstabilität eines beim Abwurf entfesselten Kreisels in dieser Richtung gehalten. Vom Lenkschützen war der Flugkörper so zu lenken, daß die optische Achse laufend auf das Ziel zeigte,

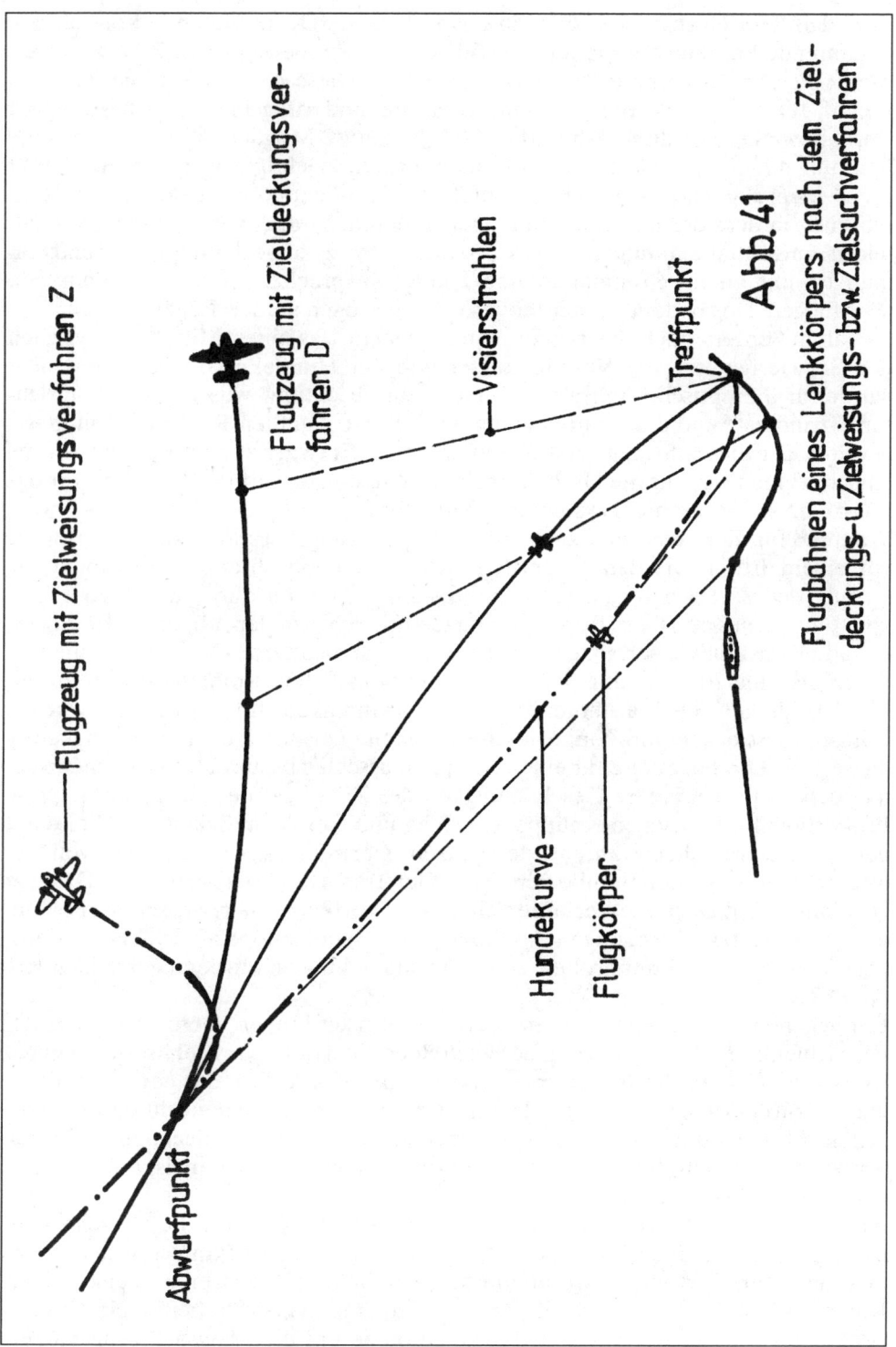

Flugzeug mit Zielweisungsverfahren Z

Flugzeug mit Zieldeckungsverfahren D

Visierstrahlen

Treffpunkt

Abb.41

Hundekurve

Flugkörper

Abwurfpunkt

Flugbahnen eines Lenkkörpers nach dem Ziel-
deckungs-u.Zielweisungs-bzw.Zielsuchverfahren

d. h., daß Kreiselachse und Visierlinie sich deckten. Diese Methode konnte man als laufende Parallelverschiebung der Visierlinie zum beweglichen Ziel auffassen, womit der gerade Vorhaltekurs verwirklicht war. Diese Art des Anfluges hätte zu Beginn für den Flugkörperkurs eine Richtungsänderung um einen bestimmten Vorhaltewinkel mit dem Bahnradius Null bedeutet. Möglich ist jedoch nur eine Lenkung mit einer endlichen Bahnkrümmung. Daraus folgte, daß nicht der Punkt 1 des ursprünglichen Abwurf-Vorhaltekurses erreicht werden konnte, sondern Punkt 1′, in dem der Flugkörper in einen anderen, parallel verschobenen Vorhaltekurs tangential einmünden mußte. Damit waren zwei gegenläufige Bahnkrümmungen mit einem Kommando und einem entsprechenden Gegenkommando zu erfliegen. Das bedeutete sehr hohe Anforderungen an den Lenkschützen.

Es gab außerdem noch das rückdrehende System, das einen Mittelweg zwischen den Schwierigkeiten des Vorhaltekurses und der Hundekurve darstellte. Dabei wurde für die optische Achse der Kamera eine Richtung zwischen der Flugrichtung (windfest) und einer durch einen Kreisel dargestellten Richtung (raumfest) gewählt. Da dieses System erst einem späteren Entwurf zugrundegelegt wurde, entschloß man sich für die Hs 293D, nach Diskussion der übrigen Systeme, für das flugwindfeste Fernsehlenksystem mit Windfahne.

Während für den Lenkschützen beim Doppeldeckungsverfahren Ziel und Bombe von einem dritten Ort, dem Trägerflugzeug, aus zu beobachten waren, erfolgte die Ortung des Zieles beim Fernseh-Zielweisungsverfahren durch das Fernsehbild vom Flugkörper aus. Dem Bombenschützen bot sich also der subjektive Eindruck, als ob er im Flugkörper sitzen würde. Eine kommandierte Querbeschleunigung durch die Querruder zwang den Körper bei konstantem Kommandowert auf einen Kreisbogen mit konstanter Winkelgeschwindigkeit. Im Fernsehbild wurden Winkel als Strecken und Winkelgeschwindigkeiten als lineare Geschwindigkeiten dargestellt. Das bedeutete für einen Knüppelausschlag bestimmter Größe eine genau definierte scheinbare Geschwindigkeit des Zieles auf dem Bildschirm. Diese Proportionalität zwischen Knüppelausschlag und Geschwindigkeit des Zieles auf dem Bildschirm blieb während des ganzen Zielanfluges – unabhängig von der wechselnden Lage der Bombe zum Ziel oder Trägerflugzeug – erhalten. Das war gegenüber dem Deckungsverfahren ein großer Vorteil, da hier, wie schon erwähnt, die beobachteten Bewegungen des Flugkörpers dem Knüppelausschlag nicht proportional waren und mit größeren Entfernungen kleiner wurden (siehe auch Kapitel 12.2.2.).

Ein gegebenes Höhenruderkommando leitete nach kurzer Verzögerung bei der Fernsehlenkung die Wanderung des Zielbildes ein. Hatte das Ziel im Bild den gewünschten Ort (Bildmitte) erreicht, war es nur erforderlich, das gegebene Kommando zurückzunehmen, wobei lediglich die Steuerwirksamkeit durch eine vorzeitige Kommandoverminderung zu beachten war. Beim Zieldeckungsverfahren war zur Beendigung des kommandierten Bewegungsvorganges meist noch ein Gegenkommando erforderlich.

Als Hilfsmittel zur Fixierung des Zieles in Bildschirmmitte war die optische Achse durch einen kleinen Drahtring an der Fotokathode des Ikonoskopes der Kamera markiert. Die Marke wurde mit dem Bildinhalt übertragen und erschien als Ringmarke in der Mitte des Bildschirmes im Empfänger. Da bei einem Querlagenkommando die Kamera mit der Gleitbombe um die Längsachse drehte, erfolgte auch auf dem Bildschirm für den Lenkschützen eine Drehung des Zieles in gleicher Richtung. Anfangs daraus vermutete Schwierigkeiten für die Lenkung bewahrheiteten sich später nicht.[1]

Von der DFS (Professor Fischel) wurden in Zusammenarbeit mit den HFW zur Untersuchung der Fernsehlenkmethoden und zur Schulung der Bombenschützen entsprechende Geräte entwickelt und gebaut. Zunächst wollte man mit Hilfe eines Studiengerätes die theoretischen Untersuchungen der einzelnen Fernsehlenksysteme praktisch nachvollziehen und bestätigen. Die Anlage war im Modellmaßstab 1 : 400 aufgebaut, während der Zeitmaßstab ungekürzt blieb. An die Stelle des Fernsehbildes und der Fernlenkung traten das direkte Bild und die direkte Lenkung. Der Lenkschütze saß auf einem Wagen (Bombenwagen). Er schaute durch ein Fernrohr über einen Spiegel zum Ziel und hatte die Aufgabe, sich mit den Lenkkommandos des vor ihm angeordneten Knüppels mit seinem Wagen zum ebenfalls angetriebenen Ziel zu bewegen. Das Ziel war, von einem Steuerpult aus ebenfalls lenkbar, auf einem Wagen als Bild dargestellt. Um noch die Rollbewegung des Flugkörpers zu simulieren, mußte in den optischen Strahlengang vom Bombenwagen zum Ziel ein Glied eingeschaltet werden, das den gleichen Effekt erzielte. Hierzu wählte man ein Dove-Prisma, das sich immer dann automatisch drehte, wenn der Bombenwagen durch die Knüppelbewegung des Lenkschützen eine Kurve auf seinem Weg zum Ziel beschrieb. Um die verschiedenen Verfahren untersuchen zu können, waren die Spiegeleinsätze wie folgt auswechselbar:

1. Der Einsatz mit festem Spiegel entsprach dem flugwindfesten System mit Windfahne, da Bildachse und Bahntangente sich stets deckten.
2. Der Einsatz mit künstlicher Rückdrehung entsprach dem körperfesten System. Hier wurde der Anstell- und Schiebewinkel des Flugkörpers aus der Drehbewegung des Wagens abgeleitet.
3. Der Einsatz mit kreiselstabilisiertem Spiegel entsprach dem raumfesten System.

Mit diesen drei Spiegeleinsätzen konnten die Bahnkurven und die zu erwartenden Zielfehler »erflogen« werden. In einer zweiten Geräteausführung war die Silhouette des Zieles auf und ab bewegbar, um den Bombenschützen zu zwingen, den Flugkörper in zwei Ebenen zu lenken, weshalb der Umlenkspiegel um die Horizontalachse, vom Lenkschützen ebenfalls beeinflußbar, angeordnet war.

Das Studiengerät hätte ebenfalls für die Schulung der Lenkschützen herangezogen werden können, war aber wegen des benötigten Raumes zu unhandlich. Deshalb wurde der Vorschlag für ein Pultübungsgerät gemacht. In diesem Gerät sollten Filme verwendet werden, die von Flugzeugen im Vorbeiflug an einem Ziel aufgenommen wurden. Das Ziel befand sich also mehr oder weniger außerhalb des Bildmittelpunktes. Wurden solche Filme zur Schulung benutzt und dem Schüler Mittel in die Hand gegeben, den »Zielfehler« optisch auszugleichen, hätte dieser mit Hilfe eines Lenkknüppels jene Lenkbewegungen üben können, die bei einem richtigen Bombenwurf durchzuführen waren, um das Ziel wieder in Bildmitte zu bringen. Man plante in den Strahlengang eines Filmprojektors zwei drehbare Spiegel und ein Dove-Prisma einzuschalten. Das gedrehte Prisma führte die Querlage des Bildes aus und die beiden Spiegel die Kursdrehung und die Höhenbewegung.

Die Befehle hierzu kamen über den Lenkknüppel und eine Rechenmaschine, die die Flugmechanik der Bombe berücksichtigte. Wenn das zuletzt beschriebene Gerät auch nicht gebaut wurde, so faßte man dessen Verwirklichung bei der DFS doch immer wieder ins Auge, so z. B. für Gleitbomben und Flugabwehrraketen.[11] Auch bei den HFW baute man ein ähnliches Pultgerät, wie es bei der DFS geplant war. Hier verwendete man anstatt des beweglichen Filmes ein Diapositiv, das sich nach einer simulierten Flugbahn aus seiner Lage in der Mitte einer Mattscheibe bewegte. Die Aufgabe des Bombenschützen war es, das Ziel mit dem Kommandogeber immer wieder in Bildmitte zu bringen bzw. dort zu halten. Bei einem Querlagenkommando drehte das Bild um die Mattscheibenmitte. Bei einem Höhenruderkommando bewegte es sich in vertikaler Richtung.

12.6.3. Erprobung

Außer für den Einsatz in der Hs 293 sollte die Fernsehkamera als »Tonne P« auch in dem kleinen unbemannten Sprengpanzer »Goliath« zur Fernlenkung eingesetzt werden. Die beiden völlig verschiedenen Verwendungen erforderten wiederholte Umkonstruktionen, weshalb die eigentliche Flugerprobung in Peenemünde-West erst im Juli 1943 beginnen konnte.[2]

Der aufschlußreiche Bericht der Erprobungsstelle der Luftwaffe, B.Nr. 2267/42 E4 geheime Kommandosache vom 10. Oktober 1942[4], gibt einen Einblick in den damaligen Stand der »Entwicklung und Erprobung von Fernsehgeräten für ferngesteuerte Körper«. Bis zum Berichtszeitpunkt hatte die RPF, wie eingangs des Kapitel 12.6.1. schon erwähnt, von der zivilen Fernsehnorm mit 50 Bildern pro Sekunde zu 220,5 Zeilen durch Anwendung des Zeilensprungverfahrens ausgehend, ein 441-Zeilen-Bild mit 25 Bildwechseln pro Sekunde geschaffen. In mehreren Entwicklungsstufen war dann eine räumlich genügend kleine Anlage erstellt worden, deren Kamera ein 224-Zeilen-Bild bei 50 Bildwechseln ohne Zeilensprung lieferte. Dadurch entstand ein geringerer Aufwand und eine größere Betriebssicherheit.

Mit diesen, in eine Hs 293 zunächst noch nicht einbaufähigen Geräten konnte die RPF in eigenen Versuchen die Brauchbarkeit der Anlage nachweisen. Hierzu gehörten auch Flüge mit einer Ju 52, in der die Kamera über einer offenen Bodenluke eingebaut war und die in Bahnneigungsflügen Ausflugsschiffe, später spezielle Motorboote, auf dem Müggelsee anflog. Die aufgenommenen Bilder wurden über den ebenfalls eingebauten Fernsehsender zum Henschel-Werkflugplatz Diepensee (Schönefeld) gesendet, wo auch eine Abordnung des RLM sich von der Qualität des übertragenen Fernsehbildes überzeugte. Insbesondere lag der 2-m-Wellenbereich übertragungstechnisch günstig. Häufige Besuche von Versuchsstellenmitarbeitern der Gruppe E4f bei der RPF wie Übertragungsversuche und Vorführungen der RPF in Peenemünde dienten zur Unterrichtung über diese Versuchsergebnisse. Hierbei konnten Entfernungen von 20 bis 30 km ohne merkliche Störungen sowie bis 60 km bei unter Umständen tragbaren Störungen überbrückt werden. Die Störungen bestanden hauptsächlich im periodischen Zusammenbrechen der Empfangsspannung und damit auch des Bildrasters infolge von Interferenzen der direkten und der an der Meersoberfläche reflektierten Welle. Voraussetzung für eine einwandfreie Übertragung waren also Sende- und Empfangs-antennen mit ausgeprägter Richtcharakteristik.

Die Versuche zeigten weiterhin, daß die von der Kamera optisch erfaßbare größ-te Entfernung bis zum Ziel nicht allein von der Zeilenzahl und der Güte der Über-tragung abhing. Neben der wetterbedingten Sicht spielte die Wahl des Objektiv-Bildwinkels eine entscheidende Rolle. Der Verwendung von Teleoptiken war we-gen der Körperbewegungen im Flug eine Grenze gesetzt. Aus diesem Grund hat-te man damals die schon erwähnte Windfahne zur Einstellung der Optik auf die Flugbahnrichtung in Vorbereitung. Zunächst ergaben die Erprobungen der RPF-Anlage, daß mit einer Erkennbarkeit von mittleren und großen Schiffszielen auf eine Entfernung von 6 bis 12 km bei guter Sicht gerechnet werden konnte.

Von den 20 in Auftrag gegebenen einbaufähigen Sendeanlagen war damals etwa die Hälfte fertig. Eine davon wurde Anfang Oktober 1942 gerade in eine Muster-zelle eingebaut.[4] Die Fernsehgeräte wurden vom Frühjahr 1943 ab serienmäßig von den Firmen Fernseh GmbH (Entwicklung) und Blaupunkt-Werke GmbH (Fertigung) nach den Richtlinien der RPF erstellt. Die bisher gelieferten Geräte zeigten bei einer Senderwellenlänge von 73 cm dieselbe Güte wie die Versuchs-geräte der RPF. Die zu überbrückende Entfernung war dabei aus physikalischen Gründen etwas geringer als bei der Wellenlänge von 2 m. Für einen späteren Ein-satz mußte der ganze Wellenbereich zwischen 70 und 200 cm in Betracht gezogen werden, um die entsprechenden Kanäle unterbringen zu können. Auch von den Seriengeräten erhielt die Erprobungsstelle einige Anlagen zur Verfügung gestellt, von denen eine in eine provisorisch einbaubare Form gebracht und in eine Hs 293 eingebaut wurde. Es konnte dabei eine Reihe konstruktiver und schaltungstechni-scher Fragen geklärt werden.

Die Entwicklung bei Loewe-Radio, Berlin, wurde unmittelbar vom RLM und spä-ter als bei den beiden vorgenannten Institutionen veranlaßt. Hier sollte vor allem eine vereinfachte und leichtere Schaltung mit geringeren Abmessungen und klei-nerem Stromverbrauch geschaffen werden. Da aber die ursprüngliche Vereinfa-chung der Bildabtastung mit Hilfe eines von LRB vorgeschlagenen Spiralrasters keine Erfolge zeigte, wurde die Firma Telefunken mit ihrer großen Erfahrung auf dem Gebiet der Bildfängerröhren herangezogen.[4]

Aufgrund des Entwicklungs- und Fertigungszustandes bei den einzelnen Entwick-lungsstellen und den begleitenden Erprobungen bezüglich Kälte-, Feuchtigkeits-und Erschütterungsfestigkeit bei der E-Stelle konnte mit einer Flugerprobung ge-gen Ende des Jahres 1942 gerechnet werden. Demzufolge richtete die E-Stelle ei-ne He 111 (PH + EI) für den Betrieb mit untergehängter Zelle sowie Einbau der Empfangsanlage her, womit Fragen der Anordnung und Installation geklärt wur-den. Danach erfolgte bei einer zweiten He 111 (KC + NW) der Einbau einer wei-teren Empfangsanlage, womit bei untergehängter Zelle an der ersten He 111 Emp-fangsversuche mit dem zweiten Flugzeug vorgenommen wurden. Auch konnten Störeinflüsse der übrigen Bordanlagen auf den Fernsehempfang geklärt werden. Weiterhin untersuchte man die Güte des Fernsehbildes in Abhängigkeit der im Ein-satz zu erwartenden Betriebsspannungsschwankungen von 22 bis 28 V bzw. in Ex-tremfällen bis 30 V. An den Grenzen dieser Bereiche traten Bildschärfeeinbußen auf, deren Beseitigung der FSG übertragen wurde.[4] Neben diesen Erprobungen beteiligte sich die E4f der E-Stelle weitgehend an der Betreuung der Entwicklun-

gen. Hier war besonders die Erstellung von Meß- und Prüfgeräten für den Abwurfbetrieb voranzutreiben; auch einschlägige Firmen sollten mit eingeschaltet werden.
Die Gruppe E2 wurde mit Versuchen zur Ermittlung der Schwingungsamplitude
der Körperachse im gelenkten Flug einer Hs 293 beauftragt. Diese Information
war für den ersten Abwurf mit Fernsehlenkanlage insofern wichtig, als danach die
Abwurftechnik zu wählen war, die dafür sorgte, daß das Ziel nicht zu weit und zu
lange nach dem Abwurf aus dem Blickfeld der Kamera verschwand. Die Messung
der Amplitude wurde mit Hilfe einer in die Spitze des Schubkörpers eingebauten
Filmkamera vorgenommen. Die Kamera filmte den Abwurfvorgang vom Flugkörper aus in Richtung Ziel, wurde mit Hilfe eines Zeitwerkes kurz danach aus dem
Schubkörper ausgestoßen und schwebte an einem Fallschirm nieder.[4]
Einen großen Raum der Vorerprobung nahm auch die Beheizung der in die Spitze des Flugkörpers eingebauten Kamera ein, wozu die Gruppe E3 der E-Stelle
herangezogen wurde. Die dazu notwendigen Heizflüge koppelte man gleichzeitig
mit der Erprobung auf Höhenfestigkeit in den zunächst festgelegten Höhen bis
7000 m. Hier kam der Beheizung des Vorschuhfensters für das Kameraobjektiv
entsprechende Bedeutung zu. Auch war dabei zu prüfen, ob die Kapazität der Ak-
kubatterien für den Betrieb von Kamera und Sender ausreichte, womit auch La-
gerungs- und Lebensdauerprobleme zu überprüfen waren.[4]
Die Gruppe E4 hatte vor Beginn der eigentlichen Abwurferprobung eine größere
Zahl von Zielanflügen mit untergehängter Zelle durchzuführen. Erfahrungsgemäß zeigten sich dabei versteckte Fehler in der Anlage, die durch die flugbedingten Erschütterungen zutage traten. Außerdem war eine Eingewöhnung der
für den Abwurfbetrieb vorgesehenen Mitarbeiter der E-Stelle notwendig, um sie
mit den erforderlichen Handgriffen im Flugzeug vertraut zu machen. Ebenfalls
konnten mit Hilfe von zwei Flugzeugen (eines simulierte den Flugkörper) die
übertragungsmäßig erlaubten gegenseitigen Lagen in der Luft ermittelt werden,
um die vorläufig günstigste Taktik für die ersten Abwürfe festzulegen. Der Pilot
benötigte nur eine einfache Fadenkreuz-Zieleinrichtung, um die Einstellung der
optischen Achse der Körperzelle auf das Ziel kurz vor dem Abwurf zu ermöglichen. Alle eintreffenden Geräte mußten von E4 wie folgt überprüft werden auf:

1. ihre allgemeine Funktion
2. mechanischen Aufbau, Schüttelfestigkeit
3. Richtigkeit der Betriebsdaten, elektrische Überlastung, Übertemperaturen
4. Konstanz der Betriebsdaten
5. Temperaturabhängigkeit der Betriebsdaten
6. Betriebsspannungsabhängigkeit der Betriebsdaten
7. Höhenfestigkeit
8. Einschaltzeit
9. Empfindlichkeit gegen elektrische Störungen untereinander, aus den Netz-
   geräten und von außen
10. Austauschbarkeit
11. Eigenschaften, die sich aus ihrer besonderen Funktion ergaben, waren zu er-
    mitteln an: Kamera, Sender, Empfänger, Bildschreiber, den Netzgeräten, sowie
    den Hilfseinrichtungen (Geräterahmen, Zielmarke der Kamera, Optiksteue-
    rung, Antennen, Batterien, Kabeln)

Aus den bisher geschilderten Arbeiten der Versuchs- bzw. E-Stelle ist einmal mehr Aufgabenspektrum und Arbeitsweise ersichtlich.[4]

Um die Erkennbarkeit von Land- und Seezielen bei verschiedenen Beleuchtungs- und Witterungsverhältnissen zu ermitteln, führte man entsprechende Zielanflüge mit rot- und blaulichtempfindlichen Ikonoskopen durch. Hier zeigten sich besonders bei Dunst die rotempfindlichen Geräte überlegen. Dagegen ergaben bei Luftzielen, die von unten gegen den Himmel beobachtet wurden, die blauempfindlichen Ikonoskope ein besseres Bild.[1]

Die Abwurferprobung der Hs 293D wurde sowohl in Peenemünde-West als auch – nach dem ersten Luftangriff am 17./18. August 1943 – bei der E-Stelle Jesau durchgeführt. Nachdem zunächst eine Reihe von Zielanflügen des Trägerflugzeuges mit untergehängter Bombe ohne Abwurf zur Kontrolle ihres Verhaltens im Flugbetrieb und zur Prüfung des Flugzeugführer-Anflugvisiers absolviert worden war, ging man im Juli 1943 zur eigentlichen Abwurferprobung über. Bei diesen Abwürfen löste der Bombenschütze, wenn der Flugzeugführer das Ziel mit seinem Visier erfaßt hatte und das Zielschiff auch in der markierten Bildmitte der Empfangsröhre lag, den Flugkörper aus. Nach kurzem Schwanken des Zieles, das durch die Bewegung der Windfahne vom Abwurf her verursacht wurde, stand das Bild gewöhnlich ruhig, und der Lenkschütze konnte den Flugkörper nach dem beschriebenen Verfahren zum Ziel lenken.[1] Die Abwürfe wurden, sowohl in Peenemünde als auch in Jesau, nur auf stehende Schiffsziele durchgeführt. In Peenemünde fanden auch einige Abwürfe auf die mit Blech beschlagene Bretterwand auf dem Struck statt, die eine Schiffswand darstellen sollte.

Auch bei diesen Versuchen wurden alle Abwürfe von der Meßbasis vermessen und entsprechende Registrierarbeiten von der Fernsehgruppe E4f durchgeführt. Hierfür hatte die Dienststelle einen Opel-Blitz-Funkwagen ausgebaut und dort eine komplette Fernsehempfangsanlage mit einer Registriereinrichtung für die gegebenen Funklenkkommandos eingebaut. Bei den Abwürfen der Hs 293D fuhr der Registrierwagen aus dem Bereich der E-Stellengebäude heraus, so z. B. in Peenemünde an den äußersten nördlichen Rollfeldrand, in der Nähe der Fi-103-Schleudern und in Blicknähe zum Zielschiff. Später in Jesau stationierte man den Wagen wegen der größeren Entfernung zum Abwurfplatz auf der Kurischen Nehrung. Mit dieser Maßnahme wurde vermieden, daß die gegenüber der Kommandoübertragung gegen Störungen durch Reflexion und Abschirmung empfindlichere Bildübertragung gestört wurde. Mitte 1943 baute man weitere Prüfwagen für die Prüfung der Fernseh-, Sende- und Empfangsanlage. Zur Prüfung der Sendeanlage des Körpers wurde »Prüfwagen I« und für die Empfangsanlage des Trägers »Prüfwagen II« in einigen Stückzahlen gebaut. Hiermit war besonders daran gedacht, erste Kontrollmittel für den späteren Einsatz bei der Truppe zu schaffen. Mit Hilfe der in den Wagen enthaltenen Prüfgeräte sollten die maßgebenden elektrischen Daten im Körper und im Träger vor dem Einsatz überprüft werden. Die Prüfgeräte wurden so ausgelegt, daß sie die Toleranzen der funktionswichtigen elektrischen Werte kurz vor dem Einsatz überprüfen konnten und daß die Endprüfung bei unklarer Anlage zeigte, welche Teilgeräte nicht in Ordnung waren. Damit sollte der Truppe die Möglichkeit gegeben werden, mit dem Auswechseln des defekten Gerätes durch die Reparaturtrupps, die Anlage funktionsfähig zu machen.[12]

Nach dem schon erwähnten Luftangriff im August 1943 verlagerte die E-Stelle ihre Abwurfaktivitäten mit der Hs 293D schwerpunktmäßig an die als Ausweichplatz dienende E-Stelle Jesau. Von hier aus kam auch der erste, die bisherigen Erprobungsergebnisse zusammenfassende und die Forderungen für eine weitere Erprobung mit der Hs 293D aufstellende Bericht.[13] Darin verlangte die E- Stelle eine Verbesserung der Betriebssicherheit sowie der Bildqualität der FB-Kamera. Eine einheitliche Gestaltung der ringförmigen Zielmarke und die Einführung einer eingespiegelten Lichtmarke zur leichteren Auffindung des Zieles wurden als unerläßlich bezeichnet. Auch forderte der Bericht eine Verbesserung der Zielerkennbarkeit und der Übertragungsverhältnisse zwecks größerer Beweglichkeit des Trägerflugzeuges nach dem Abwurf. Die Anwendung von Doppeltriebwerken beim Flugkörper für geringe Abwurfhöhen wurde vorgeschlagen.

Die Lichtmarke verwirklichte man dadurch, daß in die Kamera ein Kurskreisel eingebaut wurde, dessen feste Lage im Raum eine Lichtmarke als Hilfsziel auf die Fotokathode des Ikonoskops spiegelte, die dann mit dem Bildinhalt zum Trägerflugzeug übertragen wurde. Da der Abwurf in Richtung auf das Ziel erfolgte, wies die übertragene Lichtmarke auch die Richtung zum Ziel. Der Lenkschütze konnte damit nach dem Abwurf, die kreiselstabilisierte Lichtmarke als Hilfsziel benutzend, auch dann einen zielgerechten Kurs lenken, wenn ihm aus irgendeinem Grund das Ziel selbst vorübergehend vom Flugkörper nicht übertragen werden konnte.[1, 13]

In der Zeit vom 3. April 1944 bis zum 30. Mai 1944 wurden zehn Hs-293D-Abwürfe im Zentralanflug unter Verwendung der FB-Anlage »Tonne A« in Jesau durchgeführt. Davon konnten sechs Körper bei kürzeren Bildausfällen ausschließlich nach FB (Fernseh-Bild) gelenkt werden. Die dabei aufgetretenen großen Trefferablagen waren durch mangelnde Betriebssicherheit der FB-Geräte, durch unruhiges Verhalten des Flugkörpers bei höheren Bahngeschwindigkeiten und vorübergehende kürzere oder längere Bildunterbrechungen gegeben. Die Unterbrechungen waren hauptsächlich beim Abwurf durch starke Querlagen oder Kursabweichungen des Trägerflugzeuges vom Flugkörperkurs und durch Bodenreflexionen verursacht worden. Besonders die Schwierigkeiten bei Reflexionen der 70-cm-Trägerwelle machten das Empfangsbild unbrauchbar. Als Abhilfe hatte man die schon erwähnte Mitnahmesynchronisation der Zeilenfrequenz eingeführt. Außerdem erfolgte 1944 die Verwendung von Sendeantennen mit nierenförmiger Charakteristik.[2] Aber trotz aller Maßnahmen konnte das Gesamtergebnis der Abwurferprobung nicht grundlegend verbessert werden, wie noch gezeigt wird.

Im Zuge der genannten Abwürfe diskutierte man auch die Vor- und Nachteile des Fernsehzielverfahrens gegenüber dem Doppeldeckungsverfahren in Verbindung mit dem Schiffssuchgerät FuG 200.[14] Dieses Gerät mit dem Tarnnamen »Hohentwiel« der Firma Lorenz wies damals bereits einen hohen Reifegrad auf und hatte gegenüber den Konkurrenzgeräten »Lichtenstein S« und »Rostock« eine wesentlich höhere Leistung von 30 kW bei einer Betriebsfrequenz von 550 MHz. Es konnte ein Schiff mittlerer Größe (5000 t) schon in 80 km Entfernung orten. Die Meßgenauigkeit im Nahbereich (10 bis 15 km) betrug ± 50 m[15], wodurch es in der Lage war, dem Trägerflugzeug die Zielrichtung auch bei schlechter bzw. teilweise ganz unterbrochener Sicht zu weisen und in Verbindung mit der raumfest eingespiegelten Lichtmarke einen zielgerechten Abwurfkurs des Trägers zu veranlassen.

Die E-Stelle Jesau war zwischenzeitlich – wegen der allgemeinen militärischen Lage an der Ostfront – wieder aufgegeben und der gesamte Betrieb nach Peenemünde-West zurückverlegt worden. Deshalb fand die weitere Abwurferprobung mit der Hs 293D in der letzten Phase dort statt. In der Zeit vom 7. bis zum 20. August 1944 wurden weitere fünf Abwürfe im Zentralanflug mit der Hs 293D in Karlshagen durchgeführt. Verwendet wurde die FB-Sendeanlage »Tonne 4a« und die FB-Empfangsanlage »Seedorf 3« des Trägerflugzeuges He 111, DP + CO.[18] Hierbei konnten von der Geräteseite befriedigende Ergebnisse erzielt werden. Es traten keine Ausfälle der FB- Übertragung auf. Der letzte Wurf war ein Volltreffer.[16] Über die fünf Abwürfe hinaus warf man sieben weitere Hs 293D in Karlshagen und faßte die Ergebnisse der gesamten zwölf Versuche in einem abschließenden Bericht zusammen.[17] Daraus geht hervor, daß die befriedigenden Ergebnisse der ersten fünf Würfe beim Geradeausflug stark vom Einbauort der FB-Empfangsantenne am Trägerflugzeug sowie der Antennenbauart abhängig waren. Hier hätten sicher noch Verbesserungen durchgeführt werden können.

Die Betriebssicherheit der FB-Geräte, verglichen mit jener der Fernlenkanlage, war als befriedigend zu bezeichnen. Von den zwölf geworfenen Körpern stürzten zwei ab. Die Ursache lag hierbei allerdings in der Fernlenkanlage des Trägerflugzeuges.[18] Acht Körper waren fernlenk-, fernseh- und übertragungsseitig vollkommen in Ordnung und konnten nach dem Fernsehbild auf das Ziel gelenkt werden. Neben dem schon erwähnten Volltreffer lagen aber alle anderen Einschläge mehr als 100 m vom Ziel entfernt. Dieses schlechte Ergebnis war durch den Einfluß von Seitenwind und durch Justierfehler des Bildfängers (Kamera) einschließlich dessen Verstelloptik bedingt, womit die Einhaltung einer geradlinigen Flugbahn erschwert war. Die damit gegebenen Zielabweichungen erzwangen kurz vor dem Ziel eine stark zunehmende Krümmung der Flugbahn (Hundekurve), die vom Flugkörper nicht mehr ausgeflogen werden konnte. Eine weitere wichtige Tatsache für die schlechten Trefferergebnisse war die erforderliche Umschulung der Lenkschützen vom Beschleunigungsprinzip des Doppeldeckungsverfahrens auf das Geschwindigkeitsprinzip des Fernseh-Zielweisungsverfahrens. Diese Schwierigkeiten bestätigte auch der hervorragende Lenkschütze C. Neuwirth dem Verfasser nach dem Krieg in einem Gespräch. Aus den genannten Gründen kann auch die in dem Abschlußbericht[17] gezogene Konsequenz verstanden werden: »In einer zusammenfassenden Stellungnahme zur FB-Erprobung verneint die E-Stelle die Einsatzfähigkeit der Hs 293D bei der Truppe oder im Sondereinsatz für die nächste Zeit.«

Wenn man außer den genannten Schwierigkeiten noch den gesamten technischen Aufwand der FB-Anlage und der eigentlichen Fernlenkanlage betrachtet und ihm die Erprobungsergebnisse gegenüberstellt, dann war eigentlich zu diesem Zeitpunkt keine andere Entscheidung möglich. Damit endete wieder einmal eine zwar interessante und mit vielen bemerkenswerten technischen Lösungen ausgestattete Entwicklung, zumindest für die damals noch verbleibende Zeit, in einer Sackgasse. Sicher hätten die seinerzeit gesammelten Erfahrungen mit der militärischen Fernsehtechnik auch im zivilen Bereich für Deutschland große Fortschritte gebracht, die dann aber in den allgemeinen Verboten der Nachkriegszeit verloren gingen.

Im ganzen sind ab Mitte 1943 bis gegen Ende 1944 etwa 80 Hs 293D in Peenemünde und Jesau geworfen worden. Davon konnten nur etwa 2 % Volltreffer erzielt werden, weil einerseits die FB-Anlage nur bei Fehlen jeglicher elektrischer Störstrahlung, Reflexion und bei klarer Sicht funktionierte und andererseits die Umschulung der Bombenschützen größte Schwierigkeiten bereitete.

Aufgrund des Tätigkeitsberichtes für die Zeit vom 16. November bis zum 29. November 1944 der Gruppe E4e, Punkt 8, ist davon auszugehen, daß in dieser Zeit die letzten beiden Hs 293D abgeworfen wurden.[19]

12.7. Die Drahtlenkung der FK (Gleit- und Fallbomben)

Die Frage der Störbarkeit war bei der Fernlenkung von Flugkörpern von großer Bedeutung. Um es nochmals zusammenfassend zu erläutern, hatte man bei der drahtlosen Funkfernlenkung des Kehl-Straßburg-Systems diese Störbarkeit in dreifacher Weise erschwert. Durch die quasioptische Ausbreitung der UKW-Lenksignale war eine Störung auf weite Entfernungen ohne große Höhen unwahrscheinlich. Auch für den B-Dienst ergaben sich hieraus starke Einschränkungen. Durch hohe HF-Selektion und 18 wahlweise verfügbare HF-Kanäle war die Störmöglichkeit gleichfalls eingeschränkt. Weiterhin lag noch eine tonfrequente Selektion durch die vier Steuerfrequenzen vor, die bei beabsichtigten Störkommandos noch durch ihre Tastfrequenz geschützt waren. Da weiterhin durch das Angriffsverfahren bestimmte Lagen von Körper und Flugzeug gegeben waren, wurde durch günstige Antennencharakteristika auf der Sende- und Empfangsseite versucht, das Verhältnis von einem Nutz- zu einem möglichen Störsignal möglichst hoch zu halten.

Aber trotz der geschilderten Erschwernisse einer Störbarkeit der FT-Kommandos wurden diese Verhältnisse damals als nicht ausreichend angesehen. Um im Fall auftretender Feindstörungen im Einsatz nicht behindert zu werden, beschritt man seinerzeit zwei Wege. Einmal wurde die Fernlenkung über Draht und zum anderen durch FT-Ausweichbänder vorbereitet, um mehrere Schritte nacheinander zur Auswahl zur Verfügung zu haben. Anfangs lief auch noch eine Entwicklung, die das amplitudenmodulierte Kehl-Straßburg-System durch ein solches mit Frequenzmodulation unter der Bezeichnung FuG 205 »Greifswald«/FuG 235 »Kolberg« ersetzen sollte (Tab. 4). Aus Kapazitätsgründen gab man aber diese Absicht nach den ersten V-Mustern auf.[1]

Bei der Entwicklung der Drahtlenkung waren erhebliche Schwierigkeiten zu überwinden. Nachdem sowohl Dr. Kramer für FX als auch Professor Wagner für Hs 293 1941/42 selbständige Wege zur Verwirklichung beschritten hatten, aber nicht zur optimalen Lösung gekommen waren, legten beide ihre Entwicklungserfahrungen zusammen und brachten eine gemeinsame Lösung in Zusammenarbeit mit der Versuchsstelle Peenemünde-West zum Abschluß.[1, 4]

Der Gestaltung der Drahtspule, die bei Henschel entwickelt wurde, kam für die hohen Ablaufgeschwindigkeiten des Drahtes bei den gewöhnlich niedrigen Außentemperaturen große Bedeutung zu. Die Tonfrequenzen der Drahtlenkung, auf deren Sende- und Empfangsanlage noch eingegangen wird, wurden über zwei dünne, durch eine Oxydschicht isolierte Drähte von 0,2 mm Durchmesser aus Klaviersaitendraht übertragen. Der Draht wurde zur Vermeidung von Schleifen mit »Vordrall« zu einem selbsttragenden Wickelkörper 1 mit Hilfe von Wachs verarbeitet (Abb. 42). Bei der Hs 293 waren die beiden Spulen anstelle der anfangs vorgesehenen Widerstandskörper an den Flügelenden montiert. Da die Windungen der Spulen bei der NF-Übertragung eine zu große Dämpfung ergeben hätten, waren ihre Lagen an beiden Wicklungsstirnseiten »blank« gemacht und durch eine anliegende Metallscheibe 2 kurzgeschlossen worden. Bei der Hs 293 standen flugzeugseitig 12 km, körperseitig 18 km und damit insgesamt 30 km Draht für eine Leitung bzw. Steuerebene zur Verfügung. Der Wellenwiderstand der Doppelleitung betrug etwa 1200 Ω.[1, 2]

Die FritzX trug ihre Spulen an den beiden seitlichen Endscheiben des Kastenleitwerkes. Wie später noch erklärt wird, besaß die Drahtlenkung der FX in der endgültigen Ausführung eine mit Gleichstrom arbeitende Fernlenkanlage, bei der die Spulen im aufgewickelten Zustand keinen derart dämpfenden Einfluß auf die Kommandoübertragung ausübten. Deshalb erübrigten sich hier die Lagenkurzschlüsse. Entsprechend der geringeren Abwurfentfernung war bei der FX eine Drahtlänge von 2 × 8 km gewählt worden.

Neben der Wicklung mit Vordrall bedeutete die Anordnung zweier Spulen (Körper/Flugzeug) für einen Übertragungsdraht, daß ein Verdrillen beim Abspulen, wegen der gleichen Drehrichtung des aus den Ablaufdüsen herausschießenden Drahtes, vermieden wurde. Weiterhin bewirkte diese Anordnung eine Halbierung der Ausspulgeschwindigkeit an jeder Spule. Das Verfahren der schnellen Abwicklung von mit Vordrall gewickelten Spulen hatte sein Vorbild in einem schon 1940 entwickelten Prinzip. Hier hatte man das Ziel verfolgt, Nachrichtenleitungen von einem Fi-156-»Storch«-Flugzeug aus der Luft zu verlegen.[1, 2]

Wie aus Abb. 42 hervorgeht, war die Wicklung 1 jeder Spule in einem zylindrischen Metallgehäuse 3 untergebracht, das vorne – in Flugrichtung gesehen – mit einem halbkugelförmigen Deckel 4 verschlossen war. Gegenüberliegend, auf der Abspulseite, befand sich ein ähnlicher Deckel 5 mit einer ballig geformten Auslaufdüse 6, die eine gut geglättete Oberfläche besaß. Je ein Verbindungsseil 7 war mit dem Drahtende der innersten Lage jeder Spule verschweißt, während das andere Ende bzw. der Anfang des Drahtes entweder zum Sender des Flugzeuges oder zum Empfänger des Körpers verlief. Die beiden Enden des Verbindungsseiles konnten mit einer achsial federbelasteten Bajonettkupplung 8 mechanisch und elektrisch gleichermaßen verbunden werden.[2]

Um die Wicklung der Spulen vor einem unbeabsichtigten Abspulen bis zum Abwurf zu schützen, besaß das aus der Auslaufdüse 6 heraushängende Verbindungsseil 7 eine Öse 9, durch die ein Sicherungssplint 10 sowohl durch den Düsenkörper von 6 als auch durch die Öse 9 gesteckt wurde. Sofern der Flugkörper unter dem Trägerflugzeug hing, verband man die flugzeug- und körperseitigen Spulensplinte 10 durch ein dünnes Drahtseil 11 miteinander und den körperseitigen Splint durch 12 nochmals mit dem Flugzeug. Damit beide Splinte, besonders der flugzeugseitige Splint, mit Sicherheit herausgezogen wurden, war letzterer aus schwächerem Material gefertigt, so daß der Splint des abfallenden Körpers über 11 zuerst den flugzeugseitigen Spulensplint herauszog, ehe das etwas länger gehaltene Seil 12 den Splint des abfallenden Körpers entfernte. Entsprechend dem mit Flug- bzw. Fallgeschwindigkeit sich vom Träger entfernenden Flugkörper, »schoß« aus beiden Spulen der Draht aus den Auslaufdüsen 6 heraus.[2]

Die Funksende- und Empfangsgeräte, einschließlich jener mit anderen Frequen-

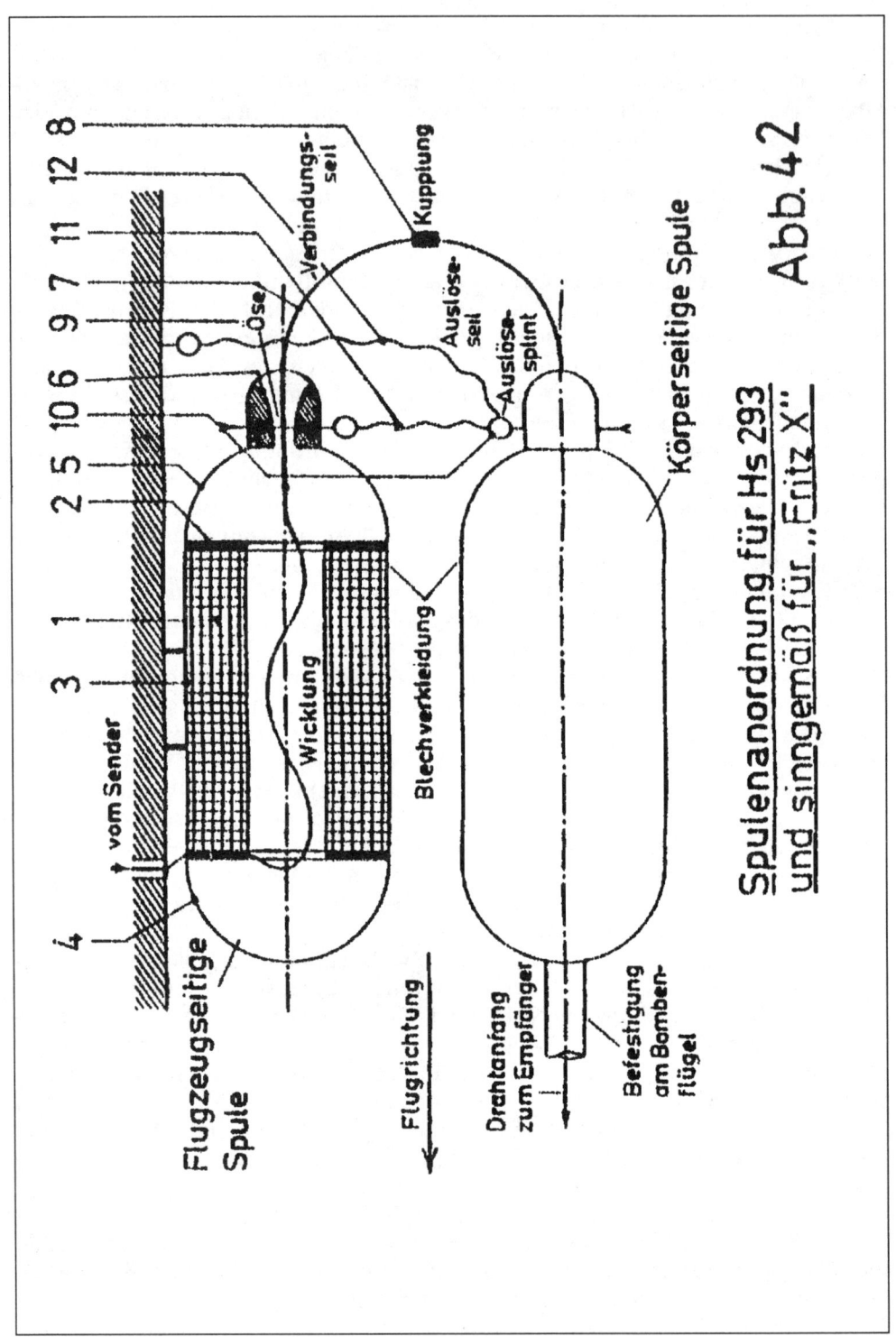

Spulenanordnung für Hs 293
und sinngemäß für „Fritz X"

Abb. 42

8
12
11
7
9
6
10
5
2
1
3
4

vom Sender

Flugzeugseitige Spule

Verbindungs-seil

Kupplung

Öse

Auslöse-seil

Auslöse-splint

Körperseitige Spule

Wicklung

Blechverkleidung

Flugrichtung

Drahtanfang
zum Empfänger

Befestigung
am Bomben-
flügel

zen, sind ab 1943/44 so modifiziert worden, daß sie beim Auftreten des Störfalles ohne großen Aufwand auf Drahtlenkung umgerüstet werden konnten. Die hierfür entwickelte Drahtlenksendeanlage FuG 207 »Dortmund« (Fa. Staru, Th. Sturm) verwendete statt der bei den FT-Anlagen vorhandenen vier Tongeneratoren jetzt zwei umschaltbare Generatoren für je zwei Tonfrequenzen. Für ein Sprengkommando (Hs 293H) war auch noch eine fünfte Tonfrequenz vorgesehen. In der ebenfalls bei Staru entwickelten Drahtlenkempfangsanlage FuG 237 »Duisburg« verwendete man zur Verwertung der Tonfrequenzen als Steuerimpulse zwei NF-Diskriminatoren.[1, 2, 4]

Durch den Kommandogeber Ge 203b der Tonfrequenz-Sendeanlage FuG 207, die aus dem Summer Su 207, dem Sendeverstärker S 207 und einem Leitungsanpassungsgerät LGS 207 bestand, wurde die Tonfrequenz wie bei der Hochfrequenzübertragung getastet und über die vorgenannten Senderelemente auf die Leitungen gegeben. In der Empfangsanlage FuG 237 kam das Zeichen wieder über ein Anpassungsgerät LGE 237, den Empfänger E 237 und eine Aufschaltung zu den Ruderorganen RO (Abb. 43).[1, 2] Die Tonfrequenztastung in der Sendeanlage wurde durch die Kontakte der Kommandogeber KK1 und KK2 bewirkt, wobei der Vorgang am oberen Kontakt KK1 der Abb. 43 betrachtet werden soll: KK1 tastete eine positive und eine negative Vorspannung der Diodenröhre D1, womit sie wechselweise entsperrt wurde und gleichzeitig durch phasensprungfreie Umtastung die Unruhe der Kommandogabe vermieden werden konnte. Die Folge war, daß der Schwingkreis C1, L1 bzw. C1, L1 + L1' in Parallelresonanz durch den Summer Su 207 wirksam wurde, womit die zwei Frequenzen f_1 und f_2 über den Verstärker S 207, das Anpassungsgerät LGS 207 und die abspulende Leitung zu der Empfangsanlage des Körpers geführt wurden. Das gleiche geschah über den Geberkontakt KK2 für die Tonfrequenzen f_3 und f_4. Die zwei Empfangsdiskriminatoren waren auf die Mittelfrequenz der beiden Frequenzpaare abgestimmt. Für das Frequenzpaar f_1, f_2 betrug die Mittelfrequenz 500 Hz und für f_3, f_4 700 Hz. Demzufolge ergaben sich bei einer Verstimmung von ± 5 % nach oben und unten durch die sich ändernde Induktivität von L1 bzw. L1 + L1' für f_1 = 475 Hz, für f_2 = 225 Hz, für f_3 = 665 Hz und für f_4 = 735 Hz (Abb. 43).[1]

Die Frequenzen waren aufgrund eines Kompromisses bestimmt worden. Höhere Frequenzen hätten die Frequenzglieder zwar kleiner und leichter gemacht, bedingten aber eine größere Dämpfung der NF-Signale. Der Empfänger war noch mit einer starken Pegelregulierung ausgestattet. Die Wellenspannung konnte sich etwa im Verhältnis $1 : 10^5$ durch den sich beim Abspulvorgang vergrößernden Wellenwiderstand ändern. Gegeben war die große Widerstandsänderung durch den Übergang des Drahtes vom kompakten, elektrisch kurzgeschlossenen Wicklungskörper zur 0,2 mm starken, mehr und mehr sich abspulenden Doppelleitung. Als Diode wurde einheitlich die Röhre 12 D2 verwendet.[1, 5]

Die Übertragung von tonfrequenten Spannungen und Strömen mit Frequenzen von 475 bis 735 Hz, wie sie für die damalige Fernlenkung Verwendung fanden, hat andere physikalische Gegebenheiten als jene von Gleich- bzw. technischen Wechselströmen (50 Hz). Eine Tonfrequenz-Doppelleitung der Abb. 43 besitzt wegen der höheren Frequenzen vier spezielle Eigenschaften, auch Leitungskonstanten genannt: den Widerstand R, die Induktivität L, die Kapazität C und die Ableitung G. R setzt sich zunächst aus Länge, Querschnitt und Leitungsmaterial, also dem

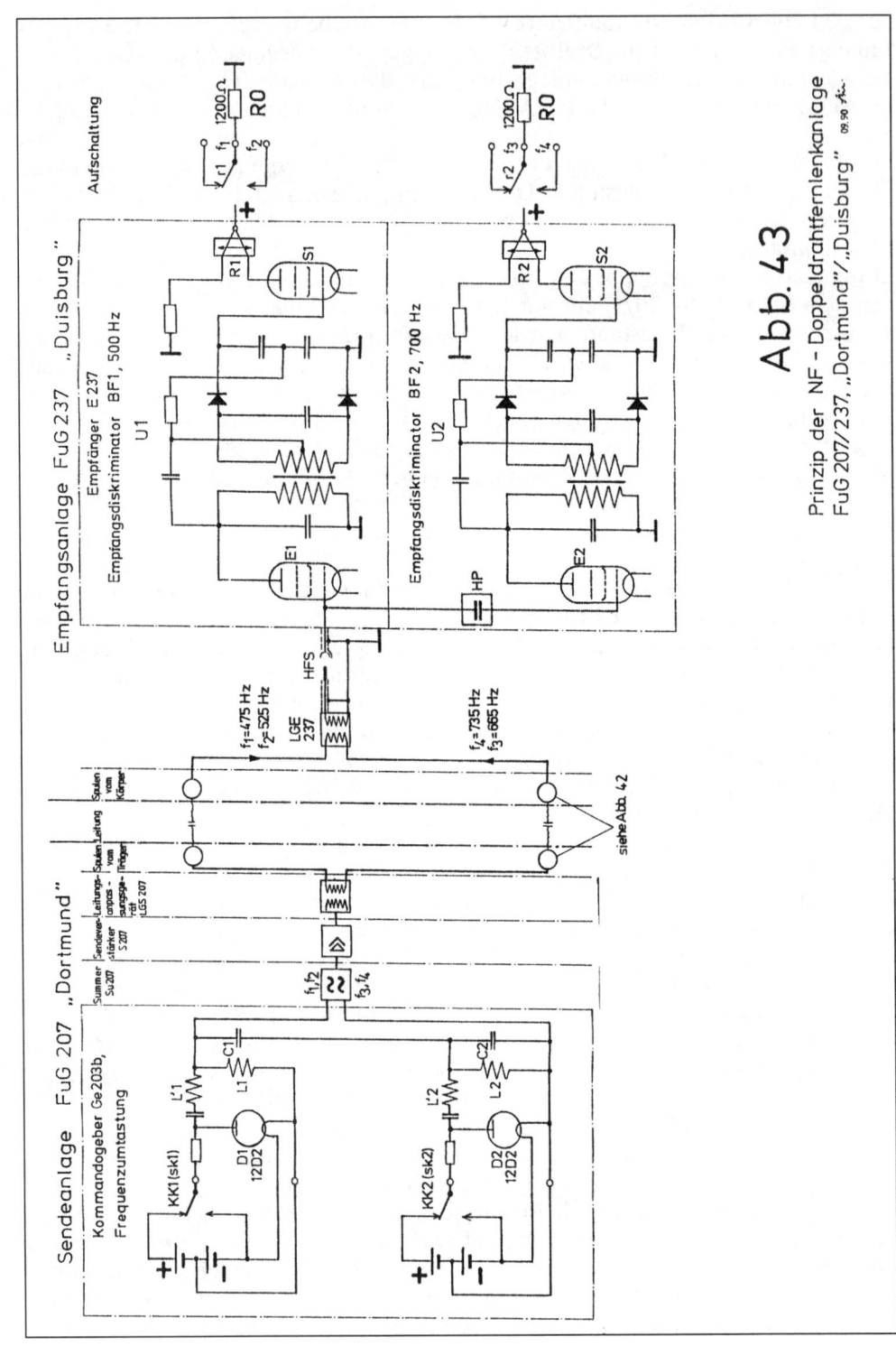

Abb. 43

Prinzip der NF-Doppeldrahtfernlenkanlage
FuG 207/237, „Dortmund"/„Duisburg" 09.90 An.

396

ohmschen Widerstandsanteil der Leitung zusammen, zu dem noch eine diesen Wert erhöhende Wirbelstromkomponente hinzukommt. Der letztere Anteil wird um so größer, je höher die Frequenz und je stärker die Leitung ist. Damit ist R also frequenzabhängig. Länge, Material und Dicke der Leitungen wurden damals weitgehend von den Einsatzbedingungen, der notwendigen Festigkeit und dem Raumbedarf der Spule bestimmt. Bei der Frequenzwahl hatte man außer der Größe der Schaltelemente, wie schon angedeutet, auch deren widerstandserhöhende Komponente zu berücksichtigen.

Die Induktivität L leitet sich vom Strom I der durchflossenen Drähte her, wodurch infolge der diese konzentrisch umgebenden magnetischen Kraftlinien ein magnetischer Fluß Φ und die Beziehung $L = \Phi/I$ gegeben ist. Die das Signal dämpfende Wirkung der Induktivität hatte man aus diesem Grund durch den Kurzschluß der Spulenwindungen ausgeschaltet, da sie im Zustand des Wickelkörpers den größten Wert erreicht hätte. Mit größer werdendem abgespultem Leitungsanteil befanden sich beide Drähte in mehr oder weniger großem Abstand in der Luft schwebend, womit eine größere Zunahme der Induktivität bei den geringen Strömen nicht gegeben war. Die Induktivität ist praktisch frequenzunabhängig.

Die Doppelleitung repräsentiert auch die Kapazität C eines Kondensators. Auf den Drähten mit der gegenseitigen Spannung U befindet sich eine elektrische Ladung Q. Die elektrischen Feldlinien zwischen den »Platten« (Leitungen) des Kondensators verlaufen von Draht zu Draht. Die Kapazität hat die Beziehung $C = Q/U$ und ist ebenfalls praktisch frequenzunabhängig.

Die Ableitung G infolge ungenügender Isolation, wie sie auch bei Gleichstrom auftritt, hatte bei diesem speziellen Anwendungsfall der Signalübertragung andere Verhältnisse als bei erdgebundenen Leitungen. Während die Stromverluste innerhalb der Geräte sich entsprachen, entfielen die Ableitungen durch viele Isolationsstellen der Tragmasten. Ableitungsverluste sind aber wieder beim kapazitiven Anteil des Gesamtwiderstandes dadurch gegeben, daß bei der abwechselnden Auf- und Entladung die zugeführte elektrische Energie des Aufladevorganges nicht voll zurückfließt, sondern zum Teil verlorengeht. Damit ist die Ableitung, unter sonst gleichen Bedingungen, beim tonfrequenten Wechselstrom größer als bei Gleichstrom und wächst etwa proportional mit der Frequenz.[5] Alle hier kurz erklärten Leitungskonstanten hatten auf das übertragene Lenksignal einen dämpfenden und damit das Nutzsignal verringernden Einfluß.

Im Zuge der Erprobung der geschilderten Drahtlenkanlage in der Fallbombe FritzX, die ja nur 2×8 km Drahtlänge benötigte, kam man auf die Idee einer noch weiter vereinfachten Drahtlenkung. Hierfür wurde Gleichstrom verwendet. Die Bezeichnung der Sendeanlage war FuG 208 »Düren« (Fa. Telefunken, Leyn) und für die Empfangsanlage FuG 238 »Detmold« (Fa. Staru, Th. Sturm). Das Prinzip dieser Drahtlenkung ist in Abb. 44 dargestellt. Sie war gerätetechnisch die einfachste aller im Zweiten Weltkrieg in Deutschland entwickelten nicht störbaren Fernlenkanlagen. Für die Steuerebene Links-Rechts wurde die Polaritätsumschaltung (+/-) der Signalspannung von 600 V= und für die Steuerebene Vorne-Hinten die Umtastung der Stromstärke (stark/schwach) zur Kommandobildung herangezogen. Die Kontakte KK1 und KK2 wurden durch den Kommandogeber bei Kommando »Null«, wie bei der FT-Anlage, im 5-Hz-Takt betätigt. Die durch die Geberstellung verursachte unterschiedliche Zeitdauer der Kommandoimpulse entsprach, wie schon früher dargelegt, dem jeweils gewünschten Lenkkommando. Der Doppelumschalt-kontakt KK1 schaltete die Polarität der vom Umformer gelieferten Spannung von 600V=, wodurch die periodische Umtastung der durch sie bewirkten Stromrichtung veranlaßt wurde. Durch die periodisch wechselnde Stromrichtung durchfloß das polarisierte T-Relais R1 in der Empfangsanlage ein Strom wechselnder Richtung, womit sein Umschaltkontakt bei Kommandogabe »Null« im 5-Hz-Takt schaltete.

Der Kontakt KK2 schloß periodisch den Widerstand W kurz, womit der dadurch in seiner Stärke ebenfalls schwankende Strom das polarisierte T-Relais R2 so durchfloß, daß es bei kurzgeschlossenem Widerstand anzog und bei offenem Widerstand abfiel. Das Relais R1 mußte so justiert sein, daß es auch bei schwachem Strom (W nicht kurzgeschlossen) je nach Stromrichtung sicher nach der einen oder anderen Seite anzog.[1]

Für die Erprobung der Drahtlenkanlage hatte die Gruppe E4 eine Drahtriß-Registriereinrichtung entwickelt und gebaut, die in den Trägerflugzeugen mit Hilfe einer Gleichspannung einen als Durchgangsprüfer geschalteten Strommesser für die Drahtprüfung benutzte. Mit Hilfe der Spannung und des je nach abgespulter Drahtlänge sich verkleinernden Stromes konnte man bei den Hs-293-Abwürfen gegebenenfalls den Zeitpunkt und den Ort der Rißstelle ermitteln.

Im Zusammenhang mit der Drahtlenkerprobung erhielt die E-Stelle Jesau (siehe Kapitel 17) vom RLM mit der Auftragsnummer 31/43-4/IIIE und E-Nr. 440/43 die Aufgabe, den Drahtfernlenkempfänger E237 (Tab. 5) als wichtige Fernlenkkomponente für Tonfrequenz auf Einsatzfähigkeit in den Zellen FX und Hs 293 zu erproben. Die Arbeiten führte die Untergruppe E4b unter Dipl.-Ing. G. Schubert in Verbindung mit der Untergruppe E4II des Obergefreiten Ropohl durch. E4b war auch schon in Peenemünde für alle Fernlenkempfänger zuständig, während Ropohl die zusammenfassende Bearbeitung der Unterlagen für den Truppeneinsatz wie Beschreibungen, Gerätehandbücher, Arbeitsanweisungen, Prüfvorschriften, Umrüstungsanweisungen und dergleichen innerhalb der Gruppe E4 durchführte.[6] Aufgrund dieser Untersuchungen sollen am Schluß der Betrachtungen über die Drahtlenkanlage neben dem schon geschilderten Prinzip noch einige Einzelheiten über den Empfänger berichtet werden.

Wie schon erwähnt, gelangten die zwei Tonfrequenzgruppen f_1, f_2 und f_3, f_4 für die Vertikal- und die Horizontal-Steuerebenen über das Anpassungsgerät LGE 237 und dem Koax-Stecker HFS zum BF1 unmittelbar und zum BF2 über einen Hochpaß HP (Abb. 43). Der Hochpaß bewirkte eine Dämpfung der mit höherer Amplitude ankommenden Tonfrequenz der Vertikal- bzw. Vorne-Hinten-Kommandos und beschränkte damit deren störenden Einfluß auf die Kommandos der Horizontal- bzw. Links-Rechts-Ebene. Empfängerteil U1 steuerte mittels der Höhenkommandos das T-Relais R1 und das Empfängerunterteil U2 das T-Relais R2. Die aperiodischen Verstärker-Eingangsstufen E1 und E2 gaben das verstärkte Tongemisch über die Diskriminatoren bzw. Bandfilter BF1, BF2 und Gleichrichter an die Steuerröhren S1 und S2 weiter. Dabei wirkten die Verstärkerstufen als Begrenzer, da deren Steuerspannungen, je nach Länge der abgespulten Drahtleitungen, zwischen 1 bis 600 V betrugen.[7]

Wie schon ausgeführt, waren die Bandfilter BF1 und BF2 jeweils auf die Mittelfrequenz der beiden zugeordneten Kommandofrequenzen ausgelegt, womit BF1 auf 500 Hz und BF2 auf 700 Hz abgestimmt war. Von den Gleichrichtern gelang-

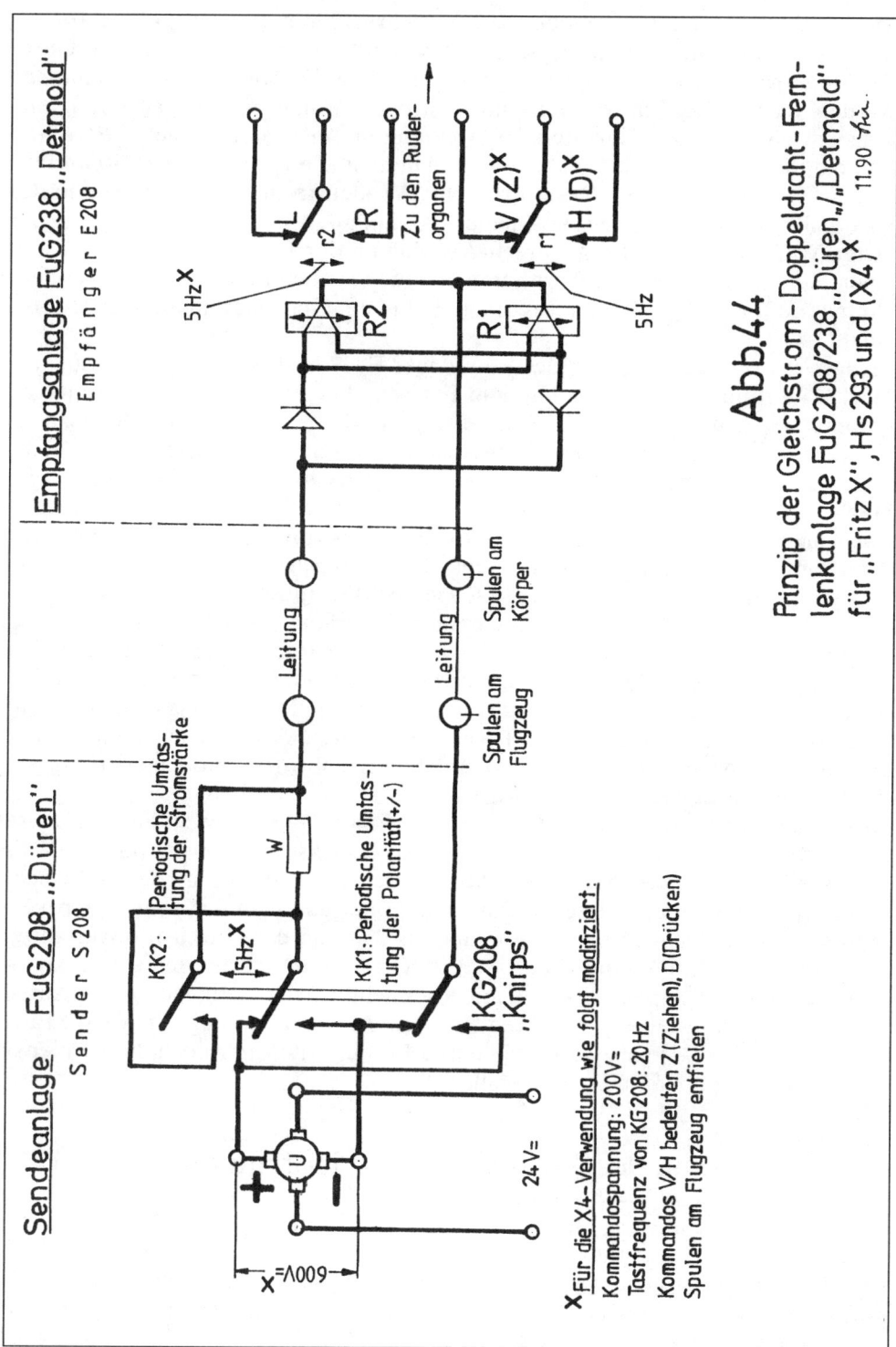

Abb.44

Prinzip der Gleichstrom-Doppeldraht-Fernlenkanlage FuG208/238 „Düren"/„Detmold" für „Fritz X", Hs 293 und (X4)^x 11.90 *hi*.

399

ten, je nachdem, ob die gegenüber dem Mittelwert kleinere oder größere Tonfrequenz das Bandfilter passierte, positive bzw. negative Spannungen an die Gitter der Steuerröhren S1 bzw. S2, wodurch sie gleichsinnig geöffnet oder geschlossen wurden. Beim Schließen war der Anodenstrom 0, womit die T-Relais durch eine konstante Spannung an ihrer ersten Wicklung in einer Endlage gehalten waren und die dieser Lage entsprechende Kommandogabe ausgelöst wurde. Beim Öffnen der Röhren S1 bzw. S2 flossen maximale Anodenströme durch die zweiten Relaiswicklungen, womit deren AW-Zahlen etwa doppelt so groß waren wie die der ersten Wicklungen. Da die Ansprech-AW-Zahlen der Relais nach beiden Seiten einen nahezu gleich großen Wert hatten, wurden sie beim Fließen eines Anodenstromes auf die andere Seite umgeschaltet, und ein Gegenkommando wurde veranlaßt.[7]

Im äußeren Aufbau entsprach der Empfänger E237 bezüglich der Abmessungen, Steckeranordnung und -belegung dem Funkempfänger E230. Die Tonfrequenzgruppen wurden über den HF-Stecker zugeführt. Im unteren Teil des Chassis befand sich der Hochpaß. Im oberen Raum, anstelle der bisherigen NF-Teile, waren die Empfängerteile U1 und U2 als auswechselbare Baueinheiten untergebracht.

Nach eingehender Prüfung der Verstärker-Eingangsstufen, der Bandfilterwirkung, der Kommandobefolgung und Messung der Tonfrequenz-Eingangsspannung in Abhängigkeit von der Leitungslänge sowie der Beeinflussung der Querkommando-Spannungen durch die Höhenkommando-Spannungen erfolgte die Ermittlung der Temperatur- und Schüttelfestigkeit. Das Gerät wurde in allen drei Ebenen bei einer Frequenz von 50 Hz und 1 mm Hub etwa 20 Minuten lang geschüttelt, wobei in der Funktion keine Störungen auftraten. Die durch Massenausgleich beschleunigungsfesten Relaiskontakte der T-Relais schalteten einwandfrei. Aufgrund der ermittelten Erprobungsergebnisse konnte die Freigabe des Empfängers E237 von der E-Stelle Jesau vorgeschlagen werden.[7]

Abschließend ist noch zu erwähnen, daß bei Beginn der Entwicklung wahlweise beide Übertragungssysteme (Tonfrequenz und Gleichstrom) sowohl für FritzX als auch für Hs 293 vorgesehen waren. Mit Rücksicht auf die Industrie- und Nachschubkapazität gab man dieses Vorhaben aber auf und hielt das Tonfrequenzverfahren ausschließlich für die Gleitbombe Hs 293 und das Gleichstromverfahren zunächst für die Fallbombe FritzX bereit. Mit weiter fortschreitender Verknappung der Industriekapazität wurde mit Rücksicht auf den geringen FritzX-Anteil am Gesamteinsatz der ferngelenkten Bomben die Vorrathaltung der Anlage FuG 208/FuG 238 (Tab. 4) ganz aufgegeben und für die FritzX nur noch die Fernlenkanlage Kehl/Straßburg in Vorrat gehalten.[1]

12.8. Probleme des Tarn-, Stör- und Horchdienstes bei FK

Schon bei der Entwicklung und Erprobung der Fernlenkkörper wurde von der Versuchs- bzw. E-Stelle der Luftwaffe Peenemünde-West auf die entscheidende Wichtigkeit der Tarn-, Stör- und Horchfragen auf diesem damaligen Spezialgebiet der Waffentechnik hingewiesen. Zum ersten Einsatz der FK und während dessen Verlauf ist von verschiedenen Stellen praktische Arbeit in dieser Hinsicht geleistet worden. So hat auch das Luftnachrichten-Versuchs-Regiment (Ln.Vers.Rgt.) Köthen diesbezüglich technische Arbeiten und praktischen Einsatz bei der Truppe geleistet. Ferner waren noch neben der E-Stelle der General-Nachrichtenführer (Gen. Nafü.), Höh. Nafü. beim Oberbefehlshaber der Luftwaffe (Ob. d. L.) sowie 13./KG 100 auf diesem Sektor tätig. Ebenfalls wurde schon frühzeitig gefordert, Verantwortlichkeit, Zuständigkeit und Aufgaben der gesamten Dienststellen zu koordinieren und zu führen. Ob diese Arbeiten der genannten Institutionen zu Ergebnissen kamen und welche Erfahrungen beim Einsatz der FK gewonnen wurden, ist nie bekannt geworden. Auch ist zu berücksichtigen, daß der weitaus größte Teil der Luftwaffenunterlagen vernichtet wurde. Als einschlägige Arbeit liegt nur ein Bericht des Bevollmächtigten der HF-Forschung (BHF) über englische Störsender im Kanalgebiet vor.[1]

Über die getroffenen Maßnahmen zur Erschwerung der Störung von Funkkommandos bei den FK ist Grundsätzliches in den vorhergegangenen Kapiteln in Zusammenhang mit der Schilderung der Fernlenkanlagen berichtet worden. Schon bei der Auslegung des Funklenkverfahrens Kehl/Straßburg war diese Frage entscheidend. Ergänzend dazu sei noch erwähnt, daß außer in den Flugkörpern auch in den Fernlenkflugzeugen alle wesentlichen Geräte der Fernlenksendeanlage mit Zerstörsätzen ausgerüstet waren. Bei einem Abschuß oder einer Notlandung konnten diese Zerstörladungen zentral gezündet werden, wodurch mit großer Wahrscheinlichkeit eine Zerstörung dieser Geräte gegeben war. Im übrigen konnte man wegen der meist über See vorgenommenen Anflüge im Einsatz kaum annehmen, daß eine Anlage in Feindeshand gelangen würde.[1]

Ebenfalls wurde schon geschildert, wie durch Erhöhung der Trägerfrequenzen bis in den dm-Bereich der Anlage FuG 512 »Kogge«/FuG 530, 531 »Kogge«, »Brigg« und »Fregatte« die Störung weiter erschwert werden sollte. Endlich ist auch die absolut unstörbare Drahtlenkung zu nennen, die als jederzeit einsetzbarer Umrüstsatz zur Verfügung stand. Alle Maßnahmen der beteiligten Stellen zeigen, wie ernst das Problem der Funkkommando-Störung damals genommen wurde (Tab. 4 und 5). Auch wurde erwähnt, wie durch das Verhalten und die getroffenen Maßnahmen beim Prüf-, Abstimm- und Wurfbetrieb eine Tarnung der verwendeten Frequenzen vorgenommen wurde.[2]

In enger Zusammenarbeit der E-Stelle mit dem Bevollmächtigten der Hochfrequenzforschung sind bezüglich der Störmöglichkeiten bei der Fernlenkanlage Kehl/Straßburg verschiedene Arbeiten durchgeführt worden. Diese Untersuchungen führte im Auftrag des BHF Dr. Kurt Herold durch, der zu diesem Zweck über einen längeren Zeitraum mit drei Mitarbeitern auch in Peenemünde-West und in Jesau tätig war. So wurde in eingehenden Studien die Störung durch Dauerstrich-, Impuls-, Wobbel- und Nachlaufsender untersucht.[3] Daraus ergab sich, daß es trotz des durch die Verwendung der Tonfrequenzmodulation geschaffenen doppelten Auswahlprinzipes möglich war, die einwandfreie Lenkung bereits mit einem nichtamplitudenmodulierten Störsender, der im fraglichen Bereich gewobbelt wurde, zu verhindern. Die erforderliche Sendeleistung konnte aufgrund der Untersuchungen im Einsatzgebiet (Kanal und angrenzende Küstengebiete) aufgebracht werden. Nach den Ergebnissen von Dr. Herold war der Grund für diese Erscheinung darin zu suchen, daß Tonfrequenzen an einem nichtlineraren Schaltelement, z. B. dem ersten Demodulator des Empfängers, durch Überlagerung der Nutzwelle mit der Störwelle entstanden. Bei gewobbelter (wobbeln = Frequenz unregelmäßig ändern) Störwelle traten damit die für die Übertragung vorgesehenen Tonfrequenzen, im Rhythmus der Wobbelfrequenz unterbrochen, kurzzeitig auf und riefen Fehlkommandos hervor. Wenn auch eine hohe Wobbelfrequenz – durch die kürzere Dauer der gefährlichen Frequenzlage – die Störung verringerte, so mußte doch mit dem Auftreten solcher Störungen gerechnet werden. In einer weiteren Studie derselben Dienststelle wurde ein Tarnsender für den Abwurf- und Abstimmbetrieb von Hs 293 und FritzX entwickelt. Für vier Seitenbänder – zu beiden Seiten der Funkübertragung – wurden durch besondere Steuerprogramme mit Modulationsfrequenzen, die nicht den Originalfrequenzen entsprachen, sowohl Abwurf- wie Abstimmsendungen nachgeahmt. Hierdurch sollte dem feindlichen Beobachtungsdienst das Erkennen der verwendeten Übertragungsfrequenzen erschwert werden.

In der eingangs des Kapitels schon erwähnten Meßfahrt von Dr. Herold mit einer Straßburg-Anlage im Küstengebiet von Holland, Belgien und Nordfrankreich wurden die Einsatzmöglichkeiten des Funklenkverfahrens Kehl/Straßburg einschließlich der Ausweichbereiche in diesen Küstengebieten untersucht und die durch die feindlichen Ortungs- und Navigationsgeräte gegebenen Störbereiche kartenmäßig erfaßt. Dabei ergab sich, daß im normalen Frequenzbereich die Kanäle K1 bis K9 durch die Sender der englischen Hyperbelnavigation gestört wurden. Im Küstenbereich von Dünkirchen bis Berk und über ganz Süd- und Südostengland – einschließlich der Küstengewässer – bis etwa zur Insel Wight war daher in diesem Frequenzbereich ein Einsatz nicht ratsam. Die Frequenzen K10 bis K18 waren im Kanal und den angrenzenden Küstengebieten störungsfrei. Lediglich in unmittelbarer Nähe der Sendestandorte für das Ostsystem der Hyperbelnavigation (f = 48,1 MHz) war ein Abwurf nicht durchführbar.

Im Ausweich-Frequenzbereich 1 (60 MHz, Tab. 4) waren keine Störungen feststellbar, weil auf diesen Frequenzen keine gegnerischen Funkmeß- oder sonstigen starken Impulssender liefen. Der Abwurf mit diesen Frequenzen war daher im Küstengebiet und über dem englischen Festland ungestört. Der Ausweichbereich 2 (27 MHz, Tab. 4) lag im Frequenzbereich der schweren englischen Funkmeß-Ortungsgeräte. Es waren daher im gleichen Küstenbereich um Kap Griz Nez und an der englischen Küste Störungen zu erwarten, so daß der Einsatz dieser Ausweichanlage nicht in Frage kam.[4]

In einer weiteren Studie wurde aufgrund von Untersuchungen der Störbarkeit ein Vorschlag ausgearbeitet, bei dem sende- und empfangsseitig zwei getrennte Kanäle vorgesehen wurden. Durch zusätzliche Schaltmittel konnten die Tonfrequenzen in beiden Kanälen phasenverkehrt übertragen werden, so daß hierdurch eine Aussortierung von Nutz- und Störzeichen vorgenommen werden konnte.[5]

Auf die Frage der Störbarkeit durch den Schubstrahl eines Rückstoßantriebes wird in einem gesonderten Kapitel eingegangen werden.

12.9. Lehr- und Erprobungskommandos für FK

In den letzten Kapiteln 12.9 und 12.10 werden die Erfahrungen zusammengefaßt, die in bezug auf die Einführung der FK bei der Truppe und mit deren Truppeneinsatz gemacht wurden. Diese Beurteilung erfolgte gegen Ende des Krieges, im

Februar 1945, als die Arbeiten in Peenemünde bzw. Karlshagen wegen der näher rückenden Ostfront nicht mehr weitergeführt werden konnten und der Umzug nach Westen, zum Flugplatz Wesermünde, schon vorbereitet wurde. Unter dem Eindruck des baldigen Kriegsendes sollten die Erfahrungen noch einmal kritisch für eine fiktive Weiterarbeit in Wesermünde zusammengefaßt und Richtlinien für eine zukünftige Zusammenarbeit der einzelnen Institutionen gegeben werden. Auch können die folgenden Ausführungen aufgefaßt werden als eine Art testamentarischer Erfahrungsschatz einer deutschen militärtechnischen Entwicklung, die 1945 durch die Kriegsereignisse abrupt abgebrochen und danach in dieser Form in Deutschland nicht mehr weitergeführt wurde. Die Analyse versucht den Fragen auf dem Grenzgebiet zwischen Truppenführung und taktischem Einsatz einerseits und den Voraussetzungen und Grenzen der Funktion seinerzeit hochentwickelter Sonderwaffen andererseits nachzugehen. Die Ergebnisse dieses zusammengefaßten Erfahrungskomplexes sind in heutiger Sicht allerdings von dem damaligen Entwicklungsstand der Fernlenkkörper aus zu beurteilen.

Die Aufstellung der L- und E-Kommandos mußte unter dem Druck des Krieges nach raschestem Fronteinsatz sehr frühzeitig erfolgen. Die Aufstellung erfolgte daher zu einem Zeitpunkt, als die Geräte noch nicht endgültig erprobt und truppenreif waren. Von den L- und E-Kommandos sollten eigentlich die entwicklungstechnischen Schwierigkeiten möglichst ferngehalten werden, damit sie sich nicht notgedrungenerweise mit diesen beschäftigen mußten und daher ihrer eigentlichen Aufgabe entzogen wurden (EK 15 und 21).[1]

Die Aufgaben der L- und E-Kommandos waren, aus der Sicht der E-Stelle, folgende: Der Truppenbetrieb der neuen technischen Waffen war aufzubauen, die Geräte truppendienstlich zu erproben und ihre Handhabung in Anweisungen und Vorschriften festzulegen. Ferner mußte ihre Handhabung danach truppenmäßig geschult werden (Lehrkommando), weiterhin waren die technischen Einsatzbedingungen zu studieren und später die Einsatzerfahrungen in dem von der Technik her bestimmten Rahmen zu berücksichtigen. Die Ausbildungs- und Einsatzvorschriften waren zu erstellen und die sich hieraus ergebenden Forderungen für die Truppen- und höhere Führung zu erarbeiten und an die zuständigen Stellen zu vermitteln (Waffengeneräle und Führungsstab).

Die EK 15, 21 und 36 wurden seinerzeit zu weitgehend am Erprobungsprogramm beteiligt, so daß sie zu sehr für Arbeiten der technischen Klärung herangezogen wurden. Erprobungsaufgaben durften für die L- und E-Kommandos nur insoweit in Frage kommen, als es sich um Serienversuche handelte, die zur Ausbildung benutzt wurden. Die Beanspruchung von E-Kommandos zur technischen Klärung war aber schon vom allgemeinen technischen Entwicklungsstandpunkt aus falsch. Es rächte sich bei neuartigen Systemen, wenn während der Entwicklung selbst schon taktische Einsatzgesichtspunkte als Forderung erhoben wurden. Große neuartige Entwicklungen müssen nach den technischen Möglichkeiten aus ihren eigenen Bedingungen heraus entwickelt und im Anwendungsbereich durch die technischen Grenzen bestimmt werden. Jeder frühzeitige wesensfremde Zwang wirkte sich als eine Behinderung und Lähmung der technischen Möglichkeiten aus. Außerdem war die Entwicklungszeit derartiger Waffen so lang, daß bei der Schnellebigkeit der Kriegsmethoden die taktischen Grundsätze bis zum Einsatz schon längst überholt sein konnten. Es hatte sich im übrigen erwiesen (Ausfallserie KG 100, Hessental, April bis Mai 1943), daß trotz intensiver Teilnahme an der Entwicklung derartige Verbände nicht in der Lage waren, auftretende Schwierigkeiten größeren Umfanges selbst zu klären.

Es müßte auch wegen der besonderen Aufgaben der L- und E-Kommandos unbedingt beachtet werden, daß sie im allgemeinen mit technischem Truppenpersonal arbeiten und sich keine technischen Spezialisten heranziehen können. Dies würde später im eigentlichen Truppeneinsatz notgedrungenerweise zu Schwierigkeiten führen. Die Truppenvorschriften wären dann auf zu hochwertige Kräfte abgestellt, und es würden wegen des schlechter ausgebildeten Allgemeinpersonals Ausfälle auftreten. Hochwertiges Fachpersonal ist bei den L- und E-Kommandos nur als Lehrpersonal, ferner zur laufenden Überwachung des Betriebes und zur Klärung von Pannen und größeren Ausfällen erforderlich.

Beim Arbeitsbeginn der L- und E-Kommandos stand teilweise Personal zur Verfügung, das nicht sofort im Rahmen der vorgesehenen Tätigkeiten benötigt wurde. Es war zweckmäßig diese Leute, da sie auch als erste Lehrkräfte wirken mußten, als Fachkräfte vorübergehend in die Erprobung einzuschleusen. Sie erhielten damit einen tieferen Einblick in den Zusammenhang und die Erfordernisse der technischen Dinge. Bei den Firmen war die Verwendung zu Montagearbeiten ebenfalls durchaus noch vertretbar.

Auch sind bei den L- und E-Kommandos Laboratorien und besondere Meßplätze nicht angebracht. Die Arbeiten sollen dort im großen und ganzen nur mit Truppenmitteln durchgeführt werden; andernfalls ist entweder an der technischen Entwicklung etwas grundsätzlich falsch, indem sie die elementarsten Forderungen des Truppeneinsatzes noch nicht erfüllt, oder aber die technische Arbeit ist dort zum Selbstzweck geworden. Dies ist aber gleichfalls unerwünscht.

Ferner hatte sich bei der Entwicklung der FK ergeben, daß die L- und E-Kommandos nicht zu weit von der E-Stelle entfernt sein durften, da sonst die nötige Zusammenarbeit bei den Verkehrsverhältnissen im Kriege nicht aufrechtzuhalten war. Auch die Truppeneinweisung des KG 100 in Hessental konnte auf eine derartige Entfernung von der E-Stelle Karlshagen nicht in der nötigen Weise betreut werden. So war es notwendig, die Neuaufstellung eines E-Kommandos in Garz auf Usedom zur Überbrückung der Schwierigkeiten zu veranlassen (13. KG 100 bzw. EK 36). Der Grundsatz der geringen Entfernung hatte sich mit dem Fortschreiten des Krieges immer dringlicher und räumlich enger begrenzt durchgesetzt.[1]

12.10. Truppeneinsatz der Sonderwaffen (FK)

Die Einsatzflüge, u. a. auch mit den Fernlenkwaffen PC 1400X und Hs 293, sind in dem Buch: Kampfgeschwader 100 »Wiking« in anschaulicher Weise, auch mit vielen interessanten Fotos, nach Kriegstagebüchern, Dokumenten und Berichten geschildert worden (Ulf Balke, Motorbuchverlag, Stuttgart 1981).

In diesem Zusammenhang sollen nicht, wie im vorgenannten Buch, die Einsätze und Erlebnisse der kämpfenden Flugzeugbesatzungen beschrieben werden, sondern es wird neben einigen vorangestellten allgemeinen Angaben über den Einsatz der beiden Fernlenkkörper hauptsächlich auf die Ergebnisse der Einsätze eingegangen. Hiermit sollen Rückschlüsse auf den technischen Entwicklungsstand der Waffe, den Ausbildungsstand der Truppe und die taktische Führung gezogen werden. Bezüglich des Einsatzverfahrens und der Taktik mit den Fernlenkkörpern ist in den Abschnitten 12.2 und 12.4 schon das Wichtigste beschrieben worden, da die Erarbeitung des Einsatzverfahrens ein wesentlicher Bestandteil der Erprobung in Peenemünde-West war.

Die II. Gruppe des KG 100 verlegte Mitte April 1943 von Kalamaki/Athen nach Garz/Usedom. Neben der Auffrischung des stark dezimierten Verbandes begannen hier Vorbereitungen zur Aufstellung von Einsatzverbänden mit der Hs 293. Die aufgestellte Versuchsstaffel 293, zuerst mit He-111-, später mit Do-217E-Flugzeugen ausgerüstet, wurde Anfang März 1942 in Lehr- und Erprobungskommando 15 umbenannt und stand unter dem Kommando von Hauptmann Hollweck. In Garz gliederte man das L- und E-Kommando 15 der II. Gruppe des KG 100 an. Außerdem kam die Erprobungsstaffel des KG 30 zur Gruppe nach Garz.

Aus dem in Schwäbisch Hall stationierten Lehr- und Erprobungskommando 21 entstand schon im Dezember 1942 die Kampfgruppe 21 (KGr 21), die mit Do 217K ausgerüstet werden sollte. Diese Gruppe mußte aber Anfang Januar 1943 mit He 111H an die Ostfront zur zusätzlichen Versorgung der bei Stalingrad eingeschlossenen 6. Armee verlegen. In Schwäbisch Hall (Hessental) blieb nur ein Restkommando zurück. Hier begann man trotzdem mit der Neuaufstellung der KGr 21 unter Einschluß des Restkommandos, das mit Do 217 K2 ausgerüstet wurde. Am 29. April 1943 benannte man die KGr 21 in III. Gruppe KG 100 so um, daß aus den ursprünglichen Staffeln 1 bis 4 der KGr 21 die Staffeln 7 bis 13 des KG 100 wurden.[1]

Die beiden Sonderkommandos (EK 15 und EK 21) hatten fertig ausgebildete Besatzungen, die als Spezialisten für die Umschulung des KG 100 auf die Fernlenkwaffen Hs 293 und PC 1400X eingesetzt wurden, mit denen das KG 100 als erstes Geschwader ausgerüstet war. Die II. und die III. Gruppe des KG 100 wurden voll aufgefüllt, und beide erhielten je eine Flughafenbetriebskompanie (FBKp) und eine Flugkörperbetriebskompanie (FK.-BKp). Die Besatzungen wurden drei Monate auf die Do 217 geschult. Dazu gehörten Langstreckenflüge, Start- und Landeschulung mit zwei Hs 293 oder PC 1400X oder einem Köprer und einem Zusatztank, Blindflugausbildung und Astro-Navigation. Gleichzeitig erhielten die Beobachter eine Sonderausbildung für den Wurf der ferngelenkten Bomben am Ziel- und Flugsimulator wie auch im praktischen Wurf auf das Zielschiff in Peenemünde-West (II. Gruppe Hs 293) und auf eine Schlachtschiffattrappe am Einkorn bei Schwäbisch Hall (III. Gruppe, FritzX oder Hs 293). Wegen des vorgesehenen ausschließlichen Einsatzes der FK auf Seeziele hörten die Besatzungen auch Vorträge über Seetaktik, Schiffskunde und besichtigten Schiffe in deutschen Häfen, um die schwachen Stellen der einzelnen Klassen kennenzulernen. Abschließend wurden harte Seenotfälle geprobt.[1]

Als sich die Ereignisse im Mittelmeerraum 1943 überstürzten – Kapitulation der Heeresgruppe Afrika am 13. Mai 1943, Landung der Alliierten in Sizilien ab 10. Juli 1943 – begannen endlich die ersten Einsätze mit den beiden Fernlenkkörpern. Allerdings war zu diesem Zeitpunkt die Luftüberlegenheit des Gegners so groß, daß die Angriffe fast nur noch in der Dämmerung geflogen werden konnten. Außerdem standen für die Einsätze kaum 100 Trägerflugzeuge zur Verfügung. Das war gegenüber der überwältigenden Übermacht der Alliierten im Mittelmeerraum zu wenig. So hatten die Einsätze trotz ihrer beachtlichen Erfolge, die durch die technische Überlegenheit der neuen Waffen überhaupt erst möglich wurden, keine entscheidenden Auswirkungen.[1]

Ebenso kam die Produktion der FK nur schleppend in Gang. Im Frühjahr 1943 sollte die monatliche Stückzahl der Hs 293 von 300 auf 950 gesteigert werden. Weiter war laut Generalingenieur Hertel geplant, die Stückzahl der Hs 293 und FX auf monatlich je 750, später auf 1200 Stück zu steigern. Stabsingenieur Brée, Leiter der Gruppe E9 für Fernlenkwaffen im RLM, meldete gleichzeitig, daß die Fertigung wegen mangelnder Produktionsanlagen kaum vorankomme. Aus diesem Grund krankte der Einsatz auch an der zu geringen Zahl der zur Verfügung gestellten FK. Eine Beladung der Trägerflugzeuge wahlweise mit FX oder Hs 293 war erst ab April 1944 bei der III. Gruppe möglich. Wegen der Funktionsprüfung betrug die Vorbereitungszeit für ein startklares Flugzeug etwa 20 min. Die Herstellung der Startbereitschaft einer Staffel lag bei etwa 3 Stunden und die der gesamten Gruppe bei 6 Stunden.

Der Einsatz der FX war stark vom Wetter abhängig, da der Körper während der gesamten Fallzeit aus großer Höhe beobachtet werden mußte. Bei Wolkenlosigkeit und Sicht über 20 km waren die besten Einsatzbedingungen gegeben. Eine Wolkenhöhe von weniger als 4500 m und Bedeckungsgrade über $3/10$ schlossen den Einsatz aus. Die Verwendung von Hs-293-Körpern war wesentlich wetterunabhängiger. Eine Wolkenuntergrenze von 500 m und Erkennung des Zieles auf Abwurfentfernung reichten vollkommen aus.

Die II. Gruppe war mit der Do 217 E5 ausgerüstet. Jedes Flugzeug trug außerhalb der beiden Motorgondeln, am ETC 2000 hängend, je eine Hs 293 oder ‚aus Symmetriegründen‘, eine Hs 293 und einen 900-l-Zusatztank. Die Eindringtiefe lag bei 800 km bzw. 1000 bis 1100 km.

Da die FritzX aus großer Höhe abgeworfen wurde, flog die III. Gruppe des KG 100 mit der Do 217 K2. Das Flugzeug besaß zur Steigerung der Gipfelhöhe und zur Verbesserung der Flugeigenschaften im Einmotorenflug verlängerte Tragflächen. Die beiden ETC waren hier zwischen Rumpf und Motorgondel angeordnet. Die Eindringtiefe lag mit einem Körper bei 1100 km, mit zwei Körpern bei 800 km.

Im Laufe der Zeit wurden vier Depots für Fernlenkkörper im Bereich der möglichen Einsatzräume eingerichtet. Das war in Griechenland (Kalamaki), Italien (Foggia), Frankreich (Toulouse, Cognac) und Norwegen (Trontheim).

Im Februar 1944 schulte die achte Staffel in Faßberg (Schwäbisch Hall) schon mit der He 177. Der Angriffsschwerpunkt richtete sich 1944 auf den von den Alliierten gebildeten Brückenkopf Ancio – Nettuno, 80 km südlich von Rom, wo Kriegs- und Handelsschiffe der Invasionsflotte mit FK bekämpft wurden. Trotz der großen Erfolge konnte die deutsche Luftwaffe gar nicht so viele Schiffe versenken, wie wieder neu herangeführt wurden. Im Juli 1944 erfolgten auch FK-Angriffe auf die Invasionsflotte an der Normandie-Küste. Im Gefolge dieser Operation wurden erstmals FritzX auf Landziele, vornehmlich Brücken, eingesetzt, während sich die Hs-293-Einsätze auf die Invasionsflotte richteten.[1] Der letzte Einsatz der FK, besonders mit Hs 293, fand von Januar bis Mitte April 1945 an der schon bis zur Oder vorgedrungenen Ostfront statt. Zu diesem Zweck löste man das EK 15 im Januar 1945 in Garz auf. Die Besatzungen und die noch vorhandenen Flugzeuge, einschließlich der noch in Peenemünde-West vorhandenen Erprobungsflugzeuge, verlegten ebenfalls zum Fronteinsatz nach Parchim. Von hier flog man Hs-293-Angriffe auf Oderbrücken, über die russischer Nachschub in Brückenköpfe jenseits der Oder lief. Am 14. April 1945 wurde die Einheit aufgelöst und für den Erdeinsatz freigegeben.[3]

Die II. und die III. Gruppe des KG 100 hatten sich unter Oberstleutnant Jope, dem Kommandeur des KG 100, für die FK-Waffe mit Begeisterung eingesetzt. Unermüdlich und rastlos hatten sie erstmalig eine technisch so hochentwickelte Waffe truppenmäßig erprobt und geschult. Mit der gleichen Begeisterung und Aufopferung haben sie aber auch diese Waffe gegen den Feind geführt. Die erzielten Erfolge sind um so höher zu bewerten, als zur Einsatzzeit ab 1943 die Angriffe deutscher Kampfflugzeuge wegen der sich mehr und mehr steigernden Luftabwehr der Alliierten immer schwieriger wurden. Wenn also die FK-Waffe nicht zu den erwarteten Erfolgen geführt hat, so kann man es nicht den opfermutigen Besatzungen anlasten.

Vom Kampfgeschwader 100 »Wiking« geflogene Einsätze mit Hs 293 und PC 1400X (12. Juli 1943 bis 30. April 1944), nach dem Bericht des KG 100 vom 25. Juni 1944:

	II. Gruppe (Hs 293)	III. Gruppe (PC 1400X)
Feindstarts	376	108
Verluste	27 Flugzeuge	11 Flugzeuge
Einsatzabbruch	97 Flugzeuge	37 Flugzeuge
über dem Ziel	252 Flugzeuge	60 Flugzeuge
Mitgeführte Körper	392	108
Notwurf	98	2
ungesteuert	58	2
gesteuert	40	–
gesteuert, klar	31	–
gesteuert, unklar	9	–
Flugzeugverlust, nicht nachweisbar	24	11
gelandete Körper	11	35
am Ziel geworfen	259 Körper	60 Körper
klar	171 Körper	44 Körper
unklar	88 Körper	16 Körper[1,2]

Um eine taktisch-technische Bewertung der Fernlenkkörper vom Einsatz her zu ermöglichen, soll anschließend noch eine detaillierte Aufstellung der Einsatzergebnisse gebracht werden, wobei die Zahl der beiden Flugkörper zusammengefaßt wurde. Von den 65 Einsätzen vor Südengland, in der Biskaya und im Mittelmeer mit 484 Flugzeugen (9 Funkaufklärer) mußten 134 Flugzeuge = 27,6 % den Einsatz abbrechen, und zwar hiervon:

29 Flugzeuge = 21,6 % wegen Motor- und FT-Störung
10 Flugzeuge = 7,5 % wegen unklarer Fernlenkanlage
92 Flugzeuge = 68,7 % wegen ungünstiger taktischer Voraussetzungen
2 Flugzeuge = 1,5 % wegen Flakeinwirkung
1 Flugzeug = 0,7 % wegen Jagdeinwirkung

Das Ziel oder Ausweichziel erreichten:
312 Flugzeuge = 64,4 %

Verluste beim Einsatz traten auf:
38 Flugzeuge = 7,8 %

Bei der Landung gingen verloren:
10 Flugzeuge = 2,1 %

Als Personalverluste hatte das KG 100 bei diesen Einsätzen 123 Mann an Toten, Vermißten und Gefangenen zu beklagen. Bei den 65 Einsätzen wurden 500 Flugkörper (Hs 293 und PC 1400X) mitgeführt. Davon wurden im Notwurf geworfen:
100 Körper = 20 %

Davon wurden blind geworfen:
59 %

Gelenkt geworfen wurden:
41 %, von denen 77,5 % klar und 22,5 % unklar waren.

Durch Flugzeugverlust waren nicht nachweisbar:
35 Körper = 7 %

Wieder gelandet wurden:
46 Körper = 9,2 %

Am Ziel konnten von den 500 mitgeführten Körpern geworfen werden:
319 Körper = 63,8 %, davon waren:
215 Körper = 67,4 % klar
104 Körper = 32,6 % unklar

Von den am Ziel geworfenen 215 klaren Körpern waren:
60 Körper = 30,7 % Volltreffer
40 Körper = 18,6 % wirkungsvolle Nahtreffer,
zusammen 49,3 % Treffer
71 Körper = 33 % Fehlwürfe
38 Körper = 17,7 % Trefferlage nicht beobachtet

Mit den Treffern wurden versenkt:
1 Schlachtschiff (Roma) 41 300 t
2 Kreuzer
10 Zerstörer
10 Handelsschiffe 76 000 BRT
1 Flakboot
2 LTC
1 LST

Beschädigt bzw. schwer beschädigt wurden:
4 Schlachtschiffe
6 Kreuzer
12 Zerstörer
1 Geleitboot
29 Handelsschiffe 215 000 BRT

Hafenmole von Messina und Ajaccio, 1 Flakstellung,
Hafenanlagen und Kraftstofflager von Ancio – Nettuno.
Zusammengefaßt konnten also mit 500 Flugkörpern und 48 Flugzeugverlusten
ganz oder teilweise außer Gefecht gesetzt werden:
40 Kriegsschiffe
39 Handelsschiffe mit 291 000 BRT

Von den Flugzeugen, die den Einsatz abbrechen mußten, waren nur 7,5 % durch
die unklare Fernlenkanlage dazu gezwungen worden, während 68,7 % durch ungünstige taktische Voraussetzungen am Ziel den Einsatz abbrechen mußten. Dies
zeigt, daß die technischen Ausfälle viel geringer wurden, als es gelang, die taktischen Grenzen einzuhalten. Das deckt sich auch mit den Erfahrungen einer ähnlichen Entwicklung der Kriegsmarine. Nach Angaben der Torpedo-Versuchs-An-
stalt (TVA) im Januar 1945 war der Prozentsatz der Ausfälle im Fronteinsatz des
»Zaunkönig« (zielsuchender Torpedo) aufgrund technischer Versager etwa 10 %,
wegen falschen taktischen Ansatzes jedoch 20 bis 30 %. Durch sorgfältigere
Klärung der taktischen Voraussetzungen hätten die Einsatzergebnisse noch merklich verbessert werden können.
Von den insgesamt eingesetzten Körpern waren 21,2 % Treffer (Voll- und wirkungsvolle Nahtreffer), von den am Ziel geworfenen waren 33,2 % und von den
hiervon klaren 49,3 % Treffer. Das zeigt, daß trotz aller Schwierigkeiten des ersten
Einsatzes das Ergebnis der Lenkschützen gut war.
Ferner zeigt die Zusammenstellung, daß etwa gut zwei Drittel aller Körper klar
waren, während knapp ein Drittel als unklar gemeldet wurde. Darin sind sicher
auch diejenigen enthalten, die durch Kampfeinwirkung nicht einwandfrei gelenkt
werden konnten. Ferner hatten die Überpüfungen ergeben, daß auch unzulässige
Bedienungen (Überziehen) als Steuerungsausfälle gemeldet wurden.
Um den alliierten Vormarsch an der französischen Invasionsfront aufzuhalten,
wurden in der Zeit vom 1. bis zum 10. August 1944 Fernlenkwaffen (Hs 293 und
PC 1400X) außer auf Seeziele auch erstmals gegen Landziele eingesetzt.[1] Eine
Überprüfung von 70 der bei diesen Angriffen abgeworfenen Körper hatte folgen-
des ergeben:

70 Körper beladen
 9 Körper wegen Flugzeugverlust nicht nachweisbar
10 Körper im Notwurf wegen Flak- und Jagdeinwirkung geworfen
 1 Körper keine Angabe von der Besatzung zu erhalten
 5 Körper technische Versager, Körper oder Anlage unklar
 4 Körper Lenkfehler des Bombenschützen (überzogen) und Bedienungsfehler
41 Körper lenkbar

Hieraus ist zu ersehen, daß von 50 nachweisbaren Körpern fünf, also 10 %, tech-
nische Versager hatten, vier Körper oder 8 % falsch bedient wurden und 82 % in
Ordnung waren. Es ergab sich somit, daß bei entsprechender Überwachung und
Überprüfung die Anzahl der technischen Ausfälle sehr viel geringer war, als der
Meldung »Gerät unklar« entsprach.[2]
Mit der Schilderung der Einsatzergebnisse endet eines der interessantesten Kapi-

tel deutscher Waffentechnik im Zweiten Weltkrieg, deren Entwicklung fast ausschließlich im Krieg begonnen und teilweise auch bis zum Einsatz verwirklicht wurde. Die Vielfalt der Gedanken und Ausführungsformen war erstaunlich und hat nach dem Krieg im Ausland eine regelrechte Waffenrevolution ausgelöst.

12.10.1. Taktische Führung, technische Forderungen

Beim Einsatz der FK hatte es sich immer wieder erwiesen, daß die Bedienung der Geräte für den Truppenbetrieb nicht einfach genug sein konnte. Sehr häufig wurden Bedienungsfehler gemacht, teilweise herrschte sogar trotz Ausbildung Unkenntnis über die erforderlichen Bedienungsgriffe und Funktionen, vor allem auch beim Führungspersonal. Es war daher größte Einfachheit der Anlage anzustreben. Auch hinsichtlich des Bedienungsablaufes mußte sie so einfach wie irgend möglich sein. Umständlich zu bedienende Anlagen wurden von der Truppe nicht beherrscht, vor allem nicht unter Kampfeinwirkung. Stark automatisierte Anlagen waren aber wegen der Wartung und Klarhaltung für die Truppe ebenfalls nicht geeignet. So sind im Laufe des FK-Einsatzes Schaltelemente aus der Abwurfanlage ausgebaut worden, weil man auf Forderungen größerer Betriebssicherheit verzichtet hatte. Es mußte u. U. sogar der Verzicht auf absolute Fehlervermeidung in Kauf genommen werden, wenn dadurch eine wesentliche Steigerung der Betriebssicherheit erreicht werden konnte (funktionelle Entfeinerung).

Neben diesem Streben nach größter Einfachheit war auch besonders darauf zu achten, daß im Laufe des Truppeneinsatzes Änderungen im Bauzustand sowenig wie möglich eintraten. Die verschiedenen Ausführungsformen, das unterschiedliche Verhalten der Anlagen hierdurch und die damit bedingten veränderten Prüfverhältnisse führten zu Unsicherheiten in der Truppe, die unweigerlich Gleichgültigkeit und Unachtsamkeit nach sich zogen. Nach Möglichkeit war nach unvermeidbaren Änderungen grundsätzlich eine allgemeine Nachrüstung anzustreben.

An die Beweglichkeit des gesamten technischen Betriebes waren die höchsten Anforderungen gestellt. Kriegsmäßig war mit weit auseinandergezogenen Feldstellungen und Abstellplätzen zu rechnen. Dies erforderte eine sehr bewegliche Bodenorganisation und vor allem auch die Zurücklegung größerer Strecken im Prüfbetrieb zu den weit auseinandergezogen abgestellten Flugzeugen.

Ganz allgemein war im taktischen Ansatz auf die besonderen Anforderungen der technischen Sonderwaffen Rücksicht zu nehmen. Vor allem mußten auch die technischen Grenzen sorgfältig beachtet werden. Prüf-, Klarmach- und Beladezeiten waren beim Einsatzbefehl genau und ohne Beschränkung einzukalkulieren, denn nur die sorgfältigste technische Vorbereitung war die Voraussetzung zum Erfolg. Ohne sie war alle aufgewandte Mühe und Arbeit sowie der Einsatz des Lebens umsonst. Dieser Forderung mußte vom gesamten Führungspersonal größte Beachtung geschenkt werden.

Es war auch nicht zweckmäßig, die Einsatzplätze für technische Sonderwaffen nach den taktischen Erfordernissen an den momentan günstigsten Ort zu verlegen, sondern es war besser, möglichst Orte zu wählen, die vom Kampfgeschehen weiter entfernt lagen. Die technischen Vorbereitungen erforderten einen möglichst stationären Betrieb. Auf- und Abbau benötigten sehr viel Zeit, bis der gesamte technische Betrieb sich auf die jeweils gegebenen örtlichen Besonderheiten eingestellt hatte. Bei weit vorn an der Front gelegenen Plätzen waren die Erfordernisse des Kampfraumes derart beherrschend, daß die Voraussetzungen zu einer sorgfältigen technischen Arbeit nicht gegeben waren. Auch vielfache Verlegungen hatten auf den technischen Ablauf negative Einflüsse. Sie stellten viel zu hohe Anforderungen an die Prüfgeräte (Transportschäden), an die Wartung der Prüfgeräte und deren Instandsetzung. Hierfür konnten weit nach vorn geschobene Absprunghäfen mit vereinfachtem Prüfbetrieb und geringem technischem Aufwand (kurze Funktionsprüfung ohne Klarmachung) in viel geeigneterer Weise verwendet werden. In diesem Sinn hatte sich Foggia im späteren Stadium gut bewährt.

Die Einsätze mußten nicht nur in taktischer, sondern auch in technischer Hinsicht laufend sorgfältig ausgewertet werden. Die daraus gewonnenen Erkenntnisse ergaben neben den notwendigen Hinweisen und Unterlagen für die weitere Einsatzplanung auch laufend ein eingehendes Bild und Urteil über die Leistungen des Gerätes, über falsche Behandlung, über die Zuverlässigkeit der technischen Vorbereitung und über den Ausbildungsstand des Bedienungspersonals. Selbstverständlich wurden damit auch schwache oder fehlerhafte Stellen der Konstruktion, Fertigungsfehler und Transportschäden ermittelt.[2]

12.10.2. Folgerungen für die Truppenführung

Neben der Berücksichtigung aller bisher angesprochenen Gesichtspunkte, die sich aus der unmittelbaren Überführung der neuen Technik von Sonderwaffen vom Erprobungszustand in den Truppengebrauch ergaben, war der rechtzeitige Aufbau einer geeigneten technischen Führung und Betreuung dieser neuen Truppentechnik mit größtem Nachdruck sowie der erforderlichen Sorgfalt und Sachkenntnis dringendes Gebot. Die technische Betreuung durch die Erprobungsstelle mußte in die der Waffengeneräle bzw. in die Dienststelle der Truppentechnik übergeleitet werden. Bei den vielseitigen Belangen, die hier berührt wurden, bei den zahlreichen, völlig neuartigen militärtechnischen Fragen und deren entscheidender Bedeutung für den Erfolg des taktischen Einsatzes waren die Aufgaben der Truppendienststellen vielseitig, umfangreich und verantwortungsvoll. Das Grundproblem zur Bewältigung dieser Aufgaben bestand in der Heranbildung und Erziehung geeigneter Führer mit technischem Verständnis und Können.

Es wurde seinerzeit angeregt, für das untere technische Fachpersonal technische Sonderwaffen-Schulen zu errichten, um damit alle Voraussetzungen und Kenntnisse allgemeiner Art für den Spezialeinsatz zu vermitteln. In gleicher Weise war es auch für das technische Führungspersonal unbedingt erforderlich, die Weiterbildung in fachlicher und allgemein führungsmäßiger Hinsicht zu leiten und zu fördern. Nur so stand für die Führung technischer Sonderwaffen fachkundiges und vielseitig einsetzbares Personal zur Verfügung, das sowohl die technisch-fachlichen Kenntnisse besaß als auch die führungsmäßigen Aufgaben der technischen Sondereinsätze beherrschte. Dieser Gesichtspunkt mußte in der ganzen Breite technischer Bildung vor allem deshalb von großer Bedeutung sein, weil im Führungskorps der Luftwaffe bislang noch ein gewisses Verständnis für Zellen- und

Motorfragen vorhanden war, für Waffen, Bomben, Ausrüstung, Funk oder gar Steuerung aber nur sehr bedingtes technisches Interesse bestand. Bei der enormen Bedeutung, die aber schon im damaligen Krieg viele Zweige der Technik gewonnen hatten – es sei nur an den Umfang und die Besonderheiten des »Funkkrieges« erinnert –, war es nicht angängig, daß solche Zweige der Technik als »Schwarze Kunst« und als tabu erklärt wurden. Das führte unweigerlich zu einem Zurückbleiben der eigenen technischen Entwicklung und der allmählichen Überlegenheit des Gegners.

Derartige Überlegungen rührten aber auch an die Grundsätze der militärischen Erziehung. Die allgemeine Richtlinie und das Ziel jeder militärischen Ausbildung war seit alters her, daß jeder jeden ersetzen kann. Die hochentwickelten technischen Waffen erfordern aber eine ganze Truppe spezialisierter Fachkräfte, einschließlich der Führung, bei der zwar auch gegenseitig Kenntnis und Verständnis der Arbeitsbereiche notwendig ist, aber nicht jeder durch jeden ersetzt werden kann. Es wurden deshalb an das Verantwortungsbewußtsein und die Zuverlässigkeit des einzelnen viel höhere Anforderungen gestellt, weil das Prinzip der vielfachen gleichartigen Überwachung durch starke Untergliederung (untere Führung – jeder hat denselben Ausbildungsgang) nicht mehr erfüllt war. Damit hatte es der Vorgesetzte schwerer, alle Einzelheiten der technischen Kenntnisse seiner Untergebenen in vollem Umfang zu beherrschen. Diese Tatsache erforderte von der geistigen Einstellung jedes einzelnen Soldaten höchste Verantwortung und Selbständigkeit auch ohne äußere Kontrolle. Für den Führer bedeutete das, auch da den Überblick zu behalten, wo er vielleicht die technischen Einzelheiten nicht mehr ganz beherrschte. Er mußte trotzdem imstande sein, das einwandfreie technische Arbeiten seiner Truppe zu verbürgen. Aufgrund dieser Tatsachen war für die untere Führung die Personalauswahl hinsichtlich der charakterlichen und geistigen Eigenschaften und der Ausbildung von größter Wichtigkeit. Die Truppenführer mußten erkennen, wo unzuverlässig und nicht sorgfältig gearbeitet wurde. Das war aber nur möglich, wenn sie selbst technisch gut ausgebildet waren und über das Gerät und dessen Funktion eingehend Bescheid wußten.

Hiermit trat auch ein gewisser Gegensatz zwischen Soldatentum und Technik in Erscheinung. Die technischen Leistungen waren vielfältig und individuell, ihr Zeitablauf war durch die ständige Neuartigkeit der Aufgaben und den dauernden Wandel der Arbeitsmethoden nicht immer eindeutig festzulegen. Kurz: Technik kann man nicht befehlen, sondern man muß sie meistern.

So waren im Rahmen der höheren Truppenführung Persönlichkeiten nötig, die das volle Verständnis für technische Sonderwaffen, Vorstellungsvermögen und die Gestaltungskraft besaßen, um die neuartigen Einsatzmöglichkeiten zu entwickeln und mit aller Hartnäckigkeit zum erfolgreichen Einsatz zu bringen. Gleichzeitig war aber eine nüchterne Sachlichkeit in der Beurteilung der Schwierigkeiten und der truppenmäßigen Eingliederung erforderlich. Ebenso mußten die technischen und psychologischen Grenzen der Ausbildungsprobleme erkannt werden. Außerdem war es Aufgabe von Führern mit Erfahrung im Einsatz neuartiger technischer Waffen und Verständnis für deren ungewohnte technische Forderungen, die militärischen und taktischen Konsequenzen aus dem Einsatz dieser Waffen und deren besondere Eigenart zusammenzufassen und für die Führung der Truppe auszuwerten.

Derartige neue Waffen haben Eigengesetzlichkeiten, die bei ihrer erfolgreichen Anwendung zu erfüllen sind. Aber auch, wenn durch veränderte Kriegslagen und Kriegsbedürfnisse neue Einsatzmöglichkeiten notwendig werden oder auftreten (z. B. Hs 293H), ist das volle Verständnis für die Voraussetzungen, die Wirkung und die Grenzen dieser Waffe bei der hohen Führung unbedingt erforderlich. Andernfalls kommen entsprechende Möglichkeiten nicht zur Auswirkung.

Diese hier aus den Erfahrungen und dem Blickwinkel der E-Stelle aufgestellten Richtlinien sind Idealforderungen und konnten sich wegen der Kürze der Einsatzzeit in vielen Bereichen nicht entwickeln bzw. verwirklicht werden, wie eingangs des Kapitels 12.9. schon erwähnt wurde. Es hätte noch einer längeren Zeit des Vertrautwerdens mit der neuen Waffe und der Sammlung taktischer Erfahrungen besonders bei der höheren Truppenführung bedurft, um auf dem hier skizzierten Weg erfolgreich voranzukommen, wobei von der erdrückenden Luftüberlegenheit des Gegners in diesem Zusammenhang einmal abgesehen werden soll.

Um das Bild der deutschen Fernlenkkörper über das Ende des Krieges hinaus abzurunden, sei J. F. Smith, London, zitiert. Er schreibt in seiner Übersicht »Fernlenkwaffen 1955« (»The State of the Art«, INTERAVIA 10, 1955 Nr. 5, S. 300 ff.): »Nahezu alle seit 1945 in größerer Zahl hergestellten Fernlenkwaffen verdanken ihre Existenz der deutschen Forschung.« Wenn Smith auf S. 301 einschränkend erwähnt: »Was jedoch die Methoden und Geräte für die eigentliche Fernlenkung anlangt, die heute nicht nur über mittlere, sondern auch über sehr große Entfernungen genau und zuverlässig funktionieren müssen, so haben die deutschen Erfahrungen nur geringen Wert ...«, dann ist dem entgegenzuhalten:

1. Für Deutschland waren die Bedürfnisse bis 1945 keineswegs auf »sehr große Entfernungen« zugeschnitten.

2. In den zehn Jahren von 1945 bis 1955 waren, besonders in Friedenszeiten, auf dem Gebiet der Elektronik und Regelungstechnik zwangsläufig neue Techniken zu erwarten.

3. Hingegen mußten die deutschen Entwicklungen fast ausschließlich im Kriege durchgeführt werden.

4. Letztlich ist zu bedenken, daß deutsche Wissenschaftler und Ingenieure diese Arbeiten teilweise freiwillig, aber auch gezwungenermaßen im Ausland in aller Welt nach dem Krieg fortführten, wobei ihre in Deutschland gesammelten Erfahrungen durchaus nicht von »nur geringem Wert« sein konnten.[4]

13. Funkstörungen durch Raketentriebwerke bei FK

Nachdem sich 1940 bei den ersten Abwürfen der zunächst ohne Antrieb konzipierten ferngelenkten Gleitbombe Hs 293 herausgestellt hatte, daß ein Raketenantrieb notwendig war, konnten nach dessen Einsatz unter besonderen Bedingungen Fehlkommandos der körperseitigen Empfangsanlage festgestellt werden. Diese Funkstörungen machten sich bei Zellen am Boden, deren Ruder nicht vom Geber des Senders getastet wurden, bei laufendem Triebwerk durch Fehlkommandos – hauptsächlich des Höhenruders – bemerkbar. Es sei hier vorweggenommen, daß sich diese Störungen infolge der besonderen Verhältnisse des Fernlenkverfahrens der Hs 293 bei der praktischen Abwurferprobung kaum auswirkten. Man wollte aber sichergehen und die Ursachen der Störungen ergründen.

Die Beeinflussung der Ruder konnte nur durch das Auftreten eines niederfrequenten Störspektrums hervorgerufen werden, das im betriebsbereiten Empfänger der Zelle jene Stör- bzw. Fehlkommandos auslöste. Man ging zunächst davon aus, daß durch die Funktion des Triebwerkes eine statische Aufladung des ganzen Flugkörpers erfolgte, die zu Glimm- bzw. Sprühentladungen an dessen Spitzen und Kanten führte. Um diese Aufladungen nachzuweisen, begann die Gruppe E4 der Versuchsstelle der Luftwaffe Peenemünde-West Anfang September 1941 mit der Vorbereitung entsprechender Versuche. Zu diesem Zweck wurde ein Gestell aus Holzbalken errichtet, in das mehrere, etwa 1 m lange 100-kV-Porzellanisolatoren eingebaut waren, die eine Hs 293 in geneigter Fluglage aufnehmen konnten. Mit Hilfe eines fahrbaren, ebenfalls gegen Erde isolierten Holzportalkranes wurde der Flugkörper so in das Gestell eingesetzt, daß er, von der Erde isoliert, mit der Bugspitze unter 30° nach unten zeigte. In diesem Zustand nahmen die Isolatoren auch den Schub des Antriebes auf. Die 30°-Neigung war notwendig, da die Triebwerkdüse aus flugdynamischen Gründen die gleiche Neigung bei waagerechter Lage des Flugkörpers nach unten hatte und man bei den Versuchen keine Verbindung des Schubstrahles mit der Erde haben wollte.

Nach Fertigstellung dieser Arbeiten, die zunächst innerhalb eines großen Zeltes auf der Betonfläche vor der Halle W1 durchgeführt wurden, transportierte man Flugkörper und Gestell samt Portalkran zum Vorwerk in eine Halle des Prüfstandes P3-6 (Abb. 7). Bei den Versuchen wurde das Gestell mit Flugkörper in der Halle so in Position gebracht, daß die im Gestell waagerecht liegende Düse des Triebwerkes gerade aus der Front der geöffneten Hallentore herausschaute. Zwischen dem gegen Erde isoliert aufgebauten Flugkörper und einer der Befestigungsschienen des Hallenbodens, in denen das komplette Gestell gehalten wurde, schaltete man ein Mikroamperemeter mit mittlerer Nullpunktlage, um den Ableitstrom vom Flugkörper zu messen.

Die ersten Vorversuche fanden noch im September 1941 mit dem Walter-Triebwerk R II 260 bzw. 109-507 und »kaltem« Schub statt. Bei jedem Versuch wurde das Instrument zusammen mit der Triebwerkdüse von einer Kamera gefilmt. Damit konnte der Beginn des Versuches und der zeitliche Verlauf des abgeleiteten Entladestromes Körper – Erde festgehalten werden. Die Auswertung ergab damit eine Kurve, die den Ableitungsstrom in µA über der Zeit in Sekunden – entsprechend der Betriebsdauer des Raketenantriebes – darstellte.

Bis etwa Ende September 1941 waren etliche Schubversuche mit verschiedenen H_2O_2-Konzentrationen der Triebwerkbetankung durchgeführt worden. Seinerzeit fand noch als Katalysator (Z-Stoff) eine Natriumpermanganatlösung Verwendung. Bei den verschiedenen Konzentrationen des Wasserstoffsuperoxyds konnten auch verschieden starke Ableitungsströme gemessen werden.[1]

Die Ergebnisse dieser Vorversuche veranlaßten das RLM, mit dem Auftrag GL/C-E-Erprob.-Nr. 428/42 eine »Untersuchung von Funkstörungen« bei der TH München, Elektrophysikalisches Laboratorium, unter Professor Dr.-Ing. W. O. Schumann zu veranlassen. Die anschließend näher beschriebenen Versuche führte der Dipl.-Physiker Rudolf Prochatzka in enger Zusammenarbeit mit der Gruppe E4 der Versuchsstelle durch. Diese Arbeiten wurden ebenfalls auf dem Prüfstand im Vorwerk durchgeführt.

Die Vorbereitungen dieser Hauptversuche begannen im Frühjahr 1942, und die Messungen zogen sich bis zum Ende des Sommers 1944 hin, wobei die schon vorhandenen Vorrichtungen (Gestell und Portalkran) mit verwendet wurden. An drei der fünf für den Antrieb der Hs 293 und ihrer Varianten in Erwägung gezogenen Raketenmotoren wurden die Untersuchungen auf Funkstörungen durchgeführt. Diese Triebwerke waren:

1. das Flüssigkeitstriebwerk der Firma Walter, R II 260, RLM-Nr. 109-507
2. das Feststofftriebwerk der Firma Rheinmetall-Borsig AG, R I 503, RLM-Nr. 109-515
3. das Flüssigkeitstriebwerk der Firma Schmidding, SG 9, RLM-Nr. 109-513

Bei allen drei Triebwerken waren die elektrischen statischen Aufladungen hinsichtlich ihrer Entstehungsursache zu ermitteln, und aufgrund der gewonnenen Erkenntnisse waren entsprechende Methoden zu entwickeln, die die Funkstörungen auf ein die Fernlenkung möglichst nicht mehr beeinflussendes Minimum herabsetzten. Die ersten Versuche wurden mit dem »kalten« Schub des Walter-Triebwerkes durchgeführt. Hier, wie auch später mit den anderen Antrieben, war der separate Triebwerkkörper der Hs 293 mit horizontal ausgerichteter Düse auf einem Tragbock, mit Hilfe von zwei vertikalen Isolatoren gegen Erde isoliert, aufgebaut. Zwei waagerechte Isolatoren, die sich gegen ein im Boden verankertes Gestell abstützten, nahmen die Schubkräfte des arbeitenden Raketenmotors an dessen der Düse gegenüberliegenden Ende auf. Darüber hing die Zelle an dem schon erwähnten ebenfalls gegen Erde isolierten Holz-Portalkran. Mit dieser Anordnung war es möglich, von dem die statische Elektrizität verursachenden »Generator« – dem Triebwerk – gegen Erde den Ableitstrom und gegen den isoliert aufgehängten Flugkörper den Aufladestrom zu messen. Auch wurden zu Anfang Versuche mit nach unten abgewinkelter Düse gefahren, wobei die Schubgase in einen vom

Boden isolierten Abgaskanal geleitet wurden. Gemessen wurde dabei der Ableitstrom des Triebwerkes zur Erde.

Die Ausströmgeschwindigkeit der Reaktions- bzw. Zersetzungsprodukte des T-Stoffes mit den beiden untersuchten Katalysatoren Kalzium- und Natriumpermanganat (Z-Stoff) errechnete sich aus den bekannten Betriebsdaten des Walter-Antriebes (Kapitel 8.2.). Diese betrugen für die mittlere Schubkraft 5,88 kN (600 kp), für die Schubdauer 10 sec und für die Menge an T- und Z-Stoff 63 kg. Dementsprechend ergab sich beim Walter-Antrieb der Hs 293 eine Ausströmgeschwindigkeit von $v = 933$ m/s. Während des Ausströmens der Reaktionsgase aus der Lavaldüse herrschte in der Zersetzerkammer eine Temperatur von 500 °C und ein Überdruck von 24 bar. Außer Wasserdampf und Sauerstoff befanden sich noch, je nach Katalysator, Mangan- und Kalzium- bzw. Natriumverbindungen im Schubstrahl. Während die Abgase die Triebwerkdüse mit fast dreifacher Schallgeschwindigkeit verließen, lud sich der Triebwerkkörper elektrostatisch auf. Die mit einem Hochvoltmeter gemessene Ladespannung U_L betrug maximal 18 000 V. Ähnlich wie bei den Vorversuchen, war die Aufladestromstärke des Triebwerkes aufschlußreich. Sie gab Auskunft über Größe und Vorzeichen der Ladungen, die während des Schubes gebildet wurden. Diese Messung des Auflade- bzw. Ableitstromes als Kurzschlußmessung Triebwerk – Zelle und Triebwerk – Erde war beim kalten Walter-Verfahren durchaus zulässig. Die nur 500 °C heißen Gase des Schubstrahles ließen in ihm keine Ionisation auftreten, so daß eine Ladungsableitung durch die entweichenden Gaspartikel nicht auftreten konnte.

Betrachtet man die Aufladungsstromstärke bei elektrisch verbundenem Triebwerk und Flugkörper, dann setzte sich die Aufladestromstärke I_L aus zwei Teilströmen zusammen, wobei der erste Teilstrom i_V wieder aus drei Anteilen bestand. Ein Anteil hatte alle Verluste zu decken, die sich durch den endlichen Isolationswiderstand des ganzen Aufbaues ergaben (Ableitwiderstand R1). Ein weiterer Anteil wurde durch die Sprühentladungen aller Kanten und Spitzen des kompletten Flugkörpers hervorgerufen (Ableitwiderstand R2). Den dritten Anteil veranlaßte die Leitfähigkeit des Schubstrahles (Ableitwiderstand R3). Den zweiten Teilstrom verursachte die Aufladung des Flugkörpers selbst. Er wurde durch den Differentialquotienten dQ/dt dargestellt. Demzufolge konnte für den Aufladestrom I_L geschrieben werden:

$$I_L = i_V + dQ/dt = (U/R1) + R2 + R3 + C \times dU/dt,$$

wobei C die Kapazität des Triebwerkes bzw., wenn mit der Zelle elektrisch verbunden, des ganzen Flugkörpers darstellte.

Aus den gezeichneten Kurven des in den als Kondensator wirkenden Flugkörper hineinfließenden Aufladestromes $I_L = f(t)$ konnte sowohl die Ladung ermittelt als auch die Aufladespannung errechnet werden. Aus dem Verlauf des Ladestromes (Abb. 45) geht hervor, daß dessen Größe und der Polaritätsverlauf von der Konzentration des T-Stoffes abhängig waren. Für die Ladung des »Kondensators« konnten nur die jeweils positiven Kurvenverläufe des Aufladestromes verwendet werden, da nur hier der Antrieb bzw. der ganze Flugkörper positives Potential gegen Erde besaß und ihm elektrische Ladung zugeführt wurde. Durch Ausplanimetrieren dieser positiven Kurvenverläufe war es möglich, die Fläche unter der

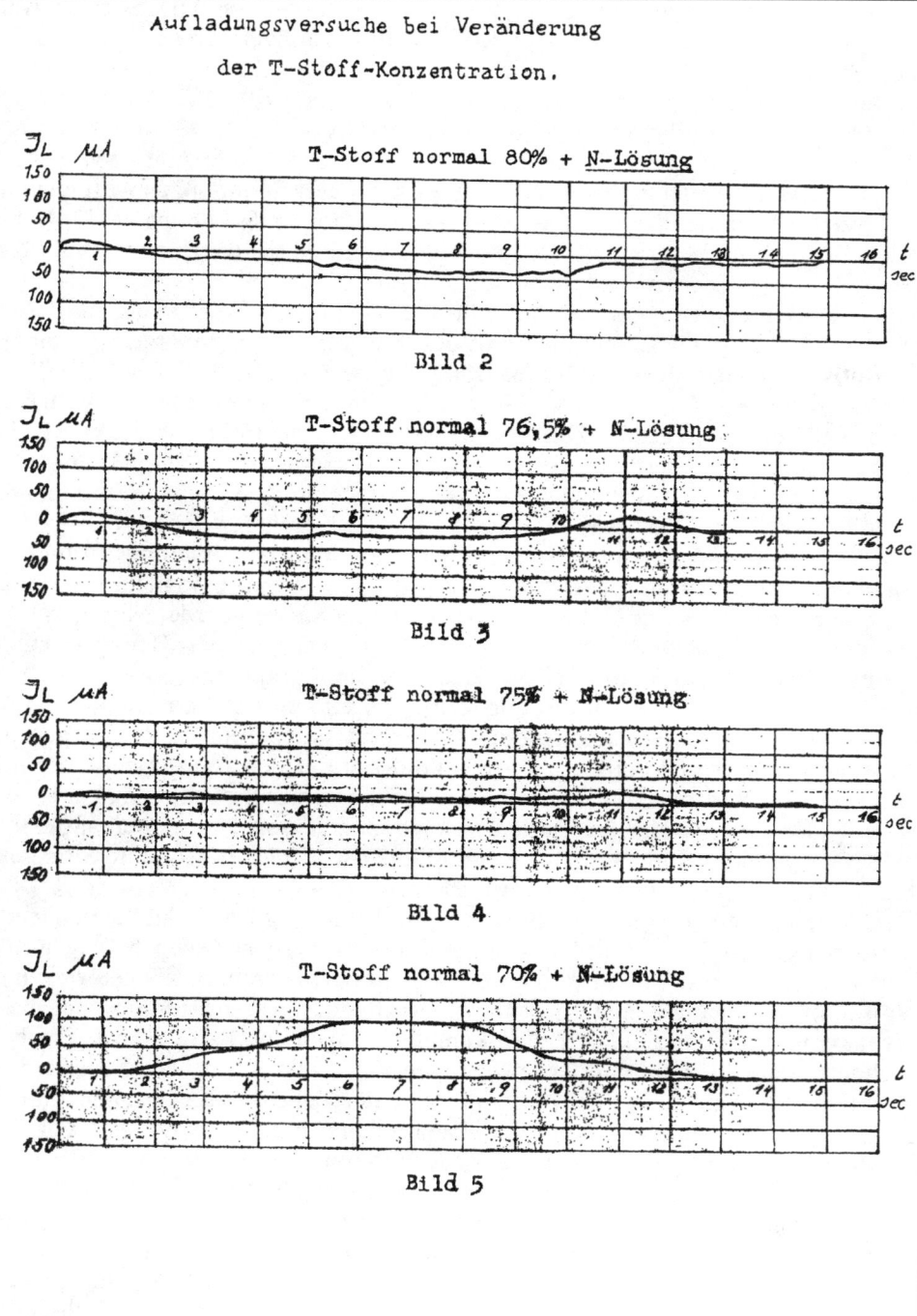

Aufladungsversuche bei Veränderung
der T-Stoff-Konzentration.

T-Stoff normal 80% + N-Lösung

Bild 2

T-Stoff normal 76,5% + N-Lösung

Bild 3

T-Stoff normal 75% + N-Lösung

Bild 4

T-Stoff normal 70% + N-Lösung

Bild 5

Abb. 45

417

Kurve zu ermitteln, deren Inhalt identisch mit der Ladung des Triebwerkes war. Aus einer Kurve, die bis zur sechsten Sekunde des Schubverlaufes positiv und danach negativ wurde, konnte z. B. eine Ladung von $4,5 \times 10^{-4}$ Coulomb ermittelt werden, woraus sich bei einer Kapazität des Triebwerkes (ohne Zelle) von 150 pF eine rechnerische Aufladespannung von 3×10^6 V ergeben hätte. In der zweiten Schubhälfte wäre nach der gleichen Rechnung eine negative Spannung von $-0,75 \times 10^6$ V als Aufladespannung vorhanden gewesen. Diese Spannungen wurden aber nie erreicht, da an den Kanten des Triebwerkes schon bei Spannungen von 10 bis 20 kV Büschel- und Glimmentladungen einsetzten und die durch den Schub darüber hinaus verursachten Ladungen absprühten.

Neben den Untersuchungen der Aufladungserscheinungen waren auch, nachdem deren ursächlicher Zusammenhang mit den Funkstörungen bekannt war, einige qualitative Versuche durchzuführen. Dabei wurde festgestellt, daß während des Abblasens mit 80%igem T-Stoff bei der nicht ferngelenkten, aber empfangsbereiten Zelle das Höhenruder Fehlkommandos ausführte. Bei ferngelenkter Zelle wurden bis zu Empfangsfeldstärken von 600 µV/m die gegebenen Kommandos verfälscht, wenn Triebwerk und Zelle elektrisch miteinander verbunden und gegen Erde isoliert waren, was dem freien Flug des Körpers in der Luft entsprach. Bei 65%igem T-Stoff trat keine Aufladung und somit auch keine Funkstörung auf, wobei der Schub aber merkbar abnahm, was für den Flugzustand nicht vertretbar war. Sofern Triebwerk und Zelle elektrisch verbunden, aber geerdet waren, trat bei 80%igem T-Stoff keine Störung an der Zelle auf. Die gleichen Beobachtungen konnten sowohl an geerdeten Zellen wie an einzelnen Empfängern E230 des Flugkörpers, die in 1 bis 3 m Entfernung von der Zelle entfernt aufgestellt waren, gemacht werden. Die Bewegungen des Höhenruders einer am Boden aufgestellten Zelle waren bei Störungen meistens konform mit den Bewegungen der mit dem Triebwerk verbundenen und isoliert aufgehängten Zelle. Schloß man am Ausgang des Empfängers der am Boden stehenden Zelle ein Tonfrequenz-Spektrometer an, so konnten am Bildschirm charakteristische, niederfrequente Störspektren bei nichtgelenkter wie gelenkter Zelle beobachtet werden.

Beim Vergleich einer isoliert aufgehängten und einer am Boden stehenden Zelle muß noch ergänzend erwähnt werden, daß die an beiden Zellen beobachteten Funkstörungen nur dann auftraten, wenn das isoliert aufgehängte Triebwerk und die isoliert aufgehängte Zelle miteinander verbunden waren. Trennte man diese Verbindung, traten an beiden Zellen keine Störungen auf. Bei diesen Versuchen zeichnete man die Höhenruderbewegungen der Zelle mit einem Ruderlagenpotentiometer zugleich mit dem Aufladestrom der Zelle durch den Papierfilm eines optischen Mehrfachschreibers der Firma Askania auf. Daraus ging hervor, daß die Störungen des Höhenruders um so größer waren, je größer der vom Triebwerk zur Zelle fließende Strom war. Nach diesen Vorversuchen folgten die quantitativen Messungen. Als Maß der Funkstörungen wurde die Pegelspannung im Empfänger der Hs 293 verwendet, die man dessen »Automatischen Pegel-Regelung« (APR) entnahm. Diese Spannung, mittels eines Röhrenvoltmeters gemessen, registrierte man wieder mit dem Aufladestrom durch den Askania-Vielfachschreiber.

Die Messungen bestätigten die vorhergehenden Erkenntnisse insofern, als die »Stör-Pegelspannung« um so größer wurde, je größer der vom Triebwerk zur

Zelle fließende Strom war. Sie betrug das 15- bis 20fache des Eigenstörpegels der Zelle und lag bei etwa 1,5 V. Bei kompletter und geerdeter Zelle (Zelle + Triebwerk) trat eine sehr geringe Störspannung von 0,7 V (das etwa Fünffache des Eigenstörpegels) auf. Waren beide Flugkörperelemente miteinander verbunden, aber gegen Erde isoliert, also dem Flugzustand entsprechend aufgebaut, konnten nur einzelne Spannungsspitzen von maximal 0,7 V beobachtet werden. Das legte den Gedanken nahe, Zelle und Triebwerk über einen hochohmigen Widerstand (10 MΩ) zu verbinden, um die Störung herabzusetzen. Aber das Gegenteil trat ein. Die Störungen wurden stärker, was darauf zurückzuführen war, daß der Widerstand durch Aufladung zum Sprühen kam.

Mit einem Feldstärkemesser, der in 1 m Entfernung von der Düse eines mit kaltem Schub arbeitenden Walter-Triebwerkes aufgestellt war, konnte im Bereich der benutzten Frequenzkanäle von 20 bis 100 MHz gerade ein Maximum der Störfeldstärke von 13 µV/m gemessen werden. Waren Triebwerk und Zelle geerdet, trat keine Störfeldstärke auf. War das Triebwerk isoliert und nicht mit der Zelle verbunden, betrug die Störfeldstärke 30 µV/m.

Nachdem die Aufladungserscheinungen, ihre Größenordnung und ihr funktechnischer Einfluß untersucht und ermittelt waren, galt es ihre Ursachen zu ergründen, um entsprechende Gegenmaßnahmen zu finden. Sie hätten durch Volumenprozesse durch chemische und thermische Ionisation der Zersetzungsprodukte wie auch durch Oberflächenprozesse an der inneren Düsenoberfläche hervorgerufen sein können. Um diese Fragen zu klären, wurden entsprechende Schubversuche mit unterschiedlicher Dichte der beiden verwendeten Zünd- bzw. Z-Stoffe (Katalysatoren) und mehr oder weniger großer Verdünnung der Treibstoff- bzw. T-Stoff-Konzentrationen vorgenommen. Dabei stellte sich heraus, daß mit zunehmender Dichte des Z-Stoffes (von 1,35 aufwärts) d. h. mit zunehmenden Feststoffanteilen an Kalzium und Mangan des Kalziumpermanganates, die positive Aufladung des Triebwerkes bzw. des ganzen Flugkörpers zunahm.

Sofern bei Verwendung des Z-Stoffes Kalziumpermanganat die T-Stoff-Konzentration z. B. von 85 % auf 70 % verringert wurde, nahm die Aufladung stetig ab. Hingegen verursachte der Z-Stoff Natriumpermanganat mit 80%igem T-Stoff eine negative Aufladung, die sich mit abnehmender Konzentration des H_2O_2 verringerte, bei 76,5 % ein Minimum erreichte, um bei weiterer Verdünnung positiv und bei 70 % zum positiven Maximum zu werden. Bei weiterer T-Stoff-Verdünnung ging die Aufladung rasch gegen Null.

Um festzustellen, wo und wie sich die Ladungen in der Zersetzerkammer des Triebwerkes bildeten, wurde der Ableitstrom an drei Querschnitten der Kammer gemessen. Schnitt I an der Düsenengstelle, bei abgeschnittener Düse, ergab gegenüber der Kammer mit kompletter Düse nur einen Wert von 10 % des ursprünglichen Stromes. Schnitt II, kurz hinter der Düse, erbrachte einen doppelt so hohen Ableitstrom wie bei Schnitt I, während Schnitt III, kurz vor dem Mischbecher, keinen Ableitstrom verursachte.

Durch eine Zylinderdüse und ein zylindrisches Ansatzrohr konnte jeweils eine Erhöhung des Ableitstromes erreicht werden. Weiterhin zeigten die Abblasversuche, daß die Größe des Ableitstromes vom verwendeten Material der Düse abhängig war. Materialien mit geringer Elektronenaustrittsarbeit lieferten einen höheren und solche mit einer hohen Elektronenaustrittsarbeit einen geringeren Ableitstrom. Zwischen den Molekülen eines Metalles befinden sich zahlreiche freie Elektronen, die, ähnlich den Molekülen eines Gases, dauernd in Bewegung sind. Die Bewegungsgeschwindigkeit der Elektronen innerhalb des Metalles ist von dessen Temperatur abhängig. Mit höher werdender Temperatur wird auch die Elektronengeschwindigkeit größer, bis sie bei glühenden Metallen jenen Wert erreicht, wo die Elektronen durch ihre kinetische Energie die Metalloberfläche verlassen können. Mit 500 °C besaß die Düsenoberfläche gerade jene Temperatur, bei der Stahl zu glühen beginnt. Außerdem war die Düsenoberfläche wegen des immer vorhandenen Umwelteinflusses mit Oxydschichten bedeckt, die bekanntermaßen zu einer wesentlichen Verringerung der Elektronenaustrittsarbeit führen.[3] Die Stoßeffekte der Verbrennungspartikel taten an der Düsenoberfläche ein übriges, die negativen Elektronen aus den molekularen Anziehungskräften der Düsenoberfläche zu lösen. Damit erhielt der Schubstrahl negatives und das Triebwerk positives Potential, dessen Ladung sich als Aufladestrom für die Zelle bzw. Ableitstrom zur Erde bemerkbar machte.

Als die Größenordnung der Aufladung und deren örtliche Entstehung in der Zersetzerkammer beim kalten Walter-Verfahren des Raketenantriebes 109-507 der Hs 293 untersucht waren, mußte durch geeignete Mittel versucht werden, die statische Aufladung auf einen funktechnisch nicht mehr störbaren Wert herabzusetzen. Bei diesen Versuchen schälten sich drei Methoden heraus. Die erste untersuchte Methode sah vor, wie schon beschrieben, durch die Wahl einer T-Stoff-Konzentration von 75 % bei Verwendung des Z-Stoffes Natriumpermanganat (N-Lösung) den Aufladestrom auf ein Minimum herabzusetzen. Diese Methode mußte aber ausscheiden, da zwischenzeitlich der Z-Stoff Natriumpermanganat von der Firma Walter wegen seiner zu geringen Kältefestigkeit nicht mehr verwendet wurde.

Als zweite Lösung erarbeitete Prochatzka eine Methode, wobei in die Zersetzerkammer bzw. in den engsten Querschnitt der Düse Wasser eingespritzt wurde. Zu diesem Zweck verwendete man zunächst den T-Stoff-Tank eines kompletten Triebwerkes, damals als »Einspritzanlage« bezeichnet, der mit 44 l Wasser gefüllt und mit 30 bar Überdruck gegen den Kammerdruck von 25 bar zur Wasserförderung beaufschlagt wurde. Der Aufladestrom Triebwerk – Zelle konnte beim »scharfen« Versuch von normal 200 bis 250 µA auf 10 % reduziert werden, wobei der Wasserverbrauch 14 l während der Schubzeit von 10 sec betrug. Den gleichen Effekt erzielte man, wenn der Z-Stoff-Tank der Einspritzanlage mit 2,5 l Wasser gefüllt und das über einen Kanal von 4 mm Durchmesser radial in den engsten Düsenquerschnitt gespritzt wurde. Axiale Einspritzdüsen brachten keinen besonderen Erfolg.

Ein weiterer Wassereinspritzversuch verband die Zersetzerkammer mit einem externen Wassertank, wobei dessen Förderdruck direkt den Druckluftflaschen des Triebwerkes entnommen wurde. Trotz des damit verbundenen größeren Luftverbrauches im Triebwerk konnte bei einem Wassertank von 2,5 l die Aufladung auf etwa 20 %, bei 3 l auf 15 bis 20 % und bei 4 l auf 10 bis 15 % des normalen Aufladestromes herabgesetzt werden. Um auch bei dieser Versuchsanordnung die Ergebnisse der vorherigen externen Einspritzanlage zu erhalten, hätten die internen Druckluftflaschen des Triebwerkes mit 200 bar Überdruck und das Reduzierventil für den Förderdruck von Treibstoff und Wasser auf 40 bar eingestellt werden müssen.

Um für die erfolgreiche, aber apparativ aufwendige Wassereinspritzmethode eine Alternative zu haben, wurde der Weg der partiellen Oberflächenbeschichtung des Zersetzerinnenraumes mit verschieden dicken Kesselsteinschichten (Kalziumsalze) beschritten. Angeregt wurde dieses Verfahren durch die Beobachtung, daß nach mehreren Versuchen mit derselben Zersetzerkammer der Aufladestrom infolge der Braunsteinablagerungen an den Wendeln der Kammer und in der Düse zurückging. Die Dicke und die Haftfestigkeit der künstlich aufgebrachten Braunstein- und Kesselsteinschichten waren für die Herabsetzung des Aufladestromes maßgebend. Die dickeren Schichten erbrachten eine Reduzierung des normalen Aufladestromes (Triebwerk-Zelle) auf 25 % bzw. 50 bis 63 µA.

Weiterhin wurde die Düse der Zersetzerkammer mit einem vom chemischen Labor der E-Stelle (Dr. Demant) entwickelten Speziallack aus einem Gemisch von Kaolin, Talkum, Glaspulver und Wasserglas ausgekleidet. Diese Lackschicht ließ den Aufladestrom negativ werden, also von der Zelle zum Triebwerk fließen. Da bei blanker Düsenoberfläche normalerweise ein positiver Aufladestrom vom Triebwerk zur Zelle floß, ging man dazu über, nur einen Teil der Düsenoberfläche mit dem Lack auszukleiden, damit die positive Aufladung an der blanken Oberfläche die negative Aufladung an der Lackschicht kompensieren konnte. Dies trat auch teilweise bei den folgenden Schubversuchen auf. Bei einem 3 cm breiten Lackstreifen auf der Düsenoberfläche (20 % Bedeckung) erreichte der Aufladestrom in der ersten Sekunde des Schubes einen negativen Wert von –35 µA (15 % der positiven Stromspitze eines Triebwerkes ohne Düsenabdeckung). Dieser Aufladestrom ging aber sofort gegen Null, um in der zweiten Sekunde den positiven Wert von +30 µA zu erreichen. Dieser Sprung war wegen eines Verfahrensfehlers auf die zu geringe Haftfestigkeit des Lackes zurückzuführen, aus dessen Abdeckfläche Teile herausgerissen wurden. Als man die Haftfestigkeit beherrschte, konnte durch einen 1 cm breiten, in Längsrichtung der Zersetzerkammer verlaufenden Lackstreifen in der Düse der Aufladestrom auf 5 % (10 bis 12,5 µA) herabgesetzt und damit die Funkstörung auf den doppelten Wert des Eigenstörpegels der Zelle herabgedrückt werden.

Als letzte Möglichkeit, elektrostatische Ladungen von Körpern abzuführen, blieb noch die alte Methode der Spitzenwirkung von Ableitstäben. Diese Anordnung nutzte damals z. B. die DVL, um Selbstaufladungen an Flugzeugdieselmotoren und die damit verursachten Funkstörungen zu beseitigen. Zwei Wolframspitzen, am Gewicht der Schleppantenne befestigt, sorgten für eine funktechnisch nicht mehr störende Verringerung der Aufladungen.

Beim Walter-Triebwerk der Hs 293 versuchte man zunächst mit acht Wolframspitzen von 10 mm Länge, die in Form eines Kranzes parallel zur Düsenmündungsfläche nach außen wegstehend angeordnet waren, die Ladung gleich am Entstehungsort abzuführen. Diese Maßnahme brachte aber keine nennenswerte Verminderung des Aufladestromes der Zelle. Erst als die Spitzen senkrecht zur Düsenmündungsebene, also parallel zur Düsenlängsachse zeigten und somit von den Reaktionsgasen umspült wurden, trat eine Verminderung des Stromes von 200 µA auf 60 µA ein. Mit 16 Spitzen konnte der Wert sogar auf 50 µA herabgesetzt werden, obwohl die Spitzen nach dem Versuch vom Schubstrahl stark beschädigt und mit einer Braunsteinschicht bedeckt waren.

Das Ergebnis legte den Gedanken nahe, daß außer der Spitzenwirkung noch ein

Wiedervereinigungseffekt der Ladungen auf der Oberfläche der Wolframspitzen stattfinden könnte. Diese Annahme hat sich dann auch in den nachfolgenden Versuchen bestätigt. Je größer die Oberfläche der in den Schubstrahl tauchenden Spitzen war, um so mehr verminderte sich der Aufladestrom der Zelle. Eine besonders gute Wiedervereinigung der durch den Schubstrahl getrennten Ladungen ergab sich, wenn die Ableitstäbe vom Rand der Düse so in den Schubstrahl tauchten, daß sich ihre Spitzen in der Düsenlängsachse berührten. Die gute Verminderung des Aufladestromes ergab sich auch bei nicht zugespitzten Stäben. Diese Tatsachen ließen darauf schließen, daß im wesentlichen der Effekt der Ladungswiedervereinigung durch die Oberfläche der Ableitstäbe im Schubstrahl und weniger die Sprühentladung an der Herabsetzung des Auflade- bzw. Ableitstromes beteiligt war.

Die endgültige und auch einfachste Lösung zur Verminderung der Aufladungserscheinungen am Walter-Triebwerk mit kaltem Schub war eine Düse mit vier aus V2A gefertigten Ableitstäben. Die vier Stäbe waren am äußeren Rand der Düsenöffnung leitend befestigt und verliefen schräg so nach hinten, daß sie sich auf der Düsenlängsachse trafen. Damit gelang es, den Aufladestrom auf 5 % oder 10 bis 12,5 µA herabzusetzen, was, wie bei der Lackstreifenmethode, dem doppelten Wert des Eigenstörpegels der Hs 293 entsprach.

Aus den ganzen Versuchen und ihren Ergebnissen konnte endgültig geschlossen werden, daß die elektrostatische Aufladung durch den Schubstrahl beim kalten Walter-Verfahren nicht durch eine Volumenionisation der Zersetzungsprodukte infolge thermischer Prozesse, sondern durch Oberflächenprozesse der inneren Düsenwand zustande kam. Wie eingangs schon angedeutet, war eine direkte Beeinflussung der ankommenden Senderwelle durch den Schubstrahl – infolge Reflexion und Absorption beim Abwurfbetrieb – nicht möglich, da die Düsenachse zur Richtung der eintreffenden Senderwelle mindestens einen Winkel von 30° einschloß. Die Abwinkelung des Schubstrahles war, wie schon früher erwähnt, aus flugdynamischen Gründen gewählt worden, um die Wirkungsrichtung der Schubkraft durch den Schwerpunkt des Flugkörpers zu leiten (siehe Kapitel 12.4.4.).

Nachdem die Funkstörungen durch den »kalten« Walter-Antrieb näher geschildert wurden, da er, soweit bekannt, der einzige im Einsatz verwendete Raketenmotor der Hs 293 war, soll noch auf die beiden weiteren in diesem Zusammenhang untersuchten Antriebe eingegangen werden.

Das Feststofftriebwerk der Firma Rheinmetall-Borsig AG, R I 503 mit der RLM-Nr. 109-515 bestand aus einem Rohr mit zwei Düsen. Eine Regeldüse diente zur Einstellung der Schubzeit, und die Hauptdüse hatte den Schub zu liefern. Pro Kilogramm Pulver wurden während der Verbrennung 3684,38 kJ (880 kcal) bei einer Betriebszeit von 6 sec frei. Daraus ergab sich bei einem Schub von 9,806 kN (1000 kp) ein mittlerer Impuls von $9,806 \times 6 = 58,84$ kNs, woraus sich bei 34 kg Pulvergewicht eine Ausströmgeschwindigkeit der Verbrennungsgase von 1735 m/s ergab, die eine Temperatur von 2000 °C besaßen. Diese Temperaturen verursachten auf jeden Fall schon eine merkliche Volumenionisation durch chemische und thermische Prozesse. Wie beim Walter-Triebwerk, wurden auch hier Messungen des Ableitstromes am isoliert aufgebauten Triebwerk vorgenommen, um festzustellen, ob eine Aufladung durch ausströmende Verbrennungsprodukte entstand. Der Ableitstrom war aber hier nicht mehr ein Maß für den Aufladestrom, da der Schubstrahl wegen seiner Leitfähigkeit eine Aufladung des Triebwerkes sofort verhinderte. Außer den durch Stoßeffekte und Elektronenemission an den inneren Düsenoberflächen erhaltenen Ladungen, führte der Schubstrahl noch die vom Triebwerk abgeleiteten Ladungen entgegengesetzten Vorzeichens ab.

Bei den Vorversuchen der Funkstörmessungen war die Zelle isoliert aufgehängt und wie bei den allerersten Aufladungsversuchen vom Boden isoliert abgestützt worden, um die axiale Schubkraft des direkt untergehängten Triebwerkes abzufangen. Sowohl bei gelenkter als auch bei nichtgelenkter Zelle waren Funkstörungen bis zu Empfangsfeldstärken von 600 μV/m zu beobachten, die auch bei geerdetem Aufbau von Triebwerk und Zelle auftraten. Diese Tatsache ließ bereits darauf schließen, daß im Gegensatz zum Walter-Triebwerk hier keine elektrostatische Aufladung von Triebwerk und Zelle stattfand. Die Ursache der Funkstörungen war im heißen Schubstrahl zu suchen. Die Störspannungsmessung an der APR des Empfängers der Zelle führte man bei isoliertem Triebwerk und darüber isoliert aufgehängter Zelle durch. Bei nichtgelenkter Zelle lag die Störpegelspannung etwa in der Größenordnung des Walter-Triebwerkes und betrug 2,5 bis 3 V. Allerdings war der Charakter dieser Störung viel unregelmäßiger. Sie trat auch auf, wenn die aufgehängte Zelle nicht mit dem Triebwerk verbunden oder wenn die separate Zelle in einem Meter Abstand vom Brennstrahl am Boden aufgestellt war. Das Triebwerk war dabei immer geerdet.

Aus den Versuchen gingen eindeutig als Ursachen der Funkstörung die Vorgänge im heißen Schubstrahl hervor. Der mit mehrfacher Schallgeschwindigkeit aus der Düse tretende Strahl war als Plasma hoher Geschwindigkeit anzusehen. In diesem Plasma wurden die durch thermische Ionisation und Oberflächenprozesse (Austreten von Elektronen) in der Düse gebildeten Ladungsträger zu Schwingungen angeregt, die in der Antenne der Zelle Störspannungen induzierten. Eine direkte Beeinflussung der ankommenden Senderwelle durch den Schubstrahl konnte auch hier, wie schon beim Walter-Antrieb erwähnt, aus den gleichen Gründen beim Abwurfbetrieb nicht auftreten. Das zeigte sich auch immer wieder in der Praxis der zu den geschilderten Versuchen parallel laufenden Abwürfe in Peenemünde-West.

Um trotzdem eine Verminderung der Funkstörungen zu erreichen, versuchte man zunächst, wie beim Walter-Antrieb, Wasser unter einem Druck von 30 bar mittels einer Brause in die Brennkammer einzuspritzen. Damit wurde bezweckt, einerseits die Ionisationsprozesse zu verhindern und andererseits die Beweglichkeit der im Schubstrahl mitgeführten Ladungen durch Anlagerung von Wassermolekülen herabzusetzen. Um den zunächst hohen Wasserverbrauch eines externen Wassertanks von 44 auf 3 l zu verkleinern, wurde ein ringförmiger Wassertank von 3 l, unter Verlust der entsprechenden Treibsatzmenge, in das Triebwerkrohr vor dem Düsenkopf eingeschoben. An der den beiden Düsen zugewandten Tankstirnseite waren 15 Bohrungen eingebracht, die mit einer Kittmasse verklebt waren. Während des Betriebes saugte der Schubstrahl aus den Bohrungen das Wasser des Tanks heraus, das sich mit den Verbrennungsgasen vermischte. Die Funkentstörung war nicht mehr so gut wie bei der Wassereinspritzung aus dem externen, mit Überdruck beaufschlagten Wassertank. Es wäre noch eine Verbesserung durch einen größeren internen Tank möglich gewesen, wobei aber eine noch größere Pulvermenge verdrängt und die Betriebszeit noch weiter herabgesetzt worden wäre.

Die zweite untersuchte Methode am Feststofftriebwerk sah wieder Entladungsstäbe am Ende der beiden Düsen vor. Sie sollten durch Eintauchen in den Schubstrahl möglichst viele negative und positive Ladungsträger entziehen. Dieser Vorgang war um so wirkungsvoller, je mehr Stäbe (Oberfläche) verwendet wurden. Durch zwölf Stäbe an der Schubdüse und 24 Stäbe an der Regeldüse konnte die Störpegelspannung am Empfänger der Zelle auf 25 %, entsprechend 0,63 bzw. 0,75 V, herabgesetzt werden. Eine weitere Verbesserung durch noch mehr Entladungsstäbe wäre wegen des höheren Strömungswiderstandes auf Kosten der Schubkraft gegangen. Denkbar war noch eine Verbesserung durch die Kombination beider Methoden, also mit Wassertank und Entladungsstäben. Im Berichtszeitraum (September/Oktober 1944) bestand die Absicht, die Versuche fortzuführen.

Die letzte durchgeführte Untersuchung von Funkstörungen durch Triebwerke nahm Rudolf Prochatzka am Triebwerk SG9, RLM-Nr. 109-513, der Firma Schmidding vor. Wie in Kapitel 12.4.4. schon erwähnt, handelte es sich um ein Sauerstoff-Methanol-Triebwerk. Der gasförmige Sauerstoff war in acht Flaschen mit einem Überdruck von 230 bar untergebracht und wurde, durch einen Druckminderer auf 30 bar reduziert, über viele Einströmdüsen in die Brennkammer eingeleitet. Zur Förderung des Methanols (Methylalkohol) drückte der reduzierte Sauerstoff über eine Gummiblase auf die Füllung des Brennstofftanks, die über entsprechende Einspritzdüsen ebenfalls in die Brennkammer gelangte. In Brennkammermitte war eine Zündpatrone eingeschraubt, die mit Hilfe ihres Thermitbrandsatzes das Treibstoffgemisch zündete. Der Verbrennungsablauf lief nach folgender Formel ab:

$$CH_3OH + O_2 = CO_2 + H_2O + 22\,650,6 \text{ kJ/kg}$$

Die Energie von 22 560,6 kJ/kg setzte sich in der Brennkammer in Wärmeenergie (2000 °C) und Druck (15 bar Überdruck) um. Aus dem gemessenen Impuls von

$$I = 5,884 \times 10 = 58,84 \text{ kN s (6000 kp s)}$$

errechnete sich eine Strahlaustrittsgeschwindigkeit von 3000 m/s.

Die anfangs wieder durchgeführten Aufladungsmessungen mit diesem Antrieb ergaben nur zu Beginn des Schubes wenige 100 V (Braunsche Elektrometer), die keine Sprüheffekte auslösten, da auch hier die heißen Flammengase die Ladungen ableiteten. Bei den Vorversuchen waren Triebwerk und Zelle anfangs wieder gemeinsam unter 30°, mit dem Bug nach unten zeigend, isoliert in das Gestell eingesetzt. In gelenktem und nichtgelenktem Zustand der Zelle ergaben sich Funkstörungen bis zu Empfangsfeldstärken von 800 µV/m sowohl bei isoliertem als auch bei geerdetem Triebwerk. Gegebene Kommandos wurden dabei unterdrückt. Die mit dem Röhrenvoltmeter bei den folgenden Reihenversuchen gemessenen und mit dem Mehrfachschreiber registrierten Störpegelspannungen im Empfänger der aufgehängten Zelle wie auch im Empfänger einer in 1 m Abstand vom Schubstrahl stehenden Zelle betrugen maximal 3 V. Aber wie beim Feststofftriebwerk zeigte der Spannungsverlauf eine große Unregelmäßigkeit. Insbesondere hatte der verwendete Zünder einen starken Einfluß auf Größe und Verlauf der Störspannung. Als Zünder fanden ein Langzeit- (8sec), ein Kurzzeit- (3sec) und ein Höhenzünder Verwendung.

Die Tatsache, daß die Störungen auch bei geerdetem Triebwerk auftraten, ließ auch hier den Schluß zu, daß der heiße Schubstrahl die Ursache in Form von freien Elektronen und Ionen war. Den Schubstrahl-Störspannungen überlagerten sich noch die Einflüsse des abbrennenden Thermitbrandsatzes der Zünder. Dieser zunächst nur als Vermutung geäußerte Vorgang wurde durch separate Zünderversuche erhärtet. Sowohl innerhalb als auch außerhalb der Brennkammer abgebrannte Zünder verursachten Funkstörungen wie der normale Schub.

Die Funkstörungen, die beim Sauerstoff-Methanol-Triebwerk der Hs 293 vom Schubstrahl ausgingen und Störspannungen in der Zellenantenne verursachten, konnten durch ein den Schubstrahl umhüllendes Metallnetz (Faradayscher Käfig) zum großen Teil abgeschirmt werden. Die maximale Störpegelspannung von 3 V war damit auf etwa 0,5 V herabzusetzen. Weiterhin wurde auch wieder versucht, durch Wassereinspritzung über eine Brause den Schubstrahl zu entionisieren. Im Gegensatz zum Pulvertriebwerk führte das hier aber nicht zum Erfolg. Man vermutete, daß die Ursache in der großen Ausströmgeschwindigkeit lag, wodurch nur der Strahlmantel mit Wasser in Berührung kam. Auch war anzunehmen, daß infolge des zu geringen Einspritzdruckes das Wasser nicht in die Tiefe des Strahles eindringen konnte und schon an der äußeren Schicht mitgerissen wurde.

Als weitere Methode, die entstehenden Ladungsträger dem Schubstrahl bei diesem Antrieb zu entziehen, eigneten sich auch wieder Entladungsstäbe. Als beste Lösung erwiesen sich 13 Stäbe von 100 mm Länge und 5 mm Durchmesser, die in der Lage waren, die Funkstörungen auf den doppelten Wert des Eigenstörpegels der Zelle zu senken.[2] Eine Abschirmung der vom Trägerflugzeug kommenden Senderwelle und damit der Lenkkommandos war, wie auch bei den beiden Triebwerken vorher, aus den verfahrenstechnischen Gegebenheiten der Fernlenkung nicht möglich.

Am Schluß der Betrachtungen über die Funkstörungen von Triebwerken sei noch auf die sowohl bei der Hs 293 als auch bei der Fallbombe FritzX vorhandenen Magnesium-Fackeltöpfe hingewiesen, die zur Sichtbarmachung der Flugkörper während des Fernlenkvorganges an deren Heck montiert waren. Während die Thermit-Zünder aus einer Mischung von Aluminiumpulver und Eisenoxyd bestanden, die elektrisch über einen Zündsatz aus Magnesium gezündet wurden, waren die Markierungsfackeln mit einer Mischung aus Magnesiumpulver und Kieselgur gefüllt, die ein raucharmes, grelles Licht gaben. Wie in Kapitel 12.2.6. geschildert, hatten auch die Abgase dieser Fackeln die Eigenschaft, Funkstörungen zu verursachen. Ähnlich wie beim Feststofftriebwerk 109-515 der Firma Rheinmetall-Borsig, waren es auch bei den Fackeln Ionisationserscheinungen im Abgasstrahl, die abschirmenden Einfluß auf die Senderwelle ausübten. Um diese Funkstörungen der Fackeln auszuschließen, war offensichtlich deren Lage zur Antenne des Flugkörpers und zur ankommenden Senderwelle von entscheidender Bedeutung, wie am Beispiel der nachgelenkten Fallbombe FritzX zu ersehen war. Aus der Abb. 25 des Kapitels 12.2.1 ist ersichtlich, daß der Fackeltopf mit mehreren Fackeln im Heck des Rumpfes montiert war, wobei die Topfwand bis über das Ende der einzelnen Fackeln herübergezogen war. Damit konnte die modulierte Senderwelle im fallenden Zustand des Körpers die vom Bombenschützen aus oben rechts angeordnete Antenne ohne Störung erreichen. Diese Situation änderte sich für das sendende Trägerflugzeug mit zunehmender Fallzeit noch weiter zum Besseren, da es mehr und mehr über den Flugkörper in Richtung von dessen Antenne flog, womit sich die direkte Senderwelle noch weiter von der senkrecht aus dem Fackeltopf ausströmenden zylindrischen Gasschleppe entfernte. Sobald aber, wie bei den ersten Abwürfen in Foggia geschehen, dicht neben der Empfangsantenne des Flugkörpers, an der rechten Endscheibe eine normalerweise nicht vorgesehene Fackel montiert war, streute deren Abgasstrahl in den Empfangsbereich der Antenne hinein und verursachte die beschriebenen Funkstörungen.

Bei der Hs 293 waren ebenfalls am Heck des Flugkörpers, gegenüber der Triebwerkdüse nach oben und hinten versetzt, jedoch unterhalb der Empfangsantenne, mehrere Fackeln zur Markierung des Flugkörpers angebracht. Aber auch hier kam die Senderwelle, von dem überhöht fliegenden Trägerflugzeug ausgehend, direkt schräg von oben an die Körperantenne heran, ohne den abschirmenden Gasstrahl der Fackeln durchdringen zu müssen (Abb. 32).

Es ist nicht bekannt, daß bei den Erprobungs- und Einsatzabwürfen der Hs 293 und deren erprobter Varianten besondere und speziell aus den hier geschilderten Versuchen herrührende Maßnahmen zur Vermeidung von Triebwerk-Funkstörungen Verwendung fanden. Gleichwohl haben diese Versuche die Ursachen und Größenordnungen der möglichen Funkstörungen bei raketengetriebenen Fernlenkkörpern aufgezeigt. Auch konnten gegebenenfalls für weitere Systeme bezüglich der konstruktiven Gestaltung des Flugkörpers und der Lage: Triebwerkdüse – Antenne, in Verbindung mit dem Fernlenk- und Abwurfprinzip, aus den grundlegenden Versuchsergebnissen Richtlinien entnommen werden.

14. Lenk- und Zielsuchsysteme

Bei den luftgestützten Bord-Boden-Fernlenkkörpern (Kapitel 12) sind die Funk- und Drahtlenksysteme nach dem Doppeldeckungs- und Zielweisungsverfahren beschrieben worden. Von einigen Sonderentwicklungen abgesehen, war es hier das Bestreben, einen Flugkörper mit dem entsprechenden Lenkverfahren durch einen Lenkschützen vom Abwurf bis zum Aufschlag kontrollieren und lenken zu lassen. Mit den in diesem Kapitel geschilderten Verfahren werden Systeme angesprochen, die über eine Lenkung mit rein visuellen Mitteln seinerzeit hinausgingen und letztlich eine perfektionierende Weiterentwicklung dieser Verfahren darstellten. Die in Kapitel 18 zu schildernden Jägerraketen und besonders die in Kapitel 19 noch zu beschreibenden Flugabwehrraketen erforderten eine Erweiterung der Lenkmöglichkeiten von der Natur ihrer Anwendung her. Aus diesem Grund wird auch immer wieder auf die Kapitel 12, 18 und besonders 19 Bezug genommen werden.

Wie in Kapitel 19.2.1. noch erwähnt wird, waren damals neben der schon vorhandenen HF-Kommandofernlenkung auf der Basis des »Kehl/Straßburg«-Systems und den ebenfalls vorhandenen Funkmeßsystemen zur Erfassung von Flugzielen als dritte Komponente etwa 12 HF- und 15 UR-Zielsuchsysteme für die Selbststeuerung von Flugkörpern in Entwicklung. Es wurden im Laufe der Jahre 1941 bis 1945 fast alle im Prinzip möglichen Zielsuchverfahren im Labor untersucht. Um es vorwegzunehmen: Keines der Geräte erlangte die Einsatzreife, womit die praktische Anwendung von Zielsuchgeräten (ZSG) in Verbindung mit den grundsätzlichen Fragen – wie z. B. der Übergang von Fernlenkung auf Zielsuchsteuerung, Zielauswahl usw. – noch nicht untersucht werden konnte. Grundsätzliche Arbeiten über die zweckmäßigste Aufschaltung der Zielsuchkommandos wurden 1942/43 bei der DFS durchgeführt (H. Leisegang).[6]

Schon im Sommer 1940 hatte sich die Versuchsstelle der Luftwaffe Peenemünde-West, Fachgruppe E7, mit zwei »fotoelektrischen Lichtsteuergeräten« der Firma Leybold, Köln, zu beschäftigen, deren Entwicklung ihr offensichtlich vom RLM aufgetragen worden war. Die Geräte sollten nach dem optisch-elektrischen Verfahren »... einen sich helligkeitsmäßig aus einer Gegend heraushebenden Punkt oder Fleck beim Vorbeibewegen festhalten oder lagemäßig bestimmen«. Damit sollte die Möglichkeit geschaffen werden, eine Vorrichtung zur Selbststeuerung von Flugkörpern zu schaffen. Die Firma entwickelte zwei Lösungsvorschläge in Form von zwei Geräten LS1 und LS2. Beide Geräte waren im Prinzip gleich. Unterschiede waren am LS2 nur durch eine Änderung der Gesamtanordnung eingetreten. In den Geräten wurde die Bildebene eines Objektivs durch einen Winkelspiegel in zwei Hälften so aufgeteilt, daß ihre optischen Achsen zusammenstießen. Jede Hälfte wurde auf einer Fotozelle abgebildet. Die in beiden Fotozellen flie-

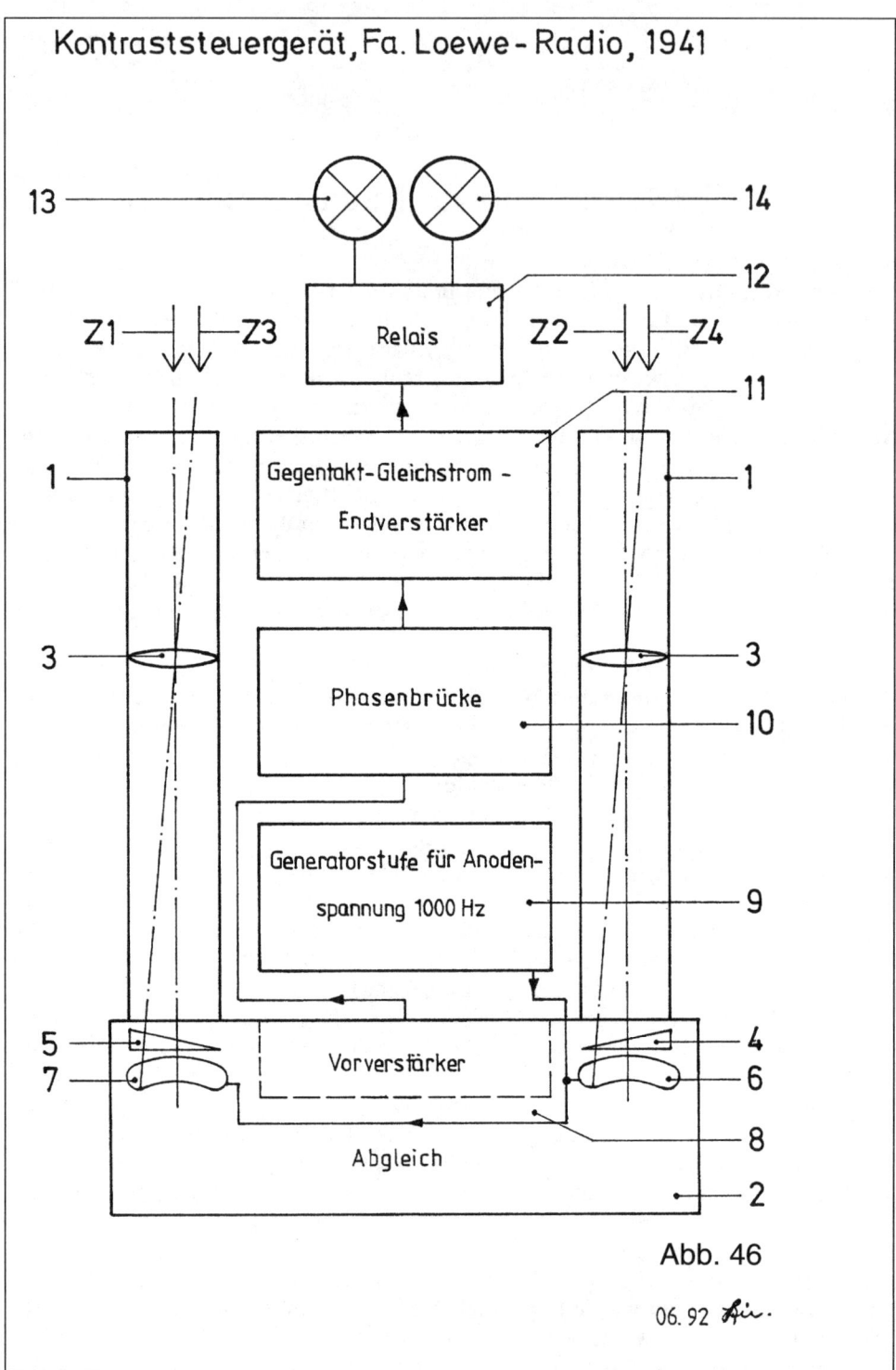

Kontraststeuergerät, Fa. Loewe-Radio, 1941

13 — 14

Z1 — Z3   Z2 — Z4

12

Relais

11

1   Gegentakt-Gleichstrom-   1
            Endverstärker

3   Phasenbrücke   3

10

Generatorstufe für Anodenspannung 1000 Hz   9

5   Vorverstärker   4
7   6
8
Abgleich   2

Abb. 46

06.92

ßenden Ströme waren so gegeneinander geschaltet, daß ein daraus resultierender Differenzstrom einem Gleichstromverstärker zugeleitet werden konnte. Entsprechend der dem Differenzstrom zugeordneten Eingangsspannung am Verstärker war die Änderung der Ausgangsspannung des Verstärkers positiv, negativ oder Null. Die verstärkten Ausgangsspannungen wurden einem Drehspulsystem zugeführt. War die Ausleuchtung der Fotozellen gleichmäßig, hatte die Fotozellendifferenzspannung den Wert Null, und die entsprechende Änderung der Verstärkerausgangsspannung war ebenfalls Null, womit das Drehsystem in Ruhe blieb. War eine Fotozelle dagegen stärker als die andere ausgeleuchtet, verursachte die auftretende Differenzspannung der Fotozellen eine entsprechende Änderung der Verstärkerausgangsspannung, die eine Drehung des Drehspulsystems veranlaßte. Diese Drehung verstellte die Optik so, daß die Ausleuchtung der Fotozellen gleichmäßig und damit das Ziel wieder in der optischen Achse war.

Die Optik von 40 mm Durchmesser, die gasgefüllten Cäsium-Fotozellen und der Keilspiegel waren zusammen in einen kardanisch gelagerten Kopf eingebaut. Das elektromagnetische Drehsystem bestand aus zwei Spulen für 24 V. Das Magnetfeld der einen Spule bewegte den Zielsuchkopf über ein Gestänge in der Höhe, und jenes der zweiten Spule bewegte ihn in der Seite. Durch Umpolen der Drehmagnete konnte das Gerät wahlweise auf helle oder dunkle Ziele eingestellt werden. Aus dem Aufbau ergab sich der Nachteil einer relativ großen zu bewegenden Masse und entsprechend langer, empfindlicher Gitterleitungen von den Fotozellen zum Verstärker. Deshalb wurden beim Gerät LS2 Optik, Fotozellen und Verstärker unmittelbar zusammengebaut, und die Aufnahme des Gesichtsfeldes führte man mit Hilfe eines kardanisch gelagerten Spiegels durch. Damit war die bewegliche Masse wesentlich verringert und die jetzt fest verlegten Gitterleitungen waren stark verkürzt worden. Zur Registrierung der aufgenommenen Bilder bzw. Ziele war noch eine 8-mm-Schmalfilmkamera eingebaut worden.[1]

Zur Erprobung beider Geräte fanden zunächst Versuche im verdunkelten Labor in einer Entfernung von 8 m mit einer 24-V-Glühlampe von 15 W statt. Auch bei verringerter Beleuchtungsstärke folgten die Geräte der bewegten Lampe exakt. Anschließende Bodenversuche im Freien, von einem 13 m hohen Turm bei Tageslicht mit schwarzen und weißen Tüchern, verliefen auch positiv. Beide Geräte stellten sich mit ihren optischen Achsen gleich gut auf die dunklen oder hellen Ziele ein, wobei die Winkelgeschwindigkeit der bewegten Ziele etwa 5 °/s betrug.

Die Flugversuche wurden anschließend mit einer W34 durchgeführt, wobei das Gerät LS1, vor Erschütterungen gedämpft, über der Bildgeräteöffnung eingebaut wurde. Aus 500 m Höhe veranlaßten helle Sandflecken ein einwandfreies Nachführen der Geräte beim Überflug. Aus 1200 m Höhe wurde ein weißer Passagierdampfer in allen Richtungen überflogen. Bis auf den Einfluß starker Sonnenstrahlreflexionen arbeitete das Gerät einwandfrei. Dunkle Ziele hingegen, wie Häuser, ein Kohlendampfer, dunkle Stellen im seichten Uferwasser mit hellem Sandgrund, konnten auf Stellung »Dunkel« vom Gerät nicht erkannt werden. Die Versuche zeigten letztlich Unsicherheiten im Lenkverhalten bei wechselnder Beleuchtung und sich ändernden Hell/Dunkel-Situationen. Vor allem war eine Störung durch einfache Scheinziele mit Beleuchtungseffekten möglich.

Ebenfalls von der Gruppe E7 war im Sommer 1941 die von der Fernseh GmbH entwickelte zielsuchende Steuerung STA 2 V1 auf ihre Leistungsfähigkeit zu überprüfen. Es war die Forderung gestellt, daß die Steuerung im Streulicht eines Flakscheinwerfers bei einer Entfernung von 3000 m ansprechen sollte. Dabei hatte das Gerät innerhalb eines Raumwinkels von 20° die Richtung einer Lichtquelle in bezug auf die Geräteachse in Graden anzugeben. Die Richtungsangabe sollte bei schwankender Beleuchtungsstärke und gleichem Richtungswinkel konstant sein. Entsprechend dem Einsatz des Gerätes waren als Grenze der Beleuchtungsstärke 0,0011 lx als untere und $0,0011 \times 10^8$ lx als obere Grenze angegeben. Die Versuche wurden anfangs in einem 15 m langen, schwarzgestrichenen und vollkommen abgedunkelten Raum mit einer 500-W-Glühlampe und 24 V vorgenommen. Durch vorgeschaltete Graugläser konnte eine Beleuchtungsstärke von 10^7 lx erreicht werden. Als größte Lichtquelle mit 100 000 lx wurde für die Versuche die Sonne herangezogen. Dieser Wert trat im direkten Licht eines Flakscheinwerfers bei einer Entfernung von 100 m auf.

Als Ergebnis konnte festgehalten werden, daß die Ansprechempfindlichkeit des Gerätes kleiner als gefordert war. Als größte Entfernung im Scheinwerferlicht ergaben sich nur etwa 740 m. Während der lineare Charakter des Gerätes auch bei kleinen Beleuchtungsstärken erhalten blieb, änderten sich die Spannungen für die Winkelanzeigeinstrumente bei gleichem Richtwinkel mit der Beleuchtungsstärke erheblich, womit letztlich eine Richtungsfehlanzeige verbunden war.[2]

Mit einem weiteren Projekt der optisch-elektrischen Signalgabe für eine zielsuchende Kontraststeuerung hatte sich die Gruppe E4f im September 1941 zu befassen. Die Versuche führten die Firmen Loewe-Radio und Elektroacustic (Elac) unter Beteiligung der Versuchsstelle auf dem Bodensee mit zwei Schiffen der im Kriege stillgelegten Bodenseeflotte durch.[3] Das Gerät arbeitete, ähnlich wie jenes der Firma Leybold, mit dem Vergleich der Fotoemissionen zweier Fotozellen (Abb. 46). In einem gewissen parallelen Abstand waren zwei Tubusse 1 auf einem gemeinsamen Gehäuse 2 angeordnet. In jeden Tubus war eine Optik 3 eingebaut, die über zwei Graukeile 4 und 5 ein gemeinsames Bild auf die Emissionsschicht zweier Zeiss-Ikon-Fotozellen 6 und 7 warf. Die Graukeile waren in ihrer Steigung entgegengesetzt zueinander eingebaut. Wenn das beschriebene optische Gerät genau auf ein Zielobjekt gerichtet war, das sich gegen seine Umgebung als optischer Kontrast hervorhob, so erfuhren die beiden Fotozellen über die Hauptstrahlen Z1/Z2 eine gleiche Belichtung, da sie beide Graukeile an der Stelle gleicher Dicke durchdringen mußten. Damit erhielten die Fotozellen 6 und 7 gleiche Beleuchtungsstärken, womit ihre Fotoemissionen ebenfalls gleich und deren Differenz Null war. Verließen beide Tubusse ihre genaue Richtung zum Ziel, ergaben sich die beiden Hauptstrahlen Z3/Z4, wobei Z3 eine größere und Z4 eine geringere Dicke des jeweiligen Graukeiles durchdringen mußte und dementsprechend auch an Fotozelle 6 eine größere und an Fotozelle 7 eine kleinere Fotoemission verursacht wurde. Die Differenz dieser Emissionen war damit nicht mehr Null, sondern hatte einen bestimmten positiven oder negativen Wert. Aufgrund der geschilderten Zusammenhänge ließ sich, sofern man die gewonnenen Fotozellensignale verstärkte und das Gerät in einen Flugkörper einbaute, z. B. dessen Seitenruder in der Weise betätigen, daß er immer in die symmetrische Lage zum Ziel zu gelangen versuchte.[3]

Der von den Fotozellen erfaßte Bildausschnitt entsprach in der waagerechten Richtung einem Blickwinkel von ± 8° (senkrecht nach oben +5° und senkrecht nach unten –3°). Bei Anwendung in einer Gleitbombe sollte damit eine Links-Rechts-Steuerung des Seitenruders bewirkt werden. Die Höhenruderbetätigung vor dem Ziel war mit anderen Mitteln geplant (BV 143, Kapitel 11).

Aufgrund der Erprobungen, wobei ein Schiff als Zielschiff zur Kontraständerung mit verschiedenen Persenningen abgedeckt wurde, ergab sich für die Abwurftaktik eines zielsuchenden Körpers, daß bei 5 km waagerechter Zielentfernung die Visiergenauigkeit im Augenblick des Abwurfes ± 700 m betragen mußte. Da das Zielschiff im vorliegenden Fall nur 500 BRT besaß, wurden die Verhältnisse bei größeren Zielen noch günstiger.

Ehe auf die Ergebnisse der Erprobung eingegangen wird, soll noch etwas über die praktische Ausführung des Gerätes erwähnt werden. Um die Abgleichschwierigkeit zweier für die Fotozellen vorzusehender Vorverstärker zu umgehen, hatte man nur einen Verstärker 8 vorgesehen. Deshalb wurden die beiden Fotozellen 6 und 7 in umgekehrter Polarität hintereinander geschaltet und an eine als Wechselspannung von 1000 Hz ausgebildete Anodenspannung 9 angeschlossen. Während der einen Halbwelle dieser Spannung war nur die eine und während der anderen Halbwelle nur die andere Fotozelle emittierend. Der Verstärker übertrug also während der einen Halbwelle das einfallende Licht der einen und während der anderen Halbwelle das der anderen Fotozelle. Um die Fotozellen abzugleichen, war diese Schaltung als Brückenschaltung ausgeführt, wobei die zwei ersten Brückenzweige von den Fotozellen gebildet wurden, während die beiden anderen dem Abgleich dienten. Nach der, durch eine Phasenbrücke 10, zeitlichen Wiederauftrennung der positiven und der negativen Anodenspannungs-Halbwellen der Fotozellen schloß sich an den Fotozellenvorverstärker ein Gegentakt-Gleichstrom-Endverstärker 11 an, dessen Ausgang ein Relais 12 betätigte, das anstelle der gegebenen Kommandos jeweils eines von zwei farbigen Lämpchen 13 und 14 zum Aufleuchten brachte. Zu den Graukeilen ist noch zu sagen, daß sie nicht kontinuierlich, sondern in Form einer halbabdeckenden Blende schrittweise in ihrem Grauwert abgestuft waren. Das Anvisieren des Zieles erfolgte mit einem dritten Suchertubus. Im nächsten Verbesserungsschritt plante die Firma, nur noch einen Bildtubus zu verwenden.[3]

Die Ergebnisse der Erprobung zeigten, daß zunächst ein klares Ansprechen des Gerätes bis zu 3 km Entfernung vom Ziel gegeben war. Aber schon bei den ersten Versuchen waren auch die Nachteile des Systems erkennbar. Die erste Fehlweisung des Zieles trat durch den sogenannten »Wolkeneffekt« auf, der durch ungleichmäßig im Bildausschnitt verteilte Wolken verursacht wurde. Da das Gerät auf unterschiedlich verteilten Dunkel- oder Helligkeitsinhalt des Bildausschnittes ansprach, verursachten auch einseitig verteilte Wolken eine von der Zielrichtung abweichende Kommandogabe. Durch Filter (z. B. Blaufilter) oder möglichst geringen Himmelanteil am Bildausschnitt konnte man den Effekt klein halten.

Ein weiterer Einfluß unterschiedlicher Helligkeit der linken oder rechten Bildhälfte ergab sich bei Schieflage des Gerätes zum Horizont. Das war von Bedeutung, wenn der Flugkörper entweder eine Links- oder Rechtskurve flog oder eine Schwingung um die Längsachse vollführte.[3]

Diese optischen Selbststeuerungsversuche sollen nicht weiter vertieft werden. Aus dem Geschilderten wird aber deutlich, daß der Steuerungsvorgang mit sichtbarem

Tageslicht wegen seiner besonderen Verhältnisse und durch die vielen verfälschenden Effekte der Zieldarstellung recht problematisch war.

Diese Anfangserfahrungen wurden später, im Sommer 1944, u. a. durch einen Bericht des Luftfahrtgerätewerkes Hakenfelde der Siemens AG ergänzt. Sinngemäß führten die Herren Thiery, Klein u. a. in der Zusammenfassung aus: Die Benutzung von selbstzielsuchenden Geräten, die auf dem Funkmeßprinzip beruhen, würde die umfassendste Lösung darstellen. Die Entwicklung ist aber hier im Vergleich zu anderen Methoden am weitesten zurück. Hinzu kommt, daß solche Geräte recht kompliziert sein würden. Selbstzielsuchende Geräte, auf dem akustischen Prinzip beruhend, sind bald verfügbar. Ihr Gebrauch ist aber beschränkt, besonders, wenn der Flugkörper während seines gesamten Fluges angetrieben wird (siehe auch Kapitel 20.1.). Die Entwicklung der ultraroten selbstzielsuchenden Geräte ist am weitesten fortgeschritten. Ein solches Gerät würde zweifellos die einfachste Lösung des Problems sein[4] (siehe auch Kapitel 10.3. und 10.4.).

Aus den Ausführungen des LGW-Berichtes wird ersichtlich, daß in der Weiterentwicklung der optischen Zielsuchverfahren ab 1940/41 generell auf das unsichtbare Licht im ultraroten Spektrum übergegangen wurde, das von den geschilderten Nachteilen des sichtbaren Lichtes weitgehend frei ist. Diese Eigenschaften machten es nicht nur für Zielsuch-, sondern auch für Sicht- und Signalübertragungssysteme besonders geeignet.

Ehe auf Einzelheiten eingegangen wird, soll zum besseren Verständnis der folgenden Ausführungen noch auf die physikalischen Eigenschaften des Lichtes und die in diesem Zusammenhang bestehenden Begriffsbestimmungen eingegangen werden. Bekanntermaßen setzt sich das einfarbig scheinende Tageslicht aus sichtbarem Licht von sieben verschiedenen Farben zusammen, die beim Durchgang durch ein Prisma infolge ihres verschieden großen Brechungswinkels auf einem Schirm sichtbar gemacht werden können. Die unterschiedlich große Brechbarkeit beruht auf der ebenfalls differierenden Fortpflanzungsgeschwindigkeit der einzelnen Spektralfarben. Jede einzelne Lichtfarbe läßt sich nicht mehr in weitere Farben zerlegen, ist also monochrom. Die Wellenlängen des sichtbaren Tageslichtes und die ihnen zugeordneten Spektralfarben reichen von Rot mit einer Wellenlänge von 0,8 µm über Orange, Gelb, Grün, Blau, Indigo bis Violett mit 0,4 µm Wellenlänge. Neben den sichtbaren Anteilen besitzt das Tageslicht aber auch noch unterhalb (lat.: infra) des roten Lichtes den »infraroten« Bereich und jenseits (lat.: ultra) des violetten Lichtes den »ultravioletten« Bereich. Es war und ist auch üblich, den Begriff »ultra« für die jenseits sowohl des roten als auch des violetten Lichtes liegenden unsichtbaren Wellenbereiche zu verwenden, so daß man von ultrarotem und ultraviolettem Licht sprechen kann. Diese beiden unsichtbaren Anteile des Tageslichtes waren sowohl für die zivile als auch besonders für die uns hier interessierende militärische Anwendung von Interesse, wobei seinerzeit vorzugsweise das ultrarote (UR) Gebiet der Wärmestrahlung Gegenstand näherer Untersuchungen in bezug auf ein Zielsuchgerät (ZSG) war.[4, 5, 6]

Grundlegende Arbeiten auf dem UR-Gebiet begannen etwa 1930. Berechnungen und experimentelle Messungen über die Emission spezieller Ultrarotsender und Untersuchungen über die Ultrarotenergie und deren spektrale Verteilung bei militärischen Zielen wurden durchgeführt. Studien über Schwächung der Strahlen in der Atmosphäre, die Berechnung optischer Systeme und die Entwicklung spezieller Materialien, die für ultrarote Optiken geeignet waren, kamen ergänzend hinzu. Empfangselemente wurden geschaffen, Abtast- und Modulationsverfahren entwickelt, und der Einfluß der ultraroten Hintergrundstrahlung wurde ermittelt. Diese grundlegenden Arbeiten gipfelten letztlich in der erfolgreichen Entwicklung von Ultrarotgeräten. Es war z. B. möglich geworden, Schiffe zu entdecken und zu verfolgen, deren Durchschnittstemperatur nur einige Grade und deren höchste Temperatur etwa 30 bis 70 °C höher als die Umgebungstemperatur war. Je nach Größe des angemessenen Objektes betrug die Reichweite des Verfahrens 20 bis 35 km. Höhere Temperaturunterschiede zwischen mittlerer Objekt- und Umgebungstemperatur (Hintergrundstrahlung) machten die Entwicklung und Verfolgung des Zieles einfacher und vergrößerten die überbrückbare Zielentfernung.

Zwei grundsätzliche Ultrarotverfahren konnten unterschieden werden: die Eigenstrahl- bzw. passive und die Anstrahl- bzw. aktive Methode. Die erstere hatte verschiedene Vorteile:

1. Entfallen eines Senders.
2. Der Gegner merkte keinen Ortungsvorgang und machte daher keine Abwehrbewegungen.
3. Eine wirkungsvolle Störung war sehr schwierig.
4. Reflexionsherabsetzende Materialien am Ziel waren sinnlos und hatten keine Wirkung.
5. Die Verringerung der Eigenstrahlung am Entstehungsort war sehr schwierig, insbesondere wenn der Wirkungsgrad des Antriebes, von dem die Wärme- bzw. Ultrarotstrahlen ausgingen, nicht herabgesetzt werden sollte.

Hinzu kam, daß in vielen Fällen die Eigenstrahlmethode der Anstrahlmethode energiemäßig weit überlegen war. Messungen ergaben, daß die Eigenstrahlung eines dreimotorigen Bombers bei Wellenlängen von 1 bis 3,5 μm etwa 1000- bis 10 000mal größer als die vom gleichen Ziel reflektierte Energie bei gleichen Wellenlängen war. Dabei verwendete man als Sender einen 150-cm-Scheinwerfer mit einem Ultrarotfilter. Der Vergleich galt für eine Entfernung von 10 km. Bei größeren Entfernungen war die energetische Überlegenheit der Eigenstrahlmethode noch ausgeprägter.

Für die Entwicklung von passiven UR-Geräten, insbesondere der Empfangselemente, war es wichtig, die von militärischen Zielen (Flugkörper, Flugzeuge, Schiffe und Bodenziele) ausgesandte UR-Strahlung zu kennen. Auch mußten Einrichtungen geschaffen werden, um die Hintergrundstrahlung zu kompensieren. Zu diesem Zweck führte man z. B. bei der Firma Elektroacustic (Elac, Dr. Kutzscher) experimentelle Untersuchungen durch, um die spektrale Verteilung und die Abhängigkeit der UR-Strahlung vom Blickwinkel zu bestimmen. Bei der Firma Elac wurde die zentrale Bearbeitung optischer Geräte auf UR-Basis durchgeführt, was z. B. aus dem Bericht der UR-Sondertagung in Namslau am 17. November 1944 hervorgeht.[4, 6]

Da man in erster Näherung ein Ziel als »schwarzen« oder »grauen« Körper auffassen kann, der durch eine Wärmequelle (im wesentlichen der jeweilige Antrieb) Wärme- bzw. UR-Strahlung emittiert, kann mit der über das fragliche Wellengebiet integrierten Plank'schen und mit Hilfe der Stefan-Boltzmann'schen Formel, das Gesamtemissionsvermögen des Zieles als schwarzer Körper zu:

$$E_s = c_s \times T^4$$

geschrieben werden. Hierbei ist c_s eine Konstante und T die absolute Temperatur des schwarzen Körpers. Da in der Praxis aber kein schwarzer Körper existiert, sondern ein Körper bzw. Ziel bezüglich der Emission zwischen einem »schwarzen« (E_s = max) und einem »blanken« (E_s = 0) Körper liegt, beträgt das Emissionsvermögen eines wirklichen (»grauen«) Körpers, e < E_s. Unter Verwendung der beiden Wienschen Verschiebungsgesetze war es möglich, diejenige Wellenlänge λ_{opt} bei der absoluten Körpertemperatur T zu ermitteln, die eine maximale Ausstrahlung veranlaßt. Demzufolge gilt für den schwarzen Körper, wobei k_s eine Konstante und 2940 ist, wenn λ in µm gemessen wird:

$$\lambda_{opt} \times T = k_s$$

Für den blanken Körper gilt:

$$\lambda_{opt} \times T = k_b$$

Hierbei ist k_b eine Konstante und beträgt unter denselben Bedingungen 2630. Es war damals also von der wichtigen Erkenntnis auszugehen, daß die Gesamtenergie der emittierten Strahlung e eines Zieles mit der vierten Potenz von T zunimmt und sich die Wellenlänge λ maximaler Ausstrahlung zu kurzen Wellenlängen hin verschiebt, wenn die Temperatur steigt.[4,5] Mit Hilfe der hier theoretisch nur kurz angedeuteten Erkenntnisse wurden einzelne Ziele auf ihre UItrarotemission untersucht. Bei Flugzeugen hing sie von Größe und Art der Motoren, der Flugzeugkonstruktion, dem Verlauf der Auspuffleitungen und den Auspuffgasen ab. Kurz nach Verlassen des Auspuffes nahm die UR-Strahlung sehr schnell ab. Gegen Ende des Krieges wurde festgestellt, daß diese Erfahrung für Raketen oder andere Strahltriebwerke nicht in gleichem Maße galt. Die Emissionsmessungen wurden auch ebenso an Schiffen vorgenommen.

Nachdem die spektrale Durchlässigkeit von Gläsern, die Reflexion von Metallen und geeignete Filter, Linsen und Spiegel auf ihre Verwendbarkeit als optische UR-Bauelemente geprüft waren, mußte ein besonders wichtiges Medium, die Atmosphäre, auf ihre Schwächung der UR-Strahlung untersucht werden. Hier kam man zu der wichtigen Erkenntnis, daß die UR-Durchlässigkeit bei jedem Wetter besser war als die des sichtbaren Lichtes, auch bei Wolken und Nebel. Die Absorption in der Atmosphäre wird wesentlich durch Wasserdampf- und Kohlendioxydmoleküle verursacht. Sofern die Teilchen des kondensierten Wasserdampfes klein gegenüber der benutzten Wellenlänge der Strahlung sind (Dunst oder leichter Nebel), kann die UR-Strahlung die Atmosphäre viel besser durchdringen als das sichtbare Licht.

Jeder Hintergrund hat von seiner Art und seiner Temperatur her eine UR-Strahlung, die räumlichen und zeitlichen Schwankungen unterworfen ist. Teilweise können auch Ziele vorgetäuscht werden. Da konstante Hintergrundstrahlung leicht zu kompensieren war, bemühte man sich, durch optische Filter, spezielle Abtastverfahren und elektrische Kompensationsschaltungen diese Strahlung auf einen möglichst kleinen und konstanten Wert herabzusetzen.

Als UR-Empfangselemente wurden vor und während des Krieges Bolometer, Thermoelemente und verschiedene Fotozellen untersucht. Wichtig war besonders ihr Verhalten bezüglich der Gesamtempfindlichkeit, der spektralen Verteilung und der Zeitkonstante. Die beiden ersten Bauelemente ändern ihre Temperatur bei UR-Bestrahlung. Da hier eine, wenn auch noch so kleine Masse in ihrer Temperatur geändert werden muß, ist dies mit einer verhältnismäßig großen Zeitkonstante verbunden. Vorteilhaft ist aber wieder die Wellenlängenunabhängigkeit. Bei den Fotozellen handelt es sich dagegen um eine Beeinflussung von Elektronen durch Photonen, womit eine geringe Zeitkonstante, aber eine Wellenlängenabhängigkeit gegeben ist. Als besonders geeignet wurde 1932 die lichtelektrische Empfindlichkeit von Bleisulfid wiederentdeckt. Alle im Kriege in Deutschland verwendeten UR-Empfänger, besonders jene für die Erfassung und Verfolgung von Flugkörpern, waren mit Bleisulfidzellen ausgerüstet. Zellen dieser Art waren sowohl bei Elektroacustic, Kiel, als auch bei Zeiss-Ikon, Dresden (Dr. Görlich), entwickelt worden und in Fertigung gewesen. Das Verhältnis der Signalstärke zum inneren Rauschen der Zellen konnte im Fertigungsgang durch Abkühlen mit flüssiger Luft oder Kohlensäure um den Faktor 10 bis 20 verbessert werden. Die Zeitkonstante der Zellen bewegte sich in der Größenordnung von 0,1 bis 0,01 sec. Die langwellige Grenze der Bleisulfidzelle lag bei etwa 3 µm und die der 1944 entwickelten Bleiselenidzelle bei etwa 4,5 µm. Um ein Signal in einer Zelle zu veranlassen, das deren innerem Störpegel gleich war, mußte eine UR-Strahlungsenergie von 10^{-10} bis 10^{-9} W/cm^2 aufgebracht werden. Dieser Wert galt für die Gesamtstrahlung eines schwarzen Körpers von 500 °C bei einer Modulationsfrequenz von etwa 100 Hz und einer Verstärkerbandbreite von etwa 1 Hz.

Passive UR-Zielsuchgeräte, die während des Krieges in Deutschland entwickelt wurden, besaßen eine Reichweite bis etwa 5 km, sofern das Ziel ein dreimotoriger Bomber war. Die Winkelgenauigkeit lag in der Größenordnung von 0,1°. Die Zeitkonstante des Gesamtsystems, also jene Zeit, die von der Aufnahme eines Signals bis zum Kommandobeginn verstrich, betrug etwa 0,1 sec oder weniger.

Die Reichweite von UR-Zielsuchgeräten war seinerzeit gegenüber den HF-Zielsuchgeräten geringer. Dagegen war ihre Genauigkeit, optischen Geräten vergleichbar, allgemein größer. Aus diesem Grund eigneten sich UR-Geräte besonders für die Selbststeuerung eines Flugkörpers in der letzten Flugphase. Die Erfahrung zeigte, daß es wichtig war, für einen bestimmten Flugkörper auch ein entsprechendes ZSG zu entwickeln, da dessen Konzeption und Konstruktion sehr vom geplanten taktischen Einsatz und den Erfordernissen der im Körper verwendeten Steuerung abhängig war. Geräte sind für Boden-Boden-, Boden-Bord-, Bord-Boden- und besonders für Bord-Bord-Flugkörper geplant worden.

Der grundsätzliche Aufbau eines UR-ZSG bestand in einem optischen System, das die von einem Ziel ausgesandte UR-Strahlung sammelte und in der Brennebene konzentrierte. Hierfür verwendete man korrigierte optische Systeme, die es ermöglichten, das Gesichtsfeld zu vergrößern, scharfe Abbildungen zu erzeugen und mit lichtstarken Objektiven zu arbeiten, die bis zu 1 : 0,6 reichten. Die verwendeten Gläser besaßen besonders gute UR-Durchlässigkeit. Reflexionsverluste wurden teilweise damals schon durch reflexionsmindernde Überzüge abgeschwächt.

Eine entsprechende Fläche innerhalb der Brennebene, deren Größe von der

Brennweite und vom Gesichtsfeld abhing, wurde, zum Zwecke der Feststellung der Lage des Zielbildes zur festgelegten Richtung im Raum, abgetastet. Hierzu eigneten sich, je nach Kommandogabe (»schwarzweiß« oder der Ablage des Zieles entsprechende proportionale Kommandos), rotierende Halbkreis-, Kugelkalotten- oder Polarblenden. Es hatte sich als wichtig erwiesen, das optische Gesichtsfeld nur so groß zu machen, wie es die Ballistik, die Steuerung und die taktischen Erfordernisse des Flugkörpers gerade gestatteten. Einerseits war dadurch die störende Hintergrundstrahlung zu verkleinern, und andererseits konnte die emittierende Schicht der Fotozelle des Empfängers klein gehalten werden. Beide Faktoren halfen, die Reichweite zu vergrößern, die Winkelgenauigkeit zu verbessern und die Möglichkeit vorhandener Falschziele im Blickfeld zu verringern.

Es wurden Geräte gebaut, deren optische Achse gegenüber der Körperachse fest oder beweglich war. Im zweiten Fall konnte entweder eine mechanische Such- oder eine Nachfolgebewegung oder beides ausgeführt werden, um das Ziel in das Gesichtsfeld der Optik zu bekommen oder darin zu halten. Feste optische Achsen verwendete man, wenn das ZSG das Ziel vor dem Start auffassen sollte. Trotz der Bewegungen des unmittelbar nach dem Start noch nicht stabilisierten Flugkörpers, wurde ein Gesichtsfeld von etwa ± 3 bis ± 6° für ausreichend gehalten. Waren größere Zielablagen zu erwarten, wurde das Gerät mit einer Nachdreh- bzw. Nachfolgeeinrichtung versehen (siehe auch die Kreiselnachdreheinrichtung der Hs 117, Kapitel 19.2.1.). Der Nachdrehwinkel lag in der Größenordnung von ± 10 bis ± 40°. Auch waren spiralförmige Suchbewegungen möglich, womit ein Winkelbereich von ± 10 bis ± 25° abgesucht werden konnte.

Die hier geschilderten Prinzipien der UR-ZSG waren bei der Firma Elac unter den Tarnnamen »Hamburg« und »Armin« entwickelt worden. Auch bei anderen Firmen waren ähnliche Geräte in der Entwicklung, deren wesentlicher Unterschied in der Abtastung des Gesichtsfeldes zur korrigierenden Kommandogabe bestand. So verwendete die Firma Kepka, Wien, ähnlich dem »Hamburg«-Projekt, zur Abtastung des Gesichtsfeldes eine Blende mit zwei schmalen Schlitzen. Der erfaßbare optische Bereich betrug ± 2°. Eine Nachlaufbewegung von ± 100° und eine Suchbewegung von ± 20° waren vorgesehen. Die Suchbewegung wurde mit Hilfe von Druckluftturbinen durchgeführt, die aber hier mit den Verbrennungsgasen eines elektrisch gezündeten Pulversatzes angetrieben wurden (Projekt »Madrid«).[4, 6]

Auch im Forschungslaboratorium der AEG wurde unter dem Decknamen »Emden« eine Gruppe passiver UR-ZSG entwickelt. Zunächst baute man unter dem Begriff »Emden-Tag« ein Versuchsgerät, das zu Ansteuerungsversuchen mit frequenzmoduliertem UR-Licht diente (Dr. Orthuber). Die Modulation wurde mit zwei sich überlappenden, rotierenden Schlitzblenden verschiedener Schlitzweiten bewirkt und ihre Frequenz zur Festlegung der Zielrichtung benutzt.

Aus den Untersuchungen der AEG resultierten zwei UR-ZSG. Eines, mit der Bezeichnung »Emden I«, war als passives Gerät mit Polarblende für die Gleitbombe Hs 293 (Kapitel 12.4.) und die Flarakete Hs 117 (Kapitel 19.2.) vorgesehen. Ein weiteres, mit der Bezeichnung »Emden II« und kartesischer Abtastung, sollte für die Flarakete »Wasserfall« (Kapitel 19.3.) Verwendung finden.

Ein anderes Gerät der AEG-Entwicklung (Dr. Hilgers) benutzte als Empfangselement eine Fotozelle, deren empfindliche Schicht das gesamte abzusuchende Gesichtsfeld der Brennebene erfaßte. Zwei schmale Blenden bewegten sich senkrecht zueinander über die Zelle. Sobald das Zielbild abgedeckt wurde, veranlaßte ein elektrischer Impuls, dessen Dauer mit Hilfe eines Phasenvergleiches zur Phase eines Hilfsgenerators festgelegt wurde, ein entsprechendes Ruderkommando.[4, 6]

Außer den passiven UR-ZSG gab es auch noch Versuche mit aktiven UR-Geräten. Z. B. hatte die Firma Opta die Kombination eines Ziel- und Suchgerätes mit Hilfe eines UR-Scheinwerfers und EZ42 zu dem Zielweisungsgerät »Adler« entwickelt. Hiermit konnten Ziele, wie viermotorige Bomber, noch auf 10 km Entfernung erkannt werden. Als Suchgeräte waren »Mücke« (Firma Leitz), »Kiel IIIZ« (Firma Zeiss) und »Emden« (Firma AEG) vorgesehen. Das Gerät »Kiel IIIZ« hatte bei Verwendung eines Parabolspiegels von 230 mm Durchmesser eine Richtempfindlichkeit von 0,1°.

Interessant im Zusammenhang mit aktiven UR-Geräten ist die Reflexionswirkung von UR-Sendern z. B. an Flugzeugen. Versuche führte man mit dem Gerät »Armin V« durch, das eine Objektivöffnung von 57 mm und eine Lichtstärke von 1 : 1,1 besaß und noch bei einer Beleuchtungsstärke von 0,77 lx ansprach. Bei eloxiertem Aluminiumblech ergab sich bei UR-Licht mit einer Wellenlänge von 4,0 µm ein Reflexionswert von 80 %. Durch Flugzeuganstriche konnte dieser Wert – unter sonst gleichen Bedingungen – aber auf 10 % herabgesetzt werden, womit die eingangs erwähnte Störanfälligkeit der aktiven UR-Technik bestätigt wurde.

Am Schluß unserer Betrachtungen über optische, passive und aktive Zielsuch-, Zielweisungs- und Sichtverfahren soll noch ein ZSG erwähnt werden, das sich für eine optische Kontraststeuerung des aus der Fernsehtechnik entliehenen Ikonoskops bediente (Kapitel 12.6.1.). Zunächst als »Lichtautomat G«, dann als »Pfeifenkopf« bezeichnet, entstammte es in seiner Entwicklung den Entwürfen von Dr. Rambauske. Anfänglich bei der Firma Gollnow & Sohn, Stettin, entwickelt und mindestens in einer nachgelenkten Fallbombe FritzX 1942 eingebaut und in Peenemünde-West etwa im September 1942 geprüft, wurde das Projekt gegen Ende des Jahres wieder eingestellt.[6, 7] Soweit bekannt, fand ein Abwurf nicht statt. Angeblich erfolgte 1944/45 kurioserweise unter der Regie der Deutschen Arbeitsfront (DAF) eine Wiederaufnahme des Projektes.[6]

Die labormäßige Erprobung der ultraroten Zielsuchgeräte war 1944/45 so weit fortgeschritten, daß dieser Methode von allen Beteiligten eine erfolgreiche Verwendung zugestanden wurde.[4]

Verlassen wir nun die optischen Lenk- und Zielsuchsysteme und wenden uns den HF-Systemen zu. Das zielweisende Verfahren war nur in Form der Fernsehlenkung verwirklicht, die in Kapitel 12.6. ausführlich an der Hs 293D beschrieben wurde. Über diese Anwendung hinaus erfolgte vor allem eine Weiterentwicklung der Fernsehkamera mit herabgesetztem Aufwand. Das Gerät »Sprotte« besaß z. B. 200 Zeilen, Schrägraster und eine Kleinstbildspeicherröhre. Die Entwicklung fand bei der Fernseh AG, der Firma Telefunken und der Reichspostforschungsanstalt (RPF, Dr. Weiß) statt. Als weitere Vereinfachung wurden gegen Kriegsende Versuche mit minimalstem Aufwand für den Einsatz bei Flakraketen durchgeführt. Ein 50-Zeilen-Bild sollte mit mechanischer Nipkow-Scheibenabtastung verwirklicht werden, weshalb dieses Verfahren unter der Bezeichnung »FB50« bearbeitet wurde. Eine Eigenentwicklung »Adler« der Firma Opta, Berlin, sah eine elektronische Spiralabtastung vor, wurde aber zur Vermeidung von Doppelarbeit eingestellt.[6]

Mit Hochfrequenz arbeitende Zielsuchgeräte wurden erst 1943 entwickelt. Das erste Gerät dieser Art war das passive ZSG »Radieschen«, das schon in Zusammenhang mit der Erprobung des FritzX-Flugkörpers erwähnt wurde, für den es auch ursprünglich konzipiert war (Kapitel 12.3.). Das bei der RPF (Dr. Kleinwächter) entwickelte Gerät sollte, wie schon erwähnt, in die Fallbombe eingebaut, nach dem gezielten Abwurf feindliche Navigationssender anpeilen und dadurch den Flugkörper zielsuchend in das Ziel steuern. Da bei den vorliegenden Frequenzen von 2 MHz normale Richtantennen wegen ihrer zu großen Abmessungen an einem Flugkörper nicht anwendbar waren, beschritt man einen anderen Weg. Es wurde die Tatsache ausgenutzt, daß die magnetischen und elektrischen Vektoren eines hochfrequenten Strahlungsfeldes senkrecht zur Richtung auf den als Ziel ausgewählten Sender stehen. Die in das Heck der FritzX anstelle des normalerweise für die visuelle Fernlenkung vorgesehenen Fackeltopfes eingebaute Antennenanlage erhielt deshalb eine in der zur Flugkörperlängsachse (Flugrichtung) liegende, verkürzte rohrförmige und feststehende Dipolantenne 1 (Abb. 47). Quer dazu war eine ebenfalls feste Rahmenantenne 2 aufgebaut. Mit der von Motor 3 über Stirnradgetriebe 4 in Rotation gesetzte Achse 5 waren sowohl Hülse 6 als auch Isolierbuchse 7 fest verbunden. Auf Hülse 6 war einerseits eine Dipolverlängerung 8 und auf Buchse 7 eine Taumelscheibe 9 schräg zur Achse 5 montiert. 10 und 11 waren massenausgleichende Gegengewichte. Durch die Rotation von 8 und 9 lagen die Empfangsminima nicht mehr in der Körperlängsachse, sondern drehten sich auf einem kegelförmigen Mantel um diese herum. Dadurch trat am Ausgang des Empfängers eine Wechselspannung auf, deren Frequenz der Drehzahl der Taumelscheibe 9 und deren Amplitude der jeweiligen Stellung des Antennendiagramms zur Senderrichtung entsprach. Durch Gleichrichtung gewann man daraus Gleichstrom-Steuersignale, die durch einen mitrotierenden Kommutator jeweils lagerichtig z. B. bei Kommando Null, das heißt keine Zielabweichung, durch das Peilsystem die Unterbrecher (Ruder) in gleichmäßigem 5-Hz-Takt »klappern« ließen. Bei Peilabweichungen wurde ein entsprechendes Gegenkommando veranlaßt.[8] Auch bei der Ferngleitbombe BV 246 war die Verwendung des ZSG »Radieschen« vorgesehen, wobei das Antennensystem im Bug als Zielsuchkopf unter einer Schutzhaube eingebaut war.

Die Firma Blaupunkt entwickelte gegen Ende 1944 ein passives und ein aktives HF-ZSG für Flugkörper. Das passive Gerät »Max P« sollte Flugabwehrkörper im Zielanflug auf Feindflugzeuge steuern, die eingebaute Funkmeßgeräte im 3-cm-Bereich (»Meddo« usw.) verwendeten (Abb. 48). Die Antennenanlage bestand aus einer Grundplatte 1, die durch die Stellmotoren 2 und 3 um die Achsen X-X und Y-Y verdreht werden konnte. Vier auf Platte 1 schräg nach vorne zeigende Stielstrahler 4 und ihre Peilwerte wurden durch den HF-Kommutator 5 zur Amplitudenvergleichspeilung nacheinander an den Empfänger gelegt. Dieses Gerät war als sogenannter »Fremdpendler« mit einem Klystron LG20, einem gesonderten Pendelfrequenzgenerator von 10 MHz, einem Breitband-NF-Verstärker mit zwei EF14 und einem zweiten Demodulator mit EZ11 ausgeführt. Die Ausgangsgleichspannung des Empfängers führte man über den NF-Kommutator 6, synchron mit den Eingangssignalen von 5, an die beiden polarisierten T-Relais R1 und R2. Diese steuerten die beiden Schwenkmotoren 2 und 3 so, daß die Antennenplatte 1 stets auf das feindliche Funkmeßgerät ausgerichtet blieb. An zwei vom Antennen-

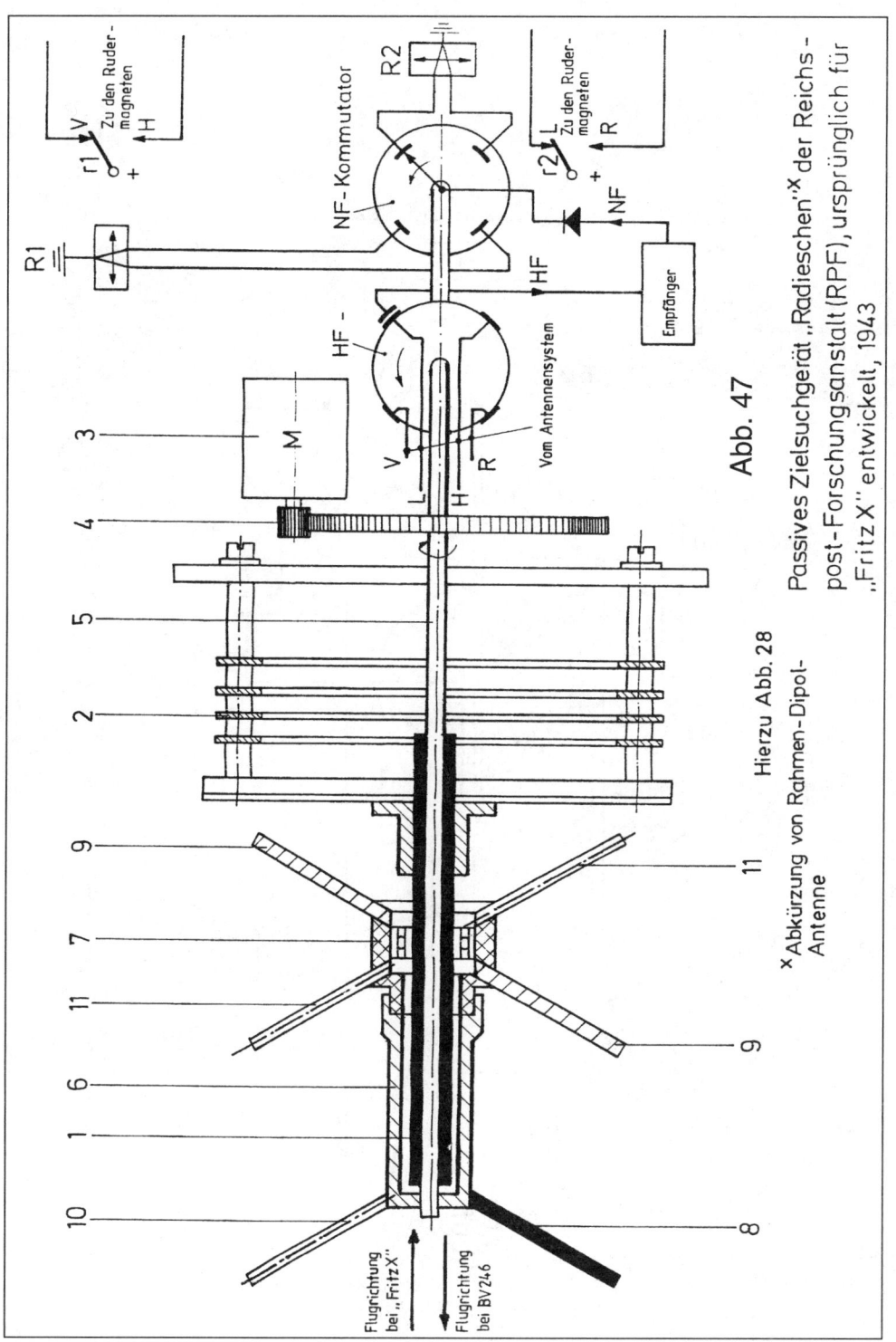

Abb. 47

Passives Zielsuchgerät „Radieschen"x der Reichspost-Forschungsanstalt (RPF), ursprünglich für
„Fritz X" entwickelt, 1943

Hierzu Abb. 28

xAbkürzung von Rahmen-Dipol-
Antenne

Labels in figure: R1, R2, NF-Kommutator, Zu den Ruder-magneten, V, H, r1, +, L, R, r2, +, NF, HF, Empfänger, HF-, M, Vom Antennensystem, V, L, H, R, Flugrichtung bei „Fritz X", Flugrichtung bei BV246, 3, 4, 5, 2, 9, 7, 11, 6, 1, 10, 11, 9, 8

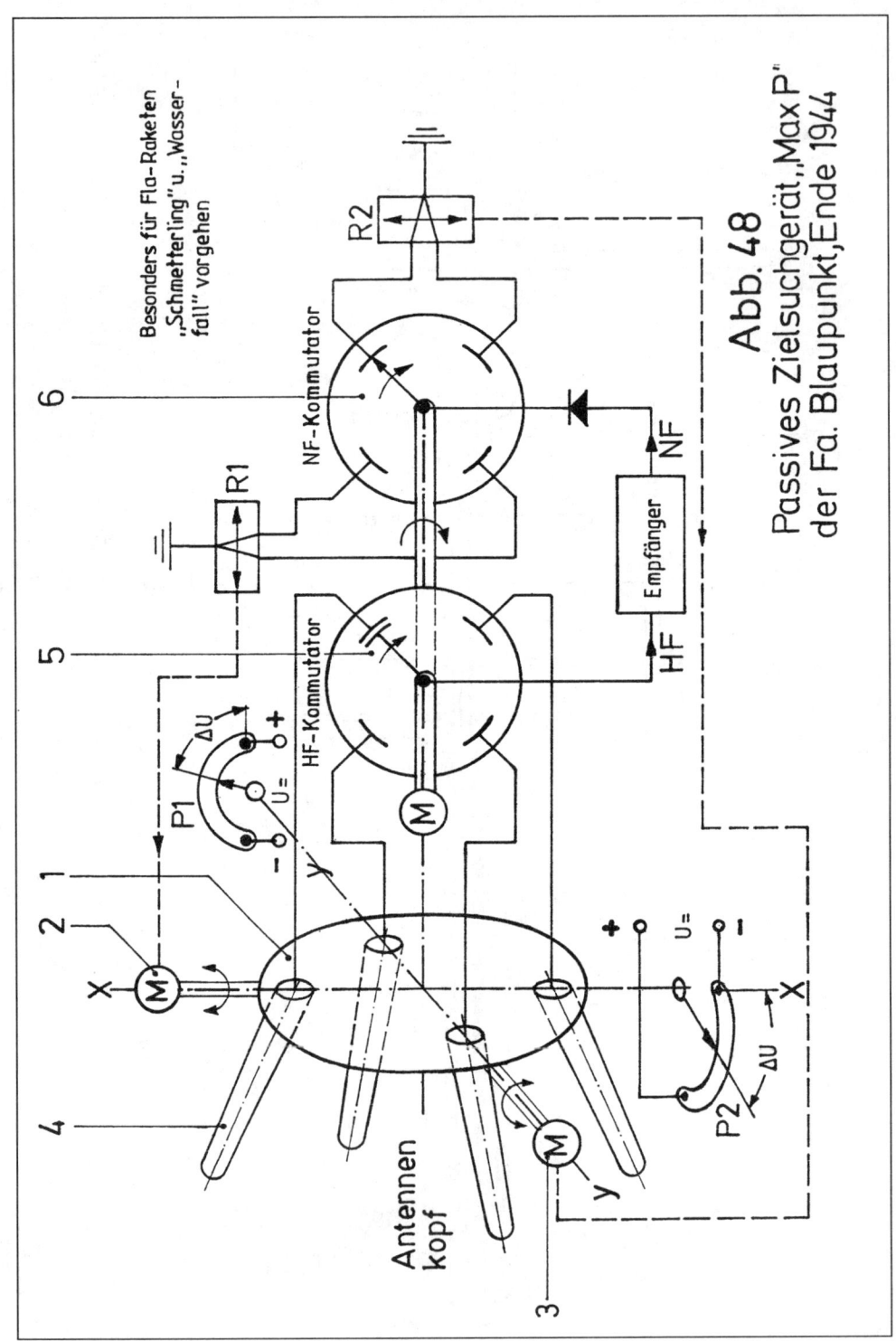

Besonders für Fla-Raketen „Schmetterling" u. „Wasser-fall" vorgehen

R2

NF-Kommutator

R1

6

HF-Kommutator

5

P1

ΔU

U=

+

−

Empfänger

NF

HF

1

2

X

M

4

Antennen kopf

3

M

y

+

U=

−

ΔU

P2

X

Abb. 48
Passives Zielsuchgerät „Max P"
der Fa. Blaupunkt, Ende 1944

440

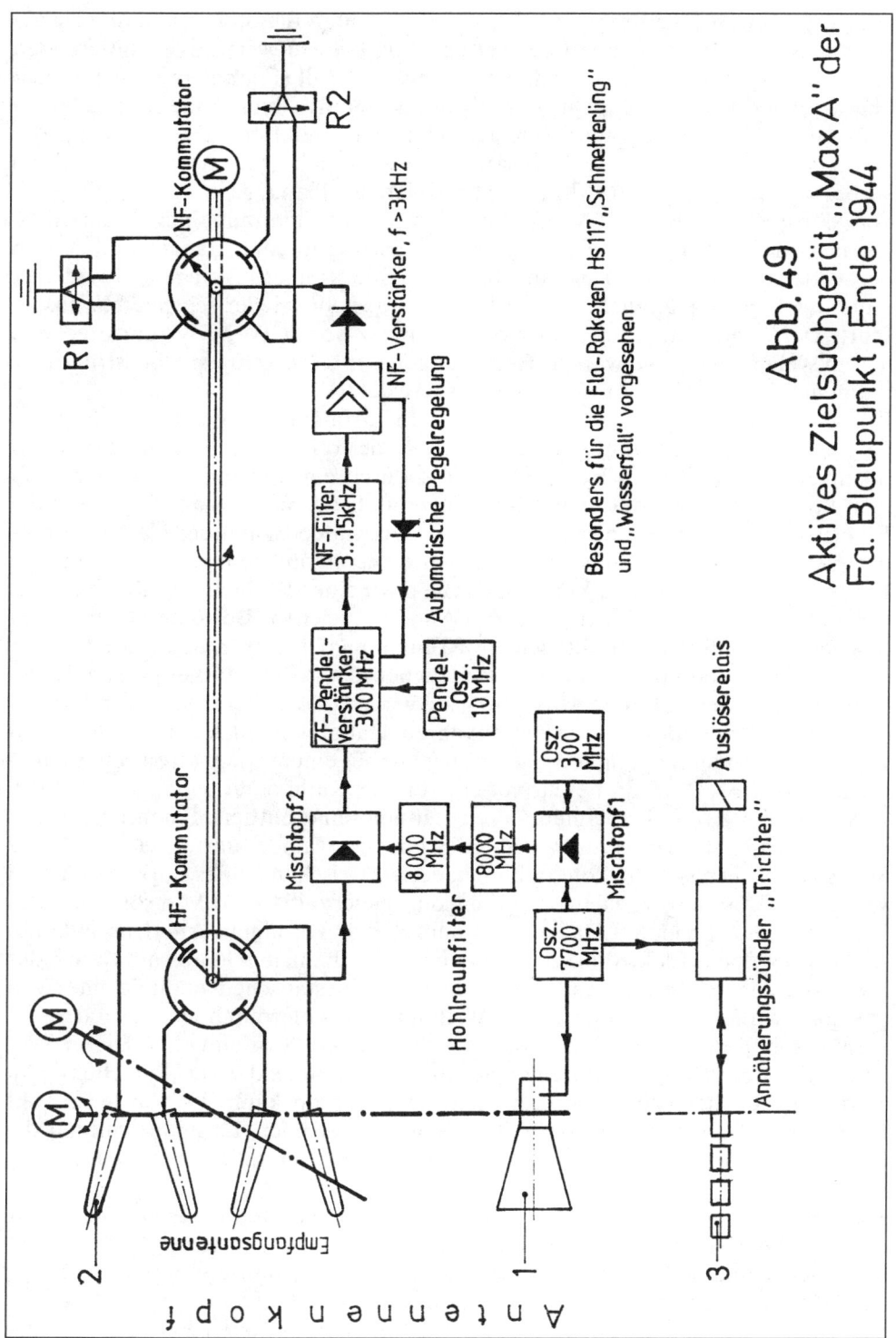

Abb. 49
Aktives Zielsuchgerät „Max A" der
Fa. Blaupunkt, Ende 1944

Besonders für die Fla-Raketen Hs 117 „Schmetterling"
und „Wasserfall" vorgesehen

Figure labels:
- NF-Kommutator
- R2
- R1
- NF-Verstärker, f > 3 kHz
- NF-Filter 3...15 kHz
- Automatische Pegelregelung
- ZF-Pendel-verstärker 300 MHz
- Pendel-Osz. 10 MHz
- Osz. 300 MHz
- Mischtopf 2
- HF-Kommutator
- Mischtopf 1
- 8000 MHz
- 8000 MHz
- Osz. 7700 MHz
- Hohlraumfilter
- Auslöserelais
- Annäherungszünder „Trichter"
- Empfangsantenne
- Antennenkopf
- 1
- 2
- 3

kopf gesteuerten Potentiometern P1 und P2 konnten die Steuerspannungen ΔU für die Ruderorgane abgegriffen werden. Mit Hilfe der daraus resultierenden Kommandos wurde die Körperlängsachse auf das Ziel (Funkmeßsender) gerichtet, wobei der Antennenkopf gleichzeitig in seine Nullstellung einlief. Versuche mit dem Gerät »Max P« ergaben eine Reichweite von 200 km. Die Fertigung des Gerätes lief zwar noch an, sein Einsatz wurde aber nicht mehr durchgeführt. Eine verbesserte passive Version »Maximilian« blieb nur Planung.[8]

Das aktive ZSG »Max A« (Abb. 49) enthielt einen Sender mit einer Dauerstrichleistung von etwa 5 W. Sie wurde über eine Trichterantenne 1 abgestrahlt, die in der Mitte von vier kreisförmig angeordneten Stielstrahlern 2 eingebaut war. Der Antennenkopf war, ähnlich wie in Abb. 48 dargestellt, wieder schwenkbar ausgeführt. Der Sender arbeitete auf einer Frequenz von 7700 MHz (entsprechend 3,9 cm Wellenlänge) und war zur Erzeugung dieser seinerzeitigen Höchstfrequenz mit dem 8-Schlitz-Magnetron LMS86 ausgerüstet.[8]

Ein Magnetron (Habanngenerator) ist eine Elektronenröhre, bei der die durch eine elektrische Heizspannung U_h an der Kathode freiwerdenden und zu den Anodenplatten wandernden Elektronen nicht durch ein Steuergitter, sondern von dem koaxialen Magnetfeld einer Spule beeinflußt werden. Demzufolge sind die Elektronenflugbahnen einerseits dem von der Anodenspannung Ua herrührenden elektrischen Feld H_e der Schlitzanodensegmente und dem magnetischen Feld B_m der Spule unterworfen. Von der Größe des Feldes B_m hängt es ab, ob und in welcher Flugbahn die Elektronen die Anode erreichen. Bei einem schwachen magnetischen Feld erfolgt eine leichte Krümmung des Elektronenweges von der Kathode zur Anode, die bei steigendem magnetischem Feld stärker und bei Erreichen einer kritischen Größe, $B_{m\,krit}$, so groß wird, daß die Elektronen in einem geschlossenen Kreis zur Kathode zurückkehren. Damit wird auch der Anodenstrom $I_a = 0$. Macht man die magnetische Felddichte bei einem Magnetron mit Schlitzanode z. B. 2 $B_{m\,krit}$, dann beschreibt ein von der Kathode kommendes Elektron rollenförmige Zykloidenbahnen, deren Leitlinie eine mittlere Potentiallinie des elektrischen Feldes H_e ist und zu einem Schlitz der Anode führt. In der Nähe des Schlitzes drängen sich die Potentiallinien des elektrischen Feldes stark zusammen, was einer Erhöhung von H_e entspricht und gleichzeitig eine Vergrößerung des Rollkreisradius bedeutet. Da sich das unmittelbar vor einem Anodenschlitz abspielt, löst sich das Elektron von der Potentiallinienbahn und landet am Rande des jeweils gerade negativen Anodensegmentes. Für die statische Kennlinie eines Magnetrons ist das insofern von großer Wichtigkeit, als hierdurch jenes Anodensegment den höheren Strom I_a aufweist, das die kleinere Spannung hat. Dieser Vorgang bedeutet das Auftreten einer negativen Kennlinie, die zur Anfachung von Schwingungen höchster Frequenz verwendet werden kann. Es würde zu weit führen, die theoretischen Einzelheiten weiter zu vertiefen. Es sei hiermit auf die einschlägige Fachliteratur verwiesen, wie sie z. B. im Literaturhinweis angegeben ist.[9]

Wenden wir uns wieder dem ZSG »Max A« und seinem Empfänger zu. Dieser war zur Erzielung einer höheren Empfindlichkeit als Überlagerungsempfänger mit Zwischenfrequenz-Pendler ausgeführt. Die in den Eingangsmischtopf 2 (Abb. 49), bestückt mit einer Silizium-Kristalldiode, eingespeiste Überlagerungsfrequenz war durch Mischung der Senderfrequenz mit der eines stabilen 300-MHz-Oszillators und durch Aussieben der Summenfrequenz von 8000 MHz gewonnen. Die durch dieses Doppelmischverfahren erhaltene ZF von 300 MHz war gegenüber ungewollten Frequenzschwankungen des Senders unempfindlich, da diese kompensiert wurden. Der Empfängerausgang war für einen Frequenzbereich von 3 bis 15 kHz ausgelegt. Dies war notwendig, da am Empfängereingang neben der vom Ziel reflektierten Frequenz auch eine Einstreuung der Senderfrequenz vorlag, die ja um den von der Annäherungsfrequenz abhängigen Betrag der Dopplerfrequenz niedriger war als die vom Ziel reflektierte Frequenz. Die gebildete ZF war also mit der Dopplerfrequenz moduliert. Diese wurde im ersten Demodulator demoduliert und im zweiten in Gleichstromsignale für die Steuerung umgewandelt. Es wurde eine Einstellgeschwindigkeit von ± 30°/s und eine Reichweite von 1 bis 2 km erwartet.[8]

Die Geräte »Max A« und »Max P« hatte man besonders für die Flaraketen »Schmetterling« und »Wasserfall« vorgesehen. Um beim Gerät »Max A« eine automatische Zündung in Zielnähe zu erreichen, sollte ein Teil der Senderleistung für die Antenne 3 des Richtungszünders »Trichter« (Kapitel 20) herangezogen werden.[8]

Eine Abwandlung der »Max«-Geräte war einerseits das »Schuß-Max«-Gerät, das zur automatischen Nachführung von Flugzeug-Bordwaffen entwickelt wurde. Andererseits war auch eine »Tieffliegerfalle« zur automatischen Auslösung von Bodenwaffen beim Überfliegen bestimmter Geländegebiete von Blaupunkt entwickelt worden.

Abschließend ist noch kurz auf die akustischen Zielsuchsysteme einzugehen. Im Sommer 1944 begann bei Telefunken (Dr. Benecke) die Entwicklung des passiven akustischen ZSG »Dogge«, das speziell für die Jägerrakete X4 verwendet werden sollte. Das Gerät erhielt zwei Kristallmikrophonsonden von 293 mm Länge und 30 mm Durchmesser, die in einem Abstand von etwa 680 mm als Richtmikrophone zur Amplitudenvergleichspeilung, mit einem Erfassungswinkel von ± 30°, montiert waren. Zwei Verstärker für einen Frequenzbereich von 100 bis 200 Hz waren für die Peilsignale vorgesehen. Bei der Verwirklichung des Gerätes stellten sich mancherlei Schwierigkeiten in den Weg, die zunächst bei der Instabilität des Verstärkerteiles begannen und sich bei der Materialbeschaffung (Batterien) fortsetzten. Im Februar 1945 konnte zumindest ein Gerät am Boden gegen einen B-24-Bomber erprobt werden. Eine Flugerprobung ist höchstwahrscheinlich nicht mehr durchgeführt worden. Die Geräte »Tigerdogge« und »Bulldogge« waren keine weiteren ZSG, sondern dienten zur Untersuchung der Schallausbreitung und der Schallaufnahme.

Ein weiteres akustisches ZSG gab es noch in nicht fertigem Zustand bei der RPF in dem akustischen passiven ZSG »Lux« mit vier Richtmikrophonen und Amplitudenvergleichspeilung.

Wenn von den vielen Projekten der Lenk- und Zielsuchsysteme auch nur ein Teil näher behandelt werden konnte, so vermittelt die repräsentative Auswahl doch einen ausreichenden Überblick über den damaligen Stand der Technik. Abgerundet wird das Bild, besonders der Fernlenkung, wenn die Informationen der Kapitel 9, 11, 12, 18 und 19 noch hinzugezogen werden.

15. »Mistel«-Projekt

Zugegeben, der uneingeweihte Leser wird zunächst etwas verständnislos den Kopf schütteln und sich fragen, was die als Halbschmarotzer auf Bäumen lebende und als »Mistel« bezeichnete Pflanze mit einem Waffensystem der Luftwaffe im Zweiten Weltkrieg zu tun hatte. Ehe auf den Tarnbegriff, dessen Vorgeschichte und die Verwirklichung des Projektes eingegangen wird, seien vorweg noch die ersten vagen Informationen erwähnt, die, soweit bekannt, auf das spätere Mistel-System hinweisen. Wie so oft in der Geschichte der Technik ist auch dieses Prinzip, die Kopplung zweier Flugzeuge, deren Verbindung in der Vergangenheit zur Erfüllung verschiedener Zwecke beabsichtigt war, in seiner Verwirklichung einen verschlungenen Weg bis zur Waffe gegangen. Anhand der folgenden Vorgänge wird auch wieder deutlich, wie die Grenzen ziviler und militärischer Anwendung technischer Lösungen fließend und nicht scharf zu ziehen sind.

Die Zeitschrift »Popular Mechanics« berichtete während des Ersten Weltkrieges in ihrer Ausgabe vom Oktober 1916, S. 486/487, über einen deutschen Dreidecker (offenbar war das Doppeldecker-Großflugzeug Gotha G-V gemeint, d.Verf.), der oberhalb seines Rumpfes den Fokker-Jagdeinsitzer E-I trug. Das Eindeckerflugzeug sollte nach dieser Meldung vom Trägerflugzeug aus starten, um anstelle der damaligen Luftschiffe feindliche Häfen mit Bomben zu belegen.[1] Inwieweit der Plan verwirklicht worden ist, mag dahingestellt sein. Aber der Gedanke und das damit verfolgte Ziel waren damals also schon vorhanden. Es sollte im geschilderten Fall ein mit Treibstoff und Bomben überladenes, alleine nicht start-, aber flugfähiges Flugzeug eine solche Ausgangshöhe, -geschwindigkeit und Entfernung vom Startpunkt erhalten, daß es nach Trennung vom Mutterflugzeug mit großer Eindringtiefe weiterfliegen konnte.

15.1. Vorgeschichte

Luftverkehr und Luftfahrttechnik verdanken den Junkers-Flugzeug- und Motorenwerken AG in Dessau viele bahnbrechende Neuerungen. In den 20er und 30er Jahren verging kaum eine Woche, ohne daß eine besondere Leistung von Junkers-Flugzeugen gemeldet wurde.

Ende der 20er Jahre waren Starthilfen, wie sie später im Zweiten Weltkrieg allgemein üblich und mit großem Erfolg eingesetzt wurden (Kapitel 6), noch relativ unbekannt. Trotzdem war man mit dem allgemeinen Problem beim Start schwerbeladener Flugzeuge mit ihrer hohen Flächenbelastung durchaus vertraut, und es wurde nach Wegen gesucht, dies bei Land- und Seeflugzeugen zu verbessern. Man war bemüht, die Forderung von möglichst großer Reichweite in Verbindung mit großer Nutzlast zu verwirklichen. Vor allen Dingen sollte die schon angesprochene

Diskrepanz der zwar noch vorhandenen Flugfähigkeit, aber nicht mehr möglichen Eigenstartfähigkeit, wegen zu großer Roll- bzw. Wasserwiderstände, beseitigt werden. Das Katapult war eine derartige, auch schon verwirklichte Startmöglichkeit für Flugzeuge vom Land und vom Schiff aus. Weiterhin schlug man Schleppflugzeuge und Schnellboote als Starthilfen für hochbelastete Flugzeuge vor und führte auch teilweise Erprobungen durch. Alle Vorschläge waren aber mit entsprechenden Nachteilen verbunden.[1]

In dieser Situation trat der bekannte Raketenpionier Max Valier im September 1925 mit einem Vorschlag an die Firma Junkers heran. Dieser sah für ein dreimotoriges, stark belastetes Junkers-Flugzeug einen Misch- bzw. Hybridantrieb insofern vor, als die beiden Außenmotoren als Raketenantriebe umgerüstet und nach dem Start abgeworfen werden sollten. In Dessau ging man zwar auf diesen Vorschlag nicht ein, er veranlaßte aber die Konstrukteure von Junkers zu einer abgewandelten Idee. Sofern man zu dem komplett mit seinen Propellermotoren ausgerüsteten Flugzeug zusätzlich Starthilferaketen montierte, die im Startvorgang gezündet und nach dem Ausbrennen abgeworfen wurden, bestand die Möglichkeit, stark überlastete Flugzeuge sicher in die Luft zu bringen. Damit war das Prinzip der Starthilferakete geboren. Die Idee wurde dann bei Junkers praktisch erprobt. Am 9. August 1929 konnte ein Wasserflugzeug mit Hilfe von Feststoff-Startraketen auf der Elbe in der Nähe von Dessau erfolgreich gestartet werden. Der Beweis für die Richtigkeit dieser Idee war damit erbracht. Zur gleichen Zeit schlug auch Professor Hermann Oberth die Lösung der Startunterstützung mit Raketen vor.[1]

In den Jahren danach ist von weiteren Versuchen in dieser Richtung in Deutschland nichts bekanntgeworden. Erst 1937 begannen in Neuhardenberg die in Kapitel 2.2. geschilderten Erprobungen mit Walter-Flüssigkeitsraketen an stark belasteten He-111-Flugzeugen, die deutscherseits zum erfolgreichen Einsatz im Zweiten Weltkrieg an allen Fronten gebracht wurden.

Bei Junkers verfolgte man neben der Startrakete noch eine weitere Methode, um schwerbeladene Flugzeuge zu starten. Elf Jahre nach der ersten amerikanischen Meldung über das deutsche Gespann im Ersten Weltkrieg ließ sich Hugo Junkers in einer deutschen Patentschrift aus dem Jahre 1927 und in der US-Patentschrift 1.703.488 vom 26. Februar 1929 ein auf einem anderen Flugzeug huckepack sitzendes Flugzeug patentieren. Nach diesen Patenten sollte das obere, überlastete und eigenstartunfähige Tochterflugzeug auf eine Ausgangshöhe und -geschwindigkeit gebracht werden, die es ihm gestattete, nach der Trennung vom Mutterflugzeug alleine weiterzufliegen. Die Trennung sollte nach Lösen einer Verriegelung, durch Drosseln der Motoren und Abkippen des Mutterflugzeuges nach unten bewirkt werden (Abb. 50). Das so gestartete Tochterflugzeug hätte bei Überlastung mit entsprechend mehr Treibstoff und durch eine Schleppstrecke über eine gewisse Entfernung eine größere Reichweite besessen als ein konventionell startendes Flugzeug mit normaler Treibstoffmenge.

Offensichtlich ist der Vorschlag dieses Junkers-Gespannes in Deutschland bzw. bei Junkers in den darauffolgenden Jahren zunächst nicht weiter verfolgt worden. Aber die Engländer interessierten sich für das Huckepack-Gespann und begannen energisch mit dessen Verwirklichung, wobei der englische Major Robert Mayo die treibende Kraft war. Seinerzeit Technischer Direktor der Fluggesellschaft Im-

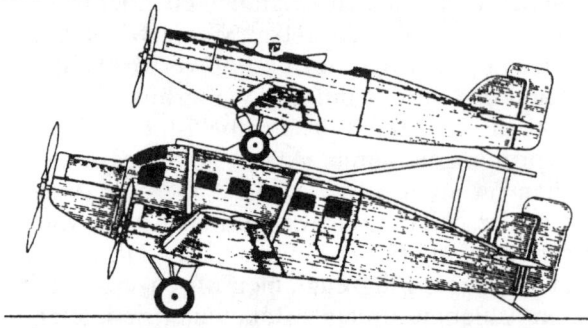

Das Junkers-Gespann startfertig am Boden. Um welche Typen es sich dabei handelt, ist nicht ganz klar: das untere Flugzeug ähnelt der G 23, das obere der W 33, von der es jedoch unseres Wissens keine Ausführung mit offenen Sitzen und dem abgebildeten Seitenleitwerk gegeben hat.

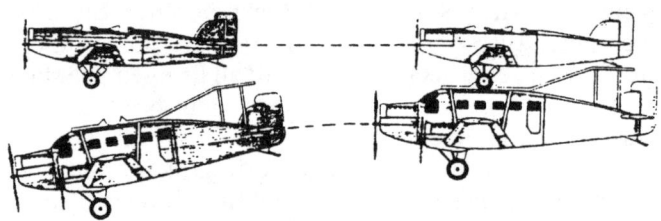

Das Junkers-Gespann im Fluge: rechts kurz vor der Trennung der beiden Einheiten, links nach der Trennung. Das Trägerflugzeug drückt sofort nach dem Lösen der Verbindung nach unten weg, während die hochbelastete Maschine ihren Horizontalflug fortsetzt.

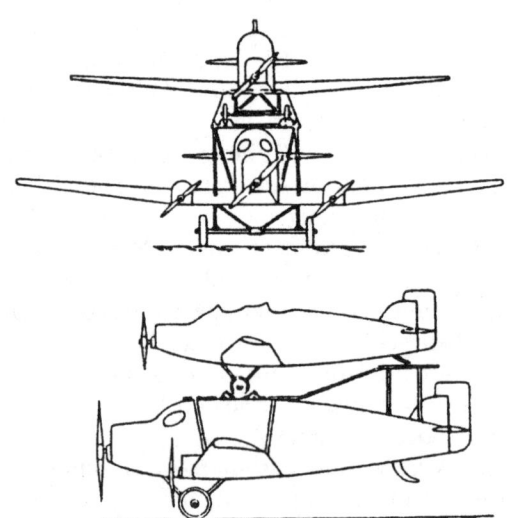

Abb. 50

Zwei Zeichnungen aus der US-Patentschrift 1 703.488 vom 26. 2. 1929, mit der sich Hugo Junkers drüben sein in Deutschland schon 1927 zum Patent angemeldetes Startverfahren für hochbelastete Flugmaschinen schützen ließ.

perial Airways, wollte Mayo die Vorteile des Flugzeuggespannes für den Transatlantik-Verkehr nutzen. Damalige Landflugzeuge besaßen eine maximale Reichweite von 5000 km und Seeflugzeuge, wegen ihrer schwereren Bauweise, nur von 4000 km. Um die Reichweite der Flugboote zu vergrößern, griff Mayo auf das aus der Patentschrift von Junkers bekannte Huckepack-Prinzip zurück (Abb. 50).[1,2] Major Mayo befaßte sich sehr intensiv mit allen Problemen des Flugzeuggespannes, vor allem mit dem Trennvorgang. Durch mechanische und aerodynamische Maßnahmen, wie z. B. durch Abstimmen der Einzelauftriebe und Stellung beider Flugzeuge zueinander, wurde eine einwandfreie Trennung beider Komponenten möglich. Eine dreifache Verriegelung sorgte für entsprechende Sicherheit. Die beiden ersten Sicherungen waren vom Piloten der zwei Flugzeuge zu betätigen, und die letzte ließ sich nur lösen, wenn eine bestimmte Trennkraft durch die Auftriebsdifferenz beider Flugzeuge im Flugzustand erreicht war. Mayo ließ sich seine Anordnung mit der deutschen Patentschrift 617.092 vom 10. August 1935 unter dem Begriff: »Einrichtung zum Starten eines Flugzeuges mit hoher Flächenbelastung« patentieren. Danach folgte die weitere deutsche Patentschrift 624.669 vom 25. Januar 1936 mit der Bezeichnung: »Verriegelungsvorrichtung einer Flugzeugzusammenstellung«.

Nachdem Mayo das britische Luftfahrtministerium für seinen Plan gewonnen hatte, ließ er ein Gespann aus zwei Wasserflugzeugen bauen. Es bestand aus dem viermotorigen Flugboot und Mutterflugzeug Short-Mayo S21 MAIA, einer Sonderausführung des damals bekannten Short-EMPIRE-Flugbootes, das ein größeres Tragwerk, einen breiteren Bootskörperboden und ein Traggestell auf dem Rumpf erhielt. Als überlastetes oberes Flugzeug fand das viermotorige Schwimmerflugzeug MERCURY Verwendung. Am 5. September 1937 startete das Gespann zum Erstflug. Am 6. Februar 1938 fand der erste Trennvorgang statt, und nach eingehender Erprobung wurde das Gespann an die Imperial Airways übergeben.

Nach dem ersten kommerziellen Einsatz am 20./21. Juli 1938 mit 500 kg Nutzlast, wobei die MERCURY in der Rekordzeit von 20 Stunden und 20 Minuten den Atlantik von Ost nach West überquerte, flog das Flugzeug nach Start vom Träger im Oktober 1938 im Nonstopflug von Dundee nach Südafrika, über eine Strecke von 6045 Meilen.

Unerklärlich war der Umstand, warum nach den Aktivitäten von Major Mayo die Firma Junkers (Professor Junkers war schon 1935 verstorben) ihre Priorität des Huckepack-Gespannes nie öffentlich für sich in Anspruch genommen hatte. Entweder gab es geheime Absprachen, oder Junkers hatte sein Patent an die Engländer verkauft und eine Lizenzvergabe vereinbart. Der Gedanke war auch im Jahre 1927, als Junkers sein Patent anmeldete, nicht mehr neu, sondern bekannt. Damit wäre die eingangs erwähnte Meldung der amerikanischen Zeitschrift vom Oktober 1916 nachträglich bestätigt worden.[1,7]

Trotz der Erfolge des Gedankens der Gespannflugzeuge blieb das System bei Fachleuten umstritten. Die Wirtschaftlichkeit für den zivilen Einsatz war fragwürdig. Im Krieg soll das Short-Mayo-Gespann von den Engländern einige Male für Sondereinsätze verwendet worden sein. Danach wurde es in einem englischen Hafen durch Bombentreffer so schwer beschädigt, daß sich eine Reparatur nicht mehr lohnte.[1] Damit fand das Kapitel Huckepack-Flugzeug für den zivilen Bereich vorläufig ein Ende, bis es 50 Jahre später nochmals seine Tauglichkeit vor der breiten Öffentlichkeit demonstrieren konnte. Aber darüber wird am Ende dieses Kapitels noch kurz berichtet werden.

Zum Abschluß der Vorgeschichte kommen wir auf das eigentliche Thema der »Mistel«-Flugzeuge zurück. Der Anfang, diesmal für den kriegsbedingten Einsatz, wurde wieder bei der Firma Junkers in Dessau gemacht. Im Dezember 1941 startete der Junkers-Chefpilot, Flugkapitän Siegfried Holzbaur, mit einem Flugzeug vom Werkflugplatz der Firma in der Nähe von Dessau aus, ohne zunächst zu wissen, daß ihm bei diesem Flug eine zündende Idee kommen sollte. Seine eigentliche Aufgabe war die Erprobung eines neuen Bombenreflexvisieres in Verbindung mit einer Flugzeugkurssteuerung.

Im Laufe der Flugtätigkeiten benutzten die Werkpiloten von Junkers für entsprechende Aufgaben bestimmte markante Landmarken in der näheren Umgebung des Platzes. Im vorliegenden Fall suchte sich Holzbaur einen hohen, aus der Umgebung hervorstechenden Schornstein aus. Nachdem er das Flugzeug durch Trimmung in eine ausgeglichene Fluglage gebracht hatte, wobei es ohne Kopf- und Schwanzlastigkeit und ohne Ruderkorrekturen in den Horizontalflug ging, flog Holzbaur den Schornstein an und ließ ihn in den beleuchteten Visierkreis des Zielgerätes einlaufen. Als das schlanke Gebäude wie eine Nadel in Kreismitte stand, schaltete der Pilot die Kurssteuerung ein. Ohne daß er eine Ruderkorrektur gab, flog das Flugzeug haargenau über den Schornstein hinweg. Nach Abschalten der Kurssteuerung wendete er und führte die Anflüge noch mehrmals durch.[8]

Außer der Erfahrung, daß die automatische Kurshaltung in Verbindung mit dem neuen Bombenreflexvisier eine entsprechende Verbesserung beim Bombenwurf erwarten ließ, löste der Erprobungsflug beim Junkers-Chefpiloten einen ganz anderen Gedanken aus, der in Anbetracht des inzwischen ausgebrochenen Krieges verständlich war. Als Angehörigem der Firma Junkers (Junkers-Patent) waren ihm auch die englischen Versuche der Vorkriegszeit mit dem »Short/Mayo composite aircraft« bekannt.[2, 7, 8]

Holzbaur ging von dem Dilemma eines Bombenflugzeuges aus, welches darin bestand, daß mit zunehmender Zielentfernung die Bombenzuladung immer geringer sein mußte. Damit wurde eine wirksame Bekämpfung weit entfernter und wichtiger Ziele, besonders wenn es sich um entsprechend gepanzerte Objekte, wie z. B. schwere Marineeinheiten, handelte, immer unwirksamer. Wenn das Gespann zweier Flugzeuge, so folgerte Holzbaur, aus einem mit Sprengstoff vollgepackten, unbemannten Flugzeug oder Fluggerät bestand, das mit einer Kurssteuerung auf Kollisionskurs mit dem Ziel gehalten wurde und von einem bemannten, zweiten, vom Sprengstoffträger abkoppelbaren Flugzeug geführt wurde, war das Problem zu lösen. Das Führungsflugzeug konnte weiterhin auf dem Hinflug den Treibstoff aus dem unteren Sprengstoffträger entnehmen, da das Verlustflugzeug keinen Rückflug mehr antreten mußte. Auch bestand die Möglichkeit, dessen Motor ganz abzustellen. Damit hatte das bemannte Flugzeug die volle Kraftstoffkapazität noch zur Verfügung und konnte sich, sofern es ein Jagdflugzeug war, bei hoher Geschwindigkeit auf dem Rückweg zur Einsatzbasis zudem noch gut verteidigen. Es war mit diesem Flugzeugsystem eine Verdoppelung der Reichweite zu erzielen. Während Holzbaurs Gedanke zwar von dem in eingeweihten Kreisen bekannten Prinzip des Huckepack-Schlepps ausging, brachte er aber die Anwendung einer Kurssteuerung mit kreiselstabilisiertem Visier, der später noch die Hohlladung als

Sprengkopf hinzugefügt wurde, zusätzlich ein. Damit war mit weitestgehend vorhandenen Mitteln ein neues Bombenangriffsverfahren mit größtmöglicher Wirkung bei etwa verdoppelter Reichweite gegeben.

Es sei hier noch vermerkt, daß der erste Vorschlag Holzbaurs nicht in einer übereinander angeordneten Huckepack-Ausführung zweier Flugzeuge bestand. Der Sprengstoffträger und das Jagdflugzeug waren so integriert, daß nach außen der Eindruck eines Rumpfes bestand, wodurch gegenüber der später verwirklichten Ausführung eine wesentlich elegantere Formgebung vorhanden war. Der Vorschlag hätte aber wegen des störenden Propellers beim Jagdflugzeug nur mit einem TL-Triebwerk verwirklicht werden können. Die Schilderung näherer Einzelheiten dieses Erstvorschlages würde aber in diesem Zusammenhang zu weit führen.[8]

Da in Deutschland offensichtlich der Gedanke des Huckepack-Gespannes geboren worden war, aber keine praktischen Erfahrungen mit dieser Technik vorlagen, begannen bei der DFS – zunächst auch aus anderen Gründen – 1942 grundlegende Versuche. Die DFS verfolgte mit ihren Arbeiten zwei Ziele. Einerseits sollte der immer problematische Seilschlepp von Lastenseglern ersetzt werden. Andererseits konnte bei einem starr gekuppelten Schleppgespann, sofern das »Schlepp«-Flugzeug z. B. ein bewaffneter Jäger war, dieser gleich nach der Trennung in den Erdkampf eingreifen und abspringende Fallschirmjäger des Lastenseglers aus der Luft unterstützen.

Anfangs montierte man bei der DFS das leichte, einmotorige Tiefdecker-Flugzeug Klemm Kl 35A so auf einen Lastensegler DFS 230, daß die sich auf den Tragflächen abstützenden Fahrwerkräder »eingefedert« unter mechanischer Spannung standen. Bei der Trennung richtete sich das Flugzeug zwangsweise ein wenig auf, wobei der größer werdende Anstellwinkel für eine leichte Ablösung vom Segler sorgte. Bei der Erprobung wurde das ganze Gespann von einer Ju 52 im Seilschlepp auf Höhe gebracht. In der Luft konnten bei laufendem Motor der Kl 35A die Flugerprobung und der Trennvorgang durchgeführt werden. Später verbesserte die DFS die Trennung. Dabei mußte der Flugzeugführer des oberen Flugzeuges zunächst eine Verriegelung so lösen, daß dem Leitflugzeug eine gewisse Bewegungsfreiheit um die Querachse gegeben wurde. Zog der Pilot danach am Steuerknüppel, senkte sich das Heck, wodurch die Verriegelung endgültig gelöst wurde. Damit konnte das Leitflugzeug abheben, wenn Schwanzlastigkeit und Auftriebsüberschuß vorhanden waren. Bei der DFS tauchte auch erstmals der Begriff »Mistel« für die Huckepack-Anordnung auf, der später, trotz anderer amtlicher Bezeichnung, weitestgehend Verwendung fand und erhalten blieb.[7] Der nächste Erprobungsschritt bei der DFS bestand aus dem Gespann Fw 56 und DFS 230, das ebenfalls noch von einer Ju 52 zur Erprobung in die Luft geschleppt wurde. Ihm folgte die Kombination Me 109E und DFS 230 mit zusätzlichem Fahrgestell. Diese letzte Kombination konnte schon alleine starten und in gekoppeltem Zustand und auch getrennt wieder landen. Die Arbeiten bei der DFS leitete der bekannte Flieger Fritz Stamer unter Mitarbeit von Kurt Opitz, Paul Stämmler und Karl Schieferstein.[2, 3, 4] Obwohl die Versuche einwandfrei verliefen, ist ein Huckepack-Schlepp von Lastenseglern im praktischen Kriegseinsatz nicht bekanntgeworden.

In diesem Zusammenhang ist auch auf die 1943 von der DFS durchgeführten Versuche mit der Me 328A hinzuweisen, die mit einer Do 217E ein Schleppgespann bildete. Der Jagdgleiter Me 328A sollte anfangs im Selbstopferungseinsatz Verwendung finden, wie in Kapitel 16.9. noch geschildert wird.

15.2. Entwicklung und Ausführungen

Nach den praktischen Vorversuche bei der DFS ging die weitere Entwicklung bezüglich der Einsatz-Schleppgespanne von dort auf die Firma Junkers in Dessau über. Zunächst galt es, Erprobungs- und Schulgespanne zu entwickeln und zu bauen. Um die normale Junkers-Fertigung damit nicht zu belasten, setzte man die Junkers-Werft Leipzig-Mockau und den Flugplatz Nordhausen (Harz) ein. Während die Werft hauptsächlich für die Reparatur der anfangs meist verwendeten ausgedienten Sprengflugzeuge Ju 88 zu sorgen hatte, die nur mit einer provisorischen Überführungskanzel ausgerüstet wurden, erfolgte in Nordhausen ihre Umrüstung zur Schul- bzw. Einsatzversion.[4, 7] Hier bildete sich bald eine kleine, aber sehr effektive Gruppe von Zivilisten und Offizieren, die dem ganzen Projekt zur Verwirklichung verhalfen. Entwicklungsbeauftragter wurde Dr.-Ing. Fritz Haber. Herbert Schwab war Organisator und Verbindungsmann. Generalleutnant Peltz kommandierte Oberleutnant Horst-Dieter Lux – ehemaliger Technischer Offizier (TO) beim KG30 – ab, um bei der Verwirklichung des Projektes gleich die Wünsche der Luftwaffe vorzubringen und die Schulung der Flugzeugführer zu leiten. Flugkapitän Siegfried Holzbaur, den seine vielfältigen Aufgaben an Dessau fesselten, kam – so oft es ihm möglich war – nach Nordhausen, um an der Entwicklung seines Erfindungsgedankens mitzuarbeiten.[7]

Für die Schulflugkombination, deren Flugzeuge beide bemannt waren, wählte man die Kampfflugzeuge Ju 88A oder Ju 88G, während als oberes Leitflugzeug die Me 109F oder die Fw 190A Verwendung fanden. Mit Hilfe eines Strebengerüstes wurde das obere Flugzeug in Schwerpunktlage an zwei Befestigungsbeschlägen seines Hauptholmes mit Sprengbolzen angelenkt, während das Rumpfende von einer Knickstrebe – ebenfalls über einen Sprengbolzen – in Flugstellung gehalten wurde. Bei der Trennung knickte zunächst die hintere Strebe ein, wodurch dem oberen Flugzeug ein größerer Anstellwinkel gegeben wurde. Erst danach zündeten die drei Sprengbolzen, und dem Leitflugzeug war ein leichtes Wegziehen vom unteren Trägerflugzeug möglich.[3]

Als Schulversionen wurden Ju 88A/Me 109F (Tarnbezeichnung »Mistel S1«), Ju 88G/Fw 190A-8 (»Mistel S2«) und die Ju 88G-6/Fw 190A-6 (»Mistel S3A«) hergestellt. Das »scharfe« Gespann bestand aus einer unbemannten umgebauten Ju 88A-4, die anstelle der Kanzel eine 3800 kg schwere Hohlladung erhielt, und einem bemannten Jagdflugzeug, Me 109F. Die Tarnbezeichnung »Beethoven-Gerät« konnte sich gegenüber dem schon vorher weitgehend eingeführten »Mistel«-Begriff nicht recht durchsetzen, weshalb das Einsatzgerät mehr unter der Bezeichnung »Mistel I« bekanntwurde. Weitere scharfe Mistel-Kombinationen für die unterschiedlichen vorgesehenen Einsatzzwecke waren:

Ju 88G-1/Fw 190A-6 oder F-8 (»Mistel II«)
Ju 88A-4/Fw 190A-8 (»Mistel IIIa«)
Ju 88H-4/Fw 190A-8 (»Mistel IIIb«)
Ju 88G-10/Fw 190F-8 (»Mistel IIIc«).[3]

Die ursprünglichen Vorstellungen der Junkersmitarbeiter Dr. Haber und Siegfried Holzbaur, den Rumpf der Ju 88 einfach mit Sprengstoff vollzupacken, wurden von den Experten des RLM verworfen. Sie überzeugten die Nichtfachleute auf dem Sprengstoffgebiet davon, daß ungedämmte Sprengstoffe keine besondere Wirkung haben. General-Ingenieur Marquardt schlug darauf die Hohlladung als Sprengkopf vor. Diese Ladung besaß einen weit vorgezogenen »Rüssel«, in den eine Kombination von Zündern verschiedenster Systeme eingebaut werden konnte. Sie wurde anstelle der abmontierten Kanzel am Rumpfschott mit vier Überwurfmuttern befestigt. Die den vorderen Zündern zugeordneten Zündladungen befanden sich hinter der Hohlladung im leeren Raum der ausgebauten Bombenschächte des Rumpfes der Ju 88. Um Blindgänger auf jeden Fall zu vermeiden, waren mehrere Zünder vorgesehen. Hinter den Zündladungen wurde zudem eine starke Panzerplatte in den Rumpf eingezogen, um bei einem Beschuß des Gespannes von hinten eine Explosion der Sprengladung zu verhindern. Auch die Zünder im Rüssel hatte man, so gut es ging, durch Panzerplatten gegen Beschuß geschützt. Die Zünder wurden in dem als Abstandszünder gestalteten 2,5 m langen Rüssel in der Normalausführung als magnetische Zündimpulsgeber ausgeführt. Sie bestanden aus einem Permanentmagneten, der durch die negative Beschleunigung beim Aufschlag in eine Spule eintauchte und dadurch an den Ausgängen der Spulenwicklung einen Spannungsimpuls induzierte. Damit wurde über elektrische Leitungen die Zündladung zum Ansprechen gebracht. Um ein unbeabsichtigtes Auslösen der Zünder zu vermeiden, waren die Leitungen zu der Zündladung – auch Bodenzünder genannt – durch einen Zeitschalter bei gekuppelten Flugzeugen unterbrochen. Erst 3 sec nach dem Trennvorgang wurden die Leitungen zwischen den Zündern und der Zündladung durchgeschaltet, so daß beim Aufschlag des Sprengflugzeuges die Hohlladung gezündet werden konnte.[7]
Die Wirkung des 3800 kg schweren Gefechtskopfes war unvorstellbar. Als sogenannte Hohlladung (HL) in Kugelform besaß sie ähnliche Eigenschaften wie ein Hohlspiegel – um einen optischen Vergleich zu bringen –, mit dem man Sonnenlicht auf eine kleine Fläche bündeln und wesentlich verstärken kann. Das Prinzip des Effektes einer ausgehöhlten Explosivladung wurde schon 1880 in den USA entdeckt. Wenige Jahre später, 1883, veröffentlichte Max von Förster, Leiter der Schießwollefabrik Wolff & Co, Walsrode, Arbeiten über Versuche mit hohlen Patronen. 1910 wurde das Hohlladungsprinzip in Deutschland patentiert. Im Jahre 1934 schlug Ingenieur Thomanek, ein Mitarbeiter des damals führenden Ballistikers Professor H. Schardin, die HL zur Bekämpfung von Panzern vor. Zur Verstärkung der Hohlladungswirkung fanden Schardin und Thomanek noch den Auskleidungseffekt des Hohlraumes durch einen Weichmetallmantel. Hierfür eigneten sich Kupfer oder Zink. Dadurch wurde die Durchschlagsfähigkeit um das 2,5fache einer HL ohne Auskleidung erhöht.
Bei der Zündung der Hohlladung verlief ihr in Zeitlupe betrachteter Explosionsvorgang, von der Zündladung ausgelöst, naturgemäß von der hinteren Kugelspitze her. Demzufolge schmolz der Spitzenbereich der Weichmetallauskleidung zuerst und wurde durch die mit ungeheurer Gewalt nach vorne schießende Stichflamme der beginnenden Detonation mitgerissen. Damit öffnete sich am Ziel, z. B. einer Panzerung oder einer Betonwand, ein Weg in dessen Inneres. Gleichzeitig verflüssigte sich auch die übrige Metallauskleidung und spritzte in ei-

nem dünnen Strahl, die Wirkung der Stichflamme wesentlich verstärkend, ebenfalls nach vorne. Die Geschwindigkeit des aus der Ladung heraustretenden Feuerstrahles bzw. »Pfropfens« betrug bei Hohlladungen ohne Auskleidung 6000 m/s. Mit Auskleidung konnte eine Erhöhung auf 8500, ja sogar 11 000 m/s erreicht werden. Dabei entstanden ein kurzzeitiger Druck von fast 200 000 bar und spektroskopisch gemessene Temperaturen von 3000 bis 4000 °C. Die Eindringtiefe des durchschweißten Loches war abhängig von dem Durchmesser der HL. Als Faustregel galt für Stahl: Eindringtiefe = viermal Durchmesser des Sprengkopfes. Für den Mistel-Einsatz bevorzugte man als hinteren Abschluß des Sprengsatzes eine Halbkugelform gegenüber der sonst vielfach verwendeten kegelförmigen Hohlladung. Je nach Zielobjekt konnte die HL durch Wahl des Ansprechzeitpunktes eine optimale Wirkung erzielen. Es galt allgemein der Grundsatz, daß ein dicker Panzer einen dünnen »Geschoßstrahl« zum Durchschweißen benötigte. Der war gegeben, wenn die Hohlladung einen entsprechenden Abstand vom Ziel hatte. Deshalb waren die magnetischen Zünderaufschlagorgane als Abstandszünder im Rüssel etwa 2,5 m vor der Hohlladung angeordnet. Vom Augenblick des Zündens bis zur Entwicklung der Detonation verging eine so kurze Zeit, daß sich das Flugzeug mit der Hohlladung nur wenig dem Ziel genähert hatte. Nach dem Durchschweißen entlud sich die geballte Detonationskraft im Inneren des Zielobjektes. So war die HL in der Lage, maximal bis zu 8 m Stahl und etwa 20 m Stahlbeton zu durchschweißen.[3, 5, 7]

Bevor auf die für den Mistel-Einsatz notwendige Umrüstung beider Flugzeuge eingegangen wird, ist noch auf die vom Leser sicher aufgeworfene ökonomische Frage des Mistel-Gespannes einzugehen. Den Einsatz mit geplantem Verlust eines Kampfflugzeuges Ju 88 durchzuführen, war das zu vertreten? Außer den Junkers-Konstrukteuren, die von ihrer Erfindung naturgemäß sehr angetan waren, zeigte keiner, auch nicht die oberste Luftwaffenführung in Berlin, zunächst eine Neigung, der Methode Holzbaurs näherzutreten. Auch als sich die beiden bekannten Kampfflieger General Peltz und Oberst Baumbach für diese neue Waffe einsetzten, verliefen ihre Bemühungen im Sande. Noch stand die deutsche Luftwaffe 1941/42 im großen und ganzen auf dem Höhepunkt ihres Erfolges, und man meinte, mit den vorhandenen Waffensystemen und ihren entsprechenden Weiterentwicklungen diesen Zustand halten zu können. Als der Einsatz der Kampfflugzeuge mit der Zeit an allen Fronten aber immer verlustreicher wurde, trat langsam eine Wende ein, die zunächst die Statistiker einleiteten. Sie zogen aus den vorliegenden Kampf- und Erfahrungsberichten die Bilanz und kamen zu einem überraschenden Ergebnis. Aus dem damaligen Gesamtverhältnis der durch Flugzeuge mit herkömmlicher Kampfweise (Sturz- bzw. Horizontalbombenwurf) versenkten Schiffe zu den verlorengegangenen Flugzeugen resultierte ein Ergebnis von 1 : 25. Dieses Verhältnis war, wegen der knapper werdenden Rohstofflage und den meist auch verlorengehenden Besatzungen, nicht mehr tragbar. Aus diesem Grunde wäre es besser, so folgerte man seinerzeit, einen mit großer Wahrscheinlichkeit und Vernichtung treffenden Bomber gleich abzuschreiben als statistisch 25 Kampfflugzeuge mit ihren Besatzungen. Aber auch dieses Rechenexempel brachte für die Mistel-Flugzeuge zunächst noch keinen Durchbruch. Erst als die Lage der Luftwaffe immer kritischer wurde, die Verluste immer größer und die Einwirkungen auf den Feind immer geringer wurden, entschloß sich die oberste Luftwaffenführung, nicht nur auf diesem, sondern auch bei anderen waffentechnischen Neuentwicklungen, zu außergewöhnlichen Maßnahmen. Abschließend ist zur Wirtschaftlichkeit noch zu sagen, daß sich die Ju-88-Flugzeuge, von den späteren, speziellen Weiterentwicklungen der Sprengstoffträger abgesehen, anfänglich ausschließlich aus flugunklaren und reparaturbedürftigen Maschinen zusammensetzten, deren Zellen und Triebwerke auch ihre maximal zulässigen Betriebsstunden erreicht hatten. Sie wurden, sofern für den Mistel-Einsatz erforderlich, neben dem Einbau der Sonderausrüstung repariert; alle entbehrlichen Ausrüstungen wurden ausgebaut.[2, 3]

Nach weiteren Flugversuchen mit den ersten Gespannen und einem Machtwort Görings gab das RLM endlich eine kleine Serie von zunächst 15 Mistel-Gespannen in Auftrag.[4]

Wenden wir uns nun den notwendigen Um- und Einbauten der Mistel-Flugzeuge zu und beginnen mit dem unteren Trägerflugzeug des Gespannes, mit der Ju 88. Neben der schon erwähnten Demontage der Kanzel und der Montage der großen Hohlladung waren folgende Einbauten und Änderungen an der Ju 88 durchzuführen:

1. Das Fahrwerk konnte unverändert übernommen werden. Der Fülldruck der Federbeine mußte aber um etwa 60 % erhöht werden.
2. Am Leitwerk waren keine Änderungen vorzunehmen.
3. Der Rumpf erhielt im ersten Viertel seiner Länge, von außen zugänglich, eine Zwei-Achsen-Kurssteuerung, die das Flugzeug um die Hoch- und Querachse im Zielneigungsanflug kontrollieren konnte. Solange das Gespann von Hand durch den Piloten gesteuert wurde, waren die Kreisel der Kurssteuerung gefesselt und nicht in Funktion. Erst nach dem Absprengen übernahmen sie die Überwachung des von Hand eingesteuerten Zielanflugkurses. Die Steuerung wurde aus einer Dreiachs-Steuerung der Firma Patin von Junkers für den besonderen Anwendungsfall entwickelt und bestand aus einem Kursgeber mit Kurskreisel für die Seitenrudermaschine und einem Lagegeber mit Lagekreisel für die Höhenrudermaschine. Die beiden Rudermaschinen verband man mit den Seiten- und Höhenrudergestängen, die durch den Kanzelabbau von ihren ursprünglichen Bedienelementen (Pedalen, Steuersäule) abmontiert waren. Die Handsteuerung war als vollelektrische Nachlaufsteuerung mit Weggeschwindigkeitsschaltung aufgebaut. Im Zuge der Höhen- und Seitenrudergestänge des oberen Leitflugzeuges waren die Stellungsgeber in Form je eines Potentiometers eingebaut, deren elektrische Kommandowerte nach Mischung mit entsprechenden Dämpfungskommandos und Verstärkung auf die Rudermaschinen des Träger- bzw. Sprengflugzeuges gegeben wurden. Die Größe der Kommandolaufgeschwindigkeit war von der Größe des Unterschiedes zwischen den Ruderstellungen des oberen und des unteren Flugzeuges abhängig. Die elektrische Schaltung der Kommandogabe bestand aus einem Brückenpotentiometerkreis, der die Rudermaschinen des Trägerflugzeuges direkt steuerte.
4. Die Querruder der Ju 88 wurden bei der »scharfen« Mistel in Neutralposition blockiert und konnten vom aufgesetzten Leitflugzeug aus nicht betätigt werden.
5. An den Wurzeln des Tragwerkes mußten Montagebeschläge in Verbindung mit dem Hauptholm zur Befestigung an dem Strebengerüst eingebaut werden.

6. An den beiden Propellertriebwerken war je ein Gasgestänge vorzusehen, die über absprengbare Gabelbolzen zu zwei zusätzlichen Fußhebeln der Me 109 nach oben verliefen. Das waren die einzigen mechanischen Verbindungen zwischen beiden Flugzeugen. Alle übrigen Kommandos verliefen über elektrische Leitungen.

7. Die Kraftstoffanlage war so zu ändern, daß die Me 109 aus den Behältern der Ju 88 Kraftstoff über eine Umpumpanlage entnehmen konnte. Daraus ergab sich die Konsequenz, daß auch die Ju 88 mit dem Kraftstoff C-3 für Jagdflugzeuge betankt werden mußte.

8. Das Strebengerüst zur Montage der Me 109 bestand aus sechs Streben, wobei je zwei beiderseits des Rumpfes auf den Wurzeln der beiden Tragflächen in Form eines rechtwinkeligen Dreiecks so befestigt waren, daß die Winkelspitze nach oben und die Dreieckfläche in Flugrichtung zeigte. Je eine dritte Strebe verlief von der oberen Spitze jedes Strebenpaares als seitliche Stabilisierung zur Rumpfmitte. Damit entstanden im oberen Verbindungspunkt des backbord- und steuerbordseitigen Gerüstes zwei mit Sprengbolzen versehene Befestigungsmöglichkeiten, die das Leitflugzeug in Schwerpunktlage halten konnten. Am Rumpfende verband die beiden Flugzeugrümpfe eine Knickstrebe, die mit dem Me-109-Rumpf auch über einen Sprengbolzen verbunden war und den Anstellwinkel beider Flugzeuge zueinander bestimmte. Die Knickstrebe hatte eine ganz wesentliche Aufgabe zu erfüllen. Hier ging es nicht nur, wie bei den Versuchen der Engländer und der DFS, um das einwandfreie Trennen zweier Flugzeuge in der Luft, sondern bei der Trennung mußte zusätzlich vermieden werden, daß die Flugbahn der auf Zielkollisionskurs liegenden Ju 88 durch den Trennvorgang einen Bahnknick erhielt. Nach 56 Flugbahnvermessungen in Peenemünde-West stellte sich heraus, daß trotz des Massenunterschiedes beider Flugzeuge Momente um die Querachse bei der Ju 88 durch die Trennung ausgelöst wurden. Um diese unbedingt zu vermeiden, mußte dem Leitflugzeug beim Trennvorgang mit absoluter Sicherheit und zwangsweise ein vergrößerter Anstellwinkel gegeben werden. Diese Aufgabe löste Dr. Haber mit der Knickstrebe. Sie war so konstruiert, daß ihr Sprengbolzen erst dann zündete, wenn der Flugzeugführer im Leitflugzeug am Steuerknüppel zum Zwecke der Absprengung gezogen hatte. Sofern er das tat, drückte das Heck des Jägers auf das Kniegelenk der Strebe, wodurch die hier eingebaute Sprengladung zündete und die Knickung ermöglichte. Da die Knickbewegung bzw. der daraus resultierende Anstellwinkel aber eine bestimmte Größe haben mußte, wurde im Gelenk ein Druckschalter betätigt, der die drei Hauptbolzen und die zwei Gabelbolzen der Gasgestänge schlagartig zündete. Beide Flugzeuge waren damit ohne den gefürchteten und Zielfehler vergrößernden »Bahnknick« getrennt. Wenn ein Flugzeugführer bei ungenügendem Kommando »Ziehen« den Schalter für das Absprengen betätigte, erfolgte keine Reaktion. Er war also zu einem ausreichenden Höhenruderkommando gezwungen.[3, 7]

An der Me 109, also dem Leitflugzeug, waren folgende Einbauten für den Mistel-Einsatz vorzunehmen:

1. Am Hauptholm mußten an der Tragwerkunterseite und am Rumpfende die Befestigungsbeschläge für das Strebengerüst und die Knickstrebe eingebaut werden.

2. Die Pilotenkabine erhielt in Blickhöhe des Piloten, oberhalb der Instrumentenbretter, das kreiselstabilisierte Reflexvisier JAKV (Junkers-Anschütz-Kreisel-Visier). Dicht unterhalb des Visieres befand sich ein elektrischer Umschalter, womit in der Ju 88 von der Handsteuerung über die Rudermaschinen auf Kurssteuerung für den Zielanflug mittels der Kursgeber (Seite, Höhe) umgeschaltet werden konnte. Die linke Stellung schaltete die Steuerung ein. Die rechte Stellung schaltete die Kurssteuerung der Ju 88 aus, womit wieder auf Handsteuerung umgeschaltet war.

3. Rechts oberhalb des Kurssteuerungsschalters befand sich der Kippschalter des Kreiselvisieres, wobei dessen linke Stellung »Kreisel fest« und dessen rechte Stellung »Kreisel frei« bedeutete. »Kreisel fest« verwandelte das Visier in ein normales Fixvisier mit fest eingeblendetem Visierkreis und einem Fadenkreuz. Bei »Kreisel frei« war die Visierlinie den Präzessionsbewegungen zweier Kreisel unterworfen, die durch die Steuerbewegungen des Gespannes veranlaßt wurden. Der dadurch auswandernde Visierkreis gab der Visierlinie den »Vorhalt« für Seite und Höhe.

4. Weiter nach unten gehend, war über der Mittelkonsole des Me-109-Cockpits ein zusätzliches Armaturenbrett eingebaut. Etwa in dessen Mitte befanden sich die beiden Luftschraubenuhren, die Stellung und Steigung der Ju-88-Luftschraubenblätter anzeigten.

5. Links daneben war der Landeklappenkippschalter für die Ju 88 angeordnet, dessen untere Stellung »Start« die Landeklappen für den Startvorgang und dessen obere Stellung »Reise« die Landeklappen für den Flug verstellte. Die Verstellung wurde durch ein elektrohydraulisches System bewirkt. Links neben dem Kippschalter zeigten zwei Kontrolleuchten die Stellung der Landeklappen an.

6. Oberhalb der Landeklappenverstellung waren nebeneinander zwei weitere Schalter für den Absprengvorgang vorgesehen. Der rechte Schalter veranlaßte die »Normalabsprengung«, während der linke Schalter die »Notabsprengung« auslöste. Rechts neben den beiden Schaltern zeigte eine Kontrolleuchte die Trennung an. Die Notabsprengung zündete sofort alle die Me 109 mit der Ju 88 verbindenden Sprengbolzen, ohne zuerst das Gelenk der Knickstrebe zu sprengen.

7. Rechts neben den Luftschraubenuhren konnte mit einem weiteren Kippschalter die Steuerwirkung der Ruderanlage in der Ju 88 beeinflußt werden. Stellung unten »Start« bedeutete harte Ruderreaktionen. Stellung oben »Reise« veranlaßte weiche Reaktionen.

8. Rechts neben dem Kippschalter für die Ruderwirkung löste ein gesicherter Schalter das Armieren der Absprengzünder aus.

9. Über den Luftschraubenuhren befand sich der vertikal zu betätigende Steuerungskippschalter der Handsteuerung für das »Fallen« oder »Steigen« des Gespannes. Die Stellung oben bedeutete »Drücken« bzw. »Fallen«, die untere Stellung verursachte ein »Ziehen« bzw. »Steigen« der beiden Flugzeuge, was in beiden Fällen über die Höhenrudermaschine der Ju 88 Bewegungen um die Querachse veranlaßte. Der Kippschalter ging beim Loslassen automatisch in die mittlere Nullposition zurück.

10. Neben dem Steuerungsschalter konnte mit einem weiteren Schaltorgan das

»Umpumpen« des Kraftstoffes von der Ju 88 zum Leitflugzeug bewirkt werden.

11. Unter dem Instrument der beiden Luftschraubenzifferblätter waren nebeneinander zwei Mehrfach-Kombi-Instrumente zur Überwachung der Ju 88-Triebwerke eingebaut. Mit ihrer Hilfe konnten der Ladedruck, die Drehzahl, der Öldruck und die Öltemperatur kontrolliert werden.

12. Am oberen Ende des normalen Steuerknüppels der Me 109, etwas seitlich nach links versetzt, war der horizontal drehbare Knebel des Kursgebers der Rudermaschine für Drehungen um die Hochachse angebracht, womit Kursänderungen nach back- bzw. steuerbord veranlaßt werden konnten. Auch dieser Geber sprang, wie bei Punkt 9 angegeben, nach der Betätigung und dem Loslassen wieder in die mittlere Nullstellung zurück. Durch diese Betätigungsweise konnten Bewegungen um die Hoch- und die Querachse feinfühlig veranlaßt werden, was besonders beim Zielanflug des Gespannes notwendig war.

13. Unterhalb des backbordseitigen Seitenruderpedales waren die mit dem Fuß zu betätigenden Leistungshebel für die beiden Ju-88-Triebwerke angeordnet, deren Bewegungen über die einzigen mechanischen Verbindungen beider Flugzeuge übertragen wurden.

Mit dieser in 13 Punkten zusammengefaßten Zusatzausrüstung des Me-109-Leitflugzeuges war es dem Piloten des Mistel-Gespannes möglich, mit der Flugzeugkombination zu starten, gegebenenfalls einem Pfadfinderflugzeug in den Zielraum zu folgen, den feinfühlig steuerbaren Ziel- und Bahnneigungsanflug durchzuführen, den Sprengstoffträger Ju 88 auf die automatische Kurssteuerung umzuschalten und sich mit der Me 109 vom Träger abzusprengen. Während die Ju 88 als »Großbombe«, wie sie anfangs von Holzbaur und bei Junkers genannt wurde, kursstabilisiert auf das Ziel zuflog, zog die Me 109 vom Zielgebiet weg, um auf schnellstem Wege zum Einsatz- oder einem Ausweichflugplatz zurückzukehren. Für die Übermittlung der zahlreichen Betriebs- und Kommandowerte waren dicke Kabelstränge zwischen beiden Flugzeugen mehr oder weniger provisorisch installiert worden. Außer den schon erwähnten beiden mechanischen Gashebelverbindungen erfolgte die Luftschraubenverstellung, die Kühlerklappenverstellung, die Fahrwerk- und Landeklappenbetätigung der Ju 88 über ein elektrisch-hydraulisches System und die Betätigung der Höhen- und Seitenruder über die Rudermaschinen der Kurssteuerung. Die Radbremsen fehlten bei der »scharfen« Mistel, da ihre Betätigung einen zu hohen konstruktiven Aufwand bedeutet hätte. Beim Rollen zum Start wurde ein Mistel-Gespann deswegen auch geschleppt. Überführungsflüge wurden ohne Gefechtskopf mit Normalkabine durchgeführt. Die Hohlladung wurde erst vor dem Einsatz montiert. Bei einer notwendigen Landung wegen eines technischen Defektes während eines Einsatzfluges mußte die Ju 88 abgesprengt werden und ging verloren. Der Pilot konnte nur das Führungsflugzeug retten.

Eine normale Ju 88 hatte ein maximales Startgewicht von 13 t. Eine voll betankte Mistel mit Sprengkopf wog über 20 t. Mit diesem Gewicht hätte eine Landung ohnehin nicht durchgeführt werden können, da das notwendige stärkere Fahrwerk mit größeren oder sogar Zwillingsreifen keinen Platz in den Fahrwerkschächten gefunden hätte. Wegen der hohen Belastung war das Fahrwerk der Mistel ein schwacher Punkt, und jeder Start bedeutete ein größeres Risiko.

Bei den Schulgespannen waren die Verhältnisse anders, da der tonnenschwere Gefechtskopf fehlte. Das Gewicht der Ju 88 mit aufgesetztem Leitflugzeug entsprach hier etwa jenem mit voller Bombenlast. Die Ju 88 einer Schul-Mistel war äußerlich unverändert. Der Schüler mußte sowohl das Bomben- als auch das Jagdflugzeug einzeln sicher fliegen können. Die Ju 88 besaß noch die normale Kanzel, aber alle Zusatzeinbauten, die für den Mistel-Einsatz notwendig waren. Damit konnte der »obere Pilot«, also der Schüler, die Mistel alleine fliegen. In der Ju-88-Kanzel saß der Lehrpilot und konnte jederzeit eingreifen, wenn der Schüler im Leitflugzeug einen Fehler machte. Die Landung des Schulgespannes führte auf jeden Fall der Lehrpilot durch.[3]

Allgemein ist noch festzuhalten, daß ein Mistel-Gespann wegen der Betätigung der Höhen- und Seitenruder über die Rudermaschinen einer Kurssteuerung verhältnismäßig träge reagierte. Deshalb war ein Fliegen im engen Verband nicht möglich. Auch beim Start war höchste Aufmerksamkeit notwendig, da die normale Ju 88 bei einer bestimmten Stelle des Startweges dazu neigte, nach links auszubrechen. Beim Start mußte also unbedingt vermieden werden, von der Betonbahn abzukommen und auf holperigen Rasen oder sonstige Hindernisse zu gelangen, was ein Abbrechen des Fahrwerkes bedeutet hätte. Erschwerend kam noch hinzu, daß dem Piloten in seiner 4,5 m hohen schwankenden Leitflugzeugkanzel, besonders bei der Schul-Mistel mit dem voluminösen Fw-190-Motor, die Sicht nach vorne versperrt war, bis sich das Spornrad der Ju 88 beim Start vom Boden abhob.

Die Neigung zum Ausbrechen war nicht nur eine Eigenschaft der Ju 88 allein, sondern ergab sich auch durch die schwere, sehr weit oberhalb des gemeinsamen Gespannschwerpunktes liegende Leitflugzeugluftschraube. Die durch sie hervorgerufene Kreiselwirkung veranlaßte beim Start, besonders in dem Augenblick, wenn das Rumpfende der Ju 88 vom Boden abhob, eine Präzessionskraft, die ebenfalls ein Ausbrechen des Gespannes einleiten konnte. Diese Eigenschaften der Mistel-Gespanne forderten bei der Pilotenschulung auch einige Todesopfer.[3]

Um den eigentlichen Zielvorgang zu verstehen, ist noch etwas näher auf das Junkers-Anschütz-Kreiselvisier einzugehen. Hier waren zwei Einflüsse auf den Zielvorgang zu unterscheiden. Einerseits konnte der Wind und andererseits eine eventuelle Eigenbewegung des Zieles wirksam werden – oder beide Einflüsse gleichzeitig. Um einen vorgegebenen Kurs, hier den »Raumkurs« der Ju 88, zu erfliegen, mußte der Seitenwindeinfluß durch den sogenannten Luvwinkel ausgeglichen werden, was der Pilot automatisch beim Zielanflug mit der Handsteuerung tat. Siehe auch Kapitel 16.4.3.2.

Visierte der Pilot beim Zielanflug durch das zunächst noch starr mit der Me-109-bzw. Gespannlängsachse fluchtende Visier das Ziel an, änderte er den bisherigen Anflugkurs in den Zielraum zum Zielanflugkurs, gegebenenfalls unter Einschluß des Luvwinkels. In der Optik des Visieres war ein beleuchteter Visierkreis eingeblendet, der im starren Zustand (Punkt 3 »Kreisel fest«) von einem Fadenkreuz in vier gleiche Quadranten unterteilt war. Die optischen Elemente des Strahlenganges für den beleuchteten Visierkreis waren von den Präzessionsbewegungen eines kardanisch gelagerten Kreisels (Höhe, Seite) im entfesselten Zustand (Punkt 3 »Kreisel frei«) beeinflußt, was bei einem bewegten Ziel entsprechende Bedeutung hatte und noch beschrieben wird.

Zunächst soll der einfachere Zielanflug auf ein festes Ziel betrachtet werden. Hier war der Anflug mit dem festen Visier im Bahnneigungsflug von etwa 30° bei einer sich einstellenden Geschwindigkeit von etwa 650 km/h einzuleiten. Das Zielobjekt mußte dabei unter Einschluß des Luvwinkels sowohl im Fadenkreuzschnittpunkt als auch damit automatisch in Visierkreismitte einlaufen, womit die Visierlinie und der Raumkurs des Sprengstoffträgers Ju 88 identisch waren. Bis zum Absprengen mußte der Pilot diesen Zustand mit den beiden Kursgebern (Punkt 9 und 12) über die Rudermaschinen der Ju 88 von Hand steuern. Die Umschaltung auf Kurssteuerung (Punkt 2) wurde kurz vor dem Absprengen der Me 109 (Punkt 6 und 8) veranlaßt, wodurch die Ju 88 mit dem eingesteuerten Kurs automatisch auf das Ziel zuflog. Die Trennung beider Flugzeuge wurde – je nach Situation – 2000 bis 1000 m vom Ziel entfernt vorgenommen.

Bei den Flugbahnvermessungen 1943 in Peenemünde-West hatte man mit der Kurssteuerung auf feste Ziele eine mittlere Treffgenauigkeit von ± 6 m bei 1000 m Entfernung und ± 12 m bei 2000 m Entfernung ermittelt.[3, 7]

Bei einem bewegten Ziel erfolgte der Zielanflug zunächst so wie bei einem feststehenden Ziel. Zusätzlich war hier aber noch ein entsprechender Vorhaltewinkel zu berücksichtigen. Wie und womit dieser von der Zielgeschwindigkeit und der Zielentfernung abhängige »Vorhalt« ermittelt wurde, sollen die folgenden Ausführungen prinzipiell aufzeigen. Wenn das Ziel mit dem Visierkreis und der Fadenkreuzmitte in Deckung war, was für diesen Fall etwa bei 4000 bis 3500 m Zielentfernung geschehen mußte, wurde der Schalter »Kreisel frei« (Punkt 3) betätigt. Hierbei trennte der Pilot den Visierkreis und damit die Visierlinie von dem mit dem Visier und der Gespannlängsachse fest verbundenen Fadenkreuz mechanisch und optisch. Er überließ damit ihre Richtung im Raum mit Hilfe entsprechender optischer Bauelemente bis zum Absprengvorgang der Präzessionsbewegung des schon erwähnten Kreisels.

Da das Ziel einer Bewegung unterworfen war, wanderte es aus der im Augenblick der Kreiselentfesselung noch gegebenen Deckung: Visierlinie – Ziel aus. Sobald der Pilot im Leitflugzeug mit den Schaltern der Handsteuerung begann, mit Hilfe des Fadenkreuzes das Ziel wieder »einzufangen«, war die Drallachse des Visierkreisels, da sie im Gesamtauftriebschwerpunkt des Gespannes lag, durch die Steuerbewegungen, besonders um die Hochachse des Flugzeuges, Kipp- bzw. Störmomenten unterworfen. Die aus dem entfesselten Zustand resultierende Präzessionsbewegung des Kreiselgehäuses konnte z. B. einen mit diesem in Verbindung stehenden Planspiegel durch entsprechende Übertragungselemente nach allen Seiten bewegen. Für den Anwendungsfall bei Erdzielen kam besonders die horizontale Ebene in Betracht. Sofern man dafür sorgte, daß der Strahlengang des eingespiegelten Visierkreises über diesen Spiegel ging und dem Ziel bewegungskonform folgen konnte, begann er, nach den ersten, dem auswandernden Ziel nachführenden Ruderbewegungen des Piloten der Richtung des entweichenden Zieles zu folgen und über dessen wirkliche Lage hinaus zu wandern. Gleichzeitig bewegte sich das mit der Gespannlängsachse fluchtende und fest in die Visieroptik eingebaute Fadenkreuz durch die Ruderlegung des Piloten in Richtung des vorauseilenden, beleuchteten Visierkreises (siehe auch Kapitel 16.4.2.1.).

Da die Kreiselpräzessionskräfte gegen eine den Kreisel im Ruhezustand in Ausgangsstellung fixierende Feder arbeiten mußten, kam die Präzessionsbewegung beim Gleichgewicht der Kräfte zur Ruhe. Die Größe des Präzessionsmomentes eines Kreisels, und damit die das Moment verursachende Präzessionskraft, ist von der Präzessionsgeschwindigkeit abhängig. Wenn das Ziel schnell aus dem Gesichtskreis des Visiers auswanderte, mußte der Pilot auch eine ihm folgende größere Ruderbewegung einleiten, die eine schnellere Lagenänderung der Kreiselachsen zur Folge hatte. Dementsprechend größer wurde die Präzessionskraft und der gegen die Fixierfeder gerichtete Präzessionsweg. Dieser wiederum veranlaßte ein stärkeres Auswandern des beleuchteten Visierkreises mit eingeblendetem Ziel, dem der Flugzeugführer mit dem Fadenkreuz so lange folgen mußte, bis er das Ziel in seinem Kreuzungspunkt hatte.

Aus dem geschilderten Vorgang ist ersichtlich, daß der Kreisel dem Visierkreis einen der Zielgeschwindigkeit entsprechenden »Vorhalt« gab, dem der Flugzeugführer mit der dem Fadenkreuz zugeordneten Gespannlängsachse folgen mußte, bis beide wieder in Deckung waren. Danach bestand die Aufgabe des Piloten darin, diesen Zustand bis zum Absprengen mit möglichst großer Genauigkeit zu erhalten. Nach dem Absprengen flog der Sprengstoffträger auf dem der Ziellinie entsprechenden Kollisionskurs mit Hilfe der Kurssteuerung dem Ziel entgegen. Die automatische optische Ermittlung des Vorhaltewertes war für die Mistel-Flugzeuge aufgrund des begrenzten Kreisel-Präzessionsweges natürlich nur für einen entsprechenden Zielentfernungsbereich gegeben und lag bei 1000 bis 1500 m.[3, 7] Insgesamt wurden mehr als 250 Misteln verschiedener Ausführungen gebaut. In den letzten Kriegswochen kamen zu den schon in diesem Kapitel genannten Ausführungen weitere Mistel-Kombinationen hinzu. So z. B.:

Ju 88 G-7/Ta 152H
Ta 154/Fw 190
Ar 234/Fi 103
Do 217K/DFS 288
Si 204/Lippisch DM-1

Außerdem war noch ein Fernpfadfinder Ju 88H-4/Fw 190A-8 geplant, wobei die untere Komponente Zusatztanks, ein Funkmeßgerät im cm-Bereich und eine dreiköpfige Besatzung besaß, während das obere Flugzeug als Begleitschutzjäger fungieren sollte.

Bei diesen Gespannen und der schon genannten Mistel IIIc bestanden die unteren Komponenten – also die Sprengstoffträger – nicht mehr aus »alten« Fluggeräten, sondern aus neuen Seriengeräten.

15.3. Erprobung

Nach Schilderung der Entstehungs- und Entwicklungsgeschichte der Huckepack- bzw. Mistel-Flugzeuggespanne soll noch auf deren Erprobung eingegangen werden. In diesem Zusammenhang sind einige Vorgänge bemerkenswert. Der Schwerpunkt der Erprobungen konzentrierte sich einerseits auf die Wirkung des Hohlladungs-Sprengkopfes und andererseits auf die Flug- und Zielanflugeigenschaften des Gespannes. Beides fand an verschiedenen Orten, auch unter Einschluß der E-Stelle Peenemünde-West bzw. Karlshagen statt.

Ende 1943 ließ General-Ingenieur Marquardt, unabhängig von den Arbeiten bei Junkers, durch Spezialisten der E-Stelle Rechlin einige statische Wirkungsversuche mit dem HL-Sprengkopf durchführen. Als Versuchsobjekt diente das französische Schlachtschiff »L'Ocean«, das vor dem Kriegshafen Toulon von den Franzosen 1942 auf Grund gesetzt worden war. Die fast 4 t schwere und mit einem Durchmesser von 2 m ausgestattete Hohlladung wurde an der seitlichen Panzerwand eines Geschützturmes angebracht. Bei Zündung der Ladung durchschlug sie den 10 cm dicken Stahl der Panzerung, drang durch die gleich starke gegenüberliegende Wand und durchschlug auch die beiden Wände des benachbarten Geschützturmes.[7]

Ein weiterer Versuch wurde später mit einem im Zielanflug eingesteuerten Mistel-Gespann Me 109/Ju 88 an gleicher Stelle durchgeführt. Anschließend fanden noch weitere statische Versuche in Ostpreußen an Eisenbetonkonstruktionen statt, wobei Dicken von 18 m durchschlagen wurden.[2,7] Nach diesen eindrucksvollen Demonstrationen mit den für die Sprengstoffträger vorgesehen HL-Sprengköpfen wurde deren beschleunigte Produktion in Auftrag gegeben.

Für die Montage der zu erprobenden Mistel-Gespanne hatte man in Peenemünde-West schon im Spätsommer 1943 die Reins-Halle bzw. Halle W1 zur Verfügung gestellt. Sie wurde zum Rollfeld hin zusätzlich aus Geheimhaltungsgründen mit einem hohen Holzzaun abgeschirmt. Nachdem man zunächst – wie schon geschildert – die Zielgenauigkeit mit Hilfe der optischen Meßbasis bei den Zielanflügen in Peenemünde vermessen hatte, begannen Anfang 1944 die eigentlichen Erprobungsflüge mit »scharfen« Mistel-Gespannen.

An einem diesigen, naßkalten Februartag des Jahres 1944 wollte Siegfried Holzbaur erstmals von Peenemünde mit einer »scharfen« Mistel starten. Eine Zugmaschine zog das noch am Abend des Vortages mit dem Sprengkopf versehene Gespann aus der Halle W1 zum Startplatz. Die beiden Kampfflieger General Peltz und Oberst Baumbach waren anwesend und interessierten sich besonders für den einwandfreien Start der neuen Waffe, der auch gut gelang. Erst danach bestiegen sie die als Begleitflugzeug vorgesehene Ju 88, um dem Mistel-Gespann mit weiteren Beobachtungsflugzeugen zu folgen.[2,7]

Als Zielgebiet hatte man die dänische Insel Möen ausgesucht, die seinerzeit unter deutscher Besatzung stand. Als eigentliches Ziel war der Möens-Klint, ein steil ins Meer abfallender Kreidefelsen von etwa 110 m Höhe, ausgesucht worden, den man zusätzlich mit Zielmarkierungen aus Segeltüchern versehen hatte. Der Junkers-Chefpilot mußte nach dem Start einen nordwestlichen Kurs einschlagen, um zu der etwa 120 km von Peenemünde entfernten dänischen Insel zu gelangen. Dem Kurs folgend, näherte er sich zunächst in stetigem Steigflug bei einwandfrei arbeitenden Motoren und funktionierender Steuerung der südöstlichen Spitze Rügens. Ein schwacher Wind von Nordosten hatte die schleierartigen Nebelwolken über der Ostsee in Bewegung gesetzt, und die Sicht wurde zusehends besser. Plötzlich drückte eine starke Ruderkraft das Gespann mit dem Bug nach unten. Gegensteuern und Drosseln der Motoren konnte diesen Effekt nicht beseitigen. Wie mit festgestellten Rudern ging die Mistel in einen gefährlichen Sturzflug über, direkt auf jene Stelle der Insel Rügen zu, wo sich der Ort Thiessow befand. Nachdem Holzbaur versucht hatte, die Sturzrichtung vom Ort weg zu beeinflussen, mußte er die Absprengung auslösen. Problemlos trennten sich beide Flugzeuge. Von der

weiter stürzenden Ju 88 so wegkurvend, daß er sie weiter im Auge behalten konnte, beobachtete der Pilot ihren Aufschlag – kaum 3 km von den Häusern des Ortes
entfernt. Ein riesiger Rauchpilz stieg zum Himmel, Dächer wurden abgedeckt, und
Scheiben zerbrachen. Vom Sprengstoffträger selbst blieben kaum Überreste, er
hatte sich buchstäblich in nichts aufgelöst. Nachdem von Peenemünde-West die
mit dem Projekt betrauten Experten den Krater der Absturzstelle untersucht hatten, wurde das Gebiet durch Feldgendarmerie hermetisch abgeriegelt.[2, 7]
Den Fehlschlag mit der ersten scharfen Mistel nahm Flugkapitän Holzbaur auf
sein Konto. Er hatte beim Hantieren in dem für seine Statur mit den Zusatzeinbauten recht engen Me-109-Cockpit offensichtlich die Stromversorgung für die Ju-
88-Steuerung unbeabsichtigt ausgeschaltet. Aus Geheimhaltungsgründen wurde
zu einem makaberen Trick gegriffen. Auf dem Karlshagener Friedhof wurden drei
Tage später in einer Trauerfeier vier durch Sandsäcke beschwerte Särge mit militärischen Ehren beigesetzt, um den Absturz eines normalen bemannten Kampfflugzeuges vorzutäuschen.
Ein weiterer scharfer Mistel-Start erfolgte erst etwa drei Monate später, am
31. Mai 1944. Wie beim ersten Start flogen das Mistel-Gespann – diesmal aus Ju 88
und einer Fw 190 bestehend – und eine Begleit-Ju-88 nach dem Start von Peenemünde über die Insel Rügen hinweg und nahmen Kurs auf die Insel Möen. Vor
dem Möens-Klint flog das Begleitflugzeug voraus und seitlich an der Zielwand
vorbei. Kurz danach tauchte aus dem Dunst eine weitere Ju 88 mit dem schon beschriebenen charakteristischen Zünderrüssel im Bahnneigungsflug auf und flog
schnurgerade auf die Felswand zu. Hoch über dem Ziel flog die Fw 190 mit Holzbaur im Cockpit. Nur noch 50 m trennten die Ju 88 von der Felswand. Wenig später krachte sie mit voller Wucht gegen den Kreidefelsen. Eine grelle Stichflamme
blitzte aus der Aufschlagstelle heraus, eine ungeheure Explosion erschütterte die
Luft, und Gesteinsbrocken wurden aus dem Explosionsherd wie Geschosse herausgeschleudert. Langsam breitete sich eine Rauchwolke von mehreren hundert
Metern Höhe über der Aufschlagstelle aus. Die Bewohner der Insel hatten zwar
die starke Explosion gehört, konnten sich aber deren Bedeutung nicht erklären.
Über den ganzen Vorgang senkte sich wieder der Schleier der Geheimhaltung.[2]
Die Trennung beider Flugzeuge sollte bei diesem zweiten Versuch etwa 2000 m vor
dem Ziel erfolgen. Holzbaur löste sich mit seiner Fw 190 aber schon 4000 m vor
dem Ziel, wobei sich eine seitliche Ablage von 100 m und eine vertikale Ablage
von 40 m ergeben hatte.[7]
Die ganzen Vorgänge auf der Insel Möen, die kurzzeitige Teilräumung um den
Zielpunkt, die Anbringung der Zielmarkierungen und die Explosion, sind natürlich von Spionen nicht unbemerkt geblieben, und ergänzend kamen noch die Meldungen von alliierten Jäger- und Aufklärungspiloten hinzu. Prompt sah sich auch
die britische Admiralität am 10. Juni 1944 veranlaßt, eindringlich vor »Mistel«-
Flugzeugen zu warnen, deren Ziele wahrscheinlich »heavy ships« – also schwere
Schiffseinheiten – sein dürften. Mit dieser Vermutung sollten die Engländer nicht
unrecht haben, wie wir im nächsten Kapitel noch sehen werden.[7]

15.4. Einsatz

Da im Mai 1944 die ersten beiden Prototypen von Mistel-Gespannen zur Verfügung standen, konnte die Schulung der Flugzeugführer bei der 2./KG 101 beginnen. Jeder Pilot hatte zehn Flüge im Leitflugzeug zu absolvieren, bei denen das untere Trägerflugzeug mit einer Besatzung bemannt war, die auch die Landung des Gespannes durchführte. Abschließend mußte der Schüler drei Starts durchführen, wobei er sich in der Luft von dem immer noch mit einer Besatzung fliegenden Trägerflugzeug absprengen mußte. Anschließend landeten beide Flugzeuge getrennt. Die Fertigung der ersten Serie von 15 Mistel-Gespannen, die ausschließlich aus Me 109 und Ju 88 bestanden, machte gute Fortschritte. Die ersten Einsatzflugzeuge sollten im Juni 1944 bereitstehen.[2, 3]

Auch die theoretische Bearbeitung der ersten Einsatzflüge der neuen Waffe im Generalstab der Luftwaffe zeitigte die ersten Erfolge. Am 16. April 1944 lag eine Denkschrift über den ersten Einsatz vor. Laut diesem streng geheimen Plan waren zunächst Angriffe auf drei wichtige Ziele vorgesehen: der britische Stützpunkt Gibraltar, die russische Stadt Leningrad und der englische Flottenstützpunkt Scapa Flow. Bei der Durcharbeitung der einzelnen Einsätze traten aber auch Probleme zutage. So betrug die Entfernung vom französischen Absprunghafen bis zum britischen Mittelmeerstützpunkt über 1300 km. Hier hätte es trotz äußerster Beladung beider Flugzeuge mit Treibstoff Schwierigkeiten beim Rückflug des Leitflugzeuges gegeben, so daß eine Landung auf neutralem spanischem Gebiet unumgänglich geworden wäre. Die sich daraus ergebenden diplomatischen Verwicklungen wollte Hitler aber unbedingt vermeiden. Die Bombardierung von wichtigen Schiffen im Hafen von Leningrad versprach bei näherer Prüfung auch keinen Erfolg, da sich das Gros der russischen Kriegs- und Versorgungsflotte in diesem Raum nicht mehr aufhielt.

Vom April-Plan des Luftwaffengeneralstabes blieb also nur das Ziel des britischen Flottenstützpunktes im Norden der Insel. Hier boten sich lohnende Ziele in Form großer Flugzeugträger und Schlachtschiffe. Besonders in den Monaten Juni und Juli 1944 herrschte in der Bucht von Scapa Flow ein reger Schiffsverkehr. Sofern die deutsche Luftwaffe wartete, bis der Kriegshafen mit Schiffen voll belegt war, mußte bei einem Mistel-Angriff fast jeder »Schuß« ein Treffer werden. Beim Scapa-Flow-Unternehmen hatte die Planung von vornherein davon auszugehen, daß den Angreifern wegen der großen Entfernung kein Schutz durch Begleitjäger gestellt werden konnte. Die Jägerflugplätze, z. B. von Stavanga-Sola und Stavanga-Fores in Norwegen, waren zu weit vom Zielort entfernt, um den Angreifern einen wirksamen Schutz zu bieten, auch wenn man die Jagdflugzeuge mit Zusatztanks ausgerüstet hätte. Aufgrund dieser Umstände wurde eine andere Angriffstaktik durchdacht, die davon ausging, daß die Misteln bei Nacht oder schlechtem Wetter am Zielort ankommen sollten. Da aber gute Sicht zum Zielen für die Hohlladungsflugzeuge eine wichtige Voraussetzung war, konnte dieser Weg auch nicht beschritten werden. Nach weiteren Vorschlägen einigten sich die zuständigen Stellen schließlich darauf, den Angriff in der Abenddämmerung durchzuführen, wobei die Leitflugzeuge den Rückflug im Schutze der Dunkelheit durchführen konnten. In Abwehrkämpfe durften sie sich wegen der Treibstoffknappheit sowieso nicht einlassen. Als Absprunghafen der Gespanne sollte der norddänische Flughafen

Grove dienen. Aus diesem Grunde wurde sofort ein Vorkommando nach dort verlegt.

Dieser Plan, wobei erstmals in der Kriegsgeschichte eine derartige Waffe eingesetzt werden sollte, baute auf dem Überraschungseffekt auf. Der Angriff mußte blitzschnell erfolgen, ehe die feindliche Abwehr wirksam aktiv werden konnte. Daß starke Verteidigungskräfte auf den Flugplätzen zwischen dem Firth of Forth und dem nördlichen Schottland mit etwa 160 bis 200 Jagdflugzeugen aller Typen und ein Gürtel von Funkmeß- bzw. Radarstationen vorhanden waren, davon ging die deutsche Luftwaffenführung aus. Um den Plan gelingen zu lassen, mußten drei wichtige Voraussetzungen erfüllt werden. Zunächst hatten Luftaufklärung und geheimer Nachrichtendienst herauszufinden, auf welchen Positionen lohnende Ziele lagen. Ein herumsuchender Angreifer hätte der feindlichen Boden- und Luftabwehr Gelegenheit zum wirksamen Eingreifen gegeben. Die Piloten sollten Luftaufnahmen erhalten, auf denen für jedes Mistel-Gespann das Zielobjekt markiert war, damit es auf Anhieb erkannt und angegriffen werden konnte. Weiterhin mußte, solange es eben ging, verhindert werden, daß die britischen Radargeräte die anfliegenden Flugzeuge orten konnten. Das bedeutete, so tief wie irgend möglich die Nordsee zu überqueren, damit die Flugzeuge erst spät ein Signal auf den Radarschirmen ergaben. Als dritte Voraussetzung war haargenaue Navigation erforderlich. Um hier keine Panne zu erleben, griff man auf die Funksendeboje »Schwan-See« (FuG 302) zurück. Das war ein in Bombenform konstruierter, abwerfbarer Sender, der nach dem Abwurf über dem Wasser automatisch seine Antenne ausfuhr und dicht unter der Wasseroberfläche schwamm. Die abgestrahlte Kennung konnte ein in 300 m Höhe über See fliegendes Flugzeug ab einer Entfernung von 100 km anpeilen. Diese Funkbojen sollten vor dem geplanten Angriff von Kampfflugzeugen in einer Kurskette abgeworfen werden, womit für die Mistel-Flugzeuge eine lückenlose Navigationshilfe für den Hin- und Rückflug gegeben war.

Die Schulung der Mistel-Piloten, die meist von der Kampffliegerei kamen und dadurch fast alle eine Blindflugausbildung besaßen, ergab hier keine Schwierigkeiten. Auch war den meisten von ihren Englandeinsätzen das Fliegen nach Navigationshilfen nichts Neues.[2, 9]

Ehe aber der Plan zum Angriff auf Scapa Flow in seiner Vorbereitung abgeschlossen war, kam es zum wirklich ersten Einsatz von Mistel-Gespannen, den die Landung der alliierten Streitkräfte an der Nordküste Frankreichs am 6. Juni 1944 auslöste. Durchgeführt wurde der Angriff von jener Einheit, die bei dem schon erwähnten Wirkungsversuch mit der Hohlladung einen Mistel-Abwurf auf das französische Schlachtschiff »L'Ocean« vom Flugplatz Istres aus geflogen hatte. Es handelte sich um die 2./KG 101.[2, 3] Die Mistel-Staffel hatte zwischenzeitlich von Istres nach St. Dizier verlegt, wo sie mit fünf scharfen Mistel-Gespannen lag. Hier erreichte sie der Einsatzbefehl zu einem Angriff auf die Invasionsflotte, der in der Nacht vom 24./25. Juni 1944 durchgeführt wurde, wobei sich ein Leitflugzeug auf dem Hinflug von seiner Ju 88 absprengen mußte. Die vier restlichen Misteln erreichten das Zielgebiet.[3] Im Tiefflug flogen die Flugzeuge südlich an Paris vorbei, während am westlichen Horizont die Sonne blutrot am dunstigen Horizont versank. Vier Fw-190-Begleitjäger hatten sich den verbliebenen vier Misteln zugesellt, die jetzt hinter ihnen herflogen und gegebenenfalls Schutz bei feindlichen Jägerangriffen geben sollten. Hinter dem Verband versank Paris im Dunst und der sich ausbreitenden Dämmerung. Über der Stadt Dreux änderten die Flugzeuge befehlsgemäß den Kurs nach Nordwesten. Aus unerfindlichen Gründen verabschiedeten sich hier die Jäger durch Überholen ihrer Schutzbefohlenen; sie drehten auf Gegenkurs ein und flogen mit wackelnden Tragflächen über sie hinweg. Die Mistel-Piloten waren jetzt auf sich allein gestellt. Sie flogen dicht über dem Land weiter, bis sich voraus die ersten Anzeichen der Landungsfront andeuteten. Rasch näher kommend, sah es so aus, als ob ein Feuerwerk gigantischen Ausmaßes dort abgebrannt würde. Der Verbandsführer gab über die Bord-zu-Bord-Sprechverbindung seinen drei Kameraden durch: »In fünf Minuten steigen wir auf Angriffshöhe.« Nach Ablauf der Zeit gingen alle vier Flugzeuge auf Höhe. Noch blieb alles ruhig, auch feindliche Jäger tauchten nicht auf, gegen die sie sich ohnehin nicht hätten wehren können. Wieder war die Stimme des Verbandsführers zu hören: »Nehmt euch den ersten besten Pott vor, dann Abschuß, und nichts wie weg. Aber vergeßt nicht das genaue Zielen!« Nachdem sie den südöstlichen Rand des Feuerkessels überflogen hatten, kam die Küste schnell näher. Vor den Angreifern lag die große Masse der Invasionsflotte.

Der Führer des kleinen Verbandes hatte sich einen großen Frachter ausgesucht, der aus der Masse der übrigen Schiffe herausragte. Er lag links vom augenblicklichen Kurs. Nach entsprechender Korrektur in Seite und Höhe lief er in den beleuchteten Kreis des Reflexvisieres und in Fadenkreuzmitte ein. Die drei anderen Mistel-Flieger hatten sich Kriegsschiffe ausgesucht und anvisiert. Auf dem Land und vom Wasser her waren die Angreifer jetzt entdeckt worden, und Flakfeuer setzte ein. Jäger traten immer noch nicht auf den Plan. Ihre Mistel-Flugzeuge fest auf Kurs haltend, schoben sich die vier Piloten näher an ihre Ziele heran. Fast gleichzeitig betätigten sie die Sprengsätze. Mit einem Ruck schossen die freiwerdenden Me-109-Jäger in die Höhe, während die Ju 88 mit den Hohlladungen von der Kurssteuerung auf ihr Ziel geführt wurden. Die Gegner erkannten die Gefahr und schossen auf die heranrasenden Sprengstoffträger. Ein Abschuß wurde aber nicht erzielt. Die mit ihrem Jagdflugzeug freigekommenen Piloten rissen ihre Flugzeuge nach Westen herum, drückten sie auf geringe Höhe herunter und jagten noch ein Stück die Küste entlang, um dann nach Süden abzudrehen. Zuvor hatten sie noch beobachtet, wie ihre Sprengflugzeuge in die anvisierten Ziele einschlugen und dort heftige Explosionen hervorriefen. Der Rückflug in der Nacht war für die erfahrenen Piloten nur noch eine Formsache. Sie landeten wieder wohlbehalten in St. Dizier.[2, 3]

Nach Abschuß der vorhandenen Sprengflugzeuge setzte das große Warten ein. Trotz der Bemühungen, die von den führenden Offizieren unternommen wurden, war kein Nachschub an Sprengflugzeugen zu erhalten. Außer leeren Versprechungen tat sich nichts. Scheinbar war die kleine Mistel-Staffel im allgemeinen großen Kriegsgeschehen bei der deutschen Führung in Vergessenheit geraten. Das war in Wirklichkeit aber nicht der Fall. Im Gegenteil, in Berlin träumte man davon, mit einem Masseneinsatz von Sprengflugzeugen und anderen neuen Waffensystemen den Ausgang des Krieges trotz der ganzen mißlichen Lage doch noch, buchstäblich in letzter Minute, zugunsten des Reiches beeinflussen zu können.

Nach dem Mistel-Einsatz in der Normandie wandte man sich wieder dem Projekt Scapa Flow zu. Als erste Maßnahme wurde die Verlegung der Einheit in St. Dizier nach Dänemark zur deutschen Luftwaffenbasis Grove befohlen. Danach begann die Schulung und Vorbereitung der Piloten auf die bevorstehende Aufgabe sehr ernst und präzise. Im August 1944 bildete die 2./KG 101 den Grundstock für die erste Mistel-Gruppe, die III./KG 66. Anfang November wurde die Gruppe neu zur II./KG 200 umgebildet, die aus drei Staffeln bestand. Die 5. (Bel.) KG 200 war mit Ju 88S, Ju 188A und Ju 188E ausgestattet und sollte Beleuchtereinsätze für die Mistel I und die Mistel III der 6./KG 200 fliegen. Die 7./KG 200 war Ergänzungs- und Ausbildungsstaffel für die Gruppe.[3] Man konnte davon ausgehen, daß der Einsatz mit großer Sicherheit ein Erfolg geworden wäre, wenn – ja wenn die Engländer nicht vorher einen entscheidenden Erfolg errungen hätten, der auch auf das Projekt Scapa Flow seine Auswirkung hatte.

Das deutsche Schlachtschiff »Tirpitz« hatte bis zum November 1944, in einem norwegischen Fjord versteckt liegend, eine Reihe von variantenreichen Angriffen unversehrt überstanden. Auch wenn dieses Großkampfschiff nicht im Einsatz war, band es eine ganze Armada von englischen Kriegsschiffen, die jederzeit bereit sein mußten, ihm bei eventuellen Operationen entgegentreten zu können. Diese feindlichen Schiffseinheiten mußten sich also im Großraum des »Tirpitz«-Liegeplatzes aufhalten. Als Flottenbasis für diese gebundenen englischen Schiffe spielte Scapa Flow eine entscheidende Rolle und war demzufolge auch stark belegt. Um diese Situation zu ändern, setzten die Engländer die legendäre RAF-Squadron 617 mit ihren »Tallboy«-Superbomben (6 t) ein.

Am 11. November 1944 griff diese englische Einheit mit viermotorigen Lancasterbombern, die mit einem speziellen Bombenzielgerät für Punktziele ausgerüstet waren, den deutschen Schiffsgiganten an. Sie erzielten mit den Großbomben drei Treffer. Obwohl kein Kriegsschiff bisher derartige Treffer erhalten hatte, wäre das nicht das Ende der »Tirpitz« gewesen. Die endgültige Vernichtung verursachten die vielen weiteren Bomben, die dicht an der Bordwand einschlugen und sie so aufrissen, daß die eindringenden Wassermassen nicht mehr gestoppt werden konnten. Das Schiff kenterte und versank mit dem Kiel nach oben.[2]

Dieser Vorgang hatte zur Folge, daß die in Scapa Flow liegenden englischen Marineeinheiten nach und nach abgezogen wurden. Wie die deutsche Luftaufklärung feststellte, lichtete sich die Ansammlung zusehends, so daß ein Angriff auf die kleineren verbliebenen Einheiten sich nicht mehr lohnte. Die deutsche Luftwaffenführung brach den Plan ab, und das große Warten der Mistel-Einheiten begann von neuem, ohne daß sie den eigentlichen Grund wußten. Wieder breitete sich in der Truppe die Meinung aus, daß sie mit ihren Sprengflugzeugen abgeschrieben war. Aber auch diesmal täuschte dieser Eindruck.

Nachdem die Engländer, wie schon erwähnt, mit ihren Angriffen auf Punktziele an der Möhne- und der Edertalsperre demonstriert hatten, daß mit geringem Aufwand an Personal und Flugzeugen und einer Spezialwaffe riesiger Schaden angerichtet werden konnte, begann sich auch bei der deutschen Luftwaffenführung ein ähnlicher Plan durchzusetzen. Schon 1943 hatte Professor Steinmann vom RLM vorgeschlagen, in der UdSSR strategische Schwerpunktziele zu bekämpfen. Unter dem Decknamen »Eisenhammer« sollten besonders Kraftwerke angegriffen werden. Der Plan ging davon aus, daß die Sowjets seinerzeit noch keine eigene Fertigung von Dampf- bzw. Wasserturbinen besaßen, sondern nur ein Reparaturwerk in Leningrad, das beschädigt sei und stilliege. Außerdem hätten sie kein elektrisches Verbundnetz, sondern nur einzelne Energiezentren, wobei zwei kleinere im

Ural und im Fernen Osten lagen und das wichtigste – mit 75 % der Gesamtkapazität – um Moskau vereinigt war. Wären nur Zweidrittel der Turbinen ausgefallen, wäre diese Industrieregion praktisch lahmgelegt gewesen. Der Plan »Eisenhammer« sah außerdem noch Angriffe auf die Kraftwerke im Raum Gorki und auf andere neuralgische Punkte wie Umspannwerke, Überlandleitungen und die dazugehörigen Staudämme vor.[3]

Inzwischen waren weitere Mistel-Verbände wie die I. und die II. Gruppe des KG 30 einsatzklar und als Gefechtsverband »Helbig« dem KG 200 unterstellt worden. Der Angriff auf Moskau und Gorki sollte außerdem durch zwei Gruppen des KG 30 mit Ju 88 A4, fünf Gruppen des KG 4 und 55 mit He 111H-6 und He 111H-16 und der III./KG 100 mit Do 217 und FritzX-Fernlenkbomben durchgeführt werden. Auch an den Einsatz der »S-Bo« (Sägerbombe) zum Kappen der Überlandleitungen war gedacht worden. Zur fliegerischen Ausführung des Planes »Eisenhammer« waren 100 Mistel-Flugzeugführer notwendig, die aus den Geschwadern LG 1, KG 6, KG 30 und KG 200 ausgesucht wurden. Ergänzend kamen noch 150 Pfadfinder mit Ju 88, He 111, Ju 188, Do 217, Ju 90 und Ju 290 aus dem KG 66, dem KG 200 und weiteren Fernaufklärungsverbänden hinzu. Die Angriffsziele waren etwa zwölf Dampf- bzw. Wasserkraftwerke im Ostbogen um Moskau, darunter Tula, Stalinogorsk, Gorki und das riesige Staubecken bei Rybinsk, nordöstlich von Moskau. Obwohl der Tag des Einsatzes noch nicht bestimmt war, waren die Angriffsabläufe minutiös festgelegt.

Der Start des Unternehmens sollte um 21.30 Uhr erfolgen, der Angriff gegen 7.00 Uhr morgens, wobei eine Flugzeit von 9,5 bis 10 h zu bewältigen war, während der Rückflug mit den Fw 190 nur 4,5 bis 5 h dauerte. Die Landung sollte im Kurlandbrückenkopf erfolgen, dem zum Zeitpunkt der Planung am weitesten östlich gelegenen Raum, der von der deutschen Wehrmacht noch gehalten wurde. Startbasen waren die Flugplätze von Oranienburg, Rostock (Heinkel-Flugplatz), Peenemünde-West, Rechlin-Lärz und drei oder vier weitere, die noch vorgesehen waren. Der Einsatzkurs sollte zunächst zur Verschleierung nach Norden bis Bornholm, dann mit Ostkurs über die Ostsee mit Landeinflug nördlich von Königsberg führen. Der weitere Flug verlief entlang der Rollbahn bis Smolensk. Hier teilten sich die Flugzeugkurse. Die einen Gespanne schwenkten nach Südosten ab (Stalinogorsk, Tula), die übrigen flogen weiter mit Ostkurs in Richtung Gorki. Nordwestlich Moskaus sollten dann die Rybinsk-Angreifer abschwenken. Die Pfadfinder hatten die Kurs-, Wende-, Gabelungs- oder Ablaufpunkte auszuleuchten. Die Ju-90- und die Ju-290-Besatzungen sollten die letzten Ablaufpunkte und Zielmarkierungen übernehmen, da sie ja an lange Fernflüge gewohnt waren. Wegen der großen Entfernungen wurden alle Flugzeuge mit Spezialzusatzbehältern ausgerüstet. Die Fw 190 erhielten je einen 1200-l-Behälter. Die Motoren wurden auf Sparverbrauch eingestellt und sollten zum Freibrennen der Zündkerzen halbstündig für 3 min mit erhöhter Normalleistung laufen. Bis zum Absprengen entnahmen die Fw 190 den Treibstoff aus den Tanks ihrer Ju 88.

Jeder Mistel-Pilot erhielt eine Mappe hervorragender Luftaufnahmen seines Zieles, sogar mit Schrägaufnahmen bei unterschiedlicher Wetterlage, und zusätzlich alle technischen und navigatorischen Unterlagen. Von jedem Ziel gab es Modelle mit von Kunstmalern gemalten »Sommer- und Winterteppichen« des Geländes. Im Kraftwerk Spandau erhielten die Piloten auch eine praktische Einweisung in den

Kraftwerkaufbau. Eine Überlebensausbildung, Vermittlung nötiger Idiome der russischen Sprache, Tips über den Gebrauch des Fallschirms als Notunterkunft, einen Packen Rubel (es soll Falschgeld gewesen sein), Notproviant und eine Einweisung in typisch russische Wetterlagen vervollständigten die Vorbereitungen.

Der Plan »Eisenhammer« soll von der oberen Führung als Teil eines strategischen Gesamtkonzeptes angesehen worden sein, wie sich der Pilot Eckard Dittmann von der II./KG 30 noch nach dem Kriege erinnerte. Man ging davon aus, daß die russischen Streitkräfte durch den dauernden Vormarsch ausgezehrt waren. Demzufolge sollten alle aufgefüllten und mit modernen Waffen ausgerüsteten SS-Divisionen aus dem westlichen Raum Ungarns in einer großangelegten Zangenbewegung nach Norden bis zur Ostsee durchstoßen, um die russische Armee vom Hinterland abzuschneiden, während die Luftwaffe, wie geschildert, die Rüstungsindustrie lahmlegte. In dieser Phase der Verhinderung des russischen Zugriffs auf Mitteleuropa sollte mit dem Westen ein Separatfrieden getroffen werden. Aber dieser Plan, wie alle anderen Ziele, auch jenes der sogenannten Widerstandsbewegung, gingen von falschen Voraussetzungen bezüglich des Kriegszieles der Gegner aus. Diesen war zunächst, noch im Kriege, weder an der Verhinderung des Einflusses Sowjetrußlands in Mitteleuropa noch an einer Ausschaltung Hitlers und des Nationalsozialismus allein gelegen. Diesmal war ihr Hauptziel die endgültige Zerschlagung des Deutschen Reiches, und dafür war die bedingungslose Kapitulation Voraussetzung.

Nach Abschluß der Vorbereitungen für den Plan »Eisenhammer« war es mittlerweile Februar 1945 geworden, und man wartete auf eine günstige Wetterlage. Da führten die Amerikaner einen Luftangriff auf Rechlin-Lärz durch. Dabei gingen 18 Mistel-Gespanne verloren. Das Unternehmen mußte erneut verschoben werden, bis ohne entsprechenden Kommentar der Befehl kam: »›Eisenhammer‹ abgeblasen!«[3]

Die russische Armee war auf ihrem Vormarsch an der Oder angekommen; diese bildete ein Hindernis, das den erschöpften deutschen Verbänden eine letzte Atempause gewährte. Es wurde versucht, möglichst alle Übergänge über die Oder zu sprengen, was bei zwölf Brücken so gelang, daß sie bis März 1945 nicht wieder aufgebaut werden konnten. Etwa 120 Straßen- und Eisenbahnbrücken fanden die Sowjets mehr oder weniger unversehrt vor. Aber diese Zahl reichte für die riesige russische Armee bei weitem nicht aus, so daß es notwendig wurde, für den gewaltigen Materialbedarf Ponton-Behelfsbrücken anzulegen. In dieser Situation betraute Hitler im Befehl vom 1. März 1945 Oberst Baumbach, Kommodore des Kampfgeschwaders 200, mit der Bekämpfung aller feindlichen Übergänge über Oder und Neiße. Baumbach bekam dafür den Zugriff auf alle geeigneten Kampfmittel der Wehrmachtteile und Einrichtungen der Rüstung und der Wirtschaft für die Durchführung seines Auftrages zugeteilt. Er unterstand dem Oberbefehlshaber der Luftwaffe direkt und war im Bereich des Luftflottenkommandos 6 eingesetzt.

Außer den normalen Pionierkampfmitteln des Heeres gab es seinerzeit eine Reihe verschiedener Waffen der Marine und der Luftwaffe, die zur Vernichtung von Brücken herangezogen werden konnten. Da gab es eine kleine Kugeltreibmine mit einem Sprengsatz von 12 kg Gewicht. Unter der Wasseroberfläche treibend, explodierte sie bei Berührung mit dem Ziel. Für diesen Einsatz stellte sich aber heraus, daß die Oder mit eigenen Wasserfahrzeugen wegen der Feindeinwirkung nicht mehr befahrbar war. Ein Flugzeugabwurf der Kugelmine scheiterte zunächst an einer geeigneten Abwurfanlage. Eine schnell verwirklichte »Rutsche« fand bei der Luftwaffe keinen Anklang, da man argumentierte, das Ziel wirksamer mit normalen Bomben angreifen zu können, da die Sprengwirkung der kleinen Minen ohnehin gering war. Eine entscheidende Wirkung gegen die in russischer Hand befindlichen Oderübergänge hätten pausenlose Luftangriffe aller Flugzeugtypen bringen können. Dafür waren aber nicht genug Flugzeuge und vor allem kein Treibstoff mehr vorhanden.

Ein weiteres Kampfmittel war die ferngelenkte Gleitbombe Hs 293 (Kapitel 12.4.). Diese Waffe kannte Werner Baumbach aus seiner früheren Funktion als »General der Kampfflieger«, in der er sich für ihren Einsatz verwendet hatte. Aber auch jetzt, in dieser verzweifelten Situation, wollte der Luftwaffenführungsstab aus Geheimhaltung den Einsatz auf Landziele nicht freigeben! Erst nach Erhalt seiner großen Vollmachten durch Hitler konnte Baumbach einige Hs 293 für die Bekämpfung der Oderbrücken einsetzen.

Weitere Bemühungen, wirksame Kampfmittel zu erhalten, gipfelten in der Aktion »Wasserballon«. Das sollten größere Treibminen mit hoher Sprengkraft werden. Als Termin für die fertige Entwicklung wurde für die C-250-Ausführung Mitte April 1945 und für die C 500 Anfang Juni 1945 angegeben.

Nachdem Oberst Baumbach alle Möglichkeiten der Waffenbeschaffung für die Brückenbekämpfung »abgeklopft« hatte und sich überall mehr oder weniger große Schwierigkeiten ergaben, faßte er den Entschluß, die Mistel-Flugzeuge für diese Aufgabe einzusetzen. Aber immer noch sperrte der damalige Generalstabschef der Luftwaffe, General Koller, von den noch vorhandenen 82 Misteln 56 Gespanne für eine Durchführung des Planes »Eisenhammer«, der endgültig auf den 28. März 1945 festgelegt war, dann aber doch sang- und klanglos in der Versenkung verschwand, wie schon berichtet wurde.

Im März 1945 besaß Oberst Baumbachs KG 200 vier Gruppen, wovon die II. Gruppe mit Pfadfindern, Funkmeßstörflugzeugen, Bombern und Mistel-Gespannen, ursprünglich für den Plan »Eisenhammer« vorgesehen, dem Gefechtsverband Helbig zugeordnet wurde. Zu den vier Gruppen kam für die Brückenbekämpfung noch das Einsatzkommando 200 (FK) mit neun He 111 und einer Do 217 für den Einsatz der Hs 293 hinzu, die ebenfalls Oberst Helbig unterstellt wurden. Helbig wurde zum Stellvertreter Baumbachs als »Brückenbevollmächtigter« ernannt.

Am 1. März 1945 unterzeichnete Baumbach als Geschwaderkommodore den ersten Befehl zum Einsatz von Mistel-Gespannen an der Ostfront. Als zu bekämpfende Ziele waren die Eisenbahnbrücken bei Warschau, Deblin und Sandomierz ausersehen, die dort über die Weichsel führten. Unter der Führung von Oberleutnant Piltz wurden zusammen mit einem Wetteraufklärer und neun Pfadfindern sechs Mistel I und acht Mistel III der 6./KG 200 eingesetzt. Das Staffelabzeichen dieser Gruppe war ein Motiv aus der Bildergeschichte »Vater und Sohn« des Zeichners Erich Ohser, seinerzeit unter dem Künstlernamen E. O. Plauen bekannt. In Verbindung mit diesem Zeichen war auch der Begriff »Vater und Sohn« für das Huckepack-Flugzeugsystem verwendet worden.

Am 6. März 1945 griff eine einzelne He 111 des Verbandes von Oberst Helbig die Oderbrücken bei Göritz mit einer HS 293 an und erzielte einen Treffer. Am

8. März erfolgte ein Mistel-Angriff auf die Oderbrücken ebenfalls bei Göritz. Vier Mistel-Gespanne starteten mit fünf Ju 188 und zwei Ju 88 als Begleitflugzeugen, die im Zielraum den russischen Flakschutz der Brücken mit Bomben angreifen sollten, um so den Anflug der Mistel-Flugzeuge zu erleichtern. Gegen 10.50 Uhr näherte sich der Verband dem Zielraum, wo die Sowjets sieben Behelfsbrücken und mehrere Fährverbindungen über den Fluß errichtet hatten. Die Russen verfolgten hiermit die Absicht, einen Brückenkopf westlich der Oder zu erkämpfen, um von hier aus den Vormarsch auf Berlin anzutreten. Auch beiderseits Küstrin waren viele Pontonbrücken errichtet worden bzw. in Vorbereitung. Den Angriff konnten drei Gespanne durchführen, während das vierte wegen eines Hydraulikschadens schon vorher seine Ju 88 absprengen mußte. Zwei Brücken wurden zerstört, während ein Sprengflugzeug sein Ziel knapp verfehlte. Die Begleitflugzeuge lenkten die russische Flak ab und konnten sie auch teilweise ausschalten. Eine Ju 188 ging durch Flaktreffer verloren, die Besatzung konnte sich durch Fallschirmabsprung retten.

Ein weiterer erfolgreicher Mistel-Einsatz konnte am 31. März von der Basis Burg bei Magdeburg aus, auf die viergleisige Eisenbahnbrücke bei Steinau geflogen werden, die dort über die Oder führte. Die Gleise führten in einem weiten Bogen auf dem westlichen Oderufer in den Bahnhof von Steinau. Bahnhof und Ort Steinau waren bereits in russischer Hand. Der Brückenkopf war mit zahlreichen schweren und leichten Flakstellungen bestückt, wie die Luftbilder auswiesen. Sechs Mistel I der II. Gruppe des KG 200, zwei Ju 188 und zwei Ju 88 starteten gegen 7.15 Uhr vom Flugplatz Burg zunächst nach Waldenburg in Schlesien. Dort schlossen sich dem Verband 24 Jäger als Jagdschutz an. Danach ging es mit nördlichem Kurs zum etwa 70 km entfernten Steinau. Eine bemerkenswerte Streitmacht der Luftwaffe mit zehn Bombern und 24 Jagdflugzeugen war in der Luft, und das gegen Ende März 1945! Während des Anfluges mußten aber nacheinander drei Misteln vom Verband wegen Defekten ausscheren, was mit 50 % Ausfall sehr hoch war. Wie die Luftbilder nach dem Angriff zeigten, konnte ein Brückenpfeiler am Westufer so getroffen werden, daß die Brückenkonstruktion in den großen Krater hineinfiel.

Am 8. April 1945 flogen fünf Mistel II vom Flugplatz Rechlin/Lärz nochmals einen Angriff auf die Eisenbahnbrücke in Warschau. Die Flakabwehr war stark, trotzdem kehrten alle fünf Fw 190 nach Lärz zurück. Die Explosionen konnten beobachtet, ihre Wirkung aber nicht mehr erkannt werden.[3]

Am 16. April 1945 begannen die Sowjets ihre letzte große Offensive des Zweiten Weltkrieges an der Neiße und aus den Oderbrückenköpfen heraus mit dem Ziel, Berlin einzuschließen.[10]

Offenbar hatte die Zerstörung der Eisenbahnbrücke bei Steinau vom 31. März nicht lange vorgehalten. Am 17. April erreichte ein geheimes Fernschreiben des Luftflottenkommandos 6 den Gefechtsverband Helbig, worin eine »baldmöglichste Zerstörung der eingleisig wiederhergestellten E-Brücke Steinau durch Huckepack-Einsatz« gefordert wurde.

Abschließend sollen noch der vorletzte und der letzte Mistel-Angriff auf die Oderbrücken bei Küstrin und Tantow geschildert werden, die von Peenemünde-West aus gestartet wurden. Der Angriff auf die Küstriner Brücken erfolgte am 26. April 1945. Der Start war auf 15.45 Uhr und der Angriff auf 17.00 Uhr festgelegt. Sieben

Mistel-Gespanne (Fw 190/Ju 88), drei Pfadfinderflugzeuge Ju 188 und eine Gruppe Jagdflieger standen zur Durchführung des Auftrages zur Verfügung. Nachdem es beim Schleppen der Ju 88 zum Start zwei »Plattfüße« gegeben hatte, wurden die sieben Piloten mit einem Bus zur Startstelle gebracht. Das Bodenpersonal überprüfte letztmalig die Funktion der elektrischen Steuerungsübertragung vom Leit- zum Sprengflugzeug. Danach ließen die Piloten die Motoren ihrer Fw 190 an, während die Ju-88-Motoren von den Warten in Betrieb gesetzt wurden. Die Piloten kontrollierten alle Instrumente und erledigten die notwendigen Schaltungen nach einer um den Hals hängenden Liste. Der Startoffizier gab das Handzeichen des ersten Führungsflugzeuges an die Warte weiter. Die Bremsklötze wurden weggezogen. Nach einem weiteren Handzeichen des Startoffiziers schob der erste Mistel-Pilot den Leistungshebel seiner Fw 190 und danach die der Ju 88 auf Vollast. Das Gespann startete schaukelnd, wobei der Pilot nicht selten gegen die Kabinenverglasung geschleudert wurde. Nach dem Start wurden die Luftschrauben der Ju 88 auf größere Steigung gestellt, man drosselte die Leistung der Motoren für die Warteschleife, fuhr die Landeklappen ein, stellte die Rudermaschinen der Ju 88 auf »Flug«, trimmte das Gespann gegebenenfalls nach und stimmte die Drehzahl der Motoren aufeinander ab. Als sich alle Misteln in der Warteschleife befanden, starteten die drei Ju 188 mit einem sauberen Verbandstart. Der während des Starts der Mistel-Gespanne für Peenemünde gegebene Fliegeralarm wurde aufgehoben. An die im Verband weiterfliegenden, auf Süd-Südost-Kurs gehenden Ju 188 hängten sich die sieben Gespanne in aufgelockertem Verband, mit leicht wellenförmigen Fall- und Steigbewegungen an. Die Bewegungen waren, wie schon erwähnt, durch die Verzögerungen der elektrischen Steuerung in der Ju 88 gegeben. Während des Fluges auf Berlin ging der Verband auf die befohlene Angriffshöhe von 3000 m. Über Straußberg waren auch die für den Jagdschutz vorgesehenen Jäger da. Die Flugrichtung wurde von den drei Ju 188 auf Ostkurs geändert. Das Kampfgebiet der Oderfront wurde überflogen, überall stieg Rauch auf; die Sicht wurde zunehmend schlechter. Die Russen hatten die Küstriner Oderbrücken unversehrt nehmen können und hatten westlich der Oder, bis kurz vor Seelow, einen Brückenkopf gebildet. Alle bisherigen deutschen Stuka- und Schlachtfliegerangriffe waren im massiven russischen Flakfeuer abgewehrt worden. Jetzt sollten es die Mistel-Gespanne schaffen. Der geplante Beginn des Neigungsanfluges aus 10 km Entfernung vom Ziel konnte nicht durchgeführt werden, da aus der Anflughöhe keine Bodensicht bestand. Der Verbandsführer Leutnant Eckard Dittmann löste durch Wackeln den Verband auf, und jeder seiner Kameraden ging auf eigene Faust in Spiralen nach unten, um Bodensicht zu bekommen. Die Jäger konnten ihnen in dieser Phase des Angriffes keine Schützenhilfe mehr leisten, und die Ju 188 waren schon im Dunst zum Bombenwurf in Zielrichtung verschwunden. Der Flakbeschuß war äußerst heftig. In Verbindung mit der schlechten Sicht und dem mörderischen Abwehrfeuer konnten keine genauen Treffer auf die Brücken erzielt werden, die deren nachhaltige Zerstörung bewirkt hätten. Außer Leutnant Dittmann traf auf dem Rücklandeplatz Werneuchen noch eine Fw 190 ein und machte neben der Piste eine Bauchlandung, da das Fahrwerk wegen eines Flaktreffers nicht mehr ausfahrbar war. Also von sieben eingesetzten Gespannen kamen nur zwei Flugzeuge zurück!
Einige Tage später trat Leutnant Dittmann mit seiner zwar beschädigten, aber

noch flugklaren Fw 190 den Rückflug nach Peenemünde an. Die E-Stelle war zu diesem Zeitpunkt schon weitgehend geräumt, wie im letzten Kapitel 21 noch näher geschildert wird. Schon am 30. April 1945 saß Dittmann wieder im Leitflugzeug eines Mistel-Gespannes, um mit drei weiteren Mistel-Piloten die Oderbrücke östlich von Prenzlau bei Tantow anzugreifen. Der Brückenkopf der Russen war hier schon bis zur halben Entfernung nach Prenzlau ausgedehnt worden. Die Warteschleife um Peenemünde erreichten von den vier letzten hier noch vorhandenen Misteln außer dem Verbandsführer Dittmann nur noch zwei weitere Piloten. Der vierte mußte wegen eines technischen Defektes seine Ju 88 absprengen und vor dem Peenemünder Haken in die Ostsee setzen.

In Pasewalk wurden zwei Schwärme Me 109 als Jagdschutz aufgenommen. Mit Kurs Südost ging es zum Ablaufpunkt, von wo aus Dittmann mit Kurs Ost die Brücke angreifen wollte. Über dem Brückenkopf herrschte reger Flugbetrieb, den die Angreifer zunächst für einen Großeinsatz der eigenen Luftwaffe hielten, aber sehr schnell als Schwarm russischer Jagdflugzeuge in allen Höhenlagen erkennen mußten. Der Raum war vom Gegner hermetisch abgeschirmt.

Während bis zum Ablaufpunkt den Gespannen von den eigenen Jägern der Rücken freigehalten wurde, waren sie vom Ablaufpunkt an und im späteren Zielanflug meist auf sich allein gestellt. Leutnant Dittmann löste durch Wackeln den Verband auf, und er und seine beiden Mitstreiter suchten sich die nach ihrer Meinung günstigste Zielanflugrichtung aus. Jeder war jetzt mit seinem unbewaffneten Gespann auf sich selbst gestellt. Die Zerstörung der Brücke gelang. Der später angreifende Dittmann konnte, nachdem er erkannt hatte, daß offenbar einer seiner Kameraden die Brücke schon getroffen hatte, einen Treffer auf einer Pontonbrücke anbringen.

Nach der Rückkehr zum befohlenen Landeplatz Rostock-Marienehe, den Dittmann mit seiner beschädigten Fw 190 gerade noch hatte erreichen können, traf er auf der Flugleitung Ofw. Braun, einen seiner beiden Piloten des letzten Mistel-Angriffes auf die Oderbrücken. Der dritte Mistel-Flieger blieb verschollen. Beide Piloten meldeten sich telefonisch beim Geschwaderstab in Warnemünde zurück, um danach in den Infanterieeinsatz zu fahren.[3]

Zurückblickend auf den Einsatz der Mistel-Gespanne, kann man sagen, daß von den hochfliegenden ursprünglichen Einsatzplänen nicht viel übrigblieb, da sie durch das rasche Kriegsgeschehen in ihrer Durchführung überholt wurden. Von dem ersten Einsatz an der Invasionsfront einmal abgesehen, wurden die Mistel-Flugzeuge letztlich mehr oder weniger zum Strohhalm, an den sich die deutsche Führung bei der Bekämpfung der russischen Nachschubwege in Form von Brückenzerstörungen klammerte. Wie aus dem Geschilderten hervorgeht, waren diese Erfolge jeweils auch nur von kurzer Dauer. Ein Brückenpfeiler und Teilstücke der Brückenkonstruktion waren relativ schnell wieder repariert und funktionsfähig. Auch war diese Waffe für eine filigrane Brückenkonstruktion mit ihrem wenig wertvollen Material nicht das geeignete Bekämpfungsmittel, zumal der strategische Effekt bei einer Zerstörung nicht nachhaltig, sondern nur von kurzer Dauer war. Die Mistel-Gespanne waren ja ursprünglich speziell für die länger anhaltende Zerstörung strategisch wichtiger und wertvoller Ziele gedacht gewesen, die den Feind wirtschaftlich und militärisch schwächen sollten. Letztlich war der Einsatz dieser neuen Waffe auch von dem durch die Hydrierwerke bedingten Treibstoffmangel überschattet.

Das Kapitel des Mistel-Projektes kann man nicht abschließen, ohne auf das gigantische Huckepack-Gespann Boeing 747/Raumfähre ORBITER der NASA hinzuweisen. Dieses Gespann diente zur Vorerprobung der amerikanischen Raumfähre. Die B 747 hatte dabei die Aufgabe, die Raumfähre im Huckepack- und Horizontalstart auf Höhe zu bringen. Diese Entwicklung fand in den 70er Jahren statt, und 1977 konnten die letzten Flüge durchgeführt werden, an deren Ende dann die Trennung erprobt wurde, wobei die Raumfähre als Gleiter ohne Antrieb landete.

Fitzhugh L. Fulton jr., Aerospace Research, Pilot der NASA und Flugzeugführer der Vorerprobungsflüge mit der B 747, äußerte im Jahre 1977: »… aber es ist nur fair, wenn man feststellt, daß das Mistel-Programm einen wichtigen Teil jener Erkenntnisse vermittelte, die Kiker (John Kiker, Initiator der amerikanischen Huckepack-Version) schließlich veranlaßten, die Huckepack-Methode vorzuschlagen.« Bemerkenswert ist auch, daß sowohl Flugkapitän Siegfried Holzbaur als auch Dr.-Ing. Fritz Haber Mitarbeitern der NASA in den 70er Jahren auf Anfragen entsprechende Tips gaben.

Der US-Shuttle wurde als Nachfolger der großen Saturn-Rakete konzipiert, mit der die Amerikaner den Mond erreicht hatten. Die Saturn V, deren Schöpfer Wernher von Braun war und die bis dahin mit 110 m Höhe die größte je gebaute Rakete darstellte, hatte auch einen entsprechenden Preis. Für eine Mondexpedition mußten damals etwa 1,2 Milliarden Dollar ausgegeben werden, wovon ein Drittel allein auf die Trägerrakete entfiel. Um die Kosten des Transportsystems für Raumflugkörper in den Weltraum und zurück zu senken, wollte man von der Einwegrakete weg und zu flugzeugähnlichen, raketengetriebenen, mehrfach zu verwendenden Konstruktionen gelangen. Auch in der Sowjetunion begannen erfolgreich ähnliche Bestrebungen.

Ursprünglich sollte das neue System, wie auch in der UdSSR, aus zwei vollständig wiederverwertbaren, flugzeugähnlichen Komponenten bestehen, dem unteren Trägerflugzeug in den Abmessungen eines B-747-Jumbos und dem Orbiter mit der Masse einer B 737. Aus Kostengründen gestaltete man in den USA aber nur die Oberstufe als voll wiederverwertbare Komponente, während die Trägerstufe nach wie vor aus Einwegraketen aufgebaut ist, die nur teilweise geborgen und gegebenenfalls noch einmal eingesetzt werden können. Demzufolge startet das USA-Gespann auch senkrecht.[7, 11]

Für unser Thema über die Versuchsstelle Peenemünde-West soll in diesem Zusammenhang sowohl auf das Mistel-Huckepack- oder wie auch immer zu nennende System als auch auf das Kapitel 10 hingewiesen werden, wo ein raketengetriebener Flugkörper (Me 163) nach seinem Einsatz und dem Verbrauch der Treibstoffe als Gleiter wieder landete. Beide Systeme waren kombiniert Vorbild in der Weltraumfahrt der Nachkriegszeit.

16. Fernbombe Fi 103

16.1. Allgemeines

Es ist interessant, den Ursprung zu ergründen, warum gerade in Deutschland vor und während des Zweiten Weltkrieges rückstoßgetriebene Flugkörper und Raketen so intensiv und in großer Zahl entwickelt wurden und auch teilweise im Krieg zum Einsatz kamen. Sicher sind die Arbeiten des Heereswaffenamtes auf diesem Gebiet von entscheidender Bedeutung gewesen. Hier wurden im Jahre 1929 Bemühungen eingeleitet, um die dem Deutschen Reich im Versailler Diktat auferlegten großen Beschränkungen ohne Verletzung des Vertragstextes zu umgehen. Es sollte dem kleinen, Deutschland zugestandenen Heer als Ausweichlösung für die verbotene schwere Artillerie eine schlagkräftige Waffe in Form einer Rakete in die Hand gegeben werden, deren Verwirklichung für die Väter des Verbotstextes sicher jenseits jeder Realität gelegen hat.

Im Jahre 1932 faßte das Heereswaffenamt den Entschluß für eine eigene Raketenentwicklung mit Flüssigkeitstriebwerken, und die in Kummersdorf daraus resultierenden Arbeiten und späteren Erfolge sind sicher als Initialzündung für viele weitere deutsche Raketen- und Flugkörperprojekte der danach folgenden Zeit ansehen.[1]

Während die Gegner Deutschlands nach dem Ersten Weltkrieg bei ihrer Hochrüstung im wesentlichen mit kontinuierlicher Weiterentwicklung der herkömmlichen Waffen, wie Flugzeuge, Panzer, Geschütze usw., beschäftigt waren, machten die für die deutsche Reichswehr-Bewaffnung verantwortlichen Stellen aus der Not eine Tugend. Sie gingen einen neuen alten Weg. Ein Geschoß mit Pulverraketenantrieb war in der Kriegstechnik schon viele Jahrhunderte bekannt. Jedoch fehlte ihm bisher das zu seiner Weiterentwicklung notwendige wissenschaftlich-technische Umfeld. Erst als die verfeinerte Aerodynamik des Flugzeuges, ein neues, wirksames Antriebssystem, eine automatische Steuerung und die Hochfrequenztechnik verfügbar waren und einen entsprechenden technischen Stand erreicht hatten, war es möglich, eine Fernrakete zu konstruieren, die weit über die Reichweite und Zielgenauigkeit einer Pulverrakete früherer Jahrhunderte hinausging.

Dadurch, daß sich 1932 in der Geschichte bis dahin erstmalig eine ernstzunehmende Institution mit einer klaren Zielsetzung unter Ausschöpfung der gegebenen Möglichkeiten der Schaffung einer ballistischen Großrakete zum Einsatz gegen Punktziele verschrieb und auch später – nach 1933 – die entsprechenden Geldmittel erhielt, waren letztlich die Voraussetzungen zur Erreichung dieses Zieles gegeben. Bei allem Respekt vor dem Idealismus, Einsatzwillen und Opfermut der vielen privaten Gruppierungen in den 20er- und Anfang der 30er Jahre, die sich mit Raketenentwicklungen und -versuchen befaßten, war dieser Weg zur Verwirklichung einer Großrakete, von der sie ja alle träumten, vollkommen ungangbar. Ohne ihre teilweise beachtlichen Erfolge schmälern zu wollen, wäre es ein un-

473

mögliches Unterfangen gewesen, wenn man den sich später steigernden, finanziellen, personellen und anlagentechnischen Aufwand zur Entwicklung des Gerätes A4 betrachtet, diese Aufgabe mit privaten Gruppen und Grüppchen lösen und durchführen zu wollen. Trotz des späteren großen Aufwandes an Menschen und Material vergingen von 1929 bis zum 30. Oktober 1942, dem ersten gelungenen Start des A4, immerhin mehr als zwölf Jahre.[2]

In gewisser Beziehung als Konkurrenzentwicklung zum Gerät A4, jedoch letztlich auch durch dessen Existenz initiiert und beschleunigt, ist die Fernbombe Fi 103 anzusehen. Nach dem Kriege ist von verschiedenen Autoren, die über die Fi 103 und das A4 berichteten, das Peenemünder Verhältnis zwischen Luftwaffe und Heer in unwahrer Form dargestellt worden. So schreibt z. B. J. Garlinski in »Deutschlands letzte Waffen im 2. Weltkrieg« in übertriebener Form: »... die Fi-103-Mannschaft verfolgte in ohnmächtigem Zorn ...« die Starts des A4 in Werk Ost. Weiterhin heißt es dort: »..., wobei sie (die Angehörigen von Werk Ost und Werk West, d. Verf.) keine Gelegenheit versäumten, herauszufinden, was ihre Gegenspieler unternahmen und wie weit sie waren. ... So kam es, daß die Deutschen sich gegenseitig ausspionierten, ... wobei Fehlschläge der anderen Seite Jubel auslösten.« Schon von der geschichtlichen Entwicklung her, war der Ansatz für eine derart feindselige Konkurrenz keinesfalls gegeben.

Die Bemühungen des Heeres, eine Großrakete zu bauen, reichten ja schon in jene Zeit vor 1933 zurück, als es noch keine deutsche Luftwaffe und Luftwaffenführung gab. Sodann waren die Prinzipien beider Flugkörper so grundverschieden, daß auch von dieser Seite kein Anlaß zu gegenseitigem Ausspionieren gegeben war. Jedes der beiden Waffensysteme hatte letztlich seine eigene Entstehungsgeschichte, die ebenso verschieden war wie ihre Funktions- und Antriebskonzepte. Gemeinsam hatten sie zur damaligen Zeit nur ihren Zweck als Waffe. Bei diesen gegebenen Tatsachen entstand in Peenemünde und den übergeordneten Stellen bei der Entwicklung und Erprobung beider Ferngeschosse eine gesunde und beflügelnde Konkurrenzsituation. Auch der offensichtlich vertraulich erteilte Auftrag des Heereswaffenamtes an Wernher von Braun vom 9. Oktober 1942, einen vergleichenden Bericht über das Projekt »Kirschkern« (Fi 103) und das A4 zu erstellen, änderte daran nichts. Dieser Bericht wurde in aller Objektivität und mit großem technischem Sachverstand geschrieben, und es ist auch zwischen den Zeilen keine gehässige oder diskriminierende Kritik erkennbar. Als letztes sei zu der immer wieder in der Literatur über Peenemünde berichteten angeblichen »feindlichen« Konkurrenz zwischen dem A4 und der Fi 103 auf Dr. Walter Dornberger hingewiesen. Er schreibt in seinem Buch »Peenemünde – Die Geschichte der V-Waffen« auf den Seiten 106 und 107: »In engster kameradschaftlicher Verbundenheit mit Peenemünde-West waren wir im Laufe des letzten Jahres (1942/43, d. Verf.) Zeuge des Fortschreitens der Arbeiten gewesen (an der Fi 103, d. Verf.). Ich selbst hatte seit 1933 von meiner Dienststelle aus an der Entwicklung des Antriebes durch Dipl.-Ing. Paul Schmidt in München durch finanzielle Unterstützung lebhaft Anteil genommen. ... Unsere Aufgabe lag jedoch demgegenüber im praktisch luftleeren Raum, im Weltraum.«

Schon Mitte der 30er Jahre mündeten die Bemühungen von Paul Schmidt, für sein patentiertes Pulsostrahltriebwerk auch eine militärische Anwendung zu finden, unter Mitwirkung von Professor Dr. G. Madelung in den Vorschlag eines »fliegenden Torpedos« ein. Mit der Länge von 7,15 m, einer Spannweite von 3,1 m und einer vorgesehenen Höchstgeschwindigkeit von 800 km/h lag der Flugkörper etwa in der Größenordnung der späteren Fi 103. Der Vorschlag wurde jedoch vom RLM als »technisch zweifelhaft und vom taktischen Gesichtspunkt her uninteressant« abgelehnt.[4]

Weiterhin befaßte sich eine im August 1939 an das RLM gerichtete Denkschrift von Dr. Steinhoff über den »Anflug von Feindzielen mit unbemannten Flugzeugen« ebenfalls mit der Aufgabe, durch einen selbstgesteuerten Flugkörper ein Ziel zu bekämpfen. Dr. Ernst Steinhoff war Abteilungsdirektor in Peenemünde-Ost und dort bei der Entwicklung des A4 für die Steuerungsprobleme verantwortlich. Ebenso wurde bei Kriegsbeginn, am 9. November 1939, dem Technischen Amt des RLM durch die Firma Argus-Motoren GmbH Berlin der Vorschlag einer unbemannten, flugzeugähnlichen Fernwaffe unterbreitet, der auch unter der Bezeichnung »Argus Fernfeuer« – Kennwort »Erfurt« – bekanntwurde. Diese »selbstgesteuerte Sprengladung« sollte von einem Kommandoflugzeug aus in ihrer zeitlichen Steuerung beeinflußt und ins Ziel gebracht werden. Als Antrieb war eine Weiterentwicklung des Argus-Flugmotors As 410 vorgesehen.[6, 8]

Der Gedanke einer flugzeugähnlichen Fernwaffe war also nicht neu und reichte gegenüber den genannten Zeitpunkten sogar noch weiter in die Vergangenheit zurück. Der Franzose René Lorin hatte im Ersten Weltkrieg den Vorschlag gemacht, mit seinem schon 1908 gedanklich entwickelten Düsentriebwerk ein unbemanntes, mit Kreiseln stabilisiertes, durch barometrische Hilfsmittel auf Höhe gehaltenes Kleinstflugzeug für Flächenziele zu entwickeln.[9]

Versuche mit einem ähnlichen Flugkörper haben die Amerikaner während des Ersten Weltkrieges durchgeführt. Diese Arbeiten zogen sich bis zum Jahre 1925 hin, wurden aber danach wegen zu hoher Kosten eingestellt. Auch ist sicher davon auszugehen, daß die technischen Bedingungen für die erfolgreiche Lösung einer derartigen Aufgabe damals in allen Belangen noch nicht gegeben waren.[7]

Da eine derartige Fernwaffe wegen der seinerzeit noch auftretenden Streuung der Zielgenauigkeit durch ihre ausschließliche Fortbewegung in der Atmosphäre nur gegen Flächenziele und damit unweigerlich auch gegen die Zivilbevölkerung gerichtet gewesen wäre, lehnte der deutsche Luftwaffengeneralstab zunächst alle Vorschläge ab. Auch hatte man bei Kriegsbeginn in der immer noch im Aufbau befindlichen deutschen Luftwaffe andere Sorgen, als sich mit einem so weit in die Zukunft weisenden Entwicklungsproblem zu befassen. Die militärischen Anfangserfolge taten ein übriges und bekräftigten bei der Luftwaffenführung und darüber hinaus die Meinung, mit dem damaligen Stand der Luftrüstung den Krieg gewinnen und auch beenden zu können. Das kam ja auch schon bei der Schilderung des He-176-Raketenflugzeuges zum Ausdruck, welches ebenfalls ein »Opfer« des im September 1939 erlassenen Befehls war, langfristige Waffenentwicklungen zu stoppen. Es sollten alle Kräfte auf die Produktion und gegebenenfalls Verbesserung der bestehenden Flugzeuge und Waffen konzentriert werden, um den Krieg möglichst schnell zu beenden. Erst als sich zeigte, daß dieses Ziel nicht in kürzerer Zeit erreichbar war, und die militärische Lage sogar problematisch wurde, griff man auf die verschiedenen Vorschläge grundlegend neuer Waffensysteme zurück. Bis dahin war aber wertvolle Zeit verstrichen, und Entwicklung und Erprobung mußten unter Zeitdruck, großer Hektik und den Erschwernissen des Krieges durchgeführt werden.

Die deutsche Auffassung von der Führung eines zukünftigen Luftkrieges war damals noch Allgemeingut, wie an einem englischen Parallelfall aufgezeigt werden kann. Bereits im Jahre 1927 entwickelten die Engländer ein kleines, unbemanntes Flugzeug mit der Bezeichnung »Larynx«. Am 20. Juli 1927 absolvierte es seinen Erstflug. In der Folgezeit wurden unter strengster Geheimhaltung in einem menschenleeren Wüstengebiet des Irak bis 1929 entsprechende Erprobungen vorgenommen. Da jedoch keine Anwendungsmöglichkeiten gegeben waren, ließ man das Projekt wieder fallen. Als im Jahre 1939 die Möglichkeit eines Krieges drohte, entsann sich der englische Flugzeugkonstrukteur Miles des Projektes von 1929. Er beauftragte sein Konstruktionsteam, in Anlehnung an die damalige Larynx-Entwicklung ein kleines Flugzeug zu bauen, das in der Lage war, die damals größte Bombe von 1000 lb, ca. 450 kg, in ein etwa 500 km weit entferntes Ziel zu tragen. Dieses Flugzeug sollte durch einen Autopiloten auf einem vorher bestimmten Kurs gehalten werden. Bereits im Laufe des Jahres 1939 entstand, wieder unter strengster Geheimhaltung, ein unbemanntes Flugzeug, das, von einem billigen Propellermotor angetrieben, die vorgenannten Bedingungen sogar über eine Entfernung von 600 km erfüllen konnte.[10]

Aber auch hier, wie in Deutschland, lehnte das britische Ministerium für Flugzeugproduktion den Bau und den Einsatz einer derartigen Waffe ab. Aktenkundig hieß es: »Eine unbemannte Bombe, das ist unter der Würde, weil man den Einschlagort nicht genau kontrollieren kann und auch reine Wohngebiete und Krankenhäuser getroffen werden könnten.« Auch ein Vorschlag von Miles, wenigstens eine Großserie seines »Hoopla-Projektes« zu genehmigen, die er bei sich einlagern wollte, um sie gegebenenfalls zur Verfügung zu haben, wurde strikt abgelehnt. Das zuständige Ministerium verbot Miles, an dem Projekt weiterzuarbeiten, weil mit dem Einsatz einer ähnlichen Waffe auf seiten des Gegners nicht zu rechnen sei.[10]

Als im Laufe des darauffolgenden Krieges die Luftangriffe der Anglo-Amerikaner mehr und mehr den Charakter reiner Terrorangriffe auf die deutsche Zivilbevölkerung annahmen und die deutsche Luftwaffe immer weniger die massive Luftabwehr über England durchdringen konnte, setzte die deutsche Führung als Vergeltung die inzwischen entwickelte Flugbombe Fi 103 ein. Nachdem die ersten Exemplare im Juni 1944 auf England niedergegangen waren, sah Miles, wie recht er mit seinem Vorschlag gehabt hatte, und wollte mit den Fotos seines Hoopla-Projektes an die Öffentlichkeit gehen. Durch die Zensur wurde ihm jedoch dieses Vorhaben in einem Blitztelegramm verboten. Unter dem Druck des immer stärker werdenden V-Waffen-Beschusses unterließ er dann endgültig alle Bemühungen in dieser Richtung. Es bedarf keiner großen Phantasie, um sich vorzustellen, daß mit der Veröffentlichung dieser Vorgänge für die englische Regierung die größten Schwierigkeiten entstanden wären. Die sicher aufgebrachte, ohnehin stark belastete englische Bevölkerung hätte bei den Untersuchungen auch noch erfahren, daß Mitglieder der englischen Regierung bereits im Oktober 1939 über deutsche Arbeiten an unbemannten Flugkörpern informiert wurden. Den Informationen hatte man damals aber kein Glauben geschenkt.[10]

Soweit einiges über den Hintergrund von Überlegungen, Auffassungen, Gedanken und Abläufen im Bereich der selbstgesteuerten Flugkörper in der Zeit vom Ersten bis zum Beginn des Zweiten Weltkrieges. Kehren wir aber noch einmal zu den Plänen der Firma Argus und deren Vorschlag vom 9. November 1939 zurück und verfolgen die Vorgänge, wie es dort zu diesem Vorschlag an das RLM kam. Diese Ursprünge sind für die spätere Existenz der ersten eingesetzten Fernwaffe der Welt maßgebend. Als der Dipl.-Ing. Fritz Gosslau sich nach seiner Promotion 1928 an der TH Berlin-Charlottenburg und einer 13jährigen Tätigkeit bei Siemens 1936 der Firma Argus-Motoren GmbH, Berlin-Reinickendorf, dem ältesten deutschen Flugmotorenwerk, zuwandte, befaßte er sich dort u. a. mit ferngelenkten Fluggeräten. Über ein ferngelenktes Kleinflugzeug As 292 (Kapitel 19.2.2.) mit der militärischen Bezeichnung FZG 43 (Flak-Zielgerät 43), das 1939 in frei fliegenden Modellen als Zieldarstellung für die Flak vorgeführt wurde, ist dieser Gedanke zu dem schon erwähnten Projekt »Argus-Fernfeuer«, Tarn- bzw. Kennwort »Erfurt«, weiterentwickelt worden. Dieses Gerät sollte als »Fernflugbombe« bzw. »selbstflugfähige Sprengladung« verwendet werden. Am 23. November 1939 überreichte die Firma dem RLM den schon erwähnten Vorschlag vom 9. des Monats als »Ausarbeitung«, in der das Projekt näher erläutert wurde. Diese Ausarbeitung war Grundlage für eine am 7. Dezember 1939 im RLM stattfindende Besprechung. Darin wurden für eine Weiterverfolgung des Projektes weitere Rahmenbedingungen festgelegt. Demzufolge sollte ein von einer Schleuder gestartetes Kleinflugzeug mit einer Nutzlast (Bombe) von 1000 kg und einer Geschwindigkeit von über 700 km/h bei einer Mindestreichweite von 500 km durch eine Leitstrahllenkung, in Verbindung mit einem Kommandoflugzeug, ins Zielgebiet gebracht werden. Bombenwurf und Einleitung des Rückfluges sollten durch eine Programmsteuerung erfolgen. Den Rückflug sollte wieder die Leitstrahllenkung überwachen. Im Start- bzw. Landegebiet wäre das Niedergehen wieder von einer Programmsteuerung veranlaßt worden, wobei der eigentliche Landevorgang durch eine Fernlenkung bewirkt werden sollte. Eine Wiederverwendung des Flugkörpers war vorgesehen. Der für den Antrieb vorgesehene Argus-Propellermotor sollte eine Leistung von 368 kW (500 PS) in 5000 m Höhe haben.

Die Firma Argus verfolgte dieses Projekt weiter und ging mit der Firma Lorenz für die Fernlenkung und der Firma Arado für die Zelle Verbindungen der Zusammenarbeit ein. Das Ergebnis dieser Arbeiten war eine weitere, umfangreiche und vervollständigte Denkschrift zum Projekt »Fernfeuer«, die dem RLM nach vielen Besprechungen aller Beteiligten am 29. April 1940 erstmals zugeleitet wurde. Der komplizierte Steuerungs- und Lenkvorgang dieses Projektes ließ im RLM starke Bedenken hinsichtlich der Realisierung aufkommen. Der zuständige Referent für Lenkwaffen, Fl.-Stabsingenieur Rudolf Brée, teilte der Firma Argus demzufolge mit, daß ihr Projekt »Fernfeuer« kaum eine Chance auf Verwirklichung habe. Einer weiteren Bemühung von Firmenchef Direktor Dr. Heinrich Koppenberg beim Generalluftzeugmeister Ernst Udet wurde durch diesen ebenso eine Absage wegen der Fülle anderer, wichtigerer Aufgaben erteilt. Auch einer nochmaligen schriftlichen Anfrage vom 26. Juli 1941 durch Dr.-Ing. Gosslau erging es nicht anders.[6, 11]

Trotz der Absagen ließ sich die Firma Argus nicht entmutigen. Dr. Gosslau vereinfachte das Projekt »Fernfeuer« gegen Ende 1941 zu einer selbstgesteuerten Fernbombe mit einem Argus-Schmidt-Rohr als Antrieb, das zu dieser Zeit von der Firma Argus gerade im Windkanal und an Flugzeugen erprobt wurde. Aus Mangel an eigener Erfahrung im Zellenbau ergriff Direktor Koppenberg die Gelegenheit, als er von dem Flugzeugkonstrukteur Dipl.-Ing. Robert Lusser am 20. November

1941 wegen einer Betätigungsmöglichkeit angesprochen wurde, und bot ihm bei der Firma Argus einen neuen Wirkungskreis an. Lusser hatte sich gerade, wie später noch in Kapitel 16.3. berichtet wird, von der Firma Heinkel getrennt und war auf der Suche nach einem neuen Wirkungskreis, den er dann bei der Firma Fieseler in Kassel finden sollte. Aus den Besuchen Dipl.-Ing. Lussers bei der Firma Argus sollte sich aber eine Zusammenarbeit beider Firmen in der Verwirklichung des schon lange von Argus angestrebten Fernflugkörpers ergeben, dessen Zellenkonstruktion er als Auftrag bei seiner neuen Firma sozusagen gleich mitbrachte. Schon am 27. April 1942 hatte Robert Lusser bei Fieseler den Entwurf der Unterlagen des Projektes P 35, wie es dort zunächst hieß, fertiggestellt. Es trug schon alle charakteristischen Züge der späteren Fi 103. Der Flugkörper sollte von einer Schleuder gestartet, von einem Argus-Schmidt-Rohr angetrieben werden und eine Sprengladung von zunächst 500 kg in das Ziel tragen können. Dieser Vorentwurf ging dem RLM am 28. April 1942 zu, dem am 5. Juni 1942 der endgültige Fernwaffenentwurf für die spätere Fi 103 folgte.[11, 14]

Am 19. Juni 1942 gab GFM Erhard Milch vor Vertretern der Firmen Argus und Fieseler der Entwicklung und Fertigung der Flugbombe Priorität. Damit begann die Zusammenarbeit der beiden Firmen, die in einem atemberaubenden Tempo die Entwicklung vorantrieben. Schon am 30. August 1942 konnte die Firma Fieseler die erste, noch weitgehend von Hand gefertigte Zelle herstellen, wo z. B. die Spantringe noch mit Hämmern über Harzholzformen gekopft und getrieben wurden.[11, 12]

Die Firma Argus hatte ihr Ziel erreicht, für ihren Sonderantrieb, das Verpuffungsstrahlrohr, einen Anwendungsfall zu erschließen. Das war sicher auch einer der Gründe für ihre bisherigen Bemühungen gewesen, als Motorenfirma so intensiv dem Projekt eines Fernflugkörpers nachzugehen. Von den weiteren an dem Projekt Fi 103 beteiligten Firmen wird in anderem Zusammenhang noch berichtet werden. Die Firma Fieseler erhielt die Federführung für das gesamte Flugbombenprojekt.

16.2. Der Antrieb

Wie so viele technische Neuerungen, hatte auch das Pulsostrahltriebwerk, das für den Antrieb des unbemannten Flugkörpers Fi 103 später Verwendung fand, seine Vorgeschichte. Oft gerieten die ersten Gedanken und Versuche aus Mangel an Anwendungsmöglichkeiten in Vergessenheit, oder die Idee tauchte zu einem Zeitpunkt auf, wo die technologischen Möglichkeiten eine einwandfreie Verwirklichung noch nicht zuließen und auch die Bedürfnisse durch andere technische Lösungen noch voll befriedigt wurden.

Schon im Jahre 1906 hatte Victor de Karavodine den Gedanken geäußert, die intermittierende Verpuffung in Hohlräumen als Antriebsprinzip zu verwenden. Er erprobte sie zwar nicht an einem Rückstoßtriebwerk, sondern setzte sie in stundenlangen Dauerläufen als Treibdüsen bei Turbinen ein, wobei er auch die selbsttätige Zündung ohne besondere Hilfsmittel entdeckte, aus der er jedoch keine weiteren Konsequenzen zog. Das Turbinenantriebrohr hatte eine äußere Gemischbildung nach dem Vergaserprinzip. Ein zündfähiges Gemisch wurde in die durch ein Federklappen-Rückschlagventil abschließbare Brennkammer eingeblasen und durch eine Zündkerze gezündet. Der jeder Verpuffung folgende Unterdruck im Rohr saugte über das Rückschlagventil wieder ein neues Gemisch an. Im warmen Zustand entzündete sich dieses rasch eintretende Kraftstoffgemisch an der glühenden Rohrwandung. Es war also keine Restgaszündung wie beim späteren Triebwerk der Fi 103, da der entstehende Unterdruck nach der Verpuffung auch einen leichten Unterdruck am Rohrende verursachte, wodurch von dort Frischluft angesaugt wurde. Durch diese Tatsache konnte also am Rohrende keine zündfähige Restgasmenge mehr vorhanden sein.

Im Jahre 1909 schlug Georges Marconnet erstmals in der Öffentlichkeit ein Verpuffungsstrahlrohr als Flugzeugantrieb vor. Sein Gerät sollte mit Fremdzündung, ohne bewegliche Teile, intermittierend arbeiten. Neben dem konisch erweiterten Rohrende zum Zwecke der Nutzschuberhöhung findet man im Vorschlag von Marconnet auch die Aufladung des Rohres durch Luftgebläse angegeben. Zu jener Zeit waren die Weichen für die technische Lösung des Antriebes von Luftfahrzeugen aber anders gestellt. Der Propellerkolbenmotor hatte sich als Standardantrieb durchgesetzt und konnte in der Folgezeit, besonders im Ersten Weltkrieg, bezüglich Leistung und Betriebssicherheit so weiterentwickelt werden, daß andere Antriebssysteme schnell in Vergessenheit gerieten und nicht mehr aktuell waren.

Erst 1928 erhielt der Gedanke des Pulsostrahltriebwerkes durch den schon erwähnten Dipl.-Ing. Paul Schmidt von der Firma Maschinen- und Apparatebau München neue Impulse. Er erhielt mit dem 24. April 1930 das Deutsche Reichspatent 523655 auf »Eine Einrichtung zur Erzeugung von Reaktionskräften an Luftfahrzeugen«. Seine Bemühungen in der Folgezeit galten der Erprobung von Versuchsgeräten verschiedener Ausführungen und Größe mit Klappenventilen und Zündeinrichtungen. Es gelang ihm, mit einem Brennstoff-Luft-Gemisch Verpuffungsresonanz zu erzielen, wobei auch die Druckwellen-Zündung demonstriert werden konnte. Ein Versuchsgerät mit 120 mm Rohrdurchmesser lief 1938 zufriedenstellend. Auch erreichte ein großes Triebwerk mit 500 mm Durchmesser (SR 500) einen Schub von 4,5 kN (450 kp). Die Betriebszeit war aber wegen der Wärmebelastung sehr gering. Es konnten nur Zeiten von etwa 13 min erreicht werden. Ab 1933/34 wurden die Arbeiten Schmidts durch Adolf Baeumker vom Verkehrsministerium und vom Heereswaffenamt aus öffentlichen Mitteln finanziert (Kapitel 16.1., Aussage Dr. Dornberger). Die weitere Förderung, ab 1935, übernahm das RLM.[3, 15] Finanzielle Mittel für Dipl.-Ing. Schmidt durch das HWaA sind offensichtlich aber bis Anfang 1937 weiter zur Verfügung gestellt worden. Denn noch am 19. Februar des Jahres fand in München eine Besichtigung der Arbeiten Schmidts durch Herren des HWaA statt. Unter dem Eindruck der nicht besonders erfolgreichen Vorführungen schreibt Dr. Thiel am Schluß seiner Aktennotitz WaA Prw D/V, Aktz. 67a 21/S, vom 22. Februar 1937, nachdem er zuvor u. a. kritisch angemerkt hatte, daß Dipl.-Ing. Schmidt sich zu sehr in Einzelprobleme verliere, vielfach noch keine fertigungsgerechte Durchkonstruktion vorhanden sei und ebenfalls kein Betrieb mit Benzin vorliege: »Das Strahlrohr selbst erscheint als eine brauchbare und entwicklungsfähige Antriebsart. Jedoch dürfte es für Heereszwecke nicht in Frage kommen ... Als Antriebsmittel für Flugzeuge könnte es jedoch wertvoll erscheinen. Es wird daher angeraten, die weitere Entwicklung dem Luftfahrtministerium zu überlassen und sich seitens WaA Prw D ... von weiterer Beteiligung zurückzuziehen.«

Unabhängig von Paul Schmidt entdeckte bei der Motorenfirma Argus Berlin der spätere Dr.-Ing. Günther Diedrich den Effekt der schwingenden Verbrennung, als er Versuche zur Leistungssteigerung an Flugmotoren mit Hilfe der Nachverbrennung in Abgasstrahlsaugern durchführte. In diesen Abgasstrahl-Ejektoren wurden die Motorabgase mit Frischluft gemischt, wobei verschiedentlich Verpuffungen bzw. schwingende Verbrennungen beobachtet wurden. Durch diese Entdeckung angeregt, setzten in einer zweiten Institution im Jahre 1938 Entwicklungsarbeiten an Geräten zur Schubgewinnung durch intermittierende Verbrennung ein. Veranlaßt und gefördert wurden diese Arbeiten allgemein durch das RLM im Zuge des durch den Sachbearbeiter für Sondertriebwerke, Flugbauführer Stabsingenieur Helmut Schelp, 1939 aufgestellten Programms zur Entwicklung von Strahltriebwerken.[3,4,13] In der merkwürdig kurios formulierten Aufgabenstellung für diesen speziellen Fall hieß es u. a.: »Man nehme ein Reagenzglas, gebe einige Tropfen Kraftstoff hinein, schüttle das Ganze und zünde am offenen Ende des Glases an. Das Gemisch wird dann nicht kontinuierlich, sondern in rhythmischen Verpuffungen abbrennen.« Offenbar war mit dieser Beschreibung eine Verpuffung von Arbeitsgasen gemeint, die in einem Rohr als Druckschwingungen zum Zwecke der Schubgewinnung ablaufen sollten.[9]

Ohne von den Arbeiten Schmidts Kenntnis zu haben, baute Diedrich bei der Firma Argus unter der technischen Leitung von Dr.-Ing. Fritz Gosslau zunächst das Versuchsmodell eines Resonator-Brenners mit zwei gegeneinandergeschalteten kugelförmigen Schwingkammern. Dabei war die offene Seite der mit der Zerstäuberdüse versehenen Brennkammerhälfte über die etwas kleinere Öffnung der das Rohr tragenden Brennkammerhälfte geschoben, womit zwischen beiden Kugelhälften ein Ringschlitz entstand. Da an eine Fluggeschwindigkeit von etwa 700 km/h gedacht war, wurde der Zerstäuberbrennkammerhälfte mit dem dieser Geschwindigkeit entsprechenden Staudruck Verbrennungsluft über den Ringschlitz zugeführt.[13]

Bei der angestrebten Verpuffung mußten zwei Vorgänge verhindert werden: Die Brenngase durften erstens nicht aus der vom Staudruck beaufschlagten Seite des Strahlrohres austreten. Die Lufteintrittsöffnung wurde aus diesem Grunde zunächst mit einem strömungstechnischen Ventil in Form des schon erwähnten Borda-Ringschlitzes ausgebildet, das ähnlich wie ein undichtes mechanisches Ventil wirkte. Als zweite Bedingung mußte ein kontinuierliches Abbrennen des Kraftstoffes verhindert werden, weshalb die Zerstäuberdüse in eine kleine Nebenkammer versenkt wurde. Diese Kammer wurde gegenüber dem Brennraum durch ein Flammenlöschsieb, ähnlich wie bei einer Grubenlampe, abgeschirmt. Für die Treibstoffversorgung ging man von der Überlegung aus, daß, wenn eine der beiden zur Verpuffung notwendigen Komponenten, z. B. die Luft, intermittierend in die Brennkammer eintrat, die zweite Komponente, der Kraftstoff, dem Brennraum kontinuierlich zugeführt werden konnte. Dieser grundsätzliche Entschluß sollte zur wesentlichen Vereinfachung der Strahlrohrentwicklung mit intermittierender Verbrennung und seiner Regelung wie auch später der ganzen Triebwerkanlage der Fi 103 beitragen.

Der Vollständigkeit halber sei erwähnt, daß Paul Schmidt die kontinuierliche

Treibstofförderung ebenfalls schon früher anwandte, jedoch keine Notwendigkeit darin sah, sie für seine weiteren Versuche beizubehalten.[13]

Am 13. November 1939 wurde der Resonator-Brenner erstmals bei der Firma Argus in Betrieb genommen. Zur allgemeinen Überraschung zeigte das Gerät sofort intermittierende Verpuffungen mit einer Frequenz von 210 Hz und einem Luftdurchsatz von 20 kg/h. Dieses Modell führte man am 30. November 1939 dem RLM vor und stellte in dem gemeinsam verfaßten Aktenvermerk Nr. 7/39 fest: »Da der Ansatz Erfolg verspricht, wird Argus einen Auftrag auf Weiterentwicklung erhalten.«[13]

Bei einem zweiten Versuchsmodell wurde die Luft schon von vorne zugeführt und trat, über einen Ringwirbel um 180° umgelenkt, in den kugelförmigen Brennraum ein. Dieses Gerät zeigte eine ausgezeichnete Verbrennung des Treibstoffes und einen stabilen Verpuffungsbetrieb. Das war um so erstaunlicher, da die Treibstoffzerstäubung recht mangelhaft war, keine gesteuerte Zündung und keine Ventilklappen vorhanden waren. Auch bei diesen Versuchen arbeitete das Gerät zur allgemeinen Überraschung der Beteiligten weiter, als während des Betriebes die Zündung abgeschaltet wurde.[9]

Das dritte Modell rüsteten die Argus-Ingenieure schon mit allen typischen Konstruktionsmerkmalen aus, die das spätere Antriebsrohr der Fi 103 aufwies. Es fand dabei keine Umlenkung der eintretenden Verbrennungsluft mehr statt, sondern Kraftstoff und Luft strömten ohne Umlenkung in gleicher Richtung und gemeinsam in die Brennkammer ein, wobei die Luft über ein handelsübliches Kompressor-Blattfederventil geführt wurde. Eine Verengung zwischen Nebenkammer und Brennkammer ersetzte das Flammenlöschsieb und verhinderte die kontinuierliche Verbrennung des Treibstoffes. Außerdem schützte sie das Lufteintrittsventil vor den Feuergasen. Die Durchmesser der Ausblasöffnungen an den Versuchsgeräten bewegten sich zwischen 20 und 100 mm.[9, 13]

Dreieinhalb Monate nach dem Versuchsbeginn bei Argus, also im Frühjahr 1940, schlug Professor Wunibald Kamm von der TH Stuttgart, der sowohl die Arbeiten von Paul Schmidt als auch die von Argus kannte, dem RLM eine Zusammenarbeit beider Firmen vor, um möglichst schnell ein Ergebnis zu erreichen. Es kam darauf zu einem Vertrag zwischen den Firmen Maschinen- und Apparatebau München und Argus. Jedoch sollte dieser angestrebten Interessengemeinschaft für die Zukunft keine gedeihliche Zusammenarbeit beschieden sein. Die Argus-Gruppe besichtigte zunächst 1940 die Arbeiten von Paul Schmidt in München. Dort demonstrierte man das große Verpuffungsstrahlrohr im Stand. Vor den Ventilapparat war ein großer Papiersack mit einem Propangas-Luft-Gemisch gebunden, wodurch das Rohr für einige Sekunden betrieben werden konnte, bis der Gasvorrat aufgebraucht war. Auch wurde den Besuchern von Schmidt ein kleines Strahlrohr für flüssigen Kraftstoff vorgeführt. Während Argus die Zeichnungsunterlagen des großen Strahlrohres SR 500 mit Klappenkasten und dem 3 m langen Rohr erhielt, waren die Versuche mit dem flüssigen Treibstoff offenbar noch nicht so weit abgeschlossen, daß schon verbindliche Zeichnungen für das kleinere Rohr übergeben werden konnten.[3, 9]

Die Ingenieure von Argus veranlaßten bei der Luftfahrtforschungsanstalt (LFA) in Braunschweig-Völkerode unter Dr. Zobel Windkanalversuche mit einem Schmidt-Rohr. Nach Änderungen am Einlauf und am Klappenregister mit den Blattfederventilen, wobei man wegen der einfacheren Fertigung den bisher sphä-

risch geformten Ventilapparat eben gestaltete, die von Schmidt gebogenen Ventilklappen jedoch verwendete und die von Argus geplante Gemischbildung für flüssige Brennstoffe vorsah, konnten Betriebszeiten bis zu einer Stunde erreicht werden. Dieses Ergebnis wäre aber ohne einen entscheidenden Entwicklungsschritt
an der Luftführung, mit der Einlaufhaube vor und der Kastenblende nach den
Ventilklappen, nicht möglich gewesen. Das daraus resultierende »Düsenblenden-
Gemischbildungsverfahren« wurde Diedrich 1943 patentiert.

An dieser Stelle ist es notwendig, etwas näher auf die Unterschiede der Arbeiten
von Paul Schmidt und der Firma Argus einzugehen. Allgemein herrscht die Meinung vor, daß die Firma Argus bei der Entwicklung des Triebwerkes für die Fi 103
auf dem Patent von Schmidt aufgebaut und von da aus die technische Anpassung
für den Einsatz bei der Flugbombe vorgenommen hätte. Das trifft zunächst schon
vom zeitlichen Ablauf her nicht zu, da, wie schon beschrieben, die Firma Argus
ohne Kenntnis der Versuche und Ergebnisse von Paul Schmidt ihre ersten Schub-
rohre baute und betrieb, ehe sie mit ihm in Verbindung trat.[9, 13]

Dipl.-Ing. Paul Schmidt hatte ohne Zweifel die Verwirklichung des Gedankens eines Pulsostrahltriebwerkes etwa zehn Jahre früher als die Firma Argus verfolgt.
Seine Forschungsarbeiten haben, wie in Verbindung mit Professor Kamm und davor schon erwähnt, dieses Antriebssystem im RLM als entwicklungsfähig bekannt
gemacht.

Dr.-Ing. Günther Diedrich hat nach dem Krieg die Auffassung vertreten, daß seinerzeit die Funktionsprinzipien der Antriebsrohre von Schmidt und Argus unterschiedlich waren. Nach seinen Angaben wollte Paul Schmidt in seinem Schubrohr
die »Luftvorlagerungs-Druckwellenzündmethode« verwirklichen. Dieser etwas
komplizierte Ausdruck beinhaltet zweierlei. Durch den Ventilapparat wurde ein
außerhalb des Rohres gebildetes Treibstoff-Zündgemisch angesaugt und lagerte
sich der im restlichen Rohr bis zur Ausströmöffnung verbleibenden Luftsäule vor.
Nach Zündung des Treibstoffgemisches wurde diese Luftsäule kolbenartig beschleunigt und bewirkte durch ihre Trägheit neben der Druckerhöhung eine Im-
pulssteigerung und somit eine Vergrößerung des Nutzschubes. Als zweites beschreibt der Ausdruck den Zündvorgang. Die Druckwellenzündung entspricht
etwa jener eines »klopfenden Motors«. Hierbei erfolgt die Entflammung des
Zündgemisches plötzlich und detonativ. Da in diesem Fall schon örtliche Gemischteile bei 200 bis 300 °C mit großer Geschwindigkeit chemisch umgesetzt bzw.
verbrannt werden, bilden sich auch örtlich begrenzte Gebiete höheren Druckes.
Diese laufen als Druckwellen durch die noch unverbrannten Gemischteile hindurch und tragen die Zündung durch das Gesamtgemisch. Dieser detonative
Zündvorgang hatte auch entsprechend hohe Druckspitzen im Rohr zur Folge. Der
Vollständigkeit halber sei noch erwähnt, daß der Schweizer Reynst im Jahre 1938
ebenfalls ein Patent über eine detonativ arbeitende Verpuffungsbrennkammer mit
Restgaszündung erhielt. Demgegenüber setzte die Firma Argus bei ihrem Ar-
beitskonzept weder die dauernde Luftvorlagerung noch die »klopfende« Verbrennung ein. Sie blieb bei ihrem angefangenen Prinzip der einfachen motorischen
Niederdruckverbrennung ohne Vorverdichtung, mit stetiger Treibstoffeinsprit-
zung, der Gemischbildung im Rohr und der Zündung in der Luftansaugphase. Die
Entwicklung vollzog sich dabei schrittweise über Rohrausblasdurchmesser von 60,
100, 150, 200 und 300 mm. Bei diesen Versuchen stellten sich mit den mechani-

schen Klappenventilen und der stetigen Kraftstoffeinspritzung zunächst insofern Schwierigkeiten ein, als nur ein niederfrequenter Pulsobetrieb von 13 Hz und dauernd eingeschalteter Zündkerze zu verwirklichen war.[13]

Im Januar 1941 gelang es dann erstmalig, die Schubgrenze bis an die 0,980 kN (100 kp) bei einem stabilen Resonatorbetrieb von 50 Hz heranzubringen. Das war aber nur mit dem schon erwähnten Düsenblenden-Gemischbildungsverfahren möglich. Günther Diedrich hatte zentrisch um die damals noch einzige in der Mitte des Ventilkastens vorgesehene Kraftstoffzerstäuberdüse eine Düsenblende angeordnet. Mit der Einschnürung dieser Luftführungsblende war es Diedrich möglich, die Lufteinschußgeschwindigkeit so abzustimmen, daß sie größer als die Flammenfortpflanzungsgeschwindigkeit in dem sich hinter der Blende bildenden und zu zündenden Gemisch wurde. Damit unterband er ein Zurückschlagen der Flammenfront in das Ventilsystem hinein, was auch das wesentliche Kriterium der höheren Ventilklappenlebensdauer war. Außerdem bewirkte diese eine Zündverzugszeit verursachende Luftführung, so daß die neue Ladung der Gemischbildung in den mit glühenden Abgasresten angefüllten Brennraum eintreten konnte, ohne vorzeitig zu verpuffen. Dieses Verfahren funktionierte aber nur bei den im normalen Motorenbau üblichen Zündgeschwindigkeiten bis etwa 100 m/s.

Mit diesem Gemischbildungsverfahren hat sich das »Argus-Resonatorrohr«, um einen Ausdruck von Diedrich zu verwenden, für die praktische Anwendung vom damaligen Stand der Technik abgehoben und auch die Möglichkeit einer Weiterentwicklung im Ausland nach dem Krieg gegeben. Im Jahre 1942 stellte sich dann die betriebliche Überlegenheit des Argus-Prinzips gegenüber dem Druckwellenzündprinzip mit intermittierender Gemischbildung des Schmidt-Rohres SR 500 bei den Messungen Dr. Theodor Zobels im Windkanal der LFA heraus.

Sei es nun, daß behördlich die technischen Unterschiede des Schmidt- und des Argus-Rohres nicht sogleich erkannt wurden oder aber die ohne Zweifel vorhandenen Verdienste von Schmidt um diesen Antrieb honoriert werden sollten, jedenfalls befahl GFM Milch mit Schreiben vom 1. Juni 1944 als Benennung für das Verpuffungsstrahlrohr As 014 die Bezeichnung »Argus-Schmidt-Rohr«, womit gleichzeitig die alleinige Bezeichnung »Argus-Rohr« nicht mehr benutzt werden durfte.

Im Februar 1941 unternahm der inzwischen an der TH Berlin zum Dr.-Ing. promovierte Diedrich die ersten Regel- und Beschleunigungsversuche mit dem Pulsostrahltriebwerk an einem »Resonator-Rückstoßwagen«.[13]

Am 30. April 1941 wurde mit einer Gotha Go 145 und einem Rohr von 1,176 kN (120 kp) Standschub als Zusatztriebwerk der erste Flugversuch durchgeführt. Mit diesen Arbeiten ging die weitere Entwicklung am Verpuffungsstrahltriebwerk endgültig an die Firma Argus über. Dipl.-Ing. Paul Schmid wechselte später zur LFA und arbeitete dort mit Dr. Eugen Sänger an Staustrahltriebwerken zusammen.[3, 9]

Im Sommer 1941 sind bei der DFS in Ainring mit Lastenseglern, die ausschließlich von einem Strahlrohr angetrieben wurden, Flugversuche durchgeführt worden, wobei wahrscheinlich in diesem Zusammenhang in der Fluggeschichte erstmals ein Flugzeug allein mit einem intermittierenden Strahlrohr angetrieben wurde. Als sich das Jahr 1941 dem Ende zuneigte, hatte sich das Argus-Schmidt-Rohr als Antrieb für Flugzeuge mit niedrigen Geschwindigkeiten durchaus bewährt. Ob es aber für höhere Geschwindigkeiten eingesetzt werden konnte und dabei auch den notwendigen Schub liefern würde, war durchaus noch nicht als sicher anzusehen. Es gab damals ernstzunehmende Stimmen, die daran Zweifel äußerten. Um wenigstens im Geschwindigkeitsbereich damaliger schneller Kampfflugzeuge, bei 400 bis 500 km/h, das Betriebsverhalten des Verpuffungsstrahlrohres zu ermitteln, wurden Leistungs- und Verbrauchsmessungen bei dessen Einsatz als Zusatztriebwerk an der Do 217, der Ju 88 und dem Messerschmitt-Flugzeug Bf 110 durchgeführt. Die Versuche konnten zwar zur Zufriedenheit abgeschlossen werden und entsprechende Informationen liefern, erbrachten aber die Eignung als Antrieb für die angestrebten höheren Geschwindigkeiten noch nicht.[3]

Bei den Erprobungs- und Meßflügen erwies sich das Strahlrohr als recht schwieriger Antrieb, da sich seine pulsierenden Druckschwankungen als Körperschall auf die Versuchsträger übertrugen und dort an den Zellen oft Schäden verursachten. Diese Tatsache sollte während der späteren Erprobung des Fernflugkörpers Fi 103 in Peenemünde-West zu ähnlichen Schwierigkeiten an den empfindlichen Steuerungselementen führen. Es war somit bei dem seinerzeitigen Stand der Entwicklung ein kühner Entschluß, als am 19. Juni 1942 die Realisierung der Flugbombe Fi 103 durch GFM Milch befohlen wurde, ohne daß die Eignung des vorgesehenen Antriebes für die geplante Geschwindigkeit von etwa 700 km/h erwiesen war.[9]

Es ist zweckmäßig, an dieser Stelle etwas über die thermodynamischen Probleme und den konstruktiven Aufbau des Argus-Schmidt-Rohres zu berichten, um die später geschilderten Betriebs- und Regelvorgänge, die Treibstoffversorgung und die Verbesserungen bei der Entwicklung und Erprobung besser verstehen zu können. In Abb. 53 ist das Triebwerk As 014 in seiner endgültigen Form und allen wesentlichen Einzelheiten dargestellt. Das Pulsostrahltriebwerk war im Vergleich zu einem Kolbenflugmotor ein Triebwerk von erstaunlicher Einfachheit. Sieht man einmal von den Klappen der Blattfederventile ab, so hatte der Antrieb weder drehende noch hin- und hergehende Teile. Die Einfachheit war kaum noch zu überbieten. Dabei soll diese Einfachheit nicht auf die Beurteilung der zu lösenden Schwierigkeiten bei der Entwicklung übertragen werden. Denn gerade einfache technische Anordnungen erfordern oft große Anstrengungen, um sie zur erfolgreichen Verwirklichung zu führen. Die Einfachheit einer technischen Lösung zeugt oft von der Genialität des ihr zugrunde liegenden Gedankens. Wie nicht selten in der Technik, ist dieser Antrieb bei der Firma Argus nach der Methode der experimentellen Empirie und nicht nach der Methode der theoretischen Vorausberechnung entwickelt worden. Immer wenn es sich in der Technik um anwendungstechnisches Neuland handelt, wo eine allgemeingültige Theorie für die Berechnung nicht existiert bzw. von einer Fülle von Erfahrungskoeffizienten abhängig ist, führt diese Arbeitsmethode bei geschicktem Vorgehen noch am schnellsten zu brauchbaren Ergebnissen, und die Zeit war ja damals ein alles entscheidender Faktor.

Das wesentliche und ins Auge fallende Bauteil des Verpuffungsstrahltriebwerkes war der 3,5 m lange Rohrkörper, in dem die thermodynamischen Vorgänge des Arbeitsprinzips zur Schuberzeugung abliefen. Der Erfindungsgedanke lag darin begründet, daß dieses einseitig durch Klappenventile abschließbare Rohr, akustisch durch Verpuffungen erregt, ohne bewegte Teile imstande war, Luft anzusaugen, mit dem eingespritzten Treibstoff zu vermischen, das Gemisch zu zünden, zu verpuffen und die dabei entstehenden Gase zum Zwecke der Schubgewinnung auszustoßen. Einmal gezündet, konnte sogar die Zündvorrichtung entfallen, da die heißen Restgase des Rohres das sich jeweils neu bildende Treibstoff-Luft-Gemisch zündeten, wie später noch näher erläutert wird.

Der Höchstdruck im Brennraum betrug im Standbetrieb bei Vollast etwa 3 bar Absolutdruck, und der größte Unterdruck ergab dabei etwa 0,2 bar (Abb. 52). Die Zeit für ein Arbeitsspiel (Überdruckphase + Unterdruckphase) lief innerhalb von 21,3 ms ab. Das Verhältnis der Zeit des wirksamen Überdruckes zur Zeit eines Arbeitsspieles betrug etwa 0,5. Während des Fluges wurden Höhe und Dauer der Überdruckphase im Verhältnis zur Unterdruckphase durch die Wirkung des Staudruckes etwas größer. Unter dem Einfluß der Druckverläufe im Rohr und dem äußeren Staudruck wurde auch die Funktion der Ventilklappen gesteuert und deren Ventilzeitquerschnitt, das ist ihr Öffnungshub in Abhängigkeit von der Zeit, entsprechend beeinflußt. Im Fluge war der Ventilzeitquerschnitt größer. Das Triebwerk hatte dabei einen größeren Luftdurchsatz und konnte somit mehr Kraftstoff verbrennen, womit der Nutzschub F anstieg.[13]

Im Standbetrieb erreichte das Triebwerk für eine gegebene Ventil- und Gemischbildungsanordnung einen Optimalschub. Der Wirkung dieser beiden Triebwerkelemente überlagerten sich aber viele Einflußgrößen. Da wirkte sowohl das Verhältnis a von Brennkammerdurchmesser zum Rohraustrittsdurchmesser, auch Rohreinschnürung genannt, als auch das Verhältnis ξ der Rohrlänge L zum Außendurchmesser d bestimmend auf den Schub ein. Wenn man weiter bedenkt, daß bei völlig gleichen Rohrabmessungen, also gleichen a- und ξ-Werten und gleicher Ausführung des Gemischbildungsverfahrens, nur durch Verbesserung der Ventilklappenkonstruktion der Standschubbeiwert ψ in der Größenordnung von 0,2 auf 0,46 verbessert werden konnte, dann wird die Komplexität der Entwicklungsarbeit deutlich, an deren Ende letztlich nur ein einfaches Ofenrohr mit etlichen Ventilklappen aus Bandfederstahl und einigen Blechteilen stand.[13]

Der Schub konnte wie folgt berechnet werden:

$$F = \psi \times d^2 \text{ kp bzw. mit Umrechnungsfaktor 9,8 in N}$$

Darin ist ψ der Schubbeiwert. Bei der Argus-Ventilkonstruktion der Serienausführung war dieser Wert 0,2 bis 0,25. Mit Venturiventilelementen waren 0,46 erreichbar. Der Rohraustrittsdurchmesser d war in cm zu berücksichtigen. Die Rohrlänge L war abhängig von der Beziehung:

$$L = \xi \times d$$

ξ als Verhältnis der Rohrlänge L zum Austrittsdurchmesser d lag in der Größenordnung von 8 bis 12.

Die Rohreinschnürung a bewegte sich in den Grenzen von 1,4 bis 2,0. Größere Brennkammerdurchmesser hatten zwar höhere Standschubwerte zur Folge, die aber im Fluge durch den größeren Stirnwiderstand des Rohres wieder eliminiert wurden.

Aus den in Abb. 52 dargestellten Kurven gehen die Druckverläufe bei verschiedenen Betriebszuständen innerhalb des Argus-Schmidt-Rohres hervor. Im Teillastbetrieb hatte der Antrieb bezüglich des spezifischen Kraftstoffverbrauches stark

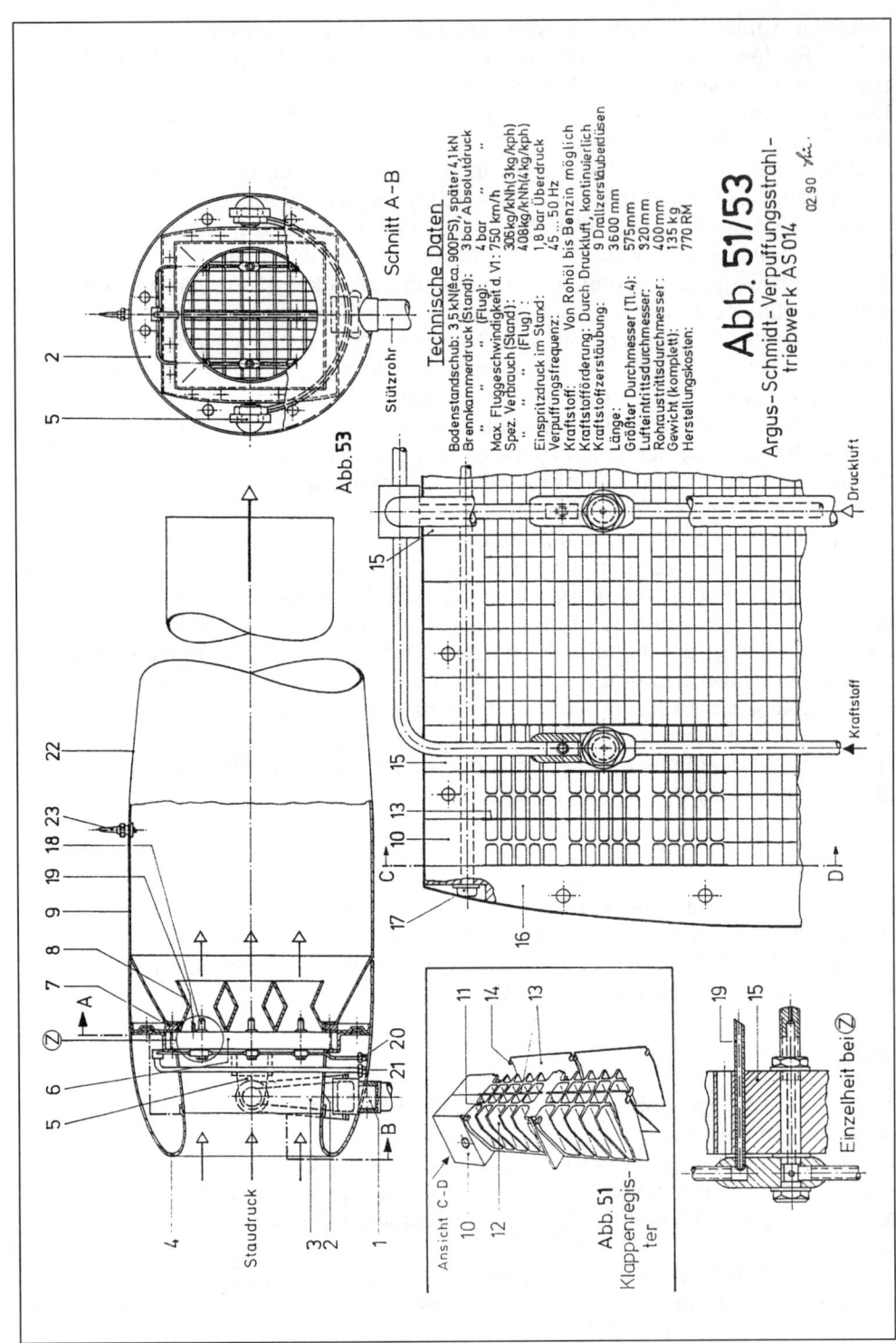

Abb. 53

Schnitt A–B

Stützrohr

Technische Daten

Bodenstandschub: 3,5 kN (ca. 900 PS), später 4,1 kN
Brennkammerdruck (Stand): 3 bar Absolutdruck
         (Flug): 4 bar   "
Max. Fluggeschwindigkeit d. V1: 750 km/h
Spez. Verbrauch (Stand): 306 kg/kNh (3 kg/kph)
         (Flug): 408 kg/kNh (4 kg/kph)
Einspritzdruck im Stand: 1,8 bar Überdruck
Verpuffungsfrequenz: 45 ... 50 Hz
Kraftstoff: Von Rohöl bis Benzin möglich
Kraftstofförderung: Durch Druckluft, kontinuierlich
Kraftstoffzerstäubung: 9 Drallzerstäuberdüsen
Länge: 3600 mm
Größter Durchmesser (TL4): 575 mm
Lufteintrittsdurchmesser: 920 mm
Rohraustrittsdurchmesser: 400 mm
Gewicht (komplett): 135 kg
Herstellungskosten: 770 RM

Abb. 51/53

Argus–Schmidt–Verpuffungsstrahl–
triebwerk AS 014

02.90   A.

Druckluft

Kraftstoff

Ansicht C–D

Abb. 51
Klappenregis-
ter

Einzelheit bei Z

Staudruck

ansteigende Tendenzen. Das ist deshalb verständlich, weil bei niedrigeren Treib-stofförderdrücken die Gemischbildung infolge der größeren Kraftstofftröpfchen bei der Zerstäubung ungünstiger ist als bei höheren Förderdrücken.

Das Starten des Antriebsrohres war insofern problematisch gewesen, als bei zu fettem oder zu magerem Gemisch die notwendige Druckspitze fehlte, die für die Anfahr-Massenströmung notwendig war. Ihr Fehlen bzw. ihre zu geringe Höhe schwächte auch den Nachsaugeffekt der Frischluft, und die Verbrennung er-stickte in ihren eigenen Abgasen. Durch zusätzliches Einblasen von Druckluft über drei in den Ventilkasten eingesetzte Anlaßluftdüsen, deren Blasrichtung auf die Zündkerzenelektroden gerichtet war, gelang es, zumindest im Bereich der Anlaßzündkerze für den Anlaßvorgang ein günstiges Treibstoff-Luft-Ge-misch zu erreichen.[13]

16.2.1. Funktion und Konstruktion des Verpuffungsstrahltriebwerkes

Bevor auf die Zündung und den Gaswechselvorgang im Antriebsrohr näher ein-gegangen wird, ist es notwendig, die Entstehung der Resonanzfrequenz, also die akustischen Vorgänge etwas näher zu beschreiben. Mit der Verpuffung und der Schuberzeugung war auch gleichzeitig eine akustische Erregung des Rohrinhaltes gegeben, wobei ein Vorgang ohne den anderen nicht möglich war. Sie standen in direkter Wechselbeziehung zueinander.

Wird der Luft- oder Gasinhalt eines Rohres akustisch erregt, das heißt in Schwin-gung versetzt, so entstehen in ihm Längswellen, die durch den Rohrinhalt hin-durchlaufen. Bei geschlossenem Rohr werden diese Schwingungen, die aus Ver-dichtungen und Verdünnungen des eingeschlossenen Gases bestehen, am Rohren-de reflektiert. Treffen bei dem Reflexionsvorgang zwei gleiche, aber entgegenge-setzt laufende Wellen aufeinander, so ergeben sich sogenannte stehende Wellen mit Schwingungsknoten und Schwingungsbäuchen. Dieser Vorgang klingt bei ein-maliger Anregung infolge der inneren Reibung des schwingenden Mediums wie-der ab (gedämpfte Schwingung). Die Schwingung kann sowohl wie bei einer Or-gelpfeife durch Anblasen als auch wie im Falle des Fi 103-Triebwerkes durch eine innere Verpuffung bewirkt werden. Die laufende Zuführung von Verbrennungs-bzw. Verpuffungsenergie durch das Brennstoffgemisch ließ das Argus-Schmidt-Rohr auch als Schallerzeugungsmaschine mit ungedämpften Schwingungen lau-fen. Die Lautstärke erreichte dabei die Größe von beachtlichen 140 Phon.

Diese Schallerzeugung war natürlich nicht Selbstzweck. Bei einer reinen Schall-quelle findet ja kein Massentransport und damit auch kein Strömungsvorgang statt, da die Gasmoleküle, entsprechend der Schwingfrequenz, um eine Nullage nur hin und her pendeln. Beim Fi-103-Rohr war dem Schwingungsvorgang der Schallerzeugung eine Massentransportströmung zur Schuberzeugung überlagert. Die im Rohr befindliche elastische Gasmasse ließ die mit Hilfe der Verpuffung hervorgerufene Druckstörung bis zum Rohrende mit der entsprechenden Schallfortpflanzungsgeschwindigkeit durcheilen. Durch die Aufnahme eines Os-zillogramms ist der Druckverlauf in der Brennkammer im konischen Teil und am Rohrende gemessen worden (Abb. 52). Man erkennt, daß z. B. die Druckspitzen der hinteren, am Oszillogramm unteren beiden Meßstellen jeweils weiter nach

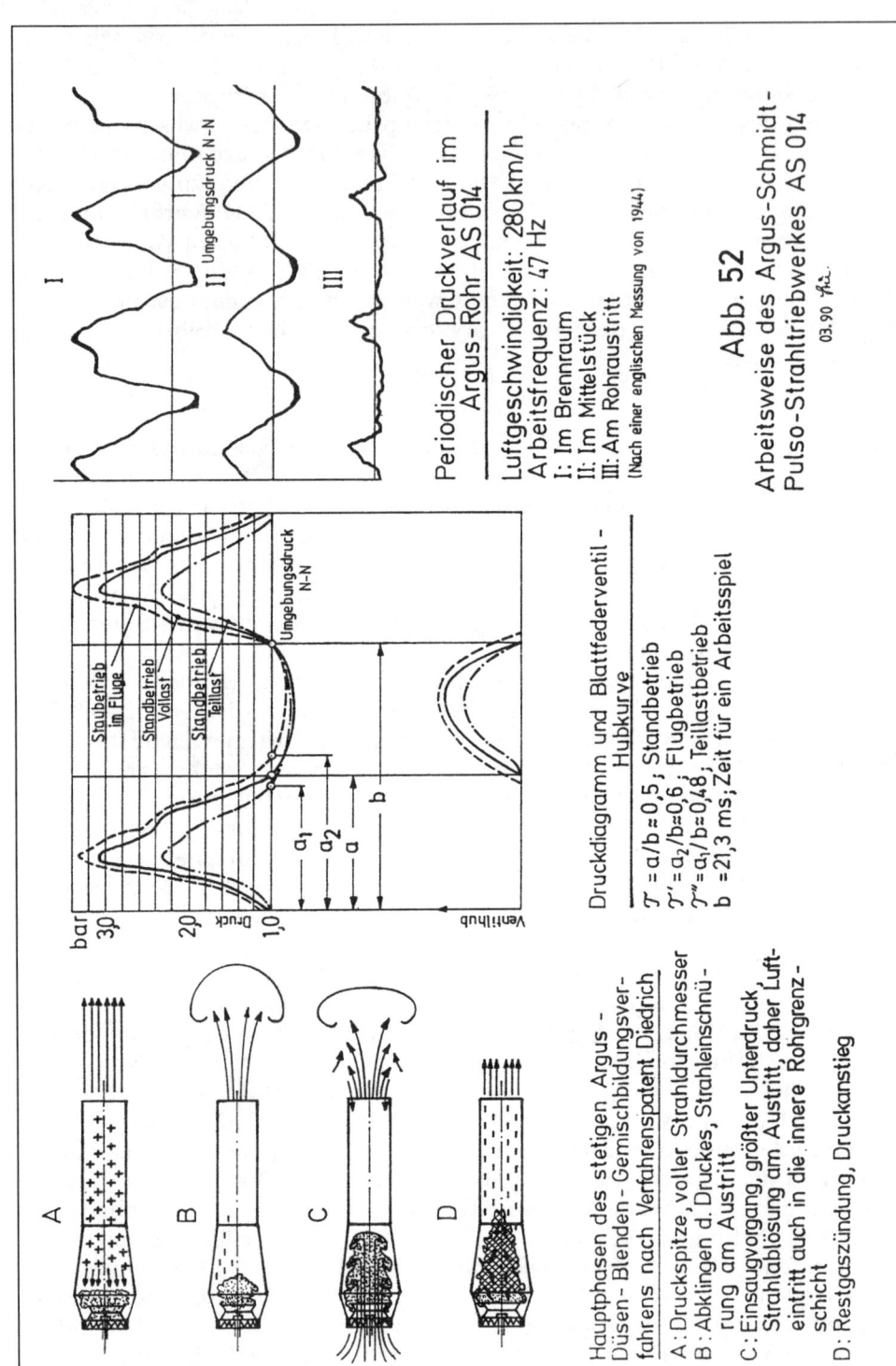

Periodischer Druckverlauf im
Argus-Rohr AS 014

Luftgeschwindigkeit: 280 km/h
Arbeitsfrequenz: 47 Hz
I: Im Brennraum
II: Im Mittelstück
III: Am Rohraustritt
(Nach einer englischen Messung von 1944)

Abb. 52
Arbeitsweise des Argus-Schmidt-
Pulso-Strahltriebwerkes AS 014

03.90 Ar..

Druckdiagramm und Blattfederventil -
Hubkurve

$\mathcal{T} = a/b = 0,5$; Standbetrieb
$\mathcal{T}' = a_2/b = 0,6$; Flugbetrieb
$\mathcal{T}'' = a_1/b = 0,48$; Teillastbetrieb
b = 21,3 ms ; Zeit für ein Arbeitsspiel

Hauptphasen des stetigen Argus -
Düsen-Blenden-Gemischbildungsverfahrens nach Verfahrenspatent Diedrich

A: Druckspitze, voller Strahldurchmesser
B: Abklingen d. Druckes, Strahleinschnü-
rung am Austritt
C: Einsaugvorgang, größter Unterdruck
Strahlablösung am Austritt, daher Luft-
eintritt auch in die innere Rohrgrenz-
schicht
D: Restgaszündung, Druckanstieg

rechts verschoben, also zeitlich später aufgetreten sind, da sie entsprechend weiter von der Schallquelle entfernt lagen. Mit Hilfe der Vorschubgeschwindigkeit des Oszillogrammstreifens ließ sich diese Nacheilzeit ermitteln. Indem man den Abstand zweier Meßstellen mit der zeitlichen Differenz zweier Druckmaxima dividierte, konnte die Schallgeschwindigkeit im Rohr ermittelt werden.[13]

Das Argus-Schmidt-Rohr war als einseitig offenes Rohr anzusehen. Die Akustik besagt, daß in einem derartigen Schallerzeuger an der geschlossenen Stirnseite (Klappenregister) ein Schwingungsknotenpunkt und am offenen Ende (Ausströmöffnung), ein Schwingungsbauch anzutreffen ist. Damit hat sich ein Viertel der Wellenlänge (λ/4) der Schwingfrequenz im Rohr ausgebildet, während die ganze Wellenlänge nach vierfacher Rohrlänge anzutreffen ist. Demnach beträgt die Resonanzfrequenz des Rohres:

$$f = c / (4 \times L)\ \text{Hz}$$

c = Schallgeschwindigkeit im kalten Rohr in m/s (333 m/s bei 0 °C)
L = Rohrlänge in m (ca. 3,5 m beim As 014)

Im kalten Zustand würde das Rohr bei einer Frequenz von

$$f_k = 333 / (4 \times 3,5) = 24\ \text{Hz arbeiten.}$$

Es hätte also einen tiefen Brummton von sich gegeben. Da die Arbeitsfrequenz im heißen Zustand aber etwa doppelt so hoch war, kann dieser Effekt offenbar nur der hohen Betriebstemperatur zuzuschreiben sein. Die Schallgeschwindigkeit errechnet sich unter Berücksichtigung der Temperatur zu:

$$c = \sqrt{g \times K \times R \times T}\ \text{m/s}$$

g = Erdbeschleunigung: 9,81 m/s^2
K = adiabatische Kompressibilität: $1/\kappa \times p_0$
R = Gaskonstante
T = Absoluttemperatur: T = t + 273 °C, t = Rohrtemperatur

Es würde den Rahmen dieses Berichtes sprengen, dieser Angelegenheit mathematisch weiter zu folgen. Es sei nochmals erwähnt, daß bei heißem Antriebsrohr die Verpuffungsfrequenz etwa doppelt so hoch war wie im kalten Zustand, also etwa 48 Hz. Das bedeutete auch eine doppelt so hohe Schallausbreitungsgeschwindigkeit im Rohr wie im kalten Zustand, da die mechanischen Gegebenheiten des Rohres konstant blieben. Man kann analog zur kalten Rohrfrequenz f_k für den heißen Zustand schreiben:

$$f_h = 666 / (4 \times 3,5) = 48\ \text{Hz}^{[13]}$$

Es wurde schon erwähnt, daß Karavodine das Phänomen der Selbstzündung bei seinen Versuchen mit Verpuffungstreibdüsen entdeckt hat. In der Zeitschrift »Die Turbine« des Jahres 1909 konnte man diesbezüglich folgende Bemerkung lesen:

»Die neue Ladung gelangt von selbst und ohne irgendwelche Steuerung in den Explosionsraum, so daß sich das Spiel automatisch und in sehr kurzer Zeit wiederholt. Der obere Teil der Kammer und das Düsenrohr wurden alsbald glühend, und die Zündung konnte eingestellt werden.«[9]

Diese Ausführung wurde seinerzeit dahingehend gedeutet, daß sich die Treibstoffmischung an der rotglühenden Wandung entzündete. Auch beim Fi-103-Triebwerk wurde besonders der obere Teil der Brennkammerwandung glühend. Es tauchte auch hier die Frage auf, ob diese glühende Fläche die Zündung des neuen Treibstoffgemisches verursachte. Für die Dauererprobung des Rohres auf einer Fi-103-Zelle am Boden hatte man bei Argus eine Wasserkühlung der kritischen Rohrstellen vorgesehen, wobei die Rohrwandung im Betrieb nicht mehr glühte. Bei periodischem Ein- und Ausschalten der Wasserkühlung konnte kein Unterschied im Betriebsverhalten des Antriebes festgestellt werden. Die Zündung konnte sowohl ohne als auch mit Kühlung ausgeschaltet bleiben. Damit war bewiesen, daß eine hohe Temperatur der Brennkammerwandung nicht die Voraussetzung für die Zündung war.[9]

Es blieb seinerzeit der Theorie vorbehalten, warum dieses einfache, ohne besondere mechanische Vorrichtungen versehene Gerät in der Lage war, periodisch immer wieder eine Treibstoffladung anzusaugen und zu zünden. Die Klärung der physikalischen Vorgänge und die Berechnung des thermischen Kreisprozesses gelangen erstmals im Mai 1941. Zur Demonstration wurden diese Vorgänge in einem Trickfilm bei der Firma Argus festgehalten. In Abb. 52 sind die vier Hauptphasen des stetigen Düsen-Blenden-Gemischbildungsverfahrens nach Diedrich dargestellt. Hierbei ist der besseren Übersicht und Einfachheit wegen nur eine Kraftstoffdüse mit einer Luftführungsblende abgebildet worden.[9, 13] Die Phase A zeigt den Hauptausströmvorgang, der erstmals durch eine einmalige Fremdzündung durch die Zündkerze des sich in der Brennkammer bildenden Brennstoffgemisches hervorgerufen wurde. Die erste Zündung war meist sehr kräftig, da die Füllung (Treibstoffnebel und Anlaßluft der Kraftstoff- und Anlaßluftdüsen) groß war. Wegen der sicheren Zündung hatte man diesen Vorgang bewußt angestrebt. Aus Abb. 52 ist weiter ersichtlich, daß der Überdruck innerhalb der Brennkammer Reste der Gemischwolke in den Düsenblendenhals zurückgedrückt hatte. Da die Einlaßventile durch den Überdruck geschlossen waren, schritt die Verbrennung nur etwa bis zum Düsenhals vor, und der durch die stetige Einspritzung der Kraftstoffdüsen überreiche Brennstoffnebel legte sich als schützender Schleier vor die Ventile. Die Strahlungswärme des Brennraumes verdampfte diesen Schleier, womit ein Kraftstoff-Dampf-Volumen entstand, das mit der Brennzone eine Mischzone bildete, in der sicher eine Temperatur von 2000 °C geherrscht hat. Die Phase B kennzeichnet jenen Zustand, in dem sich der Überdruck zum größten Teil auf Umgebungsdruck abgebaut hatte. Die Kraftstoffwolke der stetig fördernden Zerstäuberdüse hatte sich schon im Brennraum ausgebildet. Am Rohrende war eine leichte Strahlzusammenschnürung erkennbar, die zwischen Strahl und innerer Rohrwand eine konzentrische Unterdruckzone ausbildete. Der größte Unterdruck herrschte jedoch in der Nähe der Ventilklappen. Die Phase C zeigt den Haupteinströmvorgang. Durch den Unterdruck wurden die Ventilklappen geöffnet. Die durch sie turbulent eintretende Frischluft wurde durch die Düsenblende geordnet, zusammengefaßt und verwirbelte ihrerseits den Treibstoffnebelballen, wobei sie ihn gleichzeitig tief in das Unterdruckgebiet der noch mit glühenden Restgasen angefüllten Brennkammer hineintrieb. Dieses zündfähige Gemisch konnte aber noch nicht sofort verpuffen, da seine Einströmgeschwindigkeit zunächst noch höher als die Flammenfortpflanzungsgeschwindigkeit war. Nur von den Randpartien des Gemischballens, wo eine geringere Strömungsgeschwindigkeit herrschte, setzte die Verbrennung ein, die sich in der Phase D als Hauptzündvorgang fortsetzte. Diese Hauptzündung des ganzen Gemisches begann in dem Augenblick, da infolge der Verkleinerung der Druckdifferenz: Außen- bzw. Staudruck minus Brennkammerdruck, sich die Strömungsgeschwindigkeit des Frischgemisches auf Flammenfortpflanzungsgeschwindigkeit verringert hatte. Die Verbrennung verbreitete sich dann in Richtung der Pfeile im ganzen Gemischkomplex.

Je nach Stellung der Kraftstoffdüsen, konnten harte und weiche Verpuffungen erreicht werden. Zog man die Düsen axial bis dicht vor das Klappenregister oder gar etwas hinein, so erfolgten harte Verpuffungen. Wurden die Düsen mehr ins Rohrinnere, zur Brennkammer hin verschoben, waren die Verpuffungen weicher, da der Raum zwischen Düsenebene und Ventilflächen als Puffer diente und die Druckspitzen abfederte.

Der Effekt der kurzzeitigen Verzögerung des Zündzeitpunktes durch die hohe Luft- bzw. Gemischeinblasgeschwindigkeit konnte durch verschiedene Luftführungselemente erzielt werden. Zylindrische Trichter und kegelige Verdrängungskörper waren ebenso geeignet wie Ringspalte oder Siebplatten, um die nötige Einblasgeschwindigkeit zu erhalten.[13]

Als man später, bei der endgültigen Konstruktion des Schubrohres, von einer zu neun Düsen (drei Reihen zu je drei Düsen) überging, wurde jeder der drei waagerechten Düsenreihen eine Düsenblende zugeordnet, wodurch die sogenannte Kastenblende entstand (Abb. 53).[9]

Mit den Maßnahmen der Luftführung allein konnte mit stetiger Kraftstoffeinspritzung aber noch kein sicherer Verpuffungsbetrieb erzielt werden. Einen großen Einfluß hatte auch noch die Lage der Kraftstoffdüsen zu den Luftführungselementen und der Winkel des Zerstäuberstrahles der Düsen. Die eleganteste Lösung wurde bis Kriegsende von Diedrich in Zusammenarbeit mit Dr.-Ing. Karl Eisele in Form der Venturi-Ventilklappen gefunden, die aus einem Stück über die ganze Breite des Klappenregisters verliefen und auch noch leichter zu fertigen waren. Aus den geschilderten Zusammenhängen der inneren Vorgänge im Argus-Schmidt-Rohr wird deutlich, wie wichtig die Abstimmung der Rohrlänge und die Anordnung der Funktionselemente im Rohrinneren für die optimale Funktion waren.

Das geschilderte Antriebsrohr ließ sich praktisch mit allen flüssigen Kraftstoffen betreiben. Benzin war ebenso geeignet wie Rohöl oder Steinkohlenteeröl. Von Eisele sind in Ainring sogar Versuche mit Kohlenstaub durchgeführt worden, wobei mit Benzin angefahren und danach mit einem Gebläse am Ventileingang Kohlenstaub eingeblasen wurde. Das Benzin konnte nach der Zündung in der Menge zurückgeregelt werden. Zur Schubsteigerung sind auch Zusatzstoffe wie Stickoxydul und Wasser in die Brennkammer eingegeben worden, ohne daß die sonstige Funktion dadurch beeinträchtigt wurde.[13]

Nachdem die Unterschiede zwischen dem Schmidt- und dem Argus-Rohr geschildert, die thermodynamischen Vorgänge in Verbindung mit dem Argus-Gemisch-bildungsprinzip erläutert und auch die akustischen Vorgänge angesprochen wurden, soll abschließend noch ein Überblick des konstruktiven Aufbaues gegeben werden. Das Schubrohr 014 war unterhalb des vorderen Fangdiffusors 4 durch das Stützrohr gehalten (Abb. 53). Es bestand aus einem senkrecht aus dem Zellenrumpf der Fi 103 herausragenden Stahlrohr, das außerhalb des Rumpfes zunächst mit einer buchsenförmigen Durchmesservergrößerung endete. Bei der Montage von Triebwerk und Zelle wurde in diese Erweiterung ein zum Triebwerk gehörendes, nach unten führendes, abgesetztes, dickwandiges Rohrstück 1 als Lagerzapfen gesteckt und mit Bolzen gesichert (Abb. 53). Im Bereich des inneren Fangdiffusorteiles 2 war dieser Lagerzapfen mit einer aus Stahlblechteilen zusammengeschweißten Gabelaufhängung 3 verschweißt. Dabei wurde die Gabel so angeordnet, daß sie vom äußeren Fangdiffusorteil 4 und seinem inneren Teil 2 aus strömungstechnischen Gründen abgedeckt und umschlossen wurde. Die Verbindung der beiden Enden von Gabel 3 und dem Rohr 9 hatte man über eine gelenkige Lagerung 5 vorgenommen, die jeweils aus dem Gabelkopf bestand, der beidseitig in eine Mulde des inneren Fangdiffusorteiles 2 eingriff. Um zu große Erschütterungsübertragungen auf die Zelle zu vermeiden, war Lagerung 5 gummigedämpft. Die Formgebung von Teil 2 hatte neben der Funktion als Lagerelement gleichzeitig die Aufgabe, den Kreisquerschnitt der Einlauföffnung auf die quadratischen Abmessungen des Klappenregisters 6 überzuleiten. Mit den geschilderten vorderen Befestigungselementen des Triebwerkes wurde im wesentlichen der Schub auf den Rumpf des Flugkörpers übertragen. Das quadratische Klappenregister 6 war mit der Kastenblende 8 über deren runden Flansch mit dem eigentlichen Rohr 9 verbunden. Zu diesem Zweck ging das Rohr 9 in einen dem äußeren Rahmen des Klappenregisters 6 entsprechenden quadratischen Ausschnitt über, der mit einem massiven Rahmen 7 hinterfüttert war. In Rahmen 7 von 9 waren 16 Gewindebolzen eingelassen (vier auf jeder Seite), auf die sowohl die Kastenblende 8 als auch das Klappenregister 6 gefädelt und durch Verschrauben axial befestigt war.[3, 17, 18, 124]

Das Klappenregister 6, dessen Einzelheiten in Abb. 51 erläutert sind, stellte im montierten Zustand einen aus Aluminium-Spritzgußteilen zusammengesetzten Rahmen der Außenabmessungen von ca. 410×410 mm dar, wobei seine stirnseitige Dicke 30 mm betrug. Für das Ventilfeld entstand damit eine Fläche von etwa 350×350 mm. Das ganze Register ergab sich aus 15 zur Einbaulage senkrecht liegenden Stegen 10. Diese Stege waren aus einem Stück gespritzt und besaßen neben dem oberen und dem unteren würfelförmigen Rahmenelement eine Längsleiste 11, auf der sich rechtwinklig, je links und rechts, neun Gruppen zu je sechs Dichtleisten 12 befanden. Jede sechste Dichtleiste besaß eine taschenförmige Vertiefung, in der bei der Montage die Lasche 14 der Ventilklappe 13 eingelegt war. Die Ventilklappen 13 lagen nach der Montage mit gewisser Vorspannung auf den Dichtleisten 12 auf. Die V-förmig vorgebogenen Klappen waren aus Bandfederstahl von 0,23 mm Dicke gefertigt. Jede Ventilklappe dichtete also ein Feld von sechs Dichtleisten ab (Abb. 51). Durch diese Anordnung der geschilderten Bauelemente entstanden im Bereich jeder Ventilklappe fünf Lufteintrittskanäle, die von dieser im betriebslosen Zustand geschlossen wurden. Jeder Steg 10 besaß oben und unten im Rahmenteil eine horizontale Zentrierbohrung, mit der er bei der Montage auf einen langen Bolzen gefädelt wurde. Neben den Stegen 10 und den Ventilklappen 13 gab es noch drei Düsenstege 15, auf deren Bedeutung später eingegangen wird (Abb. 53). Waren alle zwölf Stege 10 unter Zwischenlage der Ventilklappen 13 und der drei Düsenstege 15 unter Verwendung je eines links und rechts beigelegten Endsteges 16 in richtiger Reihenfolge auf den beiden Bolzen 17 aufgefädelt und verschraubt, ergab sich ein Gitterwerk mit Quer- und Längs-stegen, das scheinbar von einem äußeren Rahmen getragen wurde, in Wirklichkeit aber aus senkrecht liegenden Einzelelementen aufgebaut war.

Aufgrund dieser Anordnung entstanden theoretisch $9 \times 10 \times 15 = 1350$ Lufteintritts-kanäle, die sich praktisch wegen der in den drei Düsenstegen eingelassenen Dü-senstöcke um etwa 90 Kanäle verringerten. Mit Hilfe der beiden Bolzen 17 wurde das ganze Klappenregister zu einem Block verschraubt und verspannt (Abb. 53).[13, 124]

Aus dem Aufbau des Klappenregisters ist ersichtlich, daß bei Druckabbau im Rohr und Überwiegen des Staudruckes nach jeder Verpuffung alle Ventilklappen von ihren Dichtkanten abgehoben wurden, was einer Verengung ihrer V-förmigen Fi-guration entsprach. Die dadurch frei werdenden Ventilöffnungen ließen wieder Frischluft für die nächste Verpuffung in das Rohr eintreten.

Neben der schon geschilderten Kastenblende 8 und den Ventilklappen 13 hatten die ebenfalls schon mehrfach erwähnten Kraftstoffdüsen 18 eine wichtige Funk-tion für die Treibstoffgemischbildung zu erfüllen. In die neun Düsenstöcke einge-schraubt, waren sie in der Mitte jeder der drei Luftführungselemente der Kasten-blende 8 angeordnet. Als Drallzerstäuberdüsen sprühten sie in axialer Richtung einen feinen, kegelförmigen Treibstoffnebel kontinuierlich in die Brennkammer hinein (Abb. 51 und 53).[13]

Für den Anlaßvorgang waren die ebenfalls schon in Kapitel 16.2. erwähnten drei Druckluftröhrchen bzw. Anlaßluftdüsen 19 wichtig, die für den ersten Verpuf-fungsvorgang die nötige Verbrennungsluft in die Brennkammer einleiteten, bis das Rohr durch den Druckwechselvorgang in der Lage war, sich selbst die für den Standlauf notwendige Verbrennungsluft über die Blattfederventile zuzuführen. Die Luftdüsen waren über der oberen Kraftstoffdüsenreihe des Klappenregisters eingelassen. Die Kraftstoffdüsen 18 und die Anlaßluftdüsen 19 bekamen ihre Be-triebsstoffe über je eine Steigleitung 20 und 21 zugeführt, die aus dem Rumpf des Flugkörpers parallel und hinter dem Stützrohr und der Gabel 3 nach oben führ-ten. Das Kraftstoffrohr 20 kam vom Triebwerkregler und verzweigte sich unter-halb des Einlaufhaubenteiles 2 waagerecht von der Mitte bis unterhalb der beiden äußeren Kraftstoffdüsenreihen. Von hier führten drei senkrechte Leitungen über die Ventilfelder und versorgten alle drei übereinanderliegenden Kraftstoffdüsen 18 mit Kraftstoff. Oberhalb der Düsen vereinigten sich wieder alle drei senkrech-ten Leitungen durch eine waagerechte Rohrverbindung, wobei der Kraftstoff aber hier keinen Zutritt hatte, sondern dieser Leitungszweig von dem Druckluft-Steigrohr 21 über ein Verteilerstück mit Anlaßluft versorgt wurde. Durch das so entstandene vorgefertigte Leitungsgitter konnte allen neun Kraftstoffdüsen ein gleichmäßiges Kraftstoffangebot und den drei Anlaßluftdüsen die notwendige Anlaßluft zugeführt werden.[3, 14, 124]

Nachdem alle wichtigen Teile des Triebwerkkopfes näher beschrieben wurden, werfen wir noch einen Blick auf die übrige Rohrkonstruktion (Abb. 53). Nach den schon erwähnten Einlaufhaubenteilen 2 und 4 folgte in Verlängerung zur Düsenmündung hin das zunächst fast zylindrische, mehrfach erwähnte Rohrstück 9 von ca. 460 mm Länge und 570 mm Durchmesser. Dem schloß sich ein konisches Rohrelement 22 von 900 mm Länge an, das den Rohrdurchmesser auf ca. 400 mm reduzierte, der bis zur Ausströmöffnung beibehalten wurde. Das Rohrstück 9 und ein Teil des konischen Rohrstückes bildeten die eigentliche Brennkammer. Am Übergang vom fast zylindrischen zum konischen Teil des Rohres war am obersten Punkt des Umfanges eine Zündkerze 23 eingeschraubt, deren Elektroden in die Brennkammer hineinragten. Die einzelnen Rohrelemente waren aus Stahlblech von 2,5 mm Dicke zusammengeschweißt.[13, 19, 124]

So wie das Stützrohr den Antrieb vorne hielt und im wesentlichen den Schub auf den Rumpf übertrug, diente eine senkrechte gabelförmige, mit zwei Bohrungen versehene Stahlstütze, in Nähe des Rohrendes angeschweißt, als hintere Fixierung. Sie griff von oben beidseitig über die Seitenruderflosse des Flugkörpers hinweg. Durch einen horizontalen Schlitz in der Flosse war für diese Gabel ein Lager insofern gegeben, als eine in der Seitenruderflosse vertikal gelagerte Pendelstütze mit einem Lagerauge bis zum Schlitz heranreichte. Durch die in Deckung gebrachten Bohrungen von Gabel und Pendelstütze wurde ein Bolzen gesteckt und verschraubt. Damit konnte die hintere Rohraufhängung die durch den Temperatureinfluß auftretenden Längenänderungen des Rohres auffangen. Die Längenzunahme vom kalten in den heißen Zustand betrug etwa 25 mm. Zur Dämpfung der Erschütterungen war auch die Pendelstütze mit einer Gummilagerung ausgerüstet.[12, 124]

Die Faszination der Einfachheit des Fi-103-Triebwerkes wirkte weit in die Nachkriegszeit hinein und veranlaßte in vielen Ländern der Erde dessen Weiterentwicklung und Anwendung. Aber schon während des Krieges war ihm im Turbo-Luftstrahltriebwerk entsprechende Konkurrenz entstanden. Nach dem Krieg war es dann nur eine Frage der Zeit, als der Überschallflug beherrschbar wurde und die TL-Triebwerke diesen auch erreichbar machten, wann dieses einfache Triebwerk abgelöst werden würde. Mit größerem mechanischem Aufwand war es noch möglich, bis in die Nähe der Schallgeschwindigkeit vorzustoßen. Jedoch wurde der Wirkungsgrad in diesem Bereich immer schlechter und lag unter 1 %, während die TL-Triebwerke bei gleicher Geschwindigkeit eine Größenordnung von 15 % erreichten und heute den Flug über die Schallgeschwindigkeit hinaus ermöglichen. Mit dieser technischen Entwicklung verschwand das Verpuffungsstrahltriebwerk von der Bildfläche allgemeiner und spezieller Anwendung. Wieder einmal wurden die Weichen für den Antrieb von militärischen und zivilen Luftfahrzeugen anders gestellt, um an die Anfangsbetrachtung dieses Kapitels anzuschließen. Als der Überschallflug mit den ruhiger laufenden, zwar komplizierteren und wesentlich teureren Turbo-Luftstrahltriebwerken verwirklicht wurde, war die Einfachheit des Verpuffungsstrahlrohres nicht mehr gefragt. Dessen physikalische und technische Gegebenheiten waren an ihr Ende angelangt. Es blieb letzten Endes nur ein interessantes und spezielles Zwischenspiel in der Luftfahrt beim Übergang vom Kolben- zum Turbinenluftstrahl-Triebwerk.

In einer abschließenden, zusammenfassenden Bemerkung über das Fi-103-Verpuffungsstrahlrohr sei Dr.-Ing. Fritz Gosslau zitiert, unter dessen Leitung seinerzeit die Entwicklung bei der Firma Argus ablief und der anläßlich seines Vortrages »Entwicklung des V1-Triebwerkes« beim AGARD-Seminar im April 1956 in München ausführte: »Daß es mit so einem einfachen Gerät möglich war, Fluggeschwindigkeiten von mehr als 750 km/h zu realisieren, ist der Triumph einer Idee, und ich meine, wir haben der Wegbereiter und Pioniere dieses eigenartigen Triebwerkes zu gedenken: Karavodine, der 1906 die Idee äußerte und sie in stundenlangen Dauerläufen an einer Turbine erprobte und der auch die selbsttätige Zündung entdeckte. – Marconnet, der 1909 das Verpuffungsstrahlrohr als Flugzeugantrieb vorschlug und damit seiner Zeit weit voraus eilte. – Schmidt, der sein Leben dem Verpuffungsstrahlrohr widmete und dessen Verdienste und jahrelanger Kampf um dieses Gerät in der Geschichte der Technik nicht vergessen werden wird. – Die Firma Argus durfte dieses eigenartige Triebwerk zur Flugbrauchbarkeit entwickeln und damit zur Realisierung des von ihr vorgeschlagenen Ferngeschosses in Flugzeugform einen Beitrag leisten.«[9]

Noch heute, nach so vielen Jahren, ist es sicher jedem der noch lebenden ehemaligen Mitarbeiter der E-Stelle der Luftwaffe Peenemünde-West möglich, sich des harten, pochenden und durchdringenden Geräusches des Fi-103-Triebwerkes zu erinnern. Vom Ostseewind oft verweht, prägte es die Geräuschkulisse des weiten, ausgedehnten Geländes um Peenemünde ab Ende 1942 ganz wesentlich.

16.2.2. Die Triebwerkanlage

Für die Firma Argus ergaben sich aus dem geplanten Einsatz des Verpuffungsstrahlrohres bei einem unbemannten Flugkörper neben der Weiterentwicklung am Strahlrohr selbst zusätzliche Aufgaben. Zunächst mußte ein vollautomatischer Kraftstoffregler entwickelt werden, der den Kraftstoffbedarf und den Einspritzdruck für das Strahlrohr den jeweiligen Betriebsbedingungen möglichst optimal anzupassen hatte. Als weitere Aufgabe war für den vorgesehenen Druckknopf-Schleuderstart ein brauchbares (schon geschildertes) Anlaßverfahren zu finden.

Während diese Arbeiten bei Argus liefen, hatte die Konstruktion der Zelle bei Fieseler große Fortschritte gemacht. Wie schon angedeutet, benötigte das Triebwerk zu seiner Funktion an einem Flugkörper periphere Geräte und Vorrichtungen, deren Funktion und räumliche Unterbringung die Zellenkonstruktion zu berücksichtigen hatte. Dieser Gesamtkomplex, als Triebwerkanlage bezeichnet, umfaßte neben dem eigentlichen Schubrohr den Kraftstoffbehälter, die Kraftstoffförderung, die Kraftstoffregelung und, in enger Wechselbeziehung damit stehend, den Druckknopfschleuderstart durch die Startanlage.

Als weitere zu lösende Aufgabe stand immer noch die Frage im Raum, ob der einfache Antrieb in der Lage war, für die angestrebten hohen Geschwindigkeiten den nötigen Schub zu liefern. Das sollte in Peenemünde-West erprobt werden, sobald funktionsfähige Flugkörper zur Verfügung standen.[9]

Auf die Funktionselemente der Triebwerkanlage wird später bei der konstruktiven Beschreibung der Zelle und teilweise nochmals beim Schleuderstart eingegangen werden. Um aber einen zusammenhängenden und abschließenden Überblick von der Funktion des Argus-Schmidt-Rohres zu erhalten, ist es zweckmäßig, eine Schilderung seiner zum Betrieb notwendigen Geräte und Ausrüstungskomponenten zu geben.

Betrachtet man sich diese Anlage näher (Abb. 54), so sind zunächst die schon erwähnten und vom Antrieb (Abb. 51 und 53) bekannten Bauelemente 1 bis 3 zu erkennen. Bei den für die Inbetriebnahme des Rohres notwendigen Hilfsmittel beginnen wir bei den beiden Bordluftbehältern 4. Sie waren aus 3 mm starkem Stahlblech gefertigt und zur Erhöhung der Berstsicherheit bei gleichzeitiger Gewichtseinsparung mit Drahtbandagen umwickelt. Diese Idee kam einem Konstrukteur bei Fieseler, als er vor der Aufgabe stand, bei möglichst geringem Gewicht einen Kugelbehälter von ca. 500 mm Durchmesser zu konstruieren, der einen Druck von 150 bar mit entsprechender Sicherheit beherrschen sollte. Die Drahtbandagen 18 bestanden jeweils aus 2 × 20 Stahldrähten von je 1,5 mm Dicke, die parallel auf einem aus Gewichtsgründen durch Ausnehmungen freigestanzten Blechstreifen angeordnet waren. Die senkrecht zur Längsrichtung stehenden Blechstege des Streifens (Abb. 54) waren am Rand um 2 × 90° umgebogen und fixierten dadurch die Drähte gegen seitliches Abrutschen. Dieses Band wurde nach Art eines Wollknäuels über die Stahlkugel gewickelt. Die Hilfsenergie Druckluft war notwendig, da es im Flugkörper, anders als bei einem normalen Flugzeug, keine drehenden Antriebselemente gab, die Hilfsaggregate antreiben konnten.[14, 20]

Die beiden Kugelbehälter standen über eine Druckleitung pneumatisch in Verbindung, womit ihr Gesamtvolumen für alle Verbraucher des Flugkörpers zur Wirkung kam. Innerhalb dieser Leitung lag auch das Füllventil 9, über das von einem externen Kompressor beide Behälter aufgefüllt wurden. Von hier aus ging die Leitung zu einem zentralen Druckminderer 8, der von Hand mit einem Vierkantschlüssel betätigt wurde und bei Öffnung bzw. Einstellung des Nachdruckes (etwa 1 Umdrehung entgegen dem Uhrzeiger bis Anschlag) alle Verbraucher mit reduzierter Druckluft versorgte. Von 8 zweigte eine Leitung über Rückschlagventil 7 zum Tank 5 ab. Mit Ventil 8 wurde, wie schon angedeutet, der Druck von 160 bar Behälterdruck auf 6 bar Förderdruck für den Kraftstoff im Kraftstoffbehälter 5 eingestellt. Rückschlagventil 7 sollte im Falle einer Schräglage beim Transport und auf der Schleuder verhindern, daß Kraftstoff in den Druckminderer zurückfloß und in die Steuerungsgeräte gelangte. Der reduzierte Druck von 6 bar, dem Kraftstoffbehälter an der höchsten Stelle zugeführt, drückte auf den Kraftstoffspiegel, wodurch er aus der unteren Tankleitung austrat und über das Kraftstoffvorfilter 10 und die untere Leitung von 28 mm Durchmesser zum Kraftstoffendfilter 11 und von dort bis zum zunächst geschlossenen Schaltventil des Kraftstoff-Sonderreglers 12 vordringen konnte. Nach Öffnung des Schaltventiles im Sonderregler 12 durch den Startvorgang (Kapitel 16.2.3.) gelangte der Kraftstoff von 12 über die senkrechte Steigleitung (22 mm Durchmesser) zu den Kraftstoffdüsen 3 im Klappenregister 2. Die von Trennkupplung (Preschona-Kupplung) 13 gleichzeitig extern zugeführte Anlaßluft über die zweite Steigleitung (20 mm Durchmesser) zu den Anlaßluftdüsen 14 mit der ebenfalls in Betrieb genommenen Zündvorrichtung und Funkenbildung bei Zündkerze 15 ließ das Schubrohr 1 für den Standbetrieb anspringen (Abb. 54).[20, 21, 22, 124]

Da der Antrieb der Fi 103 allein nicht in der Lage war, den Flugkörper aus der Ruhe heraus bis zur Startgeschwindigkeit von ca. 350 km/h zu beschleunigen, war die zusätzliche Antriebskraft eines Schleuderstartes notwendig. Der Kraftstoffregler 12 hatte die wichtige und komplizierte Aufgabe zu erfüllen, dem Strahlrohr für je-

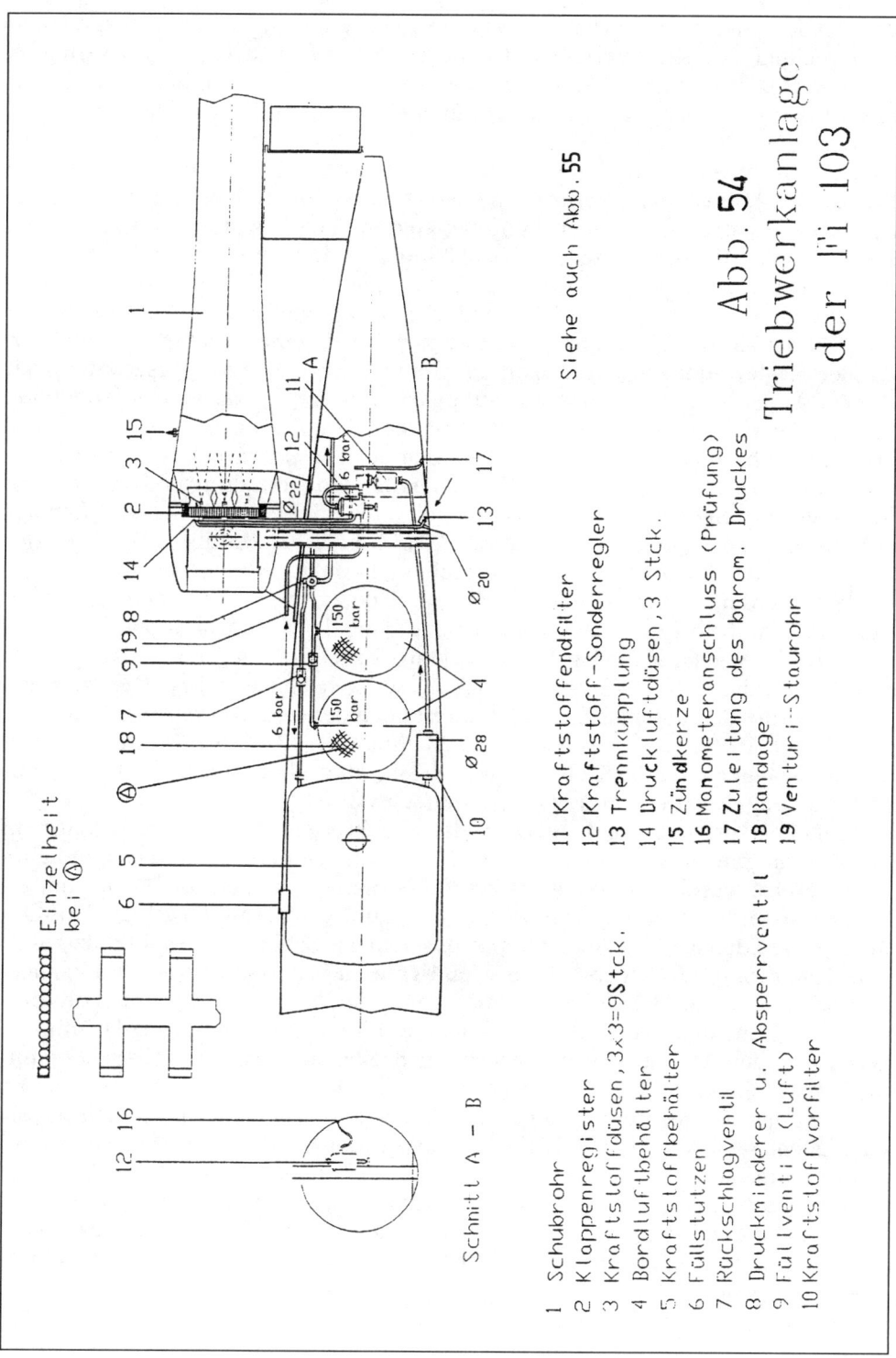

Abb. 54
Triebwerkanlage der Fi 103

Siehe auch Abb. 55

Schnitt A – B

Einzelheit bei Ⓐ

1 Schubrohr
2 Klappenregister
3 Kraftstoffdüsen, 3×3=9 Stck.
4 Bordluftbehälter
5 Kraftstoffbehälter
6 Füllstutzen
7 Rückschlagventil
8 Druckminderer u. Absperrventil
9 Füllventil (Luft)
10 Kraftstoffvorfilter
11 Kraftstoffendfilter
12 Kraftstoff-Sonderregler
13 Trennkupplung
14 Druckluftdüsen, 3 Stck.
15 Zündkerze
16 Monometeranschluss (Prüfung)
17 Zuleitung des barom. Druckes
18 Bandage
19 Venturi-Staurohr

497

den Betriebszustand möglichst optimale Betriebsbedingungen durch entsprechende Regelung des Kraftstoffeinspritzdruckes zu verleihen. Damit ergaben sich wichtige Regelfunktionen beim Anlassen des Schubrohres während des Katapultierens, des Steigfluges, des Umlenkens in den Horizontalflug und des Marschfluges der Fi 103.[9]

Zum Anlassen mußte der Einspritzdruck des Kraftstoffes von ca. 6 bar Förderdruck auf 1,2 bis 1,3 bar Überdruck für die Halblaststufe reduziert werden, da bei diesen Druckverhältnissen der Zündvorgang erleichtert wurde. Kurz nach dem Anlassen war der Einspritzdruck auf 2,2 bar für Vollast im Standbetrieb zu erhöhen, wobei der Druck im Tank durch die plötzlich stärker einsetzende Treibstoffentnahme etwas absank. Während des Katapultierens entstand durch die Trägheit der Kraftstoffsäule in Richtung Antriebsrohr eine Druckspitze von 9 bar, die der Regler abbauen und wegen des Staudruckes der Abfluggeschwindigkeit von ca. 350 km/h am Schleuderende auf einen Wert von 2,6 bar reduzieren mußte. Mit zunehmender Höhe des im Steigflug befindlichen Flugkörpers und dem damit abfallenden barometrischen Druck war auch der Einspritzdruck wieder entsprechend zu verringern. Nach dem Umlenken in den Horizontalflug und dadurch auf Maximum ansteigender Fluggeschwindigkeit mußte der Einspritzdruck wegen des sich erhöhenden Staudruckes im Rohr, der sich über die Ventilklappen auch der Umgebung der Einspritzdüsen mitteilte, ebenfalls auf ca. 3 bar Überdruck heraufgeregelt werden. Während des Fluges nahm der kraftstofffördernde Luftdruck durch den Treibstoffverbrauch und die Betätigung der Steuerungs- und Ruderanlage langsam von 6 auf 5,5 bar Überdruck ab. Auch darauf mußte der Regler reagieren, da ja dieser Kraftstoffförderdruck für sein Gleichdruck- bzw. Reduzierventil den Vordruck darstellte. Zu erwähnen ist noch der steuerbordseitige Manometeranschluß 16 für die Einstellung und Messung des Treibstoffdruckes, der von außen zugänglich, an der Zellenwand befestigt und über eine Druckleitung mit dem Ausgang des Triebwerkreglers verbunden war.[9]

Abschließend ist noch zu bemerken, daß die Prüfung der Triebwerkanlage im Stand nicht mit normalem Rohrbetrieb, sondern in einem »kalten Standlauf« durchgeführt wurde. Zu diesem Zweck füllte man den Kraftstoffbehälter mit einem Kraftstoff-Öl-Gemisch von 100 l und die Luftbehälter mit Druckluft. Das Gemisch wurde danach über die Kraftstoffdüsen in das Schubrohr gespritzt und über einen am Rohrende angebrachten Meßtrichter in die bodenseitige Tankanlage zurückgeführt. Während der etwa 4 min dauernden Abspritzzeit konnten die Einstellwerte kontrolliert und alle Leitungen und Verschraubungen auf Dichtigkeit geprüft werden. Mit dieser Prüfung war gleichzeitig eine Konservierung aller empfindlichen Teile verbunden.[124]

Um die Funktion des Reglers ohne verwirrende konstruktive Einzelheiten zu verdeutlichen, ist in Abb. 55 durch dessen Funktionselemente die Wirkungsweise im Prinzip dargestellt. Aus der Abbildung ist ersichtlich, daß neben den Einwirkungen durch Schleuderstart und Flug auch noch das Anlassen des Schubrohres durch Einflußnahme auf den Triebwerkregler von außen veranlaßt wurde. Dieser Vorgang wird im folgenden Kapitel des Schleuderstarts im Zusammenhang beschrieben.

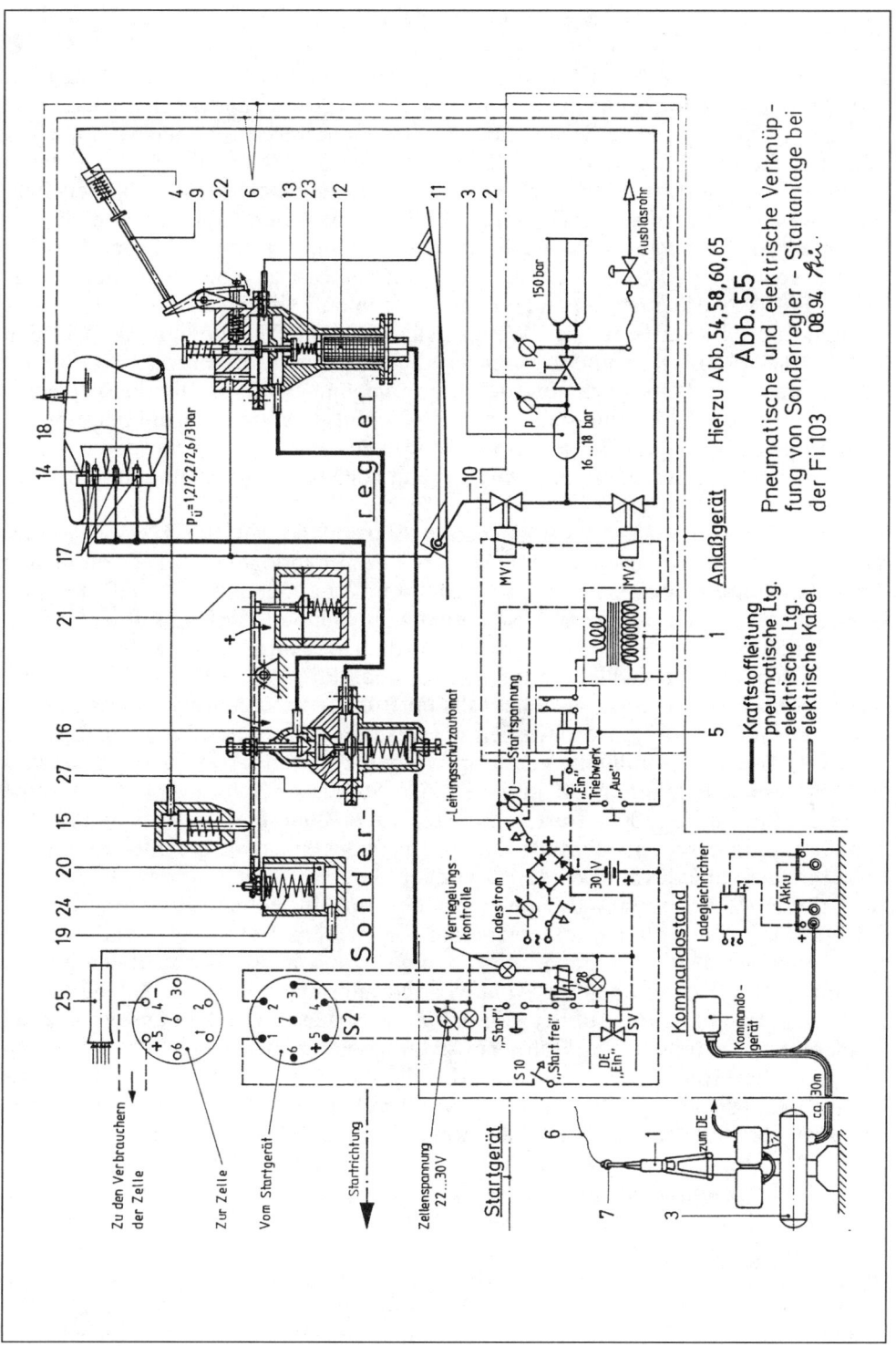

Hierzu Abb. 54, 58, 60, 65

Abb. 55

Pneumatische und elektrische Verknüp-
fung von Sonderregler - Startanlage bei
der Fi 103

08.94

499

16.2.3. Der Schleuderstart

Entsprechend dem von der Firma Argus entwickelten und in Kapitel 16.2. über den Antrieb beschriebenen Anlaßvorgang des Argus-Schmidt-Rohres, war eine Anlage zu entwickeln, welche die notwendigen Vorgänge in möglichst einfacher, betriebssicherer, für den späteren Truppeneinsatz geeigneter Form abzuwickeln gestattete. Neben dem Anlaß- hatte dieses Gerät auch noch den Schleuder- bzw. Startvorgang zu veranlassen. Die Firma Emil Niethammer, Elektrotechnische Fabrik Stuttgart-Vaihingen, entwickelte in Zusammenarbeit mit der Firma Fieseler und der Fachgruppe E8 der E-Stelle Peenemünde-West die komplette Startanlage für die Fi 103. Nach entsprechenden Änderungen und Verbesserungen, die in Verbindung mit den Starts auf den Walter-Schleudern in Peenemünde-West in den Jahren 1943/44 ermittelt und erprobt wurden, übernahm die Firma Niethammer danach auch die Serienfertigung der Startanlagen.[23] Zuvor, als die Versuchsschüsse im ersten Erprobungsjahr, Ende 1942 bis etwa Mitte 1943, auf der benachbarten Borsig-Schleuder mit Feststofftreibsätzen vorgenommen wurden, mußten die Arbeiten für den Anlaß- und Startvorgang noch umständlich und in primitiver Weise »von Hand« durchgeführt werden.[17]

Die den Druckknopfstart ermöglichende Startanlage mit der Gerätenummer 57-434A bestand zunächst aus dem tragbaren Kommandogerät, das gewöhnlich in einem halb unterirdisch errichteten Abschußbunker auf einem mitgelieferten Pult stand. Dieser Bunker war vom Abschußplatz am Schleuderanfang seitlich und etwa 20 bis 30 m nach hinten versetzt so angeordnet, daß durch einen Sehschlitz gute Sicht zu dem auf dem Schleuderanfang liegenden Flugkörper bestand. Das Kommandogerät wurde einerseits – ebenfalls im Bunker untergebracht – von zwei in Serie liegenden 12-V-Starterbatterien gespeist, die über einen Ladegleichrichter von einer Wechselstromquelle gepuffert werden konnten (Abb. 55). Anderseits führten vom Kommandogerät drei 12adrige Steuerkabel zum Anlaßgerät, eine weitere Vorrichtung der Startanlage. Das Anlaßgerät stand gewöhnlich, in Schußrichtung gesehen, ebenfalls seitlich (meistens links) vom Schleuderanfang, etwa in Hecknähe des Flugkörpers, zwischen der Tragfläche und dem Höhenleitwerk der Fi 103. Es bestand aus einem säulenförmigen, stabilen Rohr, das mit Hilfe eines Flansches auf einem kleinen, fast ebenerdigen Betonsockel vertikal aufgeschraubt war. Die Höhe der Säule von etwa 1,2 m war so gewählt, daß die Zelle mit ihren Tragflächen über die Anlaßvorrichtung hinweg auf die Schleuder geschoben werden konnte. Auf der von der Zelle abgewandten Säulenseite war auf etwa einem Dritteln ihrer Höhe ein zylindrischer, quer liegender Druckluftspeicher 3 befestigt. Er hatte die Aufgabe, die Anlaßluft mit 16 bis 18 bar für das Triebwerk zu speichern. Oberhalb des zylindrischen Druckluftspeichers befanden sich zwei ebenfalls quer an die Säule montierte rechteckige Stahlblechkästen. Mit Blick zum Flugkörper waren rechts der Schalt- und links der Ventilkasten montiert. Beide konnten mit zwei Deckeln wasserdicht verschlossen werden. Vom Schaltkasten aus gingen alle Steckeranschlüsse der Steuerleitungen zum Kommandogerät im Bunker und zu den an den noch zu schildernden Auslegerarm montierten elektrischen Geräten. Auf der Oberseite des Kastens lag das verpackte Steuerkabel, das von hier über eine Schraubsteckdose zum Dampferzeuger DE ausgelegt wurde. Die Frontplatte des Schaltkastens enthielt den Sicherungs-

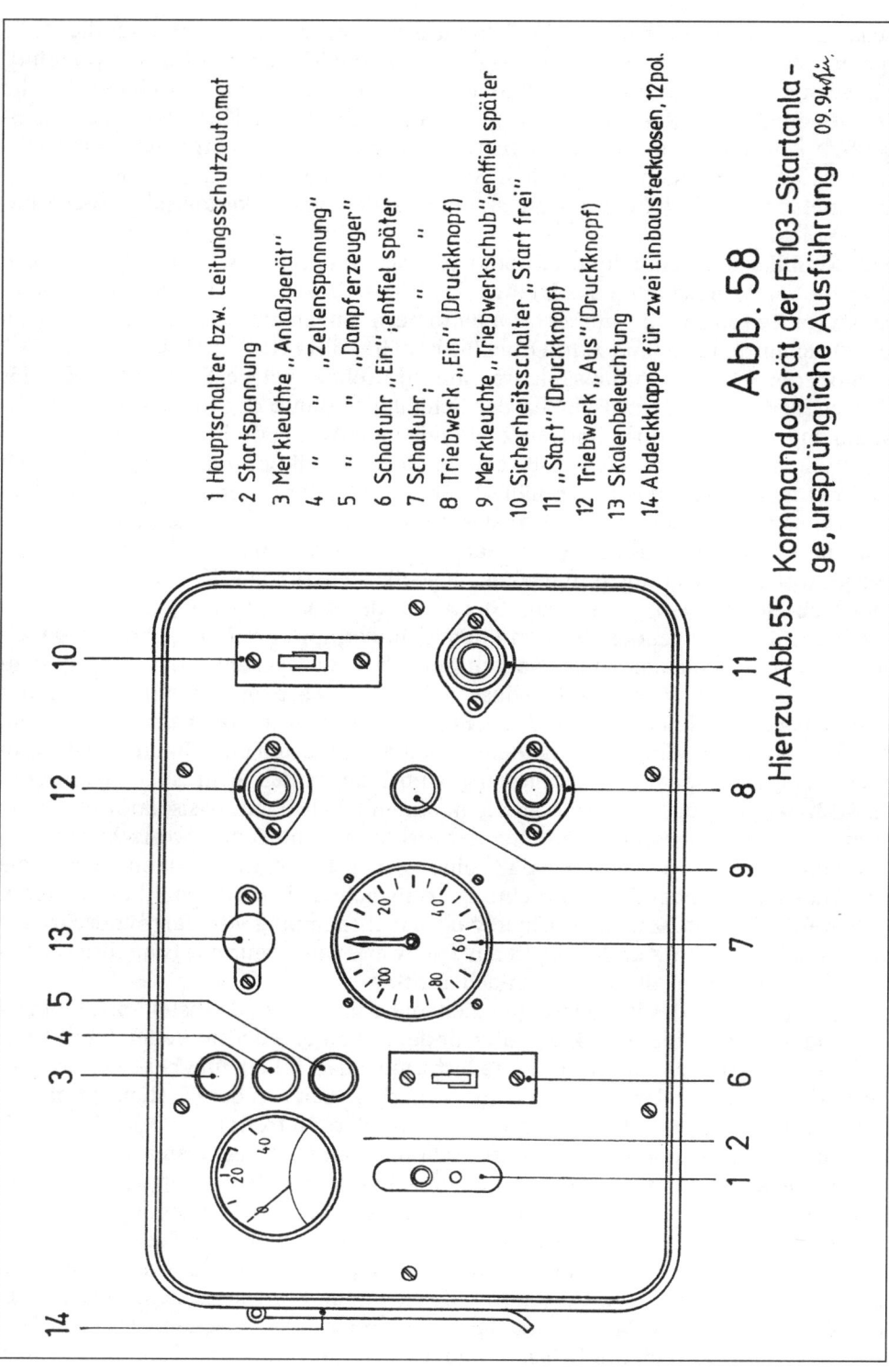

1 Hauptschalter bzw. Leitungsschutzautomat
2 Startspannung
3 Merkleuchte „Anlaßgerät"
4   „   „ „Zellenspannung"
5   „   „ „Dampferzeuger"
6 Schaltuhr „Ein"; entfiel später
7 Schaltuhr;   „   „   „
8 Triebwerk „Ein" (Druckknopf)
9 Merkleuchte „Triebwerkschub"; entfiel später
10 Sicherheitsschalter „Start frei"
11 „Start" (Druckknopf)
12 Triebwerk „Aus" (Druckknopf)
13 Skalenbeleuchtung
14 Abdeckklappe für zwei Einbausteckdosen, 12pol.

Abb. 58

Hierzu Abb. 55   Kommandogerät der Fi103-Startanla-
ge, ursprüngliche Ausführung   09.94fii.

schalter S10 bzw. h für einen Spezialschlüssel, ohne dessen Betätigung die Zelle nicht gestartet werden konnte (Abb. 55 und 65), ein Manometer für die Anlaßluft, die auch im Kommandogerät nochmals vorhandenen Druckknopfschalter für die Betriebsabläufe »TRIEBWERK EIN« und »TRIEBWERK AUS«, eine Kabelprüfeinrichtung und im Inneren den Trafosummer 1. Am unteren Teil des Schaltkastens waren die mehrpoligen List-Steckverbindungen und die Verbindungskabel in einem mit Segeltuch abgedeckten zusätzlichen Steckeranschlußkasten untergebracht.

Der Ventilkasten beinhaltete die beiden Magnetventile MV1 und MV2, welche zum Ein- und Ausschalten des Triebwerkes dienten. Weiterhin war hier ein Druckminderer 2 (150/25 bar) mit zwei Manometern eingebaut, dessen Anschlüsse an die Druckluftbatterie und zum Druckluftbehälter 3 führten.[23, 123, 124]

Am oberen Ende der Anlaßsäule war, auf ihr drehbar gelagert, ein gabelförmiger Ausleger befestigt. Beim Beladen der Schleuder konnte der für den Betriebszustand unter 45° nach oben und zur Zelle zeigende Arm gedreht und gleichzeitig so nach unten geklappt werden, daß seine in einen Zündkopf mündende Spitze sich in nicht mehr störender Bodennähe befand. Auf halber Höhe der geschweißten Rohrkonstruktion des schrägen Auslegers war ein zweiter, waagerecht zum Zellenrumpf führender Ausleger (Zellenarm) befestigt, der an seiner Spitze die Triebwerk-Abstellvorrichtung 4 und einen Kabelkasten für das Kabel der externen Bordnetz-Stromversorgung besaß (Stecker S2 der Abb. 55 und 65). Zwischen dem waagerecht abzweigenden Arm und dem Zündkopf, war auf der schrägen, gabelförmigen, der Schleuder abgewandten Seite des Auslegerteiles das Zündspulengehäuse befestigt. In dieses Gehäuse war die Hochspannungszündspule 1 der Zündanlage für den Anlaßzündvorgang des Argus-Schmidt-Rohres eingebaut. Die Versorgungsleitung kam von dem in den Schaltkasten eingebauten Trafosummer 5. Die Hochspannungszündleitung 6, im Inneren des Rohres zum sogenannten Zündkopf 7 geführt, wurde an die in einem Hochspannungsisolator gelagerte Zündschraube angeschlossen. Die den Isolator schützende, rotlackierte Abdeckung war so beschaffen, daß eine gut erkennbare Funkenstrecke die Funktionsprüfung der Zündeinrichtung ermöglichte, die vom Schaltkasten veranlaßt werden konnte. Zur Übertragung der Hochspannung von der Zündschraube des Zündkopfes zur Zündkerze 18 am Triebwerk wurde nur ein Bindedraht 6 geführt, der beim Start der Fi 103 einfach abriß.

Die an der Spitze des waagerechten Zellenarmes befestigte Abstellvorrichtung 4 bestand aus einem kleinen Druckluftzylinder mit einer Rückstellfeder. Der Stößel des Zylinderkolbens war am Ende tellerförmig ausgebildet, um, bei tolerierender Lage der Zelle auf der Schleuder, mit Sicherheit den aus dem Zellenrumpf herausragenden Abstellstift 9 des Argus-Sonderreglers zu treffen.

Der auf dem gleichen Arm befestigte, schon erwähnte Kabelkasten enthielt eine siebenpolige Steckdose und das mit einer siebenpoligen Brechkupplung versehene Kabel für die ebenfalls siebenpolige Steckdose S2 (Abb. 55, 59 und 65) an der Flugkörperbordwand, über deren gemeinsame Verbindung die elektrische Bordversorgung des Flugkörpers bis zum Start lief. Diese Spezial-Steckverbindung der Firma Neumann & Borm, Berlin, trennte sich beim Start nicht durch Herausziehen ihrer Steckerhälften, sondern durch Abkippen oder Brechen. Bei nicht vorhandener Zelle konnte die Brechkupplung in die Steckdose des Kabelkastens ge-

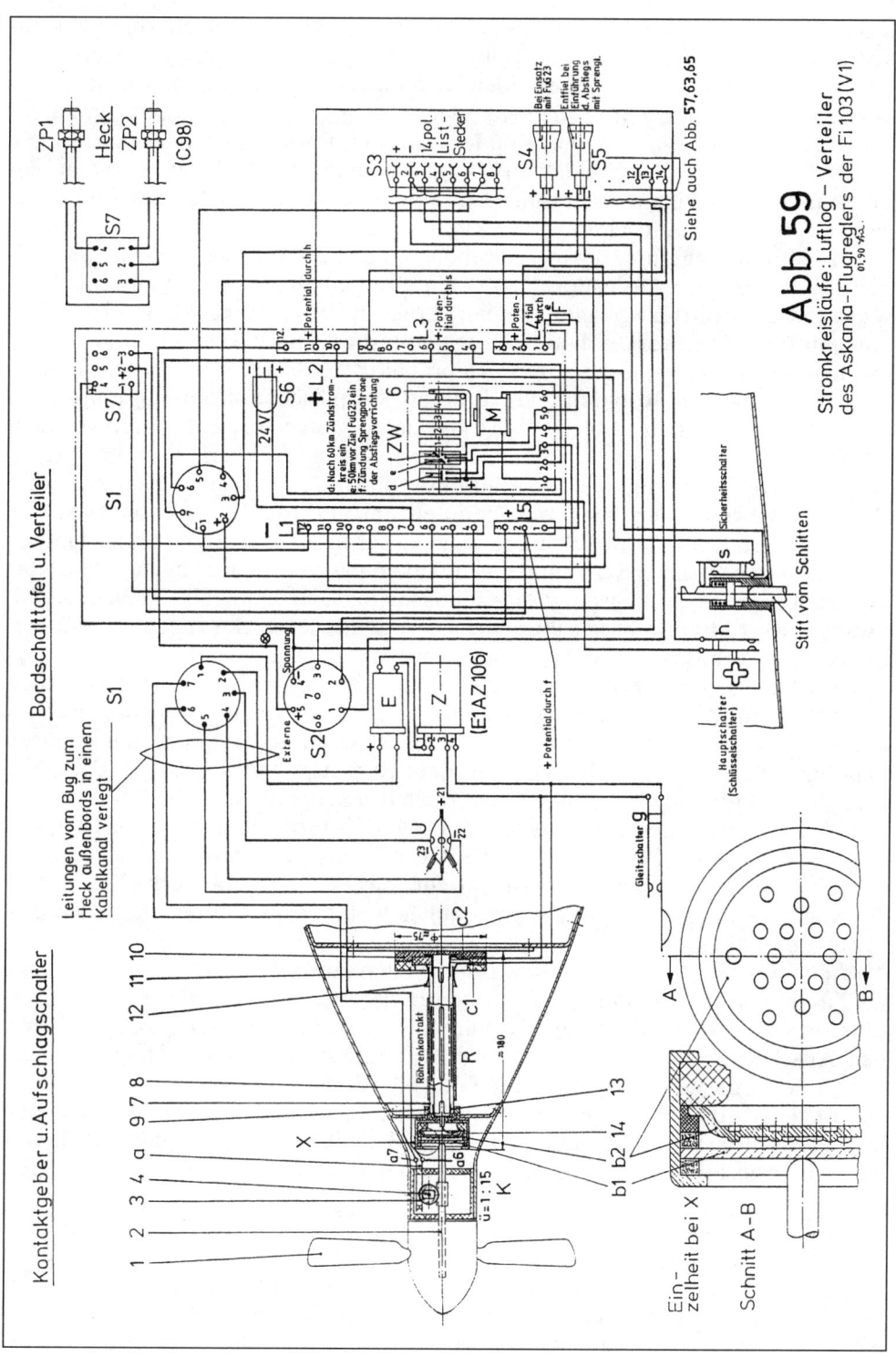

Abb. 59

Stromkreisläufe: Luftlog – Verteiler des Askania–Flugreglers der Fi 103 (V1)

Siehe auch Abb. **57, 63, 65**

503

steckt werden, war damit mechanisch geschützt und diente gleichzeitig als Prüf-
vorrichtung für diesen wichtigen Kabelanschluß. Am Anfang des waagerechten
Zellenarmes hatte man auch die beiden Reißleinen (Stropps) für die Entsicherung
der Zünder befestigt. Zum Einhängen der Reißleinen an den mit Ringen ausge-
statteten Sicherungsstiften der Zünder war am Ende jeder Reißleine je ein
Schäkel eingespleißt. Die beiden nach dem Abschuß des Flugkörpers an den Lei-
nen hängengebliebenen Sicherungsstifte waren ein Zeichen für die funktions-
richtig eingeleitete Entsicherung der Zünder.

Unterhalb der Lagerung des beschriebenen, auf der Anlaßsäule dreh- und ab-
klappbar befestigten Auslegerarmes war ein ebenfalls zur Seite wegschwenkbarer,
waagerechter Rohrarm gelagert. In ihm verlief die Niederdruckleitung 10 für die
Anlaßluft des Triebwerkes. Die Schlauchleitung war, nach Verlassen des Rohres
im Bogen von hinten an die untere Rumpfhälfte des Flugkörpers heranführend,
über die Preschona-Kupplung 11 (Preßluft-Schnellschluß-Kupplung) mit dem
Flugkörper verbunden (Abb. 55). Die Spezialkupplung V11 hatte kurz vor dem
Abschuß des Flugkörpers dem Sonderregler und dem Triebwerk die Anlaßluft zuzuführen. Die Trennung, die von Hand oder auch durch eine Vorrichtung ohne
Probleme zu bewerkstelligen war, bereitete im praktischen Erprobungsbetrieb
durch die enorme Abschußbeschleunigung große Schwierigkeiten. Mancher
Schwenkarm ist bei den Starts in Peenemünde mitgerissen oder abgebrochen worden. Erst als die schlauchseitige Kupplungshälfte »schwimmend« in einer Stahl-
hülse gelagert und mit dieser über vier kurze Drahtseilstücke zugentlastend verbunden war, konnte das Problem gelöst werden.

Zur Startanlage gehörte auch noch das »Feldprüfgerät«. Es war wie das Kommandogerät in ein tragbares Preß-Stahlgehäuse mit abnehmbarem Deckel eingebaut
und enthielt alle Funktionsteile des Anlaßgerätes in Form von Steuerschaltern
und Signalleuchten. In Verbindung mit dem Kommandogerät – es gab dazu 5 m
lange Steuerkabel – konnten alle Funktionen des Startbetriebes simuliert werden,
wobei sich Lehrer und Schüler gegenübersaßen. Darüber hinaus war die Möglichkeit gegeben, über Zusatzschalter Fehler »einzubauen« und den Schüler auf
»Fehlersuche« zu schicken. Weiterhin konnte das Feldprüfgerät auch ohne großen
Aufwand für die Prüfung der Gesamtanlage – insbesondere der Steuerkabel –
herangezogen werden.[123]

Nachdem die Startanlage in ihrem prinzipiellen Aufbau beschrieben wurde, soll
ihr Zusammenspiel mit dem Argus-Sonderregler 9-2225 A0 (Gerät 76) in der Ausführung von 1944 bei Triebwerkzündung und Schleuderstart näher erläutert werden. Anschließend wird zugleich die Reglerfunktion während des Steigfluges und
des Umlenkens in den Horizontalflug der Fi 103 näher betrachtet. In Abb. 55 ist
der Regler zu diesem Zweck in seinen Einzelelementen und den Verbindungen
mit der Schaltung des Kommando- und Anlaßgerätes schematisch dargestellt, womit sich seine Funktionen besser als mit einer Konstruktionszeichnung erklären
läßt.

Es wird davon ausgegangen, daß der Flugkörper fertig zum Schuß auf der Schleuder lag. Danach war die den Logpropeller und den Aufschlagschalter schützende
Bugspitzenhaube abzunehmen. Der Druckminderer 8 (Abb. 54) war zu öffnen (etwa 2 $1/4$ min vor Abschuß). Horchprobe, ob Kreisel laufen. Bordnetz einschalten.
Schlüssel h in Hauptschalter stecken (Abb. 59 und 65), andrücken, durch Rechts-

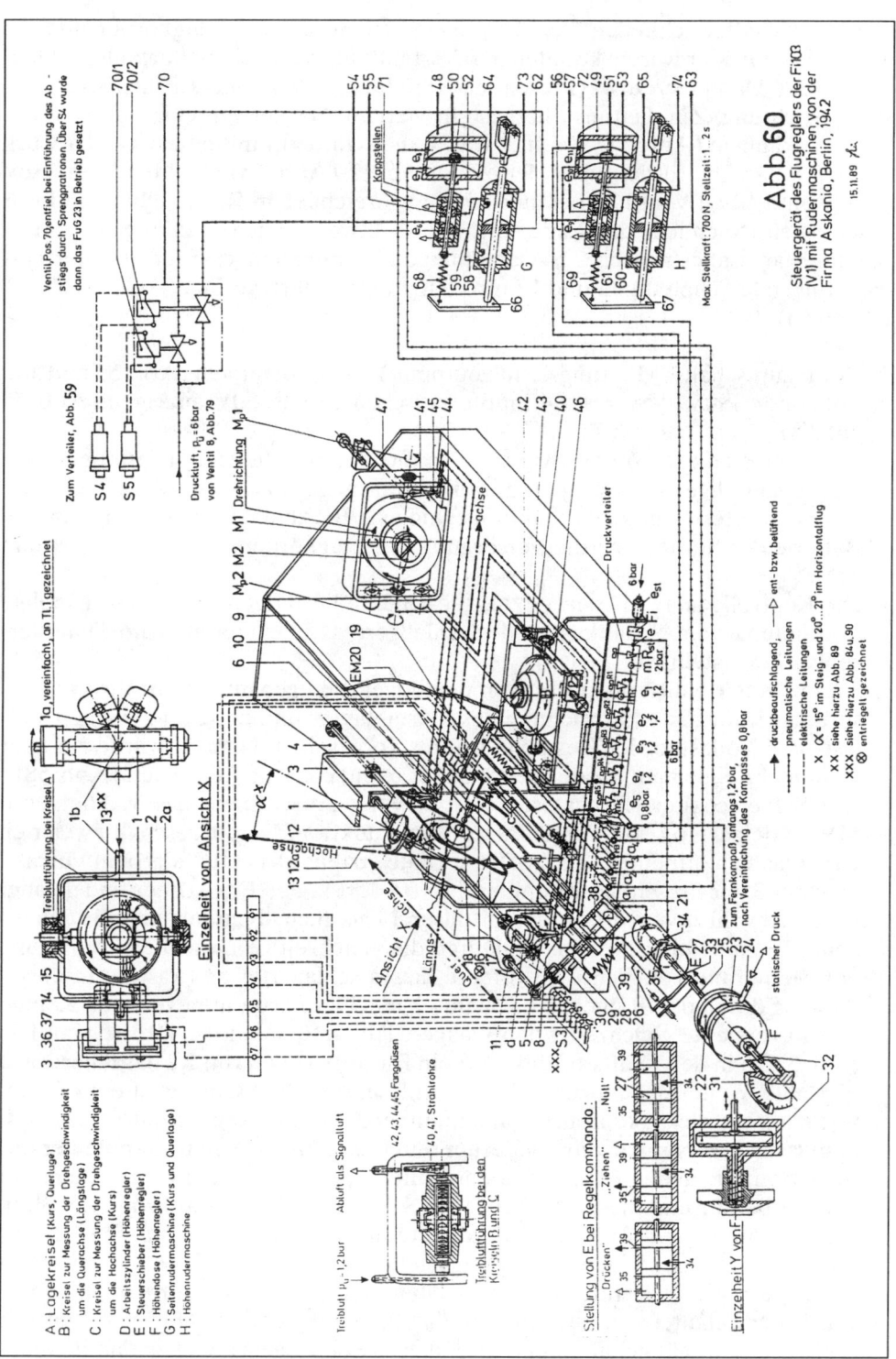

Abb. 60

Steuergerät des Flugreglers der Fi 103 (V1) mit Rudermaschinen, von der Firma Askania, Berlin, 1942

Max. Stellkraft: 700 N, Stellzeit: 1...2s

15.11.89 AG.

A: Lagekreisel (Kurs, Querlage)
B: Kreisel zur Messung der Drehgeschwindigkeit um die Querachse (Längslage)
C: Kreisel zur Messung der Drehgeschwindigkeit um die Hochachse (Kurs)
D: Arbeitszylinder (Höhenregler)
E: Steuerschieber (Höhenregler)
F: Höhendose (Höhenregler)
G: Seitenrudermaschine (Kurs und Querlage)
H: Höhenrudermaschine

Einzelheit von Ansicht X

1a, vereinfacht, an Tl.1 gezeichnet

Treibluftführung bei Kreisel A

Zum Verteiler, Abb. 59

Venil; Pos. 70 geöffnet bei Einführung des Abstiegs durch Sprengpatronen. Über S4 wurde
dann das FuG 23 in Betrieb gesetzt

Druckluft, $p_ü = 6\,bar$
von Ventil 8, Abb.79

Koppelstellen

Treibluft $p_ü = 1,2\,bar$ Abluft als Signalluft

42, 43, 44, 45, Fangdüsen
40, 41, Strahlrohre

Treibluftführung bei den Kreiseln B und C

Stellung von E bei Regelkommando:
"Drücken"   "Null"   "Ziehen"

Einzelheit Y von F

statischer Druck

zum Fernkompaß, anfangs 1,2 bar
nach Vereinfachung des Kompasses 0,8 bar

Druckverteiler

druckbeaufschlagend,   ent- bzw. belüftend
pneumatische Leitungen
elektrische Leitungen
x $\alpha = 15°$ im Steig- und $20°...21°$ im Horizontalflug
xx   siehe hierzu Abb. 89
xxx   siehe hierzu Abb. 84 u. 90
⊗   entriegelt gezeichnet

drehung Schalter schließen. Schlüssel abziehen. Sofern der Flugkörper und die Schleuder startklar waren, konnten alle Verbindungen zwischen Startanlage, Flugkörper und Dampferzeuger (Preschona-Kupplung, siebenpoliger Prüfstecker, Abstellvorrichtung, Zündleitung) hergestellt werden. Da der Druckminderer 8 der Triebwerkanlage (Abb. 54) geöffnet war, stand Kraftstoff mit einem Förderdruck von ca. 6 bar Überdruck über dem Endfilter 12 (Abb. 55) am Membran- bzw. Schaltventil 13 an. Ventil 13 befand sich, wie gezeichnet, in Ruhestellung und war geschlossen. Nachdem der Ladegleichrichter etwa 5 min vor dem Start eingeschaltet war (Ladestrom ca. 2,5 A), mußten am Kommandogerät für den Startvorgang folgende Schaltungen und Kontrollen durchgeführt werden (Abb. 55, 58, 59, 60 und 65):

1. Der Hauptschalter (Leitungsschutzautomat) war zu betätigen (Abb. 55 und 58).
2. Voltmeter »STARTSPANNUNG« mußte zwischen 22 und 30V anzeigen (Abb. 55 und 58).
3. Die Kontrolleuchte »ZELLSPANNUNG« mußte durch Aufleuchten bestätigen, daß die siebenpolige Brechkupplung in die bordseitige Steckdose S2 gesteckt und die Bordbatterie der Zelle funktionsfähig war. Bis zum Abschuß übernahm die Batterie der Startanlage die Versorgung des Flugkörpers (Abb. 55, 58, 59 und 65).
4. Die Kontrolleuchte »DAMPFERZEUGER« mußte bestätigen, daß die sechspolige Verbindung vom Schaltkasten des Anlaßgerätes (Zellenarm) zum Dampferzeuger hergestellt war.
5./6. Eine in der Nullserie in das Kommandogerät eingebaute »Startuhr« war ursprünglich für die Überwachung des Startablaufes und der Zeit zwischen Teillast- und Vollastbetrieb des Schubrohres vorgesehen. Danach wurde sie aber nicht mehr eingebaut, womit der Schalter 6 und die Uhr 7 entfielen (Abb. 58).
7. Der Steuerschalter (Drucktaste) »TRIEBWERK EIN« öffnete das Magnetventil MV1. Gleichzeitig trat der Summer 5 in Funktion. Damit geschah zweierlei: Über das sich öffnende Ventil MV1 strömte erstens Druckluft aus dem Vorratsbehälter 3 zur Preschona-Kupplung 11, von dort in den Flugkörper und gelangte hier sowohl zu den drei Anlaßluftdüsen 14 als auch über Gehäuse von Schaltventil 13 zum Teillastkolben 15. Durch die gleichzeitige Druckbeaufschlagung der Membrane von Ventil 13 öffnete dieses schlagartig und rastete in dieser Stellung durch den Riegel 22 mechanisch ein. Der nach unten gehende Kolben von 15 verstellte gleichzeitig den Waagebalken und damit das Drosselventil 16 so, daß sich in den Kraftstoffdüsen 17 ein Einspritzdruck von 1,2 bar Überdruck einstellte. Weiterhin, um zur elektrischen Funktion des Steuerschalters »TRIEBWERK EIN« zurückzukehren, begann Summer 5 die Zündspule 1 mit Spannungsimpulsen zu versorgen, die, wiederum durch ihre Hochspannungsspule herauftransformiert, an den Elektroden der Zündkerze Zündfunken veranlaßten. Mit der Herbeiführung dieser Zustände im Schubrohr: Gegenwart von Anlaßluft, Treibstoffnebel und Zündfunken, zündete das Rohr mit einer starken Verpuffung und lief anschließend, dem eingestellten Einspritzdruck entsprechend, in gedämpfter Halblaststufe weiter. Um ihm eine gewisse Einlaufzeit zu geben, wurde der Schalter »TRIEBWERK EIN« des Kommandogerätes für eine Zeit von ca. 10 sec gedrückt gehalten und nach dieser Zeit losgelassen. Die damit veran-

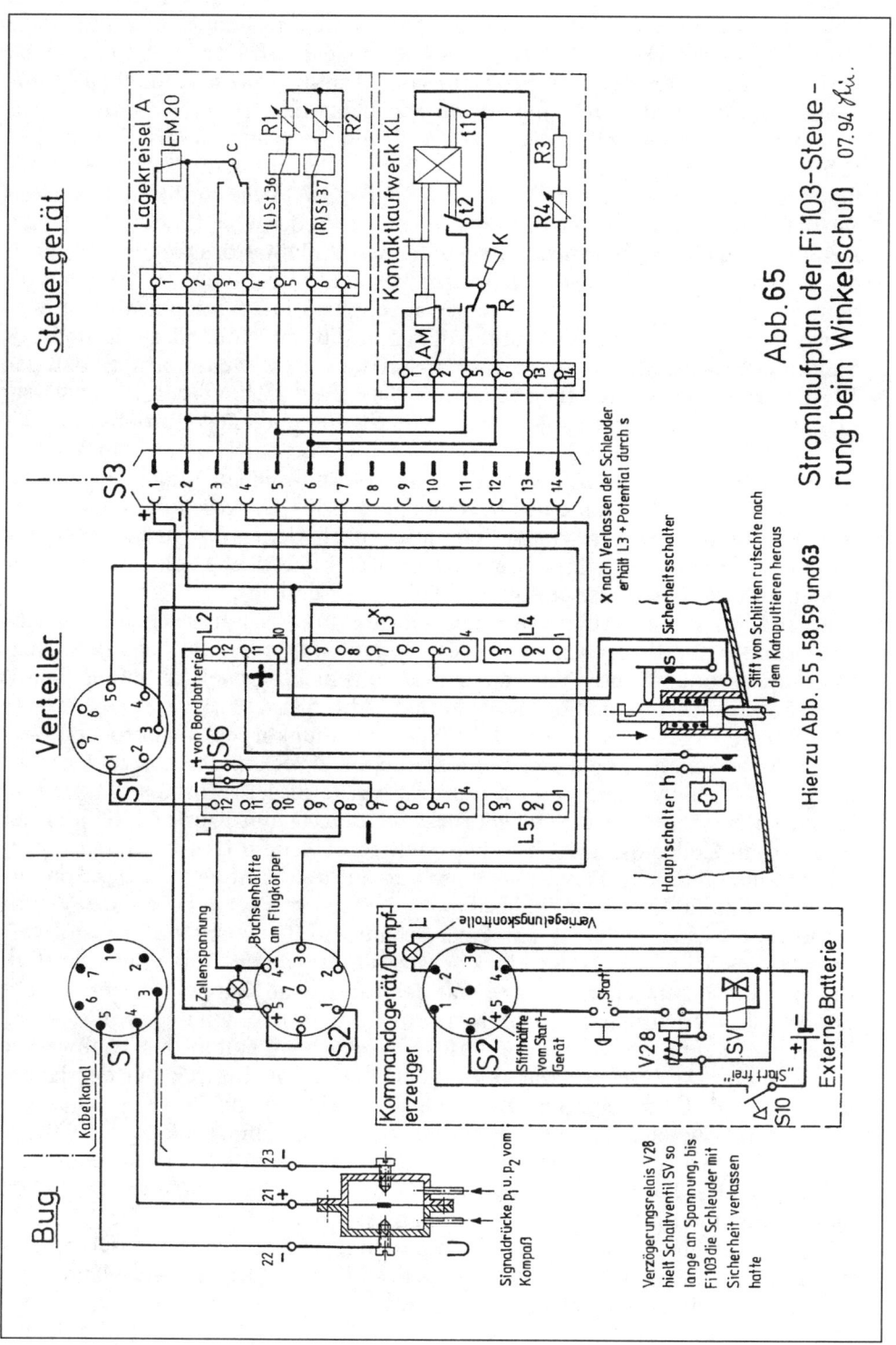

Abb. 65
Stromlaufplan der Fi 103-Steue-
rung beim Winkelschuß   07.94 *Au.*

Hierzu Abb. 55, 58, 59 und 63

507

laßte Kontaktöffnung hatte zur Folge, daß Ventil MV1 und die Zündanlage stromlos wurden. Die Anlaßluft war wieder abgesperrt. Der in den Leitungen und dem Membran- bzw. Kolbenraum von 13 und 15 noch verbliebene Luftdruck konnte sich über die Anlaßluftdüsen 14 abbauen. Ebenso war die elektrische Versorgung der Zündanlage bei 1, 5 und 18 spannungslos. Das Argus-Schmidt-Rohr lief ohne Fremdzündung, sich selbst mit Luft über die Ventilklappen versorgend, weiter. Während Schaltventil 13 durch die mechanische Verriegelung voll offen blieb, führte die Druckfeder von Kolben 15 dessen Betätigungselement wegen des schwindenden Anlaßluftdruckes wieder nach oben vom Waagebalken weg. Hierdurch bewegte Druckfeder 19 des Staukolbens 20 von Staudruckgeber 24, den Waagebalken linksseitig nach oben. Dadurch stand er jetzt nur noch unter dem Einfluß der Höhendose 21 und des Staukolbens 20 von 24 womit er das Drosselventil 16 so weiter öffnete, daß der Einspritzdruck an den Kraftstoffdüsen 17 von 1,2 auf 2,2 bar Überdruck anstieg. Damit ging das Schubrohr sofort in die Vollaststufe über. Das Betriebsgeräusch verstärkte sich weithin hörbar.[9] Dieser Sprung von der Halblast- zur Vollaststufe war für Peenemünde-West, sofern er vom nördlichen Schleuderplatz ertönte, immer das Zeichen eines bevorstehenden Fi-103-Abschusses. In der ersten Erprobungszeit erstarb das Geräusch nach dem Start nicht selten urplötzlich, wenn der Flugkörper durch einen Defekt ins flache Poldervorland der Schleuder oder in die Ostsee stürzte (Abb. 55, 58 und 59).

8. Eine anfangs geplante Überwachung und Meldung des ausreichenden Triebwerkschubes mit der Signalleuchte »TRIEBWERK SCHUB« stellte sich in der Realisierung als zu aufwendig und in der Praxis als nicht notwendig heraus, womit diese Meldeeinrichtung in der Serie entfiel (Abb. 58).

9./10. Sollte aus irgendeinem Grund der Start des Flugkörpers abgebrochen werden, war das Schubrohr abzuschalten. Zu diesem Zweck mußte, sofern der Steuerschalter »TRIEBWERK EIN« noch gedrückt wurde, dieser sofort losgelassen und der Schalter »TRIEBWERK AUS« gedrückt werden. Damit wurde MV2 geöffnet und der am Zellenarm als Abstellvorrichtung befestigte Druckzylinder 4 zum Ansprechen gebracht. Dessen Teller schlug auf den Abstellstift 9 des Sonderreglers. Dadurch löste sich die bisher von 22 bewirkte Verriegelung des Ventilstößels von 13, und Feder 23 schloß das Schaltventil 13, womit die Treibstoffversorgung des Schubrohres unterbrochen wurde. Bei einem vorzeitigen Startabbruch in der beschriebenen Weise war das Rohr vom Klappenregister her mit der Ausblasvorrichtung durchzublasen, um Kraftstofftropfen und -schwaden zu beseitigen. Damit wurde ein gefahrloses Wiedereinschalten des Triebwerkes möglich. Das Ausblasrohr war mit einem HD-Schlauch direkt an der Hochdruckseite der Luftversorgung angeschlossen (Abb. 55 und 58).

Nach dieser Zwischenbetrachtung einer Startunterbrechung soll der eigentliche Startvorgang nach Erreichen der Vollaststufe weiter verfolgt werden. Zum Starten mußten der Kippschalter »START FREI« und der Druckschalter »START« fast gleichzeitig im »Einhand-System« betätigt werden. Der Kippschalter, mit Rückstellfeder versehen, wurde zuerst betätigt und löste über den Entfesselungsmagneten 20 bzw. EM (Abb. 60 und 65) die Fesselung des Kurskreisels A im Steuergerät, weshalb er auch »Entriegelungsschalter« genannt wurde. Die von Magnet 20 durch einen Schwenkhebel 16 (Abb. 60) verursachte Entfesselung betätigte durch dessen Bewegung einen Umschaltkontakt c (Abb. 65), wobei der öffnende Kontakt einen Überwachungsstromkreis unterbrach, während der schließende Kontakt über den Dampferzeuger die Schleuder auslöste. Die Entriegelung des Lagekreisels bildete somit die Voraussetzung für den Start des Flugkörpers. Der Druckknopfschalter »START« löste also nach der Entriegelung über ein in den Dampferzeuger der Schleuder eingebautes Schaltventil SV die später noch zu beschreibende Funktion dieser Anlage aus. Der in die Walter-Schlitzrohrschleuder eingebrachte Kolben katapultierte den Flugkörper, durch den Dampf des schon vielfach beschriebenen »kalten« Walter-Verfahrens beaufschlagt, bei laufendem Triebwerk bis zum Schleuderende. Damit das Magnetventil SV im Dampferzeuger so lange geöffnet blieb, bis der Kolben und der Flugkörper mit Sicherheit die Schleuder verlassen hatten, war im Kommandogerät ein einstellbares, mechanisches Zeit- bzw. Verzögerungsrelais V28 eingebaut, das normalerweise den Ventilstromkreis über eine Zeit von etwa 1 sec an Spannung hielt (Abb. 55 und 65).[9, 123, 124] Auf die hier angesprochenen Zusammenhänge wird in Kapitel 16.4.5. beim Winkelschuß noch näher eingegangen.

Nach Schilderung der Startanlage kehren wir zur Funktion des Triebwerkreglers zurück (Abb. 55). Das Antriebsrohr lief, wie beschrieben, in der Vollaststufe. Da die Fi 103 noch in Ruhe auf dem Schleuderanfang betrachtet wird, wirkte auf die Membrane der Höhendose 21 in Erdnähe annähernd noch der volle Atmosphärendruck von Normalnull (NN). Das bedeutete, die Membran war entgegen ihrer Federkraft durch den Umgebungsdruck in eine untere Position geführt, womit ihr Betätigungselement auf den Waagebalken keinen nach oben gerichteten Einfluß hatte. Weiterhin bewirkte die Ruhelage des Flugkörpers auch noch keinen Staudruck des Fahrtwindes von Staurohr 25 auf den Kolben 20 von 24, weshalb auch hier die Druckfeder 19 keinen stärkeren Einfluß auf den Waagebalken nahm. Wurde der Flugkörper vom Kommandogerät wie beschrieben gestartet, wobei die Dampferzeugung, mit Hilfe von T- und Z-Stoff veranlaßt, den Kolben im Rohr der Schleuder und damit den Flugkörper wie ein Geschoß zum Schleuderende beschleunigte (Kapitel 16.5.), wirkte auf den Flugkörper mit zunehmender Startgeschwindigkeit ein größer werdender Staudruck. Entsprechend der Abfluggeschwindigkeit von der Schleuder, ca. 350 km/h, wurde dieser Staudruck vom Venturirohr 25 zum Staukolben 24 übertragen. Damit drückte der Kolben 20 die Feder 19 mit steigender Vorspannung und Kraft auf den Waagebalken und bewegte ihn so nach oben, daß Drosselventil 16 weiter aufgemacht wurde. Die Kraft des Kolbens 20 über Feder 19 war bei der Abfluggeschwindigkeit mit der Gegenkraft der Druckfeder von Höhendose 21 so abgestimmt, daß die Öffnungsvergrößerung des Drosselventiles 16 eine Einspritzdruckerhöhung von 2,2 auf ca. 2,6 bar Überdruck in den Einspritzdüsen 17 zur Folge hatte. Die Steigfluggeschwindigkeit bis zum Erreichen der eingestellten Sollflughöhe entsprach, nur geringfügig erhöht, etwa der Schleuderabfluggeschwindigkeit. Damit änderte sich praktisch in dieser Flugphase der Einfluß des Kolbens 20 auf den Waagebalken kaum. Mit zunehmender Höhe nahm der barometrische Druck ab, wodurch die Federkraft der Höhendosenmembrane von 21 ihr Betätigungselement zunehmend stärker auf den Waagebalken nach oben drücken ließ. Das bedeutete eine höhenabhängige

Drosselung des Einspritzdruckes an den Einspritzdüsen 17 durch das sich nach »MINUS« verstellende Drosselventil 16. In gleicher Beeinflussung wirkte die Feder 19 des Staukolbens 24 auf den Waagebalken, da die Luftdichte geringer und damit der Staudruck ebenfalls kleiner wurde. Nach Erreichen der Sollflughöhe erfolgte über den Flugregler die Umlenkung des Flugkörpers aus der Steigfluglage von ca. 7,5° in die Horizontalfluglage. Damit erhöhte sich automatisch dessen Fluggeschwindigkeit auf einen mittleren Wert von z. B. 650 km/h, wie er bei Erprobungsschüssen von August bis November 1944 in Peenemünde-West erreicht wurde. Mit größerer Geschwindigkeit erhöhte sich auch der Staudruck, wodurch der Kolben 20 von 24 wieder mehr Einfluß auf den Waagebalken in Richtung höheren Einspritzdruckes erhielt.

Somit wirkten Staukolben 20 und Höhendose 21 über den Waagebalken einander entgegen. Das daraus resultierende Drehmoment am Waagebalken bewegte den Stößel des Drosselventiles 16 so, daß sich für das jeweilige Luftangebot aus Staudruck und Höhe (γ-Wert) ein entsprechendes Angebot an Treibstoff ergab, womit ein möglichst optimales Arbeiten des Argus-Schmidt-Rohres angestrebt wurde. Der maximale Einspritzdruck im Horizontalflug in niedrigen Höhen betrug ca. 3 bar Überdruck. Bei allen beschriebenen Funktionen hielt das Gleichdruckventil 27, das mit Drosselventil 16 in einem Gehäuse untergebracht war, den Treibstoffbetriebsdruck als Vordruck für 16 auf konstant 4 bar.[9]

16.3. Die Zelle

Bis gegen Ende des Jahres 1941 war das vom RLM bei der Firma Argus-Motoren-GmbH, Berlin-Reinickendorf, in Auftrag gegebene Pulso-Strahltriebwerk zumindest für den Bereich niedrigerer Geschwindigkeiten betriebsreif entwickelt worden. Nach eigenen Angaben erhielt Gerhard Fieseler, ehemaliger Kunstflugweltmeister von 1934 und Inhaber des gleichnamigen Flugzeugwerkes, erstmals im Winter 1941/42 Kenntnis von diesem einfachen Antriebsaggregat. Am 5. Juni 1942 erteilte das RLM der Firma Gerhard Fieseler Werke GmbH in Kassel den offiziellen Auftrag, für das Argus-Schmidt-Rohr die Zelle eines Ferngeschosses mit entsprechender Ausrüstung zu bauen, wobei ihr gleichzeitig die Federführung für dieses Projekt übertragen wurde.[20]

Diesem Auftrag ging Ende 1941 bei der Firma Fieseler ein personeller Wechsel in der Leitung der Entwicklungsabteilung voraus. Hiermit knüpfen wir wieder ergänzend und ausführlicher an die Schilderungen gegen Ende des Kapitels 16.1. an. Der langjährige Entwicklungschef, Dipl.-Ing. Erich Bachem, verließ die Firma Fieseler, um sich in Waldsee/Württemberg mit behördlicher Unterstützung selbständig zu machen. Auf die Arbeiten von Erich Bachem werden wir später in Kapitel 21.1. noch einmal zurückkommen. Etwa um die gleiche Zeit, im November 1941, hatte auch Dipl.-Ing. Robert Lusser die Firma Heinkel verlassen. Auf der Suche nach einem neuen Wirkungskreis sprach Lusser am 20. November 1941 zunächst Dr.-Ing. Heinrich Koppenberg, den Geschäftsführer der Firma Argus Motoren GmbH, Berlin, an. Koppenberg lud ihn nach Berlin zu einer Besprechung ein. In der Zwischenzeit war auch Gerhard Fieseler beim General-Ing. Roluf Lucht wegen eines Nachfolgers für Erich Bachem vorstellig geworden. Lucht machte Fieseler auf Lusser aufmerksam und darauf, daß dieser im Augenblick zur Verfügung stehe. »Er ist zwar ein schwieriger Mann, aber er kann was. Versuchen Sie es doch mit ihm«, sagte Lucht zu Fieseler. Eine Besprechung zwischen Fieseler und Lusser fand darauf am 22. Januar 1942 statt. Dabei machte Fieseler Lusser den Vorschlag, in seiner Firma als Technischer Direktor für eine »führerlos fliegende Bombe« einzutreten. Auch berichtete Fieseler von dem einfachen und bisher geheimen Verpuffungsstrahlrohr der Firma Argus, das als billiges Antriebsaggregat vorgesehen werden könnte.

Anschließend nahm Lusser den Termin des noch ausstehenden Besuches bei Argus wahr, den man für den 14. Februar 1942 festgelegt hatte. Als Dr. Koppenberg Lusser eine Tätigkeit bei Argus vorschlug, entgegnete dieser, sicher mit dem Hintergedanken einer Tätigkeit bei Fieseler, daß Argus eine reine Motorenfirma sei und man verstehen werde, daß er, seinem beruflichen Werdegang entsprechend, wieder zu einer Flugzeugfirma gehen wolle, sofern eine Möglichkeit dazu bestünde. Dr. Koppenberg zeigte dafür Verständnis und ließ Lusser das Argus-Rohr, wie es dort seinerzeit noch hieß, auf dem Prüfstand vorführen. Am 27. Februar erschien Robert Lusser nochmals bei Dr. Koppenberg, um sich für die Absicht einer Einstellung bei Argus zu bedanken. Er erwähnte, daß er inzwischen ein Angebot der Firma Fieseler angenommen habe. Während dieses Besuches verkündete ihm der ebenfalls anwesende Dr.-Ing. Gosslau, daß er bei der Firma Argus für die Entwicklung einer »motorisierten Tragflügelbombe« eingestellt werden sollte. Nachdem Gosslau seinem Gast Lusser die jahrelangen, aber bisher vergeblichen Bemühungen um eine Fernbombe geschildert hatte, ermunterte er ihn, diese Angelegenheit bei seiner neuen Firma Fieseler vorzubringen, um eventuell eine Zusammenarbeit von Argus und Fieseler auf diesem Gebiet zu erreichen. Dipl.-Ing. Lusser, von dem Gespräch bei Fieseler vorinformiert, war von dem Vorschlag so begeistert, daß er dem gerade anhand einer Skizze den Flugkörper erläuternden Gosslau den Bleistift aus der Hand nahm und anstatt der von Gosslau gezeichneten zwei Antriebe unter den Tragflächen, über dem Flugkörperrumpf und dem Seitenleitwerk, nur ein einziges Triebwerk zeichnete. An dieser Konfiguration sollte sich bis zum Ende des Krieges nichts mehr ändern. Noch am gleichen Tag fuhr Robert Lusser zum RLM nach Berlin, um von dem zuständigen Referenten, Fl.Stabsingenieur Brée, zu erfahren, für welche Sprengstofflast das neue Projekt der fliegenden Bombe auszulegen sei.[6, 11, 12]

Als Robert Lusser Anfang März bei Fieseler eintrat, konnte er seinen neuen Chef für den Gedanken einer Zusammenarbeit der Firmen Argus und Fieseler bezüglich der Entwicklung eines Fernflugkörpers gewinnen und trat sofort mit den zuständigen Herren im RLM in Verbindung, wo er Anfang 1942 für einen derartigen Vorschlag schon ein geneigteres Ohr fand. Ohne aber den endgültigen Entscheid der obersten Dienststelle abzuwarten, gab Lusser, im Einverständnis mit Fieseler, dem Projektbüro der Firma den Auftrag, eine Flugbombe nach seinen Vorstellungen zu entwerfen.[11, 20]

Nachdem Lusser im RLM mit weiteren durchschlagenden und einleuchtenden Argumenten alle noch vorhandenen Bedenken und Widerstände gegen das geplante Projekt beseitigt hatte, erhielt die Firma Fieseler durch besondere Befürwortung von GFM Erhard Milch den Auftrag, für das Argus-Schmidt-Rohr und den vorgesehenen Askania-Flugregler eine entsprechende Zelle mit der notwendigen Ausrüstung zu entwickeln und zu konstruieren.[20]

Mit Unterstützung des RLM, Fl.Stabsingenieur Brée, wurde von Dipl.-Ing. Robert Lusser bei der Firma Fieseler in Kassel die Arbeit weiter forciert. Die Zusammenarbeit zwischen Fieseler und Lusser gestaltete sich übrigens zur beiderseitigen Zufriedenheit. Neben Lusser brachte auch der Flugzeugkonstrukteur Reinhold Mewes seine Erfahrungen im Zellenbau ein, die er zuvor bei der Firma Blohm & Voß als Chefkonstrukteur gesammelt hatte. Mewes kam 1933 von Heinkel zur neu von Blohm & Voß gegründeten Flugzeugbau GmbH Hamburg-Steinwerder, die er etwa 1935 wieder verließ und als Chefkonstrukteur zu Fieseler wechselte.[16]

Das Projekt des selbstgesteuerten Flugzeuges lief bei Fieseler zu Anfang unter der Bezeichnung »Projekt 35«, ab Juni 1942 wurde es dort in »Ferngeschoß in Flugzeugform Fi 103« umbenannt. Weiterhin wurde ihm die Tarnbezeichnung »FZG 76« (Flak-Ziel-Gerät 76) zugeteilt, während der Flugkörper im RLM unter der Nummer »8-103« eingeordnet wurde. Bei der Erprobung in Peenemünde-West war das Gerät bei allen Angehörigen der E-Stelle allgemein unter der Tarnbezeichnung »Kirschkern« bekannt. Später, nach dem Abschuß der ersten Einsatzgeräte in der Nacht vom 15. auf den 16. Juni 1944, gab RM Dr. Joseph Goebbels dem Ferngeschoß die Propagandabezeichnung »V1« (Vergeltungswaffe 1). Mit dieser Bezeichnung ist die erste von einem Rückstoßmotor angetriebene, mit Selbststeuerung versehene, in Großserie gebaute und eingesetzte Fernwaffe der Welt auch weitgehend in die Geschichte eingegangen. Da der Flugkörper sowohl vom Boden als auch von einem Trägerflugzeug aus der Luft zu starten war und auf dem Boden sein Ziel fand, konnte er sowohl in die Kategorie der Boden-Boden- als auch in die der Luft-Boden-Waffen eingeordnet werden. Der ursprüngliche und vornehmliche Einsatzzweck war aber die Verwendung als Boden-Boden-Flugkörper.[14]

Als Verlustgerät wurde die Zelle der Fi 103 vom Aufbau und Material her denkbar einfach und kostensparend konstruiert. Als Material fand für Rumpf, Flächen und Leitwerk fast ausschließlich Stahlblech von 1,5 bzw. bei stärker belasteten Rumpfteilen von 2 bzw. 2,5 mm Dicke Verwendung. Nur an den kompaßnahen Teilen, am Klappenregister des Schubrohres und an den Ruderflächen waren aus funktions-, fertigungs- und gewichtstechnischen Gründen Aluminiumlegierungen vorgesehen. Später hat man auch Holz als Werkstoff für Rumpfteile und Tragflächen verwendet.[12, 21]

Wie schon mehrfach erwähnt, hatte der Flugkörper flugzeugähnlichen Aufbau in Form eines einfachen, freitragenden Mitteldeckers (Abb. 56). Das Schubrohr war, wie schon beschrieben, über dem Rumpf und parallel zu ihm nach hinten versetzt angeordnet worden (Abb. 54 und 59a). Wie bei der Beschreibung des Triebwerkes ebenfalls schon erwähnt, war das Rohr vorne am Fangdiffusor mit einer Gabelaufhängung und hinten auf einer in der Seitenruderflosse verlaufenden vertikalen Pendelstütze auf dem Rumpf befestigt. Der stromlinienförmige Rumpf hatte einen rotationssymmetrischen Kreisquerschnitt. Die Steuerkommandos wurden durch ein normales, freitragendes Leitwerk mit Rechteckabmessungen auf den Flugkörper übertragen. Seiten- und Höhenleitwerk bestanden jeweils aus Flossen und Ruder. Die Seitenleitwerkflosse war gegenüber dem Höhenleitwerk nach hinten versetzt angeordnet. Der zweiteilige Rechteckflügel erhielt sein Profil durch ausgestanzte und geprägte, mit Erleichterungsdurchbrüchen versehene Stahlrippen, die auf einem Flächenrohr in ihrer Position warm aufgeschrumpft und durch

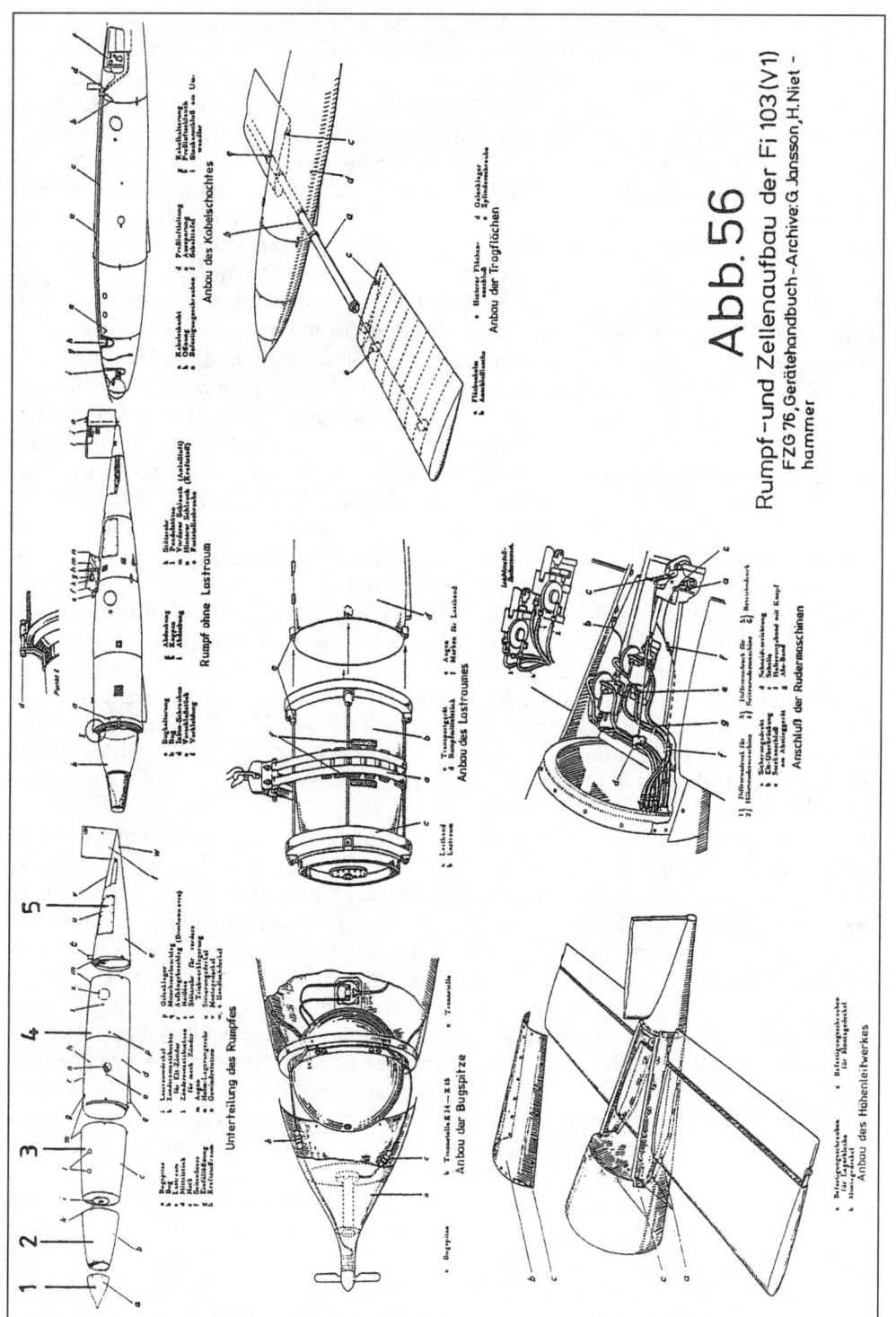

Abb. 56

Rumpf- und Zellenaufbau der Fi 103 (V1)

FZG 76, Gerätehandbuch-Archive: G. Jansson, H. Niethammer

513

je eine profilierte Nasen- und Heckleiste zusätzlich formschlüssig fixiert waren. Die Beplankung aus vorgeprägten Blechteilen umfaßte dieses Gerippe, und durch gegenseitige Verschweißung ergab sich damit ein kompaktes Flächenelement. Abgerundete Endkappen schlossen die Flügelenden ab. Querruder hatten die Tragflächen der selbstgesteuerten Ferngeschoßversion nicht. Durch entsprechend genaue Herstellung und Vermessung jeder Tragfläche strebte man bei der Fertigung danach, die Störmomente möglichst klein zu halten. Für die Vermessung der Tragflächen-Ungenauigkeiten bediente man sich einer in Längs- und Querachse in der Waage liegenden Hilfseinstellvorrichtung, die einen Rohrholm zur Aufnahme der zu prüfenden Fläche besaß. Mit zwei Rahmen (je einer für die Flächenober- und die Flächenunterseite), in denen je 17 Teilschablonen beweglich verteilt waren und an den kritischen Profilstellen der zu prüfenden Tragfläche auflagen, konnten die Profilfehler mit Hilfe einer auf Null gestellten Gradwasserwaage gemessen werden. Die Summe aller gemessenen positiven und negativen Winkelabweichungen in Minuten wurde mit einem Faktor (0,026) multipliziert und ergab mit umgekehrtem Vorzeichen den Korrekturwert. Dieser Wert diente zur Einstellung des individuellen aerodynamischen Anstellwinkels jeder Tragfläche. Er wurde mit Hilfe des Querkraftbeschlages jeder Fläche eingestellt. Dieser Beschlag war am hinteren Ende der Wurzelrippe angebracht und bestand aus einem senkrechten Gewindebolzen, auf dem sich eine Gewindemutter mit Zapfen befand. Durch Drehen des Bolzens bewegte sich die Mutter mit Zapfen nach oben und unten, wodurch auch die Tragfläche – mit dem Rohrholm als Drehpunkt – ihren Anstellwinkel veränderte, da der Zapfen sowohl auf der Einstellvorrichtung als auch bei der späteren Montage am Rumpf in ein feststehendes Gelenklager eingriff. Der Spalt zwischen Tragfläche und Rumpf wurde durch Spaltverkleidungsbleche abgedeckt.[124]. Es bestand auch beim ersten Entwurf die Absicht, durch eine Rückenflosse dicht vor dem Einlauf des Antriebsrohres und eine der Seitenruderflosse entsprechende, aber nach unten gerichtete Heckflosse die Seitenstabilität noch zu erhöhen. [12, 26, 27]

Die Befestigung der Tragflächen am Rumpf erfolgte, wie schon erwähnt, mit Hilfe eines Stahlrohres, das als Flächenholm durch ein hinter dem Flugkörperschwerpunkt quer durch den Rumpf (Kraftstoffbehälter) hindurchgehendes Holm-Lagerungsrohr gesteckt wurde. Zur Lagerung im Rumpf besaß der Flächenholm zwei Lagerringe. Je zwei weitere Lagerringe außerhalb des Rumpfes dienten zur Lagerung jeder Tragflächenhälfte. Zur Befestigung des Holmes am Rumpf war neben einem der beiden Rumpflagerringe radial eine Anschlußlasche mit Bohrung angeschweißt. Die Befestigung erfolgte durch eine Sechskantschraube, die, durch die Lasche gesteckt, in einen Gewindestutzen an der Rumpfseitenwand eingeschraubt wurde. Die Flächen selbst konnten nach dem Aufschieben auf den Holm an dem jeweiligen inneren Lagerring durch eine vertikale Zylinderkopfschraube gegen seitliches Abrutschen gesichert werden, wobei der voreingestellte Querkraftbeschlag den Anstellwinkel bestimmte.[12, 22, 124]

Nach dieser allgemeinen Darstellung des Fi-103-Flugkörpers, wobei auf die Profilkontrolle der Tragflächen und deren Montage mit individuellem Anstellwinkel zum Ausgleich von Profiltoleranzen wegen des besonderen Einflusses auf die Flugeigenschaften näher eingegangen wurde, sollen Einzelheiten seiner Gesamtkonstruktion beschrieben werden. Hierbei wird zum besseren Verständnis auch teil-

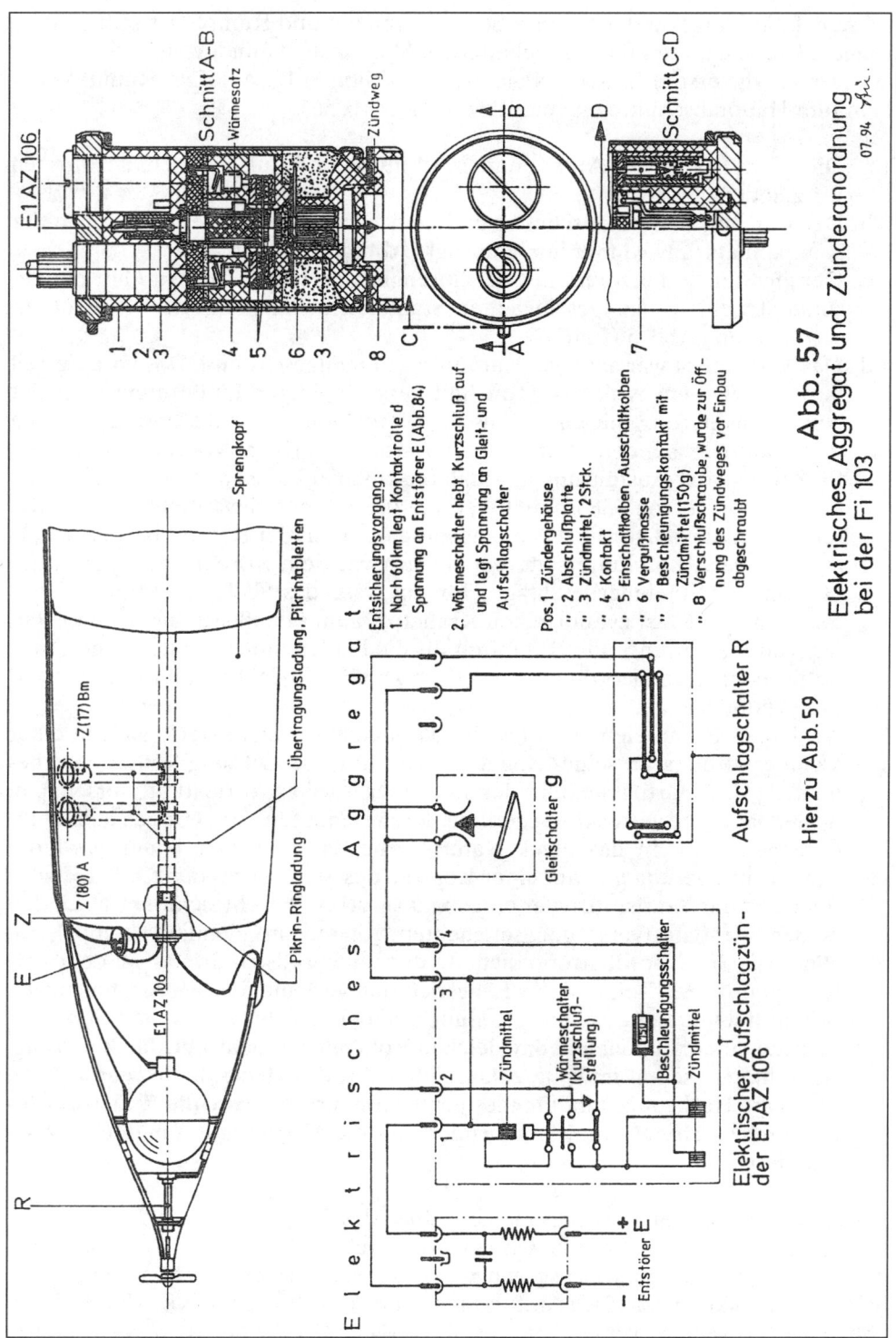

Abb. 57
Elektrisches Aggregat und Zünderanordnung bei der Fi 103

weise auf die Funktion der beschriebenen Elemente und Rumpfabschnitte eingegangen. Die genannten und festgehaltenen Abmessungen und Materialien beziehen sich auf die erste Einsatzversion als Fernbombe Fi 103A-1. Der Rumpf konnte in fünf Hauptabschnitte eingeteilt werden (Abb. 56).

1/a Die Rumpfspitze, aus Aluminium, mit Luftlog und Aufschlagschalter für den
     Elt-Zünder.
2/b Der Bug, mit dem Gleitschalter und dem Fernkompaß, ebenfalls wegen der
     Kompaßnähe aus Aluminium gefertigt (Abb. 57).
3/c Der eigentliche Lastraum mit der Sprengladung von ca. 830 kg Gewicht be-
     stand aus einem dichtgeschweißten Stahlblechbehälter mit drei Zünderein-
     satzbuchsen (Abb. 56 und 57).
4/d Das Mittelstück war aus zwei Hälften zusammengeschweißt. Das vordere Teil
     bestand aus dem Kraftstoffraum mit verschließbarer Füllöffnung g, in der
     Normalausführung mit einem Fassungsvermögen von 690 l, und dem durch
     ihn hindurchgehenden Holm-Lagerungsrohr n für den Rohrholm der Trag-
     flächen. Bei der Ausführung mit Stahlblechbeplankung hatten die Flächen ei-
     ne Spannweite von 5383 mm. Oberhalb des Körperschwerpunktes ragte der
     schwalbenschwanzförmige Aufhängebeschlag r aus der Rumpfoberfläche her-
     aus. Auf der Rumpfunterseite befand sich vor dem Körperschwerpunkt der
     U-förmige Mitnehmerbeschlag q für die Nase des Schleuderkolbens. Nach
     dem zentralen, fast zylindrischen Kraftstoffraum schloß sich das schon leicht
     nach hinten verjüngende Rumpfteil für die beiden hintereinander und etwas
     seitlich versetzt angeordneten kugeligen Druckluftbehälter mit Füllventil und
     Druckminderer an.
5/e Als letztes Rumpfelement folgte das konisch zulaufende Heck, das mit einer
     kleinen Öffnung an seiner Spitze endete. In diese Öffnung konnte gegebe-
     nenfalls das Hartpapierrohr der mit einer Auslösevorrichtung versehenen
     Schleppantenne gesteckt werden, auf deren Bedeutung später noch näher ein-
     gegangen wird. In das Heck waren vorne das Stützrohr k der vorderen
     Schubrohrlagerung und auf einer Konsole des Stützrohres der Kraftstoffend-
     filter und der Kraftstoffregler eingebaut (in Abb. 56 nicht sichtbar). Nach den
     beiden Kraftstoffversorgungselementen folgten in ziemlich kompaktem
     Block die 30-V-Bordbatterie dicht an der Backbordseitenwand, an dem vor-
     deren, vertikalen Teil eines in Längsrichtung verlaufenden Rohrrahmens die
     Schalttafel mit elektrischer Verteilung und dem Zählwerk und, mit drei Win-
     keln auf einem Fundament am gleichen Rohrrahmen befestigt, die Steuerung.
     Nach hinten, schon im spitz zulaufenden Teil des Hecks, hatte man auf die
     durch die Heckspitze hindurchgesteckte Höhenruderflosse die Rudermaschi-
     nen für das Höhen- und Seitenruder und die Vorrichtung für den Abstieg
     montiert.[28, 124]

Soweit in groben Zügen der allgemeine Aufbau des Flugkörpers und dessen hauptsächliche Ausrüstung. Betrachten wir nun die einzelnen Abschnitte etwas näher, wobei wieder von der Bugspitze ausgegangen werden soll. Wie schon erwähnt, hatte man
bei der Konstruktion bezüglich Ausführung und Werkstoffen nur das für die Funktion
unbedingt Notwendige vorgesehen. Als Verbindungstechnik für die vorwiegend aus

Stahlblech gefertigte Zelle wurde elektrische Lichtbogenschweißung mit Schweiß-automaten für die Nahtschweißungen verwendet, und die in der Flugzeugproduktion damals übliche Niettechnik war serienmäßig durch die elektrische Punktschweißung ersetzt worden. Besonders diese Verbindungstechnik führte wegen mangelnder Er-fahrung in der Zellenfertigung bei den großen Beschleunigungs- und Erschütterungs-kräften an der Fi-103-Zelle zu ungenügender Festigkeit.[12, 14]

Zu 1/a:
Es wurde schon erwähnt, daß alle kompaßnahen Teile aus Aluminium gefertigt waren. So auch die Bugspitze a (Abb. 56). Sie bestand aus einem zylindrischen, rohrförmigen vorderen Teil von 45 mm Durchmesser, in dem die Lagerung und das Kontaktgabewerk der Logpropellerachse untergebracht waren und das in ein hinteres konisches Teil mit einem größten Durchmesser von ca. 412 mm überging. Die Gesamtlänge der Spitze betrug ohne Propeller ca. 460 mm. Die Öffnung des zylindrischen Teiles wurde nach vorne von der Haube der Propellernabe stromli-nienförmig abgeschlossen. Hinter dem Kontaktgabewerk folgte der in das koni-sche Spitzenteil hineinragende Aufschlagschalter für die Auslösung des elektri-schen Aufschlagzünders, wie in Abb. 59 näher dargestellt ist. Das hintere Ende die-ses Kontaktes war mit der Bodenplatte an einen Blechflansch montiert, der selbst wieder im konischen Teil der Spitze an einem winkeligen Blechspant festge-schraubt war, während sich das vordere Ende im beginnenden konischen Teil über eine Aufnahmescheibe mit Halter an der Spitzeninnenwand abstützte. Die Bug-spitze hatte man mit dem folgenden Bug 2/b über einen dort befestigten, winkeli-gen Aluminiumblech-Spantring radial mit sechs Sechskant- oder Linsen-Blech-schrauben verschraubt. Zwischen alle verschraubten Rumpfstoßstellen war eine Abdichtmasse gelegt, um das Eindringen von Feuchtigkeit zu verhindern und Was-ser während des Transportes, beim Fertigmachen zum Schuß auf der Schleuder und besonders im Fluge von den inneren Funktionsteilen fernzuhalten (Abb. 56).[28, 124]

Zu 2/b:
Das folgende Rumpfsegment, der Bug 2/b, ebenfalls noch aus Aluminium, war spä-ter auch aus Holz gefertigt. Das einem Kegelstumpf ähnelnde Rumpfteil war aus zwei längs geteilten, vorgeprägten und verschweißten Halbschalen aufgebaut. An der unteren Seite und mehr nach hinten zum großen Durchmesser versetzt, befand sich der Gleitschalter (Abb. 57), einer der vielfältigen Zündvorrichtungen. Am Be-festigungsspant zwischen Spitze und Bug war die abschirmende Holzkugel für den Fernkompaß so befestigt, daß nach Abschrauben der Spitze die vordere Holz-kugelhälfte nach vorne abgenommen werden konnte, während die hintere Hälfte, den Kompaß haltend, für Einstellarbeiten am Spant verblieb. Bei einer Länge von ca. 770 mm endete der Bug mit einem Durchmesser von ca. 730 mm und einem Z-förmigen Ringspant und ging damit später in den Lastraum 3/c über. Zunächst ist aber zu erwähnen, daß der Hersteller den Rumpf ohne Lastraum an die Muna lie-ferte. Spitze und Bug wurden deshalb vorerst provisorisch direkt mit dem Mittel-stück 4/d verbunden. Hierzu bediente man sich der Bughalterung a (Punkt I). Sie bestand aus einem abgesetzten, durchmesserausgleichenden Ring, der vorne über den großen Durchmesser des Bugs mit einem buchsenförmigen Ring herübergriff

und mit ihm verschraubt wurde. Von hier aus ging die Bughalterung konisch auf den Durchmesser des Mittelstückes über und umschloß dessen stirnseitige Wand. Durch vier Druckwinkel, die von vier durch die Augen des Mittelstückes gesteckte Inbusschrauben d mit Muttern axial auf die konische Fläche der Bughalterung gedrückt wurden, erfolgte die vorübergehende Verbindung von Bug und Mittelstück. Die empfindliche Spitze wurde vor dem Transport normalerweise demontiert und zum Schutz des Innenraumes vor Fremdkörpern durch eine Bugkappe ersetzt. Für den späteren montierten Zustand mit kompletter Spitze in den Auffangstellungen gab es zu deren Schutz noch eine konische Bugspitzenschutzhaube. Außerdem ist noch zu erwähnen, daß im Bugraum, kurz vor Beginn des Lastraumes, oben eine Öffnung vorgesehen war, durch die elektrische und pneumatische Leitungen für das Luftlog, den Aufschlagschalter und den Fernkompaß hindurchtraten und in einem flachen, eng am Rumpf anliegenden, später montierten Kabelschacht zum Heck weitergeführt wurden. Die im Kabelschacht a vorgefertigt verlegten Leitungen traten hier durch eine zweite Öffnung im Rumpf, kurz vor dem Stützrohr des Schubrohres, wieder in das Heck ein, um von hier ihre elektrische und pneumatische Energie zu erhalten, worauf später noch näher eingegangen wird (Abb. 56).

Zu 3/c:

Der Rumpfabschnitt des Lastraumes bzw. Gefechtskopfes stellte mit seiner 830 kg schweren Sprengladung das erste schwergewichtige Rumpfteil dar. Der äußere Mantel war die Rumpfoberfläche und bestand wieder aus zwei vorgefertigten, zusammengeschweißten Stahlblechschalen. Die Möglichkeit einer Separatmontage und der Auswechselbarkeit des Gefechtskopfes mußte gegeben sein, da ja außer der Laborierung oder Füllung mit Sprengstoff auch noch ein Lastraum mit Schüttbehälter für C-Kampfstoffe, eine Brandkörperfüllung und die Verwendung einer Legeröhre für Flugblätter möglich sein sollte.

Der ballig-konische Mantel des Gefechtskopfes war in seiner metallischen Ausführung am großen Durchmesser von ca. 840 mm mit einem am Rand axial herausgezogenen eingeschweißten Deckel und am kleinen Durchmesser von ca. 680 mm durch den eingeschweißten Lastraumdeckel i verschlossen. Dieser bugseitige Lastraumabschluß besaß eine zentrische Füllöffnung von ca. 200 mm Durchmesser, die durch einen aufschraubbaren Verschlußdeckel von ca. 250 mm Durchmesser abgedeckt wurde. In das Zentrum dieses zentrischen Deckels war die Zündereinsatzbuchse k des elektrischen Aufschlagzünders (Elt-Zünder) eingelassen. Von hier aus durchzog den fertig montierten Lastraum bis zum hinteren Deckel ein axialer Zündkanal für die Übertragungsladung. In diesen zentralen Kanal mündeten zwei weitere, etwas nach backbord geneigte vertikale Kanäle, die ebenfalls mit den Zünderbuchsen l ausgerüstet und für die Übertragungsladungen der beiden mechanischen Zünder bestimmt waren. Bis zur Füllung des Lastraumes waren die Zünderbuchsen sowohl wegen der Beschädigung ihrer Zündergewinde als auch zur Vermeidung von Verschmutzungen des Innenraumes mit Bakelitdeckeln verschraubt. Bei der Füllung des Lastraumes in einer Luft-Munitionsanstalt (Luftmuna) erfolgte durch Öffnen der Füllöffnung und der Zündkanäle auch die Laborierung mit der Übertragungs- bzw. Initialzündladung. Damit umschloß die eigentliche Sprengladung die Initialzündkanäle allseitig, so daß eine großflächige Detonationseinleitung beim Ansprechen eines Zünders gegeben war (Abb. 56 und 57).

Der Lastraum wurde zum Schutz seiner Oberfläche für den Einzeltransport und für das Füllen mit Sprengstoff mit dem Transportgerät c versehen. Dieses Gerät bestand aus zwei eisenarmierten Hartholzringen, die mit Axialbohrungen versehen waren. Am großen Lastraumdurchmesser umfaßte ein abgesetzter Ring sowohl das Mantelblech als auch seine Stirnseite, womit der dadurch über den Deckel in Längsrichtung überstehende Ring ein axiales Gegenlager besaß. Der zweite Ring am kleineren Durchmesser umschloß nur den konischen Mantel des Lastraumes, besaß aber infolge der konischen Steigung ebenfalls eine axiale Fixierung. Durch die Verspannung mit Hilfe von vier axialen Zugankern bildeten der Lastraum und die beiden Ringe eine Einheit. Da der zweite Ring durch eine kragenförmige Verlängerung ebenfalls über den Fülldeckel hinausgezogen war, konnte der gefüllte, fast 1 t wiegende Lastraum geheißt, gerollt und beidseitig vertikal abgestellt werden, ohne daß seine Kanten und Oberflächen beschädigt wurden (Abb. 56).

Wie schon angedeutet, wurde der Lastraum des Flugkörpers in der Muna – nach der Füllung mit Sprengstoff zum Gefechtskopf geworden – dort auch an den Rumpf montiert. Zu diesem Zweck wurde der im Anlieferungszustand am Mittelstück befestigte Bug durch Entfernen der mit vier Inbusschrauben d gehaltenen Bughalterung wieder abgenommen. Damit war das Ende des Mittelstückes für die Montage des Lastraumes frei. Es lag mit dem kompletten Heck, dem Schubrohr und für den Transport seitlich hochkant befestigten Tragflächen und darüber angeordnetem Leitwerkkasten (Höhenleitwerk mit durch einen Kasten abgedeckten Rudermaschinen) waagerecht auf einem Transportwagen. Der an einem Kran ebenfalls waagerecht hängende gefüllte Lastraum wurde an das Mittelstück herangeführt. Hierzu benutzte man ein spezielles, aus zwei nebeneinanderliegenden Bändern gebildetes Lastband a, das den Lastraum zwischen zwei Markierungen umfassen mußte. Im unteren tragenden Bereich waren die beiden Bänder durch längs liegende Holzstege ausgefüttert, wodurch die drei unteren Zuganker des Transportgerätes jeweils in der Lücke zweier Stege zu liegen kamen. Nach Indeckungbringen der Augen m des Gefechtskopfes und des Mittelstückes wurden beide Rumpfteile durch die vier zuvor an der Bughalterung verwendeten Inbusschrauben mit Federringen und Muttern verschraubt. Damit hing an dieser zentralen Verschraubung sowohl der Lastraum als auch das folgende noch näher zu schildernde Mittelstück 4/d mit dem Kraftstoffraum. Aufgrund dieser Tatsache waren auch hier die größten Axial- und Vertikalkräfte beim Katapultieren und im Fluge zu bewältigen. Von der Bugspitze bis einschließlich der Stoßstelle Gefechtskopf – Mittelstück waren alle Rumpfteile durch Verschraubungen voneinander zu trennen, was aus Montage- und später aus Einstellgründen notwendig war.[28, 124]

Neben der Schilderung des Lastraumes bzw. Gefechtskopfes ist es zweckmäßig, auch hier gleich etwas über den für die Füllung verwendeten Sprengstoff und dessen Zündung zu sagen. Die Füllpulversprengladung bestand normalerweise aus AMATOL 39 (FPO2). Die Zusammensetzung bestand aus 60 bis 64 % TNT (Trinitrotoluol) und der Rest aus Amonsalpeter. Als Ausweichsprengstoff war für die Fi 103 MYROL vorgesehen, ein Sprengstoff gallertartiger Konsistenz, dem zur Erhöhung des spezifischen Gewichtes Natronsalpeter zugesetzt wurde, der auch als

Sauerstoffträger eine Vergrößerung der Reaktionsgeschwindigkeit veranlaßte. In seiner Sprengwirkung soll er noch merkbar stärker als AMATOL 39 gewesen sein. Ein weiterer Sprengstoff war TRIALEN. Trialen besteht aus Trinitrotoluol, Hexogen und Aluminiumpulver (80 : 10 : 10 oder 70 : 15 : 15 oder 60 : 20 : 20) und hat eine höhere Brisanz als TNT und MYROL. Trialen war für besonders wichtige Ziele ausersehen, wobei Trialenscheiben in die Amatolfüllung der Körper eingebettet wurden. Diese Flugkörper erhielten als Kennzeichen einen roten Ring, auch als »Bauchbinde« bezeichnet. Durch die außerordentlich hohe Bildungswärme (auf ein Mol bezogene Wärmemenge, gemessen in Kalorien, die bei einer chemischen Reaktion frei wird) von Aluminiumoxyd kann man durch dessen Beimischung einen erheblichen Kalorienzuwachs erreichen und den Gasen eine höhere Temperatur vermitteln. Die Bildungswärme von Al_2O_3 beträgt 396 kcal/Mol bzw. 3884 kcal/kg = 16 260 kJ/kg. Es wird angenommen, daß das Aluminiumpulver bei der Primärdetonation zunächst nicht vollständig umgesetzt wird, sondern erst im Schwadenbereich restlos reagiert. Man erklärt so die besonders nachhaltig schiebende Wirkung (»Nachheizung«) dieses Sprengstoffes. Trialen hat aber den Nachteil, nicht beschußsicher zu sein.[29, 30, 123]

Jede, besonders eine größere Menge der sogenannten Sicherheitssprengstoffe, wozu z. B. das AMATOL 39 auch gehört, benötigt eine entsprechende Zündenergie, um zur Detonation und damit zur vollen Energieentfaltung veranlaßt zu werden. Man bezeichnet den Zündvorgang, der dazu führt, als Initialzündung.

Entsprechend den drei Gewinden in den Öffnungen der Zündereinsatzbuchsen für die Initialzündladung waren auch zur Sicherheit drei Zünder für die Detonationsauslösung des Flugkörper-Sprengkopfes bei Bodenberührung vorgesehen. Jeder ansprechende Zünder leitete durch eine Zündladungskapsel C/98 mit einer Ladung aus Knallquecksilber, die von einer Pikrin-Ringladung (Trinitrophenol) umschlossen war, die Detonation ein. Jeder Ringladung folgten mehrere Übertragungsladungen in Form von vollen Pikrin-»Tabletten« von etwa 70 mm Durchmesser, womit die Initialzündladung ergänzt wurde.

Die Zündanlage der Fi 103 bestand im wesentlichen aus dem elektrischen Aggregat, das den elektrischen Aufschlagzünder beinhaltete und während des Fluges von einem Zählwerkkontakt durch das Luftlog an die 30-V-Bordnetzanlage angeschlossen wurde (Abb. 57 u. 59). Bei Ausfall des Bordnetzes und damit funktionslosem elektrischem Aggregat sollten zwei mechanische Zünder die Zündung einleiten, worauf später noch eingegangen wird. Der elektrische Aufschlagzünder (E1 AZ106) war axial in die Zünderbuchse des Lastraumfülldeckels eingeschraubt. Beim normalen Abstieg, d. h. fast senkrechtem Absturz der Fernbombe, sollte der schon erwähnte Aufschlagschalter R, ebenfalls Bestandteil des elektrischen Aggregates (Abb. 59), den Zünder zum Ansprechen bringen. Dieser Schalter, in die Spitze eingebaut, bestand einerseits aus dem Membrankontakt b1/b2 und andererseits aus dem Röhrenkontakt der Teile 7/8 bzw. c1/c2. Beim Auftreffen auf das Ziel hatte die als Stößel verlängerte Luftlogachse die Aufgabe, durch axiale Verschiebung den Membrankontakt b1/b2 zu schließen. Der Röhrenkontakt war aus zwei konzentrischen Metallrohren mit galvanischer Kontaktbeschichtung so aufgebaut, daß äußeres Rohr 7 in der Aufnahmescheibe mit Halter 9 und am anderen Ende in 12 montiert war. Das innere Rohr 8 war gegenüber dem ersteren beweglich und isoliert am ersten Schott mit 10 und 12 befestigt. Beim Auftreten einer seitlichen Aufschlagkomponente wurde Rohr 8 gegen Rohr 7 bewegt, womit ebenfalls eine Kontaktgabe ausgelöst wurde, auch wenn der Membrankontakt nicht ansprach. Der bei der Fi 103 verwendete elektrische Aufschlagzünder war entgegen den gewöhnlichen Aufschlagzündern als Batteriezünder aufgebaut, bei dem keine vorhergehende Kondensatoraufladung erfolgte. Die Spannung der Bordbatterie brachte direkt über den Glühdraht der Zündkapsel C/98 deren Zündladung zur Reaktion. Die entstehende Zündflamme schlug durch einen Zündkanal in die größere Übertragungsladung, die ihrerseits die gesamte Übertragungsladung zündete und damit den ganzen Sprengkopf zur Detonation brachte.[124]

Zum elektrischen Aggregat gehörte noch der Entstörer. Dessen elektrische Bauteile waren in ein Zündergehäuse eingebaut, das mit einer Schelle an den vorderen Lastraumdeckel montiert war (Abb. 56 u. 57). Es hatte sich gezeigt, daß die vom Kontaktgeber des Luftlogs während des Fluges dauernd gegebenen Einschaltimpulse Ströme in der Zünderanlage induzieren und Zündmittel zum Ansprechen bringen konnten. Um das zu verhindern, legte man das Entstörglied, aus 1 Kondensator und 2 Drosselspulen bestehend, zwischen den elektrischen Aufschlagzünder und die 30-V-Bordnetzanlage. Die elektrische Zündanlage war zweipolig und ohne Masseanschluß verschaltet.[31, 123, 124]

Der elektrische Aufschlagzünder in Verbindung mit seinem Auslöseorgan, dem Aufschlagschalter in der Bugspitze, war in besonderem Maße dazu bestimmt, den Sprengkopf dicht oberhalb der Erdoberfläche zur Detonation zu bringen, um die größte Minen- bzw. Druckwirkung des Sprengkopfes zu erzielen. Zu diesem Zweck war der auslösende Kontakt möglichst weit vom Sprengkopf nach vorne versetzt angeordnet worden. Durch Kurzzeitmessungen im Labor von E7 in Peenemünde-West hatte man ermittelt, daß von der Kontaktgabe des Spitzenkontaktes bis zum Ansprechen der Zündkapsel im elektrischen Aufschlagzünder eine Zeit von weniger als 1 ms (1/1000 sec) verging. Durch Abwurfversuche war in Peenemünde weiterhin gemessen worden, daß die Auftreffgeschwindigkeit der Fi 103 aus durchschnittlichen Einsatzhöhen von 1000 bis 1500 m nicht wesentlich größer als die Reisegeschwindigkeit war. Ging man von einer Auftreffgeschwindigkeit von 700 bis 800 km/h, entsprechend 194 bis 222 m/s aus, so ergab sich bei der Zündverzögerungszeit von 1 ms ein Fallweg von 194 bis 222 mm, den der Flugkörper vom Ansprechen des Spitzenkontaktes bis zum Beginn der Detonation zurücklegte. Der Abstand von der Spitze bis zur Mitte des Lastraumes betrug aber etwa 1900 mm, wodurch die Detonation etwa in einem Abstand von 1700 bis 1680 mm oberhalb des Erdbodens bzw. eines Hindernisses zur Wirkung kam. Bei diesem Vorgang fiel der aus dünnem Aluminiumblech gefertigten Bugspitze die Aufgabe zu, als axial leicht deformierbare »Knautschzone« ein möglichst sicheres Ansprechen des Membran- bzw. großflächigen Röhrenkontaktes zu ermöglichen. Die geschilderten Vorgänge waren aber Idealverhältnisse, die aus mancherlei Gründen nicht immer so wunschgemäß abliefen. Um die Sicherheit des Ansprechens noch zu erhöhen, war zusätzlich in den elektrischen Aufschlagzünder und elektrisch parallel zum Aufschlagschalter noch ein 150-g-Beschleunigungskontakt eingebaut, der beim Aufprall und der dadurch auftretenden negativen Beschleunigung die Detonation ebenfalls auslösen konnte. Durch Versuche war festgestellt worden, daß die Beschleunigung von 150 g beim annähernd senkrechten Aufschlag mit Sicherheit überschritten wurde (Abb. 57).[31, 32, 124]

Bei einem Ausfall des Abstieggerätes flog die Fi 103 noch weiter, bis der Kraftstoff aufgebraucht war, und ging dann im Gleitflug nieder. Für diesen Fall war der schon erwähnte Gleitschalter an der Bugunterseite angebracht, der als drittes Zündorgan mit dem Aufschlagschalter elektrisch parallel geschaltet war und für diesen Sonderfall des Niedergehens bei Erdberührung den schon beschriebenen Zündvorgang übernehmen sollte (Abb. 57).

Das Ansprechen des elektrischen Aufschlagzünders bei einem Steilabsturz oder auch des Gleitschalters beim niedergehenden Gleitflug setzte ein intaktes elektrisches Aggregat, funktionierende Zünderaufschlagorgane und Zünder voraus. Für den angenommenen Fall, daß hier ein Fehler vorlag, war noch der Aufschlagzünder Z(80)A in die erste radiale Zünderbuchse eingebaut. Das war ein mechanischer Zünder, der von elektrischer Spannung und zusätzlichen Aufschlagorganen unabhängig war. Er sprach bei einer Aufschlagbeschleunigung von ca. 8 g an. Für die Auslösung der Zündflamme waren zwei im entsicherten Zustand frei bewegliche Beschleunigungsmassen in einem Gehäuse mit gleich geformten Wänden so angeordnet, daß sie, durch eine Druckfeder auf Abstand gehalten, an der Gehäusewand anlagen. Im freien, inneren Durchmesser der Druckfeder besaß die eine Masse eine Zündnadel und die andere ein Zündhütchen. Wirkte eine Beschleunigung auf den entsicherten Zünder, wobei wegen der schrägen Gehäusewände ihre Richtung weitgehend keine Rolle spielte, wurden die beiden Massen entgegen der Federkraft, deren Größe den Ansprechwert des Zünders vorgab, durch die Gehäuseform gegeneinander bewegt. Dabei schlug die Nadelspitze in den Boden des Zündhütchens, dessen dabei entstehende Zündflamme, wie schon beschrieben, durch einen Zündkanal in die Übertragungsladung schlug (Abb. 57). Neben diesem rein mechanisch-pyrotechnischen Aufbau besaß dieser Aufschlagzünder noch einen Armierungsstift. Durch Ziehen des Stropps bzw. Abreißseiles beim Katapultieren wurde dieser Stift herausgerissen, wodurch ein Hemmwerk von 380 ± 30 sec Laufzeit in Gang gesetzt wurde. Erst nach dieser Zeit war das Schlagsystem des Zünders entsichert. Das Laufwerk überbrückte damit einerseits die Beschleunigungsphase auf der Schleuder und ließ andererseits den Flugkörper weiterhin einen entsprechenden Sicherheitsabstand von etwa 6 km erreichen.

Sofern der elektrische und der mechanische Zünder versagten, war als letzte Sicherheit gegen ein Niedergehen der Fi 103 als Blindgänger noch ein mechanischer Langzeitzünder Z(17)Bm in die zweite, radiale Zünderbuchse eingeschraubt. Er wurde durch ein Federuhrwerk betätigt, dessen Laufzeit vor dem Start eingestellt wurde. Die maximal mögliche Laufzeit von 2 h war so zu bemessen, daß die der eingestellten Entfernung am Luftlog entsprechende Flugzeit, unter Berücksichtigung des Windes, mit Sicherheit überbrückt wurde. Die Sicherheitszugabe lag bei etwa 10 bis 15 min. Hierbei mußte einerseits die Zeit nicht zu kurz gewählt werden, damit keine Detonation in der Luft erfolgte. Andererseits durfte die Zeit auch nicht zu lang bemessen sein, damit möglichst keine Gelegenheit für eine Entschärfung gegeben war. Geliefert wurde der Zeitzünder mit einer Einstellung von 35 min. Auch der Zeitzünder wurde über ein Abreißseil beim Schleuderstart entsichert, wobei das Uhrwerk anlief.[31, 32, 33, 124]

Die Zündspannung für den elektrischen Aufschlagzünder wurde beim »Entriegeln«, kurz vor dem Abschuß vom Kommandogerät aus, durch fast gleichzeitige Betätigung des Schalters 10 und des Druckknopfes 11 eingeschaltet (Abb. 58, 59 und 65). Sie lag aber am Zünder noch nicht an, da, wie eingangs schon erwähnt, erst nach einer Wegstrecke von etwa 60 km ein Zählwerkkontakt mit Hilfe eines Wärmeschalters die Batteriespannung an das elektrische Aggregat legte. Siehe auch Kapitel 16.4.2.6. (Abb. 57 und 59).[23, 124]

Zu 4/d:
Nach dem Lastraum bzw. Gefechtskopf wenden wir uns dem nachfolgenden Mittelstück 4/d zu (Abb. 56), dessen vorderes Teil durch den Kraftstoffraum h bzw. Tank gebildet wurde. Dieses fast zylindrische Rumpfsegment war so aufgebaut, daß die Außenhaut gleichzeitig Tankwand war. Bei einer maximalen Gesamtlänge von ca. 1220 mm und einem mittleren Durchmesser von etwa 865 mm wurde der vordere und der hintere Abschluß des Tanks durch gewölbte Deckel hergestellt. Der Rauminhalt bei der Normalausführung, Fi 103-A1, betrug ca. 690 l. Auf der oberen Tankseite, neben dem außermittig laufenden Kabelkanal und vor dem Aufhängebeschlag (Bombenwarze), befand sich die Einfüllöffnung g. Im Bereich des Treibstoffbehälters wurde zugleich der größte Rumpfdurchmesser des Flugkörpers mit ca. 900 mm am hinteren Befestigungsspant erreicht. Wie schon erwähnt, war quer durch den Behälter in Schwerpunktnähe der Fi 103 ein stabiles Stahlrohr, das Holm-Lagerungsrohr n, gesteckt, das an seinen seitlichen Austrittsstellen mit der Tank- bzw. Rumpfwand abdichtend verschweißt war und durch das der Holm a der Tragflächen gesteckt wurde. Von diesem Rohr verliefen innerhalb des Kraftstoffbehälters je eine Verstärkungstraverse sowohl senkrecht nach oben zum Aufhängebeschlag r als auch schräg nach vorne und unten zum nach vorne U-förmig geschlossenen Mitnehmerbeschlag q für die Mitnehmernase des Schleuderkolbens.
Das Holm-Lagerungsrohr und die beiden Traversen mit Aufhänge- und Mitnehmerbeschlag stellten somit ein zentrales, kompaktes Krafteinleitungs- und Übertragungselement dar, das die Kräfte insbesondere beim Heißen, Schleudern und im Fluge aufnahm und auf den Rumpf übertrug. Der Mitnehmerbeschlag für die Nase des Schleuderkolbens war aus dem Grund vor dem Körperschwerpunkt angeordnet worden, um eine ziehende und damit stabile Bewegungsübertragung vom Kolben auf den Flugkörper während des Schleuderstartes zu gewährleisten. Abweichend von der allgemeinen Blechstärke von 1,5 mm, war der Mantel des Kraftstoffbehälters aus 2 mm und die Deckel wie auch die noch folgende Heckspitze aus 2,5 mm dickem Stahlblech hergestellt, da ja im Behälter immerhin ein Förderdruck von maximal 6 bar herrschte. Der Kraftstoffbehälter war im Verhältnis zum Auftriebsschwerpunkt des Tragwerkes so im Rumpf angeordnet, daß im Flug mit fortschreitendem Kraftstoffverbrauch keine Trimmprobleme auftraten. Um beim Ansetzen zum Sturz und den dabei auftretenden negativen Beschleunigungskräften die Kraftstofförderung durch »Trockenfallen« der Ausflußöffnung nicht zu unterbrechen, wurde sie später versetzt und dicht darüber eine waagerechte Trennwand eingebaut. Der dadurch entstehende kleine, untere Tankraum war mit dem darüberliegenden großen Hauptraum durch zwei mit Sieben abgedeckte Öffnungen verbunden. Näherte sich der Flug dem Ende, wobei auch nur noch etwa die untere Mulde des Tanks gefüllt war, dann verhinderte der Zwischenboden bei den auftretenden Beschleunigungen durch das Abkippen eine Verlagerung des Treibstoffes und Trockenfallen der Tankausflußöffnung. Beim

anschließenden freien Fall auf einer ballistischen Kurve waren die Kräfte auf den Treibstoff ohnehin fast Null. Mit dieser Maßnahme wurde verhindert, daß sich der Abstiegszeitpunkt des Flugkörpers über dem Zielgebiet durch ein ungewolltes Aussetzen des Triebwerkes ankündigte.[28]

Nach dem Tank folgte als nächstes Rumpfelement des Mittelstückes 4/d der Raum, in dem die beiden kugelförmigen Luftbehälter untergebracht waren. Er hatte schon eine merkbar nach hinten zulaufende konische Kontur. Auf den Aufbau der Luftbehälter und deren Funktion als pneumatische Energiespeicher ist schon bei der Schilderung der Triebwerkanlage (Kapitel 16.2.2.) eingegangen worden. Beide Behälter waren hintereinander, aus Platzgründen der vordere etwas nach backbord und der hintere nach steuerbord versetzt, eingebaut. Breite, kräftige Spannbänder aus Stahl, die an Bodenblechen des Rumpfes befestigt waren, gaben ihnen im Rumpf festen Halt. Zur Unterstützung der Spannbänder zog man später noch ein Zwischenblech in Höhe des größten Kugeldurchmessers im Rumpf ein, das mit entsprechenden Ausnehmungen für die Kugeln versehen war, um sie in horizontaler Ebene nochmals sichernd zu umfassen.

Die beiden Rumpfteile des Mittelstückes 4/d (Tank und Luftbehälterraum) waren mit Hilfe eines zur Versteifung abgewinkelten Spantringes, der unter die vorgezogene Tankwand griff, verschweißt. Nach einer Länge von ca. 1220 + 1240 mm von 4/d hatte sich der Rumpfdurchmesser auf ca. 740 mm verringert. Hier waren wieder am Außendurchmesser vier Augen m für die Verbindung mit dem nachfolgenden Heck aufgeschweißt. Drei befanden sich unterhalb der Rumpfmittellinie, während das vierte auf der Oberseite des Rumpfteiles 4/d angeordnet war. Beim fertig montierten Flugkörper wurde dieses Befestigungselement durch eine Verkleidung f abgedeckt, die aus strömungstechnischen Gründen auch gleichzeitig das Stützrohr k und die zum Schubrohr führenden Leitungen umschloß. Ebenso wie bei der Stoßstelle Lastraum – Kraftstoffbehälter hatten die Augen auch hier die Aufgabe, eine trennbare Verbindung zwischen 4/d und dem nachfolgenden Heck 5/e herzustellen. Die radiale Steifigkeit am Rumpfteil 4/d wurde auch heckseitig durch einen abgewinkelten, eingeschweißten Ringspant hergestellt, auf den noch ein Schottblech geschraubt wurde.

Neben den beiden Bordluftbehältern nahm der Rumpfabschnitt 4/d noch die Rohrverbindungen der Behälter untereinander und zum Tank auf. Dabei waren, wie bei der Schilderung der Triebwerkanlage schon erwähnt, entsprechende Armaturen eingebaut. Dazu gehörten der zentrale, handbetätigte, pneumatische Druckminderer, das Füllventil, das Rückschlagventil und die Kraftstofförderleitung, die, von der Tankunterseite ausgehend, durch das Mittelstück 4/d zu den Kraftstoff- Versorgungs- und -Regelungselementen im Heck 5/e führte. Für die Zugänglichkeit der von Hand einzustellenden pneumatischen Armaturen war backbordseitig im Rumpf ein rundes, mit einem Deckel verschließbares Handloch x vorgesehen. Daneben befand sich beidseitig je eine Heißöse s (Abb. 56).[28, 124]

Zu 5/e:
Mit dem Heck wenden wir uns dem letzten, achtern liegenden Rumpfelement zu. Seine Befestigung am vorhergehenden Mittelstück, bei einem Durchmesser von ca. 740 mm, wurde schon beschrieben. Unmittelbar hinter dieser Befestigungsstelle war im unteren Rumpfbereich ein Bodenblech eingeschweißt. Durch eine dar-

in genau in Rumpfmitte eingebrachte Bohrung war das vertikale Stützrohr des Schubrohres von ca. 80 mm Durchmesser gesteckt. Nach oben trat dieses Rohr über eine weitere, ringförmige Rohrverstärkung und obere Rohrlagerung aus dem Rumpf nach oben ins Freie. Die untere axiale Fixierung des Rohres übernahmen Sicherungsringe.

Um dem vom Antrieb her ebenfalls beanspruchten Heckteil, das außerdem noch durch zwei große Ausschnitte für Montage- und Einstellarbeiten in seiner Festigkeit geschwächt war, eine zusätzliche Längssteifigkeit zu geben, hatte man auf den Boden des Heckteiles vom Stützrohr zur Heckspitze hin vier Rumpflängsträger aus U-Blechprofilen geschweißt. Nach dem Stützrohr folgte, ganz auf der Backbordseite, die Trockenbatterie für alle elektrischen Verbraucher mit einer Spannung von 30 V und einer Kapazität von etwa 7 Ah. Sie war in einen Kasten aus Blech eingebaut, der zum Schutz gegen Erschütterungen und Abkühlung mit Pappeinlagen ausgekleidet war. Direkt hinter dem Stützrohr, an ihm auf einer Konsole befestigt und nur wenig nach backbord versetzt, war das letzte Treibstoffilter vor den Drallzerstäuberdüsen montiert. Darüber befand sich, an derselben Konsole befestigt, der Argus-Sonderregler mit dem Membranventil, dem Gleichdruckventil und dem den Treibstoffvolumenstrom bestimmenden Drosselventil. Vom Absperrventil des Sonderreglers war der beim Schleuderstart schon erwähnte Auslösestößel 9 radial, bis etwas über die Rumpfwand vorstehend, herangeführt. Dicht daneben zum Bug hin befand sich auf gleicher Höhe, an die Rumpfwand montiert, der Prüfstecker S2 (Abb. 59 und 65).

Nach den Treibstoffversorgungselementen folgte, in Rumpfmitte und in Rumpflängsrichtung ausgerichtet, die zur Elt-Anlage gehörende Verteilung bzw. die Schalttafel von etwa 200 mm Breite und ca. 350 mm senkrechter Länge. Sie war an einem Rohr befestigt, das den senkrechten, bugseitigen Abschluß eines rechteckigen Rohrrahmens darstellte, der in Heckmitte und Hecklängsrichtung ausgerichtet war und sich bis hinter das Steuergerät erstreckte. Der Rahmen diente auch dem Steuergerät als Fundament für die Befestigung im Flugkörper, die mit Hilfe von drei am Rohrrahmen befestigten Gewindestiften und Muttern vorgenommen wurde. Um die an ihm montierten empfindlichen Bauelemente gegen unzulässig hohe Erschütterungen zu schützen, war der Rohrrahmen über vier Schwingungsdämpfern aus Gummi im Heck eingebaut. Auf der Schalttafel waren zur Backbordseite hin, oben links, die siebenpolige Steckverbindung S1, rechts daneben der sechspolige Liststecker (Buchsenteil) S7, darunter ein dreipoliger Flachstecker S6 für die Spannungsversorgung der gesamten Elt-Ausrüstung, links daneben die Fassung F einer Glasrohrsicherung (0,3 A) und darunter das elektrische Zählwerk Z mit seinem Elektromagneten M befestigt (Abb. 59 und 65). Die Rückseite der Schalttafel war mit Klemmleisten versehen, in Abb. 59 und 65 mit L1 bis L5 bezeichnet. Damit wurde die von der Bordbatterie hergeleitete Spannung an die Bauelemente der Vorderseite verteilt und über die dortigen Steckverbindungen und Kabel heckseitig den beiden Zündpatronen ZP1 und ZP2 des Abstieggerätes und dem Sicherheitsschalter s, im Mittelstück dem Prüf- und Abreißstecker S2, dem Hauptschalter (Schlüsselschalter) h und über den Kabelschacht bugseitig dem Entstörer, dem elektrischen Aufschlagzünder Z, dem Gleitschalter g, dem Umwandler U des Kompasses, dem Aufschlagschalter R und dem Kontaktgeber G des Luftlogs zugeführt. Zum Schutz der Verteilung und der Klemmleisten war die ganze hintere Plattenseite mit einer flachen Schutzhaube abgedeckt. Das ganze elektrische Bordnetz war zweipolig ausgeführt. Aufgrund der geringen Ströme waren für die Verkabelung und die Verschaltung verzinnte Eisenleitungen verwendet worden.

Wegen der in diesen Rumpfabschnitt eingebauten Geräte mit ihren Einstellmöglichkeiten, wie Einspritzdruck am Triebwerkregler, Zählwerkzahl am Zählwerk, Höheneinstellung am Steuergerät und Einstellung des Kontaktlaufwerkes beim Winkelschuß, war hier eine große Montage- und Einstellöffnung auf der Backbordseite aus der Heckwand herausgeschnitten. Dieser Ausschnitt begann etwa in Höhe des Triebwerkreglers und hatte zur Heckspitze hin eine Länge von 600 mm. Die Breite des Ausschnittes erstreckte sich, von der Rumpfmitte ausgehend, fast über ein Sechstel des Rumpfumfanges. Die Kontur des Blechausschnittes war durch einen parallel laufenden, an die Rumpfwandunterseite geschweißten Blechrahmen unterfüttert. In die dadurch entstehende umlaufende Vertiefung wurde ein dem Ausschnittverlauf entsprechender Deckel u (Steuerungsdeckel) gelegt, der mit Hilfe von im Rahmen eingeschweißten Schwimmuttern festgeschraubt wurde. Um dem Heck an dieser Stelle, neben der Befestigungsmöglichkeit für die Schalttafel und die Steuerung, eine zusätzliche Versteifung zu geben, war auch der schon erwähnte Rohrrahmen in Längsrichtung eingebaut worden.

Hinter der Schalttafel befand sich, wie schon erwähnt, das Steuergerät, das in Kapitel 16.4.2.4. näher beschrieben wird. Damit die vom Flugkörper um seinen in Nähe des Tragflächenholmes liegenden Auftriebsschwerpunkt vollführten Flugbewegungen in möglichst ausgeprägter Größe auf die Steuerung wirken konnten, war sie von ihm in etwa 2400 mm axialer Entfernung im Rumpf eingebaut worden. Mit dem Steuergerät endete die erste Hälfte des Heckteiles bei einer Länge von 1070 mm und einem Durchmesser von ca. 520 mm. Als Abschluß war hier ein winkelig profilierter Ringspant auf der Innenseite der Rumpföffnung so nach hinten versetzt eingeschweißt, daß der entstehende Ansatz der nachfolgenden Heckspitze als Aufsteck- und Zentriermöglichkeit diente. Vorderes und hinteres Heckteil waren, wie der Kraftstoff- und Luftbehälterraum, durch eine Ringnaht verschweißt und bildeten wie diese eine nicht demontierbare Einheit (Abb. 56).

Von der Schweißstelle aus erstreckte sich die Heckspitze des Rumpfes, die aber strenggenommen auch wieder aus vier weiteren Teilen bestand, über eine Länge von ca. 1410 mm, um an ihrem Ende in eine Öffnung von ca. 90 mm Durchmesser stumpf auszulaufen. Etwa 470 mm hinter der Schweißstelle beider Heckteile war das hintere Stück auf einer Länge von ca. 400 mm waagerecht bis über die Rumpfmittellinie aufgeschnitten. Im fertig montierten Zustand wurde dieser Ausschnitt bis auf eine beiderseitige Öffnung wieder durch einen in die Rumpfform eingestrakten Montagedeckel b abgedeckt. Er war ähnlich wie bei der vorher beschriebenen Rumpföffnung mit Hilfe von eingeschweißten Schwimmuttern, die an den Ausschnittkanten befestigt waren, am Rumpf festgeschraubt (Abb. 56). Die verbliebenen beiden seitlichen Öffnungen im Rumpf wurden erst bei der Fertigmontage in der Auffangstellung verschlossen, wo zwei an die vormontierte Höhenruderflosse angeschweißte Lagerbleche mit dem Rumpf verschraubt wurden. Mit dieser Konstruktion wurde der durch den beschriebenen Ausschnitt geschwächten Heckspitze wieder entsprechende Festigkeit verliehen.

Auf die durch den Rumpf in gleichbleibender Breite hindurchtretende Höhenflosse waren auf profilausgleichenden Geräteblechen die Höhenrudermaschine etwa in Rumpfmitte und die Seitenrudermaschine steuerbordseitig montiert. Dabei war die Stoßstange zur Betätigung des Höhenruders an den längs durch die beiden Höhenruder führenden Hälften der Höhenruderachsen so an einem Antriebshebel angelenkt, daß dieser zwischen einer Flanschverbindung saß, womit die beiden Höhenruderachsen verbunden waren. An den Endkappen der Höhenflosse waren die Achsen der beiden Höhenruderhälften in Laschen gelagert. Die Höhenflosse selbst war aus zwei einteiligen Schalen aus Stahlblech hergestellt. Beim zweiteiligen Höhenruder waren Schale, Formrippen und Nasenröhre aus Leichtmetall gefertigt (Abb. 56 und 68).

Die Montage des Höhenleitwerkes war mit Hilfe einer Visierprüfung durchzuführen, um Trag- und Leitwerk in ihrer aerodynamischen Wirkung optimal aufeinander abzustimmen. Zu diesem Zweck wurde an mindestens zwei Stellen jeder Flossenseite eine Lehre gesetzt und am Tragflächenholm entsprechend eine Skala so angehalten, daß ihre Nullinie mit der Holmoberkante zusammenfiel. Beim Visieren vom Heck aus über die Visierkante der Flossenlehre mußte die Visierlinie innerhalb der weißen Felder der Skala am Holm liegen. Damit war das Höhenleitwerk richtig eingestellt und lag auf einem Anstellwinkel von −2,5° ±12′. Diese Prüfung konnte auch mit der gleichen Lehre und einer Gradwasserwaage durchgeführt werden.

Die Seitenruderstoßstange trat steuerbordseitig aus der Heckspitze des Rumpfes heraus und war außen mit dem Seitenruder über einen Gelenkhebel beweglich verbunden. Um das Seitenruder drehbar zu lagern, besaß dessen aus Stahlblech hergestellte Flosse oben und unten eine Lasche, in deren Gewindebohrungen vertikal je eine Stiftschraube eingeschraubt wurde. Die Seitenflosse war mit der Heckspitze durch Punktschweißung verbunden. Im Inneren der einteiligen Flosse war die Pendelstütze i für die hintere Schubrohrlagerung eingebaut. Außer den Stahl-Lagerrippen war das Seitenruder ebenfalls aus Leichtmetall gefertigt.

Die letzten beiden Teile des Rumpfes, also die ganze Heckspitze, war aus Festigkeitsgründen, wegen der hinteren Abstützung des Antriebsrohres und der entsprechenden Ausschnitte, aus 2,5 mm dickem Stahlblech ausgeführt. Zunächst scheint das ganze Heckteil 5/e wegen der großen Ausschnitte und der zusammengesetzten Teile trotzdem von der Festigkeit her nicht sicher ausgeführt zu sein. Aber man muß neben den genannten besonderen Maßnahmen der Versteifung berücksichtigen, daß die Heckspitze in Verbindung mit dem darüber angeordneten Argus-Schmidt-Rohr eine kompakte, kraftschlüssige Konstruktion darstellte, die durch die beiden parallel laufenden Rohrelemente (Rumpf-Schubrohr), eine ausreichende vertikale Steifigkeit besaß.[28, 124]

Aus der Abb. 56 sind weitere Einzelheiten des Zellenaufbaues zu entnehmen, die in der Beschreibung nicht alle angesprochen sind. Aber auch in der Zeichnung konnten nur die wesentlichen Teile dargestellt werden, die zum Verständnis des Gesamtkonzeptes der Fi 103 notwendig erschienen. Es ist auch zu berücksichtigen, daß besonders bei der Zelle Entwicklung, Konstruktion und Fertigstellung der Zeichnungssätze nicht nach Abschluß einer absichernden Erprobung vorgenommen werden konnten, sondern wegen des Zeitdruckes vieles parallel lief, wobei die praktische Erprobung Änderungen veranlaßte, die in die laufende Fertigung einfließen mußten. So war es unvermeidlich, daß die Zellen im Laufe ihrer Fertigung entsprechende Abweichungen in Konstruktion und Fertigungsverfahren aufwiesen.

16.4. Die Steuerung

Als unbemannter Flugkörper ohne Fernlenkung konzipiert, mußte ein Flugregler (Autopilot) bei der Fi 103 die Steuerung übernehmen. Aus den Forderungen an das Fluggerät resultierten auch die Bedingungen für die Arbeitsweise dieses Reglers. Die Aufgabenstellung für die Fi 103 konnte man in den wesentlichen Punkten wie folgt festhalten: Es war ein kleines, unbemanntes Verlustflugzeug zu entwickeln, das, von einem Verpuffungsstrahltriebwerk angetrieben, eine Sprengladung zunächst über eine Entfernung von ca. 250 km in ein vorgegebenes Ziel tragen und dort zum gegebenen Zeitpunkt abstürzen sollte. Der Flugkörper mußte sowohl von einem Katapult (Schleuder) als auch von einem Trägerflugzeug gestartet werden können. Seine Flughöhe war – nicht zuletzt vom Triebwerk vorgegeben – im Bereich von 300 bis 3000 m bei einer Geschwindigkeit von ca. 650 km/h festgelegt worden. Die geforderte Zielgenauigkeit besagte, daß die 50prozentige Breitenstreuung nicht mehr als ± 4,5 km – entsprechend 1,2° – auf 225 km Entfernung betragen sollte. Diese zu Beginn der Entwicklung aufgestellte Forderung war ausschließlich ohne Funkkorrektur vom Flugregler zu erbringen, da man bei einer Funkfernlenkung Störkommandos durch den Gegner befürchtete. Weiterhin wurde gefordert, daß während des Fluges vom Startkurs (Schleuderrichtung) um ± 60° abweichende Ziele angeflogen werden konnten (Winkelschuß). Aus dieser Aufgabenstellung waren für die Flugregelung der Fi 103 folgende Forderungen abzuleiten:

1. Während der ca. 25minütigen Flugzeit war der eingestellte Kurs zu regeln (Höhen- und Seitenruder).
2. Die Seitenstabilität mußte gewährleistet sein.
3. Eine bestimmte, einstellbare Höhe zwischen 300 und 3000 m war, nach dem Umlenken in die Horizontallage, während des Fluges einzuhalten.
4. Kursänderungen von ± 60° mußten nach dem Start durch den sogenannten Winkelschuß möglich sein.

Darüber hinaus hatte die Konstruktion des Flugreglers die besonderen Betriebsverhältnisse der Fi 103 zu berücksichtigen. Sie mußte sowohl gegen die Startbeschleunigung auf der Schleuder als auch gegen die vom Triebwerk verursachten Schwingungen unempfindlich sein. Damit war eine maximale Beschleunigungsfestigkeit von 22 g vorgegeben. Prüfung und Einstellung vor dem Start sollten einfach sein und nur wenig Zeit erfordern. Da der ganze Flugkörper ein Verlustgerät war, mußte der Flugregler mit geringem Fertigungsaufwand und geringen Kosten hergestellt werden können.[34]

16.4.1. Einige Fakten zur Flugreglerentwicklung in Deutschland

Ehe auf den speziellen Flugregler der Fi 103 näher eingegangen wird, soll ein allgemeiner Überblick der Aktivitäten auf diesem technischen Spezialgebiet im damaligen Deutschen Reich gegeben werden. Die Entwicklung von Flugreglern in Deutschland wurde in den 20er Jahren wesentlich durch die Bedürfnisse und Wünsche der Deutschen Lufthansa beeinflußt. Man ging zunächst daran, die Flugzeugführer für die Linienflüge nach Moskau, London, Paris und Rom vom körperlichen Kurshalten zu entlasten. Da die Firma Askania schon entsprechende Erfahrungen beim Bau von Bordinstrumenten hatte und unter ihrem Technischen Direktor Guido Wünsch auch Regler für industrielle Anwendungen baute, waren dort anfangs die besten Voraussetzungen für die Entwicklung von Kurs- und Flugreglern gegeben. Besonders erhielt ab 1924 die neugegründete Luftfahrtabteilung von Askania durch den Eintritt von Dipl.-Ing. Waldemar Möller entsprechende Impulse. Möller hatte als Flugzeugführer des Ersten Weltkrieges auch persönliche Flugerfahrung, die ihm bei der Entwicklung automatischer Flugzeugsteuerungen sehr zustatten kam.[35, 41]

Bis 1934 entwickelte Möller Bord- und Blindfluggeräte, Fernkompasse, Wendekreisel und pneumatische Einachs- und Dreiachsregler. Von 1935 bis 1939 wechselte er zur Erprobungsstelle der Luftwaffe Rechlin und leitete dort eine Gruppe, die sich mit der Entwicklung eines vollelektrischen Dreiachsreglers mit Fahrtregelung und dynamisch-integraler Stabilisierung beschäftigte. Daraus resultierte der Einheitsregler der deutschen Luftwaffe. 1939 kehrte Möller zur Firma Askania zurück, der er bis zum Kriegsende angehörte. In diese Zeit fiel auch die Entwicklung des Flugreglers für die Fi 103 und der kreiselstabilisierten Plattform für die A4-Rakete.[35]

Auch bei der Firma Siemens nahm man 1926 zunächst mit Kapitän J. M. Boykow eine Zusammenarbeit auf, der eine Dreiachsflugregelung entwickelt hatte. Trotz etlicher guter Vorschläge und Ansätze befriedigte diese Anordnung für Flugkörper letztlich doch nicht, und Siemens begann eine eigene Entwicklung. Hier war es der 1927 als Laboringenieur zu Siemens gekommene Dipl.-Ing. Eduard Fischel, der die Leitung der Luftfahrtabteilung in Berlin-Marienfelde übernahm. Seine Tätigkeit hatte weitreichende Folgen. Besonders seine Fähigkeit, auch die theoretischen Zusammenhänge darzustellen und das gerätetechnisch Mögliche zu erfassen, ließ ihn für die Entwicklung von Flugreglern neue Maßstäbe setzen. Man muß sich vergegenwärtigen, daß es zur damaligen Zeit keine allgemeine Theorie der Regelungstechnik gab. Ebenso fehlte die geeignete Elektronik. Es gab weder Transistoren noch Rechenverstärker, die elektrische Signale ohne großen Aufwand integrieren, differenzieren und mischen konnten.[35]

Bei der damaligen Flugreglerentwicklung wurden die dazugehörigen Stellantriebe bzw. Rudermaschinen, wie sie früher genannt wurden, entweder pneumatisch oder hydraulisch angetrieben. Die Firma Askania hatte zunächst – verständlicherweise – ihre große Erfahrung auf dem pneumatischen Gebiet unter Wünsch und Möller auch bei der Entwicklung ihrer Flugregler eingesetzt. Aber der an maßgebender Stelle für diese Entwicklung im RLM tätige Dr. Erich Hahnkamm entschied sich, besonders bei den Flugzeugen, für die elektrohydraulischen Systeme. Die bei der DVL und in Rechlin durchgeführten Flugerprobungen ließen diese Entscheidung auch als richtig erscheinen. Für die Vollständigkeit eines elektrohydraulischen Reglersystems fehlte gegen Mitte der 30er Jahre noch ein elektrischer Kurskreisel. Die Firma Siemens erbot sich unter Fischel, ein derartiges Gerät zu entwickeln. Fischels Mitarbeiter, Dipl.-Ing. Friedrich Lauck, Leiter des Kreisellabors, löste diese Aufgabe. Der Siemens-Kursregler K IVü wurde ein großer Erfolg. Er war zuverlässig, wartungsarm und wurde nicht nur in eigene, sondern auch in Anlagen anderer Hersteller eingebaut. Bis Kriegsende lieferte Siemens und später auch als zusätzliche Fertigungsstätte die Firma Patin etwa 35 000 Kursregler.[35]

Auch Askania ging ab 1935 – Möller war zu dieser Zeit schon in Rechlin – an die Entwicklung einer hydraulischen Rudermaschine und schloß einen Beratervertrag mit dem Hydraulikspezialisten Professor Dr.-Ing. Hans Thoma von der TH Karlsruhe. Der daraus resultierende Kursregler Lstz 14c, von Dr. A. Kronenberger, Leiter der Entwicklung und der Konstruktion von Askania, zur Fertigungsreife gebracht, hatte anfangs noch pneumatische Kreiselgeräte und Signalübertragung. Die Flugerprobung von Mustergeräten bei der Deutschen Lufthansa im Jahre 1938 erbrachte ausgezeichnete Ergebnisse. Trotzdem erfolgte kein größerer Einsatz dieses Flugreglers in Flugzeugen, da die laufende Fertigung des Siemens-Gerätes den Bedarf voll decken konnte. Der Askania-Flugregler mit elektrischer Signalverarbeitung und Drehmagnetbetätigung der Steuerschieber wurde dafür in großer Stückzahl für die A4-Rakete verwendet.

Wie schon erwähnt, arbeitete Dipl.-Ing. Möller nach seinem Weggang von Askania bei der E-Stelle Rechlin auch an der Entwicklung eigener, rein elektrischer Flugregler. Neben einem elektrischen Gleichstromnebenschluß-Stellmotor, der über einen Ward-Leonard-Generator betätigt wurde, ging Möller bei der Neuentwicklung von der bisher üblichen starren Ruderrückführung ab. Auf dieser Grundlage baute Möller einen Dreiachsflugregler, der für die Längs- und Querlagenregelung noch einen künstlichen Horizont benötigte. Dipl.-Ing. A. von Petery von der Firma Anschütz in Kiel-Neumühlen hatte ein derartiges Gerät auf elektrischer Basis gebaut. Schon die erste Flugerprobung, Mitte der 30er Jahre, brachte ausgezeichnete Ergebnisse, und die Piloten waren von der eleganten und »weichen« Arbeitsweise des Reglers begeistert. Auf Entscheidung des RLM sollte das Gerät in Großserie gebaut werden. Hier bot sich die Firma Albert Patin als Fertigungsfirma an. Bei Patin hatte Ing. A. Geisler Anfang der 30er Jahre eine Gleichstrom-Kompaßrosenanzeige entwickelt, die bei der Luftwaffe als Einheitsgerät eingeführt worden war. Damit kam der von Möller in Rechlin entwickelte Flugregler bei Patin in erfahrene und geschickte Hände, die ihn in wesentlichen Dingen noch verbesserten.

Die Firma Patin entwickelte später eine eigene Kurszentrale, die nicht im Instrumentenbrett des Cockpits, sondern im Flugzeugrumpf untergebracht war. Sie wurde an verschiedenen Stellen in Lizenz gebaut und noch in den 60er Jahren von der französischen Firma S.F.E.N.A. geliefert.

Diese kurze Schilderung der Situation auf dem Flugreglergebiet der 20er und 30er Jahre in Deutschland, die keinen Anspruch auf Vollständigkeit erhebt und auch nicht in Einzelheiten geht, läßt aber erkennen, daß die Aktivitäten recht vielfältig und auf etliche Institutionen verteilt waren. Im Laufe der Zeit hatte sich bei den Herstellerfirmen, den Erprobungsstellen und im RLM ein Stamm von Experten gebildet, der eine Fülle von Vorschlägen, Ideen, Erfindungen und Gerätemustern vorstellte. Es fehlte aber zu diesem Zeitpunkt die ordnende Hand, der überragende Mann, der alles koordinierte, um es für die einzelnen Aufgaben ökonomisch nutzbar zu machen. Außerdem wirkte sich in dieser Beziehung die Forderung der Geheimhaltung recht negativ aus. Es fehlten die notwendigen Kontakte und eine Zusammenarbeit mit gegenseitiger konstruktiver Kritik. Trotzdem entstanden aber bis zum Kriegsende in Deutschland viele bemerkenswerte Lösungen auf dem

Gebiet der Flugregler und ihrer Komponenten. Dabei waren die schon erwähnten Firmen Anschütz, Askania, Patin, Siemens und die Erprobungsstelle Rechlin besonders beteiligt. Siemens baute für seine Aktivitäten auf diesem Gebiet sogar noch ein eigenes Luftfahrtgerätewerk (LGW) in Hakenfelde bei Berlin.[35]

16.4.2. Die Entwicklungsgeschichte des Flugreglers der Fi 103

Einer der damaligen Flugregler für einen unbemannten Flugkörper war das für die Fi 103 bei Askania entwickelte Gerät. Zum Projektierungszeitpunkt der Fernbombe, Mitte 1942, existierte in Deutschland kein Flugregler, der alle schon geschilderten Bedingungen erfüllte. Um den Hintergrund der Entstehung des Fi-103-Flugreglers aufzuzeigen, muß man bis kurz vor Kriegsbeginn, also in die Monate August, September 1939 zurückgehen. Zu jener Zeit erhielt die Firma Askania durch den zuständigen Bearbeiter im RLM – Herrn Evers – den Auftrag, einen Flugregler für Gleitbomben, speziell für den schon beschriebenen Blohm- & -Voß-Gleitkörper BV 143, zu entwickeln (Kapitel 11). Mit der Durchführung dieser Aufgabe wurde die Abteilung für Flugreglerentwicklung betraut, deren Leiter schon ab 1935 Dipl.-Ing. K. Wilde war. Bis dahin hatte man hier ausschließlich Flugregler für Flugzeuge entwickelt, wobei sich besonders Dipl.-Ing. Georg Zink als geschickter Mitarbeiter Wildes bewährt hatte.[34, 36]
Nach dem Kriege schrieb Georg Zink als Nachruf für den verstorbenen K. Wilde, den Gründer der Bodenseewerke, im Rückblick auf diesen damaligen Zeitabschnitt: »Die Gleitkörper hatten im Gegensatz zu den gutmütigen Flugzeugen so gut wie keine Eigenstabilität … Dabei drängte die Zeit. In dieser Situation tat Herr Wilde das damals einzig Mögliche. Er holte den Rat unserer Fachabteilung für Kreiselgeräte ein und bekam die Kombination eines neuentwickelten, komplizierten sogenannten Beschleunigungskreisels mit einer verkleinerten, pneumatischen Rudermaschine empfohlen. Wir brauchten angeblich nur diese fertig beziehbaren Teile in die Zelle einzubauen… Die fertig ausgerüstete Zelle wurde unter das Trägerflugzeug gehängt und die Bewegung ihres Ruders bei Kurvenflügen optisch vermessen. Dieses mühsame Verfahren lieferte die einzigen Anhaltspunkte für die Ruderaufschaltwerte. Die ersten Abwürfe hatten dann auch katastrophale Ergebnisse … Zu allem Unglück war auch noch kurz zuvor Herrn Wilde eine wichtige Organisationsaufgabe auf dem Gebiet der Fertigung übertragen worden, so daß er praktisch nicht mehr als Abteilungsleiter fungierte.« Nichts schildert wohl die Ratlosigkeit der damals maßgebenden Persönlichkeiten bei Askania während der Entwicklung des Flugreglers für Gleitkörper besser als dieses rückblickende freimütige Geständnis von Herrn Zink. Er fährt dann fort: »In der erwähnten prekären Lage kam von wohlmeinender Seite der Rat, mich doch an einen Mann zu wenden (offenbar war Herr Zink zum Nachfolger von K. Wilde ernannt worden, d. Verf.), der zu den erfahrensten ›alten Hasen‹ auf dem Steuerungsgebiet überhaupt gehörte, an Herrn Dipl.-Ing. Waldemar Möller.«
Möller war in der Zwischenzeit wieder von der E-Stelle Rechlin zu Askania zurückgekehrt, was die Zusammenarbeit wesentlich erleichterte. Er erkannte sofort, daß die vorgeschlagene Lösung für den vorgesehenen Anwendungszweck nicht geeignet war. Abhilfe versprach die Verwendung einer alterprobten Kurs-

steuerung mit Lage- und Dämpfungskreisel sowie einer leistungsfähigen Ruder-maschine, wobei Druckluft als Hilfsenergie Verwendung fand. Dieses Prinzip hat-te Möller schon bei dem Flugzeugkursregler LZ 11 verwirklicht, und dessen An-wendung wurde bei der Beschreibung des Gleitkörpers BV 143 auch schon be-schrieben.

Die Schilderung dieser Begebenheiten ist für den Flugregler der Fi 103 insofern von Bedeutung, als der Gleitkörper-Flugregler für die BV 143 ähnliche Aufgaben bezüglich der Kurshaltung zu erfüllen hatte wie jener der Fi 103. Auch hier war ei-ne flugreglerstabilisierte Kurshaltung gefordert und Druckluft als Hilfsenergie vorgesehen. Jedoch mußten die Flugreglerfunktionen entsprechend der geforder-ten vielseitigeren Aufgabenstellung für die Fi 103 erweitert werden. Zurück-blickend schreibt Dipl.-Ing. Georg Zink hinsichtlich der Entwicklung vom Gleit-körper- zum Fi-103-Flugregler im gleichen Nachruf: »Für uns bedeutete es keine größere Neuentwicklung, außer dem Höhenregler-Zusatz, der es erlaubte, vor dem Abschuß die gewünschte Flughöhe zu wählen und die Zelle bei deren Erreichen vom Steig- in den Horizontalflug umzulenken. Wegen der größeren Flugbahnlän-ge mußte der Kurssteuerung ein Magnetkompaß aufgeschaltet werden.« Das hat-te Möller aber auch schon 1934 bei seinem Flugregler LZ 11 verwirklicht.

Aufgrund der von Georg Zink geschilderten Tatsachen kann man davon ausgehen, daß das Regelverfahren des Fi-103-Flugreglers auf wesentliches Gedankengut und die Beratung von Waldemar Möller zurückzuführen ist. Die konstruktive Gestal-tung und Anpassung dieses Systems an die Gegebenheiten der Fi 103 sowie der Höhenregler sind den Arbeiten von Dipl.-Ing. Zink und dessen Mitarbeitern zu-zurechnen.[36]

Die Stabilitätsberechnung des Fi-103-Flugkörpers, in Verbindung mit dessen Flug-regler, wurde bei der Deutschen Forschungsanstalt für Segelflug (DFS) in Ainring durchgeführt. Wenn der Auftrag für diese Berechnung auch nicht chronologisch am Anfang der Projektentwicklung stand, sondern erst später, 1942 bzw. Anfang 1943, erteilt wurde, als die ersten Versuchsschüsse in Peenemünde-West schon er-folgt waren, so konnten mit dem Ergebnis dieser Berechnungen doch wesentliche Hinweise, besonders zur Seitenstabilität der Fi 103, gegeben werden.[34]

16.4.2.1. Regelungstechnische Grundlagen

Um die Funktion des Fi-103-Flugreglers zu verstehen, ist es notwendig, für den Uneingeweihten einige grundsätzliche Zusammenhänge über diese Regelungs-technik zu erwähnen. Bei einer Regelung sind die Regelgrößen, in unserem Fall al-so der Kurs und die Höhe, fortlaufend zu erfassen und mit einer anderen Größe, der Führungsgröße, zu vergleichen. Damit wird, abhängig vom Ergebnis dieses Vergleiches, die Regelgröße von der vorgegebenen Führungsgröße im Sinne eines Ausgleiches beeinflußt. Wirkt der Mensch, also ein Pilot, als Glied dieses Regel-kreises mit, so spricht man von Handregelung. Im Falle der unbemannten Fi 103 mußte eine automatische Regelung über einen Flugregler wirksam werden.

Der sich bei einer Regelung ergebende Wirkungsablauf vollzieht sich in einem ge-schlossenen Kreis, dem sogenannten Regelkreis. In Abb. 61 ist der Signalflußplan des Fi-103-Flugreglers sowohl in vereinfachter als auch in ausführlicher Form, in einem Blockschaltbild dargestellt. Wie daraus ersichtlich ist, bestand der Regler

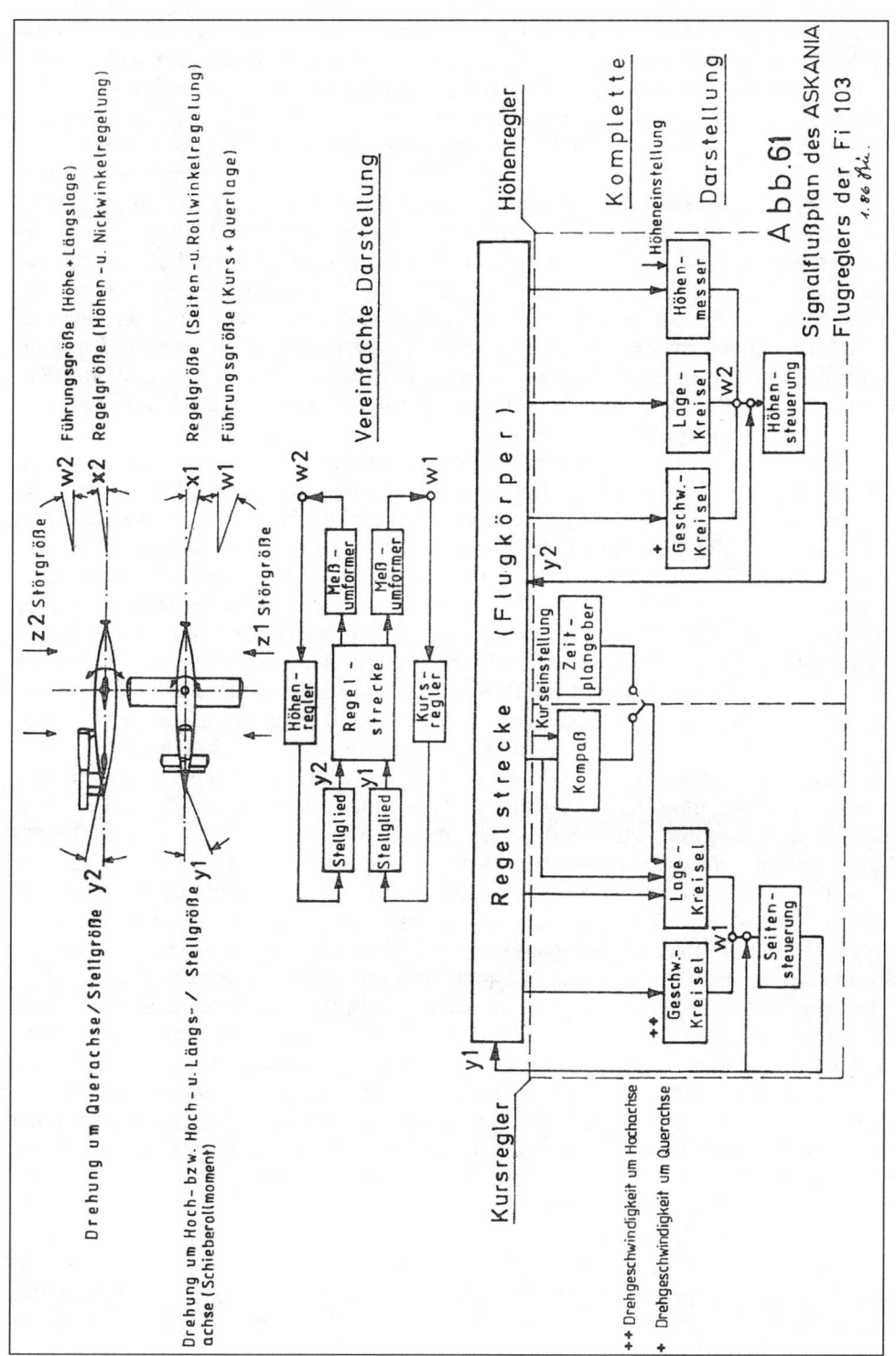

Abb. 61 Signalflußplan des ASKANIA Flugreglers der Fi 103

Drehung um Querachse / Stellgröße y2

Drehung um Hoch- bzw. Hoch- u. Längs- / Stellgröße y1
achse (Schieberollmoment)

- w2   Führungsgröße (Höhe + Längslage)
- x2   Regelgröße (Höhen- u. Nickwinkelregelung)
- x1   Regelgröße (Seiten- u. Rollwinkelregelung)
- w1   Führungsgröße (Kurs + Querlage)

z2 Störgröße

z1 Störgröße

Vereinfachte Darstellung

Höhen-regler

Regel-strecke

Meß-umformer

Meß-umformer

Kurs-regler

Stellglied

Stellglied

Kompaß

Zeit-plangeber

Kurseinstellung

Geschw.-Kreisel

Lage-Kreisel

Lage-Kreisel

Geschw.-Kreisel

Höhen-messer

Seiten-steuerung

Höhen-steuerung

Höheneinstellung

Komplette Darstellung

Höhenregler

Regelstrecke   (Flugkörper)

Kursregler

++ Drehgeschwindigkeit um Hochachse
+ Drehgeschwindigkeit um Querachse

533

aus zwei Regelkreisen, einem für den Kurs und einem zweiten für die Höhe. Dabei läßt die ausführliche Darstellung erkennen, daß nicht nur diese beiden Regelgrößen allein zu kontrollieren waren. Darauf wird aber noch bei der Erklärung des Flugreglerprinzips eingegangen werden.[34]

Der Flugkörper ist in der Sprache der Regelungstechnik die Regelstrecke. Auf ihn können die verschiedensten Störgrößen wirken, wie Wind, Thermik und aerodynamische Einflüsse durch Geometrie- und Schwerpunktabweichungen. Diese Störgrößen, die einen abweichenden Kurs- bzw. Höhenwert (Regelgröße) verursachen können, werden über einen Meßumformer, der die Abweichungen in elektrische oder pneumatische Signale umformt, der vorgegebenen Führungsgröße von Kurs und Höhe zugeführt und mit ihr verglichen. Daraus ergibt sich gegebenenfalls die Kurs- bzw. Höhenregeldifferenz. Diese Differenz bewirkt im Flugregler die Bildung einer Stellgröße, die wiederum durch ein Stellglied bzw. eine Rudermaschine das Seiten- und Höhenruder in dem Maße verstellt, daß Kurs und Höhe mit den vorgegebenen Werten wieder übereinstimmen.[37]

Ein sehr wichtiges Bauelement des Flugreglers war der Kreisel. Aus diesem Grund soll auf dessen Eigenschaften näher eingegangen werden. Es handelt sich hierbei um einen rotationssymmetrischen, gut ausgewuchteten Schwungkörper oder Rotor 1 (Abb. 62), der gewöhnlich mit seiner Dreh-, Drall- bzw. y-Achse in Kugellagern, aber auch in Luftlagern des nur prinzipiell angedeuteten Gehäuses 2 gelagert ist und entweder pneumatisch oder elektrisch in Drehung versetzt wird. Seine Drehzahlen liegen bei 10 000 bis 30 000 U/min. Die Eigenschaft einer derart hochtourig laufenden Schwungmasse ist ihr Bestreben, die Lage ihrer Drehachse im Raum unverändert beizubehalten. Die Widerstandskraft, die sie der Änderung ihrer Achsrichtung entgegensetzt, auch Lagenstabilität genannt, wächst mit größer werdender Drehzahl der Schwungmasse. Allerdings ist das Beharrungsvermögen eines Kreisels nicht unbegrenzt. Es ist praktisch nicht möglich, einen Kreisel störmoment- und reibungsfrei zu lagern. In einem Flugkörper mit ca. 25 min Flugdauer, der den atmosphärischen Störungen im Luftraum ausgesetzt war, konnte das schon gar nicht verwirklicht werden. Deshalb war es neben der Kursregelung auch aus vorgenannten Gründen notwendig, den kardanisch aufgehängten Kurskreisel A der Fi 103 (Abb. 60) in seiner Lage von einem Magnetkompaß überwachen zu lassen. Die Funktions- bzw. Ausgangslage der beiden Drehgeschwindigkeitskreisel B und C in der Fi 103 wurde durch eine Blattfeder sichergestellt.[38, 39]

Eine weitere physikalische Eigenschaft des hochtourig laufenden Kreiselrotors wird erkennbar, wenn auf die z-Achse (Abb. 62) des äußeren Kardanringes 3 eines kardanisch gelagerten Kreisels ein Drehmoment M 1 ausgeübt wird. Dabei folgt die y-Achse des Rotors 1 nicht, wie man vermuten könnte, dem gestrichelten Pfeil nach unten, sondern weicht, dem entsprechenden Moment Mp 1 folgend, nach links aus. Ebenso entsteht bei einem Drehmoment M 2 der z-Achse ein Drehmoment Mp 2 der x-Achse, wodurch eine Bewegung der y-Achsenspitze nach rechts erfolgt. Die Drallvektoren B 1 und B 2 versuchen sich also gleichsinnig mit den zugehörigen Momentenvektoren Mp 1 und Mp 2 einzustellen. Die Bewegungen der Kreiselachsenspitze durch die Drallvektoren B 1 und B 2 nennt man die Präzession des Kreisels. Allgemein ausgedrückt kann man sagen: Versucht das Drehmoment eines Kräftepaares die Kreiselachse zu kippen, so weicht diese senkrecht dazu im Sinne der Kreiselrotation aus. Diese Ausweichbewegung ist die Prä-

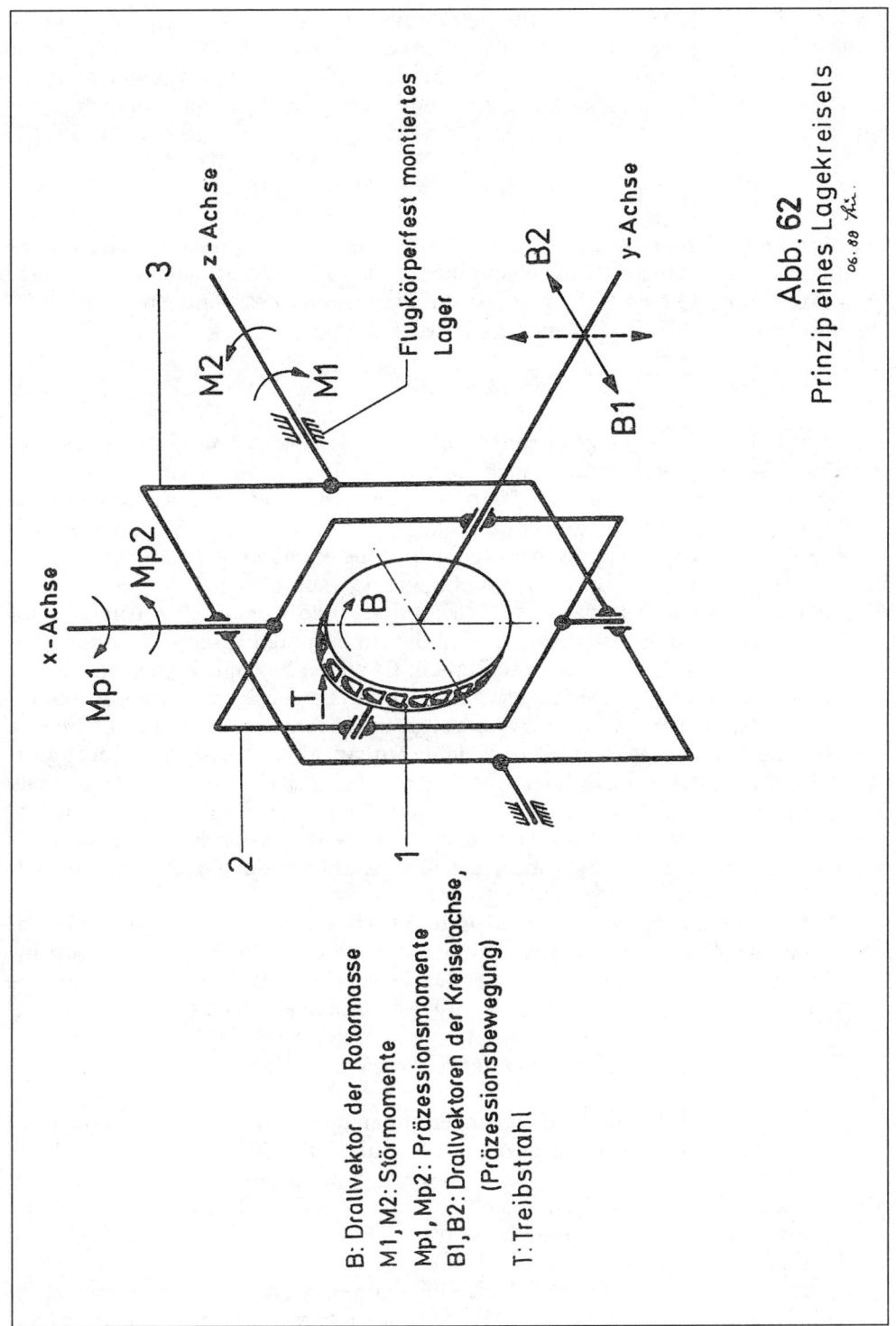

B: Drallvektor der Rotormasse

M1, M2: Störmomente

Mp1, Mp2: Präzessionsmomente

B1, B2: Drallvektoren der Kreiselachse,
(Präzessionsbewegung)

T: Treibstrahl

Abb. 62
Prinzip eines Lagekreisels

535

zession. Sie ist meist nicht nur eine geradlinige Bewegung, sondern wird durch kleine Nickbewegungen (Nutationen) überlagert. Die Präzessionsbewegung ist um so langsamer, je größer die Drehzahl des Kreisels und damit dessen Lagenstabilität ist. Der Zusammenhang der genannten Größen ergibt sich aus der Gleichung:

$$M = B \times \varphi'; B = \theta \times \omega$$

Dabei ist M das Drehmoment um die x-Achse, B der Drallvektor, der sich aus dem Produkt des Rotormassenträgheitsmomentes θ (Theta) und seiner Winkelgeschwindigkeit ω (Omega) ergibt. φ' ist die Präzessionsgeschwindigkeit. Der Präzessionswinkel φ (Phi) ergibt sich aus der Beziehung:

$$\varphi = M \times t / B^{(38, 39)},$$

womit er nur der Zeit t direkt proportional ist. Die Eigenschaft der Präzessionsbewegung der Kreiselachsen wie auch die Lagenstabilität wurde, wie wir später sehen werden, beim Flugregler der Fi 103 an allen drei Kreiseln dazu benutzt, um Strahlrohre vor Fangdüsen zu schwenken. Die dadurch gewonnenen pneumatischen Signale in den Fangdüsen lösten die Steuerkommandos des Flugkörpers über die Höhen- bzw. Seitenruder-Maschinen aus (Abb. 60).[34]

Über die Geschichte des Kreisels als Navigations- und Kursregel-Instrument, besonders bei Luft- und Seefahrzeugen, und dessen besondere lagertechnische Probleme ließe sich ein ganzes Buch schreiben. Es sollen hier nur kurz einige Sätze über die Entwicklungsgeschichte erwähnt werden. Im Jahre 1817 schildert in den »Tübinger Blättern für die Naturwissenschaft und Arzneikunde« Professor von Bohnenberger eine »Maschine«, die dem Aufbau eines kardanisch gelagerten Kreisels entsprach. Das geschilderte Modell war von dem Universitätsmechanicus Buzengeiger für 18 Gulden »sehr genau und niedlich verfertigt worden«. Professor von Bohnenberger beschreibt ausführlich die beiden Kreiseleigenschaften, sowohl das Beharrungsvermögen bzw. die Lagenstabilität der Drallachse als auch deren Präzessionsbewegung.

Etwa 35 Jahre danach gab der französische Physiker Léon Foucault als erster an, daß es mit einem Kreisel möglich sein müsse, die Nord-Süd-Richtung zu bestimmen. Weitere 50 Jahre später gelang es Dr. Hermann Anschütz erstmals einsatzfähige Kreiselgeräte und vor allem einen Kreiselkompaß herzustellen.[38]

16.4.2.2. Prinzip des Flugreglers der Fi 103

Nach diesen grundlegenden Erläuterungen sollen im folgenden die Komponenten des Flugreglers der Fi 103 zunächst in der prinzipiellen Wirkungsweise und anschließend in Einzelheiten beschrieben werden. Wie die zusammenfassende Abb. 59a und die Abbildungen 59, 60 und 63 zeigen, bestand der Flugregler im wesentlichen aus dem von einem bugseitigen Propeller angetriebenen Kontaktgeber K (Abb. 59) mit heckseitigem Zählwerk ZW (Luftlog), dem Fernkompaß (3) mit Umwandler U (4) und dem im Heck eingebauten Steuergerät (6) (Abb. 59a). Druckluftleitungen und elektrische Verbindungen waren zwischen Bug und Heck

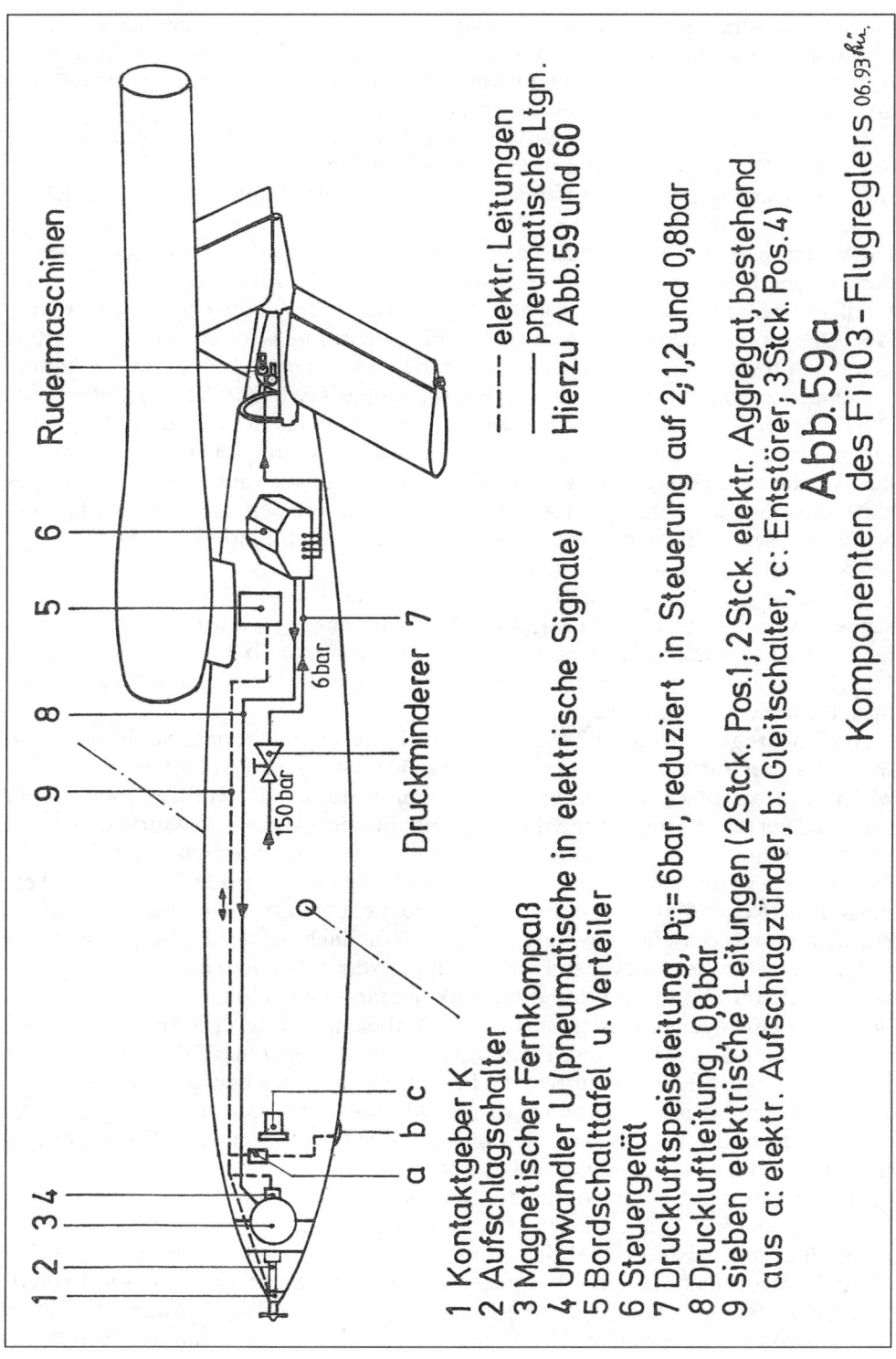

Rudermaschinen

Druckminderer 7

150 bar

6 bar

1 2 3 4 5 6 8 9 7

‒ ‒ ‒ ‒ elektr. Leitungen
———— pneumatische Ltgn.
Hierzu Abb.59 und 60

1 Kontaktgeber K
2 Aufschlagschalter
3 Magnetischer Fernkompaß
4 Umwandler U (pneumatische in elektrische Signale)
5 Bordschalttafel u. Verteiler
6 Steuergerät
7 Druckluftspeiseleitung, $p_ü$= 6bar, reduziert in Steuerung auf 2;1,2 und 0,8bar
8 Druckluftleitung 0,8bar
9 sieben elektrische Leitungen (2Stck. Pos.1, 2Stck. elektr. Aggregat, bestehend
aus a: elektr. Aufschlagzünder, b: Gleitschalter, c: Entstörer, 3Stck. Pos.4)

Abb.59a
Komponenten des Fi103 - Flugreglers 06.93 *hu.*

in einem äußeren, eng am Rumpfkörper liegenden, flachen Kabelschacht verlegt (Abb. 59a). Das bei Askania entwickelte und später auch bei anderen Firmen gefertigte Steuergerät war aus einem Kurs- und einem Höhenregler aufgebaut, wie der Signalflußplan schon vermittelt hat. Ein spezieller Querlagenregler war nicht vorgesehen, weil man größere Störmomente um die Flugkörperlängsachse nicht erwartete. Die Querlagenstabilität wurde aber in Verbindung mit der Kursregelung kontrolliert, worauf bei der Beschreibung des Steuergerätes noch näher eingegangen wird.[34, 44]

Der Kursregler des Fi-103-Steuergerätes war so aufgebaut, daß er drei verschiedene Größen messen konnte. Zunächst den Kurs, der hier Regelgröße ist, dann die Drehgeschwindigkeit um die Hochachse und, wie vorher schon erwähnt, die Querlage. Die Einhaltung des Kurses erfolgte mit einem Lagekreisel, den ein Magnetkompaß überwachte. Die Meßwerte wurden in einem bestimmten Verhältnis pneumatisch summiert und einer Rudermaschine (Arbeitszylinder) mit starrer Rückführung zugeführt, die das Seitenruder entsprechend verstellte. Bei einer Querneigung, also einer Drehung des Flugkörpers um seine Längsachse (Rollwinkel), wurde durch die 15°- bzw. 20°-Neigung der Ebene des äußeren Kardanringes zur Hochachse am Lagekreisel A (Abb. 60) ebenfalls ein Seitenruderausschlag veranlaßt. Dieser verursachte ein entsprechendes Schieberollmoment, das den Flugkörper wieder in die horizontale Lage brachte.

Diese Lösung, die Querstabilität gleichzeitig mit der Kursregelung zu koppeln, war schon wesentlich früher in England von Meredith angegeben worden. In Deutschland hatten zu Anfang des Krieges mehrere Institutionen bei ihren theoretischen Überlegungen für die Steuerung von bemannten und unbemannten Flugkörpern auch dieses System untersucht.

Der Höhenregler des Fi-103-Steuergerätes hatte ebenfalls drei Meßwerke. Ein Meßwerk war für die Höhe bestimmt, die hier naturgemäß Regelgröße war, ein Meßwerk kontrollierte die Längslage und ein weiteres die Drehgeschwindigkeit um die Querachse. Die Summe dieser pneumatischen Meßwerte wurde wiederum einer Rudermaschine zugeführt, die das Höhenruder entsprechend verstellte.

Bezüglich der Höhenhaltung wurde von dem Regler keine große Genauigkeit verlangt. Eine Regeltoleranz von ± 100 m wurde nicht als störend empfunden, sofern sie nicht als periodische Schwingung auftrat. Wie auch bei der Kursregelung nicht nur die Regelgröße »Kurs« gemessen wurde, so war es bei der Höhenregelung notwendig, die durch Störgröße und Gegenkommando des Höhenreglers auftretenden Bahnschwingungen durch die beiden zusätzlichen Meßwerke zu dämpfen. Bei der Horizontalbewegung eines Flugkörpers können nach einer Störung normalerweise zwei Schwingungen auftreten, die sich in ihrer Bewegung überlagern. Zunächst ist eine Bahnschwingung geringer Dämpfung und langer Schwingdauer zu beobachten und weiterhin eine Anstellwinkelschwingung starker Dämpfung und kurzer Schwingdauer bemerkbar. Bei der Bahnschwingung bewegt sich der Flugkörperschwerpunkt nicht, wie es normalerweise der Fall ist, auf einer Geraden, sondern folgt einer Auf- und Abwärtsbewegung. Die Anstellwinkelschwingung ist, wobei hier der Anstellwinkel des Rumpfes gemeint ist, jene Bewegung um den Körperschwerpunkt, die eine Vergrößerung bzw. Verkleinerung des von der geometrischen Rumpfachse mit der Flugrichtung gebildeten Winkels darstellt. Sie ist also mit einer Nickbewegung der Bugspitze gleichzusetzen. Wenn der Höhenreg-

ler nur die Höhe gemessen hätte, dann wären zwar Amplitude und Schwingungsdauer der Bahnschwingungen kleiner geworden, ihre Dämpfung jedoch ungünstiger, weil der Regler nur proportional zur Störgröße gewirkt hätte. Durch die
beiden zusätzlichen Meßwerke für die Längslage und die Drehgeschwindigkeit
um die Querachse erhielt der Höhenregler sozusagen einen Vorhalt, wodurch die
Bahnschwingungen gut gedämpft wurden. Störungen im Flugzustand der Fi 103
konnten sowohl durch die vom Flugregler gegebenen Regelkommandos als auch
von atmosphärischen Störungen herrühren.

Allgemein ist es in der Regelungstechnik üblich, den Vorhalt durch Messung der
zeitlichen Ableitung der Regelgröße, also hier der Höhe, durch Differenzieren
oder durch eine Verzögerung zu gewinnen. Diese Lösung hätte damals aber zu
meßtechnischen und konstruktiven Schwierigkeiten bei der Höhenregelung geführt. Man half sich deshalb durch die Schaffung der Hilfsregelgröße »Längslage«.[34] In den Abbildungen 59a, 59, und 63 sind die Bauelemente des Fi-103-
Flugreglers sowohl in ihrer Anordnung im Rumpf als auch durch Prinzipzeich-
nungen in Einzelheiten dargestellt.

16.4.2.3. Der magnetische Fernkompaß

Wenden wir uns zunächst dem im Bug des Flugkörpers untergebrachten magnetischen Fernkompaß zu. Dieses Gerät, eine Entwicklung der Firma Askania, war
schon vorher mit ähnlicher Konstruktion bei Flugzeugen eingesetzt worden und
hatte sich dort vielfältig bewährt. Seine Aufgabe in der Fi 103 war es, die Kurshaltung – relative Drehung des Kreiselgehäuses 2 um die Vertikalachse am Lagekreisel A – zu überwachen (Abb. 60).

Wie später noch näher beschrieben wird, mußten für den Einbau des Kompasses
in die Fi 103 wegen des starken Luft- und Körperschalleinflusses vom Argus-
Schmidt-Rohr her, der zunächst eine Falschanzeige durch Lagerfehler von ± 10°
zur Folge hatte, besondere Maßnahmen getroffen werden. Man hängte deshalb
das eigentliche Kompaß-Aluminiumgehäuse (Abb. 63) an dessen Einstellring 2
zum Zwecke der Fernhaltung des Körper- und Luftschalles mit vier Federelementen 32 an einem konzentrischen Lagerring 33 innerhalb eines abschirmenden kugelförmigen Holzgehäuses 20 auf. Dieses zweiteilige Holzgehäuse war mit seiner
hinteren Hälfte über zwei Flansche am vordersten Bugspant zwischen Spitze und
Bug des Rumpfes befestigt.[28, 34] Bis auf das schallabschirmende Holzgehäuse waren schon 1934 zwei Aufhängungsarten, mit Federelementen oder Spanndrähten,
eine von der Firma Askania eingeführte Technik bei der Verwendung von Fernkompaßanlagen in Flugzeugen gewesen.[40]

Der Fi-103-Fernkompaß unterschied sich in einem Punkt von dem in Flugzeugen
eingesetzten Gerät, nämlich dadurch, daß für diesen speziellen Einsatz keine
Kompensationsmagnete am Kompaß Verwendung fanden. Bei einem Flugzeug
muß bekanntlich ein Flug nach allen Richtungen der Kompaßrose möglich sein,
wobei der Kompaß auf allen Kursen nur eine sehr geringe Deviation durch Fremd-
einflüsse aufweisen darf. Bei der Fi 103 war aber nur ein vorher am Kompaß eingestellter Kurs über den gesamten Flugweg möglichst konstant zu halten. Dabei
mußte dafür gesorgt werden, daß die vorhandene Deviation durch den Magnetismus kompaßnaher Eisenteile möglichst konstant blieb, um sie bei der Kursein-

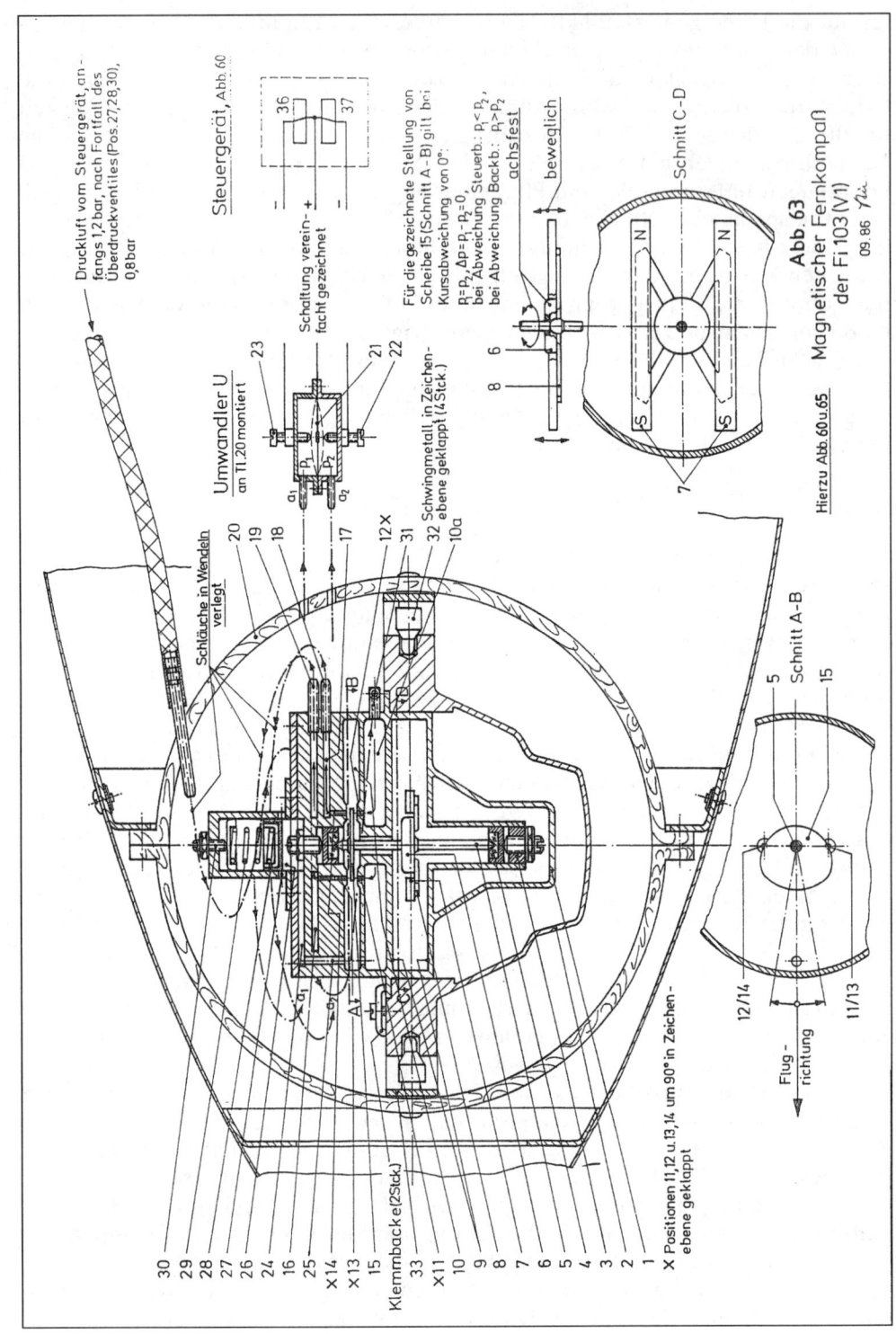

Abb. 63
Magnetischer Fernkompaß
der Fi 103 (V1)
09.86

stellung kompensieren zu können. In dem größtenteils verwendeten Tiefziehblech der Zellenteile wurde bei der Herstellung durch die Biege-, Zieh- und Treibvorgänge ein Eigenmagnetismus in den Bauteilen gebildet, wobei sich die entstehenden Elementarmagnete im Werkstoffgefüge entsprechend den erdmagnetischen Verhältnissen an der Fertigungsstätte ausrichteten und einen mehr oder weniger flüchtigen Zellenmagnetismus verursachten. Genau darin lag aber das Problem. Durch die große Körperschallkomponente des Antriebes, also durch dessen auf den Flugkörper übertragene Erschütterungen, änderte sich dieser Magnetismus. Es ist nun leicht einzusehen, daß ein am Boden einmal eingestellter Kurs am Kompaß bei sich ändernder Deviation während des Fluges nicht konstant blieb und dadurch Zielfehler auslöste. Man half sich damals damit, daß die kompaßnahen Eisenteile (Lastraum, Tank, Flächen ohne Spitzen) vor der Kurseinstellung am Kompaß mit Holzhämmern 5 min lang beklopft wurden, womit man den Erschütterungseinfluß des Antriebes sozusagen vorwegnahm.[34] Hierbei ist es vielfach aber auch zu Beschädigungen der Zelle, insbesondere der Tragflächennasen gekommen.

Wenden wir uns nun, nach der Schilderung der Anwendungsschwierigkeiten eines magnetischen Kompasses in der Fi 103, endgültig dessen näherer Beschreibung zu. In Abb. 63 ist der Kompaß im Prinzip dargestellt. Er besaß ein Magnetsystem mit einer Druckluft-Übertragungseinrichtung. Das System war in einem Kompaßkessel 1 kardanisch gelagert. Der Kompaßkessel 1 war wiederum in einem Einstellgehäuse bzw. Einstellring 2 drehbar gelagert, der auf etwa halber Kompaßhöhe endete. Die Drehbarkeit von Kompaßkessel 1 in 2 war zum Zwecke der Kurseinstellung notwendig.[40, 42, 124]

Im Kompaßkessel war in eine justierbare Halterung 3 eine Spitzenlagerung 4 eingesetzt. An der Kompaßdrehachse 5 waren an einer nach unten hängenden Aluminiumnabe 6 zwei parallele Stabmagnete 7 angeordnet, die ihrerseits wieder auf vier radialen Aluminiumarmen 8 befestigt waren. Oberhalb und unterhalb der Stabmagnete war der Kompaßkessel 1 durch je eine horizontale Kammerwand 9 unterteilt. Bei der Relativbewegung zwischen 7 und 9 und den entstehenden Wirbelströmen in den Kammerwänden wurde eine Bremsung und damit Dämpfung der Magnetdrehbewegung verursacht. Oberhalb des Kompaßsystems trat die Drehachse 5 durch zwei Zwischenwände des Kompaßkessels 1 in den Meßkammerraum 10 ein. Links und rechts von der Drehachse befand sich je eine Düsenbohrung 11 und 12. Jenseits dieser Bohrungen waren in das gegenüberliegende Gehäuseteil ebenfalls zwei Bohrungen 13 und 14 als Fangdüsen eingebracht, die mit den Bohrungen 11 und 12 genau fluchteten. Im Zwischenraum 10 bewegte sich eine Steuerscheibe 15, die fest mit der Magnetdrehachse 5 verbunden und auf ihr exzentrisch angeordnet war (Schnitt A–B).[43, 44, 124]

Das Magnetsystem und diese exzentrisch gelagerte Scheibe bildeten somit eine Einheit und waren durch die magnetischen Kräfte zwischen dem Magnetfeld der Erde und dem der Stabmagnete des Kompasses in magnetischer Nord-Süd-Richtung ausgerichtet. Alle übrigen Teile des Kompasses wie auch die mit ihm über die Aufhängung verbundene gesamte Zelle der Fi 103 drehten sich bei Kursabweichungen um das Magnetsystem herum. Diese Tatsache muß man sich bei allen folgenden Schilderungen des Kursreglers immer wieder vergegenwärtigen.

Es ist aufgrund der vorliegenden Konstruktion leicht vorstellbar, daß bei einer

Drehung der Fi 103 um die Hochachse der freie Durchgang der beiden Bohrungen 11 und 12 zu den Bohrungen 13 und 14 wegen der exzentrischen Lagerung der Scheibe 15 verändert wurde. Dabei waren Kontur und Lagerung von Scheibe 15 konstruktiv so abgestimmt, daß diese bei Ausrichtung der Bohrungsbasis von 11, 12 und 13, 14 des Kessels 1 im rechten Winkel zur magnetischen Nord-Süd-Richtung den freien Durchgang der beiden Bohrungspaare teilweise in deren Querschnitten abdeckte (Abb. 63, Schnitt A–B). Die beiden Bohrungen 13 und 14 mündeten in je einen Raum 16 und 17, die über die Differenzdruckleitungen 18 und 19 mit dem Umwandler (Membranrelais) U, der außerhalb an der hinteren Holzkugelhälfte 20 befestigt war, in Verbindung standen. Der Innenraum des Umwandlers war durch eine Kontaktmembran 21 pneumatisch dicht in zwei Hälften geteilt. Der Membran standen auf beiden Seiten je eine justierbare Kontaktschraube 22 und 23 gegenüber. An der Membran war der Plus- und an den beiden Kontaktschrauben wurde der Minuspol der Bordbatterie unter Einschluß der Elektromagnete 36 und 37 bei der Kursregelung angeschlossen. Im Normalzustand befand sich die Membran in der Mitte zwischen den beiden Kontaktschrauben.

Den oberen Abschluß des Kompaßkessels 1 bildete ein flacher Stichkanal 24, der mit einem Deckel abgeschlossen war. Raum 24 stand mit dem Raum 26 in Verbindung. Der Raum 26 erhielt aus der Kammer 10a über Bohrung 25 Betriebsdruck. Raum 26 stellte anfangs den oberen Abschluß des Fernkompasses dar. Von ihm aus führten Entlüftungsbohrungen 27 ins Freie. Außerdem diente der Raum 26 als Führung für einen mit der Feder 29 belasteten Kolben 28. Er konnte die Entlüftungsbohrungen 27, dem im Kompaßgehäuse herrschenden Luftdruck entgegenwirkend, im Querschnitt mehr oder weniger abdecken und entsprechend der Vorspannung von Feder 29 den zugeführten Druck von 1,2 bar auf den angestrebten Wert von 0,8 bar reduzieren. Dies wurde mit Einstellschraube 30 bewirkt. Im Laufe des Jahres 1944 entfiel durch eine vereinfachende Umkonstruktion das obere Überdruckventil des Fernkompasses, wobei in den verbliebenen Deckel eine Entlüftungsbohrung eingebracht wurde, die mit Hilfe der Drosselschraube R5 des Steuergerätes im Kompaß unmittelbar einen Druck von 0,8 bar einzustellen gestattete.

Um besonders die Funktion des Kursreglers der Fi 103 erläutern zu können, ist es zunächst notwendig, sich der Wirkungsweise des in seiner prinzipiellen Konstruktion dargestellten Magnet-Fernkompasses zuzuwenden. Wie in Abb. 63 gezeichnet, um bei der ersten Kompaßausführung zu bleiben, wurde dem Kompaß vom Steuergerät Druckluft mit einem Betriebsdruck von anfangs etwa 1,2 bar Überdruck über den Kabelschacht und den Nippel 31 zugeführt. Wie beschrieben, reduzierte die Entlüftung 27, am oberen Aufsatz des Kessels 1, den Kompaßbetriebsdruck auf 0,8 bar.[21, 34, 42, 44, 124] Die Druckluft durchströmte andererseits auch die Bohrungen 11, 12 und 13, 14. Dabei wurden die von ihr hervorgerufenen Druckverhältnisse in den Bohrungen 13 und 14 und damit in den ringförmigen Räumen 16 und 17 durch die Stellung der exzentrisch gelagerten Steuerscheibe 15 beeinflußt. Da deren Position durch die magnetische Nord-Süd-Richtung des Magnetsystems festgelegt war, verursachte jede Drehung der Fi-103-Zelle und des mit ihr fest verbundenen Kompaßkessels 1 auch eine Relativdrehung der beiden Bohrungen 11, 12 und der beiden Fangbohrungen 13, 14 zur magnetisch fixierten Scheibe 15.

Hatte die Bohrungsbasis der Bohrungen 11/13 und 12/14, die in Abb. 63 (Schnitt A–B) gezeichnete Stellung, d. h., lag sie im rechten Winkel zur magnetischen Nord-Süd-Richtung des Kompaßmagnetsystems, stand an den Fangbohrungsmündungen 13 und 14 der gleiche, von den ihnen gegenüberliegenden Bohrungen 11, 12 verursachte Staudruck an. Dieser Staudruck beaufschlagte den jeweils von der Scheibe 15 noch freigelassenen Bohrungsquerschnitt von 13 und 14. Dementsprechend herrschte, über die Leitungen 18 und 19 übertragen, ober- und unterhalb der Membran 21 des Umwandlers U der gleiche Druck. Damit war der Differenzdruck $\Delta p = 0$. Die Membran verharrte in der gezeichneten Mittelstellung.

Wich der Flugkörper vom Kurs ab, wodurch sich die Bohrungsbasis 11, 12 der Meßkammer 10 aus der ursprünglichen Richtung herausdrehte, wurde, je nach Richtung dieser Drehung nach backbord oder steuerbord, entweder der freie Mündungsquerschnitt von Fangbohrung 13 oder 14 durch die Scheibe 15 vergrößert oder verkleinert. Daraus resultierte bei der Bohrung mit größer werdendem freiem Mündungsquerschnitt ein größerer und bei der Bohrung mit kleiner werdendem Mündungsquerschnitt ein kleinerer Staudruck. Die sich daraus ergebenden Druckdifferenzen ober- und unterhalb der Membran 21 verursachten eine Membranbewegung nach oben oder unten. Dadurch wurden über die Kontakte 22 oder 23 die Elektromagnete 36 oder 37 im Steuergerät erregt (Abb. 60, 63 und 65). Durch ihre dabei verursachten magnetischen Kräfte bewirkten sie eine Drehung des äußeren Kardanringes 1 am Kreisel A des Steuergerätes um seine horizontale Achse. Die dabei ausgelösten Präzessionsbewegungen von A hatten über sein Strahlrohr 6 entsprechende Gegenkommandos des Seitenruders zur Folge.

Die Druckdifferenzen, die dem Umwandler U über die Leitungen 18 und 19 zugeführt wurden, bewegten sich von 0 ± 5 mm WS bis maximal 90 ± 10 mm WS, wobei 10 mm WS ca. 0,001 bar Überdruck entsprachen.

So wie gerade für den Kurs »Magnetisch Nord« die Funktion des Kompasses geschildert wurde, so konnte der Kompaß natürlich durch Drehung von Kompaßkessel 1 auch auf andere Kurse eingestellt werden, wie bei der Kurseinstellung noch näher beschrieben wird.[34, 42, 43, 124]

16.4.2.4. Das Steuergerät mit Rudermaschinen

Da uns die Signalgabe des magnetischen Fernkompasses zur Kreiselsteuerung – kurz Steuergerät genannt – geführt hat, soll diese interessante feinwerktechnische Baugruppe Gegenstand näherer Betrachtung sein. In Abb. 60 sind in vereinfachter, auseinandergezogener und damit für die Beschreibung übersichtlicher Form, die einzelnen Bauteile dieser Flugregler-Baugruppe dargestellt. Auch ist der Geräteträger 4 wegen der besseren Sichtbarmachung von wichtigen Einzelheiten abgewandelt und teilweise aufgeschnitten worden.

Aus Fotos, einer Originalsteuerung und einem »FZG 76 Geräte-Handbuch«, die dem Verfasser bei der Beschreibung zur Verfügung standen, geht hervor, daß die einzelnen Komponenten an einem Geräteträger 4 aus Aluminium befestigt waren. Der Träger bestand im Original aus drei Räumen. Auf der Zeichnung sind aus Vereinfachungsgründen nur zwei Räume dargestellt. Diese Räume wurden durch senkrecht zueinander stehende Zwischenwände gebildet, die wiederum auf einem chassisähnlichen Rahmen standen. Innerhalb dieses flachen Raumes waren die pneumatischen Miniaturventile der Steuerung mit ihren Verbindungen angeordnet und ein Teil der elektrischen Verdrahtung verlegt.

An der bugseitigen äußeren Rahmenstirnseite, unterhalb des Lagekreisels A, war das Stift- bzw. Federteil einer 14poligen List-Steckverbindung S3 (Abb. 59, 60 und 65) für die externen elektrischen Verbindungen befestigt. Daneben befanden sich der zum Kompaß führende Druckluftausgang a_v, ein Schlauchnippel 24 für die Heranführung des statischen Umgebungsdruckes zum Höhenregler (in Abb. 60 an Höhendose F gezeichnet) und der Schraubanschluß e_{st} des Haupteinganges für die Betriebsdruckluft von 6 bar zur Versorgung des ganzen Gerätes. Von hier zweigte, im Rahmen verlegt, eine Leitung zur Druckluftversorgung des Höhenreglers nach Anschluß 34 ab. Die letztgenannten pneumatischen Anschlüsse sind in Abb. 60 wegen der besseren Darstellbarkeit auf der Backbordseite der Steuerung gezeichnet. An der beschriebenen Bugseite des Rahmens waren zwei der drei Befestigungswinkel des Steuergerätes angebracht.[34, 43, 124]

Hinter der Backbord-Stirnseite des Steuergeräte-Rahmens war der Druckverteiler eingebaut. Er bestand aus einer länglichen Leichtmetallkammer, von der die verschiedenen Betriebsdrücke bei e_1 bis e_5 ausgingen, deren Anschlüsse als Schlauchnippel in den Innenraum des Rahmens hineinragten. Von hier aus verliefen Schläuche zu den Verbrauchern des Steuergerätes. Der schon erwähnte Anschluß e_5 besaß eine im Rahmen verlegte Abzweigung zu Ausgang a_v auf der Bugseite des Steuergerätes. Für die Luftzuführung besaß der Druckverteiler einen Hauptanschluß e_D, der mit dem Schraubanschluß e_{st} über ein Filter Fi verbunden war und dadurch Druckluft von 6 bar zugeführt bekam. Um den vorgeschriebenen Druck der einzelnen Anschlüsse e_1 bis e_5 einzustellen, besaß der Druckverteiler für jeden dieser Schlauchnippel eine Drosselschraube R1 bis R5, deren Schraubenschlitze durch je eine Bohrung in der Rahmenwand zum Einstellen von außen zugänglich waren. Weiterhin besaß jede Drosselschraube, ebenfalls über Bohrungen von außen zugänglich, fünf Meßanschlußstutzen m1 bis m5. Hier wurde während des Einstellvorganges zur Kontrolle ein Druckmessersatz angesetzt, wobei eine innen liegende Kugel beim Absetzen des Meßgerätes den Stutzen automatisch verschloß. Zunächst wurde aber der Druck des Hauptanschlusses e_D, ebenfalls mit Hilfe des ihm zugeordneten Meßanschlußstutzens m und eines Druckmessers, durch Drosselschraube R_{st} im strömenden Zustand auf etwa 2 bar vorreduziert. Im einzelnen wurde bei e_5 der Druck für den Antrieb des Lagekreisels A und über die Abzweigung nach Nippel a_v der Druck für den Fernkompaß – anfangs mit ca. 1,2 bar, später mit 0,8 bar Betriebsüberdruck – eingestellt. Bei Anschluß e_4 wurde der Druck zum Strahlrohr 5 des Lagekreisels für die Höhenregelung, bei Anschluß e_3 der Druck für das Strahlrohr 6 des Lagekreisels für die Kursregelung, bei Anschluß e_2 der Druck für den Dämpfungskreisel B und bei Anschluß e_1 der Druck für den Dämpfungskreisel C mit jeweils 1,2 bar eingestellt. Die vier Ausgangsnippel a_1 bis a_4 leiteten die summierten pneumatischen Signale des Lagekreisels A und der beiden Dämpfungskreisel B und C der Seiten- und Höhenrudermaschine G und H zu, worauf später noch näher eingegangen wird (Signaldruck ca. + 0,01 bar).

Abb. 60 vermittelt einen Gesamtüberblick des Steuergerätes. Im vorderen, bugseitigen Raum war der Lagekreisel A mit den Stützmagneten (»Einzelheit v. An-

sicht X«) montiert. Im zweiten Raum dahinter hatte man die beiden Dämpfungs-
bzw. Drehgeschwindigkeitskreisel B und C mit jeweils senkrecht und waagerecht
angeordneter Drallachse aufgebaut. Die Höhendose F mit Einstellknopf und Skala, der Steuerschieber E und der Arbeitskolben D des Höhenreglers sind aus
Darstellungsgründen in auseinandergezogener Form gezeichnet worden. Das auch
als Zeitplangeber bezeichnete zylindrische Kontaktlaufwerk ist in Abb. 60 entfallen und wird mit Abb. 65 getrennt beschrieben. Das ganze Steuergerät wurde
durch eine Schutzhaube aus dünnem Stahlblech abgedeckt, deren Form sich der
äußeren Kontur der Zwischenwände anpaßte und für Einstellzwecke drei Öffnungen besaß. Eine Öffnung war zur Verriegelung des Lagekreisels von Hand und
eine zweite zur Einstellung des Höhenreglers vorgesehen, die jeweils mit einer
Klappe verschlossen wurden. Die dritte Öffnung der Haube, für das Kontaktlaufwerk, war durch eine Cellon-Scheibe abgedeckt. Sie besaß für den Aufzug und die
Einstellung des Uhrwerkes beim Winkelschuß drei Bohrungen.
Nach dem allgemeinen Überblick wenden wir uns den Einzelheiten zu. Der in
Längsrichtung zeigende Pfeil der Abb. 60 war mit der Flugkörperlängsachse identisch, die wiederum, ohne Berücksichtigung des Luvwinkels, auch die Hauptflug-
richtung war. Um das später beschriebene Zusammenwirken des Steuergerätes
mit den übrigen Baugruppen des Flugreglers besser verstehen zu können, sei auch,
wie beim Fernkompaß, zunächst wieder auf den konstruktiven Aufbau, die Funktion und die räumliche Anordnung der Bauelemente eingegangen.[44, 124]
In dem abgeschlossenen Gehäuse des Steuergerätes befanden sich, wie schon beschrieben, drei pneumatisch angetriebene Kreisel. Deren Drehzahl betrug ca.
20 000 U/min. Die räumliche Lage ihrer Laufachsen war unterschiedlich und fiel,
bis auf Kreisel A, mit zwei der drei Körperachsen des Fluggerätes zusammen. Die
Laufachsen von Kreisel B und C deckten sich jeweils mit der Hoch- bzw. Querachse. Lediglich die Laufachse von Kreisel A besaß zur Körperhochachse eine
heckseitige 15°- bzw. im Horizontalflug 20°-Neigung, deren Zweck schon erwähnt,
später aber noch näher erklärt wird. Alle Drallachsen hatten jedoch als funktions-
technische Notwendigkeit gemeinsam, daß die horizontale Ebene der Flugkörperlängsachse durch deren jeweilige Mitte verlief. Dabei wurde die Achse von Kreisel A in der Neigungsmitte, die Achse von Kreisel B in der vertikalen Mitte und
die Achse von Kreisel C in ihrer Längsmittellinie geschnitten. Konstruktiv gegeben war diese Situation durch die Einbauhöhe der Steuerung im Rumpf der Fi
103.[21, 34, 44]
Wie auf Abb. 60 zu sehen ist, war jeder Kreiselrotor in ein Kreiselgehäuse eingebaut, das gleichzeitig die beiden Kugellager der Drallachse beinhaltete. Die Treibluft wurde dem Rotor über eine zentrale Bohrung seiner Gehäuselagerung von
außen zugeführt, die in eine tangential zum Rotorumfang gerichtete Treibdüse des
Kreiselgehäuses überging. Demzufolge entspannte sich die Treibluft in dem aus ta-
schenförmigen Schaufeln bestehenden Schaufelkranz des Rotorumfanges und
vermittelte ihm einen Drehimpuls.
Der Haupt- bzw. Lagekreisel A (Abb. 60) war mit seinem Gehäuse 2 vertikal in einem Kardanring 1 und dieser wieder horizontal im Lagerbock 3 in Kugellagern gelagert. Durch diese kardanische Aufhängung behielt er im angetriebenen Zustand,
auch unter dem Einfluß von Störungen des Flugkörpers, mit seiner Drallachse, seinem Kreiselgehäuse 2 und dem Kardanring 1 über eine gewisse Zeit die ursprüng-

liche Lage im Raum bei. Der äußere Kardanring 1 des Kreisels A war parallel zur Querachse des Flugkörpers gelagert, und seine Ausgangs- und Funktionslage im Steigflug war, wie schon erwähnt, um 15° gegenüber der vertikalen Querachsenebene geneigt angeordnet. Dieser Neigungswinkel vergrößerte sich wegen der räumlichen Lagenstabilität des Kreisels nach dem Umlenken vom Steig- in den Horizontalflug um 5 bis 6°. Der Lagerbock 3, in der Praxis eine mit Durchbrüchen versehene Aluminiumgrundplatte, in Abb. 60 aus Darstellungsgründen als aufgebrochener Rahmen gezeichnet, war wiederum im Geräteträger 4 des Steuergerätes in Kugellagern drehbar gelagert, und diese Achse war horizontal und rechtwinklig zur Flugrichtung bzw. Längsachse des Flugkörpers angeordnet.[21, 34, 124]

Ebenso wie man beim Fernkompaß von der Vorstellung des Drehens der Fi-103-Zelle um das Magnetsystem bei einer Kursabweichung ausgehen mußte, so waren auch die Kreisel Bezugspunkte bei Lagenänderungen bzw. Drehungen des Flugkörpers um die Längs-, Quer- und Hochachse, wobei entweder ihre Präzessionsbewegung oder ihre Lagenstabilität zur Auslösung von Ruderkommandos herangezogen wurde. Also auch bei den drehstabilisierten Kreiseln ist es zum Erkennen ihrer Funktion notwendig, bei Kursabweichungen und Störungseinflüssen von den sich um sie herum drehenden Bauteilen des Flugkörpers auszugehen.

Als weitere Funktionselemente des Kreisels A sind in Abb. 60 zwei Strahlrohre 5 und 6 sowie die jedem Rohr zugeordneten beiden Fangdüsen 7, 8 und 9, 10 zu erkennen. Das Strahlrohr 5 war am Lagerbock 3 um den Punkt d drehbar gelagert. Es konnte über ein Exzentergetriebe, dessen Kurvenscheibe 11 mit der Horizontalachse des Kardanringes 1 fest verbunden war, für die Höhenregelung bei Drehung des Lagerbockes 3 über die Fangdüsen 5 und 6 geschwenkt werden. Das Strahlrohr 6 war ebenfalls am Lagerbock 3 drehbar gelagert, und sein oberes Ende war mit der Vertikalachse des Kreisels A über ein zweites Exzentergetriebe 12 fest verbunden. Dabei ist die hier gezeichnete Hebelübertragung zum Strahlrohr in dieser Form nicht vorhanden gewesen, sondern wegen der auseinandergezogenen Darstellungsweise zeichnerisch notwendig geworden. Dies gilt sinngemäß, wie schon mehrfach erwähnt, für die ganze Zeichnung der Abb. 60 und darf nicht als fehlerhafte Darstellung bewertet werden. Mit diesem zweiten Exzentergetriebe konnte bei einer Relativbewegung zwischen dem Kreiselgehäuse von A (um seine Vertikalachse) und dem Lagerbock 3 eine Schwenkbewegung des Strahlrohres 6 über die ihm zugeordneten Fangdüsen 9 und 10 für die Kursregelung bewirkt werden.

Eine zusätzliche Vorrichtung des Lagekreisels A waren die beiden Spulen 36 und 37 (Abb. 60, 64 und 65) der schon erwähnten Stützmagnete (»Einzelheit von Ansicht X« der Abb. 60 und 64). Die Spulen waren ober- und unterhalb der horizontalen Achse des Kardanringes 1 angeordnet, der im Bereich der Polschuhe 14 und 15 durch einen separaten Winkel als frei beweglicher und an den Polschuhen vorbeigleitender Anker 1a ausgebildet war (Abb. 60 und 64). Die Stützmagnete waren mit dem Lagerbock 3 fest verbunden. Die Spulen wurden durch die Kontakte 22 und 23 des Umwandlers U (Abb. 63), bei Kursabweichungen vom Magnetkompaß veranlaßt, an Spannung gelegt. Dieser Vorgang wurde in Kapitel 16.4.2.3. über den Kompaß schon näher beschrieben. Durch das von den Polschuhen 14 und 15 ausgehende und je nach Erregung auf 1a wirkende Magnetfeld (Abb. 60 und 64) konnte der Kardanring 1 des Kreisels A um seine Horizontal-

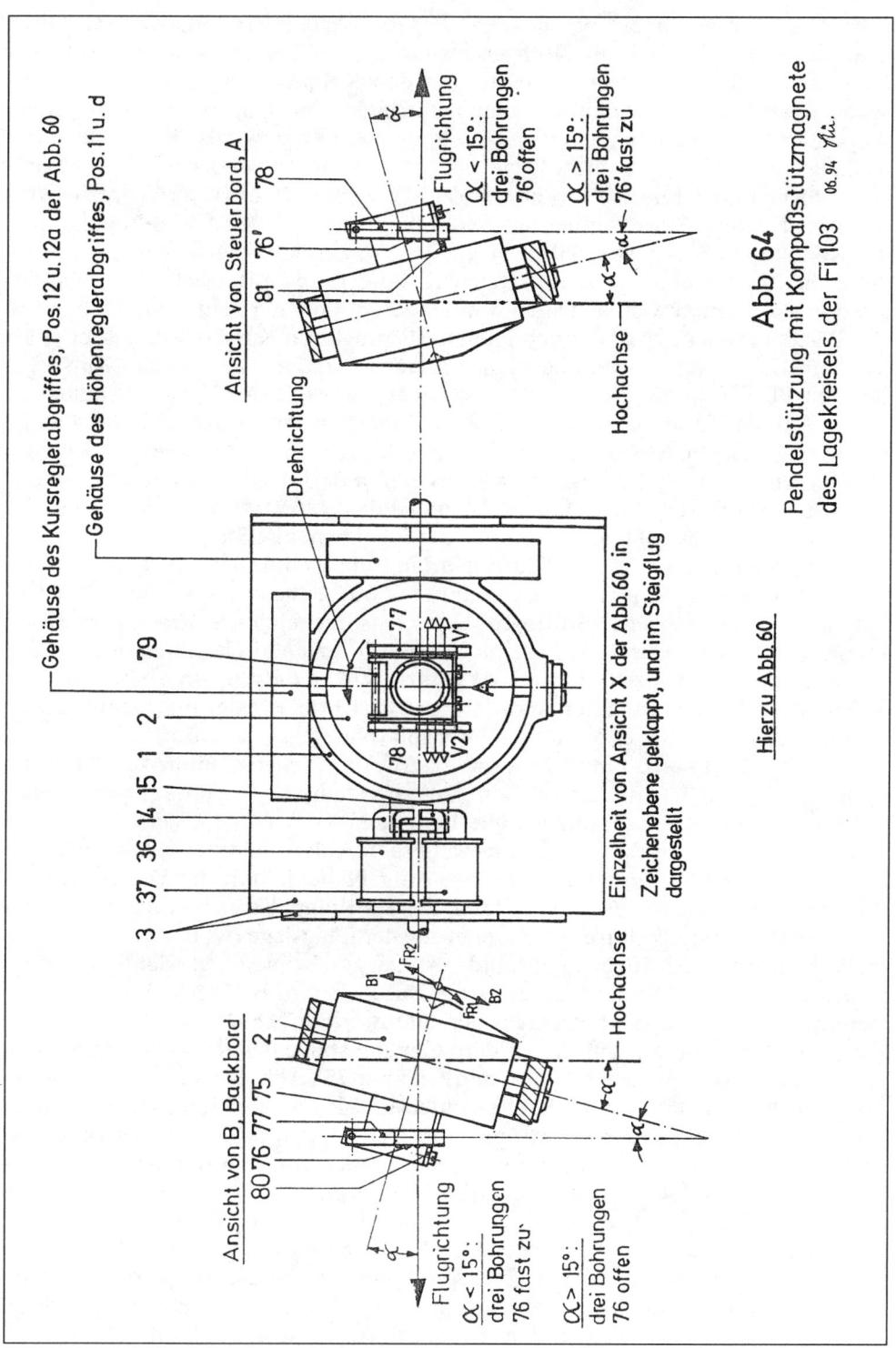

Gehäuse des Kursreglerabgriffes, Pos. 12 u. 12a der Abb. 60

Gehäuse des Höhenreglerabgriffes, Pos. 11 u. d

Ansicht von Steuerbord, A

Flugrichtung

$\alpha < 15°$:
drei Bohrungen
76' offen

$\alpha > 15°$:
drei Bohrungen
76' fast zu

Hochachse

Drehrichtung

79

3 37 36 14 15 1 2

77

V1

78 V2

A

Einzelheit von Ansicht X der Abb. 60, in
Zeichenebene geklappt, und im Steigflug
dargestellt

Hierzu Abb. 60

Ansicht von B, Backbord

80 76 77 75 2

B1
Fr2
Fr1
B2

Hochachse

Flugrichtung

$\alpha < 15°$:
drei Bohrungen
76 fast zu

$\alpha > 15°$:
drei Bohrungen
76 offen

Abb. 64

Pendelstützung mit Kompaßstützmagnete
des Lagekreisels der Fi 103

06.94

achse 1b über einen entsprechenden Weg drehend beeinflußt werden. Diese »Kursstützung« war in ihrer Drehgeschwindigkeit, mit welcher der Kreisel nach links oder rechts zurückwanderte, der auf den Rahmen 1 ausgeübten magnetischen Kraft verhältnisgleich und damit abhängig von dem in der Magnetspule fließenden Strom. Durch die mit der Drehung von 1 zwangsweise verbundene Bewegung der Drallachse vollführte sie eine Präzession, die wiederum eine entsprechende Kurskorrektur über Strahlrohr 6 zur Folge hatte. Der gleiche Vorgang wurde kurz nach dem Start von der Schleuder beim sogenannten Winkelschuß durch das Kontaktlaufwerk (Abb. 65) bewirkt. Der Winkelschuß wurde dann angewendet, wenn der Flugkörper Ziele erreichen sollte, die von der Schußrichtung der starren Schleuder abwichen. Dabei war der Strom über die beiden Wicklungen 36 und 37 zum Zwecke der beabsichtigten ausgeprägteren Kursänderung größer als der vom Umwandler U veranlaßte Strom des Fernkompasses bei der Kursregelung im Flug. Dies wurde durch entsprechend einstellbare Vorwiderstände erreicht. Auf die Zusammenhänge des Winkelschusses wird in Kapitel 16.4.4. noch näher eingegangen. Es sei hier nur noch erwähnt, daß nach Abschuß des Körpers und der Entriegelung des Lagekreisels das Uhrwerk des Kontaktlaufwerkes automatisch eingeschaltet wurde. Damit lief zuerst die VORLAUFZEIT ab. Während dieser Zeit (einstellbar auf max. 3 min) flog der Flugkörper im Steigflug in Schleuderrichtung. Nach Ablauf der Vorlaufzeit drehte die Zeitmarke auf 0 zurück, und durch automatische Kontaktgabe im Laufwerk wurde die DREHZEIT ausgelöst, womit ein Stromkreis von der Bordbatterie zur entsprechenden Stützspule am Lagekreisel geschlossen wurde. Das damit ausgelöste magnetische Drehmoment auf den Kardanrahmen 1 (Abb. 60 und 65) verursachte eine Präzessionsbewegung der Kreisellaufachse im Sinne der geforderten Kursrichtungsänderung, die mit 1 °/sec ablief. Nach Ablauf der eingestellten Drehzeit (max. 60 sec, entsprechend 60° nach steuer- oder backbord) unterbrach das Laufwerk die Stromzufuhr zu den Stützmagneten 36 und 37, und der am Kompaß eingestellte Kurs wurde für den weiteren Flug von der Kompaßstützung übernommen.[45, 124]

Der Lagekreisel A besaß noch eine weitere Regelvorrichtung, die sogenannte Pendelstützung 13 (Abb. 60 und 64). Ihre Aufgabe beim Start der Fi 103 mit Winkelschuß bestand darin, die bei der Drehung auf Kompaßkurs wegen der 15°-Neigung des Lagekreisels eintretende Änderung der Längslage (wobei hier besonders die Verringerung des Steigwinkels und der Steiggeschwindigkeit wichtig ist) langsam wieder rückgängig zu machen. Aber darüber wird bei der Schilderung des Winkelschusses ebenfalls noch mehr berichtet werden.[34, 44, 45]

Die Pendelstützung war auf die vordere Gehäusespitze des Kreisels A aufgesetzt (Abb. 60 und 64). Sie bestand aus einer Kammer 75 (Abb. 64), die über ihr hinteres Ende durch Bohrungen im Kreiselgehäuse 2 mit dessen Innenraum verbunden war. Durch diese Bohrungen strömte die das Kreiselgehäuse verlassende Antriebsluft des Kreisels A – die hier nicht, wie bei den Kreiseln B und C, als Signalluft über die Strahldüsen an die Fangdüsen weitergeleitet wurde – in die Kammer 75 ein. Die Kammer besaß auf jeder Seite drei Bohrungen 76 und 76′, die so angeordnet waren, daß je eine als Pendel 77 und 78 ausgebildete Blende die Bohrungen entweder freigeben oder abdecken konnte. Beide Pendel waren oberhalb der Kammer auf einer gemeinsamen Achse 79 befestigt und unabhängig voneinander drehbar gelagert. Jedem Pendel war ein Anschlagblech 80 und 81 zugeordnet, das an den Kammerboden, in Langlöchern justierbar (vom Pendel weg oder zum Pendel hin), angeschraubt war. Aufgrund der Lage von 80 und 81 zu den Pendeln (vor 77 und hinter 78) deckte das backbordseitige Pendel 77 (Ansicht von B) die drei Bohrungen 76 in dem Augenblick fast ganz ab, wenn der Neigungswinkel α des Kreisels A < 15° zur Flugkörperhochachse im Steigflug wurde, und gab die Bohrungen ganz frei, wenn er sich in Richtung > 15° bewegte, wobei das Pendel 77 als fest und senkrecht im Raum hängend betrachtet werden muß. Demgegenüber reagierte das steuerbordseitige Pendel 78 gerade umgekehrt. Bei α < 15° gab das Pendel die drei Bohrungen 76′ ganz frei, und bei α > 15° deckte das Pendel die drei Bohrungen 76′ fast ganz ab. Im Steigflug bei etwa 15° und im Horizontalflug bei etwa 20° zwischen Flugkörperachse und Drallachse des Kreisels (Lagenstabilität des Kreisels beachten!) hatten die Pendel eine Position, die den Austrittsbohrungen 76 und 76′ einen jeweils gleichen offenen Gesamtquerschnitt gab, wodurch aus ihnen zwei gleiche, entgegengesetzt strömende Luftmengen V1 und V2 auf beiden Seiten der Kammer 75 austraten. Damit waren auch die von ihnen verursachten Reaktionskräfte F_{R1} und F_{R2} auf die Kreiselachsenspitze gleich groß, aber entgegengesetzt gerichtet und damit ihre Wirkung = 0. Änderte sich die Winkellage der Kreiseldrallachse zur räumlichen Horizontalebene, deren Ursache gleich beschrieben wird, verharrten die Pendel naturgemäß in ihrer senkrechten Stellung, wogegen sich die Lage der Bohrungen 76 und 76′ von Kammer 75 zu den Pendeln in der schon beschriebenen Weise veränderte. Hiermit entstanden ungleiche Luftaustrittsmengen V1 und V2 und auch ungleiche Reaktionskräfte F_{R1} und F_{R2} auf die Kreiselspitze, die sie um die Vertikalachse des Kreiselgehäuses zu drehen versuchten. Dabei wurde die gegenüberliegende Gehäusespitze naturgemäß entgegengesetzt in Pfeilrichtung bewegt. Wie aus der Erklärung der Lagekreiselfunktion (Kapitel 16.4.2.1., Abb. 62) zu entnehmen ist, hat die Einleitung einer Bewegung auf die hintere Kreiselspitze z. B. nach links (F_{R1}), in Verbindung mit der in den Abb. 60 und 64 angegebenen Kreiseldrehrichtung, aber eine Präzessionsbewegung B1 nach oben zur Folge. Umgekehrt bewirkte die Reaktionskraft F_{R2} eine Bewegung B2 der Kreiselspitze nach unten. Damit ist erkennbar, daß die Pendel mit Hilfe der von ihnen verursachten Reaktionskräfte F_{R1} und F_{R2} die Vertikalachse des äußeren Kardanringes in ihrer einmal durch die im Steigflug vorgegebenen heckseitigen 15°-Lage bei Abweichungen nach Minus oder Plus wieder auf den Nennwert zurückführten.

Um auf den Anfang der Pendelstützungsfunktion zurückzukommen, erhielt die Kreiselachse in dem Augenblick eine Abweichung nach > 15°, wenn der Kurvenflug z. B. nach backbord durch den Winkelschuß eingeleitet wurde. Neigungsbedingt erfuhr die vordere Kreiselspitze durch die Schiebekurve eine zwar geringe, aber doch meßbare Bewegung nach der gleichen Seite, wodurch bei der Drehrichtung des Kreiselrotors eine Präzessionsbewegung der vorderen Kreiselspitze nach oben eingeleitet wurde und die Kreiselachsenneigung damit > 15° wurde. Diese Vergrößerung veranlaßte in der beschriebenen Weise durch das backbordseitige Pendel 77, über die ausströmende Abluft V1, eine entstehende Reaktionskraft F_{R1} und die mit ihr ausgelöste Präzessionsbewegung der vorderen Kreiselachsenspitze nach unten, wodurch die Längslagenvergrößerung der Drallachse wieder langsam ausgeglichen wurde.

Entgegengesetzt liefen die geschilderten Vorgänge bei einem Winkelschuß nach steuerbord ab, wobei das steuerbordseitige Pendel auf den sich verkleinernden Winkel α (< 15°) reagierte und ihn auf den vorgegebenen Wert von 15° zurückführte, was für den Steigflug besonders wichtig war, um eine Bodenberührung zu vermeiden.

Die geschilderten Zusammenhänge machen deutlich, daß die Pendelstützung, wie ihr Name schon andeutet, neben den Vorgängen beim Winkelschuß auch die Neigung der Kreisellaufachse und damit des Kardanringes 1 während des übrigen Fluges überwachte, womit auch die Stellung der Exzenterscheibe 11 für die Betätigung des Höhenruders kontrolliert und fixiert wurde (Abb. 60 und 64).[44, 45]

Wie schon beschrieben, war der Lagekreisel A kardanisch aufgehängt. Damit war er, anders als die beiden federgefesselten und pneumatisch gedämpft gelagerten Kreisel B und C, besonders durch Beschleunigungen beim Transport der Fi 103 gefährdet. Um Kreisel A vor Beschädigungen zu schützen und ihn gleichzeitig in seiner Neigung in der richtigen Ausgangsposition besonders beim Hochlaufen des Rotors zu fesseln, wie es in der Kreiseltechnik heißt, wurde der Schwenkhebel 16, entgegen der Kraft von Zugfeder 17, mit seinem kugeligen Fixierdorn 18, dessen Länge axial einstellbar war, in eine Zentrierbohrung des Kreiselgehäuses 2 von A gedrückt (Abb. 60). Dabei schnappte unter die Spitze von Hebel 16 die zugfederbelastete Klinke 19, die gleichzeitig Anker von Magnet 20 war. Hebel 16 wurde dadurch in dieser Position gehalten. Der Kreisel A konnte damit gegenüber den umgebenden Bauteilen und dem Raum der Flugkörperzelle keine Relativbewegung machen. Dieser Vorgang wurde bei der Fi 103 speziell als »Verriegelung« bezeichnet. Zu diesem Zweck gab es auch einen Hebel für die Handverriegelung, der eine Verlängerung von Schwenkhebel 16 war und gleichzeitig eine Handentriegelung, die mit Druckknopf und Stange auf Klinke 19 wirkte.[21, 124] Der Schwenkhebel 16 ist aus darstellerischen Gründen in etwas anderer Lage als in Wirklichkeit gezeichnet worden. Durch die Entriegelungsbewegung von Schwenkhebel 16 betätigte dieser mittels eines Nockens einen auch in Abb. 60 gezeichneten Umschaltkontakt c, der am Lagerbock 3 befestigt war, aber in Abb. 60 ebenfalls in anderer Position gezeichnet ist. Der Kontakt c erscheint auch nochmals in Abbildung 65.

An dieser Stelle ist es notwendig, die eng miteinander verbundenen Vorgänge von Verriegelung, Entriegelung und Start zusammenhängend zu schildern (Abb. 58, 59 und 65). Vor dem Start, wenn der Flugkörper auf die Schleuder gesetzt, die Brechkupplung S2 gesteckt und das Bordnetz mit Hilfe des Hauptschalters h – bei gleichzeitiger Pufferung der Bordbatterie durch die externe Stromversorgung – eingeschaltet war, zeigte Kontrollampe L (Abb. 65) an, daß der Lagekreisel A ordnungsgemäß verriegelt war. Zwei Minuten vor dem Start wurde der Druckminderer 8 (Abb. 54) geöffnet, damit die Kreisel bis zum Start ihre Solldrehzahl erreicht hatten. Durch fast gleichzeitige Betätigung des Sicherungsschalters S10 und des Startknopfes 11 (Kapitel 16.2.3.) erhielt der Entriegelungsmagnet EM 20 Spannung, womit Schwenkhebel 16 in der beschriebenen Weise Kontakt c in Stellung »entriegelt« umschaltete. Gleichzeitig wurde der Auslösemagnet AM im Kontaktlaufwerk erregt, wodurch die eingestellte Vorlaufzeit (maximal 3 min) abzulaufen begann. Durch das Umschalten von c erhielt das Verzögerungsrelais V28 (Abb. 55, 60 und 65) Spannung und löste durch das Schaltventil SV des Dampferzeugers der Schleuder den Startvorgang aus.[23, 124]

Wie später noch näher erklärt wird, war es nach dem Steigflug der Fi 103 für die Umlenkung in den Horizontalflug notwendig, den Lagerbock 3 (Abb. 60), in dem der Kreisel A mit seiner Querachse gelagert war, um diese Achse zu drehen. Diese Drehung wurde pneumatisch durch den Kolben 38 des Arbeitszylinders D bewirkt, der seine Druckluft von 6 bar in Abhängigkeit vom barometrischen bzw. statischen Druck über eine als Regelglied gestaltete Höhendose F zugeführt bekam. Dose 22 war in einem druckdichten Gehäuse 23 untergebracht, dessen Innenraum über 24 Verbindung mit dem Umgebungsdruck hatte, der von der Unterseite des Rumpfhecks zugeführt wurde. Die Dose 22 war zentrales Regelglied des Höhenreglers, der mit Hilfe seiner weiteren Bauteile, einer Einstellvorrichtung, einem Steuerschieber E, dem schon erwähnten Arbeitszylinder D und einer Rückholfeder 28, den Steigflug nach dem Schleuderstart und die Höhenhaltung im Marschflug überwachte. Auf das Zusammenspiel der erwähnten Bauelemente wird in Kapitel 16.4.5. noch näher eingegangen. Hier sei nur so viel gesagt, daß unter Einfluß der Dose 22 durch den Arbeitszylinder D auf den Rahmen 3 höhenabhängige Schwenkbewegungen übertragen wurden. Diese Bewegungen veranlaßten, unter Zuhilfenahme der Lagenstabilität des Kreisels A, durch das Exzentergetriebe 11 entsprechende Schwenkbewegungen des Strahlrohres 5 über die Fangdüsen 7 und 8, wodurch in der Höhenrudermaschine H Höhenkommandos ausgelöst wurden.[21, 34, 44, 45, 124]

Wie bekannt, sinkt der barometrische Druck mit zunehmender Höhe ab. Wegen der Kompressibilität der Luft folgt die Kurve einer exponentiellen Funktion. In diesem Zusammenhang sei noch erwähnt, daß in den geringen Flughöhen der Fi 103 – bis praktisch maximal 2000 m, im Mittel etwa 1500 m – die Luftdruckab- bzw. -zunahme noch weitgehend im annähernd linearen Bereich der barometrischen Höhenkurve lag. Demzufolge bewegte sich der Arbeitsbereich der Dose 22 – von der für untere Luftschichten geltenden Faustregel ausgehend, daß 8 m Höhenzunahme bei normalen Luftverhältnissen etwa 1 hP Luftdruckabnahme entsprechen – von 1013 hP bei NN bis etwa 700 hP bei 3000 m Höhe. Seinerzeit wurde der statische Druck in »Millibar« (mb) angegeben.[46, 124]

Als weitere Bauelemente der Kreiselsteuerung in Abb. 60 sind die schon mit ihrer Einbaulage erwähnten beiden Drehgeschwindigkeitskreisel B und C zu nennen. Es handelte sich hier um zwei mit je einem Strahlrohr 40 und 41 ausgerüstete Kreisel, denen je zwei Fangdüsen 42, 43 und 44, 45 zugeordnet waren. Ihre Aufgabe bestand darin, die Drehgeschwindigkeit des Flugkörpers um die Hoch- und die Querachse zu messen und durch Einbringung dieses Meßwertes in den Steuervorgang die Drehung der Fi 103 um die beiden Achsen so zu dämpfen, daß nach jeder Störung der Fluglage ein pendelungsfreies Zurückholen in die Sollfluglage erfolgte. Die beiden Blattfedern 46 und 47 konnten in ihrer freien Länge durch eine verschiebbare Einspannstelle justiert werden. Dadurch bestand durch Änderung der Federcharakteristik die Möglichkeit, den Einfluß der Drehgeschwindigkeit auf den Regelvorgang zu variieren. Eine andere Möglichkeit, die Kreiselfunktion an die Regelstrecke anzupassen, bestand darin, den Zuluftdruck an den Strahlrohrabgriffen zu ändern. Neben der jeweiligen Blattfeder 46 und 47 beider Kreisel B und C nahm noch ein pneumatischer Dämpfungskolben auf die Relativbewegungen von B und C Einfluß, der aus Gründen der Übersichtlichkeit in Abb. 60 weggelassen wurde.

Wie aus den prinzipiell angegebenen Rohr- bzw. Schlauchverbindungen in Abb. 60 hervorgeht, waren die Abgriffe bzw. Fangdüsen von Kreisel A und dem jeweiligen Drehgeschwindigkeitskreisel des Kurs- und Höhenreglers über je eine Mischkammer M1 bis M4 parallel geschaltet, und deren Ausgänge a1 bis a4 mit den Differenzdruckdosen 48 (Seitenrudermaschine) und 49 (Höhenrudermaschine) verbunden. Je nach Stellung der Strahlrohre zu ihren Fangdüsen, bauten sich in den Leitungen und Mischkammern Differenzdrücke auf, die dem Abweichungswinkel des Flugkörpers bezüglich Kurs und Längslage proportional waren. Diese Differenzdrücke veranlaßten in den Membranräumen der Differenzdruckdosen 48 und 49 eine Bewegung der Membranen 50 und 51 aus der ursprünglichen Mittelstellung heraus nach links oder rechts. Das hatte zur Folge, daß die mechanischen Verbindungen 52 und 53 diesen Hub als Axialbewegung auf die Doppelsteuerschieber 54, 55 und 56, 57 übertrugen. Damit war dem Betriebsluftdruck von $p_{ü} = 6$ bar die Möglichkeit gegeben, über die Leitungen 58, 59 und 60, 61 entweder die linke oder die rechte Seite der Arbeitskolben 62 oder 63 zu beaufschlagen. Demzufolge machten die mit den beiden Kolben fest verbundenen Gestänge 64 und 65, welche über je einen Verbindungssteg 66 und 67 und eine Rückführfeder 68 und 69 mit den Arbeitskolben verbunden waren, einen Steuerhub. Da die Rückführfedern aus der Mittelstellung heraus sowohl als Zug- als auch als Druckfedern wirkten, versuchten sie ihren jeweiligen Steuerschieber wieder zur Mittelstellung zurückzubringen. Somit gehörte zu jedem Differenzdruck ein bestimmter Hub der Arbeitskolben und ein Ausschlag des Seiten- und Höhenruders. Der maximale Hub der Arbeitskolben konnte 28 mm, ihre maximale Stellkraft 700 N (71,33 kp) und ihre Stellzeit 1 ... 2 sec betragen.[34, 124]

16.4.2.5. Absperrventil

Ein Bauelement für die Druckluftversorgung der beiden Rudermaschinen und deren Unterbrechung zum Zwecke des Absturzes der Fi 103 im Zielgebiet soll das Doppelabsperrventil 70 (70/1 und 70/2, Abb. 60) gewesen sein. Im Gerätehandbuch des FZG 76, Ausgabe April 1944, wird nur das pyrotechnisch ausgelöste Abstiegsgerät als einzige Vorrichtung dieser Art erwähnt. Es kann auch sein, daß in einer frühen Ausführung der Fi 103 dieses Ventil für den Abstieg eingesetzt und im Zuge von Vereinfachungen und besonders aus Sicherheitsgründen die robuste pyrotechnische Lösung eingeführt wurde. Auch kann häufiges Fehlverhalten der beiden Ventile zu ihrem Ausbau geführt haben, da besonders die hier als Steuerventile verwendeten Tauchankerventile sehr anfällig z. B. für Vereisungen sind. Der Vollständigkeit halber soll aber auf dieses Gerät näher eingegangen werden. Auch ist in Abb. 60 in der Druckluftleitung zu den Rudermaschinen das Doppelventil 70/1 und 70/2 noch eingezeichnet.

Der konstruktive Aufbau ist in Abb. 66 dargestellt. Demzufolge bestand jedes Magnetventil aus einem Tauchanker-Dreiwegeventil, das als Steuerventil den Stößel des mit ihm in einem Ventilgehäuse angeordneten Arbeitsventiles im elektrisch nicht erregten Zustand mit pneumatischer Servokraft offenhielt. Dabei war im Ruhezustand (kein Luftdruck, keine Spannung), der Stößel des Arbeitsventiles ohnehin durch eine Druckfeder in dieser Stellung gehalten.

In einem gemeinsamen Ventilgehäuse 1 (Abb. 66) befanden sich ein Tauchanker-

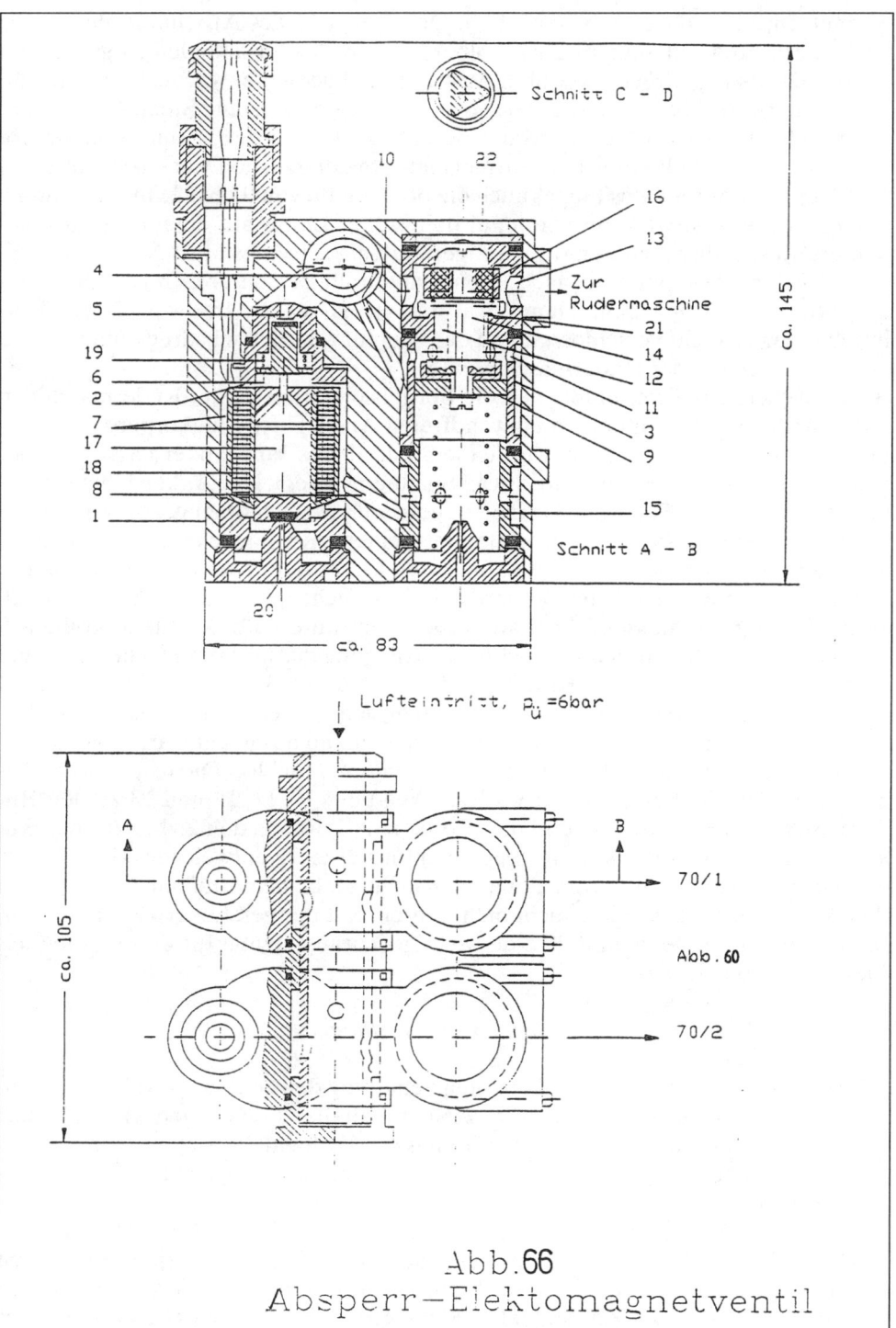

Schnitt C – D

10   22

16

13

Zur
Rudermaschine

4

5

19

6

2

7

17

18

1

21

14

12

11

3

9

15

Schnitt A – B

ca. 145

ca. 83

20

Lufteintritt, $p_{\ddot{u}}$ =6bar

A

B

70/1

Abb. 60

70/2

ca. 105

C

C

Abb. 66
Absperr–Elektomagnetventil

553

magnetventil 2 und ein Arbeitsventil 3. Der Stößel 14 des Arbeitsventiles wurde im Ruhezustand mit seinem Dichtkolben 16 von der Druckfeder 15 gegen den oberen Dichtsitz gedrückt, wodurch Ausgang 22 abgedichtet wurde. Das Tauchankermagnetventil 2 hatte die Aufgabe, im nicht erregten Zustand Steuerluft von der Hauptleitung 4 abzuzweigen und mit deren Druck über 5, 6, 7 und 8 die untere Fläche des Steuerkolbens 9 zu beaufschlagen. Da der gleiche Druck von 4 über 10, 11, 12 und 13 während des Fluges auch die obere Seite von 9 beaufschlagte, war die pneumatische Kraftwirkung von 9 auf den Stößel 14, bis auf eine nach oben gerichtete Restkraft durch den dreikantigen Stößelquerschnitt, fast Null. Eine weitere Dichtkraftkomponente nach oben war durch die untere, freie Fläche des Dichtkolbens 16 gegeben. Damit war im erregten Zustand von 2 der Entlüftungsweg 22 dicht verschlossen und der Weg für den Betriebsdruck über 12 und 13 zur Versorgung der Rudermaschinen frei.

Bei Erreichen des Zieles mußte u. a. die Betriebsdruckluft beider Rudermaschinen abgeschaltet werden, um einen einwandfreien Abstieg des Flugkörpers zu garantieren. Um das zu veranlassen, wurde die Spule 18 des Tauchankermagneten über einen Zählwerkkontakt des Luftlogs an Spannung gelegt. Der Anker 17 wurde dadurch entgegen der Federkraft seiner Druckfeder 19 nach oben gezogen (z. B. bei Vereisung nicht garantiert!) und schloß mit seiner Dichtfläche den Dichtsitz bei 5 ab. Damit war einerseits die Luftzufuhr von 4 über 5, 6, 7 und 8 in den unteren Raum von 9 unterbrochen und andererseits der Dichtsitz bei 20 geöffnet. Über 20 konnte die eingeschlossene Luft aus dem Raum unterhalb des Steuerkolbens 9 entweichen. Damit entfiel die Druckbeaufschlagung der unteren Fläche von 9 und deren nach oben gerichtete Kraftkomponente auf den Stößel 14. Da aber von 4 über 10 und 11 die obere und gegenüber 16 größere Fläche von 9 noch mit Druck beaufschlagt und die Federkraft von 15 entsprechend ausgelegt war, bewegte sich der Stößel 14 mit seinem Dichtkolben 16 nach unten, schloß Dichtsitz 21 und öffnete den Dichtsitz bei 22. Somit war der Weg über 10, 11, 12 und 13 zu den Rudermaschinen unterbrochen und die verbliebene Luft aus den Zylindern der Rudermaschinen (Abb. 60) konnte gegebenenfalls über 22 entweichen. Höhen- und Seitenruder waren damit vom Flugregler nicht mehr beeinflußbar und konnten den Abstieg des Flugkörpers nicht mehr stören. Mit der geschilderten Arbeitsweise konnte das Absperrventil 70 eine wichtige Voraussetzung für den Abstieg des Flugkörpers schaffen.[21]

16.4.2.6. Das Luftlog

Dieses Gerät hatte mit einer elektrischen Schaltung den zeitlichen Ablauf des Fluges der Fi 103 zu bestimmen und die darin enthaltenen Funktionen, einschließlich der Beendigung durch Absturz, zu veranlassen. Es handelte sich um ein vorwiegend elektrisches System, das durch entsprechende mechanische bzw. elektromechanische Bauelemente ergänzt wurde.
Anhand der Abb. 59 wie auch ergänzend durch Abb. 57, 60, 63 und 65 sollen die Vorgänge innerhalb dieses Systems beschrieben werden. Als zentrale Baugruppe war das sogenannte Luftlog zu betrachten, das die durchflogene Strecke der Fi 103 über einen elektrischen Kontaktgeber K mit Hilfe eines elektrischen Zählwerkes ermittelte. Dieses Gerät war auch eine Fieseler-Entwicklung, wobei das Zählwerk

von der Firma Irion & Vosseler in Schwenningen/Neckar gebaut wurde. Es bestand aus einem durch den Fahrtwind an der Bugspitze in Drehung versetzten Propeller 1 (Abb. 59), der über eine mit ihm verbundene Schneckenwelle 2 das Schneckenrad 3 antrieb. Mit der Schneckenradwelle waren gleichzeitig zwei Schaltnocken 4 fest verbunden, die auf den Arbeitskontakt a6 und a7 wirkten. Die Steigung des Propellers war so gewählt, daß er auf je 100 m Flugstrecke 30 Umdrehungen machte. Da die Untersetzung des Schneckengetriebes 1 : 30 war, machte das Schneckenrad auf 100 m Flugweg eine Umdrehung und schloß dabei zweimal den Logstromkreis. Damit war der Kontaktgeber K in der Bugspitze bei 50 m Flugentfernung jedesmal über Stecker S1 (Stift und Buchse) mit dem Verteiler unter Einschluß der Bordbatterie in der Weise verbunden, daß Magnet M erregt, Anker 6 angezogen und Einerziffernrolle 4 von Zählwerk ZW um eine Ziffer gegen Null weitergeschaltet wurde (1 Logeinheit = 50 m).[21]

Zum Impulsgeber zurückkehrend, war in axialer Verlängerung der Schneckenrad- bzw. Propellerwelle 2 der schon beim Zellenaufbau erwähnte Aufschlagschalter R angebaut. Seine Funktion wurde dort schon beschrieben. Konstruktiv bestand dieser Kontakt R aus zwei konzentrisch angeordneten Metallrohren 7 und 8, die, elektrisch voneinander isoliert, in den Halterungen 9 und 10 in ihrer Lage fixiert waren. Diese beiden Rohre bildeten die großflächigen Kontakte eines Schalters. Der weitere Kontaktaufbau sah neben den isolierten Halterungen 9 und 10 zwei elektrische Anschlußmöglichkeiten für die Batteriespannung vor. Das innere Rohr 8 lag in einem kurzen Kontaktrohr 11, das seinerseits mit seinem Flansch in 10 so gehalten war, daß durch einen radialen Schlitz die Möglichkeit des Anschlusses c2 gegeben war. Das äußere Rohr war in einer ähnlichen, jedoch ballig gebogenen, radial federnden Kontakthülse 12 gehalten, die über den gleichen radialen Schlitz in 10 mit dem Anschluß c1 von einem Zählwerkkontakt nach einer gewissen Flugentfernung an die Spannung der Bordbatterie gelegt wurde. Auf der linken Seite des Schalters war das innere Rohr über eine Kontaktkappe 13 und Leitung 14 mit der Platte b2 elektrisch verbunden. Ähnlich hatte das äußere Rohr Verbindung mit der Membran b1. Sofern sich beim Aufschlag der Fi 103 die Kontaktelemente b1 und b2 oder 7 und 8 durch Beschleunigung bzw. Deformation berührten, wurde die Detonation des Sprengkopfes ausgelöst (Abb. 59).

Befassen wir uns nun mit der näheren Beschreibung des elektrischen Verteilers und der Schalttafel, die auch schon beim Aufbau der Zelle erwähnt wurden. Wie angedeutet, war das vierstellige Rollenzählwerk ZW mit dem zugehörigen Elektromagneten M und dessen Anker 6 ein wichtiges Bauelement, weshalb nochmals näher darauf einzugehen ist. Am Zählwerk wurde die Zielentfernung als »Zählwerkzahl« von Hand voreingestellt. Dabei mußte ein auf der linken Seite des Zählwerkgehäuses herausragender Hebel angehoben werden, womit die Ziffernrollen von ihren Verbindungszahnrädern entkoppelt und von Hand frei drehbar wurden. Während des Fluges erfolgte, wie schon beschrieben, durch den Kontaktgeber über die Leitungen der Kontaktanschlüsse a6, a7, Erregung von M und Betätigung von Anker 6, eine Verstellung des Zählwerkes gegen Null. Dadurch wurden die Kontakte d, e und f der beiden Kontaktrollen in entsprechender Reihenfolge nach der zurückgelegten Flugstrecke geschlossen. Dadurch lösten sie ihre ihnen zugeordneten Funktionen aus, wie später zusammenhängend noch näher beschrieben wird. Die Bewegungsübertragung von Ziffernrolle 4 (Einer) auf 3 (Zehner), von 3 auf 2 (Hunderter) und von 2 auf 1 (Tausender) betrug jeweils 1 : 10, was einer Gesamtuntersetzung von 1 : 10000 entsprach. Unabhängig davon übertrug die Hunderterziffernrolle 2 ihre Drehbewegung auf die Kontaktrolle d im Verhältnis 1 : 15. Damit veranlaßte Rolle 2 (1 Einheit = 100 × 50 = 5000 m), daß Kontaktrolle d nach Drehung um 12 Einheiten, also nach 12 × 5000 m = 60 km Flugstrecke vom Startpunkt, den Kontakt d schloß. Da Kontaktrolle d beim Einstellen des Zählwerkes durch eine Spiralfeder am Anschlag in Nullstellung gehalten wurde, erfolgte die Schließung von d in jedem Falle in 60 km Entfernung, unabhängig von der eingestellten Zahl. Mit dem Kontakt d wurde der elektrische Zünder entsichert und Spannung an den Zündstromkreis gelegt (Abb. 59). Die Kontaktrolle e, f war mit der Tausenderziffernrolle (1 Einheit = 1000 × 50 = 50000 m) unmittelbar verbunden. Das Kontaktsegment war auf der Rolle so angebracht, daß bei Stellung 0 der Kontakt e (Einschalten des Senders FuG 23) und bei der folgenden Drehung auf Ziffer 9 der Kontakt f (Einleitung des Abstiegs) geschlossen wurden. Um zu verhindern, daß nach Einschalten des Bordnetzes durch Drehung der Luftschraube infolge Windeinflusses das Zählwerk bereits in Tätigkeit gesetzt wurde, bekam der Magnet M sein Pluspotential erst, wenn der Flugkörper die Schleuder verlassen hatte und damit der Sicherheitsschalter s geschlossen war (Abb. 59, L3, Klemme 6).

Der Meßbereich des Luftlogs (Kontaktgeber und Zählwerk) war für 600 km ausgelegt. Die Genauigkeit betrug ± 5 % von der voreingestellten Entfernung. Das besagte aber nicht, daß damit auch die Zielgenauigkeit der Fi 103 in dieser Größenordnung lag. Denn auf den frei im Luftraum fliegenden Körper wirkten ja neben der reinen Entfernungsmessung noch viele andere Faktoren, die Einfluß auf die Zielgenauigkeit hatten, wie aus den späteren Ausführungen noch zu entnehmen ist. Die angegebene Genauigkeitstoleranz bezog sich auf das Luftlog allein. Besonders ist noch zu erwähnen, daß die Propellerdrehzahl neben den Reibungsverlusten der Übertragungsmechanik durch die Strömung der umgebenden Luft beeinflußt wurde, aber der Weg über Grund gemessen werden sollte. So waren für die Entfernungseinstellung neben der geographischen Zielentfernung auch noch die Windgeschwindigkeit und die Windrichtung zu berücksichtigen, wie auch bei der Kurseinstellung noch geschildert wird.[21, 48]

Um die logeigenen Abweichungen auf das Meßergebnis möglichst klein zu halten, entnahm man jedem Fertigungslos Stichproben, mit denen Meßflüge durchgeführt wurden. Hierbei konnte die sogenannte »Logzahl« ermittelt werden, die sich aus dem Mittelwert der Einzelmessungen der Stichproben ergab. Bei den Meßflügen wurden die Prüfmuster an ein Flugzeug montiert, wobei Luftschraube und Kontaktgeber außenbords an Auslegern befestigt waren. Die ermittelte »Logzahl« war jene Flugstrecke in Metern, die bei 15 Luftschraubenumdrehungen, unter Berücksichtigung der Strömungsverhältnisse des Einbauortes der Luftschraube, zurückgelegt wurde. Die »Zählwerkzahl« z richtete sich nach der vom Flugkörper zurückzulegenden Treffentfernung e_T.

Diese wurde mit Hilfe von Schußtafeln aus der Kartenentfernung, der Flughöhe und den jeweiligen Windverhältnissen errechnet. Damit wurde:

$$\text{Zählwerkzahl } z = \text{Treffentfernung } e_T : \text{Logzahl}^{[47, 124]}$$

Die Logzahl der Fi 103 bewegte sich etwa zwischen 60 und 65. Die Meßflüge zur Ermittlung der Logzahlen wurden auch in Peenemünde-West durchgeführt.

Als wichtiges Bauteil auf der Schalttafel war noch der schon erwähnte mehrpolige Stecker S1 (Buchsenteil) zu nennen, dessen Stiftteil über den Kabelschacht mit der Bugspitze (Kontaktgeber K), dem Kompaßraum (Umwandler U) und dem elektrischen Aggregat E der Zünderanordnung Verbindung hatte. Der siebenpolige Stecker S2 war für Prüfzwecke oberhalb des Steuergerätes von außen zugänglich an die Rumpfwand montiert. Er hatte über die Brechkupplung des Auslegerarmes der Startanlage mit dem Kommandogerät Verbindung, wie später noch näher beschrieben wird. Von hier aus wurde dem Bordnetz bis zum Abschuß, zur Schonung der Bordbatterie, von der Startanlage Spannung zugeführt. Außerdem konnten verschiedene Prüfvorgänge, die Entfesselung des Lagekreisels A und damit der Start von der Schleuder vorgenommen werden. Erst beim Start trennten sich die als Abreißstecker oder Brechkupplung konzipierten Steckverbindungshälften voneinander. Über die 14polige List-Steckverbindung S3 liefen die bordseitigen elektrischen Verbindungen von der Schalttafel zum Steuergerät. Sie ermöglichten sowohl die Speisung der Elektromagnetspulen 36 und 37 für die Kompaßstützung als auch die schon erwähnte Entfesselung des Kreisels A (Abb. 59, 60 und 65). Auch waren entsprechende Prüfvorgänge möglich, auf die hier jedoch nicht näher eingegangen wird.

Weiterhin hatten die zweipoligen Steckverbindungen S4 und S5 für die Spannungsversorgung des Elektromagnetventiles 70 (sofern eingebaut) zu sorgen. Bei der im FZG-76-Handbuch beschriebenen Flugkörperausführung entfiel S5, und über S4 wurde gegebenenfalls der Betrieb des Peilsenders FuG 23 veranlaßt. Der zweipolige Stecker S6, dessen dritter Stift der Führung und Sicherung der Verbindung diente, stellte mit seinem Gegenstecker die direkte elektrische Verbindung zur Bordbatterie her. Als letzte Steckverbindung war der sechspolige List-Stecker S7 speziell für die elektrische Versorgung der beiden Sprengkapseln ZP1 und ZP2 des Absteiggerätes im Heck vorgesehen. Deren Zündung wurde vom Zählwerkkontakt f veranlaßt. Auf die nähere Funktion wird in Kapitel 16.4.6. noch eingegangen werden. F war die Fassung für eine Glasrohrsicherung (Abb. 59 und 60).[21]

Als letzte wichtige Schaltelemente sind die beiden Schalter h und s zu nennen. Hauptschalter h war ein Schlüsselschalter und an der linken Rumpfseitenwand von außen zugänglich eingebaut. Bei Betätigung legte er den Pluspol der Bordbatterie an die Kontaktleiste L2. Ohne seine Funktion war die elektrische Anlage der Fi 103 spannungslos und gegen unbeabsichtigtes Einschalten gesichert. Der Minuspol der Bordbatterie war über S6 direkt mit der Kontaktleiste L1 verbunden.[21, 23, 124]

Schalter s war der Sicherheitsschalter und legte nach Verlassen der Schleuder bordseitig den Pluspol der Bordbatterie an die Kontaktleiste L3, womit über den Zählwerkkontakt d, wie schon beschrieben, nach 60 km Flugentfernung der elektrische Aufschlagzünder Z entsichert und der Zündstromkreis eingeschaltet wurde (Abb. 57 und 59). Um diesem wichtigen Zündstromkreis für die Prüfvorgänge kurz vor dem Start eine absolute Sicherheit gegen unbeabsichtigtes Ansprechen des Zünders zu geben, war ihm neben dem Zählwerkkontakt d und dem Aufschlagschalter R nochmals der in Serie liegende Sicherheitsschalter s zugeordnet. Der Schalter war unmittelbar vor der unteren Lagerung des Antriebs-Stützrohres am Zellenboden befestigt. Der federnde Betätigungsstift des Schalters ragte in eine radiale Führungsbuchse der dort vorhandenen heckseitigen Spanthälfte hinein. Sobald der Flugkörper auf die Schleuder gesetzt wurde, griff der Mitnehmerstift des Schlittens, der das Heck des Flugkörpers auf der Schleuder während des Startvorganges abstützte, in diese Bohrung ein und drückte den federnden Stift axial nach oben. Damit war der Kontakt s des Schalters elektrisch geöffnet (Abb. 59). Nach Verlassen der Schleuder fiel der Schlitten vom Flugkörper ab, wodurch der Kontakt s des Schalters mit Hilfe der Druckfeder des Betätigungsstiftes geschlossen wurde. Erst danach lag an der Kontaktleiste L3 das Pluspotential der Bordbatterie an (Abb. 57, 59 und 65).[17, 21, 124]

16.4.3. Einstelloperationen, Flugreglerfunktionen, Kursermittlung

Um es in diesem Zusammenhang nochmals zu präzisieren, war die Fi 103 weder eine Rakete noch ein Flugkörper, der durch eine Fernlenkung ins Ziel gebracht wurde. Es handelte sich um ein kleines, unbemanntes Verlustflugzeug mit einem Startgewicht von etwa 2,2 t und einer Nutzlast von etwa 830 kg Sprengstoff. Der Antrieb war vom Prinzip her zwar ein Rückstoßantrieb, benötigte aber den Luftsauerstoff für den Vepuffungsbetrieb und unterschied sich daher von einem Raketenantrieb, der ja den Sauerstoff als Treibstoffkomponente an Bord seines Fluggerätes mitführt.

Die Steuerungswerte bezüglich Kurs, Höhe und Beendigung des Fluges wurden vor dem Start am Flugregler eingestellt und liefen sozusagen als Programm, von ihm überwacht und ausgelöst, während des Fluges ab. Aufgrund dieser Tatsachen ergaben sich von den Startvorbereitungen bis zum Abstieg der Fi 103 im Zielgebiet einerseits die vor dem Start im Flugkörper einzustellenden Werte und andererseits die vom Flugregler während des Fluges zu erbringenden und auszulösenden Steuerungs-, Regelungs- und Überwachungsaufgaben, die man folgendermaßen zusammenfassen konnte:

I. Einstelloperationen vor dem Start:

a) Kursermittlung und Kurseinstellung, Zeiteinstellung (Winkelwert) der Schaltuhr beim Winkelschuß
b) Höheneinstellung
c) Entfernungseinstellung

II. Flugreglerfunktionen vom Start bis zum Abstieg:

a) Beim Katapultieren, gegebenenfalls beim Winkelschuß, im Aufstieg, im Horizontalflug
b) Kurs- und Höhenregelung während des Fluges
c) Abstieg

In Abb. 67 sind die geographischen Verhältnisse dargestellt, wie sie bei den Erprobungsschüssen von Peenemünde-West aus, Richtung Osten entlang der pommerschen Küste, in das Erprobungszielgebiet der Fi 103 gegeben waren. Daraus ist ersichtlich, daß der Winkel des Kompaßkurses 4 eines Flugkörpers sich aus den Winkelkomponenten 1 bis 3 ergibt.[49]

Für die Ermittlung des einzustellenden Winkels 4 am Kompaß (Kompaßkurs) war zunächst der rechtweisende Kurs 1 (in den seinerzeitigen Berichten auch oft Loxodrom-Kurs genannt) anhand einer Flugnavigationskarte zu messen. Dieser Kurs verläuft auf jener Linie, die alle Längengrade unter dem gleichen Winkel schneidet. Bei der winkelgetreuen Merkator-Projektion von Flugnavigationskarten ist diese Kurslinie vom Startpunkt bis zum Ziel eine Gerade.

Als zweite Komponente war der Luvwinkel 2 festzulegen. Er ergab sich für den Steig- und den Horizontalflug in Sollflughöhe aus dem errechneten Vektor w des mittleren wirksamen Windes (Geschwindigkeit und Richtung) und der mittleren Flugkörpergeschwindigkeit e gegen Luft. Das daraus zu konstruierende Winddreieck umschloß den Luvwinkel 2. Dieser Winkel war jener der Windrichtung entgegenwirkende Vorhaltewinkel, der ein Abdriften des Flugkörpers durch den Wind vom rechtweisenden Kurs verhindern sollte.[50]

Der Vektor des mittleren wirksamen Windes konnte nach einem von Professor Lettau entwickelten Verfahren mit Hilfe von Pilotballon-Messungen und sonstigen Wetterbeobachtungen errechnet werden. Da zu diesem Zweck Windgeschwindigkeit und Windrichtung möglichst auf dem ganzen Weg bekannt sein sollten, ist es erklärlich, daß beim Einsatz diese Werte über feindlichem Gebiet kaum zu beschaffen waren und man vielfach auf Schätzungen aus der Gesamtwetterlage heraus angewiesen war. Damit ergab sich natürlich eine Fehlerquelle, die Zielungenauigkeiten verursachte.

Der dritte zu berücksichtigende Kompaßkursanteil war die Fehlweisung des Kompasses. Sie setzte sich als Mittelwert zusammen aus den der Karte zu entnehmenden geographischen und zu durchfliegenden Ortsmißweisungen zwischen Start und Ziel einerseits und der Deviation des Kompasses durch die umgebenden Zellenbauteile andererseits. Die mittlere Ortsmißweisung entlang der pommerschen Küste betrug 1943 + 1° 54′. Die Deviation des Kompasses durch die Zellenteile ist für das hier angegebene Kursbeispiel mit + 1° angenommen worden, womit sich eine Fehlweisung von + 2° 54′ ergibt. Bei der Berechnung des Kompaßkurses sind diese beiden Werte mit jeweils umgekehrtem Vorzeichen, also mit insgesamt − 2° 54′ (Winkel 3) zu berücksichtigen. Bei der Zellenbeschreibung (Kapitel 16.3.) ist schon berichtet worden, wie man durch Beklopfen der kompaßnahen Eisenteile den Deviationsanteil der Zelle verringernd stabilisierte.

Um den körpereigenen Deviationseinfluß möglichst auszuschalten, wurden später, auch zum Zweck der Stahleinsparung, die kompaßnahen Bauteile, wie Bug, Sprengkopf und Tragflächen, aus Holz gefertigt.[29]

Für das in Abb. 67 dargestellte Peenemünder Kursbeispiel ergab sich bei einem Wind angenommener Richtung und Geschwindigkeit (Winkel 2) und Berücksichtigung der Winkel 1 und 3 ein Kompaßkurs 4 von 72° 36′. Auf diesen Winkel sollte sich die Längsachse der Fi 103 nach Verlassen der Schleuder frei im Raum einstellen, um mit dem Flugkörperschwerpunkt s, dem rechtweisenden Kurs folgend, über die Entfernung e dem Zielgebiet entgegenzufliegen.

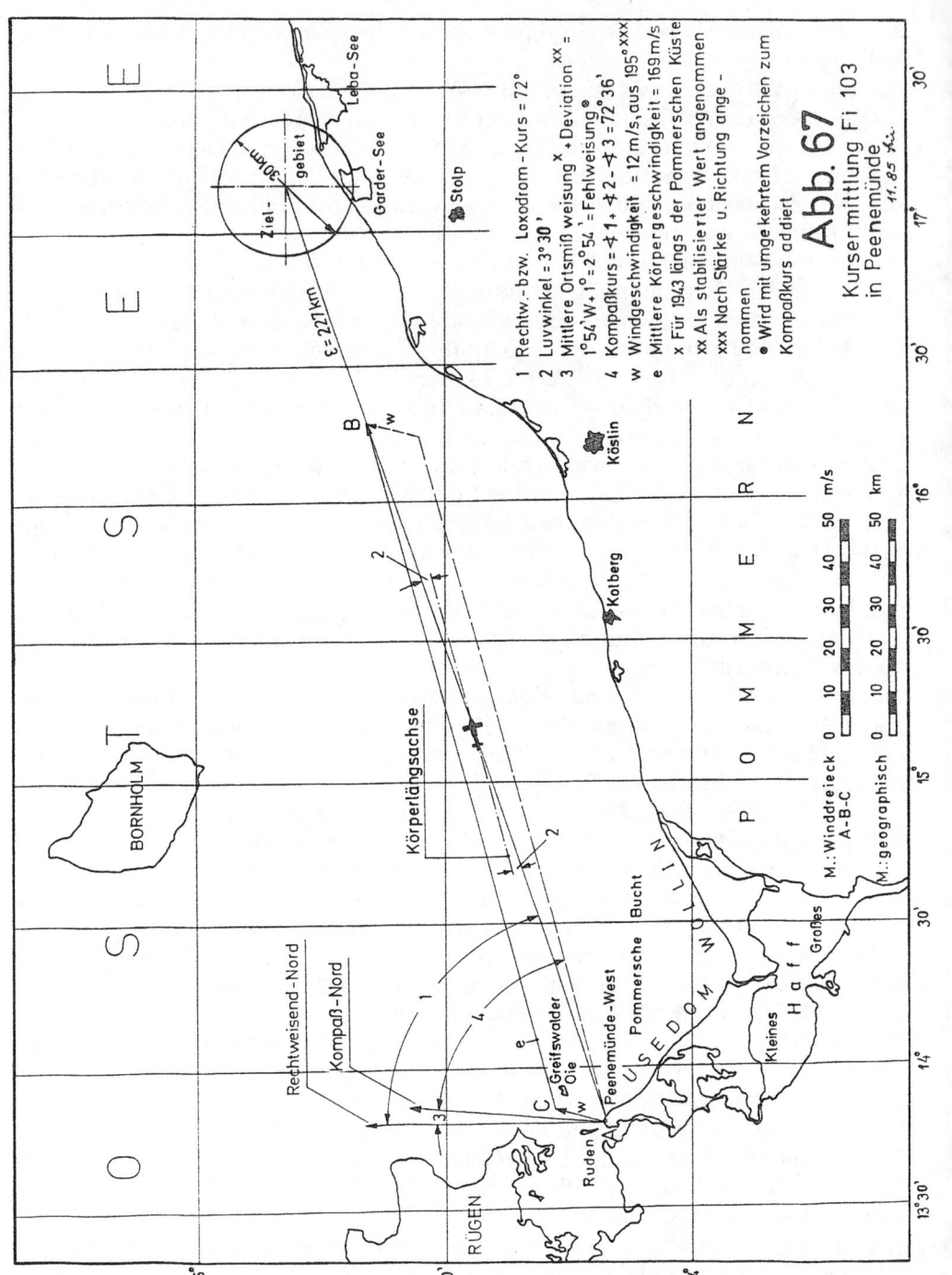

Abb. 67

Kursermittlung Fi 103
in Peenemünde

11.85 lu.

1 Rechtw.- bzw. Loxodrom - Kurs = 72°
2 Luvwinkel = 3° 30'
3 Mittlere Ortsmißweisung[x] + Deviation[xx] =
  1° 54' W + 1° = 2° 54' = Fehlweisung●
4 Kompaßkurs = ∢ 1 + ∢ 2 − ∢ 3 = 72° 36'
w Windgeschwindigkeit = 12 m/s, aus 195°[xxx]
x Mittlere Körpergeschwindigkeit = 169 m/s
x Für 1943 längs der Pommerschen Küste
xx Als stabilisierter Wert angenommen
xxx Nach Stärke u. Richtung angenommen
● Wird mit umgekehrtem Vorzeichen zum
  Kompaßkurs addiert

560

16.4.4. Kurseinstellung, Kursregelung und Winkelschuß

Der ermittelte Kompaßkurs mußte am Kompaß eingestellt werden. Zu diesem Zweck wurde jeder Schleuder, die ja normalerweise starr aufgebaut war, in Peenemünde-West und auch später im Einsatz eine als Teilkreis angelegte Skala von $2 \times 60°$ zugewiesen, die in den Boden des sogenannten Einstell- oder Richthauses eingelassen war. Der Bogen beider Skalen wies mit dem gemeinsamen Nullpunkt zur Rückwand des Gebäudes hin, während die offene Seite der Skala zur Einfahrt zeigte. Das Richthaus war aus nichtmagnetischen Materialien, vorwiegend aus Holz, aufgebaut und stand in seiner Längsrichtung parallel zur Schleuder, die ihrerseits in Schußrichtung auf das vorher festgelegte Hauptziel eingemessen und ausgerichtet war. Unterhalb der Decke des Richthauses, zur Einfahrt hin, war von der rückwärtigen Wand und hinter dem Nullpunkt der Skala ausgehend, ein Holzausleger mit einem vorne herunterhängenden Seilzug befestigt, der an seinem Ende eine Klaue mit Sicherungsbügel für die Aufnahme der einzustellenden Flugkörper besaß. Mit Hilfe eines Lotes, das in die Klaue geschoben wurde, konnte der Seilzug an seiner Aufhängung so lange verstellt werden, bis die Lotspitze genau auf den Skalenmittelpunkt – eine im Boden eingelassene Buchse – zeigte. Damit waren Holzausleger und Seilzug genau auf den rechtweisenden Kurs zum Ziel eingestellt, und alle an ihm aufgehängten Zellen zeigten für den Einstellvorgang in die gleiche Richtung. Die Peillinie vom mittleren Nullpunkt der $\pm 60°$-Skala, die einer Kompensationsscheibe für Flugzeuge ähnlich war, über den Mittelpunkt des Skalenbogens hinweg, entsprach also, wie beschrieben, dem rechtweisenden Kurs zum Zielgebiet hin (Abb. 67).

Den einzustellenden Körper brachte man, am Seilzug des Holzauslegers hängend, mit seinem Auftriebsschwerpunkt zum Skalenmittelpunkt so in Position, daß beide Punkte fluchteten. Hierzu diente eine Führung, die in den Katapultbeschlag eingeschoben und durch seitliche Schrauben festgeklemmt wurde. Der nach unten zeigende konische Dorn der Führung griff beim Absenken des Flugkörpers in die als Mittelpunkt des Skalenbogens in den Boden eingelassene Führungsbuchse. Die Heckspitze umfaßte eine Gabel, die auf einem Dreibein befestigt war, das gleichzeitig als »Zeiger« für den auszurichtenden Winkel des Kompaßkurses ausgelegt war.

Nachdem der Flugkörper mit den beschriebenen Hilfsmitteln auf den errechneten Kompaßkurs ausgerichtet war, mußte bei abgenommener Spitze die Kompaßkugel geöffnet und die Feststellvorrichtung des Kompasses entfernt werden. An Parallelanschlüssen der Leitungen 18 und 19 (Abb. 63) waren die Verschlußkappen zu entfernen und ein Differenzdruckmesser anzuschließen. An Nippel 31 wurde eine externe Druckluftquelle angeschlossen (0,8 bar Überdruck). Durch einen Ablenkmagneten brachte man den Differenzdruck auf einen Maximalwert (Drehung des Magnetsystems und der Scheibe 15). Dabei wurde der Differenzdruck-Höchstwert mit Hilfe des externen Druckminderers der Druckluftquelle auf 90 mm WS (0,009 bar Überdruck) eingestellt und der Ablenkmagnet wieder entfernt. Danach verdrehte man den Kompaßkessel 1 unter leichtem Klopfen so, bis der Differenzdruck 0 ± 5 mm WS erreichte. Anschließend erfolgte das Beklopfen der kompaßnahen Teile mit 200 leichten Schlägen. Die letzten beiden Vorgänge wurden so lange wiederholt, bis sich der Differenzdruck Δp gegenüber der jeweils letzten Einstellung um weniger als 5 mm WS geändert hatte. Damit war die Kurseinstellung beendet. Der Kompaß wurde wieder in den ursprünglichen Einbauzustand versetzt und die Holzkugel geschlossen. Jetzt befand sich in der auf Kompaßkurs liegenden Fi 103 die Kompaßbasis (Bohrungen 12/13 und 12/14) genau senkrecht zum Kompaßkurs und in jener Richtung, wo sie von der Scheibe 15 gleichmäßig in ihren freien Durchgängen abgedeckt wurde. Damit wurde der Differenzdruck Δp = p1 – p2 praktisch gleich Null. Über den Umwandler U wurde in diesem Zustand an die Stützmagnete 36 und 37 in der Steuerung keine kurskorrigierende Spannung angelegt (Abb. 59, 60 und 63).[33, 124]

Ein Sonderfall der Kursregelung war dann gegeben, wenn von der Fi 103 ein anderes Zielgebiet als das durch die Schleuderrichtung vorgegebene erreicht werden sollte. Dann wurde mit dem sogenannten, schon angesprochenen Winkelschuß operiert. Für diese Funktion war in der Steuerung das schon erwähnte Kontaktlaufwerk zuständig. Wie aus der in den Boden des Richthauses eingelassenen Skala ersichtlich war, konnte der Flugkörper vom eigentlichen rechtweisenden bzw. Loxodrom-Kurs der Schleuder um jeweils fast 60° nach backbord oder steuerbord abweichende Ziele anfliegen. Dabei wurde für die Einstellung des Kompaßkurses wie bisher beschrieben vorgegangen, aber der für das ausgewählte Ziel notwendige Kompaßkurs berücksichtigt. Beim Start verließ die Fi 103 die Schleuder zunächst auf dem durch ihre Richtung vorgegebenen Kurs, um nach Ablauf der am Kontaktlaufwerk eingestellten Vorlaufzeit auf den voreingestellten Kompaßkurs gedreht zu werden. Dies wird bei der folgenden Kursregelung später noch genauer beschrieben.[34, 45, 124]

Wie bei der allgemeinen Erklärung des Flugreglers geschildert und eben wieder erwähnt, war für die Kursregelung bei der im Fluge befindlichen Fi 103 das Zusammenwirken von Magnetkompaß und Lagekreisel maßgebend. Wir gehen also von einem gestarteten, auf Kompaßkurs liegenden Flugkörper aus. Das bedeutete, daß der Lagekreisel A (Abb. 60) entfesselt und über die Druckluftversorgung: e_{st}, R_{st} der Vorreduzierung, e_5, R_5 des Druckverteilers, die Horizontalachse von Rahmen 1, Rahmen 1, Vertikalachse von Lagekreiselgehäuse 2, über dessen Treibdüse mit Druckluft von 0,8 bar in Drehung versetzt war. Ebenso hatte das Kontaktlaufwerk KL keinen Einfluß auf die Stützmagnet-Spulen 36 und 37 (Kontakt t2 offen! Abb. 65). Weiterhin sollte die Düsenbasis 11/12 des Magnetkompasses bzw. ihre Fangbohrungen 13 und 14 (Abb. 63) von der Scheibe 15 in ihren Durchgangsquerschnitten gleichmäßig abgedeckt sein (Schnitt A–B), dann befand sich der Flugkörper auf Kompaßkurs. Bei einer angenommenen kursabweichenden Störung nach backbord, also in Flugrichtung gesehen nach links, drehte sich die Fi 103 mit dem Kompaßgehäuse so um die Scheibe15, daß der rechte Durchgangsquerschnitt von Düse 12 zu Fangdüse 14 von 15 mehr bzw. ganz abgedeckt wurde und der linke Querschnitt von 11 zu 13 sich vergrößerte bzw. ganz geöffnet wurde. Dadurch stieg der übertragene Staudruck von 13 über Ringkanal 16 und Schlauchleitung 19 in der oberen Kammer des Umwandlers U an (Abb. 63). Es wurde p1 > p2. Damit bewegte sich die Kontaktmembran 21 zum Kontakt 22 und legte die Spule 37 des Stützmagneten am Lagekreisel A an Spannung (Abb. 60, 63, 64 und 65). Wie in den Abbildungen 60 und 64 bei »Einzelheit von Ansicht X« dargestellt, war die Spule 37 fest auf den Lagerbock 3 montiert. Der Polschuh 15 des Eisenkernes von Spule 37 führte, unter Beibehaltung eines gewissen Arbeitsluftspaltes,

562

durch eine 90°-Biegung so an den Anker 1a des Rahmens 1 heran, daß bei Erregung von 37 durch die entstehenden magnetischen Kräfte ein Drehmoment auf den Kardanrahmen 1 um dessen horizontale Lagerachse nach Polschuh 15 ausgeübt wurde. Durch diese Drehbewegung von 1 hätte sich die hintere und nach unten geneigte Spitze der Drallachse von A nach oben bewegen müssen. Wie aber bei der Erklärung der Kreiseleigenschaften geschildert wurde (Abb. 62), bedeutete der Beginn dieser Bewegung, bei der Kreiselrotation im Uhrzeigersinn, eine langsame Präzessionsbewegung nach rechts, die um die Hoch- bzw. X-Achse ausgeführt wurde und mit einer Drehgeschwindigkeit von etwa 3°/min ablief.[34] Betrachtet man sich die Konstruktion des Kreisels A in Abb. 60, so wird deutlich, daß die nach rechts gerichtete Präzessionsbewegung seiner nach unten gerichteten Drallachsenspitze über das Exzentergetriebe 12 das ursprünglich auf die Mitte zwischen den beiden Fangdüsen 9 und 10 gerichtete Strahlrohr 6 um seinen Drehpunkt langsam in Richtung Fangdüse 9 schwenkte. Die Mittelstellung einer Strahldüse bewirkte bei allen zugeordneten Fangdüsen einen gleichen Staudruck und somit die Neutralstellung, von der keine Ruderkommandos ausgingen. Durch die Schwenkbewegung der Strahldüse 6 zur Fangdüse 9 konnte der Steuerluftstrom, von e_3 ausgehend und in R3 auf 0,9 bar reduziert, bevorzugt über 6 in die Fangdüse 9 gelangen und dort gegenüber Düse 10 einen höheren Staudruck aufbauen. Von hier gelangte der Signaldruck in die Mischkammer M1 und zum Ausgang a_1. In M1 mündete auch durch Parallelschaltung die Leitung 45 des Drehgeschwindigkeitskreisels C, worauf später noch eingegangen wird. Über die von a_1 zur Seitenrudermaschine G wegführende Leitung beaufschlagte der Steuerdruck über e_7 die linke Seite der Differenzdruckdose 48 von G. Deren Membran 50 wurde mit dem Steuerdruck von ca. 0,01 bar nach rechts bewegt und übertrug diese Bewegung auf die Kolbenstange 52, womit die fest auf ihr angeordneten Kolben 54 und 55 des Steuerschiebers 71 nach rechts bewegt wurden. Dadurch gab Kolben 55 die Öffnung von Leitung 59 frei. Das im Ruhezustand und im Fluge offene Magnetventil 70/1 konnte mit dem Betriebsdruck von 6 bar über den Eingang e_6 des Steuerschiebers 71 und Leitung 59 den rechten Raum des Arbeitszylinders 73 der Rudermaschine G beaufschlagen. Unter der Wirkung des Luftdruckes bewegte sich der Arbeitskolben 62 mit einer Kraft von etwa 700 N nach links. Diese Axialbewegung, die im Maximalfall ca. 14 mm aus der Mittelstellung heraus betragen konnte, bewirkte über eine Gestängeverlängerung, die an dem steuerbordseitigen Lenkhebel des Seitenruders angelenkt war, eine in Flugrichtung gesehen nach rechts (steuerbordseitig) herausschwenkende Drehbewegung des Seitenruders. Diese Ruderlage hatte unter dem Einfluß des Fahrtluftstromes eine nach steuerbord gerichtete Ruderkraft auf den Flugkörper zur Folge. Da wir anfangs von einer auf den Flugkörper nach backbord wirkenden Störung ausgingen, begann die nach steuerbord wirkende Ruderkraft diese Störung zu kompensieren (siehe auch Abb. 61, Signalflußplan des Askania-Flugreglers der Fi 103). Ergänzend ist noch zu sagen, daß die Differenzdruckdose 48 und der Steuerschieber 71 in Verbindung mit dem Arbeitszylinder 73 wie ein pneumatischer Kraftverstärker wirkten. Mit Hilfe eines geringen Steuerluftdruckes in der Größenordnung von 0,01 bar Überdruck wurde ein Arbeitskolben bewegt, dessen Betriebsdruck von 6 bar eine Ruderstellkraft von ca. 700 N (71,3 kp) verursachte.
Es liegt nun auf der Hand, daß eine kursabweichende Störung nach steuerbord, al-

so in Flugrichtung gesehen nach rechts, sinngemäße Regelfunktionen im Flugregler auslöste, die vom Leser nach dem geschilderten Beispiel selbst nachvollzogen werden können.

Für den an den elektrischen Abläufen interessierten Leser seien auch die mit der Erregung der Spulen 36 und 37 der Stützmagnete verbundenen Vorgänge im Stromlaufplan (Abb. 59 und 65) kurz beschrieben. Hier ist der Umwandler U des Magnetkompasses nochmals abgebildet. Wie ersichtlich, führte der Mittelkontakt 21 des Umwandlers über eine elektrische Leitung durch den äußeren Kabelschacht auf Stift und Buchse 4 von S 1 der Schalttafel und von dort über Klemme 14 des 14poligen Liststeckers S3, die Verteilerschiene des Kontaktlaufwerkes, die Vorwiderstände R4 und R3, den im Marschflug geschlossenen Kontakt t1, zurück zur Klemme 13 von S3 und von dort zur Klemme 9 der Pluspotential tragenden Verteilerschiene L3. Da der Umwandler U bei der angenommenen Störung nach backbord mit seinem Membrankontakt 21 den Kontakt 22 geschlossen hatte, verfolgen wir von hier aus den weiteren Stromkreis. Die Leitung des Kontaktes 22, ebenfalls durch den Kabelkanal verlegt, gelangte zu Stift und Buchse 5 von S 1 der Schalttafel und von dort zu Buchse 6 von Steckverbindung S 3, die mit dem Stiftteil ihres Gegensteckers mit dem Steuergerät (Abb. 60) verbunden war. Hier führte eine Verbindung über Klemme 6 der Verteilerleiste des Lagekreisels A zu Spule 37, von dort über den strombestimmenden Vorschaltwiderstand R2 zur Mittelanzapfung der Spulen 36 und 37, zu Klemme 7 von S3. Da Klemme 7 in Parallelverbindung von Klemme 2 über Verbindung mit Klemme 5 der Verteilerschiene L1 Minuspotential erhielt, war der Stromkreis für Spule 37 geschlossen, und sie konnte in der beschriebenen Weise die Präzession von A so veranlassen, das ein kurskorrigierendes Kommando nach steuerbord ausgelöst wurde. Das Kontaktlaufwerk KL hatte auf diese Vorgänge keinen Einfluß mehr, da es nach einem beim Startvorgang ausgeführten Winkelschuß Kontakt t2 geöffnet hatte.

So wie Spule 37 bekam auch Spule 36 ihr Minuspotential und damit ihre für eine Präzessionsbewegung des Kreisels A notwendige Erregerspannung zur Auslösung eines Backbordkommandos. Vom Kontakt 21 von U, der jetzt mit dem Gegenkontakt 23 verbunden war, verlief der Stromkreis über die Klemmen 3 von S1 zu Klemmen 5 von S3 und der Kreiselanschlußleiste, zu Spule 36, Vorschaltwiderstand R1, Mittelanzapfung und Minusklemme 7 von S3. Mit dieser elektrischen Schaltung konnten die vom Kompaß gegebenen pneumatischen Steuerimpulse durch wechselnde Drücke von p_1 und p_2 über den Umschaltkontakt des Umwandlers U, der Kurskorrektur entsprechend, die Spulen 36 oder 37 der Stützmagnete an Spannung legen und am Lagekreisel A kurskorrigierende Präzessionsmomente auslösen.[21, 34, 124]

Was ereignete sich aber nach einem seitlichen Störeinfluß und dem darauf folgenden korrigierenden Seitenruderausschlag? Wie wurden die Flugreglerkomponenten danach wieder auf die Ausgangsstellung zurückgebracht, um bei einem neuerlichen Störeinfluß wieder kursregelnd wirken zu können? Um das zu erklären, fangen wir wieder beim Fernkompaß an (Abb. 63). Nach einem seitlichen Störeinfluß – nehmen wir diesmal eine nach steuerbord gerichtete Störgröße an – verstellte sich der Kompaßabgriff so, daß der Düsendurchgang 12/14 größer bzw. ganz frei wurde. Der dadurch veranlaßte Seitenruderausschlag nach backbord verursachte eine Rückdrehung des Flugkörpers um seine Hochachse zur gleichen Seite auf Kompaßkurs. Damit kam der Kompaßabgriff von Düsenbasis 12/14 und 11/13 zur Scheibe 15 wieder in den Ursprungszustand, wobei der freie Durchgang beider Düsensysteme wieder gleichmäßig abgedeckt war (Abb. 63, Schnitt A–B). Das bedeutete einerseits Anliegen des Kompaßkurses und andererseits im Umwandler U: $\Delta p = p1 - p2 = 0$, wobei die Kontaktmembran in die Mittelstellung ging. Beide Stützmagnete 36 und 37 im Steuergerät waren spannungslos, wodurch der äußere Kardanring 1 des Kreisels A auch frei von elektromagnetischen Kräften der Spulen 36 und 37 war (Abb. 60). Dadurch stand der Kreisel in seiner Kardanaufhängung wieder frei im Raum in Ausgangsstellung.

Beim kurskorrigierenden Drehen der Zelle nach backbord war, wie auch die exzentrisch gelagerte Scheibe 15 des Kompasses, der Kreisel A fester Bezugspunkt für alle festen Zellenteile und auch für die Fangdüsen 9 und 10 des Steuergerätes. Damit hatten sich die im Lagerbock 3 eingearbeiteten Fangdüsen 9 und 10, wie auch der ganze Geräteträger 4 des Steuergerätes, um das von Kreisel A in präzedierter Position gehaltene Strahlrohr 6 so gedreht, daß sein Luftstrahl zwischen den beiden Fangdüsen auf den Rahmen 3 traf. Dadurch existierte keine weitere einseitige Signalweiterleitung zur Rudermaschine, und der Druck in den Leitungen und der Differenzdruckdose 48 nahm einen beiderseits gleichen und mittleren Wert an, da es sich um ein offenes Signalübertragungssystem mit Entlüftungen handelte. Durch die Rückstellfeder 68 der Seitenrudermaschine G erfolgte eine Rückführung der Membran 50 in ihre mittlere Nullstellung, wobei die beiden Kolben 54 und 55 durch Kolbenstange 52 wieder die Öffnungen der Leitungen 58 und 59 für den Eingang e_6 verschlossen. Da ein Ruderausschlag nach backbord vorgegeben war, befand sich in diesem Zustand der beiden Steuerkolben 54 und 55 zunächst noch der über Leitung 58 in die linke Seite des Arbeitszylinders eingetretene Luftdruck von 6 bar, der sich aber wegen der Rückführung des Seitenruders in die Neutralposition abbauen mußte. Hierzu ist konstruktiv zu sagen, daß die Kolben 54 und 55 des Steuerschiebers, sofern sie in die Mittelstellung gegangen waren, für den zentralen Eingang e_6 die Weiterleitung der Betriebsdruckluft über die Leitungen 58 und 59 durch Abdeckung des größten und inneren Teiles ihrer Bohrungsquerschnitte in der Zylinderwand absperrten. Aber links und rechts von den Kolben blieb ein Restquerschnitt frei, über den sich der jeweils rechte oder linke Raum des Arbeitszylinders 73 vom Druck der vorangegangenen Rudergabe über die mit Pfeilen markierten Bohrungen entlüften konnte. Damit waren die Steuerkolben 54 und 55 und der Arbeitskolben 62 in der Mittelstellung von jedem einseitigen Druck entlastet, was eine wichtige Voraussetzung für die Bereitschaft zu einer folgenden Ruderfunktion war.

Bei der allgemeinen Beschreibung des Steuergerätes wurde schon erwähnt, daß außer der bisher beschriebenen Kursregelung, die hier Regelgröße ist, noch die Drehgeschwindigkeit um die Flugkörper-Hochachse mit Hilfe des Kreisels C und die Querlage, Drehung um die Längsachse, mit Hilfe der ca. 20° nach hinten geneigten Vertikalachse des kardanisch aufgehängten Lagekreisels A gemessen wurde. Die Messung und Dämpfung der Dreh- bzw. Winkelgeschwindigkeit des Flugkörpers um die Hochachse durch Kreisel C verhinderte Schwingungen durch die kurskorrigierenden bisher beschriebenen Seitenruderausschläge. Deshalb sind auch die pneumatischen Steuerleitungen 9 und 10 des Lagekreisels A mit den Leitungen 44 und 45 des Kreisels C so parallel geschaltet, daß sich 9 mit 45 in Mischkammer M1 und 10 mit 44 in Mischkammer M2 trafen (in Abb. 60 zeichnerisch vor M2 zusammengeführt). Von hier aus wirkten, wie schon früher kurz angedeutet, beide gemischten pneumatischen Signale über die Ausgänge a_1 und a_2 und Schlauchleitungen auf die Differenzdruckdose 48. Um den Einfluß des Kreisels C auf die Signalgabe in der Differenzdruckdose 48 der Seitenrudermaschine G zu schildern, betrachten wir zunächst den Einbau von Kreisel C näher. Seine Lauf- bzw. Drallachse war rechtwinklig zur Flugkörperlängsachse angeordnet. Die Kreiselgehäuseachse, um die eine Präzessionsdrehung erfolgen sollte, war hingegen parallel zur Flugkörperlängsachse in das Steuergerät eingebaut. Die federnde Fixierung des Kreisels C wurde mit der Blattfeder 47 bewirkt, die einerseits einseitig an der Lagerachse des Rotorgehäuses befestigt und andererseits durch einen einstellbaren Längenabgriff gehalten war. Sie bestimmte gleichzeitig die Nullposition des Kreisels. Die Dämpfungskreisel C und B – wobei wegen der ähnlichen Aufgabe von B dieser gleich mit eingeschlossen sein soll – hatten die Aufgabe, die Drehgeschwindigkeit des Flugkörpers um die Hoch- und Querachse zu messen und durch Einbringung dieses Meßwertes in den Steuervorgang die Drehung des Körpers um diese beiden Achsen derart zu dämpfen, daß nach jeder Störung der Fluglage ein pendelungsfreies Zurückholen in die Sollage erfolgte.[34, 124]

Gehen wir wieder von einer Kursabweichung nach backbord aus, die im Flugregler durch den Kompaß und den Lagekreisel A ein Gegenkommando nach steuerbord auslöste, dann begann unter dem Einfluß der Ruderlage die Bugspitze um den Flugkörper-Schwerpunkt in diese Richtung zu schwenken. Das Heck bewegte sich entsprechend in entgegengesetzter Richtung nach backbord, also in Flugrichtung gesehen, auf einem Kreisbogen nach links. Diese Bewegung beinhaltete für die vordere, zum Betrachter zeigende Spitze der Kreisellaufachse von C (Abb. 60) aber auch eine Bewegungskomponente nach vorne zum Bug hin, wobei sie aus ihrer bisherigen Richtung herausgedreht wurde. Ordnet man dieser Drehung das Moment M 2 zu, so erfolgte analog der schon erklärten Kreiselfunktion ein Präzessionsmoment Mp 2 des Kreiselgehäuses um seine Gehäuseachse (Pfeil). Dadurch wurde das normalerweise zwischen Fangdüse 44 und 45 stehende Strahlrohr 41 mehr zur Fangdüse 44 hin gedreht. Es strömte somit, je nach Größe des Präzessionsmomentes Mp 2, bei einer Teildeckung von 41 und 44 weniger und bei größerer Querschnittsübereinstimmung mehr Signalluft von 41 in 44 hinein, um dort einen höheren Staudruck aufzubauen. Die Drehung des Kreisels C durch das Präzessionsmoment Mp 2 kam in dem Augenblick zum Stehen, wenn es mit dem entgegengesetzten Moment der Fesselfeder 47 im Gleichgewicht war. Da das Präzessionsmoment Mp 2 der Stördrehgeschwindigkeit verhältnisgleich war, bildete der aus Mp 2 hervorgegangene Weg der Strahldüse 41 ein Maß für die zu messende Drehgeschwindigkeit um die Hochachse. Das von Strahldüse 41 ausgehende Signal wurde von Fangdüse 44 über Mischkammer M2 nach Nippel a_2 und von dort zum Eingang e_8 der Differenzdruckdose 48 geleitet, um die Membran 50 entgegen dem die andere Membranseite beaufschlagenden Steuersignaldruck zu beeinflussen. In der Differenzdruckdose 48 standen sich also die vom Kursregler über e_7 eingetretenen und gemischten, vornehmlich als Steuerdruck wirkenden und die über e_8 eingetretenen und gemischten, vorzugsweise als Dämpfungsdruck wirkenden Steuersignale des Drehgeschwindigkeitskreisels C gegenüber. Die Kraft des letzteren beaufschlagte die Membran 50 von 48 so, daß die entgegenwirkende Kraft des ersteren einen verringernden und damit dämpfenden Einfluß auf die Kolbenbewegungen von 54 und 55 erfuhr. Die Steuerschieberkolben gingen auch deshalb nicht in eine absolute Endstellung nach links oder rechts über, sondern bewegten sich, über die Öffnungsquerschnitte der Leitungen 58 und 59 spielend, in einer mehr mittleren Position im Zylinder der Differenzdruckdose 48. Dabei waren die Größen der pneumatischen Signale so aufeinander abgestimmt, daß die linke Membrankammer von 48 im Durchschnitt immer mit einem etwas höheren Druck gefüllt war, so daß auch der Luftdruck über Leitung 59 in die rechte Kammer von Arbeitszylinder 73 den Kolben 62 und damit die Ruderstange 64 nach links bewegte. Diese Bewegung hatte, wie schon beschrieben, eine Ruderlage nach steuerbord zur Folge, die ja als kurskorrigierende Ruderstellung für die anfangs angenommene Kursabweichung nach backbord notwendig war, aber durch das Gegensignal von Kreisel C jetzt in gedämpfter Form wirksam wurde.

Aufgrund der heiklen Druckverhältnisse in der Differenzdruckdose 48 mußte besonders der das Ruderkommando dämpfende Signaldruck von Kreisel C, wie anhand des beschriebenen Beispieles verständlich, rechts von der Membran 50 genau auf den das Ruderkommando auslösenden Druck links von der Membran abgestimmt werden. Dies geschah am Drehgeschwindigkeitskreisel C, wie in Kapitel 16.4.2.4. schon erwähnt, und ist in diesem Zusammenhang mit dem vorangegangenen Kursregelbeispiel jetzt besser zu verstehen. Um die Wirkung des pneumatischen Dämpfungssignales von C optimal an das zu dämpfende Rudersignal anzupassen, konnten die es verursachenden Präzessionsmomente Mp 1 und Mp 2 durch die Blattfeder 47 beeinflußt werden. Diese Blattfeder war einerseits mit dem Gehäuse des Kreisels C an seinem Drehpunkt fest verbunden, während das waagerechte freie Federende durch eine verschiebbare und die Federlänge verändernde Einspannstelle am Geräteträger gehalten war (Abb. 60).[34] Wurde dieser Punkt federverkürzend oder federverlängernd durch die Stellschraube bewegt, verkleinerte oder vergrößerte sich, bei gleichen Momenten Mp 1 oder Mp 2, die Präzessionsbewegung von C und auch die Schwenkbewegung von Strahlrohr 41. Damit war eine direkte Einflußnahme auf die Größe der von 41 auf die Fangdüsen 44 und 45 übertragenen Signale durch mehr oder weniger große Querschnittsfluchtung der das Signal übertragenden Öffnungen gegeben.

Bei sonst gleichen Abmessungen und gleichem Vorspannweg hat eine längere gegenüber einer kürzeren Blattfeder eine kleinere Federkraft. Diese umgekehrte Proportionalität machte man sich bei der Anpassung des pneumatischen Dämpfungssignales von C auf den Kursregler zunutze. Es ist nun leicht einzusehen, daß man außer der mechanischen Anpassung über die Blattfeder, wie schon erwähnt, auch den gleichen Effekt durch eine Vergrößerung bzw. Verkleinerung des pneumatischen Dämpfungsdruckes herbeiführen konnte. Dazu diente der über den Schraubanschluß e_{st} mit R_{st} etwa auf 2 bar im Druckverteiler des Steuergerätes reduzierte Betriebsdruck. Dieser Druck herrschte auch an dem Eingang e_1 des Druckverteilers und wurde von dort, mit Hilfe der den Druck für das Dämpfungssignal und den Kreiselantrieb endgültig bestimmenden Drosselschraube R1 nochmals auf etwa 0,9 bar reduziert, dem Kreisel C zugeleitet. In der Praxis stellte man den Druck für die Dämpfung mit R 1 auf ca. 0,9 bar strömenden Überdruck ein, wobei für den weiteren mechanischen Feinabgleich an der Blattfeder eine entsprechend breite Einstellmöglichkeit verblieb. Sinngemäß war auch für den

Dämpfungskreisel B über e_2 und R2 die Anpassung des Dämpfungssignales an das Höhenruder-Steuersignal von Kreisel A vorzunehmen. Für den Antrieb des Lagekreisels A (Abb. 60) bestand, wie schon beschrieben, eine vom Signalnetz unabhängige Leitung. Der Luftdruck wurde von e_5, über die Drosselschraube R5, wo er auf ca. 0,8 bar reduziert wurde, über die horizontale Hohlachse des äußeren Kardanringes 1, einem integrierten Kanal dieses Ringes, bis zur hohlen Vertikalachse des Kreiselgehäuses 2 geführt. Von hier entspannte er sich über eine tangentiale Treibdüse des Kreiselgehäuses in die Schaufeln des Kreiselrotors, um, wie ebenfalls schon beschrieben, über die Pendelstützung ins Freie zu treten. Wie weiter aus Abb. 60 hervorgeht, wurden für die Kreisel B und C Treib- und Signalluft über je gleiche Leitungen geführt. Die Abluft aus dem Kreiselgehäuse, über die Strahlrohre 40 bzw. 41, war dann gleichzeitig die Dämpfungsluft für die ihnen zugeordneten Fangdüsen 42, 43 und 44, 45.[21, 124]

Bisher ist die Funktion der Seitenrudersteuerung des Flugreglers bei entsprechenden Abweichungen nach backbord oder steuerbord beschrieben worden. Auch wurde der Einfluß des Dämpfungs- bzw. Drehgeschwindigkeitskreisels C bei einer Kursabweichung nach backbord und der darauffolgenden Ruderlegung nach steuerbord erläutert. Daß bei einer Kursabweichung nach steuerbord und Ruderlegung nach backbord die entgegengesetzt ausgelösten Funktionen von Kreisel C über das Moment M 1 und das daraus resultierende Präzessionsmoment Mp 1 zu bewältigen waren, liegt auf der Hand und soll nicht noch einmal beschrieben werden.

Wie ebenfalls schon erwähnt, wurde die Kontrolle der Querlage der Fi 103, also ihre Drehung um die Längsachse, auch vom Lagekreisel A überwacht. Hier wurde er aber nicht, wie bei Kursabweichungen, vom Fernkompaß zu Gegenkommandos veranlaßt, sondern stellte durch seine eigene Lagenstabilität über das Seitenruder die Querlagenstabilität her.

Wie bekannt, besaß die Fi 103 wegen des möglichst einfachen Aufbaues keine Querruder an den Tragflächen, deren Funktion die Kontrolle der Drehung um die Längsachse gewesen wäre. So mußte der Lagekreisel A z. B. bei einer Störung in Flugrichtung gesehen nach links, also einer entgegen dem Uhrzeigersinn gerichteten Längsdrehung, eine Seitenruderlage nach steuerbord (rechts) veranlassen. Zu einer Längsdrehung mit dem Uhrzeigersinn war eine Seitenruderlage nach backbord (links) durchzuführen. Die dadurch ausgelösten Seitenruderkommandos waren in ihrer Wirkung aus zwei Komponenten zusammengesetzt. Es entstand ein der Ruderlage entsprechendes Kursmoment und ein der eigentlichen Längsdrehung entgegengesetzt wirkendes aufrichtendes Rollmoment. Demzufolge konnte man während des Fluges bei stärkeren Störmomenten um die Längsachse auch eine leicht schwänzelnde, vom Schieberollmoment herrührende Flugbewegung der Fi 103 beobachten.

Für die Erklärung des Schieberollmomentes nach einer Längsdrehung des Flugkörpers gehen wir von einer in Flugrichtung gesehenen Drehung nach backbord aus. Dabei begann die linke Tragflächenspitze tiefer zu sinken und das rechte Flächenende im gleichen Maße höher zu steigen. Das vom Lagekreisel A darauf verursachte Seitenruderkommando nach steuerbord, also nach rechts, ließ die Fi 103 wegen ihrer Massenträgheit zunächst noch kurzzeitig ihre Fluglage beibehalten. Fast gleichzeitig begann sie sich wegen der Ruderlage um die Hochachse im

Uhrzeigersinn nach rechts zu drehen, wodurch eine »schiebende« Flugbewegung veranlaßt wurde. Damit erhielt die linke Tragflächenhälfte durch die Drehung um die Hochachse einen Fahrtzuwachs und die rechte Tragfläche eine Fahrtverminderung. Der Fahrtzuwachs erhöhte links den Auftrieb, während er im gleichen Maße rechts abnahm. Die damit verursachte Auftriebskraftdifferenz an beiden Flächen bewirkte ein rechtsdrehendes Rollmoment um die Längsachse, wodurch sich die Querachse des Flugkörpers wieder horizontal stellte. Die Linksdrehung war damit wieder ausgeglichen.

Um dem Lagekreisel A die Möglichkeit zu geben, die Querlagenabweichung zu erfassen, wurde er mit seinem äußeren Kardanring 1, bei horizontaler Lage des Flugkörpers, unter einem Winkel von 20° zur Hochachse und zum Heck hin geneigt eingebaut (Abb. 60). Damit war auch die Kreiseldrallachse zwangsläufig unter dem gleichen Winkel zur Flugkörperlängsachse angeordnet. Wäre die Drallachse von A mit der Flugkörperlängsachse zusammenfallend eingebaut gewesen, dann hätte sich die Kreiselachse bei einer Längsdrehung des Flugkörpers zwar mit der Rumpfachse um sich selbst gedreht, jedoch ohne einer relativen Richtungsänderung zur Rumpfachse unterworfen gewesen zu sein. Bei einer Neigung zur Körperlängsachse unter ca. 20° nach hinten, wobei die Flugkörperachse durch die Neigungsmitte der Kreiseldrallachse und damit durch den Schwerpunkt des gesamten Lagekreisels A ging, war mit der Drehung des Flugkörpers, durch Rahmen 1, Achse 2a und die Lagenstabilität bedingt, für die Drallachse eine relative Bewegung zum körperfesten Lagerbock 3 verbunden. Zusammengefaßt gesagt, konnte der Kreisel A durch seine Präzessionsbewegungen die Kurs- und durch seine Lagenstabilität die Querlagenabweichungen über die Rudermaschinen ausgleichen. Das Verhältnis seines Einflusses auf die Kurs- und Querlagenregelung war also durch seine Neigung bestimmt.[34]

Betrachten wir nun das Verhalten des Kreisels A zunächst bei einer in Flugrichtung gesehen nach links gerichteten Drehung um die Längsachse. Dabei müssen wir uns immer vergegenwärtigen, daß Kreisel A mit seinem Gehäuse 2, dessen Vertikalachse 2a und der fest auf ihr montierten Kurvenscheibe 12 gegenüber allen anderen Bauteilen der Steuerung und damit des ganzen Flugkörpers lagenstabilisiert im Raum verharrte. Das bedeutete für die mit dem Kreiselgehäuse 2 fest verbundene und im äußeren Kardanring 1 drehbar gelagerte Vertikalachse von A mit der Kurvenscheibe 12 bei der angenommenen Linksdrehung des Flugkörpers – neben der seitlichen Kippbewegung – auch eine relative Drehbewegung entgegen dem Uhrzeigersinn nach links. Diese Drehung bewirkte über den gabelförmigen, körperfesten Kurvenabgriff 12a und sein waagerechtes Gestänge, daß Strahlrohr 6 mehr zur Fangdüse 9 hinbewegt wurde, wodurch über M1, a_1 des Steuergerätes und e_7 der Differenzdruckdose 48, wie schon öfter beschrieben, ein Ruderausschlag nach Steuerbord veranlaßt wurde, der das entsprechende Schieberollmoment zur Horizontierung der Flugkörperquerachse auslöste. Durch diese Rückdrehung des Flugkörpers ging die Kurvenscheibe 12 durch die Lagenstabilität des Kreisels A, relativ gesehen, wieder in die Ausgangsposition zurück und drehte über das Gestänge die Düse von Strahlrohr 6 in die Mittelstellung zwischen Fangdüse 9 und 10.

Auch bei dieser Regelfunktion ist der die Drehgeschwindigkeit dämpfende Einfluß von Kreisel C ersichtlich. Bei einer nach links gerichteten Drehung um die

Flugkörperlängsachse, die den vorher beschriebenen Regelvorgang von Kreisel A auslöste, bewegte sich die Fangdüse 44 vor das Strahlrohr 41, das durch die Lagenstabilität seines Kreisels C, bis auf den Einfluß der Blattfeder 47, weitgehend in Ruhe verharrte. Der dadurch über Mischkammer M2 und Ausgang a_2 zum Eingang e_8 der Differenzdruckdose 48 verursachte steigende Dämpfungsdruck beaufschlagte die rechte Seite der Membran 50. Hier wirkte er dem auf der linken Seite der Membran anstehenden Steuerdruck vom Lagekreisel A dämpfend entgegen.

Bei einer Rechtsdrehung des Flugkörpers wurde vom Lagekreisel A durch seine Lagenstabilität eine relative Drehung seiner Vertikalachse mit Exzenterscheibe 12 nach rechts verursacht, wodurch das Strahlrohr 6 mehr zur Fangdüse 10 schwenkte. Über Mischkammer M2, Ausgang a_2 und Eingang e_8 von Differenzdruckdose 48 wurde die rechte Seite der Membran 50 mit höherem Signaldruck beaufschlagt. Über Leitung 58 strömte Steuerdruck direkt – oder auch wenn eingebaut – von Ventil 70/1 in die linke Seite des Arbeitszylinders 73 und veranlaßte ein Ruderkommando nach backbord. Das entstehende Schieberollmoment drehte die Fi 103 wieder in die horizontale Querlage zurück. Das dabei auf der linken Seite der Differenzdruckdose anstehende Dämpfungssignal der Fangdüse 45 des Kreisels C wirkte wieder, wie vorher schon beschrieben, jetzt sinngemäß drehgeschwindigkeitsdämpfend auf der linken Seite der Membran 50.

Nachdem Kurs- und Querlagenabweichungen und die Drehgeschwindigkeitsdämpfung des Kursreglers der Fi 103 beschrieben wurden, wenden wir uns noch dem Spezialfall der Kursregelung beim Winkelschuß zu. Wie schon erläutert, wurde der Winkelschuß notwendig, wenn von einer nicht drehbaren Schleuder, wie sie im Einsatz ausschließlich vorhanden waren, ein Ziel angeflogen werden sollte, das nicht auf ihrem ursprünglich vorgesehenen Kurs lag. Die Fi 103 startete dann zwar in Richtung des Schleuderkurses, drehte nach ihrem Verlassen im Kurvenflug aber so lange nach links oder rechts von dieser Richtung weg, bis der eingestellte Kurs anlag. Die maximale Abweichung von jeder Schleuderrichtung betrug fast 60° nach jeder Seite. Für die Richtung und Größe dieser Drehung erhielt die Steuerung das schon öfter erwähnte Kontaktlaufwerk KL (Abb. 65). Diese Zeitschaltuhr setzte bei einem geplanten Winkelschuß für die Zeit der kurskorrigierenden Drehung nach dem Schleuderstart den Einfluß des Fernkompasses außer Betrieb. Wie schon bei der Kursregelung beschrieben, leitete auch das Kontaktlaufwerk den Stützmagneten des Lagekreisels A eine elektrische Spannung zu, wodurch ihre beiden Spulen 36 oder 37 den Lagekreisel A durch Kreiselpräzession Steuerkommandos nach back- oder steuerbord ausführen ließen (Abb. 60, 63, 64 und 65).[43, 45, 124]

Das Kontaktlaufwerk bestand aus einem zylindrischen Aluminiumgehäuse, in das ein Uhrwerk mit Kontakten eingebaut war. Das Laufwerk war an drei Stehbolzen des Geräteträgers der Steuerung auf seiner Backbordseite neben dem Höhenregler eingebaut. Die Schutzhaube der Steuerung besaß an dieser Stelle ein Cellonfenster, durch dessen Ausschnitte der Aufzug und die Zeiteinstellungen vorgenommen werden konnten.

Vor dem Start mußte das Uhrwerk aufgezogen werden. Dann war mit dem gleichen Schlüssel die Vorlaufzeit einzustellen, wobei in einem Fenster zwei konzentrische Skalen, in Sekunden und Minuten geteilt, die Einstellung ermöglichten.

Der Einstellbereich betrug maximal 3 min. Die Vorlaufzeit war jene Zeit, die vom Start des Flugkörpers bis zum Beginn des Kurvenfluges ablief. Danach erfolgte die Einstellung der Drehzeit ebenfalls mit dem Schlüssel und einer Zeitskala, die sich unter einem Gehäusefenster vorbeidrehte. Ihr Bereich betrug 0 bis 30 sec. Die eingestellte Dauer gab jene Zeit vor, während der die Kreiselbasis von Lagekreisel A durch Stützmagnet St 36 oder 37 verstellt und er zur Präzession und daraus resultierenden Rudergabe veranlaßt wurde. Ferner befand sich auf der Vorderseite des Laufwerkes noch ein Drehwiderstand R4 (Abb. 65), der zum Justieren der Stützgeschwindigkeit bzw. des Stromes der Magnetspulen 36 oder 37 für den Winkelschuß diente. Rechts darunter war der sogenannte Verriegelungsknopf vorgesehen. Er trat in dem Augenblick durch eine Bohrung der Abdeckkappe, wenn der Lagekreisel A beim Start entriegelt und der Dampferzeuger der Schleuder ausgelöst wurde. Beide Entriegelungskreise, der des Lagekreisels und der des Kontaktlaufwerkes, waren elektrisch parallel geschaltet, und mit der Entriegelung des letzteren wurde auch das Uhrwerk in Gang gesetzt. Oberhalb der runden Abdeckkappe ragte, entweder nach links oder rechts umgelegt, der Kipphebel heraus. Er gestattete die Wahl des Kurvenfluges entweder nach links (L, Spule 36) oder nach rechts (R, Spule 37) (Abb. 65).

Gehen wir bei der Erklärung eines geplanten Winkelschusses von der Schleuderrichtung her gesehen um 30° nach backbord (L) aus, dann war zunächst die Verzögerungszeit am Kontaktlaufwerk einzustellen. Dieses Zeitintervall hatte die Aufgabe, einerseits die Schleuderzeit zu überbrücken und andererseits dem Flugkörper noch eine Zeit der Höhengewinnung zu ermöglichen, da beim anschließenden Kurvenflug auf den eingestellten Kompaßkurs eine Abnahme der Längslage und Steigfluggeschwindigkeit erfolgte. Die Einstellung der Drehzeit war für unseren angenommenen Fall mit 30 sec vorzunehmen, weil die Drehgeschwindigkeit der Stützmagnete mit 1°/sec erfolgte. Der Kipphebel war nach links (L) umzulegen (Abb. 65).

Beim Start von der Schleuder, durch Drücken und fast gleichzeitige Betätigung des Startknopfes 11 sowie des Sicherungsschalters S10, wurde zunächst der Pluspol der externen Batterie über Klemme 1 der beiden Steckverbindungen S2 an die Klemmen 1 von S3 gelegt. Da über Klemme 2 von S3, nach Betätigung des Hauptschalters h, das Minuspotential der Klemme 5 von L1 herangeführt war, erhielten sowohl der Entriegelungsmagnet EM bzw. 20 als auch der Auslösemagnet AM Spannung. EM (20) veranlaßte dadurch sowohl mechanisch die Entfesselung bzw. Entriegelung von Lagekreisel A als auch gleichzeitig durch Umschalten von Kontakt c die elektrische Entriegelung und Auslösung des Dampferzeugers. Die Auslösung wurde vom Minuspotential führenden Umschalter c, über die Klemme 3 von S3, Klemme 3 von S2, die Spule des nach der kurzzeitigen Erregung verzögernd (ca. 1 sec) abfallenden Magneten V28, die Klemme 6 von S2, die Brücke von Klemme 6 auf Klemme 5 von S2, auf Pluspotential von L2 veranlaßt. V28 legte dadurch das Schaltventil SV von Minuspotential der externen Batterie über den von Hand geschlossen gehaltenen Sicherungsschalter S10, über Klemmen 5 von S2, an Pluspotential von L2. Dadurch wurde der Dampferzeuger der Schleuder ausgelöst und der Start der Fi 103 veranlaßt.

Wie anfangs erwähnt, wurde auch beim Start der Auslösemagnet AM des Kontaktlaufwerkes erregt, wodurch die eingestellte Vorlaufzeit abzulaufen begann.

Während dieser Zeit waren sowohl Kontakt t1 als auch t2, nach Einstellung der Zeitintervalle, in ihrem Ausgangszustand geöffnet. Nach Verlassen der Schleuder legte der Sicherheitsschalter s durch Abfall des Schlittens Pluspotential der Klemme 10 von L2 an Klemme 5 von L3. Nach Ablauf der eingestellten Vorlaufzeit drehte ihre Skala auf 0 zurück; Kontakt t1 und t2 schlossen. Durch diesen Zustand wurde ein Stromkreis von L3 und Klemme 9 (+), über Klemme 13 von S3, über Kontakt t1, über Kontakt t2, über den linken Kontakt L von Kipphebel K, über Klemme 5 der Verteilerschiene, über die Stützmagnetspule St (36) L, über den Vorwiderstand R1 zum Minuspotential der Klemme 7 von S3 geschlossen. Die erregte Magnetspule 36 veranlaßte den Kardanrahmen 1 von Kreisel A zu einem um seine Horizontalachse die heckseitige Neigung vergrößernden magnetischen Drehmoment, das die vordere Kreiselachsenspitze nach oben geführt hätte. Aufgrund der schon öfter erklärten Kreiseleigenschaften vollführte das Kreiselgehäuse 2 um seine Vertikalachse 2a aber, von oben auf diese Achse gesehen, eine Präzessionsdrehung im Uhrzeigersinn. Dadurch drehte sich die Kurvenscheibe 12 mit ihrem größeren Durchmesser mehr zum backbordseitigen Teil des Kurvenabnehmers, wobei dieser um den Drehpunkt 12a eine nach backbord gerichtete Bewegung vollführte. Über ihr Gestänge und ihren Drehpunkt wurde Strahldüse 6 aus ihrer Neutralposition mehr zu Fangdüse 10 bewegt. Über deren Leitung, Mischkammer M2, Ausgang a_2, Leitung zu Eingang e_8 der Differenzdruckdose 48, wurde, wie schon beschrieben, über Leitung 58 und Arbeitszylinder 73, ein Ausschlag des Seitenruders nach backbord veranlaßt, was ja, wie angenommenen, beabsichtigt war. Durch den Vorwiderstand R1 war beim Hersteller der durch die Spule 36 fließende Strom so eingestellt worden, daß die Kreiselpräzession ein Seitenruderkommando (hier nach backbord) mit 1°/sec auslöste. Nach Ablauf der Drehzeit von 30 sec öffnete Kontakt t2 und unterbrach die Plusleitung zu Spule 36, womit der Einfluß des Kontaktlaufwerkes auf die Kursgebung beendet war. Kontakt t1 blieb geschlossen. Von jetzt an wurde die Kursregelung allein vom Kompaß über den Umwandler U durchgeführt (Abb. 59 und 65).[45, 124]

Bei einem geplanten Winkelschuß nach rechts, also steuerbord, sind vom Kontaktlaufwerk KL sinngemäße Funktionen unter Einbindung der Spule 37 mit Hilfe des Kontaktes t2 und des Kipphebels K in Position R veranlaßt worden.

War kein Winkelschuß vorgesehen, stellte man die beiden Zeitintervalle der Vorlauf- und der Drehzeit auf den Wert 0. Damit war der Kontakt t1 geschlossen und Kontakt t2 geöffnet. Die Stützspulen 36 und 37 erhielten also sofort nach Verlassen der Schleuder im Steigflug ihre kurskorrigierenden Kommandos vom Umwandler U des Magnetkompasses. Die Stellung des Kipphebels war für diesen Vorgang unerheblich. Auch konnte das Kontaktgabewerk für diesen Fall ganz weggelassen werden.

Bei der Beschreibung des Lagekreisels A in Kapitel 16.4.2.4. wurde die Pendelstützung und ihre besondere Aufgabe beim Winkelschuß erwähnt. Der dabei ablaufende, ausgeprägte Kurvenflug war für die Fi 103 eine Ausnahmesituation. Normalerweise hatte sie, außer der Umlenkung vom Steig- in den Horizontalflug, nur kurs- und höhenkorrigierende Flugbewegungen geringer Größe auszuführen. Beim Kurvenflug eines Flugkörpers wirkt auf ihn die Fliehkraft, die abhängig ist von der Drehgeschwindigkeit, dem Kurvenradius und seiner Masse. Die Fliehkraft ergibt mit dem Flugkörpergewicht eine Resultierende, die –

bei richtig geflogener Kurve – durch die Hochachse verläuft, womit keine Seitenkräfte auf den Flugkörper wirksam werden können. Für einen Kurvenflug sind weiterhin normalerweise alle an einem Fluggerät vorhandenen Ruder in Funktion. Also wäre zur besseren Kurveneinleitung über die Schräglage neben dem Seitenruder auch ein Querruder bei der Fi 103 notwendig gewesen. Der einfacheren Ausführung wegen und da außer beim Winkelschuß während des Fluges keine Kurven zu fliegen waren, hatte man, wie schon öfter erwähnt, auf Querruder verzichtet. Ein nur vom Seitenruder ausgelöster Kurvenflug z. B. nach links hat ähnliche aerodynamische Einflüsse auf den Flugkörper zur Folge, wie sie bei der Schilderung des Schieberollmomentes für die Querlagenregelung schon beschrieben wurden. Jedoch konnte die Dauer des Ruderkommandos beim Kurvenflug maximal fast 60 sec betragen, während das aufrichtende Seitenruderkommando bei der Querlagenkorrektur wesentlich kürzer dauerte.

Wegen des fehlenden Querruders ergab sich bei der Fi 103 keine entsprechende Querlage, die einen seitenkraftfreien Kurvenflug ermöglichte, sondern eine Schiebekurve. Andererseits hatte der »schiebende« Kurvenflug wegen der nach hinten geneigten Drallachse von Kreisel A durch seine Präzessionsbewegung eine Änderung der Längslage des Flugkörpers zur Folge. Man machte sich z. B. die in einer Linkskurve auftretende, durch die Zentrifugalkraft nach steuerbord gerichtete Neigungsbewegung des Flugkörpers, die eine Präzessionsbewegung der vorderen Kreiselachsenspitze nach unten verursachte, zunutze, um über die Pendelstützung die Längslage und damit die Steigfluglage wieder langsam auf den alten Wert, wie er beim Verlassen der Schleuder gegeben war, zurückzuführen. Durch die mit der Pendelstützung versehene, nach unten gehende Drallachsenspitze des Kreisels A (Abb. 64; »Ansicht von A«) wurde der Winkel $\alpha < 15°$, womit Pendel 78 vom Anschlag 81 wegschwenkte und die drei Bohrungen – mit kleiner werdendem Winkel α – für den Austritt des Luftstromes V2 mehr und mehr freigab. Die daraus resultierende Reaktionskraft auf die bugseitige Drallachsenspitze von Kreisel A wirkte in Richtung backbord und verursachte, bei der vorgegebenen Kreiseldrehrichtung, eine aufwärts gerichtete Präzessionsbewegung. Dadurch schwenkte die Strahldüse 5, durch die Horizontalachse des äußeren Kreiselrahmens 1 und die Kurvenscheibe 11 gedreht, mehr zur Fangdüse 7 hin, womit über Ausgang a_3 der Steuerung und Eingang e_{10} der Differenzdruckdose 49 in der Höhenrudermaschine H ein verstärktes Höhenruderkommando gegeben wurde. Damit konnte die durch den Kurvenflug verringerte Längslage wieder ausgeglichen werden. Bei einer Rechtskurve nach steuerbord spielten sich die sinngemäßen Vorgänge mit Hilfe des backbordseitigen Pendels der Pendelstützung ab (»Ansicht von B« der Abb. 64).

16.4.5. Höheneinstellung und Höhenregelung

Wie der Kurs am Kompaß, mußte auch die Sollflughöhe am Höhenregler des Steuergerätes eingestellt werden. Der Höhenregler, aus den Bauelementen D, E, und F bestehend (Abb. 60), war ähnlich wie die Rudermaschinen G und H aufgebaut. Zunächst erhielt die Fi 103 vor dem Schleuderstart bei der Einstellung der Soll-

flughöhe automatisch eine Höhenrudervoreinstellung von normalerweise 6,5°
»Ziehen«. Dieser Ruderwinkel verlieh dem Flugkörper nach dem Verlassen der
Schleuder sofort ein Höhenruderkommando, womit sein Steigflug sichergestellt
war. Je nach Windrichtung und den örtlichen Verhältnissen, wie Baumbestand
oder ansteigendem Gelände vor der Schleuder, wurde dieser Winkel auch über das
Gestänge der Höhenrudermaschine vergrößert. Die Steigfluglage nach Verlassen
der Schleuder bewegte sich in der Größenordnung von 7,5 bis 8,5°.[33]
Wie schon bei der allgemeinen Beschreibung des Askania-Flugreglers der Fi 103
erwähnt, wurden Höheneinstellung und Höhenregelung über die evakuierte
Höhendose F des Höhenreglers vorgenommen und überwacht (Abb. 60). Am Boden, also in der Nähe von NN, wie die Verhältnisse bei der Erprobung in Peenemünde und später im Einsatz an der Küste gegeben waren, wirkte auf die evakuierte Dose 22 von F, über eine gesonderte Zuleitung und Öffnung in der bauch-
seitigen Rumpfwand zugeführt, der in Meereshöhennähe übliche statische Druck
von ca. 1013 mb bzw. 1013 hP, wie es heute heißt. Die separate Leitung des statischen Druckes zum luftdichten Gehäuse 23 der Höhendose F war notwendig, da
bei Flugzeugen und Flugkörpern während des Fluges aufgrund des außen am
Rumpf entlangstreichenden Fahrtwindes gewöhnlich ein Unter-, aber auch ein
Überdruck gegenüber dem Umgebungs- bzw. statischen Druck der jeweiligen
Flughöhe herrschen konnte.
Um die Einstellung der Höhe an der Höhendose F verstehen zu können, ist deren
prinzipielle Konstruktion anhand der »Einzelheit Y« der Abb. 60 noch etwas näher
zu beschreiben. Die Dose 22 war mit dem Stift 32 innerhalb der Gewindenabe von
Gehäuse 23 durch eine Druckfeder axial federnd gelagert. Mit Hilfe der Skalentrommel 31, die am Rand eine Einteilung von 1000 bis 700 mb besaß und durch
Drehen eine Axialbewegung auf dem Nabengewinde vollführte, konnte der Stift
und damit die Dose im Gehäuse 23, der Gewindesteigung entsprechend, hin und
her bewegt werden. Die andere Seite der Dose war über den Stift 25 sowohl mit
dem Doppelsteuerkolben 27 als auch mit der Rückholfeder 28 verbunden. Parallel zum Steuerschieber E befand sich der eigentliche Arbeitszylinder 21 mit Kolben 38 (Bauelement D). Die Kolbenstange 30 des Arbeitskolbens 38 hatte über
Hebel 26 ebenfalls Verbindung mit der Rückholfeder 28.[124]
Beim Einstellen der Sollflughöhe verschob die Skalentrommel 31 über den Stift 32
und dessen vorgespannte Druckfeder den Doppelkolben 27 und die Dose 22 nach
links, ohne daß die sich aus der kraftneutralen Nullposition spannende Rückholfeder 28 den Steuerkolben zurückholen konnte. Damit trat von Anschluß 34 über
die geöffnete Leitung 35 Druckluft von 6 bar in den Arbeitszylinder 21 von D ein
und verschob den Arbeitskolben 38 bis zum Anschlag nach rechts. Auch bei dieser
Bewegung konnte die Kraft der über Kolbenstange 30 und Hebel 26 weiter ge-
spannten Rückholfeder 28 den Arbeitskolben 38 nicht zurückholen. Durch den
Weg von Kolben 38 wurde der Lagerbock 3 des Lagekreisels A, der auf der horizontalen Achse 1a des Kardanrahmens 1 und diese wiederum gemeinsam mit 3 im
Geräteträger 4 drehbar gelagert waren, über die Kolbenstange 30 in Pfeilrichtung
nach unten bzw. entgegen dem Uhrzeigersinn gedreht. Das bedeutete für die auf
der Schleuder durch den gefesselten Lagekreisel über die mit dem Kardanrahmen
1 und seine Querachse 1a in fixierter Position gehaltene Kurvenscheibe 11, daß die
Strahldüse 5 mehr zu Fangdüse 7 geschwenkt wurde. Diese Stellung behielten La-

gerbock 3 und Strahldüse 5 sowohl beim Start als auch im anschließenden Steig-flug zunächst noch bei. Über die Fangdüse 7 wurde bei Inbetriebnahme des Flug-körpers auf der Schleuder sofort über Mischkammer M3 und Ausgang a_3 zu Eingang e_{10} der Differenzdruckdose 49, durch Bewegung der Membran 51 nach rechts, Öff-nung der Leitung 61 durch Kolben 57, der Betriebsdruck von 6 bar auf Kolben 63 ge-leitet. Die Kolbenstange 65 bewegte sich nach links, und verursachte damit die an-fangs erwähnte Höhenrudervoreinstellung in Richtung »Ziehen«. Die Stellung von Lagerbock 3 und Strahldüse 5 war nach dem Start durch die Lagenstabilität des ent-fesselten Kreisels A gegeben, wodurch die Steigfluglage der Fi 103 weitgehend mit der Ausgangslage auf der Schleuder übereinstimmte.

Mit zunehmender Flughöhe sank der statische Druck, so daß die Dose 22 sich langsam axial ausdehnte. Dadurch verstellte sich der Steuerkolben 27 von seiner linken Position zur Mitte des Zylinders. Stieg der Flugkörper weiter, dann drück-te die Dose 22 den Steuerkolben 27 über die Mittellage hinaus nach rechts, womit die rechte Zuführungsleitung 39 langsam freigegeben und über Leitung 35 des Steuerschiebers E die bisher gefüllte linke Seite des Arbeitszylinders in Pfeilrich-tung entlüftet wurde. Der Arbeitskolben 38 verschob sich aufgrund der geschil-derten Tatsachen wieder langsam nach links. Damit verdrehte er den angelenkten Lagerbock 3 jetzt mit dem Uhrzeigersinn, womit die Strahldüse 5 langsam von Fangdüse 7 in Richtung Fangdüse 8 schwenkte. Die Größe des bisher gegebenen Höhenkommandos nahm langsam ab, und der Steigwinkel wurde flacher. Bei Er-reichen der Sollflughöhe hatte der Lagerbock jene Stellung erreicht, bei der der Steuerkolben 27 in der Mitte zwischen den beiden Leitungsausgängen 35 und 39 spielte und Arbeitskolben 38 ebenfalls eine Mittelposition einnahm, die einen Ho-rizontalflug um die Sollflughöhe bewirkte. Die Höhenrudervoreinstellung war mit dem geschilderten Vorgang ausgeglichen.

Durch den Wegfall der Steigbewegung erhöhte sich die Ausdehnung der Höhen-druckdose 22 nicht mehr, wodurch ein weiterer Regelbefehl an das Höhenruder in Richtung »Ziehen« nicht gegeben wurde. Die Umlenkung vom Steig- in den Ho-rizontalflug hatte, wie schon angedeutet, auch wieder eine Rückdrehung des Strahlrohres 5 in die Neutralstellung zwischen Fangdüse 7 und 8 veranlaßt, da sich mit dem Flugkörper der ganze Geräteträger 4 und damit auch der Rahmen 3 mit dem Drehpunkt d des Strahlrohres 5 um die vom Kreisel A fest im Raum gehal-tene Kurvenscheibe 11 gedreht hatte. Dabei war die Gabel von 5 wieder in ihre Ausgangsstellung zur Scheibe 11 zu liegen gekommen. Der Umlenkvorgang vom Steig- in den Horizontalflug war damit beendet, und die Vertikal- bzw. Hochachse des Flugkörpers hatte sich fast senkrecht gestellt. Damit vergrößerte sich die Nei-gung des äußeren Kardanringes 1 von Kreisel A – aufgrund seiner Lagenstabilität – um den gleichen Umlenkwinkel, auf ca. 20 bis 21°. Die Umlenkung hatte weiter-hin zur Folge, daß sich die Fluggeschwindigkeit der Fi 103 auf die maximale Reise-geschwindigkeit von ca. 680 km/h – später auch mehr – erhöhte.

Um die eigentliche Höhenregelung des Steuergerätes zu beschreiben, gehen wir nach der Umlenkung in den Horizontalflug von einer abwärts gerichteten Störung auf den Flugkörper aus. Diese Bewegung war mit einem steigenden atmosphäri-schen Druck verbunden. Das bedeutete eine axiale Verminderung des Dosenvo-lumens von 22. Dadurch bewegte sich, bei gleicher Stellung der Skalentrommel 31, der Steuerkolben 27 von Steuerschieber E aus der Mittelposition wieder nach links, womit die Eintrittsbohrung der Leitung 35 geöffnet und Leitung 39 geschlossen wurde. Über die geöffnete Leitung 35 gelangte Druckluft auf die linke Seite des ebenfalls in der Mittelstellung liegenden Arbeitskolbens 38. Die daraus resultierende, nach rechts gerichtete Bewegung von 38 drehte den Lagerbock 3 so, daß Strahldüse 5 mehr zur Fangdüse 7 bewegt wurde. Dadurch baute sich gegenüber Fangdüse 8 ein stärkerer Signaldruck in Fangdüse 7 auf, von wo er über die Mischkammer M3 zu Ausgang a_3 und Eingang e_{10} der Differenzdruckdose 49 gelangte. Membran 51 bewegte den Steuerkolben über Stange 53 nach rechts, wodurch Leitung 61 frei wurde. Die über e_9 und 61 eintretende Druckluft von 6 bar beaufschlagte die rechte Seite des Arbeitskolbens 63 von Arbeitszylinder 74 und führte ihn nach links. Über die Stoßstange 65, die mit ihrem Gabelkopf an einem nach oben zeigenden Betätigungsnocken der Höhenruderwelle angelenkt war, wurde dadurch ein der Störung entsprechendes Höhenruderkommando »Ziehen« ausgelöst. Dessen Wirkung glich die nach unten gerichtete Störung des Flugkörpers aus und ließ ihn wieder an Höhe gewinnen. Damit dehnte sich die Dose 22 in axialer Richtung so weit aus, bis ihr Steuerkolben 27 die Leitungen 39 und 35 für die Zuführung weiterer Druckluft von Eingang 34 in der Mittelstellung wieder verschloß. Mit dem Erreichen der eingestellten Sollflughöhe und des Horizontalfluges war auch der Geräteträger 4 und damit die Fangdüse 7 von der Strahldüse 5 weg in die Neutralstellung geführt worden.

Strebte der Flugkörper aus der Horizontalfluglage wieder eine über den eingestellten Wert hinausgehende Höhe an, reagierte der Höhenregler ähnlich wie bei der Umlenkung in den Horizontalflug. Der wieder sinkende statische Druck veranlaßte über die Höhendose F eine nach rechts gerichtete Bewegung des Steuerkolbens 27. Dadurch wurde Leitung 39 geöffnet und Arbeitskolben 38 nach links bewegt. Die Kolbenstange 30 drehte den Lagerbock wieder im Uhrzeigersinn so, daß Strahldüse 5 mehr zu Fangdüse 8 geschwenkt wurde. Der hier steigende Steuerdruck wurde über Ausgang a_4 der Steuerung und Eingang e_{11} der Differenzdruckdose 49 auf die Membran 51 geführt. Die nach links gehende Kolbenstange 53 öffnete durch Kolben 56 Leitung 60, wodurch die über e_9 eintretende Druckluft den Arbeitskolben 63 nach rechts führte. Damit wurde ein Ruderkommando »Drücken« ausgelöst, was die vorher angenommene Störung in Richtung »Steigen« wieder eliminierte. Bei den beschriebenen Regelvorgängen des Höhenreglers waren natürlich die jeweils dämpfenden Einflüsse des Kreisels B über seine Strahldüse 40 und die beiden Fangdüsen 42 und 43 wirksam. Bei den Steig- und Fallbewegungen des Flugkörpers war die Kreisellaufachse Richtungsänderungen und damit Präzessionsbewegungen unterworfen, die das Strahlrohr 40 zu vertikalen Bewegungen veranlaßten. Über die Mischkammern M3 und M4 wurden die Dämpfungssignale der Differenzdruckdose 49 zugeführt.

Wie in Kapitel 16.4.2.2. bei der allgemeinen Schilderung des Flugreglers erwähnt, waren neben der bisher beschriebenen Höhenregelung noch zwei dabei mögliche und auftretende Schwingungen des Flugkörpers dämpfend zu beeinflussen. Zunächst wenden wir uns der Bahnschwingung mit langer Schwingdauer – auch Phygoide genannt – zu.[34] Sie wurde vom Lagekreisel A mit Hilfe seiner Lagenstabilität als Hilfsregelgröße »Längslage« erfaßt. Die daraus resultierenden pneumatischen Signale veranlaßten über die Differenzdruckdose 49 und den Arbeitskolben 74 der Höhenrudermaschine H einen die Schwingung dämpfenden und ihr entgegengesetzten Ruderausschlag. Bei der Bahnschwingung pendelt die Längslage eines Flugkörpers nach einer Störung, wie sie auch durch ein Höhenruderkommando (Ziehen oder Drücken) gegeben sein kann, um seine horizontale Flugrichtung. Demzufolge bewegten sich der Lagekreisel A und die horizontale Achse seines Kardanringes 1, um den Flugkörperschwerpunkt als Drehpunkt, auf einem Kreisbogen nach oben und unten. Da, wie in Kapitel 16.3. schon erwähnt, die Kreiselsteuerung etwa 2400 mm vom Schwerpunkt in axialer Richtung zum Heck hin versetzt in den Flugkörperrumpf eingebaut war, traten hier ausgeprägte Schwingbewegungen auf. Wegen der Lagenstabilität von A vollführte die Exzenterscheibe 11, wie bei der Höhenregelung, ebenfalls keine Drehung um sich selbst, d. h., die Lage ihres größten und kleinsten Durchmessers im Raum blieb immer gleich. Betrachtet man den Drehpunkt d des Strahlrohres 5 am Rahmen 3, so bewegte sich dieser bei der Phygoide ebenfalls auf einem Radius mit der ganzen Steuerung um den Schwerpunkt herum, wodurch zwischen der Gabel von 5 und der von Kreisel A lagenstabil gehaltenen Scheibe 11 eine Relativbewegung stattfand. Bei nach unten schwingender Bugspitze und damit sich um den Flugkörperschwerpunkt nach oben drehendem Heck bewegte sich die rechte Gabelhälfte mehr zum kleineren, oberen und die linke Gabelhälfte mehr zum größeren, unteren Durchmesser der Scheibe 11, wodurch die Gabel des Strahlrohres 5 nach links geführt wurde. Die Strahlrohrdüse schwenkte dadurch zwangsweise nach rechts zur Fangdüse 7 hin. Wie schon mehrfach erklärt, wurde dadurch ein Höhenruderkommando »Ziehen« ausgelöst, das der nach unten gerichteten Längslage des Flugkörpers entgegenwirkte. Es ist leicht nachzuvollziehen, daß der Höhenregler, analog der Bugspitzenneigung nach unten, bei einer entgegengesetzten Schwingung der Bugspitze nach oben ein Höhenruderkommando »Drücken« auslöste.

Als letztes der drei Meßwerke des Höhenreglers der Fi 103 wenden wir uns nochmals dem Drehgeschwindigkeitskreisel B (Abb. 60) zu. Er hatte die Aufgabe, der zweiten möglichen Schwingung bei der Längsbewegung eines Flugkörpers entgegenzuwirken, die sich, unterschiedlich zur Bahnschwingung, normalerweise als stark gedämpfte Rumpf-Anstellwinkelschwingung kurzer Schwingdauer um die Querachse bemerkbar machte. Die weiter oben beschriebene Hilfsregelgröße »Längslage« und die Anstellwinkelschwingung hatten insofern einen Einfluß aufeinander, als die Längslagenregelung auf die Anstellwinkelschwingung einen dämpfungsvermindernden und frequenzerhöhenden Einfluß hatte. Das war der eigentliche Grund dafür, mit dem Kreisel B die Messung der Drehgeschwindigkeit um die Querachse einzuführen.[34]

Die kurzen, schnellen Bewegungen um die Flugkörperquerachse verursachten für die senkrechte Drallachse von B ein Herausschwenken aus ihrer vertikalen Lage, wodurch eine Präzessionsbewegung um die horizontale Gehäuseachse des Kreisels verursacht wurde. Ähnlich wie bei der langsamen Bahnschwingung, die aber wegen ihrer geringen Drehgeschwindigkeit und der verhältnismäßig steifen Ankoppelung des Kreisels B über seine Blattfeder 46 bei ihm praktisch keine Präzessionsbewegung veranlaßte, traten bei der Anstellwinkelschwingung schnellere und ausgeprägtere Bewegungen der Bugspitze um die Querachse nach unten und oben auf. Gehen wir von einer verhältnismäßg schnellen Nickbewegung der Bugspitze nach unten aus, dann drehte sich das Heck um die Querachse nach oben. Demzufolge bewegte sich die vertikale Drallachse von B auf einem Kreis-

bogen ebenfall nach oben, was auch eine Lagenänderung der oberen Drallachsenspitze vom Betrachter aus nach links bedeutete. In Verbindung mit der Drehrichtung des Kreisels veranlaßte das eine Präzessionsbewegung um die Gehäuseachse
– in Flugrichtung gesehen – im Uhrzeigersinn nach rechts. Diese Drehung schwenkte die Strahlrohrmündung von 40 aus ihrer Neutralstellung zwischen den beiden
Fangdüsen 42 und 43 heraus und mehr zur Fangdüse 43 hin (Abb. 60). Der sich
dort vergrößernde Staudruck wurde, nach Vereinigung mit der von Fangdüse 7 des
Lagekreisels A kommenden Leitung in Mischkammer M3, zum Steuerungsaus-
gang a_3 geführt. Von hier gelangte das Signal über Eingang e_{10} der Differenzdruckdose 49 auf die linke Seite von Membran 51. Diese bewegte sich mit der Stange 53
und den Steuerkolben 56 und 57 nach rechts, wodurch über Leitung 61 der vom
Magnetventil 70/2 (sofern eingebaut) herangeführte Betriebsdruck von 6 bar die
rechte Seite von Arbeitszylinder 74 beaufschlagte. Dadurch vollführte das Ruder-
gestänge 65 eine Bewegung nach links, womit eine Ruderbewegung nach oben,
d. h. »Ziehen«, eingeleitet wurde. Da wir von einer nach unten gerichteten Nickbewegung der Bugspitze ausgegangen waren, erfolgte mit dieser Ruderstellung eine aufrichtende Bewegung auf den Flugkörper.
Bei einer Schwingung der Bugspitze um die Querachse nach oben wurde eine entsprechende Präzessionsbewegung der Kreiselachse von B in Flugrichtung gesehen
nach links veranlaßt, wodurch die Strahlrohrmündung von 40 nach oben zur Fangdüse 42 hinbewegt wurde. Die damit ausgelöste Signalgabe zum Eingang e_{11} der Differenzdruckdose 49 löste ein Ruderkommando »Drücken« aus, womit die nach oben
gerichtete Schwingbewegung des Flugkörpers dämpfend beeinflußt wurde.
Mit diesen Schilderungen sind alle Regelfunktionen des Flugreglers der Fi 103 behandelt worden. Abschließend ist noch zu bemerken, daß alle Regelfunktionen
nur nacheinander und jeweils getrennt von der anderen erläutert werden konnten.
In Wirklichkeit beeinträchtigen einen frei im Luftraum fliegenden Flugkörper
aber oft verschiedene Einflüsse gleichzeitig. Damit nimmt er eine aus den Störungen resultierende Fluglage ein, die ihrerseits wieder kombinierte Funktionen des
Flugreglers auslöst. Um diese kombinierten und gleichzeitigen pneumatischen
Signale auf die Rudermaschinen G und H wirksam werden zu lassen, waren bei
der Fi 103 auch die Meßwerkausgänge des Kurs- und Höhenreglers wie auch jene
der Dämpfungskreisel B und C zur Summierung und dämpfenden Abschwächung
der Ruderwirkungen in den jeweiligen Mischkammern M1 bis M4 pneumatisch
parallel geschaltet (Abb. 60).

16.4.6. Entfernungseinstellung und Abstieg

Die Entfernungseinstellung wurde am elektromechanischen, vierstelligen Ziffernrollenzählwerk vorgenommen. Die sogenannte Zählwerkzahl, deren Ermittlung
schon in Kapitel 16.4.2.6. beschrieben wurde, konnte am Zählwerk ZW (Abb. 59)
von Hand eingestellt werden. Dabei erschien im jeweiligen Ziffernrollenfenster
die jeder Rolle zugeordnete Zahl. Die Zählwerkzahl entsprach der vom Flugkörper bis zum Ziel zurückzulegenden Entfernung, wobei der an der Bugspitze eingebaute Logpropeller über seinen Kontaktgeber K das Zählwerk von der voreingestellten Zahl weg gegen Null führte. Im Gehäuse des Zählwerkes waren mit Hilfe

von zwei zusätzlichen Kontaktrollen außerdem noch Gleitkontakte eingebaut, die während des Fluges vom Zählwerk streckenabhängig betätigt wurden und entsprechende Funktionen, bis hin zur Auslösung des Abstieggerätes, zu erfüllen hatten. Die Aufgaben dieser Kontakte sollen näher beschrieben werden. Bei der folgenden Schilderung des Abstieges wird von der Tatsache ausgegangen, daß bei der endgültigen Ausführung der Fi 103 die beiden Absperrventile 70/1 und 70/2 (Abb. 60 und 66) nicht mehr eingebaut waren und der Abstieg von den beiden Sprengpatronen ZP1 und ZP2 veranlaßt wurde.

Wenden wir uns zunächst der Funktion des in der Bugpitze eingebauten Luftlogs zu. Hierzu bedienen wir uns der Abb. 59. Der vom Fahrtwind in Drehung versetzte Propeller 1 von 200 mm Durchmesser betätigte durch seine Schneckenwelle 2 das Schneckenrad 3 im Kontaktgeber K. Wie in Kapitel 16.4.2.6. schon beschrieben, machte das Schneckenrad auf je 100 m Flugstrecke eine Umdrehung und schloß dabei zweimal mit Nockenscheibe 4 den Logstromkreis. Später, bei der Reichweitenzelle F-1, erhielt Scheibe 4 nur einen Nocken, dafür aber eine doppelte Propellersteigung, wodurch eine größere Genauigkeit bei unveränderter Logzahl erreicht wurde. Geht man von Anschluß a6 des Kontaktes a im Kontaktgeber aus, gelangt man, dem weiteren Stromkreis folgend, zu Stift 6 des Steckers S1, von dort zur Buchse 6 des Gegensteckers S1 und Klemme 1 des Zählwerkes ZW, zur Spule des Elektromagneten M. Von hier führte der Stromkreis über Klemme 6 vom ZW nach Klemme 11 der Kontaktleiste L1, die über Klemme 7 von Batteriestecker S6 direkt an das Minuspotential der Batterie gelegt war. Die Leitung des Pluspotentials der Bordbatterie war durch zwei Arbeitskontakte bzw. Schalter h und s unterbrochen, um unbefugtes und vorzeitiges Einschalten der Verbraucher im Flugkörper zu verhindern. Zunächst war der Pluspol der Batterie (nicht gezeichnet) über den Batteriestecker S6 und den Haupt- bzw. Schlüsselschalter h an die Klemme 11 der Kontaktschiene L2 geführt. Von Klemme 10 dieser Schiene verlief eine Leitung über den Schalter s zur Klemme 5 der Kontaktschiene L3, womit wir von Klemme 6 dieser Schiene wieder zu Buchse 7 und Stift 7 der Steckverbindung S1 gelangen. Über die Sicherheitsfunktion und den Betätigungszeitpunkt des Schalters s ist schon in Kapitel 16.4.2.6. bezüglich des Luftlogs berichtet worden.[21]

Sofern die Schalter h und s betätigt waren, schloß sich dadurch der Stromkreis für den Zählwerkmagneten M zum Kontakt a in der Bugpitze. Damit wurde bei jedem Kontaktimpuls von a der Anker 6 des Magneten M angezogen und durch diese Bewegung das Ziffernrollenzählwerk ZW um eine Ziffer gegen Null zurückgestellt. Das entsprach jeweils einer Flugentfernung von 50 m. Nach einer zurückgelegten Entfernung von 60 km wurde – unabhängig von der eingestellten Zählwerkzahl – durch die Hunderterziffernrolle der Gleitkontakt d der linken Kontaktrolle des Zählwerkes ZW geschlossen. Damit wurde der elektrische Sonderzünder E1 AZ 106 entsichert und Spannung an den Zündstromkreis gelegt (Abb. 57 und 59). Der Kontakt d schloß folgenden Stromkreis: Von Klemme 4 der Kontaktschiene L3 mit Pluspotential ausgehend, Klemme 2 des Zählwerkes, geschlossenen Kontakt d, über Klemme 3 das ZW verlassend, verlief die Leitung über Buchse und Stift 2 von S1, zunächst zum Entstörer E am Lastraumfülldeckel. Das Minuspotential kam von Klemme 12 der Schiene L1 über Buchse und Stift 1 von S1 ebenfalls zum Entstörer E. Von E wurde die entstörte Zünderspannung über die Klemmen 1 und 2 in den elektrischen Aufschlagzünder geführt, wo auch die parallel geschalteten Aufschlagorgane des Röhrenkontaktes R (c1 und c2) und des Gleitschalters g über Klemme 3 und 4 einmündeten. Mit der Zuführung der Zünderspannung an die Zünder und ihre Aufschlag- bzw. Auslöseorgane konnte bei einem eingeleiteten Absturz und Aufschlag des Flugkörpers die Detonation des Sprengkopfes ausgelöst werden. Näheres über das elektrische Aggregat der Zünderanordnung ist aus Abb. 57 zu ersehen.

Die Einleitung der Endphase des Fluges wurde gegebenenfalls zunächst über die zweite Kontaktrolle durch Schließen des auf ihr sitzenden Gleitkontaktes e veranlaßt, womit der Peilsender FuG 23 eingeschaltet wurde. Diese zweite Kontaktrolle war zu diesem Zweck mit der Tausenderziffernrolle (1 Einheit = 1000×50 m = 50 000 m) direkt verbunden und das Kontaktsegment von e auf der Rolle so angeordnet, daß bei Stellung 0 der Ziffernrolle eine Kontaktgabe mit dem feststehenden Schleifer erfolgte. Damit wurde der Peilsender 50 km vor Beginn des Abstieges eingeschaltet. Der Stromkreis für diese Funktion ging vom gemeinsamen Pluspol von d und e aus, verlief über den Kontakt e zu Klemme 5 des ZW, über Glasrohrsicherung F zu Klemme 1 der Verteilerleiste L4 und dort von Klemme 2 zum Flachstecker S4 für die Stromversorgung des Peilsenders im Heck des Flugkörpers. Die Rückleitung von S4 ging auf Klemme 10 der Kontaktschiene L1, wo sie ihr Minuspotential erhielt.

Als letzter und den Abstieg auslösender Kontakt wurde der Gleitkontakt f der zweiten Kontaktrolle von der Tausenderziffernrolle bei Drehung auf Ziffer 9 geschlossen. Hierbei erfolgte die Auslösung der Abstiegsvorrichtung, auf deren Aufbau später noch näher eingegangen wird. Der Stromkreis für die zur Auslösung gezündeten zwei Sprengpatronen ZP1 und ZP2 (C98) ging wieder vom gemeinsamen Pluspol der Kontakte d, e und f aus, verlief über Kontakt f, verließ über Klemme 4 das ZW, ging auf Klemme 1 der Verteilerschiene L5, von wo das Pluspotential von Klemme 2 und 3 auf die Buchsen und Stifte (Federn) 2 und 4 des Liststeckers S7 geführt wurde. Weiter gingen die beiden Plusleitungen zu den auf der Höhenruderflosse montierten Sprengpatronen des Abstieggerätes, während ihre beiden Rückleitungen zu Stift und Buchse der Klemmen 1 und 3 von S7 zurückliefen. Von hier aus erhielten die Patronen von Klemme 6 und 4 der Kontaktschiene L1 Minuspotential, womit der Stromkreis für die Auslösung des Abstieges geschlossen war.[124]

Der Aufbau des Abstieggerätes geht aus Abb. 68 hervor. Hieraus ist ersichtlich, daß die Teile der Vorrichtung ober- und unterhalb der Höhenflosse 1 in der Heckspitze angeordnet waren. Die Aufgaben des Abstieggerätes waren:

1. Auslösen des Zugmessers 8 zum Kappen der beiden Differenzdruckschläuche zu den Anschlüssen e_7 und e_8 der Differenzdruckdose 48 der Seitenrudermaschine G (Abb. 60 und 68).
2. Festklemmen der Höhenruderstoßstange 3 auf Neutralposition und dadurch Blockieren der Höhenrudermaschine.
3. Freigabe und Herausschwenken zweier Klappen aus der Unterseite der Höhenruderflosse senkrecht zur Flugrichtung.

Zentrales Bauteil der Vorrichtung war das Trägerblech 2, das, mit zwei Schenkeln U-förmig gebogen, um die Hinterkante der Höhenruderflosse 1 herumgriff und

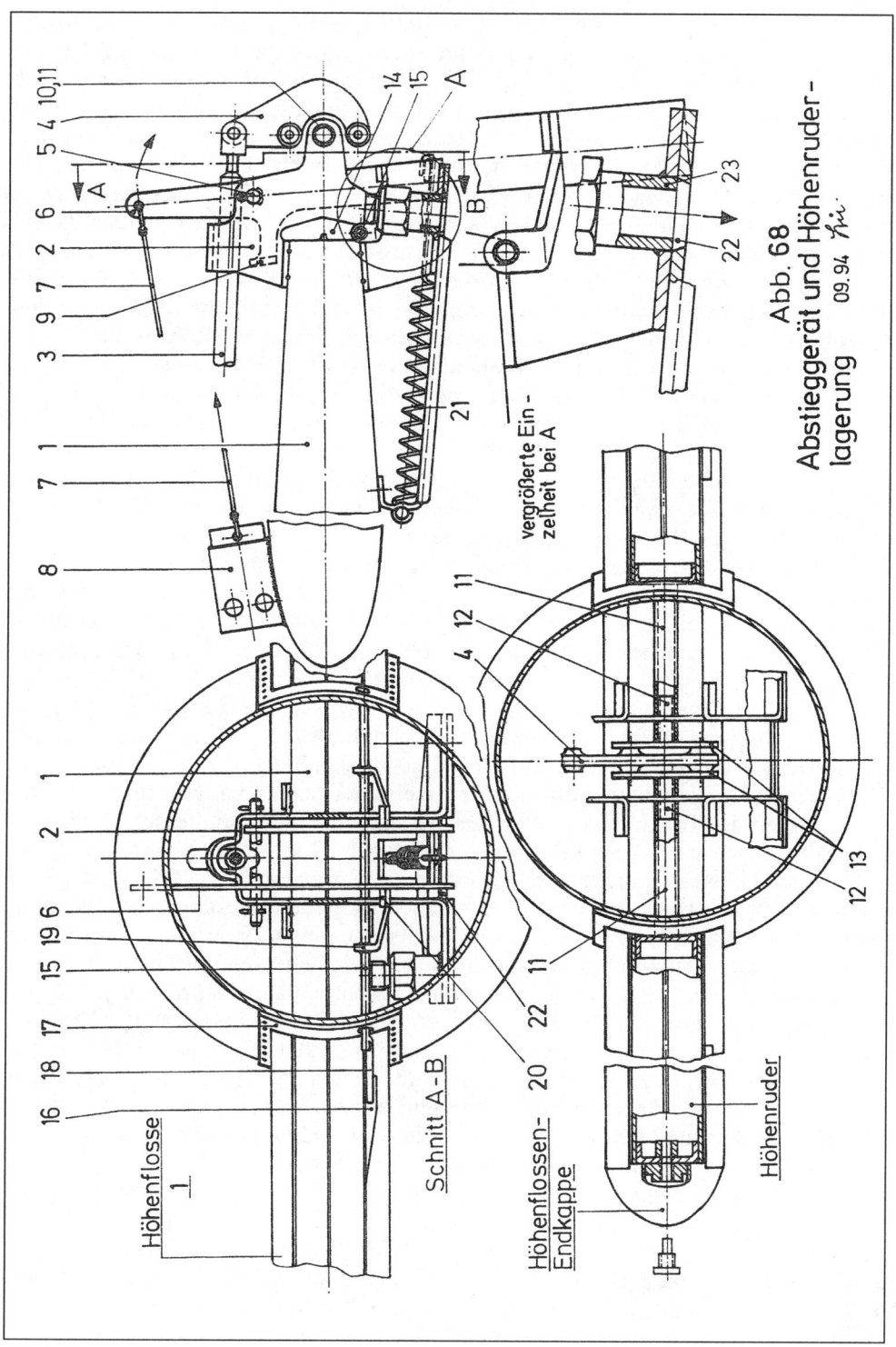

Abb. 68
Absteiggerät und Höhenruder-
lagerung   09.94 *fri*

mit Hilfe von waagerecht umgebogenen Lappen auf der Ober- und Unterseite festgeschweißt war. Durch das obere Ende der runden Biegestelle von 2 lief die Höhenruderstoßstange 3, die, von der Höhenrudermaschine kommend, am oberen Ende des Antriebshebels 4 mit einem Gabelkopf gelenkig befestigt war. Weiterhin befand sich in Teil 2, unterhalb von 3, die Lagerung 5 des Hebels 6, der, in Flugrichtung gesehen, links von der Höhenruderstange nach oben vorbei führte. An seinem oberen Ende war ein Zugdraht 7 eingehängt, der mit der Schneidvorrichtung 8 verbunden war. Durch deren Kappbohrungen führten die beiden Differenzdruckschläuche der Seitenrudermaschine hindurch. Unterhalb der Stoßstange 3 hatte Hebel 6 eine durch ihren Drehpunkt exzentrisch gelagerte Kralle 9, auf deren Bedeutung bei der Funktionsbeschreibung noch eingegangen wird. Die beiden Tragblechschenkel von 2 besaßen je einen Auslegerlappen mit Bohrung 10, durch die bei der Montage der beiden Höhenleitwerkhälften ihre Hohlachsen 11 gesteckt wurden. Zuvor hatte man die mit den Stutzen 12 und den beiden Flanschen 13 verschweißten und mit dem Antriebshebel 4 zur Flanschverbindung verschraubten Bauelemente montiert. Weiterhin wurden die beiden Hohlachsen 11 auf die Stutzen geschoben und verschweißt. Diese Anordnung diente sowohl zur rumpfseitigen Lagerung der beiden Höhenruderhälften als auch zur Übertragung der Ruderkommandos auf das Höhenruder.

In einem Ausschnitt 14 von 2 war die Achse 15 zur Betätigung der beiden Klappen 16 lose, aber formschlüssig eingelegt. Sie trat durch die beiderseitigen Lagerbleche 17 hindurch und endete in je einem Haken 18. Damit die losen, separat gelagerten Klappen 16 während des Fluges an der Höhenruderflosse anlagen, drückten die beiden Haken 18 auf die Klappen 16. Die Haken 18 wurden wiederum über Hohlachse 15 und den mit ihr verschweißten Bügel 19 von den beiden Arretierblechen 20 in ihrer Stellung fixiert. Im Flugzustand, wenn die Abstiegvorrichtung nicht ausgelöst war, wurde Hebel 6 von Zugfeder 21 gegen den beiderseitig wirkenden Keil 22 gezogen. Der Keil 22 war auf der Unterseite der beiden gabelförmig ausgebildeten Enden des Trägerbleches 2 eingeschoben, wobei auf den beiden Schenkeln oberhalb des Keiles 22 über eine dort eingebrachte Bohrung je ein Anschlußstutzen 23 festgeschweißt war, der zur Aufnahme der Sprengpatrone C98 diente.[52, 124]

Es sind bei der Entwicklung der Fi 103 sicher verschiedene Lösungen der Absturzeinleitung überdacht und in Peenemünde entsprechende Versuchsmuster erprobt worden, wie auch anhand des Absperr- und Doppelmagnetventiles (Abb. 66) schon angedeutet wurde. Das endgültige Ziel des Absturzablaufes war es aber, besonders wegen des erwünschten exakten Ansprechens des Aufschlagschalters bei Bodenberührung, ein möglichst senkrechtes Auftreffen der Fi 103 auf der Erde mit laufendem Triebwerk zu erreichen. Der in der Praxis immer wieder aufgetretene Triebwerkstopp und damit die Ankündigung des Absturzes über dem Zielgebiet war nicht geplant und beabsichtigt. Wie es zunächst naheliegend war, wollte man anfangs den Abstieg des Flugkörpers mit dem Höhenruder bewirken. Aber es stellte sich bei der Flugerprobung heraus, daß durch die starke Ruderwirkung des verhältnismäßig großflächigen Höhenruders die Gefahr eines Loopings nach vorne bestand. Andererseits erreichte der Flugkörper, besonders beim Sturzflug aus größeren Höhen von z. B. 2000 m, Geschwindigkeiten von 800 bis 900 km/h, wodurch die aerodynamischen Kräfte auf die ausgestellten Höhenruderflächen Größenordnungen erreichen konnten, die von der pneumatischen Höhenrudermaschine nicht mehr zu bewältigen waren. Das Höhenruder stellte sich bei hohen Geschwindigkeiten im allgemeinen parallel zur Flugkörperlängsachse ein, wodurch die Fi 103 aus dem steilen Sturz in einen steilen Gleitflug übergehen konnte.

Eine andere nicht beabsichtigte Auswirkung der Absturzvorganges hatten die dabei auftretenden Beschleunigungskräfte auf den Kraftstoffrest im Tank. Durch unkontrollierte Flüssigkeitsbewegungen kam es zu einer Unterbrechung der Treibstofförderung, die ein Abschalten des Triebwerkes bewirkte. Der Tankraum wurde aus diesem Grund entsprechend geändert (Kapitel 16.3.).

Dieses bei der Erprobung der Fi 103 festgestellte Verhalten bei der Absturzeinleitung war auch der Anlaß, den Abstieg mit Hilfe von zwei aus der Unterseite der Höhenruderflosse ausgestellten Klappen einzuleiten und damit ein verhältnismäßig langsames Abkippen in den Sturzflug zu erreichen.

Der Abstiegsvorgang lief demnach wie folgt ab: Beim Schließen des dritten Zählwerkkontaktes f wurden die beiden Sprengpatronen C98 an Spannung gelegt und gezündet. Die Explosionsgase sprengten den als Anschlag für Hebel 6 dienenden Keil 22 weg (Abb. 68). Damit wurde die Zugfeder 21 auf den Hebel 6 wirksam, dessen untere und obere Hälfte sich um den Drehpunkt 5 bewegten. Dadurch konnten sich einmal die Klappen 16 senkrecht in den Fahrluftstrom stellen, und gleichzeitig konnte man über den Zugdraht 7 das Zugmesser der Schneidvorrichtung 8 betätigen.

Durch die Ruderwirkung der Klappen 16 kippte der Flugkörper nach unten weg, und die Schneidvorrichtung 8 durchtrennte die beiden Differenzdruckschläuche der Seitenrudermaschine G. Da ihm kein Differenzdruck mehr zugeführt wurde, ging das Seitenruder in die Nullstellung.

Zur gleichen Zeit wurde die Kralle 9 von Hebel 6 um die Achse 5 nach oben bewegt und blockierte damit die Stoßstange 3 der Höhenrudermaschine. Der U-förmige Teil des Tragbleches 2 diente als Gegenlager für die von 6 auf die Ruderstange 3 ausgeübte Klemmkraft. Durch die so fixierte Nullstellung des Höhenruders war die wichtigste Voraussetzung für einen »ballistischen« Absturz der Fi 103 gegeben.[52, 124]

Um der englischen Abwehr die Bekämpfung der einfliegenden Fi 103 möglichst zu erschweren, wurden die Flughöhen der allgemeinen Wetterlage angepaßt, so daß die Flüge in Höhenbereichen von 800 bis 2000 m lagen. Es wurden auch Erprobungen mit unterschiedlichen Klappengrößen durchgeführt, die jedoch nicht für alle vorkommenden Flughöhen gleich gute Wirkungen ergaben. Ein denkbarer, vom Flugregler über das Höhenruder gesteuerter, langsam eingeleiteter Absturz war nicht möglich, weil die Kreisel nur maximale Drehungen von 30° um die jeweilige Flugkörperachse, also hier um die Querachse, bewältigen konnten.[51]

Mit der Schilderung des Abstieggerätes sind abschließend alle wesentlichen Funktionen des Flugreglers der Fi 103 beschrieben worden. Schließlich soll noch auf eine Spezialaufgabe des Luftlogs eingegangen werden, die schon angesprochen wurde und im Zusammenhang mit einer Peilmöglichkeit der Fi-103-Einschlagstellen im Zielgebiet stand. Zu Beginn der ersten Konstruktionsarbeiten, im August 1942, schlug Gerhard Fieseler vor, für den späteren Einsatz eine Peilung der Fi-103-Einschläge mit Hilfe eines in den Flugkörper eingebauten Peilsenders vorzusehen. Robert Lusser sah das zunächst als Aufgabe des Militärs an, ließ sich aber von Fieseler überzeugen und berücksichtigte konstruktiv die Einbaumöglichkeit eines kleinen Senders mit Schleppantenne im Heck des Flugkörpers. Der Flugregler hatte dabei,wie schon geschildert, mit Hilfe des zweiten Zählwerkkontaktes e die zusätzliche Aufgabe, bei allen mit einem Peilsender (später FuG 23a) versehenen Zellen dieses Gerät vor dem Ziel einzuschalten und die Schleppantenne freizugeben. Als dann zu Beginn der Fi-103-Erprobung, im Jahre 1943, auch offiziell die Forderung gestellt wurde, daß bei 10 bis 20 % aller im Einsatz zu verschießenden Fi 103 eine Vermessung des Einschlagpunktes gegeben sein sollte, griff man auf diese Peilmöglichkeit zurück. Eine eingehende Betrachtung und Diskussion der verschiedenen Vorschläge führte damals zu dem Ergebnis, daß ein primitiver Langwellensender in Verbindung mit einer Adcock-Empfangsbasis, die im Einsatzraum zur Verfügung stand, die schnellste Lösung unter den damals Greifbaren war.[20, 53]

16.5. Die Schleuder

Es wurde schon erwähnt, daß der Schub des Fi-103-Antriebes den Flugkörper vom Boden aus nicht starten konnte, weshalb man die Hilfe einer entsprechenden Startvorrichtung benötigte. Diese Anlage war unter dem Begriff »Schleuder« bzw. »Katapult« bekannt. Die aus Flakartilleristen bestehende spätere Einsatztruppe verwendete auch die eigentlich unzutreffende Bezeichnung »Geschütz«.[33]
Schon im Spätsommer des Jahres 1942 erhielten die Firmen Rheinmetall-Borsig AG in Berlin-Tegel und Hellmuth Walter KG in Kiel die notwendigen technischen Unterlagen der Fi 103, um Vorschläge für eine Startvorrichtung zu erarbeiten. Der voll betankte Flugkörper mit einem Startgewicht von ca. 2,2 t sollte die Startvorrichtung mit einer Mindestgeschwindigkeit von 360 km/h bzw. 100 m/sec verlassen, um mit Sicherheit den Flugzustand zu erreichen.[6, 14, 54]
Friedrich Clar von Rheinmetall-Borsig entwickelte ein mit Feststofftreibsätzen arbeitendes Schleudersystem, wovon zwei Exemplare in verschiedenen Ausführungen gebaut wurden. Beide Katapulte stellte man in Peenemünde-West am nördlichen Rollfeldrand auf (Kapitel 5.1.). Die erste Schleuder, etwa im August 1942 errichtet, bestand aus einer 70 m langen Schienenbahn und einer anschließenden 20 m langen Bremsstrecke, die auf einem Betonfundament aufgebaut waren. Die Startstrecke hatte eine Steigung von etwa 5°. Die Fi 103 wurde am Anfang der Schleuder auf einen etwa 3,5 m langen Schlitten gesetzt, der mit seinen vier senkrecht zueinander stehenden Räderpaaren auf Schienen geführt wurde. Der Schlitten besaß am Ende einen Pulvertopf aus Stahl, der die Feststofftreibsätze aufnahm. Eine Pulvertopfausführung besaß eine gemeinsame große Düse, eine weitere Version hatte eine Düsenplatte mit kreisförmig angeordneten Einzeldüsen. Die mittlere Schubkraft von etwa 294,2 kN (30000 kp) konnte durch mehr oder weniger Stangen raucharmen Pulvers variiert werden. Der Schub übertrug sich vom Raketenschlitten über einen Zughaken auf den Katapultbeschlag des Flugkörpers. Nach etwa 1 sec Brennzeit und 70 m Laufstrecke erreichten Schlitten und Flugkörper die Höchstgeschwindigkeit von ca. 400 km/h bzw. 111 m/sec. Danach lief der Schlitten mit seinem Bremsschwert in die Bremsstrecke hinein, wo druckluftbetriebene Bremsbacken den Schlitten nach etwa 15 m Bremsstrecke zum Ste-

hen brachten. Durch seine Trägheit und den Schub des laufenden Triebwerkes verließ der beschleunigte Flugkörper den gebremsten Schlitten, womit er von der Start- in die Flugphase überging. Durch Lösen der Bremsen nach dem Start rollte der Schlitten auf der schrägen Schienenbahn zum Startpunkt der Schleuder zurück.[14, 55, 123]

Die zweite Borsig-Schleuder, mit deren Aufbau etwa Mitte Oktober 1942 in Peenemünde-West begonnen wurde, besaß das gleiche Antriebsprinzip. Die Schienenführung war hier jedoch auf einem Stahlgitterträger aufgebaut, der in seiner Schußrichtung gedreht werden konnte. Damit waren variable Schußrichtungen der Fi 103 möglich, die besonders für die Winkelschußerprobung vorgesehen waren.

Auf der Borsig-Schleuder konnte der erste Blindversuchsschuß etwa Mitte Oktober 1942 erfolgreich durchgeführt werden, wobei anstelle des Flugkörpers eine etwa gleich schwere zylindrische Attrappe (Ballastkörper) verwendet wurde. Auch der erste gelungene Start einer Fi 103 fand am 24. Dezember 1942 von dieser Borsig-Schleuder aus statt. Bis etwa Mitte 1943 konnte die Starterprobung des Flugkörpers auf beiden Borsig-Schleudern durchgeführt werden.[12, 24, 55, 56]

Wie stellte sich zwischenzeitlich die Situation bezüglich der Schleuderentwicklung bei der Firma Walter in Kiel dar? Der leitende Mitarbeiter der Firma, Oberingenieur Emil Kruska, hatte am Südende des Plöner Sees – in der Nähe des Dorfes Bosau – im Winter 1939 einen Platz entdeckt, auf dem zunächst mit einfachen Mitteln eine Abschußrampe aus Holz gebaut wurde, mit deren Hilfe im Auftrage des RLM raketengetriebene Lufttorpedos erprobt werden sollten. Die Abschußvorrichtung hatte die Aufgabe, Torpedos mit Auftreffgeschwindigkeit zu beschleunigen, um bei einem bestimmten Neigungswinkel den Flugzeugabwurf auf die Wasseroberfläche zu simulieren. Geschäftsführer dieses Bosauer Werkes der Walter KG war Korvettenkapitän Walter, ein Bruder von Professor Hellmuth Walter.[6]

Auf dem gleichen Platz errichtete die Firma Walter auch die Versuchsschleuder für die Fi 103. Die Konzeption entsprach einem Vorschlag des Firmeninhabers, der erstmals bei der Katapultausführung des Gleitkörpers BV 143 der Firma Blohm & Voß verwirklicht und in Kapitel 11 schon erwähnt wurde. Auf dieser provisorischen Versuchsschleuder unternahm man intensive Versuche mit Attrappen, die den Flugkörper simulierten und die nach dem Abschuß in einem Sandberg zur Wiederverwendung aufgefangen wurden. Aus dem Konzept dieser Schleuder und den durchgeführten Versuchen resultierte die sogenannte »Walter-Schlitzrohr-Schleuder« für die Fi 103. Nachdem beide Konstruktionen als Startvorrichtung für die Fi 103 zur Diskussion standen und schon die beiden Borsig-Schleudern in Peenemünde-West montiert waren, entschied sich das RLM später für die Walter-Schleuder, da der Aufwand für den Truppeneinsatz bei dem Borsig-Katapult als zu groß und unwirtschaftlich angesehen wurde.[6]

Die Konstruktion der Walter-Schleuder bestand bei der späteren vereinfachten Einsatzversion aus einem Rohr 1 (Abb. 69) von 300 mm Durchmesser und einer Länge von 42 m, die sich aus sieben Rohrstücken (»Schüssen«) von je 6 m zusammensetzte. Diesem Rohr wurde ein Anfangsstück von etwa 3 m vorangesetzt, womit sich eine Gesamtlänge von etwa 45 m ergab. Das Rohr war von dicht in axialer Richtung angeordneten, kräftigen, außer beim Anfangsstück fast quadratischen Rahmen 2 so umschlossen, daß es mit seinem Schlitz im oberen Teil der hier offenen Rahmen zu liegen kam. Über diese Anordnung lief eine wie das Rohr geschlitzte Bodenplatte 3. Alle Rahmen 2 waren zur Erhöhung der Längssteifigkeit auf der ganzen Katapultlänge durch Seitenverkleidungen 4 miteinander verbunden. Diese ganze Konstruktion ruhte auf acht Stahlgitterstützen mit sich vergrößernder Höhe, die am Schleuderende etwa 5 m erreichte. Dadurch ergab sich eine Steigung der Schleuderlaufbahn von normalerweise 6°. Mit einem auf Schienen in Schleuderrichtung fahrenden Portalkran konnten die Teilstücke feldmäßig auf die Stützen gesetzt, montiert und auch wieder abgebaut werden. Als konstruktive Ergänzung ist noch ein auf der linken Seite der Schleuderbahn vorgesehener Laufsteg 5 mit Geländer zu erwähnen, der, am unteren Ende der Rahmen 2 befestigt, fast über die ganze Länge des Katapultes verlief. Die Begehbarkeit der Schleuder war in erster Linie für Wartungs- und Reparaturarbeiten vorgesehen. Ebenso konnten bei einem Defekt der Schleuderanlage und Hängenbleiben der Fi 103 auf dem Katapult das Triebwerk abgestellt, der Zeitzünder entschärft und die Aufschlagzünder ausgebaut werden, um den Körper wieder von der Schleuder zu heben.[17, 57]

Bei dieser vereinfachten Schleuderausführung waren nur noch eine Fußplatte am Schleuderanfang und die Fundamente der Stützen zu betonieren. Die ganzen aufwendigen Betonier- und Erdarbeiten der ursprünglich geplanten und auch vielfach vorab schon im Einsatzgebiet gebauten Startanlagen, mit beiderseits der Schleuder aufgeschütteten Erdwällen, konnten entfallen. Abweichungen der genannten Schleuderabmessungen waren verschiedentlich durch örtliche und einsatzbedingte Gegebenheiten notwendig.

Am Schleuderanfang wurde in Rohr 1 ein Kolben 6 von etwa 1 m Länge eingeführt, dessen Nase 7 sowohl durch den Schlitz des Rohres als auch den der Bodenplatte 3 hindurchgriff. Durch eine Längsmulde des Kolbens war dicht unterhalb der Nase 7 ein dünnes, sogenanntes Abdeckrohr 8 gesteckt. Seine Länge reichte vom Anfang des Rohres 1 bis etwa zum Schleuderende. In dem freien Stück zwischen Rohranfang und Kolbenbeginn war Abdeckrohr 8 an Drahtschlaufen 9 so aufgehängt, daß es dicht unter dem Schlitz von Rohr 1 hing. Auf die Bedeutung dieser Maßnahme kommen wir später bei der Funktionsbeschreibung der Schleuder zurück.[25]

Der Antrieb für die Walter-Schlitzrohr-Schleuder mit der Kurzbezeichnung »WR 2,3« (Walter-Rohrschleuder 2,3 t) erfolgte nicht wie bei der Borsig-Schleuder durch eine Feststofftreibladung, sondern, wie es beim Walter-Prinzip üblich war, durch die chemisch gebundene Energie des Wasserstoffsuperoxyds. Zu diesem Zweck wurde ein auf Rädern schiebbarer Dampferzeuger (DE) 10, wegen seiner Form auch scherzhaft »Kinderwagen« genannt, am offenen Anfangsstück von Rohr 1 mit einer schweren Bajonettverriegelung 11 angeschlossen, womit der H_2O_2-Dampf beim Start der Anlage direkt in das Rohr 1 gelangen konnte. Hier trieb er den Kolben 6, der mit seiner Nase 7 in den Katapultbeschlag der Fi 103 eingriff, durch das Rohr 1 über die Gesamtlänge der Schleuder bis zum höchsten Punkt, von wo der Flugkörper mit seinem schon vor dem Start angelassenen Triebwerk weiterflog. Der Kolben 6 schoß durch die Rohröffnung ins Freie und fiel im Vorfeld der Schleuder nieder. Er konnte nach der Bergung gewöhnlich für die weitere Verwendung wieder in das Anfangsstück des Schlitzrohres 1 eingeführt werden. Während des Schleudervorganges wurde das Abdeckrohr 8, innerhalb des

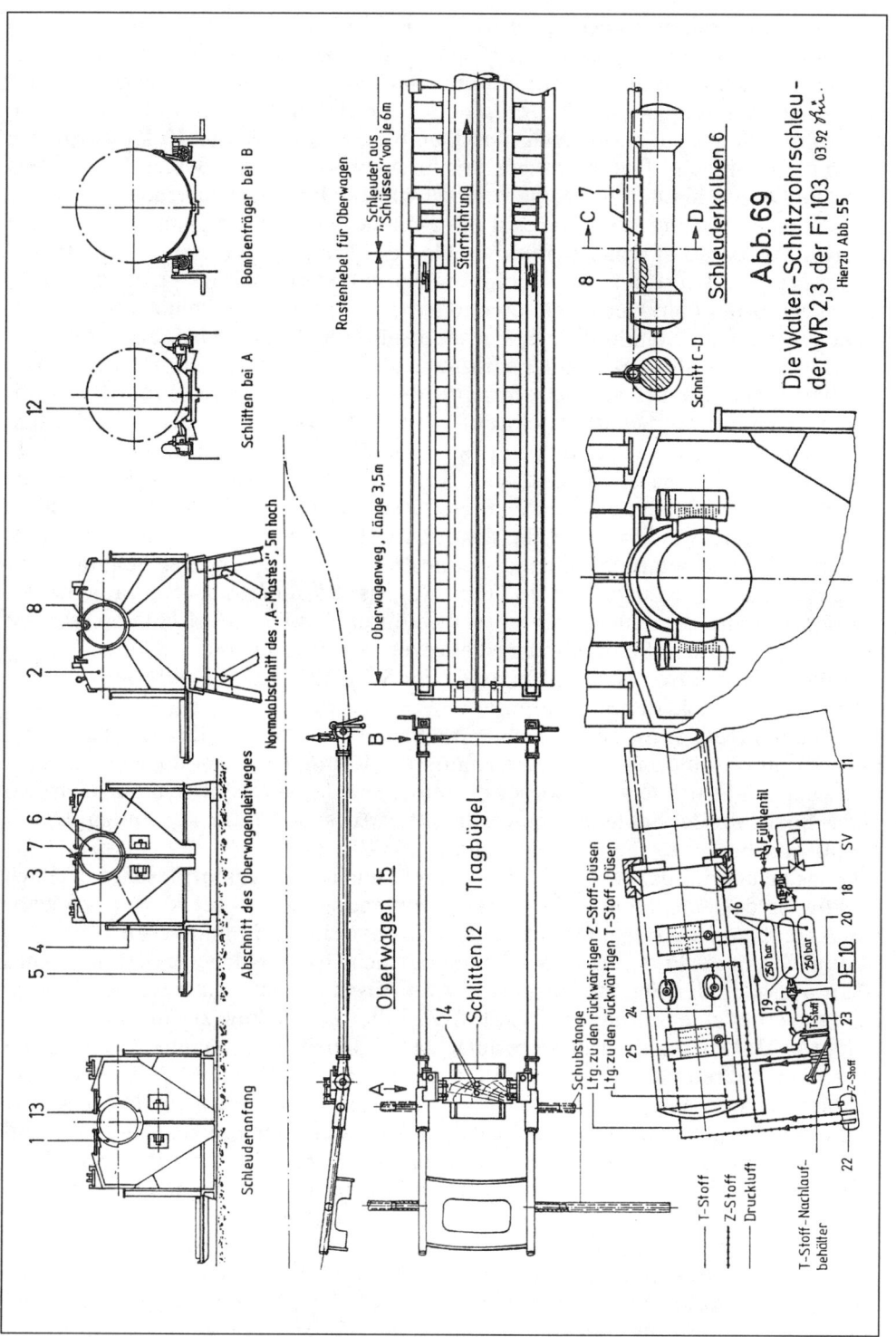

Bombenträger bei B

Schlitten bei A

12

Rastenhebel für Oberwagen

Schleuder aus
"Schüssen" von je 6m

Startrichtung

8

Normalabschnitt des „A-Mastes", 5m hoch

Oberwagenweg, Länge 3,5 m

Abschnitt des Oberwagengleitweges

2

8

C 7

8

D

Schnitt C-D

Schleuderkolben 6

Abb. 69

Die Walter-Schlitzrohrschleuder WR 2,3 der Fi 103   03.92 M.

Hierzu Abb. 55

3 7 6

5 4

Oberwagen 15

14

Schlitten 12   Tragbügel

Schleuderanfang

1 13

B

A

Schubstange
Ltg. zu den rückwärtigen Z-Stoff-Düsen
Ltg. zu den rückwärtigen T-Stoff-Düsen

11

Füllventil

SV

16

DE 10   18

250 bar

250 bar

19   20   21

25   24   23

22

T-Stoff-Nachlauf-
behälter

Z-Stoff

T-Stoff
Z-Stoff
Druckluft

587

sich durch die Kolbenbewegung vergrößernden und unter Druck stehenden Rohr-volumens zwischen Dampferzeuger 10 und Kolben 6, in den Schlitz von Rohr 1 ge-drückt und dichtete damit den Innenraum nach außen hin ab. Die schon erwähn-ten Drahtschlaufen sorgten dafür, daß die Lage des Rohres 8 und damit dessen Dichtfunktion von der Mündung des Dampferzeugers bis zur Kolbenstirnseite schon vor Beginn der Dampfentwicklung im Anfangsstück der Schleuder gegeben war. Die Drahtschlaufen waren gewöhnlich nach jedem Start zu erneuern.[25]

Die seitliche Führung der Fi 103 auf der Schleuder übernahm einmal die Nase 7 des Kolbens 6, die in den Katapultbeschlag des Flugkörperrumpfes eingriff und ihn auch vertikal abstützte. Weiterhin fing der mit einer Pallung versehene Schlit-ten 12 den Rumpf am Heckspant ab und gab ihm gleichzeitig die notwendige ver-tikale und seitliche Stabilität, da er sich einerseits mit seiner flachen Unterseite auf der Bodenplatte 3 der Schleuder abstützte und andererseits seitlich durch zwei wulstförmige Leisten 13 geführt wurde, die den Schlitz von 3 einsäumten und in ei-ne Ausnehmung des Schlittens eingriffen (Abb. 69).[17, 51] Von diesem Schlitten, der eigentlich nur ein Holzklotz war, ist schon gegen Ende des Kapitels 16.4.2.6. berichtet worden, wie er am Ende der Schleuder durch Abfall vom Flugkörper-rumpf die Zünderspannung einschaltete. Der Schlitten 12 besaß, wie ebenfalls schon berichtet, zwei Dorne 14, die sowohl als Mitnehmer beim Katapultieren als auch zur Kontaktbetätigung für den Zündstromkreis dienten. Der Schlitten war loser Bestandteil des sogenannten »Oberwagens« 15, auch Aufsatzgerät genannt, mit dessen Hilfe der Flugkörper unter Einführen der Dorne 14 langsam auf die Kolbennase und den Schlitten abgesenkt wurde. Ebenso wie der Kolben 6, löste sich auch der Schlitten 12 nach Verlassen der Schleuder vom Flugkörper, und bei-de fielen ins Vorfeld der Schleuder.

Der Dampferzeuger arbeitete nach dem »kalten« Walter-Verfahren. Das 80%ige H_2O_2 (T-Stoff) wurde mit Hilfe der Katalysatorlösung Kalzium- oder Kaliumper-manganat (Z-Stoff) zersetzt, wobei das entstehende Sauerstoff-Dampf-Gemisch in das Spaltrohr der Schleuder hineindrückte, wo es mit rasant steigendem Druck die Stirnfläche des Kolbens 6 beaufschlagte.[25, 27]

Wie das Schaltbild der Abb. 69 zeigt, strömte aus den Druckluftflaschen 16 nach Betätigung des Schaltventiles SV vom Kommandogerät aus (elektrisches Schalt-bild Abb. 55 und 65) Druckluft von 250 bar in das Schnellöffnungsventil 18, von wo sie zunächst in die Pufferflasche 19 gelangte. Nach Durchschlagen des Reißbleches 20 am Ausgang der Flasche 19 führten zwei Ausgänge vom Luftverteiler 21 weg. Einmal verlief eine Leitung zum Z-Stoff-Behälter 22 und eine zweite zum T-Stoff-Behälter 23. Der dadurch druckbeaufschlagte Behälter 22 konnte seinen Inhalt über zwei Rohre und eine Verzweigung an vier Zerstäuberdüsen 24 weiterleiten, die sich zu zwei Paaren im Rohrteilstück des Dampferzeugers gegenüberstanden. Weiterhin wurde vom druckbeaufschlagten Behälter 23 über zwei Ausgänge und eine Verteilung T-Stoff vier Brausedüsen ähnlichen Einspritzvorrichtungen 25 zu-geführt. Alle acht Düsenelemente spritzten ihre Treibstoffkomponenten radial in das Rohr des Dampferzeugers hinein. Dieses Rohrstück war damit gleichzeitig Zersetzerkammer, in der die Reaktion des T-Stoffes spontan erfolgte.[25]

Der Schleudervorgang dauerte etwa 0,8 bis 1 sec. Der Zersetzungsvorgang selbst und damit die wesentliche Beschleunigungszeit betrug etwa 0,6 sec, bei einer um-gesetzten T-Stoff-Menge von ca. 70 l und einem Verbrauch von 6 l Z-Stoff. Unter den technischen Gegebenheiten war für die damalige Walter-Schleuder, ohne Berücksichtigung der durch die Dichtstellen gegebenen Leckrate, eine Leistung erforderlich, die wie folgt berechnet werden kann:

Schleuderweg s = 45 m
Schleuderzeit t_s = 1 sek
Beschleunigungszeit t_b = 0,6 sec

$$Beschleunigungsweg \ s_b = 45 \times 0,6 = 27 \ m$$
$$G \ (Fi \ 103) = 2200 \ kg; \ m = G/g = 2200/9,81 = 224,26 \ kg \ s^2/m$$
$$Angen. \ Endgeschw. \ v_e = 400 \ km/h = 111 \ m/s$$
Mittl. Beschleunigungskraft F_m des Kolbens 5: $F_m = m \times b; \ b = v_e/t_b = 111/0,6 =$
$$185 \ m/s^2 = 19 \ g;$$
$$F_m = 224,26 \times 185 = 41\,488,1 \ kp = 406,83 \ kN$$
Arbeit $A = F_m \times s_b = 41\,488,1 \times 27 = 1\,120\,178,7 \ kp \ m = 10\,984,47 \ kN \ m$
Leistung $P = (F_m \times s_b)/t_b = (41\,488,1 \times 27)/0,6 = 1\,866\,964,5 \ kp \ m/s = 18\,307,5 \ kW$
$$(24\,879,9 \ Ps)$$

Aufgrund der mittleren Kolbenkraft F_m = 41 488,1 kp und des Kolbendurchmessers d = 30 cm ergab sich ein mittlerer Dampfdruck im Rohr 1 von:

$$p_m = (F_m \times 4)/(d^2 \times \pi) = (41\,488,1 \times 4)/(900 \times 3,14) = 58,72 \ kp/cm^2 = 57,57 \ bar$$

Bei der Konstruktion des Dampferzeugers lag die Schwierigkeit darin, dem Dampfdruck in der Anfangsphase der Zersetzung des H_2O_2 zunächst einen gewissen »weichen« Anlauf zu geben, um den Katapultbeschlag, die Zelle und die Steuerung nicht einer zu harten Anfangsbeschleunigung auszusetzen. Weiterhin bestand die Aufgabe, dem Druck innerhalb des Schlitzrohres über die Beschleunigungszeit hinweg einen möglichst gleichmäßigen Verlauf ohne ausgeprägte Schwankungen zu geben, zumal ja die Kolbengeschwindigkeit und das vom Dampf zu füllende Rohrvolumen sich vergrößerten. Das erstere erreichte man mit der Pufferflasche 19, die eine Förderdruckluftspitze am Anfang verhinderte. Die weitere Dosierung wurde über die Zuleitungen des T- und des Z- Stoffes vorgenommen, die durch verschiedene Längen, Drossel- und Pufferräume einen fast gleichmäßigen Druckverlauf über die etwa 0,6 sec dauernde Förderzeit veranlaßten.[25, 51]

Die Schleuderleistung wurde mit Hilfe von antriebslosen Ballastkörpern von 2200 kg (+ 100 kg) geprüft. Dabei mußte der Walter-Schleuderantrieb eine Wurfweite von 330 m (– 8 m) erreichen. Bei fallendem Gelände vor der Schleuder war für je 1 m Höhenunterschied des ersten Aufschlagpunktes gegenüber der Geschützfußebene 9 m von der Wurfstrecke abzuziehen. Bei steigendem Gelände waren 9 m zu addieren.[123]

Eine weitere Prüfmaßnahme, die gleichzeitig zur Reinigung der Leitungen, Ventile und Düsen des Dampferzeugers diente, waren die sogenannten »Wasserschüsse«. Dabei wurden die beiden Treibstofftanks mit Wasser gefüllt, das mit Hilfe der Druckluft durch das Schleuderaggregat gejagt wurde.[57]

Abschließend sei noch erwähnt, daß beim Vergleich der Beschleunigungskräfte

und Abfluggeschwindigkeiten der Borsig- und der Walter-Schleuder zu berücksichtigen ist, daß bei der ersten Technik eine längere Beschleunigungszeit und
-strecke wie auch die rollende Reibung gegeben war. Das Walter-Prinzip hingegen
wollte mit kürzeren Zeiten und Wegen bei vorwiegend gleitender Reibung aus-
kommen. Deshalb mußte bei der Walter-Schleuder auch eine größere Beschleunigungskraft aufgebracht werden.

16.6. Die Fertigungsstellen

Nachdem der Flugzeugkonstrukteur und seit dem 1. März 1942 als Technischer Direktor bei Fieseler in Kassel tätige Dipl.-Ing. Robert Lusser am 19. Juni 1942 vor
GFM Erhard Milch und dessen Stab im RLM Berlin anhand der vorgelegten Ent-
wurfszeichnungen das »Projekt 35«, später »Fi 103« und »FZG 76«, erläutert hatte, befahl Milch die Realisierung des Flugkörpers. Aus diesem Grund waren neben
der Entwicklung und Konstruktion bei Fieseler auch die Fertigungs- und Zulieferfirmen zu bestimmen und ihre Aufgaben zu koordinieren. Dabei boten sich die
einzelnen in den Entwicklungs- und Fertigungsprozeß einzugliedernden Firmen
durch ihre Betätigungsfelder bzw. Produktionspaletten mehr oder weniger von
selbst an. Eine vollständige Liste aller an der Fi-103- Fertigung beteiligten und in
der folgenden Tabelle 6 aufgeführten Firmen ist nach so langer Zeit nicht mehr zu
erstellen. Aus Tarnungsgründen wurde damals allen Rüstungsfirmen ein Ferti-
gungskennnzeichen (FKZ) aus drei Buchstaben zugeordnet, das in Tabelle 6 – soweit bekannt – mit aufgeführt ist.
Die Firma Argus Motoren GmbH in Berlin-Reinickendorf als entschiedener und
ausdauernder Verfechter der Fernflugkörperidee und Initiator beim RLM von
deren Verwirklichung stellte eines der Kernstücke, das Pulsostrahltriebwerk AS
109-014, und die Triebwerkanlage her.
Wie schon berichtet, hatte die Firma Askania-Werke, Berlin-Friedenau, damals
schon jahrelange Erfahrung mit pneumatischen Reglern im allgemeinen und
pneumatischen Flugreglern im besonderen. Da in der Fi 103 Druckluft als pneumatische Hilfsenergie – neben der Treibstofförderung – auch für den Betrieb des
Flugreglers und seiner Rudermaschinen vorgesehen war, erhielt Askania den Auf-
trag für die Entwicklung und die Fertigung dieses Reglers.
Nachdem später, Anfang des Jahres 1943, die Entscheidung zugunsten der Walter-
Schlitzrohrschleuder WR 2,3 gegen die Rheinmetall-Borsig-Schleuder gefallen
war, übernahmen die Maschinenfabrik AG, Eßlingen-Mettingen, unter Direktor
Pfister, die Firma MAN, Mainz-Gustavsburg, und die Firma Ferrum Kattowitz AG,
Werk Sossnowitz/Oberschlesien, deren Fertigung. Der Dampferzeuger wurde den
Firmen Chr. Mansfeld, Leipzig O29, und REF-Weygand & Klein GmbH, Stuttgart-
Feuerbach, übertragen. Als Zulieferer für alle pneumatischen Bauelemente, wie
Hand-, Magnet-, Membran- und Spezialventile des Dampferzeugers und der Zel-
le der Fi 103, war im wesentlichen die Firma Dräger-Werke, Lübeck, mit ihrer
großen Erfahrung auf diesem Gebiet eingebunden.[57, 123]
Für die Zünderanlage des Gefechtskopfes zeichnete die Firma Rheinmetall-Bor-
sig-AG in Breslau verantwortlich und fertigte auch gleichzeitig einen Teil der Zünder. Mit der Fachgruppe E7 von den E-Stellen Peenemünde und Rechlin war sie

auch an der Zündererprobung in Peenemünde-West beteiligt. Den Zeitzünder fabrizierten die Firmen Gebr. Junghans AG, Schramberg, und Otto Gössler & Co, Glashütte/Sachsen. Generalunternehmer des ganzen Projektes war die Firma Gerhard Fieseler Werke GmbH, Kassel.[20, 57, 63, 66, 123]

Zur Koordination der einzelnen Firmen und ihrer Aufgaben rief das RLM den »Arbeitsstab FZG 76« ins Leben. Er tagte normalerweise monatlich einmal im großen Sitzungssaal des RLM in Berlin. Auf die Serienfertigung mit wesentlichem Anteil am Gesamtprojekt bereiteten sich außer vielen Zulieferern etwa 13 Firmen vor, die von vier Montagewerken ergänzt wurden. Jede Firma sandte einen oder mehrere Vertreter in die Sitzungen des Arbeitsstabes, so daß oft bis zu 70 Teilnehmer anwesend waren. Den Vorsitz hatte Generalleutnant Wolfgang Vorwald, der seinerzeit Chef des Technischen Amtes im RLM (GL/C) war. Gelegentlich leitete auch GFM Milch diese Sitzungen oder war anwesend.[63, 66]

Ehe die eigentliche Großserie mit einer monatlich geplanten Maximalstückzahl von 5000 Fi 103 (G-Zellen) anlief, begann die Firma Fieseler schon Anfang August 1942 mit der Herstellung von etwa 50 Flugkörpern im Musterbau (M-Zellen) und noch improvisierten Fertigungsmitteln. Damit sollten die ersten Erfahrungen für die spätere Serienfertigung gesammelt und möglichst schnell Flugkörper für die Vor- und Flugerprobung zur Verfügung gestellt werden. Die Flugerprobung war bei der E-Stelle der Luftwaffe Peenemünde-West vorgesehen. Als Fertigungsunterlagen für die Musterzellen dienten vorläufige Zeichnungen, teilweise auch nur Handskizzen der Konstruktionsbüros von Fieseler. Die Ringspante des Rumpfes wurden noch von Hand über verleimte Buchenholzformen getrieben. Mit dem Musterbau wurde der Ingenieur Erich Bruns von der Firma Fieseler betraut, der diese Arbeit in einem abgeteilten Hallenabschnitt des Fieseler-Werkes I in Kassel-Bettenhausen durchführte.[14, 63]

Schon Ende August 1942 konnte die erste Musterzelle fertiggestellt werden, wonach dann am 1. September 1942 auch der erste »Kaltlauf« mit einem Argus-Schmidt-Rohr erfolgte. In den Montagewerken wurde später jede Zelle mit einem Schubrohr versehen, um die Triebwerkanlage zu überprüfen (Kapitel 16.2.2.). Aus diesen Vorgängen ist ersichtlich, mit welchem Elan und Improvisationsgeist an das Projekt FZG 76 herangegangen wurde. Vom 19. Juni 1942, dem Tag des Beschlusses zum Bau der fliegenden Bombe, bis Ende August des gleichen Jahres, waren etwas mehr als zweieinhalb Monate vergangen, als die erste Zelle fertiggestellt wurde. Eine bemerkenswerte Leistung! Aber dieses Tempo und diese Rasanz sollten sich aus verschiedenen Gründen auf den Anlauf der Großserienfertigung, die im Volkswagenwerk vorgesehen war, nicht übertragen lassen, wie wir später noch sehen werden.

Vor Beginn der Großserie erhielt die Firma Fieseler im Frühjahr 1943 den Auftrag, 500 Fi 103 (V-Zellen) als Nullserie zu fertigen. Aus Raummangel im Kasseler Werk wurde diese Fertigung in eine Flugzeughalle des Luftwaffen-Fliegerhorstes Rothwesten bei Kassel verlegt.[14] Bei der Fertigung dieser Serie waren schon eine Punktschweißmaschine der Firma Kjellberg für die Schwarzblechbeplankung und Spezialwerkzeuge im Einsatz. Damit fiel das bei den ersten Zellen angewandte und zeitaufwendige Nieten weg. Während der Fertigung der geplanten 500 Vor- bzw. Nullserien-Zellen reduzierte Fieseler die Stückzahl auf 120, um möglichst schnell mit der Großserie beginnen zu können. Hinzu kamen auch die von den GFW unterschätzten Anlaufschwierigkeiten und letztlich die Luftangriffe auf

Kassel, die eine Verzögerung und Verringerung der geplanten V-Serie veranlaßten.[63, 66, 69]

Aus der V-Serienfertigung konnten die ersten vier noch nicht voll ausgerüsteten Zellen etwa Mitte 1943 zur Verladungs-, Transport- und Verpackungserprobung nach Peenemünde-West geliefert werden. Von zwei weiteren voll ausgerüsteten Zellen ging je eine am 27. Juli 1943 mit dem Lastwagen zur Schüttelerprobung nach Peenemünde-West und an die Firma Argus, Berlin.[68]

Im Zuge der Vorbereitung für die Großserienfertigung waren auch neben den Stanz-, Biege- und Ziehwerkzeugen die Fertigungsmittel und Werkzeugmaschinen zu beschaffen, mit denen bei der besonderen Konstruktion der Fi 103 eine wirtschaftliche und zeitsparende Fertigung möglich war. Für die vielfach kreisförmigen Schweißnähte an Dünnblechen des Rumpfes bediente man sich der Lichtbogenschweißung mit Schweißautomaten, wobei die Werkstücke während des Schweißvorganges auf eine Drehvorrichtung montiert waren. Zu diesem Zeitpunkt hatte die Firma Kjellberg als Neuerung in der Schweißtechnik ein Verfahren mit Dreiphasenstrom in der Erprobung zum Abschluß gebracht. Bei diesem Schweißverfahren befanden sich in einer Ummantelung der Elektrode zwei Elektrodenstäbe. Der Strom floß abwechselnd und der Reihe nach durch die beiden Elektroden zum Werkstück und von einer Elektrode zur anderen, wodurch an der Elektrode eine bedeutend größere Wärme als am Werkstück entstand. Damit floß das Schweißgut um ein Mehrfaches schneller als bei der Gleich- bzw. Wechselstromschweißung. Durch dieses Verfahren war eine Vergrößerung der Schweißleistung bis zum 20fachen des damals Möglichen erreicht worden.

Neben den Schweißarbeiten waren auch die Kurbel-, Zieh- und Hydraulikpressen für die Spante, Versteifungsringe, Bodenbleche und Halbschalen des Rumpfes festzulegen, deren Kräfte in der Größenordnung von 160 bis 500 t lagen. Für diese Arbeiten eigneten sich die Firmen Vollmann & Schmelzer in Iserlohn und W. Krefft AG in Gevelsberg, die besonders in der Anfangszeit der Großserienfertigung im Einsatz waren.[77]

Die Großserienfertigung konnte bei Fieseler schon aus räumlichen und personellen Gründen nicht durchgeführt werden. Aus diesem Grunde waren viele Zulieferfirmen in den Fertigungsprozeß einbezogen. Für die gesamte Fertigung war Generaldirektor Dr.-Ing. Banzhaff von den Fieseler-Werken verantwortlich.[14] Als Endmontagewerk und Auslieferer der Großserienzellen wurde schon am 17./18. Juni 1943 in einer Besprechung zwischen RM Göring, GFM Milch und General von Axthelm, dem Inspizienten des FZG 76, das Volkswagenwerk bestimmt. Mit einem Aufwand von 3000 Arbeitskräften sollte sich die Fertigungsstückzahl vom August 1943, mit 100 Zellen pro Monat beginnend, bis zum Juni 1944 auf 5000 Stück pro Monat steigern.[12, 67]

Das unterirdische Mittelwerk im Harz bei Nordhausen übernahm mit fortschreitendem Ausbau – gegen Ende des Krieges – immer mehr die Hauptfertigung und Auslieferung der Fi 103. Für die Luftwaffenfertigungen erhielt es am 24. November 1944 vom Oberkommando der Luftwaffe den Decknamen »Mittelwerk Nordhausen«.[66]

Für die an der Fi-103-Fertigung beteiligten Firmen erfolgte die Festlegung der erforderlichen Stückzahl, die Bestimmung der Liefertermine, die Zuweisung des

notwendigen Materials und die organisatorische Abstimmung der Zusammenarbeit in Arbeitsausschüssen. Diese Ausschüsse waren in Arbeits-, Sonder- und Hauptausschüsse und diese wiederum nach Fachgebieten unterteilt. Weitere Firmen bekundeten nach Sondierung der Firma Fieseler ihre Bereitschaft, sich an der Herstellung des FZG 76 zu beteiligen. So interessierten sich, wie schon erwähnt, die Firmen Vollmann & Schmelzer und W. Krefft AG für die Fertigung des Rumpfes mit Leitwerk. Die Firma Gebrüder Kramer in Menden schloß sich dieser Fertigungsgruppe an. Die Firma Krefft AG übernahm wegen ihrer Erfahrungen im Feldküchenbau die Fertigung des kompletten Rumpfmittelteiles, also des Tanks mit Katapultbeschlag. Die Fertigungsleitung lag hier in den Händen von Dipl.-Ing. Renger. Unter Führung der Firma Vollmann & Schmelzer entstand anfangs der Nachbaukreis 2. Ihm wurden nach Bedarf weitere Firmen zugeordnet, so z. B. auch die Firma Eltron – Dr. Stiebel in Holzminden und Berlin.[63, 66]
Die kugelförmigen Druckluftbehälter waren, wie schon erwähnt, zur Erhöhung ihrer Festigkeit nach Art eines Wollknäuels mit Drahtbandagen umwickelt. Dementsprechend war die Firma Spinnfaser GmbH ein Betrieb, der für diese Spezialtechnik geeignet war, zumal er sich in unmittelbarer Nachbarschaft des Fieseler-Werkes I befand.[66]
Soweit heute noch feststellbar, nahmen an der Fertigung der Fi 103 anfangs und im Laufe der Zeit folgende Firmen teil:

Aufstellung der Fi 103-Fertigungsfirmen
Tabelle 6[123]

Firma	Ort	Fertigung		FKZ
		A. Zelle		
Gerhard Fieseler Werke GmbH	Kassel-Bettenhausen	Modellserie Vorserie	M-Zellen V-Zellen	hps
Gerhard Fieseler Werke GmbH	Kassel-Rothwesten	Großserie	G-Zellen	hps
Erich Bunde Montagewerk »Cham«	Cöslin/Pom.	Großserie	G-Zellen	?
Willi Laabs Montagewerk »Meißen«	Gollnow/Pom.	Großserie	G-Zellen	kgd
Volkswagenwerk GmbH; Montage	Wolfsburg	Großserie	G-Zellen	eky
Volkswagenwerk GmbH-Vorwerk	Braunschweig	Großserie	G-Zellen	jtv

Firma	Ort	Fertigung		FKZ
Volkswagenwerk GmbH-Elbe-Werk	Burg b. Magdeburg	Großserie	G-Zellen	?
Mittelwerk GmbH; Fertigung, Montage	Niedersachs- werfen/Harz	Großserie	G-Zellen	?
Radiator GmbH	Schönebeck b. Magdeburg	Höhenleitwerk Höhenflosse		?
Möbelfabrik Sunde	Kötzlin b. Kyritz	Höhenleitwerk Höhenflosse, Heck		?
Kunert Söhne	Warnsdorf b. Bautzen	Höhenflosse Seitenflosse Heckhinterteil Bug, Spitze		?
Burger Eisenwerke GmbH	Burg Dillkreis	Mittelstück Heckhinterteil Kraftstofftank Heck, Bug, Spitze		acv
Ernst Heinkel Flugzeugbau (Jenb. (Berg- u. Hüttenwerke)	Jenbach Tirol	Höhenruder Seitenruder Bug		?
W. Krefft AG	Gevelsberg Westfalen	Mittelstück, Kraftstofftank Bug		ccc
Vollmann & Schmelzer	Iserlohn	Rumpfteile		fxt
Gebr. Kramer	Menden	Rumpfheck		?
Sächsische Röhrenfabrik	Leipzig	Kraftstofftank Holm		?
Wilhelm Heim	Reutlingen- Betzingen	Höhenleitwerk Tragflächen		lmz
Eltron – Dr. Stiebel	Holzminden Westfalen, Berlin	Höhenleitwerk Höhenflosse Höhenruder		drz
Buderus'sche Eisenwerke	Wetzlar	Höhenleitwerk, Höhenflosse Tragflächen, Holm		eyc

Firma	Ort	Fertigung	FKZ
J.H. Schmitz & Söhne	Duisburg-Homberg	Holm	?
Irion & Vosseler	Schwenningen am Neckar	Luftlog Zählwerk	dns
Gottlob Widmann Söhne	Schwenningen am Neckar	Bordschalttafel, Verteiler	kyl
VDM-Luftfahrt-Werke AG	Frankfurt-Heddernheim	Druckluft-Kugelbehälter	mnf
Spinnfaser GmbH	Kassel-Bettenhausen	Umwicklung der Druckluft-Kugelbehälter	?
Askania-Werke AG	Berlin-Friedenau	Flugregler	kjj
Pfeiffer Apparatebau GmbH	Wetzlar	Flugregler	hbo

B. Argus-Schmidt-Rohr

Firma	Ort	Fertigung	FKZ
Argus-Motoren GmbH	Berlin-Reinickendorf	Endmontage, Sonderregler, Klappenregister	jat
Brox & Mader	Döbern/Nieder-Lausitz	Rohrfertigung Serienprüfstände	?
Mannesmann-Stahlblechbau AG	Hausach	Rohrfertigung Rohrmontage	dnp
Westdeutsche Kaufhaus AG	Glogau/Oder	Klappenregister	?
Pallas Apparate GmbH	Berlin N 31	Sonderregler	hoo
Pallas Apparate GmbH	Trautenau/Sudetenl.	Sonderregler	hop
Albertus & Stegmüller	Eisenberg/Thüringen	Sonderregler	bmp

Firma	Ort	Fertigung	FKZ
Karl Ehlotzky	Jägerndorf/ Sudetenl.	Sonderregler	?
Karosseriewerk DRAUZ	Heilbronn am Neckar	Gabelteile, Fangdiffusor mit Gabel u. Blende	euy
Wilhelm Karmann Fahrzeugfabrik	Osnabrück	Gabelteile Fangdiffusor	ewf
Mahle-Werk GmbH	Fellbach b. Stuttgart	Stege, Düsenstege u. Spritzgußformen	mqh
Mößner & Turner Alugießerei	München 56	Stege u. Düsenstege	kvn
Weißensee-Guß GmbH	Berlin-Weißensee	Stege u. Düsenstege	fso
Dürener Metallwerke AG	Düren/Rheinland	Endstege	cu
Hans Bergmann Apparatebau	Berlin-Charlottenburg	Endstege	ezn
VDM-Luftfahrtwerke AG	Ffm.-Heddernheim	Endstege	mnf
Heintze & Blankertz	Oranienburg b. Bln.	Klappen	flp
Neue Argus GmbH	Ettlingen b. Karlsruhe	Druckluft- u. Brennstoffschläuche	?
AMBI-Budd GmbH	Berlin-Johannisthal	Rohrfertigung, Fangdiffusor u. Blende	bbz
Bergwerks- und Bahnbedarf AG	Berlin	Rohrfertigung	?
Gebbers & Co	Berlin	Rohrfertigung	?
Mannesmann Stahl-Blechbau AG	Straßburg-Königshofen	Rohrfertigung	juf
R. Hübner Maschinen u. Apparatebau	Züllichau Schlesien	Rohrfertigung	aex

Firma	Ort	Fertigung	FKZ
STOCKO-Metallwarenfabrik	Wuppertal-Elberfeld	Elektr. Kleinteile	cvo

C. Bodengerät

Firma	Ort	Fertigung	FKZ
Maschinenfabrik Eßlingen AG	Eßlingen-Mettingen	Schleuder WR 2,3	bql
MAN-Maschinenfabrik Augsburg-Nürnberg AG	Mainz-Gustavsburg	Schleuder WR 2,3	dos
Ferrum Kattowitz AG Werk Sosnowitz	Sosnowitz Oberschlesien	Schleuder WR 2,3	ohw
Christian Mansfeld	Leipzig O 29	Dampferzeuger DE	dqw
REF-Weygand & Klein GmbH	Stuttgart-Feuerbach	Dampferzeuger DE	eff
Emil Niethammer	Stuttgart-Vaihingen	Start- u. Anlaßanlage, Kommandogerät	kza
Carlwerk Lommatzsch Walter Jähnig	Lommatzsch Sachsen	Schlitten	kld
G. Schneider Metallwerk	Stuttgart-Feuerbach	Schlitten	?
Max Hensel	Berlin-Wittenau	Zellentransportwagen mit Aufsatzvorrichtung	faz
Erich Haack-Werke	Berlin-Lichtenberg	Schleuderkolben	ocs
Deutsche Kühl- u. Kraftmaschinen GmbH	Scharfenstein Erzgebirge	Luftkompressoren	ehs
Gebrüder Kerner	Suhl	Einstellvorrichtung	fbh
Wiesner KG	Görlitz	Wasserwagenanhänger	?
MERO – Dr.-Ing. Max Mengeringhausen	Berlin-Neukölln	MERO-Kran als Be- u. Entladegerät	omj

Firma	Ort	Fertigung	FKZ
Bruno Müller	Triptis/Thüringen	Scheuch-Schlepper	ohv
Thomsen & Co GmbH	Boizenburg/Elbe	Transportwagen	lhs

Für die geplante monatliche Produktionsrate von 5000 Fi 103 waren an Industriepersonal laufend 9000 Personen veranschlagt worden. Für die Fertigung der Schleuderanlage mit Transportgeräten und Verpackung hatte man einmalig 4700 Arbeitskräfte vorgesehen. An Wehrmachtspersonal in den Luftmunas waren laufend 1050 zur Bedienung bzw. Montage und in den Feldmunitionslagern 800 Personen eingeplant worden. Das ergab einen gesamten Personalaufwand von 10 850 laufend und 4700 zunächst einmalig eingesetzten Personen, die aber zu keiner Zeit zur Verfügung standen.[4]

Der monatliche Materialbedarf für eine Monatsproduktion von 5000 Fi 103 mit Zellen, Triebwerk, Steuerung und allem Bordgerät betrug an:

Eisen und Stahl	5800	t	davon ca. 20 % legierter Stahl
Aluminium	135	t	
Kupfer	2	t	
Messing	2	t	
Zink	3	t	
Silber	0,01	t	

Für 150 Schleudern mit allem Bodengerät war als einmaliger Materialbedarf einzuplanen:

Eisen	11 960	t
Aluminium	175	t
Kupfer	39	t

Für 10 000 im Umlauf befindliche Transportgeräte mit Verpackungsmaterial waren erforderlich:

Eisen	1350	t

Der mittelbare Bedarf für Betriebsmittel, Vorrichtungen und Einrichtungen erforderte:

Eisen	2600	t
Aluminium	5	t
Kupfer	1	t

Das bedeutete einen einmaligen Gesamtaufwand an Material für die Bodenorganisation von:

Eisen	25 910	t
Aluminium	180	t
Kupfer	40	t

Der für Juli 1943 geplante Beginn der Serienfertigung im VWW konnte wegen
Personalmangels gar nicht und sonst auch nur sehr schleppend anlaufen. In der Firma Fieseler wurde eine Einsatzgruppe gebildet, die mit der inzwischen als »Ent-
wicklungs- und Nachbaubüro Lusser« bezeichneten Entwicklungsdienststelle eine
enge Zusammenarbeit einging. Die Gruppe stand unter der Leitung des Betriebs-
leiters Wittelsbach. Ihre Bezeichnung lautete »Einsatz-Gruppe Wittelsbach«
(EGW). Sie hatte die Aufgabe, für die einzelnen Firmen Zeichnungen und Fertigungsunterlagen bereitzustellen und den neuesten Änderungszustand zu überwachen. Dieser Institution kam insofern große Bedeutung zu, als Entwicklung, Fertigung und anlaufende Erprobung sich wegen des enormen Zeitdruckes in ihren Abläufen überlappten. Dadurch mußten die von der Teil- und Flugerprobung gewonnenen Erkenntnisse als Änderungen in die Zeichnungssätze, Fertigungsunterlagen
und letztlich in die Fertigung selbst möglichst problemlos einfließen.[66]
Nach dem ersten und auch gelungenen Schleuderstart der Fi 103 von der Borsig-
Schleuder am 24. Dezember 1942 in Peenemünde-West stellten sich im Frühjahr
1943 Probleme mit dem Flugkörper bei den Katapultstarts ein. Neben gelungenen
Flügen stürzten Flugkörper immer wieder kurz nach Verlassen der Schleuder ab.
Auf die Ursache dieser Abstürze und der weiteren aufgetretenen Fehler wird im
folgenden Kapitel 16.7 noch näher eingegangen werden. Für die Erprobung be-
deutete das die Forderung nach anfangs nicht erwarteten höheren Stückzahlen
von Erprobungskörpern, zumal auch das Ende Juli 1943 aufgestellte Lehr- und
Erprobungskommando Wachtel für die Schulung der Truppe in Peenemünde-
West und Zempin auf Usedom sechs Flugkörper pro Tag forderte.[63,66] Durch diese Tatsache ergab sich für die Firma Fieseler die Notwendigkeit, nach einer Fertigungsstätte möglichst in der Nähe von Peenemünde Ausschau zu halten.
Am 10. August 1943 fand bei der Rüstungsinspektion des Wehrkreises II in Stettin
eine Besprechung zwischen Herrn Bruns als Vertreter der Firma Fieseler sowie
Oberstleutnant Pluns und Hauptmann Harms von der Rüstungsinspektion
statt.[63]
Wegen der Dringlichkeit der Aufgabe veranlaßte die Stettiner Dienststelle die
Freistellung der pommerschen Möbelfabriken Erich Bunde in Cöslin und Willi
Laabs in Gollnow. Zwischen der Firma Fieseler und den beiden Fabriken konnte
im September 1943 ein Pachtvertrag abgeschlossen werden. Die Firma Fieseler lieferte für die vorgesehenen Arbeiten das Material, die Werkzeuge, Vorrichtungen
und stellte eine Gruppe Facharbeiter aus der früheren Muster- und Nullserienfer-
tigung zur Verfügung. Beide Werke übernahm Erich Bruns als Betriebsleiter. Zur
Tarnung erhielt die Firma Bunde die Bezeichnung »Montagewerk Cham« und die
Firma Laabs die Bezeichnung »Montagewerk Meißen«. Schon nach kurzer Zeit
konnte Peenemünde mit Erprobungsgeräten beliefert werden.[14,63]
Wie schon angedeutet, war der Fertigungsanlauf der Großserie im VWW aus per-

sonellen Gründen mit Schwierigkeiten verbunden. Von den bis Ende Juni 1943 zugesagten 2180 Arbeitskräften trafen im VWW nur 1427 ein. Verschiedene, vielschichtige Ursachen waren dafür verantwortlich, die sich ausgerechnet zu diesem Zeitpunkt häuften und die Luftwaffenführung bei dem Personalproblem belasteten und benachteiligten.[61, 64, 68]

Nach einem weiteren schweren Luftangriff auf Hamburg und seine Zivilbevölkerung, am 30. Juli 1943, sah sich GFM Milch als Generalinspekteur der Luftwaffe gezwungen, den Bau von Jägern zu verstärken, was eine weitere Belastung der Personalkapazität bedeutete.[60] Auch hatte Rüstungsminister Albert Speer sein Versprechen nicht einhalten können, Betriebe nach Arbeitskräften für die Fi-103-Fertigung durchforsten zu lassen. Wernher von Braun benötigte für die in Entwicklung begriffene Flugabwehrrakete »Wasserfall« Arbeitskräfte, die er aus dem Luftwaffenbereich für die Heeresversuchsstelle, Werk Ost, anwarb und die in der Flakversuchsstelle Peenemünde zusammengefaßt wurden.[65, 72]

Es ist auch für einen Laien leicht vorstellbar, daß nach einer mehr oder weniger handwerklichen Fertigung der Muster- und der Nullserie der Fi 103 mit qualifizierten Facharbeitern beim Anlauf der Großserie mit hauptsächlich ungelernten bzw. angelernten Hilfskräften und Fremdarbeitern Schwierigkeiten auftreten mußten. Hinzu kam noch als wesentlicher Faktor, daß die Ergebnisse der Nullserienerprobung nicht abgewartet wurden und das RLM sofort die Großserienfertigung verlangte. Wenn dann zusätzlich nur 65 % der zugesagten Arbeitskräfte zur Verfügung standen, ist das damalige Dilemma im VWW auch aus heutiger Sicht leicht nachzuempfinden. Ebenfalls muß man berücksichtigen, daß die ständigen Zeichnungsänderungen aufgrund laufender Erprobungsergebnisse den Zeitplan weiter negativ beeinflußten. Die Erprobung in Peenemünde-West zeigte, daß der Flugkörper noch Mängel hatte und nicht ausgereift war. Da der Druck auf den für die Gesamtentwicklung und Konstruktion verantwortlichen Direktor Lusser immer stärker wurde, gab er die Zeichnungen mit einschränkenden Hinweisen für den Anlauf der G-Zellen (Großserien-Zellen) heraus. Bezeichnend war, daß danach noch mindestens 150 weitere Zeichnungsänderungen an der Zelle vorzunehmen waren.[65]

Bei Betrachtung des Personalproblems sowie auch der Materialbeschaffung darf vor allem nicht die kriegsbedingte Situation des damaligen Deutschen Reiches übersehen werden. Ein Gebiet vom Atlantik bis in die Weiten Rußlands und von der Sahara bis zum Nordkap war mit Truppen, Material und Waffen zu versorgen. Das war letztlich der Grund, weshalb die Personaldecke an qualifiziertem Fachpersonal in allen Bereichen zu kurz wurde und ein Ziehen in eine Ecke eine andere entblößen mußte. Hinzu kamen noch die Auswirkungen der immer stärker werdenden Luftangriffe.

Nach zähen Verhandlungen mit GFM Milch erließ RM Speer am 17. August 1943 die Weisung, daß das Luftwaffenprogramm nicht durch das A4-Programm gestört werden dürfe, was aber das Personalproblem der Fi-103- Großserienfertigung zunächst nicht verbesserte.[65]

Außer dem Personalmangel machten sich auch die schon erwähnten technischen Schwierigkeiten bei der Erprobung der Fi 103 bemerkbar. Sie zeigten sich in den Nachteilen einer unter Zeitdruck durchgeführten Konstruktion ebenso wie in den teilweise nicht sorgfältig und exakt durchgeführten Fertigungsvorgängen. Die Folge war, daß die ohnehin schon zwei Monate hinter dem Terminplan zurückliegende Erprobung weiter verzögert und der ins Auge gefaßte Erprobungsabschluß zum Ende 1943 immer fraglicher wurde. Schwierigkeiten gab es beim Kompaß, beim Abstiegsvorgang, bei der Steuerung und bei der Festigkeit der Zellen. Es zeigte sich hier, daß der Flugkörper von Flugzeugbauern konstruiert worden war, denen Beschleunigungen, wie sie beim Katapultieren erreicht wurden, nicht geläufig waren. Hinzu kamen Fertigungsfehler bei der Punktschweißung.

Die Erprobungslage stellte sich schon im September 1943 besonders negativ dar. Von den geplanten 90 Erprobungsstarts waren aus Mangel an Erprobungszellen nur 14 durchgeführt worden, denen im Oktober ebenfalls nur 35 folgten. Zu diesem Zeitpunkt waren die Montagewerke »Cham« und »Meißen« gerade erst im Aufbau begriffen und konnten die Situation noch nicht verbessern. Verschlechtert wurde diese Situation noch durch den vorher erfolgten englischen Luftangriff auf die Siedlung und Peenemünde-Ost am 17./18. August, wodurch sich auch für die Erprobung in Peenemünde-West Verzögerungen von drei Wochen ergaben. Ein weiterer Großangriff auf Kassel, am 22. Oktober 1943, der 13 000 Menschen das Leben kostete, machte wegen der großen Zerstörungen auch im Werk I von Fieseler eine Evakuierung der Fabrikanlagen notwendig. Damit war auch diese Fertigungskapazität, in der die Musterserie der Fi 103 produziert worden war, ausgefallen. Die Konstruktionsabteilung der Firma verlegte nach dem Bombenangriff auf Kassel in die Nähe von Wolfsburg. In der alten Burg Neuhaus fand Lusser mit seinen Konstrukteuren eine neue Wirkungsstätte, wo Konstruktionsbüros und Unterkünfte unter einem Dach vereint waren. Die Bezeichnung lautete jetzt »Büro Direktor Lusser«.[66]

Unter dem Druck dieser Ereignisse erkundigte sich GFM Milch in der GL (General-Luftzeugmeister)-Besprechung beim »Arbeitsstab FZG 76« am 3. November 1943, welchen frühesten Termin man sich für den Erprobungsabschluß vorstellen könne. Fl.-Oberstabsingenieur Brée hielt noch einen Abschuß von 150 Flugkörpern für unbedingt erforderlich, was etwa noch drei Monate dauern würde. Aber vor Ablauf dieser Zeit sollten sich noch weitere Fehler bei der Erprobung der Fi 103 zeigen.[61]

Im Herbst 1943 waren bei der Fertigung des VWW große technische Probleme aufgetreten. Das Risiko, das GFM Milch eingegangen war, die Großserie zu genehmigen, ohne die Erprobungsergebnisse aus Peenemünde abzuwarten, machte sich jetzt bemerkbar. Ende November 1943 wurde die Fertigung im VWW vorläufig gestoppt. 1000 zum Teil schon fertig montierte Zellen mußten verschrottet werden.[62]

Anläßlich einer folgenden Arbeitstagung in Wolfsburg am 24. Januar 1944 waren etwa 40 verantwortliche Männer aus der Fi-103-Fertigung, -Entwicklung und -Erprobung unter Vorsitz von Generalleutnant Vorwald versammelt. Die Probleme wurden hart diskutiert. Außer den Fertigungsschwierigkeiten, die ja recht vielschichtig waren, stand neben dem Personalproblem auch die Sicherung der Fertigungsstätten zur Debatte. Neben den reinen Terrorangriffen auf deutsche Städte war auch die Flugzeugproduktion natürlich ein Ziel der feindlichen Luftangriffe, und die Fi-103-Fertigungsmöglichkeit bei Fieseler in Kassel war schon ausgeschaltet. General Vorwald machte Generaldirektor Dr. Banzhaff schwere Vorwürfe, daß außer dem VWW zur Zeit keine weitere Möglichkeit für die Fertigung der

Großserie vorbereitet war. In der Mittagspause dieser Tagung konnte der auch anwesende Erich Bruns Dr. Banzhaff davon überzeugen, daß in dem schon arbeitenden Montagewerk »Cham« in Cöslin die Gesamtmontage der Hälfte aller Großserien-Rümpfe, mit Justieren der Steuergeräte, der Kompasse und Triebwerkregler sowie der Probe- bzw. Kaltläufe, durchgeführt werden könne. Bei Fortsetzung der Sitzung hatte Fl.-Oberstabsingenieur Platz, Beauftragter des RLM für die Fi 103 im VWW, aber Bedenken wegen des zu kleinen Werkes in Cöslin. Ein späterer Besuch von Oberstabsingenieur Platz verlief im Sinne von Bruns positiv. Die für diese zusätzlichen Aufgaben benötigten Werkzeugmaschinen und Geräte sowie zwei Hochdruckkompressoren bis 175 bar, Prüf- und Justiergeräte wurden vom RLM beschafft. Zusätzlich erhielt das Werk wegen der Geheimhaltung eine geschlossene Verladehalle über dem werkeigenen Bahnanschluß. Nach Einweisung und Schulung der Belegschaft konnten im Mai 1944 die ersten 50 Zellen geliefert werden. Die bisherige Fertigung von Versuchsgeräten wurde ganz in das Montagewerk »Meißen« nach Gollnow verlagert. Beide Werke standen weiterhin unter der verantwortlichen Leitung von Erich Bruns.[14, 63]

Bei einer erneuten GL-Besprechung im großen Sitzungssaal des RLM am 1. Februar 1944 unter Leitung von GFM Milch stand u. a. nochmals das Thema der Punktschweißung zur Debatte. Erich Bruns machte den Vorschlag, die noch vorhandenen unbrauchbaren Rümpfe und Flächen durch Nachnieten auf entsprechende Festigkeit zu bringen. Professor Porsche, der Leiter des VWW, entgegnete aber: »Ich habe mit dem Führer gesprochen und versichert, das Programm bis zum Juni 1944 auf- und eingeholt zu haben. Der Führer war damit einverstanden.« Damit erübrigten sich weitere Diskussionen. Erich Bruns hat aber trotzdem eine Anzahl der beanstandeten Rümpfe und Flächen, die in der Luftmuna Tarthun/Egeln – etwa 25 km südlich von Magdeburg – ausgelagert waren, angefordert und für Erprobungszwecke im Werk »Meißen« nach seinem Vorschlag herrichten lassen.[14, 63]

In den Kapiteln über die Entwicklung und Erprobung der Fi 103 wurde auch über die da und dort auftretenden Schwierigkeiten in der Fertigung schon geschrieben. Ohne Frage würde auch die Geschichte der Serienfertigung des gesamten Waffensystems Fi 103 mit seinen vielseitigen Geräte- und Zubehörteilen ein interessantes Thema abgeben. Da eine Verwirklichung dieses Gedankens einmal aufgrund fehlender Unterlagen und der vielen verstorbenen Zeitzeugen nicht mehr möglich ist und andererseits auch der Rahmen dieser Arbeit gesprengt würde, muß darauf verzichtet werden.

Nachdem es in den vergangenen Jahren möglich war, im Militärarchiv Freiburg Einblick in einige Dokumente über die Arbeit des Generalluftzeugmeisters und Generalfeldmarschalls Erhard Milch zu erhalten, konnten daraus doch einige Erkenntnisse gewonnen werden, die auch für den Leser von Interesse sein dürften. So wurde in einem grundsätzlichen Befehl GL/C Nr. 845/42 geheime Kommandosache vom 10.12.1942 von GFM Erhard Milch im »Entwicklungs- und Beschaffungsprogramm VULKAN« folgendes angeordnet:»Die unbedingte Forderung nach qualitativer Überlegenheit des deutschen Luftwaffengeräts über dem des feindlichen Auslandes veranlaßt mich, die Zusammenfassung eines vordringlichen Entwicklungs- und Beschaffungsprogramms unter dem Kennwort VULKAN zu befehlen. Die unter diesem Kennwort laufenden Aufgaben haben innerhalb der Luftwaffe absolut erste Dringlichkeit. Das Programm umfaßt Flugzeuge mit Strahlantrieb und ferngelenkte Körper einschließlich der dazugehörigen Geräte und der für den Betrieb notwendigen Bodenorganisation. Die Erweiterung der Gültigkeit des Stichwortes ›VULKAN‹ für den Bereich der gesamten Rüstung ist beim Reichsminister für Bewaffnung und Munition (RMfBuM) beantragt. Die Entwicklung eines Teils der im folgenden genannten Geräte läuft bereits in Dringlichkeitsstufe DE. Durch das Stichwort ›VULKAN‹ soll insbesondere auch die Beschaffung dieser Geräte erfaßt werden, für welche weitgehende Vorbereitungen wie bisher getroffen werden müssen.«

Bei den nun aufgeführten Geräten werden u. a. auch folgende, schon in der vorliegenden Arbeit behandelte Waffensysteme genannt:

Me 16   – Einsitziger Interzeptor
Hs 293 – Ferngelenkte Gleitbombe
Hs 294 – Ferngelenkter Gleittorpedo
FritzX – Ferngelenkte Fallbombe
Fi 103– – Kirschkern (FZG 76)

Nachdem GFM Milch die Fi 103 zur Chefsache erklärt hatte, wurden die für dieses Programm verantwortlichen Persönlichkeiten im Ministerium, beim Waffeninspekteur, bei der Erprobungsstelle, in den Firmen und bei den zuständigen Ausschüssen zu den monatlich ein- oder mehrmalig stattfindenden GL-Besprechungen eingeladen. Leider sind für das Programm Fi 103 nur einige wenige Besprechungsprotokolle erhalten geblieben. Da aber auch der Inhalt dieser noch zugänglichen Dokumente für den Leser von großem Interesse sein dürfte, sollen im folgenden die wichtigsten Teile aus acht GL-Besprechungen und einer Sitzung beim Reichsmarschall Hermann Göring auszugsweise wiedergegeben werden:

GL-Besprechung am 10.6.1943

GFM Milch
»Hier teilt uns der Verbindungsingenieur GL/A mit, daß das Programm A4, soweit erforderlich in DE (höchste Dringlichkeitsstufe – d. Verf.) eingestuft sei, nach ausdrücklicher Weisung von Minister Speer und durch diese einschneidende Maßnahme die Fertigung von Fi 103 an die Wand gedrückt wurde. Wir können ja noch nicht in größeren Stückzahlen laufen, ehe wir nicht wissen, wie der ›Vogel‹ fliegt. Wie groß sind die Serien?«

Direktor Frydag
»Das Programm beginnt im August, wobei die Zahlen nicht genau so hoch kommen werden, wie ich sie jetzt nenne: August 100, September 500, Oktober 1000, November 2000, Dezember 2500, Januar 3000, Februar 3500, März 4000, April 5000.«

Direktor Frydag
»Die Sache liegt wohl anders. Wir werden die ganzen ›Kirschkerne‹ (Tarnname für Fi 103 – d. Verf.) haben. Wir werden aber nicht die Katapulte haben. Der Gene-

ralstab will nämlich nicht den Befehl geben, die Katapulte zu bauen, ehe nicht 2000 Schuß gemacht sind.«

GFM Milch
»Zu welchem Zeitpunkt werden Sie sagen können, daß es soweit ist? Ich habe jede Besichtigung verboten. Auch wenn eine hochgestellte Persönlichkeit nach Peenemünde kommen sollte, darf die Sache (Fi 103) nicht vorgeführt werden!«

Direktor Frydag
»Im August fangen wir mit 100 Stück an, im September mit 500.«

Besprechung am 18.6.1943 bei Reichsmarschall Göring

Oberstleutnant Ulrich Diesing
trägt den jetzigen Entwicklungsstand und die voraussichtliche Beschaffungslage vor: Geplante Großserie 1943, von einschließlich August bis Dezember: 100, 500, 1000, 1500, 2000 Geräte. Geplante Großserie 1944, von Januar bis Juni: 2600, 3200, 3800, 4500, 5000, 5000.
»Die Großserie kann nur erfüllt werden bei Eingreifen von Sondermaßnahmen. Der Generalluftzeugmeister bittet deshalb, daß der Herr Reichsmarschall je ein Fernschreiben an den Reichsminister für Bewaffnung und Munition und an den Gauleiter Sauckel richtet, um bestehende Engpässe bei Arbeitskräften zu beseitigen.«

Reichsmarschall Göring
betont, daß die Entwicklung Fi 103 mit besonderem Nachdruck zu einem Abschluß zu bringen ist. Er äußert, daß bei günstigem Entwicklungsabschluß die Serie über die bisher geplanten Stückzahlen hinaus noch erheblich vergrößert werden müsse. Es sei eine entsprechende Planung vorzulegen. Endforderung möglichst 50 000 im Monat. Der Reichsmarschall wünscht Überprüfung, ob Einsatz Fi 103 oder Weiterentwicklung auch von Süditalien gegen afrikanische Häfen möglich ist.

GL-Besprechung am 29.6.1943

GFM Milch gibt ein Schreiben des Reichsministers Speer bezüglich Neuanmeldungen des Bedarfs von Arbeitskräften an GL/A. Dem zufolge sollen zehn bis 15 000 Mann einschließlich Fi 103 zur Verfügung gestellt werden können. Beim RMfBuM muß beantragt werden, daß die Fi 103 als außerhalb der eigentlichen Luftwaffenfertigung angesehen wird. Für die Fi 103 müßten besondere Maßnahmen eingeleitet werden. Reichsminister Speer ist darauf aufmerksam zu machen, daß die Rotzettel (Anforderungsscheine für Personal) in solch einem Umfang herausgegeben worden seien, daß die Erfüllung aller Forderungen unmöglich durchführbar ist.

GL-Besprechung am 29.7.1943

Stand der bisherigen Erprobung der Fi 103: Von den in Peenemünde erfolgten 68 Abschüssen haben 28 die Bedingungen erfüllt. Es wurden erzielt: Eine Reichweite von 225 km mit 590 l Kraftstoff. Höchste Reisegeschwindigkeit 625 km/h. Reisehöhe 1300 m. Es wurde ferner nachgewiesen der Winkelschuß und der Abschuß bei starkem Seitenwind.

An der Klärung der Ursachen der bisher aufgetretenen Störungen wird eifrig weitergearbeitet: 2 Festigkeitsbrüche, 6 Abstürze durch freie Rollmomente, Festigkeitsbruch bei der Walter-Schleuder. Die Fehler an der Steuerung sind zum größten Teil behoben.

Die bisherigen 16 Abwürfe (mit He 111 – d. Verf.) haben noch kein befriedigendes Bild ergeben. Ihren Erprobungszweck haben dabei drei Versuche erfüllt. Neben diesen Abwürfen und Abschüssen sind für die Erprobung firmenseitig und E-Stellen-seitig weitere Untersuchungen angelaufen; Versuche im Triebwerkprüfstand (Argus), Triebwerkversuche bei der E-Stelle Peenemünde und im Schüttelstand bei Fieseler in Kassel.

Wetterberatung:
Von Professor Dr. Lettau – Reichsamt für Wetterdienst – ist eine Station errichtet worden, die anhand von dort vorliegenden Erfahrungswerten ein ungefähres Bild über die Einsatzgegend gibt. An 24 % der Tage im Jahr herrscht über dem Einsatzgebiet eine Wetterlage mit einer Wolkenschicht, die gestatten wird, ohne FuG 23, d. h. ohne Rückmeldung, genau einzuschießen. Ungünstig für das Schießen sind 20 % der Tage. Der Rest von 56 % aller Tage ergibt gemischtes Wetter bei nicht schnell wechselndem Wind, d. h., es muß vielleicht alle eineinhalb bis zwei Stunden im Schießbetrieb eine FuG-Vermessung eingelegt werden.

Direktor Lusser
begrüßt den Vorschlag von Ingenieur Kröger (E-Stelle Karlshagen, E2) über die Verstärkung der Teile, bei welchen Unsicherheiten zu befürchten sind, ohne Rücksicht auf etwaige Gewichtserhöhungen, da die jetzt zum größten Teil abgeschlossenen Festigkeitsversuche nur nach den üblichen Methoden im Flugzeugbau durchgeführt werden konnten.

Ingenieur Kröger
weist darauf hin, daß eine schnelle Abwicklung des Erprobungsbetriebes in Peenemünde unmöglich ist, wenn die gesamten Einbauten, die für den Erprobungsbetrieb notwendig sind, wie bisher in Peenemünde gemacht werden.

Zur Frage der Arbeitskräfte:
1427 Mann (35 % der Anforderung) sind nicht zugewiesen. Qualitätsmäßig wurde die Forderung keineswegs erfüllt. Von 60 angeforderten deutschen Werkzeugmachern wurden nur 27 zugewiesen. Unter den 200 zugewiesenen ausländischen Arbeitern befinden sich keine Werkzeugmacher. Deutsche Spezialarbeiter fehlen für den Zwischenbau und die Endmontage. Dies sei besonders im Hinblick auf die Herstellung der Werkzeuge für die Nachbaufirmen bedenklich.

General der Flak von Axthelm
will 400 hochwertige Fachkräfte aus seinen Verbänden bis Ende Oktober zur Verfügung stellen. Die Vorstellung von RM Göring, aus Heeresbetrieben Facharbeiter für die Fi 103 zur Verfügung zu stellen, ließ sich nicht durchsetzen. Die Luftwaffe müßte sich selbst helfen und aus den eigenen Werken Fachkräfte abziehen. GFM Milch habe es abgelehnt, für das A4-Programm Arbeitskräfte abzugeben, da es sich bei der Fi 103 um ein gleichrangiges Programm handeln würde.

Serienfertigung der Schleudern:
Die Forderung auf Lieferung von 100 Schleudern ließ sich wegen konstruktiver Änderungen und daruas resultierender Materialumstellung nicht erfüllen. Während die Materialzuteilung für die ersten 45 Schleudern klargeht, tritt für die restlichen 55 Schleudern eine Verzögerung von drei bis vier Wochen ein.

Fl.-Oberstabsingenieur Deutschmann
»meldet, daß für Sprengstoff erhebliche Anforderungen vorliegen. Da die maximale Ausbringung (5400 t Sprengstoff/Monat) erst ab 1944 zum Tragen kommt, werden sich voraussichtlich keine Schwierigkeiten ergeben. (Bei 2000 Fi 103 mit einer Füllmenge von je 840 kg sind dies allein 1660 t! – D. Verf.)

GL-Besprechung am 14.8.1943

GFM Milch
wird die Beschwerde des Befehlshabers im Luftgaukommando Belgien/ Nordfrankreich – General Wimmer – über fehlende Bauunterlagen für Gerät 76 (FZG 76) vortragen.

LD Ag III
berichtet, daß folgende Punkte zum Zeitpunkt der Beschwerde noch nicht klar waren und deshalb Bauunterlagen darüber noch nicht vorlagen:

1. Frage der Verwendung von Eisen in den Einstellbauwerken (Bauwerke müssen eisenlos erstellt werden.
2. Frage der Transportkarren (Entwicklung noch nicht abgeschlossen; endgültige Unterlagen stehen erst am 23.8.1943 zur Verfügung).
3. Frage der Schleuderfundamente (Verankerungspläne und technische Daten über die auftretenden Rückstoßkräfte werden bauseitig dringend benötigt).
4. Frage der Vorwärmung (es wurde entschieden, daß für die Vorwärmung der Geräte keine geheizten Räume erforderlich sind).

GFM Milch wies Ministerialdirektor Gallwitz an, sich unmittelbar mit Ministerialdirektor Dorsch in Verbindung zu setzen, um Unklarheiten bei den Stellungsbauten zu beseitigen.

General der Flak von Axtheim
wird abschließend von GFM Milch angewiesen, sich um alle technischen Fragen (Peilorganisation, Wetterdienst usw.) laufend zu kümmern. Bei Problemen, die

nicht unmittelbar behoben werden können, ist der Feldmarschall persönlich einzuschalten.

GL-Amtschef-Besprechung am 3.11.1943

Dipl.-Ing. Temme (Erprobungsleiter Fi 103 in Peenemünde-West)
erklärt, daß die Erprobungslage der Fi 103 in den Monaten August bis Oktober
1943 entscheidend durch die Lieferlage der Geräte beeinflußt wurde. Bereits im
August sollte die Lieferung der von der Firma Fieseler zu bauenden M-Zellen erfolgen. Der Anlauf dieser Geräte verzögerte sich durch allgemeine Schwierigkeiten, insbesondere bei den Vorrichtungen und weil von Fieseler die Anlaufschwierigkeiten unterschätzt wurden. Die Luftangriffe auf Kassel mit der Verlegung der
gesamten Fi-103-Fertigung nach Rothwesten taten ein übriges.

»Die für die Hilfsarbeiten in Kassel selbst im großen Umfange herangezogenen
ausländischen Arbeitskräfte konnten nach Rothwesten nicht mitgenommen werden. Dadurch ergab sich, daß die Lieferung der M-Zellen im August überhaupt
ausfiel und im September lediglich 10 M-Zellen zur Verfügung standen, obwohl
GFW noch am 7. September die Lieferung von 45 M-Zellen für September schriftlich zugesagt hatte. Auch im Oktober besserte sich die Lieferlage nur unwesentlich, um im Anschluß an den (Luft-)Angriff am 22.10. gänzlich zum Erliegen zu
kommen.«
»Auch das Änderungs-Zwischenwerk Cham in Cöslin, dessen Anlauf GFW
zunächst für Mitte Oktober in Aussicht gestellt hatte, kommt praktisch erst Mitte
November zum Anlaufen.«

»Inzwischen hatte die Lieferung von G(Großserie-)Zellen von VWW eingesetzt.
Die hier bereits im August gelieferten Geräte waren aber in bezug auf Ausrüstung
unvollständig, wiesen nur zum Teil fertigungstechnische Mängel auf, bedurften
aber zu ihrer Einreihung in den Erprobungsbetrieb einer Vervollständigung der
Ausrüstung.«

»Nachdem feststand, daß von GFW nur ungenügend geliefert werden konnte,
wurden raschestens Maßnahmen zur schnelleren Auslieferung zusammen mit dem
Volkswagenwerk getroffen, deren Auswirkungen nunmehr beginnen sollen. Für
den Monat November soll in dem Umbaubetrieb des VWW in Karlshagen und mit
Unterstützung vom EK (Erprobungskommando) Wachtel eine tägliche Lieferung
von 8 G-Zellen erreicht werden. Darüber hinaus sollten von GFW täglich 2 M-
Zellen ausgeliefert werden. Die inzwischen in Kassel eingetretene Lage gestattete
diese Lieferung aber nicht.«

»Bis zum Abschluß der Erprobung werden noch etwa 150–200 Abschüsse notwendig werden, deren Erledigung noch etwa 3 Monate in Anspruch nehmen wird.«

»Bisher bestanden größere Materialschwierigkeiten … . Insbesondere bei den
Holmen fehlte das Material … . Mit einer besseren Lieferung für November ist
allgemein zu rechnen.«

»Dann haben wir weitere Abschüsse vorgenommen, um den Abstieg zu erproben. Die Abstiegsvorrichtung hat bisher nicht einwandfrei funktioniert. Die Zellen gingen, nachdem das Kommando ausgelöst wurde, bei zwei Versuchen in die Rückenlage.«

»Die neue Walter-Schleuder, die wir seit ein paar Wochen oben in Peenemünde haben, ergab beim ersten Versuch direkt einen Versager; es riß das Rohr beim ersten Schuß ….«

Generalleutnant Vorwald (Chef des Technischen Amtes GL/C)
»Ich habe mich eingehend in Peenemünde vom Stand der Erprobung überzeugt. Die Hauptschwierigkeit war, daß nicht genügend komplettierte Zellen im September und Oktober vorhanden waren. Das zweite Hemmnis ist, daß die Steuerungserprobung nicht weitergekommen ist …. Es ist bisher nur ein Labormuster fertig. Also auch wenn Zellen vorhanden gewesen wären, hätten die Steuerungen nicht verschossen werden können.«

Fl.-Stabsingenieur Brée (GL/C-E9)
»In jüngster Zeit ist durch einen neuen Angriff (Werk GFW Kassel) zwar die Werkseinrichtung nicht unmittelbar betroffen. Aber praktisch ist das Personal erst wieder zu 60 % dort … es fehlen Transportmittel, Verkehrsmittel, Telefone. Dadurch, daß Kassel ausfällt, fällt praktisch auch Rothwesten aus …. Die Leute wohnen in Kassel, ihre Wohnstätten sind zerstört, ebenso die Verbindungen, sowohl die Schienenwege als auch die Telefone. Seit 2 bis 3 Tagen ist wieder Strom vorhanden. Es fängt gerade in Rothwesten wieder an aufzuleben, da inzwischen die Lieferungen vom Volkswagenwerk … eingesetzt haben …, sehe ich heute in dem Ausbleiben der M-Zellen keine Schwierigkeit, die uns in der Erprobung behindern wird. Ich glaube, wenn die Lieferung auf 8 bis 10 Zellen abschußklar wird, daß auch die E-Stelle stark beansprucht ist in der Auswertung der Versuche. Durch die Gesamtlage sind wir mit der Triebwerkserprobung, Steuerungserprobung, Abstieg, Kompaß und Luftlog im Hängen.«

General der Flak von Axtheim
»Chef GenStab fragte mich, wie es denn mit unserem Einsatztermin aussehe. Ich sagte, daß ich darüber überhaupt keine Voraussage machen könnte, weil zur Zeit die Erprobungen noch nicht abgeschlossen wären. Das Ziel war bisher das Neujahrsgeschenk. Wir werden es vermutlich nicht erreichen ….
»Vor wenigen Tagen war ich persönlich im Volkswagenwerk. Ich habe den Eindruck, daß man mit großem Eifer dabei ist, daß aber die Materialschwierigkeiten tatsächlich groß sind …. Im Volkswagenwerk wird auch darüber geklagt …, daß seit dem 1.8.1943 150 Änderungen mit 131 Neuteilen angeordnet wären.«

GFM Milch
»Das läßt sich aber nicht vermeiden, solange die Erprobung nicht abgeschlossen ist, und selbst nach Abschluß der Erprobung werden laufend Änderungen kommen. … Vom Kostenstandpunkt ist es natürlich eine sehr teure Angelegenheit, aber im Krieg ist der Zeitfaktor wichtiger.«

GL-Besprechung am 24.1.1944

GFM Milch
»Herr Temme, wie sind die Aussichten für den Abschluß der Erprobung, aber ohne falschen Optimismus? … Glauben Sie überhaupt einen Termin geben zu können?«

Dipl.-Ing. Temme
»Die neuen Zellen von VWW sind noch nicht eingetroffen. Wir müssen erst das Ergebnis dieser Zellen abwarten, ehe wir etwas Endgültiges sagen können. Sie treffen Ende Januar/ Anfang Februar ein. Es gibt aber einzelne Punkte, die ja sehr wesentlich für den Abschluß der Erprobung sind, bei denen wir Schwierigkeiten haben. Da ist zum Beispiel im Augenblick der Kompaß, und dann ist die Zündererprobung noch nicht abgeschlossen. …«

GFM Milch
»Ich glaube nicht, daß am Zünder das Problem zeitlich oder sonstwie scheitern kann … .

Fl.-Stabsingenieur Brée
»Was auf dem Zellengebiet passiert, ist auch typisch für die Gesamtausrüstung. Der Übergang war außerordentlich schmerzhaft …, weil die Fertigung in serienmäßigen Betrieben mit entsprechend weniger qualifizierten Leuten ein stärkeres Absinken bei einzelnen Bauteilen mit sich brachte … . Das hat Rückschläge gebracht. Zum Teil wurden auch konstruktive, grundsätzliche Änderungen vorgenommen, … die zu erheblichen Ausfällen Anlaß gaben. … Die Dinge sind inzwischen aufgefangen und als beseitigt anzusehen. …«

»Es trat in letzter Zeit der Wunsch auf, auf kürzere Strecken gegen Punktziele zu schießen. … Dies ist eine Aufgabe, die man dem Gerät in den nächsten 1 bis 3 Jahren nicht zumuten kann.«

GFM Milch
stimmt im wesentlichen den Ausführungen von Fl.-Stabsingenieur Brée zu.

Fl.-Oberstabsingenieur Seyfried (GL/C-B8)
erklärt, daß bis Ende Januar 8 Schleudern einsatzbereit und bis Februar weitere 73 fertig werden. Die geforderten 100 Schleudern werden bis Ende März ausgeliefert sein. Über diesen Bedarf hinaus werden weitere 50 Stück bestellt, zu denen nochmals 50 Schleudern vom General der Flakartillerie hinzukommen. Der Liefertermin der insgesamt 200 Schleudern bis zum 15.3. ist aber nicht haltbar. Unter gewissen Voraussetzungen, daß die höchste Dringlichkeitsstufe und die Zuführung von Arbeitskräften genehmigt wird, ist der Termin auf den 15.5. zu verschieben.

Fl.-Hauptingenieur Baier
»Zunächst ein kurzer Überblick über das Jahr 1943. Wir sind in die Beschaffung der Großserie eingetreten, ohne daß die Erprobung der Fi 103 abgeschlossen war.

Es war deshalb klar, daß man ein Risiko übernehmen mußte … . Wir sind trotzdem angelaufen, um terminlich nicht noch weiter unter Druck zu kommen … . Die Geräte, die wir nach Karlshagen lieferten, hatten, weil noch Nacharbeiten notwendig waren, noch einen Stundenaufwand von 120 Stunden je Gerät, um Schußklarheit bei ihnen zu erzielen. Ende November brachte die Erprobung Ergebnisse, die derart einschneidender Natur waren, daß es sinnlos gewesen wäre, die Serien im gleichen Tempo weiterzutreiben. Das VWW wurde daher gestoppt, und wir warten jetzt auf die Ergebnisse der Erprobung von 100 Geräten, die im Bau sind, um nach den neuesten Unterlagen weiterbauen zu können.«

»Bereits jetzt ist klar, daß die bisher gebauten Flächen alle verschrottet werden müssen, ebenso auch die Mittelstücke, weil sie festigkeitsmäßig nicht in Ordnung sind …«

»Die 100 Zellen sind nach der Schätzung des Volkswagenwerkes – FlOStIng. Platz – am 15. ausgeliefert, so daß uns die Erprobungsstelle sagen kann, wie die Verhältnisse liegen. Aber eine Vorschau zu geben, ist sehr schwierig, weil die verschiedenen Unterlagen noch nicht klar und … nicht vorhanden sind. Unter anderem handelt es sich um das Abstiegsgerät und vielleicht auch noch um Verstärkungen … .«

Fl.-Oberstabsingenieur Platz (VWW)
»Die Zelle ist so weit, daß auf diesem Gebiet Schwierigkeiten für die Fabrikation kaum noch auftreten können. … Die Zelle ist festigkeits- und funktionsmäßig in Ordnung. Die vorhandenen Schwierigkeiten sind so gering, daß das auf die Materialbeschaffung keinen Einfluß mehr haben wird. … Zur Zeit ist die Fertigung gestoppt. Zunächst werden die 100 Geräte gemacht. Dann aber wird langsam wieder begonnen, weil wir uns darüber sicher sind, daß die Zelle fertig ist.«

GFM Milch
»Nehmen wir an, daß die Sache Mitte Februar klar ist und die Serie ab 15.2. freigegeben wird, wie würden sich dann die Möglichkeiten kapazitätsmäßig ergeben?«

Fl.-Oberstabsingenieur Platz
»Die Flächen sind zu schwach gewesen. Jetzt sind unsere Schweißgeräte verbessert worden, so daß das Punktschweißverfahren wieder in Ordnung ist. Man hat starke Nietungen verwendet und stellenweise nachgenietet, so daß festigkeitsmäßig jetzt alles in Ordnung sein muß. Von diesen Flächen sind bereits 20 nach Peenemünde geliefert. Die Fabrikation der Flächen macht aber jetzt die geringste Schwierigkeit. Das Schwierigste ist die zusätzliche Arbeit, zumal noch nicht feststeht, ob die Fabrikationsräume ausreichen werden.«

GL-Besprechung am 1.2.1944

Zu dem Vorwurf vom OKW, GL soll falsche Angaben über die Ausbringung gemacht haben, wird festgestellt:
Fl.-Stabsingenieur Brée
hatte Befehl erhalten, vor General Jodl über Gesamtstand Fi 103 einschließlich

Beschaffungszahlen vorzutragen. Bei dem Vortrag, der vor General Warlimont stattfand, wurde eindeutig festgestellt, daß das Gerät noch in der Erprobung sei und daher keine verbindliche Terminangabe gemacht werden könnte. Ferner wurden die von GL/C-B9 zur Verfügung gestellten Zahlen betreffend Ausbringungsplanung mit dem Bemerken vorgetragen, daß, abgesehen von der technischen Unklarheit des Gerätes, Personalanforderungen in Höhe von 1700 Mann noch unerfüllt seien. Das Fernschreiben vom OKW zeugt also von völligem Mißverstehen beim OKW.

Ingenieur Kröger
hat anläßlich der Vorführung in Insterburg dem Führer auf seine Frage, wann er glaube, mit dem Gerät (Fi 103) klarzusehen, Ende März als Termin genannt, und zwar mit dem Bemerken, daß dann von seiten der Truppe hinsichtlich Schulung und Einweisung noch sehr viel getan werden müsse. Er hat dem Führer insbesondere die Schwierigkeiten erläutert, die eine eindeutige Feststellung technischer Fehler bei einem unbemannten Gerät macht. Nach Aussage von Oberst Petersen wurde Kröger von der Umgebung des Führers daraufhin als Pessimist bezeichnet. Es treten bei Fi 103 laufend neue Probleme auf, weshalb auch kein Termin für eine Einsatzklarheit abgegeben werden kann. Die ersten 100 Geräte sind am 2.2. fällig. Für die Herstellung im größeren Umfang fehlen noch einige 1000 Arbeiter.

GFM Milch
»Der Führer sagt: ›Ihr habt mir seinerzeit in Rechlin blauen Dunst vorgemacht, und jetzt ist wieder dasselbe der Fall.‹ Nun gibt es oben Leute, die glauben, sie machen sich beliebt, wenn sie so reden. So hat der General der Flak für die Fi 103 genaue Termine genannt, und alle Befehle des Führers sind (nun) darauf abgestellt, daß am 15.2. geschossen werden kann. Von uns ist aber lediglich ein Termin genannt worden, und das war der 15.2., an dem wir mit der Erprobung fertig zu sein hofften. Wir können aber niemals auf 14 Tage genau sagen, ob wir hinkommen.«

Ingenieur Kröger
»Die Frage des Trägerflugzeuges für den Flugzeugeinsatz Fi 103 steht noch aus. Die Untersuchungen haben ergeben, daß der Anbau an die Ju 188 aus Festigkeitsgründen, wenn der Mann wie bisher das (Argus-Schmidt-)Rohr vor dem Abwurf anläßt, nicht möglich ist. Es blieb eigentlich nur die He 111. Da sie voraussichtlich nur bis zu Höhen von 200 m eingesetzt zu werden braucht, weil man in dieser Höhe schon abwerfen kann und die Fi 103 mit eigenem Antrieb ihre Reisehöhe erreicht, wird das wohl im Westen noch tragbar sein. Die Entscheidung müßte aber baldigst gefällt werden. Wenn man noch zu dem Bodeneinsatz Fi 103 den Anschluß finden will, müßte man dafür He 111 bereitstellen.«

GFM Milch
»Ich habe in diesen Abwürfen vom Flugzeug aus einerseits die Versuchsbasis gesehen, um unabhängig von der Schleuder Versuche machen zu können, und andererseits würde ich für den Einsatz ein Täuschungsmanöver darin sehen können, wenn plötzlich von See her solch ein Ding kommt, so daß der Gegner herumsuchen muß. Ich kann mir vorstellen, daß 6 oder 7 Maschinen plötzlich über See ih-

re Dinger loslassen und dann verschwinden. Der Gegner wird lange danach suchen, und wenn er weg ist, kommen sie auf einmal wieder. Ich kann mir nicht vorstellen, daß das für den Einsatz als normales Kampfmittel gelten soll.«

Fl.-Stabsingenieur Brée
»Wir haben immerhin jetzt eine ganz nette Produktion Fi 103 anlaufen. Wird die Feindlage so, daß wir die Schleudern nicht benutzen können, dann liegen für uns immerhin Bestände da, die wir in irgendeiner Form verbrauchen müßten. Dafür wäre es sicherlich richtig, etwas auf der Flugzeugseite bereitzuhalten, weshalb wir immer wieder vorgeschlagen haben, das Ding nicht ganz zurückzustellen.«

GFM Milch
»Die Verantwortung liegt doch noch absolut bei der Entwicklung und Erprobung. Infolgedessen müssen diese darauf drücken. Nun haben Sie gesagt, daß wir im Januar 1400 Stück brauchen, im Februar 2000 und im September 8000.

Fl.-Stabsingenieur Brée
»Nach den Plänen, die GL/C-B9 gemacht hatte! Das waren die ursprünglichen Zahlen. Die Abstriche sind hinterher vorgenommen worden, nachdem sich gezeigt hatte, daß diese Zahlen nicht zu halten waren. Unmittelbar vor Neujahr ist befohlen worden, einen Besuch bei General Heinemann zu machen. Herr Wöhrle (Fl.-Stabsingenieur) war aufgefordert, fiel aber wegen Krankheit aus. Es muß ein OKW-Befehl gewesen sein, und zwar ist es zusammen mit dem General der Flakwaffe gemacht worden.«

GFM Milch
»Ich verbiete von jetzt ab jeden Vortrag außerhalb, der mir nicht vorher zur Genehmigung vorgelegen hat. Das gilt für die Waffe und außerhalb der Waffe. Unserem Generalstabschef ist natürlich jede Aufklärung zu geben.«

Generalleutnant Vorwald (Chef GL/C)
»Der Vortrag hat nicht bei General Korten, sondern bei General Jodl stattgefunden. Der Vortrag hat durch Brée unmittelbar (danach) mit dem General der Flakwaffe bei Warlimont stattgefunden.«

GL-Besprechung am 24.3.1944

GFM Milch
»Wie groß ist die »Kirschkern«-Ausbringung?

General der Flak von Axthelm
»Für April sind 1700, für Mai 2500 vorgesehen, steigend um 500 je Monat.«

GFM Milch
»Mein Eindruck ist, daß wir Ende April anfangen können, wenn wir es nicht auf zu großer Basis tun wollen. Wobei wir im Mai mit rund 2500 bis 3000 antreten könnten mit den Überhängen, die wir noch aus dem April zum Schießen haben.«

General der Flak von Axtheim
»Es geht allerdings noch manches (Gerät) für die Erprobung ab. Mit 200 im Monat müssen wir wohl rechnen. Ich glaube, das Generalkommando (LXV A. K.) steht sehr vernünftig dazu. Die Dinge sind vollkommen abgeglichen, und General Heinemann steht auf dem richtigen Standpunkt, daß man nicht anfangen darf, wenn man nur 3 Tage schießen kann. Man muß schon dieses sadistische Schießen durchführen können, das den Monat über reicht, wenn auch nur wenige Schuß zwischen den großen und schweren Schußperioden dazwischenliegen. Das wird mit 3000 Schuß doch noch nicht ganz erreichbar sein, denn die 3000 sind in 24 Stunden verschossen.«

GFM Milch
»Man kann es auch ruhiger machen. Ich bin genau der gleichen Auffassung, nur mu man die Sorge haben, daß der Platz, auf dem man geschossen hat, Kampfgebiet wird.« ...

GFM Milch
»Deshalb können wir keinen Tag und keine Minute warten. Ich habe den Eindruck, daß das Mittel schnell zur Wirkung kommen muß. Juni ist zu spät. Ich persönlich würde am 20.4. anfangen, 1500 im April verschießen und den Rest im Mai« ...
»Das hängt meines Erachtens von der Gesamtlage ab, die ich nicht übersehe, der Invasions-, der Entlastungsfrage usw. Die Entscheidung kann nur der Führer selber treffen. Ich habe ihm auch gesagt, man sollte an seinem Geburtstag anfangen, und zwar nicht als Vernichtung, sondern als übelste Störung, die es überhaupt gibt. Stellen Sie sich vor, auf Berlin fällt alle halbe Stunde ein schwerer Schuß und keiner weiß, wo er niedergehen wird. Nach 20 Tagen wackeln aber allen die Knie!« [123]

Im Zuge der Konzentration und Sicherung der Kriegsproduktion kam es unter anderem am 21. September 1943 zur Gründung der Mittelwerk GmbH. Damit war die Grundlage für den darauf folgenden Ausbau des unterirdischen Rüstungswerkes im Kohnstein bei Niedersachswerfen gegeben. Über die Geschichte, den Ausbau und den Betrieb der größten unterirdischen Rüstungsfabrik der Welt sei auf das ausgezeichnete Buch von Manfred Bornemann: „Geheimprojekt Mittelbau" hingewiesen.[70]
Anfang des Jahres 1944 kam auch die Fertigung der Fi 103 im VWW langsam in Gang. Mitte Februar waren die ersten fünf Erprobungs-Flugkörper, aus einer Serie von 100 Geräten, einwandfrei über eine Entfernung von 280 km von Peenemünde-West aus geflogen. Als GFM Milch am 14. Februar die Meldung erhielt, daß weitere Flugkörper aus der Serie ebenfalls gut funktioniert hätten, befahl er die Wiederaufnahme der Großserienfertigung im VWW. Er meldete gleichzeitig, da auch die Bodenorganisation im Einsatzgebiet weitgehend aufgebaut und vorbereitet war, im Führerhauptquartier: »Die Fernbombardierung Londons kann in zwei Monaten beginnen«.[62]
Nach Überwindung anfänglicher Schwierigkeiten beim ersten Einsatz der Fi 103 am 12./13. Juni 1944 lief die Fernbombenoffensive gegen London an. Trotz der ge-

schilderten technischen, personellen und Fertigungsschwierigkeiten, zu denen noch die Zerstörungen und Behinderungen durch alliierte Luftangriffe hinzukamen, waren vom 19. Juni 1942 bis zum Einsatz des ersten Fernflugkörpers der Militärgeschichte nur zwei Jahre vergangen.

Unter dem Eindruck der begonnenen erfolgreichen V1-Offensive und da die Fertigung der Fernbombe bisher ausschließlich in oberirdischen Werken durchgeführt wurde, sollte nun auch die Fi 103 bombensicher gefertigt werden. Aufgrund einer Weisung des Führerhauptquartiers hatte der Sonderausscchuß A4, in Erweiterung seiner Zuständigkeiten in Sonderausschuß z. b. V. (zur besonderen Verfügung) umbenannt, zu prüfen, welche Fertigungskapazitäten für das Fi-103-Programm im Mittelwerk gegeben waren. Anfang September 1944 stand einer V1-Produktion im Mittelwerk nichts mehr im Wege. Die Hallen 43 bis 46 nahe dem Südportal wurden geräumt und als Werk II bezeichnet. Die A4-Produktion lief in den benachbarten Hallen 21 bis 42 (Werk I) weiter. Laut einem Fertigungsvorbescheid des OKL an die Mittelwerk GmbH sollte die Firma ab September 1944 400, im Oktober 1000, im November 2000 und ab Dezember 3000 Flugkörper in den folgenden Monaten liefern. Um die Produktion der schon im Einsatz stehenden Fi 103 weiter zu steigern, wobei bis Dezember 1944 eine Monatsstückzahl von 9000 (!) angestrebt wurde, reduzierte Hitler die monatliche Produktion des A4 auf 150 Aggregate.[70]

Mit Beginn der V1-Großserienfertigung im Mittelwerk übernahm die Dienststelle Direktor Kunze, Rübeland, die Aufgaben von Generaldirektor Dr. Banzhaff. Direktor Heinz Kunze hatte bisher schon die gleiche Aufgabe bei der A4-Fertigung innegehabt.[63, 70]

Wie wichtig die unterirdische Produktion der Fi 103 wurde, zeigte sich schon am 20. Juni 1944, als das VWW Fallersleben schwer bombardiert wurde. Diesem Angriff folgten im Laufe der Zeit weitere. Die dadurch zunächst sinkende Gesamtproduktion der V1 konnte dann von den VWW-Nebenwerken, von dem später beginnenden Mittelwerk und von dem Montagewerk »Cham« wieder aufgefangen werden. Das Werk »Cham« erhielt zu diesem Zweck einen Rahmenauftrag des Mittelwerkes. Im Jahre 1944 wurden insgesamt 23 748 Fi-103-Flugkörper hergestellt.[66, 75]

Schon vor Beginn der unterirdischen Fi-103-Fertigung im Mittelwerk war dort die Produktion der Rakete A4 (später V2) und der Jäger Me 262 mit zwei Turbinenluftstrahl-Triebwerken aufgenommen worden.

Eine Sonderausführung der Fi 103, die auch gefertigt wurde, aber nicht zum Einsatz kam, war die »Reichenberg«-Version. Es handelte sich hier um eine bemannte Ausführung für den Selbstopferungseinsatz (SO), wobei kurz vor der Einlauföffnung des Schubrohres die verglaste Haube eines Pilotensitzes auf den Rumpf gesetzt wurde und auch sonst die Inneneinbauten für den bemannten Flug vorgesehen waren. Auf nähere Einzelheiten wird noch in Kapitel 16.10. eingegangen werden. Nachdem durch Direktor Lusser die notwendigen Umkonstruktionen für die bemannte Fi 103 im Mai 1944 veranlaßt worden waren, erfolgte die Verwirklichung der ersten Muster unter großer Geheimhaltung in einem Attrappenraum der Henschel-Flugzeugwerke in Berlin-Schönefeld unter der Leitung des Fieseler-Flugkapitäns, Flugbaumeister Dipl.-Ing. Willy Fiedler. Gearbeitet wurde pro Tag schichtweise 24 Stunden. Schlafgelegenheiten waren in der Werkstatt eingerichtet worden, und kein Mitarbeiter verließ bis zur Fertigstellung der Prototypen das abgesperrte Gelände. Die Tarnbezeichnung dieser GFW-Entwicklungsstelle lautete Firma Kleinschmidt. Die Abteilung Fiedlers in Schönefeld hieß Segelflug Reichenberg GmbH, wovon man auch die Bezeichnung Fi-103-Reichenberg (Re) ableitete. Es wurden vier Ausführungen der Reichenberg-Version gebaut:

Fi 103 Re I
ohne Antrieb, mit Cockpit, gefederter Landekufe, zum Segelflugschulen

Fi 103 Re II
ohne Antrieb, zwei Cockpits (Schüler und Lehrer), gefederte Landekufe,
zum Segelflugschulen

Fi 103 Re III
mit Antrieb, Cockpit, gefederter Landekufe, zur Schulung mit Antrieb

Fi 103 Re IV
Einsatzversion, wie III, jedoch ohne Kufe, Lastraum mit Sprengstoff gefüllt,
elektrischer Zünder (Abb. 76)

Im Gegegsatz zur unbemannten Einsatzversion Fi 103 A-1 hatten alle bemannten Flugkörperausführungen Querruder. Bei den Erprobungs- und Segelschulflügen wurden die Flugkörper durch eine He 111 auf Ausklinkhöhe von ca. 3000 m gebracht.[19, 28]
Die Serienfertigung von 200 für den bemannten Einsatz vorgesehenen Flugkörpern hatte zunächst die Firma Henschel in Berlin-Schönefeld übernommen und auch schon die neu zu fertigenden Einzelteile hergestellt. Anfang November 1944 erfolgte eine Verlagerung dieser Umrüstaktion in das Montagewerk »Meißen« nach Gollnow. Fl.-Oberstabsingenieur Platz vom RLM veranlaßte und leitete diese Aktion und drückte stark auf das Tempo. Erich Bruns erhielt zusätzlich 200 Monteure für diesen Auftrag, der Ende Januar 1945 mit 150 fertiggestellten Geräten Fi 103 Re IV ausgeliefert wurde.[63]
Im Zusammenhang mit der Reichenberg- und der unbemannten Ausführung der Fi 103 ist noch das damals im Herstellungsprozeß und für Lagerungszwecke eingebundene Werk Neu-Tramm erwähnenswert, das sich etwa 5 km südlich von der Kreisstadt Dannenberg (etwa 85 km südöstlich von Hamburg), ganz in der Nähe des Dorfes Tramm befand. Hier begann im Jahre 1937 der Bau einer Munitionsanstalt (Muna) zunächst für das Heer. Der anfangs zögerlich begonnene Bau wurde mit Beginn des Krieges stärker beschleunigt und Ende Frühjar 1941 im wesentlichen fertiggestellt. Auf einem Komplex von etwa 121 ha war eine Vielzahl von Munitionsbunkern, Werk- und Lagerhallen sowie Wirtschafts- und Wohngebäuden entstanden. Letztere wurden zur Tarnung als wendisches Runddorf aufgebaut, wie es mehrere in der Umgebung gibt. Auffällige Stellen durch Hallen und Straßenzüge überspannte man mit Tarnnetzen. Obwohl schon Ende 1941 nicht Heeres-, sondern Luftwaffensoldaten in den Komplex einzogen, zeichnete sich erst im Mai 1943 für die Anfang des Jahres als Luftmuna bezeichnete Anlage eine ernsthafte Verwendung ab. Wie aus Fotos der damaligen Zeit hervorgeht, haben

hier Montagearbeiten der Fi 103 stattgefunden. Da auch etliche bemannte Ausführungen zu sehen sind, ist zu vermuten, daß die 150 Fi 103 Re IV aus dem Montagewerk »Meißen« hier zusätzlich eingelagert oder auch weitere Flugkörper dieser Art umgebaut wurden. Auch sollen die Engländer bei Kriegsende noch 700 einsatzfähige und in verschiedenster Ausbaustufe vorhandene Fi 103 vorgefunden haben. Ebenso waren hier offensichtlich noch andere Flugkörper gelagert, wie aus den damaligen Fotos hervorgeht. So ist z. B. der komplette Bombenkörper der später nicht mehr eingesetzten nachlenkbaren Fallbombe »Fritz X« in einer geöffneten Transportkiste zu sehen. Die Anlage Neu-Tramm ist den Alliierten während des Krieges nie bekannt und aus der Luft auch nicht angegriffen worden. Die Tarnung war perfekt gewesen.[76]

Im Februar 1945, als die sowjetischen Truppen schon auf deutsches Gebiet vorstießen, traf der Räumungsbefehl vom OKW für die Werke »Cham« und »Meißen« ein. In einem angeforderten Güterzug wurden Maschinen, Werkstatt- und Prüfeinrichtungen sowie Material und fertige Flugkörper verladen. An diese Güterwaggons wurden weitere sieben Wagen für die Betriebsangehörigen angehängt, die bereit waren, zur neuen Fertigungsstätte mitzugehen. Erich Bruns hatte es ihnen freigestellt, zwischen Bleiben und Mitgehen zu wählen. Während die fertigen Flugkörper zur Front geleitet wurden, hatte Bruns ohne höheren Auftrag, aus eigener Initiative, in Friedland, Mecklenburg, eine Ziegelei für Grob- und Feinkeramik gepachtet, um dort die Produktion fortzusetzen. Er schrieb nach dem Krieg: »Ich wußte, daß diese Handlung von mir recht eigenwillig war. In dem Bewußtsein, daß im Mittelwerk mit über 20 000 Zwangsarbeitern gearbeitet wurde, wollte ich mir und den Mitarbeitern ersparen, dort eingefügt zu werden. Aber der Befehl vom Büro Kunze zur Weiterfahrt zum Mittelwerk kam sehr schnell. Am 20. Februar 1945 sind wir dort eingetroffen und wurden in den Arbeitsprozeß eingegliedert. Von dem Generaldirektor Sawatzki wurde mir die gesamte Fertigung der V1 als Oberingenieur übertragen. Hier wurde die Montage am Fließband durchgeführt, und alle zehn Minuten verließ eine Zelle das Band.«[14]

Am 30. März 1945 wurde um 8 Uhr die letzte V1 von der 12. Batterie der I. Abteilung in Richtung Antwerpen abgeschossen. Danach erfolgte die Verlegung aller V1-Einheiten in das Reich, wo sie – mit Flak- und Infanteriewaffen ausgerüstet – als Panzerjagdkommandos Verwendung fanden. Der Fi-103-Einsatz war beendet. Am 3. April 1945 wurde durch Führerbefehl außerdem aus Materialmangel die Füllung der V1 und V2 mit Sprengstoff untersagt. Wegen der starken Zerstörung der chemischen Industrie waren für diesen Zweck die Voraussetzungen einer ausreichenden Sprengstoffproduktion nicht mehr gegeben. Die amerikanische Lufttätigkeit hatte sich außerdem in letzter Zeit noch erheblich gesteigert, wobei auch die Nebenwerke des Mittelwerkes angegriffen wurden. Im unterirdischen Werk ging die Arbeit zwar weiter, jedoch gab es Stockungen wegen fehlender Zulieferteile. Am 3. April 1945 ging ein schwerer Luftangriff auf Nordhausen nieder, wobei Hunderte von Arbeitern, überwiegend Häftlinge des Lagers »Dora«, umkamen. Keine 24 Stunden später forderte der nächste Angriff den Tod von 8800 Einwohnern, wobei wieder 1000 Häftlinge darunter waren. Während die Evakuierung der Stadt begann, wurde die Fertigung im unterirdischen Mittelwerk eingestellt.

Vom Herstellungsbeginn der ersten Musterzellen bei Fieseler in Kassel, Anfang August 1942, bis hin zum Ende der Großserienfertigung im unterirdischen Mittelwerk II am 3. April 1945 spannte sich ein weiter Bogen der Fertigungsaktivitäten für den ersten selbstgesteuerten und eingesetzten Fernflugkörper der Militärtechnik, dessen Realisierung als »Projekt 35« bei der Firma Fieseler in Kassel begann und der als »V1« in die Geschichte eingegangen ist. Bis zum Ende der Fertigung wurden 32 796 Geräte hergestellt.[14, 71]

16.7. Die Erprobung

Für die Erprobung des Fernflugkörpers Fi 103 war die bis Ende 1942 als Versuchsstelle der Luftwaffe Peenemünde-West bezeichnete und ab 1943 in Erprobungsstelle der Luftwaffe Peenemünde-West bzw. später Karlshagen umbenannte Luftwaffendienststelle ausersehen. Nur hier waren sowohl die entsprechende Flugbahn entlang der pommerschen- und hinterpommerschen Küste von 300 bis 400 km Länge als auch die Anlagen und labortechnischen Voraussetzungen gegeben, die durch eine optische und funkmeßtechnische Vermessungsgroßbasis ergänzt wurden. Diese ideale Schußbahn war, wie schon berichtet, auch der Grund für das Heereswaffenamt, 1936 bei Peenemünde auf der Insel Usedom eine Versuchsstelle für die geplante A4-Fernrakete zu errichten (Kapitel 4.1.). Die Luftwaffe wurde mit ihrem erst 1942 begonnenen Fernflugkörper Fi 103 sozusagen Nutznießer dieser Fernflugstrecke, womit beide Dienststellen, die des Heeres und jene der Luftwaffe, ihre beiden Fernwaffen bei der Flugerprobung in gleicher Richtung unter Benützung der gleichen Vermessungsstellen starteten und erprobten. Demzufolge mußten zum gegebenen Zeitpunkt bei jedem Start die geplanten »X-Zeiten« aufeinander abgestimmt bzw. mitgeteilt werden.
Ehe die Flugerprobung der Fi 103 in Peenemünde-West einsetzte, waren aber entsprechende Vorerprobungen durchzuführen. Wie in Kapitel 16.6. beschrieben wurde, begann die Versuchsserienfertigung der ersten 50 Flugkörper im August 1942 in Kassel bei der Firma Fieseler. Im September konnten die ersten Fi 103 in Peenemünde-West angeliefert werden. Der Versand der Erprobungskörper erfolgte zunächst nicht – wie später im Einsatz – weitgehend vormontiert, sondern in einzelnen Zellensektionen und Bauelementen. Vor jedem Versuch, ob es Schüttelerprobungen, Abwurfversuche ohne Antrieb oder später Abschüsse von der Schleuder waren, mußte – besonders in der ersten Zeit – jede wichtige Komponente überprüft und auf sorgfältige Montage untersucht werden, um für die Beurteilung des Erprobungsergebnisses von einem technisch solide gefertigten Versuchsgerät ausgehen zu können. So dauerten auch die Prüfungen in Peenemünde um ein Vielfaches länger als die Montage der Erprobungskörper. Nach Schleuderstarts bzw. Abwurfversuchen waren die Flugkörper meist verloren, worauf wir später noch zurückkommen werden. Der Zusammenbau der Zellen erfolgte ab Sommer 1942 in der großen Halle hinter der Werft W2. Später, im Sommer 1943, fand die Montage wegen der kritischer gewordenen Luftlage in der Muna – etwa 800 m südlich von den Schleudern – außerhalb des E-Stellen-Zentrums statt (Abb. 7).[57]
Die Erprobungsmannschaft stellten zunächst, bis Ende 1943, die am Projekt beteiligten Firmen, weshalb diese Erprobungsphase auch Firmen- bzw. Industrieerprobung genannt wurde. Hierbei arbeitete das Industriepersonal mit den entsprechenden Fachgruppen der Erprobungsstelle zusammen. Ansprechpartner war spe-

ziell die Gruppe E2, deren Gebiet u. a. die Bearbeitung aerodynamischer Probleme bei Flugkörpern war. Leiter der Gruppe war zum damaligen Zeitpunkt noch Ingenieur Hermann Kröger, wobei seine Mitarbeiter Flugbaumeister Max Mayer und Dipl.-Ing. Werner Herrmann vornehmlich bei der Fi-103-Erprobung eingesetzt waren. Je nach Bedarf wurden andere Fachgruppen der E-Stelle und deren Mitarbeiter für die Erprobungsarbeiten, Messungen und Versuche entsprechend ihrem speziellen Fachgebiet hinzugezogen. So war z. B. die Gruppe E8 bei der Entwicklung und Erprobung der Bodengeräte (Fl.-Stabsingenieur Blechschmidt), die Gruppe E7 bei der Zündererprobung (Fl.-Stabsingenieur Dr. Reck) und die Gruppe E4 bei der Entwicklung der Peilmöglichkeit des Einschlagortes der Fi 103 mit Hilfe des FuG 23 und den Meßwertübertragungsflügen beteiligt.

Die Industrie hatte, soweit das heute noch nachvollziehbar ist, folgende Mitarbeiter für die Erprobung zur Verfügung gestellt, die jedoch auch nach Bedarf durch weiteres Industriepersonal der einzelnen Firmen ergänzt wurden:

Die Leitung der Industrieerprobung lag ab September 1942 in den Händen von Flugbaumeister Dipl.-Ing. Willy A. Fiedler, Chefpilot und Flugkapitän der Firma Fieseler, und Ingenieur Herbert Steuer als seinem Vertreter. Weiterhin waren von Fieseler zeitweise in Peenemünde-West: Dipl.-Ing. Maugsch, Dipl.-Ing. Menzel, Herr Pierowski als Aerodynamiker und Dipl.-Ing. Schmauch.[17, 24, 57]

Für die Betreuung des Triebwerkes nahmen von der Firma Argus Dipl.-Ing. Hartmann und Ingenieur Jeschke an der Erprobung teil.

Von der Firma Askania waren vertreten: Dipl.-Ing. Pöschl als Leiter der Gruppe sowie die Ingenieure Görtz, Karasek und Neumann.

Für die Bauelemente der Firma Dräger in den Druckluftanlagen der Schleuder und des Flugkörpers war Herr Wolf zuständig.[57]

Bei der späteren Erprobung, ab September 1943, stand auch das Startgerät der Firma Emil Niethammer, Stuttgart-Vaihingen, zur Verfügung. Das Gerät war in enger Zusammenarbeit mit der Firma Fieseler, dem RLM und den Fachgruppen der E-Stelle E2 und E8 entwickelt worden. Als verantwortlicher Fertigungsleiter vertrat auch Herr Hellmut Niethammer seine Firma in Peenemünde-West (Kapitel 16.2.3.).

Für die Schleuder hatte die Maschinenfabrik Esslingen Herrn Ingenieur Ullrich und die Firma Walter GmbH Herrn Dipl.-Ing. Sass abgestellt.[23]

Die Bearbeiter und Referenten des Projektes FZG 76 im RLM waren Dipl.-Ing. Mauch als Sonderbevollmächtigter des Gesamtprojektes, Fl.-Oberstabsingenieur Rudolf Brée als Leiter der RLM-Fachgruppe GL/C-E9 für Sonderwaffen und einer seiner Sachbearbeiter, Fl.-Stabsingenieur Berthold Wöhrle. Für die Bodenanlagen war die Fachgruppe GL/C-E8 unter Fl.-Oberstabsingenieur Polte (E8 VI B) und Sachbearbeiter Fl.-Oberstabsingenieur Scheps (E8 VII) zuständig.[17, 123]

Die Firma Argus begann zunächst im Juni 1942, neben ihren Werk- und Flugerprobungen, in Peenemünde-West mit Standerprobungen des Triebwerkes. Auf dem speziellen Prüfstand P1/W7, südlich der Halle W3 (Abb. 7), fanden Dauerläufe mit dem Argus-Schmidt-Rohr statt. Zur damaligen Zeit galt es besonders, neben der Prüfung des Klappen- bzw. Ventilregisters auf ausreichende Lebensdauer, auch die ganze Triebwerkanlage einbaureif zu machen. Hier bereitete der Triebwerkregler mit seinen komplizierten Aufgaben noch Sorgen, und die endgültige Eignung konnte nur im schleudergestarteten Flug der Fi 103 erprobt werden

(Kapitel 16.2.2. und 16.2.3.). Dr. Fritz Gosslau führte hierzu in seinem Vortrag »Entwicklung des V1-Triebwerkes« anläßlich des AGARD-Seminars in München vom 23. bis 27. April 1956 aus: »Als im Winter 1942 die Regler geliefert werden mußten, wußten wir gerade so viel, daß das Rohr bei reichlichem Kraftstoffdurchsatz leicht ausging. Um den nun beginnenden Erprobungsbetrieb nicht zu gefährden, dosierten wir den Kraftstoffdurchsatz sehr vorsichtig ...«[9, 24]

Weitere Vorerprobungen unternahm die Firma Rheinmetall-Borsig schon im Sommer 1942 mit dem Feststoff-Antriebsaggregat ihrer Schleuder. Die Versuche fanden auf den Prüfständen P3-5 des Vorwerkes und der nördlich davon gelegenen 1 km langen Schienenstrecke für Raketentriebwerk-Erprobungen statt (Abb. 7).[63]

Im November 1942 konnte der seit dem 1. September des Jahres zum Kommandeur der Versuchsstelle ernannte Major Otto Stams die Fertigstellung der ersten Borsig-Versuchsschleuder an das RLM melden. Schon einige Tage später begannen damit Schleuderversuche mit Blindkörpern (Ballastkörper, die allgemein auch »Bumsköpfe« genannt wurden), um die Beschleunigung und die Schleuderendgeschwindigkeit zu ermitteln. Die Versuche wurden durch die Meßbasis vom Meßhaus Nord aus vermessen.[78]

Die Flugerprobung begann Anfang Dezember 1942 durch Abwürfe mit Fi-103-Flugkörpern ohne Antrieb von einer viermotorigen Fw 200, um Kursstabilität und aerodynamische Eigenschaften des Gerätes zu ermitteln. Die ersten Abwürfe nahm Robert Lusser persönlich vor. Danach übernahm die Gruppe E2 die weiteren Versuche. Auch wurden Abwürfe aus größeren Höhen durchgeführt, um die Sturzeigenschaften und die Sturzgeschwindigkeiten des Flugkörpers festzustellen. Die Versuche wurden zur Ermittlung der interessierenden Werte von der Meßbasis vermessen.[17]

Trotz der noch vorhandenen Unsicherheiten in der Triebwerkanlage – oder auch, um möglichst schnell auf ihre Ursachen zu kommen – erfolgte am 24. Dezember 1942 der schon mehrfach erwähnte erste Schleuderstart mit anschließendem Kurzsteigflug von der Borsig-Schleuder aus. Dieser gelungene Erprobungsauftakt war ein vielversprechender Anfang, der die Eignung des ganzen Systems in der Praxis demonstrierte, dem aber noch die Bewältigung mancher Schwierigkeiten folgen sollte.[78]

Zur Dokumentation des ersten Startvorganges auf der Schleuder standen Kameramänner der Bildstelle der Gruppe E5 mit Filmkameras bereit, um den Schleuderstart von mehreren Positionen aus zu filmen. Die Theodolitenbesatzung auf dem Dach des Meßhauses Nord, etwa150 m vom Borsig-Schleuder-Ende seitlich nach Nordost versetzt, schwenkte ihr waagerecht geneigtes Meßobjektiv mit Fadenkreuzmitte auf das Schleuderende. Alles war gespannt auf die letzten Sekunden der »X-Zeit«, den festgelegten Startzeitpunkt des Flugkörpers. Hinter den Stativen der Filmgeräte standen in angespannter Haltung die Kameramänner, um zum gegebenen Zeitpunkt mit einer Schwenkbewegung dem Flugkörper zu folgen. Nachdem die beiden Vermessungstechniker des Meßhauses Nord von ihrer Zentrale im Meßhaus Schneise telefonisch den bevorstehenden Start durchgesagt bekamen, nahmen auch sie, am Theodoliten gegenüberstehend, ihren Platz hinter dem Okular des Richtfernrohres ein, jeder eine Hand an der Kurbel für die Seiten- und die Höhenführung des Meßgerätes. Der Filmtransport lief, und der Kameraverschluß klickte gleichmäßig, beides zentral vom Meßhaus Schneise einge-schaltet. So warteten beide auf den Start, das Gesicht in die Gummimuschel ihres Okulares gedrückt. Kurz danach setzte das harte, noch gedämpfte Geräusch des Argus-Schmidt-Rohres ein, dem nach etwa 10 sec die Vollaststufe und kurz darauf die Zündung der Feststofftreibsätze des Raketenmotors der Borsig-Schleuder folgte. In diesem charakteristischen, tiefen und merkwürdig schnarrenden Ge-räusch ging der Triebwerklärm kurzzeitig unter.[56] Der etwa 1,7 t schwere, nur ge-ring aufgetankte Flugkörper schoß, vom Schlitten gezogen, aus einer teils vom An-laßvorgang des Antriebes, teils vom Zündvorgang der Schleuder herrührenden Rauchwolke heraus. Nach etwa 1 sek verließ die Fi 103 ihre etwa 70 m lange und mit 5° ansteigende Schienenbahn. Sie hatte sich vom abgebremsten Schlitten gelöst und flog mit etwa 110 m/s Anfangsgeschwindigkeit im Steigflug von der Schleuder weg.

Jetzt begann die wichtige Aufgabe der Theodolitenbesatzung, dem Körper durch feinfühliges Drehen der Nachführungskurbeln mit dem Meßobjektiv zu folgen. Da die Fi 103 die Borsig-Schleuder genau auf Kurs Nord verließ, flog sie etwa 150 m westlich am Meßhaus Nord vorbei (Abb. 7). Hierbei konnten das leichte Absacken nach der Schleuder, die Längslage und der Steigflug festgehalten werden. Mit zu-nehmender Entfernung fiel die Meßrichtung immer mehr mit der Flugrichtung zu-sammen, so daß hierbei die Querlage mit Hilfe der Tragflächenneigung gemessen wurde. Wie aus Kapitel 16.4. hervorgeht, konnte mit der Erfassung der Lagewinkel auf die Funktion der Kreiselsteuerung geschlossen werden.[56]

Nach nur kurzer Flugzeit und Verbrauch der geringen Treibstoffmenge fiel das Gerät noch in Sichtweite und in einer Entfernung von etwa 4 km in die Ostsee, während die letzten feinen Dampfschleier des Startvorganges über das Rollfeld nach Süden abzogen.

Eine wichtige Meßgröße bei den Erprobungsstarts in Peenemünde-West war der Beschleunigungsverlauf der Fi 103 auf der Schleuder. Er gab sowohl Auskunft über die Funktion der Schleuder als auch – besonders wichtig in der ersten Zeit – über die Belastung des Flugkörpers und seiner Bordgeräte. Darüber hinaus war die Kenntnis von Größe und Verlauf der Beschleunigung auch für die Auslegung der entsprechenden Zünder-Auslöse- und -Aufschlagorgane wie auch für den Entsicherungszeitpunkt wichtig. Aus diesem Grund war schon die Borsig-Schleuder seitlich im Abstand von 5 m auf der ganzen Länge mit elektrischen Kurzzeit-Stopp-uhren versehen worden. Sie besaßen weiße Zifferblätter von etwa 1 m Durchmesser, wobei die Skala in eine Sekunde eingeteilt war. In modifizierter Form besaßen ähn-liche Uhren für Langzeitmessungen neben den Kuzzeitzifferblättern auch kleinere Minutenskalen. Diese Spezialzeitmesser verwendete man im Erprobungsbetrieb vielfach bei allen vom Boden und von einer Schleuder oder einem Startgestell (Fla-raketen) gestarteten Flugkörpern. Dabei filmte man den startenden Körper so, daß Startvorgang und Uhr gleichzeitig aufgenommen wurden. Die durch Rauch- und Dampfentwicklung sich zeigenden Startvorgänge am Flugkörper bzw. auch an einer Schleuder konnten der dann jeweils abgelaufenen Zeit zugeordnet werden. Die Uhr wurde durch einen Kontakt beim Start des Flugkörpers an Spannung gelegt. Beim Spezialfall der Borsig-Schleuder wurden alle Uhren bei der ersten Gleitbewegung der Fi 103 über ein Schaltstück und einen Kontakt mit Spannung versorgt und liefen alle gleichzeitig an. Beim Vorbeigleiten an der ersten Uhr wurde deren Stoppstößel

vom gleichen Schaltstück des Schlittens angehalten. Danach folgten die nächsten Uhren bis zum Schleuderende mit größer werdenden Absolutzeiten, aber kleiner werdenden Zeitdifferenzen, entsprechend der größer werdenden Geschwindigkeit des Flugkörpers. Aus den abnehmenden Zeitdifferenzen von Uhr zu Uhr und dem jeweils zurückgelegten Weg auf der Schleuder konnte die Beschleunigung und die Geschwindigkeit der Fi 103 errechnet werden (siehe auch Kapitel 16.5.).[56, 79]
Später, bei der Walter-Schleuder, versuchte man die Beschleunigungsmessung eleganter und einfacher zu gestalten. Es wurden zunächst auf der ganzen Schleuderlänge alle 2 m Kontaktpaare seitlich im Bereich des Heckschlittens montiert. Der Schlitten, der als Holzklotz bei der Walter-Schleuder zur Heckführung der Fi 103 vorhanden war, erhielt einen Kupferkeil, der so an den Schlitten montiert war, daß er beim Katapultieren die normalerweise offenen Kontakte im Durchgleiten elektrisch kurzschloß. Sofern alle elektrischen Kontakte, z. B. über eine Oszillographenschleife, parallel an eine Gleichspannung gelegt wurden, verursachte der Kupferkeil über den jeweils kurzgeschlossenen Kontakt und den Oszillographen einen Stromimpuls, der von ihm registriert wurde. Mit Hilfe eines im Oszillographen mitlaufenden Zeittaktes konnte, ähnlich wie vorher bei der direkten Zeitmessung, auch hier die Beschleunigung und die Geschwindigkeit des Flugkörpers ermittelt werden. Diese Meßanordnung hatte sich aber nicht bewährt. Einerseits waren die Kontakte gegen Witterungseinflüsse und Beschädigungen empfindliche Bauelemente, und andererseits haben sie höchstwahrscheinlich auch beim Durchgleiten des Kupferkeiles zum Prellen geneigt, wodurch eine eindeutige Bestimmung des Kontaktpunktes und damit der Zeitmessung auf dem Oszillogramm erschwert wurden. Diese Beschleunigungsmessungen an der Schleuder bearbeitete Herr Peter Pauly von der Gruppe E3 der E-Stelle.[8]
Um die Beschleunigungsmessung zu verbessern, entfernte man die Kontakte, und an deren Stelle wurden durch Herrn Ingenieur Wünsch von E5 gekapselte Magnetspulen montiert, die von einem Batterie-Ruhestrom durchflossen wurden. Der Schlitten erhielt anstelle des Kupferkeiles ein Weicheisenstück. Beim Schleudervorgang glitt dieses Eisenstück an den Spulen vorbei und beeinflußte deren Magnetfeld. Die Magnetfeldänderung induzierte in der betreffenden Spule einen kurzzeitigen, exakten Spannungsimpuls, der wiederum durch den Oszillographen registriert wurde. Diese kontaktlose, induktive Beschleunigungsmessung bewährte sich, und man behielt sie für alle späteren Erprobungsversuche bei. Das Oszillogramm wurde an die Meßbasis weitergereicht, wo auch neben der Auswertung des Theodolitenfilmes die Beschleunigungs- und Geschwindigkeitsberechnungen erfolgten. Die mittlere Beschleunigung lag etwa bei 16 g, die maximale Anfangsbeschleunigung bei 20 bis 22 g. Am Ende der Schleuder bewegte sich die Beschleunigung gegen Null. Diese Verhältnisse galten für die Versuche mit der späteren Walter-Schleuder und in etwa auch für die Borsig-Schleuder (Kapitel 16.5.).[56, 80]
Ein weiteres Problem, das auch in unmittelbarer Beziehung zur Beschleunigung der Fi 103 auf der Schleuder stand, waren die Reibungsverhältnisse, die zwischen der Schleuderbahn und dem Flugkörper bzw. dessen Führungselementen auftraten. Bei der Borsig-Schleuder umging man die gleitende Reibung durch den mit Rollen versehenen Schlitten, weshalb dort auch mit 500 km/h größere Abfluggeschwindigkeiten möglich waren. Bei der später im Einsatz verwendeten Walter-Schleuder war ausschließlich gleitende Reibung – sowohl beim Kolben im Rohr

als auch zwischen Schlitten und Schleuderbodenblech – vorhanden (Abb. 69), die normalerweise eine Abfluggeschwindigkeit von 400 km/h ermöglichte. Während das zwischen Kolben und Rohr notwendige Spiel dafür sorgte, daß die hier auftretende Leckage des H_2O_2-Dampfes – ähnlich wie in einem Gleitlager – ein entlastendes Druckpolster aufbaute, lagen die Dinge beim hinteren Schlitten, der am Heckspant den Flugkörper unterstützte und führte, anders. Um die Verhältnisse zu untersuchen und hier eine möglichst einfache Lösung zu finden, wurde der Ingenieur Bernhard Dietrichs in der Firma Fieseler, Kassel, zu Beginn des Jahres 1943 mit Untersuchungen beauftragt.[51]

Mit Hilfe einer in Drehung versetzten Schwungscheibe, deren variierbare Drehzahl in Verbindung mit ihrem Außendurchmesser Gleitgeschwindigkeiten von 60 bis 110 m/s zwischen Schlitten und Bodenblech nachbildete, konnten die Reibungsverhältnisse untersucht werden. Die Schwungscheibe hatte in Verbindung mit ihrer Masse und ihrer Drehzahl nach der Antriebsphase im Leerlauf eine bestimmte kinetische Energie. Mit Bremsklötzen aus verschiedenen Materialien, die den Schlitten darstellten, wurden kurzzeitig (etwa 1 sec lang) mit der vom Flugkörper auf den Schlitten ausgeübten Andruckkraft Bremsversuche durchgeführt, wobei auch verschiedene Schmiermittel Verwendung fanden. Verglich man die beiden Drehzahlen vor und nach dem Bremsvorgang, konnte daraus, über die vernichtete Energie, das Bremsmoment ermittelt werden. Man war bemüht, durch Wahl verschiedener Werkstoffe des Bremsklotzes, auch der damals vorhandenen Kunststoffe, die Differenz der beiden Drehzahlen möglichst klein, d. h. damit auch das Bremsmoment gering zu halten. Es stellte sich nach vielen Versuchen heraus, daß Holz mit entsprechendem Feuchtigkeitsgehalt die einfachste und geeignetste Lösung war. Hier hatte das weiche Kiefernholz mit seiner geringen Dichte die Eigenschaft, leicht Wasser aufzunehmen und abzugeben. Beim Bremsvorgang verdampfte das Wasser aufgrund der Reibungswärme aus den Poren des Holzes, wodurch sich im Bremsspalt ein Überdruck ausbildete. Dieses Dampfpolster verringerte das Reibungsmoment ganz wesentlich. Analog war auch später bei den Starts auf der Walter-Schleuder, zwischen Schlitten und Bodenblech die austretende Dampfwolke deutlich zu erkennen. Durch Lagern der Schlitten im Wasser konnte für die notwendige Feuchtigkeit im Holz gesorgt werden bzw. verursachte schon die vorhandene Luftfeuchtigkeit einen angemessenen Feuchtigkeitsgehalt im Holz. Zu berücksichtigen war auch beim Schleudervorgang allgemein und bei den Reibungsverhältnissen der Walter-Schleuder im besonderen, daß mit zunehmender Geschwindigkeit die Auftriebskräfte des Tragwerkes der Fi 103 größer und damit das Gewicht des Flugkörpers und die Reibkräfte geringer wurden.[51]

Weitere Vorerprobungen unternahm die Firma Fieseler ab Anfang Oktober 1942 bei der Luftfahrtforschungsanstalt (LFA) in Braunschweig-Völkerode, parallel zu den schon in Kapitel 16.2. angesprochenen Windkanalversuchen Dr. Zobels mit dem Argus-Schmidt-Rohr. Bei Versuchen mit einer kompletten Fi 103, die in der Meßstrecke des Windkanals aufgehängt wurde, konnten Strömungsgeschwindigkeiten von etwa 370 km/h erreicht werden. Das war zwar noch nicht die angestrebte Fluggeschwindigkeit des Flugkörpers, aber man nahm die Gelegenheit bei Fieseler wahr, um neben den Triebwerkversuchen auch die sogenannten Sechskomponenten-Messungen wenigstens bei dieser Geschwindigkeit durchzuführen. Mit Extrapolationen wollte man dann die Werte bei der angestrebten Geschwindigkeit

von 600 bis 700 km/h wenigstens in der Größenordnung ermitteln. Die Meßvor-
richtung für die Komponentenmessung stellte die Firma Fieseler. Unter Leitung
von Dr.-Ing. Petrikat von Fieseler nahm auch wieder der junge Ingenieur Bernhard Dietrichs an den Versuchen teil. Die Messungen beinhalteten die Kräfte um
die Hoch-, Längs- und Querachse und die ihnen zugeordneten Momente am Flugkörper. Wegen der Größe des Meßstreckenquerschnittes durch die Originalab-
messungen der Zelle war schon bei den gegebenen Strömungsgeschwindigkeiten
eine große elektrische Leistung für das Windkanalgebläse erforderlich. Wie sich
Dietrichs erinnert, mußte auf alle verfügbaren Energiequellen samt Notstromag-
gregaten für den Betrieb des Windkanals zurückgegriffen werden.[51]
Als sich später bei den Großserienzellen des VWW die schon in Kapitel 16.6. angesprochenen Fertigungsschwierigkeiten bezüglich der Festigkeit der Punktschwei-
ßungen herausstellten und auch, um die zulässigen Toleranzen bei dieser im Flugzeugbau bisher unüblichen Fertigungstechnik zu ermitteln, führte die Firma Fieseler Unterwasser-Schleppversuche mit Fi-103-Zellen ohne Antriebsrohr durch.
Diese Versuche fanden von Juli bis Oktober 1943 im Alat-See bei Füssen im All-
gäu statt. Hier besaß die Forschungsanstalt Graf Zeppelin (FGZ), Stuttgart-Ruit,
eine Außenstelle, die speziell für Untersuchungen an Fluggeräten und ihren Komponenten eingerichtet war.
Eine besondere Bedeutung bekamen diese Versuche dadurch, daß neben den
Fertigungsschwierigkeiten im VWW auch in Peenemünde-West bei den Schleuderstarts in der ersten Hälfte des Jahres 1943 neben gelungenen Versuchen, auch
immer wieder ungeklärte Abstürze erfolgten.
Der Alat-See mit seinem kristallklaren Wasser und den allgemein stark abschüssi-
gen Uferpartien war für diese Schleppversuche hervorragend geeignet. Für die
Durchführung der Schleppversuche hatte man eine auf drei Schwimmern und
einem kreuzförmigen Gitterträger ruhende Plattform errichtet, auf der ein Meßhäuschen stand. An diesem Floß war an einem in die Tiefe des Wassers schwenk-
baren Gestänge der eigentliche Meßträger befestigt, in dem wiederum der zu messende Flugkörper – je nach Meßaufgabe – mit mehr oder weniger großen Frei-
heitsgraden aufgehängt war. Das Gestänge, das auslegerförmig in Fahrtrichtung
nach vorne ragte und an dem Querelement des Gitterträgers drehbar gelagert war,
diente gleichzeitig als Ladebaum und gestattete so das Absenken und Herausche-
ben des Versuchsobjektes. Im Fall der Fi 103 wurde, wie bei den Windkanalmes-
sungen in der LFA, eine Sechskomponenten-Waage verwendet, die sowohl die
Kräfte in den Hoch-, Quer- und Längsachsenrichtungen als auch deren Momente
mit Hilfe von Hydraulikgebern zu messen gestattete. Die hydraulischen Druck-
werte wurden über dünne Meßleitungen bis zum Meßhäuschen auf der Plattform
übertragen, wo sie über elektrische Meßwertwandler mit Hilfe eines Schleifenos-
zillographen registriert werden konnten. Erforderlichenfalls waren auch Flugkör-
perbewegungen in gewissen Grenzen meßbar, wobei Zugseile, die an den interessierenden Stellen des Versuchskörpers angebracht wurden, dessen Bewegungen
über Umlenkrollen nach oben sicht- und meßbar machten.
Die Leitung der Messungen hatte Dipl.-Ing. Vollmer von der Firma Fieseler. Als
Assistent war ihm Ingenieur Bernhard Dietrichs zugewiesen. Den Betrieb und die
Betreuung der Versuchsanlage hatte die etwa fünfköpfige FGZ-Stammbesatzung
durchzuführen. Die Messungen fanden in ca. 6 m Tiefe statt, wobei das ganze Floß

mit darunter hängendem Meßträger und Versuchskörper bei einer Geschwindigkeit von maximal 18 m/s – ca. 65 km/h – durch das Wasser gezogen wurde.[51]

Da das Medium Wasser eine um den Faktor 773 größere Dichte als die Luft hat, waren auch hier entsprechend kleinere Geschwindigkeiten notwendig, um die gewünschten Belastungskräfte und Staudrücke an der Zelle in Luft zu erreichen. So erfährt z. B. ein mit 1 m/s durch das Wasser geführter Körper den gleichen Staudruck wie ein mit 28 m/s durch Luft bewegter Körper. Dabei nimmt der Staudruck mit dem Quadrat der Geschwindigkeit zu. Bei doppelter Geschwindigkeit des Körpers ergibt sich also der vierfache, bei dreifacher Geschwindigkeit der neunfache Staudruck. Weiterhin waren auch die hydrodynamischen Kräfte am Flugkörper im Wasser genauso erkenn- und meßbar wie die vergleichbaren aerodynamischen Kräfte im Flug. Der große Vorteil bestand im Wasser jedoch darin, daß die Fi 103 nicht verlorenging und die Wirkung bei durchgeführten Änderungen an ein und demselben Körper sofort wieder meßbar waren.[50, 51]

Es ist noch einiges zum Antrieb dieser für damalige Verhältnisse interessanten Versuchsanordnung zu sagen, für den man einen 2×6-Zylinder-Daimler-Benz-Flugmotor, DB-601, mit einer Leistung von 805 kW (1100 PS) verwendet hatte. Dieser Motor wirkte über ein Getriebe auf eine gut ausgewuchtete Schwungscheibe von etwa 5,5 m Durchmesser, die von der Firma Krupp hergestellt war. Diese Schwungmasse wurde vom Motor in einer Zeit von 10 min auf die maximal notwendige Drehzahl gebracht. Die in der riesigen Schwungmasse gespeicherte Bewegungsenergie wurde über eine große Lamellenkupplung auf eine Seiltrommel übertragen, die das Zugseil des Floßes aufwickelte. Die dadurch ausgelöste Zuggeschwindigkeit des Floßes von im Mittel 18m/s konnte über eine Zeit von 20 bis 30 sec aufrechterhalten werden. Die eigentliche Meßzeit betrug dann etwa 5 sec, während der eine praktisch gleichmäßige Geschwindigkeit des Floßes garantiert war. Nach Durchlaufen der Meßstrecke kuppelte man die Seiltrommel von der Schwungmasse ab, und über ein auch während des Meßvorganges am Heck des Floßes befestigtes und nachlaufendes Führungsseil wurde das Floß wieder auf seinen Ausgangspunkt zurückgeschleppt. Der ganze Antrieb, mit Motor, Schwungscheibe, Getriebe und Kupplung, stand auf einem Betonfundament in einem Holzschuppen am Ufer des Sees.[51]

Aufgrund der geschilderten Bemühungen ist ersichtlich, daß vor und während des Beginns der eigentlichen Flugerprobung von allen Stellen versucht wurde, im Rahmen der zur Verfügung stehenden kurzen Zeit möglichst viele Einzelprobleme durch Vorversuche abzuklären.

Nach Betrachtung dieser wichtigen Arbeiten, wozu noch die schon im April 1941 begonnenen Stand- und Flugversuche mit dem Argus-Schmidt-Rohr wie auch die Boden-Beschleunigungsversuche mit der Steuerung bei Askania zu rechnen waren, wollen wir uns endgültig der eigentlichen Flugerprobung in Peenemünde-West zuwenden und die hier durchgeführten wesentlichen Arbeiten möglichst in zeitlicher Reihenfolge schildern.

Wie gesagt, fand die erste Flugerprobung mit Schleuderstart, der gelungene Versuch am 24. Dezember 1942, von der Borsig-Schleuder aus statt. Entsprechend dem ersten Start waren auch alle folgenden Anfang Januar 1943 darauf ausgerichtet, durch Kurzflüge, neben dem Einfluß der großen Beschleunigung auf Zelle und Steuergeräte, das Verhalten im Steigflug zu erproben. Die ersten Versuche ließen auf ausreichende Längs- und Seitenstabilität schließen. Zu diesem Zeitpunkt besaß der Lagekreisel A (Abb. 60) noch nicht die Pendelstützung 13 (Abb. 64). Außerdem war die Vertikalachse 2a des Kardanringes 1 auf der Schleuder und im Steigflug parallel zur Flugkörperhochachse ausgerichtet. Damit hatte sie noch nicht die in Abb. 60 dargestellte Neigung von 15 bzw. 20°. Eine Messung der Querlage konnte deshalb, wie in den Kapitel 16.4.3. und 16.4.5. geschildert, noch nicht erfolgen. Die spätere Stabilitätsberechnung hatte für diese Anordnung eine, wenn auch nur geringe Seitenstabilität ergeben, die Kräfte z. B. durch Seitenwind nicht ausreichend kompensieren konnte. Die Tatsache, daß die Firma Askania ihren Lagekreisel zunächst so einbaute, entbehrt, im nachhinein betrachtet, nicht einer gewissen Paradoxie. Denn die Firma Askania hatte schon in den 20er Jahren viele Kreiselversuche mit nach hinten geneigt eingebauter Hochachse durchgeführt, die auch zu Patenten führten. Offenbar muß dieses Wissen bei der Konzeption der Fi-103-Steuerung verlorengegangen sein. Aber es sollte später, als der Lagekreisel mit der Pendelstützung ausgerüstet wurde, noch schlimmer kommen.[34, 35]

Bleiben wir zunächst bei den weiteren Erprobungsstarts bis etwa in den Mai 1943 hinein. Die anfängliche Euphorie durch die ersten Erfolge schwand bei den direkt Beteiligten schnell dahin. Immer wieder stürzten, neben gelungenen Versuchen, Flugkörper kurz nach Verlassen der Schleuder ab. Es setzte eine fieberhafte Suche nach dem Fehler ein. Konkrete Anhaltspunkte für die Versager konnten jedoch zunächst nicht gefunden werden. Direktor Lusser wurde über die kritische Lage informiert. Scheinbar hoffte man, den Fehler alsbald finden zu können, zumal ja immer wieder erfolgreiche Versuche stattfanden. In Kassel war man immer noch der Meinung, daß in Peenemünde keine schwerwiegenden Pannen bei der Erprobung auftraten. Das schlug sich auch in einer Falschmeldung an GFM Erhard Milch im April 1943 nieder, in der in gutem Glauben der zügige Erprobungsfortgang und eine baldige Fertigstellung der Fi 103 gemeldet wurden.[20]

Nachdem Milch mit den Generälen Adolf Galland und Walther von Axthelm, der als General der Flakartillerie und Inspizient die Fernbombe zum Einsatz bringen sollte, am 9. April 1943 unangemeldet einen zufällig gelungenen Flug einer Fi 103 in Peenemünde gesehen hatten, fanden schon am Morgen des 27. April Personaldispositionen für die Einsatztruppe im RLM statt.[5]

GFM Milch war danach bestrebt, ein Vergleichsschießen zwischen der Fi 103 und dem A4 von Werk Ost vor der Fernschießkommission zu arrangieren. Offenbar wollte er auch die mit wesentlich geringerem technischem und materiellem Aufwand herstellbare Fi 103 der an Material und Treibstoffverbrauch wesentlich aufwendigeren Fernrakete A4 gegenüberstellen. Der Befehl für das am 26. Mai anberaumte Vergleichsschießen ging für die Fi 103 nur Direktor Lusser und dem Erprobungsleiter Dipl.-Ing. Fiedler zu. Neben den Mitgliedern der von Hitler eingesetzten Fernschießkommission erschienen an jenem Morgen in Peenemünde u. a. Rüstungsminister Speer, sein Amtschef Karl Otto Saur, GFM Milch, Großadmiral Dönitz und Generaloberst Fromm. Zunächst fand vor dem Vergleichsschießen im Kasino von Werk Ost eine Diskussion des Für und Wider beider Waffensysteme statt. Die Kommission kam dabei zu dem Entschluß, daß der Entwicklungsstand beider Waffen in etwa gleich war. In der Aussprache vertrat General Dr. Dornberger folgende Auffassung, die er in seinem Buch: »Peenemünde – Die Geschichte der V-Waffen« so formulierte: »... vertrat ich den Standpunkt, daß unter

Berücksichtigung der Verschiedenartigkeit beider Waffen und ihrer taktischen Einsatzbedingungen eine Bevorzugung der einen auf Kosten der anderen unzweckmäßig sei. Die Nachteile der einen würden durch die Vorteile der anderen ausgeglichen.« Die Kommission beschloß letztlich, Adolf Hitler zu berichten, als beste Lösung beide Geräte möglichst mit höchster Dringlichkeit und hoher Stückzahl in Serienfertigung gehen zu lassen. Dieser Beschluß war also schon vor dem Vergleichsschießen gefaßt worden.

Vom Prüfstand VII des Entwicklungswerkes aus konnte der hohe Besuch zunächst noch am Vormittag zwei gelungene A4-Abschüsse beobachten. In Peenemünde-West hatten Lusser und Fiedler den Fehler bei den Fi-103- Starts immer noch nicht gefunden. Für die Vorführung ließ Lusser zur Sicherheit, da er den Fehler in der zu geringen Startgeschwindigkeit vermutete, den Druck für die Förderluft der Treibstoffe am Dampferzeuger der Schleuder etwas erhöhen. Die erste, ebenfalls noch am Vormittag gestartete Fi 103 stürzte nach kurzer Flugstrecke in die Ostsee. Der zweite Flugkörper verließ am Nachmittag noch nicht einmal die Schleuder. Dornberger schreibt hierzu in seinem Buch: »Als wir am Nachmittag nach einem nochmals mißglückten Abschuß einer Fi 103 das Meßhäuschen der Luftwaffe (Meßhaus Nord, der Verf.) am Peenemünder Haken verließen, klopfte mir Generalfeldmarschall Milch auf die Schulter und äußerte mit etwas schmerzlichem Lächeln: ›Gratuliere, 2 : 0 für Sie!‹« An einen bewertenden Vergleich zwischen A4 und Fi 103 war in dieser Situation natürlich nicht zu denken.[81]

Das – nach dem zunächst vielversprechenden Erprobungsanfang – für die Fi 103 so negativ verlaufene Vergleichsschießen hat sicher im RLM eine entsprechende Reaktion ausgelöst. Denn noch im Mai wurde vom RLM verfügt, daß von der Deutschen Forschungsanstalt für Segelflug (DFS) in Ainring eine neutrale, von der Industrie unabhängige Erprobungsleitung für die Fi 103 einzusetzen sei. Damit wurde die Phase der Industrie- von der der RLM-Erprobung abgelöst. Die Erprobungsleitung lag fortan in den Händen von Dipl.-Ing. Heinrich Temme, dem für die Zellenmontage in Werk West Ingenieur Wilhelm Schmitz und für den Schießbetrieb Ingenieur Herbert Kuhn zugeteilt wurde. Als Verbindungsmann zum RLM und Vertreter von Temme wurde Dipl.-Ing. Heinrich Overberg eingesetzt. Diese Erprobungsleitung war mit außerordentlichen Vollmachten ausgerüstet und nur dem GFM, Erhard Milch, verantwortlich. In der Organisation der E-Stelle erschien die neue Erprobungsleitung als Erprobungsgruppe Temme (ET). Mit dieser Lösung waren auch aufgetretene Spannungen, die besonders nach den ungeklärten Abstürzen unter den beteiligten Firmen zu Unstimmigkeiten und Schuldzuweisungen führten, aus der Welt geschafft. Die Fieseler-Gruppe wurde wie bisher in der E-Stellen-Organisation als Erprobungsgruppe Fieseler (EF) geführt.[57] Für die DFS war die Fi 103 schon vorher kein unbekanntes Gerät. Die Stabilitätsberechnung war hier zur Jahreswende 1942/43 durchgeführt worden (Kapitel 16.4.2.), der auch weitere experimentelle Arbeiten an der Steuerung folgten.[34] Nachdem Dipl.-Ing. Temme in der noch immer ungeklärten Situation der sporadisch auftretenden Abstürze die Erprobungsleitung übernommen hatte, wurden von Askania die neuen Kreiselsteuerungen geliefert, die zur besseren Seitenstabilität mit der Pendelstützung ausgerüstet waren. Die damit verschossenen Erprobungskörper stürzten aber ohne Ausnahme ab. Eine sofortige Untersuchung ergab, daß man sich offenbar bei Askania des geneigten Einbaues der Kreiselhochachse erinnert hatte, aber anstatt einer Neigung nach hinten eine zum Bug des Flugkörpers gewählt hatte. Dabei erfolgte bei einer Drehung der Fi 103 um die Längsachse kein aufrichtendes, sondern, im Gegenteil, ein die Störung vergrößerndes Steuerungsmoment, wodurch der Absturz beschleunigt wurde. Temme erkannte den Fehler, und dieser konnte schnell abgestellt werden. Damit erhielt der Kurskreisel A in der Steuerung seine endgültige Einbaulage, womit etwa 80 % der Abstürze beseitigt waren (Abb. 60). [17, 34]

Irgendwann im Laufe des Juli bzw. Anfang August 1943 muß es dann auch Fiedler und Lusser gelungen sein, eine weitere Ursache der Abstürze zu ermitteln. Denn am 20. August konnte sich Gerhard Fieseler anläßlich eines Besuches in Peenemünde-West von der einwandfreien Funktion, besonders des Startvorganges der Fi 103, überzeugen. [20] Die Ursache der Abstürze lag in einem Konstruktionsfehler der Tragflächen begründet. Deren horizontales Widerstandsmoment war der großen Anfangsbeschleunigung auf der Schleuder nicht gewachsen. Die Konstrukteure waren bei der Festigkeitsberechnung des Rohrholmes von Beschleunigungen und Belastungen des Flugzeugbaues ausgegangen, die seinerzeit im Bereich von 6 bis 7 g mit entsprechendem Sicherheitsfaktor, aber nicht bei 22 g beim Start von der Walter-Schleuder lagen. Die Folge war beim Start ein elastisches Zurückschnellen des Rohrholmes, wodurch sich verschiedentlich Beplankungsbleche, hauptsächlich im Nasenbereich der Tragflächen, lösten, was nach Verlassen der Schleuder dazu führte, daß der Flugkörper aerodynamisch instabil wurde und abstürzte. Da gleichzeitig noch an den Schleudern mit der Antriebskraft experimentiert wurde, lag ihre wechselnde Beschleunigung offenbar einerseits über dem zulässigen und andererseits unter dem gerade noch von der Flächensteifigkeit zu bewältigenden Wert. Das war auch der Grund, warum immer wieder neben gelungenen auch mißlungene Starts stattfanden. Die maximal zulässige Belastung der Tragflächen muß zufällig in der Größenordnung der auftretenden Anfangsbeschleunigung der Schleuder gelegen haben. Die Verwirrung ist sicher auch noch durch die anfangs gelieferten Kurs- bzw. Lagekreisel mit geringer Seitenstabilität vergrößert worden, bei denen besonders bei stärkerem Seitenwind das ausgelöste Schieberollmoment nicht jene Größenordnung hatte, um diese Störung auszugleichen. [20, 34, 35, 66]

Die zu geringe Horizontalsteifigkeit der Tragflächen erhöhte man durch einen verstärkten Rohrholm, besonders am kritischen Querschnitt in Rumpfnähe, mit Hilfe eines gerollten und aufgeschweißten Rohrstückes, das etwa bis zur Hälfte der beiderseits des Rumpfes herausragenden Holmenden reichte.

Als weiterer Schwachpunkt hatte sich anfangs der U-förmige Katapultbeschlag herausgestellt. Es kam öfter vor, daß die Kolbennase den Beschlag aufgrund der hohen Anfangsbeschleunigung ausriß (siehe Vergleichsschießen). Überlegungen, die Beschleunigung auf den Flugkörper am Rohrholm auf beiden Seiten des Rumpfes zu übertragen, ließ man wegen der größeren Konstruktionsschwierigkeiten wieder fallen. Eine Verstärkung des Katapultbeschlages hat dann aber zu einer befriedigenden Lösung geführt. [17]

Nachdem mit Kurzflügen diese ersten Kinderkrankheiten der Fi 103 erkannt und beseitigt worden waren, konnte man sich mit größer werdenden Flugentfernungen der Funktion von Kurs- und Zielgenauigkeit zuwenden. Bei dieser Erprobung sollte, wie schon angedeutet, aus dem Verlauf der Flugbahn, der Lage des Flugkörpers und dessen Ruderstellungen im Flug auf die Güte der Flugreglerfunktion geschlossen werden. Dabei gab es insofern Schwierigkeiten, als der Flugregler mit der weiteren Zellen- und Triebwerkanlagen-Erprobung zusammen getestet werden mußte. Dadurch ergaben sich viele Fehlermöglichkeiten, bei denen der beobachtete Fehler vielfach nicht eindeutig oder gar nicht zuzuordnen war, zumal die Geräte nach dem Versuch fast alle in die Ostsee fielen und somit verloren waren. Besondere Schwierigkeiten bereitete der Magnetkompaß bei den starken Luft- und Körperschallbelastungen des Triebwerkes, weshalb er in einer Holzkugel federnd aufgehängt wurde, wie in Kapitel 16.4.2.3. und Abb. 63 geschildert und dargestellt ist.

Anfang November 1943 wurde von der E-Stelle Karlshagen (früher Peenemünde, Kapitel 5.2.) ein großangelegtes Zündererprobungsprogramm von den Gruppen E5 und E7 in enger Zusammenarbeit mit der E-Stelle Rechlin, ebenfalls E7, und dem Zünderlieferanten Rheinmetall-Borsig, Breslau, erarbeitet und anschließend durchgeführt. Die Leitung hatte Dr. Reck von der E-Stelle Karlshagen, E7. Das Programm sah anfangs eine Prüfstanderprobung vor, die den Flugzustand für die Zünder simulieren sollte. Zu diesem Zweck wurde ein komplettes FZG 76, wie der Flugkörper mit Beginn der militärischen Einsatzerprobung durch das Lehr- und Versuchskommando Wachtel jetzt genannt wurde, mit allen Zündern ausgerüstet. In die vorbereiteten Zünderbuchsen wurden neben den entsprechenden Zündern verschiedene Farbausstoßladungen mit mit Schwarzpulver gefüllten Bakelitkapseln eingesetzt. Beim Ansprechen eines Zünders sollte die geringe Schwarzpulverladung zur Sichtbarmachung die Farbrauchladung ausstoßen. Nach Inbetriebnahme des Rohres wurden die mechanischen Zünder (Aufschlag- und Zeitzünder) durch Abreißen des Stropps (Reißleine) von Hand und der elektrische Zünder durch Betätigen des Schlüsselschalters h und des Sicherheitsschalters s entsichert (Abb. 59). Das Zählwerk wurde bis auf Zünderscharfstellung gedreht. Zehn Standversuche wurden mit zehn Zündersätzen durchgeführt, um festzustellen, ob das laufende Triebwerk vorzeitig einen Zünder zum Ansprechen bringen würde. Die Betriebszeit betrug je eine halbe Stunde. Der Zeitzünder wurde auf eine Stunde Laufzeit eingestellt. Die so gerüttelten Zünder sind später für die Abwurfversuche der Flugerprobung herangezogen worden.[32]

Die Schleuderstarts wurden auch dazu benutzt, neben der Flugkörpererprobung das Verhalten der Zünder zu testen. Dabei ging es auf der Schleuder darum, den Entsicherungszeitpunkt der mechanischen Zünder (Aufschlag- und Zeitzünder) über je eine an der Schleuder oder dem Anlaßgerät befestigte Reißleine zu ermitteln. An den an der Leine zurückbleibenden Teilen des Zünders konnte die einwandfreie Entsicherung festgestellt werden. Weiterhin sollte die Entsicherung des elektrischen Aufschlagzünders nach einer entsprechenden Flugzeit erprobt werden. Zu diesem Zweck wurde bei jedem Schleuderstart eine 8,8-cm-Sprenggranate – quer vor dem »blinden« Sprengkopf liegend – im Rumpf der Fi 103 montiert, deren Zünder ausgebaut und durch den elektrischen Aufschlagzünder ersetzt. Im FZG 76 überbrückte man dabei die elektrischen Zünderaufschlagorgane (Gleitschalter g und Röhrenkontakt R, Abb. 59) durch eine Kurzschlußleitung. Die Sprenggranate wurde damit in dem Augenblick gezündet, wenn der elektrische Aufschlagzünder durch das Luftlog vom Zählwerkkontakt aus im Flug entsichert bzw. die Zünderspannung auf das elektrische Zünderaggregat geschaltet wurde

(Kapitel 16.4.6.). Die Vermessung der Detonation erfolgte durch Schallmeß-batterien von Land aus.

Die Abwurferprobung von einem Trägerflugzeug ermittelte schließlich das An-sprechen der einzelnen Zünder beim Aufschlag. Das Ansprechen machte man wie-der durch Schwarzpulver-Farbausstoßladungen verschiedener Färbung sichtbar. Für die Abwurferprobung wurden die im Prüfstandversuch vom Triebwerk gerüt-telten Zünder verwendet, womit der vorangegangene Flug simuliert war. Zunächst wurden fünf FZG 76, ohne Tragflächen und A-Rohr, mit betongefüllten Lasträu-men aus etwa 3000 m von einer He 111 mit Lotfe 7D (Lotzielfernrohr) im ballisti-schen freien Fall auf den Struck geworfen (Abb. 8). Die Batterie des FZG 76 wur-de durch das Luftlog 15 sec nach dem Abwurf auf den elektrischen Aufschlagzün-der geschaltet. Dieser Aufschlagzünder Z 80 A war schon durch den Rüttelversuch entsichert. Den Zeitzünder stellte man kurz vor dem Start des Trägerflugzeuges auf 1 bis 2 Stunden Laufzeit ein.

Um die beim Aufschlag auftretenden negativen Beschleunigungen zu ermitteln, erhielt die vordere Stirnseite des Sprengkopfes neben dem elektrischen Auf-schlagzünder noch zusätzlich vier weitere Zünderbuchsen, in die stufenweise Be-schleunigungsschalter eingebaut wurden. Deren Ansprechwert, von 25 g begin-nend, steigerte man auf 50, 100, 150, 200, 250, 300 und 400 g. Bei diesen Steilab-würfen waren der Gleitschalter und der 200-g-Schalter des elektrischen Aufschlag-zünders entfernt worden, um das Ansprechen der Zünder bzw. Beschleunigungs-schalter nur über den Röhrenkontakt bzw. über ihre speziellen Auslöseorgane zu veranlassen. Die Meßbasis mußte alle Abwürfe filmen und vermessen. Gleichzei-tig flog noch ein Beobachtungsflugzeug mit Kameramann parallel zum Träger-flugzeug, um nach dem Abwurf im Sturzflug in größtmöglicher Nähe des Flugkör-pers zu bleiben und den Aufschlag sowie das Ansprechen der betreffenden Rauchausstoßladungen zu filmen. Daneben mußte zur endgültigen Beurteilung des Ansprechens der Zünder und der Beschleunigungsschalter eine Besichtigung in den Trümmern der Aufschlagstelle erfolgen.[32]

Es stellte sich aber nach den ersten Abwürfen heraus, daß die seinerzeit weitge-hend sumpfige Halbinsel »Der Struck« für die Abwurfversuche, besonders für die später noch vorgesehenen Gleitabwürfe mit Tragflächen, sowohl von ihrer Größe her als auch hinsichtlich der Bergung der Geräte nicht geeignet war. Man wich des-halb, wie anfangs auch geplant, auf die E-Stelle Udetfeld aus. Das war ein großes Areal zwischen den Städten Gleiwitz und Kattowitz in Oberschlesien, wo von der Luftwaffe auch Scharferprobungen, speziell mit Abwurfwaffen, vorgenommen wurden.

Nach Ermittlung der Aufschlagbeschleunigung erfolgte die Erprobung des im elektrischen Aufschlagzünders eingebauten 200-g-Schalters alleine, wobei alle an-deren Zünder und Aufschlagorgane ausgebaut waren.

Nach den Steilabwürfen, die dem normalen Abstieg des FZG 76 im Einsatz ent-sprachen, ging man dazu über, fünf Geräte mit Betonfüllung, mit Flächen und kal-tem Antriebs-Rohr, ohne 200-g-Schalter und ohne Spitzenschalter im Gleitwurf aus 500 bis 800 m Höhe zu werfen, um das Ansprechen des Gleitschalters oder eventuell der anderen Zünder zu ermitteln. Das hätte jenem Einsatzfall entspro-chen, wenn das Abstieggerät nicht funktioniert hätte, der Flugkörper bis zum Ver-brauch des Treibstoffes geflogen und so ohne Antrieb im Gleitflug gelandet wäre.

Die in Udetfeld durchgeführten Versuche fanden auch wieder mit Bodenvermessung, Verfilmung von einem Begleitflugzeug und FT-Verkehr statt.

Als letzter Schritt der Zündererprobung erfolgten die Versuche mit scharfen Geräten, wobei der Lastraum aber nur mit einer geringen Sprengstoffmenge laboriert war. Auch bei diesem Programm mußten wieder die einzelnen Zünder und ihre Aufschlagorgane durch entsprechende Umrüstungsschritte und Ausrüstungszustände nacheinander erprobt werden, wobei, wie bei der Blinderprobung, Steil- und Gleitabwürfe durchzuführen waren.[32]

Ein besonderes Problem bei der Zündererprobung war der Isolationswiderstand des elektrischen Aggregates der Zünderanordnung. Die im Rumpf recht weit verzweigt verlegten Leitungen mit ihren Steckverbindungen waren durch den zunächst kleinen mit Silika-Gel gefüllten Beutel zur Herabsetzung der Luftfeuchtigkeit im Rumpf nicht ausreichend geschützt. Da die Flugkörper in Udetfeld im Freien gelagert werden mußten, machte sich hier eine besondere Verschärfung des Problems bemerkbar. Der Isolationswiderstand spielte damals eine wesentliche Rolle bei elektrischen Anlagen in Flugzeugen und Flugkörpern, wie in Kapitel 12 schon beschrieben wurde. Beim FZG 76 hatte er auch für die Feldstellungen im Einsatz hinsichtlich der Lagerung und der Ausführung des Richthauses Einfluß. Für den Flugkörper war ein besonderes »Zünderleitungs-Prüf- und Montagegerät« (ZLPM 76) entwickelt worden. Es diente zur Überprüfung der eingebauten Aufschlagorgane und ihrer Steckverbindungen auf Isolation und Funktion. Der Isolationswiderstand mußte mindestens 0,1 MΩ betragen.[124]

Um einen möglichst sicheren Überblick über den Ablauf der wichtigsten Betriebsfunktionen im FZG 76 während des Fluges zu erhalten bzw. auch dabei auftretende Fehler zu ermitteln, begann man Anfang 1944 ein Flugprogramm mit einer drahtlosen Fernmeßübertragungsanlage. Dabei wurden bei etwa 40 Flugkörpern die wichtigsten Betriebsfunktionen mit Hilfe von Gebern und einem Schaltwerk an einen im Flugkörper eingebauten Sender gegeben, der die Signale über eine Sendeschleppantenne abstrahlte. Ein in seitlichem Abstand vom FZG 76 mitfliegendes Meßflugzeug mit Empfänger und Registriereinrichtung empfing die übertragenen Meßwerte (Abb. 70). An einem Musterflugkörper wurde von der E-Stelle für die weiteren Versuchsgeräte der Antenneneinbau geklärt und das Antennenanpassungsgerät entwickelt, wobei die Gruppe E4 gute Erfahrungen durch die ähnlichen Probleme bei den Fernlenkkörpern »Fritz X« und Hs 293 besaß.[48]

Senderseitig griff man auf den in der Forschungsanstalt Graf Zeppelin (FGZ), Stuttgart, von Dipl.-Ing. Wuppermann entwickelten Meßsender »Stuttgart« zurück, der von ihm für den Einsatz im FZG 76 weiterentwickelt wurde. Die Meßgeber und einen Teil der organisatorischen Aufgaben für die Versuchsdurchführung bearbeitete Dipl.-Ing. Schaarschmidt. Die Versuchsleitung lag in den Händen von Dipl.-Ing. Keul unter der organisatorischen Bezeichnung Fernmeßgruppe (FMG). Von der Erprobungsstelle war die Fachgruppe E4 oberste Führungsinstanz der Versuche.[48]

Für den Einsatz der Fernmeßgeräte beim FZG 76 mußten besonders die Reichweite und die Zahl der zu übertragenden Meßwerte der bisherigen Anlage erhöht werden. Außerdem war die Eingangsröhre des Senders wegen der großen Schallwechseldrücke des Triebwerkes gegen eine weniger schallempfindliche Röhre auszutauschen. Alle Betriebswerte im Flugkörper mußten für die drahtlose Fern-

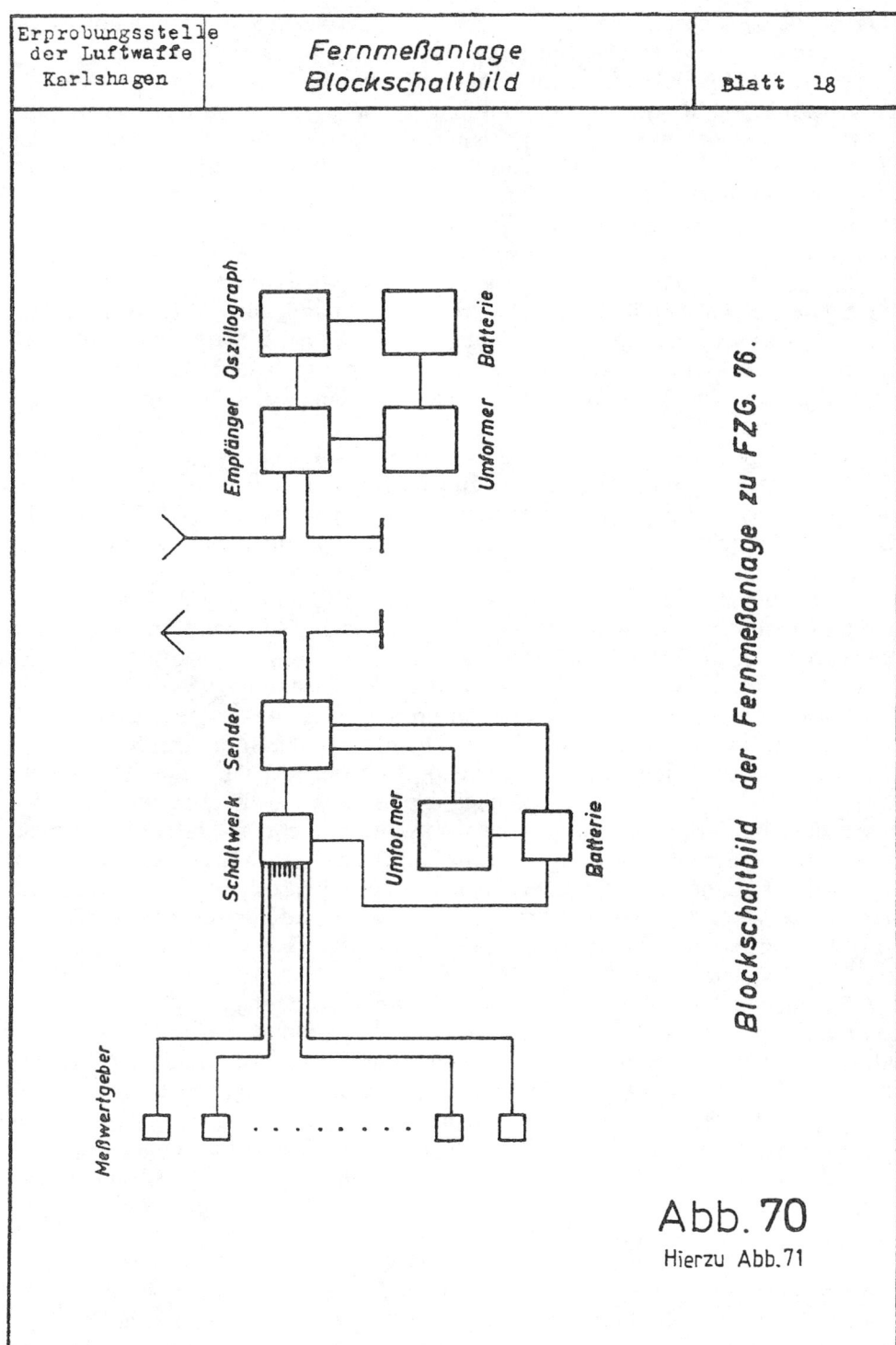

Abb. 70

Hierzu Abb. 71

631

übertragung zunächst durch Meßwertgeber in elektrische Spannungen umgewandelt werden. Die Geber, ausgenommen jene für die Temperatur, setzten den Betriebswert mit Hilfe ihrer Abgriffe in einen Weg um, womit auf feingewickelten, linearen Drahtpotentiometern Spannungsabfälle abgegriffen wurden. Die Temperaturgeber waren temperaturabhängige Widerstände in Brückenschaltung. Als Meßwertgeber für die Quer-, die Längslage und den Kurs wurden drei Meßkreisel LKu 4 mit Potentiometer verwendet.

Damit die Meßwerte nacheinander abgefragt und auf den Sender gegeben werden konnten, war in jeden Flugkörper ein Schaltwerk eingebaut. Dieses Schaltwerk, durch Umbau aus dem Kennungsgeber T 25 entstanden, besaß zu diesem Zweck einen Nockenschalter mit zwölf Kontaktfedersätzen und einen Antriebsmotor mit Getriebe. Das Schaltwerk war so ausgelegt, daß es die zwölf Meßwerte mindestens 20mal in der Sekunde auf den Sender schalten konnte, wodurch sich eine obere Impulsfrequenz von 240 Hz ergab. Die obere Frequenz des Übertragungssystems lag bei 5000 Hz.[48]

Der vierstufige Sender verstärkte in der ersten Stufe mit der Penthoden-Röhre RV 12 P 2000 den ihm vom Schaltwerk zugeführten kurzzeitigen Spannungsimpuls der jeweiligen Funktion um das Fünffache. Dieser Wert steuerte die als Frequenzmodulator aufgebaute zweite Stufe. Sie arbeitete auf einer Doppeltriodenröhre LS 2, die als spannungsgesteuerte Induktivität geschaltet war. Diese Induktivität lag im frequenzbestimmenden Schwingkreis der dritten und Oszillator-Stufe, wodurch sich mit der Induktivität auch die Sendefrequenz änderte. Damit wurde die Trägerfrequenz unmittelbar mit der Tastfrequenz der Meßwerte moduliert. Es handelte sich also um ein frequenzmoduliertes Übertragungssystem. Zwischen Schwingstufe und Antenne lag in der vierten Stufe des Senders die Leistungsröhre LS 50, die an den Antennenkreis eine Hochfrequenzleistung von 50 W abgab. Die unmodulierte Trägerfrequenz des Senders lag bei 3,65 MHz. Die Bauelemente des Senders waren auf zwei Kreisscheiben montiert, die übereinanderliegend in eine zylindrische Stahlblechbüchse aus teilweise gelochtem Material eingebaut waren. Auf beiden Seiten war die Büchse durch zwei Stahldeckel abgeschlossen, wodurch der Sender eine große mechanische Festigkeit erhielt. Er wog 2 kg und war bei den Versuchszellen vor den Rudermaschinen auf der Steuerbordseite eingebaut, während das Schaltwerk daneben auf der Backbordseite angeordnet war.[48]

Die Stromversorgung der körperseitigen Fernmeßbordanlage war eine aus zwei Sammlern bestehende 24-V-Batterie. Sie speiste den Umformer U 17 für die Anodenspannung des Senders und den Gleichstrom-Drehstrom-Umformer GDU 30 für den Antrieb der Meßkreisel. Der Umfomer lieferte auch gleichzeitig die Wechselspannung für eine Kennmarke auf dem Oszillogramm.

Ehe wir auf die Empfangsanlage des registrierenden Begleitflugzeuges eingehen, sei noch etwas über die Reichweite und über die flugkörperseitige Antennenanlage gesagt. Gewählt wurde als Sendeantenne, wegen des günstigen Antennenwirkungsgrades, eine λ/4-Antenne (21,6 m). Diese Antenne konnte am FZG 76 nur als Schleppantenne befestigt werden. Sie wurde im Flug fast waagerecht hinter dem Flugkörper hergezogen und strahlte beim Sendebetrieb eine horizontal polarisierte Bodenwelle ab. Durch Rechnung und Flugversuche ergab sich bei 50 W Sendeleistung, einer Empfänger-Eingangsspannung von 1 mV, einer Senderhöhe von 2000 m (Flugzeug bzw. FZG 76) und Ausbreitung über See eine Reichweite von 220 km.[48]

Um den Start mit der über 20 m langen Antenne von der Schleuder durchzuführen, ohne daß die Antennenlitze sich an Schleuderteilen verfing, spannte man die Antenne mit Hilfe eines Gummiseiles und eines seitlich in etwa 100 m Entfernung von der Schleuder aufgestellten Holzmastes aus. Zur Verlängerung der Antenne und des Gummiseiles war noch zwischen beide eine Papierkordel geknüpft, die auf der Mastseite in einen Zerreißfaden überging. Dieser war in seiner Zerreißfestigkeit so ausgelegt, daß die Antenne erst frei wurde, wenn der Flugkörper schon etwa 30 m vom Schleuderende entfernt war, wobei das Gummiseil neben der Straffung der Antennenlitze auch die Abstandsänderungen zwischen Mast und Flugkörper ausgleichen konnte.[48]

Der Empfänger für die Meßwerte war in einer He 111 untergebracht, die bei fliegendem Start mit dem FZG 76 auf gleichem Kurs und einer Geschwindigkeit von 300 km/h flog. Der seitliche Abstand betrug 50 km. Als Empfangsantenne diente die 20 m lange bordeigene Schleppantenne des Flugzeuges, die bei dieser Geschwindigkeit einen Neigungswinkel von etwa 5° gegen die Flugzeuglängsachse hatte, also praktisch als horizontal liegend angesehen werden konnte. Neben dem Empfänger waren zur Registrierung der Meßwerte zwei Siemens-Sechsfach-Schleifenoszillographen mit Großkassetten und zur visuellen Beobachtung ein Kathodenstrahloszillograph eingebaut. Bei einer Flugentfernung des Flugkörpers von 250 km wurde während dieses Parallelfluges die Entfernung zwischen Flugzeug und Flugkörper immer größer, weil das FZG 76 mit 650 km/h nach dem Steigflug mehr als doppelt so schnell wie die He 111 war. Jedoch blieben Sender und Empfänger während der etwa 25 min Flugzeit mit Sicherheit immer im Bereich der Übertragungsreichweite.[48]

Folgende Meßwerte wurden vom Flugkörper aus an das Begleitflugzeug übertragen, wobei eine Meßgenauigkeit von ± 5 % angestrebt wurde:

Lage und Kurs
1. Querlage, 2. Längslage, 3. Kurs, 4. Höhe, 5. Weg;
Steuerung
6. Seitenruder, 7. Höhenruder, 8. Preßluftdruck, 9. Steuerungstemperatur, 10. Kompaßstützung;
Triebwerk
11 .Einspritzdruck, 12. Kraftstoffdruck, 13. Tankdruck, 14. Kraftstoffverbrauch, 15. Reglertemperatur
(Abb. 71).[48]

Die meßwertübertragende Flugerprobung konnte wertvolle Erkenntnisse über die Funktion des Flug- und Triebwerkreglers sowie Anregungen für weitere Verbesserungen und Weiterentwicklungen geben.

Fast zur gleichen Zeit, als die Meßwertübertragungsflüge durchgeführt wurden, arbeitete die Fachgruppe E3 der Erprobungsstelle im Frühjahr 1944 an einer umfangreichen Musterprüfung des Argus-Sonderreglers 9-2225 AO (Abb. 55). Dieser Regler hatte, wie in den Kapiteln 16.2.2. und 16.2.3. näher beschrieben wurde, die komplizierte Aufgabe, das Triebwerk in jedem Betriebszustand möglichst optimal

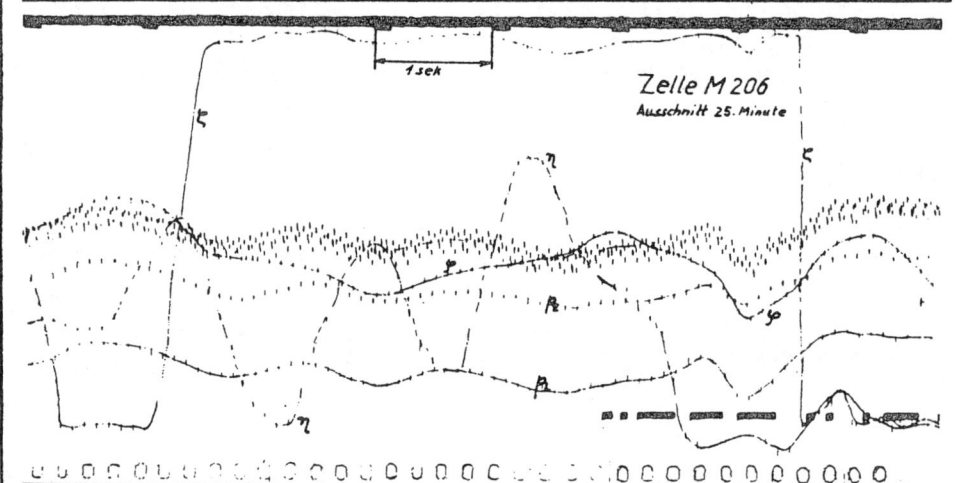

Zelle M 206
Ausschnitt 24. Minute

1 sek

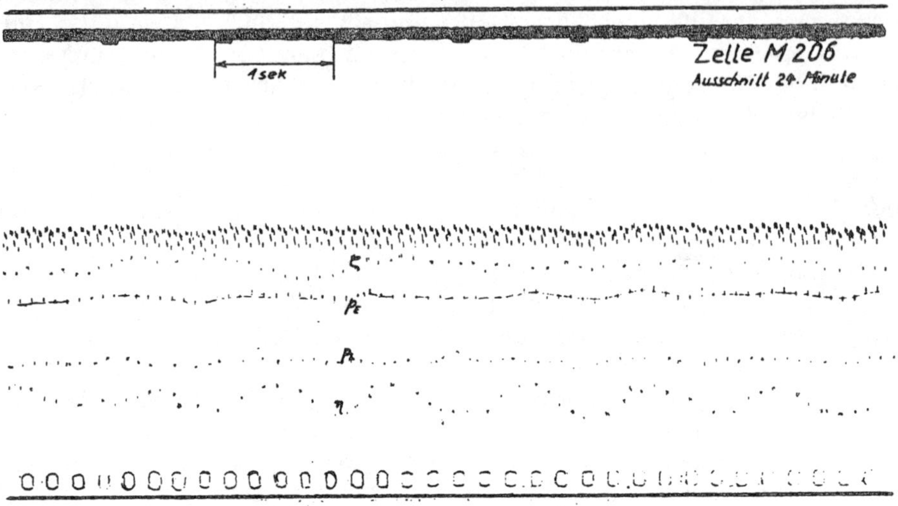

Abb. 9 Ausschnitt aus einem Fernmessoszillogramm
(ζ Seitenruder, η Höhenruder, p_e Einspritzdruck des
Triebwerks, p_i Pressluftdruck f. Triebwerk und
Steuerung).

Zelle M 206
Ausschnitt 25. Minute

1 sek

Abb. 10 Messwerte während des Absturzes einer Zelle.
(ζ Seitenruder, η Höhenruder, φ Querlage, p_e Einspritzdruck, p_i Pressluftdruck).

Hierzu Abb. 70

| Gruppe | FMG | Bearbeiter | Keul | Tag | 4.3.44 | | Abb. 71 |

BLZ retypo 2)

mit Treibstoff zu versorgen. Wie eingangs dieses Kapitels (Kapitel 16.7.) erwähnt, war man sich im Winter 1942/43 noch nicht im klaren, ob der Regler seine Funktion im praktischen Flugbetrieb in allen Belangen auch erfüllen würde, wie auch Dr. Gosslau in seinem AGARD-Vortrag ausführte. Neben der folgenden und laufenden Flugerprobung wollte man ebenfalls in begleitenden Laborversuchen mehr Wissen über die Arbeitsweise in allen Betriebssituationen sammeln. Hier war es besonders der Einfluß tiefer Temperaturen bei Höhen- und Geschwindigkeitsabhängigkeit, auf den die Arbeitsweise des Triebwerkreglers untersucht werden sollte. Diese Versuche wurden ohne Triebwerk im Laborversuch von E3 in Peenemünde-West durchgeführt. Leiter der Versuche war Fl.-Hauptingenieur Erich Borck.

Beim Aufstieg des Flugkörpers nahm neben dem sinkenden Luftdruck auch die gewöhnlich kälter werdende Außenluft Einfluß auf die Arbeitsweise des Reglers. Dessen Temperatur blieb noch eine Zeitlang durch den hindurchfließenden Treibstoff auf dem Bodenwert stehen, da die große Kraftstoffmasse des Tanks nur sehr langsam abkühlte. Um diese Zusammenhänge und ihren Einfluß auf den Regler genauer zu untersuchen, baute man im Kälteraum des Vorwerkes von Werk West eine Brennstoffversorgungsanlage für das Antriebsrohr als Kreislauf auf. Hiermit konnte der Regler, der sich in einer Unterdruckkammer im Kälteraum befand, sowohl dem Unterdruck als auch der Kälte größerer Höhen ausgesetzt werden. Die Geschwindigkeit simulierte man durch den ihr entsprechenden Staudruck auf den Staukolben 20 (Abb. 55). Bei diesem Aufbau bestand somit die Möglichkeit, durch Meßreihen den Einfluß verschiedener Kraftstofftemperaturen bei verschiedenen Höhen, Umgebungstemperaturen und auch Geschwindigkeiten auf den Regler zu ermitteln.[82]

Bei der Versuchsdurchführung wurden vier Regler verwendet, deren Regelcharakteristik bei einer über 0 °C liegenden Temperatur als in Ordnung befunden wurde. Bei den Messungen verringerte man dann die Raumtemperatur schrittweise um 6 bis 8 °C, bis auf eine Tiefsttemperatur von – 28 °C. Nach Erreichen jedes Temperaturschrittes wurde die Meßreihe jeweils bei simulierter veränderlicher Höhe und Geschwindigkeit durchgeführt. Das Verhalten der einzelnen Reglerbauelemente, wie Schaltventil 13, Gleichdruckventil 27, Höhendose 21 und der mechanischen Übertragungselemente (Abb. 55), war bei den Messungen einwandfrei. Die Staudose 24 machte jedoch insofern Probleme, als sie bei tieferen Temperaturen, z. B. schon bei – 5 bzw. – 12 °C, in ihrer Regelkraft merklich nachließ. Dadurch wurde der Waagebalken von der Höhendose 21 mehr nach oben bewegt, was für Drosselventil 16 eine Bewegung nach »Minus« bedeutete. Das hätte vom Triebwerk her eine Schubverminderung zur Folge gehabt. Bei näherer Untersuchung stellte sich heraus, daß die aus Leder bestehende Kolbenmanschette von 20 bei den niedrigeren Temperaturen nicht mehr abdichtete. Die mit einem sehr konsistenten Fett bzw. auch mit Paraffin getränkten Manschetten wurden durch die Kälte so steif, daß sie sich nicht mehr an die Zylinderwand anschmiegten, wodurch die Undichtigkeit hervorgerufen wurde. Nach Tränken der Dichtmanschetten mit Kältekompressorenöl konnte vollkommene Dichtigkeit bis – 28 °C und gute Gleitfähigkeit erzielt werden.[82]

Jene Messungen, bei denen ein noch größerer Temperaturunterschied zwischen Boden und Flughöhe simuliert wurde und wobei die Aufheizung des Kraftstoffes bei der Versuchsanlage in Funktion trat, hatten eine Einspritzdruckerniedrigung zur Folge, wodurch natürlich auch eine Schubverminderung eingetreten wäre. Dieser Effekt beruhte darauf, daß der erwärmte und durch das Gleichdruckventil 27 fließende Kraftstoff die im gleichen Gehäuse untergebrachte Höhendose 21 durch Wärmeleitung ebenfalls aufheizte. Die Höhendose 21 regelte dann, wegen des sich im unteren Membranraum erhöhenden Druckes der eingeschlossenen Luft, auf einen γ-Wert ein, der niedriger war als jener der kälteren Außenluft. Dadurch bewegte sich der Waagebalken nach »Minus«, und der Einspritzdruck an den Treibstoffdüsen 17 wurde geringer. So betrug die Einspritzdruckverminderung bei einer Temperaturdifferenz zwischen Außen- und Treibstofftemperatur von 13 bis 14 °C 0,16 bar Überdruck. Dieser Wert war nicht zu vernachlässigen. Um Abhilfe zu schaffen, mußte dafür gesorgt werden, daß die Höhendose im Regler vom Fahrtwind der Außenluft gekühlt wurde, um zwischen dem Membranraum der Höhendose 21 und der Außenluft keinen größeren Temperaturunterschied zu erhalten. Wie es geschlossenen pneumatischen Systemen eigen ist, war die Höhendose in ihrer Funktion temperaturabhängig und damit ein anfälliges Bauelement des Kraftstoffreglers. Das zeigte sich mit ähnlichem Effekt Anfang Juni 1944, als von der E-Stelle Karlshagen gemeldet wurde, daß die Fluggeschwindigkeit der Versuchsgeräte plötzlich auf 450 km/h abgesunken sei. Diese Tatsache löste eine große Aufregung aus, und es wurde Tag und Nacht nach dem Fehler gesucht. Letztlich stellte sich die Höhendose als Ursache heraus. Ihre Membran bestand aus einem Kunststoff, und der Hersteller hatte wegen fehlender Zulieferungen, ohne die Firma Argus zu benachrichtigen, einen Werkstoff mit anderen Eigenschaften verwendet. Bei der Prüfung des Reglers ließ es sich nicht vermeiden, daß auch Kraftstoff über dessen Membrane lief. Der neue Werkstoff hatte nun die Eigenschaft, den Kraftstoff in den Membranraum hineindiffundieren zu lassen. Damit ergab sich in diesem Raum ein überhöhter Druck, was gleichbedeutend mit einer Verminderung der Kraftstoffzufuhr war.[9, 82]

Die oberste Luftwaffenführung nahm den Geschwindigkeitseinbruch aber nicht so tragisch, da sie sich, nicht zu Unrecht, zumindest kurzfristig eine weitere und größere Bindung von feindlichen Jagdflugzeugen bei der Abwehr des FZG 76 versprach. Als spätere Sofortmaßnahme zur Steigerung der Geschwindigkeit wurde etwa ab Juni 1944 die Höhendose im Triebwerkregler außer Betrieb gesetzt, wodurch sich die Geschwindigkeit auf 645 km/h erhöhte.[9]

Mit der vom Generalstab der Luftwaffe im August 1943 für den späteren Einsatz der Fi 103 befohlenen Aufstellung des Flak-Regimentes 155 (W) wurde zunächst unter seinem Kommandeur Oberst Max Wachtel in Zempin der Regimentsstab und das Flak-Lehr- und Versuchskommando Wachtel untergebracht.

Eine der vordringlichsten Aufgaben für den Regimentsstab bestand in der Information aller mit der Ausbildung beauftragten Offiziere über das neuartige Waffensystem. Da hierfür aber noch keine Ausbildungsunterlagen vorhanden sein konnten, waren die Herren des Regimentes zunächst darauf angewiesen, sich in Peenemünde-West mit den technischen Einzelheiten des Flugkörpers und der Bodenorganisation vertraut zu machen.

Die bekanntlich unter großem Termindruck stehenden Ingenieure der Firmen und der E-Stelle haben hier keine Mühe und keinen Zeitaufwand gescheut, um den Regimentsangehörigen das Verständnis für das Waffensystem zu erleichtern und

die Bedienung und Handhabung der einzelnen Geräte immer wieder zu erklären. Diese »Nebenaufgabe« bedeutete für manchen Erprobungsfachmann eine große Zusatzbelastung, womit das Tagesprogramm der laufenden Erprobung oft in bedenkliche Turbulenzen geriet. Trotzdem wurde damit, ohne besonderen Befehl, in vorbildlicher Kameradschaft die Zusammenarbeit von Technikern in Zivil und Soldaten in Uniform für eine gemeinsame Aufgabe ausgeübt, die später im Einsatz durch den Industriehilfstrupp Gehlhaar (ITG) ihre Bestätigung erhielt. Im Jahre 1944 wurden mehrere Großversuche der Fi 103 geplant und befohlen. Eine dieser Aktivitäten war die vom 22. März bis 3. April 1944 durchgeführte »Transportübung FZG 76«. Diese Übung ging auf einen Vorschlag von Fl.-Oberstabsingenieur Uvo Pauls zurück, der nach seiner Ablösung von der Leitung der Versuchsstelle Peenemünde-West ein neues Aufgabengebiet im RLM,GL/C-G.O. erhielt und sich u. a. mit der Bodenorganisation der Fi 103 bzw. des FZG 76 beschäftigte. Diese Übung verfolgte den Zweck, an 90 Flugkörpern den Gesamtablauf des Transportes von der fertigenden Industrie über die Luftwaffen-Munas bis zu den Feuerstellungen zu erproben. Die transportierten Geräte sollten danach zum Teil dem Flak-Lehr- und Versuchskommando in Zempin auf Usedom betriebsbereit für den Verschuß aus den dortigen feldmäßigen Abschußstellungen übergeben werden. Der Übungsstab bestand, außer den die praktischen Arbeiten ausführenden Soldaten, aus 19 Teilnehmern. Neben Oberst von Gyldenfeld, Inspizient FZG 76, setzte sich der Stab noch aus Ingenieuren des Büros Lusser, der Firma Fieseler, Offizieren des Nachschubwesens vom Luftgau und Reichsbahnbeamten zusammen. Der Transportzug, offiziell als normaler Munitionszug getarnt, wurde von zur besonderen Geheimhaltung verpflichtetem Bahnpersonal gefahren.[17, 83, 84]
Unter strenger Geheimhaltung wurden die Flugkörper vom Montagewerk »Cham« in Cöslin in Pommern für die angenommene Sprengstofflaborierung und Komplettierung in den Nachschubzustand zur Luftmuna Bromberg transportiert. Von dort ging es über Tarthun, Egeln, südlich Magdeburg, Staßfurt, Leopoldshall, Magdeburg, Stendal, Wittenberge, Neustrelitz, Neubrandenburg, Pasewalk nach Ducherow. In Anklam wurde eine Streckenzerstörung angenommen. Die Zellen wurden auf LKW umgeladen, und über schlechte Landstraßen ging der Transport weiter bis nach Zempin auf Usedom. Unterwegs simulierte man Tiefflieger- und Partisanenangriffe ebenso wie Notsprengungen, um die Geheimwaffe nicht in Feindeshand fallen zu lassen.[84]
Nach dem Eintreffen der FZG 76 in Zempin wurden alle zum Abschuß vorgesehenen Flugkörper auf Beschädigungen untersucht. Außer teilweise starker Verbeulung und angerosteter Zellenaußenhaut, hatten die Flugkörper den 1606 km langen Transportweg gut überstanden, wie es im Abschlußbericht »Transportübung FZG 76« hieß. Nach unwesentlichen Ausbesserungsarbeiten wurden neun Flugkörper von Zempin aus entlang der Ostseeküste gestartet. Vier Flugkörper erfüllten ihre Aufgabe im Zielschuß über 186 km, einer im Kompaßweitschuß über 251 km und ein weiterer über 218 km. Drei FZG 76 erfüllten ihre Aufgabe nicht. Davon versagten zwei Zielschüsse wegen zu großer Zielabweichung und einer wegen frühzeitigen Absturzes. Im ganzen ein Ergebnis, das auf einen erfolgreichen Einsatz hoffen ließ.[84]
Während die Scharferprobung in Udetfeld mit stark verringerten Sprengladungen für die Zünderversuche von der E-Stelle durchgeführt wurde, absolvierte man bei

der Einsatztruppe mit dem Flak-Lehr- und Versuchskommando Wachtel in Zusammenarbeit mit der Erprobungsgruppe Temme, Karlshagen, und den dort vertretenen Außenstellen der Firmen Fieseler, Askania, Argus und Walter eine Wirkungs-Scharferpobung mit dem FZG 76 im »Heidelager«, einem Übungsgelände der Waffen-SS. Hier, in der Nähe des kleinen Dorfes Blizna, im damaligen Generalgouvernement (Polen), im Mündungsdreieck von Weichsel und San, hatte die Waffen-SS schon 1940 einen Truppenübungsplatz eingerichtet. Nach dem Luftangriff auf Peenemünde, am 17./18. August 1943, stand die Frage zur Debatte, ob mit dem A4 des Werkes Ost aus Geheimhaltungsgründen weiterhin von diesem Ort aus geschossen werden sollte. Generalmajor Dr. Dornberger erhielt daraufhin Anfang September 1943 den Befehl, mit der im Herbst aufgestellten Versuchsbatterie 444 von dem bei Blizna eingerichteten Übungsplatz zu schießen. In aller Eile hatte die SS den zunächst provisorischen Platz im Oktober und November 1943 weiter ausgebaut. An einer etwa 1 km² großen Waldlichtung wurden in völliger Einsamkeit Unterkunftsbaracken, Aufenthaltsräume und eine große Lagerhalle errichtet. Ein in die Lagerhalle hineinführendes Bahngleis band den Ort an die Bahnstrecke Krakau – Lemberg an. Eine Betonstraße führte von der nächsten Durchgangsstraße in den durch einen doppelten Stacheldrahtzaun abgeschlossenen Platz hinein. Anstelle des niedergebrannten Dorfes Blizna hatte man zur Tarnung ein Scheindorf aus hölzernen Attrappen aufgebaut. Auf Zäunen hing Wäsche; Puppen von Männern, Frauen und Kindern standen herum. Sogar Blumen wurden angepflanzt. Aus der Luft muß der Anblick einer friedlichen Landschaft perfekt gewesen sein. So entstand der Versuchsplatz »Heidelager«.[85]

Die eingangs erwähnte Scharferprobung des FZG 76 fand in der Zeit vom 14. bis 17. April 1944 mit 30 scharfen Zellen statt, die von der Luftmuna Bromberg per Eisenbahntransport im »Heidelager« angeliefert wurden. Mittels eines Portalkrans lud man die Geräte auf den Transportwagen 76 um, von wo sie auf Böcken im Gerätelager abgestellt wurden. Diese Erprobung hatte, wie die Transporterprobung, in fast allen Belangen einen einsatzmäßigen Charakter. Das begann schon beim Transport, beim Umladen, bei den erkennbaren und gegebenenfalls mit feldmäßigen Mitteln der Truppe zu beseitigenden Transportschäden und setzte sich über die Fertigmontage, die Einstellarbeiten bis hin zum Abschuß von der Schleuder fort. Auch wurden wertvolle Erkenntnisse über die Zeiten und den benötigten Personalaufwand bei Montage, Prüfung und Einstellung gewonnen. Ebenso sammelte man Erfahrungen über die unbedingt notwendigen Werkzeuge und Ersatzteile für eine Feldstellung. Als besonders wertvolle Erkenntnisse konnten Mängel bei den Transportvorrichtungen, Schutz- und Prüfvorrichtungen gewonnen werden, wobei in den beiden Abschlußberichten Vorschläge zu ihrer Beseitigung gegeben wurden. Gleiches traf auch für den Bereich des Geschützes (Schleuder) mit Dampferzeuger zu. Die Schußrichtung vom »Heidelager« verlief auf einem Kurs von 44,3°. Der Zielpunkt lag in einer Entfernung von 170,5 km, in der Gegend von Cycow, Siedliszcze und Sawin. Nach drei Schüssen in verschiedenen Höhen, die für die Flugbeobachtung variiert wurden, erfolgten alle übrigen Flüge in einer Sollflughöhe von 1500 m. Um das Flugverhalten der Zellen zu beobachten, konnten sie zunächst etwa 4 min nach Verlassen der Schleuder mit einem Flakfernrohr beobachtet werden. Bei den Schüssen 1 bis 3 und 28 bis 30 war eine Beobachtung mit einer Ju 188 möglich. Hierbei konnte man von der Abschußstelle Steig- und Fluggeschwindigkeit sowie die Umlenkhöhe festhalten und anhand einer Karte durch Funk laufend den Standort des Flugkörpers durchgeben, teilweise bis ins Zielgebiet hinein. Leider fiel das Flugzeug bei den Schüssen 4 bis 27 durch Motorschaden aus. Um die Beobachtungsstellen im Zielgebiet vorzuwarnen, war bei Lublin, also dem Zielgebiet nördlich vorgesetzt, noch ein Meldekopf eingerichtet worden. Auch wurden in besonderen Fällen, z. B. bei den zwei Weitschüssen, die normalen Fluko-Meldestellen nach ihren Beobachtungen befragt.[33]

Die Einschlagvermessung fand durch drei bei den genannten Orten des Zielgebietes eingerichtete Beobachtungsstände statt, die mit Flakfernrohren, Horchgeräten und Stoppuhren ausgerüstet waren. Die vorgesehene Einweisung der Flakfernrohre durch die Horchgeräte war wegen guter Wetterlage und Sicht im Zielraum nicht notwendig. Mit den Stoppuhren konnte durch die Laufzeitmessung der Druckwelle die ungefähre Entfernung der Beobachtungs- von der Einschlagstelle ermittelt werden. Auch sind von vielen im Zielgebiet niedergegangenen Flugkörpern die Einschlagstellen mit Flakfernrohr und Stoppuhr durch Mehrfach-Einschnitt vermessen worden. Weiterhin setzte man mehrere motorisierte Suchtrupps ein, die zum Schutz gegen Partisanen mit 2-cm-Geschützen, MG und MP ausgerüstet waren. Ihre Aufgabe war es, die Einschlagstellen auf die erzielte Wirkung hin zu beurteilen und gegebenenfalls verräterische Geräte und Bruchstücke einzusammeln. Eine zweite Ju 188 hatte die Aufgabe, die Einschläge aus der Luft zu kartieren, was wegen technischer Schwierigkeiten aber nur selten gelang. Abschließend wurden fast alle Einschläge als Luftfoto von einer Fi 256 aufgenommen. Die Abschußstelle, die Beobachtungsstellen im Zielgebiet und die beiden Ju 188 standen bei den Versuchen durch Funk in Verbindung.

Die Zusammenarbeit der beteiligten Stellen war gut. Wenn auf die Flug- und Einschlagvermessung keine Rücksicht zu nehmen gewesen wäre, hätte eine Schußfolge von weniger als 20 min erreicht werden können. Während der Versuche wehte ständig ein stark böiger Rückenwind bis 10 m/s. Die Sicht war bis auf den ersten Tag gut.[33]

Von 30 Schuß erreichten zehn Zellen nicht das Zielgebiet und stürzten vorzeitig durch Steuerungs- und Triebwerkversager ab. Im ersteren Fall hatte der böige Wind einen erheblichen Einfluß in der Start- und Steigphase. 20 Körper gelangten in das Zielgebiet, wobei 18 Zellen in einem Rechteck von 23 km Breite und 15 km Tiefe einschlugen (Abb. 72). Zwei Zellen stiegen nicht in diesem Raum ab, sondern erst 30 km hinter dem Zielpunkt. Offenbar hatte das Abstieggerät versagt, und der Absturz erfolgte erst nach Leerfliegen des Tanks. Der mittlere Treffpunkt aller 18 gelungenen Zielschüsse lag 7,1 km zu weit vom Zielpunkt entfernt und um 0,2 km nach rechts versetzt. Der zu weit entfernte mittlere Treffpunkt war sicher auf den großen Rückenwind zurückzuführen, der auch Einfluß auf die Abstiegsneigung genommen hatte (Abb.73).[33]

Alle in und hinter dem Zielgebiet niedergegangenen Flugkörper waren erwartungsgemäß detoniert. Bei den vorzeitigen Abstürzen trat in keinem Fall beim Aufschlag eine Detonation ein, da einerseits die nahen Aufschläge durch die Sicherheitslaufzeit des Aufschlagzünders diesen noch nicht entsichert hatten, andererseits das Niedergehen in einem mehr oder weniger flachen Gleitflug erfolgte, wo bei offensichtlich weiter entfernt liegenden Schüssen (5 und 22, Abb. 72) die

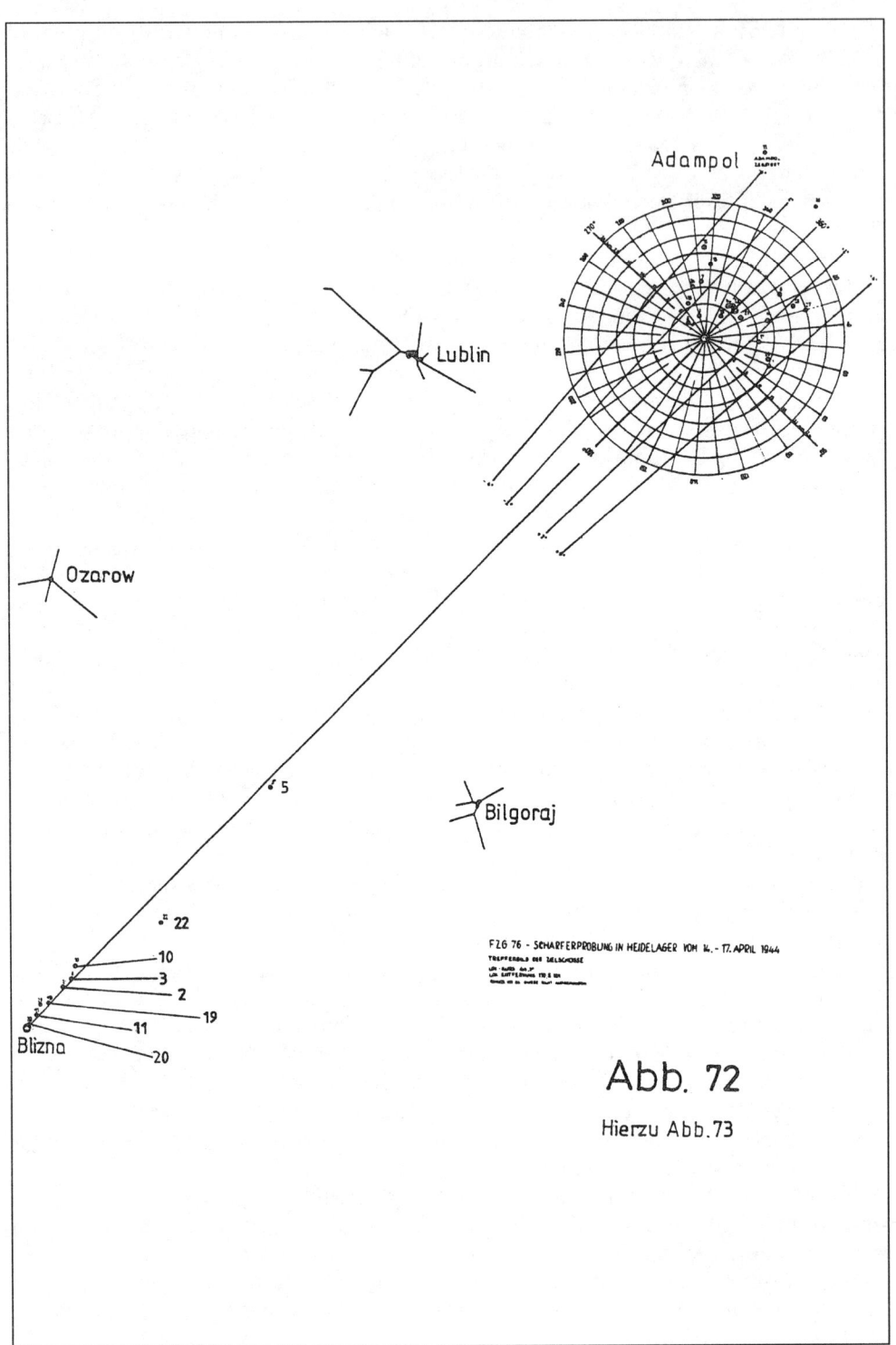

Adampol

Lublin

Ozarow

• 5

Bilgoraj

FZG 76 - SCHARFERPROBUNG IN HEIDELAGER VOM 14. - 17. APRIL 1944

TREFFERBILD DES ZIELSCHOSSE

• 22

10
3
2
19
11
Blizna
20

Abb. 72

Hierzu Abb. 73

Aufschlagbeschleunigung nicht groß genug war, um den Aufschlagzünder ansprechen zu lassen. Der elektrische Sonderzünder konnte noch nicht ansprechen, da er vom Zählwerk noch nicht scharf gemacht war. Von zwei dieser Nahaufschläge sprachen die Zeitzünder nach Ablauf der eingestellten Zeit nicht an. Das Uhrwerk war scheinbar durch den Aufschlag infolge von Gegenschwingen der Unruhe stehengeblieben. Wegen des starken Rückenwindes und des leicht ansteigenden Geländes mit anschließendem Hochwald vor der Schleuder erhöhte man die Steigfluglage des Flugkörpers von 7,5 auf 8,5°.[33]

Allgemeingültige Angaben über die Wirkung der Detonationen konnten nicht gemacht werden. Es blieben für die Beurteilung hauptsächlich die mehr oder weniger tiefen und breiten Trichter übrig, die sich wiederum nach der Bodenbeschaffenheit bzw. danach richteten, welcher Zünder angesprochen hatte. Röhrenkontakt oder Gleitschalter verursachten in Verbindung mit dem elektrischen Aufschlagzünder kleinere, flache Trichter, da die Druckwelle sich hauptsächlich oberhalb des Bodens ausbreitete. Beim Ansprechen des Aufschlagzünders und auch durch den Zeitzünder wurden große Trichter z. B. von 12 m Durchmesser und 4 m Tiefe in steinigem Waldboden aufgerissen. Im Umkreis von 50 m waren alle Bäume von 10 bis 14 cm Stammdurchmesser über der Wurzel abgeknickt.

Die Seitenstreuung der Einschläge mußte aufgrund der Trefferbilder (Abb. 73), gemessen an der ursprünglichen Forderung, daß 50 % aller Abschüsse eine Beitenstreuung von ± 2 %, entsprechend ± 1,2° der Flugentfernung, haben sollten, und bezogen auf den mittleren Treffpunkt, als nicht erfüllt angesehen werden. Das Trefferbild wies aus, daß bei 50 % aller Schüsse (15 Stück) die Seitenstreuung bei ± 5,5 % der Flugentfernung, entsprechend ± 3,17°, lag. Aber diese Tatsache, daß die anfangs erhobene Forderung der Zielgenauigkeit nicht eingehalten werden konnte, hatte sich auch schon bei den Erprobungsschüssen in Peenemünde herausgestellt. Auch Flugreglerexperten hatten schon vor dem Einsatz der Fi 103 bezweifelt, daß die geforderte Zielgenauigkeit mit dem vorgesehenen Askania-Flugregler erreicht werden könnte. Die Ursachen der Seitenstreuungen lagen einerseits bei den noch verbliebenen Kompaßfehlern, die immer noch – trotz Abschirmung und federnder Aufhängung – 0,5 bis 1 % betrugen, und andererseits bei den großen Störmomenten um die Längsachse, die der Flugregler nicht vollkommen kompensieren konnte, worauf am Schluß dieses Kapitels, bei der Schilderung von durchgeführten und geplanten Weiterentwicklungen, nochmals eingegangen wird.[33]

Anläßlich einer Besprechung zwischen dem für den Einsatz FZG 76 zuständigen Generalkommando LXV A. K. und dem Flakregiment 155 (W) am 11. und 12. April 1944 in Paris wurde beschlossen, für den Bereich des Generalkommandos und des Luftgaues Nordfrankreich/Belgien die Bezeichnung FZG 76 durch den neuen Tarnnamen »Maikäfer« abzulösen. Bei der weiteren Schilderung wollen wir jedoch bei dem Begriff FZG 76 bleiben.[86]

Es wurde schon am Anfang des Kapitels 16.4. bei der Beschreibung der FZG-76-Konzeption erwähnt, daß der Flugkörper auch von einem Trägerflugzeug im Luftstart abgeworfen werden konnte. Parallel zu den Vorbereitungen des Flakregiments 155 (W) für den Einsatz von Nordfrankreich ging man von der Luftwaffenführung auch daran, die Startmöglichkeit aus der Luft zu verwirklichen. Nachdem bei der E-Stelle Karlshagen ab 6. April 1944, unter Mitarbeit der Fachgruppe E2,

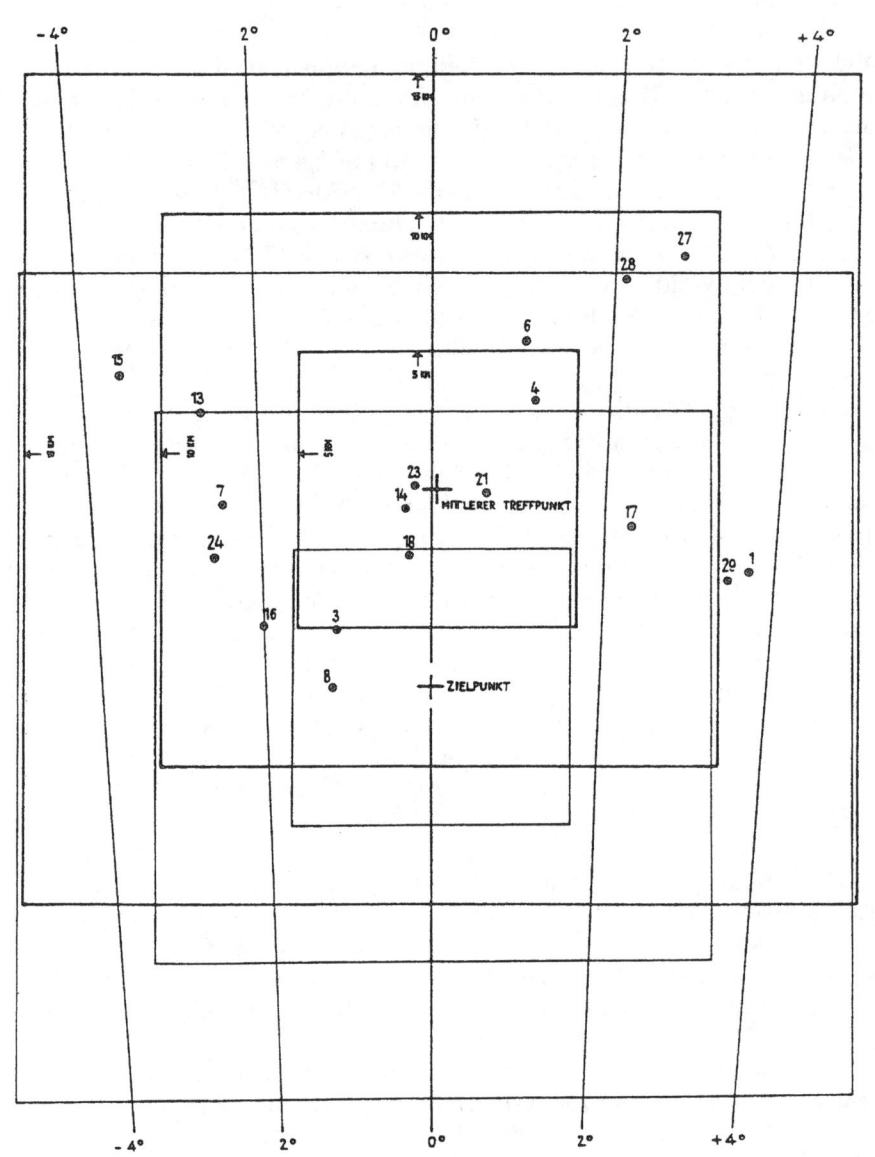

Abb. 73

FZ6 76   SCHARFERPROBUNG IN HEIDELAGER VOM 14.–17. APRIL 1944

TREFFERBILD DER GELUNGENEN ZIELSCHOSSE
LOX-KURS 44,3°   , LOX-ENTFERN. 170,500 KM

Hierzu Abb. 72

DER MITTLERE TREFFPUNKT DER GELUNGENEN 18 ZIELSCHOSSE
LIEGT ZUM ZIELPUNKT 7,1 KM ZU WEIT UND 0,3 KM NACH RECHTS
ZWEITE, VERBESSERTE ANFERTIGUNG

verschiedene Flugzeugmuster als Träger erprobt worden waren, hatte sich für diesen Einsatzfall das Kampfflugzeug He 111 als am besten geeignet herausgestellt. Bei den vorgesehenen Einsatzflugzeugen baute man im Juni 1944 in Oschatz und Großenhain/Sachsen zwecks Gewichtserleichterung den Haupttank und die Bombenschächte aus, da einerseits größere Flugentfernungen von den vorgesehenen Einsatzhäfen nicht zu bewältigen und Bomben nicht mitzuführen waren. Dann wurde jedes Trägerflugzeug mit dem Bombenschloß ETC 2500 für eine Außenlast von 2500 kg ausgerüstet. Das Schloß war an einer starken Strebe zwischen Vorder- und Hinterholm der Tragfläche so eingebaut, daß der Flugkörper normalerweise auf der Steuerbordseite, unterhalb der Tragflächenwurzel, zwischen Steuerbordmotor und Rumpf hing. Ursprünglich war dieser Befestigungspunkt für die Walter-Starthilferaketen vorgesehen. Die Lufteintrittsöffnung des Schubrohres der Fi 103 war unmittelbar hinter der Tragflächenhinterkante angeordnet, und die Düsenöffnung zeigte damit unmittelbar auf die Nasenleiste des Höhenleitwerkes. Aus diesem Grund wurde hier und an Flächenteilen des Seitenruders zum Schutz vor den heißen Feuergasen des Schmidt-Argus-Rohres eine zusätzliche Beplankung aus Stahlblech vorgenommen. Weiterhin erhielt jedes Flugzeug ein Luftlog, auf dessen Bedeutung bei der Schilderung des Einsatzanfluges noch näher eingegangen wird. Der weitere Einbau einer Zünd- und elektrischen Starteinrichtung vervollständigte im wesentlichen die Umrüstung der unter der Bezeichnung He 111 H-22 geführten Einsatzflugzeuge. Eine Anlaßluftversorgung entfiel, da statt dessen der Staudruck der Fluggeschwindigkeit vorhanden war. Über ein Hochspannungszündkabel, das seitlich oberhalb der Zündkerze des Antriebsrohres aus dem He-111-Rumpf austrat, wurde die Zündspannung zugeführt. Ein Versorgungskabel mit Abreißstecker leitete dem Flugkörper die flugzeugseitige Spannung bis zum Abwurf zu. Eine am Flugzeug befestigte Drahtseilschlinge war mit der in der Fi 103 eingebauten sogenannten »Fokkernadel« verbunden. Das war eine Vorrichtung, die beim Abwurf aus dem Flugkörper gezogen wurde. Dieser Vorgang schaltete das Schubrohr auf »Vollast«, der Lagekreisel wurde entriegelt, die Blockierung des Höhenruders gelöst und die Zünder mit Verzögerung scharf gemacht.[24, 47, 87, 123]

Den Entwurf des Zielanflugverfahrens und die Erprobung für den FZG-76-Flugzeugstart hatte die spätere GFW-Gruppe Peenemünde unter Leitung von Flugkapitän Willy Achim Fiedler im Prinzip schon im Jahre 1942 mit einer He 111 der Lufthansa Böblingen erarbeitet. Aufgrund dieser Vorarbeiten stellte Leutnant Karl-Heinz Graudenz, Leiter des »Erprobungskommandos Banneick«, das die Schulung der Flugzeugbesatzungen bei der E-Stelle Karlshagen durchführte, den Bericht »Die navigatorischen Richtlinien für den Flugzeugeinsatz mit FZG 76« zusammen, den er am 4. Mai 1944 abschloß. Hierbei berücksichtigte er die besonderen Anforderungen des militärischen Verbandsfluges. Im gleichen Monat begann die Ausbildung mit FZG-76-Abwürfen der III. Gruppe des Kampfgeschwaders (KG) 3 in Karlshagen.[24, 47, 87]

Am 22. August 1944 flog dabei ein FZG 76 bei einem Flugzeugstart zu weit in nördlicher Richtung und landete auf der Insel Bornholm. Vor dem Eintreffen der deutschen Wehrmacht konnten ein dänischer Polizeiinspektor und ein Kapitän Fotos und Skizzen von dem niedergegangenen Flugkörper anfertigen. Mit einigen zur Seite geschafften Teilen sollten diese Unterlagen nach England gebracht werden. Einer der Kuriere wurde wenige Tage danach von der deutschen Geheimen Feldpolizei verhaftet.

Die restlichen nach London gelangten Unterlagen reichten jedoch für eine Identifikation des Flugkörpers, geschweige denn für Erkenntnisse über dessen technische Einzelheiten nicht aus.[7]

Der Sinn der Flugzeugabwürfe bestand darin, eine von den festen Schleuderplätzen unabhängige Startmöglichkeit zu haben, den Gegner durch die unterschiedlichen Einflugrichtungen zu verwirren und seine Abwehr zu zwingen, mit noch größerem Aufwand (Jäger, Flak, Ballonsperren) zu reagieren. Auch bestand damit die Möglichkeit, weitere Städte nördlich von London anzugreifen.

Das FZG 76 für den Flugzeugstart wurde, wie beim Boden-Schleuderstart, bezüglich Kurs, Höhe und Entfernung so eingestellt, daß es vom Wurfpunkt aus sein Ziel erreichen konnte. Daher mußten diese Werte und die Windeinflüsse vor dem Einsatzflug mit größtmöglicher Genauigkeit bestimmt und berücksichtigt werden. Erst unter diesen Gegebenheiten war es möglich, Flächenziele bestimmter Ausdehnung auf Entfernungen bis etwa 225 km mit vertretbarer Streuung vom Flugzeug aus zu bekämpfen. Als weitere Voraussetzung war eine genaue navigatorische Vorbereitung und ihre saubere und exakte Durchführung bis zum Wurfpunkt unbedingt erforderlich, um die hier vermeidbaren Fehler möglichst klein zu halten.

Das beladene Trägerflugzeug hatte im Prinzip die Aufgabe, mit dem vorher am Boden eingestellten FZG 76, dessen navigatorische Werte im Flug zum Wurfpunkt nicht mehr verändert werden konnten, vom Einsatzhafen auf vorausberechnetem Kurs den sogenannten Ablaufpunkt A anzufliegen (Abb. 74). Das geschah nach Boden- oder Funkorientierung. Vom Punkt A aus wurde, ebenfalls auf vor dem Flug festgelegtem Kurs, der Wurfpunkt W angeflogen. Dieser Anflug geschah ausschließlich nach Koppelnavigation unter Verwendung des schon erwähnten Luftlogs. Unter Koppelnavigation versteht man für diesen speziellen Fall das Anfliegen von einem durch Navigation ermittelten geographischen Punkt (Punkt A) zu einem in anderer Richtung liegenden Ort (Punkt W). Der Anflugkurs zum Wurfpunkt war auch gleichzeitig der am Flugkörper auf dem Boden eingestellte Kurs zum Ziel. Am Wurfpunkt W mußte das Trägerflugzeug beschleunigungsfrei auf Kurs liegen, um dem Flugkörper beim Abwurf keinen kursverändernden Impuls zu geben.[47]

Während des ganzen Einsatzes eines FZG-Flugzeugabwurfes waren die wirksamen Windeinflüsse zu berücksichtigen. Man unterschied hierbei die Einflüsse auf das Trägerflugzeug während des Fluges zum Wurfpunkt W und die Windeinflüsse auf den Flugkörper vom Wurfpunkt W zum Ziel. Für den ersten Fall wurde der Windeinfluß durch Einhalten des Luvwinkels kompensiert. Der Windeinfluß auf den Flugkörper ging dem Einsatzverband über die besondere, für den Flugkörper geschaffene Wetterorganisation IW des Regiments 155 (W) zu. Er wurde als »ballistischer« oder auch »taktischer Wind« nach Richtung und Geschwindigkeit bzw. als graphischer Streckenwert angegeben. Weiterhin war für die Kursberechnung des Trägers vom Einsatzhafen über den Ablaufpunkt A zum Wurfpunkt W eine andere Deviationstabelle für den Kompaß zu berücksichtigen, da die Deviation (Kompaßabweichung) des mit FZG 76 beladenen Flugzeugs eine andere war als ohne Zuladung. Für den Rückflug nach dem Wurf galten dann wieder die flugzeugeigenen Deviationswerte.

Um den Windeinfluß auf den Flugkörper während seines Fluges vom Wurfpunkt W zum Ziel auszuschalten, stellte man den Kurs des FZG am Boden auf den gegebenen Kompaßkurs (KK) ohne Windeinfluß ein. Der Ausgleich des Windversatzes des FZG erfolgte dann durch Verlegung des für Windstille gültigen Wurfpunktes W, der dann als W_0 bezeichnet wurde, zum tatsächlichen Wurfpunkt W_1, an dem der Abwurf erfolgte. Um den neuen Wurfpunkt W_1 zu ermitteln, trug der Navigationsoffizier der Staffel im Punkt W_0 auf dem Kompaßkurs des FZG 76 den Windvektor nach Größe, jedoch mit entgegengesetzter Richtung ab, womit sich der tatsächliche Wurfpunkt W_1 ergab. Die Strecke $W_0 - W_1$ wäre also jener Versatz im Ziel gewesen, den der Flugkörper auf seinem Kompaßkurs fliegend erfahren hätte, wenn er vom Punkt W_0 abgeworfen worden wäre (Abb. 74).

Im Augenblick des Überfliegens von Ablaufpunkt A schaltete man im Träger das Luftlog ein, das am Boden auf die entsprechende Zählwerkzahl eingestellt war, die der Entfernung bis zum Wurfpunkt W_1 entsprach. Die Geschwindigkeit des Flugzeuges war zu diesem Zeitpunkt auf 280 bis 300 km/h zu halten, wobei der Kompaßkurs jenem des FZG 76 entsprechen mußte. Sobald das Log gegenüber Luft einen Weg von 50 m registriert hatte, schloß sein Zählwerk einen Kontakt. Damit wurde das Druckluftventil des pneumatischen Systems der Fi 103 geöffnet, die Kreisel liefen an, die Kraftstoffzufuhr (Halblast) für das Schubrohr wurde freigegeben, die Zündspannung für das Argus-Schmidt-Rohr wurde vom Flugzeug aus eingeschaltet, und die Kompaßstützung des Lagekreisels trat in Funktion. Da das Luftlog bei einem Flugweg von 50 m gegen Luft um eine Ziffer gegen Null weiterschaltete, hätten die theoretischen Zählwerkzahlen vom ersten Zählwerkimpuls bis zum Wurfpunkt W_0 etwa bei 16 bis 17 gelegen (etwa 20 sec Flugzeit). Durch die Strömungsverhältnisse am Trägerflugzeug erhöhte sich die Logzahl aber um den sogenannten »Richtfaktor«. Sobald das trägereigene Luftlogzählwerk die Stellung Null erreichte, wurde über einen weiteren Zählwerkkontakt das Bombenschloß bei einer Flughöhe von 500 m geöffnet. Bei vollem Tank fiel der Flugkörper zunächst etwa 300 m durch, ehe er, wie schon beschrieben, bei gleichzeitiger automatischer Umschaltung seines Triebwerkes auf Vollast mit zunehmender Geschwindigkeit im Steigflug auf die am Boden voreingestellte Marschflughöhe von normalerweise 1000 bis 1800 m ging.[123]

Dem Flugzeugführer des Trägers wurden alle Kurse und Zählwerkzahlen in einer sogenannten »Fahrkarte« mitgegeben, woraus nochmals ersichtlich ist, daß die eigentliche Navigationsarbeit vor dem Flug am Boden mit Hilfe des Wetterdienstes gemacht wurde.[47]

Von Anfang Mai 1944 bis in die ersten Tage des Juni hinein warfen die Besatzungen der III. Gruppe des KG 3 in Karlshagen zur Schulung etwa 50 FZG 76 ab. Gewöhnlich starteten die Flugzeuge, je nach den Windverhältnissen, in nördlicher bis westlicher Richtung, gewannen über der See bzw. der Peenemündung an Höhe, um dann in einem weiten, nach Osten über den Peenemünder Haken zurückführenden Bogen, der in einen geraden Kurs überging und südlich am Kölpien-See vorbeiführte, auf Abwurfkurs zu gehen. Der Wurfpunkt war die Küste etwa zwischen dem Entwicklungswerk und dem Werk Süd, so daß die luftgestarteten FZG 76 auf gleichem Kurs wie bei den Schleuderstarts flogen.

Die Schulungsflüge wurden ab September 1944 bis in das Jahr 1945 hinein durch Flugzeuge des KG 53 fortgesetzt. Diese Einheit ist von der Ostfront abgezogen

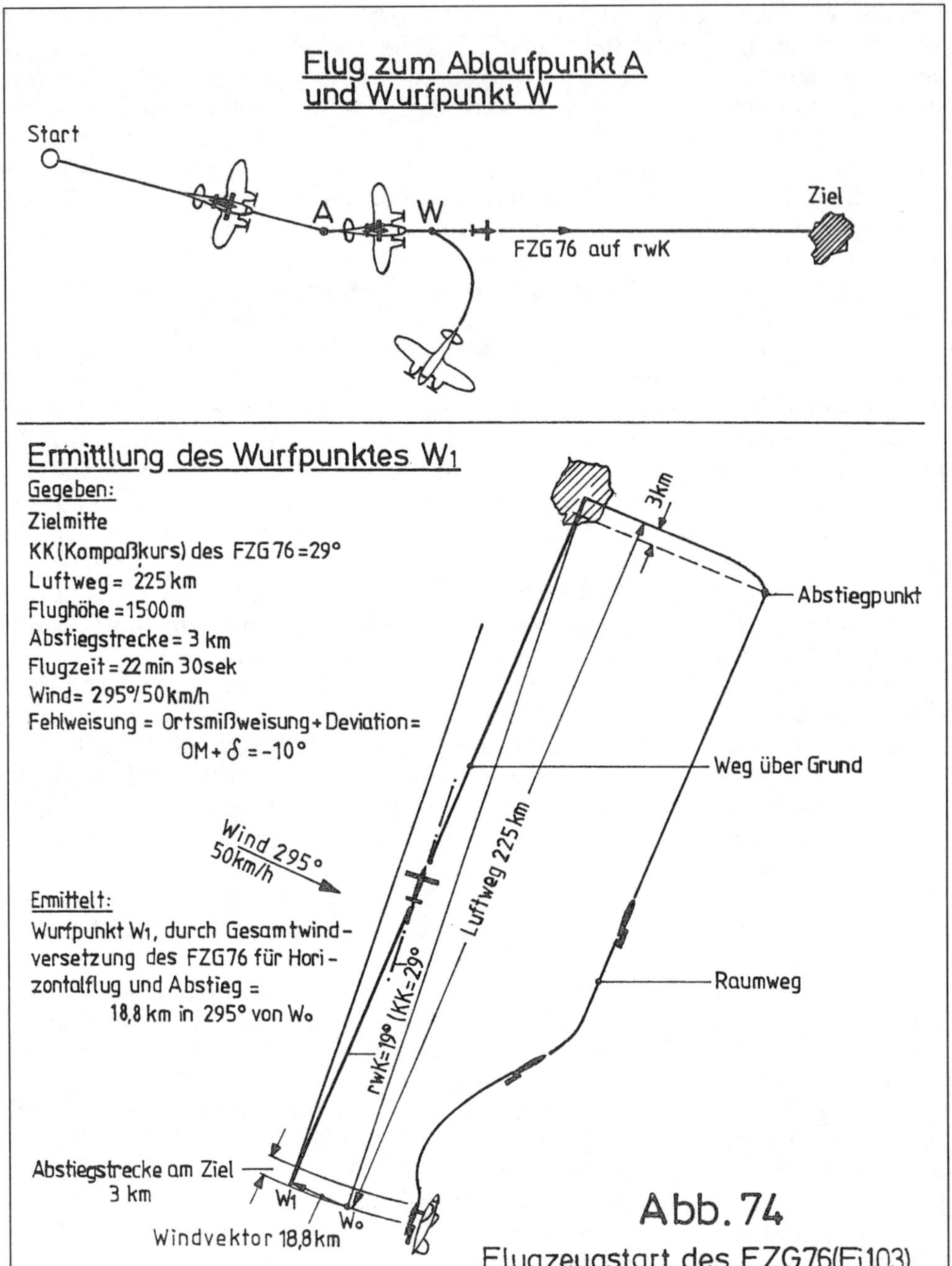

Flug zum Ablaufpunkt A
und Wurfpunkt W
Start
A
W
Ziel
FZG 76 auf rwK
Ermittlung des Wurfpunktes W1
Gegeben:
Zielmitte
KK (Kompaßkurs) des FZG 76 = 29°
Luftweg = 225 km
Flughöhe = 1500 m
Abstiegstrecke = 3 km
Flugzeit = 22 min 30 sek
Wind = 295°/50 km/h
Fehlweisung = Ortsmißweisung + Deviation =
OM + δ = -10°
Wind 295°
50 km/h
Ermittelt:
Wurfpunkt W1, durch Gesamtwindversetzung des FZG76 für Horizontalflug und Abstieg =
18,8 km in 295° von W0
3km
Abstiegpunkt
Weg über Grund
Luftweg 225 km
rwK=19° (KK=29°
Raumweg
Abstiegstrecke am Ziel
3 km
W1
W0
Windvektor 18,8 km

Abb. 74

Flugzeugstart des FZG76(Fi103)

Angenommenes Beispiel

05.92

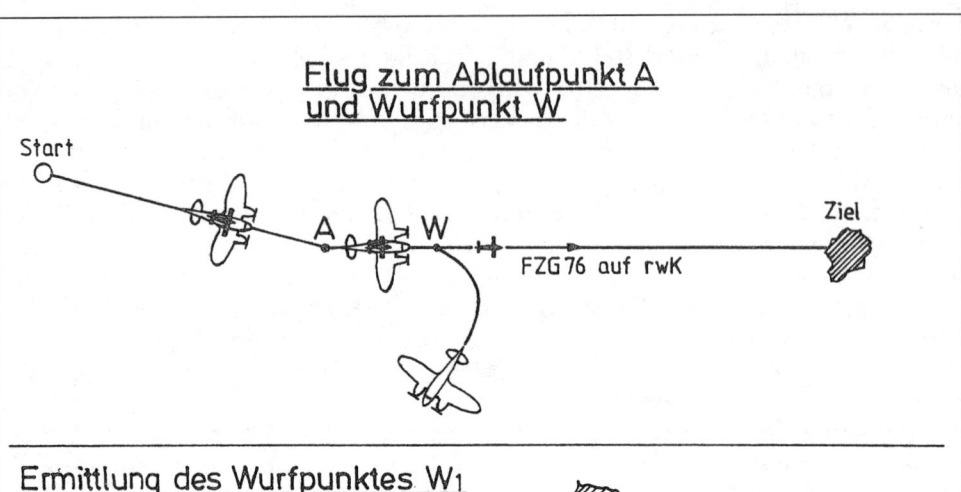

worden und die I. Gruppe des KG 3 wurde später beim Einsatz des FZG 76 aus der Luft in das KG 53 eingefügt. Der erste Luftstart eines FZG 76 im Einsatz erfolgte am 16. September 1944, der letzte am 14. Januar 1945.[123]

Es wurde schon verschiedentlich angedeutet, daß eine Peilmöglichkeit der Einschläge des FZG 76 mit Hilfe eines eingebauten Peilsenders vorgesehen war, womit die Einschläge gegebenenfalls korrigiert werden sollten. 1943 wurde die Verwirklichung angeordnet. Aufgrund dieses Befehles erhielt die Firma Tekade (bug) in Nürnberg den Auftrag, aus dem Sender der automatischen Wettersonde »Kröte« den Peilsender FuG 23a zu entwickeln. Der Sender arbeitete zunächst im Langwellenbereich von 340 bis 500 kHz. Die HF-Trägerfrequenz des Senders wurde durch die Triebwerkerschütterungen der Zelle auffällig und markant frequenzmoduliert. Die Trägerfreqenz stellte man vor dem Start durch einfaches Abtrennen eines Kondensators, der mit 9 weiteren Kondensatoren parallel geschaltet war grob und mit Hilfe eines Drehkondensators fein ein. Die Tastung erfolgte über den von einem Motor angetriebenen Zeichengeber ZG16. Der Geber wurde von der Heizspannung angetrieben und sein im Gitterkreis des Oszillators liegender Kontakt von den auf der Zeichenscheibe befindlichen Nocken betätigt. Die veränderbare Kennung des Signales durch die Nockenkombination erfolgte in Form von Morsezeichen, die gleichzeitig den Schlüssel des Peilsignales darstellten. Vor dem Start wurde der gewählte Buchstabe am Sender mit Hilfe einer Skala eingestellt. Die Morsebuchstaben a, d, g, k, n, r, u und w konnten als Kennung gewählt werden. Das war auch schon im Wettersender »Kröte« in dieser Form verwirklicht. Die Stromversorgung des Senders bezüglich Heiz- und Anodenspannung für die induktiv rückgekoppelte Röhre LS 50 sowie für den Tastmotor übernahmen je eine Heiz- und Anodenbatterie, von denen dem Sender 15 und 1000 V= zugeführt wurden (V= bedeutet Volt Gleichspannung. Im Gegensatz dazu: V~ Volt Wechselspannung). Die Anodenbatterie, durch ein Befestigungsband gehalten, war hinter der Steuerung und der Sender hinter der Bordbatterie und vor den Rudermaschinen angeordnet. Die Heizbatterie befand sich unterhalb vom Sender.[50, 124]

Die Antenne lag, als λ/4-Antenne (140 m bei Langwellenbetrieb) in Wendeln aufgeschlossen, mit elektrischer Auslösung in einem zylindrischen Hartpapierrohr, das in die Heckspitzenöffnung eingesteckt und verschraubt war. Das Rohr reichte bis zum letzten Rumpfspant. Die Antennenlitze selbst war auf einem Hartpapierspulenkörper lagenweise aufgewickelt und mit Lack festgelegt. Es gab zwei Ausführungen der Antennenfreigabe, eine mit elektromagnetischer und eine mit elektrothermischer Auslösung. Die erste Ausführung besaß einen Elektromagneten, der eine federbelastete Verriegelung löste. Die zweite Ausführung arbeitete mit einem Hitzdraht, der einen die Antenne haltenden Zelluloidstreifen abbrannte. Das Ausspulen der Antenne wurde 50 km vor dem Ziel durch den zweiten Zählwerkkontakt e veranlaßt. Legte der Zählwerkkontakt an die jeweilige Auslösevorrichtung Spannung, erfolgte eine Freigabe der Halteschnur des Widerstandskörpers. Der das Hartpapierrohr abschließende Widerstandskörper wurde mit Unterstützung des Fahrtwindes vom Rohr gerissen und das an ihm befestigte Antennenende mit der Antenne aus dem Rohr gespult. Mit diesem Vorgang erfolgte gleichzeitig eine Unterbrechung des Auslösestromes. Der Spulenkörper besaß an seinem vorderen Ende eine Bremse in Form eines mit einer gewissen axialen Verschiebekraft im Hartpapierrohr eingesetzten Kunststoffzylinders. Ehe die Antennenlitze auf den Spulenkörper gewickelt wurde, war sie wendelförmig um diesen Zylinder geschlungen. Nach dem Abspulen zog die Antenne mit der Wendel an diesem Bremszylinder und bewegte ihn mit dem Spulenkörper um einen gewissen Bremsweg in axialer Richtung. Damit sollte die Zugkraft der abspulenden Antenne weich abgefangen werden, um ein Abreißen zu vermeiden. Der Widerstandskörper war eine Holzscheibe, die zur Stabilisation in der Luft mit axialen Strömungsbohrungen versehen war. Der Flugkörper schleppte die ausgefahrene Antenne in fast waagerechter Lage hinter sich her.[22, 124]

Vorversuche zur Messung von Abstrahlcharakteristik und Reichweite der Peilanlage unternahm die Gruppe E4 Ende 1942 mit Hilfe eines 10 m hohen Holzgerüstes. Der Flugkörper war darin in Absturzlage aufgehängt. Die ausgefahrene Schleppantenne hielten Ballons senkrecht nach oben.[88] Wie auch später bei der Flugerprobung festgestellt wurde, verursachte diese Antennenlage im Raum eine gute Peilbarkeit der modulierten Sendefrequenz, da ihre Lautstärke bei den Adcock-Peilempfängern groß war. Die Ursache lag in den vertikal polarisierten Peilsignalen begründet, die von den auf gleiche Richtung polarisierten Antennen der Peilempfänger mit starkem Signal empfangen werden konnten. Erschwerend stellte sich bei der Erprobung des FuG 23a in Werk West heraus, daß nicht immer Zellen neuester Konstruktion verwendet wurden, weshalb teilweise durch die noch nicht ausgereifte Absturzeinleitung, in Verbindung mit dem erst später abgeänderten Tank, Triebwerkaussetzer beim Absturz auftraten. Damit fiel die Modulation des Sendesignales beim Absturz aus. Außer diesen Schwierigkeiten konnten die Peilversuche in Karlshagen aber zufriedenstellend abgeschlossen werden. Der Absturz kündigte sich durch eine erhöhte Empfangsfeldstärke an, da die Schleppantenne von der waagerechten in die nahezu senkrechte Position ging, womit ein sauberer Überlagerungston mit wesentlich größerer Lautstärke entstand. Der Sturz eines Flugkörpers dauerte je nach Flughöhe 8 bis 20 sec. Durch die Annäherung an den Boden setzte eine Verstimmung des Senders ein, die im Peilempfänger als schnelle, stetige Tonänderung bis zum Aufschlag wahrgenommen wurde. Der in diesem Augenblick gemessene Peilwinkel von drei Peilstationen markierte ein Trefferdreieck, und der Schnittpunkt von dessen Seitenhalbierenden war der theoretische Aufschlagpunkt.[49]

Der Sender FuG 23a und besonders die beschriebene Antennenmechanik waren ab Mitte 1943 in Peenemünde Anlaß umfangreicher Vorerprobungen mit dem Sturzkampfflugzeug Ju 87, Kennzeichen BJ + MU. Besonders sollte, neben der Signalabstrahlung des Senders, das Freigeben und Abspulen der Antenne bei großer Kälte und deren Lage im Raum beim Sturz erprobt werden. Dadurch wurden Flüge bis in 6000 m Höhe mit anschließenden Stürzen notwendig. Der diese Versuche durchführende Ingenieur Alfred Keil von E4 stürzte mit dem Flugzeugführer Beckmann im März 1944 tödlich ab. Das Flugzeug konnte aus dem Sturz eines Erprobungsfluges nicht abgefangen werden und schlug mit voller Sturzgeschwindigkeit in den Boden. Die Unglücksursache wurde nie eindeutig geklärt. Da verschiedentlich Schwierigkeiten mit dem flugzeugeigenen Antennenmast aufgetreten waren, vermutete man, daß dieser eventuell die Ursache des Unglücks war. Denn der Flugzeugführer Friedrich Dilg, der am Vormittag des Unglückstages die Flüge mit Keil durchgeführt hatte, meldete der Werft in der Mittagspause eine Lockerung des Antennenmastes. Die Antennenerprobung führte danach der Ingenieur Georg Arnhold von E4 auch mit einer Ju 87 und dem Kennzeichen BJ + SG bis zum Ende im Laufe des Jahres 1944 weiter. Hier, wie auch schon bei Keil, war der Dipl.-Ing. Theodor Erb von E4 oft als Pilot eingesetzt. Bei diesen weiteren Versuchen erhielt die seinerzeitige Annahme der Unglücksursache ein größeres Gewicht, da bei einem der Sturzflüge der Antennenmast abbrach, aber sonst kein weiterer Schaden entstand. Beim tödlichen Absturz von Keil und Beckmann vermutete man, wie schon erwähnt, den gleichen Defekt, wobei der Mast eine Verklemmung des Höhenruders verursacht haben könnte.[89]

Die endgültige Flugerprobung mit der komplett in das FZG 76 eingebauten Peilsendeanlage Fu G 23a erfolgte im August/September 1943 mit 48 im Zielgebiet niedergegangenen Flugkörpern. Die Entfernung vom Schleuderplatz Nord der E-Stelle Karlshagen, entlang der pommerschen Küste, betrug 227 km. Der rechtweisende- bzw. Loxodrom-Kurs lag auf 72°. Der Mittelpunkt des Zielkreisdurchmessers von 30 km befand sich in Höhe des Garder Sees, eines Strandsees, der etwa 20 km nördlich der Stadt Stolp liegt (Abb. 75). Die Versuche hatten neben der Erprobung des Sendesystems im Flugkörper besonders auch die Genauigkeit der Peilung zu ermitteln.[49]

Um die Signale des Peilsenders der FZG-76-Flugkörper zu empfangen (Fremdpeilung), bediente man sich der auf der Insel Usedom bei Mölschow, auf der Insel Bornholm bei Aakirkeby und an der deutschen Ostseeküste bei Nest, nördlich Cöslin, befindlichen ortsfesten Adcock-Langwellen-Peilanlagen. Bei Mölschow und Aakirkeby handelte es sich um das Gerät Fu Peil A 50a von Telefunken mit 30-m-Masten und einer 60-m-H-Antennenbasis. In der Nähe von Nest stand eine Fu-Peil-A-40a-Anlage mit 12-m-Masten und einer 30-m-Antennenbasis. Die Peilentfernung von Mölschow zum Treffpunkt betrugen 230 km, von Aakirkeby 140 km und von Nest 90 km (Abb. 75).[49]

Um die Peilgenauigkeit bzw. Funkortung des Abstiegspunktes zu kontrollieren und da auch keine optische Vermessung möglich war, zog man die ebenfalls auf der Großmeßbasis stehenden Funkmeß-»Freya«-Geräte heran. Sie standen auf der Insel Oie und entlang der Ostseeküste zwischen der Insel Usedom und der Danziger Bucht bei Horst, Jershöft, Klustrand und Stilo. Die Geräte verfolgten mit Eigenpeilung die Flugkörper bis zum Aufschlag.

Für die Durchführung der Versuche zeichnete der Sachbearbeiter Dipl.-Ing. Robert Böhm von der Fachgruppe E4, unter der Leitung von Fl.-Oberstabsingenieur Dr. Josef Dantscher, verantwortlich. Die Schilderung und Ergebnisse der Versuche wurden in drei von Böhm verfaßten Teilberichten dokumentiert. Im dritten Bericht sind die Meßergebnisse zusammengefaßt dargestellt. Demzufolge hatten sich die Erwartungen, die man in das Kreuzpeilverfahren mit den drei Adcock-Peilempfängern gesetzt hatte, erfüllt. Dabei waren die Fehlermittelwerte, trotz der schlechten Peilbarkeit des gegenüber damaligen Kampfflugzeugen schnelleren und kleineren Flugkörpers, durch die Hilfe seines Senders geringer als bei der Flugzeugortung. Es war aber auch festzustellen, daß trotz der guten Mittelwerte der Adcock-Langwellenpeilungen bei einzelnen Werten »Ausreißer« auftraten, die Abweichungen bis zum Vielfachen der Mittelwerte aufwiesen.[49]

Als Flugbahnen waren neben dem Hauptkurs in Richtung Danziger Bucht zwei weitere Kurse vorgesehen, worüber der erste Teilbericht nähere Auskunft gibt. Der erste Kurs verlief in nördlicher Richtung zwischen den Inseln Rügen und Oie

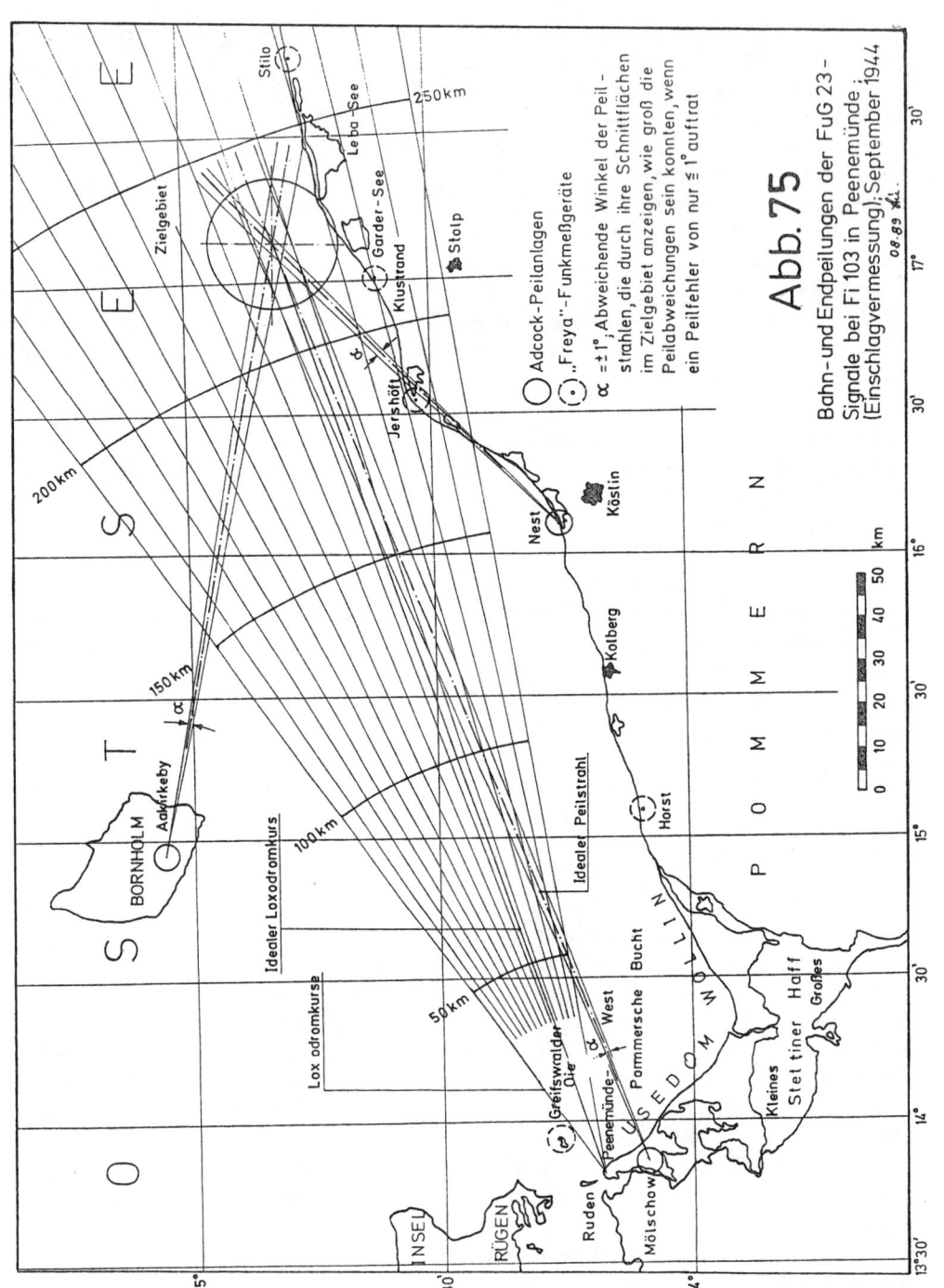

Abb. 75

Bahn- und Endpeilungen der FuG 23 -
Signale bei Fi 103 in Peenemünde
(Einschlagvermessung), September 1944;

○ Adcock-Peilanlagen

⊙ "Freya"-Funkmeßgeräte

α = ±1°, Abweichende Winkel der Peil -
strahlen, die durch ihre Schnittflächen
im Zielgebiet anzeigen, wie groß die
Peilabweichungen sein konnten, wenn
ein Peilfehler von nur ≦ 1° auftrat

650

hindurch und war wegen der geringen möglichen Entfernungen nur für die Vorversuche geeignet. Der zweite Kurs wies nach Nordosten. Hier zeigte sich, daß die Flugkörper mit den Freya-Funkmeßgeräten durch Eigenpeilung von der pommerschen Küste aus nicht annähernd bis zum Ende ihrer Flugbahn vor Bornholm verfolgt werden konnten. Jedoch wurden hier schon Zellen mit dem FuG 23a verschossen, wobei von den Adcocks die Bahnpeilungen nur während des Horizontalfluges ermittelt wurden. Die Verlegung der Flugrichtung auf den endgültigen Kurs drei, in Richtung Danziger Bucht, gestattete die Vermessung mit den Freya-Geräten bis kurz vor dem Einschlag. Dabei stellte sich heraus, daß die Bahnpeilungen wesentlich ungenauer als die Endpeilungen waren.

Die Untersuchung der Peilgenauigkeit mit den Freya-Geräten war Gegenstand des zweiten Teilberichtes. Daraus ging hervor, daß der mittlere Gesamtfehler der Freya-Vermessungen im Erprobungsraum nur einen Bruchteil des mittleren Gesamtfehlers der über große Entfernungen durchgeführten Kreuzpeilungen betrug, was ja die Voraussetzung für eine Kontrollmöglichkeit war. Als Endergebnis der Fremdpeilungen des FZG 76 mit den drei Adcock-Anlagen waren im dritten Teilbericht folgende Werte angegeben:

Für die Anlage Mölschow ergab sich für 48 Endpeilungen und 85 % der Abschüsse ein Fehler von gleich oder kleiner $\pm 1,5°$; bei 70 % $\pm 1°$. Der mittlere Fehler betrug $\pm 0,9°$.

Für die Anlage Bornholm ergab sich ein Fehler bei 87 % der Körper von gleich oder kleiner $\pm 1,5°$; bei 67 % $\pm 1°$. Der mittlere Fehler betrug $\pm 0,8°$.

Für die Anlage Nest ergab sich ein Fehler bei 71 % der Körper von gleich oder kleiner $\pm 1,5°$; bei 58 % $\pm 1°$. Der mittlere Fehler betrug $\pm 1,2°$.

Damit lagen bei der Karlshagener Erprobungs-Großbasis 82 % der Ortungen in einem Umkreis von 7,5 km um den als wahr unterstellten Einschlagpunkt.[49]

Im Einsatz gestalteten sich die Peilungen der mit FuG 23a ausgerüsteten Flugkörper recht problematisch, da sich die vorwiegend aus PeilG 80 bestehenden Peilstationen an der Kanalküste zunächst mit der neuen Aufgabe vertraut machen mußten. Als dann die ersten Einschlagpeilungen gelungen waren, kam die große Überraschung. Durch Untersuchung eines Blindgängers mit FuG 23a war es den Engländern gelungen, die verwendeten Frequenzen des Peilempfängers zu ermitteln. Danach wurden die Peilsignale durch starke englische Störsender erstmals in der Nacht des 1. Juli 1944 so überlagert, daß eine Auswertung durch die deutschen Peilstellen nicht mehr möglich war. Weder Frequenzwechsel noch die Umstellung der FuG 23a auf Impulsgebung hatten einen bleibenden Erfolg. In dieser mißlichen Lage schickte die E-Stelle Karlshagen am 25. Juli Dipl.-Ing. Karl-Viktor Schneider von der Fachgruppe E4 in den Einsatzraum, um mit Major Neubert, Kommandeur der Nachrichtenabteilung des Flakregiments 155 (W), den Umbau des FuG 23a auf Kurzwellenbetrieb zu besprechen. Aber auch diese Maßnahme hatte nur einen Anfangserfolg. Das war auch der Grund, weshalb begonnen wurde, einerseits verschiedene Ortungsverfahren und letztlich ein störungsfreies Funklenksystem zu entwickeln, die aber für die Fi 103 nicht mehr zum Tragen kamen. Davon wird noch in Kapitel 16.10. über die Sonderausführungen der Fi 103 berichtet werden. Im späteren Einsatz, als England nur noch mit der Reichweitenzelle beschossen und die Ziele der Fi 103 sonst auf dem Festland (Lüttich, Brüssel, Antwerpen) lagen, gestaltete sich der Einsatz des FuG 23a wesentlich günstiger, da die Engländer ihre Störsendertätigkeit offenbar fast vollständig eingestellt hatten.[86, 90]

Aus dem Einsatzdatum des FuG 23a durch das Regiment 155 (W) und den Großraum-Peilversuchen in Karlshagen ist ersichtlich, daß diese Erprobung und der Einsatz praktisch parallel liefen. Jedoch muß dabei berücksichtigt werden, daß es sich letztlich beim Sender teilweise und bei den Bodengeräten um in sich abgeschlossene Entwicklungen handelte. Die Versuche in Karlshagen sollten, neben der Weiterentwicklung des Peilsenders, besonders das Zusammenspiel von Sender und Empfänger in Verbindung mit dem FZG 76 aufzeigen und die Peilgenauigkeit ermitteln.

Im Hinblick auf die Funkvermessungsversuche und auch auf den allgemeinen Schießbetrieb der Fi 103 wird von englischer Seite behauptet, daß ihre Spionage die Meßwerte sozusagen als »stille Nutznießer« mitgehört hätte. Es ist richtig, daß die gemessenen Peilwerte per Funk von den Luftnachrichteneinheiten der Adcock-Peiler an die Funkstelle Peenemünde gegeben wurden. Auch soll der Funkschlüssel des Funkverkehrs ein einfacher Buchstabencode gewesen sein. So führte Dr. Reginald Viktor Jones, der seinerzeit dem Geheimdienst der englischen Marine als technischer Berater diente, aus: »... es war ein einfacher Code, und es dauerte nicht lange, bis wir alles herausbekommen hatten. Die Radarstellen wurden vorab in Kenntnis gesetzt, wann Versuche begannen und in welches Zielgebiet sie gerichtet waren. So konnten wir den gesamten Flug genau verfolgen – bis zum Aufschlag.« Aus diesem letzten Satz rührt scheinbar verschiedentlich der falsche Schluß her, daß die Flüge von der englischen Spionage meßtechnisch verfolgt wurden. Die Aussage bedeutete aber, daß aufgrund der nach den Messungen an Peenemünde funktechnisch übermittelten Meßergebnisse die Flüge durch Abhören nachvollzogen werden konnten. Das war natürlich apparatetechnisch möglich und ist durchaus vorstellbar. Aus dieser Situation wird wieder einmal deutlich, wie schwierig es im damaligen Deutschen Reich in der Enge des mitteleuropäischen Raumes war, bei der sich anbahnenden Revolution der Waffentechnik tätig zu werden, ohne daß ein ungebetener Zaungast Zuschauer oder Zuhörer war.[91]

Etwa von August 1944 bis November 1944 war die Haupterprobungsarbeit auf die Untersuchung von Änderungen und Verbesserungen im Zellenaufbau, die Steuerungsvereinfachung und -verbesserung, die Geschwindigkeitssteigerung, die Sprengstofferprobung, die Serienüberwachung, die Truppenschulung und die Durchführung umfangreicher Bodenversuche gerichtet. Im Zuge dieser Arbeiten verschossen die Erprobungsgruppen unter Leitung von Dipl.-Ing. Heinrich Temme und Dipl.-Ing. Heinrich Overberg wie auch die Truppe in Zempin 258 Zellen. Anfänglich betrug die Entfernung noch 225 km, ab 20. September 1944, wegen der Gefährdung schwedischen Gebietes, auf Befehl des OKL nur noch 100 km. Bei der ersten Entfernung betrug der Zielkreisdurchmesser 30 km, bei der zweiten Flugstrecke 15 km. Diese Zielgebiete erreichten:

17 % im August bei 52 Abschüssen,
28 % im September bei 82 Abschüssen,
32 % im Oktober bei 57 Abschüssen,
46 % im November bei 67 Abschüssen.

Bei 35 % wurden vorzeitige Abstürze, bei 26 % Kursversager und bei 0,4 % Bedienungsfehler beobachtet. Weitere 8 % der Zellen konnten nicht beurteilt werden, da sie von der Freya-Vermessung verloren wurden. Unter den verschossenen Flugkörpern befanden sich 128 mit Holzflächen, bei denen keine negativen Auswirkungen festgestellt wurden. Bei 24 Flugkörpern hatte man einen Holzbug und einen Holzlastraum eingebaut. Zwei Holzlasträume platzten wegen schlechter Verleimung beim Schuß und beim Beschleunigungsversuch auf. Grundsätzlich sprach nichts gegen den Sperrholzeinsatz, sofern eine sorgfältige Verleimung und Auswahl des Holzes vorgenommen wurde.

Einen großen Arbeitsaufwand setzte die Firma Askania auf Veranlassung vom OKL/TLR für die Verringerung des Fertigungsaufwandes beim Flugregler ein. Besonders gestaltete man die Übertragungsglieder von den Kreiseln auf die Strahldüsen einfacher und ersetzte den Leichtmetallgußgeräteträger durch eine Blechkonstruktion. Diese Arbeiten beanspruchten einen wesentlichen Teil der Entwicklungskapazität bei Askania, so daß die Weiterentwicklung nur in beschränktem Umfang behandelt werden konnte.[29]

Das einwandfreie Arbeiten des Lagekreisels A (Abb. 60) setzte eine sehr sorgfältige und aufwendige Fertigung voraus, weshalb auch bei der Prüfung hier immer wieder eine nicht geringe Zahl von Fehlern festgestellt wurde. Besonders bei Siemens, im Luftfahrtgerätewerk Hakenfelde, machte man sich Gedanken, wie dieser Kreisel ersetzt werden könnte. Bei dem Ergebnis dieser Überlegungen wollte man den Lagewert des Flugkörpers durch Integration seiner Drehgeschwindigkeit um die Hoch- und die Querachse bilden. Daraus ergab sich der Drehgeschwindigkeitskreisel mit Integrationsvorrichtung. Diese Gedanken griff die Firma Askania auf und begann einen derartigen Kreisel zu entwickeln. Wie bei den in Abb. 60 gezeichneten Drehgeschwindigkeitskreiseln B und C, besaß dieses neue Gerät auch eine Blattfeder 46 bzw. 47, die jedoch nicht über den längeneinstellbaren Abgriff geräteträgerfest gehalten war, sondern mit einem Kolben feste Verbindung hatte. Dieser Kolben bewegte sich in einem Zylinder mit Dämpfungsöl. Wurde der Kolben über die Blattfeder vom Kreisel durch eine Präzessionsbewegung oder seine Lagenstabilität bewegt, war die Kolbengeschwindigkeit proportional der Kraft, die der Kreisel über die Blattfeder auf ihn ausübte. Die Kolbenkraft war wiederum proportional der Drehgeschwindigkeit des Flugkörpers. Damit beinhaltete die Kolbenstellung das Zeitintegral der Körper-Drehgeschwindigkeit und war gleichzeitig dem Lagewinkel des Flugkörpers äquivalent. Die Wirkungen des Kreisels, die ja durch die Bewegungen des Flugkörpers verursacht wurden, waren somit seinem Lagewinkel und seiner Drehgeschwindigkeit verhältnisgleich. Da die Öldämpfung temperaturabhängig war, fanden auch noch Versuche mit einer Wirbelstromdämpfung statt.

Es war beabsichtigt, den Lagekreisel A und die beiden Drehgeschwindigkeitskreisel B und C durch zwei Kreisel mit Integrationsvorrichtung zu ersetzen. Die Arbeiten bei Askania kamen aber über das Vorversuchsstadium nicht hinaus. Diese Lösung wäre eine wesentliche Verringerung des Raum- und Energiebedarfs (Luft) sowie des Fertigungsaufwandes gewesen. Zu den Vorversuchen mit Integrationssteuerung gehörten auch elf Flugkörperstarts, wobei man teils für die Hoch- und teils für die Querachse einen Versuchskreisel eingebaut hatte. Bei drei Steuerungsversagern zeigte sich trotzdem, daß dieses geplante Integrationsverfahren möglich war.

Um die bei Transport- und Triebwerkerschütterungen immer wieder auftretenden Kompaßfehler zu vermeiden, entwickelte Askania mit der Firma Siemens eine Kompaßluftlagerung, die als Ersatz für die empfindlichen Spitzenlager vorgesehen war. Es handelte sich um aerostatische Luftlager in Form von jeweils zwei Halbkugelschalen mit einem maximalen Durchmesser von 30 mm. In der äußeren, feststehenden Lagerschale waren sowohl der Tragluftverteilungsraum als auch, radial zum Kugelmittelpunkt zeigend, die Tragdüsen angeordnet, mit deren Hilfe die Tragluft in den Lagerspalt strömte. Die Tragdüsendurchmesser bewegten sich nur im Zehntelmillimeterbereich. Die inneren, im Lagerspalt auf dem Luftpolster schwebenden Schalen trugen die Achse des Magnetnadelsystems. Der kleine, kompakte Kompaß war bei Kriegsende noch im Versuchsstadium. Man erhoffte sich bei seinem Einsatz auch, auf eine Spezialverpackung beim Transport und die Schallabschirmung im Flugkörper verzichten zu können. Immerhin wurden sieben Flugkörper mit Luftlagerkompaß verschossen. Zwei erfüllten kompaßseitig die Bedingungen, vier waren wegen anderer Ausfälle für den Kompaß nicht beurteilbar. Ein Gerät führte zu einem Kompaßversager.[29, 34]

Um das oft beobachtete seitliche Hängen des FZG 76 im Flug auszuschalten, das eine Vergrößerung des Zielfehlers zur Folge hatte, rüstete man ein Gerät zur Kursverbesserung mit einem Hängewinkelregler aus, der ein einseitiges Querruder betätigte. Seine einwandfreie Funktion konnte nach dem Abschuß beobachtet werden. Um für die Korrektur der Querlage rüstsatzmäßig eine größere Einfachheit zu erreichen, wollte man dieses Problem für die Zukunft durch eine Flächentrimmung lösen. Die Firma Lorenz (mtv) in Dresden war mit der weiteren Untersuchung und Klärung dieser Aufgabe betraut.

Zur Reichweitensteigerung ohne konstruktive Änderungen unternahm man Versuche durch Abschuß von sechs Flugkörpern mit spezifisch schwererem Kraftstoff (E2). Hierbei konnte bei einer mittleren Horizontalgeschwindigkeit von 630 ± 40 km/h eine mittlere Reichweite von 257 ± 8 km entsprechend 7 bis 8 % Steigerung erzielt werden.[29]

Aufgrund der Erfahrungen, die man anläßlich der Sofortmaßnahme bei der Geschwindigkeitskrise im Juni 1944 durch Außerbetriebsetzung der Höhendose 21 (Abb. 55) gemacht hatte, wurden zunächst 21 Körper mit Triebwerkreglern ausgerüstet, die einen größeren Staukolben 24 hatten (Staumembranregler). Bei acht ausgewerteten Versuchen konnte damit der gleiche Effekt wie bei der Notmaßnahme erreicht werden. Die mittlere Horizontalgeschwindigkeit lag bei 645 ± 50 km/h. In diesem Zusammenhang konnten auch noch fünf Zellen mit dem sogenannten Einventilregler verschossen werden, der eine Geschwindigkeitssteigerung auf 683 km/h brachte. Die mittlere Reichweite lag bei 230 km. Dieser Einventilregler wurde aber zunächst bezüglich Entwicklung und Fertigung zurückgestellt.[9, 29] Durch weitere Versuche am Triebwerkregler konnte durch Änderung des Gleichdruckventiles 27 und damit Erhöhung des Einspritzdruckes die Geschwindigkeit auf etwa 770 km/h gesteigert werden.[9]

Im Oktober 1944 nahm man die Versuche mit dem Einventilregler wieder auf, wobei das Gleichdruckventil 27 entfiel. Dessen Aufgabe ordnete man zusätzlich dem Drosselventil 16 zu. Die damit weggefallenen Drosselverluste ließen fast den vollen Tankdruck von 6 bar Überdruck an den Einspritzdüsen des Antriebsrohres wirksam werden. Damit erfolgte nochmals eine Geschwindigkeitssteigerung von

25 km/h. Jedoch sind die letzten beiden Änderungen nur an einigen Exemplaren erprobt worden und kamen für den Einsatz nicht mehr zum Tragen. In der letzten Sitzung des Arbeitsausschusses V1, am 12. Februar 1945, konnten diese Meßergebnisse vorgetragen werden. Die Geschwindigkeit des Fernflugkörpers war auf fast 800 km/h gesteigert worden. Diese Ergebnisse sind allein durch Änderungen am Triebwerkregler erreicht worden. Am Strahlrohr AS 014 selbst änderte sich dabei nichts.[9]

Ebenfalls in der Zeit vom 18. August bis 26. November 1944 fanden Abwürfe in Udetfeld mit Holzlasträumen statt. Sie ergaben gegenüber Metallasträumen keine Nachteile. Bei Füllung der Holzlasträume mit dem Ausweichsprengstoff Myrol ergaben sich insofern Schwierigkeiten, als dieser gallertartige Sprengstoff keine Eigensteifigkeit besaß und die Holzwandung der Lasträume beim Rollen oder Heißen eingedrückt wurde. Durch Versteifungen der Lasträume oder Verfestigung der Sprengstoffüllung wollte man hier Abhilfe schaffen. Auch verflüchtigten sich die Wirkstoffe dieses Sprengstoffes durch die nicht absolut dichten Holzlasträume, wodurch bei der Prüfung ein Abdrücken mit höherem Druck notwendig wurde.

Im Zuge der Serienüberwachung und Truppenerprobung verschoß die Truppe in der angegebenen Zeit in Zempin 58 Zellen aus der Großserienfertigung. Von 54 beurteilbaren Körpern hatten 31 % das Zielgebiet erreicht. Vorzeitig stürzten 51,5 % ab. Zu große Kursabweichungen hatten 21 %. In der Erprobungszeit gelang es, besonders die Kursversager durch entsprechende Prüfungen des Kompasses und der Steuerung herunterzudrücken.[29]

Da im September 1944 festgestellt wurde, daß bei vielen Zellen an Heck und Bug unter dem Einfluß der Triebwerkerschütterungen merkbar größere Schwingungsamplituden als früher auftraten, fanden Schüttelversuche mit Hilfe des Argus-Schmidt-Rohres AS 014 statt. Um das Rohr nicht thermisch zu überhitzen, da ja bei den Versuchen die Luftkühlung entfiel, mußte eine Wasserkühlung vorgenommen werden, wodurch die Verhältnisse anders als im Flug waren. Durch Auswechslung von Triebwerkteilen konnte ermittelt werden, daß vorwiegend das Schubrohr an der Anplitudenbildung beteiligt war. Klappenregister und Pendelstütze hatten weniger Einfluß. Erhöhter Einspritzdruck löste teilweise verkleinerte Amplituden aus, was aber nicht generell so war. Die größten Amplituden konnten an der Höhenruderflosse mit ± 10 mm und am Steuergeräteträger in der Hochachse mit ± 0,35 mm gemessen werden. Füher hatte man ± 3,5 und ± 0,1 mm ermittelt. Durch die großen Amplituden traten Brüche an der Höhen- und Seitenruderflosse auf. Ebenso waren Ausfälle an Steuergeräten und Kompassen zu verzeichnen.

Bei Messungen am ungekühlten Rohr in Karlshagen und am luftgekühlten Rohr bei Argus in Berlin-Reinickendorf konnte festgestellt werden, daß mit zunehmender Erwärmung des Rohres die Anfangsamplituden sehr stark kleiner wurden. Jedoch befürchtete man, daß bis zu diesem Zeitpunkt schon Schäden am Flugkörper aufgetreten waren. Zum Berichtszeitpunkt am 5. Dezember 1944 bestand die Absicht, fünf bis zehn Zellen mit großen Schwingungsamplituden zu sammeln und hintereinander zu verschießen, um deren Einfluß auf die Schußergebnisse zu ermitteln. Als Ergänzung der Schüttelversuche unternahmen die Erprobungsgruppen der E-Stelle Karlshagen auch Beschleunigungsversuche mit elf Zellen, in denen die Steuerung und der Kompaß eingebaut waren. Ebenso wurden 34 Steuerungen und 26 Kompasse getrennt von der Zelle mit 21 bis 23 g beschleunigt. Es war zu beobachten, daß an den Zellen keine Schäden auftraten, während bei den Steuerungen drei und bei den Kompassen zwölf Geräte ausfielen. Die Steuerungen wiesen Lagerfehler an den Kreiseln auf, und bei den Kompassen stellte man Achsenbrüche und größere Lagerreibungen fest. Als Abhilfe forderte die E-Stelle eine sorgfältigere Fertigung (geringeres Lagerspiel), bessere Härtung der Kompaßachsen, Beschleunigungsprüfungen mit 22 g an allen Kompassen und Stichprobenprüfungen bei den Steuerungen.[29]

Mit Einführung der Holzflächen, Holzlasträume und Holzbugs wurden in Karlshagen Bewitterungsversuche durchgeführt. Ebeno setzte man Zellen, deren Stoßstellen mit einer neuen Abdichtpaste versehen waren, dieser Prüfung aus. Die zu prüfenden Teile und Zellen lagerten, mit Planen abgedeckt, sechs Wochen lang im Wald. Während der Erprobungszeit herrschte ein sehr feuchtes Wetter. An den Tragflächen zeigten sich nach dem Versuch an einzelnen Stellen Ablösungen der Sperrholzverleimung. Die Rippenverleimung mit der Beplankung hatte sich nicht verändert. An den Lasträumen konnten zunächst keine Beschädigungen festgestellt werden. Am Holzbug traten Längsrisse im Sperrholz auf. Nach Verlängerung der Lastraumbewitterung auf sieben Wochen machten sich auch hier ähnliche Ablösungen in der Sperrholzverleimung wie bei den Flächen bemerkbar. Da jedoch mit Recht angenommen wurde, daß die Lasträume im Einsatz nicht so lange unter den gegebenen Bedingungen im Freien lagern würden, sprach die E-Stelle eine Freigabe der Holzlasträume aus, während die Versuche mit den anderen Zellenelementen und besser verarbeiteten Prüfexemplaren weitergeführt wurden.[29]

Aus dem Kapitel »Die Erprobung«, das nur in gedrängter Form die wichtigsten Erprobungsarbeiten geschildert hat, ist zu ersehen, daß vom Herbst 1942 an ein großes Erprobungsprogramm durchzuführen war. Unter hohem Zeitdruck liefen viele Arbeiten, die vor der Serienfertigung hätten durchgeführt werden müssen, aus Zeitersparnis mit vollem Risiko parallel. Rückblickend kann man feststellen, daß unter den damals gegebenen Umständen und den immer härter werdenden Luftangriffen auf die Industrieanlagen, in Verbindung mit den Terrorangriffen auf die Zivilbevölkerung, das Menschenmögliche getan wurde, um den ersten Fernflugkörper der Militärgeschichte in einem technisch brauchbaren Entwicklungsstand in kürzester Zeit zum Einsatz zu bringen. Hier ist auch besonders zu betonen, daß bei Fieseler in Kassel ein »Stahlblechflugzeug« in drei Monaten gebaut und in sechs Monaten ein Schleuderstart beim Erstflug absolviert wurde. Unabhängig von der Waffentechnik war die Fi 103 bezüglich Werkstoff, Verarbeitung und einfachem konstruktivem Aufbau eine Pionierleistung im deutschen Flugzeugbau.[17] Sicher war manches noch verbesserungswürdig, wie z. B. die Geschwindigkeit und die Kursgenauigkeit, aber auch hier waren die Lösungen schon im Versuchsstadium verwirklicht worden. Parallel dazu griff die Weiterentwicklung ebenfalls mit einem neuen Antrieb und einer neuen Fernlenktechnik über den damaligen Stand des FZG 76 hinaus, wie im Kapitel 16.10. noch berichtet wird. Die Kriegsereignisse machten aber allen Bemühungen ein Ende.

16.8. Der Luftangriff am 17./18. August 1943

Am Abend des 17. August 1943 neigte sich ein heißer Sommertag dem Ende zu. Ein Ingenieursoldat trat aus einem Rüstraum an der östlichen Seite der großen Halle W3 des Werkes West heraus, schloß die schwere Stahltür und ging quer über den Grasstreifen entlang der Halle, an dem Flachbau der Horstfeuerwehr vorbei, bis zum Eingang der anschließenden Flugleitung in W23. Offenbar hatte er hier noch etwas zu erledigen, ehe er das Gelände der E-Stelle verließ. Er war in Eile, denn die offizielle Dienstzeit, die damals sowieso nur theoretische Bedeutung besaß, war längst vorüber, und er hatte in der Nacht bei den Baracken der Technischen Kompanie Feuerwache. Der Obergefreite sprang die drei Stufen zum Eingang hinauf, riß die Tür auf und wäre beinahe mit einer zierlichen, blonden Frau zusammengeprallt, die gleichzeitig die Tür von innen öffnen wollte. Der Soldat ließ ihr den Vortritt, und nachdem er sich noch einmal umgedreht hatte, verschwand er im Eingang und murmelte vor sich hin: »Nanu, Hanna Reitsch, was hat das zu bedeuten?« Doch bald hatte er den Vorgang des Abends vergessen und sollte sich erst wieder Jahrzehnte später dieser Begegnung erinnern, als er das Buch von Bernd Ruhland las: »Wernher von Braun – mein Leben für die Raumfahrt«. Hier konnte er auf Seite 157 lesen, daß Hanna Reitsch an diesem Tage zu einem bestimmten Zweck nach Peenemünde kam. Sie sagte am gleichen Abend als Gast von Brauns, den sie von ihrer gemeinsamen Segelfliegerzeit gut kannte, im Kasino des Werkes Ost: »Wenn die Fi 103 im Flug irgendwelche Mängel zeigt, dann ist es am einfachsten, ich setze mich mal in den Vogel hinein und stelle fest, wo die Mängel liegen.«
Allerdings ist mit großer Sicherheit zu vermuten, daß Flugkapitän Hanna Reitsch nicht nur der Fi 103 zu schnellerem Erfolg verhelfen wollte. Denn schon seit einiger Zeit beschäftigte sie sich mit dem Gedanken, durch eine geeignete und bemannte Gleitbombe gegen Schwerpunktziele das schwindende Kriegsglück zugunsten Deutschlands wieder zu wenden. Aber darüber wird im Kapitel 16.10. näher berichtet werden. Diese bemerkenswerte und ungewöhnliche Frau war gerade erst nach einem mehrwöchigen Krankenhausaufenthalt von einem schweren Unfall mit der Me 163 genesen und plante schon wieder einen neuen gewagten Einsatz. Etwa gegen 23.30 Uhr begleitete von Braun seinen Gast zu einem Wagen, der Hanna Reitsch zum Gästehaus W25 der Luftwaffe brachte. Kurz darauf wurde Fliegeralarm gegeben.
Während dieser Begebenheiten in Peenemünde war auf den englischen Bomberplätzen das Unternehmen »Hydra« in vollem Gange. 598 englische Lancaster- und Halifax-Bombenflugzeuge standen zum Angriff auf Peenemünde bereit.[95] Zur Vorgeschichte dieses Angriffes sei auf Kapitel 5.5. hingewiesen. Als Hauptschwerpunkt ihres Einsatzes sahen die Engländer die Siedlung an, um die Fachkräfte, Ingenieure und Wissenschaftler auszuschalten.[94]
Mit den folgenden Ausführungen soll kein umfassender Bericht des ersten Luftangriffes auf Peenemünde gegeben werden, da Dr. Walter Dornberger schon in seinem Buch »V2 – Der Schuß ins Weltall« auf den Seiten 169 bis 184 hierüber aus eigenem Erleben in anschaulicher Weise geschrieben hat. Der anschließende Augenzeugenbericht verfolgt die Absicht, den Angriff aus einer noch nicht bekannten Perspektive zu schildern. Die Beteiligten erlebten zwar aus unmittelbarer

Nähe die Vorgänge, haben sie aber nicht als einen schweren Luftangriff erkannt. Dieses für einen Außenstehenden zunächst unverständlich erscheinende Erlebnis war auf die besonderen geologischen und landschaftlichen Gegebenheiten der Insel Usedom und auf den geographischen Ort der Beobachter zurückzuführen.

Zur Taktik des Angriffes, wie sie sich aus erbeuteten Karten abgeschossener Feindbomber, englischen Radiomeldungen und dem Ablauf des Angriffes ergab, sei jedoch noch einiges vorweg gesagt. Demzufolge hatten etwa 20 De-Havilland-»Moskito«-Flugzeuge, an Peenemünde vorbeifliegend, hier etwa gegen 23.30 Uhr den schon erwähnten Fliegeralarm ausgelöst, was in den 14 Tagen vorher in fast jeder Nacht der Fall gewesen war.[96] Auf ihrem Wege nach Berlin, in 7000 m Höhe, warfen sie große Mengen Düppelstreifen ab und setzten über Berlin als sogenannte »Pfadfinder«, wie in den Wochen davor, eine große Zahl von Markierungs- und Leuchtzeichen, um einen Großangriff auf die Reichshauptstadt vorzutäuschen.[25] »Düppel« war die deutsche Bezeichnung für ein Mittel zur Störung der Funkmeßgeräte. Es handelte sich um einfache Staniolstreifen, die in ihrer Länge auf die halbe Wellenlänge der Geräte abgestimmt waren. Von Flugzeugen in Bündeln und großer Zahl abgeworfen, verteilten sie sich beim Niederschweben in der Luft. Jeder Streifen wirkte wie eine rückstrahlende Dipolantenne auf die Funkmeßimpulse, wodurch das eigentliche Funkecho der angemessenen Flugzeuge fast vollkommen unterging. Die Funkmeßgeräte wurden »blind«. Die Wirkung der Metallfolienstreifen war fast zur gleichen Zeit, im Frühjahr 1942, in Deutschland und England, wo sie als »Window« (Fenster) bezeichnet wurden, als Störmöglichkeit entdeckt und erprobt worden, aber beide Seiten scheuten sich zunächst vor einer Anwendung, um die Gegenseite nicht auf dieses einfache System hinzuweisen. In Deutschland war es der Ingenieur Roosenstein von Telefunken, der in der firmeneigenen Versuchsanstalt auf dem Gut Düppel an der Flensburger Förde seine Versuche durchführte, woher die Streifen ihren deutschen Tarnnamen erhielten. Auch an der E-Stelle Rechlin wurden 1942 entsprechende Versuche unternommen (Dr. Schulze u. a.).[98, 99] Die RAF setzte ihre Störmöglichkeit erstmals bei den Angriffen auf Hamburg im Juli 1943 ein.

Da schon während des Anfluges der »Moskitos« auf Berlin über der Nordsee die ersten großen Bomberverbände gemeldet wurden, nahm man deutscherseits einen Angriff auf die Hauptstadt mit Sicherheit an. Insgesamt wurden in dem Großraum Berlin 213 deutsche Nacht- und Tagjäger zusammengezogen, um den Bombern einen heißen Empfang zu bereiten.[95]

In der Zwischenzeit waren die im Tiefflug über der Nordsee eingeflogenen englischen Bombergeschwader im Anflug auf die Nordspitze Rügens. Um 0.10 Uhr des 18. August 1943, einem Mittwoch, warf ein in nur 1200 m Höhe fliegender Lancaster-Bomber, von Rügen kommend, über dem Peenemünder Gebiet sein erstes rotes Punktfeuer. Weitere 16 Feindflugzeuge grenzten mit weißen Fallschirmleuchtbomben und langen roten und grünen Zielanzeigern das Zielgebiet ein. Um 0.30 Uhr begann der eigentliche Bombenangriff, der in drei Wellen aus einer Höhe von 2400 m ablief und zunächst nur durch Vernebelung und Flakabwehr bekämpft wurde. Von der Nord- über die Südostspitze Rügens verlief der Hauptangriffskurs auf etwa 155° in äußerst spitzem Winkel auf den Strand der Ostküste des Peenemünder Hakens zu. Diesem Umstand und der Tatsache, daß sich das Hauptzielgebiet auf einem verhältnismäßig schmalen Streifen entlang der Küste erstreckte,

war es zu verdanken, daß ein großer Teil der 1593 t Spreng- und 281 t Brand-
bomben und Phosphorkanister, besonders im nördlichen Bereich, ins Wasser und
in die Dünen fiel, womit sich im wesentlichen ein seitlicher Zielfehler ergab.[97]
Ebenso sollen die Zielmarkierungen versehentlich – wie es trotz der das Gegenteil ausweisenden Unterlagen abgeschossener Feindbomber in der Nachkriegszeit
hieß – um etwa 2 km zu weit südlich gesetzt worden sein, womit neben der Siedlung das Fremdarbeiterlager voll getroffen wurde. Der Tod hielt reiche Ernte. Bei
dem Unternehmen »Hydra« wurden 735 Menschen getötet. Hauptsächlich im
Fremdarbeiterlager Trassenheide waren die Verluste hoch. Die Siedlung wurde
fast vollständig zerstört. Als Angriffszentren waren die Prüfstände, das Entwicklungswerk, die Siedlung und das Fremdarbeiterlager Trassenheide auf erbeuteten
Unterlagen markiert. Das Hafenviertel mit Kraft- und Sauerstoffwerk war als weiterer Schwerpunkt gekennzeichnet, wurde aber bei diesem Angriff nicht bombardiert. Die E-Stelle Peenemünde-West war auf den erbeuteten Unterlagen ausge-
spart. Durch die Brände in der Siedlung flüchteten viele Menschen, vor allem auch
KHD-Mädchen (Kriegs-Hilfs-Dienst), an den Strand und liefen in Richtung Zinnowitz. Dies war offensichtlich von den Engländern einkalkuliert, denn Flugzeuge
griffen im Tiefflug den vom Vollmond hell beleuchteten Strand mit Bordwaffen an
und forderten hier noch viele Opfer.[96]
Während der Angriff in Peenemünde ablief, warteten die Jäger über Berlin vergeblich auf das Erscheinen der Bomberflotte. Ein hochfliegendes deutsches Flugzeug erkannte in nördlicher Richtung einen sich immer stärker ausbildenden Feu-
erschein am Horizont. Da die meisten Jäger nicht mehr genug Treibstoff hatten
und zu ihren Horsten zurückkehren mußten, rasten nur fünf Nachtjäger, teilweise
entgegen ausdrücklichem Befehl, nach Norden und konnten aus der zweiten Angriffswelle noch zwölf Bomber abschießen. Weitere Feindflugzeuge wurden von
deutschen Nachtjägern im Abflug über der See abgeschossen, womit sich ein Ge-
samtverlust von 41 englischen Flugzeugen ergab.[95]
Trotz des konzentrierten Angriffes war der Gesamtschaden in Werk Ost gegenüber dem ersten Eindruck überraschend gering. Mit Hilfe der von allen Seiten einsetzenden Unterstützung konnte die Arbeit beim Heer nach vier bis sechs Wochen
wieder aufgenommen werden. Die Instandsetzung der beschädigten wichtigen
Gebäude wurde von innen her vorgenommen. Dabei erhielt man, wo irgend möglich, die Bruchkanten zerstörten Mauerwerkes, zog eine Zwischendecke ein und
ließ die verkohlten Balken des früheren Dachstuhles darüber liegen. Unwichtige
Gebäude wurden gesprengt. So sollte aus der Luft der Eindruck entstehen, als ob
die Versuchsstelle des Heeres aufgegeben worden sei.[94, 95]
Was war nun bei der Erprobungsstelle der Luftwaffe geschehen? Hier fiel keine
einzige Bombe. Nicht ein Gebäude wurde beschädigt. Sie lag praktisch außerhalb
der östlichen Angriffslinie in einem toten Winkel (Abb. 8).
Als die Sirenen der beiden Versuchsstellen Fliegeralarm auslösten, mußten auch
die Soldaten der Technischen Kompanie aus den Betten. Die zur Feuerwache Ein-
geteilten setzten ihre Stahlhelme auf und gingen zum Schutz der ihnen zugewiesenen Barackenunterkunft auf ihren Posten. Das Gros der TK marschierte in die
Schutzräume der in gut einem Kilometer entfernt gelegenen Werkgebäude,
hauptsächlich der im Verwaltungsgebäude W21 eingerichteten Luftschutzkeller.
Jeder der wachhabenden Soldaten nahm die Sache nicht so ernst und dachte an die

vielen »blinden« Alarme in letzter Zeit. Draußen war das Gelände schon vernebelt, und der Mond erschien wie eine hinter einer Milchglasscheibe aufgehängte runde Laterne. Vor den Barackenstirnseiten bildeten sich kleine Gruppen über die Lage diskutierender Wachsoldaten. Splittergräben oder Bunker waren nicht vorhanden, und auch der später in der Nähe gebaute Hochbunker existierte noch nicht.

Da seit dem Fliegeralarm um 23.30 Uhr schon eine halbe Stunde vergangen war, legten sich einige Angehörige der Brandwache angezogen auf die Betten. Jedoch wurden sie unsanft durch wildes Flakfeuer aller Kaliber wieder hochgejagt. Die beiden zwischen Rügen und der Insel Ruden liegenden als Flakkreuzer ausgebauten Hilfsschiffe begannen aus allen Rohren zu schießen und demonstrierten ihre beeindruckende Feuerkraft, die beim Aufreißen des künstlichen Nebels am Himmel teilweise auch optisch sichtbar wurde. Kurze Zeit später fielen auch die entlang der Küste im Wald und auf Hochständen stehenden leichteren Flakgeschütze in das Abwehrfeuer ein. Das war neu! Denn bei den diversen Fliegeralarmen der vergangenen Zeit hatte bisher noch nie ein zum Schutz für Peenemünde bestimmtes Flakgeschütz einen einzigen Schuß abgegeben. Trotzdem glaubte noch niemand der nach oben schauenden Soldaten an einen Angriff. Zeitweise gingen Schauer von Flaksplittern in ihrer Nähe herunter. In dem allgemeinen Flakfeuer waren immer wieder merkwürdig dumpfe, stärkere Detonationen zu hören. Nach einer gewissen Zeit färbte sich der Nebelschleier in östlicher und südöstlicher Richtung rot. Es wurden Vermutungen angestellt, was die Ursache sein könnte. Einige meinten, es wäre eventuell der Aufschlagbrand eines abgeschossenen Flugzeuges oder auch ein Notwurf eines getroffenen Bombers. Keiner kam auf die Idee, daß es sich um einen Luftangriff auf Peenemünde handeln könnte. Unterstützt wurde diese feste Überzeugung auch dadurch, daß es keine Anzeichen vom Eingreifen deutscher Nachtjäger gab. So verging die Zeit. Die Soldaten hatten ihre Baracken im Auge und gingen durch sie hindurch von einem Eingang zum anderen und hier immer wieder Blicke nach oben werfend, ob neben dem Motorengeräusch mehrmotoriger Flugzeuge nicht auch etwas zu sehen wäre. Als nach etwa 40 Minuten Alarmdauer der Nebel nach oben aufriß, konnten erstmals gegen 1.00 Uhr in Richtung Rügen waagerechte Leuchtspurketten ausgemacht werden. Deutsche Nachtjäger! Die Flakkreuzer hatten aufgehört zu schießen. Von unten waren mehrere Abschüsse deutlich zu erkennen, da sie mit einer Explosion und anschließendem Absturz des Zieles endeten. Etwa gegen 1.45 konnte ein Abschuß ganz in der Nähe beobachtet werden. Von der Leuchtspurkette des Jägers über den mit einem Feuerschweif wie ein fallender Stern abstürzenden Bomber bis zum Aufschlag etwa 1 km westlich der TK-Gebäude konnte der Vorgang verfolgt werden. Hier war das Flugzeug am nächsten Tag, im flachen Wasser des Kölpien-Sees liegend, zu sehen. Wie es sich später herausstellte, handelte es sich um ein viermotoriges Lancaster-Flugzeug. In die zweite abfliegende Angriffswelle stießen die wenigen deutschen Jäger voll hinein. In der Zwischenzeit war es 2.30 Uhr geworden. Langsam wurde es ruhiger. Verschiedentlich waren noch weiter entfernt Detonationen zu hören. Dann kam der lang anhaltende Sirenenton: »Entwarnung!« »Ja, dann gehen wir wieder schlafen« war der allgemeine Tenor der wachhabenden TK-Soldaten.

Für einen unbeteiligten Leser wird es sicher unverständlich sein, daß ein nur in

1,5 bis 2,5 km Entfernung niedergegangener schwerer Luftangriff von keinem der Augenzeugen als solcher erkannt wurde. Aber auch das lag im wesentlichen an einer der landschaftlichen Besonderheiten des Peenemünder Hakens. Einerseits lag der schützende Wald zwischen den Zielen entlang der Küste und den Beobachtern (Abb. 8). Dann hatte der durch die Entstehungsgeschichte weiche Schwemmsandboden die Eigenschaft, die Sprengbomben regelrecht aufzusaugen, so daß kaum eine Breitenwirkung der Sprengkörper möglich war, sofern sie auf natürlichen Boden fielen. Druckwellen und Detonationsgeräusche wurden stark gedämpft. So war denn am nächsten Morgen die Überraschung in der TK groß, als bekannt wurde, daß ein schwerer Luftangriff auf Werk Ost und die Siedlung niedergegangen sei. Bezeichnend ist in diesem Zusammenhang, daß bei den späteren Bombardierungen, z. B. dem am 18. Juli 1944 stattfindenden zweiten Luftangriff auf Peenemünde-West am Tage, die »schluckende« Wirkung des Bodens bei Nahtreffern an Baracken deutlich demonstriert wurde. Dort hatte z. B. eine aus drei Einzelsprengkörpern bestehende »Kettenbombe« drei Sprengtrichter in nächster Nähe um die Ecke einer Baracke gelegt. Dabei war lediglich das Holz der Wände etwas gesplittert, einige Fenster wurden zerstört, und die Dachpappe in der Nähe der Traufe wurde zerfetzt.

Das 736. Opfer des ersten Luftangriffes auf Peenemünde war der Generalstabschef der deutschen Luftwaffe, Generaloberst Hans Jeschonnek. Noch in der Nacht des Angriffes von Milch und Göring angerufen, wobei besonders letzterer ihm schwere Vorwürfe wegen des Debakels um Berlin und Peenemünde machte, wie durch den kurz vorher erfolgten schweren Luftangriff auf Schweinfurt deprimiert, erschoß sich Jeschonnek am Morgen des 18. August 1943. Er ging damit Udets Weg.[95, 100]

Der Plan von Hanna Reitsch, die Fi 103 in Peenemünde zu fliegen, konnte nach dem Angriff nicht mehr verwirklicht werden, da die E-Stelle jetzt andere Sorgen hatte. Es konnte jeden Tag auch ein Angriff auf ihr Gelände erfolgen. Schon davor ins Auge gefaßte und eingeleitete Verlagerungspläne mußten dringend verwirklicht werden, worüber in Kapitel 17 noch näher berichtet wird. Ebenso existierte zur damaligen Zeit noch keine bemannte Version der Fi 103, worauf im Kapitel 16.11. ebenfalls eingegangen wird.

Auf die Schulungsarbeit des L- und E-Kommandos Wachtel hatte der Angriff keinen direkten Einfluß, da weder in Zempin noch auf das Werk West Bomben gefallen waren. Auf den Zempiner Baustellen spürte man lediglich den Totalausfall der schwer getroffenen Bauleitung und den Verlust vieler zerstörter Baumaschinen, die in Zempin zum Einsatz hätten kommen sollen.[100] Wachtels Vorschlag, die Ausbildung seiner Soldaten auch außerhalb von Usedom vorzunehmen, wurde sofort genehmigt.

16.9. Truppeneinsatz mit dem Flakregiment 155 (W) sowie Lufteinsatz der KG 3 und KG 53[123]

Dieses Kapitel hat mit den Erprobungs- und Versuchsarbeiten in Peenemünde-West nur mittelbar zu tun, deshalb sollen hier vor allem die Kriegsgliederung, die

Unterstellungsverhältnisse und die Stellenbesetzung der eingesetzten Truppenverbände behandelt werden.

Die Schilderung des an sich interessanten Truppeneinsatzes würde auch den Rahmen dieses Buches sprengen. Darüber hinaus sind über den Einsatz des Gerätes FZG 76 – V1 – bereits mehrere Bücher veröffentlicht worden.

Da sich besonders in der Anfangsphase und dann später bei der Auswertung der Einsatzerfahrungen und insbesondere bei der Fehler- und Störungsbeseitigung an diesem neuen Waffensystem zwischen den Truppenoffizieren und Truppeningenieuren einerseits und den Angehörigen der Erprobungsstelle andererseits eine enge und vertrauensvolle Zusammenarbeit entwickelt hatte, mögen die Namen in den Stellenbesetzungen der Truppenteile zur Erinnerung festgehalten werden.

Das für den Erdeinsatz erst zu einem späteren Zeitpunkt aufgestellte Flakregiment 155 (W) – wobei das »W« für »Werfer« steht – ist aus dem Lehr- und Erprobungskommando Wachtel hervorgegangen, welches unter seinem Kommandeur, Oberst Max Wachtel, seit Juni 1943 in Peenemünde-West und im benachbarten Zempin die militärische Erprobung des Waffensystems FZG 76, weiterhin als Fi 103 bezeichnet, durchführte.

Erst durch die Verfügung des Reichsministers der Luftfahrt und Oberbefehlshabers der Luftwaffe (RMdLuObdLw) vom 3. August 1943 wird mit Regimentsonderbefehl Nr. 1/43 geheime Kommandosache vom 13. September 1943 die Aufstellung des Stabes Flakregiment 155 (W) in Zempin/Usedom durchgeführt.

Wie einem Eintrag im Kriegstagebuch (KTB) des Flakregiments 155 (W) vom 23. August 1943 zu entnehmen ist, wurde gleichzeitig mit dieser Aufstellung eine Trennung des Lehr- und Erprobungskommandos Wachtel vom Regiment vollzogen.[86] Vermutlich unter Berücksichtigung des schweren Luftangriffs auf Peenemünde am 17./18. August 1943 hat der General der Flakwaffe dann am 23. August 1943 verfügt, daß die Aufstellung des Regiments nicht in Zempin, sondern im Flakartillerie-Schießplatz Brüsterort an der Samlandküste in Ostpreußen erfolgen solle. Brüsterort wurde gleichzeitig auch als Ausweichstellung für das in Zempin verbleibende Lehr- und Erprobungskommando vorgesehen.

Nachfolgend sollen die verschiedenen Unterstellungsverhältnisse des Flakregiments 155 (W) mit den jeweiligen Stellenbesetzungen aufgeführt werden:

A. Truppendienstliche Unterstellung:

15.08.1943	Luftflotte 3	GenFeldm.	Sperrle
10.09.1943	Höh.Kommandeur FAS	GenMaj.	Prellberg
15.12.1943	Luftflotte 3	GenFeldm.	Sperrle
20.09.1944	Luftflotte Reich	GenOberst	Stumpf

B. Kriegsgliederungsmäßige Unterstellung:

15.08.1943	Luftgaukdo XII	GendFlak	Heilingbrunner
15.12.1943	Luftgaukdo Belg./Nordfr.	GendFlak	Wimmer
02.11.1944	Luftgaukdo VI	GendFlak	Schmidt

Mit Rücksicht auf den für den Einsatz vorgesehenen Raum Nordfrankreich und die Tatsache, daß ein Flakregiment zur Luftwaffe gehört, sind die truppendienstlichen und kriegsgliederungsmäßigen Unterstellungsverhältnisse verständlich.

C. Ausbildungsmäßige Unterstellung:

15.08.1943	General der Flakwaffe		GendFlak	von Axthelm
11.03.1944	LXV.	A. K. z. b. V.	GendArt	Heinemann
24.10.1944	XXX.	A. K. z. b. V.	GendArt	Heinemann

D. Taktische und einsatzmäßige Unterstellung:

12.11.1943	LXV.	A. K. z. b. V.	GendArt	Heinemann
24.10.1944	XXX.	A. K. z. b. V.	GendArt	Heinemann
17.11.1944	5.	Flak-Div. (W)	Oberst i. G.	Walter
06.02.1945	5.	Flak-Div. (W)	Oberst	Wachtel

Die ausbildungsmäßige, taktische und einsatzmäßige Unterstellung eines Luftwaffenverbandes unter ein Heeres-Armeekorps ist zunächst ein wenig überraschend. Mit diesem LXV. A. K. z. b. V. hatte es aber insofern eine besondere Bewandtnis, als es sich um das befehlsgebende Armeekorps für den **Fernkampf** gegen England mit Truppenteilen aus Heer, Luftwaffe und sogar Marine handelte.
Dazu waren die folgenden Waffensysteme und Truppenteile vorgesehen:

Fi 103-V1	Flak-Rgt. 155 (W)	Luftwaffe
Fi 103-V1	KG 3 und KG 53	Luftwaffe
A 4-V2	Höh.Art.Kdr. 191	Heer
Hochdruckpumpe 15 cm		Heer
Fernkampfbatterien Marineartill.		Marine

Zu dieser Zusammenstellung wäre noch zu bemerken, daß die **Hochdruckpumpe** – auch **Tausendfüßler** genannt – ein 15-cm-Mehrkammergeschütz, deshalb nicht zum Einsatz kam, weil die für den Einsatz notwendige Spezialbunkeranlage in der Nähe von Boulogne noch vor Beginn der sehr umfangreichen Geschützmontagearbeiten von den alliierten Luftstreitkräften total zerstört wurde.
Der Einsatz der Marinefernkampfbatterien erfolgte dann schließlich unabhängig vom LXV. A. K. z. b. V.
In diesem Zusammenhang ist es auch interessant, über den Einsatzbefehl für die Fi 103 – FZG 76 einige Einzelheiten zu erfahren:
Am 16. Mai 1944 wurde mit Führerbefehl Nr. 771574/44 g.K.Chefs. WFSt/Op (H) Ia/g.Kdos. befohlen:
1. Das Fernfeuer gegen England ist Mitte Juni zu eröffnen. Den genauen Zeitpunkt befiehlt OB West, der auch mit Hilfe des Gen.Kdo. LXV. A. K. und der Luftflotte 3 das Fernfeuer leitet.
2. Es wirken mit:
> a. FZG 76 (Fi 103, d.Verf.)
> b. FZG 76 durch Abwurf von He 111

c. Fernkampfartillerie
d. Kampfverbände der Luftflotte 3

Die beiden Heeres-Waffensysteme A4 und Hochdruckpumpe sind in diesem Befehl nicht aufgeführt, da zum Zeitpunkt der Befehlserteilung bei beiden Geräten der Anlauf der Serienfertigung im erforderlichen Umfang noch nicht mit Sicherheit abzusehen war. Der Ersteinsatz des A4-Gerätes (V2) erfolgte ja bekanntlich am 8. September 1944.
Wichtig und für den Kriegseinsatz des Flakregiments 155 (W) von Bedeutung war die Festlegung des Waffenvorgesetzten und seines bevollmächtigten Inspizienten:

E. Waffenvorgesetzter:

01.11.1943	General der Flakwaffe mit Inspektionsbefugnis und Weisungsrecht auf technischem Gebiet für FZG 76	GendFlak Walther von Axthelm
01.11.1943	Inspizient Flakzielgerät FZG 76	GenMaj. von Gyldenfeldt

F. Aufstellung und Stellenbesetzung Flakregiment 155 (W):

01.07.1943	Flak-Lehr- u. Erprob.Kdo Wachtel	Oberst Wachtel
04.11.1943	Flak-Lehr- u. VersuchsAbt. (W)	Major Czychy
01.09.1943	Flak-Rgt. 155 (W)	Oberst Wachtel
05.03.1945	Flak-Rgt. 155(W)	Major Steinhoff
02.04.1945	Flak-Rgt. 155(W)	Major Sack
15.09.1944	Flak-Rgt. 255 (W)	ObstLt. Dittrich

G. Gliederung und Stellenbesetzung Flakregiment 155 (W):

Kommandeur		Oberst Wachtel
Adjutant	Hptm.	Grothues
Major b. Stab	Major	Dr. Sommerfeld
Major b. Stab	Hptm.	Dahms
Major b. Stab	Hptm.	Schwennesen
Ib-Offizier	Hptm.	Kragora
IIb-Offizier	Hptm.	Zahn
Ic-Offizier	Lt.	Dr. Pohl

1. Ord.Offizier	ObLt.	Schuchardt
2. Ord.Offizier	Lt.	Gloger
Reg.Arzt	StArzt	Dr. Soblik
Leitender Ing.	ObStIng.	Eberhardt

I./Flakregiment 155 (W)

| Kommandeur | Major | Aue |
| Adjutant | ObLt. | Seifert |

1. Battr.	Hptm.	Süß	3. Battr. ObLt.	Kasparek
2. Battr.	ObLt.	Mahlo	4. Battr. ObLt.	Munk
17. VersBattr.			18. VersBattr.	

II./Flakregiment 155 (W)

| Kommandeur | Hptm. | Sack |
| Adjutant | ObLt. | Zahm |

5. Battr.	Hptm.	Grafe	7. Battr. Hptm.	Nagorny
6. Battr.	ObLt.	Schütz	8. Battr. ObLt.	Tietz
19. VersBattr.			20. VersBattr.	

III./Flakregiment 155 (W)

| Kommandeur | ObstLt. | Dittrich |
| Adjutant | ObLt. | Süßengut |

9. Battr.	Hptm.	Singer	11. Battr. ObLt.	Wüsthoff
10. Battr.	Hptm.	Preuß	12. Battr. ObLt.	Kraetschmer
21. VersBattr.			22. VersBattr.	

IV./Flakregiment 155 (W)

| Kommandeur | Hptm. | Schindler |
| Adjutant | ObLt. | Sachs |

13. Battr.	ObLt.	Hartmann	15. Battr. Hptm.	Kock
14. Battr.	Hptm.	Radtke	16. Battr. ObLt.	Palm
23. VersBattr			24. VersBattr.	

Luftnachrichten-Abteilung/Flakregiment 155 (W):

| Kommandeur | Hptm. | Neubert |

1. Kp. (Fernsp.)	ObLt.	Abold
2. Kp. (Funk)	Hptm.	Hagner
3. Kp. (TeleBau)	ObLt.	Ohlerich

Abteilung I W/Flakregiment 155 (W)
(Regimentswetterwarte)

| Leiter d. Abt. | RegRat | Dr. Lettau | RASO | = Radiosonde |
| Techn. Leiter | RegRat | Dr. Pfau | Wd | = Wetterdienst |

| 1. RASO-Zug | ORegRat | Dr. Blickhan | | |
| RSF 1 | WdAss. | Ponndorf | | |

| 2. RASO-Zug | RegRat | Dr. Röben | | |
| RSF 2 | WdInsp. | Hauser | | |

| 3. RASO-Zug | RegRat | Dr. Faber | | |
| RSF 3 | WdInsp. | Dr. Dorow | | |

| 4. RASO-Zug | RegRat | Dr. Pfau | | |
| RSF 4 | WdInsp. | Kindermann | | |

| 5. RASO-Zug | RegRat | Dr. Nielsen | | |
| RSF 5 | WdInsp. | Schmutzhart | | |

Bei der Beschreibung des Truppeneinsatzes des Flakregiments 155 (W) wird im allgemeinen ein interessantes Detail nicht erwähnt, und zwar handelt es sich um die sehr erfolgreiche Mitwirkung des Industrie-Hilfstrupp Gehlhaar (ITG).
Gemäß Befehl des Staatssekretärs (GFM Milch) GL/C Nr. 990/44 geheime Kommandosache vom 28. März 1944 war »zur Überwindung der Einführungsschwierigkeiten des neuen Gerätes der Industrie-Hilfstrupp Gehlhaar unter Leitung von Dipl.-Ing. Gehlhaar aufzustellen«. Sein Einsatz sollte dabei an verschiedenen, im einzelnen noch festzulegenden Stellen erfolgen.
Der ITG setzte sich aus folgenden Personen zusammen, deren Firmen oder Dienststellenzugehörigkeit in Klammern erwähnt wird:

Leiter: Dipl.-Ing. Gehlhaar (Fieseler)
Stellvertreter: Ing. Steuer (Fieseler)

Dipl.-Ing.	Ball	(Fieseler)	Ing.	Loos	(Fieseler)
Ing.	Friedrich	(Fieseler)	Ing.	Veselka	(Reichb.)
Ing.	Stöckmann	(Fieseler)	Ing.	Buch	(Argus)
Dipl.-Ing.	Mölter	(Walter)	Ing.	Braun	(Askania)
Ing.	Rieger	(Walter)	Ing.	Winheim	(Fieseler)
Ing.	Peter	(Reichsb.)	Ing.	Neustädt	(Walter)
StIng.	Mikschy	(Gen.TrT.)	Ing.	Schmitz	(ET Khg)

Mstr.	Meister	(Fieseler)	Ing.	Irrgang	(Argus)
Ing.	Schneider	(Fieseler)	Ing.	Kupp	(Walter)
Ing.	Vorhoff	(Walter)	Ing.	Belik	(Fieseler)
Ing.	Karasek	(Argus)	Ing.	Eschrich	(Gen.TrT.)
Ing.	Brandt	(Argus)	Ing.	Drews	(EdL Khg)
Ing.	Jeschke	(Argus)	Mstr.	Noack	(Askania)
Ing.	Kuhn	(ET Khg)	Mstr.	Tölke	(Fieseler)
Ing.	Jüterbock	(Walter)	Mstr.	Ludwig	(Argus)
Ing.	Dietrichs	(Fieseler)			
Ing.	Müller	(Askania)			

Für den Industrie-Hilfstrupp Gehlhaar wurde vom Flakregiment 155 (W) am 16. Mai 1944 folgende grundsätzliche Weisung erteilt:
»Zwischen den Ingenieuren des ITG, den Ausbildungsoffizieren und den Truppeningenieuren muß engste Zusammenarbeit gewährleistet sein, damit Ratschläge und Hinweise irgendwelcher Art, ohne Verzögerung durch Meldewege, ausgewertet werden können. Desgleichen geben sich die genannten Dienststellen untereinander Kenntnis von ihren jeweiligen Anordnungen in ihren Dienstbereichen, um eine parallele Leerlaufarbeit gegenseitig auszuschließen.«

Die noch gut erhaltenen Berichte, die von den Mitarbeitern des ITG während des Einsatzes verfaßt wurden, sind so interessant wie aufschlußreich, und es ist nur zu bedauern, daß dem Verfasser aus Platzgründen eine Wiedergabe verwehrt wird.
Es ist aber unschwer zu verstehen, daß der erfolgreiche Einsatz eines eigentlich noch in der letzten Erprobungsphase befindlichen Waffensystems, mit welchem sich die Truppe erst einige Monate zuvor vertraut machen konnte, unter den gegebenen Kriegsumständen ein großes Risiko beinhalten mußte.
Im nachhinein darf man ohne Übertreibung feststellen, daß durch den unermüdlichen Einsatz des ITG, der tapferen, opferbereiten und einsatzfreudigen Truppe und ihrer Offiziere der Verschuß von nahezu 20 000 »fliegenden Bomben V1« in der Zeit vom Juni 1944 bis März 1945 möglich gewesen ist.
Nachdem die Verschußzahlen mit den Fi 103 genannt wurden, würde der Leser sicher gerne auch etwas über die damals vorliegenden Planungs- und Produktionszahlen erfahren. Leider sind auch in den staatlichen Archiven keine verbindlichen Unterlagen aufzufinden, so daß hier nur anhand einiger Aufzeichnungen in vorhandenen Dokumenten, den KTBs und in persönlichen Notizen – mit allen Vorbehalten – Zahlen zusammengestellt werden konnten:

A. Produktionsplanungen

RLM-Besprechung	Produktionsziele für das Jahr 1944		
18.06.1943	Jan. – Dez. 44	54 000	Fi 103
25.01.1944	Jan. – Dez .44	52 500	Fi 103
01.02.1944	Jan. – Dez. 44	62 400	Fi 103
24.03.1944	Jan. – Dez. 44	25 200	Fi 103

B. Tatsächliche Produktion nach den vorliegenden Unterlagen

01.01.1944 bis 31.12.1944	27 760	Fi 103
01.01.1945 bis 15.03.1945	5 020	Fi 103
Gesamtproduktion	32 780	Fi 103

Selbstverständlich waren neben den gefertigten Flugkörpern auch die verschiedenen Geräte und Waffenteile der für den Truppeneinsatz erforderlichen Bodengeräte zu produzieren. Aber einmal fehlen hier nahezu alle Unterlagen, und außerdem würde der Rahmen dieser Arbeit weit überdehnt werden. So wird zum Schluß noch der Lufteinsatz kurz behandelt, und die Personal- und Materialeinsatzzahlen sowie auch die beim Einsatz vom Boden und aus der Luft erlittenen Personenverluste sollen Erwähnung finden:

Personal- und Materialeinsatz beim Ersteinsatz
11. Juni bis 5. September 1944

152 Offiziere		
	6 511	Unteroffiziere und Mannschaften
	64	Geschütze bzw. Schleudern
	8 014	Bodenstarts Fi 103-V1, davon
	944	Frühabstürze

Personal- und Materialeinsatz beim Zweiteinsatz
21. Oktober 1944 bis 30. März 1945

95 Offiziere		
	3 577	Unteroffiziere und Mannschaften
	12	Geschütze bzw. Schleudern
	11 565	Bodenstarts Fi 103-V1, davon
	1 573	Frühabstürze

Somit in der Zeit vom 11. Juni 1944 bis 30. März 1945 (ohne Luftstarts)

19 579	Bodenstarts Fi 103-V1, davon
2 517	Frühabstürze

Personalverluste des Flakregiments 155 (W) bei beiden Einsätzen

6 Offiziere		
	153	Unteroffiziere und Mannschaften gefallen
	257	Offiziere, Unteroffiziere und Mannschaften verwundet
	79	Unteroffiziere und Mannschaften vermißt

Lufteinsatz mit dem Gerät FZG 76 – Fi 103-V1

Nach vorausgegangener Umschulung der Besatzungen für den Lufteinsatz mit dem Gerät Fi 103 in Peenemünde-West beim Ausbildungskommando Graudenz durch die beiden Kampfgeschwader KG 3 und KG 53:

Kampfgeschwader KG 3 »Lützow«

Ersteinsatz von Juni bis Juli 1944

Kommodore	KG 3	Oberst	Lehwess-Litzmann
III./KG3	Kommandeur	Major	Vetter

Kampfgeschwader KG 53 »Legion Condor«

Zweiteinsatz von 16. September 1944 bis 5. Januar 1945

Kommodore	KG 53	ObstLt.	Pockrandt
I./KG 53	Kommandeur	Major	Vetter
	1. Staffel	Hptm.	Roth
	2. Staffel	Hptm.	Zander
	3. Staffel	Hptm.	Brandt
II./KG 53	Kommandeur	Major	Wittmann
	4. Staffel	Hptm.	Rehfeld
	5. Staffel	Hptm.	Schier
	6. Staffel	Hptm.	Bautz
III./KG53	Kommandeur	Major	Allmendinger
	7. Staffel	Hptm.	Laurer
	8. Staffel	Hptm.	Dengg
	9. Staffel	Hptm.	Jessen

Beim Lufteinsatz mit den beiden Kampfgeschwadern wurden gestartet:

KG 3	400	Geräte Fi 103-V1
KG 53	1200	Geräte Fi 103-V1

Dabei waren im Zweiteinsatz 100 He 111 als »fliegende Abschußbasen« unter großen Opfern an fliegendem Personal und Flugzeugen im Einsatz.
Der Kommandeur der II. Gruppe KG 53 – Major Wittmann – bemerkt dazu in einem Nachkriegsbericht:

»Im August (1944) werden die Besatzungen für die neue Aufgabe auch praktisch in Peenemünde geschult und das Bodenpersonal zusätzlich einer Spezialeinheit in der Wartung, Aufhängung, Betankung usw. eingewiesen. ... Der Erfolg ist uns nicht bekannt, die Opfer, die wir vom August 1944 bis Januar 1945 bei diesen Einsätzen gebracht haben, waren einfach katastrophal. Der Engländer hatte überall in der Nordsee Flakkreuzer und noch mehr Nachtjäger im Einsatz. Letztere verfolgten uns bis zur Landung, und manche Besatzung wurde noch über dem eigenen Platz beim Landeanflug abgeschossen.
Erschwerend kam hinzu, daß unsere jungen Besatzungen kaum Erfahrung für Einsätze im Tiefflug und besonders hier über Wasser hatten.« (Aus Kiehl: Kampfgeschwader Legion Condor 53, 1983 Motorbuchverlag Stuttgart)
Diese Ausführungen werden dadurch bestätigt, daß allein in der relativ kurzen Einsatzzeit vom 16. September 1944 bis zum 5. Januar 1945 das Geschwader KG

53 »Legion Condor« an gefallenen Besatzungen zu beklagen hatte: 85 Offiziere, Unteroffiziere und Mannschaften
Die Verluste des KG 3 »Lützow«, das den Ersteinsatz geflogen hatte, waren leider nicht mehr zu ermitteln.[123]

16.10. Sonderausführungen und Weiterentwicklungen der Fi 103

Das Kapitel 16.6. erwähnt im Zusammenhang mit den Fertigungsstätten eine bemannte Ausführung der Fi 103A-1. Über die Hintergründe der Entstehung dieses Gedankens und den damaligen Stand seiner Verwirklichung soll noch einiges berichtet werden. Die bemannte Fi 103 hatte mit Peenemünde direkt nichts zu tun, und ihre Existenz war dort auch nicht bekannt. Der Musterbau dieser Sonderausführung wurde vom Flugbaumeister Dipl.-Ing. Willy Fiedler, dem ehemaligen Leiter der Fi-103-Industrieerprobung, durchgeführt (Kap. 16.6.).
Was war der Anlaß für ein derart ungewöhnliches Unternehmen? Je mehr erkennbar wurde, daß der Kriegsausgang für das Deutsche Reich problematisch wurde, ja sogar eine Niederlage drohte, um so mehr unternahm man verzweifelte Versuche, dies zu verhindern. Hierbei kamen die Vorschläge und Bemühungen in vielfacher Weise nicht nur von der obersten Führungsebene, sondern, wenn man so will, auch aus dem Volke. Ein typisches Beispiel hierfür war die Verwirklichung der bemannten Fi 103.
Im Laufe des Jahres 1943 hatte der Luftwaffen-Hauptmann Heinrich Lange zunächst einige Luftwaffenangehörige – hauptsächlich Lastenseglerpiloten – um sich versammelt, zu denen auch die bekannte Fliegerin und Flugkapitän Hanna Reitsch gehörte. Alle hatten sich nach eingehender Diskussion und Abwägung der Deutschland noch verbliebenen Möglichkeiten, den Krieg zu einem annehmbaren Ende zu führen, dem SO(Selbstopferungs)-Gedanken verschrieben. Besonders bei der zu erwartenden Invasion wollten sie nach ihrer Theorie Schiffe der Invasionsflotte oder Ziele von strategischer Bedeutung mit einem geeigneten Verlustflugkörper angreifen.[101] Zitieren wir eine aus dem Kreis der Initiatoren des SO-Gedankens, Flugkapitänin Hanna Reitsch, aus ihrem Buch »Fliegen – mein Leben«, wie es zum Ursprung dieses Gedankens kam: »Es war im August 1943, nach meiner Genesungszeit in Saalberg, als ich, nach Berlin zurückgekehrt, dort eines Tages im Haus der Flieger beim Mittagessen zwei alte Freunde traf ... Unser Gespräch galt der Sorge um unser Land ... Wir waren uns darin einig, daß die Zeit nicht Deutschlands Verbündeter sein würde. Täglich sahen und erlebten wir, wie das Land langsam ausblutete, eine Stadt nach der anderen den Bomben zum Opfer fiel ... und der Tod unter den deutschen Menschen reiche Ernte hielt.
Wir waren uns aber auch mit vielen Deutschen nüchtern klar, was uns ein total verlorener Krieg bringen würde. Roosevelts Forderung von Casablanca nach bedingungsloser Kapitulation war in Deutschland bekannt, und so ahnten wir die kommende Tragödie, in der Schuldige und Unschuldige das gleiche Schicksal teilen würden ... Uns war bewußt geworden, daß in diesem Krieg ... eine Wende nur möglich war, wenn wir dieses Ungeheuer mit ... dem Einsatz unseres eigenen Lebens überwinden konnten ... Dieser Einsatz durfte weder ein Opfer von ›reinen

Toren‹ sein ... noch von blinden Fanatikern oder lebensmüden resignierenden Menschen ... Mit falschem Idealismus hatte diese Einstellung nichts zu tun ... Der Gedanke durfte nur dann verwirklicht werden, ... wenn erwiesenermaßen eine Waffe vorhanden war, die den Erfolg garantierte ... Ich muß ... darauf hinweisen, daß zu diesem Zeitpunkt in Deutschland noch nichts über die japanischen Kamikaze-Flieger bekannt war ... Wir hielten unsere Gedanken vor Freunden und Außenstehenden verborgen. Trotzdem bildete sich durch mündliche Übermittlung rasch eine Gemeinschaft ... Von der Führung erwarteten und erhofften wir ohne Zeitverlust eine schnelle Prüfung unserer Gedanken ... Wir ahnten aber nicht, welchen Schwierigkeiten und Widerständen wir begegnen würden ...«[102] Der Gedanke wurde so geheimgehalten, daß auch die Abteilungsleiter und Referenten des RLM, bis auf ein oder zwei, die selbst zu diesem Einsatz bereit waren, keine Ahnung hatten. Unter diesen Eingeweihten war auch Dipl.-Ing. Heinz Kensche, der Mitarbeiter der Abteilung Flugzeugentwicklung des Technischen Amtes im RLM war.[104]
Da GFM Milch den Weg zur Verwirklichung des SO-Einsatzes genehmigen mußte, trug ihm Hanna Reitsch ihre und ihrer Kameraden Gedanken vor. Er lehnte die Verwirklichung des Einsatzes zunächst mit der Begründung ab, daß ein soldatischer Einsatz ohne Chance zum Überleben der Mentalität des deutschen Volkes nicht entspräche. Er gab aber auf die Bitte, den Beteiligten ihr Vorhaben als Gewissensentscheidung selbst zu überlassen, im Herbst 1943 mit Vorbehalt seine Zustimmung.[102, 103] Darauf wandten sich die Initiatoren des SO-Gedankens an die Akademie der Luftfahrtforschung, die alle in Frage kommenden Wissenschaftler, Techniker und Taktiker zusammenrufen konnte.[102]
Die erste, äußerst geheime Sitzung über die Durchführbarkeit des SO-Gedankens fand im November 1943 unter Vorsitz von Ministerialdirigent Adolf Bäumker vom RLM statt.[103] Anwesend waren Sachverständige aus allen kriegstechnischen Fachgebieten, wie Sprengstoff- und Torpedosachverständige, Navigations- und Funkexperten, Schiffsingenieure, Marineoffiziere und Flugzeugkonstrukteure. Auch Dipl.-Ing. Lusser und Flugkapitän Dipl.-Ing. Fiedler nahmen an der Sitzung teil. Der General der Jagd- und der General der Kampfflieger hatten Vertreter entsandt. Ebenso waren Luftfahrtmediziner vertreten. Das Ergebnis dieser Sitzung erbrachte grundsätzlich die Durchführbarkeit des Planes. Um Zeit zu sparen und die Flugzeugindustrie nicht zu belasten, griff man beim Fluggerät auf eine vorhandene Konstruktion, die Me 328, zurück. Als zweiter Vorschlag wurde die Verwendung einer bemannten Fi 103 erwogen.[102, 103, 104]
Nachdem diese Vorarbeit geleistet war, mußte die höchste Instanz, Adolf Hitler, für die Durchführung des SO-Planes gewonnen werden. Hier kam Flugkapitän Hanna Reitsch der Zufall zu Hilfe. Sie wurde am 28. Februar 1944 auf den Berghof gerufen, wo ihr Hitler eine extra entworfene Urkunde zur Verleihung des EK I nachträglich überreichen wollte. Hanna Reitsch ergriff die Gelegenheit und berichtete Hitler über den Plan des SO-Gedankens. Aber auch er lehnte eine derartige Kampfführung mit ähnlichen Argumenten wie GFM Milch ab. In dem sich beinahe dramatisch entwickelnden Gespräch betonte der Führer, daß die deutsche Situation noch nicht so hoffnungslos sei, daß derartige Maßnahmen gerechtfertigt seien. Auf weiteres Drängen seines Gastes gestattete er schließlich die Weiterführung des Projektes mit der Einschränkung, daß er sich den Einsatz selbst vorbehalte und zunächst damit nicht belastet werden wolle.[102]

Die weiteren organisatorischen Vorbereitungen lagen nun in der Hand des damaligen Generalstabschefs der Luftwaffe, Generaloberst Günther Korten. Er teilte die Freiwilligen des SO-Einsatzes, deren Zahl inzwischen auf einige tausend angewachsen war, dem KG 200 als Sondergruppe zu. Von der großen Zahl wurden zunächst 70 Mann ausgewählt, während die anderen nach Bereitstellung des Flugkörpers und der Festlegung von Führung und Form des Einsatzes eingezogen werden sollten.[102]

Mit der technischen Vorbereitung wurde das RLM, Dipl.-Ing. Heinz Kensche, Abt. GL/C-E2 V, beauftragt. Er und Hanna Reitsch übernahmen die fliegerische Erprobung, wozu sie die Me 328A ausgewählt hatten. Dieses Flugzeug, eine Gemeinschaftsarbeit der Messerschmitt AG und der DFS, war unabhängig von dem SO-Einsatz als einsitziger Jäger ohne Triebwerk projektiert worden und befand sich um die Jahreswende 1942/43 in der Flugerprobung. Im Mistel-Schlepp an feindliche Bomberverbände herangetragen, sollte das Flugzeug im Gleitflug seinen Angriff durchführen. Die Me 328A war als freitragender Mitteldecker in Holzbauweise mit einem Stahlrohrholm, Vorflügel und Landeklappen zwischen Querruder und Rumpf, aufgebaut. Das Leitwerk war teils aus Holz und teils aus Dural gefertigt, da Teile der Me 109 Verwendung fanden. Der Rumpf, war als Holz-Schalenrumpf mit Kreisquerschnitt ausgeführt. Als Fahrwerk diente zur Landung eine ausfahrbare Zentralkufe.

Noch Ende 1943 wurde mit der Konstruktion der Me 328B begonnen, die als Antrieb zwei As-014-Schubrohre erhielt und als Schlachtflieger mit einer 500-kg-Bombe eingesetzt werden sollte. Auch war eine Verwendung als Bordjäger und -bomber im Deichselschlepp an der He 177 und der Me 264 bei Fernkampfeinsätzen geplant. Diese Ausführung ist nach den Versuchsflügen vom RLM wieder gestoppt worden, weil die von den beiden Triebwerken verursachten Erschütterungen von der weitgehend aus Holz aufgebauten Zelle nicht ohne Schäden bewältigt werden konnten. Auch traten Resonanzschwingungen zwischen der Rohrfrequenz und der Höhensteuerung auf, die zu ihrem Bruch führten. Der Pilot, Rudolf Ziegler, mußte mit dem Fallschirm aussteigen.[101, 102, 104, 122] Soweit die Vorgeschichte der Me 328.

Die Erprobungsflüge von Flugkapitän Hanna Reitsch und Dipl.-Ing. Heinz Kensche mit der Me 328A wurden in Hörsching bei Linz im Mistel-Schlepp mit einer Do 217E aus 3000 bis 6000 m Höhe ohne Antrieb durchgeführt. Die Flugeigenschaften reichten für den vorgesehenen Zweck aus. Es wurden Gleitzahlen bei 250 km/h von ca. 1 : 12 und bei 750 km/h von ca. 1 : 5 erzielt. Die weiteren Forderungen nach guter Sicht, Bequemlichkeit, Wendigkeit und Kursstabilität wurden erfüllt. Als Sprengkörper sollte in die Rumpfspitze ein Bombentorpedo oder je nach Einsatzzweck ein entsprechender Gefechtskopf eingebaut werden.[101, 102, 104]

Die Frage nach einem billigen, geeigneten und wirksamen Verlusttriebwerk war aber noch nicht geklärt. In dieser mißlichen Lage bedauerten die Initiatoren des SO-Gedankens, daß sie die Lösung mit der bemannten Fi 103 bisher nicht parallel zu den Erprobungen mit der Me 328A und B betrieben hatten. Da kam Hilfe von unerwarteter Seite.[102]

Nach den negativ verlaufenen Flügen der Me 328B mit dem As-014-Rohr meldete sich gegen Ende April 1944 Sturmbannführer Dipl.-Ing. Otto Skorzeny im Haus der Flieger, Berlin, bei Hanna Reitsch. Er hatte inzwischen durch Heinrich Himmler von ihren Plänen Kenntnis erhalten. Nach der Besprechung bei Hanna Reitsch war es Skorzeny allein, der die neue Waffe in der ihm eigenen Art zur Verwirklichung führte. Das war jener Zeitpunkt im Mai 1944, als Dipl.-Ing. Lusser durch Skorzenys Initiative den Auftrag zur Umkonstruktion für die bemannte Fi 103 erhielt, deren Bau mit ersten Mustern bei der Firma Henschel in Berlin-Schönefeld – wie eingangs schon erwähnt – innerhalb von knapp zwei Wochen von Dipl.-Ing. Fiedler durchgeführt wurde. Fiedler war später auch einer der ersten, der die Fi 103 Re (Reichenberg) flog.[106]

Das erste einsitzige Musterflugzeug ohne Antrieb, mit gefederter Landekufe, geringfügig verlängerten Tragflächen, Landeklappen, Querrudern und der Bezeichnung Fi 103A-1 Re I wurde etwa im August, Anfang September 1944 fertig. Diese und alle weiteren Ausführungen waren mehr oder weniger aus Teilen der laufenden Fertigung bzw. von Fi 103A-1, die mit Fertigungsfehlern behaftet waren – und in großer Zahl zur Verfügung standen – aufgebaut. Mit der Fi 103A-1 Re I sollte vor allem die prinzipielle Flugtauglichkeit im bemannten handgesteuerten Zustand erbracht werden (Abb. 76).

Dieser ersten Version folgte die Fi 103A-1 Re II zum Training der Flugschüler. Sie besaß neben den verlängerten Flächen mit Landeklappen, Querrudern und einer gefederten Landekufe das Argus-Schmidt-Rohr As 014 (Abb. 76).

Danach hatte man die dritte Ausführung Fi 103A-1 Re III mit je einem Sitz vor und hinter den Tragflächen, damit auch einem verlängerten Rumpf, verlängerten Tragflächen mit Landeklappen, Querrudern, Doppelsteuer, Landekufe, jedoch ohne Triebwerk fertiggestellt (Abb. 76). Diese Ausführung sollte den SO-Männern als Schulflugzeug dienen, wobei der Fluglehrer nach jedem Schulflug die Landung übernahm, die bei der bemannten Fi 103 wegen der hohen Landegeschwindigkeit von 150 km/h – auf einer Kufe mit geringem Federweg – nicht ungefährlich war und einen erfahrenen Piloten erforderte.[102, 104, 105, 108]

Als Vorschulung für das Fliegen der Fi-103A-1-Re-Varianten sollte der Flugschüler eine Segelfliegerausbildung bis zum sicheren Fliegen mit dem »Grunau-Baby« und anschließend mit dem »Stummel-Habicht« durchlaufen.

Die Einsatzversion bildete letztlich die Fi 103A-1 Re IV. Sie war ähnlich wie die Re II aufgebaut, besaß aber keine Landeklappen und keine Landekufe, da sie ja nicht mehr zu landen brauchte. Dafür war in die Rumpfspitze ein dem Einsatz entsprechender Sprengkopf mit Zünder eingebaut (Abb. 76). Der Umbau von der Fi 103A-1 in die Reichenberg IV umfaßte zunächst den Einbau eines Cockpits in den Rumpf unterhalb des Fangdiffusors des Argus-Schmidt-Rohres. Der Sitz bestand aus einer einfachen Sperrholzschale mit gepolsterter Kopfstütze. Die den Sitz nach außen abdeckende einteilige Haube konnte nach steuerbord aufgeklappt werden. Die Frontscheibe bestand aus dickem Panzerglas. An den Seitenscheiben der Haube waren Linien aufgezeichnet, die es im Vergleich mit dem Horizont ermöglichten, den Gleitwinkel beim Zielanflug abzuschätzen. Das einfache Instrumentenbrett enthielt einen Schalter zum Scharfmachen des Zünders, einen Fahrtmesser, einen Höhenmesser, eine Uhr und den künstlichen Horizont. Auf einer Konsole am Boden war ein Kreiselkompaß montiert. Als Stromversorgung dienten ein Akku und ein Umformer. Die Steuerung konnte über einen Steuerknüppel und mit Seitenruderpedalen für die Höhen-, Quer- und Seitenruder vorgenommen werden. Als weitere Funktionselemente befanden sich backbordseitig, unterhalb einer

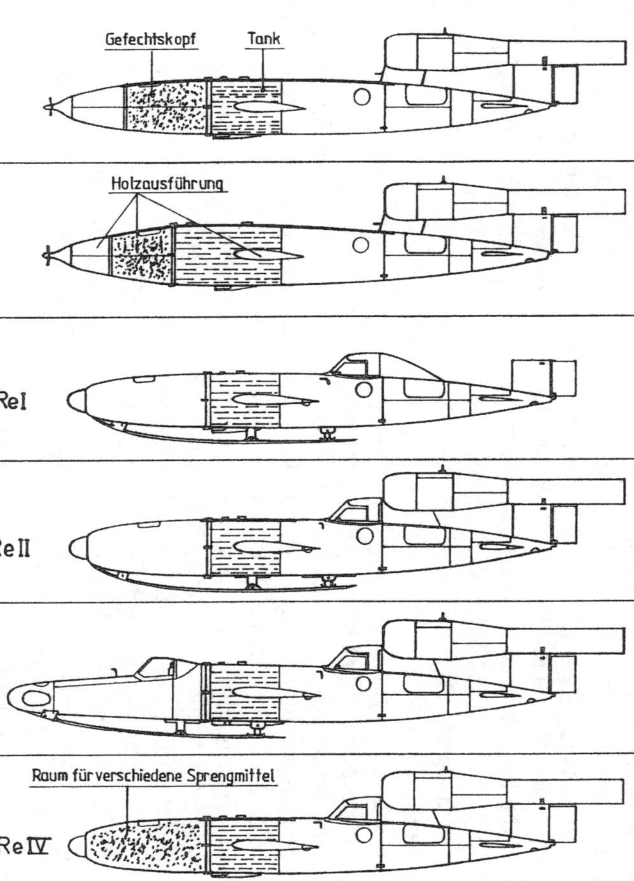

	Spannweite mm	Spannw. Höhenfl. mm	Gesamtlänge mm	Höhe mm	Rumpflänge mm	max. Rumpf φ mm
Fi103 A-1	5370	2055	8325	1423	7405	840
			Normalausführung (Serienfertigung, Einsatz)			
Fi103 F-1	5370	2055	8509	1423	7772	840
			Reichweitenausführung (Serienfertigung, Einsatz)			
Fi103A-1 ReI	6850	2055	7405	—	—	840
			Für Testzwecke der Segelflugtauglichkeit (Versuch)			
Fi103A-1 ReII	5720	2055	8929	1423	8323	840
			Für Schulung mit Antrieb			
Fi103A-1 ReIII	6850	2055	10800	1423	9880	840
			Schulung mit Fluglehrer			
Fi103A-1 ReIV	5720	2055	8380	1423	7780	840
			Bemannte Einsatzversion (für den SO-Einsatz gefertigt, kein Einsatz)			

Gefechtskopf   Tank   Holzausführung   Raum für verschiedene Sprengmittel

Abb. 76
Serien- und „Reichenberg"-Ausführungen, FZG 76 Fi 103
06.90 h.

674

Bordwandkonsole, der Treibstoffendfilter mit darüber angeordnetem vereinfachtem Triebwerkregler für Handverstellung. Um für den Pilotensitz Platz zu schaffen, wurde einer von den zwei Druckluft-Kugelbehältern wegen des geringeren Luftbedarfs (keine pneumatisch betätigten Steuerelemente mehr) entfernt. Den Abschluß der Ausrüstung der Fi 103A-1 Re IV bildete noch eine elektrische Steckverbindung, womit der Pilot an die Bordsprechanlage des Trägerflugzeuges angeschlossen war.[107]

Wie schon erwähnt, wurden für die Einsatzgeräte mehrere Ausrüstungsmöglichkeiten berücksichtigt. Für Landziele war eine Luftmine mit einem Gewicht von einer Tonne vorgesehen. Für Seeziele wählte man einen Bombentorpedo (BT), dessen Kopf im Flug eine Verkleidung besaß, die beim Aufschlag auf das Wasser zerstört wurde. Den Unterwasserweg sollte der Bombentorpedo, ähnlich wie beim Gleitkörper Hs 294, mit eigener Wucht zum Ziel fortsetzen.[104]

Für den See-Einsatz wurden Überlegungen angestellt, wie man die SO-Männer schulen sollte, da die meisten mit Marinewaffen nicht vertraut waren. Unter Berücksichtigung des möglichen Flugweges beim Anflug hatte der BT das Seeziel unter einem Winkel von 30° zur Horizontalen von der Seite her so anzufliegen, daß ein Punkt von etwa 8 bis 10 m Tiefe unter dem Schiffsziel anzuvisieren war.

In mehreren Besprechungen beschloß man einen Lehrfilm vom Marineforschungsamt in Dresden anfertigen zu lassen, in dem den Schülern in proportional richtigen Größenverhältnissen die zu erwartenden Ziele dargestellt wurden, denen sich der Beobachter bei Betrachtung des Filmes mit der Eigengeschwindigkeit seines Fluggerätes näherte. Die Zielobjekte waren maßstabgetreue Modelle aller bekannten feindlichen Schiffseinheiten. Der Film wurde zunächst jenen Personen vorgeführt, die über den Bau der Fi 103A-1 Re IV Beschluß gefaßt hatten, und war sehr eindrucksvoll.[104]

Ein weiterer Sprengkopf gegen Schiffsziele war mit einer Hohlladung vorgesehen, die Panzerdecks großer Kriegsschiffe über den Munitionskammern durchschlagen sollte. Die Entwicklung dieser Sprengkörper war ebenfalls vorbereitet.[104] Nachdem unter Flugkapitän Dipl.-Ing. Fiedler die einzelnen Schul- und Übungsversionen der bemannten Fi 103 gebaut waren, fand je nach Fertigstellung der einzelnen Muster die Flugerprobung auf dem Flugplatz Lärz bei der E-Stelle Rechlin statt. Hanna Reitsch hatte sich für die Flugerprobung zur Verfügung gestellt. Die E-Stelle Rechlin wollte diese Versuche aber mit eigenen Piloten durchführen.[102]

Der erste Flug wurde von dem Piloten Rudolf Ziegler mit der Fi 103A-1 Re I, also ohne Triebwerk, im Tragschlepp einer He 111 aus etwa 4000 m Höhe durchgeführt. Nach gelungenem Gleitflug setzte der Flugapparat zur Landung so unglücklich auf einem nicht ebenen Teil des Platzes auf, daß wegen des geringen Kufenfederweges Kufen- und Rumpfbruch entstand. Der Pilot erlitt eine Rückgratverletzung.[104]

Den zweiten Erprobungsflug führte der Rechliner Pilot Pangratz mit der antriebslosen zweisitzigen Ausführung Fi 103A-1 Re III durch, wobei nach dem Ausklinken vom He-111-Trägerflugzeug und gelungenem Gleitflug die Landung an der gleichen Stelle erfolgte, wobei der Rumpf ebenfalls zu Bruch ging. Der Pilot blieb diesmal unverletzt.[104]

In der ersten Septemberwoche 1944 konnte der dritte Flug schon mit der durch ein Argus-Schmidt-Rohr Rs 014 angetriebenen Ausführung Fi 103A-1 Re II durchgeführt werden. Als Augenzeuge dieses Fluges kam auch Hanna Reitsch in Begleitung von Skorzeny mit ihrer Bücker 181 nach Lärz. Der Start erfolgte wieder im Tragschlepp mit einer He 111 aus 2000 m Höhe. Das Triebwerk zündete einwandfrei. Nach etwa 3 min Flugzeit waren Unregelmäßigkeiten in der Flugbahn und im Arbeiten des Schubrohres vom Boden aus feststellbar. Anschließend ging der Flugapparat in einen steilen Gleitflug über, wobei er sich dem Platz näherte und ihn in etwa 300 m Höhe überflog. Jenseits einer Baumreihe entschwand er den Blicken der Zuschauer. Eine Aufschlagexplosion schien das Ende zu sein, bis nach einer halben Stunde die Nachricht kam, daß der Pilot schwerverletzt überlebt hatte.[102, 104]

Wie sich später herausstellte, hatte der Pilot offenbar den Triebwerkshebel am Regler mit dem Haubenverschluß verwechselt. Als die Haube wegflog, verletzte sie ihn schon am Kopf. Der starke Fahrtwind tat ein übriges, daß der Flugzeugführer die Kontrolle über sein Fluggerät verlor. Nachdem am nächsten Tag ein weiterer Pilot verunglückte, zog die E-Stelle Rechlin ihre Piloten zurück.[102, 104]

Nach diesem mißglückten Beginn der bemannten Fi-103-Flugerprobung stand das nächste zweisitzige Fluggerät am 20. September 1944 in Lärz zur Verfügung. Hiermit führte der Chefpilot von Fieseler, Dipl.-Ing. Fiedler, einen einwandfreien Flug durch. Die nächsten Flüge wurden von Hanna Reitsch und Dipl.-Ing. Heinz Kensche mit dem gleichen Fluggerät vom 20. September bis Anfang November 1944 absolviert. Einige Segelflieger, die als Fluglehrer vorgesehen waren, konnten zu Alleinflügen gebracht werden.[104]

Natürlich gab es bei den Versuchsflügen auch weitere schwierige Situation zu bestehen, und die daraus resultierenden Erfahrungen konnten gegebenenfalls als Verbesserungen in die nächsten Erprobungsmuster einfließen. Wie z. B. Hanna Reitsch berichtete, streifte bei einem ihrer Flüge – sie hatte acht bis zehn im ganzen durchgeführt – das Trägerflugzeug nach dem Auslösen das Höhenleitwerk ihres Fluggerätes. Nur mit Mühe konnte die Pilotin den Flugapparat halten, aber trotzdem glatt landen. Das Rumpfende hatte sich um fast 30° nach steuerbord verdreht!

Bei einem weiteren Versuch wollte sie eine doppelsitzige Ausführung (also ohne Triebwerk) im Bahnneigungsflug bei verschiedenen Fluggeschwindigkeiten testen, wobei maximal 850 km/h erreicht wurden. Während des Versuches hatte sich unbemerkt ein im Rumpf verzurrter Sandsack, der als Ausgleichsgewicht in den vorderen Sitz eingebaut war, gelöst und blockierte das Höhenruder in Richtung »Ziehen«. Hanna Reitsch konnte wegen der schon erreichten geringen Höhe nicht mehr mit dem Fallschirm aussteigen. So stellte sie die Fi 103A-1 Re III auf den Kopf, um bei dem noch verbliebenen geringen Ruderausschlag eine größere Ruderwirkung für den Abfangvorgang zu erhalten. Der Versuch gelang insofern, als Kufe und Rumpf zwar zu Bruch gingen, die Pilotin aber unverletzt blieb.[102, 103]

Ein anderer Flug sollte das Verhalten bei hoher Geschwindigkeit mit voller Last an einer Fi 103A-1 Re II zeigen. Da die provisorische Landekufe für dieses Gewicht nicht ausgelegt war – die Einsatzversion brauchte ja nicht zu landen –, mußte das als Last in den Tank eingefüllte Wasser vor der Landung abgelassen werden. Die Versuche begannen in etwa 6000 m Höhe, wodurch die Tankablaßvorrichtung vereiste. Als Hanna Reitsch in 1500 m Höhe den Ablaß öffnen wollte, ließ er sich nicht bewegen. Sie riß sich am Griff der Vorrichtung die Hände blutig, bis wenige hundert Meter über dem Boden der Tankablaß gerade noch zu öffnen war und die größte Menge des Wassers noch abfließen konnte. Die anschließende Landung verlief glatt.[102]

Anfang November 1944 war das zweite Fluggerät Fi 103A-1 Re II fertig, womit einige Flüge vorzeitig beendet werden mußten, da die Zündung des Triebwerkes versagte. Der eingebaute Kraftstoff-Schnellablaß arbeitete dabei einwandfrei.

Am 5. November 1944 erfolgte ein weiterer Versuch mit Argus-Schmidt-Rohr und dem gleichen Gerät aus 2000 m Höhe. Vorgesehen war ein Flug von 20 min entsprechend der mitgeführten Brennstoffmenge von 600 l. Aber schon nach einer Flugzeit von 3 min lösten sich an der linken Tragfläche auf der Ober- und Unterseite in Rumpfnähe, offenbar durch die Erschütterungen des Argus-Schmidt-Rohres, Teile der Beplankung und flogen weg. Wegen der Größe der abgedeckten Fläche von ca. 1 m² reichte die Querruderwirkung zur Aufrechterhaltung der Querlagenstabilität nicht aus, und der Pilot mußte das Gerät mit dem Fallschirm verlassen.[104]

Aufgrund der festgestellten Unfallursache konnten auch für die Erprobung in Peenemünde-West bei den unbemannten Fi-103-Geräten Rückschlüsse gezogen werden. Zu jenem Zeitpunkt erfolgten dort schon Bewitterungs- und Flugversuche mit Holzflächen. Da es sich auch in Lärz um die Ablösung einer Holzbeplankung handelte, wurde die Bauaufsicht zur Prüfung der Verleimungen wesentlich verschärft.[104]

Im Laufe des Dezembers 1944 fiel Hanna Reitsch für weitere Erprobungsflüge mit der Fi 103A-1Re aus, da sie bei einem Bombenangriff auf Berlin am linken Arm verletzt worden war. Die weitere Erprobung und Schulung von Fluglehrern lag danach allein in den Händen von Leutnant Starbati, bis er Ende Februar 1945 mit einer Fi 103A-1 Re II tödlich verunglückte.[103, 104]

Der Plan, wie er den Initiatoren des SO-Einsatzes einmal vorschwebte, mußte etwa im November 1944 wegen der Kriegsereignisse aufgegeben werden. Die Zeit und die Invasion waren über die damaligen Absichten hinweggegangen. Es konnte jetzt nur noch in Erwägung gezogen werden, ob die bemannte Fi 103 für einzelne Spezialaufgaben, mit oder ohne Selbstopferung, Verwendung finden konnte.[103]

Neben der Flugerprobung lief die Fertigung der Reichenberg-Fi 103 ab Anfang November 1944 im Montagewerk »Meißen« in Gollnow/Pommern an (Kapitel 16.6.). Auf dem Flugplatz Prenzlau füllten sich die Hallen mit Geräten zur Schulung und für den scharfen Einsatz der Fi-103A-1-Re-Ausführungen. Hier waren auch die zunächst ausgewählten 70 Mann zusammengefaßt, zu denen noch 30 aus Skorzenys Verbänden kamen.[104] In Prenzlau erfolgten im Februar 1945 auch einige Starts der Fi 103 Re III mit Triebwerk, wobei das Gerät auf eine entsprechende Höhe hochgeschleppt und anschließend abgeworfen wurde, dann mit eigenem Antrieb weiterflog, um danach auf der Kufe zu landen. Das Schulungsprogramm litt aber bereits an permanentem Treibstoffmangel.[107]

In der Zwischenzeit hatten sich die personellen Vorstellungen bei der Luftwaffe und der SS bezüglich der Pilotenrekrutierung geändert. Von den einstigen hohen Idealen der Initiatoren, der Idee des Selbstopferungseinsatzes, blieb dabei nicht viel übrig. Es wurde von SS-Seite an Lebensmüde, Kranke oder Verbrecher gedacht. Dem damaligen Inspekteur der Kampfflieger, Generalmajor Storp, schwebte dann noch eine Steigerung der ursprünglichen Idee vor. Er wollte eine »Luftwaffen-Selbstopfer-Division« aufstellen. Im Zuge der Diskussionen über den SO-Einsatz kam es dann in Gegenwart von RM Göring zu einer scharfen Auseinandersetzung zwischen Storp und Peltz einerseits und Knemeyer und Baumbach, dem Kommodore des KG 200, andererseits. Baumbach hielt den Einsatz unter den gegebenen Umständen für verbrecherisch. Am nächsten Tag sprach er mit seinem Freund, Rüstungsminister Speer, der ihn sofort zu Hitler brachte. Hitler lehnte den SO-Einsatz sofort und mit äußerster Klarheit ab. Noch am gleichen Tag gab Baumbach den Befehl an Oberstleutnant Kuschke, den Kommandeur der IV./KG 200 in Prenzlau weiter, das Sonderkommando umgehend aufzulösen. Dieser handelte schnell, und die Männer waren innerhalb von Stunden zu ihren früheren Einheiten versetzt bzw. dem Personalamt der Luftwaffe zur Verfügung gestellt. Das geschah keinen Augenblick zu früh. Himmler wollte den SO-Einsatz in eigener Verantwortung durchführen.[(107)]

Eine weitere Sonderausführung der Fi 103A-1 war nicht durch ihren technischen Aufbau, sondern vom Einsatz her durch den Luftstart von einem Trägerflugzeug aus gegeben, wie er in Kapitel 16.7. schon beschrieben wurde, hier der Vollständigkeit halber aber nochmals erwähnt werden soll. Dabei hing der Flugkörper genau wie bei dem vorgesehenen bemannten Einsatz unter dem Rumpf eines Trägerflugzeuges und wurde von ihm bis zum Wurfpunkt geschleppt. Von hier aus flog die Fi 103, durch ihren Flugregler gesteuert und durch den Kompaß auf Kurs gehalten, dem Ziel entgegen. Außer den als Trägerflugzeuge im Einsatz verwendeten He 111 H 22, von denen während ihres Einsatzes mit der Fi 103 von Juli 1944 bis Januar 1945 77 Flugzeuge verlorengingen, zog man aus Geschwindigkeitsgründen auch den Arado-Düsenbomber AR 234 und den Focke-Wulf-Jäger Fw 190 als Schleppflugzeuge in Betracht, ohne daß eine Realisierung in dieser Richtung erfolgt wäre. Eine besondere, noch kurz vor Kriegsschluß verwirklichte und eingesetzte Ausführung der Fi 103 war die von Fl.-Stabsingenieur Graf von Saurma entworfene Langstreckenversion, als Fi 103 F-1 bezeichnet. Sie unterschied sich von der Fi 103 A-1 durch einen größeren Kraftstoffbehälter und einen verkleinerten Sprengkopf. Durch die Verkürzung der Bugspitze behielt das Gerät die ursprüngliche Gesamtlänge bei. Im einzelnen ergaben sich durch diese Umkonstruktion folgende Änderungen mit daraus erzielten Ergebnissen (Abb. 76):

1. Um die Weitenstreuung zu verkleinern, erhielt das Luftlog einen Propeller doppelter Steigung. Die dadurch erhöhte Umdrehungszahl wurde durch Fortfall des zweiten Schaltnockens der Schneckenradwelle wieder ausgeglichen, wodurch kein Einfluß auf die bisher üblichen Log- und Zählwerkzahlen gegeben war. Aus Termingründen konnte diese Änderung nicht sofort verwirklicht werden (Abb. 59, Tl. 4).
2. Nach Verbrauch der alten Aufschlagschalter erhielt die Bugspitze einen neuen Schalter ohne Röhrenkontakt (Abb. 59) R.
3. Der Bug, aus Holz gefertigt und wesentlich verkürzt, erhielt Anschlußringe, ebenfalls aus Holz. Die Verbindungen Spitze – Bug und Bug – Lastraum erfolgten durch Holzschrauben. Der ebenfalls aus Holz gefertigte und verkleinerte Gefechtskopf hatte einen Rauminhalt von 340 l, was etwa einer Sprengstoffmenge von 530 kg entsprach, wobei die verminderte Wirkung der geringeren Sprengstoffladung durch die Füllung mit Trialen wieder erhöht wurde.

4. Der Kraftstoffbehälter war durch eine bugseitige Verlängerung auf 1025 l vergrößert worden wobei der Schleuderbeschlag, der Heißbeschlag und das Holmführungsrohr in bezug auf den hinteren Tankboden maßlich an der gleichen Stelle wie bei der Fi 103A-1 verblieben.

Durch die gemeinsamen bugseitigen Veränderungen des Spreng- und des Kraftstoffraumes war auch der Flugkörperschwerpunkt etwas weiter nach vorne verlegt worden, wobei aber aus Termingründen auf eine Vorverlegung des Tragflächenholmes verzichtet wurde. Auch nahm man in der Außenkontur einen geknickten Rumpfverlauf durch den vorgezogenen vorderen Tankdeckel in Kauf. Die Flugerprobung in Peenemünde ergab durch die Schwerpunktverlagerung keine negativen Einflüsse auf das Flugverhalten. Aus Festigkeitsgründen erhielt der verlängerte Tank kurz vor dem Schleuderbeschlag noch zwei Sichelspante.

5. Bei der Baureihe F1 verwirklichte man auch das Holztragwerk, wobei die linke Tragfläche mit Rücksicht auf eine bessere Zielgenauigkeit eine Trimmvorrichtung erhielt, die aber anfangs aus Beschaffungsgründen noch nicht eingebaut werden konnte. Durch die geschilderten Maßnahmen wurde die Reichweite der Fi 103 mit dem Kraftstoff E1 auf 345 km und mit E2 auf 370 km erhöht. Ein 500-km-Gerät war in der Planung, wobei aber wegen des vermehrten Druckluftverbrauches für die Treibstoffförderung und die Steuerung eine Vergrößerung der Kugelbehälter wegen Platzmangels ausschied. Mit Hilfe einer primitiven Abgasturbine, die durch das Argus-Schmidt-Rohr angetrieben wurde und die ihrerseits eine Treibstoffpumpe und einen Kompressor von 1 bis 2,0 bar betätigte, hatte man das Problem gelöst. Für die Rudermaschinen und deren Betätigung genügte ein Kugelbehälter, der sie mit Druckluft von 6 bar versorgte.[107, 108]

In Verbindung mit dem Flugkörper für 500 km Reichweite sollten bei weiterer Entwicklung auch eine Geschwindigkeitssteigerung und ein ökonomischer Kraftstoffverbrauch verwirklicht werden. Aus diesem Grund erhielten die Firmen Porsche und BMW vom OKL im Herbst 1944 Entwicklungsaufträge für ein TL-Triebwerk mit einem Schub von 4,9 kN (500 kp). Etwa zur gleichen Zeit untersuchte auch die Firma Argus das verbesserte Pulsostrahltriebwerk 044, ebenfalls mit 4,9 kN Schub. Das Porsche-Triebwerk 109-005 sollte etwa 200 kg wiegen und der Fi 103 eine Reichweite von 700 km bei einer Geschwindigkeit von maximal 900 km/h verleihen.[106, 109]

Neben der Vergrößerung von Reichweite und Geschwindigkeit fanden auch Versuche zur Verbesserung der Zielgenauigkeit des Flugkörpers statt. Schon Mitte 1943 sind zwei Vorschläge der Firma Lorenz (Kreuzpeilung) und Siemens (Leitstrahl mit Tonmodulation) untersucht worden, zu denen noch eine Vorentwicklung der DFS (Kommando-Funklenkung) kam. Im Herbst 1944 vergab das OKL einen Entwicklungsauftrag an die DFS, aus diesen drei Vorschlägen ein Verfahren zur besseren Zielgenauigkeit der Fi 103 zu entwickeln. Daraus resultierten das Peilverfahren »Ewald II« und die Funklenkanlage »Sauerkirsche II«. Die Leitung dieser Arbeiten hatte Professor Eduard Fischel.

Bei diesem Verfahren sollte die Fi 103 nach Verlassen der Schleuder, wie bisher auch, in Punkt K (Abb. 77) auf Kompaßkurs eindrehen (Winkelschuß) und den größten Teil der Entfernung bis zum Punkt A durchfliegen. Im Punkt A strahlte

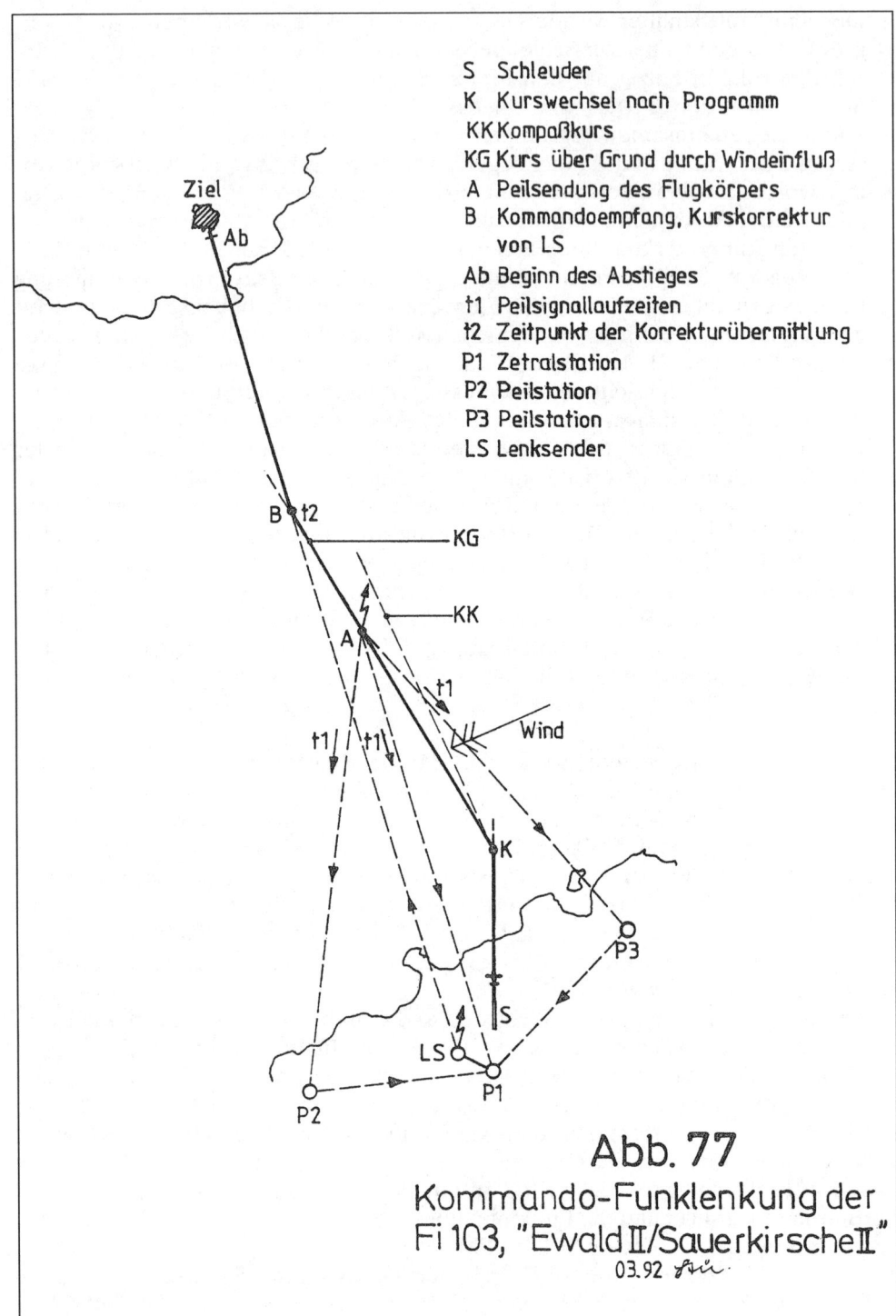

S Schleuder
K Kurswechsel nach Programm
KK Kompaßkurs
KG Kurs über Grund durch Windeinfluß
A Peilsendung des Flugkörpers
B Kommandoempfang, Kurskorrektur
   von LS
Ab Beginn des Abstieges
t1 Peilsignallaufzeiten
t2 Zeitpunkt der Korrekturübermittlung
P1 Zetralstation
P2 Peilstation
P3 Peilstation
LS Lenksender

Abb. 77
Kommando-Funklenkung der
Fi 103, "Ewald II/Sauerkirsche II"
03.92

680

zum vorher eingestellten Zeitpunkt ein bordeigener Peilsender einen Impuls aus, der von zwei Peilempfangsstationen P2, P3 und einer Zentralstation P1 empfangen wurde. Die Stationen P2 und P3 leiteten ihre Peilwerte (Richtung, Laufzeit) an P1 weiter. Aus den drei Signallaufzeiten t1, der Flugzeit und der Lage der Peilstationen zueinander (Basis) wurden Position und mittlere Geschwindigkeit der Fi 103 errechnet und daraus ein neuer Kurs mit korrigierter Entfernung bis zum Ziel für einen Punkt B berechnet. Punkt B mußte weit genug von A wegliegen, um die Zeit für den Rechenvorgang zu gewinnen. Nach Ablauf der Zeit t2 wurden die Korrekturen der Fernbombe übermittelt. Zum Empfang sollte in die Fi 103 ein Funk- und Kommandoempfänger eingebaut werden. Das Kommandogerät wertete die verschlüsselten Informationen aus und stellte den neuen Kurs durch Korrektur der Kompaßbasis und die noch zu durchfliegende Entfernung durch Verstellen des Zählwerkes für den Abstieg bis zum Ziel neu ein.[110, 111]
Neben den organisatorischen Aufgaben hatte die DFS den Kommandoempfänger und das Aufschalt- bzw. Kommandogerät zu entwickeln und zu bauen. Hier kamen dem Institut Entwicklungsarbeiten zugute, die schon an den amplitudenmodulierten Fernlenkgeräten »Kehl-Straßburg« durchgeführt worden waren, um sie durch Impulsgeräte zu ersetzen. Die beiden Kommandos, Kurs und Entfernung, waren durch Impulskombinationen dargestellt, die vom Empfänger in der Fi 103 auf ein Magnetband geschrieben, auf richtige Wiederholungsabstände geprüft, von dort wieder abgegriffen und dem Aufschaltgerät zugeleitet wurden. Mit diesem Verfahren brauchte jede Fernbombe nur einmal gepeilt zu werden und erhielt auch nur einmal Korrektursignale. Die Zahl der gleichzeitig vom Boden zu führenden Flugkörper ist nicht mehr bekannt.
Das Institut von Professor Fischel hatte die ersten Versuchsgeräte selbst gebaut und eine kleine Serie außerhalb anlaufen lassen. Das Lenkverfahren sollte zunächst mit einem Flugzeug erprobt werden. Die Stationen P2 und P3 waren von P1, die in Ainring aufgebaut war, etwa 150 km entfernt und betriebsbereit. Ostern 1945 verschlechterte sich durch das nahe Kriegsende die Lage so, daß die Flugversuche nicht mehr durchgeführt werden konnten.[110]

16.11. Nachbau in USA

Wegen eines Fernschreibens aus dem fahrbaren Hauptquartier Görings, dem Spezialzug »Asien«, worin aufgrund von Nachrichten aus Amerika auf einen möglichen Nachbau der V1 hingewiesen wurde, sah sich der Kommandeur der E-Stellen in Rechlin, Oberst Petersen, durch den Chef ObdL/TLR veranlaßt, eine Studie über die Bekämpfung der V1 von der E-Stelle Karlshagen (Peenemünde) anzufordern. Die Erprobungsgruppe Temme (ET) in Peenemünde-West erarbeitete daraufhin eine »Studie über Abwehrmöglichkeit gegen fliegende Bomben nach der Art der V1«.[112, 113]
Im Juli 1944, also wenige Wochen nach dem Beginn der Fi-103-Fernbombenoffensive gegen England, gelangten V1-Blindgänger und Teile davon in die USA. Sie wurden hier zusammen- und nachgebaut. Auf dem Gelände des Air Technical Service Command Headquarters, Wright Field in Dayton/Ohio, fanden schon Anfang 1945 Messungen im Windkanal statt. Mehrere amerikanische Rüstungsbetriebe fa-

brizierten dann die Nachbau-Fi 103. Neben den für die Amerikaner aufschluß-reichen Experimenten diente der Nachbau hauptsächlich der Erprobung von wirksamen Abwehrwaffen. Es war auch an einen Einsatz im pazifischen Raum ge-gen die Japaner gedacht.[115] Im Zuge des Nachbaues fanden auch Verbesserungen und Weiterentwicklungen statt, wobei die Flugkörper in mehreren Ausführungen für die verschiedensten Erprobungszwecke gebaut wurden. In den USA war der Nachbau unter den Bezeichnungen »JB2« und »Loon« bekannt.[114]

Nach dem Krieg erfolgten hauptsächlich in den USA, in der UdSSR und in Frank-reich Nachbauten und Weiterentwicklungen der Fi 103, die auch als Fernwaffen in die jeweiligen Streitkräfte integriert wurden.

In den USA waren es u. a. wieder Dipl.-Ing. Robert Lusser und Dipl.-Ing. Willy Fied-ler, die nach dem Kriege maßgebend an der Weiterentwicklung der amerikanischen V1-Nachbauversion »Loon« beteiligt waren. Im US Naval Air Missile Test Center Point Mugu, Kalifornien, erarbeitete z. B. Robert Lusser einen Bericht vom 10. Juli 1950, der sinngemäß übersetzt lautete: »Eine Untersuchung zur Verwirklichung von Zuverlässigkeitsmethoden an Fernsteuerungskörpern und deren Weiterentwick-lung«. Willy Fiedler war 1948 mit der Entwicklung des Loon-Einsatzes von U-Boo-ten beschäftigt. Diese Arbeiten führten über verschiedene Nachfolgeflugkörper der V1 bzw. Loon, wie die Matador TM-61 C, bis hin zur Regulus II mit 1600 km Reich-weite und einer Maximalgeschwindigkeit von 2200 km/h.[116, 117] Eine allgemein be-kanntgewordene, ab 1972 in den USA begonnene Entwicklung mündete in den so-genannten »Marschflugkörper« bzw. »Cruise Missile« ein.[116, 118]

Als Boden-Boden-Körper (GLCM entsprechend Ground Launched Cruise Mis-siles), Unterwasserstart-Körper (SLCM entsprechend Submarin Launched Cruise Missiles) und Luftstart-Körper (ALCM entsprechend Air Launched Cruise Mis-siles) sind diese sich im Luftraum fortbewegenden Flugkörper sowohl mit atoma-ren als auch mit konventionellen Sprengköpfen zu versehen und zur Bekämpfung von Land- und Seezielen ausgelegt worden.[118] Als Unterschallflugkörper mit et-wa 800 km/h hat der Marschflugkörper jene Geschwindigkeit, mit der die letzten Versuchskörper der Fi 103 auch noch 1945 in Peenemünde geflogen sind. Jedoch hat man die damaligen Schwächen der Fi 103, besonders die zu geringe Zielge-nauigkeit und die zwar noch verbesserte, aber für heutige Zwecke zu geringe Reichweite wie auch die geringe Sprengkraft, weitgehend behoben.

Durch ein automatisches Kreiselnavigationssystem (INS) gesteuert, dem ein Ra-darhöhenmesser und ein Geländevergleichssystem (Tercom) zugeordnet sind, fliegt das Gerät dicht über dem Boden in 30 bis 40 m Höhe, wobei der Wirkungs-bereich feindlicher Radargeräte unterflogen wird, in den programmierten Ziel-raum. Während des Fluges können auch zur Täuschung einer Abwehr einpro-grammierte Kursabweichungen durch den Flugregler geflogen werden. Auch kön-nen mehrmals ausgewählte sogenannte Tercom-Gebiete überflogen werden, wo die gespeicherten Geländeprofile mit dem wirklichen Profil verglichen werden. Sofern der Computer Kursabweichungen feststellt, kann er diese messen und eine entsprechende Kurskorrektur veranlassen. Um eine hohe Zielgenauigkeit zu errei-chen, sind vor dem Ziel die Tercom-Gebiete so einprogrammiert, daß eine Feinkor-rektur des Kurses möglich ist. Nach dem letzten programmierten und durchflogenen Tercom-Gebiet detoniert der Flugkörper über dem Ziel, wobei bei einer maximalen Reichweite von 3700 km eine Zielabweichung von 15 m gegeben ist.[116, 118]

Diese Methode der Kursregelung setzt natürlich eine genaue Kenntnis der zu überfliegenden Geländeabschnitte voraus, die von einem Feindgebiet aber nur durch Satellitenaufnahmen zu erhalten ist.

Der vom Flugzeug zu startende Marschflugkörper ALCM hat bei einer Länge von 6 m ein Gewicht von 1500 kg. Nach dem Start klappen die Tragflächen aus dem Rumpf heraus, und das Turboluftstrahltriebwerk springt an.[118]

Mit diesem Kapitel endet der Bericht über die Fernbombe Fi 103, FZG 76 bzw. V1. Es ist neben den speziellen technischen Schilderungen und Erprobungsarbeiten vielen Vorgängen am Rande und dem Umfeld nachgegangen worden, die sich in dieser Zeit sowohl in Peenemünde als auch in mittelbarem Zusammenhang anderweitig mit dem Fernflugkörper ereignet haben. Die Erprobung der Fi 103 war in Peenemünde-West eines der zentralen und wichtigsten, wenn nicht das wichtigste Erprobungsprojekt überhaupt. Wie die Schilderungen dieses Kapitels zeigen, kann man mit Recht behaupten, daß die Fi 103 als Ahnherrin aller nach dem Krieg in den verschiedensten Ländern für den Luftraum entwickelten Marschflugkörper anzusehen ist. Schon die in Kapitel 16.11. beschriebenen und geplanten Verbesserungen bezüglich Antrieb und Zielgenauigkeit lassen folgerichtig erkennen, daß die V1 mehr war als nur ein verzweifeltes Mittel, die drohende katastrophale Niederlage im Krieg abzuwenden.

Die von manchen Nachkriegsautoren als »erbitterte« Konkurrenz zur Fi 103 angesehene ballistische Fernrakete A4 sollte in ihrer Weiterentwicklung nach dem Krieg dem Fi-103-Prinzip ganz neue Möglichkeiten zur Vervollkommnung erschließen. Denn wie schon angedeutet, wäre die nicht störbare und bordautonome Kurssteuerung der Cruise Missiles in Form einer die Geländestruktur abtastenden und vergleichenden Methode nicht zu verwirklichen gewesen, wenn die großen Trägerraketen die Satellitentechnik nicht ermöglicht hätten. Die geschilderten Vorgänge in der Nachkriegszeit zeigen also, daß seinerzeit im Krieg sowohl das Prinzip des Fi-103-Flugkörpers als auch jenes der ballistischen Rakete A4, trotz der ihnen damals noch anhaftenden Mängel, reale und ausbaufähige waffentechnische wie auch zivil einsetzbare Entwicklungen waren.

Es ist nun müßig, Betrachtungen anzustellen, ob es richtig war, beide Flugkörper in der damals angespannten materiellen und personellen Lage des Deutschen Reiches zu entwickeln und auch zu fertigen. Tatsache ist, daß beiden Waffensystemen mit ihrer Sprengkraft von maximal knapp einer Tonne TNT, ihrer Zielgenauigkeit und den trotz aller Anstrengungen zu geringen zur Verfügung stehenden Stückzahlen keine kriegsentscheidende Wirkung zugemessen werden kann. Bei den heutigen einschlägigen Diskussionen über die damaligen Verhältnisse wird vielfach der alles entscheidende Faktor des Sprengpotentials außer acht gelassen. Als den USA am 16. Juli 1945 die Versuchsexplosion eines atomaren Sprengkörpers gelang, saßen sie letztlich in dieser Beziehung am längeren und alles entscheidenden Hebelarm. Auch wenn es Deutschland gelungen wäre, durch eine frühzeitige, optimale Schwerpunktbildung in der Rüstung die Niederlage zunächst zu vermeiden, dann hätte eine ähnliche atomare Demonstration wie in Hiroshima und Nagasaki – oder deren Androhung auf deutschem Territorium – dem Krieg ebenfalls ein Ende bereitet.

Die deutsche Atomforschung des »Uranvereins«, wie sich der Zusammenschluß der damit befaßten Wissenschaftler nannte, wurde seinerzeit nur auf »Sparflamme« betrieben. Albert Speer, seit Februar 1942 Nachfolger des tödlich verunglückten Waffen- und Munitionsministers Dr. Fritz Todt, erfuhr am 5. Juni 1942 anläßlich einer geheimen Sitzung der Kaiser-Wilhelm-Gesellschaft in Berlin-Dahlem, bei der alle drei Wehrmachtteile vertreten waren, von Professor Heisenberg, daß die theoretischen Grundlagen für den Bau einer Atombombe vorhanden wären. Er sagte auf weiteres Befragen, daß die produktionstechnischen Voraussetzungen bei Gewährung aller geforderten Mittel frühestens in zwei Jahren gegeben, daß aber auch die wirtschaftlichen Belastungen für Deutschland untragbar seien. Es kam in dieser Sitzung auch zur Sprache, daß in den USA eine Atombombe in zwei Jahren möglich sei.

Am 23. Juni 1942 trug RM Speer Adolf Hitler u. a. den möglichen Bau einer Atombombe vor. Hitler zeigte aber daran keinerlei Interesse. Als im Herbst 1942 Speer von den Kernphysikern, nach einer nochmaligen eindringlichen Befragung, die Zeit von drei bis vier Jahren bis zur Einsatzreife einer Atombombe angegeben wurde, verzichtete das Rüstungsministerium endgültig darauf, dem Bau einer derartigen Bombe näherzutreten.[119]

Diese Tatsachen sollten eigentlich eine Diskussion, was geschehen wäre, wenn dieses oder jenes konventionelle Waffensystem forciert, ein anderes eingestellt und ein weiteres vorgeschlagenes früher entwickelt worden wäre, endgültig beenden.

Nachdem sich der 1939 begonnene Krieg zu einem Weltkrieg ausgeweitet und die damalige Konstellation angenommen hatte, waren damit die militärischen, wirtschaftlichen und personellen Kräfte und Möglichkeiten des Deutschen Reiches weit überfordert.

17. Erprobungsstelle der Luftwaffe Jesau/Ostpreußen

In Kapitel 16.8. wurde schon angedeutet, daß der Luftangriff vom 17. auf den 18. August 1943 auf die Siedlung und Peenemünde-Ost nicht Anlaß, sondern ein beschleunigender Vorgang war, um eine dezentralisierte Organisation der E-Stelle Peenemünde-West mit Hilfe eines zweiten Erprobungsplatzes einzurichten. Dabei teilte man die Gesamtaufgaben der E-Stelle so auf, daß etwa die Hälfte der Arbeiten nach Abschluß der Verlagerung dort durchgeführt werden konnte. Im Falle einer wesentlichen Zerstörung von Peenemünde-West war geplant, den gesamten Betrieb an die neue E-Stelle zu verlegen.[1]

Wenn die Wahl des Ortes zum damaligen Zeitpunkt sinnvoll sein sollte, mußte der Ausweichplatz weit im Osten liegen, um die Entfernung zu den Absprunghäfen der feindlichen Bomber in England möglichst groß zu machen. Nach intensiver Suche, schon vor dem Angriff im Sommer 1943, fiel die Wahl auf den Flugplatz Jesau in Ostpreußen. Dieser kleine, unbedeutende Ort, wie viele in der ganzen Umgebung eigentlich nur eine mehr oder weniger große Anzahl von Häusern, die sich um ein Gut gruppierten, lag etwa 22 km südsüdöstlich von Königsberg an der Reichsstraße 128, die Königsberg mit Preußisch-Eylau verband. Der Flugplatz befand sich nördlich von Jesau, wobei die südliche Grenze des Rollfeldes dicht bis an die Straße 128 heranreichte. Es handelte sich um einen Leithorst bzw. Friedensstandort der Luftwaffe mit Hallenvorfeldern und Rollwegen.[9] Die einzige befestigte Startbahn verlief etwa in nordöstlicher Richtung. Nähere Einzelheiten sind aus dem Lageplan Abb. 78 zu entnehmen. Daraus geht hervor, daß die knapp 1 km lange Startbahn und das Rollfeld einigermaßen den Bedürfnissen der E-Stelle entsprachen. Mit den Verhältnissen von Peenemünde waren sie aber nicht vergleichbar. Die Gebäude boten ausreichend Platz für Labor-, Büro- und Unterkunftsräume. Kantine und Wirtschaftsgebäude waren großzügig ausgebaut. Neben einer Werfthalle besaß der Flugplatz noch zwei weitere Flugzeughallen mit zugehörigen Rüsträumen. Sogar ein großer Sportplatz und ein Schießstand befanden sich auf dem Gelände. Außer einigen Baracken für die vorhandene Horstkompanie, die mit geringem Personalstand nur verwaltungstechnisch der E-Stelle angeschlossen wurde, und zwei Baracken einer Arbeitsdienstabteilung, die mit der E-Stelle direkt nichts zu tun hatte, handelte es sich durchweg um massive Baulichkeiten. Sie waren in der bekannten, meist einstöckigen und hochgiebeligen Bauweise der Luftwaffe ausgeführt.

Die betriebliche Leitung der E-Stelle Jesau übernahm Fl.-Hauptingenieur Albert Plath, der kurz darauf zum Fl.-Stabsingenieur ernannt wurde. Wie aus dem Organisationsplan der E-Stelle hervorgeht, war Plath in Peenemünde Betriebsleiter (Abb. 9). Als er 1943 nach Jesau ging, wurde der bisherige Werftleiter Ingenieur

Hans Waas in Peenemünde Werft- und Betriebsleiter. Die Leiter der Fachgruppen blieben in Peenemünde und ernannten in Jesau geschäftsführende Stellvertreter. Die Familien der in Peenemünde ausgebombten Mitarbeiter wurden hauptsächlich im Raum Jesau untergebracht. Die ledigen Mitarbeiter fanden in den Kasernenbauten des Flugplatzes ihre Unterkunft.

Gleich nach dem 18. August 1943 begannen die Vorbereitungen der E-Stelle für die Teilverlegung nach Jesau. Zunächst wurde alles für den Abtransport vorgesehene Inventar, wie Möbel, Meßgeräte und Vorrichtungen, in einer stillgelegten, an der Peene liegenden Wolgaster Zementfabrik gesammelt. Von hier ging es gegen Ende August per Bahn nach Jesau. Hauptsächlich das für den Umzug vorgesehene Personal hatte sich in einzelnen Gruppen mit dem motorisierten Gerät in der Umgebung von Wolgast auf Guts- und Bauernhöfen verteilt. Das war auch eine Vorsichtsmaßnahme gegen befürchtete weitere Luftangriffe. Von hier erfolgte nach Bahnverladung mit eigener, teilweise bewaffneter Bewachung der Transport von Geheime-Kommandosache-Gerät nach Jesau. Vom RLM organisiert, gingen ebenfalls Transportzüge mit Geräten, hauptsächlich für die Fernlenkkörper, von Wolgast aus nach Jesau.

In der ersten Hälfte des Septembers war der Umzug und im Oktober die Einrichtung im Hallenbereich in groben Zügen an der neuen E-Stelle Jesau abgeschlossen. Auch wurde das Rollfeld von der Bauleitung Peenemünde für den Erprobungsbetrieb hergerichtet. Mit diesen Arbeiten sollten hauptsächlich die technischen Voraussetzungen für den weiteren Erprobungs- und Abwurfbetrieb der Fernlenkkörper möglichst schnell gegeben werden. Die in den Unterkunfts- und Dienstgebäuden des Flugplatzes durch die Bauleitung einzurichtenden Büro- und Laborgebäude der E-Stelle benötigten bis zur Fertigstellung allerdings noch längere Zeit. Hier mußten erst von der Bauleitung Peenemünde umfangreiche elektrische Installationsarbeiten durchgeführt werden. Auch waren neue Labortische anzufertigen, da alle Laboreinrichtungen in Peenemünde geblieben waren.[1]

Im nordöstlichen Teil des Geländes befanden sich vier Unterkunftsgebäude, ein Offizierskasino mit einer ärztlichen Dienststelle und ein separat stehendes großes Kantinengebäude, dessen großer Eßsaal mit Bühne und Bildwerferraum sowohl für Filmvorführungen als auch für Darbietungen der Truppenbetreuung noch idealere Möglichkeiten als in Peenemünde bot. Die Gebäude lagen in einem parkähnlich angelegten Gelände mit älterem Baumbestand. Dieses Stück Mischwald existierte schon vor dem Bau des Flugplatzes und war der südwestlichste Ausläufer des weiter nördlich gelegenen »Brandwaldes«.

Die neue E-Stelle Jesau besaß gleich hinter der Wache, an der Einfahrt zum Flugplatzgelände, einen Personenbahnsteig. Von hier führte ein Bahngleis bis zum Bahnhof Tharau, der kurioserweise im Ort Wittenberg lag. Der Bahnhof Tharau befand sich an der Bahnstrecke Königsberg – Korschen, und an ihm endete außer der Zubringer- oder Werkbahn des Flugplatzes auch noch die Kleinbahnstrecke von Kreuzburg. Ein Parallelgleis zum Personenbahnsteig der E-Stelle führte – hinter der Werft und den beiden Flugzeughallen vorbeilaufend – in das Flugplatzgelände hinein. Außer der Wache war die Werft das südwestlichste Gebäude. Ihr folgte in nordöstlicher Richtung die Halle der Gruppe E4 mit der Bearbeitung der Hs 293, der Hs 293D und der Fernlenkung der PC 1400X (»FritzX«). In der folgenden und letzten Halle befand sich die Gruppe E7 mit der Abwurferprobung der PC 1400X (Abb. 78).

Die Abwurferprobung der ferngelenkten Gleit- und Fallbomben konnte zunächst über Land in einem Moorgebiet in der Nähe von Allenburg, in etwa 40 km Entfernung südöstlich von Jesau gelegen, vorgenommen werden. Später ging man aber wieder auf Seeabwürfe über. Die Meßbasis war anfangs während der Landabwürfe, von August bis Oktober 1943, in der Nähe eines Gutes bei Gerdauen in der Baracke einer Flakeinheit mit den Auswertearbeiten untergebracht. Da die in Jesau besonders mit den Drahtlenkanlagen der FritzX und der Hs 293 begonnene Abwurferprobung Kurzschlüsse beim Niederschweben der kilometerlangen Spulendrähte an den Hochspannungsüberlandleitungen hervorrief, wich man an die Küste aus. Aus Geheimhaltungsgründen beließ man die örtlichen Behörden und umliegenden Bauern bei der Meinung, daß hier Sabotage am Werke sei.[1, 2]

Soweit aus der Luft bei den Abwurferprobungen erkennbar, hatte man vor der Kurischen Nehrung zwischen Sarkau und Rossitten, etwa 600 m von der Küste entfernt, auf der Seeseite eines der ehemaligen vier Segelschulschiffe der Kriegsmarine als Seeziel auf Grund gesetzt. Die Meßbasisbesatzung aus Peenemünde stand, wie im italienischen Si Ponto, so auch in Jesau, unter der Leitung von Fl.-Hauptingenieur Rudolf Weipert. Sie hatte bei Sarkau zunächst wieder in der Baracke einer Flakeinheit sowohl ihren Auswerteraum als auch ihre Unterkunft gefunden. Später erwirkte Weipert für die Soldaten der Meßbasis Privatunterkünfte im Ort, um sie vom militärischen Dienst der Flakeinheit zu entbinden, an dem sie vorher merkwürdigerweise hatten teilnehmen müssen. Die Basis bestand aus drei Theodoliten, die in den Dünen der Nehrung um das Zielschiff so gruppiert waren, daß für die Raumkurve der Fernlenkkörper günstige optische Schnittpunktverhältnisse gegeben waren. Die Anlage der Meßbasis bereitete Weipert und seinen Mitarbeitern sehr große Schwierigkeiten. Das Reichsamt für Landesaufnahme hatte auf der 80 km langen Nehrung seinerzeit vor ungefähr 30 Jahren die letzten Meßpunkte geschaffen. Durch den ständigen Wind war der Sand um viele Meßsteine mehr und mehr weggeblasen worden, wodurch sie ihre Höhe und geographische Lage mit teilweiser Versetzung bis zu 50 m verändert hatten. So waren viele Meßpunkte als Polygonsteine für den Aufbau der Meßbasis unbrauchbar. Es mußte deshalb von kilometerweit entfernten »festen« Punkten ein neues Netz vermessen werden, um richtige Ausgangspunkte für die Vermessung der geographischen Lage der drei Theodoliten zu erhalten. Der Aufbau der Theodoliten bereitete weitere Schwierigkeiten, da sie auf dem unsicheren Boden der Wanderdünen keinen örtlich festen Stand fanden. Haupting. Weipert ließ deshalb die Plattform der Theodoliten auf einem Fundament von tief in den Sand eingelassenen und mit Beton ausgefüllten Eisenrohren anlegen. Als im Juni 1944 die letzten Abwürfe vermessen wurden, mußte man schon mit Leitern auf die Plattform steigen, wobei sich eine maximale Höhe von 2,5 m durch den inzwischen weggewanderten Sand ergeben hatte.[2]

Wie schon erwähnt, lag der Schwerpunkt der Erprobungs- und Vermessungsarbeiten in Jesau auf dem Gebiet der Drahtlenkung mit der Hs 293 und mit der Fernsehlenkung der Hs 293D. Neben der FT-Lenkerprobung der FritzX fanden auch etliche drahtgelenkte Abwürfe mit dieser Fallbombe statt. Außer für die Fernlenkkörper hatte die Meßbasis auch ab Frühjahr 1944 Vermessungsarbeiten mit

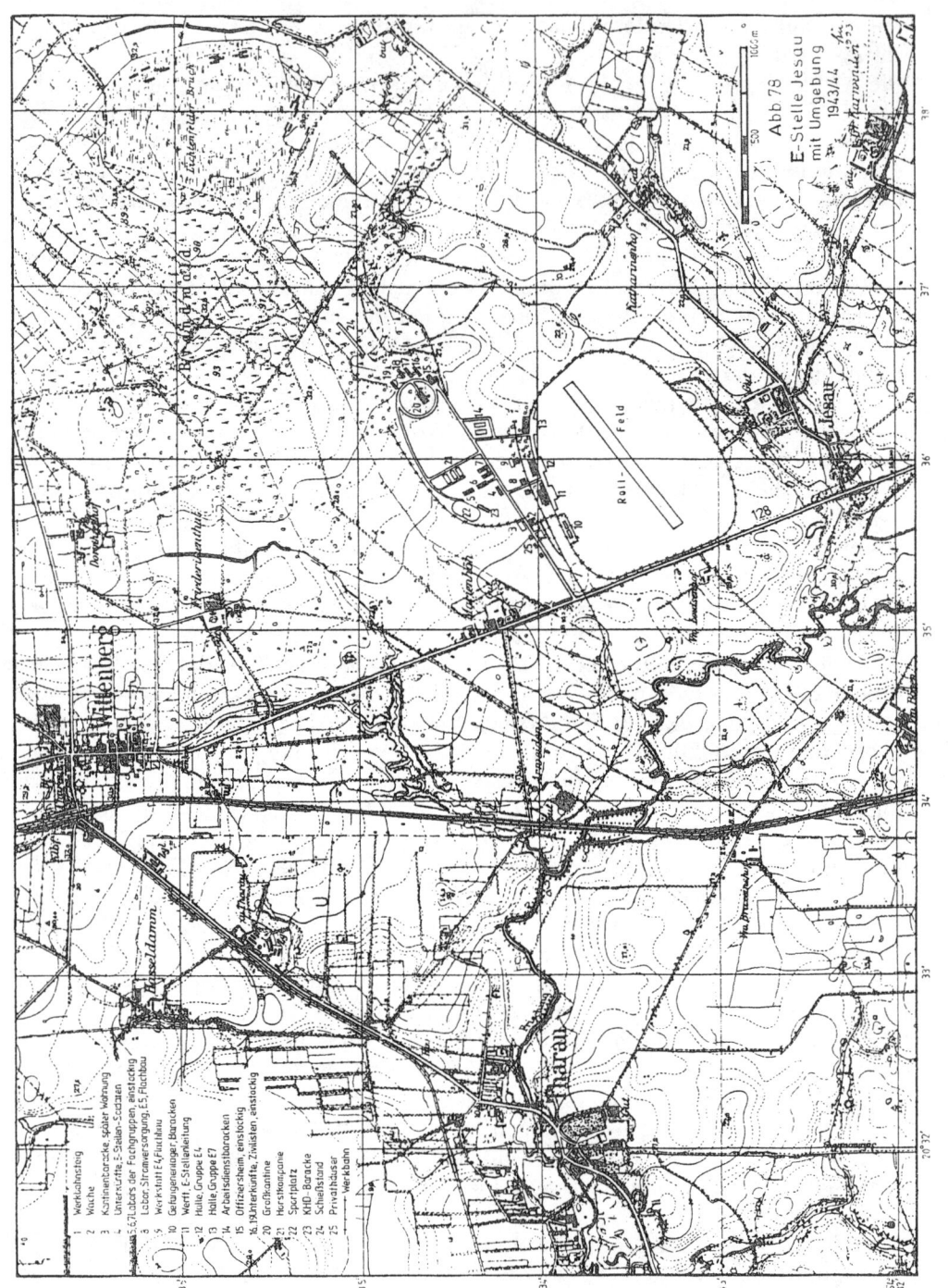

Abb. 78
E-Stelle Jesau
mit Umgebung
1943/44

1 Werkküchensteg
2 Wache
3 Kohlenlonbarcke, später Wohnung
4 Unterkünfte, E-Stellen-Sachsen
5,6,7 Labors der Fachgruppen, einstöckig
8 Labor, Stromversorgung, E5, Flachbau
9 Werkstatt E5, Flachbau
10 Gefangenenlager, Baracken
11 Werft I, E-Stelleinrichtung
12 Halle, Gruppe E4
13 Halle, Gruppe E7
14 Arbeitsdienstbaracken
15 Offizierstheim, einstöckig
16,18,19 Unterkünfte, Zivilisten, einstöckig
20 Großkantine
21 Horstkompanie
22 Sportplatz
23 KHD-Baracke
24 Scheißstand
25 Privathäuser
― Werkbahn

688

Abstands- bzw. Annäherungszündern durchzuführen. Durch einen Fesselballon wurden die Zünder mit einem Registriergerät auf eine bestimmte Höhe gebracht, wobei der Zünder auf der oberen Ballonspitze befestigt war. Die genaue Überflughöhe Flugzeug – Zünder mußte die Meßbasis bei jedem Anflug messen. Da die E-Stelle Jesau damals keine praktischen Erprobungsarbeiten an Zündern durchführte, kann es sich nur um Versuche der Industrie bzw. anderer Institutionen gehandelt haben, die sich der durch die E-Stelle gegebenen Meßmöglichkeiten bedienten (siehe auch Kapitel 20).[2] Das Projekt Abstandszünder war aber schon vor der Umsiedlung von Peenemünde nach Jesau in der Untergruppe E4c ein Erprobungsthema gewesen, wie im Zusammenhang mit dem Kapitel 20 über die automatischen Zünder noch berichtet wird. Hier handelte es sich speziell um den akustischen Abstandszünder »Kranich« für die Jägerrakete X4 von Dr. Kramer. Nachdem sich die Peenemünder an ihrer neuen Wirkungsstätte etwas eingelebt hatten und ihrer näheren Umgebung etwas mehr Aufmerksamkeiten widmen konnten, stellten sie fest, daß zwar Jesau ein unbekannter Flecken war, aber sich schon in etwa 4 km Entfernung ein ihnen allen bekannter Ort befand. Das schon erwähnte Tharau war jenes Tharau, das oft in dem Volkslied »Ännchen von Tharau« besungen wird. Erste Hinweise darauf fanden die Peenemünder am südlichen Ausgang des Ortes Wittenberg. Hier stand ein Denkmal, das auf den Dichter Simon Dach hinwies. Dach wurde in Memel am 29. Juli 1605 geboren. Auf Geheiß des Kurfürsten von Brandenburg, Georg Wilhelm, trug man ihm nach Ausbildung und Studium in Königsberg und Magdeburg die Professur für Poesie an der Albertus-Universität in Königsberg an, wo er auch 1656 Rektor wurde. In die Literaturgeschichte ist Dach als das wohl begabteste Mitglied des »Königsberger Dichterkreises« eingegangen. Die ersten Dichtungen Dachs waren Gelegenheitsarbeiten, mit denen er seine anfangs geringen Einkünfte aufbesserte. Es war damals üblich, daß wohlhabende Familien zu Hochzeiten und Begräbnissen eigene Lieder bestellten. Eines jener Hochzeitslieder aus dem »Königsberger Dichterkreis« war das Lied »Ännchen von Tharau«. Zuerst in Plattdeutsch geschrieben, wurde der Text 100 Jahre später von Gottfried Herder ins Hochdeutsche übertragen. Das Ännchen hat wirklich in Tharau gelebt und wurde hier 1619 als Tochter eines Pfarrers geboren. Als das Mädchen elf Jahre alt war, starben die Eltern. Der Vormund holte Anna nach Königsberg, wo sie 1636 den jungen Pfarrer Hans Portatius heiratete und der Anlaß zur Dichtung dieses Liedes gegeben wurde. Anfangs hatte man das Lied Simon Dach zugeschrieben, später dem Dichter Heinrich Albert aus dem gleichen Dichterkreis. Heute tippt man verschiedentlich wieder auf Simon Dach. Das Marjellchen Anna, durch ein Lied zu seinem Hochzeitstag im deutschen Sprachraum und darüber hinaus bekannt geworden, starb 1689 in Insterburg.[3]

Ein Anlaß, der auch dazu beigetragen hatte, Jesau als Ausweichplatz für die E-Stelle zu wählen, war die Tatsache, daß für die Fi-103-Truppenerprobung der Platz Brüsterort eingerichtet wurde (siehe Kapitel 16.8.). Die Nähe beider Orte hätte gegebenenfalls kurze Verbindungswege für eine beratende und informatorische Zusammenarbeit ermöglicht, wie es auf Usedom zwischen Peenemünde-West und Zempin gegeben war.

Im Jahr 1943 konnte in Peenemünde die Erprobung des Raketenflugzeuges Me 163A so weit abgeschlossen werden, daß am 24. Juni 1943 der erste »heiße« Start mit der Me 163B stattfand. Hierüber ist in Kapitel 10 schon näher berichtet worden. Anschließend lief bei der Firma Klemm Flugzeugbau in Böblingen und einigen Zulieferfirmen die Serienfertigung des Raketenjägers an.[4] Für die gefertigten Flugzeuge wählte man die E-Stelle Jesau als Einflugplatz aus. Als Testpiloten hatte das EK 16 drei Werkpiloten der Firma Klemm ausgebildet. Die Piloten Lamm, Franz Perschall und Karl Voy begannen noch im September 1943 in Jesau mit dem Einfliegen der Me 163B. Die verantwortliche Leitung hatte der Chefpilot Karl Voy. Später, als Lamm einen Unfall hatte, wurden vom EK 16 der Leutnant Mano Ziegler und der Feldwebel Nelte zur Unterstützung der Einflieger nach Jesau abkommandiert. Die technische Leitung der Abnahmeflüge hatte der Ingenieur Otto Oertzen. Jede neu einzufliegende Me 163B wurde zunächst mit zwei oder drei Starts im Schlepp einer Me 110 auf Höhe gebracht und, nach dem Ausklinken vom Schleppflugzeug, ohne Schub im Segelflug erprobt. Danach folgten ein oder zwei »scharfe« Starts mit dem Triebwerk. Gewöhnlich führte der gleiche Pilot die Flüge mit einem Flugzeug bis zur Freigabe an die Truppe durch.[5]

Außer den direkt Beteiligten für die Betankungs- und Montagearbeiten waren die übrigen E-Stellen-Angehörigen neben ihrer Arbeit automatisch Zuschauer und Zeugen der immer wieder faszinierenden Flugeigenschaften des ersten Raketenjägers der Welt. Aber auch die nicht ausbleibenden Unglücksfälle bei den Einflugarbeiten spielten sich über dem Rollfeld in Jesau ab. Wie schon gesagt, war Lamm der erste, der einen Unfall erlitt und ins Krankenhaus kam. Nach seiner Genesung konnte er wegen einer Magenerkrankung für den weiteren Einflugbetrieb nicht mehr eingesetzt werden. Schon am Tage der Ankunft von Leutnant Ziegler – Feldwebel Nelte war schon früher eingetroffen – sollte sich ein weiterer Unfall ereignen. Als sich Ziegler in der Werft bei Karl Voy meldete, nahm ihn dieser gleich mit zum Rollfeld hinaus, wo sich beide einen gerade von Franz Perschall durchzuführenden Schleppflug ansehen wollten. Die Schilderung dieses Fluges, den auch der Verfasser selbst als Augenzeuge bis zum Absturz verfolgt hat, wollen wir Leutnant Ziegler überlassen: »… Als drüben am Tankplatz die Luftschrauben der Me 110 sich zu drehen begannen, stieg Franz in seine Maschine. Auch dies tat er mit jener Ruhe, mit der man sich zum Mittagsschlaf vorbereitet. Das Seil wurde eingehängt, Franz blinzelte noch einmal aus der Kabine, dann wurde sein Gesicht straff, und auf ein Zeichen zog die Me 110 an. Was sich nun in weniger als zwei Minuten begab, hat keiner von uns jemals verstanden. In der windstillen schwülen Luft dieses regnerischen Tages schien es, als klebe die 163 am Boden. Die 110 hatte längst abgehoben, als Franz mit seiner 163 noch immer rollte, und es sah aus, als risse das Seil unwillig an seiner störrischen Last. Da, kurz vor dem Platzende kam die 163 frei, aber es war, als quäle sie sich mühsam auf 10, 15, 20 m Höhe. Gefährlich unsicher torkelte sie durch die Propellerböen der 110, zog aber nun flach jenseits der Platzgrenze dem Horizont zu, schien jetzt ordentlich zu steigen, ging aber plötzlich wieder tiefer und entschwand unseren Augen, während die 110 etwas höher stieg und nach einer Rechtskurve allein zum Platz zurückkehrte. Kein Zweifel, Franz hatte entweder ausgeklinkt, oder aber das Seil war gerissen. Wir rasten mit dem Startwagen hinaus, fanden etwa 2 km (in südwestlicher Richtung, d. Verf.) vom Platz die 163 verhältnismäßig unversehrt am Boden zwischen Gestrüpp und Gestein liegen. Franz hing leblos mit blutüberströmtem Gesicht über dem Steuerknüppel, und hinten an der Rückwand des Sitzes hingen die abgerissenen Fetzen der Schultergurte, die dem Stoß beim Aufprall nicht standgehalten hatten.« Franz Perschall schwebte tagelang mit zwei gebrochenen Rückenwirbeln, einem doppelten Schädelbruch und schweren Kieferverletzungen zwischen Leben und Tod.(5) Noch am gleichen Tag wies Karl Voy Ziegler und Nelte in das Einflugprogramm ein. Am nächsten Morgen begannen die beiden mit den ersten Schleppstarts, während sich Voy eine »scharfe« (mit Raketentriebwerk) Me163B vornahm. Als Ziegler in etwa 4000 m Höhe sein Segelflugprogramm absolvierte, stieß Voy dicht neben ihm steil nach oben. Dabei sah Ziegler, daß Voys Triebwerk zu rauchen begann und die Rauchspur stärker wurde. Gleichzeitig war zu sehen, wie der Treibstoff aus dem Notablaßstutzen sprühte. Das Kabinendach flog weg, und nach einem kurzen Sturzflug wurde das Flugzeug wieder abgefangen. Kurz darauf sprang Karl Voy aus dem offenen Cockpit, und wenig später öffnete sich der Fallschirm. Flugzeug und Pilot erreichten südöstlich vom Flugplatz (in der Nähe von Katharinenhof) wieder die Erde. Die Rauchsäule des Aufschlages wies den Weg zum am Boden sitzenden Voy, der sich mit schwarz verkrustetem Gesicht den verstauchten Knöchel rieb.

Einige Wochen passierte nichts weiter, bis Ziegler ausnahmsweise eine von Nelte vorher erstmals scharf geflogene 163 zum Zweitflug übernahm. Nelte war mit tränenden Augen und roten Augenrändern aus dem Flugzeug gestiegen. Die Dichtung einer T-Stoff-Verbindung direkt hinter der Cockpitrückwand bereitete sporadisch immer wieder Sorgen durch Undichtigkeit. Dadurch drangen T-Stoff-Dämpfe in den Pilotenraum. Trotz Überprüfung und Nachziehens der Dichtungsverschraubung war das Cockpit beim Zweitflug durch Ziegler in 5000 m Höhe schon wieder mit undurchsichtigem Dampf gefüllt. Der Pilot flog mit vollem Schub bis zum Abschalten in 8500 m Höhe. Durch Funksprechverkehr, der in Jesau im Klartext abgewickelt wurde, meldete Leutnant Ziegler seine mißliche Lage zur Bodenstelle. »Warten, bis Kabine klar, und möglichst sitzen bleiben«, kam die Antwort von Otto Oertzen, der um seine Maschine bangte. Ziegler, einer Ohnmacht nahe, drückte das Flugzeug bis zur Schallgrenze an, fing bei 6000 m ab und zog bis fast 8000 m ohne Triebwerk wieder hoch. Durch sein Schreibbrettchen lenkte er über das kleine geöffnete Seitenfenster etwas Fahrtwind in die Kabine, wodurch der milchige Dampf etwas verwirbelte und eine kurzzeitige Bodensicht möglich wurde. Auch konnte Ziegler den Höhenmesser deutlicher erkennen. Er spielte zunächst mit dem Gedanken auszusteigen, gab aber die Absicht nach Abwägen aller Risiken wieder auf. Im Tiefergehen kam Ziegler der Gedanke, durch Slippen das Seitenfenster in den Fahrtwind zu stellen. Das half. Die Sicht wurde freier. Er riß sich die Sauerstoffmaske vom Gesicht und sah jetzt deutlicher das Landekreuz, holte weit aus und setzte unsicher zur Landung an. Die 163 sprang mehrmals in die Höhe, dann griff die Kufe und bremste die schnelle Fahrt. Schon auf den letzten 40 m zog der Pilot den Entriegelungshebel des Kabinendaches und öffnete den Gurtverschluß. Im selben Augenblick schoß vom Kabinenboden eine Stichflamme hoch. Ziegler zog die Knie an, stemmte die Füße gegen den Sitz und ließ sich über die Kabinenwand herausfallen. Bei Bodenberührung war sein einziger Gedanke: Weg von der 163. Da gab es eine zweite Explosion in der Kabine. Nach etwa 30 m blickte sich Ziegler um und sah das qualmende Flugzeug mit aufgerissenem Kufenschacht und geborstener Kabine hinter sich liegen. Er war noch einmal davongekommen.

Nachdem die Horstfeuerwehr gelöscht hatte, besahen sich Ziegler mit tränenden Augen und der herbeigeeilte Voy das Cockpit. Es sah böse aus. Die beiden fingerdicken Bodenpanzerplatten waren nach oben umgeknickt, die Leitungen verbrannt, die Instrumentengläser gesprungen, und die Panzerscheibe war verkohlt und geborsten. Mit verbranntem Gesicht, abgesengten Augenbrauen und Haaren bekam Ziegler vom Arzt vier Tage Flugverbot diktiert. Während dieser Zeit waren Voy und Nelte pausenlos in der Luft, um die angeforderten Me 163 abliefern zu können.[5] Der Ingenieur Oertzen hatte die bewußte problematische Aluminiumdichtung durch eine Kunstgummidichtung aus dem Werkstoff Buna ersetzt. Damit schien das Problem der Undichtigkeit der T-Stoff-Armatur gelöst zu sein. Es waren wahre »Lustflüge«, die darauf folgten, wie sich Mano Ziegler in seinem Buch »Raketenjäger Me 163« ausdrückt. Abschließend wollen wir ihn diesbezüglich noch einmal zu Wort kommen lassen: »... Einmal stieg ich noch abends kurz nach Sonnenuntergang mit einer Vollbetankten auf, holte in sechs- oder siebentausend Meter die Sonne wieder ein und schoß noch hoch bis fast 15 000 m. Es war das beste Triebwerk, das ich je unter den Fingern hatte. In weiten Spiralen unter einem brennenden Himmel und über einer fast nachtschwarzen Erde zog ich meine Bahn, sah weit hinaus aufs Meer und die Küsten entlang, tauchte wieder ein in das Dämmern und landete, als schon längst die Platzlichter brannten.«[5]

Das war ein kurzer Ausschnitt von den Abnahmeflügen mit der Me 163B an der E-Stelle Jesau. Die Erprobungsarbeiten mit den Fernlenkkörpern sind in den einschlägigen Kapiteln ausführlich beschrieben worden, wobei sich die Abläufe in Peenemünde und Jesau weitgehend deckten. Der Schwerpunkt dieser Erprobung lag in der zweiten Hälfte des Jahres 1943 und besonders im darauf folgenden Jahr 1944 in der Durchführung von Meß-, Funktions- und Abwurfflügen. Hierbei wurde vor allem die Funktion der Fernlenkanlagen in verschiedenen Flugzeugtypen erprobt. Neben der He 111 waren die Flugzeuge Do 217, He 177, Fw 200 und Ju 290 an den Versuchen beteiligt. In Peenemünde bzw. Karlshagen flog besonders die He 177 mit mindestens vier Erprobungsträgern und gemischtem Einbau für Funklenkung (FuG 203/230) und Drahtlenkung (FuG 207/237) im Erprobungseinsatz. Ebenso wie in Jesau wurden auch in Karlshagen von der He 111 Abwurferprobungen mit der Hs 293D durchgeführt. Die Do 217 und die He 177 dienten sowohl in Karlshagen als auch in Jesau als Erprobungsträger für die Hs-293-Abwürfe. Die Fw 200 (DP + OO) und die Ju 290 (PI + PS) konnten wegen der Rollfeldgröße nur in Karlshagen Meß- und Abwurferprobungen mit der Hs 293 durchführen.[6, 7, 8]

Im Juli 1944 neigte sich die Existenz der E-Stelle Jesau ihrem Ende zu. Infolge der militärischen Großlage an der Ostfront benötigte der Generalstab der Luftwaffe den Fliegerhorst Jesau wieder als Einsatzhafen. Die Bahntransporte wurden ähnlich wie vor etwa einem Jahr jetzt wieder für den Rücktransport nach Karlshagen zusammengestellt.

Den politisch interessierten und vorausdenkenden Mitarbeiter der E-Stelle beschlich beim Verlassen der weiten, schönen Landschaft Ostpreußens aufgrund der allgemeinen militärischen Lage ein ungutes Gefühl. Unabhängig von den damaligen Kriegsereignissen, waren die begehrlichen Blicke unserer östlichen Nachbarn schon immer auf dieses Land und den deutschen Osten gerichtet gewesen. Auch ohne von den Ergebnissen der Konferenz von Teheran (Churchill, Roosevelt, Stalin; 28.11.bis 1.12.1943) Kenntnis gehabt zu haben, bedurfte es keiner politischen Weitsicht, um damals zu erkennen, was mit dem Osten geschehen würde, wenn der Krieg für Deutschland verlorenginge.

Am 14. Juli 1944 rollte einer der letzten Bahntransporte von Jesau nach Karlshagen. Am Abend des 17. Juli fuhren die motorisierten Funk- und Gerätewagen der Fachgruppe E4 von den Rungenwagen des Güterzuges über die Verladerampe der Wolgaster Zementfabrik, um dort, über Nacht abgestellt, der Begleitmannschaft letztmals eine provisorische Schlafmöglichkeit zu geben. Der Morgen des 18. Juli versprach einen schönen Sommertag, als der Wagenpark, von der Zementfabrik kommend, über die Wolgaster Klappbrücke nach fast einem Jahr wieder auf die Insel Usedom zurückkehrte. Noch auf dem Weg von Wolgaster-Fähre nach Werk West hörte ein Ingenieursoldat in einem Funkwagen die Durchsage eines englischen Senders ab. Aus dem deutschen Text, der sinngemäß etwa lautete: »Die Indianer kehren wieder in ihren Wigwam zurück. Wir werden ihnen aber einen heißen Empfang bereiten«, glaubte er schließen zu können, daß ein Luftangriff, diesmal auf Werk West, zu befürchten sei. Kaum im Werk angekommen, sprach es sich schnell herum, daß Voralarm sei. Der Fliegeralarm gegen etwa 10.30 Uhr ließ nicht lange auf sich warten. Alles fuhr oder lief in Richtung des während der Jesauer Zeit in Angriff genommenen und fertiggestellten Hochbunkers (Abb. 7).

Die über eine Lautsprecheranlage in alle Stockwerke des Hochbunkers durchgegebene Luftlage ließ auch bald einen Angriff auf Peenemünde erkennen. Etwas später stand fest, daß dieser Tages-Luftangriff auf das Gebiet der Erprobungsstelle der Luftwaffe gerichtet war. Deutlich konnten im Inneren des absolut bombensicheren, mitten im Wald stehenden und mit Tarnnetzen abgedeckten Bunkers die auf ihn zu- und von ihm wegführenden Reihenwürfe der Bombenteppiche gehört werden. In dem nachgiebigen Schwemmsand schwankte der gewaltige Betonklotz wie ein Schiff auf See. Bei einigen Voll- und Nahtreffern waren die Bewegungen so stark, daß die längs der Wände auf Holzbänken sitzenden Leute von ihren Plätzen hochgeschnellt wurden und sich teilweise auf dem Boden sitzend wiederfanden. Nach der Entwarnung trat man, aus dem Bunker kommend, in eine von diffusem Licht beleuchtete Szenerie hinaus. Staub und Rauch schirmten die vorher am klaren Himmel stehende Sonne ab. Brandgeruch hatte sich ausgebreitet. Auf der Westseite des Bunkers gähnte ein tiefer Trichter, auf dessen Grund die Reste eines Pferdefuhrwerkes lagen, das vom Fahrer vor dem Angriff dort in aller Eile abgestellt worden war. KZ-Häftlinge, die ebenfalls im Bunker gewesen waren, zogen den toten Pferden schon das Fell ab. Außer einigen äußerlichen Kratzern hatte der Bunker keinen Schaden erlitten.

Aus der Luft betrachtet, war die Hauptbombenlast vor den Hallen auf dem Rollfeld abgeladen worden. An den Gebäuden entstand mittlerer bis leichter Schaden, der in etlichen Tagen zu beheben war. Der Betrieb konnte schon nach zwei Wochen wiederaufgenommen werden. Vernichtet bis zur Unbrauchbarkeit wurde die Halle W3 mit den drei an der südlichen Rückfront gelegenen Baracken (Abb. 7). Die Ursache war ein Volltreffer, der die Hallenmitte und eine darin abgestellte betankte He 177 traf. Der alles verschlingende Brand ließ nur noch die Umfassungsmauern und die zum oberen Stockwerk führenden Betontreppen stehen. Teilweise war das Betreten der oberen Räume wegen der herrschenden Einsturzgefahr riskant. Außer einigen weiteren Baracken, die ebenfalls abgebrannt waren, konnten die massiven Hallen nach Ausbesserung der Schäden wieder in Betrieb genommen werden. Neben dem Bereich von Werk West wurde diesmal auch das Kraftwerk Peenemünde direkt angegriffen (Kapitel 4.6.). Im Gegensatz zum ersten Angriff waren diesmal nur wenige Menschenopfer zu beklagen. Der Hochbunker hatte sich bewährt.

Bei nachträglicher Beurteilung der Situation mit der Rückführung von Jesau war der grundsätzliche Fehler begangen worden, nicht frühzeitig für genügend Auslagerungs- und Ausweichplätze gesorgt zu haben.[1] So mußten erst nach dem Angriff für den nicht unmittelbar am Flugplatz erforderlichen Labor-, Auswerte- und Werkstattbetrieb in Wolgast und Lubmin wie auch in der näheren Umgebung, z. B. im Funkhaus und in der Halle V4 der Bootsgruppe am Hafen Nord, Räumlichkeiten hergerichtet werden. Hier konnte der Betrieb kurz nach dem Angriff bzw. bei größeren Umbauten im Oktober aufgenommen werden. Der Vollständigkeit halber sei erwähnt, daß diesem Luftangriff noch zwei weitere am 2. und am 25. August 1944 folgten, auf die aber nicht mehr näher eingegangen wird.

18. Jägerraketen

18.1. Die nicht ferngelenkten Jägerrakten

Bei den hier behandelten sogenannten Jäger- bzw. auch Bordraketen wird ausschließlich auf die funkferngelenkten Bord-zu-Bord-Raketen näher eingegangen, weil sie besonders über die Fernlenkanlagen und die Abstandszünder Verbindung mit Peenemünde-West besaßen. Die teilweise zum Einsatz gekommenen, nicht ferngelenkten, drall- bzw. leitwerkstabilisierten Jägerraketen werden wegen der historischen Entwicklung vorangestellt und kurz beschrieben. An ihnen wurde die Problematik deutlich, die beim Einsatz in Jagdflugzeugen damals auftrat und letztlich die Entwicklung der Geräte mit Fernlenkung bzw. Selbststeuerung veranlaßte.

Die Jägerraketen sollten die bisher übliche und klassische Flugzeugbewaffnung mit Maschinengewehren und Bordkanonen ersetzen oder auch nur ergänzen, um eine Bekämpfung der Ziele auf größere Entfernung mit stärkerer Wirkung zu erreichen. Von vielen deutschen Firmen wurde auf diesem Gebiet eine erhebliche Pionierarbeit geleistet. Der Einsatz von Jägerraketen reicht schon bis in den Ersten Weltkrieg zurück. Im April 1916 wurde z. B. das deutsche Luftschiff LZ-77 von einem französischen Nieuport-Jäger durch mehrere Le-Prieur-Raketen abgeschossen.[1]

Im Jahre 1937 begann die Firma Rheinmetall-Borsig AG (Rh.B.) mit der Erprobung der drallstabilisierten Bordrakete RZ 65 (RZ = Rauchzylinder). Wegen der zunächst aus Schwarzpulver bestehenden Treibladung ergaben sich im Verhältnis zur Schußentfernung bis zu 7 % Zielfehler, die mit einem Spezialpulver auf 2,6 bis 3,6 % verringert werden konnten. Wie die Erprobung mit durch Dralldüsen stabilisierte Raketen zeigte, besaßen diese trotz der Änderung des tangentialen Anstellwinkels der Dralldüsen von 14 auf 20° korkenzieherähnliche Flugbahnen. Diese, die Zielgenauigkeit negativ beeinflussende Flugbewegung wurde durch ungleichmäßige Druckverteilung vom Verbrennungsraum zu den Düsen verursacht.

Nachdem das RLM, das nur zögernd an die Bordraketen heranging, bei Kriegsbeginn die Abweichung für Bordraketen mit 2,5 % festgelegt hatte, begann Dr. Klein von Rh.B. mit der Weiterentwicklung zur RZ 65A und RZ 65B. Die letzte Ausführung besaß neben der Sprengladung einen Aufschlagzünder AZ und einen elektrischen Zeitzünder ZZ 1575. Mit der Treibladung aus Diglykoldinitrat und einer Steigerung des Dralls von 15 700 U/m auf 19 700 U/m konnten die Treffer in einem Rechteck von 1,65 × 2 m aus einer Entfernung von 105 m untergebracht werden. Neben den eigentlichen Treibdüsen wurde der Drall von 18 unter einem Tangentialwinkel von 8° verlaufenden Dralldüsen veranlaßt. Alle Düsen waren im Bodenstück der Rakete eingearbeitet. Zunächst als Luft-Boden-Rakete vorgesehen, erhielt der 0,238 kg schwere Gefechtskopf als Bord-Bord-Raktete eine Sprengstoffüllung von 0,19 kg.

Der Luftverschuß wurde aus Einzelrohren verschiedenster Anordnung mit Flugzeugen der Typen Me 110, Me 210V-4, Ha 137 und He 111 vorgenommen. Später wurden entsprechende Verschußgeräte, z. B. RZV 65, mit dazugehörenden Magazinen entwickelt. Weiterhin wurde die Raktete als Panzerminengranate 65B für Erdziele entwickelt und auch mit gutem Erfolg verschiedentlich gegen Erdziele, hauptsächlich Lokomotiven, eingesetzt. Zu einem allgemeinen Einsatz konnte sich das RLM nicht entscheiden.[1]

Mit einem verbesserten Muster, RZ 73, wollte man eine größere Reichweite erzielen. Aber die verwirklichte Zielgenauigkeit blieb bei 4 %, was die Skepsis der Luftwaffenführung gegen Bordraketen wiederum bestätigte. Bei den Versuchsgeräten griff man auf die auch beim RZ 65 verwendeten Stangenmagazine zurück und entwickelte außerdem ein Zweirohr-Trommelmagazin. Ebenso wurde später aus den Einzelschußgeräten (EG) eine Hexagonwabe von etwa 500 mm Durchmesser für 24 Rakten entwickelt. Weiterhin sah später ein anderes Projekt die Montage von 12 EG im Rumpf der Me 262 als »schräge Musik« vor. Als Bomberzerstörer wurden noch 3 He 177 mit je 33 EG ausgerüstet, die beim Unterfliegen des Gegners, wie schon bei der Me 163 in den Kapiteln 10.3. und 10.4. beschrieben, die Raketen auslösen sollten. Die RZ-73-Bordrakete hatte noch eine ganze Anzahl von Varianten.

Weiterhin gab es noch die Raketen-Spreng-Granate (R.Spr.Gr.) 4009, die später als Flarakete (Föhn) bekannt wurde.

Auf den Erfahrungen mit der RZ 73 aufbauend, entwickelte Rh.B. eine Bordrakete größeren Kalibers, die RZ 15/8. Diese ebenfalls drallstabilisierte Rakete konnte mit einer Me 110 erprobt werden. Die Entwicklung wurde später zugunsten der leitwerkstabilisierten Raketen eingestellt. Einen weiteren Schritt zu einer drallstabilisierten Bordrakete mit extrem großem Gefechtskopf erreichte man mit der RZ 100. Das größere Kaliber sollte durch seine vergrößerte Splitterwirkung, auch bei ungenauem Abkommen beim Start, noch Treffer erzielen. Das Kaliber dieser Rakete betrug 420 mm, die Länge 1650 mm, ihr Gewicht 730 kg, wobei 245 kg auf den Sprengkopf und 85 kg auf die Treibladung entfielen. Es ist nur ein Bodenschußversuch aus dem Bruchrumpf einer Me 210 bekanntgeworden, der dabei erheblich zerstört wurde, weshalb man die Entwicklung einstellte.

Mit der RhZV 8 begann Rh.B. die Bordraketen mit stabilisierenden Leitwerken zu entwickeln. Sie erhielten eine leichte Versetzung zur Längsachse, womit ein Drall im Fluge erreicht und eine Zielabweichung von weniger als 3 % verwirklicht wurde. Ihr großer Nachteil war aber die Tatsache, daß wegen der sperrigen Leitwerkflächen nicht mehr als acht Raketen unter jeder Tragfläche einer Me 109 unterzubringen waren. Die Diglykol-Treibladung wurde elektrisch gezündet, und in einem zeitlichen Abstand von 0,15 sec verließen die Raketen die etwa 2,8 m langen Verschußschienen. Um den Nachteil der sperrigen Stabilisierungsflächen auszuschalten, entwickelten die Firmen Heber/Osterode und DWM/Lübeck-Schlutrup auf Forderung des RLM die leitwerkstabilisierte Bordrakete R4/M »Orkan«. Nach besonders kurzer Entwicklungszeit gab das RLM diese Bordrakete unter der obengenannten Bezeichnung zur Fertigung von vorerst 20 000 Stück frei. Dabei stand »R« für Rakete, »4« für das Gewicht in Kilogramm und »M« für Minenkopf. Um Platz zu sparen, waren die Leitwerkflächen klappbar angeordnet. Das erste Muster besaß nach hinten faltbare Flächen, wie sie auch von den USA nach dem Kriege bei der »Mighty Mouse«-Rakete verwendet wurden. Wegen des recht komplizierten Federmechanismus ging man bei der endgültigen R4/M-Ausführung dazu über, die Flächen einseitig auf einem Ring drehbar zu lagern, der dann auf dem Mündungsende der konischen Treibdüse befestigt wurde, wobei die Flächen, nach vorne geklappt, auf der Treibdüsenoberfläche auflagen. Durch den Luftwiderstand nach dem Verlassen des Schienen- oder Rohrrostes öffneten sich die nach vorne gefalteten Flächen. Die Montage erfolgte mit 12 bis 13 Raketen unter jeder Tragfläche einer Me 262A-1b. Wenigstens 60 Flugzeuge wurden bis März 1945 mit 24 Raketen je Fläche bestückt und mit großem Erfolg beim Truppenversuch eingesetzt. Von den höchstens 12 000 ausgelieferten R4/M-Raketen wurden nicht mehr als 2500 Stück im Einsatz verschossen. Viele der hergestellten Muster verwendete man zu Weiterentwicklungen mit verkleinertem Leitwerk, so z. B. für das Verschußgerät Raketenautomat 53 (RA 53), für den Panzerblitz 3 und zur Verwendung als »Orkan 2« für die Flak.

Als Zünder war für den Großeinsatz der R4/M eine Kombination aus AZ/ZZ vorgesehen. Während die ZZ eine Zündverzugszeit von 5 sec durch eine Pulverzwischenladung erhielt, die beim Abschuß durch ein Trägheitsgewicht über eine Zündpille ausgelöst wurde, erfolgte bei einem Aufschlagtreffer durch eine zweite Zündnadel mit Hilfe der negativen Beschleunigung die direkte Auslösung der Sprengladung. Durch die Verzögerungszeit des ZZ in Verbindung mit dem Auslösezeitpunkt der Rakete, der bei optischer Berührung der Flächenspitzen des Zieles mit den konzentrischen Ringen des Reflexvisieres angezeigt wurde (Entfernungsmessung), sollte eine möglichst nahe am Ziel liegende Detonation des Gefechtskopfes erreicht werden, sofern kein Aufschlagtreffer erzielt wurde. Dabei mußte z. B. bei dem Jagdflugzeug Fw 190 beim Angriff von vorne mit einer Fluggeschwindigkeit der Rakete von 635 m/s gerechnet werden (Raketen- plus Flugzeuggeschwindigkeit). Entsprechend anders waren die Verhältnisse beim Angriff von hinten. Da sich außerdem noch Zündzeitschwankungen durch Temperatureinflüsse und aus gleichem Grund Geschwindigkeitsänderungen der Rakete einstellten, wird ersichtlich, welche Faktoren auf die Treffgenauigkeit Einfluß nahmen. Dazu kamen noch die Abgangsfehler bei der Raketenauslösung. Allerdings ist zu berücksichtigen, daß sich die auf die Treffgenauigkeit auswirkenden Einflüsse nicht nur addierten, sondern zum Teil auch kompensieren konnten. Diese Zusammenhänge sollte der Leser aber trotzdem im Auge behalten, wenn im folgenden Kapitel über die ferngelenkten Jägerraketen und im Kapitel 20 über Abstands- und Annäherungszünder berichtet wird, mit denen eine deutliche Verbesserung der Ziel- und Detonationsauslösegenauigkeit angestrebt wurde.

Für die nach dem damaligen Stand der Technik ausgezeichnete, nicht gelenkte Bordrakete R4/M wurden die verschiedensten Schußgeräte entwickelt und erprobt. Neben den Schienen-Verschußgeräten (einzeln und in Rosten), mit denen die Einsätze durchgeführt wurden, gab es noch Rohre, die in Waben- und Doppelwabenform angeordnet waren. Dann wurden noch Verschußautomaten konstruiert, womit einem Verschußrohr 30 Raketen mittels eines Gurtes zugeführt wurden, wobei die Gurtzufuhr durch die gerade das Rohr verlassende Rakete über einen Hebel betätigt wurde. Realistisch war eine Schußfolge von 250 Raketen/min, und bei zwei Rohren konnte man die doppelte Schußfrequenz erwarten. Das Ziel aller Verschußgeräte war es, in möglichst kurzer Zeit eine große Sprengstoffmenge an das Ziel heranzuführen. Dem war aber insofern eine Grenze gesetzt, als durch die vielen, dicht nebeneinander liegenden Abgasbahnen eine Flugbahnbeeinflussung zu erwarten war. Deshalb wurden die einzelnen Raketen, besonders bei den unter den Tragflächen aus Schienen und Rohren zu verschießenden Körper in einer Reihenfolge ausgelöst, die eine möglichst geringe gegenseitige Störung verursachte.

Am Schluß der Betrachtungen über die nicht ferngelenkten Jägerraketen ist noch die Werfer-Granate (Wfr.Gr.) mit dem Kaliber 21 cm zu erwähnen. Diese sonst im Erdeinsatz für den Nebelwerfer benutzte Granate wurde in einigen Fällen auch als Bordgranate eingesetzt. Einige Jagdgeschwader, z. B. das JG. 1 und JG. 26, hatten in Selbsthilfe unter den beiden Tragflächen je ein Rohr des Werfergestelles montiert und die daraus gestarteten Granaten zum Aufbrechen geschlossener gegnerischer Bomberverbände verschossen. Einen besonderen Erfolg erzielten damit Fw-190-A-4-Jagdflugzeuge am 14. Oktober 1943 bei einem amerikanischen Luftangriff auf die Schweinfurter Kugellagerfabriken. Von 228 B-17-Bombern wurden 62 Flugzeuge abgeschossen, denen noch 17 über England abstürzende Bomber folgten. Weitere 121 Flugzeuge wurden so beschädigt, daß für etwa 30 % nur noch das Verschrotten möglich war. Nach diesem Erfolg entschied das RLM, aus dem Provisorium eine einsatzfähige Bordrakete zu entwickeln. Mit Verbesserungen der Treibladungsqualität und der Abschußrohre begann man die Arbeiten und setzte sie bei den Ziel- und Entfernungsmeßgeräten fort.[1]

18.2. Die ferngelenkten Jägerraketen X4 und X7

Parallel zur nachgelenkten Fallbombe PC 1400X (»FritzX«), wie in Kapitel 12.2. beschrieben, begann Dr. Kramer Anfang 1942 bei der DVL mit der Entwicklung einer Jägerrakete, die vom RLM die Nummer 8-344 erhielt. Diese Entwicklung ergab sich fast zwangsläufig, nachdem man die Fernlenkung der Flugkörper PC 1400X und Hs 293 mit Hilfe der Anlage Kehl/Straßburg und deren Weiterentwicklungen gelöst hatte und voll beherrschte. Gefertigt wurde der Flugkörper später von den Ruhrstahlpreßwerken in Brackwede bei Bielefeld (avk) unter der Bezeichnung X4. Diese fernlenkbare Jägerrakete besaß, der speziellen Kramerschen Konstruktionseigenart entsprechend, vier in symmetrischer X-Form am Rumpf angesetzte Stabilisierungsflächen, womit der Flugkörper als Kreuzflügler anzusprechen war. Ähnlich wie bei der PC 1400X und der Hs 293 wurde die Fernlenkung mit Hilfe von Leuchtpatronen nach dem Doppeldeckungsverfahren durchgeführt. Für die allgemeine Beschreibung des Flugkörpers bedienen wir uns der Abb. 79. Auf der Spitze des Gefechtskopfes 1 befand sich, über einen Flansch mit ihm verschraubt, ein etwa 270 mm langes, nach vorne spitz zulaufendes Gehäuse 2 zur Aufnahme eines Zielannäherungs- bzw. Abstandszünders (ZAZ bzw. AZ). Der Stahlgefechtskopf 1 mit einer Wandstärke von 10 mm und einer Länge von etwa 515 mm enthielt 20 kg Sprengstoff bzw. 400 Brandsplitter (BS). Ein späterer Vorschlag sah einen gegossenen Gefechtskopf aus »Nipolit« vor, einem bei der WASAG entwickelten Sprengstoff, der ohne Metallummantelung eine große Wirkung erzielte. Der Gefechtskopf 1 war über einen radial versteiften Verbindungsringspant 3 mit einem nach hinten konisch zulaufenden Aluminium-Mittelstück 4 von

570 mm Länge verschraubt. In dem etwa 17 kg wiegenden Teil befanden sich, in Achsrichtung und hintereinander angeordnet, zwei Druckluftbehälter 5 und 6. Um diese Behälter war ein wendelförmig gewickeltes Rohr 7 von 20 mm Durchmesser und 16 Windungen montiert, dessen Innenraum als Tank für den R-Stoff (Tonka 250) des BMW-Triebwerkes diente. Den S-Stoff (Salpetersäure) nahm ein weiteres, über das innere wendelförmig gewickelte Rohr 8 von 30 mm Durchmesser und 17 Windungen auf. Das Mittelstück schloß nach hinten mit einer Montageplatte 9 ab, an der drei Schubstangen 10 befestigt waren, die an ihrem Ende die 235 mm lange Brennkammer 11 mit Düse trugen. Sie wurde zur Kühlung ihrer Wandung von einem Kühlmantel 12 mit 16 Kühlwindungen umschlossen. Der Düsenhals 13 besaß einen Durchmesser von 15 mm, die Düsenmündung 14 erreichte eine lichte Weite von 45 mm. Zwischen dem vorderen Ringspant 3 und der heckseitigen Montageplatte 9 waren mit Bolzen- und Schraubelementen die Druckluft- und Treibstoffbehälter 5, 6 und 7, 8 befestigt (Abb. 79). Zwischen den Schubstangen befanden sich unmittelbar nach dem Mittelstück der Kreisel 15 und anschließend die Bordbatterie 16. Kreisel, Batterie und Brennkammer waren durch das 720 mm lange Heck 17 abgedeckt, das mit seinem kreuzförmigen Leitwerk von hinten über die Schubstangen geschoben und an 9 verschraubt wurde.

Das Mittelstück 4 trug die vier schon erwähnten, aus Aluminium, später auch aus Sperrholz gefertigten Stabilisierungs- bzw. – da es sich um einen weitgehend horizontal fliegenden Körper handelte – Tragflächen 19. Sie waren in einer um etwa 50° nach hinten zeigenden Pfeilstellung ausgeführt und jeweils um 90° versetzt angeordnet. An ihren Hinterkanten, nach außen versetzt, befand sich eine kleine, entsprechend angestellte Leitfläche 20, die dem Körper während des Fluges ein Drehmoment verlieh, so daß er mit 1 U/s rotierte. Diese Drehung hatte zwei Vorteile: Einerseits konnte die durch Kreiselruder bewirkte Stabilisierung entfallen, wie sie z. B. bei der FritzX notwendig war, und andererseits waren größere Fertigungstoleranzen der Körpermaße möglich, da sie im Mittel bei der Drehung keine Bahnabweichungen bewirken konnten. Dieses Prinzip war auch unter dem Begriff »Drehsteuerung« bekannt.

An zwei gegenüberliegenden Tragflächen waren die 180 mm langen Leuchtpatronen 21 montiert, während an den beiden übrigen Flächen die Spulenbehälter 22 für die beiden Kommandodrähte 23 befestigt waren. Die Behälter besaßen eine Länge von 610 mm und einen größten Durchmesser von 75 mm. In jedem Behälter war der elektrisch isolierte Kommandodraht zu einer freitragenden Spule 24 aufgewickelt. Die gestreckte Länge des Drahtes betrug 5500 m, der Drahtdurchmesser 0,2 mm.

Trotz der Bedenken, die man wegen der möglichen Schäden an elektrischen Überlandleitungen und ihren Einrichtungen wie auch im Kraftwagenverkehr beim Einsatz der X4-Drahtlenkung hatte, wurde zunächst nur diese Kommandoübertragung verwirklicht. Als später die drahtlose Funkfernlenkanlage »Kogge« entwickelt wurde, war ein spezieller Empfänger »Walzenbrigg« vorgesehen, der für den Einbau in die Spulenkörper der X4 geeignet war.[1, 2]

Nach diesen allgemeinen Angaben soll zunächst das Triebwerk und seine Problematik in einer Jägerrakete betrachtet werden. Wie schon angedeutet, entwickelte die Firma BMW unter der Leitung eines der genialsten Verwirklicher der Raketenantriebe, Helmut von Zborowski, das Raketentriebwerk der X4. Es trug die

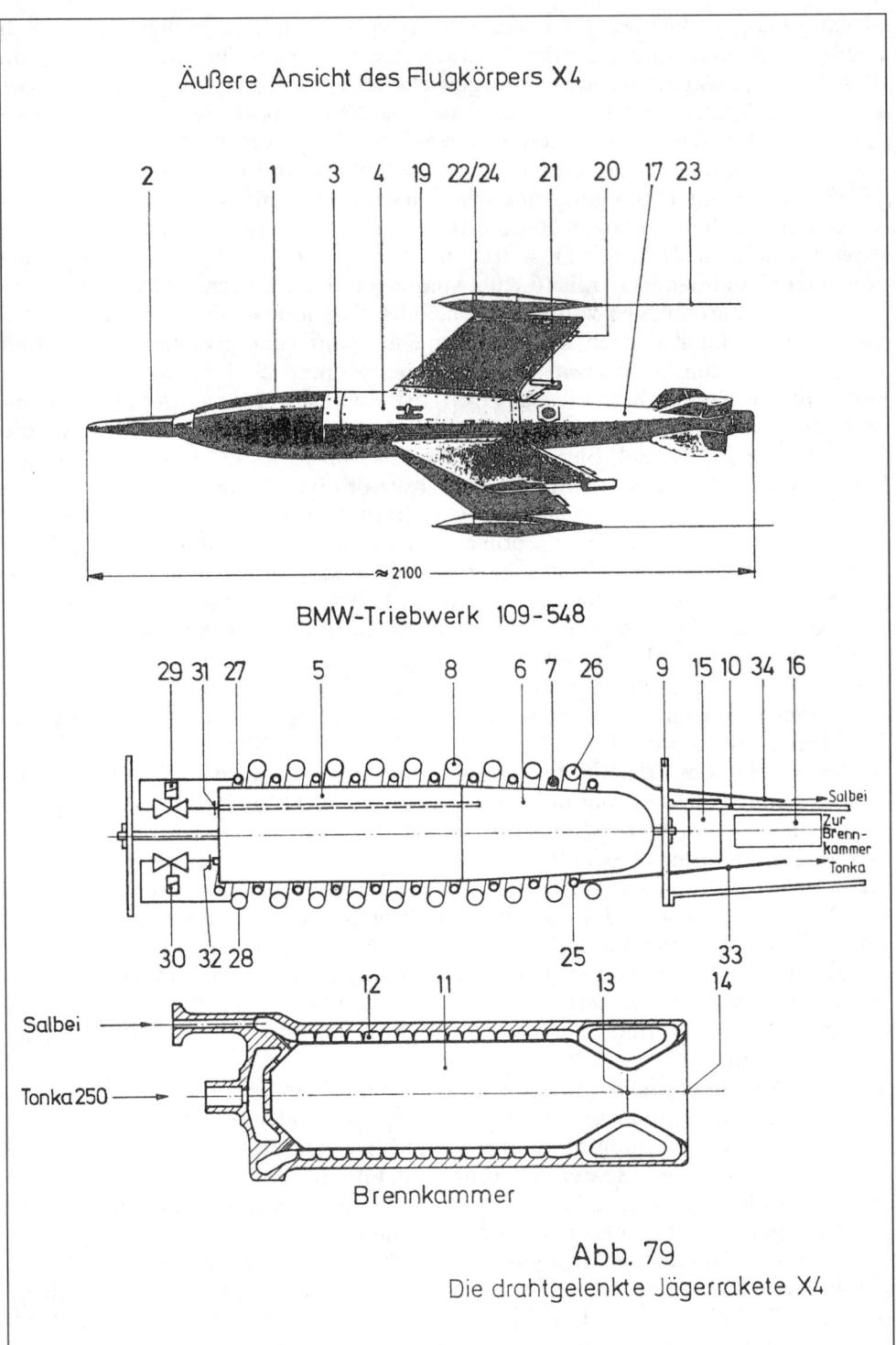

Äußere Ansicht des Flugkörpers X4

≈ 2100

BMW-Triebwerk 109-548

Salbei
Zur Brennkammer
Tonka

Salbei
Tonka 250

Brennkammer

Abb. 79
Die drahtgelenkte Jägerrakete X4

RLM-Nummer 109-548 und bei BMW die Projektbezeichnung P3378. Als Rahmenbedingungen waren der Firma, neben den äußeren Abmessungen, einem hohen Beschleunigungsschub und geringem Fahrtschub, der Gesamtimpuls und die Forderung nach Lagenunabhängigkeit und Beschleunigungsfestigkeit gestellt worden. Der Gesamtimpuls von zunächst 15,69 kNs (1600 kps) und die kleine Zelle machten eine äußerste Ausnutzung des vorhandenen Raumes bei der Triebwerkkonstruktion notwendig. Die Forderung nach allseitig beschleunigungsunabhängiger Treibstofförderung führte zur Lösung mit einem Freiflugkolben. Hierbei scheiterten anfängliche Konstruktionen mit zylindrischen Tanks und darin beweglich gelagerten festen, druckbeaufschlagten Freiflugkolben an der Eigenart des Oxydators Salpetersäure. Alle damals bekannten Schmiermittel wurden von der Säure zersetzt. Deshalb wählte BMW die Rohrschlangen als Treibstoffbehälter. Diese Rohrschlangen wurden aus Pantalrohr in einem Arbeitsgang gewickelt, womit ein sehr billiges Arbeitsverfahren gegeben war. Als Nachteil stand dem der verhältnismäßig große ungenützte Raum gegenüber. Auch ergaben sich Schwierigkeiten durch Faltenbildungen der Rohre beim Wickeln, die Behinderungen des Freiflugkolbens in den Rohrschlangen verursachten. Ebenso traten beim Betrieb Brüche durch den hoch einsetzenden Förderdruck in den Rohrschlangen auf.

Für den speziellen Fall der gebogenen Rohre und um ohne Schmierung auszukommen, bestand der Freiflugkolben aus beweglichen, kleineren und größeren Dichtscheiben aus treibstofffestem Material, die auf einem biegsamen Kern aufgefädelt waren. Dieses Paket wurde an beiden Enden durch je eine Halbkugel aus Aluminium abgeschlossen und zusammengehalten. Für die Dichtscheiben des Tonka-Kolbens wurde Chromleder und für den Salpetersäure-Kolben ein seinerzeit neu entwickelter Kunststoff verwendet. Mit dieser Konstruktion entstanden bewegliche »Pfropfen«, die auf einer Seite von Druckluft beaufschlagt waren, auf der anderen Seite mit dem jeweiligen Treibstoff in Berührung standen und sich der Biegung der Tankrohre anpassen konnten. Dieses Fördersystem ermöglichte es, in allen Lagen, Beschleunigungs- und Füllzuständen der beiden Rohrtanks eine einwandfreie und sichere Treibstofförderung zu garantieren. Dies wurde auf einem Schleuder- und Drehprüfstand bei BMW erprobt und bestätigt.

Für die Brennkammer war, wegen der einmaligen Verwendung als Verlustgerät, kein korrosionsfester Stahl notwendig. Brennkammer, Kopfteil, Düse und Kühlkanäle waren miteinander verschweißt. Als Kühlmittel durchfloß die Salpetersäure den Kühlmantel, der, wie schon erwähnt, mit 16 Windungen die Kammer umschloß. Versuche, die nur über 22 sec betriebene Brennkammer über die kapazitive Wärmeaufnahme ihres Materials zu kühlen, schlugen fehl.[3]

Die bei den Erprobungs- und Temperaturversuchen gewonnene Erfahrung, daß die sechs Einspritzdüsen für Salpetersäure (Salbei) und die drei Düsen für Tonka 250 sich verstopfen und durch Bildung von Kondenswasser vereisen konnten, veranlaßte die Entwicklung einer Spezial-Schutzpaste mit der Bezeichnung ZR 60.

Wie in Kapitel 10.2. über die Treibstoffkombination Salbei/Tonka schon beschrieben, erfolgte die Zündung beider Komponenten selbständig (hypergol) beim Zusammentreffen in der Brennkammer.

Der Vollständigkeit halber ist noch zu erwähnen, daß wegen der bei BMW schon angedeuteten anfänglichen Schwierigkeiten bei den Freiflugkolben die DVL die Verwendung eines Feststofftriebwerkes vorschlug. Mit den einschlägigen Firmen

701

konnte aber bezüglich der Entwicklungs- und Liefertermine keine Einigung erzielt werden. Es wurde aber für die ersten Versuche, z. B. bei dem ersten Abwurf einer X4 von einer Fw 190 in Peenemünde-West am 11. August 1944, provisorisch der Schmidding-Raketenmotor 109-603 eingebaut. Dieser Antrieb hatte mit 1,47 kN (150 kp) über 8 sec aber eine zu geringe Betriebszeit. Im Juli 1943 reichte die Firma BMW den Triebwerkvorschlag nach Abb. 79 ein, der dann bei der endgültigen Konstruktion in den Werten nochmals eine Änderung erfuhr.[1, 3, 4]

Um die Funktion des X4-Triebwerkes zu erläutern, gehen wir von zwei mit einem Druck von 120 bar aufgefüllten Druckluftbehältern 5 und 6 aus. Weiterhin ist der Leichtmetallrohrtank 7 mit 1,7 kg Tonka und der Tank 8 mit 6,7 kg Salbei gefüllt. Die beiden Tanks 7 und 8 waren an ihren beiden Enden 25 und 26 und am Anfang bei 27 und 28 durch Aluminiummembranen verschlossen. Bei der elektrischen Inbetriebnahme des Antriebes wurden die Elektromagnetventile 29 und 30 geöffnet und die beiden in die Druckluftbehälter bei 31 und 32 hart eingelöteten Abschlußmembranen durch Zündung zweier Kleinkaliberpatronen durchschlagen. Dieser Vorgang lief für die Treibstoffkomponente Tonka mit etwa 0,4 sec Verzögerung ab. Die Druckluft durchschlug danach zunächst die Tankeingangsmembranen bei 27 und 28, wodurch die beiden Rohrbehälter über die beiden nicht gezeichneten Freiflugkolben unter Druck gesetzt wurden, wodurch die beiden Endmembranen bei 25 und 26 durchbrachen. Damit strömten sowohl Salbei als auch mit 0,4 sec Verzögerung Tonka über die Leitungen 33 und 34 in die Brennkammer 11 ein. Das Triebwerk begann durch Selbstzündung und mit Höchstschub zu arbeiten. Der Brennkammerdruck erreichte etwa 30 bar.

Die Forderung nach hohem Beschleunigungs- und geringem Fahrtschub verwirklichte man damals so, daß ohne Reduzierventile die automatisch gegebene Druckluftentspannung innerhalb der beiden Druckluftbehälter, in Verbindung mit allen anderen Einflußgrößen, zur Erfüllung des Schubprogrammes ausgenutzt wurde. Dieser Einsparung von Bauteilen stand die recht hohe Belastung aller druckführenden und schubübertragenden Elemente gegenüber. Aufgrund der geschilderten Verhältnisse ergab sich während der ersten 8 sec ein Impuls von 11,77 kNs (1200 kps), und die restlichen 3,92 kNs (400 kps) verteilten sich auf die Betriebszeit von mindestens 8 weiteren Sekunden. Später erreichte man nur einen Gesamtimpuls von 13,73 kNs (1400 kps), der dann auch als ausreichend angesehen wurde.[3]

Mit dem geschilderten Flüssigkeitsantrieb erzielte die X4 im Bodenschußversuch eine Reichweite von 3500 m und im Luftverschuß (Bord-Bord) 5500 m. Die ersten Triebwerke wurden von BMW im April 1944 ausgeliefert. Der zunächst noch zu geringe Schub konnte durch Vergrößerung der Einlauföffnung des S-Stoffes auf den verlangten Wert von 1,373 kN (140 kp) erhöht werden. Insgesamt wurden von BMW in Berlin-Spandau (jgk) und dem Gerätewerk in Stargard (jgh) etwa 1300 Serien- und 240 Versuchstriebwerke ausgeliefert.

Es wurde eingangs schon erwähnt, daß die X4 nach dem Doppeldeckungsverfahren über zwei Stahldrähte, die zur Kommandoübertragung dienten, ferngelenkt wurde. Bei der Verwirklichung dieser Draht-Fernlenkanlage bestand die Aufgabe, die für FritzX und Hs 293 entwickelte Gleichstrom-Doppeldraht-Fernlenkanlage »Düren/Detmold« (Kapitel 12.7.) so weiter zu vereinfachen, daß sie, in Verbindung mit dem entsprechenden Flugkörper, in Jagdflugzeugen eingesetzt werden konnte. Die hierfür vorgesehenen Lenkkörper waren die X4 und, um es gleich vorwegzunehmen, die aus ihr hervorgegangene X7. Auf die X7, die aber nicht als ausgesprochene Jägerrakete konzipiert war, wird am Schluß dieses Kapitels noch kurz eingegangen.

Bleiben wir aber zunächst bei der X4. Diese Jägerrakete erhielt sendeseitig die Anlage FuG 520 »Düsseldorf« (Fa. Donag, Wien, und Fa. Telefunken) und eine Empfangsanlage, die sich eng an die Anlage »Detmold« bzw. FuG 238 der FritzX anlehnte (Tab. 4 und 5). Die Sendeanlage Düsseldorf der X4 glich im wesentlichen der Anlage »Düren« der FritzX, wurde hier aber mit einer Sendespannung von 200 V= statt 600 V= betrieben. Der maximale Strom betrug 5 mA. Der gesamte Übertragungsdraht war nur in zwei Spulen am Flugkörper untergebracht.

Wie schon erwähnt wurde, drehte die X4 während des Fluges mit etwa 1 U/s um ihre Längsachse. In den vier kreuzförmig angeordneten Leitwerkflächen 1 am Heck (Abb. 80), die jeweils um 45° zu den Tragflächen versetzt befestigt waren, befanden sich, wie bei der FritzX, vier Unterbrecherruderpaare 2 mit gezähnten Leistenrudern. Sie waren bei untergehängtem Flugkörper in der Horizontal- und der Vertikalebene angeordnet. Ein kreiselstabilisierter Kommandoverteiler 3 sorgte dafür, daß während der Drehung des Körpers im Flug die Ruder an jeder Stelle einer 360°-Drehung ihre sinngemäße Ruderwirkung behielten. Da aber nur beim genauen Durchgang durch die vom Kreisel gegebene Ebene die gewollte Kommandogabe erreicht wurde, traten gewisse Lenkfehler auf. Um eine bessere Angleichung der Steuerwirkung an die Kommandogabe zu erreichen, bestand der Kommandoverteiler 3 aus einer Kommutatorscheibe 4, die einen mehrfach unterteilten Kontaktsegmentring besaß. Dieser bestand aus vier 60°-Segmenten und acht 15°-Segmenten, die über einen Kreis als elektrisch voneinander isolierte Kontaktbahnen angeordnet waren. Die Kontaktbahnen standen mit vier jeweils um 90° versetzten Kontaktröllchen 5 in elektrischer Verbindung. Während die Röllchen 5 fest, aber elektrisch isoliert mit dem Flugkörper verbunden waren, sich mit ihm also einmal in der Sekunde um die Körperlängsachse drehten, war die Kommutatorscheibe 4 über Achse 6 fest mit dem äußeren Kardanring 7 des kardanisch gelagerten Lagekreisels 8 verbunden. Durch die Lagenstabilität des angetriebenen Kreisels war die Kommutatorscheibe 4 gegenüber den sich um sie herumdrehenden Kontaktröllchen 5 fest im Raum fixiert. (Die Pos. 4 und 5 haben nur in der allgemeinen Darstellung Gültigkeit, in der »Einzelheit von Pos. 3« sind sie anders numeriert!) Durch diese Anordnung wurde mit Hilfe der elektrischen Schaltung die Zuordnung von Kommandogabe und Rudergabe – im Mittel alle 45° – erreicht. Die in ihrer Ruderwirkung periodische Umschaltung der Unterbrecher machte es notwendig, die Umtastfrequenz durch den Kommandogeber von 5 Hz bei der FritzX-Steuerung auf 20 Hz bei der X4 zu erhöhen.

Wie erwähnt, war der Empfänger der X4 dem Gleichstromempfänger E238 der Empfangsanlage »Detmold« der FritzX ähnlich. Er bestand, wie Abb. 44 in Kapitel 12.7. zeigt, nur aus zwei Gleichrichtern 9 und 10 und zwei polarisierten T-Relais (Siemens Bauteilbezeichnung: T.rls. 64) R1 und R2. Wie in Kapitel 12.7. beschrieben, erfolgte die Kommandogabe Links-Rechts auch bei der X4 durch die Polaritätsumschaltung (+/–) der sendeseitigen Signalspannung von 200 V= und für die Steuerebene Ziehen-Drücken (Vorne-Hinten bei FritzX) durch die Umtastung der Stromstärke (stark-schwach). Das sei nochmals in Erinnerung gebracht, ehe auf die Funktion des Kommandoverteilers 3 (Abb. 80) der X4 näher eingegangen wird.[2]

Wenn der Pilot des Jagdflugzeuges seine Flugrichtung ungefähr auf das Ziel ausgerichtet hatte, drückte er auf den Abwurfknopf, wodurch das Bombenschloß ETC 70 öffnete und die X4 freigab. Durch den Gleitkontakt 11 (Abb. 80) der körperseitigen Abreißsteckerhälfte 12, dessen Stößel 13 – wie bei der FritzX – beim Abreißen der beiden Steckerhälften nach oben federte, wurde einerseits der Stromkreis der Fackeln 14 und andererseits – hier nicht gezeichnet – der Raketenmotor gezündet. Mit einer gewissen Verzögerung gelangte die Zündspannung auch an die elektrischen Auslöseorgane des Zünders 15, womit dieser scharf gemacht wurde.

Mit dem Kommandogeber KG 208 »Knirps« der Sendeanlage FuG 208 »Düren« hatte der Pilot mit Hilfe der brennenden Magnesiumfackeln den mit einer Maximalgeschwindigkeit von 248 m/s auf das Ziel zueilenden Flugkörper im Doppeldeckungsverfahren zu lenken. Der Kommandogeber bewirkte die periodische Umschaltung seiner Kontakte KK1 und KK2 (Abb. 44) durch eine hier nicht gezeichnete Relaisanordnung mit zwei Potentiometern.[1, 2]

Sofern vom Trägerflugzeug kein Lenkkommando gegeben wurde, also der Lenkknüppel mittig bzw. in Einbaulage des Gebers waagerecht stand und dessen Kontakte KK1 und KK2 mit 20 Hz schalteten, wurden auch die Relais R1 und R2 über die sich abspulenden beiden Drähte 16 und 17 im Körper erregt (Abb. 80). Dadurch schalteten auch die Kontakte r1 und r2 im 20-Hz-Takt um (siehe auch Kapitel 12.7., Abb. 44). Bei der X4 hätte dieser Zustand trotz ihrer Drehung um die Längsachse keine Schwierigkeiten für diese Kommandogabe bedeutet, da alle vier Ruder ebenfalls im 20-Hz-Takt »klapperten« und ihre Ruderwirkungen an jeder Stellung der 360°-Drehung gleich und neutral gewesen wären. Anders wäre die Situation gewesen, wenn z. B. die Kommandos »Ziehen« oder »Drücken« vom Piloten gegeben worden wären. In der gezeichneten Stellung des Leitwerkes in Abb. 80 hätten dafür die Ruder I und II mit nach oben oder unten herausgestellten Kammleisten erregt werden müssen. Es ist nun leicht einzusehen, daß die beiden Ruderwirkungen exakt nur bei waagerechter Lage der Ruder I und II und ihrer Leitwerkflächen gegeben gewesen wären. Analog verhielt es sich mit den in Abb. 80 in der vertikalen Leitwerkfläche gezeichneten Rudern III und IV für die Kommandogabe »Links« und »Rechts«. Hier trat jetzt der vom Kreisel 8 im Raum fixiert gehaltene Kommandoverteiler 3 insofern in Funktion, als die von den Drähten 16 und 17 in die Empfangsrelais R1 und R2 gelangenden Ruderkommandos über den Kommutator 4 des Kommandoverteilers 3 geführt wurden. Für die Kommandoebene Links-Rechts geschah das hinter dem Gleichrichter 10, über dem mit dem Flugkörper drehende Kontaktröllchen 18 (»Einzelheit von 3«), die kreiselstabilisierte Kontaktscheibe 19, Leitung 20, auf die elektrisch miteinander verschalteten Kommutatorringelemente 21, 22 und 23 sowie 24, 25 und 26. Mit dieser Anordnung war die elektrische Kommandoebene Links-Rechts im Raum fixiert. Sofern sich die beiden körperfesten Kontaktröllchen 27 und 28 um den fest im Raum stehenden Kommutatorring herumdrehten, konnten sie in einem Sektor von zunächst 15°, dann 60° und wieder 15°, also zusammen 90°, die während dieser Abtastphase gegebenen Links-Rechts-Kommandos an das Relais R2 weitergeben, das wieder durch seinen Umschaltkontakt r2 die elektromagnetischen Ruder III und IV entsprechend betätigte. In der Praxis hatte es sich gezeigt, daß die Rudergabe jeder Kommandoebene nicht exakt in der Senkrechten oder Waage-

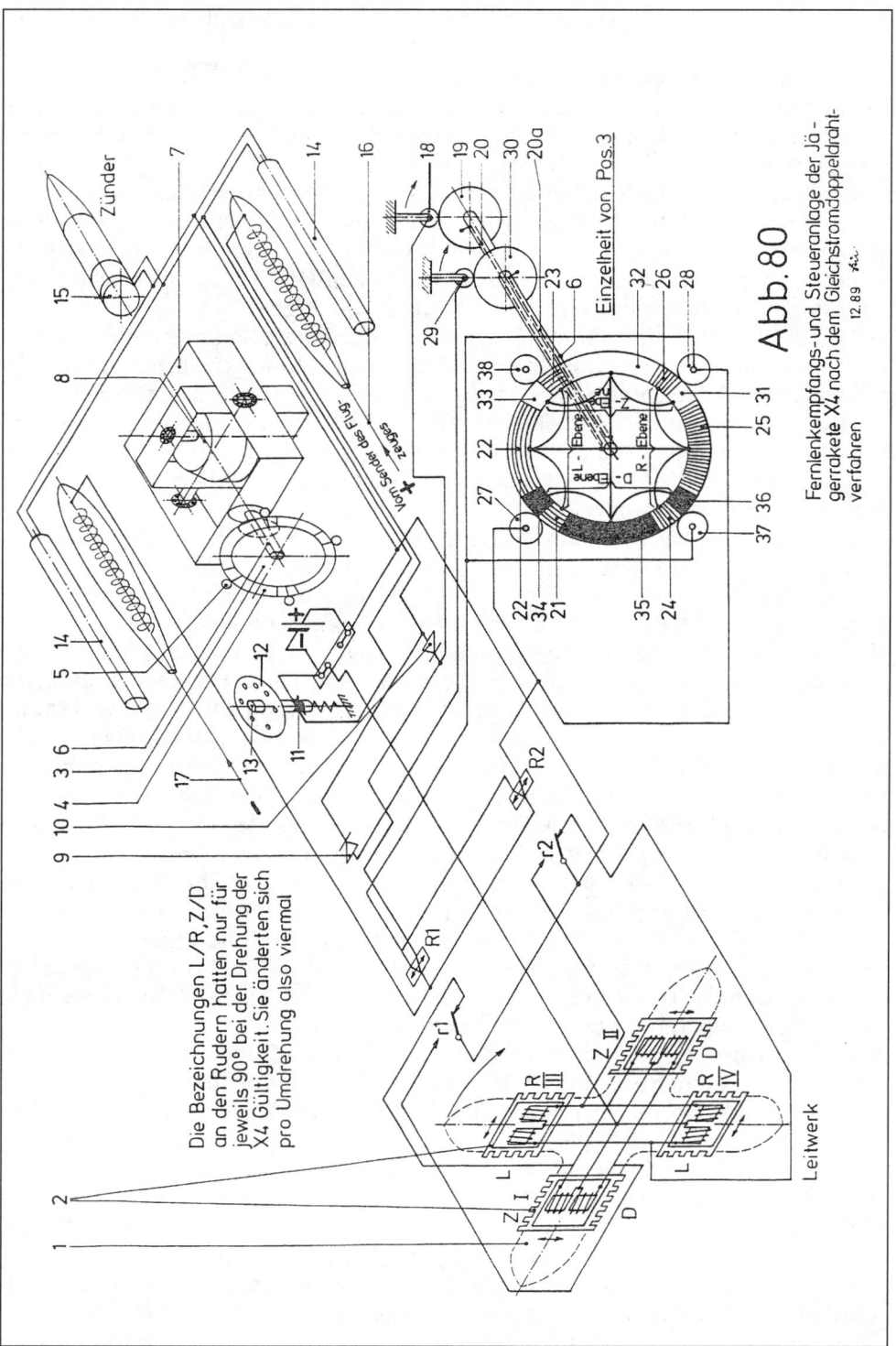

Zünder

Zünder

Die Bezeichnungen L/R, Z/D an den Rudern hatten nur für jeweils 90° bei der Drehung der X4 Gültigkeit. Sie änderten sich pro Umdrehung also viermal

Einzelheit von Pos.3

Abb.80

Fernlenkempfangs- und Steueranlage der Jä-gerrakete X4 nach dem Gleichstromdoppeldraht-verfahren
12.89

rechten erfolgen mußte, sondern über einen größeren Winkelbereich von jeweils 90° möglich war.

Entsprechend den Kommandos Links-Rechts konnte auch mit der waagerechten Kommandoebene Ziehen-Drücken verfahren werden. Elektrisch wurden deren Kommandos hinter dem Gleichrichter 9 abgegriffen und zunächst dem körperfesten Kontaktröllchen 29 und der im Raum fixierten Kontaktscheibe 30 zugeleitet. Von hier gelangten die Kommandos über 20a auf die elektrisch miteinander verschalteten Kommutatorelemente 31, 32, 33 und ihnen gegenüber auf 34, 35 und 36. Die körperfesten und um den Kommandoverteiler 3 herumdrehenden Kontaktröllchen 34 und 35 leiteten die Kommandos Ziehen-Drücken zum Relais R1, dessen Kontakt r1 die Ruder I und II entsprechend betätigte.

Stellt man sich das Leitwerk der X4 von der gezeichneten Stellung um z. B. 90° im Uhrzeigersinn gedreht vor, dann befanden sich die Kontaktröllchen 27 und 28 nicht mehr auf der elektrischen Links-Rechts-Ebene, sondern auf der Ziehen-Drücken-Ebene, und die Kontaktröllchen 37 und 38 hatten die Ziehen-Drücken-Ebene verlassen, womit sie die Kommandos Links-Rechts zu ihrem Relais R1 leiteten. Damit wird die Umschaltfunktion des Kommandoverteilers 3 deutlich. Das kreuzförmige Leitwerk und seine Ruder I, II und III, IV sowie die ihnen die Kommandos zuweisenden Kontaktröllchen 27, 28 und 37, 38 drehten sich gemeinsam im Uhrzeigersinn, wobei die Kontaktröllchen vom kreiselstabilisierten Kommutator 4 des Kommandoverteilers 3 die jeweils gegebenen Kommandos abgriffen und über die beiden Relais R1 und R2 ihren Ruderorganen zuführten.

Um die X4 in der letzten Phase des gelenkten Zielanfluges möglichst nahe an das Ziel heranzuführen und eventuelle Abwehrbewegungen des Gegners abzufangen, sollte das Zielsuchgerät (ZSG) »Dogge« eingebaut werden. Die Entwicklung dieses Gerätes begann im Sommer 1944 unter Leitung von Dr. Benecke bei der Firma Telefunken. Der Aufbau bestand aus zwei Kristallmikrophonsonden mit 293 mm Länge und 30 mm Durchmesser, die ähnlich einem Geweih am Sprengkopf der X4 befestigt werden sollten. Der Abstand beider Sonden betrug 680 mm. Am 20. Januar 1945 konnte das erste Muster im Schallraum mit großen Schwierigkeiten geprüft werden. Nach Herstellung und Auslieferung dreier weiterer Geräte mußte eine Umkonstruktion des Verstärkerteiles wegen zu geringer Stabilität vorgenommen werden. Obwohl der Arbeitsstab Dornberger die DFS/Ainring (Dr. Müller) und die Firma Siemens-Schuckertwerke (Dr. Lübke) für die Erprobung heranzog, kam das Gerät über einen Bodenabschuß auf einen B24-Bomber nicht hinaus. Eine Flugerprobung ist nicht bekanntgeworden.[1]

Als Zielannäherungszünder (ZAZ) war der akustische Zünder »Meise« vorgesehen. Hiervon konnten aber nur drei Geräte von der Firma Neumann & Borm, Berlin, geliefert werden, da bei einem Luftangriff fast alle Meßvorrichtungen zerstört wurden. Als Ersatz konnte der akustische ZAZ »Kranich« herangezogen werden, der in Kapitel 20 in Aufbau und Erprobung näher geschildert wird.

Als weitere Zünder zog man noch den »Luchs« der Reichspostforschungsanstalt (RPF) in Erwägung, der optisch mit zwei Fotozellen arbeitete. Ebenso standen noch die HF-ZSG »Dackel« und »Windhund II« der RPF zur Diskussion.[1]

Versuche mit dem akustischen ZAZ »Meise« hatten ergeben, daß Motorengeräusche bei einem Abstand von etwa 7 m ein Maximum erreichten. Dabei wurde die 20 kg wiegende Sprengladung gezündet. In Bodenversuchen hatte man festgestellt, daß bei einem Detonationsabstand von 5 bis 6 m ein viermotoriger Bomber sofort abgestürzt wäre. Beschädigungen traten noch in einer Entfernung von 16 m auf. Außer den Abschüssen durch BMW im Dachauer Moos wurde die Erprobung der X4 in Peenemünde durch Angehörige von Werk Ost und vom Versuchskommando Nord (VKN) durchgeführt.[1] Die Luftabschüsse führte man schon ab August 1944 mit mindestens drei Fw 190 und einer Ju 88 in Peenemünde-West durch, wobei die jeweilige FuG-520-Anlage im Flugzeug von der Gruppe E4 eingebaut, überprüft und gewartet wurde.[5] Als Trägerflugzeuge für die Jägerrakete X4 waren die Fw 190, die Ju 88-G-1 und die Ju 388 mit je zwei Raketen vorgesehen. Die Me 262 sollte später vier Jägerraketen X4 zum Einsatz bringen.

Da das Fertigungswerk in Brackwede im Januar 1945 durch einen Luftangriff schwer beschädigt wurde, konnte die geplante Massenproduktion nicht mehr anlaufen. Im Januar 1945 beginnend, sollten 1945 rund 20 000 Jägerraketen X4 hergestellt werden. Dafür waren 400 t Nipolit (Sprengkopf), 140 t 98%ige Salpetersäure und 40 t Tonka (Treibstoffe) bereitzustellen.

Für Spezialeinsätze hatte die SS 3000 Geräte zusätzlich unter der Bezeichnung »Gerät 78« gefordert.

Für den Transport und die Lagerung des chemisch aggressiven S-Stoffes (Salpetersäure) waren von der Firma Raspe zwar Spezialbehälter in Form von Schläuchen entwickelt worden, die aber nicht alle Schwierigkeiten bei der Lagerung ausschließen konnten. Auch das war damals ein Grund, warum vom RLM die Forderung nach einem Feststofftriebwerk erhoben wurde, das mit dem schon erwähnten Pulvermotor 109-603 der Firma Schmidding realisiert wurde und mit dem, wie schon erwähnt, auch die ersten Luftstarts der X4 in Peenemünde-West im August 1944 durchgeführt wurden.

Nachdem einige X4 – in modifizierter Form mit nur zwei Tragflächen und einem einteiligen Leitwerk – an der Ostfront im Bodenverschuß als Notlösung von einem Startgestell eingesetzt worden waren, erfolgte am 6. Februar 1944 durch die »Kommission für Rüstung und Kriegsproduktion« ein Fertigungsstopp dieser neuen Waffe. Sie wurde in die Gruppe jener Waffen eingeordnet, die zwar als Flugkörper fertig entwickelt waren, deren Massenproduktion aber wegen der angespannten Kriegslage nicht aufgenommen wurde. Für die Jägerraketen ging man wieder auf die einfacheren, nicht ferngelenkten Ausführungen zurück.[1]

Wie schon erwähnt, soll noch kurz auf die aus der Jägerrakete X4 hervorgegangene, weiter vereinfachte, drahtgelenkte Rakete X7 »Rotkäppchen« eingegangen werden. Für diese ebenfalls unter der Leitung von Dr. Max Kramer bei der DVL 1943 begonnene Entwicklung war zunächst eine Verwendung als Jägerrakete vorgesehen. Nach dem Musterbau wurde aber entschieden, die X7 als Panzerabwehrrakete zu verwenden.

Schon 1941 hatte die Firma BMW eine gelenkte Panzerabwehrrakete mit einer Hohlladung als Sprengkopf vorgeschlagen und eingereicht, die aber wegen der damals noch günstigen Situation bei der Panzerbekämpfung abgelehnt wurde.[1]

Da die X7 1944 auch wieder für den Flugzeugverschuß auf Erdziele und vom Boden auf Tiefflieger als sogenannte Flugzeugfaust ausersehen wurde, ist sie letztlich wieder ein Waffensystem der Luftwaffe geworden, deren Aufbau noch kurz geschildert werden soll. Die äußere Form des X7-Rumpfes entsprach der einer 15-cm-Granate mit zwei Tragflächen (Ebenflügler) und einem Doppel-T-Leitwerk, das an einem Ausleger befestigt und nach hinten und unten heruntergezogen war. An der Leitwerkfläche war, als Vereinfachung gegenüber der X4, nur ein gezähntes Ruder vorgesehen. An den beiden Tragflächenspitzen war je ein Spulenbehälter für die beiden Kommandodrähte montiert, der 0,475 kg wog. Nach dem Abschuß drehte der Flugkörper wegen des Ausgleiches der aerodynamisch wirkenden Produktionstoleranzen zweimal in der Sekunde um die Längsachse. Das Drehmoment wurde, wie bei der X4, von zwei an den Flächenhinterkanten montierten Ruderleisten veranlaßt, die einen entsprechenden Anstellwinkel besaßen. Wie die X4, war auch die X7 mit einem Kreisel ausgerüstet, der hier aber nicht zur Umschaltung der Steuerebenen herangezogen wurde, sondern als Unterbrecher wirkend, die Rudergabe nur dann an das Ruder freigab, wenn es in der entsprechenden Lage im Raum war. Als Kommandogeber der für die X7 eingesetzten Fernlenkanlage FuG 520 »Düsseldorf«-»Detmold« (Tab. 4 und 5) fand kein Kommandogeber mit allseits beweglichem Knüppel Verwendung, sondern je ein getrennter Hebel für die Seiten- und die Höhenkommandos. Diese Hebel waren parallel in einem pultähnlichen Gebergehäuse angeordnet. Mit Hilfe der Übertragungsdrähte wurde das eine Ruder je nach Flugkörperlage als Seiten- oder Höhenruder wirksam. Der Vollständigkeit halber sei noch vermerkt, daß für die Steuerung der X7 weitere Vorschläge auch von der Firma Askania, dem Forschungsinstitut Graf Zeppelin (FGZ) und der Reichspostforschungsanstalt (RPF) gemacht wurden.

Der Kreisel des Flugkörpers besaß einen interessanten Antrieb in Form einer Pulverladung von 2 g. Sie befand sich in den Hohlhalbschalen des Kreiselgehäuses. Gezündet wurde diese Ladung beim Abschuß mit Hilfe einer 300-V-Batterie und eines Zündkabels, das gleichzeitig den Kreisel in seiner Ausgangslage fesselte. Die Gase der abbrennenden Pulverladung entspannten sich über tangentiale Treibdüsen, die das Kreisellaufrad in kurzer Zeit auf seine Höchstdrehzahl brachten. Gleichzeitig wurde das Diglykol-Zweistufen-Feststofftriebwerk 109-506 der Firma Westphälisch-Anhaltische-Sprengstoff AG (WASAG), Rheinsdorf, gezündet. Die erste ringförmige Startstufe verursachte einen Startschub von 0,676 kN (69 kp), der nach 3 sec auf 0,049 kN (5 kp) absank. Innerhalb des Pulverringes der ersten Stufe befand sich, durch eine Trennschicht aus »Polygan« (eine Mischung aus Asbest, Graphit und Kalziumsilikat) isoliert, die zweite Stufe. Sie entwickelte anschließend über 6 sec einen Dauerschub von 0,049 kN (5 kp). Während die erste Stufe gezündet hatte, wurde die X7 durch einen Stahldraht noch so lange auf der tragbaren Startlafette gehalten, bis sich der Schub auf den fast vollen Wert entwickelt hatte.

Als Sprengkopf für die Panzerbekämpfung war für die X7 eine 2,5 kg schwere Hohlladung (HL) vorgesehen. Für die Flugzeugbekämpfung sollte dann eine Sprengladung aus Brandsplittern (BS) Verwendung finden.

Die Flugerprobung vom Boden wurde mit entsprechender Vermessung Ende 1944, Anfang 1945 im Vorwerkbereich der E-Stelle Peenemünde-West durchgeführt. Der schnelle und quirlige kleine Flugkörper war aber äußerst schwer mit dem Theodoliten vom Meßhaus Vorwerk aus zu verfolgen. Bis zur Verlagerung der E-Stelle nach Wesermünde 1945 (siehe Kapitel 21) konnte der Abschuß ohne Fernlenkung nach anfänglichen Schwierigkeiten einigermaßen beherrscht werden. Die Versuche fanden in Zusammenarbeit mit den Mechanischen Werkstätten

Neubrandenburg GmbH (ehx) (MWN) statt. Nach der Verlagerung blieb ein eigenes Arbeitskommando in Peenemünde zurück, das die Arbeiten weiterführte. Bezüglich der Fernlenkanlage war ein Eingreifen der Gruppe E4 wegen der einfachen Verhältnisse nicht notwendig gewesen.[1, 2, 6]

Etwa 300 Flugkörper wurden bis Kriegsende gefertigt. Für die Massenproduktion, die aber nicht mehr anlief, waren das Ruhrstahlwerk Brackwede und die MWM vorgesehen. Einige Abwurferprobungen mit der X7 sind auch von dem Jagdflugzeug Fw 190 durchgeführt worden. Für den Anwendungsbereich als Jägerrakete war die X7 aber zu instabil gewesen.[4] Zu einem Einsatz des Flugkörpers ist es nicht gekommen, weder in der einen noch in der anderen Version. Es ist aber verschiedentlich geschehen, daß sich beim Zurückweichen der Fronten deutsche Truppenteile der in ihrem Bereich greifbaren Geräte (X4 und X7) aus den Fertigungsstätten bedienten und in improvisierter Form zum Einsatz brachten.

Mit der X7 endete übrigens die Reihe der X-Flugkörper von Dr. Max Kramer mit dem genialen Spoiler- bzw. Unterbrecherrudersystem. Sie begann mit der eingesetzten X1 (FritzX). In der X2 (PeterX) und der X3 (Gleitbombe) erfuhr sie eine Weiterentwicklung als frei fallende, ohne Antrieb ferngelenkte Bombe (nur Musterbau). Mit der X4 erhielt die Serie eine Variante als Jägerrakete, um über die X5 und die X6 als Weiterentwicklung der gelenkten Fallbombe, aber von 2500 kg Gewicht, mit der X7 als Panzer- (Luft-Boden) und Tieffliegerabwehrrakete zu enden.

18.3. Die ferngelenkte Jägerrakete Hs 298

Analog zur Gleitbombe Hs 293 entwickelte die Firma Henschel unter Leitung von Professor Herbert Wagner die ferngelenkte Jägerrakete Hs 298 V-1. Bereits 1941 hatte man das erste Muster konstruiert. Das RLM war aber zur damaligen Zeit an dieser Waffe nicht interessiert. Aus diesem Grund bearbeitete man den Flugkörper bei Henschel in der folgenden Zeit nur nebenbei. So kam die 1943 vom RLM plötzlich verlangte Serienfertigung dieser Rakete völlig überraschend. Die Vorbereitungen hierzu wurden Dipl.-Ing. Hesky übertragen.[1]

Wie die Hs 293, war auch die Hs 298 als verkleinertes Flugzeug und Ebenflügler anzusprechen. Sie war ein freitragender Mitteldecker mit Pfeilflügeln und doppeltem Seitenleitwerk in Form von quadratischen Endscheiben. Der Doppelrumpf, übereinander angeordnet und von einer Gesamtverkleidung umschlossen, besaß am Bug zwei Spitzen. Bei der V-1 war an die obere Rumpfspitze der vorgesehene Zielannäherungszünder »Kakadu« montiert, während der untere Rumpfbug den Propeller des Bordgenerators trug. Weiterhin beherbergte der obere Rumpf hinter dem Zünder den 220 mm langen Sprengkopf mit 25 kg Sprengstoff. Nach dem Sprengkopf folgte im Mittelstück des oberen Rumpfes die Funk-Fernlenkempfangsanlage, auf die später noch näher eingegangen wird. Von der backbordseitigen Flügelspitze verlief zum oberen Rumpf die Empfangsantenne, wo sie über eine isolierte Antennendurchführung und innen angebrachtes Antennenanpassungsgerät zum Empfängereingang gelangte. Von der Antennendurchführung etwas nach hinten und oben versetzt, war in die Rumpfwand die buchsenseitige Abreißsteckerhälfte eingelassen. Über diese Steckverbindung konnte man sowohl die

Funktionen des Flugkörpers, ähnlich wie bei der Hs 293, am Boden prüfen, als auch vom Flugzeug aus die Abwurfbereitschaft herstellen und den Abwurf durch Triebwerkzündung mit Hilfe einer Startschiene veranlassen. Am Ende des anschließenden Heckteiles war die Höhenruderflosse befestigt, an deren beiden Enden sich die schon erwähnten Seitenleitwerke 2 befanden. Auf der Oberseite des Flugkörperrumpfes waren zur Befestigung in der Führungsschiene des Trägerflugzeuges zwei Aufhänge- und Führungswarzen angebracht.[1, 2, 3]

Der untere Rumpf beinhaltete an der Spitze den Propeller, in der Spitze den Generator und dahinter den Antrieb. Während sich das nachträgliche Einhängen des Triebwerkes bei der Hs 293 im Truppeneinsatz als sehr große Annehmlichkeit erwies, mußte bei der Konstruktion der Hs 298 wegen ihrer wesentlich geringeren Größe darauf verzichtet werden. Triebwerk und Körper bildeten eine Einheit. Als Raketenantrieb verwendete man bei den ersten Mustern zunächst Flüssigkeitsantriebe. So kam, ähnlich wie bei der Hs 293, z. B. der von der Firma Schmidding, Tetschen-Bodenbach, in Zusammenarbeit mit Henschel entwickelte Sauerstoff-Methanol-Raketenmotor 109-513, intern auch als G9 bekannt, zur Anwendung. Ebenso wurde auch der Flüssigkeitsantrieb 109-511 von BMW eingebaut (siehe auch Kapitel 12.4.4.). Später ließ man aber den Einsatz der Flüssigkeitsantriebe zugunsten des zwar leistungsschwächeren, aber einfacheren und billigeren Feststofftriebwerkes SG 32 bzw. 109-543 der Firma Schmidding fallen. Die Düse des Triebwerkes, am Heck des unteren Rumpfes, war um 30° nach unten umgelenkt, um die Wirkungslinie der Schubkraft durch den Flugkörperschwerpunkt zu führen. Das 810 mm lange Spezialtriebwerk gestattete eine Schubabstufung. Die 32 kg wiegende Diglykol-Pulverladung war in Form von zwei gegossenen, ineinandergesteckten und durch Polygan isolierten Hohlzylindern ausgeführt, wie es beim Triebwerk der X7 ebenfalls verwirklicht war. Der zuerst gezündete innere Treibsatz erbrachte einen Startschub von 1,47 kN (150 kp) über 5 sec, während die danach abbrennende äußere Ladung einen Dauerschub von 0,49 kN (50 kp) über 20 sec veranlaßte. Bei einem Pulververbrauch von 1,27 kg/s ergab sich ein maximaler Brennkammerdruck von etwa 120 bar.[1, 3, 7]

Nach der Zellen- und Triebwerkschilderung soll noch etwas näher auf die Funklenkanlage der Hs 298 eingegangen werden. Die Sendeanlage des Trägerflugzeuges mit der Systembezeichnung FuG 206 und der Tarnbezeichnung »Kehl H?« von Telefunken arbeitete mit der in den Flugkörper eingebauten Empfangsanlage FuG 232 bzw. »Colmar« von Friesecke & Höpfner zusammen, die ungefähr dem Stand bei der Hs 293C entsprach (Tab. 4 und 5). Während die Sendeanlage keine wesentlichen Unterschiede gegenüber der normalen »Kehl«-Anlage aufwies, also auch eine fünfte Modulationsfrequenz von 3,5 kHz für die Fernzündung des Flugkörpers besaß, war die Empfangsanlage, entsprechend der einfacheren Steuerung der Hs 298, erheblich vereinfacht worden. Anstelle der bei der Hs 293 verwendeten Bordbatterie war der schon erwähnte Windgenerator (keine Wartung) im Flugkörper eingebaut. Der Empfänger E232 »Colmar« arbeitete als Überlagerungsempfänger und besaß im Niederfrequenzteil statt der vier Filtersätze nur zwei NF-Diskriminatoren, ähnlich der Anlage FuG 237 bzw. »Duisburg«. Damit war der Raumbedarf erheblich verringert. Die Empfindlichkeit des Empfängers betrug, entsprechend der notwendigen geringeren Reichweite von etwa 1,5 km, nur ein Drittel des Empfängers »Straßburg« der Hs 293 und hatte einen Wert von

6 µV. Der Frequenzabstand der 18 Kanäle betrug jeweils 200 kHz, womit der gesamte Frequenzbereich mit zwei Empfängerausführungen und vier bzw. fünf Kanalfrequenzen überstrichen wurde.

Die Aufschaltung der Kommandos war, der vereinfachten Steuerung der Hs 298 entsprechend, im technischen Aufwand gegenüber der »Kehl III-Straßburg«-Anlage der Hs 293 stark reduziert worden. Wie in Kapitel 12.4.4. beschrieben, hatte man aber schon für die Hs 293 die vereinfachte Steuerung »Kehl H?-Colmar« entwickelt, die bei der Hs 293 erst teilweise in Mustern, bei der Hs 298 dann im ganzen Umfang verwirklicht wurde. Demzufolge besaß die Hs 298 an beiden Tragflächenhinterkanten je ein Querklappenruder und an der Hinterkante der Höhenruderflosse zwei Höhenruderklappen. Weitere Einzelheiten kann der Leser dem Kapitel 12.4.4. und der Abbildung 38 entnehmen. Auch die Hs 298 besaß demnach einen Kreisel, der die Querruderklappen steuerte. Durch die Verwendung der Klappenruder für die Steuerung um die Hoch- und Längsachse und der Leistenruder anstelle des stetig verstellten Höhenruders fielen, wie auch schon in Kapitel 12.4.4. erwähnt, Filter- und Gleichrichterteil des Aufschaltgerätes weg. Die Aufschaltung konnte daher ähnlich wie bei FritzX unmittelbar vorgenommen werden. Beim gerätemäßigen Aufbau waren die wichtigsten Teile in Baugruppen bzw. Blöcken zusammengefaßt, was beim Truppeneinsatz von Bedeutung gewesen wäre. Außer der Funklenkanlage »Kehl-Colmar« war auch für die spätere Serie das System »Kogge« im dm-Bereich vorgesehen (Tab. 4 und 5).[1, 2]

Die Flugerprobung der Hs 298 wurde in Peenemünde-West durch Abwurf von einer He 111 und einer Do 217 im Oktober 1944 mit sieben Körpern durchgeführt.[5] Hierbei ergaben sich aerodynamische Schwierigkeiten.

Geplant war der Truppeneinsatz der Hs 298 mit den Flugzeugen Fw 190, Do 217, Ju 88 G-1 und Ju 388. Seit Beginn der Auslieferung des ersten Musters Hs 298 V-1 im März 1944 wurden bis zum Herbst 1944 etwa 300 Flugkörper hergestellt. Parallel dazu entwarf die Firma Henschel noch ein schwanzloses Muster Hs 298F, von dem aber kein Gerät geliefert wurde.[1]

Nachdem amtlicherseits die Entwicklung und Produktion der Jägerrakete nach der 0-Serie im Spätsommer 1944 zunächst gestoppt worden war, reichte die Firma Henschel am 1. September 1944 noch das verbesserte Muster Hs 298 V-2 ein. Es besaß eine größere Reichweite von 2000 m und einen größeren Gefechtskopf mit 48 kg Sprengstoff. Der Flugkörper war ähnlich aufgebaut wie die V-1, wobei der Sprengkopf mit Zünder aber oberhalb des Geräterumpfes angeordnet war und die Höhenruderendscheiben kreisförmig waren.

Mit der gleichen Anordnung vom 6. Februar 1945, mit der auch die X4 amtlicherseits gestrichen wurde, kam auch für die Hs 298 das Ende. Vollständigkeitshalber sei noch erwähnt, daß auf Vorschlag von Professor Wagner die Neuentwicklung einer weiteren Jägerrakete bei Henschel durchgeführt wurde. Die endgültige Form konnte erst nach vielen Versuchen im Göttinger Windkanal gefunden werden, zeigte dann aber hervorragende Flugeigenschaften im Unter- und Überschallbereich. Die aerodynamische Grundauslegung stammte von Professor Walchner von der AVA Göttingen. Der Flugkörper erhielt, sicher wegen seiner Dreieckflügel, den Tarnnamen »Zitterrochen«. Außer Windkanalmodellen wurden keine weiteren Muster von diesem Flugkörper gefertigt.[1]

18.4.4. Die ferngelenkte Jägerrakete Hs 117H

Ende 1943 forderte die »Kommission zur Brechung des feindlichen Luftterrors«
im RLM die schnelle Lösung einer großen Bord- bzw. Jägerrakete, die in der Lage sein sollte, 40 kg Sprengstoff an das Ziel heranzutragen.[1,4] Die Firma Henschel
schlug als Lösung unter der Bezeichnung Hs 117H eine leichte Abwandlung ihrer
zur damaligen Zeit ohnehin in Entwicklung befindlichen Flarakete Hs 117 vor,
wobei die beiden Starthilfen und das den Schub kontrollierende Machmeter entfallen sollten (siehe Kapitel 19.2.). Als ZAZ wurden »Meise«, »Marabu«, »Fox«
und »Kakadu« in Erwägung gezogen.
Außer den schon genannten Änderungen, die eigentlich nur eine Vereinfachung
darstellten, besaß der Flugkörper in der endgültigen Ausführung, im Gegensatz
zur Hs 117, nur eine Spannweite von 2000 mm bei gleicher Pfeilung der Tragflächen von 27°. Bereits im Mai 1944 konnte ein erstes Muster von einer He 111 in
Peenemünde-West ohne Antrieb im Gleitversuch abgeworfen werden. Im Zuge
der weiteren Erprobung sind noch 28 Flugkörper mit dem BMW-Raketenmotor
109-558, also dem auch bei der Hs 117 zur Anwendung gekommenen Antrieb, verschossen worden (Kapitel 19.2.). Er verlieh der Rakete eine Geschwindigkeit von
900 km/h, bei Abschußentfernungen von 5 bis 7 km. Der Flugkörper sollte nach
dem Zieldeckungsverfahren durch Funk gelenkt werden, wobei die Sendeanlage
FuG 206 »Kehl« und die Empfangsanlage FuG 232 »Colmar« verwendet wurden.
Auch die Drahtlenkung, wie bei der Hs 293 in Bereitschaft gehalten, zog man in
Erwägung. Sie bestand aus der Sendeanlage FuG 207 »Dortmund« und der Empfangsanlage FuG 237 »Duisburg«. Das erste Seriengerät ist im Januar 1945 ausgeliefert worden. Professor Wagner und Dipl.-Ing. Henrici hatten gerade einen verbesserten Entwurf, die Hs 117V, beendet, als das ganze Projekt Hs 117H eingestellt
wurde.[1,4]

19. Flugabwehrraketen

Während die Jägerraketen als Flugkörper von einem Flugzeug gestartet wurden und wieder ein Flugzeug bekämpfen sollten, also als Bord-Bord-Raketen anzusprechen waren, wurden Flugabwehrraketen vom Boden aus auf ein anfliegendes Flugzeug gestartet, womit sie als Boden-Bord-Raketen zu definieren waren.
Obwohl die Bezeichnung »Flak« ursprünglich aus den Anfangsbuchstaben von Flug-Abwehr-Kanone hergeleitet wurde, verwendete man den Begriff Flak, neben anderen Wortverbindungen, auch im Zusammenhang mit den zur Flugzeugbekämpfung eingesetzten Raketen mit der Waffenbezeichnung »Flakrakete«. Richtiger wären die Bezeichnungen Flabrakete oder Flarakete als Abkürzung des Wortes Flugabwehrrakete gewesen, wie sie zu Beginn der Entwicklung verschiedentlich auch gebraucht wurden.
Im nachfolgenden Kapitel wird in besonderer Weise auf die Flugabwehrrakete Hs 117 »Schmetterling« eingegangen, da vor allem ihre Kommando-Fernlenkung, die an ihr durchgeführten Antennenmessungen, ihr Triebwerk und der Abwurfbetrieb Gegenstand der Erprobung in den Fachgruppen E2, E3 und E4 der E-Stelle Peenemünde-West bzw. Karlshagen waren. Diese 1944 begonnenen Arbeiten konnten zunächst nur als Vorerprobung zum Teil im Labor und auf dem Prüfstand gemacht werden, da komplette Geräte endgültiger Ausführung noch nicht zur Verfügung standen.[1] Außerdem ist im Herbst 1943 eine Sondergruppe EF, Hs 117, unter Leitung des Ingenieurs Hermann Kröger aufgestellt worden, der bisher Gruppenleiter der Fachgruppe E2 war. Er hatte von nun an die Erprobungsarbeiten mit dem Flugkörper Hs 117 an der E-Stelle zu koordinieren und zu leiten, wobei eine enge Zusammenarbeit erfolgte mit der Firma Henschel und der Flak-Versuchsstelle Karlshagen, auf deren Gründung und Existenz in diesem Zusammenhang auch noch eingegangen wird. Krögers Nachfolger in der Leitung der Fachgruppe E2 wurde Flugbaumeister Max Mayer (Abb. 11).[7]
Neben der Hs 117 wird noch über die anderen seinerzeit entwickelten und in Erprobung gegangenen Flaraketen C2 »Wasserfall«, »Rheintochter« und »Enzian« berichtet werden, da diese Flugkörper alle gemeinsam von der obersten Luftwaffenführung mit den entwickelnden Firmen bearbeitet bzw. in Auftrag gegeben wurden. Zuvor sind im folgenden Kapitel aber noch einige Gedanken zu den Fernlenkkörpern (FK) im allgemeinen und den Flaraketen im besonderen festzuhalten.

19.1. Die Suche nach der optimalen Lösung

Wie der Leser durch den ganzen bisherigen Bericht über die Entwicklung und Erprobung der damaligen Sonderwaffen unschwer feststellen kann, war ihr Werdegang oft von einer Vielzahl von Typen und Ausführungen gekennzeichnet. Man hat der damaligen deutschen militärischen und technischen Führung in der Nachkriegszeit deswegen entsprechende Konzept- und Führungslosigkeit vorgeworfen, wie es auch in dem bekannten Bericht der Rechliner Ingenieure (Kapitel 10) sogar noch im Kriege in recht riskanter und klarer Form ausgesprochen wurde. Bei den ferngelenkten Flaraketen war das nicht anders. Die sich zuletzt behauptenden funkferngelenkten Luftkampfraketen waren, nach endlicher Straffung des Programms, die am Anfang dieses Kapitels schon genannten vier verbliebenen Geräte. Bei einer gerechten Beurteilung der damaligen Situation ist zu bedenken, daß besonders in den 30er Jahren, kurz vor und besonders im Kriege, in Deutschland die Raketen- und Flugkörpertechnik in rasanter Weise entwickelt wurde. Es fand damit also in entscheidender Zeit eine regelrechte Revolution der Waffentechnik statt. Bei den einschlägigen deutschen Firmen entstand für alle möglichen Anwendungsfälle eine Vielzahl von Flugkörpern, die durch die ebenfalls rasch fortschreitende Wellentechnik – z. B. auf dem Ultrarot- Ultraviolett- und Hochfrequenzgebiet – mit entsprechenden Zielsuch- und Fernlenksystemen ausgestattet werden sollten. Unter dem Druck und den Erschwernissen des fortschreitenden Krieges auf der einen und der immer größer werdenden, weltweit gestützten materiellen und personellen Überlegenheit der Alliierten auf der anderen Seite war es für die deutsche militärische und technische Führung nicht leicht, aus dem Überangebot der neuen Waffensysteme das für den jeweiligen Anwendungsfall optimalste auszuwählen, um es in möglichst kurzer Zeit zur Truppenreife zu führen. Da keine Erfahrungen in der Anwendung dieser neuen Waffentechnik vorlagen, wird verständlich, daß die Auswahl zur Straffung des gesamten Flugkörperprogrammes aus der Fülle des Angebotes recht schwierig war und deshalb erst sehr spät, ja zu spät erfolgte. Hierbei ist noch zu bedenken, daß bei den näher ins Auge gefaßten Geräten auch ein gewisses Erprobungsergebnis vorliegen mußte, um eine Auswahl zu treffen. Hinzu kamen noch bürokratische Kompetenzstreitigkeiten, die in der Organisation des RLM begründet waren und die Entscheidungsfindung verzögerten. Im Kriege drängte aber die Zeit. Wie komplex sich seinerzeit allein das Anwendungsgebiet der Flaraketen darstellte und wie problematisch seine Einführung in das vorhandene Abwehrsystem der Rohrwaffen von leichter, mittlerer und schwerer Flak war, geht aus dem Grundsatzbericht der Abteilung GL/Flak-E »Flaraketen« vom 4. Oktober 1943 hervor. Im Kapitel A dieses Berichtes werden zunächst ganz allgemein jene Aufgaben genannt, deren Lösung zukünftig als für die seinerzeitige Kriegführung von entscheidendem Einfluß angesehen wurde:

»a) Vervollkommnung und überlegene Beherrschung der Wellentechnik.
 b) Anwendung von Strahlantrieben.
 c) Ausnutzung der Atomenergie.«

Zu Punkt c) sind noch die bemerkenswerten und vorausschauenden Worte ausgeführt: »… daß demjenigen Volk die unumschränkte Beherrschung über alle Erdteile zufallen wird, dem die Lösung und Anwendung (der Atomenergie, d. Verf.) zuerst gelingt.«
Im Kapitel B wird auf die »Luftverteidigung in nächster Zukunft« eingegangen. Unter Punkt 2. Absatz a) wird u. a. ausgeführt, daß »leichte Flakgeschütze nach wie vor die Abwehr von Fliegerangriffen übernehmen, da Flakraketen in diesen (niedrigen) Bereichen (Totbereich) nicht einsatzfähig sind«.

»Schwere Flakgeschütze (leistungsgesteigert) können von dem Beginn des Einsatzes wirksamer Flakraketen an nur mehr kurzzeitig Bedeutung für die Luftverteidigung haben. ... unter den Flugzeugen für Luftabwehr werden ... die an Bedeutung gewinnen, ... von denen gesteuerte Raketen von Bord aus verschossen werden können.« (Für den damals eingeführten Begriff »ferngelenkt« treten besonders in diesem Kapitel in zitierten Unterlagen die Bezeichnungen »ferngesteuert«, »Fernsteuerung« usw. in den Texten auf. Offenbar hielt man sich auch in offiziellen Kreisen nicht immer an die festgelegte Terminologie, oder die Unterscheidung zwischen Lenkung und Steuerung war teilweise nicht bekannt.) Der Bericht fährt dann fort:
»Die Flakraketen, die mit Unterschallgeschwindigkeit fliegen, sind in ihrer Lebensdauer von den jeweils erreichten Flugzeuggeschwindigkeiten abhängig, und ihre Wirksamkeit wird bei Zielgeschwindigkeiten von etwa 200 m/s begrenzt sein. Flakraketen mit Überschallgeschwindigkeit stellen die Endlösung dar.«
Unter Absatz b) wird auch die Bekämpfung von gegnerischen Fernkampfmitteln mit Unter- und Überschallgeschwindigkeiten erwähnt, die im ersten Fall durch geeignete Flugzeuge und Unterschallflugkörper, im letzteren Fall nur durch Überschall-Flakraketen möglich sein wird.
In Punkt 3. ist der Aufbau der Luftverteidigung Gegenstand näherer Untersuchung. Bis zum Berichtszeitpunkt hatte man festgestellt, daß die Errichtung einer geschlossenen Luftverteidigungszone um das ganze Reichsgebiet weniger Kräfte erforderte als der Schutz von vielen Einzelobjekten. Bezüglich der Einsatzhöhe wurde die Gliederung der Luftverteidigungszone nach der Leistung der einzusetzenden Geräte vorgeschlagen:

> Flakraketen mit Überschallgeschwindigkeit
> Flakraketen mit Unterschallgeschwindigkeit
> Schwere Flak (leistungsgesteigert)
> Leichte Flak (3,7 cm; 5,5 cm)
> Luftsperrmittel (Sperrballone usw.)

Für die Tiefe der Verteidigungszone schlug der Bericht, besonders bei massierten Angriffen des Feindes, drei Luftverteidigungsriegel der genannten Waffen vor. Der Einsatz von Abwehr- bzw. Jagdflugzeugen blieb sowohl dem Vorfeld der Luftverteidigung als auch dem Inneren, also dem Reichsgebiet, vorbehalten.
Das Kapitel C geht am Schluß des Berichtes näher auf die Flugkörper selbst ein. Dabei werden zwei Punkte für die Flaraketenentwicklung besonders herausgestellt:

a) Ausreichend hohe Fluggeschwindigkeit.
b) Beherrschung der Steuerung bei den vorgegebenen Geschwindigkeiten.[2]

Da die Horizontalgeschwindigkeiten der Flugzeuge von 1918 bis 1942 – den hier interessierenden Zeitpunkt – von 180 auf 580 km/h, also um etwa das Dreifache gesteigert wurden, war auch die Abwehr vor andere Probleme gestellt worden. Geht man zunächst von der Bekämpfung durch das klassische Flakgeschütz aus, so hatte man 1918 schon eine Geschoßanfangsgeschwindigkeit v_0 von etwa 800 m/s erreicht. Die bis 1942 verwirklichten höchsten v_0-Geschwindigkeiten der 12,8-cm-Flak mit 880 m/s und der 8,8-cm-Flak mit 1000 m/s unterschieden sich davon nur geringfügig. Aufgrund dieser Tatsache wird ersichtlich, daß sich die Flugzeuggeschwindigkeit gegenüber der Geschoßgeschwindigkeit wesentlich mehr gesteigert hatte. Damit vergrößerte sich nach der Flakhypothese die Vorhaltestrecke in gleichem Maße, sofern die Zielbewegung sich während der Geschoßflugzeit nicht änderte. Wenn man bedenkt, daß damals bei einer Geschoßflugzeit eines schweren Flakgeschützes von 25 sec und einer Flugzeuggeschwindigkeit von 150 m/s (540 km/h) schon eine Vorhaltestrecke von 3750 m (!) einzuhalten war, dann wird deutlich, wie notwendig damals schon entweder eine Erhöhung der Geschoßgeschwindigkeit oder andere Flugzeugbekämpfungsmittel waren. Als Übergangslösung konnten zunächst Rohrwaffen und ferngelenkte Flaraketen gleichzeitig existieren.[3]

Neben dem 1942 und 1943 bei einer Flaraketenentwicklung zu berücksichtigenden Stand der Flugzeugtechnik mußte aber auch für die nahe Zukunft vorgesorgt werden, wie aus dem Bericht des Generals der Flakwaffe vom Juni 1942 hervorgeht.[3] Schon damals wurde »in den nächsten Jahren« mit einem stufenweisen Anwachsen der Flugzeuggeschwindigkeiten auf etwa 1000 km/h = 280 m/s und Flughöhen von 10000 bis 15000 m gerechnet. Hier brauchte man nur die eigenen Entwicklungen und die sich daraus ergebenden Zukunftsaussichten zugrundezulegen.

Als am 18. September 1942 der General der Flakartillerie von Axthelm allen zuständigen Dienststellen mitteilte, daß RM Hermann Göring das Entwicklungsprogramm der Flakartillerie genehmigt habe, schloß er mit den Worten: »… Der Vorsprung, den die fliegerische Entwicklung eindeutig hat, muß unter Anspannung aller Kräfte eingeholt werden.«.[4] Das war der wehrtechnische Hintergrund, vor dem sich notwendigerweise die Entwicklung der Flaraketen abspielte. Wie dargestellt, kann man der Wahl der geeigneten Flaraketenkörper aus dem seinerzeit vielseitigen Angebot durchaus eine entsprechende Schwierigkeit zuordnen. Aber das Herbeiführen einer möglichst raschen Entscheidung hatte damals keine große Chance, und der zielstrebige Beginn einer Flaraketenentwicklung wurde in geradezu unverantwortlicher Weise verzögert, wie im folgenden beschrieben wird. Auch bestand in einschlägigen Kreisen des Technischen Amtes im RLM eine Überschätzung der konventionellen Luftverteidigungswaffen, und man war dort Anfang des Krieges für keinen zukunftweisenden Vorschlag zugänglich. »Die Abwehr besorgen unsere Jäger« war die vorherrschende Meinung.[23, 24]

Als am 15. November 1939 der Flug des Aggregates 5 (A5), einem Vorläufer des späteren A4, ziemlich erfolgreich im Senkrechtstart auf der Oie gelungen war, hatte das nicht nur einen förderlichen Einfluß auf die weitere Entwicklung der ballistischen Boden-Boden-Raketen, sondern ließ auch den Gedanken einer Flugabwehrrakete in den Vordergrund treten. Aus den beiden daraus resultierenden Berichten vom 10. Januar 1940 und vom 19. April 1940 gehen die Ergebnisse dieses Versuches hervor. Der letzte Bericht weist eine Scheitelhöhe des Steilabschusses von 6,0 km und eine Entfernung von 5,2 km aus.[6]

Im Februar 1941 nahm die Amtsgruppe (AG) Flakentwicklung des RLM erstmals Kontakt mit der Industrie und der Heeres-Versuchsstelle-Peenemünde (HVP) wegen der Entwicklung von Flaraketen auf.[6] Danach erfolgten weitere Abschüsse von A5-Raketen und Besuche von RLM-Angehörigen in Peenemünde, bis in den Sommer 1941 hinein. Anläßlich einer dieser Vorführungen bei der HVP waren außer Generalingenieur Lucht ranghohe Ingenieure der Luftwaffe und des

Heeres wie auch Oberst Dr. Walter Dornberger anwesend. Dem danach verfaßten Besprechungsprotokoll vom 18. Juli 1941 ist zu entnehmen:

»1. Aufgrund einer Verfügung des Reichsmarschalls ist der Generalluftzeugmeister (GL, damals noch General Udet) mit der verantwortlichen Leitung der Entwicklung auch auf dem Flakgebiet beauftragt worden. GL wird daher als Auftraggeber in den von dem General der Flakartillerie erteilten Auftrag auf Entwicklung einer funkgesteuerten Flugabwehr-Flüssigkeitsrakete einsteigen. Von der taktischen Brauchbarkeit dieses Gerätes versprechen sich die Herren der Luftwaffe jedoch wenig, da der Aufwand zu groß ist. Die Hauptbedeutung dieser Entwicklung wird vielmehr darin erblickt, daß sie die grundlegenden Vorversuche für den vollgesteuerten Interceptorjäger ergeben wird. Die Formulierung der genauen Aufgabenstellung und die Festlegung des Entwicklungsweges soll in nächster Zeit in einer Besprechung bei Oberstingenieur Beckmann in Berlin erfolgen ... Oberstingenieur Beckmann hat die von HVP gestellten Personalanforderungen zur Kenntnis genommen und wird sich um Gewinnung der Kräfte bemühen ...« (Hier werden die Ursprünge der späteren Flakversuchsstelle Karlshagen sichtbar, d. Verf.)

2. In diesem Punkt soll die Entwicklung des Rückstoßinterceptors nach den Peenemünder Vorschlägen (v. Braun am 6. Juli 1939, d. Verf.) in Angriff genommen werden. Für die spätere Fertigung wird die Firma Fieseler eingeschaltet, die in enger Zusammenarbeit mit der HVP die Entwicklung und den Bau erst dann aufnehmen soll, wenn die ersten Ergebnisse mit der automatischen Nachsteuerung von A5-Gleitern auf Flugziele vorliegen.

3. Dieser Punkt regelt die Durchführung der Gleitflüge des A5 durch Abwürfe von einer He 111.[5]

Der Interceptor wurde später von Alexander Lippisch mit der Me 163 (Kapitel 10) verwirklicht, startete aber horizontal und nicht vertikal, wie es von Braun vorgeschlagen hatte. Kurioserweise arbeitete man aber zum Zeitpunkt der Besprechung schon längst am Vorläufer der Me 163 – der DFS 194 –, und Lippisch war schon von der DFS in Darmstadt zu Messerschmitt nach Augsburg umgezogen.

Im Mai 1941 hatte die AG GL/Flak inoffiziell die Taktisch-Technischen Anforderungen (TTA) an die HVP übergeben, worauf im gleichen Monat noch der Studienentwurf einer Flarakete auf der Basis des A5-Systems von der HVP vorgelegt wurde.[6,7] An dieser Stelle ist zu erwähnen, daß es seinerzeit innerhalb der Organisation des RLM einerseits das Technische Amt (C-Amt) für alle Flugzeugbelange – dem später noch die Fernlenkkörper mit der Gruppe E9 unter Stabsingenieur Brée zugeordnet wurden – und andererseits die Amtsgruppe Flak-Entwicklung gab. Wenn diese Organisation noch in gewisser Weise aus der geschichtlichen Entwicklung des RLM zu verstehen war, so wird deutlich, wie durch die Umwälzungen in der Waffenentwicklung diese organisatorische Unterteilung endgültig unlogisch wurde, als plötzlich auch die Amtsgruppe Flak mit Fernlenkkörpern anstelle der bisherigen Rohrwaffen konfrontiert wurde. Diese Verteilung der Bearbeitung gleicher Waffensysteme auf verschiedene Institutionen im RLM war dann auch ein wesentlicher Grund für die Verzögerung in der zielstrebigen Verwirklichung der Flaraketen.

Am 25. Oktober 1941 fand im RLM, Berlin, eine Besprechung mit Herren der

HVP statt, deren Ergebnis im Bericht vom 28. Oktober festgehalten wurde. Aus dem Betreff »Interceptorvorhaben und Flaraketen-Entwicklung« kann man u. a. entnehmen, daß die Taktischen Forderungen vom Generalstab der Luftwaffe, 6. Abteilung, bearbeitet wurden. Die Federführung in der technischen Abwicklung lag innerhalb des RLM beim C-Amt, Generalingenieur Reidenbach, Amtsgruppe Entwicklung. Mit der Bearbeitung war die Abteilung LC2, Gruppenleiter Stabsingenieur Brée, beauftragt. Für die Aufstellung der Taktisch-Technischen Anforderungen war ein Arbeitsausschuß aufzustellen, dem neben den vom Heer vorzuschlagenden Persönlichkeiten von der Luftwaffe General der Flieger Jeschonnek, Generalingenieur Reidenbach, Professor Wagner von der Firma Henschel, ein Vertreter der Firma Zeiss-Jena, die Sachbearbeiter beim Generalstab der Luftwaffe, 6. Abteilung, und vom RLM LC2 und LC4 angehörten. Von LC2 war beabsichtigt, die Entwicklung des Flageschosses mehreren Stellen zu übertragen, darunter der HVP. Die Interceptorentwicklung blieb nach wie vor bei LC2, Stabsingenieur Antz. Hierbei tauchte erstmals die in Vorbereitung befindliche Me 163 und der bei Messerschmitt bestellte Auftrag von 70 Flugzeugen auf (Kapitel 10).[6]

Noch im November 1941 erklärte das Technische Amt das Konzept der Flarakete als technisch und wirtschaftlich undurchführbar, wie auch schon im Peenemünder Protokoll vom 18. Juli 1941 berichtet wurde. Die Luftwaffendienststelle wollte ausschließlich mit ferngelenkten Bord- bzw. Jägerraketen (Kapitel 18) und den für diese vorgesehenen Flugzeugen die feindlichen Bomberflotten bekämpfen. Damit bestand eine kontroverse Auffassung gegenüber dem Chef der Rüstungsabteilung des Luftwaffen-Generalstabes. Dieser forderte, mit Unterstützung von GFM Milch, die Entwicklung und den Einsatz von Flaraketen. Es dauerte dann noch bis zum Mai 1942, bis die von der AG Flak aufgestellten Entwicklungsrichtlinien vom Generalstabschef der Luftwaffe genehmigt werden konnten. Erst Mitte 1942 folgte die Genehmigung von RM Göring. Nachdem auch Hitler dem neuen Flakprogramm zugestimmt hatte, konnte Göring am 1. September 1942 die Entwicklung der Flaraketen befehlen. Inzwischen waren vom Mai 1941 bis September 1942 fast 15 Monate an wertvoller Zeit verlorengegangen. Sicher haben auch die verheerenden Folgen der britischen »Feuersturm«-Bombenoffensive auf deutsche Städte im RLM die überfällige Entscheidung für die Flarakete veranlaßt.[3, 4, 7]

Die TTA wurden mit dem Schreiben Führungsstab IT/General der Flakwaffe, Az 67 Nr. 1730/42 geheime Kommandosache, vom 25. September 1942 an die Luftwaffendienststellen und die entwickelnden Institutionen übergeben. Der Bericht ist in die Abschnitte A bis C gegliedert. Abschnitt A teilt die Flaraketen in folgende Entwicklungsvorstufen ein:

I.   Die unlenkbare Flarakete
II. Die zielsuchende Flarakete
III. Die nach Sicht ferngelenkte Flarakete
IV. Die nach elektrischen Meßwerten ferngelenkte Flarakete

Unter Abschnitt B werden die eigentlichen TTA zu den Punkten I. bis IV. fixiert.

Zu I.:
Hier handelte es sich um die R-Fla 42, eine ungelenkte Feststoff-Flarakete zur

Bekämpfung von Flugzeugen in Höhen von 700 bis 7000 m. Sie wurde aus der Wergergranate 21 entwickelt und auch, von Fl.-Stabsingenieur Wilhelm Zeyss umkonstruiert, als Jägerrakete verwendet (Kapitel 18.1.). Für Störungsfeuer bei geringstem bodenseitigem Aufwand sollte sie in Richtung des vorberechneten Vorhaltepunktes abgeschossen werden. Die wichtigsten Forderungen waren: hohe Splitterwirkung – Sprengpunktablage bis 25 m – Kaliber 21 cm – elektrischer Zünder, fortlaufend einstellbar, oder störunempfindlicher funktechnischer Zünder, nach Ablauf der vorberechneten Geschoßflugzeit vom Boden aus zündbar – Zerlegerzünder zur Vermeidung von Bodenkrepierern bei Zündversagern – einfaches, schwenkbares Vierlingsschießgestell mit Mehrladeeinrichtung. Die Entwicklung war zum Berichtszeitpunkt schon seit Anfang 1942 durch das OKH/WaPrüf 11 bei den Firmen Rheinmetall-Borsig und Krupp eingeleitet worden.

Unter dem »Projekt Stölzel« verbarg sich ebenfalls eine Feststoff-Flarakete, die ähnlich wie die R-Fla 42, aber nur für Entfernungen bis 2000 m eingesetzt werden sollte. Die Entwicklung war ebenfalls durch Wa Prüf 11 bei der HVP eingeleitet worden.

Zu II.:
Eine zielsuchende Flarakete war zur Bekämpfung hochfliegender, schneller Feindflugzeuge auf große Entfernungen bei geringem bodenseitigem Aufwand in Form einer Feststoffrakete zu entwickeln. Sie sollte in den vorausberechneten Vorhalteraum verschossen werden und von hier aus bei einer Entfernung von 3000 bis 4000 m das Ziel selbstsuchend anfliegen. Die wesentlichen Forderungen waren: Bekämpfung von Zielen ab 7000 m Schrägentfernung bis zu Höhen von 20 000 m bei Horizontalentfernungen von 20 000 m und Zielgeschwindigkeiten bis zu 300 m/s – Splitterwirkung auf Ziele hoher Festigkeit – Sprengpunktablage entsprechend 50%iger Treffgenauigkeit der zielsuchenden Steuerungseinrichtung – Kaliber über 20 cm – Körperlänge ein Teilbares oder Vielfaches der Funkmeßgeräte(F.M.G.)-Wellenlänge (wegen möglichst großer und exakter Signalbildung aus der Reflexionsfeldstärke, d. Verf.) – Zünder, der bei geringstem Abstand vom Ziel anspricht, später funktechnischer Fernzünder, der bei vom F.M.G. gemessener Entfernungsgleichheit Rakete und Ziel vom Boden aus drahtlos gezündet wird (20 bis 30 Frequenzkanäle) - Zerlegerzünder wie bei I. – Antrieb: Mehrstufenprinzip – schwenkbares Schießgestell mit vom Kommandogerät fernsteuerbarer Richtanlage, Richten von Hand möglich – Richtgenauigkeit entsprechend der Genauigkeit des Zielsuchgerätes und der Ballistik – Ortsfest und beweglich auf Eisenbahn.

Zu III.:
Nach Sicht ferngelenkte Flarakete (Projekt Henschel). Da dieses Gerät im nachfolgenden Kapitel näher beschrieben wird, soll hier auf die Forderungen nicht näher eingegangen werden (siehe Kapitel 19.2.).

Zu IV.:
Die hier geforderte, nach den elektrischen Meßwerten ferngelenkte Flarakete hatte den Zweck, als Flüssigkeitsrakete schnellste, gepanzerte Höhenflugzeuge weit vor dem zu schützenden Objekt oder Gebiet mit Vernichtungsfeuer zu bekämp-

fen. Gegebenenfalls sollte in Zielnähe eine Zielsuchautomatik in Tätigkeit treten (später Projekt »Wasserfall«, d. Verf.). Forderungen: Bekämpfung von Zielen ab 10 000 m Schrägentfernung, in Höhen bis zu 20 000 m und Horizontalentfernungen bis zu 50 000 m, bei Zielgeschwindigkeiten bis zu 300 m/s – Splitter- oder Gasschlagwirkung auf gepanzerte Ziele bei Sprengpunktablagen, die der erreichbaren 50%igen Treffgenauigkeit entsprachen – Kaliber 50 bis 100 cm – Fernsteuerung vom Boden durch Funkleitstrahl, wenn erforderlich, in Zielnähe zusätzlich mit Zielsuchautomatik – Zünder, Ansprechen bei Eintritt des Zieles in den Wirkungsbereich des Sprengkopfes der Rakete – Bergung der Rakete durch Fallschirm, wenn sie nicht in wirkungsvolle Nähe des Zieles kam und bei Zündversagern. Selbstzerleger bei Versagen des Fallschirmausstoßes – Serienfertigung – bodenseitige Steueranlage durch störunempfindlichen Funkleitliniensender, dessen Leitstrahl nach Abschuß automatisch auf den Ortungsstrahl des F.M.G. eingesteuert wurde - gleichzeitige Steuerung mehrerer Raketen verschiedener Leitliniensender (etwa 20 Frequenzkanäle).[6]

Im letzten Abschnitt, C, des Berichtes wird die Durchführung der Entwicklung angesprochen. Demzufolge hat L Flak die Gesamtfederführung der R-Entwicklung. OKH, Heereswaffenamt, wird gebeten, die Entwicklung zu den Punkten I., II. und IV. weiterzuführen bzw. in Angriff zu nehmen und bezüglich der Bodenorganisation (F.M.G., Funkleitliniensender und Kommandogeräte) mit GL/C-E und L Flak eng zusammenzuarbeiten. GL/Technisches Amt wird gebeten, die Entwicklung zu Punkt III. (Hs 117) unter Zusammenarbeit mit OKH, HWA und L Flak zu übernehmen.

Nachdem das Heereswaffenamt, Wa Prüf 11, die TTA für die Entwicklung von Flaraketen des Luftwaffenführungsstabes IT erhalten und durchgearbeitet hatte, nahm es dazu mit Schreiben vom 22. Oktober 1942 Stellung. Hier geht es besonders auf den Punkt II. des Absatzes A ein. Bezüglich der dort als Vorstufe ausgewiesenen zielsuchenden Flarakete bat Wa Prüf 11 in seiner Stellungnahme, auf die geforderte Form eines nur zielsuchenden Gerätes zu verzichten und statt dessen eine ferngelenkte Pulverrakete zu fordern. Als Begründung wurde sinngemäß formuliert, daß die 3000 bis 4000 m Entfernung vom Ziel beim Einsetzen der zielsuchenden Selbststeuerung zu gering wären, vor allem, wenn das Ziel Abwehrbewegungen flog. Da der Abschuß der Rakete mit Vorhalt erfolgen sollte, mußte die Raketengeschwindigkeit ein Vielfaches der Zielgeschwindigkeit sein, um die Vorhaltestrecke möglichst klein zu machen. Außerdem war die zielsuchende Nachlenkbarkeit der Rakete – in der kurzen zur Verfügung stehenden Zeit – nur gewährleistet, wenn die Entfernung des errechneten Vorhaltepunktes zum wirklichen Ort des Flugzeuges beim Einsetzen der Selbststeuerung nur gering war. Das setzte letztlich wieder die Flakhypothese voraus. Machte der Gegner Abwehrbewegungen, konnte die Vorhaltestrecke bei einer Raketenflugzeit von etwa 20 sec 6 km betragen. Während dieser Zeit hätte das Ziel derartige Abweichungen vom vorausberechneten Treffpunkt erreichen können, daß es trotz größten Öffnungswinkels des Zielsuchgerätes nicht mehr gefunden werden konnte. Sollte das Ziel unter günstigeren Bedingungen trotzdem gefunden werden, war sicher kein Steuerungssystem in der Lage, die Rakete in der kurzen Zeit mit ihrer großen Geschwindigkeit auf die erforderliche stark gekrümmte Bahn zu bringen. Dagegen kann eine ferngelenkte Rakete bereits bei Beginn jeder Abwehrbewegung nachgelenkt werden. Mit dieser durchaus richtigen Auffassung gingen die Meinungen des Luftwaffenführungsstabes und der entwickelnden Dienststelle, der HVP, auseinander.

Nach der schon erwähnten Verfügung von RM Hermann Göring, Nr. 1038/42 geheime Kommandosache vom 1. September 1942, zur Entwicklung der Flaraketen konnte der Luftwaffenführungsstab IT am 13. Oktober 1942 unter der Nr. 1584/42 geheime Kommandosache, die Aufstellung eines Flakkommandos für R-Entwicklung fordern. Mit der Aufstellung des Kommandos wurde etwas später die Gruppe IaT beim Luftwaffenführungsstab aufgelöst. Ihre bisherigen Aufgaben gingen an den General der Flakwaffe über. Mit der Kommandierung und späteren Versetzung von zunächst fünf Offizieren am 15. Januar 1943 zum Flakkommando, die der Heeresversuchsanstalt Peenemünde unterstellt wurden, begann die Existenz der in der Versuchsstelle Peenemünde-West einfach als »Flakversuchsstelle« bekannten Dienststelle. Der Personalstand wurde später durch Ingenieure, Chemiker, Konstrukteure und Handwerker ergänzt. Der Kommandeur des Flakkommandos regelte den Arbeitseinsatz entsprechend den Weisungen von Wa Prüf 11 des Heereswaffenamtes, unter Berücksichtigung der Wünsche des Technischen Leiters des Entwicklungswerkes der HVP, von Braun. Als Tarnname erhielt das Kommando zunächst die Bezeichnung 8. (Flak) Komp. Karlshagen-Lager. Das Personal war in Betreuungs- und technisches Personal unterteilt. Die Unterkünfte befanden sich im Barackenlager Karlshagen und im VKN-Lager. Die Diensträume der neuen Einheit waren u. a. im Entwicklungswerk der HVP und in mehreren Baracken östlich des Kölpien-Sees, im erweiterten Bereich des Werkes West, untergebracht. Die ursprüngliche Personalstärke von 200 Offizieren, Ingenieuren, Unteroffizieren und Mannschaften konnte recht schnell aufgefüllt und ihrer Bestimmung zugeführt werden, um das »Vesuv«-Programm (Tarnname für die Entwicklung und Erprobung aller Flaraketen) durchzuführen. Erst als die Planstellen auf 500 erhöht wurden, traten bei der Personalbeschaffung Probleme auf, die sich noch mehr steigerten, als GFM Erhard Milch am 22. Juli 1943 das Plansoll der Flakversuchsstelle auf 1500 heraufsetzte.[6] Ebenso stellte sich die Personallage bei der entwickelnden Industrie dar. Die I.G. Farben, Ludwigshafen, benötigte zum Ausbau der Visolanlage dringend 50 Bauschlosser. Am 1. Juli erfolgte bei einer OKW-Tagung die Bedarfsanmeldung. Erst am 20. September trafen die ersten Facharbeiter ein. Gleiche Schwierigkeiten hatte die Firma Rheinmetall-Borsig (»Rheintochter«) und die Firma Henschel (Hs 117 »Schmetterling«). Die letzte Firma hatte die größten Personalprobleme. Von den 500 angeforderten Arbeitskräften (mit Unterlieferanten) konnten bis zum 28. September nur 45 zugeführt werden.[6]

Auf Anregung des Kommandeurs der Flakversuchsstelle Peenemünde bzw. Karlshagen, Hauptmann, später Major König, der sich zunächst im Herbst 1942 an Bauleiter Johannes Müller wegen eines speziellen Prüfstandes für die »Wasserfall«-Flarakete wandte, entstand auf Initiative durch Dr. von Braun und Oberst Dr. Dornberger nach Genehmigung von GFM Milch der Prüfstand IX. Aber auch dessen Realisierung verzögerte sich durch Personalmangel. Für die anderen Flaraketen, z. B. Hs 117 und »Enzian«, baute man die »Startstelle Strand« aus, die sich zwischen dem flachen, sandigen und verzweigten östlichen Küstenstreifen und dem Prüfstand IX erstreckte (Abb. 8).[1, 9] Ebenso war die Oie Abschußstelle, besonders der ersten Wasserfallgeräte. Eine umfangreiche optische Meßbasis stand für die Versuchsstarts zur Verfügung. Auf der Oie waren drei Meßstände und eine Zentrale vorhanden. Die »große Festlandbasis« für die Flaraketen bestand aus den Ständen Ruden, Siedlung und Oie. Die Zentrale war auf dem Ruden. Die »kleine Festlandbasis« setzte sich aus den Türmen T1, T2 und T3 auf dem Gelände des HAP (Werk Ost) zusammen. Zentrale war einer der drei Türme.[10]

Mit der kurz geschilderten Personalsituation soll die verhältnismäßig ausführlich beschriebene Vorgeschichte zur angestrebten Verwirklichung der Flaraketen abgeschlossen werden. Es ist damit bezweckt worden, zunächst die Problematik dieser neuen Waffensysteme zu schildern, die organisatorisch bedingten Schwierigkeiten ihrer Verwirklichung darzustellen und die damals kontroversen Auffassungen über ihre Notwendigkeit zu erwähnen. Die rein technischen Schwierigkeiten werden in den nachfolgenden Kapiteln angesprochen werden.

19.2. Hs117 (»Schmetterling«)

Trotz der angespannten Personalsituation im allgemeinen und der im Zusammenhang mit der Hs 117 bei der Firma Henschel Flugzeugwerke AG im besonderen, erging vom RLM GL/C mit Schreiben vom 6. Oktober 1943 der Erprobungsauftrag für die Flarakete Hs 117 an den Kommandeur aller E-Stellen, Oberst Petersen, in Rechlin. Für die Erprobung wurde die E-Stelle der Luftwaffe Karlshagen vorgesehen.[6]

Dieses Gerät, aus den Erfahrungen mit der Hs 293 bei Henschel unter Professor Wagner entwickelt, wurde dem RLM bereits 1941 unter der Bezeichung Hs 297 als Flarakete vorgelegt, aber zu jenem Zeitpunkt abgelehnt. Jetzt sollte der Flugkörper unter dem Druck der Kriegsereignisse und unter wesentlich ungünstigeren Bedingungen möglichst schnell in der Dringlichkeitsstufe DE realisiert werden.[11]

Die Vervollständigung bzw. der Wiederbeginn der Entwicklung erfolgte ab Juli/ August 1943 bei Henschel. Wie alle Henschel-Flugkörper, war auch die Flarakete Hs 117 in Flugzeugform aufgebaut (Abb. 81). Der Abschuß erfolgte im Schrägstart von einem Startgestell aus, wobei zwei Feststoffstarthilfen 1, die nach dem Ausbrennen abgeworfen wurden, den Hauptschub der Startphase lieferten. Danach übernahm der Flüssigkeitsmotor alleine den weiteren Antrieb. Vom Boden ausgesendete FT-Lenksignale wurden von einem bordseitigen Empfänger aufgenommen und an Elektromagnete weitergegeben, deren Tauchanker die Ruderklappen bzw. Spoiler an den Hinterkanten der Trag- und Leitwerkflächen entsprechend den gegebenen Kommandos betätigten. Zur guten Sichtbarmachung des Körpers für den Lenkschützen waren am Rumpf zwei Leuchtpatronen montiert, die beim Startvorgang gezündet wurden.[11, 12]

19.2.1. Entwicklung

In diesem Kapitel soll auf den Werdegang, den technischen Aufbau, die FT-Empfangs- und Steuerungsanlage wie auch die bodenseitigen Start-, Sende- und Führungsanlagen der Hs 117 näher eingegangen werden. Die Hs 117 war ein aerody-

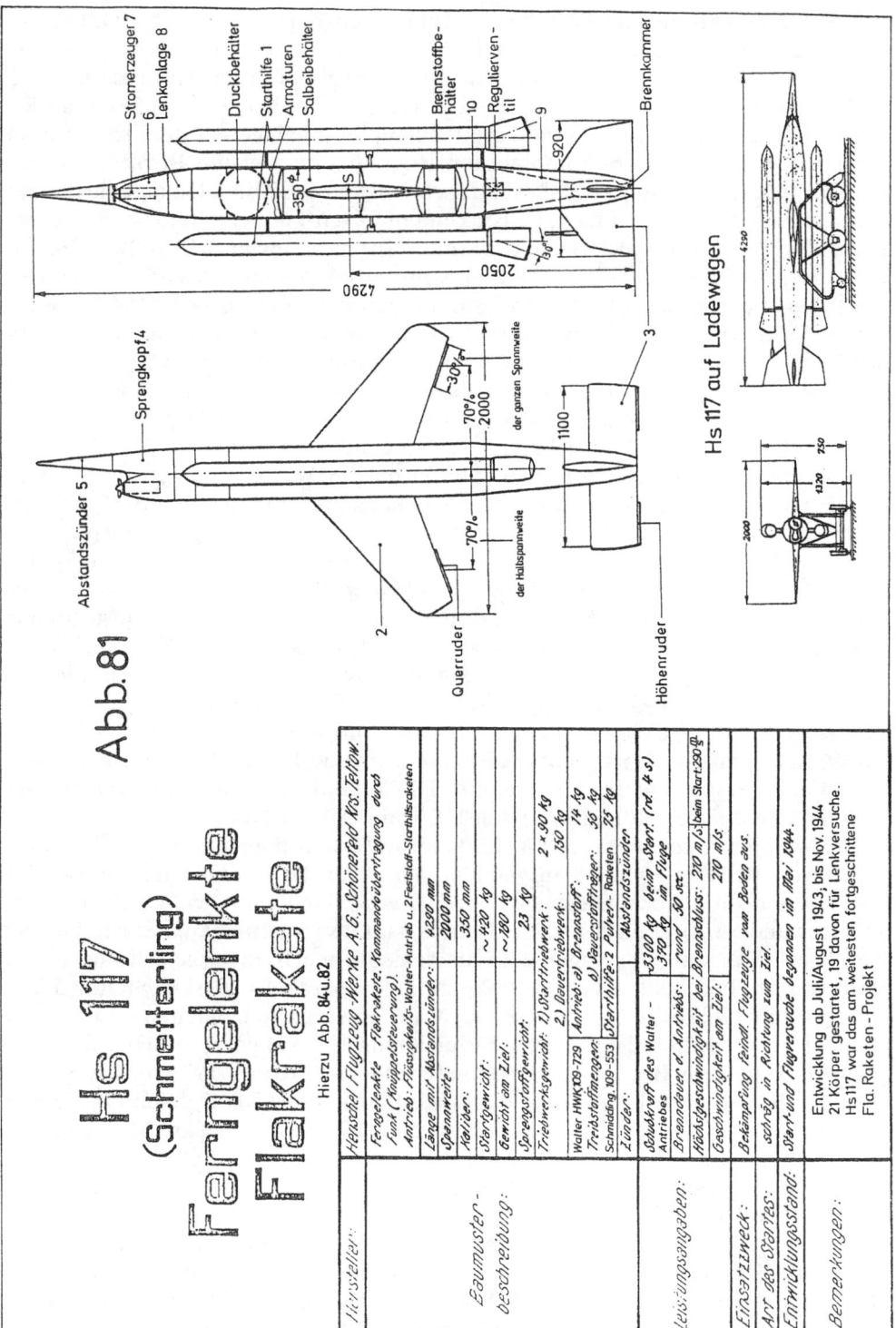

Hs 117 Abb.81
(Schmetterling)
Ferngelenkte Flakrakete

Hierzu Abb. 84 u.82

Hersteller:	Henschel Flugzeug-Werke A.G. Schönefeld Kr. Teltow.	
Baumuster-beschreibung:	Ferngelenkte Flakrakete. Kommandoübertragung durch Funk (Knüppelsteuerung). Antrieb: Flüssigkeits-Walter-Antrieb u. 2 Feststoff-Starthilfsraketen	
	Länge mit Abstandszünder:	4290 mm
	Spannweite:	2000 mm
	Kaliber:	350 mm
	Startgewicht:	~ 420 kg
	Gewicht am Ziel:	~ 180 kg
	Sprengstoffgewicht:	23 kg
	Triebwerksgewicht: 1) Starttriebwerk:	2 × 90 kg
	2) Dauertriebwerk:	150 kg
	Walter HWK 109-729 Antrieb: a) Brennstoff:	14 kg
	Treibstoffmengen: b) Sauerstoffträger:	56 kg
	Schmidding 109-553 Starthilfe: 2 Pulver-Raketen	75 kg
	Zünder:	Abstandszünder
Leistungsangaben:	Schubkraft des Walter-Antriebes	3300 kg beim Start (rd. 4 s) / 370 kg im Fluge
	Branddauer d. Antriebes:	rund 50 sec.
	Höchstgeschwindigkeit bei Brennschluss:	290 m/s beim Start 250 m/s
	Geschwindigkeit am Ziel:	210 m/s.
Einsatzzweck:	Bekämpfung feindl. Flugzeuge vom Boden aus.	
Art des Startes:	schräg in Richtung zum Ziel.	
Entwicklungsstand:	Start- und Flugversuche begonnen im Mai 1944.	
Bemerkungen:	Entwicklung ab Juli/August 1943, bis Nov. 1944 21 Körper gestartet, 19 davon für Lenkversuche. Hs 117 war das am weitesten fortgeschrittene Fla. Raketen - Projekt	

723

namischer Flugkörper mit Pfeilflügeln 2 und Kreuzleitwerk 3 (Abb. 81). Die gesamte Zelle war in Leichtmetall-Schalenbauweise aufgebaut. Der asymmetrische, zweiteilige Bug wurde einerseits durch den Sprengkopf 4 mit Abstandszünder 5 und durch eine zweite Spitze 6 mit Windgenerator 7 gebildet. Hinter 7 schloß sich der Geräteraum 8 an, in dem die Funklenkempfangsanlage mit dem Lagekreisel eingebaut war. Nach dem kombinierten Bugraum, dem ersten Bausegment des Flugkörpers, folgten im jetzt vollzylindrischen Rumpf die Bauelemente des Triebwerkes. Es kamen zwei Flüssigkeitsraketenmotoren zur Anwendung. Einerseits das BMW-Triebwerk 109-558 und das Walter-Spezialtriebwerk HWK 109-729. Mit diesem Antrieb hatte die Firma Walter ihr einziges Aggregat geschaffen, in dem als Sauerstoffträger nicht H_2O_2 (T-Stoff), sondern, wie bei der Firma BMW, Salpetersäure (SV-Stoff) verwendet wurde.[11, 12] Da beide Antriebsaggregate ihre Treibstoffe mit Druckluft förderten, war der äußere Aufbau dieser Triebwerke fast identisch, wodurch sich für die weitere Gestaltung des Flugkörpers auch gleiche Rumpfeinbauten ergaben. Entsprechend kam nach dem Geräteraum 8 zunächst ein kugelförmiger Druckluftbehälter, anschließend der SV-Stoff-Tank und danach der Brennstoffbehälter zum Einbau. Die Firma BMW verwendete »Tonka« und die Firma Walter Petroleum (B-Stoff) als Brennstoffkomponente, wobei die Verbrennungseinleitung der Walter-Treibstoffkombination mit Hilfe von Furfuryl-Alkohol und einer Zündkapsel veranlaßt wurde. Auf die Triebwerke wird später noch näher eingegangen werden. Zwischen beiden Treibstoffbehältern verlief der Hauptholm des Flügels 2. Der Druckluftbehälter und die beiden Treibstofftanks bildeten das mittlere bzw. zweite Bausegment des Flugkörpers. Das Rumpfheck als drittes Segment beinhaltete die Brennkammer mit Ausströmdüse, die mit Schubübertragungsstreben 9 am Endringspant 10 befestigt war.[11, 12]
Die gepfeilten Tragflächen hatten eine Spannweite von 2000 mm. Ihre Wurzeltiefe betrug 660 mm und ihre Endtiefe 320 mm. An jede Tragflächenhinterkante war ein 330 mm langes Querruder montiert. Die Seitenflosse hatte eine Spannweite von 920 mm und die Höhenflosse von 1100 mm. An der Höhenflosse befand sich außen an ihrer linken und rechten Hälfte je ein Höhenruder. Quer- und Höhenruder waren als Klappenruder ausgebildet, auf deren Form und Funktion bei der Steuerung noch näher eingegangen wird. Die Gesamtlänge des Flugkörpers mit HF-Abstandszünder betrug etwa 4300 mm. Das Gesamtgewicht mit Starthilfen lag bei etwa 450 kg, war aber wegen der unterschiedlichen Triebwerke Schwankungen unterworfen. Die beiden Feststoffraketen lagen parallel und seitlich zum Flugkörperrumpf. Diese Geräte bildeten separate, abwerfbare Einheiten und wurden von der Firma Schmidding mit der Bezeichnung 109-553 gefertigt. Hier hatte sie Richard Tiling, ein Bruder des bekannten und im Oktober 1933 tödlich verunglückten Raketenpioniers Reinhold Tiling, entwickelt.[16] Als Treibladung dienten je 40 kg Diglykol-Pulver, die einen Schub von je 17,16 kN (1750 kp) über eine Betriebszeit von 4 sec lieferten, was einem Gesamtimpuls von 68,64 kNs (7000 kps) entsprach. Die Länge der Aggregate betrug 2400 mm bei einem Durchmesser von 168 mm. Das Gesamtgewicht jeder Startrakete erreichte 85 kg. Die Treibdüsen waren um 30° abgewinkelt, um einerseits ein Verbrennen der Seitenleitwerkflossen zu verhindern und andererseits die Schubwirkungslinie durch den Schwerpunkt des Flugkörpers zu leiten. Um beim Schrägstart dem ganzen Fluggerät anfangs eine nach oben gerichtete Schubkomponente zu geben, zündete die untere Starthil-

fe zuerst, ehe der Schub der oberen mit kurzer Zeitverzögerung hinzu kam (Abb. 81).[11, 12]

Bei der Schilderung des-Hs 117-Triebwerkes soll dem BMW-Raketenmotor vor dem Walter-Aggregat der Vorzug gegeben werden, da beide ohnehin ähnlich waren und schon etliche Walter-Raketensysteme beschrieben wurden. Für die Serienfertigung sollte anfangs das Feststofftriebwerk 109-512 der Firma WASAG verwendet werden. Es traten aber bei der Schubdrosselung Schwierigkeiten auf, so daß man sich entschloß, auch für die geplante Serie beim Flüssigkeitstriebwerk zu bleiben. In Abb. 82 ist der BMW-Raketenantrieb 109-558 (BMW-Projekt Nr. 3386) dargestellt. Demzufolge bestand dieses Verlustgerät zunächst aus einem Druckluftkugelbehälter 1, der aus zwei Halbschalen verschweißt war. Er wurde über Füllventil 2 mit Druckluft von maximal 205 bar gefüllt. Der Salbei-Tank 6 konnte 60 kg oder 40 l 98%ige Salpetersäure (SV-Stoff) aufnehmen und besaß einen in seiner Ausgangsstellung arretierbaren Freiflugkolben 5. Dem Tank 6 folgte in geringem Abstand der Tonka-Tank 8 mit einem Fassungsvermögen von 13 kg bzw. 15 l einer Mischung aus 57 % Xylidinoxyd und 43 % Triäthylamin (R-Stoff). Auch dieser Tank besaß einen in der gleichen Ausgangsstellung arretierbaren Freiflugkolben 7. Als letzte Baugruppe beschloß die Brennkammer 12 mit dem Regulierventil 11 des Machreglers, zu dem noch das Staurohr 9 gehörte, den Aufbau des Antriebes.[11, 12, 14]

Bei der Inbetriebnahme fiel dem Schießventil 3 die auslösende Funktion zu. Das Geschoß einer elektrisch gezündeten Kleinkaliberpatrone, die in ein verschließbares Patronenlager eingeführt wurde, durchschlug die Membran des Ventiles 3. Die Druckluft des vorher aufgefüllten Kugelbehälters 1 schoß über das jetzt offene Ventil 3 in das Reduzierventil 4 ein, das den Luftdruck, auf ca. 25 bar reduziert, in den Tank 6 weiterleitete und dessen Freiflugkolben 5 beaufschlagte. Dadurch begann sich der Kolben in Pfeilrichtung zu bewegen und setzte als Oxydator die Salpetersäure unter Druck, die ihrerseits über Leitung a in Richtung Brennkammer floß. Leitung a war im annähernd drucklosen Zustand durch die Platzmembran 10 verschlossen, damit beim Füllen des Tankes 6 kein SV-Stoff in die Brennkammer gelangen konnte. Mit zunehmendem Leitungsdruck durch Kolben 5 platzte die Membran 10 in Leitung a und gab den Weg zur Brennkammer 12 frei. Hier trat der Oxydator in den Kühlmantel der Brennkammer ein und gelangte, ihren Außenmantel umspülend, zum Brennkammerboden. Von hier aus mußte der Treibstoff durch den Ventilschieber des Mach-Regelventiles 11 hindurchtreten, ehe er durch die SV-Stoff-Zerstäuberdüsen des Brennkammerbodens in die Brennkammer eintreten konnte. Der Ventilschieber wurde durch den Staudruck des Staurohres 9, das an der oberen Seitenflosse montiert war, so beeinflußt, daß der Schub im Stand, also bei Staudruck 0, seinen Maximalwert erreichte und bei größer werdendem Staudruck im Flug entsprechend geringer wurde. Damit strebte man eine möglichst gleichmäßige Geschwindigkeit des Flugkörpers an. Diese Gleichmäßigkeit sollte vor allem die Fernlenkung erleichtern.[11, 14]

Ähnlich wie der SV-Stoff gelangte auch der R-Stoff zur Brennkammer. Nach dem Reduzierventil 4 verzweigte sich die Druckluftleitung zum R-Stoff-Tank und beaufschlagte Kolben 7, der den Brennstoff über Leitung b entsprechend unter Druck setzte. Platzmembran 10 wurde zerstört und gab den Weg über den Schieber des Mach-Regelventiles 11 direkt zu den Einspritzdüsen im Brennkammerboden frei,

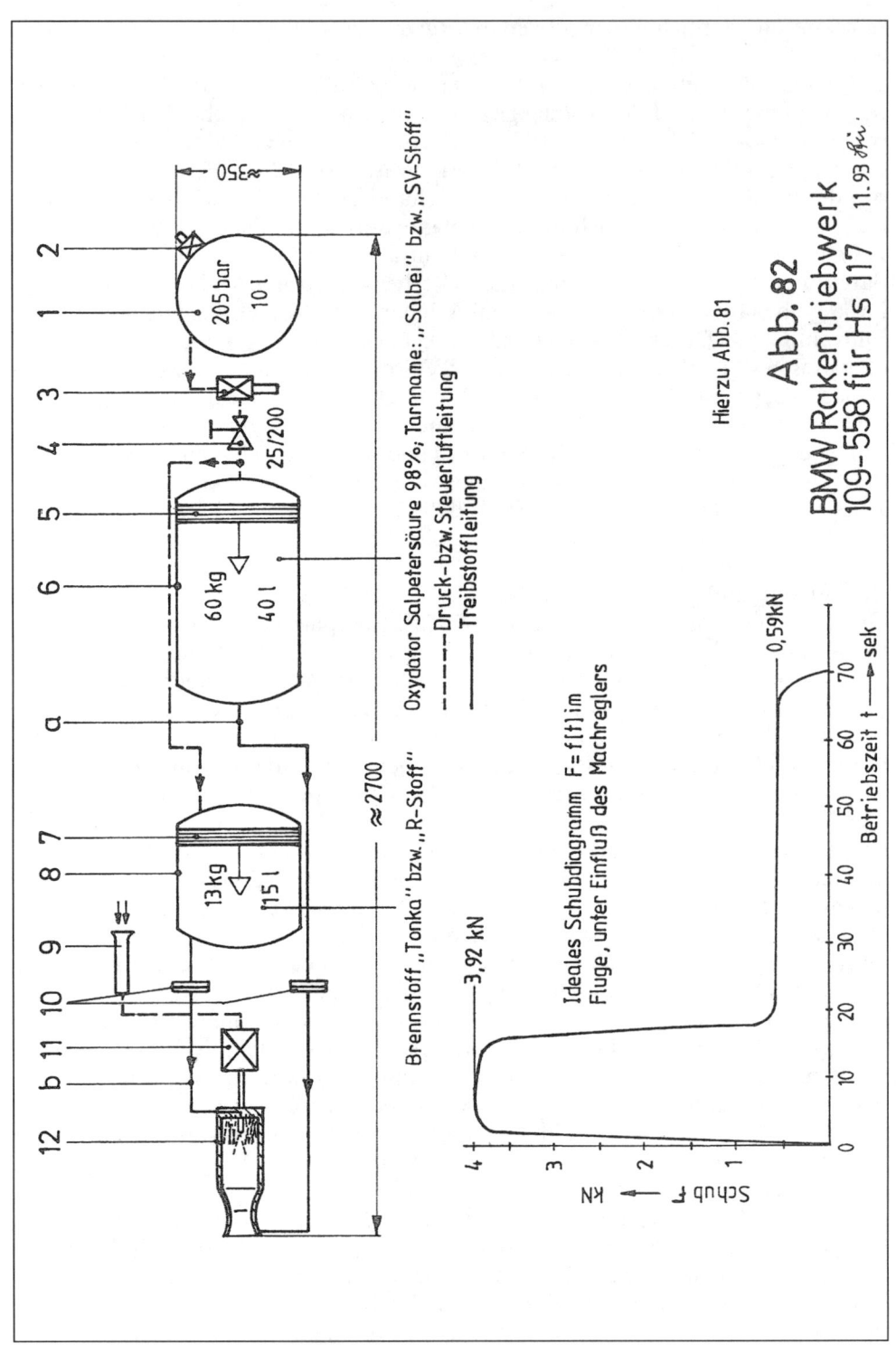

Oxydator Salpetersäure 98%, Tarnname: „Salbei" bzw. „SV-Stoff"
----- Druck-bzw.Steuerluftleitung
—— Treibstoffleitung

Brennstoff „Tonka" bzw. „R-Stoff"

3,92 kN

Ideales Schubdiagramm F = f(t) im
Fluge, unter Einfluß des Machreglers

0,59kN

Betriebszeit t —→ sek

Schub F —→ kN

Hierzu Abb.81

Abb.82
BMW Rakentriebwerk
109-558 für Hs 117   11.93 *Ru*.

726

wo der Brennstoff etwa 0,2 sec nach dem Oxydator in die Brennkammer eintrat. Damit konnte die hypergole Verbrennung einsetzen, die einen Brennkammerdruck von 20,5 bar verursachte.[12, 14, 15]

Das in Abb. 82 dargestellte Schubdiagramm des BMW-Raketenmotors erklärt sich aus dessen zuvor beschriebener Konstruktion. Kurz vor dem Abschuß befand sich der Flugkörper zunächst in Ruhe auf der Startvorrichtung, wodurch die Stellung des voll offenen Schiebers von Mach-Regelventil 11 auch den vollen Volumenstrom beider Treibstoffkomponenten freigeben konnte. Die Folge beim Startvorgang war ein steil ansteigender Schubverlauf, der im Mittel nach etwa 15 sec bei etwa 3,92 kN (400 kp) sein Maximum erreichte. Durch die Gesamtbeschleunigung der drei Antriebe und den rasch steigenden Staudruck reduzierte der Machregler den Schub des Flüssigkeitstriebwerkes unter gleichzeitiger Verlängerung der Betriebszeit. So konnte der Anfangsschub von z. B. 3,68 kN (375 kp) bei einer Betriebszeit von z. B. 70 sec auf etwa 0,59 kN (60 kp) gedrosselt werden. Der Gesamtimpuls des Flüssigkeitsantriebes betrug etwa 103 kNs (10 500 kps). Wurde der Antrieb z. B. im Stand nur bei Vollast betrieben, ergab sich eine Laufzeit von etwa 35 sec.

Der geschilderte Antrieb verlieh dem Flugkörper eine Höchstgeschwindigkeit von 1100 km/h, die kurz nach dem Start und in Zielnähe erreicht wurde. Der Geschwindigkeitsverlauf blieb also im Unterschallbereich. Die mögliche maximale Steighöhe betrug 15 000 m und die vorgesehene Einsatzhöhe wurde mit 10 500 m festgelegt. Damit konnten damals hochfliegende Fernbomber bekämpft werden. Die horizontale Reichweite war vom Gewicht des verwendeten Sprengkopfes abhängig und betrug für eine 23-kg-Ladung etwa 32 km. Endgültig waren 40 kg geplant.[12, 14]

Wenden wir uns nun der Funklenksende- und Empfangsanlage zu. Hier boten die Hs 117 und die drei weiteren Flugkörper »Enzian«, »Rheintochter« und »Wasserfall« nichts wesentlich Neues. Es konnte auf die vielfachen Erfahrungen und die erprobten Elemente der vorhandenen Fernlenkprojekte FritzX und Hs 293 zurückgegriffen werden. Es traten dann auch auf diesem Gebiet, soweit die Erprobung durchgeführt wurde, keine grundsätzlichen Schwierigkeiten auf. Neu war hingegen die Startanlage und vor allem die gesamte Führung der Körper vom Boden aus. In der Gesamtplanung wurde der Flugkörper Hs 117 von Professor Herbert Wagner, Firma Henschel, bearbeitet. Hinsichtlich des Fernlenkteiles und der Funkmeßführung wie auch geräteseitig blieb die Hs 117 in der Regie der Firma Telefunken. Die optischen Geräte bearbeitete die Firma Askania, die Rechengeräte wurden von der Firma Kreisel GmbH betreut. Die Führung vom Boden aus wollte man in drei Stufen verwirklichen, was für alle vier Flaraketen gleichermaßen galt und worauf später noch näher eingegangen wird. Bleiben wir zunächst bei der für alle Flaraketen sinngemäß gleichen Fernlenkung und der speziellen Kommandoumsetzung durch die Steuerung der Hs 117. Für die Funklenkung aller Flugkörper fanden die Systeme FuG 206 bzw. »Kehl« als Sende- und FuG 232 bzw. »Colmar« als Empfangsanlage Anwendung. Auch das System FuG 512 als Sende- und FuG 530 als Empfangsanlage mit der gemeinsamen Tarnbezeichnung »Kogge« sollte eingesetzt werden (Tab. 4). Während die Sendeanlage FuG 206, wie FuG 203a (Kehl I) für die FritzX aufgebaut, aber mit einer zusätzlichen fünften Modulationsfrequenz für ein Zündkommando ausgerüstet war, entsprach das Kogge-System einer Neuentwicklung von Telefunken (L. Brandt). Das Ziel dieser Bemühungen war, möglichst universell einsetzbare Funklenkgeräte zu schaffen, die auch die Verwendung der Kehl/Straßburg-Geräte gestatten sollten. Ebenso konnten bei den neuen Geräten wegen der hohen Frequenzen Richtantennen möglichst kleiner Abmessungen, sogenannte Stielstrahler, vorgesehen werden. Der Frequenzbereich mit 18 wählbaren Kanälen wurde von 1190 bis 1310 MHz festgelegt und besaß einen Kanalabstand von 6 MHz (Tab. 4). Der Sender der Sendeanlage FuG 512 Kogge war dreistufig mit Scheibenröhren LD9 in Verdoppler- und Endstufe aufgebaut und mit automatischem Frequenznachlauf versehen. Er lief als Vormuster unter der Bezeichnung »Kai«, in der endgültigen Ausführung als »Kran« FuG 513, während der Empfänger der Empfangsanlage Kogge die Tarnbezeichnung »Brigg« und die Systembezeichnung E 530 … 532 erhielt. Mit dem Sender Kran hatte die Firma Telefunken erhebliche Schwierigkeiten hinsichtlich der Frequenzstabilität und des Gleichlaufes bzw. der Energiekonstanz für das gesamte Frequenzband. Der Sender arbeitete mit phasensprungfreier Modulation durch Frequenzumtastung bei Frequenzen von 6 und 9 sowie 13 und 16 kHz. Durch Umschaltung der Tastfrequenz des Gebers von 5 bzw. 10 Hz auf 200 Hz war ein Zündkommando darstellbar. Der Geber »Klapper« war nochmals vereinfacht worden (Tab. 4 und 5).[1, 17]

Zu den Schwierigkeiten der Kogge-Entwicklung im dm-Wellenbereich ist noch zu erwähnen, daß schon 1939/40 Bemühungen mit einer Leitstrahllenkung der Hs 293 im 10-cm-Wellenband eingeleitet wurden. Die großen Schwierigkeiten bestanden in der Beherrschung der hohen Frequenzen. Es gab praktisch weder Meßgeräte noch Röhren als Sende-, Oszillator- oder Mischröhren, um eine derartige Anlage zu bauen. Man hatte sich seinerzeit aus dem Funkmeßprogramm im 50-cm-Band, in Zusammenarbeit mit Dr. Fritz von Telefunken, die ersten Bauelemente im Sender- und Empfängerbereich erarbeitet, als das Verbot zur Weiterarbeit an Wellenlängen unter 50 cm ausgesprochen wurde. Erst zu Beginn des Jahres 1944 wurde die cm-Wellenforschung neu aufgegriffen, die u. a. zu den weiteren und beschriebenen Aktivitäten von Dipl.-Ing. Leo Brandt bei Telefunken führte.[18]

Die Geräte der Tarnbezeichnung Kogge liefen bei Telefunken noch in Firmenerprobung. Endgültige Muster waren bei der E-Stelle Karlshagen noch nicht vorhanden gewesen. Die ganzen Mustergeräte und die notwendigen Normalgeräte fielen bei der Verlagerung der Firma von Schönwalde bei Sorau/Schlesien nach dem Westen, in einige Eisenbahnwaggons verpackt, im Februar 1945 den sowjetischen Truppen in die Hände. Alle Zeichnungen und Fertigungsunterlagen verbrannten im Anschluß daran bei einem Fliegerangriff auf Berlin.[1]

Kehren wir nochmals zur Lenkempfangsanlage FuG 232 Colmar zurück, die sowohl für die Jägerraketen Hs 298 und Hs 117H als auch bei der Flarakete Hs 117 und den anderen Flaraketen in der Erprobung Verwendung fand und einen Empfänger E232 Colmar besaß. Er war als vereinfachte Ausführung des E230 von der Firma Friesecke & Höpfner, Berlin, entwickelt und in einer Musterserie gebaut worden. Bei den einfacheren Einsatzbedingungen in den Fla- und Jägerraketen, wegen des weitgehenden Entfallens von Interferenzen und Reflexionen von der Erde oder vom Wasser her, und letztlich durch die räumlichen Verhältnisse veranlaßt, konnten in der Leistung Zugeständnisse gemacht werden (Kapitel 18.3, und Tab. 5). Der Empfänger bestand aus zwei Teilen, einem HF- und einem Auswerteteil, und war in zylindrischer Form aufgebaut. Seine Empfindlichkeit betrug etwa 6 µV. Entgegen einigen Literaturangaben war der E232 ein Überlagerungs- und kein Pendelreflexempfänger. Er besaß zehn Röhren (8 × RV 12 P 2000, 1 × RL 12 T1, 11 × RG 12 D3) und zwei NF-Diskriminatoren (Abb. 83).[1, 17]

Nach den Sende- und Empfangsanlagen für die Fernlenkung von Flaraketen wenden wir uns der Steuerung der Hs 117 zu, also jenen Bauelementen, deren Aufgabe es war, die empfangenen Lenksignale im Flugkörper in Lenkkommandos umzusetzen. Hierbei wird auch nochmals auf die Jägerrakete Hs 298 und die Fernlenkkörper verwiesen (siehe auch Kapitel 18.3.).

Die Fernlenkaufgaben bei der Jägerrakete Hs 298 und der Flarakete Hs 117 waren im Prinzip gleich. Dementsprechend besaßen sie auch praktisch gleiche Steuerungen. Die der Hs 117 unterschied sich von jener der Hs 298 nur dadurch, daß ihr Kreisel KR eine Nachdreheinrichtung ND besaß, weil ihre Lagenänderungswinkel größer als bei der Hs 298 sein konnten (Abb. 83). Außerdem besaß die Hs 117 zwei geteilte Spoilerruder anstelle eines durchgehenden Höhenruders bei der Hs 298.

Die Spoilerruder wurden schon im Kapitel 12.2.1. bei der FritzX erwähnt und ihre Wirkung dort im Prinzip kurz beschrieben. Da diese Rudertechnik uns auch bei der Hs 293 begegnete und nochmals bei der Hs 117 ausschließlich zur Anwendung kam, soll etwas näher auf ihre Wirkung eingegangen werden. Im Gegensatz zur FritzX, wo sich die Spoilerruderkannten am höchsten Punkt der Leitwerkflächenprofile senkrecht in die Strömung stellten, waren die Spoiler bzw. Ruderklappen bei der weiterentwickelten Steuerung der Hs 293 und später bei der Hs 117 an den Hinterkanten der Tragflächen und Höhenruderflossen so angelenkt, daß sie im Ruhezustand mit einem schmalen Längsstreifen ober- und unterhalb des hinteren Flächenabschlusses hervorschauten. Durch eine Auf- und Abwärtsbewegung der Ruderleiste vergrößerte sich jeweils die Höhe des oberen und unteren Leistenstreifens um den Hub des durch einen Doppel-Tauchankermagneten angetriebenen Ruders (Abb. 38, 81 und 83). In erster Näherung kann man diese Anordnung als ebene Platte mit an deren Hinterkante sich auf- und abwärts bewegenden Spoilerflächen betrachten. Das Klappenruder, der Spoiler oder Unterbrecher, erzeugt bei Anströmung der Platte von der dem Ruderorgan abgewandten Seite her vor sich einen Stau und hinter sich ein von der übrigen Strömung abgesperrtes Gebiet, das durch Unstetigkeitsflächen gekennzeichnet ist. Aufgrund des Aufstaues ergibt sich vor dem Unterbrecher, also entlang der Platte oder der Trag- bzw. Leitwerkfläche, eine entsprechende Geschwindigkeits- und Druckverteilung der Strömung. Diese bildet sich bei Kommandogabe »Null« und 5-Hz-Takt je fünfmal oben und unten oder beim 10-Hz-Takt zehnmal aus. Nimmt man die Druckverteilung entlang der Flächentiefe l und entwickelt den Ausdruck für kleine Unterbrecherhöhen h (h/l << 0,1), so ergibt sich als Beiwert der Auftriebsänderung durch den Unterbrecher näherungsweise:

$$\Delta c_a \approx \sqrt{\frac{h}{l}} \; ,$$

wobei der Auftriebsbeiwert c_a auf den Staudruck der Anströmgeschwindigkeit und auf die Fläche aus Plattentiefe und Einheitsbreite bezogen ist.

Aus der Druckverteilung über der Fläche kann auch der Druckpunkt, also der Auftriebspunkt der Unterbrecherwirkung, berechnet werden. Er liegt bei etwa einem Drittel der Flächentiefe vor dem Ruderelement. Neben dem Stau- bzw. Über-

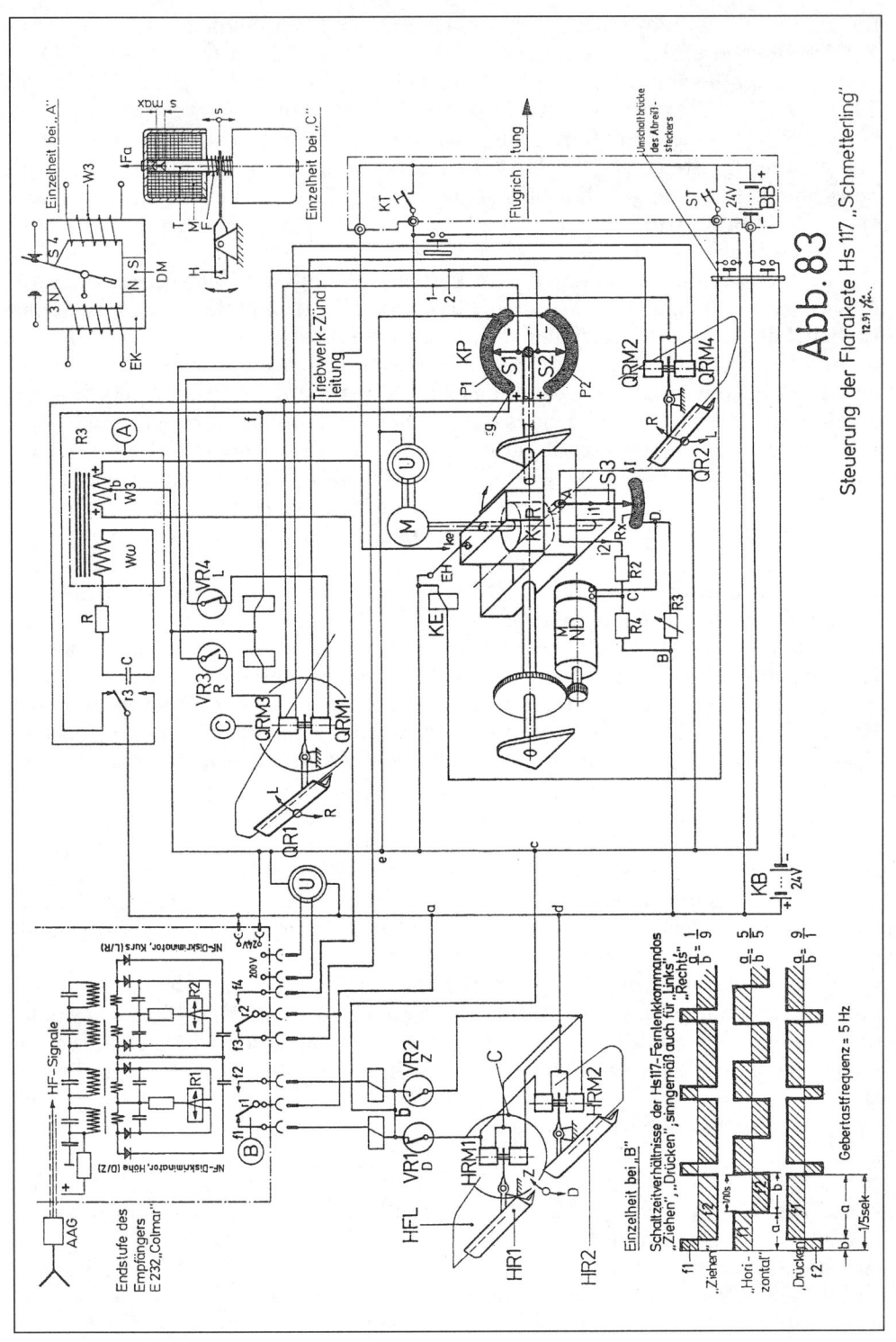

Abb. 83

Steuerung der Flarakete Hs 117 „Schmetterling"

730

druck vor dem Spoiler wirkt sich auch noch der Unterdruck hinter ihm aus. Damit setzt sich die Unterbrecherwirkung aus dem Überdruck vor und dem Unterdruck hinter dem Spoiler zusammen, wobei die Wirkung des ersteren durch die Wirkung des letzteren beeinflußt werden kann. Spoilerlage und Spoilerhöhe haben somit einen entscheidenden Einfluß auf den Auftrieb bzw. die Ruderwirkung. Sofern man dafür sorgt, daß die Unterdruckseite gut belüftet wird, was auch über Spalte an der Ruderleiste aus der Überdruckseite vor dem Ruder erfolgen kann, ist eine Auftriebserhöhung des Unterbrechers gegeben. Als Beispiel sei hier auf die bei der Jägerrakete X4 in Kapitel 18.2. geschilderten gezähnten Ruderleisten verwiesen.

Wird ein Spoiler in Verbindung mit einer Profilfläche verwendet, ist es notwendig, die Strömungsgeschwindigkeit am Punkt des Spoileraustrittes zu steigern, um auch seine Wirkung zu erhöhen, wie es z. B. bei der FritzX der Fall war. Eine weitere Steigerung erfährt die Spoilerwirkung durch eine Profilstufe vor und hinter der Spoilerfläche, wie bei der FritzX, X3 und X4. Bei kleinen Unterbrecherhöhen kann man damit praktisch eine Verdoppelung der Wirkung erreichen. Eine weitere Erkenntnis war, daß die Spoilerwirkungen bei ebener Strömung wirkungsvoller sind. Das führte dazu, daß man die Unterbrecher bei den X-Geräten grundsätzlich zwischen Endscheiben setzte. Bei der X4 war diese Endscheibenwirkung schon mit einer Sicke im Profil erreichbar.

Wurde ein Unterbrecher wie bei der Hs 117 als Querruder benutzt, so ergab sich bei elliptischer Auftriebsverteilung durch die Tragflächenform seine optimale Lage bei 70 % der Halbspannweite, wobei die Unterbrecherlänge 30 % der ganzen Spannweite betragen mußte. Die Unterbrecher wurden in Deutschland während des Krieges bis zu einer Mach-Zahl von 0,98 an der X3 erprobt. Dies war eine aus der X1 (FritzX) aufgebaute, kombinierte Gleit-Fallbombe mit symmetrisch kreuzförmigen Stummelflügeln und gleichem Leitwerk, aber mit der Rotationssteuerung der X4. Der große Vorteil des Unterbrechersystems war sein geringer Leistungsbedarf. Dieser gestattete den Einsatz einfacher Spaltrelais am Empfängerausgang. So konnten im Falle der Drahtlenkung bei der X4 T-Relais verwendet werden, die gleichzeitig die Aufgabe der Spaltrelais und der Diskrimination übernahmen. Der einfache mechanische Aufbau der »Ja-Nein-Stellwerke« erlaubte, wie schon bei der FritzX beschrieben, die stetige Steuerung eines Flugkörpers mit einfachsten Mitteln.[20]

Wie schon gegen Ende des Kapitels 12.4.4. beschrieben und in 18.5 tabellarisch aufgeführt, resultierte aus den Erfahrungen der Hs-293-Erprobung eine vereinfachte Steuerung, die dort an der Hs 293 A-2 zwar erprobt, aber für diesen Flugkörper nicht generell eingeführt wurde. Erst bei den Körpern Hs 298 und Hs 117 griff man, schon wegen des dort geringeren Raumangebotes, auf diese Vereinfachung zurück. Wie erinnerlich, entfielen bei dieser Lösung das Filter- und Gleichrichterteil des Gerätebrettes und die Höhenrudermaschine.

In Kapitel 12.4.4. wurde die vereinfachte Steuerung bezüglich ihrer Ruder und Ruderbetätigung schon beschrieben (Abb. 38). Da aber doch einige Unterschiede gegenüber der Hs 117 bestanden (Wegfall des Staudruckgebers, zusätzliche Kreisel-Nachdreheinrichtung), soll die Hs-117-Steuerung mit Hilfe von Abb. 83 zusammenhängend erläutert werden. Daraus ist ersichtlich, das der Empfänger E232 als Ausgang zwei NF-Diskriminatoren besaß. Darin wurden die Gleichspannungsimpulse der gegebenen HF-Kommandos – für den Kurs (Links/Rechts) und die Höhe (Drücken/Ziehen) – gebildet. Das T-Relais R1 des Empfängers steuerte mit Kontakt r1 die Vakuumrelais VR1 und VR2 (Leistungsschalter) und damit die Höhenrudermagnete HRM1 und HRM2 indirekt an, womit die Höhenruder HR1 und HR2 betätigt wurden. Das T-Relais R2 mußte mit seinem Kontakt r2 zunächst das T-Relais R3 im 5-Hz-Takt erregen. Sein Kontakt r3 legte wechselweise den Pluspol der Körperbatterie KB an die obere und untere Widerstandsbahn P1 und P2 des Kreiselpotentiometers KP, das sein Minuspotential von Punkt e erhielt. Parallel dazu wurden von r3 auch die Spulen der Vakuumrelais VR3 und VR4 von den Punkten e, f, und g aus im 5-Hz-Takt wechselweise an 24 V der KB gelegt, die wiederum ihre Vakuumkontakte im gleichen Takt wechselweise schlossen und öffneten. Die Vakuumkontakte ihrerseits legten die von den Schleifern S1 und S2 von den Widerstandsbahnen P1 und P2 abgegriffenen Spannungsabfälle wechselweise und gegensinnig an die Querrudermagnete QRM1, 2, 3 und 4. Dadurch bewegten sich die Quer- bzw. als Seitenruder wirkenden Steuerelemente bei Kommando Null auch gegensinnig im 5-Hz-Takt nach oben und unten. Die Höhenruderkommandos wurden, wie aus Abb. 83 ersichtlich, von den Vakuumrelais VR1 und VR2 durch die Schaltung so an die Spulen der Hubmagnete gegeben, daß die beiden oberen und die beiden unteren jeweils gleichzeitig erregt und damit die Höhenruder HR1 und HR2 gleichsinnig, nicht im 10-Hz-Takt wie bei der Hs 293, sondern mit 5 Hz betätigt wurden.[17]

Während die elektrischen Höhenruderkommandos bei der Hs-117-Steuerung, wie eben geschildert, direkt auf die Rudermagnete geschaltet wurden, waren die Verhältnisse bei den Seitenruderkommandos komplizierter. Wie bei den Fernlenkkörpern schon mehrfach geschildert, wurden zur Übertragung der Lenkkommandos für die Quer- und die Hochachse jeweils zwei in veränderlichem Schaltzeitverhältnis zueinander stehende Tonfrequenzen z. B. f1 : f2 und f3 : f4 in ununterbrochener Folge gesendet, wobei die Summe zweier Schaltzeiten gleich lang war (Abb. 83, Einzelheit »B«). Entsprechend dem Kommando änderte sich das Schaltzeitverhältnis a : b maximal etwa mit 1 : 9 oder 9 : 1. Bei der Sendeanlage FuG 206 betrug die Zeitschaltsumme beider Frequenzen $1/_5$ sec, was einer Tastfrequenz des Kommandogebers von 5 Hz entsprach.

Betrachten wir die Funktion der Hs-117-Steuerung zunächst bezüglich des Höhenruders bei Kommando »Null« näher. Die getastete, mit zwei Tonfrequenzen f1 und f2 modulierte und über das Antennenanpassungsgerät AAG der Empfangsantenne des Körpers in den Empfänger eintretende Hochfrequenz HF wurde im Empfänger demoduliert und z. B. die Tonfrequenz f1 im Diskriminator in einen Gleichspannungsimpuls der dem Kommando »Null« entsprechenden Länge von $1/_{10}$ sec umgewandelt, womit das Schaltzeitverhältnis a/b = 5/5 gegeben war (Abb. 83, Einzelheit »B«). Diese Spannung stand an der linken Spule des T-Relais R1 an, wodurch dessen Kontakt r1 in die gezeichnete Stellung umschaltete. Dadurch schloß sich der Stromkreis vom Pluspol der Körperbatterie KB (Punkt a) über r1 und Spule von VR1 zum Punkt b und Minuspol von KB bei Punkt c. Der Kontakt von VR1 schaltete damit in die gezeichnete Stellung um, wodurch der Stromkreis über die oberen beiden Spulen von HRM1 und HRM2 zum Pluspotential der KB bei Punkt d geschlossen wurde. Die Tauchanker der beiden Hubmagnete (Einzelheit »C«) zogen entgegen ihrer die Nullposition fixierenden Feder F nach oben an und bewegten die Ruderleisten HR1 und HR2 über die Hebelübertragung H nach unten. Die Strömung auf der unteren Seite der Höhenruderflosse HFL wurde unterbrochen, wodurch in der beschriebenen Weise an dieser Fläche ein gegenüber der Oberseite erhöhter Druck der strömenden Luft wirksam wurde. Die daraus mit der Fläche von HFL entstehende, nach oben gerichtete Luftkraft bewegte den Flugkörper um den vorne liegenden Körperschwerpunkt mit seinem Bug nach unten, wodurch das Kommando »Drücken« ausgeführt wurde. Nach Verlauf von $1/_{10}$ sec tastete der Geber des Senders, bei Kommando »Null« (Knüppel waagerecht), die zweite Tonfrequenz f2 analog der gerade geschilderten Weise, wodurch die Ruderleisten vom Kontakt r1 über VR2 durch die unteren Hubmagnete nach oben geführt wurden. Dadurch erfolgte für den Verlauf von $1/_{10}$ sec das entgegengesetzte Kommando »Ziehen«. Die Trägheit des Körpers ließ aber keine Bewegung – weder in der einen noch der anderen Richtung – zu, womit ein um die Querachse stabilisierter, geradliniger Flug gegeben war. Eine Neigung um die Querachse und damit das Kommando »Drücken« oder »Ziehen« trat erst ein, wenn das Schaltzeitverhältnis von f1 : f2 nicht mehr gleich bzw. im Verhältnis 5 : 5 getastet wurde. Vollkommando »Drücken« wurde durch das kommandierte Frequenzverhältnis f1 : f2 = 9 : 1 und Vollkommando »Ziehen« durch das Verhältnis f1 : f2 = 1 : 9 dargestellt, wobei der Kommandogeber vom Lenkschützen in entsprechende Position nach oben oder unten zu bringen war. Ebenso konnten auch alle Zwischenstellungen gegeben werden, wodurch die Lenkbewegungen des Körpers um die Querachse entsprechend verringert oder verstärkt werden konnten (siehe auch Kapitel 12.2.2. und 12.4.2.).[17, 25]

Ähnlich, aber etwas komplizierter, war die Kommandogabe »Links«/»Rechts« über die Querruder QR1 und QR2 bei der Flarakete Hs 117. Hier wurden die getasteten und im rechten NF-Diskriminator zu Gleichstromimpulsen umgewandelten HF-Signale über T-Relais R2 und dessen Kontakt r2 zunächst wechselweise auf ein weiteres T-Relais R3 gegeben (Abb. 83). Dieses Relais hatte, wie R1 und R2 auch, eine Betätigungswicklung W3 mit Mittelanzapfung, die den Kontakt r3 im 5-Hz-Takt umschaltete. Außerdem saß auf dem Erregereisen noch eine zweite Wicklung Wω, auf deren Bedeutung erst später eingegangen wird. Durch die 5-Hz-Umschaltung von Kontakt r3 wurden dem hochohmigen Kreiselpotentiometer KP wechselweise 24 V von der Körperbatterie KB zugeführt. Dadurch fiel an den Widerstandsbahnen P1 und P2, ebenfalls wechselweise, fast die gesamte von KB gelieferte Spannung ab. Auf den zwei Widerstandsbahnen P1 und P2 glitten zwei elektrisch voneinander isolierte, aber fest mit der Längsachse A1 des Kreisels KR verbundene Schleifer oder Kontaktabnehmer S1 und S2. Von ihnen verliefen die Leitungen 1 und 2 zu den beiden Kontakten der Vakuumrelais VR3 und VR4. Diese waren wiederum mit den Tauchankermagneten QRM1/QRM2 und QRM3/QRM4 verbunden. Damit konnte den Kontakten von VR3 und VR4 die von den Schleifern S1 und S2 auf P1 und P2 abgegriffenen Potentiale zum Zwecke der Ruderbetätigung zugeführt werden.

Bevor wir die Kommandogabe für die Seitenruder schildern, ist noch auf die Funktion eines polarisierten Relais einzugehen, die eine wichtige Voraussetzung für die Bildung dieser Kommandos war. Einem polarisierten Relais kann man drei wichtige Eigenschaften zuordnen: Abhängigkeit von der Stromrichtung, hohe Ansprechempfindlichkeit und Dauerschaltung durch die Größe des Spannungswertes eines Gleichstromimpulses. Der mechanische Aufbau (Massenausgleich) gibt dem Anker außerdem noch – trotz der großen elektrischen Empfindlichkeit des Relais – eine große Schüttelfestigkeit, was in unserem Anwendungsfall besonders wichtig war. Das Magnetfeld eines ungepolten Relais betätigt seinen Anker, wenn der durch die Erregerspule fließende Strom den Ansprechwert erreicht hat, wobei die Polung des Stromes keinen Einfluß hat. Man spricht in Verbindung mit der Spulenwindungszahl und dem fließenden Strom auch von der Ampere-Windungs-Zahl oder kurz AW-Zahl eines Relais. Bei gepolten Relais ist die Ankerbetätigung neben der Größe, wie schon gesagt, auch von der Richtung des Erregerstromes abhängig, was bei der Umschaltfunktion der Relais R1, R2, R3 und ihrer Kontakte ausgenutzt wurde. Die Stromrichtungsabhängigkeit kann man auf verschiedenem Wege erreichen, wobei wir uns auf die Verwirklichung mit einem Dauermagneten beschränken wollen, wie es seinerzeit in den Schaltungen mit Siemens-T-Relais vorzugsweise praktiziert wurde (Abb. 83, Einzelheit »A«). Der Dauermagnet DM ist in den Eisenkreis EK der Relaisspulen so eingefügt, daß sich an seinen Polen 3 und 4 eine konstante dauermagnetische Polarität N-S ausbildet. Demzufolge ist die Lage des Ankers A indifferent, d. h., er wird, sofern man z. B. von Hand nachhilft, entweder an den Nord- oder den Südpol gezogen, an dem er liegenbleibt und dabei den entsprechenden Kontakt des Umschalters r3 schließt. Es handelt sich also um ein Relais mit zwei Ruhelagen. Ein gepoltes Relais mit zweiseitiger Ruhelage reagiert demnach auf Gleichstromimpulse, die in verschiedener Stromrichtung seine Spule W3 durchfließen, durch Umlegen seines Ankers entsprechend der jeweils gegebenen elektromagnetischen Polarität an 3 und 4. Sofern die AW-Zahl von W3 im EK ein das DM-Feld vergrößerndes Elektromagnetfeld überlagert, so daß z. B. der Nordpol 3 verstärkt wird, schaltet der Anker A in die entgegengesetzte Lage um, was bei Verstärkung des Südpoles 4 wieder rückgängig gemacht wird. Wegen dieser Eigenschaft des gepolten Relais ist es möglich, mit Hilfe von Gleichspannungsimpulsen verschiedener Polarität, die in der Spule W3 einen Stromfluß wechselnder Richtung und ausreichender AW-Zahl hervorrufen, den Anker A und damit Kontakt r3 mit der Frequenz der getasteten Spannungsimpulse von einer zur anderen Lage umzuschalten.

Wurden die geschilderten technischen Gegebenheiten eines gepolten Relais in die Steuerung der Hs 117 nach Abb. 83 eingebaut, ergaben sich bei Kommando »Null« folgende Abläufe: Der Kontakt r2 von R2 des Empfängers schaltete im 5-Hz-Takt von rechts nach links um, d. h., er lag 0,1 sec am linken und 0,1 sec am rechten Kontakt an. Gehen wir davon aus, daß bei dieser Kommandogabe der Körper mit seiner Querachse waagerecht in der Luft lag, dann befanden sich die beiden kreiselstabilisierten Schleifer S1 und S2 in gezeichneter Position, parallel zur Körperhochachse. Die beiden Widerstandsbahnen P1 und P2 des Kreiselpotentiometers lagen mit ihrer Basis parallel zur Körperquerachse. Demzufolge griffen die Schleifer S1 und S2 für die beiden Kontakte von VR3 und VR4 jeweils die Hälfte der an den Bahnen P1 und P2 abfallenden KB-Spannung von 24 V, also etwa 12 V ab. Mit dieser Betriebsspannung wurden die Spulen der Querrudermagnete QRM1 bis 4 wechselweise erregt, womit ihre Querruder QR1 und QR2 gegensinnig im 5-Hz-Takt nach oben und unten ausschlugen. Die Trägheit des Flugkörpers konnte keinem der kurzzeitigen Kommandos folgen, womit er in gerader Bahn flog. Das Kommando »Null« war verwirklicht.

Wie reagierte die Steuerung aber bei einem gegebenen Teil-Querkommando »Links« bzw. nach backbord? Durch diesen vom Lenkschützen mit dem Kommandogeber verursachten Vorgang wurde Kontakt r3 von R3 durch das Schaltzeitverhältnis f3 : f4 des veranlassenden Kontaktes r2 länger in der oberen als in der unteren Position gehalten. Dadurch wurde sowohl der Spule von VR4 von Punkt f aus als auch der oberen Widerstandsbahn P1 von Kreiselpotentiometer KP länger 24 V der Körperbatterie KB als der unteren Widerstandsbahn P2 zugeführt. Der Kontakt von VR4 schaltete damit auch länger in die gezeichnete und geschlossene Stellung um. Dadurch konnte Schleifer S1 von der Widerstandsbahn P1 für die untere Tauchankerspule von QRM1 und für die obere Spule von QRM2 einen längeren Betriebsspannungsimpuls von etwa 12 V abgreifen (Schleifer S1 Plus- und Punkt e Minuspotential). Das bedeutete eine längere Verweilzeit von Querruder QR1 in der oberen und von Querruder QR2 in der unteren Position. Daraus folgte durch die Summierung der Einzelkommandos aufgrund der beschriebenen Ruderwirkung eine Drehung der Hs 117 um ihre Längsachse nach Backbord. Die körperfesten Widerstandsbahnen P1 und P2 von KP drehten sich mit dem Körper ebenfalls in die gleiche Richtung. Da der Kreisel KP im Fluge von KE entfesselt war, konnte seine Lagenstabilität über die Achse A1 die Schleifer im Raum in senkrechter Lage fixiert halten. Damit griff Schleifer S1 bei der Drehung zeitlich zwar längere, aber in ihrer Spannungshöhe kleiner werdende Impulse für die Wicklung W3 von R3 ab. Die abgegriffenen Impulse von S2 wurden neben ihrer kürzer werdenden Dauer im Spannungswert hingegen höher.

Bleiben wir aber beim Kontaktabnehmer S1 und dem von ihm übertragenen, durch die Drehung in seiner Spannungshöhe kleiner werdenden Gleichstromimpuls und betrachten für den weiteren Einfluß des Kommandos auf den Flugkörper zunächst die Funktion des die Ruder betätigenden Tauchankermagneten (Abb. 83, Einzelheit »C«). Wie aus der Abbildung hervorgeht, war der Ruderbetätigungshebel H eines Ruders zwischen den Tauchankern T zweier Magnete M gehalten. Die Ausgangsposition der Tauchanker T und des Hebels H war durch zwei Druckfedern F gegeben. Wurden beide Magnete bei Quer- bzw. Seitenkommando »Null« von 12-V-Impulsen abwechselnd erregt, bewegten sich die Anker T mit maximalem Weg s max. im 5-Hz-Takt nach oben und unten, wobei die Anzugskraft Fa der Magnetkennlinie während des gesamten Anzugsweges s größer als die Kraft Ff der Federkennlinie war. In dem Maße, wie sich der Flugkörper unter dem Einfluß des gegebenen Kommandos um seine Längsachse nach backbord drehte und dadurch auch um die Hochachse eine Linkskurve vollführte, nahm, wie beschrieben, die Spannung des Kommandoimpulses ab, wodurch die AW-Zahl von Anzugskraft Fa der kommandierten Magnete QRM1 und QRM2 kleiner wurde. Sofern die Federkennlinie von F so ausgelegt war, daß die geringer werdende Anzugskraft Fa den unteren Tauchanker von QRM1 und den oberen Tauchanker von QRM 2 jeweils zu einem geringeren Weg s veranlaßte, schlugen auch ihre zugehörigen Ruder QR1 nach oben und QR2 nach unten um einen jeweils kleiner werdenden Weg aus. Man konnte auch sagen, daß sich das Flächen-Zeit-Verhältnis, also die pro Zeiteinheit in die Strömung gestellte Ruderfläche verkleinerte. Bei den anderen beiden Rudermagneten QRM3 und QRM4 war durch die Drehung, neben der kleiner werdenden Erregerzeit, eine steigende, auf P2 abgegriffene Erregerspannung gegeben. Diese hatte auf QRM3 und QRM4 aber keinen hubvergrößernden

Einfluß, da beide Magnete ohnehin schon mit Maximalhub arbeiteten. Durch diese geschilderten Abläufe drehte sich der Flugkörper nur so lange nach backbord, bis die Ruderwirkung von QR1 und QR2 bzw. ihr Flächen-Zeit-Verhältnis gleich geworden war. Damit war das vom Lenkschützen gegebene Kommando ausgeführt, und der Körper hatte um den Winkel α nach backbord gedreht. Sofern Lage und Kurs des Flugkörpers der jeweiligen Situation entsprachen und der Lenkknüppel des Gebers in der dem Kommando entsprechenden Lage gehalten wurde, flog der Körper auf dem mit dem eingangs angenommenen Teilkommando »Links« kommandierten Kurs. Bei anderer Kommandogabe, z. B. Vollkommando »Links«, wurden die Schaltzeitverhältnisse und die daraus resultierenden Seitenruderwirkungen entsprechend geändert, und in Verbindung mit der ebenfalls schon geschilderten Funktion des Höhenruders konnte die Hs 117 entsprechend ihren flugmechanischen Eigenschaften im Raum gelenkt werden. Wie bei einem gegebenen Teil- oder Vollkommando »Links« liefen die Vorgänge sinngemäß auch bei einem Teil- oder Vollkommando »Rechts« in der Steuerung ab.

Die Wicklung Wω war mit der Wicklung W3 auf dem gleichen Eisenkreis von R3 angeordnet, womit beide magnetisch gekoppelt waren. Die vom Empfänger auf W3 übertragenen Kommandoimpulse induzierten auch in Wω Spannungsimpulse. Diese veranlaßten, in Verbindung mit der Zeitkonstante aus R und C, auf die Wicklung W3 einen rückwirkenden und damit auf die an die Vakuumrelais VR3 und VR4 gegebenen Kommandoimpulse dämpfenden Einfluß.

Besonders um die Kurvenflugeigenschaften (Wendigkeit) des Flugkörpers optimal zu verbessern, erhielt das Kreiselsystem eine Nachdreheinrichtung ND, die aus einem Getriebemotor M in Brückenschaltung bestand und von den Präzessionsbewegungen des inneren Kardanrahmens von KR in Betrieb gesetzt wurde. Betrachtet man den Flugkörper auf der Abschußlafette, so zeigte er in der Ausgangslage mit seiner Längsachse, je nach Zielposition, unter 20 bis 80° zur Horizontalen nach oben. Sofern der Kreisel KR durch den Kreiselkontakt KK der Bodenanlage in Betrieb gesetzt wurde und nach einigen Minuten seine volle Drehzahl erreicht hatte, wobei noch andere Funktionen wie die Versorgungsspannungen des Empfängers über den Abreißstecker von der Bodenbatterie BB in den Flugkörper einzuspeisen waren, konnte die Starttaste ST gedrückt werden (Abb. 83). Damit geschah zweierlei. Der Entfesselungsmagnet KE wurde zunächst erregt. Sein Anker, der gleichzeitig Entfesselungshebel EH war, zog an und entfesselte den Kreisel. Erst durch diese Ankerbewegung wurde der Kontakt ke geschlossen, und als zweiter Vorgang wurden die Triebwerke der Flarakete gezündet. Wurde während des Fluges ein Seitenruderkommando, also die Betätigung der Querruder veranlaßt, drehte der Körper um die Längsachse und ging sofort in die entsprechende Kurvenlage. Gehen wir davon aus, daß der Kreiselrotor in Pfeilrichtung rotierte und wieder ein Linkskommando gegeben wurde, drehte der Flugkörper nach backbord, in Flugrichtung gesehen also nach links. war dieses Kommando so groß, daß sich die Hs 117 um die stabilisierte Längsachse des Kreisels und über den hier möglichen Freiheitsgrad hinaus bewegte, berührte den äußeren Kardanrahmen ein nicht gezeichneter körperfester Anschlag. Damit vollführte, bei weiterer Drehung des Körpers, die obere Kreiselachsenspitze eine Kippbewegung nach links, die aber, wie schon öfter erklärt (Kapitel 16.4.2.1.), eine Präzessionsbewegung senkrecht zur Kippbewegung in Kreiseldrehrichtung auslöste, was letztlich eine Drehung des inneren Kardanringes mit seiner fest mit ihm verbundenen Querachse in Pfeil- und Flugrichtung bedeutete. Damit glitt der ebenfalls fest mit der Querachse verbundene Kontaktabnehmer S3 auf der Widerstandsbahn Rx nach links. Betrachten wir die Brückenschaltung der Nachdreheinrichtung ND in Abb. 83 und gehen davon aus, daß in der (vor der Drehung) gezeichneten Stellung von Abnehmer S3 die Brücke durch die Widerstände R2, R3 und R4 abgeglichen und damit die Meßdiagonale C-D mit dem Motor M stromlos war. Veränderte sich der Widerstand Rx durch die geschilderte Präzessionsbewegung des Kreisels und den sich nach links bewegenden Abnehmer S3 um den Betrag ΔRx, verstimmte sich die Brücke, und über die Meßdiagonale C-D floß ein Strom. Erreichte die Größe der Verstimmung und damit der Strom durch den Motor M jenen Wert, der ihn in Drehung versetzte, konnte bei entsprechender Flußrichtung des Stromes und der von ihr abhängigen Drehrichtung des Motors M die Achse des äußeren Kardanringes entgegen der vom Körperanschlag her verursachten Drehrichtung bewegt werden, wodurch eine der Pfeilrichtung entgegengesetzte Präzessionsbewegung veranlaßt wurde. Diese Bewegung kam durch Abnehmer S3 dann zum Stillstand, wenn die Brücke der Nachdreheinrichtung wieder so abgeglichen war, daß Motor M nicht mehr drehte. Mit dieser Nachdreheinrichtung konnte die volle und mögliche Kurvenflugfähigkeit der Hs 117 über den Freiheitsgrad des Kreisels hinaus ausgenutzt werden. Bei einer Flugabwehrrakete war eine größere Beweglichkeit im dreidimensionalen Raum notwendig, als sie eine ferngelenkte Gleitbombe (Hs 293) oder eine Jägerrakete (Hs 298) benötigte. Erstere hatte für damalige Verhältnisse über größere Entfernungen (10 000 bis 11 000 m) ein schnelles, bewegliches Ziel im Luftraum zu bekämpfen und demzufolge auch größere Kursänderungen und Verfolgungskurven zu erfliegen. Hierbei sollten auch Kurven von annähernd 360° möglich sein. Die beiden anderen Flugkörper hatten Ziele auf vorwiegend geradlinigem Kurs zu treffen. Aus diesen Tatsachen ging für die Hs 117 auch die Forderung einer Nachdreheinrichtung ND für die Kardanaufhängung des Lagekreisels hervor, da ihre ausgeprägteren Kurven auch eine größere Neigung der Querachse des Flugkörpers zur Kreiselachse erforderten.[1, 17, 19, 20, 25]

Nachdem die Flarakete Hs 117 in ihrem Aufbau, den vorgesehenen Triebwerken und der Steuerung beschrieben wurde, soll noch auf weitere Arbeiten der Firma Henschel auf diesem Gebiet hingewiesen werden. Im Spätsommer 1944 konnte die Firma die Entwicklung einer Kleinst-Flarakete Hs 217 »Föhn« abschließen. Es handelte sich um eine ungelenkte Feststoffrakete, die bei einer Gipfelhöhe von 1200 m gegen Tiefflieger eingesetzt werden sollte. Der Flugkörper mit 73 mm Durchmesser und 3 kg Gesamtgewicht wurde aus Gestellen im Einzelschuß oder als Sperrfeuersalve von 48 Schuß aus sechs Rahmen mit je acht Raketen gestartet. In Erprobung waren Sonderanfertigungen mit 3, 5, 7, 24 und 35 Abschußschienen, die als »Volks-Flak-R-Werfer« von einem Mann bedient werden sollten. Bis April 1945 wurde die Herstellung von 1000 Werfern gefordert. Die Fertigung lief zwar planmäßig an, bis Februar 1945 wurden aber nur 59 Geräte ausgeliefert, die zum Abschluß der Truppenerprobung noch im Einsatz waren.[11]

Wie schon erwähnt, war die Heranführung einer Flarakete vom Boden aus an ein schnell und hoch fliegendes Ziel gegenüber der eigentlichen Fernlenkung und deren Geräten ein neues Gebiet, auf dem anfangs keine einschlägigen praktischen

Erfahrungen bestanden. Das galt für alle damals in Entwicklung und Erprobung befindlichen Flaraketen. Alle seinerzeit entwickelten Lenk- und Führungsprogramme dieser Flugkörper waren unter dem schon einmal verwendeten Decknamen »Vesuv« zusammengefaßt.[21] Die Aufgabenstellung hatte davon auszugehen, mit unbemannten Flugkörpern vom Boden aus Flugziele in Form von Bomberpulks oder einzelnen Großbombern mit Hilfe der Fernlenkung oder Selbststeuerung anzufliegen und in deren Nähe zur Detonation zu bringen. Der Kampfraum bzw. Wirkungsbereich über der Abschußstelle einer Flarakete hatte glockenförmige Gestalt mit unterschiedlichem Durchmesser und unterschiedlicher Höhe, die nach der Eigenart des Flugkörpers gegeben war (Abb. 84). Hierbei mußte zwischen der Wirkung eines Flugkörpers auf ein Ziel ohne und der auf ein Ziel mit Abwehrbewegung unterschieden werden. Im letzteren Fall hatte man die Beschleunigung der Abwehrbewegungen des Zieles mit dem doppelten Lastvielfachen eines Bombers festgelegt. Demzufolge mußte auch die Rakete mit gleicher Beschleunigung nachgelenkt werden, was naturgemäß zu einer Modifizierung der Glockenform führte, die gleichzeitig mit einer Verringerung des Kampfraumvolumens verbunden war (Abb. 84).[21]

Nach damaligen Angaben besaßen Sprengladungen der Flaraketen, auf Großbomber zur Wirkung gebracht, eine 100%ige Zerstörung bis zu einer Entfernung von 50 m. Bezog man diese Wirkungsentfernung auf die größte von der Rakete »Wasserfall« erreichbare Zielentfernung von fast 30 km, dann bedeuteten 50 m etwa 2/16° oder 2 mil, wobei 1 mil = 1/1000 des Einheitswinkels im Bogenmaß entspricht. Damit war die Genauigkeitsforderung festgelegt. Weiterhin hatte man seinerzeit gefordert, daß jede Minute eine Rakete von einer Batterie mit vier Abschußstellen gestartet werden konnte. Bei Einsatz mehrerer Batterien in einer Abwehreinheit sollten 20 Raketen gleichzeitig auf ihre verschiedenen Ziele gelenkt werden können, womit die Zahl der verwendeten Trägerfrequenzen der Lenk- und Führungssysteme festgelegt war.[22] Die Bekämpfung von Flugzielen sollte auch ohne optische Sicht möglich sein. Eine Forderung, die damals weniger durch die Flughöhe der Ziele als durch die Wetterlage gegeben war.

Aufgrund der dargestellten Forderungen bei der Verwirklichung damaliger Flaraketensysteme wird deutlich, daß nur ein Zusammenwirken von Hochfrequenztechnik, Aerodynamik, Lenk- und Steuertechnik in Verbindung mit der Rechentechnik die gestellte Aufgabe lösen konnte. Außer den Abstandszündern (Kapitel 20) bestand die Fernlenkanlage einer Flarakete aus drei wesentlichen Aufgabengebieten: der Zielortung, der Raketenortung und der eigentlichen Fernlenkung, deren Zusammenwirken wir uns im folgenden zuwenden wollen. Der Flugkörper Hs 117 »Schmetterling« soll dabei im Vordergrund stehen. Während in diesem Kapitel die Lenk- und Führungssysteme nur in ihrem prinzipiellen Zusammenwirken beschrieben werden, sind ihre technischen Probleme und Einzelheiten aus Gründen der Übersichtlichkeit schon in Kapitel 14 »Lenk- und Zielsuchsysteme« behandelt worden. Neben der schräg startenden Hs 117 waren noch die ebenfalls flugzeugähnlichen Flugkörper »Enzian« und »Rheintochter« Flaraketen gleicher Starteigenschaften mit Unterschallgeschwindigkeit, wobei es für die Rheintocher auch eine Überschallausführung gab. Demgegenüber war die als Kreuzflügler mehr einer ballistischen Rakete ähnelnde Wasserfall ein senkrecht startender Flugkörper mit Überschallgeschwindigkeit. Deshalb unterscheiden wir auch in diesem Zusammenhang zwischen schräg und senkrecht startenden Flaraketen.[21, 22]

Wirkungsbereiche der Flakraketen gegen Ziele ohne Abwehrbewegungen

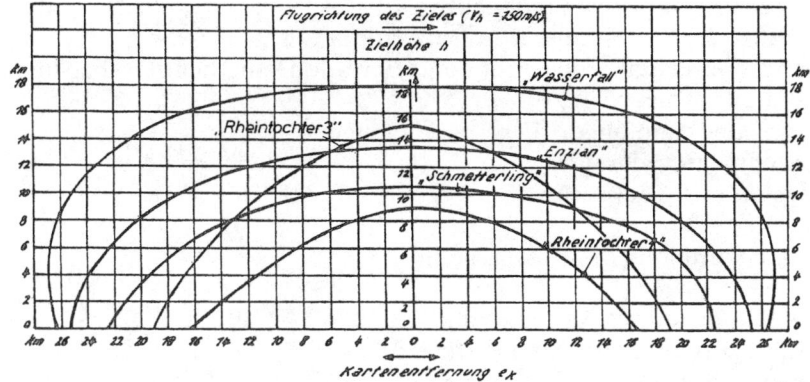

Wirkungsbereiche der Flakraketen gegen Ziele mit Abwehrbewegungen bis zum 2-fachen Lastvielfachen

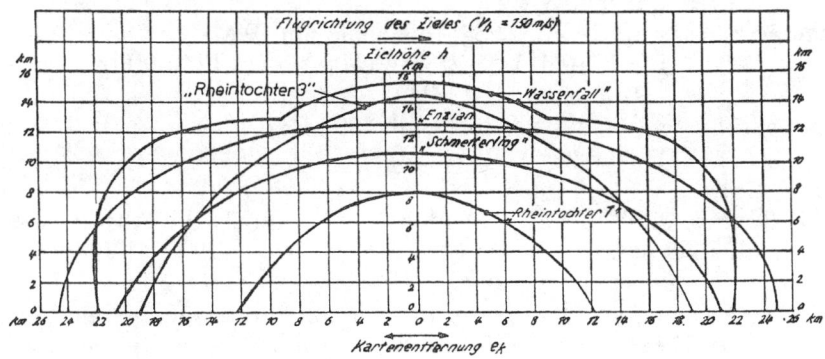

Abb. 84

739

Ehe auf die eigentlichen Systeme und Geräte der Flaraketen-Lenkung und -Führung eingegangen wird, soll eine Aufstellung und Erklärung der verwendeten Geräte, Abkürzungen und Begriffe vorangestellt werden. Als Bodengeräte hatte man vorgesehen:

FLG: Fernlenkgeräte
ZO: Zielortungsgeräte bzw. FuMG: Funkmeßgeräte
RO: Raketenortungsgeräte
LS: Lenksender und Kommandogeber
RG: Rechengeräte für Parallaxe, Aufsatz, Vorhalt usw.
ÜG: Übertragungsgeräte für Azimut und Elevation, zur Richtungsbestimmung im Raum
ZWE: Zielweisungsempfänger (Fernsehempfänger)
SR: Startrampe für Schrägstart
SP: Startplatte für Senkrechtstart

Als Bordgeräte wurden in die Raketen eingebaut:

LE: Lenkempfänger mit Aufschaltung
PS: Peilsender bzw. Rücksender (»Rüse«)
ZSG: Automatische Zielsuchgeräte mit Aufschaltung
AZ: Automatische Zünder (Annäherungs- oder Abstandszünder)
ZWS: Zielweisungssender (Fernsehkamera mit Sender)

Folgende Geräte und Frequenzen fanden bzw. sollten Verwendung finden:

ZO-Funkmeßgeräte: FuMG 62D, 64, 68, 75; um 560 MHz; FuMG 76; 3300 bis 3450 MHz
RO-Geräte: »Rheingold A, B«; um 380 oder 600 MHz; »Rheingold C«; um 3500 MHz
Funklenkgeräte: FuG 203, 230/232; 18 Kanäle um 49 MHz; FuG 510/513; 530/533; 20 Kanäle um 1250 MHz
Peilsender: »Rüse«; um 3500 MHz
Zielweisungsgeräte: »Tonne«/»Seedorf«; um 400 MHz
DMW: Dezimeter-Wellen

Als weitere Begriffe sind zu unterscheiden, wobei damals die Ausdrucksweise nicht immer einheitlich war:

»Leitstrahl«:   Allgemeiner Oberbegriff für eine mit Sendeantennen bestimmter Strahlungsdiagramme und Kennungen hervorgerufene hochfrequente Richtungsbestimmung
»Leitebene«:   Kennzeichnung einer vertikalen Trennebene (»Rechts«-»Links«)
»Leitlinie«:   Kennzeichnung von zwei gekreuzten Ebenen (»Rechts«-»Links« und »Hoch«-»Tief«, siehe auch Kapitel 14).[21]

Als Rechner waren vorgesehen:

»Vorhalt-Rechner«: Berechnung des augenblicklichen Vorhaltewinkels zwischen Abschußrichtung der Starteinrichtung und dem Standort des Zieles.

»Parallax-Rechner«: Berechnung des augenblicklichen Differenzwinkels der Ortungsgeräte zum Ziel bei ihren verschiedenen Standorten.

»Aufsatzrechner«: Berechnung des augenblicklichen Erhöhungswinkels der Starteinrichtung beim Schrägstart.

»τ-Rechner«: Berechnung der augenblicklichen Verdrehung des Kommandogebers, um die Ruderzuordnung zur jeweiligen Flugkörperposition zu garantieren.

Im folgenden Text werden den einzelnen Flugkörpern jene Kurzbuchstaben zugeordnet, die sie auch damals besaßen: Enzian »E«; Rheintochter »R«; Hs 117 Schmetterling »S«; Wasserfall »W«.

Es wurde schon erwähnt, daß die Entwicklung der Führungssysteme einer Flarakete an das Ziel in drei Stufen erfolgen sollte. Dabei war man bestrebt, den Ablauf der Verwirklichung so zu gestalten, daß jede Weiterentwicklung und Verbesserung zu bestehenden Anlagen der Fernlenk- und Fernmeßtechnik hinzugefügt werden konnte, ohne daß diese von Grund auf geändert werden mußten. Über die Fernlenkanlage nach dem weiterentwickelten Kehl/Straßburg-System mit höheren Trägerfrequenzen und die dabei aufgetretenen Schwierigkeiten wurde schon berichtet. Während der Entwicklung zeigte sich, daß es wünschenswert war, für das letzte Stück der Flugbahn von Flaraketen Zielsuchgeräte zu verwenden. Um die Einführung dieser Technik möglichst glatt zu gestalten, war geplant, den Lenkschützen am Knüppel mit dem Doppeldeckungsverfahren beizubehalten und für den letzten Teil der Flugbahn, statt des endgültigen Zielsuchsystems, zunächst ein Fernsehbild mit der Anlage Tonne-Seedorf zu verwenden, womit der Lenkschütze zielweisend weiterlenken sollte. Aus den daraus gewonnenen Erfahrungen versprach man sich eine möglichst optimale Entwicklung der Zielsuchsysteme.[21,22]

Wenden wir uns nun den damals für die Flugerprobung der Flaraketen verwendeten und in Entwicklung befindlichen Fernlenk- und Führungssystemen zu. Als prinzipielle Darstellung des Zusammenwirkens von Zielortung, Raketenortung und Lenkkommandogabe bei Schräg- und Senkrechtstart sei anfangs auf Abb. 85 verwiesen. Unter der Gesamtregie der Firma Telefunken mit den Firmen Askania (Optik) und Kreisel GmbH (Rechengeräte) wurden folgende Anlagen gebaut, erprobt bzw. waren in Entwicklung:

1. Als Vorstufe und speziell für die Hs 117 die Anlage **»Parsifal-S«.**
   Art des Verfahrens: Kommando-Funklenkanlage mit optischen Ortungsgeräten.
   Verfahrensbeschreibung: Für die Ortung des Zieles (Flugzeug) und der Rakete wurde in Peenemünde je ein Fernrohr auf einem 2-cm-Flaklafettendoppelstand verwendet. Das Zielfernrohr, von einem Schützen (Höhe und Seite) über Kurbelgetriebe in Zielrichtung gehalten, war elektrisch über eine Folgesteuerung mit den Schwenkantrieben der Abschußvorrichtung (R-Geschütz) verbunden. Somit zeigte auch der auf dem R-Geschütz liegende Flugkörper immer in Zielrichtung.

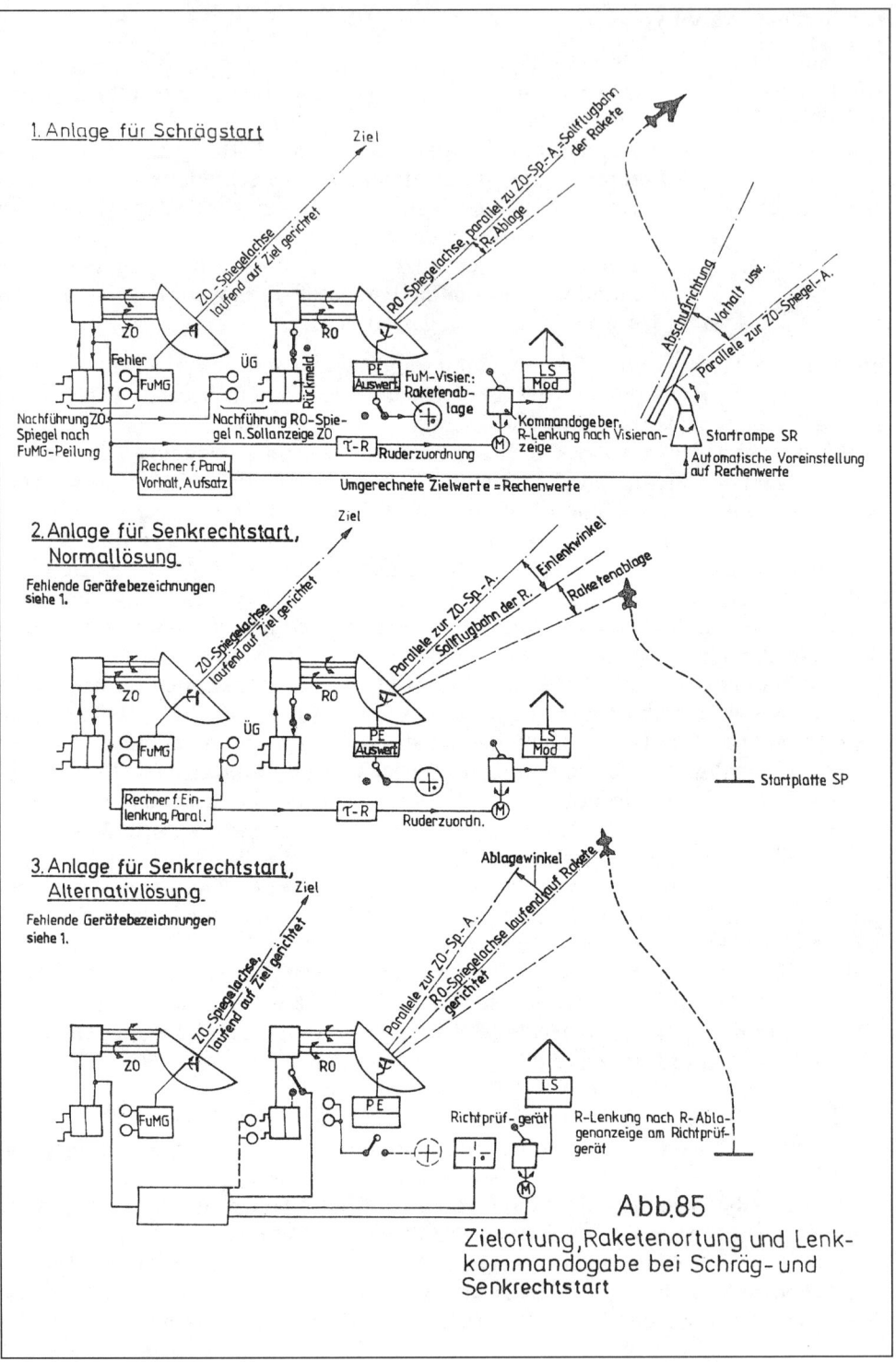

1. Anlage für Schrägstart

2. Anlage für Senkrechtstart, Normallösung

Fehlende Gerätebezeichnungen siehe 1.

3. Anlage für Senkrechtstart, Alternativlösung

Fehlende Gerätebezeichnungen siehe 1.

Abb. 85

Zielortung, Raketenortung und Lenkkommandogabe bei Schräg- und
Senkrechtstart

Die Fernlenkung der Rakete erfolgte mit dem zweiten Fernrohr der Lafette im Doppeldeckungsverfahren und mit Betätigung des Lenkknüppels der Kommando-Funklenkanlage durch den Lenkschützen. Wie bei fast allen nachfolgenden Lenkverfahren wurden zwei Varianten vorgesehen. Eine mit den im Einsatz befindlichen UKW-Geräten Kehl/Straßburg (Tab. 4 und 5, Kapitel 12.2.3.; 12.4.2.; 12.4.4.), wobei der Sender und dessen Antenne (Kreuzdipol) bis zu 3 km vom Lenkstand entfernt aufgestellt wurden. Eine zweite Lenkanlage, wie schon beschrieben im dm-Bereich arbeitend, mit Sender und Empfänger Kogge, später Kai, Brigg usw., hätte als Sendeantenne eine keramische Richtantenne am Spiegel des FuMG verwenden können. Da auch am Flugkörper Richtantennen angebracht werden konnten, hätte sich eine bessere Störsicherheit ergeben. Wie es mit der Entwicklung der Kogge-Anlage verlief, ist in diesem Kapitel schon geschildert worden. Aus diesem Grunde blieb sie auch bei den Flaraketen als zweite FLG-Vorstufe mit der Bezeichnung »Lohengrin-S« nur in der Planung.

Als Bordanlage im Flugkörper wurde der Empfänger Straßburg, FuG 230, verwendet, der später durch den Empfänger Colmar, FuG 232, ersetzt wurde. Für den der Anlage Kogge zugehörigen Empfänger Brigg, FuG 530, traf das gleiche wie für den Sender dieser Anlage zu.[1, 21]

Parsifal-S war ab Ende 1942 für die Flarakete Hs 117 fertig entwickelt worden. Mit dieser Anlage wurden auch die Flugerprobungen auf der Startstelle Strand in Werk Ost von Angehörigen der Flakversuchsstelle Karlshagen durchgeführt. Auch konnte die vorläufige truppenmäßige Handhabung des Flugkörpers – vom komplett montierten unbetankten Anlieferungszustand in einer zweiteiligen Holzkiste bis zum Abschuß – erprobt werden. Aus der Kiste hoben acht Mann mit Hilfe von zwei durch die Montagebeschläge der oberen Starthilfe gesteckten Rohren (Tragevorrichtung) die Hs 117 aus der Kiste und setzten sie auf den Ladewagen (Abb. 81). Hier kam er mit den Tragflächenwurzeln auf zwei parallelen Tragrohren so zu liegen, daß er gegen rückwärtiges Abrutschen gesichert war und die untere Starthilfe sich zwischen dem tragenden Gestänge des Ladewagens befand. Der Ladewagen besaß vier Feldbahnräder, mit denen er auf dem Gleis einer schräg nach oben führenden Startrampe stand. Das Gleis führte direkt in die Führung der Abschußvorrichtung hinein. Vier Mann schoben den Ladewagen mit Hilfe von zwei Schubstangen in die Abschußvorrichtung (R-Geschütz).[6]

Abstandszünder: Als AZ waren »Kakadu« und »Marabu« vorgesehen (siehe Kapitel 20).[21]

2. Die nächsten Stufen der Flaraketenlenkung **»Rheinland-oV/Rheinland-O«** wurden mit optischen Geräten und Hochfrequenz-ZO sowohl für den Schräg- als auch den Senkrechtstart entwickelt.

Verfahrensbeschreibung des FLG: Das Rheinland-oV(Schrägstart)-System wurde als Vorstufe für das eigentliche »Rheinlandprogramm« entworfen. Es sah für die Zielortung (Azimut, Elevation, Entfernung) das ZO bzw. FuMG »Mannheim« vor. Bei näher kommendem Ziel ging die Funkmeßpeilung aber in eine optische Peilung über. Eine Folgesteuerung ließ die Startgestelle den Spiegel- bzw. Fernrohrstellungen mit Hilfe der Vorhalt-, Aufsatz-, Parallax- und τ-Rechner folgen. Die Raketenortung (Azimut, Elevation) geschah optisch mit

Hilfe eines Standes, der mit einem Fernrohr an den Spiegel des ZO montiert war.

Als Funklenkgeräte wurde die Ausführung Kehl H, FuG 206, mit zusätzlicher fünfter Kommandofrequenz (3,5 kHz) für ein Zündkommando vorgesehen (Tab. 4 und 5). Der Kommandogeber erhielt vom τ-Rechner über eine entsprechende Verstellvorrichtung jene Werte, die seine Basis so verdrehte, daß die Ruderzuordnung erhalten blieb. In der Rakete gab der Lenkempfänger Colmar seine Kommandoausgangsspannungen über ein Aufschaltteil (Abb. 83) sowohl an die Ruder als auch an den Modulator des kleinen Rücksenders Rüse ab. Am ZO-FuMG-Dipol sollten über eine Weiche ein besonderer Empfänger und ein Auswertezusatz aus der Phasenlaufzeit (Boden-Bord/Rüse-Boden) der Modulation des Lenksenders die Raketenentfernung ermitteln und mit der Zielentfernung des FuMG vergleichen. Bei Koinzidenz beider Werte sollte automatisch das Zündkommando des Tongenerators im Modulationsteil des Lenksenders Kehl H (FuG 206) ausgelöst werden.[21]

Rheinland-O (Schrägstart): Wie oben beschrieben, aber das ZO-FuMG sollte dreiachsig mit 7-m-Spiegel »Drache« ausgeführt werden. Die Neukonstruktion von Dreiachsrichtständen war notwendig, um den schon erwähnten glockenförmigen Einsatzraum über der Abschlußstelle bestreichen zu können. Zweiachsige Richtstände hatten einen »toten« Raum über dem Startpunkt der Rakete. Der Lenkstand war mit Fernrohr und Kommandogerät an den Drehstand montiert. Alle übrigen Geräte, wie Mannheim-Gerätesatz, Rüse, Lenksender usw., sollten in einem Raupenfahrzeug beweglich untergebracht werden.

Rheinland oVs (Senkrechtstart), nicht zu verwechseln mit Rheinland oV-S: wie oV, jedoch ohne Folgesteuerung der Startgeräte. Dafür fester Starttisch für Wasserfall. Vom ZO-Spiegelantrieb wurden Ziel, Azimut und Elevation über einen Einlenkrechner in einen Parallaxrechner eingespeist, der auch von einem Geber am RO-Fernrohr die Werte für den Raketen-Azimut und die Raketenelevation erhielt. Am Ausgang des Parallaxrechners war als Anzeigegerät für die Betätigung des Lenkknüppels durch den Lenkschützen ein sogenanntes »Richtprüfgerät« angeschlossen. Dieses Gerät zeigte die Ablage der Rakete in Seite und Höhe vom Sollwert (entsprechend umgerechneter Zielwert) an.

Entwicklungsstand: Projektzustand von April bis etwa Dezember 1943. Offenbar ergaben die Laboruntersuchungen für die elektrische E-Messung der Rakete Anfang 1944 die Notwendigkeit, dafür eine optische E-Messung mit großer Basis vorzusehen, die vom Richtantrieb des ZO mitgeschwenkt wurde. Es ist nicht mehr mit Sicherheit zu sagen, ob das Zündkommando von Hand ausgelöst werden sollte. Es wurden verschiedene Voruntersuchungen und Teilerprobungen durchgeführt. Das Projekt wurde durch »Rheinland A/B« abgelöst.[21]

3. »Rheinland A«: Kommando-Funklenkanlage mit Ortungsgeräten.

Verfahrensbeschreibung: RO wurde durch Funkpeilung im umgekehrten H- und V-Verfahren (Horizontal- und Vertikal-Lenkverfahren) in der Anlage »Rheingold A« bzw. »B« durchgeführt. Die von einem unmodulierten Dauersender Rüse (PS) in der Rakete abgestrahlte Frequenz wurde über einen mit 24 Hz (1440 U/m) rotierenden Dipol zunächst zur Auffassung im kleinen Spiegel, danach für die Verfolgung mit gleichartigem Dipol im 3-m-Spiegel empfangen. Die Rüse-Frequenz wurde durch den Dipolumlauf »moduliert« und am Ausgang des RO-Empfängers als »Peilphase Höhe/Seite« mit der vom Dipolantrieb (Motor mit Zweiphasengenerator) abgegebenen »Bezugsphase Höhe/Seite« verglichen. Die so gewonnenen Gleichspannungen steuerten einen Lichtpunkt auf dem Schirm eines »Funkmeßvisiers« (Braunsche Röhre mit Fadenkreuz). Die Spiegel des RO-Gerätes wurden von Hand oder automatisch dem Spiegel des ZO-Gerätes nachgeführt, so daß der Lichtpunkt am Funkmeßvisier jeweils die Ablage der Rakete vom Sollkurs darstellte. Mit Hilfe des Kommandogebers und LS war die Raketenlage auf Null zu bringen (Doppeldeckungsverfahren) (Abb. 85).

Je nach Art der Rakete (Schrägstart mit Vorrichtung oder Vertikalstart) wurden entsprechende Rechner für Einlenkung, Aufsatz, Parallaxe, Vorhalt usw. an geeigneter Stelle dazwischengeschaltet. Die Zündung des Raketensprengkopfes war mit AZ vorgesehen. Ein Teil der Anlagen sollte aus den schon anfangs erwähnten Gründen zusätzlich Zielweisungsgräte mit Sender im Körper, Fernsehempfänger am Boden im Lenkstand erhalten. Die Genauigkeit der Anlage erwartete man für die Zielortung mit etwa 1/16° und für die Raketenortung mit etwa ± 1/32°.

Einzelgeräte zu Rheinland A:

		Elsaß-Lothringen
Bodenanlage:	Elsaß	
ZO:	Mannheim-Riese, FuMG 75, bei E, R, W	
	Ansbach (FuMG 68 bei S)	
RO:	Rheingold A	
LS:	Kelheim bzw. Kehl	
	(FuG 203 mit Kreuzdipol)	wie Elsaß
RG:	je nach Raketenstart (S, R, E, W)	
ZWE:	keine	Seedorf, Sprotte oder
		andere
RG:	je nach Raketenstart (S, R, E, W)	je nach Raketenstart
Bordanlage:	Söhnlein A	Söhnlein A/...

Entwicklungsstand: Mustergeräte vorhanden. Erste Versuchsbatterie »Grüne Wiese« für die Flarakete Hs 117 mit Anlage »Rheinland A-S« im März 1945 im Harz im Aufbau. Zu Versuchen oder zum Einsatz wurde die Anlage nicht mehr verwendet.[21]

4. **»Rheinland B«:** Kommando-Funklenkanlage mit Ortungsgeräten
Verfahrensbeschreibung: Wie »Rheinland A«, jedoch mit den neueren DMW-Funklenkgeräten, wobei der Lenksender mit Antenne (Stielstrahler) nicht mehr abgesetzt aufgestellt, sondern im RO-Gerät »Rheingold B« untergebracht war. Die Stielstrahler des LS waren am Spiegel des Rheingold B befestigt (Abb. 85).

Einzelgeräte zu Rheinland B:

Bodenanlage: Brabant

ZO:	Mannheim-Riese, FuMG 75 (bei E, R, W) oder Ansbach, FuMG 68 (bei S)
RO:	Rheingold B
LS:	Kai, FuG 512 oder Kran, FuG 513 mit Stielstrahler
RG:	je nach Raketenstart

Bodenanlage:	Söhnlein B
LE:	Brigg, FuG 530 oder Fregatte, FuG 531
PS:	Rüse (Ao)
AZ:	Kakadu, Marabu u. a.

Entwicklungsstand: Ein Großteil der Geräte war bei Kriegsende fertig entwickelt. Die Anlagenerprobung und der Einsatz waren nicht mehr möglich. Siehe auch das Mißgeschick der dm-Geräte. Für die Zündung der Sprengladung waren Annäherungs- und Abstandszünder in Entwicklung, von denen etwa zehn HF-, fünf UR- und etwa ebenso viele akustische Zünder waren.

Wie schon erwähnt, sahen Planungen, die nicht direkt zum Rheinland-Programm gehörten, vor, eine Heranführung der Flaraketen in Zielnähe durch Kommandolenkung mit anschließendem Übergang auf eine Zielsuchlenkung durchzuführen. Dazu waren etwa 12 mit HF und 15 mit UR arbeitende Zielsuchsysteme in Entwicklung (siehe auch Kapitel 14).

Als Anmerkung kann noch festgehalten werden, daß ursprünglich für Rheinland B und C ein E-Meßverfahren für die Raketenortung vorgesehen war, das aus der Koinzidenz von ZO- und RO-Messungen ein Zündkommando gewinnen sollte. Das geschah durch zusätzliche Modulation des LS mit 75 kHz und der 21. Subharmonischen (etwa 3,58 kHz). Im Körper wurden die am Ausgang des LE entstandenen beiden E-Meßsignale der Rüse zugeleitet, deren Trägerfrequenz mit ihnen moduliert, im Peilgerät Rheingold empfangen und zum Phasenvergleich an zwei Braunsche Röhren (Grob- und Feinmessung) geleitet wurde. Der Vergleich war dadurch möglich, daß den beiden Röhren die beiden E-Meßfrequenzen (75 und 3,58 kHz) direkt über in »Entfernung« geeichte Phasenschieber zugefügt wurden (Abwandlung des Y-Verfahrens). Schwierigkeiten bestanden bei der praktischen Durchführung in den Geräten deshalb, weil die Genauigkeit der Signallaufzeit innerhalb der Geräte von < 0,04 Mikrosekunden nicht erreicht werden konnte.

5. »Rheinland C«

Verfahrensbeschreibung: Diese Anlage war als Ersatz der auf dem DMW-Gebiet arbeitenden ZO- und RO-Geräte gedacht. Sie sollte mit Frequenzen um 3000 bis 3500 MHz arbeiten. Dadurch waren kleinere Spiegelabmessungen, z. B. für vollmotorisierte Geräte möglich und eine größere Störsicherheit gegen Düppel und Störsender gegeben.

Aus Unterlagen von 1944 sind Bodenanlagen für ZO (FuMG 76 »Marbach«) und RO Rheingold C mit eingebautem LS in noch getrennter Bauweise ersichtlich. Das Zündkommando sollte hier wieder durch E-Messung der Rakete im Vergleich mit der Ziel-E-Messung gewonnen werden.

Anfang 1945 wurde die Fertigung der senkrecht startenden Rakete Wasserfall nach 43 Erprobungsstarts wegen zu großen Aufwandes bei der Rakete und der

Lenkanlage eingestellt. Die ZO-Anlage mußte bei Wasserfall mit zwei von der ZO verschieden zu schwenkenden Spiegeln und einem Einlenkrechner arbeiten. Nach Wegfall dieser Notwendigkeit ließen sich ZO, RO und LS auf einen einzigen motorisierten Dreiachsendrehstand vereinen. Damit waren die RO-Geräte als zweiter Empfangs- und Peilkanal des ZO-FuMG mit gemeinsamer Verwendung des Spiegels und des Quirls aufgebaut. Offenbar sollte der Spiegel nach Erfassen des Zieles automatisch dessen Bewegung nachlaufen, wie es auch beim FuMG »Rüsselsheim« gegeben war.

Einzelgeräte zu Rheinland C:

Bodenanlage:	Siegfried	Hansa
ZO:	FuMG Marbach, jedoch Dreiachsenstand	FuMG Marbach
RO:	FuMG Rheingold C, Dreiachsenstand	mit 2. Peil- u. E-Meß-
LS:	mit Kran/Kohlmeise und dielektr.	kanal für RO u. Ko-
	Richtantenne, Koinzidenzzusatz	inzidenzzusatz, mit
		Kran/Kohlmeise
		u. dielektr. Richt-
		antenne
RG:	je nach Raketenstart	nur Schrägstart
Bordanlage:	Söhnlein C	
LE:	Fregatte, FuG 531	
RS:	Rüse-Nachfoger, impulsmoduliert	

Entwicklungsstand: Siegfried wurde 1944/45 bearbeitet, Anfang 1945 eingestellt. Hansa konnte mit einem Teil der Geräte bis zum Kriegsende fertig entwickelt werden.[21]

19.2.2. Erprobung

Wie schon angedeutet, sollte sich die Erprobung im wesentlichen mit der Flarakete Hs 117 befassen, soweit diese Abläufe noch nachvollziehbar sind. Die Koordination aller Erprobungsaufgaben mit der Hs 117 wurde bei der E-Stelle der eigens zu diesem Zweck gegründeten Sondergruppe EF, Hs 117, zugeteilt. Am Anfang des Kapitels über Flaraketen wurde ebenfalls schon erwähnt, daß zunächst aus Mangel an kompletten Geräten Teil- bzw. Vorerprobungen an der E-Stelle vorgenommen wurden. Zunächst begann man im Sommer 1944 bei der Fachgruppe E4 mit Antennenuntersuchungen, um für die gegebene Antenne die Empfangsverhältnisse zu ermitteln, das Antennenanpassungsgerät auf optimale Auslegung zu überprüfen und gegebenenfalls zu ändern.[1]
Im erweiterten Sinne gehörten zu diesen Untersuchungen im September 1944 auch Funkstörmessungen, die mit drei Triebwerkläufen des BMW-Triebwerkes 109-558 im Vorwerk durchgeführt wurden (E3, E4). Auch konnte neben diesen Arbeiten eine eingehende Untersuchung der Lenkübertragung im Labor durchgeführt werden (E2, E3, E4, E5).

Einen Schwerpunkt der Erprobung bildeten die Funktions- und Schubversuche der Gruppe E3 mit dem BMW-Triebwerk im Vorwerk der E-Stelle. Bis zum 8. Dezember 1944 konnten mit acht Triebwerken 13 beurteilbare Prüfstandversuche gefahren werden, von denen neun trotz teilweise leichter Undichtigkeiten als befriedigend angesehen wurden. Während anfangs hauptsächlich Undichtigkeiten an der Brennkammer und den Rohrverbindungen auftraten (1. Teilbericht), gab danach die Abdichtung des Salbei-Behälterdeckels Anlaß zu Beanstandungen. Ebenfalls rutschten zwei Freiflug- bzw. Förderkolben in ihre Zylinder bzw. Treibstofftanks hinein, da sich die Verriegelung durch Transporterschütterungen gelöst hatte. Dadurch waren die Geräte nicht mehr zu betanken. Um einen reibungslosen Verlauf der Flugversuche durchführen zu können, mußte das Triebwerk auf Drängen der E-Stelle noch eine Hochdrucksicherung erhalten, um bei den Flugversuchen ein vorzeitiges und unbeabsichtigtes Einschalten des Gerätes zu vermeiden. Kälte- und Schüttelversuche waren im Laufe des Monats Dezember vorgesehen (2. Teilbericht).[14]

Am 10. September 1944 begannen die Flugversuche mit der Hs 117 durch Abwürfe von einem He-111-Flugzeug an der E-Stelle. Bei den ersten beiden Abwürfen versagte die Steuerung, weshalb nur das Zünden des Triebwerkes beobachtet werden konnte und sonst keine weiteren Erkenntnisse am steil nach unten wegtauchenden Flugkörper zu gewinnen waren. Bis zum 22. September konnten 25 Hs 117 vollständig montiert werden, mit denen die ersten Erprobungen am Boden und im weiteren Flugzeugabwurf erfolgten.[14]

Nachdem die Vorerprobungen an der Steuerung, den Triebwerken und mit den Flugzeugabwurfversuchen von der E-Stelle durchgeführt und die daraus resultierenden Verbesserungen und Änderungen veranlaßt waren, konnte zur Flugerprobung mit schrägem Bodenstart übergegangen werden. Diese Versuche führten Angehörige der Flakversuchsstelle Karlshagen in Zusammenarbeit mit der Firma Henschel und den für die Bodengeräte zuständigen Firmen von der Startstelle Strand aus durch (Kapitel 19.2.1.). Als Startgestell diente zunächst ein entsprechend umgebauter 2-cm-Flaklafetten-Stand, der später durch eine 3,7-cm-Flaklafette ersetzt wurde. Dabei richtete der erste Schütze den Drehstand in Höhe und Seite mit Fernrohrbeobachtung auf das Ziel ein. Der zweite Mann, der Lenkschütze, lenkte den Körper mit dem Kommandogeber ebenfalls mit Hilfe eines Fernrohres nach dem Start. Die Flugversuche fanden also anfangs ausschließlich nach optischer Sicht statt. Bis zum Dezember 1944 konnten insgesamt 59 Bodenstarts mit dieser Methode durchgeführt werden.

Die nächste Fernlenk- und Führungsanlage, Rheinland A, wobei die ZO, wie beschrieben, mit Mannheim-Riese (FuMG75) und die RO mit einem Würzburg-Gerät durchgeführt werden sollte, war ebenfalls ab Herbst 1944 in einem ersten, vorläufigen Gerät auf der Startstelle Strand aufgebaut worden. Diese Anlage war hier in Firmenerprobung. Sie wurde, nachdem die Verlagerung der E-Stelle nach Wesermünde feststand, im März 1945 von den Geräten her abgebaut, und die ortsfesten Anlagen wurden zerstört.[1, 21]

Neben den Flaraketen und ihren Lenk- und Führungsanlagen war für die Erprobung des ganzen Systems auch eine möglichst praxisnahe Zieldarstellung von großer Bedeutung. Schon ab 1936 arbeitete die Firma Argus Motoren GmbH an einem »Flakzielgerät FZG« für Rohrwaffen (Dr. Gosslau). Aus dem ersten Muster Mo 12 wurde später, 1940, in Zusammenarbeit mit der DFS das Gerät DFS/AS 292

(Kapitel 16.1.). Dieses kleine Flugzeug mit 2,4 m Spannweite erreichte mit einem Propellermotor von 2,2 kW (3 Ps) eine Geschwindigkeit von 90 km/h. Als Fernlenk-Sender kam Kehl II (FuG 204) mit abgeändertem Modulationsteil und Geber, als Bordempfänger mit Zusatzkommando für Drosselung des Motors ein von der Firma C. Lorenz (W. Kloepfer) entwickeltes Gerät mit Pendelaudion zur Anwendung. Diese Lösungen reichten als Zieldarstellung für Flaraketen natürlich nicht aus. Hier war eine Hochgeschwindigkeits-Zieldarstellung notwendig, um die Bewegung von Bomberverbänden oder Einzelflugzeugen zu simulieren. Im Jahre 1944 entschloß man sich, hierfür den Gleitkörper BV 246 der Firma Blohm & Voß (Dr. Vogt; Kapitel 11.1.) zu verwenden. Der antriebslose, als Zieldarstellung dienende, Flugkörper erhielt eine Programmsteuerung, die ihm nach dem Abwurf von einem Trägerflugzeug gestattete, ein vor dem Start eingestelltes Flugprogramm zu erfliegen. Um dem Flugkörper die Zielwirkung eines normalen Flugzeuges zu geben, war es notwendig, dem weitgehend aus elektrisch nichtleitendem Material bestehenden Körper diese elektrischen Reflexionsverhältnisse für die Funkmeßgeräte künstlich zu vermitteln. Hierzu erhielt der BV-Flugkörper einen kleinen empfindlichen Pendelempfänger als Rückstrahlverstärker, der schon für meteorologische Messungen bei Pilotballonen Verwendung gefunden hatte. Erste Versuche waren Anfang 1945 angelaufen.[1, 21]

Die Serienfertigung der Hs 117 lief im unterirdischen Mittelwerk ab Dezember 1944 an. Bis dahin waren etwa 150 Geräte aus der Versuchsproduktion für Erprobungszwecke geliefert worden. Vom »Arbeitsstab Dornberger« wurde der Flugkörper am 27. Januar 1945 zusammen mit der Rakete HAP/C2-Wasserfall in weiterer Produktion gehalten. Aber am 6. Februar 1945 befahl der »Bevollmächtigte zur Brechung des Luftterrors«, Generalleutnant der Waffen-SS Dr.-Ing. Kammler, den Abschluß der Entwicklung unter Beendigung jeder weiteren Fabrikation. Zu den geplanten monatlichen Stückzahlen von 3000 Hs 117 kam es durch das Kriegsende ohnehin nicht mehr. Trotzdem blieb die Flarakete Hs 117 »Schmetterling« das am weitesten fortgeschrittene Projekt auf diesem Gebiet. Den Sowjets fielen im Mittelwerk am 5. Juli 1945 die bis dahin in Serie gefertigten Hs-117-Raketen in die Hände.[15]

19.3. Weitere Flaraketen

Die folgenden noch zu beschreibenden Luftabwehrflugkörper, die sich bis dahin durchgesetzt hatten, hatten mit der E-Stelle der Luftwaffe Karlshagen, wie sie nach der letzten Umbenennung hieß, direkt nichts zu tun. Aber der Vollständigkeit halber sollen sie im Aufbau, ihrer Problematik und ihrem Entwicklungsstand kurz beschrieben werden. Die Flugerprobungen wurden – außer bei der »Rheintochter«, deren Flugerprobung hauptsächlich auf dem Versuchsplatz Leba erfolgte – von der Startstelle Strand und der Oie aus, auf dem Gelände des Werkes Peenemünde-Ost bzw. Heimat Artillerie-Park 11, Karlshagen/Pommern (HAP), oder Elektromechanische Werke GmbH Karlshagen, wie die letzte Bezeichnung der Heeresversuchsstelle aus Tarnungsgründen lautete, durchgeführt. Bleiben wir aber der Kürze wegen in der Folge bei HAP oder Werk Ost. Der HAP hatte der Flakversuchsstelle der Luftwaffe Karlshagen für die Flugerprobung aller Flaraketen, wie schon in Kapitel 19.2. kurz erwähnt, dieses Gelände zur Verfügung gestellt. Mit Wirkung vom 1. Mai 1944 war innerhalb der Flakversuchsstelle eine »Erprobungsgruppe V« aufgestellt worden. Sie hatte die Erprobung aller Flaraketen in Zusammenarbeit mit den Dienststellen der E-Stelle der Luftwaffe (Hs 117), des Werkes Ost und mit Vertretern der Industrie (Telefunken, Askania, Kreisel-GmbH, Henschel, Rheinmetall-Borsig, Holzbau-Kissingen KG und andere) durchzuführen.[26] Zur Eprobungsgruppe gehörten:

1. Die Betriebsstaffel
2. Die Prüf- und Startstaffel
3. Der V-Trupp
4. Die L- und die M-Staffel
5. Die Vermessungsstaffel
6. Der Flugerprobungstrupp

Beginnen wir bei der Schilderung der weiteren Flaraketen mit der »Rheintochter« (Abb. 86). Ab 1942/43 entwickelte die Firma Rheinmetall-Borsig AG, Berlin-Marienfelde, zunächst die Mehrstufen-Rakete Rheintochter R1. Das war ein zweistufiger Flugkörper von etwa 6300 mm Gesamtlänge. Die Oberstufe, der eigentliche Flugkörper, hatte eine Länge von etwa 3860 mm und einen Durchmesser von 540 mm. Die Spitze war als Zünderkopf ausgebildet, in dem entweder ein Abstands- oder ein vom Boden aus zu betätigender Entfernungs-Vergleichszünder eingebaut war. Im noch konischen Bugteil folgte die Steuerung für die Bugruder. Anschließend nahm das schon weitgehend zylindrische Zwischenstück die Steuerung mit Stromversorgung und Empfänger auf. Danach folgte der Raketenmotor der Oberstufe mit einem 220 kg schweren Diglykoltreibsatz und einer Betriebszeit von 2,5 sec. Der Anfangsschub von 156,89 kN (16 000 kp) sank während des Betriebes stark ab. Der eigentliche Raketenzylinder zur Aufnahme des Treibsatzes war 1130 mm lang, hatte 500 mm Durchmesser und besaß eine Wandstärke von 9,5 mm, die im kalottenförmigen Bodenstück auf 35 mm anstieg. Hier waren sechs schräg nach außen abgewinkelte Treibdüsen eingeschraubt. Jede Düse war 270 mm lang und besaß einen Halsdurchmesser von 40 mm, dem ein Mündungsdurchmesser von 76 mm folgte. Der Treibsatzzylinder und das darauf sitzende Kopfteil waren miteinander verschraubt und durch eine äußere Aluminium-Rumpfverkleidung abgedeckt. Die schrägen Treibdüsen traten durch die Rumpfverkleidung hindurch.

Als Steuerungs- und Stabilisierungselemente besaß die Oberstufe am Bug vier kreuzförmig angeordnete, aus Holz gefertigte Ruderflächen mit einer Spannweite von 400 mm bei einer Wurzeltiefe von 350 mm. Zwei dienten als Höhen- und die beiden anderen als Seitenruder. Damit wurden die Ruderkommandos, in Flugrichtung gesehen, nicht hinter, sondern vor dem Körperschwerpunkt wirksam (Entenprinzip). Am Heck der Oberstufe waren vier X-förmig am Rumpfumfang verteilte, gepfeilte Stabilisierungsflächen aus Holz mit Überschallprofil montiert. Die Spannweite betrug 2750 mm bei einer Wurzeltiefe von 710 mm und einer Dicke von 50 mm. Die Tiefe an der Flächenspitze verjüngte sich auf 250 mm, die Dicke auf 12,5 mm. Um eine wirksame Empfangsantenne für die Lenkkommandos zu erhalten, wurden die Flächen nach einem Drittel ihrer Tiefe mit Aluminiumblech verkleidet. Das Leichtmetallgehäuse des Hecks nahm nach dem Antrieb

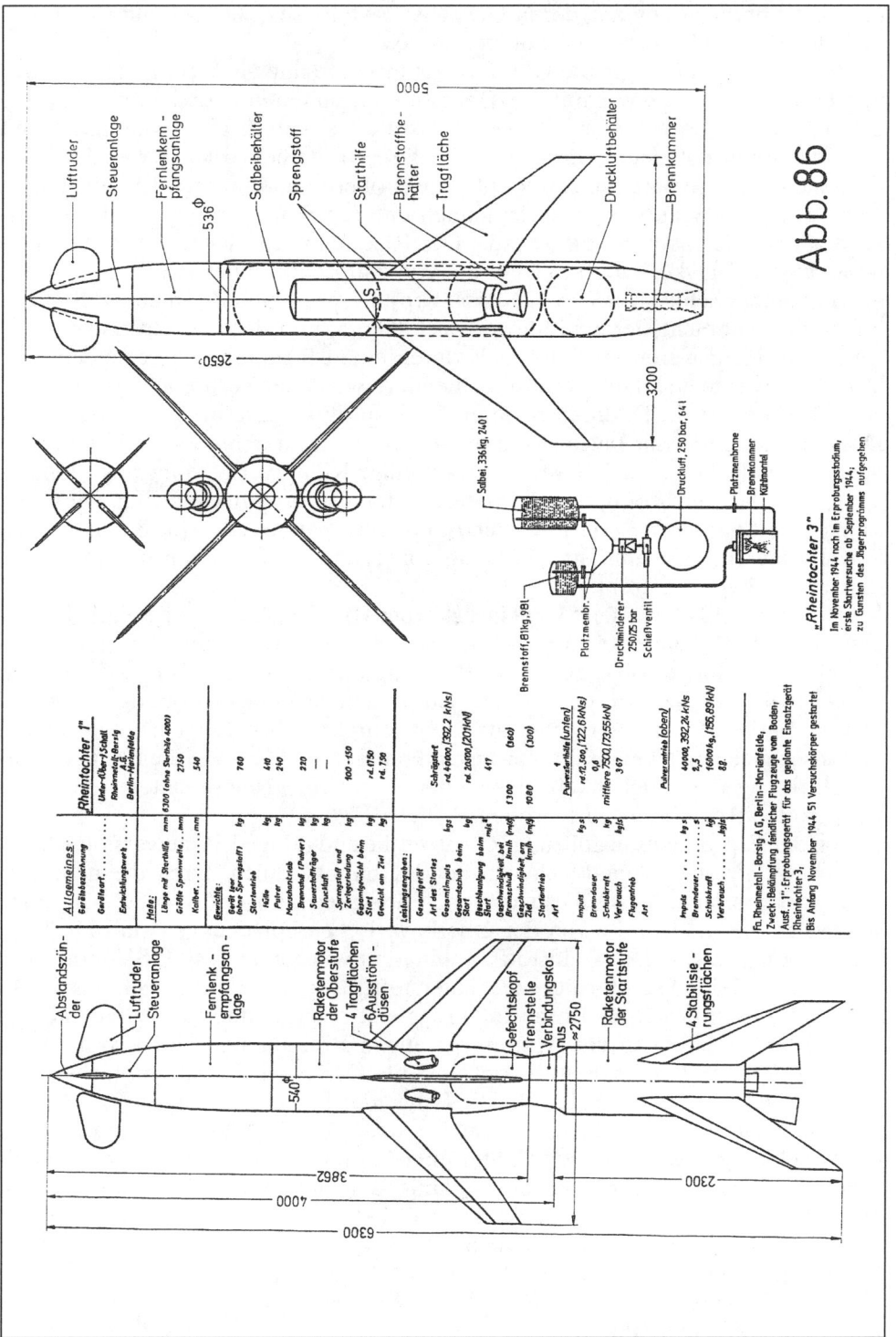

Abb.86

noch die Sprengladung auf, deren Gewicht 25 kg betrug, was sich mit der Zerlegerladung auf 100 bis 150 kg erhöhen konnte.

Nach der Oberstufe folgte die Unter- bzw. Startstufe mit 2300 mm Länge und 510 mm Durchmesser. Sie war mit der Oberstufe durch einen Aluminiumkonus verbunden. Dieses Bauteil war mit der Unterstufe fest verschraubt, während es mit der Oberstufe über vier Führungsbolzen lose zusammengesteckt war. Dadurch entstand eine automatische Entkopplung der oberen und unteren Raketenstufen dann, wenn der Schub der ausbrennenden unteren Stufe geringer als der einsetzende Schub der oberen Stufe wurde. Der Raketenmotor der unteren Startstufe besaß einen Diglykol-Dinitrat-Treibsatz von 240 kg mit einer Brennzeit von 0,6 sec und einem Schub von 73,55 kN (7500 kp). Er war ebenfalls in einem Stahlzylinder untergebracht, der eine Länge von 1300 mm und sieben Treibdüsen besaß. Zwei von ihnen waren im Düsenhals durch einen Pfropfen abgeschlossen. Der Verschluß wurde erst dann herausgeschleudert, wenn der Verbrennungsdruck unzulässig hoch wurde. Dadurch konnten Fehlexplosionen verhindert werden. Der Düsenhalsdurchmesser betrug 90 mm, der Mündungsdurchmesser 165 mm. Um den unteren Raketenantrieb war eine zweiteilige Rumpfverkleidung aus Aluminium gelegt, die gleichzeitig die vier unteren Stabilisierungsflächen trug. Diese besaßen eine Spannweite von etwa 2660 mm, eine Wurzeltiefe von 825 mm, eine Spitzentiefe von 300 mm, eine Pfeilung von etwa 65° und waren untereinander durch zwei Stege verstrebt.

Bis November 1944 wurden 51 Versuchskörper von der Flarakete Rheintochter R1 gestartet. Die Rakete erreichte bei Brennschluß etwa 360 m/s und am Ziel 200 bis 300 m/s. Der Start erfolgte schräg in Richtung zum Ziel von einer modifizierten 8,8-cm-Flakgeschütz-Lafette aus. Die hauptsächliche Flugerprobung wurde ab Herbst 1943 auf dem Versuchsplatz Leba durchgeführt. Leba liegt an einem Strandsee gleichen Namens im Nordosten Pommerns. Hier hatte die Firma Rheinmetall-Borsig die Möglichkeit, neben der Flarakete »Rheintochter« auch ihre Fernrakete »Rheinbote« zu erproben. [11, 12, 13, 27, 30]

Neben der Erprobungsausführung R1 gab es die endgültige Einsatzversion Rheintocher R3. Sie unterschied sich von der R1 hauptsächlich durch die neuartige Triebwerkkombination von Feststoff- und Flüssigkeitsantrieb (Abb. 86). Das Flüssigkeitstriebwerk stammte von der Oberbayerischen Forschungsanstalt Dr. Konrad, Oberammergau. Die Treibstoffkombination von 336 kg (240 l) SV-Stoff (Salbei, 90 bis 98%ige Salpetersäure als Sauerstoffträger) und 81 kg (98 l) Visol (Divinylisobutylsäureester als Brennstoff) reagierte spontan und selbstzündend (hypergol). 15 sec lang gab der Antrieb bei einem Brennkammerdruck von 20 bar Überdruck einen Maximalschub von 21,38 kN (2180 kp), der in den nächsten 38 sec auf 17,65 kN (1800 kp) absank. Die Länge der Brennkammer betrug 450 mm, bei einem Düsenhalsdurchmesser von 178 mm. Die Treibstofförderung erfolgte mit Druckluft aus einem Kugelbehälter mit 64 l Inhalt und einem maximalen Fülldruck von 250 bar. Über ein Schießventil mit Reduzierventil, das den Förderdruck auf 25 bar reduzierte, wurden beide Treibstoffbehälter über je eine Platzmembran beaufschlagt. Der Brennstoff Visol gelangte vom Tank direkt über den Düsenkopf des Brennkammerbodens in die Brennkammer, während der Oxydator Salbei über eine Platzmembran erst den Kühlmantel der Brennkammer durchfloß, ehe er in die Brennkammer eintrat.

Die Startraketen waren bei der R3-Ausführung im Flugkörperschwerpunkt zwischen zwei Stabilisierungsflächen links und rechts vom Rumpf montiert. Sie besaßen einen Treibsatz von je 150 kg Diglykol, die für 0,9 sec je einen Maximalschub von 137,28 kN (14 000 kp) abgaben, was einem Gesamtstartschub von ca. 274,57 kN (28 000 kp) entsprach. Jede Startrakete besaß wieder sieben Treibdüsen, wobei zwei aus Sicherheitsgründen in Form eines Sicherheitsventiles druckbegrenzt verschlossen waren. Mit einer Höchstgeschwindigkeit um 400 m/s bei Brennschluß erreichte diese Ausführung Überschallgeschwindigkeit. Die übrigen Merkmale der R3-Ausführung entsprachen jenen der R1-Rakete. Während die Rheintochter R1 angeblich noch mit etlichen Exemplaren zum provisorischen Truppeneinsatz gekommen sein soll, wurden mit der R3 ab September 1944 nur erste Startversuche durchgeführt.[11, 12]

Weitere Flaraketen von Rheinmetall-Borsig waren: »Hecht« mit Walter-Motor im Unterschallbereich fliegend, »Feuerlilie« F-25 mit Rheinmetall-Triebwerk, ebenfalls noch im Unterschall- und »Feuerlilie« F-55 im Überschallbereich fliegend. Alle Flugkörper waren in Flugzeugform aufgebaut. Mit der F-55 wurden im Rampen-Schrägstart unter 60 bis 70° von 1941 bis 1943 etwa 30 Versuchsflüge durchgeführt. Die endgültige Ausführung der F-55 war mit einem Alkohol-Sauerstoff-Triebwerk ausgerüstet.

Eine weitere ferngelenkte Flarakete war der Flugkörper »Enzian« (Abb. 87). Diese Rakete wurde in der Oberbayerischen Forschungsanstalt Oberammergau, die zu den Messerschmitt-Werken gehörte, ab August/September 1943 von Dr. Konrad aus dem Raketenjäger Me 163 entwickelt. Der Serienbau der letzten Entwicklungsstufe Enzian E-4 war bei Holzbau-Kissingen KG, Sonthofen/Allgäu, angelaufen. Zum Einsatz kam das Gerät nicht mehr. Die ersten Ausführungen E-1, E-2 und E-3 besaßen, wie die Me 163, einen Walter-Flüssigkeitsraketenmotor RI 203 (Kapitel 8.2.), wobei die Treibstofförderung einer Komponente durch eine Turbopumpe erfolgte. Diese Flugkörperausführungen dienten aber nur Versuchszwecken. Die Serienausführung E-4 erhielt dann einen ähnlichen Zweistoff-Raketenmotor wie die Rheintochter R3, mit 480 kg SV-Stoff und 110 kg Visol mit Druckluftförderung für den Anfahrvorgang und einer Turbopumpe für die Hauptstufe. Der Startschub betrug 19,6 kN (2000 kp), der nach 69 sec Brenndauer auf 9,8 kN (1000 kp) absank. Als Starthilfen waren vier abwerfbare Feststoffraketen, 109-553, der Firma Schmidding parallel zum Rumpf montiert, die einen zusätzlichen Startschub von 4 × 17,16 kN (1750 kp) bei einer Brenndauer von 4 sec abgaben.

Wie die Me 163, war auch der Flugkörper Enzian E-4 ähnlich wie ein schwanzloses Flugzeug als freitragender Mitteldecker mit Tragflächen von 4000 mm Spannweite unter einer Pfeilung von 30° aufgebaut. An den Flächenhinterkanten befanden sich die gegensinnig wirkenden, als Seitenruder verwendeten Querruder. Ein normales Seitenleitwerk mit symmetrischer Kielflosse vervollständigte die Ruderorgane. Die Zelle mit Flächen war weitgehend aus Furnierholz aufgebaut.

Eine ebenfalls geplante und entwickelte Ausführung, die nicht mehr in Flugerprobung ging, war die Flarakete Enzian E-5. Sie besaß gegenüber der E-4-Ausführung keine zwei Tragflächen und Stabilisierungsflossen in polarer Anordnung, sondern vier Kreuzflügel mit kartesischen Koordinaten und 55° Pfeilung. Als Antrieb erhielt der jetzt keine Flugzeugform mehr aufweisende Flugkörper einen verstärkten Konrad-Raketenmotor mit SV-Stoff und Visol, der einen Anfangsschub von

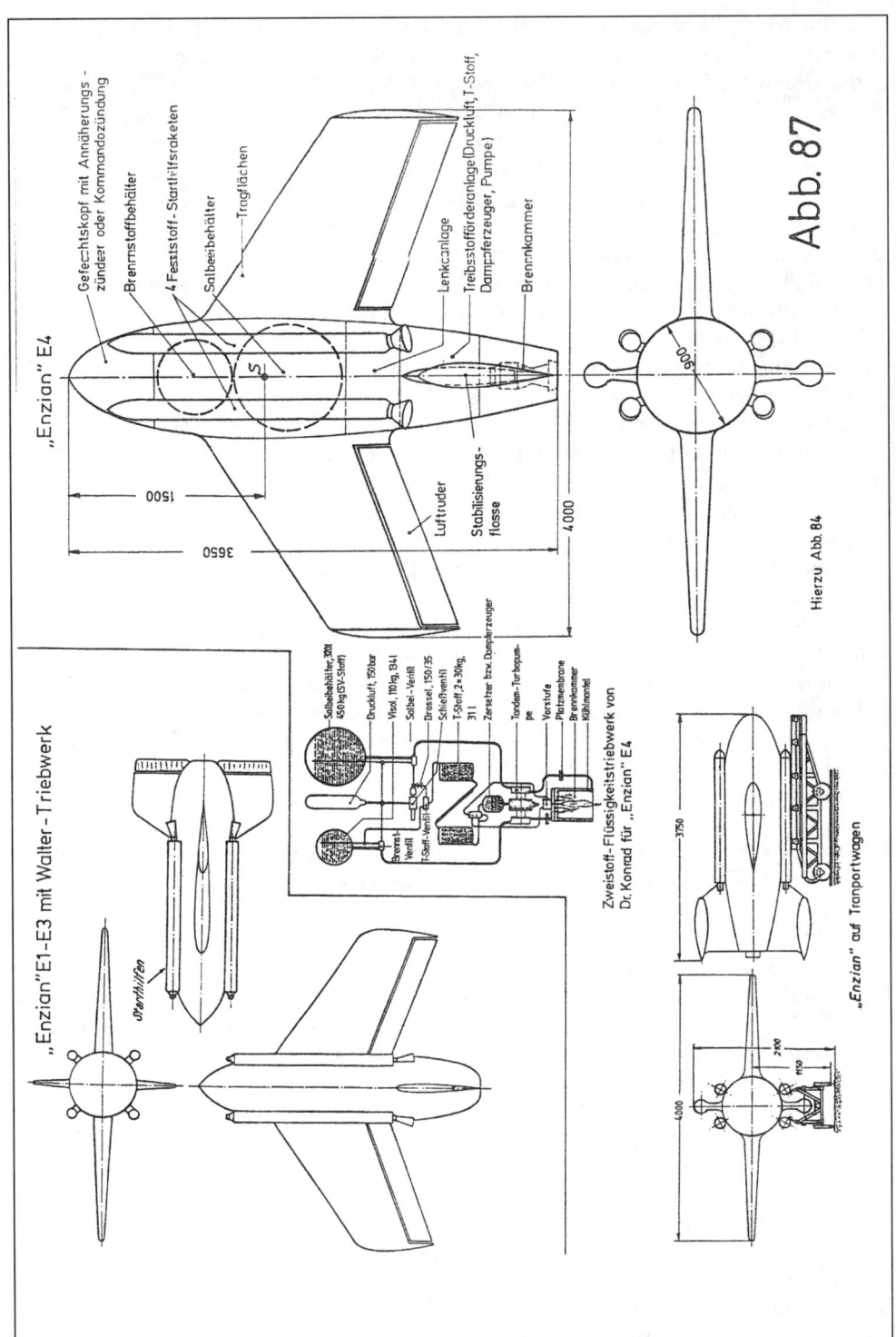

"Enzian" E4

Gefechtskopf mit Annäherungs-zünder oder Kommandozündung
Brennstoffbehälter
4 Feststoff-Starthilfsraketen
Salbeibehälter
Tragflächen
Lenkanlage
Treibstoffförderanlage (Druckluft, T-Stoff, Dampferzeuger, Pumpe)
Brennkammer

1500
3650
4000

Luftruder
Stabilisierungs-flosse

Abb. 87

006

Hierzu Abb. 84

"Enzian" E1-E3 mit Walter-Triebwerk

Starthilfen

Salbeibehälter, 200l 450kg (SV-Stoff)
Druckluft, 150bar
Vtsof., 110kg, 134l
Salbei-Ventil
Drossel, 150/35
Schließventil
T-Stoff, (2 × 30kg), 31l
Zersetzer bzw. Dampferzeuger
Tandem-Turbopumpe
Vorstufe
Platzmembrane
Brennkammer
Kühlmantel
Brennst.-Ventil
T-Stoff-Ventil

Zweistoff-Flüssigkeitstriebwerk von
Dr. Konrad für "Enzian" E4

3750
4000
200
1150

"Enzian" auf Transportwagen

754

24,52 kN (2500 kp) und nach 56 sec einen Minimalschub von 14,71 kN (1500 kp) aufwies. Als Startraketen fanden wieder die vier Feststoffraketen von Schmidding Verwendung. Während die E-4-Ausführung eine Höchstgeschwindigkeit von etwa 270 m/s im Unterschallgebiet erreichte, hätte die Enzian E-5 mit Überschallgeschwindigkeit von Mach 1,6 fliegen können. Gestartet wurden die Enzian-Flaraketen von einer mit einem Führungsträger ausgerüsteten 8,8-Flaklafette im Schrägstart. Als Spreng- und Zerlegerladung waren für alle Enzian-Ausführungen Splittergefechtsköpfe von 300 bis 500 kg Gewicht, Füllungen mit Kleinraketen (550 Stück mit 30 mm Durchmesser und Eigenantrieb) und Brandgeschoßfüllungen vorgesehen. Als Zünder sollten Annäherungszünder oder, wie auch bei der Rheintochter-Rakete, die Entfernungsvergleichszündung vom Boden durch den Lenkschützen zum Einsatz kommen. Die Lenkung erfolgte entweder optisch im Doppeldeckungsverfahren (Burgund) oder mittels Funkmeßortung und Funklenkung mit System Elsaß. Auch waren Zielsuchverfahren (Kapitel 14) kombiniert mit Annäherungszünder in Entwicklung.

Nachdem insgesamt 60 Enzian-Geräte gefertigt worden waren, davon 38 mit Walter-Raketenmotor RI 203m, und ebenfalls 38 Enzian-Flugkörper in Peenemünde gestartet waren, wovon der zweite schon am 29. April 1944 geflogen ist, stellte man die Versuche im Januar 1945 zugunsten von Wasserfall und Schmetterling ein. Diese überlebten die übrigen Flaraketen aber nur um knapp zwei Wochen, wie am Ende des Kapitels 19.2. schon geschildert wurde.[11, 27]

Als Ende 1942 das RLM der Heeresversuchsstelle Peenemünde den Entwicklungsauftrag für die Flüssigkeitsrakete C-2 Wasserfall erteilte, konnte man hier auf die schon aus dem Jahre 1941 durchgeführten Überlegungen zur Entwicklung einer Flugabwehrrakete auf der Basis des A4 zurückgreifen. Gegenüber der ballistischen Fernrakete A4 waren aber bei der Flarakete Wasserfall weitere Probleme zu lösen bzw. zu berücksichtigen, was natürlich mehr oder weniger für die anderen Flaraketen auch galt, wie z.B.:

1. Überschall-Aerodynamik eines räumlich lenkbaren Flugkörpers und entsprechende Meßmethoden für den Windkanal.
2. Fernlenkverfahren und Arbeiten an automatischen Zielsuchgeräten (Kapitel 14).
3. Verwirklichung einer Methode, die Sprengladung bei geringster Zielentfernung automatisch zu zünden (Kapitel 20).
4. Neue Treibstoffkombinationen und ein hierfür geeignetes, möglichst ventilloses Triebwerk (BMW, von Zborowski).

Während alle Unterschall-Flaraketen wegen der damals ständig steigenden Flugzeuggeschwindigkeit nur eine vorübergehende Lösung darstellten, war der Flugkörper Wasserfall mit seiner geplanten fast zweieinhalbfachen Schallgeschwindigkeit den sich ändernden Verhältnissen auch für die Zukunft gewachsen. Er sollte sowohl gegnerische Bomberverbände für den Jägerangriff sprengen als auch schnell und hoch fliegende Einzelziele bekämpfen. Daraus ergaben sich folgende taktisch-technische Forderungen an den Flugkörper:

1. Bekämpfung von Luftzielen mit beliebigen Abwehrbewegungen bei einem zweifachen Lastvielfachen.
2. Maximale Gegnerflughöhe 15 000 m bei Fluggeschwindigkeiten von 720 km/h.

3. Größte lenkbare Horizontalschußweite etwa 25 km.
4. Gefechtskopfgewicht 250 kg.
5. Vielmonatige Lagerfähigkeit mit gefüllten Treibstoffbehältern.
6. Jederzeitige Einsatzbereitschaft, unabhängig von der Außentemperatur.
7. Einfachste Handhabung bei geringstem Bodenaufwand.

Die Entwicklung wurde im Herbst 1942 in Peenemünde in Verbindung mit der A4-Weiterentwicklung unter Hinzuziehung der Industrie und verschiedener Institute durchgeführt. Dafür standen im Werk Ost der HVP ein Treibstofflabor, ein Geräteprüfstand, drei Ofenprüfstände, der extra für die Wasserfall-Rakete erst im Herbst 1944 fertiggestellte Prüfstand P IX, der Prüfstand P II zur Untersuchung reaktionstechnischer Treibstoff-Fragen, die Werkstätten der A4-Entwicklung und letztlich der bis Mach 4,4 arbeitende Windkanal zur Verfügung. Man hatte auch wegen der Luftbedrohung extra einen schwimmenden Prüfstand mit Hilfe zweier Schiffskörper gebaut, die durch eine Plattform verbunden waren. Der Prüfstand wurde durch vier Kfz-Motoren angetrieben und konnte sich bei einem drohenden Luftangriff aus dem näheren Versuchsstellenbereich entfernen.[24, 28]
Die Flugerprobung wurde anfangs von der Oie aus durchgeführt. Nach Ausschaltung von Taumelbewegungen bei Annäherungen an die Schallgeschwindigkeit, fand die weitere Erprobung nach den ersten elf Starts auf dem zwischenzeitlich fertiggestellten Prüfstand IX im Entwicklungswerk statt.
Der Wasserfall-Flugkörper war eine Entwicklung der Heeresversuchsstelle und wurde von der mit Luftwaffenpersonal besetzten Flakversuchsstelle Karlshagen zur Flugerprobung gebracht. Die E-Stelle der Luftwaffe (Peenemünde-West) hatte über die Flakversuchsstelle mit Wasserfall nur über die bei ihr erprobten Abstands- und Annäherungszünder indirekten Kontakt. Demzufolge kann es auch nicht Aufgabe dieses Berichtes sein, nähere Einzelheiten über die Wasserfall-Entwicklung und die Erprobung zu schildern. Da aber speziell diese Flarakete in vielen, teils gelösten, in der Lösung begriffenen und erkannten Problemen bis weit in die Nachkriegszeit für die Flaraketen in Ost und West richtungweisend blieb, sollen wenigstens einige wichtige Probleme der Entwicklung erwähnt werden.
Bei der Projektierung mußte aufgrund der taktisch-technischen Forderungen die optimale Größe festgelegt werden. Man entschied sich für einen Durchmesser von 880 mm bei etwa neunfacher Länge. Besonders die aerodynamische Formgebung und die Stärke des Triebwerkes mußten aufgrund der A4-Erfahrungen zunächst geschätzt werden, da Unterlagen fehlten. In der Folge zeigte sich, daß manche ursprünglichen Annahmen nicht verwirklicht werden konnten, wodurch erhebliche Schwierigkeiten entstanden. Ein Umfeld allgemeingültiger Grundlagenforschung für Flaraketen existierte damals noch nicht. Die Projektierungsdaten waren: Schub 8 t – Treibstoffverbrauch 22 kg/s – Brennzeit 45 sec – Brennkammerdruck 16 bar Überdruck – Druck an der Düsenmündung 1 bar Überdruck – Ausströmgeschwindigkeit 1870 m/s – Startgewicht 3500 kg – Freifluggewicht 1500 kg – Geschwindigkeit 960 m/s (Mach ca. 2,9) – Flugzeit 90 sec.
Die aerodynamische Entwicklung begann Anfang 1943 im Peenemünder Windkanal. Später, nach der Verlagerung des Windkanales nach Kochel/Tirol, wurden die Arbeiten dort bis zum Kriegsende weitergeführt. Da die senkrecht startende Rakete teils ein Geschoß und teils ein Flugzeug war, das auch horizontale Flugbah-

nen und Verfolgungskurven erfliegen mußte, lehnte man sich bezüglich des Leitwerkes an das A4 und wegen der Tragflächen an die Ausführung des A9 (A4 mit Tragflächen) an. Für die aerodynamische Gestaltung war ausschlaggebend, daß der Flugkörper bis zu einem Lastvielfachen von zwölf (bei 1500 kg Freifluggewicht: $12 \times 1500 = 18\,000$ kg) weit über jenem der zu bekämpfenden Flugzeuge liegen mußte. Im Hinblick auf die Rudermaschinen hatte man die Druckpunktwanderung durch Änderung des Anstellwinkels und Änderung der Schwerpunktlage durch die Tankentleerung zu berücksichtigen. Außerdem zeigt jeder Flugkörper beim Übergang vom Unter- in den Überschallflug mehr oder weniger große Druckpunktwanderungen, wobei mit zunehmender Mach-Zahl die Ruderwirksamkeit erheblich abnimmt. Diese ganzen Probleme galt es im Windkanal mit variierten Tragflächen- und Ruderformen zu untersuchen. Erleichtert wurde die Lösung dieser Probleme dadurch, daß, besonders für die flache Flugbahn, die damals neuesten Berechnungen nur eine Machzahl von 2,0 ergaben. Nach mühsamer Kleinarbeit schälte sich letztlich die in Abb. 63 gezeigte Form des Flugkörpers heraus.[27, 28]

Der in Abb. 84 gezeigte Wirkungs- bzw. Lenkbereich von Wasserfall ließ eine maximale Fliehkraftbeschleunigung von 12 g erwarten. Die Rudermaschinen waren in ihrer Wirkung vom Staudruck abhängig gemacht worden (siehe auch Kapitel 12.4.2.). Für die geforderten Geräteanstellwinkel (15° im Unter- und 8° im Überschallgebiet) bewegte sich der Ruderausschlag je nach Flugzustand zwischen 4 und 15°. Wie schon in diesem Kapitel 19 erwähnt, sollte die Lenkung bzw. Heranführung der Flaraketen an das Ziel in der endgültigen Form durch zwei Funkmeßgeräte erfolgen, wobei Gerät I stetig das Ziel verfolgte und das Gerät II die Rakete sofort nach dem Start aufnahm und über Rechner durch die Werte des Gerätes I auf den Vorhaltepunkt führte. Nach dem Senkrechtstart und dem Umlenken der Rakete in Zielrichtung wurde sie vom Gerät I übernommen. Die letzte Flugphase sollte die Rakete – unabhängig von den Funkmeßgeräten – durch ein bordeigenes Zielsuchsystem auf Kollisionkurs zum Ziel bringen (Kapitel 14). Wie ebenfalls schon dargestellt, konnte diese Form der Fernlenkung und Selbststeuerung aber nicht mehr verwirklicht werden, weshalb zwar die beiden Funkmeßgeräte bei der Flugerprobung verwendet wurden, die bordeigene Selbststeuerung aber durch eine Kommando-Funklenkung ersetzt wurde.

Die Flarakete war, wie das A4, mit vier Strahl- und vier Luftrudern ausgerüstet, wobei je ein Strahl- und ein Luftruder von einer Rudermaschine gemeinsam betätigt wurden. Die Strahlruder übernahmen die Steuerung kurz nach dem Start und verbesserten die gleichsinnige Ruderwirkung der Luftruder im Unterschallbereich. Verstellt wurden die Ruder entweder elektrisch oder hydraulisch mit etwa 0,49 mkN (50 mkp).

Bahnberechnungen für etwa 100 verschiedene Flugkurven und Messungen im Windkanal schufen die Grundlagen für die Steuerung. Die Rechnungen wurden durch Modellversuche überprüft und Differentialgleichungen des Kraft- und Momentengleichgewichtes durch elektrische Schaltungen nachgebildet.

Um den geforderten Impuls des Triebwerkes von 3530,16 kNs (360 000 kps), die stete Einsatzbereitschaft und die Lagerfähigkeit zu realisieren, wählte man die Treibstoffkombination 90- bis 98%ige Salpetersäure (SV-Stoff, Salbei) als Sauerstoffträger und für die hypergole Zündung zunächst den Brennstoff Visol 6. Als

757

Beschaffungsschwierigkeiten bei den Visolen auftraten, ging man zu Brennstoffen auf der Basis von Brenzkatechin, den »Optolin«-Brennstoffen, für alle auf der Basis von Salpetersäure aufgebauten Triebwerke des Vesuv-Programmes über. Das Optolin bestand aus etwa 10 % Brenzkatechin sowie Anilin, Visol und Aromaten; ihm wurde im Laufe der Entwicklung immer mehr Benzin beigemischt. Bei BMW (von Zborowski) hatte man gegen Ende des Krieges hypergolzündende Brennstoffe entwickelt, die zu 90 % aus Benzin und nur zu 10 % aus Zusätzen bestanden. In der Anfangsentwicklung wurde ausschließlich 98%ige Salpetersäure verwendet. Später kamen weniger hohe Konzentrationen, aber Beimischungen von 10 % Schwefelsäure zur Verwendung (Mischsäure M10).

Im Gegensatz zum A4 besaß die Flarakete Wasserfall keine tragende Rumpfkonstruktion, sondern die Treibstoffbehälter waren gleichzeitig tragende Bauelemente, die für Beschleunigungen von 12 g bemessen waren. Als Werkstoff wurde Kohlenstoffstahl verwendet, da hochkonzentrierte Salpetersäure diesen Werkstoff nicht angreift. Auch Aluminiumlegierungen konnten z. B. für die Düsenplatte aus gleichem Grund eingesetzt werden. Bei Verwendung der Mischsäure ergaben sich aber Schwierigkeiten durch Korrosion bei längerer Lagerung. Auskleidungen der Behälter mit Kunststoff waren nicht befriedigend. Behälter mit Oberflächenbehandlung waren zwar geeignet, es fehlte aber zu deren Durchführung geeignete Arbeitskapazität. Deshalb wurden alle Versuche mit ungeschützten Behältern gefahren. Wie aus Abb. 88 hervorgeht, war das Triebwerk denkbar einfach aufgebaut. Der unterhalb der Spitze angeordnete Druckgasbehälter 1 von 240 l Inhalt war mit Stickstoff unter einem Druck von 240 bar gefüllt. Dann folgte ein elektrisch zu zündendes Schießventil 2 mit einer Schwarzpulverladung, das nach Auslösung dem Druckgas den Weg über ein Reduzierventil 3, das den Druck auf 29 bar Überdruck reduzierte, zum Überdruckventil 4 freigab. Von da ab verzweigte sich die Druckgasleitung über ein Dreiwege-Handventil 5 einerseits über eine Platzmembran 6 zum darunterliegenden Visol-Tank 7, andererseits, diesen durchlaufend, mündete sie über eine weitere Platzmembran 8 in den Salbei-Tank 9 ein. Tank 7 war mit 345 kg Visol (später Optolin) und Tank 9 mit 1500 kg Salpetersäure gefüllt. Die Platzmembranen sprachen bei etwa 8 bar an. Der Brennstoff gelangte über die Düsenplatte unmittelbar zur Brennkammer, während die Säure, als Oxydator, erst den Kühlmantel der Brennkammer durchfließen mußte, ehe sie über die Düsen in die Kammer eintreten konnte. Die dadurch gegebene Voreilung des Brennstoffes förderte die hypergole Zündung. Von der Zündung der Schießmembran bis zum Abheben des Gerätes vergingen 3 bis 4 sec. Ein problematisches Bauelement war das Reduzierventil 3. Hier kam es anfangs verschiedentlich zu Schwingungserscheinungen, wenn sich der dem Förderdruck entgegengesetzt wirkende Brennkammerdruck aufbaute. Die vorgesehene Brenndauer von 45 sec konnte hauptsächlich wegen der Entleerungsschwierigkeiten der Tanks bei Schieflage und Beschleunigungen nicht erreicht werden. Aus diesem Anlaß wurde im August 1944 von der »Prüfstelle für Verbesserungsvorschläge« des HAP ein Preisausschreiben »Behälter-Entleerung« unter den Angehörigen des HAP und der E-Stelle der Luftwaffe durchgeführt. Im Rahmen dieser Aktion sind die in der Literatur allgemein Dipl.-Ing. Hans Mebus von BMW zugesprochenen Lösungen in Form von Schwenk- und Pendelarmen auch von anderer Seite, so z. B. vom Verfasser unter der Prüf.-Nr. 54 mit Eingangsbestätigung vom 28.8.1944, vorgeschlagen worden.

„Wasserfall"
Ferngelenkte Flakrakete
(Peenemünde Projekt C - 2 Wasserfall)

Entwicklungswerk:	Heimat-Artillerie-Park 11, Karlshagen/Pommern	
Baumuster-beschreibung:	Ferngelenkte Flakrakete. Kommandoübertragung durch Funk (Knüppelsteuerung). Antrieb: Flüssigkeitsantrieb.	
	Länge:	7160 mm
	Spannweite:	1600 mm
	Kaliber:	880 mm
	Startgewicht:	rd.3500 kg
	Gewicht am Ziel:	rd.1500 kg
	Sprengstoffgewicht:	150 kg
	Zerlegerladung:	80 - 150 kg
	Treibstoff: Brennstoff:	360 kg
	Sauerstoffträger:	1500 kg
	Zünder:	Abstandzünder oder Entfernungs-Vergleichszündung vom Boden aus.
Leistungsangaben:	Schubkraft des Antriebs:	(18000 kp) 78,44 kN
	Brenndauer des Antriebs:	45 s
	Höchstgeschwindigkeit bei Brennschluß:	730 - rd.770 m/s
	Geschwindigkeit am Ziel:	350 - 400 m/s
Einsatzzweck:	Bekämpfung feindl. Flugzeuge vom Boden aus.	
Art des Starts:	senkrecht mit anschließender Umlenkung zum Ziel.	
Entwicklungsstand:	Ab Jan.1944 insgesamt 43 Startversuche, davon 12 zufriedenstellend.	
Bemerkungen:	Planung 1942, Arbeitsbeginn August 1943. Entwicklung im Dezember 1944 zu Gunsten des Jägerprogramms eingestellt.	

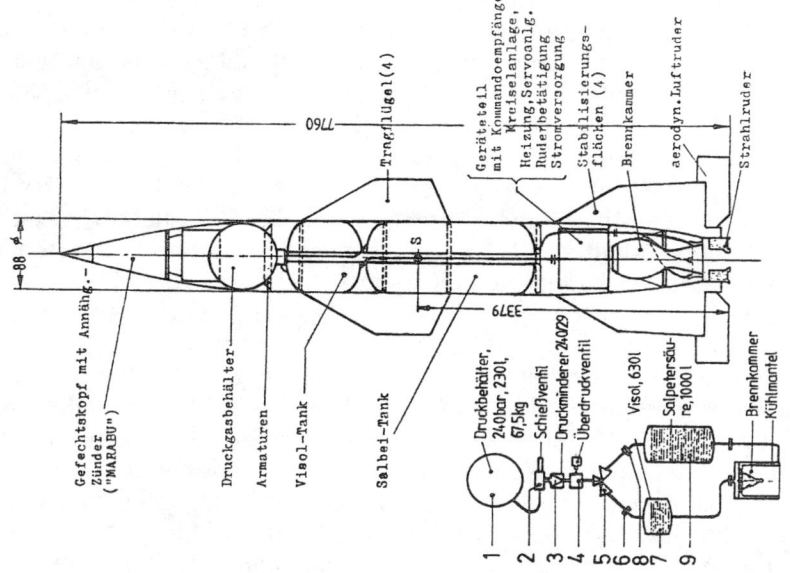

Gesamtschnitt

Gefechtskopf mit Annähg.-Zünder ("MARABU")
Druckgasbehälter
Armaturen
Visol-Tank
Salbei-Tank
Tragflügel(4)
Geräteteil mit Kommandoempfänger, Kreiselanlage, Heizung, Servoanlg. Ruderbetätigung, Stromversorgung
Stabilisierungsflächen (4)
Brennkammer
aerodyn.Luftruder
Strahlruder

1 Druckbehälter, 240bar, 230l, 67,5kg
2 Schießventil
3 Druckminderer 2x029
4 Überdruckventil
5
6 Visol, 630l
7 Salpetersäure, 1000l
8 Brennkammer Kühlmantel
9

„Wasserfall" (EMW) (Druck-Förderung)
Treibstoff-Förderung bei „WASSERFALL"
Hierzu Abb.84

Abb. 88

759

Die ersten Brennversuche mit den Triebwerköfen für 4,2 t Schub konnten Ende 1942 und mit den ersten 8-t-Öfen im Jahre 1943 durchgeführt werden. Im Januar 1944 wurde der erste Flugkörper gestartet. Insgesamt wurden 43 Startversuche unternommen, wovon zwölf zufriedenstellend verliefen. Bei diesen Versuchen wurde vorwiegend die Knüppelsteuerung vom Boden aus verwendet.[27, 28] Im Juni 1944 startete ein A4, in das die Fernlenkanlage von Wasserfall zur Erprobung eingebaut war. Durch schlechte Sicht verlor der Lenkschütze den Flugkörper aus den Augen, der gerade eine Neigung in nördlicher Richtung hatte. Er explodierte später in einigen tausend Metern Höhe über Südschweden als Luftzerleger.[24]

Als eine der letzten Planungen der Heeresversuchsstelle war noch eine dem Wasserfall ähnliche, aber mit einem Drittel des Bauaufwandes herzustellende Ausführung im Entwurf. Mit 500 mm Durchmesser sollte der Flugkörper einen Antrieb von 4 t Schub erhalten. Als letzte Flarakete entstand im Peenemünder EW des HAP noch kurz vor Kriegsende die kleinste bisher gebaute Flüssigkeitsrakete »Taifun«. Bei einem Durchmesser von 100 mm besaß sie eine Länge von 1900 mm. Ein Kreuzleitwerk am Heck stabilisierte den Flugkörper. Ohne Lenkung und Steuerung sollte diese Flarakete im Masseneinsatz gegen Bomberpulks bei Fliegerangriffen Verwendung finden. Der Flugkörper war als vollbetankt lagerfähig konstruiert worden. Nach der als Gefechtskopf ausgebildeten Körperspitze folgte ein Cordit-Treibsatz, dessen Reaktionsgase bei der Zündung über eine Sprengmembran sowohl den inneren, zylindrischen Tank mit 7,2 kg Salbei als auch den äußeren Ringbehälter mit 2,6 kg Visol mit Druck beaufschlagten. Dadurch zündeten beide Komponenten hypergol in der Brennkammer nach Zerstören einer weiteren Sprengmembran. Aufgrund der heute noch ermittelbaren Daten hätte sich nach einer Brennzeit von 3 sec eine Brennschlußgeschwindigkeit von 760 m/s (Mach 2,3) ergeben. Das hätte sicher einer maximalen Schußhöhe von 15 000 m bzw. einer Schußweite von 12 000 m entsprochen.[12]

Nachdem General Dr. Walter Dornberger am 27. Januar 1945 den »Arbeitsstab Dornberger« erstmals in Berlin zusammengerufen hatte, wurde das ganze Flugzeugabwehrprogramm rigoros zusammengestrichen. Es blieben nur noch als Flaraketen der Unterschallflugkörper Hs 117, die Überschallrakete C-2 Wasserfall und die drahtgelenkte Jägerrakete X4 (Kapitel 18.2.) übrig. Dafür wurde nur je ein Zielsuchgerät und ein Abstandszünder-System genehmigt. Die beteiligten Firmen sollten alle nach Nordhausen-Bleichrode verlagert und die freiwerdenden Arbeitskräfte den genehmigten Projekten zugeführt werden. Aber alle Maßnahmen halfen nichts mehr. Die Bedeutung der Flugzeugabwehrraketen wurde zu spät erkannt. Die verlorene Zeit von fast zwei Jahren konnte nicht mehr eingeholt werden. Die Folgen waren schwerwiegend. Während die Produktion der modernsten Jagdflugzeuge unterirdisch in großen Stückzahlen weiterging und diese zu Hunderten fertig bereitstanden, fehlte der Treibstoff. Die Hydrierwerke waren größtenteils durch Bombenangriffe zerschlagen worden, und die geplante unterirdische Treibstoffherstellung war noch nicht fertig.[24]

20. Automatische Zünder

Bei den klassischen Geschossen und Sprengkörpern wurden die Sprengladungen entweder durch einen Aufschlag- oder voreingestellten Zeitzünder zur Detonation gebracht. Bei ferngelenkten oder zielsuchenden Flugkörpern, wie sie kurz vor und besonders im Kriege in Deutschland mit steigender Zahl entwickelt wurden, waren diese Zünder nicht geeignet. Es war damals praktisch äußerst schwierig, die Lenkung oder Selbststeuerung so zu verfeinern, daß mit jedem Flugkörper ein »Treffer« zu erzielen war. Ebenfalls waren die Flugzeiten dieser Flugkörper nicht genau vorhersehbar, da es in der Natur der Lenkungs- bzw. Selbststeuerungssysteme lag, daß sie nicht direkt auf kürzestem Weg zum Ziel führten, wobei auch die Zieleigenbewegungen eine Rolle spielten. Aus diesen Umständen ergab sich die Aufgabe, die Zündung durch einen geeigneten Zünder mit Hilfe einer vom Ziel selbst verursachten Fernwirkung zu veranlassen. Mit dieser Möglichkeit wurde der »Wirkungsquerschnitt« des Flugkörpers so vergrößert, daß auch bei ungenauer Lenkung oder Selbststeuerung eine Zündung des Sprengkopfes gegeben wurde. Man sprach auch in diesem Zusammenhang allgemein von automatischen Zündern.[1,2]
Entsprechend der Bewegung eines Flugkörpers im dreidimensionalen Raum unterschied man damals drei Arten von automatischen Zündern:

1. Der »**Abstandszünder**« löste aus, wenn sein Flugkörper – ob mit Fernlenkung oder Selbststeuerung versehen – einen bestimmten Abstand zum Ziel erreicht hatte. Damit sprach er auch dann vorher an, wenn ein direkter Treffer möglich gewesen wäre. Das ideale Richtungsdiagramm eines derartigen Zünders entsprach also einer Kugel. Bei einem Abstandszünder geht ein Teil der Sprengwirkung nutzlos verloren.
2. Offenbar war deswegen ein Zünder zweckmäßiger, der bei Erreichen eines Minimalabstandes zwischen Ziel und Flugkörper ansprach. Damit war der Begriff des »**Annäherungszünders**« geprägt. Dieser Zünder löste bei Erreichen des geringsten Abstandes zum Ziel aus, verhinderte also keinen direkten Treffer. Das Richtungsdiagramm dieses Zünders ist eine Kreisscheibe. Es ist sicher verständlich, daß der Annäherungs- gegenüber dem Abstandszünder komplizierter war und einen gerätetechnisch größeren Aufwand benötigte. Um das zu vermeiden, bestand die Möglichkeit, eine dem Annäherungszünder ähnliche Funktion zu erreichen, indem man dem Gerät eine bestimmte Richtwirkung gab.
3. Mit Hilfe dieser Richtwirkung wurde der »**Richtungszünder**« verwirklicht. Er sprach an, wenn der Flugkörper eine gewisse Richtung zum Ziel besaß. Wenn das Ziel z. B. querab von der Flugbahn lag, erfolgte die Zündung immer nur beim Durchgang durch den Minimalabstand. Sofern man dem Richtungsdia-

gramm dieses Zünders eine nach vorn geneigte Kegelfläche verlieh, war der Zündpunkt etwas vorverlegt, was aus ballistischen Gründen zweckmäßig war.

Die Reichweite eines automatischen Zünders mußte weitgehend von der Sprengwirkung des jeweils verwendeten Gefechtskopfes abhängig gemacht werden. Allgemein lagen die damaligen Forderungen etwa zwischen 5 bis maximal 50 m. Damit waren diese Bedingungen wesentlich günstiger als für den Bereich der Zielsuchgeräte (ZSG), die Reichweiten von mindestens 1 km erfüllen mußten. Ein weiterer wichtiger Gesichtspunkt beim Entwurf eines automatischen Zünders war eine einfache Fertigung bei Verwendung möglichst geringwertiger Werkstoffe, da es sich um ein ausgesprochenes Verlustgerät handelte. Weiter war auf kleinen Raumbedarf (etwa 1 dm^3), geringes Gewicht (einige Kilo), Schüttel- und Höhenfestigkeit und nicht störende Fühler und Antennen zu achten. Aufgrund dieser Forderungen schieden damals viele physikalisch denkbare Systeme von vornherein aus.[1]

Ähnlich wie bei den ZSG, konnten auch die Ausführungen automatischer Zünder nach den Energieformen systematisch geordnet werden (Kapitel 14). Dabei unterschied man zwischen aktiven und passiven Verfahren. Es gab also viele Möglichkeiten, da sich bei Annäherung eines Flugkörpers an ein Ziel Änderungen des elektromagnetischen, elektrostatischen, magnetischen und Schall-Feldes wie auch des optischen Sichtwinkels und der Intensität der Infrarotstrahlung usw. ergaben, die alle ausgenutzt werden konnten. Weitere Möglichkeiten waren die Rückstrahlung (Funkmeß) und die Ausnutzung des Dopplereffektes.

Geht man von einer durch einen beliebigen Effekt erzeugten Eingangsspannung U_E eines automatischen Zünders aus, die beim Vorbeifliegen am Ziel entstand, so erfolgte die Zündauslösung beim Überschreiten eines voreingestellten Mindestwertes U_{min}. Eine unbeabsichtigte Fehlzündung, wie sie bei einem empfindlichen Zünder besonders häufig gegeben war, konnte durch Schaltungsglieder wie Widerstände, Kondensatoren und Relais vermieden und eine genaue Fixierung des Auslösezeitpunktes erreicht werden.

Bei Ausnützung des Dopplereffektes war eine exakte Arbeitsweise beim Annäherungszünder gegeben. Da dieser Effekt relativ klein ist, kam er nur für aktive Verfahren in Frage. Der für unseren speziellen Fall auftretende Dopplereffekt hatte seine Ursache in der Tatsache, daß der eine Hochfrequenz f_1 erzeugende Sender des Flugkörperzünders auf das sich ebenfalls bewegende Ziel zuflog. Damit trafen beim Ziel, entsprechend der Annäherungsgeschwindigkeit v_a des Flugkörpers, mehr Maxima und Minima der ausgesandten Sendewelle f_1 mit einer erhöhten Frequenz ein. Diese am Ziel auftreffende Frequenz war auch gleichzeitig wieder Reflexionsfrequenz f_2. Die vom Ziel reflektierte Sendefrequenz f_2 wurde wieder von dem sich mit v_F nähernden Zünderempfänger des Flugkörpers empfangen, womit ein zweiter Dopplereffekt entstand. Beide Effekte ergaben gegenüber der ursprünglichen Sendefrequenz f_1 eine durch den zweifachen Dopplereffekt erhöhte Empfangsfrequenz $f_{e\,max}$.

Kehren wir von den rein theoretischen Erläuterungen des Dopplereffektes wieder zum automatischen Zünder zurück und betrachten Flugbahnen mit verschiedenen seitlichen Abständen zum Ziel. Hier trat bei der Reflexion der Sendewelle f_1 am Ziel eine Frequenzverschiebung auf, die sich durch Dopplerschwebungen äußerte

(Abb. 91). Beim Durchgang des Flugkörpers durch den Minimalabstand zum Ziel entstand ein Vorzeichenwechsel der Dopplerverschiebung (+ Δf; $- \Delta f$) mit Nulldurchgang und Phasenverschiebung.

Der Nulldurchgang ist sicher jedem Leser schon einmal beim Vorbeifahren eines hupenden Autos, einer pfeifenden Lokomotive, eines niedrig fliegenden Flugzeuges usw. im Bereich des hörbaren Schalles aufgefallen. Hier nähert sich die »Schallquelle« mit bestimmter Tonhöhe, um vom Standpunkt des Beobachters und in der nachfolgenden Entfernung schlagartig und hörbar in der Frequenz abzusinken. Der gleiche Effekt ist feststellbar, wenn man sich z. B. auf dem Fahrrad einer Schallquelle (Glockengeläut) nähert. Die Tonhöhe ändert sich beim Vorbeifahren von höheren zu tieferen Frequenzen, wobei der Dopplereffekt mit zunehmender Annäherungs- bzw. Entfernungsgeschwindigkeit ausgeprägter wird. Dieser Nulldurchgang konnte zur Auslösung der Zündung herangezogen werden (Abb. 91)[1, 2, 3]

20.1. »Kranich«

Nach den allgemeinen Betrachtungen über automatische Zünder, wie sie seinerzeit in Deutschland entwickelt wurden, wollen wir uns einigen speziellen Zündern zuwenden, die im Kriege in Peenemünde-West auch Gegenstand der Erprobung waren. Außerdem werden im Zusammenhang mit den behandelten Zündern ähnliche andere Entwicklungen kurz gestreift, ohne aber auf die große Zahl aller damals vorgesehenen und bearbeiteten Systeme eingehen zu können.

Die Erprobung der automatischen Zünder wurde 1944/45 in der Fachgruppe E4 (E4c) unter Dipl.-Ing. Theodor Erb durchgeführt. Die mit der Erprobung zusammenhängenden Flugversuche bearbeitete die Gruppe E2, wobei die meisten Überflüge von Flugbaumeister Max Mayer mit der He 111 geflogen wurden. Auch Dipl.-Ing. Erb führte die Flugversuche mit den Flugzeugen Ju (W) 34 und Fi 156 in E4-Regie durch. Aber schon im Mai 1943 kamen die ersten akustischen Ziel-Annäherungszünder (ZAZ) »Kranich« zur E-Stelle, die für die Jägerrakete X4 vorgesehen waren. Eine ebenfalls akustische Entwicklung, die »Meise« der Firma Neumann & Borm, Berlin, die mit Hilfe eines Resonanzmikrophones und eines zweistufigen Verstärkers arbeitete, konnte später wegen Luftkriegsschäden serienmäßig nicht geliefert werden.[1, 4] Der »Kranich« war eine Arbeit der Entwicklungsstelle Brackwede, Firma Ruhrstahl AG, unter Dr. Max Kramer. Hier wurden auch die nachlenkbare Fallbombe PC 1400X (»Fritz X«) und die Jägerrakete X4 entwickelt (Kapitel 12.2. ff. und 18.2.).

Der Aufbau des Zünders war sehr einfach (Abb. 89). Er besaß ein kombiniertes akustisches Schwingungssystem, bestehend aus einer zweiseitig eingespannten, senkrecht zur Zünderlängsachse angeordneten Membran 1, in deren Mitte eine im Durchmesser dreifach reduzierte Kontaktpeitsche 2 aufgesetzt war. Die Peitsche ragte mit ihrer Spitze in einen Ringkontakt 3 hinein. Sofern sie zu Schwingungen durch Propeller- und Auspuffgeräusche angeregt wurde, konnte die Peitsche durch Berührung mit dem Ring den Kontakt für einen elektrischen Stromkreis schließen. Über eine Zündpatrone wurde dadurch der Gefechtskopf des Flugkörpers zur Detonation gebracht. Membran und Peitsche waren in einem Kammersystem

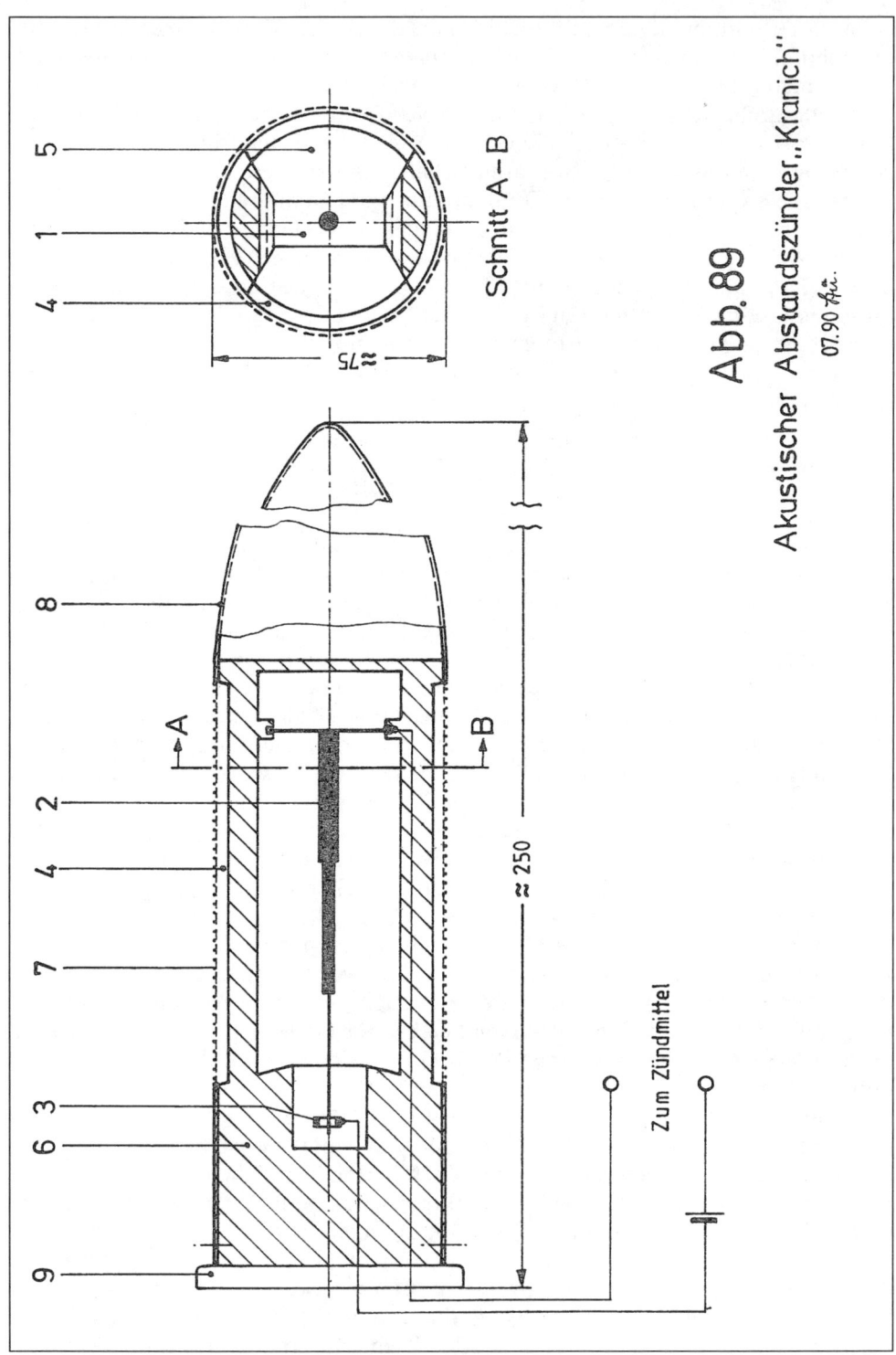

Abb. 89

Akustischer Abstandszünder „Kranich"

07.90 *fü.*

4 und 5 angeordnet, das als statischer Druckausgleich z. B. bei flugbedingten Anstellwinkeln diente und nur die Schallwellen auf Membran und Peitsche wirken lassen sollte. Die Schallwellen trafen das Schwingsystem 1 und 2 durch die beiden vom Zünderkörper 6 gebildeten breiten Schlitze 5, deren Seitenflanken sich unter einem Winkel von etwa 60° radial nach außen öffneten. Die Schlitze 5 waren durch ein feinmaschiges Metallgewebe 7 am ganzen Umfang abgedeckt. Dadurch sollte das Schwingsystem vor Geräuschbildung durch Ablösungserscheinungen der Strömung im Fluge und vor mechanischen Beschädigungen geschützt werden. Die Metallgewebebandage 7 bildete mit der ganzen stromlinienförmigen Aluminiumabdeckung 8 eine von 6 abnehmbare Einheit, die dort dicht am Befestigungsflansch 9 radial verschraubt war.

Durch die dreifache Absetzung der Peitsche besaß sie drei Eigenschwingungsbereiche, die den Druckschwankungen der Hauptschwingungsfrequenzen, besonders der Propellerdrehzahlen, angeglichen waren. Da die Drehzahlen der Luftschrauben einheitlich in bestimmten Bereichen festlagen, waren ihre bei der Drehung verursachten Druckschwankungen ein gutes Kriterium zur Schwingungserregung des Membran-Peitschensystems beim Zünder »Kranich«. Die Bildung des Propellergeräusches beruht auf der Wirbelablösung an Schneiden und scharfen Kanten, wie es bei den Propellerblättern gegeben ist. Diese Art der Schallerzeugung wird als »Hiebtonbildung« bezeichnet. Sie beruht auf der Tatsache, daß die Wirbel – bezogen auf ein bestimmtes Profil des Propellerblattes – sich in um so rascherer Folge ablösen, je höher die relative Geschwindigkeit des Störobjektes (Propellerblatt) gegenüber der Luft ist. Dementsprechend wächst auch die Höhe des Hiebtones mit der Geschwindigkeit bzw. Drehzahl. Die Hiebtonbildung bei umlaufenden Luftschrauben ist weiter durch den Umstand bestimmt, daß die einzelnen radialen Teile der Luftschraubenblätter mit verschiedenen Relativgeschwindigkeiten die Luft durchschneiden und daß sich der Profilquerschnitt des Blattradius ändert. Das führt dazu, daß die zeitliche Wirbelablösung an den einzelnen Radialpunkten des Blattes auch ganz verschieden ist. Sie wird nach außen hin größer. Dementsprechend tritt bei Luftschrauben kein Hiebton bestimmter Höhe, sondern eine kontinuierlich verteilte Folge von Tönen, also ein dichtes Geräuschspektrum auf. Das Schwergewicht des Wirbelgeräuschspektrums liegt allgemein in den höheren Frequenzgebieten.

Das Geräusch von Luftschrauben durch Wirbelablösungen an den Propellerblättern wird durch den sogenannten »Propellerdrehklang« ergänzt. Er kommt dadurch zustande, daß von der Luftschraube und der jeweils getroffenen Schallfeldstelle eine starke Druckstörung ausgeht, weil vor der Luftschraube ein Gebiet des Unterdruckes und hinter ihr ein Überdruckgebiet auftritt. Diese Druckstörung wird bei stehendem Flugzeug entlang einer Kreis- und bei fliegendem Flugzeug entlang einer wendelförmigen Bahn bewegt. Die Schallabstrahlung des Drehklanges entspricht der einer entlang der Bahn verteilten Gruppe von Elementarstrahlern, deren Schwingungsphase mit der Drehung des Propellers mitläuft. Der Propellerdrehklang ist, entsprechend seiner Entstehung, harmonisch aufgebaut. Sein Grundton entspricht dem Produkt der sekündlichen Propellerdrehzahl und der Flügelzahl.

Eine weitere Schallkomponente bei Flugzeugkolbenmotoren ist noch durch den Auspuff gegeben. Hierbei wird eine Ausströmöffnung, nämlich das Auspuffventil, kurzzeitig freigegeben und der Schallimpuls einem gewöhnlich kurzen Auspuff-stutzen zugeführt, der ihn in seinen Schwingungseigenschaften entsprechend ver-ändert. Durch geeigneten akustischen Bau der Auspuffleitung ist es möglich, die besonders störenden höheren Anteile des Auspuffschalles zu dämpfen. Während die Schallimpulse der Auspuffolge harmonisch aufgebaut sind, tritt noch ein kon-tinuierlich zusammengesetztes Geräusch auf, das durch Wirbelbildung in den en-gen Ausströmöffnungen zwischen Ventilteller und Ventilsitz entsteht. Die wesent-lichen Komponenten dieses Geräusches liegen in verhältnismäßig hohen Fre-quenzgebieten.[3]

Der Zünder »Kranich« war so aufgebaut, daß sein Schwingungssystem auf ein be-vorzugtes Grundfrequenzgemisch ansprechen sollte, wobei die hohen Frequenzen des Propellergeräusches möglichst unberücksichtigt blieben. Die bevorzugte Grundfrequenz bei den späteren Überflugversuchen von 1944/45 mit Flugzeugen der Typen Fi 156, Ju (W) 34 und He 111 erbrachte hierfür einen Wert um etwa 300 Hz.[5,8]

Mit dem »Kranich« wurde die erste Erprobung an der E-Stelle Peenemünde-West schon im Juni 1943 in E4c begonnen. Hier baute man anfangs ein einfaches Prüf-gerät, das zunächst die Kontaktgabe der Peitsche überprüfte. Zu diesem Zweck wurde der Zünder waagerecht in definierter Position, in einem Schaumgummibett liegend, mit einem einstellbaren, aber jeweils reproduzierbaren radialen Schlag auf den Befestigungsflansch 9 mechanisch erregt. Mit Hilfe eines Stromkreises und einer Signalleuchte konnte sein Ansprechen beobachtet werden.

Um die Negativfunktion des »Kranich« zu erproben, baute E4c einen Zünder in die Spitze eines Raketenjägers Me 163 anstelle der Generatorluftschraube so ein, daß er, ohne direkte Berührung mit der Bugspitze, in Schwammgummi »schwim-mend« befestigt war. Als Ansprechregistrierung war vor dem die Flüge durch-führenden Flugzeugführer Hohmann von E2 im Armaturenbrett eine Signal-leuchte eingebaut. Gleichzeitig erfolgte noch eine Ansprechregistrierung mit ei-nem Oszillographen und das Filmen der Instrumente für Geschwindigkeit, Schub sowie einer Zeituhr. Der Zünder sollte nicht bei Geschwindigkeiten > 200 m/s durch das Fluggeräusch und bei Anstellwinkeln von ± 10° zur Flugrichtung an-sprechen. Die Flüge erfolgten etwa im Juli 1943 und brachten kein befriedigendes Verhalten des Zünders unter den gegebenen Bedingungen. Das war Anlaß zu Ver-besserungen der im Durchmesser abgesetzten Kontaktpeitsche. Es machte erheb-liche Fertigungsschwierigkeiten, bei der notwendigen Empfindlichkeit, die erfor-derliche und reproduzierbare Konstanz der Eigenfrequenzen von Peitsche und Membran zu erreichen.[9]

Im Zuge der Abwurferprobung der Jägerrakete X4 wurde gleichzeitig der Zünder »Kranich« einer ähnlichen Prüfung wie mit der Me 163 unterzogen. Der Zünder-kontakt wurde auf pyrotechnische Signalmittel geschaltet, wobei während des Ab-wurfes und des Fluges, auch aus größeren Höhen, der Zünder nicht ansprechen sollte.

Für die Überprüfung der positiven Zünderfunktion war geplant, Unter- und Über-flugversuche mit einer Me 163 gegen eine He 111 und andere Flugzeuge durchzu-führen. Hierbei sollte die Me 163 als Flugkörpersimulation wieder mit dem Zün-der und den Registriereinrichtungen ausgerüstet sein. Die erflogenen Abstände waren von einem dritten, in größerem Abstand von der He 111 querab fliegenden

Flugzeug für eine spätere Auswertung zu filmen. Vorversuche mit zwei He 111 und einer Me 110 waren von E2 schon durchgeführt worden. Dabei sind beim Über- und Unterfliegen von hinten Abstände bis herab zu 4 m erzielt worden. Die Versuche sollten auch mit viermotorigen Flugzeugen (Fw 200, B-17 Flying Fortress und B-24 Liberator) wiederholt werden.

Weiterhin war in Vorbereitung, X4-Körper nach dem Abwurf an einem auf dem Ruden installierten Motorprüfstand bei Vermessung des Abstandes vorbeizulenken. Das Ansprechen des Zünders sollte wieder durch pyrotechnische Signalmittel erfolgen. Um die Zahl der durchgeführten Versuche zu erhöhen und um X4-Flugkörper zu sparen, sollten mit Hilfe kleinerer Feststoffraketen Zünder an dem Motorprüfstand von einer Lafette aus vorbeigeschossen werden. Der Motorprüfstand auf dem Ruden wurde noch fertiggestellt, und die Vorarbeiten mit der Firma Rheinmetall-Borsig konnten im wesentlichen abgeschlossen werden. Außerdem war noch eine Scharferprobung des »Kranich« mit der X4 auf ausgediente, mit Kurssteuerung fliegende Flugzeuge und möglichst bald eine Einsatzerprobung geplant. Wegen des ersten Luftangriffes in der Nacht vom 17. zum 18. August 1943 und der anschließenden Teilverlegung der E-Stelle nach Jesau kam es dazu in deren Bereich aber nicht mehr (Kapitel 17).[5, 7]

In der Zwischenzeit (1943/44) liefen aber die Vorbereitungen in Peenemünde für eine Fortsetzung der Zündererprobung. Zu diesem Zweck wurde der 30 m hohe Holzmeßturm auf dem Ruden abgebaut und in der Mitte des östlichen Kölpien-See-Ufers mit seiner Meßbaracke wieder aufgebaut. Der Turm, der an seiner Spitze ein Meßhäuschen von 5 × 5 m besaß, erhielt zusätzlich oberhalb des Meßhausdaches noch eine offene Holzplattform. Von hier oben hatte man einen weiten Blick über die Peenemündung und das Rollfeld des E-Stellen-Flugplatzes.[5]

Da die E-Stelle Jesau im Sommer 1944 wieder aufgegeben wurde und das Labor der Untergruppe E4c in der Halle W3 durch den zweiten Luftangriff am 18. Juli 1944 zerstört wurde, erfolgte zwangsweise ein Umzug dieser Gruppe in das Funkhaus (Ende Kapitel 17). Dieses Gebäude lag außerhalb des eigentlichen E-Stellen-Geländes an der östlichen Seite der Verbindungsstraße zwischen Hochbunker und der alten Landstraße nach Peenemünde-Dorf (Abb. 8). Dieses einstöckige Gebäude beherbergte im Erdgeschoß die Funkstelle mit Sendesaal und Unterkunftsräumen. In den Mansarden des Obergeschosses waren noch etliche leerstehende Räume, die besonders von einigen Labors der Fachgruppe E4 nach dem Angriff genutzt wurden.[5]

20.2. »Kakadu«

Zwischenzeitlich waren 1944 außer dem akustischen Zünder »Kranich« noch die HF-Zielannäherungszünder (ZAZ) »Kakadu« der Firma Donag AG, Wien (Donauländische Apparate-Gesellschaft (lgv, Baurat Donal), und der HF-ZAZ »Marabu« der Firma Siemens AG, Berlin, für die Erprobung hinzugekommen. Bleiben wir zunächst beim »Kakadu«. Er war für die Bordraketen Hs 117H und Hs 298 wie für die Flaraketen Hs 117, Wasserfall, Rheintochter und Enzian vorgesehen. Sein prinzipieller Aufbau ist aus Abb. 90 ersichtlich. Die Arbeitswellenlänge betrug $\lambda = 50$ cm bei einer Frequenz von 600 MHz, die vom Sender über

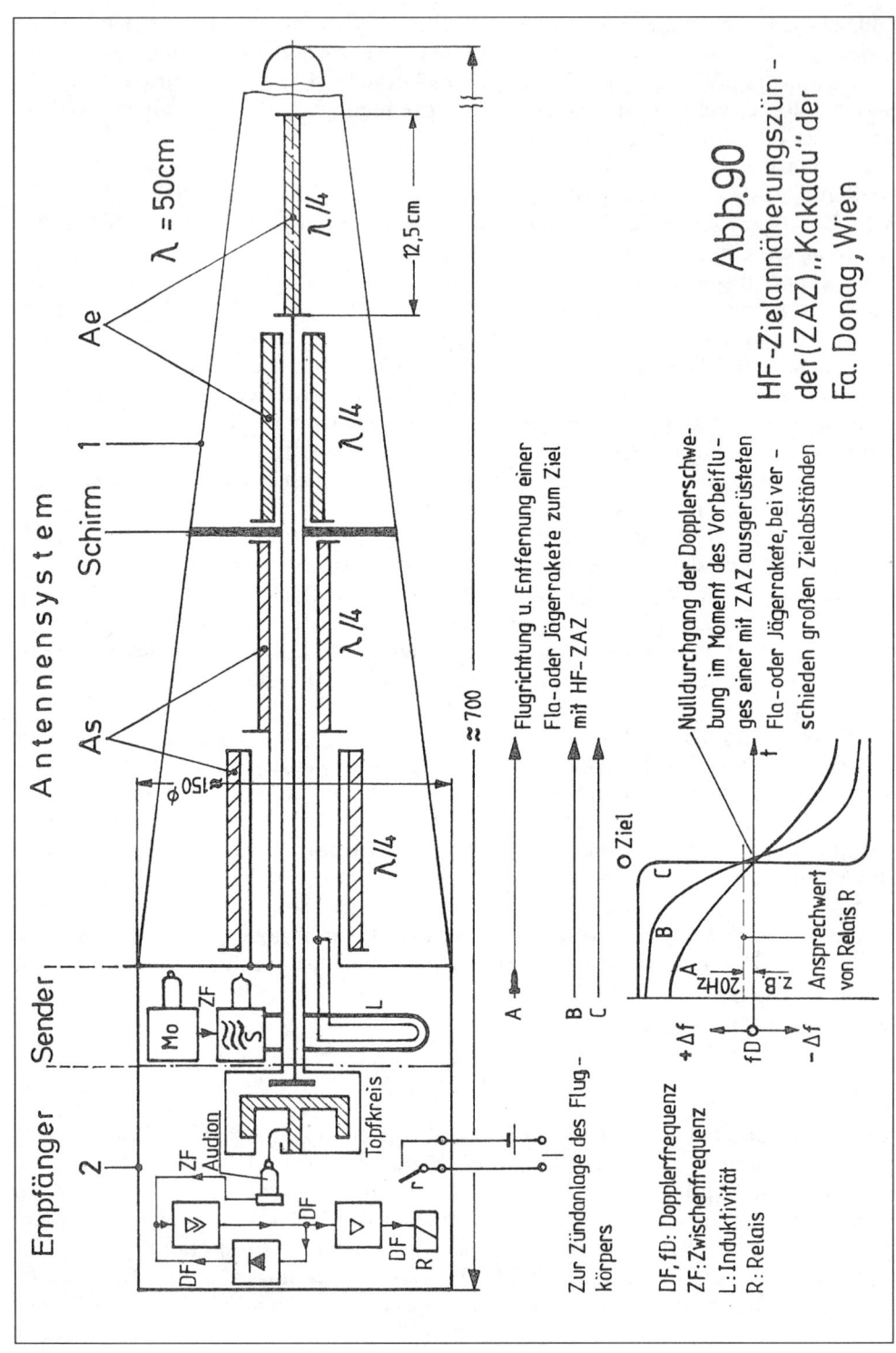

Antennensystem

Ae

Schirm 1

As

$\lambda = 50\,cm$

$\lambda/4$

$\lambda/4$

$\lambda/4$

$\lambda/4$

12,5 cm

$\approx 150\,\phi$

≈ 700

Empfänger | **Sender**

2

ZF
Audion

Mo

ZF

L

Topfkreis

DF

DF

DF

R

r

A →

Zur Zündanlage des Flug-
körpers

B →
C →

A → Flugrichtung u. Entfernung einer
Fla- oder Jägerrakete zum Ziel

B → mit HF-ZAZ

C →

○ Ziel

$+\Delta f$

f_D

$-\Delta f$

20 Hz

z.B.

Ansprechwert
von Relais R

Nulldurchgang der Dopplerschwebung im Moment des Vorbeifluges einer mit ZAZ ausgerüsteten
Fla- oder Jägerrakete, bei verschieden großen Zielabständen

t

DF, fD: Dopplerfrequenz
ZF: Zwischenfrequenz
L: Induktivität
R: Relais

Abb.90

HF-Zielannäherungszün-
der (ZAZ) „Kakadu" der
Fa. Donau, Wien

die Sendeantenne As abgestrahlt wurde. Der Empfänger nahm über die Empfangsantenne Ae die Rückstrahlung vom Ziel auf. Dabei mußten Sende- und Empfangsantenne hinreichend entkoppelt sein. Durch die Annäherungsgeschwindigkeit des Flugkörpers an das Ziel entstand, wie beschrieben, eine Dopplerschwebung zwischen der Sendefrequenz und der vom Ziel reflektierten Empfangsfrequenz, bei deren Nulldurchgang Relais R im Moment des Vorbeifluges das Zündkommando auslöste.

Sender und Empfänger waren mit je einer $\lambda/2$-Antenne ausgerüstet und waren koaxial als Metalltöpfe so angeordnet, daß sie als $\lambda/4$-Sperrtöpfe unter Zwischenschaltung eines Abschirmringes mit äußerst kritischer Justierung durch gegenseitiges axiales Verschieben elektrisch entkoppelt wurden. In diesem Zustand konnte der Empfänger auf den Nulldurchgang der Dopplerfrequenz ansprechen. Der Sender besaß eine Röhre RL 12 T1 in Dreipunktschaltung. Bei einem Röhrenaufwand von fünf Röhren, davon vier Stück RV 12 P2000, betrug die abgestrahlte Leistung nur etwa 0,1 W. Der Empfänger besaß eine Eingangsstufe in Audionschaltung mit zwei anschließenden Verstärkerröhren in Reflexschaltung, die selektiv auf eine Frequenz von 20 Hz abgestimmt waren. Sobald die Dopplerschwebung Δf bei Annäherung zum Ziel bis auf diesen Wert abgesunken war, sprach das Relais R am Ausgang des Empfängers an (Abb. 90). Die maximale Ansprechentfernung betrug etwa 15 m. Während die Antennen durch eine Kunststoffabdeckung 1 geschützt waren, befanden sich Sender und Empfänger in einem Metalltopf 2. Das Gewicht des Zünders betrug etwa 3 kg. Schwierigkeiten bereitete, wie schon erwähnt, die Fixierung der kritischen Justierung der Antennentöpfe, besonders bei der geforderten Schüttelfestigkeit von 20 g. Auch wurde in der Erprobung festgestellt, daß die ausgewertete Reflexionsspannung am Relais R stark von den Zieleinflüssen (Größe, Entfernung) abhing. Nach intensiven Bemühungen der Firma Donag konnte die Empfindlichkeit des Antennensystems verbessert werden. Der Zünder war fertigungsreif entwickelt und eine angelaufene Serie von 20 000 Stück in Auftrag gegeben worden. Soweit bekannt, war der »Kakadu« der einzige HF-Zünder, dessen Serienfertigung schon angelaufen war.[1, 2, 5, 8]

20.3. »Marabu«

Dieser automatische Zünder hatte seinen Ursprung im Prinzip der Funkhöhenmeß-Verfahren. Bereits im Jahre 1925 begannen die Firmen Behm, Siemens & Halske und Elektroakustic (Elac) mit dem Bau von akustischen Höhenmessern, da die bisher verwendeten barometrischen Geräte zu ungenau arbeiteten. Diese mit der Laufzeitmessung eines vom Flugzeug ausgesandten und vom Boden reflektierten Knalles arbeitenden Geräte waren aber wegen des hohen Geräuschpegels in damaligen Flugzeugen in der Anwendung sehr problematisch.[2]

Bei Versuchen mit einer Reihe funktechnischer Verfahren setzten sich Anfang der 40er Jahre nur die frequenzmodulierten und die Impuls-Höhenmesser durch. Nach Untersuchungen bei der DVL und den Firmen AEG, Siemens und Telefunken begann im Jahre 1936 das Zentrallaboratorium der Firma Siemens in Berlin (Sammer, Schönfeld) mit der Entwicklung eines »Mittelhöhenmessers MHS«, der mit geringen Änderungen ein Jahr später als elektrischer Höhenmesser FuG 101 im Luftfahrtgerätewerk Hakenfelde (LGW) bei Berlin in Großserie ging. Eine weitere Verbesserung führte zur Ausführung FuG 101a. Ab 1942 wurde dieses Gerät in allen größeren Flugzeugen eingebaut. Seine beiden Meßbereiche gingen von 0 bis 150 m und 0 bis 750 m. Die Meßgenauigkeit betrug ± 10 % der jeweiligen Flughöhe. Im Feinmeßbereich waren 0 und 3 m noch klar zu unterscheiden. Auf dieses Meßprinzip griff das Zentrallabor der Firma Siemens & Halske AG im Jahre 1944 zurück, um daraus den automatischen Zünder »Marabu« zu entwickeln (Dr. Günther).

Äußerlich war der Zünder ähnlich wie der »Kakadu« aufgebaut. Dem Höhenmesser entsprechend arbeitete der Marabu im Dauerstrichverfahren mit Frequenzmodulation (Abb. 91). Die Wellenlänge betrug λ = 70 cm bei einer Frequenz von f = 428 MHz. Die Sendeleistung betrug 1,5 W. Als Senderöhre fand eine LD2 Verwendung. Im Sender wurde durch einen mit Motor angetriebenen Drehkondensator Mo eine zeitproportionale Frequenzmodulation erzielt. Am Eingang des Empfängers trat sowohl die vom Ziel reflektierte Rückstrahlung f2 als auch die unmittelbar vom Sender an die Empfangsantenne gegebene Primärstrahlung f1 auf. Damit ergab sich im Empfänger eine Differenzfrequenz Δf = f1 – f2, welche beim Höhenmesser proportional dem Bodenabstand war und über eine in Metern geeichte Höhenanzeige abgelesen werden konnte. Beim Zünder »Marabu« wurde Δf durch die Zielentfernung gebildet und zur Auslösung des Zünders benutzt. Für den »Marabu« entwickelte Siemens einen vereinfachten Empfänger mit lediglich zwei Röhren. Er besaß einen niederfrequenten Durchlaßbereich von 300 bis 5000 Hz. Durch die obere Grenzfrequenz war der Bereich des maximalen Ansprechradius zum Ziel gegeben, der eine Größe von etwa 50 m hatte.[1,2]

Die Sendeantenne bestand anfangs aus einem λ/4-Stab, der mit dem Zünder am Bug des Flugkörpers montiert war und diesen selbst als »Langdrahtantenne« anregte, womit sich ein kegelförmiges Strahlungsdiagramm ergab. Bei den Überflugversuchen in Peenemünde wurde aufgrund dieser Zusammenhänge auch der HF-Zünder »Kakadu« mit seiner Antenne auf eine leichte Aluminium-Körperattrappe montiert, wie es für den »Marabu« auch geplant war. Bei der ersten »Marabu«-Ausführung gehörten zwei Empfängerdipole zum Zünder. Sie resultierten noch vom Höhenmesseraufbau und ergänzten sich zu einem rotationssymmetrischen Empfangsdiagramm, womit beim »Marabu« eine Art Richtungszünder gegeben war. Diese Zünderausführung ist aber für Überflugversuche nicht herangezogen worden, da an der endgültigen Ausführung mit einer kombinierten Antenne bei Siemens schon gearbeitet wurde. Durch die Verwendung wesentlicher Schaltelemente aus der laufenden Serie des FuG 101a – wovon mit dem FuG 101 zusammen etwa 30 000 Stück gefertigt wurden – war besonders der senderseitige gerätetechnische Aufwand zu vertreten.[1,5]

Als der schon angedeutete letzte Entwicklungsschritt beim »Marabu« wurde die Vereinigung der Sende- und der Empfangsantenne verwirklicht. Ähnlich wie bei einem weiteren Zünder, »Trichter« von den Blaupunkt-Werken, Berlin, mit vier λ/2-Elementen wurden beim »Marabu« aber vier koaxiale λ/4-Antennenelemente benutzt. Dieser Antenne wurde vom Sender ein kleiner Teil von dessen Leistung über einen Kopplungswiderstand Rk zugeführt. Die gleiche Antenne wurde auch für den Empfang der Rückstrahlung vom Ziel verwendet. Das rotationssymmetrische Richtungsdiagramm dieser Antenne besaß die Form einer flachen Kreis-

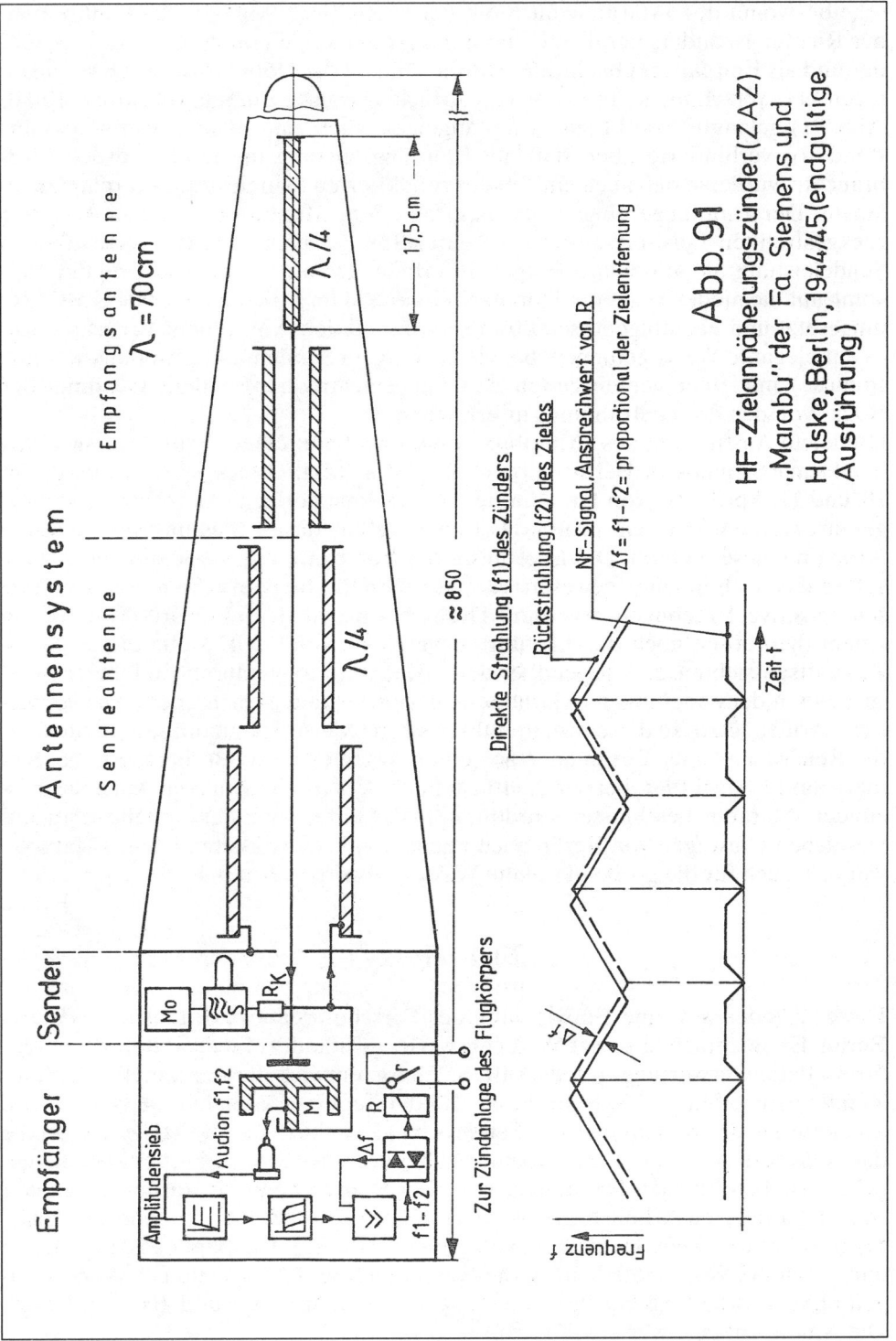

Abb. 91

HF-Zielannäherungszünder(ZAZ)
„Marabu" der Fa. Siemens und
Halske, Berlin, 1944/45 (endgültige
Ausführung)

771

scheibe, womit der »Marabu« auch mit der endgültigen Antenne die Funktion eines Richtungszünders besaß, die durch das Antennendiagramm zweimal (als Sender und als Empfänger) beeinflußt wurde. Die um die Dopplerfrequenz Δf von einigen kHz verschobene und vom Ziel zurückgestrahlte Empfangsleistung (Kurve Abb. 91) gelangte sowohl zum Empfänger als auch zum Sender. Der Vorwiderstand R_K verhinderte aber, daß die Empfangsleistung im Sender restlos »verbraucht« wurde, so daß auch ein Teil des reflektierten Signales zum Empfänger gelangte. Der Empfängereingang bestand aus dem Mischtopf M, der außer dem rückgestrahlten Leistungsanteil auch einen Teil der nicht frequenzverschobenen Sendeleistung als »Oszillatorfrequenz« erhielt. Damit konnte die Empfangsleistung auf die niederfrequente Dopplerfrequenz Δf im Bereich von 300 bis 5000 Hz umgesetzt und nachfolgend selektiv verstärkt werden. Mit diesem Verfahren war es auf elegante Weise gelungen, bei gleichzeitigem Senden und Empfangen (ohne Impulse) mit einer gemeinsamen Antenne eine frequenzmäßige Trennung der Rück- von der Primärstrahlung zur erreichen.[1]

Die letzte Ausführung des »Marabu« konnte noch auf einem Erprobungsgelände der Firma Siemens in Berlin, in der Nähe des S-Bahnhofes Spandau-West, am 10. und 11. April 1945 von Dr. Günther, einem Angehörigen der Gruppe E4c, vorgeführt werden. Mit dem protokollierten Ergebnis dieser Messungen endete die Arbeit an diesem Gerät. Die Ergebnisse der Vorerprobungen bei Siemens ließen, sofern das noch möglich gewesen wäre, für die Überflugversuche in Peenemünde sehr positive Ergebnisse erwarten. Deshalb wurden dem Prinzip »Marabu« in einem theoretisch noch durchgeführten Vergleich von der E-Stelle die größeren Zukunftsaussichten, z. B. gegenüber dem »Kakadu«, eingeräumt. Zu Überflugversuchen mit der endgültigen »Marabu«-Ausführung kam es nicht mehr. Die sowjetische Armee setzte zu diesem Zeitpunkt aus den Oderbrückenköpfen zum Stoß auf die Reichshauptstadt Berlin an. Nach einer abschließenden Besprechung bei Siemens am 12. April 1945, bei der die Einstellung der Arbeiten an dem Annäherungszünder »Marabu« beschlossen wurde, mußte der Mitarbeiter der E-Stelle schon auf westlichen Umwegen von Berlin nach Peenemünde zurückkehren. Der »Marabu« war u. a. auch für die große Flarakete Wasserfall vorgesehen.[1, 2, 5, 8]

20.4. »Fox«

Dieser Zünder war eine Entwicklung des Forschungslaboratoriums der AEG in Berlin. Er entsprach in seiner Wirkungsweise vollständig einem weiteren, von der Firma Patentverwertungsgesellschaft, Salzburg, entwickelten automatischen HF-Zünder »Kugelblitz«. Während dieser Zünder auf einer Wellenlänge von $\lambda = 1$ m arbeitete, lag die Wellenlänge des Senders im »Fox« bei 3 m (100 MHz). Durch die damit längere Antenne war auch eine größere relative Antennenrückwirkung gegeben, weshalb für den Empfänger nur zwei Röhren benötigt wurden. Auch war wegen der tieferen Arbeitsfrequenz für die Eingangsröhre nur eine normale Empfängerröhre und kein Spezialkurzwellentyp notwendig. Die Sendeleistung betrug einige zehntel Watt. Trotzdem lag die Reichweite bei 10 bis 15 m. Die Abmessungen ohne Verkleidung betrugen etwa 160 mm Durchmesser und 100 mm Länge. Die Antennenlänge war etwa 70 cm.

Beim »Fox« wie auch beim »Kugelblitz« wurde die Tatsache genutzt, daß sich der Fußpunktwiderstand einer Antenne durch die Rückstrahlung eines in der Nähe befindlichen Zieles ändert, wodurch ein an der Antenne angeschlossener Röhrenoszillator mit labiler Rückkopplung beeinflußt werden konnte.

Nach verschiedenen Vormustern war die erste endgültige Ausführung gerade in Firmen- und E-Stellenerprobung gegangen. Durch Überflugversuche wurden Sicherheit und Konstanz des Ansprechens überprüft.[9] Wer diese Arbeiten durchführte, ist heute nicht mehr feststellbar, da sie im Bereich der Fachgruppe E4 nicht erfolgten. Es könnten entweder jene in Kapitel 17 geschilderten Überflugversuche auf der Kurischen Nehrung mit an Ballonen befestigten Zündern oder auch Versuche an der E-Stelle Werneuchen bei Berlin gewesen sein, an denen zum fraglichen Zeitpunkt (1944/45) Personal der Gruppe E4 in Peenemünde teilnahm.

Bei den Überflugversuchen auf der Kurischen Nehrung könnte es sich wegen der räumlichen Nähe wahrscheinlicher um Arbeiten des Ernst-Orlich-Institutes (EOI) in Danzig gehandelt haben, das sehr intensiv an HF-Zündern arbeitete. Das Institut verwendete besonders lange Resonanzwellen (λ um 50 m), womit die Zünderauslösung durch unmittelbare Rückwirkung des Zieles auf den Sender angestrebt wurde, wie es auch bei »Fox« und »Kugelblitz« verwirklicht war. Das EOI hatte die Zünder »Pinscher-B«, »Pinscher-E« und »Marder« in Entwicklung, womit sich Reichweiten von 30 bis 50 m ergaben. Auch hatte dieses Institut einen magnetischen Zünder, den »Isegrim«, in Entwicklung. Aber die verschiedenen Arbeiten auf diesem Gebiet wurden wegen grundsätzlicher Schwierigkeiten abgebrochen. Für die EOI-Versuche auf der Kurischen Nehrung spricht deshalb die Tatsache, daß damals oft Fehlauslösungen der Zünder durch atmosphärische Störungen registriert wurden, wofür besonders die langwelligen HF- und auch die magnetischen Verfahren anfällig sind. Das wurde dem Verfasser vom damaligen Leiter der Meßbasis Jesau bestätigt, der die Überflugversuche mit seiner Besatzung vermessen und ausgewertet hatte.[1, 11]

Auf weitere automatische Zündersysteme, wie z. B. den elektrostatisch arbeitenden Abstandszünder »Kuhglocke« von Rheinmetall-Borsig, der die ionisierten Triebwerkabgase von Flugzeugen mit vielen tausend Volt elektrostatischer Aufladung zur Auslösung ausnutzen sollte, wird nicht weiter eingegangen, da sie zwar alle interessante Lösungen darstellten, mit den Erprobungsarbeiten in Peenemünde-West aber nichts zu tun hatten. Der Vollständigkeit halber seien sie aber wenigstens erwähnt.

20.5. Erprobung der Zünder

Die Erprobung in Peenemünde bezog sich besonders auf die drei automatischen Zünder »Kranich«, »Kakadu« und – soweit noch möglich – »Marabu«. Sie hatte die Aufgabe, nach der Prüfung im Labor die Eignung der Zünder durch Überfliegen mit verschiedenen Flugzeugtypen zu ermitteln. Dabei war es auch notwendig, dafür die meßtechnischen Voraussetzungen zu schaffen. Wie schon in Kapitel 20.1. geschildert, fing man damit im Jahre 1944 mit der Versetzung des Meßturmes an, als die Teilverlegung der E-Stelle in Jesau noch bestand (Abb. 7).

Nach der Rückführung des ausgelagerten Teiles der E-Stelle von Jesau nach Peenemünde war auch die Untergruppe E4c dort wieder vollständig. Der am gleichen Tag erfolgende Tagesluftangriff auf die E-Stelle Karlshagen (Peenemünde-West) zerstörte das in der Halle W3 für die dortige Weiterarbeit neu eingerichtete Labor (Kapitel 17), weshalb der schon erwähnte Umzug in das Funkhaus notwendig wurde. Neben dem Leiter, Dipl.-Ing. Theodor Erb, der nicht mit nach Jesau umgezogen war, konnte E4c mit zwei aus Jesau zurückgekehrten Ingenieursoldaten und einer Hilfskraft die Arbeit in Peenemünde wiederaufnehmen. Ein weiterer aus Jesau zurückgekehrter Mitarbeiter, Fl.-Hauptingenieur Hermann Müller, der seit der FritzX-Erprobung in Foggia 1941/42 bei E4c war, wechselte nach der Rückkehr von Jesau im Rahmen der Gruppe E4 zur Flugerprobung der Jägerrakete X4. Neben der Einrichtung des neuen E4c-Labors im Funkhaus, waren in dessen oberem Stockwerk noch drei weitere Laborräume von E4 etabliert worden. Außer dem Labor von Müller-Lübeck, der hier seine Zünder-Eigenentwicklung bearbeitete, auf die später noch näher eingegangen wird, war noch ein E4-Labor und ein weiteres Zünderlabor der E-Stelle Werneuchen untergebracht worden. Dr. Ing. Martin von der Universität Göttingen und ein Ingenieursoldat bearbeiteten hier theoretisch und im Laborversuch Abstandszünder nach dem Dopplerprinzip und Antennenprobleme mit Stielstrahlern. Hier wie auch in den anderen Fachgruppen begann man aufgrund der Erfahrungen in der Vergangenheit mit der Dezentralisierung der E-Stelle in die nähere Umgebung. Ähnlich wie mit dem zweiten Standort Jesau, wählte man jetzt in der Nähe gelegene Orte aus, die als Zweitlaboratorien und -werkstätten dienten. Diese übernahmen entweder sofort Teilaufgaben oder gestatteten bei weiteren Luftangriffen die sofortige Weiterführung der Arbeiten. So waren z. B. in weiter südlich gelegenen Orten auf Usedom, auf dem Festland in Wolgast und Lubmin, für Dienststellen in Schulen und Häusern Räume oder ganze Ferienunterkünfte beschlagnahmt worden. Die Fachgruppe E4 nahm in Lubmin ein früheres Erholungsheim am Strand des Boddens in Besitz, in dem die einzelnen Untergruppen weitere Labors und Werkstätten einrichteten. Ein Chef- und Vorzimmer hätte einen sofortigen Umzug von Peenemünde nach Lubmin gestattet. Auch E4c besaß hier neben den beiden Räumen im Funkhaus ein weiteres Labor, das in der Folgezeit aber nicht benutzt werden mußte. Aus dem Geschilderten ist ersichtlich, wie durch großzügig angelegte Ausweichquartiere die Fortführung des Dienstbetriebes bei weiteren Zerstörungen im E-Stellenbereich sichergestellt werden konnte. In der Folge mußte aber kein wesentlicher Gebrauch von den Ausweichstätten gemacht werden, da an der E-Stelle selbst noch genügend freie räumliche Kapazität vorhanden war und die teilweise genutzten Ausweichplätze für eine ungestörte Weiterarbeit ausreichten.[5, 9, 10]

Für die Überflugversuche mußten von E4c entsprechende Vorarbeiten durchgeführt werden. Am Meßturm waren am Geländer der obersten Plattform Halterungen für die ebenfalls anzufertigenden Ausleger anzubringen, an die mehrere Zünder montiert werden konnten. Signalleitungen waren vom Meßhäuschen der Turmspitze zur Meßbaracke am Fuß des Turmes zu verlegen. Eine vorhandene Handwinde im Meßhäuschen, deren Seil durch eine Bodenluke nach unten hing, war auf Eignung für das Hochziehen wertvoller Meßgeräte, die mit fortschreitendem Krieg immer mehr Mangelware wurden, zu prüfen. Für diese Meßgeräte besaß jede Gruppe der E-Stelle im Erdgeschoß des Hochbunkers eine oder mehrere große verschließbare Holzkisten, zu denen wertvolle Meßgeräte nach jedem

Gebrauch und bei jedem Fliegeralarm hintransportiert und dort eingelagert werden mußten.

Da aus Benzin- und Zeitersparnis bei jedem geplanten Überflug nicht nur ein, sondern möglichst viele Zünder gleichzeitig getestet werden sollten, war zunächst ein Gerät zu bauen, das als Versorgungs- und Verteilergerät den HF-Zündern für den Versuchsbetrieb 24/200 V= für Sender und Empfänger (Heiz-, Signal- und Anodenspannung) über Kabel zuführte. Die Signalspannung von 24 V war im Einsatzbetrieb die Zündspannung zur Auslösung des Gefechtskopfes. Demzufolge wurde diese Spannung für die Registrierung oder Auslösung von Rauchausstoßladungen vom Versorgungsgerät zur Verfügung gestellt und konnte über Steckbuchsen abgenommen werden. Als Gesamtstromquelle diente eine große 24-V-Starterbatterie.

Flugkörperattrappen in Form eines Aluminiumkastens und eines Aluminiumzylinders standen schon zur Verfügung. Die Signalleitungen von der Plattform zur Meßbaracke dienten besonders für den akustischen Abstandszünder »Kranich«, da in einem Raum der Baracke die Universität Tübingen (Dr. Lottermoser) grundsätzliche Messungen zur Erforschung der Flugzeuggeräusche für den vorgesehenen Anwendungsfall durchführte. Die bei den Überflügen über ein Mikrophon auf der Turmplattform aufgenommenen Flugzeuggeräusche gelangten über das Signalkabel nach unten und wurden dort zur weiteren Untersuchung zunächst über ein Oktavfilter auf einem Mehrkanaltonbandgerät gespeichert.

Zur Vermeidung von unmittelbaren Reflexionen von der Turmplattform, besonders beim akustischen Zünder, dienten die beiden etwa 6 m langen, schon erwähnten Holzausleger. An ihrer Spitze konnten eine Körperattrappe mit HF-Zünder und an dem zweiten Ausleger mehrere akustische Zünder montiert werden. Die bestückten Ausleger wurden in je zwei um den oberen Geländerbalken herumgreifende U-Eisen gelegt und so weit nach außen geschoben, bis alle Zünder frei im Raum in etwa 30 m Höhe hingen. Je ein Bolzen, durch eine Bohrung des U-Eisens und Auslegers gesteckt, sicherte beide Ausleger in dieser Lage.

Die anfangs auf dem Ausleger montierten Rauchausstoßladungen hatten den Zweck, bei allen von der Meßbasis zur Bestimmung der Überflughöhe – Zünder – Flugzeug – vermessenen Flügen den genauen Zünderansprechzeitpunkt beim jeweiligen Standort des Flugzeuges zum Zünder festzuhalten. Später ist diese Anzeige weggelassen worden, da einerseits keine merkbaren Entfernungsunterschiede auftraten und es oft auf dem Theodolitenfilm – besonders bei starkem Wind – schwierig war, dem entsprechenden Zünder die Ladung, die angesprochen hatte, zuzuordnen. Das Versorgungsgerät wurde darauf so erweitert, daß die Signalspannung bei ausgelöster Zünderfunktion gleichzeitig ein polarisiertes T-Relais zum Ansprechen brachte, das eine Signalleuchte nach dem Überflug an Spannung hielt. Dadurch konnte nach dem Überflug erkannt werden, welcher Zünder angesprochen hatte.

Als Auswerteunterlagen gehörte zu jedem Film der Meßbasis, die vom Meßhaus Vorwerk mit fast waagerecht liegendem Theodoliten-Objektiv die Überflugphase des Flugzeuges über dem Turm aufnahm, der Registrierstreifen eines Vierfach-Siemens-Schleifenoszillographen. Dieses Gerät stand während der Überflüge neben dem Versorgungsgerät und dem Mikrophon auf der Turmplattform und war mit dem Versorgungsgerät der Zünder verbunden. Der Papiervorschub wurde von der

Meßturmbesatzung kurz vor dem eigentlichen Überflugvorgang eingeschaltet. Die Anflüge auf den Meßturm erfolgten in der Regel aus nördlicher Richtung. Durch diese räumlichen Gegebenheiten trafen sich die optische Achse des Vorwerkmeßhauses und der Kurs des überfliegenden Flugzeuges mit fast rechtem Winkel. Das Überflugprogramm wurde vor jedem Start eines Flugzeuges abgesprochen. Korrekturen, wie z. B. Wiederholungen oder Änderungen der Flughöhen, konnten durch festgelegte Armzeichen veranlaßt werden. Zu diesem Zweck kehrte das Flugzeug nach dem Überflug, ehe es zum nächsten Flug in Position ging, in einer Kurve zum Turm zurück. Hier wurden von der Besatzung des Turmes entsprechende Zeichen gegeben. Während des Überflugvorganges legte sich die Meßturmbesatzung gewöhnlich flach auf den Boden der Plattform, da die Propellerblätter der vielfach verwendeten He 111 bei niedrigen Höhen oft gefährlich nahe an die obere Geländerkante herankamen. Von den Kollegen der Meßbasis erfuhr man, daß bei einem besonders tief angesetzten Überflug die Rechnung ergeben hatte, daß zwischen Propellerblattspitzen und oberer Geländerkante nur etwa 40 cm Abstand bestanden hatten. Das war damals auch so zu merken, da der ganze aus Holz gebaute Gitterturm durch den Sog und den anschließenden Schub der Propeller derart in Schwingungen geriet, daß die beiden Soldaten auf dem Bauch hin und her rutschten. Der die Flüge hauptsächlich durchführende Flugbaumeister Max Mayer von E2 war aber ein ausgezeichneter Pilot und wirklicher Meister seines Faches. Das war sofort erkennbar, wenn einmal ein anderer Flugzeugführer die Flüge durchführte und trotz aller Zeichengabe keine Annäherung an den Turm erreichbar war. Normalerweise lagen die Überflughöhe zwischen Zünder und Flugzeug bei 5 bis 15 m, die Flugzeuggeschwindigkeit bei 310 km/h und die Motorendrehzahl bei 2000 U/min.[5, 8]
Der Vollständigkeit halber ist noch zu erwähnen, daß neben den offiziellen Industrieentwicklungen der automatischen Zünder auch eine schon erwähnte E-Stellenentwicklung erprobt wurde. Entwickelt hatte diesen Zünder der Ingenieur Kurt Müller-Lübeck von E4. Es handelte sich um eine Kombination eines akustischen und eines elektrischen Zünders, speziell für die X4. Über ein normales Post-Kohlemikrophon wurde durch einen elektrischen Filter die charakteristische Frequenz von 300 Hz ausgefiltert, das Signal über eine Röhre verstärkt und einem T-Relais zugeführt. Dessen Kontakt schloß den Zündkreis für den Gefechtskopf des Flugkörpers. Eingebaut war das Gerät in das Gehäuse des akustischen Zünders »Kranich«, womit eine sehr kleine Bauweise erreicht wurde. Müller-Lübeck nahm an vielen Überflügen mit seiner Eigenentwicklung teil und, soweit erinnerlich, mit gutem Erfolg. Als Ansprechregistrierung verwendete er jedesmal die vorgesehene Originalsprengkapsel.[5, 6]
In Kapitel 5.3. wurde schon angedeutet (»Husarenstück«), daß die beiden Ingenieursoldaten von E4c an einem Tage in einer Überflugpause eine merkwürdige Beobachtung machten, die in Zusammenhang mit dem KZ Karlshagen I stand. Es war am 8. Februar 1945; am Vormittag waren etliche Versuchsflüge durchgeführt worden, und das Flugzeug, eine He 111, war gerade zur Mittagspause gelandet. Die Meßturmbesatzung blieb wegen der gleich danach wieder geplanten Fortsetzung der Flüge auf dem Turm. Als eine He 111 von der östlichen Seite des Flugplatzes quer über das Rollfeld zur Peene rollte und dort hecklastig und schwerfällig abhob, dachten die beiden Beobachter zunächst an den Start ihrer Versuchsmaschi-

ne. Aber zum Erstaunen flog das schlecht ausgetrimmte Flugzeug mit nicht eingezogenem Fahrwerk weiter im Tiefflug entlang der Peene nach Süden und entschwand den Blicken in der diesigen und wolkenverhangenen Ferne Richtung Wolgast. Nach einigen witzigen Bemerkungen über das schlecht ausgetrimmte Flugzeug hatten die beiden Kollegen den Vorgang bald vergessen, zumal kurz danach ihr Flugzeug zu weiteren Überflugversuchen tatsächlich startete. Erst als die beiden Ingenieursoldaten am Nachmittag in die E-Stelle kamen, hörten sie, daß eine Schul-He 111 des KG 53, das zur gleichen Zeit Schulabwürfe mit der Fi 103 unter Oberleutnant Graudenz durchführte (Kapitel 16.7.), durch zehn KZ-Insassen entführt worden sei. Wie sich später ergab, handelte es sich um eine Gruppe, die mehrfach am Rollfeld gearbeitet hatte und unter der offenbar ein Flugzeugführer gewesen sein muß. Die Wache der Arbeitsgruppe war vor Inbesitznahme und Start des Flugzeuges erschlagen worden. Nach dem Kriege wurde bekannt, daß dieses Husarenstück dem damaligen sowjetischen Häftling Michail Dewjatajew gelungen war. Dewjatajew wurde als sowjetischer Pilot abgeschossen und geriet in deutsche Gefangenschaft. Als ein Ausbruchsversuch durch Graben eines Tunnels mißlang, kam er vom Gefangenenlager in das KZ Sachsenhausen. Hier gelang ihm mit Hilfe eines Mithäftlings durch Austausch der Häftlingsnummer mit der eines Verstorbenen ein Identitätswechsel. Ende 1944 kam Dewjatajew als Lehrer Grigori Nikitenko in das Lager Karlshagen I, von wo aus ihm die abenteuerliche Flucht gelang, die durch eine Bauchlandung hinter den sowjetischen Linien abgeschlossen wurde.[12]

Kehren wir nach dieser Episode abschließend zu den Zündern zurück. Wenn man die physikalischen Möglichkeiten der damaligen automatischen Zünder betrachtet, dann sind zwar viele technisch realisiert worden, aber ihre Eignung im militärischen Einsatz konnte, von einzelnen Versuchen abgesehen, nicht mehr generell ermittelt werden. Besonders wäre es interessant gewesen, zu erfahren, wie weit die Sicherheit gegen absichtliche Störungen durch Weiterentwicklungen erreichbar gewesen wäre.

Die hochfrequenten Verfahren stellten elegante und auch funktionssichere Lösungen dar, konnten aber im kurzwelligen Bereich durch »Düppel« beeinflußt und im langwelligen Bereich durch Störsender unwirksam gemacht werden. Die elektrostatischen und magnetischen Zünder waren wegen des vielfach vorhandenen natürlichen Störpegels nicht geeignet. Akustische Zünder ließen sich absichtlich nur schwer stören, da es kaum möglich war, ausreichend intensive Schallquellen im Luftraum zu »installieren«. Aber allen akustischen Systemen haftete der Mangel an, daß die Schallausbreitungsgeschwindigkeit gegenüber der Marschgeschwindigkeit der Flugkörper oder den immer schneller werdenden Flugzeugen nicht vernachlässigt werden konnte. Ebenfalls bestand damals die Schwierigkeit, das Nutzgeräusch vom Störgeräusch des Eigenantriebes und der Luftströmung wirksam zu trennen. Die Ultrarot-Systeme hatten seinerzeit mit der Schwierigkeit der natürlichen Hintergrundstrahlung zu kämpfen. Hier versprach man sich von den aktiven bzw. UR-Anstrahlsystemen mit großer Wellenlänge ($\lambda > 15\ \mu m$) eine weitgehende Störungsfreiheit, obwohl diese Methode wegen der Energiebilanz damals problematisch war, wie in Kapitel 14 schon erläutert wurde.[1, 5]

21. Das Ende

Nachdem sich an der Ostfront die am 1. Juli 1944 begonnene Entlastung der Heeresgruppe Mitte durch die Heeresgruppe Nord nicht durchführen ließ, erfolgten am 4. Juli weitere Vorstöße der Roten Armee im Verlauf ihrer Sommeroffensive in Richtung Wilna und Brest-Litowsk. Die seit dem 3. Juli südöstlich von Minsk eingeschlossenen Reste der 4. deutschen Armee mußten sich ergeben. Ein riesiger Frontabschnitt stand damit der sowjetischen Armee zum Vormarsch in Richtung Warschau und Ostpreußen offen.[1] Das war auch der Grund, weshalb der deutsche Luftwaffengeneralstab u. a. den Flugplatz Jesau wieder als Einsatzhafen benötigte. Im Laufe des Juli 1944 mußte die E-Stelle Karlshagen (Peenemünde-West) ihre dort teilausgelagerten Dienststellen nach Peenemünde zurückbeordern.[1]

21.1. Die letzten Arbeiten in Peenemünde-West

Im Zeitraum 1944 bis 1945 lief folgendes Erprobungsprogramm, bei dem die E-Stelle der Luftwaffe Karlshagen beteiligt war:

1. BV 246 (8-246) der Firma Blohm & Voß: Dieser nicht angetriebene, selbstgesteuerte Flugkörper für Geradeaus- und Kurvenflug war für den Geradeausflug serienmäßig erprobt. Der Kurvenflug war entwicklungs- und erprobungstechnisch abgeschlossen. Zunächst als Ferngleitbombe für Flächenziele vorgesehen, erfolgte eine Weiterentwicklung als Nahgleitbombe mit Zielsuchkopf »Radieschen« für kleine Flächenziele, Panzer und Schiffe. Entwicklung noch vor Kriegsende gestoppt (Kapitel 11).
2. Me 263 (8-248), Weiterentwicklung der Me 163B durch die Firma Junkers: Einziehbares Fahrwerk, vergrößerte Flugdauer. Vier Versuchsmuster Ende März 1945 fertiggestellt. Roll- und Flugversuche unter Beteiligung des EK 16 und der E-Stelle mit der Firma Junkers im Erprobungsbeginn (Kapitel 10.2.).
3. BA 349A (8-348) »Natter«: Senkrecht von einer Lafette startender bemannter Interzeptor der Firma Bachem-Werke GmbH, Waldsee, Württemberg. Entwickelt unter der direkten Leitung von Dipl.-Ing. Erich Bachem, einem bekannten Segelflieger der »Rhön-Zeit« (siehe auch Kapitel 16.3.). Mit dem Walter-Triebwerk HWK 109-559 von 14,7 kN (1500 kp) Schub ausgerüstet, war dieses Teilverlustgerät eine Konstruktion zwischen Rakete und Flugzeug. Der Bug des freitragenden Mitteldeckers mit Stummelflügeln war als Raketenbatterie ausgebildet. Anschließend folgte der Pilotensitz, danach die Treibstoffbehälter und am Heck die Walter-Rakete. Als Starthilfe dienten vier abwerfbare Schmidding-Feststoffraketen, die, an den Seitenwänden des Rumpf-

hecks befestigt, mit dem Walter-Antrieb einen gemeinsamen Startschub über 10 sec von 63,74 kN (6500 kp) ergaben. Zur Entlastung des Piloten war ein automatisch gesteuerter Start durch einen Autopiloten vom LGW entwickelt worden, der durch ein Leitstrahl-Fernlenksystem ergänzt wurde. Damit sollte das Flugzeug bis auf etwa 1,5 km vom Boden aus an das Ziel herangeführt werden. Erst danach übernahm der Flugzeugführer die weitere Steuerung für den Kampfeinsatz mit entsprechenden Zielkorrekturen und Auslösen der 24 oder 34 Raketen. Wegen des danach sich verschiebenden Schwerpunktes war das Flugzeug nicht mehr flugfähig, weshalb das Bugstück mit dem Piloten abgesprengt und der Hauptfallschirm diese Einheit mit den wertvollsten Geräten nach hinten wegziehen sollte. Auch das Rumpfhinterteil mit Triebwerk wurde durch einen weiteren Fallschirm geborgen.

Eine Weiterentwicklung, die BA 349B, erhielt ein stärkeres Walter-Triebwerk HWK 109-509D mit 19,6 kN (2000 kp) Schub. Von dieser Ausführung wurde nur ein Flugzeug gestartet.

Für die Erprobung der BA 349A dienten die ersten sechs Geräte dem bemannten Flug, wobei sie von He 111 im Tragschlepp auf Höhe gebracht wurden. Die Versuche erfolgten in Neuburg/Donau durch Flugkapitän Hermann Zitter. Im Gleitflug erreichte das Fluggerät 200 bis 700 km/h bei guten Stabilitätseigenschaften. Bei 255 km/h traten aber beim Sink- und im Kurvenflug starke Schwerpunktänderungen auf. Am 18. Dezember 1944 wurde versucht, das erste Gerät unbemannt im Steilflug nur mit den Feststoffraketen zu starten. Wegen einer verbrannten Auslöseleitung hob das Gerät nicht ab. Am 22. Dezember gelang der zweite Start mit 1800 m Höhe, dem zehn weitere Versuche mit Höhen bis zu 3000 m folgten. Wegen der Schwerpunktverlagerung durch die abgeworfenen Starthilfen mußten die Höhenruderklappen vergrößert werden. Auch waren, wegen der geringen Stabilität nach Verlassen des Startgestelles, für das Walter-Triebwerk Strahlruder erforderlich. Nach weiteren Verbesserungen, dem Start mit einer Puppe und Auslösung aller anderen Landefunktionen, erfolgte am 1. März 1945 der erste bemannte Start mit Oberleutnant Lothar Siebert. Nach gelungenem Start bis 500 m Höhe ging das Flugzeug BP 20 M23 plötzlich in den Horizontalflug über und schlug nach etwa 1 min am Boden explodierend auf. Als Unfallursache stellte man das Wegfliegen der Kabinenhaube fest, woran gleichzeitig die Kopfstütze befestigt war. Der Pilot muß durch Zurückreißen des Kopfes ohnmächtig geworden sein oder einen Genickbruch erlitten haben. Mit letzter Sicherheit ließ sich der Vorgang nicht mehr rekonstruieren.

Die Versuche gingen trotzdem bis April 1945 weiter. Insgesamt wurden 36 Flugzeuge gebaut, davon 22 Versuche gestartet, wobei vier bemannt gewesen sein sollen. Von den restlichen 14 Geräten wurden zehn bei Kriegsende zerstört, drei fielen in amerikanische und eines in russische Hände, weil dieses Flugzeug zu einem Ausweichbetrieb nach Thüringen verschickt worden war.[3, 17]

Für die BA 349 erfolgte laufende Beratung bei den Entwicklungsrichtlinien für Zelle und Steuerung sowie Triebwerkanlage und Starthilfen durch die E-Stelle.[2]

4. X4 (8-344): Drahtgelenkte Jägerrakete der Firma Ruhrstahl AG (Dr. Max Kramer). Der Einsatz sollte in Truppenerprobung anlaufen. Der Zünder »Kra-

nich« war noch in Erprobung. Weiterentwicklung als funkgelenktes und zielsuchendes Gerät war in Arbeit (Kapitel 18.2. und 20.1.).

5. X7 (8-347): Drahtgelenkte Rakete, aus der X4 entwickelt und für den Erdeinsatz zur Panzerbekämpfung vorgesehen. Erprobung abgeschlossen, Einsatzerprobung vorgesehen (Kapitel 18.2.).

6. Hs 293 (8-293): Funk- und drahtferngelenkte, angetriebene Gleitbombe der Firma Henschel Flugzeugwerke AG (Professor Wagner) gegen nichtgepanzerte Ziele. Erprobung abgeschlossen, Gerät im Einsatz. Als Versuchsträger zur Erprobung von Fernseh- und Zielsuchgeräten verwendet (Kapitel 12.4. und 12.6.).

7. Hs 294 (8-294): Funkferngelenkte Gleitbombe mit Antrieb. Für Unterwasserangriff auf gepanzerte Ziele. Firma Henschel (Professor Wagner) (Kapitel 12.5.).

8. Hs 298 (8-298): Funkferngelenkte Jägerrakete der Firma Henschel (Professor Wagner). Mit Antrieb und HF-Abstandszünder. Zugunsten der Rakete X4 unterbrochen, als zielsuchendes Gerät vorgesehen (Kapitel 18.3.).

9. Hs 117 (8-117): Funkferngelenkte Flarakete der Firma Henschel (Professor Wagner). Mit Antrieb, akustischer- und HF-Abstandszünder vorgesehen. Firmenerprobung lief. Weiterentwicklung als zielsuchendes Gerät war beabsichtigt (Kapitel 19.2.).

10. Fi 103 (8-103): Selbstgesteuerte Fernbombe der Firma Gerhard Fieseler. Gerät im Einsatz. Teilerprobungen zu größerer Geschwindigkeit und Reichweite durch Verfeinerung der aerodynamischen Formgebung und neues Triebwerk (Kapitel 16.9.).

11. Projekt »Stralsund«: Abbremsen abgeworfener Lasten vor Bodenberührung. Mit Hilfe der Startraketen für Flugzeuge und eines Fadenlogs konnten abgeworfene Lasten vor dem Boden abgebremst werden. Die Erprobung wurde noch im Anfangsstadium (Ende 1944) wegen mangelnden Interesses abgebrochen.

12. Schienenstartanlage zur Katapultierung von hochbelasteten Flugzeugen: Diese Anlage war im Vorwerk der E-Stelle stationär aufgebaut und wurde u. a. zur Starterprobung der Me 163B mit einem Schienenwagen benutzt. Bei den Versuchen wurde der Wagen mit einer Me-163B-Attrappe ausgerüstet, in die das Serien-Walter-Triebwerk einer Me 163B eingebaut wurde. Das Triebwerk beschleunigte den Wagen bis zur Abhebegeschwindigkeit einer Me 163B, der danach an einer Mittelschiene abgebremst wurde. Die Firmenerprobung durch Rheinmetall-Borsig wurde wegen des nicht verwirklichten Einsatzes dieser Startmöglichkeit vorzeitig abgebrochen (Kapitel 10.3.).[2]

Für die aufgezählten Projekte liefen im angegebenen Zeitraum die entsprechenden Teilerprobungen auf dem Gebiet der Zellen, der Triebwerke, der Steuerungen, der Lenkanlagen und sonstiger Zusatzgeräte, wie Zünder, Trägerflugzeuge, zielsuchende Anlagen und dergleichen. Auch war die Verfolgung von möglichen Nebenwegen Gegenstand von Erprobungen.[2]

Im Laufe des letzten halben Jahres, ab August 1944, wurde durch die Konzentrierung der Kriegsaufgaben freigewordenes Fachpersonal für die in Werk West laufenden Schwerpunktaufgaben zur Verfügung gestellt. Daneben sahen sich manche Firmen und Institutionen veranlaßt, infolge der Maßnahmen des »totalen Krieges«, durch Mitarbeit an Schwerpunktarbeiten ihre bisherigen Arbeits-

möglichkeiten zu erhalten. So lief z. B. die Firmenerprobung der Kogge-Entwicklung zeitweilig an der Funkerprobungsstelle Werneuchen. Eine Arbeitsgruppe in Rechlin wurde für die Bearbeitung der akustischen Abstandszünder und Zielsuchgeräte freigestellt. Eine weitere Arbeitsgruppe aus Industrie und PTR bildete in Warmbrunn und Brandis ein Versuchsteam. Damit wuchs die Belastung der E-Stelle Karlshagen, besonders auch der Gruppe E4 erheblich, da diese Arbeiten hinsichtlich der Erprobung zusammengefaßt werden mußten. Bei den immer größer werdenden Schwierigkeiten, die sich mit den sich verschlechternden Verkehrsverhältnisse einstellten, konnte eine Einführung dieser neuen Dienststellen in die Zielsetzung, die Besonderheiten und die Erfahrungen der Karlshagener E-Stellen-Arbeiten nicht mehr in ausreichendem Maße erreicht werden. Eine Abstimmung der Aufgaben und die Ausrichtung der Lösungen nach gemeinsamen Richtlinien war ebenfalls nicht mehr möglich. So entstand zwar zum Teil eine große Geschäftigkeit, der aber wegen der nicht mehr durchführbaren straffen Zusammenfassung von vornherein der Erfolg versagt war.[1]
In dem geschilderten Zeitraum nahm die E-Stelle der Luftwaffe Karlshagen ihre letzte organisatorische Gestalt an, in der sie auch bei einer möglichen Existenz in Wesermünde im wesentlichen an die Weiterarbeit gegangen wäre. Die Führung, die Fachgruppen und ihre Leiter setzten sich aus folgenden Personen zusammen:

Stab: Kommandeur: Major Karl Henkelmann (ab 24. Januar 1945)
         Ia (Ordonnanz): Oberleutnant von Besser, Hochfrequenztechniker
         IIb (z. b. V.): Oberleutnant Rückert, stud. ing.
         Adjutant: Oberleutnant Becker, Dipl.-Ing.
         Ing. beim Stab: Blüthner ?
         Personalstelle: Prüssing ?
         Registratur: Kock
         Militärische Führung der Techn. Komp.: Major Buddenhagen

E2:   Flugzeuge, Gesamtprojekte FK:
         Gruppenleiter: Fl.-Haupting. Max Mayer
         Dipl.-Ing. Boye
         Dipl.-Ing. Buchner
         Ing. Hohmann
         Major Hollweck
         Dipl.-Ing. Herrmann u. a.

E3:   Triebwerke, Sondertreibstoffe:
         Gruppenleiter: Fl.-Stabsing. Leo Weigand
         Dipl.-Ing. Cerny
         Dipl.-Chem. Dr. Demant
         Dipl.-Ing. Waltenbauer u. a.

E4:   Fernmelde- und Fernlenktechnik:
         Gruppenleiter: Fl.-Oberstabsing. Dr. Josef Dantscher
         Ing. z. b. V. Kießling
         Dipl.-Ing. Schneider

781

Dr.-Ing. Sichling
Fl.-Stabsing. Dr. Wäsch
Fl.-Stabsing. Wohlrab u. a.

E5: Steuerungen, Stromversorgung, Bordnetz:
Gruppenleiter: Fl.-Stabsing. Alfred Fritz
Fl.-Stabsing. Drubig
Fl.-Stabsing. Späth u. a.

E7: Abwurfwaffen, Zünder, Visiere:
Gruppenleiter: Fl.-Stabsing. Hans Bender
Ing. Gräber
Ing. Riedel
Ing. Wissendaner u. a.

E8: Bodengeräte:
Gruppenleiter: Fl.-Oberstabsing. Erich Wondratscheck
Fl.-Stabsing. Heinrich Blechschmidt
Fl.-Obering. Hammer
Fl.-Obering. Wilhelm Stiller u. a.

EF: Sondergruppe FK »Schmetterling«:
Gruppenleiter: Ing. Hermann Kröger u. a.

IM: Optische Meßbasis:
Meßbasisleiter: Fl.-Haupting. Otto Franke
Dipl.-Ing. Koplenik
Ing. Beck
Ing. Kremer u. a.

IB: Bildstelle:
Bildstellenleiter: Ing. Hans Plüschke u. a.

B: Werft- und Flugbetrieb:
Betriebsleiter: Fl.-Haupting. Hans Waas u. a.

F: Flugleitung:
Flugleiter: Hauptflugführer Gerd Rakenius u.a.[2]

Mit den in den Kapiteln 18, 19 und 20 geschilderten Erprobungen der Flugab-
wehrsysteme des sogenannten »Jägerprogrammes« erfuhr besonders die Fachgruppe E4 ab Herbst 1944, wie schon angedeutet, eine größere fachliche und personelle Erweiterung, womit sich folgende Gliederung ergab:

E4: Fernmelde- und Fernlenktechnik:
Gruppenleiter: Fl.-Oberstabsing. Dr. Josef Dantscher
Geschäftsführung: Ing. z. b. V. Johann Kießling
Sekretariat: Frau Annemarie Mahler

E4a: Fernlenk-Bodenanlagen:
Leiter: Fl-.Stabsing. Dr. Wohlrab
I.   Fernlenkteil
II.   Ortungsteil
III.   Rechengeräte
IV: Prüfgeräte

E4b: Ferngelenkte Körper:
Leiter: Dr.-Ing. Georg Sichling
I.   Lenkverfahren, Aufschaltung, Übertragung
II.   Jägergeräte
III.   Flageräte
IV.   Schubstörungen

E4c: Zielsuchende Geräte, Sonderverfahren:
Leiter: Fl.-Stabsing. Dr. Wilhelm Wäsch
I.   Verfahren, Aufschaltung, Flugversuche
II.   Elektrische Geräte
III.   Akustische Geräte
IV.   Fernsehgeräte
V.   Sonderverfahren, Peil- und Funkmeßverfahren

E4d: Fernlenkgeräte und -anlagen:
Leiter: Dipl.-Ing. Karl-Viktor Schneider
I.   Flugzeuganlagen, Flugzeuge
II.   Sendegeräte
III.   Empfangsgeräte
IV.   Prüfanlagen und -geräte

E4w: Werkstätten- und Materialführung:
Leiter: Clemens Marien
3 Werkstätten
1 Meßgerätelager.[2]

21.2. Aufteilung und Umzug der Peenemünder Dienststellen

Infolge der militärischen Verhältnisse Anfang Februar 1945, als die sowjetische Armee nach Eroberung von Ostpreußen und Schlesien die Grenze Pommerns überschritten hatte, war Ende Februar 1945 eine Verlegung der E-Stelle Karlshagen befohlen worden. Nach langen und heftigen Meinungsverschiedenheiten um den Ort der Verlagerung wurde Mitte März 1945 festgelegt, daß ein Teil der wichtigen Erprobungen in den Raum von Nordhausen in Thüringen, die Erprobung der weiterzuentwickelnden Me 163 nach Lechfeld bei Augsburg und eine Schallmeßgruppe mit zwei Me 163B und allem Zubehör nach Zirl/Tirol verlegt werden sollte. Dem Hauptteil der E-Stelle wurde der Fliegerhorst Wesermünde bzw. Blexen als Verlagerungsort zugewiesen.[3, 4]

Ehe auf die letzte Phase der E-Stellen-Existenz näher eingegangen wird, soll noch kurz erwähnt werden, was sich in dieser kritischen Zeit in Werk Ost, mit der neuen Tarnbezeichnung EW (Elektromechanische Werke), ereignete. Wenn auch dieses Thema mit der Luftwaffen-E-Stelle nicht in direktem Zusammenhang steht und beide Dienststellen im wesentlichen auf getrennten Wegen ihren bisherigen gemeinsamen Ort Peenemünde verließen, ist ein kurzes Eingehen auf das Schicksal der damals mit ihr gegründeten »Schwester-Institution« auch aus Informationsgründen notwendig. Haben doch beide Versuchsstellen in fast acht Jahren ihrer engen nachbarlichen Existenz in kameradschaftlichem Neben- und teilweise Miteinander an epochemachender Technik gearbeitet, ehe sie Peenemünde verließen und im Rest des verbliebenen Deutschland auseinandergingen.

Am 2. Februar 1945 hatten die EW noch einen Personalstand von 4325 Wissenschaftlern, Ingenieuren und Technikern, die mit ihren Familien in den Dörfern der Insel Usedom verteilt lebten. Wernher von Braun hatte schwerwiegende Entscheidungen zu treffen. General Dr. Dornberger war ja von RM Speer am 12. Januar 1945 als »Sonderbevollmächtigter zur besonderen Verwendung« ernannt worden und sollte im Rahmen des »Arbeitsstabes Dornberger« die feindliche Luftüberlegenheit brechen. In dieser Eigenschaft wurde er kurze Zeit später General der Waffen-SS Dr.-Ing. Kammler unterstellt, dem gegenüber auf diesem speziellen Gebiet auch Reichsmarschall Göring und RM Speer keine Weisungsbefugnisse mehr besaßen.

Nachdem Kammler schon am 31. Januar 1945 per Fernschreiben befohlen hatte, daß Peenemünde unverzüglich zu räumen sei und Dr. von Braun sich mit allen Mitarbeitern nach Nordhausen im Harz absetzen und dort im Mittelwerk seine Arbeit fortsetzen sollte, kam schon wenige Stunden danach ein neuer Befehl. Dieser, stammend vom Generalstabschef der neugegründeten »Heeresgruppe Weichsel«, die Pommern verteidigen sollte und deren Chef formell Heinrich Himmler war, ordnete an, daß Peenemünde gegen die Rote Armee im Rahmen des Volkssturmes zu verteidigen sei. Auch der Gauleiter von Pommern, Schwede-Coburg, hielt über den Rundfunk eine Rede, in der er die Bevölkerung zur Verteidigung der Heimat aufrief. Aber hierfür fehlten als erste Voraussetzung Waffen, wie in Kapitel 21.3. für den Bereich der zurückgebliebenen E-Stellen-Angehörigen noch erwähnt wird. Im übrigen betraf die Aufforderung zur Verteidigung von Usedom hauptsächlich die dort lebende und sich dort aufhaltende Bevölkerung und nicht jene Angehörigen der beiden Versuchsstellen, die sich auf »höheren Befehl« in andere Räume zu begeben hatten.

Da von Braun und seine führenden Mitarbeiter darin einig waren, sich vor den Sowjets von Peenemünde so abzusetzen, daß ein eventueller Übertritt zu den Amerikanern möglich war, wurde auch der Befehl Kammlers in die Tat umgesetzt. Er bot zunächst die besten Voraussetzungen, um bei Kriegsende dieses Ziel zu erreichen. In Tag- und Nachtarbeit wurden viele tausend Kisten gepackt; man lud alles auf fast tausend Lastwagen und stellte zwei Eisenbahnzüge zusammen, womit auch die Familien südwärts gebracht werden sollten. Ein Teil des Prüfstandpersonales verlagerte unter Leitung von Dr. Kurt Debus nach Cuxhaven, wo eine neue Erprobungsstelle errichtet werden sollte.

Am 17. Februar 1945 verließ der erste Zug mit 700 Personen Peenemünde. Aber der erste Lastwagenzug wurde zwischen Angermünde und Eberswalde von der Feldpolizei aufgehalten. Erst nach langen Verhandlungen von Brauns und einem »Zauberwort«, wozu ihn der umgängliche Major und Führer der Feldpolizei animierte, konnte der ganze Transport passieren. Dieses Stichwort, unter dem die ganze Aktion dann erfolgreich ablaufen konnte, fiel von Braun in Anlehnung an die Funktion von General Dornberger ein und lautete:»Vorhaben zur besonderen Verwendung«, abgekürzt: »VZBV«. Nachdem in Peenemünde große Plakate mit dieser Aufschrift gedruckt, wieder herbeigeschafft und an allen Fahrzeugen befestigt worden waren, konnten der erste und alle weiteren LKW-Transporte damit passieren. Diese vier Buchstaben, in Verbindung mit der letztlich dahinterstehenden Autorität Himmlers (Kammler), öffneten dem Transport alle Sperren und Kontrollen durch die vom Nachschub für die näher rückende Front und vom Flüchtlingsstrom verstopften Straßen. Der Major der Feldpolizei, der selbst den Anstoß zu diesem »Sesam, öffne dich« gegeben hatte, bat von Braun kurioserweise um die gleichen Plakate für seine eigenen Zwecke, um wichtigen Militärtransporten den Vorrang durch die verstopften Straßen zu ermöglichen.

Die Raketenfachleute und ihre Familien wurden nach Ankunft im Harz rund um Nordhausen einquartiert. Viele fanden Unterkunft in Bleichrode. Dornberger und sein Stab hatten ihr Quartier von Berlin nach Bad Sachsa verlegt. Die Arbeit wurde soweit als möglich weitergeführt. In zahlreichen kleinen Fabriken entwickelte man neue Einzelteile. Raketenöfen aus der Serienfertigung wurden auf den schon 1944 gebauten Prüfständen von Lehesten bei Jena getestet. Auf der Bergfeste Leuchtenburg bei Kahla in Thüringen wurde ein neues Ventillabor eingerichtet. In verlassenen Schlössern experimentierte man mit neuen Düsen, während im unterirdischen Mittelwerk des Kohnsteines noch die Fertigung des A4 lief.[12]

Anläßlich einer Dienstreise nach Berlin, in der Nacht vom 15. auf den 16. März 1945, verunglückten von Braun und sein übermüdeter Fahrer mit dem PKW auf der Autobahn. Zwei seiner Mitarbeiter, die kurz darauf den gleichen Weg fuhren, fanden den verunglückten Wagen und konnten Erste Hilfe leisten. Von Brauns linker Arm war zweimal gebrochen und die Schulter zerschmettert. Der Fahrer hatte einen Schädelbruch erlitten. Nach kurzem Krankenhausaufenthalt war von Braun am 21. März wieder in Bleichrode.

Auf Veranlassung von Kammler wurden etwa 500 Peenemünder Spitzenkräfte, unter Zurücklassung ihrer Familien, per Bahntransport unter Bewachung vom Harz nach Oberammergau gebracht und trafen dort am 5. April ein. Hier wurden sie in einer ehemaligen Kaserne eines Gebirgsjägerregimentes untergebracht, wo sie ihre Arbeit fortsetzen sollten. Unter ihnen befand sich auch Professor von Braun. General Dr. Dornberger hatte sich ebenfalls in die Alpenfestung abgesetzt, um mit seinen früheren Peenemündern in dieser kritischen Zeit zusammenzusein. Von den Betroffenen wurde seinerzeit zunächst vermutet, daß sich Kammler mit den Wissenschaftlern ein Faustpfand verschaffen wollte, um im Falle der Kapitulation seine eigene Freiheit zu retten bzw. bei Nichtgelingen dieses Planes die deutschen Wissenschaftler umzubringen, damit ihr Wissen nicht in die Hände des Feindes fallen konnte. Diese Annahme bestätigte Sturmbannführer Kummer, Kammlers Vertreter in Oberammergau. In angetrunkenem Zustand ließ er sich von General Dornberger diese Aussage entlocken, als Kammler am 15. April 1945, angeblich in seiner Eigenschaft als Sonder- und Generalbevollmächtigter der Raketenwaffen und TL-Jäger, Oberammergau auf unbestimmte Zeit verließ.[12, 13] Nachdem Kammler am 17. April 1945 letztmals in seiner Dienststelle in Pilsen gesehen wurde, verliert sich seine Spur im dunkeln. Wo dieser mit brillanten technologischen Kenntnissen und großer organisatorischer Begabung ausgestattete Mann wirklich abgeblieben ist, konnte mit letzter Sicherheit bisher nicht ermittelt werden. Obwohl der Name Kammler vor dem Nürnberger Tribunal öfter genannt wurde, ist nie ernsthaft nach ihm gefahndet worden. Dies verwundert um so mehr, als Hitler in Kammlers Händen mehr Macht vereinigt hatte als je zuvor bei einem anderen Menschen. Über die Köpfe von Göring und Speer hinweg, setzte er ihn als »Reichsbevollmächtigten« für den Aufbau eines gewaltigen Forschungszentrums in Pilsen ein. In dieser »Denkfabrik« befaßte man sich u. a. mit atomaren Technologien für den Antrieb von Flugzeugen und Lenkwaffen, neuen Strahlantrieben und mit der damals noch unbekannten Lasertechnik. Außerdem war Kammler als oberste Instanz für den V-Waffeneinsatz verantwortlich.[13]

Neben allen dubiosen Vermutungen und dümmlichen Behauptungen über das Verbleiben von Generalleutnant der Waffen-SS Dr. Ing. Hans Kammler existieren zwei Aussagen, die man als wahr annehmen kann:

1. Die ehemalige Heimleiterin des SS-Helferinnenkorps in Oberehnheim – Prinzessin Stephanie zu Schaumburg-Lippe, die am 11. Mai 1945 zusammen mit 40 000 deutschen Soldaten aus einem Lager bei Pisek an die Russen ausgeliefert wurde, sagt in dem Buch »Kameraden bis zum Ende« von Otto Weidinger auf den Seiten 380 bis 385 u. a.: »Weder Ogruf. (Obergruppenführer) Kammler noch … haben diese Stunde überlebt.«

2. In einem Ausschnitt des Schreibens der »Zentralen Stelle der Landesjustizverwaltungen« in Ludwigsburg vom 27. April 1987 Az. 110 AR 133/87 heißt es: »Nach der eidlichen Aussage des Zeugen Kurt P. vom 30.6.1965 (richterliche Vernehmung) ist Kammler am 9. Mai 1945 auf dem Rückmarsch von Prag in der Nähe von Eule auf ungeklärte Art ums Leben gekommen und von dem Zeugen an Ort und Stelle begraben worden.«

Nach dem Weggang Kammlers von Oberammergau gelang es General Dornberger und Dr. Steinhoff – Dr. von Braun mußte sich im Krankenhaus von Oberammergau einer zweiten Operation unterziehen –, Kammlers Stellvertreter Kummer zu überzeugen, die Konzentration der Wissenschaftler in einem engen, bewachten Raum wegen der Gefährdung durch Luftangriffe aufzugeben. Dadurch gelang es ihnen später von Oberjoch aus, wohin sie sich danach zurückgezogen hatten, durch Magnus von Braun, den jüngsten der drei Braun-Brüder, mit den Amerikanern Verbindung aufzunehmen. Von ihnen erhofften sie sich, eines Tages in der Raketentechnik weiterarbeiten und vielleicht auch an der Verwirklichung der Weltraumfahrt mitwirken zu können. Diese Vorstellungen sollten sich dann auch, mit dem 29. September 1945 beginnend, nach Überwindung verschiedener Probleme und Schwierigkeiten verwirklichen. Bis zum Februar 1946 waren es 111 Deutsche, die zunächst in Fort Bliss – anfangs wieder für rein militärische Zwecke – an die Arbeit gingen. Dieter Huzel, ein alter persönlicher Mitarbeiter von Brauns, formulierte einst: »Peenemünde war nicht das Ende, sondern der Anfang einer langen Strecke: des Weges zu den Sternen.«[12]

Doch kehren wir nach diesem kurzen Blick auf die Vorgänge bei den EW wieder zu den Vorgängen an der E-Stelle der Luftwaffe Karlshagen zurück. Bis zum Monat März wurden mit geringer werdender Aktivität noch Erprobungen durchgeführt. Im April 1945 begannen die Vorarbeiten zur Verlagerung, wobei die vier schon erwähnten Gruppen im Laufe der ersten Hälfte des April mit ihrem wesentlichen Gerät und den Unterlagen nach Nordhausen, Lechfeld, Zirl und Wesermünde in Marsch gesetzt wurden. Außer nach Wesermünde, wohin auch der Wasserweg vom Hafen Nord aus benutzt wurde, gingen die Transporte per Bahn und LKW zu ihren Bestimmungsorten. In mehr oder weniger abenteuerlichen Fahrten – wegen der Luftangriffe der vielen Jagdbomber, die sich über dem noch verbliebenen Reichsgebiet tummelten und auf alles schossen, was sich auf der Erde bewegte – gelangten die einzelnen Teile der E-Stelle, verschiedentlich auch unvollständig, an ihren Bestimmungsort. Soweit bekannt, hat dort aber keine Gruppe ihre Arbeit aufgenommen.

Kehren wir zum Hauptteil des E-Stellen-Personals zurück, das in verschiedenen Gruppen von Peenemünde aus zum Flugplatz nach Wesermünde in Marsch gesetzt wurde. Hier waren alle Fachgruppen mit teilweise entsprechend reduziertem Personal vertreten. Unter den letzten, die eintrafen, kamen nach einer Fahrt mit vielen Hindernissen am 19. April die beiden Ingenieursoldaten der E4c-Zündererprobungsgruppe an, denen sich noch ein Techniker, ein Zivilist, von E4 angeschlossen hatte. In Wesermünde wurde das gesamte eingetroffene Gerät und Material nicht mehr ausgepackt, sondern nur gesichtet und in den Hallen gestapelt.[5, 6]

Als E-Stellen-Kommandeur hatte, wie im Organisationsplan schon erwähnt, Major Karl Henkelmann ab 24. Januar 1945 – also noch in Peenemünde – den bisherigen Kommandeur Oberstleunant Stams abgelöst. Damit wurde auch der Stab der E-Stelle neu besetzt. Die Verwaltung übernahm für den in Peenemünde verbliebenen Oberstabsintendanten Johannes Lange der Stabsintendant Küllmer.

Die ursprüngliche Aufgabe, sofern die Kriegsereignisse dies zugelassen hätten, wäre die Weiterführung der Erprobungen entsprechend den am Anfang dieses Kapitels aufgeführten, noch verbliebenen Projekten gewesen.

Als jedenfalls feststand, daß keine Erprobung mehr in Wesermünde durchgeführt werden würde, hieß es, daß der Flugplatz von den E-Stellen-Angehörigen zu verteidigen sei. Deshalb wurden alle Zivilisten in Luftwaffenuniform gesteckt, die Bordwaffen aus den von Peenemünde überführten Flugzeugen ausgebaut, und man ergänzte die Bewaffnung durch Panzerfäuste. Alle in Peenemünde noch verbliebenen Waffen wurden nach Wesermünde geholt. Die bisherigen Zivilisten und alle Soldaten erhielten eine militärische Kurzausbildung am MG, an den 2-cm-Kanonen und Panzerfäusten. Am südwestlichen Ende des Flugplatzes, damals ein sandiges Hügelgebiet, wurden Unterstände in den Sand gegraben, die mit Rundhölzern und Bohlen ausgekleidet wurden. Die militärische Führung dieser jeder infanteristischen Erfahrung im Erdkampf baren »Kampfeinheit« übernahm der zwischenzeitlich zum Major beförderte, bei der E-Stelle bisher als Erprobungspilot und Chef der Technischen Kompanie eingesetzte ehemalige Kampfflieger Buddenhagen. Nach Fertigstellung der Unterstände, weiterer Schulung im Waffengebrauch, wobei von den eingekleideten Zivilisten mancher noch nie ein Gewehr in der Hand gehabt hatte, erfolgte auch die Verminung der Zufahrtswege zum Flugplatz mit Fliegerbomben, die von den Feuerwerkern der E-Stelle gelegt wurden und über Zündleitungen ferngezündet werden konnten.[6]

In diesen letzten Tagen des Krieges hat es bei der E-Stelle Wesermünde nicht an Versuchen gefehlt, schriftliche Unterlagen und sogar Flugkörper für eine eventuell mögliche Weiterentwicklung in der Nachkriegszeit oder auch für militärhistorische Zwecke vor den Alliierten zu verstecken. So sind in der weiteren Umgebung des Flugplatzes Wesermünde an Straßenrändern mit Blech ausgekleidete Munitionskisten vergraben worden, in denen sich Berichte, technische Unterlagen und Zeichnungen befanden. Wenn drei rote Kreise einer damaligen Karte aus dem Nachlaß von Dr. Josef Dantscher diese Stellen markieren sollten, was sehr wahrscheinlich ist, dann befanden sich zwei dieser Punkte in 10,5 und 11 km Entfernung und nordnordwestlicher Richtung von Bederkesa, und die dritte Stelle war 7,5 km in südsüdwestlicher Richtung vom gleichen Ort entfernt.[15] Auch ist von E4-Angehörigen berichtet worden, daß auf dem Friedhof in Bederkesa Unterlagen und sogar Flugkörper bzw. Teile davon (X4?) vergraben worden seien.[16] Aber beiden Aktionen war kein Erfolg beschieden. Sie wurden der Besatzungsmacht bekannt. Diese Vorgänge sprach auch Dr. Dantscher am Anfang des ersten seiner beiden Vorträge an, die er im Rahmen des AGARD-Seminares 1956 in München mit dem Titel »Funkfernlenkung von Flugbomben« hielt. Er führte damals aus: »… Wir müssen Ihnen diesen Bericht ohne die erforderlichen Unterlagen fast aus dem Gedächtnis erstatten. … Die seinerzeit verfaßten Berichte sind vorhanden, aber nicht zugänglich; wir haben im April 1945 geahnt, daß wir dereinst einmal vor einer solchen Aufgabe stehen könnten, und hatten Vorsorge hierfür getroffen. Das Schicksal wollte es aber anders.«

Nachdem Hitler am 30. April 1945 nachmittags im Bunker der Reichskanzlei seinem Leben ein Ende gesetzt hatte, wurden in der Nacht des 1. Mai 1945 alle wichtigen Geheimgeräte und sämtliche Unterlagen auf dem Rollfeld und in den Hallen 2 und 4 des Flugplatzes der E-Stelle in Wesermünde verbrannt. Am 2. Mai erhielten die Angehörigen der E-Stelle bei der morgendlichen Befehlsausgabe die offizielle Nachricht vom Tod Hitlers und daß Großadmiral Dönitz sein Nachfolger und damit auch Oberbefehlshaber der Wehrmacht geworden sei.

Am 3. Mai wurde bekanntgegeben, daß sich der militärische Einsatz der E-Stelle geändert habe und sie angeblich eine Kampfgruppe in der Nähe des Ortes Bederkesa aus der HKL ablösen sollte, die sich mit ihren Waffen nach Dänemark abzusetzen hatte. Deshalb wurde sofortige Alarmbereitschaft befohlen. Am 4. Mai nachmittags wurde der Alarm ausgelöst, und mit LKW und Bussen ging es unter besonderer Beachtung der Luftsicherung mit vielen Unterbrechungen wegen der Angriffe von Jagdbombern zunächst nach Osten in Richtung Drangstedt. Hier wurde in der Nacht in Scheunen von Bauernhöfen Quartier bezogen. Von Drangstedt aus war schon das Schießen der HLK zu hören. Etwa um Mitternacht brach die E-Stellen-Truppe im Fußmarsch nach Alfstedt auf, wo sich ihr Gefechtsstand befand. Es war zu erkennen, daß die deutsche Seite der HKL offensichtlich unter Granatwerferfeuer lag. Beim weiteren Vorgehen von Alfstedt nach Südosten gelangte die E-Stellen-Truppe, sich langsam vorarbeitend, in ihre eigentliche Stellung am nordwestlichen Ufer des Geeste-Elb-Kanals. Hier waren vom abgelösten Truppenverband, dessen Abzug noch beobachtet wurde, in die der Gegenseite abgewandte Uferböschung Erdlöcher gegraben worden, worin jetzt die ausgebauten

Flugzeug-MG und Flugzeug-Kanonen (2 cm) von der E-Stellen-Truppe in Stellung gebracht wurden und die Panzervernichtungstrupps mit ihren Panzerfäusten in Deckung gingen. Zur Erläuterung muß noch gesagt werden, daß allen chargierten Soldaten der E-Stelle, also vom Unteroffizier bis zum Oberfeldwebel, Führungsaufgaben zugewiesen waren, so daß sie für ihren Bereich gegebenenfalls den Einsatz der Waffen zu befehlen hatten. Der Kampfauftrag lautete: Verhinderung des Feindvormarsches über den Kanal! Da im Augenblick des Einsickerns in die Kanalstellung, um etwa 2.30 Uhr, also schon am 5. Mai, außer vereinzelten Granatwerfereinschlägen keine weiteren Bewegungen jenseits auf der südöstlichen Seite des Kanales bemerkt wurden, besetzten die E-Stellen-Soldaten zunächst nur ihre Stellung. Mit gemischten Gefühlen dachten sie an den neuen Tag, was da auf sie zukommen würde. Langsam kam die Dämmerung. Das Granatwerferfeuer hatte gänzlich aufgehört. Mit zunehmender Helligkeit bestand jetzt eine bessere Orientierungsmöglichkeit. Der Stellungsabschnitt, den die E-Stellen-Soldaten zugewiesen bekommen hatten, lag zwischen zwei Straßenübergängen des Kanales. Einerseits führte an der südöstlichen Flanke des Abschnittes ein Fahrweg mittels einer Holzbrücke über den Kanal. Auf der nordöstlichen Seite überquerte die Verbindungsstraße von Hainmühlen nach Bederkesa den Kanal. Ob die dortige Brücke gesprengt war, ist nicht mehr bekannt, aber wahrscheinlich. Merkwürdigerweise war die schmale Holzbrücke auf der südöstlichen Flanke nicht gesprengt. Vielleicht hatte das ihre geringe Tragfähigkeit veranlaßt, die einem Panzergewicht nicht standgehalten hätte. Fast auf beiden Seiten des Abschnittes war der Kanal von Wald eingesäumt, dessen Baumkronen vom Granatwerferfeuer stark zerzaust waren. Trotz der zunehmenden Helligkeit blieb beim Gegner jenseits des Kanales alles ruhig. Einige getarnt abgestellte Panzer konnten entdeckt werden. Ebenfalls lag an dem jenseitigen Ufer des Kanales ein Kajütmotorboot, in dem offenbar ein Mann und eine Frau übernachtet hatten, die jetzt ganz ungeniert von Bord gingen und wieder zurückkamen. Dann wurden drüben auch englische Soldaten sichtbar, die sich ebenfalls auffällig frei bewegten und interessiert zur deutschen Seite herüberschauten. Irgend etwas mußte geschehen sein, das fühlten alle. Im Laufe des Vormittags, als die Essenholer zurückkamen, brachten sie vom Gefechtsstand in Alfstedt die Nachricht mit, daß im dortigen Raum Waffenruhe oder Waffenstillstand vereinbart worden sei. Das war für alle eine große Erleichterung, und in der ersten Euphorie wollten einige erst kurze Zeit Uniform tragende Zivilisten gleich nach Alfstedt zum Rückmarsch nach Wesermünde aufbrechen. Die Unteroffiziere hatten alle Hände voll zu tun, um die in soldatischen Dingen wie Zivilisten denkenden Uniformträger zu überzeugen, daß der Rückzug aus der HKL nur aufgrund eines Befehles erfolgen konnte und nicht aufgrund einer Flüsterparole, auch wenn sie durch die äußeren Umstände als noch so wahrscheinlich angesehen werden konnte.

So verging auch der 5. Mai 1945, bis in der Dunkelheit, gegen 22 Uhr, wirklich der offizielle Befehl zum Rückmarsch nach Alfstedt unter Zurücklassung der Maschinenwaffen und Panzerfäuste kam. Das Ende des Krieges war nun Wirklichkeit geworden. In Alfstedt warteten wieder die Fahrzeuge auf die zurückkehrende Truppe. In einer unwirklichen Situation fuhr die E-Stellen-Truppe aus der HKL mit LKWs und Bussen wieder zu ihrem Flugplatz nach Wesermünde zurück. Verhältnismäßig langsam über die durch den Krieg stark vernachlässigten Straßen schwankend, bewegten sich die Fahrzeuge Richtung Westen. Aus Richtung Süden wurden von den Siegern Scheinwerfer zu großen V-Zeichen gegen den Himmel gerichtet, und Leuchtkugeln aller Farben erhellten den Horizont.

Die Ursache auch für diesen örtlichen Waffenstillstand bei Bederkesa war durch die Kapitulation aller deutschen Truppen in Holland, Dänemark, Norwegen und Nordwestdeutschland, einschließlich der Inseln, durch den damaligen OB der Kriegsmarine, Generaladmiral von Friedeburg, im Auftrag von Dönitz gegeben. Diese, im Hauptquartier des britischen Feldmarschalls Montgomery bei Lüneburg unterzeichnete Kapitulation, trat am 5. Mai 1945 um 8 Uhr in Kraft. In diesem Zusammenhang ist sicher davon auszugehen, daß schon vor dem Einsatz der E-Stellen-Soldaten bei Bederkesa die geplanten Absichten bekannt waren und somit deren Präsenz an diesem Frontabschnitt mehr der ausfüllenden Staffage denn einem wirklich geplanten Fronteinsatz diente.[6]

In der Nacht vom 5. auf den 6. Mai wieder in Wesermünde angelangt, folgten einige Tage der Entspannung. Abendliche Spaziergänge um den Flugplatz und in dessen nähere Umgebung, z. B. zu einem nahen Hafenbecken von Bremerhaven, wo der Schnelldampfer »Bremen« lag, brachten nach der Hektik der letzten Tage für die ehemaligen E-Stellen-Mitarbeiter eine gewisse Ruhe. Sie konnten sich Gedanken über die Situation des total verlorenen Krieges machen.

In den bis zur Kapitulation von deutschen Truppen gehaltenen Brückenkopf von der Weser bis zur Elbe rückten die Engländer nur langsam ein. Es war am 9. Mai 1945, als eine englische Abordnung mit einigen Jeeps durch die Wache des Fliegerhorstes fuhr, um mit Major Henkelmann die Übergabe des Platzes formell zu veranlassen. Schon nach kurzer Zeit fuhren die Engländer wieder davon. Danach erging der Befehl von der E-Stellen-Leitung, daß sich einzelne Gruppen bilden sollten, um Fahrzeuge oder fahrbare Untersätze zu basteln. Damit sollten im Fußmarsch alle privaten Sachen und noch verbliebenen und erlaubten Ausrüstungsgegenstände in einen von den Engländern zugewiesenen Raum transportiert werden. Alle Handfeuerwaffen, Munition und Stahlhelme waren gleich nach Rückkehr vom »Einsatz« abgegeben worden. Bei den bisher im Beruf tätigen E-Stellen-Mitarbeitern war der Umfang der Privatsachen (Zivilkleider, Fachbücher usw.) jedes einzelnen unvergleichlich größer als bei einer kämpfenden Truppe.

Anläßlich einer Befehlsausgabe in dieser Zeit wurden auch noch die letzten militärischen Beförderungen von schon in Peenemünde als Soldaten tätigen Mitarbeitern vorgenommen, die teilweise ohnehin überfällig waren. Damit sollte wenigstens der Form Genüge getan werden.[6]

Bei näherer Untersuchung des Fliegerhorstes Wesermünde von 20. bis 22. Mai durch Spezialisten der Besatzungstruppen fanden die Alliierten neben den Resten der verbrannten Hs-293- und X4-Flugkörper zehn größtenteils demontierte BV-246-Fernflugkörper. In der Halle 1 waren zwei Ju 88 abgestellt, die als Träger für die Fi-103-Fernbombe und deren Luftstart ausgerüstet waren. Weiterhin entdeckte die Kommission zwei He 111, die an beiden Tragflächennasen einen Ausleger mit je vier Luftlogs der Fi 103 zu Testzwecken trugen (Kapitel 16.4.2.6.). Auch waren von Peenemünde sechs Kinotheodolite nach Wesermünde mitgenommen worden.[11] Aus dem von den Alliierten vorgefundenen Erprobungsgerät ging hervor, daß in Wesermünde die Fernflugkörper Fi 103 (mit größerer Reichweite) und BV 246 mit besonderem Schwerpunkt weiter entwickelt und erprobt werden sollten,

sofern die Voraussetzungen dafür in irgendeiner Form gegeben gewesen wären. Weiterhin wird diese Absicht durch die »Studie über Abwehrmöglichkeiten gegen fliegende Bomben nach der Art der V1« von der Gruppe ET in Karlshagen vom 23. Dezember 1944 untermauert, worin es am Schluß heißt: »Es wird vorgeschlagen, bei der demnächst anlaufenden Reichweitenerprobung in Cuxhaven-Altenwalde von der Insel Sylt aus, die vom Sollkurs der Geräte tangiert wird, die verschiedenen Flakwaffen versuchsmäßig einzusetzen ...« (Kapitel 16.10.) Außerdem wird in dem alliierten Bericht über die Besichtigung des Platzes erwähnt, daß der die Kommission begleitende Fl.-Oberstabsingenieur Hans Harald Graf von Saurma den alliierten Offizieren gegenüber erwähnte, daß er der Leiter der E-Stelle Wesermünde geworden wäre. Dieser Anspruch soll auch noch von anderer Seite, so von Major Buddenhagen, erhoben worden sein. Wie erinnerlich, hatte Graf von Saurma die Langstreckenausführung der Fi 103 entworfen (Kapitel 16.9.).[11, 15]
Eine weitere die damalige Situation abrundende Information bezüglich der geplanten Arbeiten im Raum der gegebenenfalls neu zu errichtenden E-Stelle Wesermünde erhielt der Verfasser von den beiden Mitarbeitern der ET in Peenemünde, den Ingenieuren Herbert Kuhn und Wilhelm Schmitz. Beide waren während des Fi-103-Einsatzes dem ITG zugeteilt worden. Herbert Kuhn kam schon Ende Oktober 1944 nach Cuxhaven-Altenwalde, einem ehemaligen Marineschießplatz, wo mit einer Schleuder eine neue Abschußstelle in Richtung Norden für die Reichweitenzellen aufgebaut wurde. Auch ist später, im November 1944, in einem U-Boot-Bunker bei Duhnen eine Abschußstelle eingerichtet worden. Diese Arbeiten liefen unter dem Begriff »Kommando Overberg«.[18] Unter dem gleichen Kommando war auch eine Meßbasis, zunächst entlang dem Ostufer der Wesermündung, unter Mitwirkung der beiden früher in Peenemünde-West tätigen Vermessungsingenieure Hans Koplenig und Albert Beck in Vorbereitung.[19]
Dipl.-Ing. Heinrich Overberg war ja in Peenemünde Stellvertreter von Dipl.-Ing. Temme gewesen und sollte in Altenwalde die Erprobung der Fi-103-Weiterentwicklungen übernehmen. Wilhelm Schmitz wurde im Januar 1945 nach Einstellung des Fi-103-Einsatzes nach Peenemünde beordert, wo er alle dort noch vorhandenen Flugkörper transportmäßig demontieren und nach Altenwalde verladen ließ. Von Altenwalde wurden noch einige Geräte verschossen, wobei auch bei zwei Exemplaren ein von der SS entwickelter Hängewinkelregler eingebaut war. Beide Geräte stürzten aber kurz nach dem Start ab. Beim Anrücken der Engländer wurden die Anlagen zerstört und alle Unterlagen vergraben.
Die Angehörigen des Ingenieurkorps der E-Stelle waren an den »Kampfhandlungen« der Soldaten und eingekleideten Zivilisten nicht beteiligt. Unter den Zivilisten ist übrigens bei der Uniformierung auch bei den Führungskräften keine Ausnahme gemacht worden. Sofern die Ingenieurkorps-Mitarbeiter nicht bei den anderen von Peenemünde aus in Marsch gesetzten Gruppen verblieben waren, sind die meisten zunächst mit zum Flugplatz nach Wesermünde gegangen. Anschließend, als feststand, daß keine Weiterarbeit in Wesermünde mehr möglich war, haben sich viele nach Gettorf – zwischen Kiel und Eckernförde gelegen – und ein kleiner Rest auch nach Bosau am Plöner See zurückgezogen. Von hier aus sind die Führungskräfte nach Kriegsende nach England ins PoW-Camp Nr. 7 (PoW = Prisoner of War, Kriegsgefangener) gebracht worden, wo sie Berichte über ihre in Peenemünde durchgeführten Arbeiten verfassen mußten.[5]

Nachdem sich fast alle E-Stellen-Mitarbeiter, je nach zur Verfügung stehendem Material, mehr oder weniger gelungene zieh- und schiebbare Gefährte gebaut hatten, verließ am 16. Mai 1945 unter Führung von Major Buddenhagen eine abenteuerliche »Kavalkade« den Flugplatz Wesermünde endgültig in Richtung Osten. Unterwegs gingen einige Gefährte zu Bruch, deren Ladung ein am Ende des über 100 m langen Zuges fahrender Scheuch-Schlepper mit Anhänger aufnahm. Die erste Etappe führte bis nach Drangstedt. Der zweite Abschnitt ging am 17. Mai bis Lamstedt. Der Ort Basbeck an der Oste war am 18. Mai die dritte Etappe. Am 19. Mai führte der Weg über die Oste und durch den am östlichen Ufer gelegenen Ort Osten weiter nach Drochtersenmoor, das am 22. Mai erreicht wurde. Hier sind die E-Stellen-Soldaten auf etwa 15 Bauernhöfe verteilt worden, die auf beiden Seiten der durch das Dorf führenden Straße lagen. Der ganze Rest der ehemaligen E-Stelle wurde zu einer Kompanie zusammengefaßt, wobei im größten Hof des Ortes, bei der Familie von Kroge, die Kompanie-Geschäftsstelle eingerichtet wurde, der ein Hauptfeldwebel vorstand. Hier wurde auch zentral das Essen aus einer Gulaschkanone und die Kaltverpflegung durch eine Küchenbesatzung und einen Fourier ausgegeben. Gegessen wurde im Freien, bei Regen in der großen Scheune. Diese Kompanie-Organisation mußte erst aus ehemaligem E-Stellen-Personal aufgebaut werden. In Peenemünde haben sich die Betreffenden sicher nicht träumen lassen, daß ihre Arbeit an der E-Stelle einmal so enden könnte. Im Laufe der folgenden Zeit kamen auch Soldaten aus anderen, versprengten Einheiten nach Drochtersen. Auf dem Hof von Kroge fanden auch die täglichen Befehlsausgaben statt. Sonst waren die Soldaten sich selbst überlassen und konnten auch freiwillig für »ihren Bauern« bei Bedarf und Neigung arbeiten. Spiele jeglicher Art, vor allem Schach, füllten die Freizeit aus. Da von einigen E-Stellen-Soldaten Meßgeräte, Werkzeug, elektrische Bauelemente und Röhren von Wesermünde auf dem Treck mitgenommen worden waren, konnten auch primitive Radios gebastelt werden. Konservendosenblech diente als Chassismaterial.

Zur Aufrechterhaltung der Disziplin unter den Internierten befahl der Engländer, daß Grußpflicht und Gehorsam von allen Soldaten gegenüber ihren deutschen Vorgesetzten ab Unteroffizier, wie bei der Wehrmacht, einzuhalten sind. Schon nach den ersten Tagen stellte sich heraus, daß von streunenden ehemaligen KZlern, Gefangenen und Fremdarbeitern Übergriffe auf einzelne Bauerngehöfte erfolgten. Daraufhin wurde von der Besatzungsmacht ein Wachdienst aller im Internierungsgebiet auf den Gehöften liegenden Soldaten angeordnet. Diesen Dienst hatten die einzelnen Einheiten, deren militärische Gliederungen in Kompanie- und Bataillonsstärke weiter bestehenblieben, zu organisieren und durchzuführen. Bataillonskommandeur für den Bereich Ritscher- und Drochtersenmoor war ein Major Schanz, dessen Dienstsitz mit Geschäftszimmer in Aschhorn war. In Ermangelung von Waffen, die zu tragen für jeden Deutschen verboten war, fertigten sich die deutschen Soldaten Knüppel mit Handschlaufen an, die in der zur Genüge vorhandenen Freizeit vielfach noch kunstvoll mit Schnitzereien versehen wurden. Für die »Knüppel-Wache« trat auch das Aufenthaltsverbot im Freien nach 22 Uhr außer Kraft, das seinerzeit für alle Deutschen obligatorisch war.

Etwas später mußte auf Veranlassung der Engländer ein Sportbetrieb in jeder Einheit organisiert und ein Sportunteroffizier benannt werden, wobei das Fußballspiel sich in dem ganzen ehemaligen Brückenkopf zwischen Elbe und Weser besonders stark entwickelte. Auch wurde eine Meisterschaft im Gebiet um Stade unter den dortigen Einheiten ausgetragen. Für die Spiele verwendete man sowohl die vorhandenen Plätze als auch neu auf Wiesen errichtete Spielflächen. So konnte z. B. auch hinter dem Hof von Kroge für die E-Stellen-Mannschaft ein Sportplatz eingerichtet werden. Zu den Auswärtsspielen wurde meist mit Pferdefuhrwerken gefahren. Die Mannschaft der ehemaligen E-Stelle konnte auf viele schon früher aktive Fußballer zurückgreifen und kam ins Endspiel der Meisterschaft, die auf dem Platz in Himmelpforten ausgetragen wurde. Nach Verlängerung mußte sich die ehemalige E-Stelle knapp geschlagen geben. Diese Spiele stellten eine Abwechslung auch für die dortige Bevölkerung dar, die gerne in der sonst trostlosen und ohne Zukunftsperspektive beginnenden Nachkriegszeit angenommen wurde.

Gleich in den ersten Tagen der Internierung ereignete sich noch ein Vorgang, der für die Abwicklung der E-Stellen-Auflösung wichtig war. Die Existenz der E-Stelle Karlshagen endete offiziell am 30. April 1945. Nach dem Umzug nach Wesermünde ging die Bezeichnung in Erprobungsstelle der Luftwaffe Wesermünde über, wobei die Bezeichnung »Karlshagen« bis zum 30. April 1945 noch parallel bestand, wie aus Schriftstücken und ausgestellten Beschäftigungszeugnissen eindeutig hervorgeht. Um die Übergabe der bei den Engländern natürlich bekannten wichtigen Luftwaffendienststelle von deutscher Seite in geordneter und kontrollierter Form vorzubereiten, wurde damals – wie es den Anschein hatte – ein geheimes letztmaliges Treffen des im dortigen Raum vereinten Hauptteiles der ehemaligen E-Stelle arrangiert. Das Treffen fand, soweit noch erinnerlich, in einem abgelegenen Moorgebiet westlich von Drochtersen (»Königsmoor«?) statt. Hier wurde, nachdem alle E-Stellen-Soldaten im offenen Viereck angetreten waren, von Kommandeur Major Henkelmann im Beisein mehrerer Gruppenleiter sinngemäß ausgeführt: Die offizielle fachliche Übergabe der E-Stelle an die Alliierten wird von den in Gettorf versammelten Gruppenleitern des Ingenieurkorps vorgenommen. Damit wird dies in geordneter Form von offizieller Seite getan. Für die übrigen ehemaligen Mitarbeiter wird dafür gesorgt, daß sie als normale internierte Soldaten geführt und auch als solche aus der Wehrmacht entlassen werden, sofern dies von der Besatzungsmacht angeordnet werden sollte. Damit wollte man Komplikationen bei diesem Vorgang aus dem Wege gehen. So konnte dann auch bei den etwa im Juni beginnenden Entlassungen verfahren werden. Zunächst riefen die Engländer alle Bauern und im Zivilberuf in der Landwirtschaft tätigen Soldaten zur Entlassung auf. Unter den Hilfsarbeitern der E-Stelle war manch einer, der hier Beziehungen zu Verwandten auf dem Lande hatte. Er nahm dann auch gleich befreundete Kameraden mit, die gemeinsam als »Bauern« oder »landwirtschaftliche Arbeiter« zur Entlassung kamen. Die nächste Gruppe, die entlassen wurde, war das fliegende Personal. Hiervon war die E-Stelle natürlich schon mehr betroffen. Das war gegen Ende Juli 1945. Bis zum Oktober waren fast alle E-Stellen-Soldaten aus den Entlassungslagern Hesedorf und Hechthausen, wo die Formalitäten durchgeführt wurden und die Ausstellung des Entlassungsscheines erfolgte, entlassen worden. Als Rest verblieben meist diejenigen, die aus Ostpreußen, Pommern, Schlesien oder der sowjetischen Besatzungszone stammten und unschlüssig waren, wie sie sich für die Zukunft entscheiden sollten. Damit endete die Existenz der Versuchsstelle der Luftwaffe Peenemünde-West, wie sie von allen »Ehemaligen« trotz der mehrmaligen Umbenennung immer wieder genannt wurde, endgültig. Auch endeten die vielfältigen, interessanten Aufgaben und Arbeiten, durch die die Mitarbeiter oft für viele Jahre an den Ort Peenemünde zusammengeführt worden waren. Die Wege gingen auseinander, einige in die weite Welt hinaus, da diese Welt die Ergebnisse der bisherigen Arbeiten unbedingt haben wollte und für deren Weiterentwicklung die Erfahrung der Peenemünder als unentbehrlich ansah.[6]

21.3. Auflösung und Ende in Peenemünde-West

Kehren wir, nach der Verlagerung des größten Teiles der E-Stelle in Richtung Thüringen, Süddeutschland, Tirol und Wesermünde ab Mitte April 1945, wieder nach Peenemünde zurück. In Werk West war noch der größte Teil der ehemaligen E-Stellen-Verwaltung unter Leitung des Oberstabsintendanten Johannes Lange für den Einsatzhorst, ein kleines Abwicklungs- und Sprengkommando unter dem Betriebsingenieur Bick mit etlichen Arbeitern, dem Werkstattleiter der Fachgruppe E4, Marien, sowie ein Teil der Gruppe E7 zurückgeblieben. Gearbeitet wurde im bisherigen Sinne kaum noch.[2, 7, 10]

In Kapitel 15.3. wurde schon erwähnt, daß Peenemünde-West ab Spätsommer 1943 auch Erprobungsflugplatz für die »Mistel«-Gespanne wurde. Etwa ab Herbst 1944 ging diese Erprobung nahtlos in die Einsatzflüge, zunächst vorwiegend zu den Weichsel-, später zu den Oderbrücken über (Kapitel 15.4.). Der letzte Mistel-Angriff von Peenemünde-West erfolgte am 30. April 1945 durch die II. Gruppe des KG 200. Aufgrund dieser Situation bestanden in der letzten Phase des E-Stellen-Betriebes in Peenemünde-West kurzzeitig zwei Organisationen nebeneinander. Einerseits der Flugplatzbetrieb eines Einsatzflugplatzes des KG 200 und andererseits die eigentliche E-Stellen-Organisation mit ihrem Flug- und Erprobungsbetrieb. Als die E-Stelle Mitte April weitgehend, bis auf den erwähnten Rest, Peenemünde verlassen hatte, war die Verfügungsgewalt automatisch an die neue Einheit und ihren neuen Horstkommandanten übergegangen. Die verbliebenen Mitglieder der ehemaligen E-Stellen-Verwaltung (IVa, alles Zivilisten) hatten dabei die Hauptaufgabe, für die Einsatztruppe die verwaltungstechnische Arbeit zu erledigen, wobei Oberstabsintendant Lange der Leiter blieb. Für den Fall des Näherrückens der Sowjets bestand zwar anfangs der Befehl, den Flugplatz Peenemünde zu verteidigen (siehe auch Kapitel 21.2.). Aber von Wesermünde wurden per Flugzeug die dafür verbliebenen Waffen bis auf die letzten MGs und Panzerfäuste nach dort verbracht, womit ein Widerstand in Peenemünde sowohl aus diesem und letztlich auch aus personellem Grund sowieso aussichtslos war. Demzufolge sah Lange seine Aufgabe zunächst in der Aufrechterhaltung der Verwaltung, um dem Einsatzhafen so lange wie möglich von dieser Seite her den Bestand zu sichern. Weiterhin war sein Ziel, alles, was aus dem ehemaligen E-Stellen-Eigentum irgendwie wegzubringen war, in westliche Gebiete zu transportieren. Damit standen besonders Lebensmittel, Bekleidung, Geld und persönliches Eigentum der Mitarbeiter an erster Stelle, um diese Dinge nicht den Sowjettruppen zu überlassen. Diese Bestrebungen konnten einerseits wegen des schnellen Vordringens der sowjetischen Armee, zum anderen wegen der mehr als schlechten Befehlsgebung der vorgesetzten Dienststellen und des Zauderns des neuen Horstkommandanten, der immer noch auf »Befehle von oben« wartete, nicht voll verwirklicht werden.[7] Lange führt zu diesem Punkt in seinem nach dem Kriege verfaßten, aber nicht vollendeten Bericht aus: »Im wesentlichen waren wir uns jedenfalls zuletzt selbst überlassen. Hinzu kam dann die immer schwieriger werdende Nachrichtenübermittlung. Meine eigene Arbeit wurde mir dadurch sehr erschwert, daß ich mit mir vollkommen neuen und fremden Vorgesetzten zusammenarbeiten mußte, die mir sehr viel Mißtrauen entgegenbrachten und sich in unsere Belange (die einer ehemaligen technischen Dienststelle mit einer großen Mitarbeiterzahl von Zivilisten mit Familien, d. Verf.) auch nicht hineinfühlen konnten. Es dachte da wohl auch jeder nur noch an sich.«[7]

Am 28. April, also zwei Tage bevor der letzte Mistel-Angriff vom Platz Peenemünde-West auf die Oderbrücken bei Tantow geflogen wurde (Kapitel 14.4.), traf der endgültige Befehl zur Vorbereitung der Räumung des Flugplatzes ein. Die Sowjets standen bereits bei Anklam und hatten den ersten Übersetzversuch bei der Stadt Usedom unternommen, der aber mißlungen war. Diese Situation ergab sich aus der militärischen Gesamtlage im Bereich der Odermündung. Die Rote Armee stieß im April 1945 entlang der Südküste des Stettiner Haffs nach Westen vor, womit die noch freien Inseln Wollin und Usedom zum Stützpunkt für den Flüchtlingstransport nach Schleswig-Holstein und Dänemark wurden. Wegen des bei Zempin beginnenden Sperrgebietes merkten die Bewohner auf dem nördlichen Teil der Insel Usedom von diesen Vorgängen nur wenig. Sie waren im wesentlichen mit sich und ihren eigenen Problemen beschäftigt.

Die Hauptlast der Kämpfe vom Wasser aus, die Absetzbewegungen und Flüchtlingsbergungen im Bereich des Stettiner Haffs und der drei Odermündungsflüsse Divenow, Swine und Peene, mußten die »Kampffähren« der 8. Artillerieträgerflottille bestreiten. Diese stark bewaffneten, langsamen Fährprähme hatten am 30. April 1945 an der Räumung von Wolgast mitgewirkt. Nach der Sprengung der Brücke zwischen Wolgast und Usedom patrouillierten einige von ihnen auf der unteren Peene und liefen abends in den Hafen Nord der E-Stelle Karlshagen ein. Hier wurden ihre Besatzungen Augenzeugen, wie das letzte von zwei Flüchtlingsfahrzeugen Vorbereitungen traf, um Peenemünde über See nach Westen zu verlassen.[13]

Zuvor kehren wir aber nochmals zum 29. April und zum Bericht von Johannes Lange zurück. An diesem Sonntag wurde der größte Teil des Materials und des Gepäckes zum Hafen Nord der ehemaligen E-Stelle transportiert. Außerdem wurden sämtliche in der Umgebung noch verbliebenen Familien bzw. Angehörigen der E-Stellen-Mitarbeiter und auch noch zurückgebliebenes Fachpersonal der Fachgruppen auf einen großen Schleppkahn verfrachtet. Auf Veranlassung von Johannes Lange folgten noch die meisten Stabshelferinnen der Verwaltung, womit etwa 500 Personen auf dem geschleppten Fahrzeug waren. Noch in der Morgendämmerung des nächsten Tages, also am 30. April 1945, ging die Fahrt im Schlepp von »Fairplay III« mit Kapitän Witt, dem Leiter der Bootsgruppe, in See. Transportleiter auf dem Schleppkahn dieses ersten Schleppzuges war Betriebsobmann Herbert Unger. Glücklicherweise herrschte in diesen Tagen ruhiges Wetter. Da der Horstkommandant von Peenemünde die Menge der ursprünglich vorgesehenen Verpflegung nicht herausgab und ängstlich zurückhielt, mußten die Zuteilungen an die Flüchtlinge entsprechend rationiert werden. Die zurückgehaltene Verpflegung ist dann später den Sowjets in die Hände gefallen. Die Fahrt ging zunächst bis Stralsund, wo noch einige Personen aufgenommen wurden, die mit dem Bergungsschiff »Phönix« von Wolgast gekommen waren.[7, 8]

Gegen Mittag des 30. April ist der Schleppzug wieder ausgelaufen. Eine versuchte Landung in Rostock und danach in Travemünde wurde von den jeweiligen Hafenkommandanten abgelehnt. In Travemünde durften aber mehrere Flüchtlinge den Transport verlassen. Vor Heiligenhafen, wo eine Landung auch abgelehnt wurde, erfolgte ein Tieffliegerangriff, dem noch eine Frau zum Opfer fiel. Unterwegs ist es dann verständlicherweise unter den vielen Personen in dem engen Raum und mit der dauernden Bedrohung durch feindliche Jagdbomber verschiedentlich zu Streitereien gekommen. Hier ist der Transportleiter Unger mit entsprechender Härte eingeschritten, um eine Panik zu verhindern. Dieses Verhalten ist ihm nach der später geglückten Landung kritisch vorgehalten worden.

Die Suche nach einem Landeplatz ging dann von Heiligenhafen zur gegeüberliegenden Insel Fehmarn weiter. Im Hafen von Orth wurde endlich eine Landung genehmigt. Am 4. Mai 1945, einem Freitag, konnten die Flüchtlinge an Land gehen und mußten in Ermangelung einer anderen Unterkunft zunächst für vier Wochen eine große Scheune im nahegelegenen Sulsdorf als Notquartier beziehen. Hinter den dürren Worten, die den Transportablauf schildern, verbarg sich natürlich für jeden einzelnen Flüchtling ein großes Maß an Einschränkungen und Problemen jeglicher Art. Es seien nur die sanitären und hygienischen Zustände auf dem geschleppten Fahrzeug erwähnt.

Nach Ablauf der vier Wochen zogen die ehemaligen Peenemünder in ein Barackenlager bei Dänschendorf um, das an der Straße nach Schlagsdorf, im Nordwesten der Insel lag. Diese Baracken waren bis zum genannten Zeitpunkt Unterkunft für eine der zahlreichen Flakeinheiten der Insel Fehmarn gewesen. Hier wurde den Flüchtlingen erstmals wieder eine relativ gute Unterkunft geboten, die sie sich mit vielen weiteren Flüchtlingen aus den deutschen Ostgebieten teilten. Feldwebel Paul Weber begann damit, im Lager einen metallverarbeitenden Betrieb einzurichten, in dem etliche Lagerbewohner eine Arbeitsmöglichkeit fanden. Ebenso waren Beschäftigungen in der auf Fehmarn intensiv betriebenen Landwirtschaft möglich. Das Lager blieb für viele Flüchtlinge eine Bleibe über Monate, ja Jahre hinweg. Erst gegen Ende der 40er Jahre verließ eine größere Anzahl das Lager. In den Jahren 1951 bis 1953 wurde eine allgemeine Umsiedlungsaktion nach Süddeutschland und dem in der Nachkriegszeit gegründeten Land Nordrhein-Westfalen durchgeführt.[8, 9]

Außer über den Seeweg versuchten auch verschiedene E-Stellen-Angehörige über den Landweg nach Westen durchzukommen. So z. B. Angestellte der Lohnstelle, unter ihnen auch die musizierenden Gebrüder Sass, die am 29. April vormittags mit dem Fahrrad aufbrachen, aber nicht mehr durchkamen. Ebenso ging es den Männern der Unterkunftsverwaltung mit den im Gutsbetrieb tätigen Ukrainern und Letten, die schon am 28. mit einem Pferdetreck aufgebrochen waren. Als einziger gelangte der Platzlandwirt Lattmann mit seinen Fahrzeugen glücklich nach Lübeck.[7]

Nach dem ersten Transport über See blieben in Peenemünde-West mit der Horstverwaltung (ehemals der E-Stelle zugehörig) noch etwa weitere 500 Personen zurück. Diese sollten am 30. April 1945 mit einem zweiten Transport über See nach Westen vor der Roten Armee in Sicherheit gebracht werden. Die Transportlage war aber äußerst unklar. Zur Verfügung standen zunächst drei kleine Schleppkähne, die aber für einen Transport über See nicht geeignet waren und am Morgen des 29. April gegen den 800-t-Seeleichter »Quistorp« eingetauscht werden konnten. Aber auch ein geeignetes Schleppfahrzeug fehlte. Im Laufe des Tages, als der erste Schleppzug schon zur Abfahrt bereit im Hafen Nord lag, wurde für den zweiten Transport alles, was noch irgend möglich war, zum Hafen gebracht. Hierbei half besonders die noch aus E-Stellenzeiten verbliebene Horstfeuerwehr.

In der Nacht vom 29. auf den 30. April war es über Usedom recht unruhig. Sowjetische Flugzeuge flogen laufend Störangriffe. Auf den Reichsbahnhof Trassenheide wurde noch eine Bombe geworfen, die aber danebenging. Fliegeralarm wurde nicht mehr gegeben. Johannes Lange fuhr noch einmal mit dem Fahrrad von Werk West zum Fliegerheim nach Trassenheide, um dort zu übernachten. Außer zwei Bewohnern waren die Gebäude leer. Herr Preißler von Werk West und eine Lange nicht bekannte Stabshelferin wollten dort bleiben. Das Verwalter-Ehepar Janek hatte sich vom Haupt- in ein Nebengebäude zurückgezogen.

Am Montag morgen, dem 30. April, wurde Lange durch entferntes MG- und Geschützfeuer aus Richtung Wolgast geweckt. Der Brückenposten von Wolgaster-Fähre meldete auf telefonische Anfrage, daß die Sowjets bereits mit Panzern in Wolgast stünden. Die Klappbrücke war aufgezogen. Übersetzversuche wurden nicht beobachtet, womit eine unmittelbare Gefahr noch nicht bestand. Die Telefonverbindung nach Wolgast war unterbrochen. Schleunigst gab Lange die Meldung nach Werk West durch, wo noch tiefste Unbekümmertheit herrschte. Mit dem Rad machte er sich auf den Weg nach dort, um die Beladung des Seeleichters selbst zu leiten und zu beschleunigen, denn Eile war jetzt geboten.

Die Sowjets schossen inzwischen in Freest und Spandowerhagen, also jenseits der Peene, direkt gegenüber dem Kraftwerk Peenemünde, mit vorstoßenden Panzern einige Gehöfte in Brand, ließen aber die Inselseite unbehelligt. Der inzwischen im Hafen Nord eingetroffene Seeleichter war noch mit Staubkohle beladen und wurde von einem C-Boot in den »Hafen von Werk Ost« – wie Lange schreibt – geschleppt. Offenbar meinte er den Hafen des Kraftwerkes, der ja wesentlich näher lag als der Hafen Karlshagen und für Kohleentladungen direkt prädestiniert war. Als der leere Leichter wieder im Hafen Nord festmachte, begannen die eigentlichen Beladearbeiten. Zufällig im Hafen anwesende OT-Männer legten den Leichter auf Anweisung von Lange noch mit Barackenteilen aus. Als die erfahrenen Seeleute der Kampffähren, von denen – wie schon geschildert – einige im Hafen Nord festgemacht hatten, sahen, wie unfachmännisch der Leichter mit Gepäck, Kisten und dem unmöglichsten Gerät decklastig beladen wurde, gaben sie dem Transportführer Lange den dringenden Rat, mit Ballast die Topplastigkeit auszugleichen, da auf See die Gefahr des Kenterns gegeben wäre. In Ermangelung von Steinen, Betonklötzen oder Eisenträgern, die normalerweise verwendet worden wären, griff der Kranführer vom Hafen Nord einfach auf die an der südlichen Hafenspuntwand liegende Bunkerkohle zurück, die hier für die Dampfschlepper der E-Stelle lagerte. Nach Übernahme von etwa 45 t Kohle wurde es höchste Zeit, den Peenemünder Haken zu verlassen, wenn man noch unbehelligt aus der Peenemündung kommen wollte. Etwa die Hälfte des noch zur Verladung anstehenden

Gepäcks blieb zurück. Um 19 Uhr wurde der Leichter mit etwa 800 Menschen an Bord von einer Kampffähre aus dem Hafen geschleppt, ging über Nacht bei der Insel Ruden vor Anker und gelangte am nächsten Morgen wohlbehalten auf der Reede von Lauterbach, an der Südostküste der Insel Rügen, an. Hier war schon eine beachtliche Flotte aller Schiffsgattungen versammelt, die auf einen günstigen Zeitpunkt für den Sprung nach Westen wartete.[7, 13]

Kapitän Dittmer vom Eisbrecher »Stettin« traute seinen Augen nicht, als der abenteuerlich beladene Seeleichter »Quistorp« ausgerechnet bei seinem Schiff um Erlaubnis zum Längsseitskommen bat. Dittmer stimmte zu, unter der Bedingung, daß für seine Tiefflieger-Abwehrraketen das Schußfeld erhalten blieb. Noch überraschter war er, als Oberstabsintendant Lange, der Transportleiter des seltsamen Gefährtes, darum bat, daß seine Leute mit dem Eisbrecher weiter flüchten dürften. Lange machte Dittmer klar, daß die letzten auch an Bord befindlichen waffentechnischen Spezialisten aus Peenemünde auf keinen Fall in die Hände der Sowjets fallen dürften. Voller Resignation teilte ihm der Kapitän aber mit, daß dem Eisbrecher wegen Kohlemangels nur noch das Schicksal der Selbstversenkung beim Anrücken der Roten Armee übrigbliebe. Als der Peenemünder Transportleiter Lange darauf sagte, daß sich für dieses Problem ja Abhilfe schaffen lasse, glaubte Kapitän Dittmer zu träumen. Aber sein Leitender Ingenieur Emil Treptow konnte sich selbst überzeugen, daß in den unteren Räumen des Leichters wirklich oberschlesische Gasflammkohle als Ballast geladen war, die es schon seit Wochen nicht mehr gab. Kurz darauf glich die »Stettin« einem aufgescheuchten Hühnerhof. Mit allen möglichen und unmöglichen Behältern wurde die Kohle vom Seeleichter über die geöffnete Luke hinter dem Schornstein des Eisbrechers umgeladen. Von 14 bis 21 Uhr brachte es die »Stettin«-Besatzung mit Hilfe etlicher Flüchtlinge, ohne die schußbereit bleibende Bordflak, fertig, die Übernahmeaktion bis auf den letzten Brocken Kohle durchzuführen. Die Voraussetzung für eine Flucht von Rügen war damit für den Eisbrecher »Stettin« und den Rest der E-Stellen-Angehörigen gegeben.

Am 2. Mai 1945, schon in aller Frühe, setzte sich der ganze Troß von Schiffen vom geräumten Lauterbach in Richtung Saßnitz in Bewegung. Alles, was noch an schwimmenden Untersätzen fahrklar war, schloß sich dem Geleitzug an. Außer im Leichter saßen auf Deck der »Stettin« noch einige hundert Personen. Zu den ehemaligen Peenemündern waren Verwundete, Versprengte und Flüchtlingsfrauen mit Kindern gekommen. Am gleichen Tag gegen 15 Uhr ging der Eisbrecher »Stettin« mit dem geschleppten Leichter auf der Reede von Saßnitz, an der Nordküste Rügens, vor Anker.

In Saßnitz war Kapitänleutnant d. R. Streitenfeld Leiter der Seetransportstelle. Er hatte die schwierige Aufgabe, den Flüchtlingsstrom aus dem Osten des Reiches über See in möglichst geordneten Bahnen ablaufen zu lassen. In dieser Eigenschaft hatte er sich auch gegen hohe Amtsträger des untergehenden »Dritten Reiches« durchzusetzen, von denen sich damals die Gauleiter von Pommern, Schwede-Coburg und der von Ostpreußen, Erich Koch, in Saßnitz aufhielten. Sie wollten, unter Umgehung des strikten Auslaufverbotes, sich und ihren immer noch beachtlichen, teilweise bewaffneten Stab mit dem Dampfer »Adler« und dem Eisbrecher »Ostpreußen« nach Westen in Sicherheit bringen.

Am 3. Mai 1945 forderte die Rote Armee die Insel Rügen zur Kapitulation binnen

24 Stunden auf. Das Marineoberkommando Ost befahl darauf die Räumung von Saßnitz und das Auslaufen der im Hafen liegenden 19 Evakuierungsschiffe. Da etwa 10 000 Wehrmachtsoldaten auf jeden Fall zu evakuieren waren, um sie vor einer sowjetischen Gefangenschaft zu bewahren, mußten zunächst alle zivilen Flüchtlinge von den aus Lauterbach gekommenen Schiffen heruntergeholt werden. Für die Stettin wurde bestimmt, daß von den bisher 643 Soldaten und Flüchtlingen »nur« 500 an Bord zu belassen waren. So mußten 150 »Peenemünder« am nächsten Tag auf den Frachtdampfer »Orestes« der Deutschen Levante-Linie umsteigen. Damit kam ein buntgeschecktes Gemisch von Soldaten aller Wehrmachtsteile neben den verbliebenen Peenemünder Spezialisten an Bord der Stettin. Die Verpflegung wurde mit der Gulaschkanone einer versprengten Heereseinheit sichergestellt. Sie wurde aufs Vorschiff gehoben und in Lee der Verschanzung aufgestellt. Da der Schiffsraum aber trotzdem noch nicht ausreichte, wurde durch den Seetransportleiter befohlen, daß die Eisbrecher Ostpreußen und Stettin je ein im Hafen liegendes Wohnschiff im Schlepp mit in Richtung Kopenhagen nehmen mußten. Die »Stettin« bekam die »Versailles«, eine alte, erbeutete ehemalige französische Kanalfähre, zugewiesen. Eine Entscheidung, die zwar notwendig war, aber die Beweglichkeit der Schleppfahrzeuge bei der permanenten Luft-, U-Boot- und Schnellboot-Bedrohung auf dem Seeweg stark einschränkte.

Am 4. Mai um 6.40 Uhr verließ die »Stettin«, im ersten und langsamsten vorausgeschickten Konvoi fahrend, mit ihrer klobigen Last im Schlepp die Reede von Saßnitz. Gesichert wurde das Geleit durch zwei Minensuchboote. An den Geschützen aller Fahrzeuge herrschte gespannte Aufmerksamkeit. Vor Stubbenkammer tauchten sowjetische Schnellboote auf, die aber angesichts der hohen Feuerkraft des Konvois wieder abdrehten. Um 15 Uhr, kurz nachdem Arkona passiert war, flog ein Verband britischer Kampfflugzeuge im spitzen Winkel heran, drehte aber zur allgemeinen Überraschung ab. Nachdem um 16 Uhr noch eine Begegnung mit zwei deutschen S-Booten erfolgt war, die, vollgestopft mit deutschen Soldaten, gegen Westen fuhren, sprach sich aufgrund eines empfangenen Funkspruches die Sensation herum, daß am 5. Mai 1945 um 8 Uhr alle deutschen Truppen in Holland, Nordwestdeutschland und Dänemark kapitulieren würden (siehe auch Kapitel 21.2.).

Nachdem gegen 20 Uhr ein deutsches Sperrlotsenwachschiff den Verband per Blinkzeichen angewiesen hatte, zwischen Mön und Falster, Richtung Grönesund vor Anker zu gehen, wurde diese Position gegen 21 Uhr erreicht. Da noch Kriegszustand war, blieben die Geschütze besetzt.

Am 5. Mai 1945 um 8.15 Uhr wurden die Anker wieder gelichtet. Seit einer Viertelstunde herrschte in diesen Gewässern nach fünf Jahren und acht Monaten kein Krieg mehr. Von einem deutschen Vorpostenboot eskortiert, setzte der Geleitzug seinen Weg auf Befehl des MOK Ost zum Ankerplatz »Nanny« etwa bis zur Einfahrt in den Sund fort, wo um 18.40 Uhr wieder geankert wurde. Hier wartete der Flüchtlingskonvoi, gerade noch außerhalb der dänischen Hoheitsgewässer, ab, wie sich die britischen Streitkräfte gegenüber dem aus Saßnitz kommenden Geleitzug verhalten würden. Als von britischer Seite an die deutschen Kommandostellen signalisiert wurde, daß gegen laufende Ostfront-Schiffsbewegungen keine Einwände bestünden, fuhr die »Stettin« mit ihrem Schleppfahrzeug bis zur Reede von Kopenhagen. Hier konnte sie die »Versailles« abgeben, da den deutschen Soldaten garantiert wurde, daß man sie nicht an die Sowjets ausliefern würde. Sie sollten auf dem Landwege nach Deutschland gebracht und dort nach und nach in ihre Heimat entlassen werden. Den Zivilisten drohte allerdings eine Internierung in Dänemark.

Da der in Peenemünde gebunkerte Kohlevorrat der »Stettin« fast aufgebraucht war, mußten vom kleinen Dampfer »Wiking« 25 t Braunkohlenbriketts gebunkert werden. Weil der Eisbrecher »Preußen« seine Kohle aufgebraucht hatte, nahm ihn die »Stettin« für den weiteren Weg nach Kiel in Schlepp. Am 8. Mai um 21.30 Uhr ging ein neu zusammengestellter Konvoi auf die letzte Etappe der Flucht nach Kiel. Inzwischen hatte die Rote Armee ganz Rügen und die mecklenburgische Küste bis Warnemünde besetzt. Sie drohte auch auf Bornholm zu landen. Die Gefährdung des Geleitzuges wurde als zu groß angesehen und deshalb der Weg von Kopenhagen nach Kiel über das Kattegat und den Großen Belt gewählt. Die Reise verlief keineswegs glatt. Zunächst erlitt der 10 000-t-Dampfer »Winrich von Kniprode«, der schon in Pillau schwere Treffer erhalten hatte, Maschinenschaden und mußte von der »Stettin« zu einem sicheren Ankerplatz geschleppt werden. Erst danach konnte die »Preußen« wieder auf den Haken genommen werden. Im Kattegat kam anschließend Sturm auf. Fast alle Landser wurden seekrank. Zu allem Unglück brach auch noch die Schlepptrosse. Erst nach viereinhalb Stunden konnte wieder eine Schleppverbindung zwischen den beiden Schleppern »Stettin« und »Preußen« hergestellt werden. Nebenher mußte eine Notoperation durchgeführt werden, und vereiterte Verbände von Verwundeten waren zu wechseln. Ein Luftwaffenoberstabsarzt und ein Marineassistenzarzt, von Sanitätern unterstützt, waren hierbei gefordert.

Im ruhigeren Belt konnte auch wieder die »Freiluftkombüse« in Betrieb genommen werden. Gegen 3.30 Uhr wurde im Langelandbelt geankert, um 7.15 Uhr lief der Geleitzug Richtung Kieler Bucht weiter und mittags kamen der Leuchtturm von Bülk und das Marine-Ehrenmal von Laboe in Sicht. Ein Boot der Royal Navy beorderte den Konvoi in die bereits mit Schiffen überfüllte Strander Bucht. Mit dem letzten Schnaufer Dampf gingen die »Stettin« und alle übrigen Schiffe um 13.15 Uhr vor Anker. Die Odyssee der letzten Peenemünder fand hier zunächst ein Ende. Die Flucht vor den Sowjets war gelungen, und sicher viele Jahre Sibirien, besonders auch für die Soldaten, konnten verhindert werden.

Nachdem alle auf dem Eisbrecher »Stettin« eingeschifften Wehrmachtsangehörigen am 16. Mai auf Befehl der Besatzungsmacht von Bord gegangen waren und auf das Motorschiff »Bukarest« hatten umsteigen müssen, wozu die »Stettin« zur »Bukarest« geschleppt worden war, kam sie wieder vor Anker in die Strander Bucht, längsseits zur »Preußen«. Erst am 2. Juli wurde die »Stettin« zum Marinestützpunkt Kiel-Wik geschleppt und später, nach Überholung im Dock, als Eisbrecher auf der Unterelbe eingesetzt. Seit 1982, der 100-Jahr-Feier der Kieler Woche, ist der 836 BRT große Dampfeisbrecher »Stettin« alljährlich bei allen großen Veranstaltungen an der Küste eine weltweit einmalige Attraktion geworden, und 25 Männer und Frauen erhalten ihn zum Nulltarif als fahrendes Museumsschiff im Hamburger Hafen am Leben.[14]

Zum Abschluß dieses Berichtes kehren wir noch einmal – das letzte Mal – nach Peenemünde-West zurück. Als am 26. April der vorletzte und am 30. April 1945 der letzte Mistel-Angriff von Peenemünde-West mit drei Misteln auf die Oderbrücken geflogen wurde, landeten die zwei den Einsatz überlebenden Piloten schon auf dem Heinkel-Flugplatz Marienehe, wie in Kapitel 15.4. schon berichtet wurde. Peenemünde war also auch von der Einsatztruppe aufgegeben worden, während sich die letzten »Peenemünder« im Hafen Nord mit dem Seeleichter »Quistorp« auf ihre abenteuerliche, hier in kurzen Zügen geschilderte Flucht über Kopenhagen nach Kiel machten.

Am 28. April wurden alle noch in Peenemünde-West vorhandenen Geräte und Gegenstände, wie schon erwähnt, von dem in Peenemünde gebliebenen Leiter der E4-Werkstätten Clemens Marien und dem Betriebsingenieur Bick, unter Assistenz einiger Arbeiter, in der Nähe der Insel Ruden versenkt. Bis zum 29. April hielten beide noch an ihrem Arbeitsplatz aus. Am 30. April 1945 waren dann alle Aktivitäten jeglicher Art in Peenemünde-West beendet.[10] Die Versuchs- bzw. Erprobungsstelle Karlshagen, wie ihre letzte Bezeichnung hieß, hatte auch an ihrem ursprünglichen Ort endgültig aufgehört zu existieren. Vom 1. April 1938, dem Tag ihrer offiziellen Eröffnung, bis zum 30. April 1945 waren sieben Jahre und ein Monat vergangen.

Am 3. Mai 1945 wurde Zinnowitz und am 5. Mai 1945 Peenemünde von einem Infanteriebataillon der 2. Weißrussischen Armee unter Führung von Major Anatolij Wawilow erobert und besetzt. In Peenemünde fanden die Sowjets nur noch jene Techniker vor, die freiwillig dageblieben waren. Prüfstände und Forschungsgebäude waren vom Volkssturm befehlsgemäß gesprengt worden. Den Infanteristen folgte bald ein sowjetisches Kommando, das um die wissenschaftliche Ausbeutung Peenemündes bemüht war. Es fand aber nur noch unbedeutende Unterlagen.

Am 7. Mai wurden alle männlichen Personen von 14 bis 65 und alle Frauen bis zu 55 Jahren zwecks Registrierung für den Arbeitseinsatz zur Kommandantur in Zinnowitz bestellt. Nach der Erfassung hatten alle Männer gegen 14 Uhr nochmals zu erscheinen, da angeblich ein russischer General eine Ansprache halten wollte. Zur gegebenen Zeit waren etwa 160 Mann versammelt, denen man bedeutete, daß die Ansprache in Swinemünde stattfinden und danach ein Arbeitspaß ausgestellt werden würde. Der Transport sollte per LKW erfolgen – für Verpflegung sei gesorgt. Nach etwa 200 Schritt zu den angeblichen LKWs waren die Deutschen plötzlich von russischen Soldaten mit aufgepflanztem Bajonett umringt. Jetzt ging es zu Fuß nach Swinemünde. Später per LKW, Bahn und wieder zu Fuß mit Unterbrechungen und Unterbringung in Garagen, verschiedenen Lagern und zerschossenen Kasernen, nacheinander bis in die Nähe der Städte Kolberg, Stargard, Graudenz und Thorn. Dort wurde dann der noch überlebende Rest aus Zinnowitz in einem Sammellager einer Sichtung für den eigentlichen Arbeitseinsatz unterzogen. So begann in Zinnowitz die erste Phase der »Befreiung« für einen Teil der deutschen Zivilbevölkerung, zu der noch die Plünderungen, Vergewaltigungen und weitere Schikanen hinzukamen.[10, 12]

Der Verfasser hat sich bemüht, die Vorgeschichte, den Aufbau, die wichtigsten Arbeiten und Projekte der Versuchs- bzw. Erprobungsstelle Peenemünde-West wie auch ihr Ende in einzelnen Kapiteln möglichst umfassend zu schildern und in Zeichnungen ergänzend zu erläutern. In dieser Arbeit wurde auch durch die geschlossene Darstellung das Ziel verfolgt, an die in Peenemünde-West vielfach anwendungsreif erprobte und ohne Zweifel auch in vielen Anfängen Epochen einleitende Luftwaffen- und Luftfahrttechnik zu erinnern. Denn vieles, was wegen der damaligen Geheimhaltung erst nach dem Kriege in eng begrenzten und interessierten Kreisen publik wurde, ist für viele Leser in Verbindung mit Peenemünde sicher nicht bekannt gewesen. Deshalb hätte man dem ganzen vorliegenden Bericht auch den Titel »Vergessene Anfänge« geben können.

Um den ganzen im damaligen Deutschen Reich geleisteten Arbeiten auf den Gebieten Luftrüstung, Luftfahrt und Raketentechnik eine gerechte und abschließende Beurteilung zu geben, soll zunächst eine ausländische Stimme zu Wort kommen. Einem Artikel des »AMERICAN MAGAZINE« vom April 1946 zum Thema »Luftsieg über die Deutschen« ist zu entnehmen: »Wir siegten in der Luft gegen die Deutschen mit Kraft, nicht mit Verstand. Ihre Flugzeugentwicklung war unserer bei Kriegsende noch weiter voraus als bei Kriegsbeginn. ... Jahrelang wurde dem amerikanischen Volk gesagt: Amerikanische Flugzeuge sind die besten! Sie waren es nicht. ... Unsere Luftwaffe ist die beste und größte! Sie war nicht die beste, sie war die größte, also Kraft, nicht Verstand. ... Unsere Jäger- und Bomberbesatzungen kämpften unermüdlich mit ihren Waffen, aber sie hatten nicht die besten. Unser Luftwaffenoberkommando hielt einfältig an den Ideen und Waffen von gestern fest. ... Die Deutschen jedoch entwickelten die Waffen von heute und morgen und setzten sie ein. Nach dem Sieg besuchten alliierte Wissenschaftler und Ingenieure deutsche Luftwaffenlaboratorien und Versuchsstationen. Sie entdeckten nicht nur eine augenblickliche Überlegenheit neuer deutscher Waffen, sondern fanden auch Zukunftspläne ... Das ist ein Zeichen für den Weitblick der Deutschen ... Die Deutschen waren die ersten, die mit Druckkabinen im Kampf erschienen. ... Sie waren es auch, die Raketen als Bordwaffen einführten ... Noch bei Kriegsende hatten die Deutschen das schnellste Flugzeug. Das war die Me 262 ... Die Me 163 erreichte 9000 m in 2,5 min. Ein anderer Raketenjäger, die Ju 263 (später Me 263, d. Verf.), erreichte 15 000 m in 3 min. ... Die V1 war ein pilotenloses Turbinen-Flugzeug (Pulsostrahltriebwerk-Flugzeug, d. Verf.) mit einem 830-kg-Sprengkopf. ... Die V2 war noch wirksamer. Sie war eine Rakete ... und erreichte eine Höhe von über 110 km. Die Reichweite war 400 km, ihre Geschwindigkeit 5800 km/h. Keine einzige V2 wurde bei der Abwehr abgeschossen ... es gab keine Verteidigung.«

Diese ausländische Beurteilung der technischen Seite der deutschen Luftrüstung vor und besonders im Zweiten Weltkrieg, die hier nur auszugsweise wiedergegeben ist, entsprach im wesentlichen den Gegebenheiten. Aber fortschrittliche und zukunftweisende Technik allein ist noch keine Garantie, um einen Krieg zu gewinnen oder dessen Verlauf zumindest so zu beeinflussen, daß man nicht zur totalen Kapitulation gezwungen ist. Es gehört auch die Sicherung der Rohstoff- und Treibstofferzeugung dazu. Besonders die Lage bei den Treibstoffen war, sowohl für die herkömmlichen (Flugbenzin und Dieselöl) als auch bei den Sondertreibstoffen der Raketentriebwerke, gegen Kriegsende vollkommen unzureichend. Damit konnten die neuen Waffen nicht in ausreichendem Maße zur Wirkung gebracht werden. Die Einrichtung der unterirdischen Treibstoff-Produktion wurde zu spät eingeleitet, wobei eine ausreichende Versorgung in dieser Form auch fraglich war. Hinzu kamen kurzsichtige Entscheidungen (Flaraketen!) und Kompetenzstreitigkeiten. Dies führte zu unkorrigierbarem Zeitverlust, der nicht mehr eingeholt werden konnte durch den Einsatz der zweifellos bahnbrechenden, aber teilweise noch unfertigen Waffen (V1, V2 u. a.), die am Ausgang des Krieges nichts mehr ändern konnten. Auch überforderten die Massenfertigung der Fernflugkörper, die in Vorbereitung gewesenen Fla- und Jägerraketen in Verbindung mit dem anderen notwendigen Kriegsmaterial die personellen und materiellen Fertigungskapazitäten des Reiches, um über Jahre hinweg in einem Weltkrieg bestehen zu können.

Nun war und ist es nicht Aufgabe und Thema dieses Dokumentarberichtes, die deutschen militärischen und rüstungstechnischen Versäumnisse und Fehlentwicklungen in Verbindung mit den Sonderwaffen und Sonderflugzeugen erschöpfend zu behandeln. Aber einige erklärende Hinweise auf die Diskrepanz zwischen den zukunftweisenden deutschen Waffenentwicklungen und dem letztlich doch verlorenen Krieg erschienen abschließend doch notwendig. Darauf ist auch in einzelnen Kapiteln an entsprechender Stelle schon hingewiesen worden. Gleichwohl, bleiben wir bei dem gestellten Thema, dann kann man auch den in Peenemünde-West bearbeiteten Erprobungsprojekten durchaus die hier wiedergegebene positive ausländische Bewertung zuordnen.

Der Verfasser hat die wesentlichsten Projekte in ihren Anfängen, ihrer Entwicklung, ihrer Problematik und, wo gegeben, auch in ihrem militärischen Einsatz aus dem Blickwinkel der Versuchs- bzw. Erprobungsstelle der Luftwaffe Peenemünde-West dargestellt, um ein bisher in den geschilderten Zusammenhängen wenig bekanntes Gebiet deutscher Technikgeschichte festzuhalten. Auch ist damit ein heimatgeschichtlicher Beitrag zur Insel Usedom geleistet worden, deren verschiedentliche Bezeichnung als »Wiege der Weltraumfahrt« nicht von der Hand zu weisen ist.

Wie die Vergangenheit zeigt, ist es einer Reihe unserer Landsleute offenbar nicht möglich, sich beim Thema Peenemünde zu einer objektiven, auch von informierten Ausländern geübten Beurteilung durchzuringen. Im Gegenteil, je mehr Zeit zwischen den damaligen Vorgängen in Peenemünde und der Gegenwart vergeht, um so fanatischer wird von deutschen Politikern, Medien und selbsternannten Pauschalverurteilern dagegen vorgegangen. Schon der Umstand, daß deutsche Techniker und Wissenschaftler gegen die entfachte »Kraft« alles vernichtender »Feuerstürme« alliierter Luftangriffe nach intelligenten Angriffs- und Abwehrlösungen »von heute und morgen« suchten und diese teilweise auch fanden, wird ihnen von den heutigen Kritikern als verbrecherisch angelastet.

Wie dem auch sei, ob zustimmend oder ablehnend, ob idealisiert oder diskriminiert, solange der Sturm um den Peenemünder Haken weht, mischt sich in sein Brausen für alle Zeiten – in geschichtlicher Erinnerung – auch das Rauschen der ersten Raketentriebwerke, mit denen hier das Tor zur modernen Raketentechnik aufgestoßen wurde.

22. Nachwort

In dem vorliegenden dokumentarischen Bericht über die Versuchs- bzw. E-Stelle der Luftwaffe Peenemünde-West wurde angestrebt, neben den eigentlichen technischen Vorgängen, dem Leser auch die damalige Landschaft von und um Peenemünde näherzubringen. Das Gelände, der Aufbau, die Organisation und die technischen Arbeiten der Luftwaffendienststelle sollten möglichst umfassend dargestellt und anhand von vielen Zeichnungen ergänzt werden. Stellvertretend seien die beiden topographischen Abbildungen 7 und 8 genannt, die in gut 30jähriger Kleinarbeit, zuletzt als vierte verbesserte Ausführung erstellt worden sind. Diese Arbeiten können sicher auch als ein nicht unwesentlicher heimatgeschichtlicher Beitrag zur Insel Usedom angesehen werden. Die technischen Themen und Erprobungsprojekte umfassen einen wesentlichen und von der Nachkriegszeit aus betrachtet für die Zukunft richtunggebenden Ausschnitt der technisch-wissenschaftlichen Gesamtaktivitäten während dieser Zeit in Deutschland. Teile und Ausschnitte sind von anderer Seite schon früher veröffentlicht worden. Aber noch nie in so ausführlichen, zeitlich miteinander verbundenen und auf Peenemünde-West bezogenen Zusammenhängen. Auch wurde versucht, bei der Bearbeitung einzelner Projekte nationale und internationale Ursprünge und vorangegangene Arbeiten aufzuzeigen, um den Blick über das speziell behandelte Thema hinaus zu erweitern.

Im Vorwort vorbereitend und im Nachwort abschließend, werden auch einige politische Gedanken und Tatsachen erwähnt, die sich im Zusammenhang mit dem Geschilderten mehr oder weniger aufdrängen.

Es war das weitere Bestreben dieses Berichtes, im technischen Bereich mehr als die sonst üblichen Allerweltsangaben von Länge, Gewicht, Geschwindigkeit, Reichweite und Datum darzustellen. Es sind auch konstruktive Einzelheiten, Zusammenhänge und technische Abläufe geschildert worden. Wo es dabei notwendig erschien, wurden die Beschreibungen mit grundsätzlichen physikalischen Angaben ergänzt. Bei technischen Schilderungen ist zunächst eine vereinfachte, prinzipielle Zusammenfassung für den technisch weniger interessierten Leser vorangestellt, ehe auf nähere Einzelheiten eingegangen wird.

Sicher wird ein Leser unter dem Einfluß heutigen Zeitgeistes und heutiger Geschichtsbetrachtung der damaligen Zeit über die Einsatzbereitschaft breiter Kreise aus dem Handwerker-, Techniker- und Wissenschaftlerbereich erstaunt sein. Er wird verwundert sein über die risikoreiche Bereitschaft der Testpiloten und Flugzeugführer, ihr Leben in waghalsigen Testflügen mit vielfach noch unzureichend entwickelten Fluggeräten und Triebwerken aus eigenem Entschluß aufs Spiel zu setzen. Er wird ebenso erstaunt sein über die noch in den letzten Kriegsmonaten erbrachten technischen Weiterentwicklungen und Verbesserungen an Waffensystemen, die auch noch von der Industrie in der Fertigung verwirklicht wurden. Hierzu mag Josef Garlinski aus seinem Buch »Deutschlands letzte Waffen im 2. Weltkrieg« zitiert werden, der als ehemaliger junger polnischer Kavallerieoffizier später der polnischen Untergrundbewegung angehörte und damit im Sinne der heutigen deutschen Geschichtsbetrachtung als »unverdächtiger« Zeuge gelten kann. Er schreibt auf Seite 258: »Sie (die Flugbombe V1, d. Verf.) konnte von ihren zurückgenommenen Stellungen … England nicht mehr erreichen … Aus diesem Grunde mußte die V1-Zelle so geändert werden, daß sie leichter wurde, um dadurch eine größere Reichweite zu erzielen. Das Anpacken und Lösen aller damals auftretenden technischen Probleme durch die deutsche Industrie hatte fast etwas Unheimliches an sich. Obwohl der endgültige Zusammenbruch bevorstand … brachten es die deutschen Ingenieure immer wieder fertig, entsprechende Neu- bzw. Weiterentwicklungen, hier die V1 mit größerer Reichweite, herauszubringen.« War nun das, was Garlinski anspricht, die verzweifelte Handlungsweise »verbohrter Nazis«, armer, irregeführter Idealisten oder die gedankenlose Befehlsausführung von »Mitläufern«? Nach heutiger Auffassung müßte es doch ein vorbereitetes Schubfach mit negativem Etikett geben, in das diese Leute einzuordnen sind! Sicher könnten die heutigen Einordner und Etikettierer recht behalten, wenn sie die jüngste deutsche Geschichte nur von 1933 ab betrachten. Aber 1933 ist nicht ohne 1918 denkbar! Wer als deutscher Politiker das Versailler Diktat nicht als eine der Hauptursachen des Jahres 1933, also der Machtergreifung Hitlers betrachtet, zimmert sich ein sehr einfaches und heute passendes Geschichtsbild zurecht, was zudem noch den großen Vorteil hat, daß er damit niemandem auf die Füße tritt. Es ist eben einfacher, die ehemalige feindliche Kriegs- und Nachkriegspropaganda in schön gedrechselten Worten nachzuplappern und als deutsche Geschichte auszugeben. Mut und Haltung erfordert es hingegen heute, die Gewichte von Schuld und Verfehlungen der Wahrheit entsprechend zu verteilen. Der spätere Bundespräsident, Professor Theodor Heuss, schrieb schon 1932: »Die Geburtsstätte der nationalsozialistischen Bewegung ist nicht München, sondern Versailles.«

Vielen deutschen Politikern scheint es heute nicht mehr um die geschichtliche Wahrheit zu gehen, und man kann sich des Eindrucks nicht erwehren, daß sie – ängstlich bemüht um ihr persönliches Ansehen – die angebliche Alleinschuld an den Vorgängen in den Jahren 1933 bis 1945 dem deutschen Volk und allen Männern und Frauen an verantwortlicher Stelle zuschieben. Ursache und Wirkung haben eben ihre Reihenfolge. Geschichtliche Vorgänge und Zeitabschnitte bilden ein Kontinuum. Sie kennen weder einen »Tag X« noch eine »Stunde Null«. In diesem Zusammenhang fing es schon mit der irrigen Bezeichnung »Vertrag von Versailles« im Jahre 1918 an. Ein Vertrag ist nur zwischen gleichberechtigten Partnern in einem freiwillig eingegangenen Geben und Nehmen möglich. In Versailles blieb Deutschland nur das von den Siegern diktierte Annehmen der Forderungen übrig. Welcher »Friedensvertrag« war in der Geschichte zwischen Siegern und Besiegten überhaupt jemals ein »Vertrag« im obengenannten Sinne?

Zu den vorgenannten Ausführungen mag noch eine bezeichnende und in die damalige Zukunft weisende Äußerung des früheren deutschen Außenministers (bis zu seinem Tode am 3. Oktober 1929, d. Verf.) Gustav Stresemann angeführt werden, die er am 13. April 1929 im Gespräch mit Bruce Lockhart, Mitglied der englischen

Gesandtschaft in Berlin, vorbrachte: »Es ist nun fünf Jahre her, seit wir in Locarno unterzeichnet haben. Wenn ihr ein einziges Zugeständnis gemacht hättet, würde ich mein Volk überzeugt haben. ... Jetzt bleibt nichts mehr übrig als rohe Gewalt. Die Zukunft liegt in den Händen der jungen Generation. Und die Jugend Deutschlands, die wir für den Frieden und für das neue Europa hätten gewinnen können, haben wir für beides verloren. Das ist meine Tragik und eure Schuld.« Mit diesen Worten werden die Hintergründe der weiteren Entwicklung in Deutschland aufgedeckt. Der nahe Tod mag Stresemann die Gabe des in die Zukunft schauenden Sehers, aber auch die Resignation des am Ende seines Lebens Stehenden gegeben haben. Auch werden hier zum großen Teil jene Entwicklungen sichtbar, die während des Zweiten Weltkrieges zur beispiellosen Einsatzbereitschaft, zum Opfermut und Durchhaltewillen des deutschen Volkes geführt haben, die in der Tat von Außenstehenden als etwas Unheimliches angesehen werden konnten. Bei näherem Hinsehen weicht diese Unheimlichkeit jedoch Realitäten, die einerseits sicher durch die nationalsozialistische Revolution und die darin begründete Erziehung der Jugend ab 1933, andererseits aber zu einem ganz wesentlichen Teil, besonders bei den Älteren, durch die Zeit von 1918 bis 1933 gegeben waren. In der breiten Masse der arbeitenden Bevölkerung, die mit der Erfahrung der schweren Zeit ab 1918 den verlogenen Schalmeienklängen der Allerweltsverbrüderung keinen Glauben mehr schenkte, waren Opferbereitschaft, Einsatzwillen, Treue und Verläßlichkeit im Kriege besonders stark ausgeprägt. Zu all dem kam noch, als ganz wesentlicher Faktor, die gesellschaftspolitische und soziale Befriedung des deutschen Volkes.
Wie verhängnisvoll Versailles auf die Entwicklung der Vorgänge im deutschen Reich und für Europa nach dem Ersten Weltkrieg sein mußte, wurde auch von maßgebenden Ausländern erkannt. Nachfolgend ist ein kleiner Ausschnitt damaliger Ansichten zusammengestellt:
Präsident Herbert Hoover über den Versailler Vertragstext 1919: »Ich war zutiefst beunruhigt. Der politische und wirtschaftliche Teil war von Haß und Rachsucht durchsetzt. ... Es waren Bedingungen geschaffen, unter denen Europa niemals wiederaufgebaut oder der Menschheit der Frieden zurückgegeben werden konnte.«
US-Historiker Lutz: »Dabei ist es für uns eine unumstößliche Tatsache, daß der Zweite Weltkrieg im Vertrag von Versailles wurzelt. Wollt ihr Deutsche diese Tatsache nicht vertreten?«
Lloyd George, britischer Premierminister während der Versailler Verhandlungen: »Deutschland mit kleinen Staaten zu umgeben, von denen viele von Völkern gebildet wurden, die sich nie selbst regiert haben und die große Mengen von Deutschen enthielten, die ihre Heimkehr zum Mutterland verlangten, solche Pläne würden, wie mir scheint, den schlimmsten Kriegsgrund in sich tragen.«
Der französische Ministerpräsident Clemenceau in einer Ansprache vor Offiziersschülern von St. Cyr: »Meine jungen Freunde, seien Sie ohne Sorge über Ihre militärische Zukunft! Der Friede, den wir soeben gemacht haben (Versailles 1919), sichert Ihnen zehn Jahre der Konflikte in Mitteleuropa!«
Dieses Nachwort soll nicht dazu dienen, tatsächliche deutsche Verbrechen von 1933 bis 1945 zu beschönigen und zu entschuldigen. Es soll aber zu einer differenzierten Beurteilung dieser ganzen Zeit anregen, woraus letztlich auch eine objektivere Beurteilung der Vorgänge in Peenemünde möglich sein wird.

23. Dank

Wie im Vorwort schon angedeutet, ist die Absicht, einen Bericht über die beiden Versuchsstellen von Peenemünde zu verfassen, erst 35 Jahre nach Kriegsende, am 14. und 16. Juni 1980, anläßlich eines Jahrestreffens der »ehemaligen Peenemünder« im Konferenzraum des Hotels Sonne in Friedrichshafen/B. gefaßt worden. Im Rahmen der damals gegründeten »Historischen Arbeitsgemeinschaft Peenemünde« (HAP) sollte unter dem Motto »Peenemünde war viel mehr als nur das A4« bzw. »Peenemünder berichten über Peenemünde« die Sammlung von Dokumenten, Berichten, Bildern und sonstigen Unterlagen erfolgen, um zunächst ein Manuskript zu erstellen. Dabei waren damals die Schwierigkeit der Durchführung und der Umfang der Arbeiten allen Beteiligten bewußt.

Vorerst war noch nicht bekannt, welche Größenordnung das Manuskript über den Bereich der Luftwaffe, Werk West, gegenüber dem des Werkes Ost erhalten würde. Aber schon bald nach Beginn der Arbeiten, nach Sichtung und Beschaffung von vorhandenem Material, zeichnete sich bei der Aufstellung einer Gliederung ein Umfang des Manuskriptes ab, der weit über ein »Anhängsel« der Geschichte von Werk Ost hinausging.

Unabhängig von den Gründern der HAP in Friedrichshafen, hatten schon vorher, im April 1974, ehemals führende Herren von Peenemünde-West bei Herrn Dr. Josef Dantscher in Gmund am Tegernsee die Möglichkeit einer Dokumentation über die E-Stelle Peenemünde-West diskutiert. Aufgrund unterschiedlicher Meinungen und auch noch beruflicher Aktivitäten der betreffenden Herren kam ein Entschluß jedoch nicht zustande. Erst drei Jahre später, im Juni 1977, erfolgte auf Vorschlag von Herrn Erich Warsitz in dessen Haus am Luganer See wieder ein Treffen der gleichen Herren. In der Zwischenzeit war es neben Herrn Uvo Pauls besonders immer wieder Dr. Josef Dantscher, der den Gedanken einer Dokumentation nicht einschlafen ließ. Das Ergebnis der Luganer Besprechung war die Festlegung eines Rundbriefes mit Fragebogen, deren Kopien an einen Kreis von etwa 55 ermittelten ehemaligen E-Stellen-Angehörigen bzw. dort damals tätigen Firmenmitarbeitern verschickt werden sollten. Mit beiden Schriftstücken wollte man den Umfang der an einer Mitarbeit Interessierten und ihren Themenkreis ergründen. Der Fragebogen wurde um die Jahreswende 1977/78 von Dr. Dantscher verfaßt und unter Mithilfe von Erich Warsitz verschickt, aber Dr. Dantscher konnte die endgültige Auswertung nicht mehr durchführen, da er noch im Februar 1978 plötzlich und unerwartet verstarb. Damit blieb der erste ernsthafte Versuch, die Geschichte der E-Stelle der Luftwaffe Peenemünde-West umfassend aufzuzeichnen, im Ansatz stecken. Eine Weiterführung wurde von den anderen beteiligten Herren aus vielerlei Gründen, wobei auch Alter und Krankheit eine Rolle spielten, nicht mehr unternommen.

Das schon von Herrn Dr. Dantscher gesammelte und erarbeitete Material wurde mir nach seinem Tode von seiner Gattin zur Verfügung gestellt. Dieses Angebot nahm ich, ohne zunächst eine konkrete Vorstellung für die Verwertung dieser Unterlagen zu haben, trotzdem dankbar an. Das war der Zustand, als ich 1980 in Friedrichshafen die Leitung der HAP-Arbeit über den Bereich der Erprobungsstelle Peenemünde-West zunächst kommissarisch, später – in Ermangelung anderer Persönlichkeiten – hauptamtlich übernahm.

Unter den gegebenen Tatsachen bekamen die schon von Dr. Dantscher durchgeführten Arbeiten und gesammelten Unterlagen, die besonders das Gebiet der Fernlenkkörper und die Organisation der Erprobungsstelle betrafen, ein besonderes Gewicht, zumal er als damaliger Gruppenleiter der größten Fachgruppe an führender Position stand. Aus diesem Grunde bin ich ihm und seiner verehrten Gattin zu besonderem Dank verpflichtet.

Weiterhin gilt mein Dank dem bis 1942 amtierenden Leiter der Versuchs- bzw. Erprobungsstelle, Herrn Dipl.-Ing. Uvo Pauls, der durch seinen Beitrag vom September 1977 »Was geschah in Peenemünde-West?« eine erste zusammenhängende Teildarstellung des Zeitraumes von 1936 bis 1942 erarbeitet hatte. Dieser mit vielen Dias versehene, als Manuskript geschriebene Bericht wurde anläßlich des Jahrestreffens der »Interessengemeinschaft Ehemaliger Peenemünder« im Oktober 1977 in Erbach von Herrn Dipl.-Ing. Max Mayer für seinen Vortrag über die Versuchsstelle Peenemünde-West als Zusatzinformation benutzt. Dieser Vortrag erfolgte im Rahmen einer Matinee, in der auch Herr Professor Dr. Hinze über »Die zehn berühmten Jahre von Peenemünde« und die Arbeiten in Werk Ost referierte. Herr Pauls hat mir, trotz seines hohen Alters, bis zu seinem Tode im September 1989 durch Gespräche und eine umfangreiche Korrespondenz manchen Hinweis und Tip für die Erschließung weiterer Informationsquellen zukommen lassen. Ebenso bin ich ihm für die Überlassung seltener Fotos dankbar.

Einen ganz wesentlichen Einblick, besonders über die Anfangszeit der Versuchsstelle, von Kummersdorf über Neuhardenberg bis hin nach Peenemünde, bekam ich durch die Unterlagen des verstorbenen Flugkapitäns Erich Warsitz, die mir von seiner verehrten und hilfsbereiten Gattin, Frau Doris Warsitz, zur Verfügung gestellt wurden. Auch habe ich ihr für viele wertvolle Fotos, besonders aus der Anfangszeit in Neuhardenberg und Peenemünde, zu danken. Die Schilderung der konstruktiven und erprobungstechnischen Einzelheiten, der Versuche an Flugzeugen mit Raketenzusatztriebwerken und besonders die der He 176 wäre ohne diese Informationen nicht möglich gewesen. Auch konnten durch die Informationen Hintergründe und bisher noch nicht allgemein bekannte Zusammenhänge in den Beziehungen RLM – Dr. Heinkel und der E-Stelle aufgezeigt sowie zeitliche Erprobungsabläufe korrigiert werden.

Besonders in den letzten Jahren der Manuskripterstellung kam noch ein günstiger Umstand hinzu, dem ich den jederzeitigen Zugang zu dem umfangreichen Archiv des Deutschen Museums, München, verdanke. Herr Rudolf Vohmann, seinerzeit Ingenieur im Kraftwerk Peenemünde-Dorf, stellte sich ehrenamtlich für die Sichtung und Archivierung der vielen, teilweise ungeordneten Peenemünder Unterlagen im DM zur Verfügung. Damit schuf er ein entsprechendes Vertrauensverhältnis für die Recherchierung im Peenemünder Archiv des DM. Weiterhin gelang es dem ehemaligen Peenemünder Herrn Dr. Gerhard Reisig, USA, einen großen Teil der Peenemünder Originalunterlagen des Werkes Ost vom Smithsonian Institute, Washington, nach Deutschand ins Deutsche Museum transportieren zu lassen. Den Anstoß zu dieser Aktion konnte der Verfasser aufgrund eines Korrespondenzhinweises von Dr. Dantscher geben. Die Eingliederung dieser Originalunterlagen in das vorhandene Peenemünder Archiv des DM nahm dankenswerterweise wieder Herr Vohman vor.

Neben dem DM-Archiv kam mir hauptsächlich für die Bearbeitung des umfangreichen Fi-103-Kapitels 16 der Umstand zu Hilfe, daß Herr Honorarkonsul Hellmut Niethammer sein umfangreiches Archiv über den Flugkörper zur Verfügung stellte. Er überließ mir für die Bearbeitung der Steuerung außerdem ein Originalgerät und hat für das ganze Kapitel 16 anhand seiner Unterlagen korrigierende und ergänzende Hinweise gegeben, wofür ich ihm zu besonderem Dank verpflichtet bin. Herr Niethammer hat auch eine Verbindung mit Herrn Göran Jansson, Uppsala, Schweden, hergestellt, dem es gelungen war, das Gerätehandbuch FZG 76 – Ausgabe April 1944 – über die Fi 103 zu beschaffen, das er uns dankenswerterweise zur Verfügung stellte. Darüber hinaus hat sich Herr Niethammer in jeder Weise für die Veröffentlichung des Buches engagiert. Ohne seine Hilfe wäre das vorliegende Buch sicher nicht erschienen.

Letztendlich ist der im November 1966 gegründeten »Interessengemeinschaft Ehemaliger Peenemünder« und ihrem Initiator Herrn Heinz Grösser zu danken, ohne die der vorliegende Bericht nicht zustande gekommenn wäre. Denn nur das Jahrestreffen 1980 in Friedrichshafen gab den Anlaß und Anstoß zu einer zusammenhängenden Dokumentation über Peenemünde und damit speziell auch über Peenemünde-West.

Nach dem Jahrestreffen 1980 in Friedrichshafen war ich zunächst bemüht, alle jene ehemaligen Angehörigen von Werk West und der damaligen einschlägigen Industrie zu ermitteln, die bereit und in der Lage waren, mir noch vorhandene Unterlagen, einen Bericht aus ihrem damaligen Arbeitsbereich, Informationen und eventuell noch vorhandene Bilder zukommen zu lassen. Diesen Damen und Herren, von denen ich besonders viele Einzelheiten erfahren konnte, möchte ich an dieser Stelle danken und wenigstens in Stichworten ihre Beiträge aufführen:

H. Agel, Pee.-West, E4	Bericht über FK-Erprobung Peenemünde und Jesau. Flugbuch, Luftaufnahmen von Jesau.
K. Bartels	Französische Studie: Sondergerät V1 (Fi 103).
H. Baumann, Pee.-Werkbahn	Bericht über die Werkbahn.
A. Beck, Pee.-West, E5	Bericht über optische Flugbahnvermessung. Arbeit der Meßbasis.
Dr. H. Bender, Pee.-West, E7	Bericht über Geländesuche für die E-Süd und ihre Arbeiten.

H. Birkholz, Pee.-West, TV	Bericht über die Technische Verwaltung der E-Stelle. Einzelheiten der Siedlung Karlshagen.
Frau G. Buchner, Fa. Walter, Pee.-West	Informationen über Fa. Walter in Pee.-West.
W. Buckesfeld, Pee.-Ost	Informationen über Bebauung und Straßennamen der Siedlung Karlshagen.
Prof. Dr. W. Dettmering, Pee.-West, RLM	Bericht über Einsatz der Walter-Starthilfen. Einzelheiten der Fi 103.
P. Engelmann, Pee.-West, TV	Bericht über Neuhardenberg und TV in Pee.-West. Beschaffung von Karten für Neuhardenberg und Jesau.
T. Erb, Pee.-West, E4	Fotos vom Ruden und der E-Süd. Flugbuch und Informationen.
T. Kunstfeld, Pee.-West, E4	Zusammenarbeit von 1942 bis 1945 in E4. Mündliche Informationen und Tagebuchaufzeichnungen von Wesermünde-Drochtersen.
W. Künzel, Fa. Heinkel	Aufbau und. Erprobung He 112R und He 176-V1 bzw. -V2.
E. Kütbach, Pee.-Ost	Bericht über Gelände und Prüfstände Pee.-Ost.
Frau K. Lange	Bericht der Bauleitung: »1936–1941 Bauleitung der Luftwaffe Peenemünde«. Fotos der Siedlung.
Dr. D. Lange	Bericht über Luftangriff August 1943. Überlassung des Buches »Dampfeisbrecher ›Stettin‹«.
O. Lippert, Pee.-Ost	Bericht über Baulichkeiten von Werk Süd.
M. Mayer, Pee.-West, E2	Gründe des Absturzes der He 112R-V4. Startbahnanordnungen in Pee.-West. Informationen über Flugbaumeisterlaufbahn. Unfallbericht mit Walter-Starthilfe.

H. Merker, Pee.-West, E4	Veröffentlichung von R. Burkhardt, Swinemünde: »Bilder aus dem Peenemünder Winkel«. Flugbuch und Tätigkeitsberichte von 1944/45.
J. Müller, Pee.-Bauleitung	Angaben über Bereisung, Planung und Bauanfänge beider Versuchsstellen.
C. Neuwirth, Pee.-West, KG 100	Bericht über Erprobung »Fritz X« und Einsatz Hs 293.
P. Pauly, Pee.-West, E3	Beschleunigungsmessung der Fi 103 auf der Schleuder.
H. Pein, Pee.-West, B	Informationen über Betrieb Pee.-West und Angaben zur Karte Pee.-West, Abb. 7.
E. Schäfer, Pee.-Werkbahn	Bericht über Aufbau und technische Einzelheiten der Werkbahn.
L. Schüssele, Pee.-Ost	Bilder von Pee.-West. Information über techn. Zusammenarbeit Werk Ost – Werk West.
H. Simon, Pee.-Bauleitung	Informationen und Abbildungen über den Aufbau beider Versuchsstellen.
R. Vohmann, Pee.-Kraftwerk	Unterlagen über Bau und Betrieb des Kraftwerkes Peenemünde.
R. Weipert, Pee.-West, E5	Bericht über die Arbeiten der Meßbasis bei der E-Süd und der E-Jesau.
F. Wissendaner, Pee.-West, E7	Bericht über Zünder der Fi 103.

Neben den mir bekannten ehemaligen Mitarbeitern der beiden Versuchsstellen haben auch damalige Angehörige der Industrie und der E-Kommandos durch Informationen geholfen. Diesem Personenkreis, der zumindest zeitweise in Peenemünde war bzw. auch erst nach dem Krieg mit den Arbeiten von Peenemünde in Berührung kam, gilt ebenfalls mein besonderer Dank. Für die meisten von ihnen war ich ein völlig Unbekannter, als sie meine Bitte um Unterstützung für eine Arbeit erreichte, deren Thema zum Teil schon längst aus ihrem Interessenkreis entschwunden war.

E. Bruns, Fa. Fieseler, Pee.-West	Informationen über Einzelheiten und Fertigung der Fi 103.

B. Dietrichs, Fa. Fieseler, Pee.-West, ITG	Informationen über Entwicklung der Fi 103 in Fa. Fieseler. Industrieerprobung und Einsatz der Fi 103.
W. Fiedler, Fa. Fieseler, Pee.-West	Bericht über Einzelheiten der Fi 103 und Industrieerprobung in Pee.-West.
G. Goebel, Reichspost	Bericht und Unterlagen über die Anfänge der Fernseh-Lenkung der Hs 293 D. Hinweis auf F. Trenkle.
K. Grasser, IBA	Aufbau der V1-Stellungen. KTB des Fl.-Rgt. 155(W). Bauzeichnungen der Bauleitg. d. Lw. von Werk West und Werk Ost.
G. Hahn, E-Stelle Rechlin	Geschichte der Entwicklung des Fi-103-Flugreglers. Beiträge über die Fi-103-Steuerung. Veröffentlichung von Prof. Dr. Fischel: »Fernlenkversuche mit der V1«. Weitere Ansprechpartner vermittelt.
O. Heibel, EK 15, Pee.-West	Bericht und Truppeninformation über Hs 293 H.
W. Helmold	Informationen über Fi 103, Einzelheiten des Peileinsatzes mit FuG 23.
G. Jansson, Schweden	FZG 76 Geräte-Handbuch, März 1944.
Dr. H. D. Köhler, Fa. Heinkel	Kritische Datenhinterfragung über Heinkel-Entwicklungen und Erstflüge.
E. Kuhn, DFS, Pee.-West, ET, ITG	Informationen über Fi 103 und Industrietrupp Gehlhaar.
Prof. Dr. K. Magnus, TU München	Foto der Fi-103-Steuerung.
H. Niethammer, Fa. Niethammer, Pee.-West	Berichte und Angaben über den Startvorgang der Fi 103. Originalsteuergerät. Informationen aus privatem Archiv.
G. Orlamünder, Bodenseewerk	Unterlagen über W. Möller bezüglich Steuerung der Fi 103. Vermittlung weiterer Ansprechpartner.
Prof. Dr. W. Oppelt, Askania, TH Darmstadt	Hinweise und Vermittlung von Ansprechpartnern zur Geschichte des Fi-103-Flugreglers.

Dr. M. Pütz, Bodenseewerk	Hinweise für die Beschaffung der Unterlagen von Prof. Dr. E. Fischel.
H. Steuer, Fa. Fieseler, Pee.-West	Beantwortung vieler Fragen und Informationen bezüglich Fi 103.
W. Schmitz, DFS, Pee.-West, ET, ITG	Bericht über die RLM-Fi-103-Erprobung. Informationen über Einsatz der Fi 103 und Industrietrupp Gehlhaar.
F. Trenkle, DFVLR, Oberpfaffenhofen	Berichte über Hs 293D (Wemheuer) und geplante Weiterentwicklung der Fi-103-Steuerung. Unterlagen über Flaraketen-Lenkung und -Führung.
H. Westphal, E-Stelle Rechlin	Bericht über Arbeiten Möllers in Pee.-Ost (Kreiselplattform). Hinweise auf Prof. Oppelt und G. Hahn für Fi-103-Informationen.

Neben den bisher aufgeführten Kontakten waren es auch Firmen und Institutionen, die mir ebenfalls Unterstützung zukommen ließen, für die ich mich hier auch bedanken möchte. Zu diesem Kreis gehörten:

Foto-Atelier Bratenstein, Erlangen	Individuelle Anfertigung von Fotos und Reproduktionen (topographische Darstellungen). Bericht über die Schallvermessung der Fi-103-Scharferprobung.
Deutsches Museum, München, Herren Dr. Heinrich, Dr. Rathjen, Romalo	Kopieren aller dort vorhandenen Berichte von Pee.-West. Anfertigung von von Fotos. Unterlagen über Kreiselsteuerung von Flugkörpern.
Herr Martin, Siemens AG, Erlangen, Reprostelle	Hilfe, Unterstützung und Ausführung von topographischen Abbildungen (Fototransparente).
Frau Glaser, Herr Böhner, Dr. Schoen, Siemens Museum, München	Fotos und technische Angaben über E-Züge der Peenemünder Werkbahn. Kopien von Askania-Flugreglern für Gleit-, Fallbomben und Flaraketen.
Herr Dieling, Fa. Wegmann & Co, Kassel	Bilder und technische Angaben der Akku-Triebzüge der Peenemünder Werkbahn.

Über die hier besonders genannten Personen und Institutionen hinaus gab es noch eine Vielzahl von Informanten, Helfern und Gesprächspartnern, die mir Tips, Hinweise und Adressen gaben und denen persönlich zu danken mir unmöglich ist. Auch ihnen gilt in dieser allgemeinen Form mein herzlicher Dank für ihre Aufgeschlossenheit und Mühe. Es war für mich immer wieder motivierend und anspornend, besonders in Zeiten, da die Informationsbeschaffung nur sehr schleppend voranging, auf die Bereitschaft, Offenheit, ja manchmal auch Begeisterung mir vollkommen Unbekannter zu stoßen.

Am Schluß möchte ich es nicht versäumen, meiner lieben Frau für die große Zahl von Manuskriptseiten zu danken, die sie trotz mancherlei Umstellungen, Korrekturen und Ergänzungen für mich mit Verständnis und Ausdauer geschrieben hat.

Botho Stüwe

24. Quellen-Informationsnachweis

Zu Kapitel 2

[1] K. v. Gersdorff, K. Grasmann   »Flugmotoren und Strahltriebwerke«; Bernard & Graefe, Koblenz 1985, S. 350

H. J. Nowarra   »Udet« – vom Fliegen besessen; Podzun-Pallas, S. 67/88

K. Ries, W. Dierich   »Fliegerhorste«; Motorbuch-Verlag, Stuttgart 1993

[2] E. Warsitz, P. Kettel   »Niederschrift des Interviews vom 24. Oktober bis 8. November 1952 mit Herrn Erich Warsitz in Fa. Maschinenfabrik Hilden, Hilden/Rhld.«

[3] W. Künzel   Manuskript eines Vortrages für die XI. Raketen- und Raumfahrt-Tagung vom 30. Januar 1963

[4] U. Pauls   »Was geschah in Peenemünde-West«; Manuskript, geschrieben im September 1977; persönliche Mitteilungen

[5] U. Pauls   Persönliche Mitteilung

[6] Nordbayerische Zeitung   »Maxwalde hofft auf seine ›Gräfin‹«; 23. Oktober 1990

[7] P. Engelmann   Erlebnisberichte vom 18. Januar 1982 und 26. Oktober 1986; Meßtischblatt und Skizze des Flugplatzes Neuhardenberg

[8] J. Stemmer   »Raketenantriebe«; Schweizer Druck- und Verlagshaus AG, Zürich, 1952; S. 134 ff und S. 317 ff

[9] E. Kruska   »Das Walter-Verfahren«; VDI-Zeitschrift 1955; Nr. 3, 9, 21, 24

[10] H. J. Nowarra   »Raketenjäger«; Bd. 373, Rastatter Versandbuchhandlung, Rastatt, S. 15 ff

[11] R. Pawlas   »Messerschmitt Me 163«; Luftfahrt International, Nr. 9, Mai/Juni 1975

[12] H. K. Kaiser   »Kleine Raketenkunde«; Mundus, Stuttgart 1949, S. 10 ff

815

(13) HWA »Der Reichswehrminister 67a 21/5 Bb.Nr. 0472/35 g. Kdos. Wa Prw. 1/7, an RLM (C) v. 22. Mai 1935 und zugehörige Aktennotiz. Bez.: Bespr. Major von Richthofen – Hptm. Zanssen, Betr.: Raketenflugzeug«; DM (Deutsches Museum), München

(14) W. v. Braun »Stellungnahme« von Wa. Prw. 1 zur Entwicklung eines Raketenflugzeugantriebes in Verbindung mit RLM, Bespr. vom 27. Juni 1935, Protokoll über die Besprechung am 27. Juni in Kummersdorf

(15) HWA »Einverständniserklärung auf dem Gebiet der Rauchspur zwischen HWA – RLM – Heinkel, August 1935, DM, München

(16) HWA »Vereinbarung über Zusammenarbeit auf dem Gebiet der Rauchspur zwischen HWA – RLM – Junkers – Heinkel«, 2. September 1935; DM, München

Zu Kapitel 3

(1) R. Burkhardt »Bilder aus dem Peenemünder Winkel«; Heimatgeschichtlicher Beitrag, Swinemünde

(2) A. Bueckling »Peenemünde aus historischer Sicht«; Luft- und Raumfahrt, 1982, Heft 3

(3) J. Müller, Kurz, L. Werner, G. Schulz, K. Holl, Brunhilde Müller, Schwien, H. Hesse »1936/1941 Bauleitung d. Luftwaffe Peenemünde«; Nachlaß J. Lange

4) J. Dantscher Meßtischblatt 516 von 1925, für den Bereich Pee.-West zeichnerisch in Peenemünde nach dem Bebauungsplan vom 4. Februar 1944 ergänzt

Zu Kapitel 4

(1) E. Warsitz »Niederschrift über das Interview ...«

(2) B. Ruland »Wernher von Braun, Mein Leben für die Raumfahrt«; Burda, Offenburg, 1969, S. 89 ff

(3) J. Müller Persönliche Mitteilungen vom 15. Februar 1983 und 30. August 1989 über den Beginn der Planungen von Peenemünde in den Jahren 1935/36. Viele Gespräche und Informationen. »Zusam-

menstellung über die unter der Oberleitung von Dipl.-Ing. Johannes Müller entworfenen, ausgeführten und abgerechneten Bauwerke und Bauanlagen 1935–1945«; aufgestellt im Oktober 1945

(4) U. Pauls »Was geschah in Peenemünde-West?«

(5) H. Barelmann »Bescheinigung« für den Bauleiter Hans Simon vom 1. Juni 1952

(6) J. Müller, Kurz, L. Werner, G. Schulz, K. Holl, Brunhilde Müller, Schwien, H. Hesse »1936/1941 Bauleitung d. Luftwaffe Peenemünde«

(7) H. Simon Persönliche Mitteilungen vom 6. Januar 1981, 16. Januar 1983 und 15. Dezember 1985; viele Fotos und Zeichnungen der Bauaktivitäten in Peenemünde

(8) U. Pauls Luftaufnahme des Peenemünder Hakens vom 25. Mai 1939 durch E.-Stelle Travemünde

(9) H. Schejbal Persönliche Mitteilungen von 1953 und 1954

(10) E. Schäfer Persönliche Mitteilungen und Bericht vom 30. Januar 1985 über die Werkbahn

(11) H. Baumann Persönliche Mitteilungen und Bericht vom 28. Juli 1983 über die Werkbahn

(12) H. J. Obermayer »Taschenbuch Deutsche Triebwagen«; Franckh'sche Verlagshandlung, Stuttgart, S. 97/98

(13) A. Sauter »Die Königlich-Preußischen Staatsbahnen«; Franckh'sche Verlagshandlung, Stuttgart, S. 43 und 70

(14) SSW Bauunion, Berlin »Vorentwurf für den Neubau eines Heizkraftwerkes«, 1943: Archiv R. Vohmann

(15) B. Ruland »Wernher von Braun, Mein Leben …«; S. 121

(16) W. Petzold, R. Vohmann »Kurzer Bericht über die erste Betriebszeit des Kraftwerkes«; 15. Juli 1943; Archiv R. Vohmann

(17) R. Vohmann Persönliche Auskünfte und Informationen über das Kraftwerk Peenemünde

(18) R. Vohmann Personalaufstellung des Kraftwerkes Peenemünde vom 15. März und 13. Mai 1943

817

Zu Kapitel 5

(1) P. Engelmann   »Neuhardenberg 1936–38«; Erlebnisbericht, viele persönliche Mitteilungen

(2) E. Warsitz, P. Kettel   »Niederschrift über das Interview ...«

(3) U. Pauls   »Was geschah in Peenemünde-West?«

(4) W. Dettmering   Persönliche Mitteilung vom 29. September 1986

(5) A. Beck, H. Birkholz, P. Engelmann,   Viele schriftliche und mündliche Informationen
     C. Neuwirth, U. Pauls

(6) »Das Beste GmbH«   »Geheime Kommandosache« aus Das Beste GmbH, Stuttgart, Bd. 1, S. 333 ff

(7) H. Witt   Brief vom 15. Februar 1976

(8) E. Bruns   Persönliche Mitteilung

(9) A. Beck   Persönliche Mitteilung

(10) W. Schmitz   Persönliche Mitteilung vom 16. Januar 1985 (ET)

(11) W. Fiedler   Brief vom 1. Januar 1987 (Fa. Fieseler, Erprobungsleiter Fi 103 bis April 1943)

(12) W. Dornberger   »V2 – Der Schuß ins Weltall«; S. 260/261, Bechtle, Esslingen 1952

(13) U. Pauls   Schriftlicher Nachlaß

(14) H. J. Nowarra   »Udet« – vom Fliegen besessen; S. 98, 113, 129

(15) J. Dantscher   Schriftlicher Nachlaß

(16) M. Mayer   Persönliche Mitteilung

(17) J. Garlinski   »Deutschlands letzte Waffen im 2. Weltkrieg«; S. 130 f, Motorbuch, Stuttgart, 1981

(18) A. Beck   »Optische Flugbahnvermessung (bewegliche Ziele)«, Bericht, Februar 1981; weitere persönliche Mitteilungen

(19) H. Schmid   »Meßaufgaben bei der Raketenentwicklung«; Mitteilungsblatt Deutscher Verein für Vermessungswesen, Landesverein Bayern e. V; 1978, Heft 3

| (20) | W. Dornberger | »V2 – Der Schuß ins Weltall«; S. 73 |

| (21) | B. Ruland | »Wernher von Braun, Mein Leben ...«; S. 109 |

(22) B. Ruland, J. Garlinski, A. Kranich, R. V. Jones

Ebenda S. 143 ff: »Oslo-Bericht« usw.
Siehe (17) S. 12, 44, 45, 79: hier wird ebenfalls M. Mader als Quelle angeführt, der den »Oslo-Bericht« Kummerow zuschreibt;
»Der Greif«; Kindler, München; der Autor gibt hier zumindest als Übermittler des »Oslo-Report« nach Norwegen Paul Rosbaud, den Bruder des Dirigenten Hans, an;
»Reflections on Intelligence«, Heinemann, London, S. 320 ff

(23) J. Müller

»Zusammenstellung 1935–1945«; Gebäudebeschreibung

Zu Kapitel 6

(1) E. Warsitz, P. Kettel

»Niederschrift über das Interview ...«

(2) K. Kens, H. J. Nowarra

»Die deutschen Flugzeuge 1933–45«; J. F. Lehmanns, München 1977, S. 274 f, S. 464, S. 630

(3) Ruthammer

»Schleppstart Go 242 – He111«; Bericht der V. d. Lw. Pee.-West, B.Nr.: 1770/42 g. KdoS. E2b, vom 12. Juni 1942

(4) W. Dettmering

Persönliche Mitteilung vom 29. September 1986

(5) W. Dornberger

»V2 – Der Schuß ins Weltall«; S. 136 f

(6) U. Pauls

»Was geschah in Peenemünde-West?«

(7) HWaA

»Niederschrift der Besprechung zwischen Ing. Riedel, Heereswaffenamt und Dipl.-Ing. Tschirschwitz, DVL, am 8. Juni 1936 in Kummersdorf über den Stand der Arbeiten am Rauchspurgerät (Ju A50 ci)«; DM, München

(8) K. v. Gersdorff, K. Grasmann

»Flugmotoren und Strahltriebwerke«; S. 215, Bernard & Graefe, Koblenz 1985

(9) W. Späte

»Der streng geheime Vogel Me 163«; S. 106, Verlag für Wehrwissenschaften, München 1983

(10) Dellmeier

»Änderungen der elektrischen Schaltung für die Betätigung und Bereitschaftskontrolle der 2 × 1000-kg-Schub-Starthilfe«; Bericht HVP, g. KdoS. vom 25. Mai 1940; DM, München

(11)	Dellmeier	Bericht HVP-Bb.Nr. 207/40 g. KdoS. vom 12. März 1940; DM, München
(12)	O. Cerny	Bericht der V. d. Lw. Pee.-West, B.Nr. 1177/40 E3 g. KdoS. vom 7. September 1940; DM, München
(13)	M. Mayer	Persönliche Mitteilungen
(14)	E. Warsitz	Vortragsmanuskript zur Pressekonferenz am 15. September 1959 in Speyer, S. 4

Zu Kapitel 7

(1)	U. Pauls	»Was geschah in Peenemünde-West?«
(2)	K. Kens, H. J. Nowarra	»Die deutschen Flugzeuge …«; S. 280
(3)	M. Mayer	Brief vom 20. Dezember 1993

Zu Kapitel 8

(1)	E. Warsitz, P. Kettel	»Niederschrift über das Interview …«
(2)	E. Heinkel	»Stürmisches Leben«; Mundus, Stuttgart 1953
(3)	S. Günter	In seinem »Beitrag zur deutschen Luftfahrtgeschichte nach meiner persönlichen Kenntnis« vom 17. August 1966 betont Siegfried Günter ausdrücklich auf den Seiten 7 und 8, daß seinem Bruder Walter der Entwurf der He 176 und auch der He 178 von Prof. Heinkel übertragen wurde. W. Günter bediente sich dabei der geschätzten theoretischen aerodynamischen Kenntnisse von Prof. Heinrich Helmbold
(4)	J. Stemmer	»Raketenantriebe«; S. 147 ff
(5)	J. Stemmer	Ebenda, S. 433, Abb. 178
(6)	W. Künzel	Vortragsmanuskript vom 20. Januar 1963 für die XI. Raketen- und Raumfahrttagung, das zur Korrektur von Künzel an Warsitz geschickt wurde und in korrigierter und ergänzter Form vorliegt; Nachlaß Warsitz
(7)	K. Kens, H. J. Nowarra	»Die deutschen Flugzeuge …«; S. 290
(8)	H. D. Köhler	Luftfahrt international; Heft 9, 1981, S. 358; Korrekturen bei den Daten der He 280; Archiv R. Pawlas
(9)	W. Gundermann	Ebenda; Heft 7, 1981, S. 256 ff; Archiv R. Pawlas

(10)	E. Klee, O. Merk	»Damals in Peenemünde«; S. 94/95, Stalling, Oldenburg und Hamburg 1963
(11)	E. Kruska	»Das Walter-Verfahren«; VDI-Zeitschrift, 1955, Nr. 3, 9, 21, 24
(12)	J. Stemmer	»Raketenantriebe«; S. 319
(13)	Th. Hoffmann	»Die Vorgänge im Dichtspalt«; Handbuch »Dichtelemente«, Band II, Hamburg-Wilhelmsburg, 1. Oktober 1965, der Fa. Asbest- und Gummiwerke, Martin Merkel KG
(14)	U. Pauls	»Was geschah in Peenemünde-West?«
(15)	D. Irving	»Die Tragödie der Deutschen Luftwaffe«; S. 127 ff, Ullstein, Frankfurt/M – Berlin – Wien 1970
(16)	E. Maier-Dorn	»Alleinkriegsschuld«; S. 132, 137, 147, 159, 160, 161, 165, C. Kessler, Bobingen 1970
(17)	R. Pawlas	Luftfahrt international; Nr. 23, 1977, S. 3653 ff
(18)	G. Reisig	Persönliche Mitteilung vom 10. August 1988
(19)	W. Dornberger	»V2 – Der Schuß ins Weltall«; S. 137
(20)	U. Pauls	Brief an Verf. vom 30. September 1983
(21)	U. Pauls	Brief an Verf. vom 14. November 1986
(22)	C. Neuwirth	Persönliche Mitteilung von 1984
(23)	C. Neuwirth	Persönliche Mitteilung von 1985
(24)	U. Pauls	Brief an Verf. vom 19. Januar 1987
(25)	HVP	Denkschrift des Referates Va: »He 112 V4; He 176« vom 1. August 1939; DM, München
(26)	U. Pauls	Bericht über die zweite Attrappenbesichtigung am 16. Februar 1937 bei EHF, Marienehe; LC II Nr. 440/37-2 g. KdoS. vom 11. März 1937
(27)	HVP	Bericht Nr. 1 (Entwurf) »über die seit den Neuhardenberger Flugversuchen durchgeführten Entwicklungsarbeiten an den R-Antrieben für Flugzeuge«; Bb.Nr. 1294/38 geheim, vom 2. August 1938; DM, München
(28)	W. v. Braun	»II. Bericht über die Entwicklungsarbeiten an den Flugzeug-R-Antrieben in der Woche vom 8. bis 14. August 1938«; Bb.Nr. 680/38 g. KdoS. Wa.Prüf. 11; DM, München

(29) U. Pauls	Aktenvermerk: »Triebwerk R II 101a in He 112-V4«; V.d.Lw. Pee.-West, E8/13, vom 3. Dezember 1938; DM, München
(30) Hillermann (Reins anwesend)	Aktenvermerk: »Besprechung über Abnahme des Triebwerkes R2 101b in He 112-V4«; V. d. Lw. Pee.-West, E3, vom 19. Mai 1939; DM, München
(31) H. Hüter (Reins anwesend)	Aktenvermerk: »Besprechung am 8. Juni 1939 über die weitere Bearbeitung der He 112-V4 nach der Überführung nach Werk West«; Bb.Nr. 271/39 g. KdoS./Hü. vom 15. Juni 1939; DM, München
(32) W. v. Braun	Meldung der HVP über: »Unfall mit dem Flugzeug He 112-V4«; Bb.Nr. 642/40 g. KdoS. Bv. vom 22. Juni 1940; DM, München
(33) W. Späte	»Der streng geheime Vogel ...«; S. 113 bis 115
(34) W. Thiel	»Unfall mit dem Flugzeug He 112-V4«; Bb.Nr. 748/40 g. KdoS. Dr. Th. vom 18. Juli 1940; DM, München
(35) M. Mayer	Persönliche Mitteilung von 1989

Zu Kapitel 9

(1) F. Trenkle	»Bordfunkgeräte – Vom Funkensender zum Bordradar«; S. 216 und 217, Bernard & Graefe, Koblenz 1986
(2) W. Oppelt	»Über die Entwicklung der Flugregler in Deutschland«; Luftfahrt international, 1982, Heft 1 und 2; Archiv R. Pawlas
(3) F. Müller	»Beitrag zur Geschichte der in Deutschland durchgeführten Entwicklung zur Fernlenkung von Flugkörpern«; 3.2.1: Ferngelenkte Flugzeuge; Nachlaß J. Dantscher
(4) F. Trenkle	»Bordfunkgeräte – Vom Funkensender ...«; S. 235
(5) F. Trenkle	»Deutsche Ortungs- und Navigationsanlage (Land und See 1935–1945)«; Deutsche Gesellschaft für Ortung und Navigation e.V., Düsseldorf 1964

Zu Kapitel 10

(1) H. J. Nowarra »Raketenjäger«; Bd. 373, S. 11 ff, Rastatter Versandbuchhandlung, Rastatt

(2) H. J. Ebert »Erstmals 1000 km/h«; Luftfahrt international, Heft 10, 1981, S. 392 f; Archiv R. Pawlas

(3) K. Kens, H. J. Nowarra »Die deutschen Flugzeuge …«; S. 125 ff, 340 f, 401 f, 409 f und 446 ff

(4) K. v. Gersdorff, K. Grasmann »Flugmotoren und …«; S. 213 ff

(5) H. Gartmann »Träumer, Forscher, Konstrukteure«; S. 111, 156 f, Econ Verlag, Düsseldorf 1957

(6) G. Fieseler »Meine Bahn am Himmel«; C. Bertelsmann

(7) Ruth M. Wagner, H. U. Stamm »Ihre Spuren verwehen nie«; S. 90 f, Staats- und Wirtschaftspolitische Gesellschaft e.V., Köln 1971

(8) W. Späte »Der streng geheime Vogel …«; S. 16 ff

(9) R. Pawlas »Messerschmitt Me 163«; Luftfahrt international, Heft 9, 1975

(10) J. Stemmer »Raketenantriebe«; S. 79 f, 319 ff und 417 ff

(11) O. Lutz »Übersicht über die Entwicklung und Anwendung der Strahltriebwerke«; Vortragsmanuskript für AGARD-Tagung, 23.–27. April 1956, München

(12) E. Kruska »Das Walter-Verfahren«; Archiv H. Niethammer

(13) C. Ruthammer »Stand der Me 163B, Verbesserung für einen Weiterbau, Weiterentwicklung des R-Jägers«; Bericht der E-Stelle d. Lw. Pee.-West, B.-Nr.: 3160/43 g. KdoS. E2b vom 6. Juni 1943; DM, München

(14) H. Walter »Entwicklung von Wasserstoffsuperoxyd-Raketen«; AGARD-Vortragsmanuskript; Nachlaß J. Dantscher

(15) J. Dressel, M. Griehl »Die deutschen Raketenflugzeuge 1935–1945«; S. 128 ff, Motorbuch Verlag, Stuttgart 1989

(16) H. J. Nowarra »Udet« – vom Fliegen besessen; S. 151

(17) J. Dantscher »Die geschichtliche Entwicklung der Arbeiten auf dem Gebiet der Fernmeldetechnik auf der E-Stelle d. Lw. Peenemünde-West«; Bericht aus dem POW-Camp Nr. 7, England, vom 5. August 1945, S. 1 bis 20

(18) H. Boye, C. Ruthammer »Erprobungsprogramm für 8-263«; Bericht der E-Stelle d. Lw. Karlshagen, Br.B.Nr. 240/45 g. KdoS. vom 20. Januar 1945; DM, München

(19) F. Trenkle »Bordfunkgräte – Vom Funkensender ...«; S. 198 ff

(20) F. Hahn »Deutsche Geheimwaffen 1939–1945«; z. B.: S. 126, 178 ff, Erich Hofmann, Heidenheim 1963

(21) E. W. Kutzscher »Die physikalische und technische Entwicklung von Ultrarot-Zielsuchgeräten«; AGARD-Vortragsmanuskript; Nachlaß J. Dantscher

(22) M. Ziegler »Rakektenjäger Me 163«; S. 213 ff, Motor Presse Verlag, Stuttgart 1961

Zu Kapitel 11

(1) Gerätehandbuch B & V Vom Februar 1944; Archiv Jansson/Niethammer; zusätzlich Bildfolge: »Werner-v.-Siemens-Institut«

(2) P. Schmalenbach »Die deutschen Marine-Luftschiffe«; S. 59, Koehlers Verlagsgesellschaft MBH, Herford 1977

(3) H. J. Nowarra »Deutsche Flugkörper«; Podzun-Pallas, Friedberg, Bd. 103

(4) K. Kens, Hanns Müller »Die Flugzeuge des Ersten Weltkrieges 1914–1918«; S. 148 ff, Heyne Verlag, München 1966

(5) M. Mayer »Selbstgesteuerte und ferngelenkte Flugkörper«; S. 156 und 157, Mittler & Sohn, »Nauticus 1953«

(6) H. J. Ebert »Erstmals 1000 km/h«; Luftfahrt international, Heft 10, 1981; Archiv R. Pawlas

(7) F. Hahn Deutsche Geheimwaffen ... ; S. 333 ff, S. 360 ff

(8) K. Kens, H. J. Nowarra Die deutschen Flugzeuge ... ; S. 543 bis 545

(9) R. Pawlas »Die Entwicklung der BV 143A«; Luftfahrt international, Heft 6, 1974 (Teil 1), S. 815 ff

(10)	R. Pawlas	Ebenda; Heft 7, 1975 (Teil 2), S. 1101 ff
(11)	M. Mayer	»Vergleich und Zusammenstellung vorhandener Gleitbombenkörper«; Bericht der V. d. Lw. Pee.-West, B.Nr.: 457/39 g. KdoS. E2a vom 14. Oktober 1939; DM, München
(12)	A. Spaeth	»Bericht über 2 Abwürfe RSA 160 mit Askania-Steuerung«; Teilberichte 1 und 2 der V. d. Lw. Pee.-West, B.Nr.: 931/41 g. KdoS. E5 VI vom 6. Oktober 1941; DM, München
(13)	H. Herrmann	»Stand der Erprobung der Gleitbombe BV 246«; Bericht der E.-Stelle d. Lw. Karlshagen, B. Nr.: 2412/44 g. KdoS. E2, vom 15. August 1944; DM, München

Zu Kapitel 12.2 und 12.3

(1)	F. Hahn	»Deutsche Geheimwaffen ...«; S. 274 ff
(2)	Casper	»Monatsberichte Oktober, November, Dezember 1943 der E.-Stelle d. Lw. Rechlin, Abt. E6«; Hoffmann Verlag, 1963
(3)	Th. Benecke	»Übersicht über die Entwicklung ferngelenkter Flugkörper in Deutschland«; AGARD-Vortragsmanuskript; Nachlaß J. Dantscher
(4)	A. Späth, Kiese	»Bericht über die Entwicklung der Fritz-X-Steuerung«; Bericht der V. d. Lw. Pee.-West, B.Nr.: 1745/42 g. KdoS. E5 VI vom 6. Juni 1942
(5)	G. Ernst	»Steuerung von Flugkörpern mittels Spoiler«; AGARD-Vortragsmanuskript; Nachlaß J. Dantscher
(6)	F. Trenkle	»Bordfunkgeräte – Vom Funkensender ...«; S. 214 ff
(7)	F. Müller	»Fernlenkung fliegender Objekte«; Elektrotechnische Zeitschrift; Ausg. A, Band 73 Heft 23, 1. Dezember 1952
(8)	J. Dantscher	»Schriften über ferngelenkte Körper«; Unterlagen für AGARD-Vortragsmanuskipt, als Broschüre gebunden
(9)	F. Müller	»Beitrag zur Geschichte der in Deutschland durchgeführten Entwicklungen zur Fernlen-

825

kung von Flugkörpern«; Göttingen, 4. März 1956 (als Manuskript geschrieben); Nachlaß J. Dantscher

(10) Th. Erb — Persönliche Mitteilung

(11) Th. Erb — Flugbuch

(12) K. V. Schneider — »Erprobung der Sendeanlage ›Kehl I‹«; Bericht der V. d. Lw. Pee.-West, B.Nr.: 1422/40 E4 g. KdoS. vom 26. Oktober 1940; DM, München

(13) M. Mayer — »FB-Projekt der SAM-Abwurfversuche in Peenemünde«; Aktenvermerk/40 geh. E2a, der V. d. Lw. Pee.-West, vom 24. August 1940; DM, München

(14) H. Bender — Persönliche Mitteilung vom 31. Oktober 1986

(15) D. Irving — »Die Tragödie der ...«; S. 309 f

(16) R. Weipert — Persönliche Mitteilung

(17) H. Bender — »Werfen eines Trefferbildes Fritz X aus 6000 m Höhe«; Bericht der V. d. Lw. Pee.-West, B.Nr.: 1887/42 g. KdoS. vom 30. Juni 1942; DM, München

(18) K. V. Schneider — »Beschreibung und Betriebsvorschrift für Prüfgerät Fu P 203H«; Bericht der V. d. Lw. Pee.-West, B.Nr.: 3781/42 E4 geh., vom 5. November 1942; DM, München

(19) J. Kießling — »Prüfgerät für Empfänger E30«; Bericht der V. d. Lw. Pee.-West, B.Nr.: 3723/42 E4 geh., vom 11. November 1942; DM, München

(20) K. V. Schneider — »Kurzbeschreibung und Betriebsvorschrift für Prüfempfänger PE 203«; Bericht der V. d. Lw. Pee.-West, B.Nr.: 2561/42 E4 geh., vom 21. Juli 1942; DM, München

(21) K. V. Schneider — Beschreibung und Verwendung des Prüfvoltmeters PV 62 beim Bordfunkgerät FuG 203«; Bericht der V. d. Lw. Pee.-West, E4, vom 13. August 1942; DM, München

(22) J. Kießling — »Vorläufige Betriebsanweisung Prüfvoltmeter PV 230«; Bericht der V. d. Lw. Pee.-West, B.Nr.: 2324/42 E4 geh., vom 16. Juni 1942; DM, München

Zu Kapitel 12.4 und 12.5

(1) H. Wagner

»Lenkung und Steuerung deutscher ferngelenkter Flugkörper, speziell der Henschel-Entwicklungen«; AGARD-Vortragsmanuskipt; Nachlaß J. Dantscher

(2) F. Hahn

»Deutsche Geheimwaffen ...«; S. 368 ff

(3) E. Fischel

»Beiträge zur Fernlenkung fliegender Bomben«; AGARD-Vortragsmanuskript; Nachlaß J. Dantscher

(4) J. Dantscher

»Schriften über ferngelenkte Körper«; Unterlagen für AGARD-Vortragsmanuskript – und »Fernlenkung von Flugbomben«; AGARD-Vortragsmanuskript

(5) F. Müller

»Fernlenkung fliegender Objekte«; Nachlaß J. Dantscher

(6) J. Kießling

»Vorläufige Betriebsanweisung des Fu G230«; Bericht der V. d. Lw. Pee.-West, B.Nr.: 2112/42 E4 g. KdoS. vom 12. August 1942; DM, München

(7) F. Buchner

»Bericht über acht Abwürfe Hs 293«; Bericht der V. d. Lw. Pee.-West, B.Nr.: 276/41 g. KdoS. vom 20. März 1941; DM, München

(8) F. Buchner, Boye, Sichling, Thiele

»Änderungsbericht über HS 293, Baureihe V3«; Bericht der V. d. Lw. Pee.-West, B.Nr.: 734/41 g. KdoS. E2a vom 10. September 1941; DM, München

(9) F. Buchner, Boye, Cerny, Schneider, Sichling, Thiele, Gümbel

»Bericht über den Stand der Entwicklung Hs 293-V2«; Bericht der V. d. Lw. Pee.-West, B.Nr.: 892/41 g.KdoS. E2a vom 28. Oktober 1941; DM, München

(10) J. Kießling

Persönliche Mitteilung

(11) K. Sohr

»Explosionsunfall in Pee.-West«; Aktennotiz vom 31. Oktober 1944

(12) J. Stamer

»Raketenantriebe«; S. 314 ff

(13) H. Gartmann

»Träumer, Forscher, Konstrukteure«; S. 227 ff

(14) Haefge

»Bedienungszug 293«; Bericht der V. d. Lw. Pee.-West, B.Nr.: 2830/41 geh. E8, vom 4. November 1941; DM, München

(15) U. Balke — »Kampfgeschwader 100 ›Wicking‹«; S. 236, Motorbuch Verlag, Stuttgart 1981

(16) F. Buchner, Boye, Gräber, Hammer, Kießling, Schneider, Sichling — »Stand der Erprobung und Truppeneinweisung Hs 293«; Bericht der V. d. Lw. Pee.-West, B.Nr.: 1723/42 g. KdoS. vom 29. Mai 1942; DM, München

(17) F. Buchner — »Aufbau, Lenkung und Zielverfahren der Hs 293«; Bericht der V. d. Lw. Pee.-West, B.Nr.: 1769/42 g. KdoS. E2a vom 5. Juni 1942; DM, München

(18) F. Buchner — »Betriebsanweisung für Einsatz Hs 293 1. Teil: Fliegendes Personal«; Bericht der V. d. Lw. Pee.-West, B.Nr.: 1779/42, g. KdoS. E2a vom 12. Juni 1942; DM, München

(19) O. Heibel — »Die Hs 293(H)«; persönliche Mitteilung, nach Ausbildungsunterlagen des EK15 geschrieben

(20) Graßmuck — »Bericht über Kälteversuche an Hs 293«; Bericht der V. d. Lw. Pee.-West, B.Nr.: 1835/42, g. KdoS. E2a vom 26. Juni 1942; DM, München

(21) W. Schmuck — »6 Stunden Dauerflugerprobung Hs 293«; Bericht der V. d. Lw. Pee.-West, B.Nr.: 2030/42 E4, g. KdoS. vom 22. August 1942; DM, München

(22) E. Stürwold — »Bericht über Erprobung eines Libellenwinkelmeßgerätes«; Bericht der V. d. Lw. Pee.-West, B.Nr.: 401/43, n. f. D. E7b, vom 19. April 1943; DM, München

(23) K. Kens, H. J. Nowarra — »Die deutschen Flugzeuge …«; S. 557 ff und 632

(24) C. Neuwirth — Persönliche Mitteilung über FritzX- und Hs-293-Erprobung und Einsatz, vom 25.Mai 1982

(25) Fa. Henschel Flugzeug-Werke A.G., Schönefeld b. Berlin — »Vorläufige Beschreibung Hs 293 H und J« und »Steuerung des Zündeinsatzes von Hs 293 mit Funkmeßgerät«, vom 5. April 1943; Nachlaß C. Neuwirth

(26) Th. Benecke — »Übersicht über die Entwicklung ferngelenkter Flugkörper …«; AGARD-Vortragsmanuskript; Nachlaß J. Dantscher

(27) H. Kröger — »Stellungnahme zu Hs 294«; Bericht der E-Stelle d. Lw. Karlshagen/Pom., B.Nr.: 4106/43 g. KdoS. E2 vom 27. Oktober 1943; DM, München

(28) M. Marquardt   »Vergleich verschiedener Lenkaufschaltun-
                                   gen«; Bericht der E-Stelle Karlshagen, B.Nr.:
                                   9442/44 E4 geh., vom 5. Oktober 1944; DM,
                                   München

(29) M. Marquardt   »Geber 25 Hz«; Bericht der E-Stelle d. Lw.
                                   Karlshagen, E4, n. f. D., vom 27. November 1944;
                                   DM, München

Zu Kapitel 12.6

(1)   F. Münster   »Gleitbombenlenkung mit Hilfe des Fernse-
                                   hens«; AGARD-Vortragsmanuskript; Nachlaß
                                   J. Dantscher

(2)   G. Goebel   »Militärisches Fernsehen«; Archiv für das Post-
                                   und Fernmeldewesen, S. 375–380; Archiv Goebel

(3)   G. Goebel   Brief an Verf. vom 3. Dezember 1980

(4)   K. Wemheuer   »Entwicklung und Erprobung von Fernsehgerä-
                                   ten für ferngesteuerte Körper«; Bericht der V. d.
                                   Lw. Pee.-West, B.Nr.: 2267/42 E4 g. KdoS. vom
                                   10. Oktober 1942; beschafft von F. Trenkle

(5)   W. Bruch   »Peenemünde 1942: Die Anfänge des Industrie-
                                   fernsehens«; Funkschau 1974, Heft 5; Archiv G.
                                   Goebel

(6)   F. Schröter   »Die neuere Entwicklung der Fernsehtechnik«;
                                   aus: »Beiträge zur Elektronenoptik«; S. 121 ff,
                                   von H. Buson und E. Brüche, Johann Ambrosi-
                                   us Barth, Leipzig 1937

(7)   M. Knoll   Ebenda, »Elektronenoptik der Fernseh-Bild-
                                   feldzerleger«

(8)   F. Bergtold   »Die große Rundfunkfibel«; S. 36, Deutsch-Li-
                                   terarisches Institut J. Schneider, Berlin-Tempel-
                                   hof 1942

(9)   J. Kammerloher   »Hochfrequenztechnik«, Teil III, Gleichrichter;
                                   S. 227 ff, C. F. Winter'sche Verlagshandlung,
                                   Leipzig 1942

(10) F. Trenkle   »Bordfunkgeräte – Vom Funkensender …«;
                                   S. 225 f

(11) E. Fischel   »Beiträge zur Fernlenkung fliegender Bom-
                                   ben«; AGARD-Vortragsmanuskript; Nachlaß J.
                                   Dantscher

(12) K. Wemheuer

»Prüfgeräte für Anlage ›Tonne‹«; Aktenvermerk Nr. 10, Bericht der E-Stelle Pee.-West, B.Nr.: 3409/43 E4 g. KdoS. vom 15. Juli 1943; DM, München

(13) Lehmann

»Forderungen für die weitere Erprobung Hs 293D«; Bericht der E-Stelle Jesau, B.Nr.: 451/44 E4 g. KdoS. vom 24 Juni 1944; DM, München

(14) Lehmann

»Erprobungsbericht Hs 293D«; Bericht der E-Stelle Jesau, B.Nr.: 47/479 E4 g. KdoS. vom 28. Juni 1944; DM, München

(15) F. Trenkle

»Bordfunkgeräte – Vom Funkensender …«; S. 175 ff

(16) W. Ebenau, Lehmann

»Einsatzerprobung der Hs 293D mit FB-Sende- und Aufnahmeanlage ›Tonne 4a‹ und Empfangs- und Wiedergabeanlage ›Seedorf III‹«; Bericht der E-Stelle Karlshagen, B.Nr.: 2399/44 E4 g. KdoS. vom 22. August 1944; DM, München

(17) W. Ebenau, Lehmann

»Erprobungsbericht Hs 293D«; Bericht der E-Stelle Karlshagen B.Nr.: 2855/44 E4, g. KdoS. vom 10. Oktober 1944; DM, München

(18) H. Merker

Tätigkeitsberichte vom 15., 10., 31. Oktober 1944, Punkt b, E4e

(19) H. Merker

Tätigkeitsberichte vom 16. bis 29. November 1944, Punkt 8., E4e

(20) H. Richter

»Die Kathodenstrahlröhre«; S. 294 ff, Franckh'sche Verlagshandlung, Stuttgart 1938

(21) H. Busch, E. Brüche

»Beiträge zur Elektronenoptik«; S. 102 ff

Zu Kapitel 12.7

(1) J. Dantscher

»Die geschichtliche Entwicklung der Arbeiten auf dem Gebiet der Fernmeldetechnik …«

(2) F. Trenkle

»Bordfunkgeräte – Vom Funkensender …«; S. 226 f

(3) J. Kießling

Brief vom 4. April 1956 an Dr. J. Dantscher

(4) F. Müller

»Beitrag zur Geschichte der in Deutschland durchgeführten Entwicklungen zur Fernlenkung …«; S. 21 f, Typoskript, Göttingen, 4. März 1956; Nachlaß J. Dantscher

(5)	K. Buttler	»Die Ausbreitung sinusförmiger Wechselströme auf Fernsprechleitungen«; S. 28 ff, Franz Westphal, Lübeck, 1929
(6)	J. Dantscher	»Gruppen-Mitteilung 1/44«; vom 7. Februar 1944
(7)	G. Schubert, Ropol	»Erprobungsteilbericht über Empfänger E237«; Bericht der E-Stelle Jesau, B.Nr.: 447/44 E4 g. KdoS. vom 3. Juli 1944; DM, München

Zu Kapitel 12.8

(1)	J. Dantscher	»Gesichtspunkte zum Einsatz neuartiger technischer Sonderwaffen. Erfahrungen der E. d. L. Karlshagen beim Einsatz der FK«; Bericht der E-Stelle Karlshagen, B.Nr.: 643/45 E4, vom 18. Februar 1945
(2)	K. Herold	»Tarnung des Wurf- und Abstimmbetriebes von Hs 293 und FritzX«; ZVH-Bericht vom November 1943; Nachlaß J. Dantscher
(3)	K. Herold	»Die Störmöglichkeit der Funklenksteuerung Kehl-Straßburg durch Dauerstrich-, Impuls-, Wobbel- und Nachlaufsender«; ZVH-Bericht Nr. 3 vom 2. August 1944; Nachlaß J. Dantscher
(4)	K. Herold	»Einsatz der Hs 293 und FritzX im Kanalgebiet«; ZVH-Bericht Nr. 3 vom 2. August 1944; Nachlaß J. Dantscher
(5)	K. Herold	»Vorschlag zur Unempfindlichmachung der Übertragung von Fernsteuerkommandos gegen Störeinflüsse«; ZVH-Bericht vom August 1944; Nachlaß J. Dantscher

Zu Kapitel 12.9

(1)	J. Dantscher	»Gesichtspunkte zum Einsatz neuartiger ...«; S. 2 ff

Zu Kapitel 12.10

(1)	J. Dantscher	»Gesichtspunkte zum Einsatz neuartiger ...«

Zu Kapitel 12.11

(1)	U. Balke	»Kampfgeschwader 100 ...«; S. 236 ff
(2)	J. Dantscher	»Schriften über ferngelenkte Körper ...«

(3) C. Neuwirth   Erlebnisbericht und Brief an Verf. vom 25. Mai
                                1982

(4) F. Müller   »Beitrag zur Geschichte der in Deutschland ...«

Zu Kapitel 13

(1) B. Stüwe   Vorversuche des Verfassers Ende September
                                1941 in Pee.-West

(2) R. Prochatzka   »Untersuchungen von Funkstörungen durch
                                Triebwerke«; Forschungsbericht Nr.: 2007, Deut-
                                sche Luftfahrtforschung; bestehend aus 3 Teil-
                                berichten zu E-Nr.: 428/42, »Untersuchungen von
                                Funkstörungen«, vom 1. Oktober 1943; Elek-
                                trophysikalisches Laboratorium der TH Mün-
                                chen und E-Stelle Karlshagen; Nachlaß J. Dant-
                                scher

(3) J. Kammerloher   »Hochfrequenztechnik«, Teil II, Elektronenröh-
                                ren und Verstärker; S. 6 ff, C. F. Winter'sche Ver-
                                lagshandlung, Leipzig 1939

Zu Kapitel 14

(1) Sabin   »Gerätebeschreibung der Leybold'schen photo-
                                elektrischen Lichtsteuerung LS1 und LS2« und
                                »Erprobung der von der Firma Leybold ent-
                                wickelten photoelektrischen Lichtsteuergerä-
                                te«; Doppelbericht der V. d. Lw. Pee.-West, E7,
                                B.Nr.: 1245/40. vom 14. September 1940; DM,
                                München

(2) Sabin   »Erprobung von zielsuchenden Geräten auf
                                photoelektrischer Grundlage zur Auslösung von
                                Steuerimpulsen an Bombenkörpern«; Bericht
                                der V. d. Lw. Pee.-West, B.Nr.: 594/41 g. KdoS. E7
                                vom 18. Juli 1941; DM, München

(3) K. Müller-Lübeck   »Versuche mit Kontrast-Steuergerät von Firma
                                Loewe-Radio auf dem Bodensee«; Bericht der
                                V. d. Lw. Pee.-West, B.Nr.: 871/41 g. KdoS. E4
                                vom 8. Oktober 1941; DM, München

(4) E. W. Kutzscher   »Die physikalische und technische Entwicklung
                                von Ultrarot-Zielsuchgeräten«; AGARD-Vor-
                                tragsmanuskript; Nachlaß J. Dantscher

(5) P. Wessel   »Physik«; S. 125 ff, Ernst Reinhardt, München,
                                1938

(6)	F. Müller	»Beitrag zur Geschichte der in Deutschland …«
(7)	B. Stüwe	1 Gerät vom Verfasser auf Funktion geprüft
(8)	F. Trenkle	»Bordfunkgeräte – Vom Funkensender …«; S. 231 ff
(9)	J. Kammerloher	»Hochfrequenztechnik«, Teil II, Elektronenröhren und Verstärker; S. 130 ff

Zu Kapitel 15

(1)	R. Pawlas	»Das Huckepack-Flugzeug«; »Luftfahrt international«, Heft 23, September/Oktober 1977
(2)	P. Paus	»Dynamiter des Luftkrieges«; Band 913, Rastatter Versandbuchhandel, Rastatt
(3)	P. W. Stahl	»Geheimgeschwader KG 200«; S. 168 ff, Motorbuch Verlag, Stuttgart 1980
(4)	K. Kens, H. J. Nowarra	»Die deutschen Flugzeuge …«; S. 501 f
(5)	F. Hahn	»Deutsche Geheimwaffen …«; S. 146 ff
(6)	Focke Wulf Flugzeugbau GmbH	»Kurzbeschreibung: Mistel Ta 154A – Fw 190A-8 ›Beethoven‹«; Focke-Wulf Flugzeugbau GmbH, Bremen, vom 14. Juli 1944
(7)	A. Rose	»Mistel – Die Geschichte der Huckepackflugzeuge«; Motorbuch Verlag, Stuttgart
(8)	S. Holzbauer	Brief an Verf. vom 20. März 1992
(9)	F. Trenkle	»Bordfunkgeräte – Vom Funkensender …«; S. 65 f
(10)	R. Bolz	»Synchronopse des Zweiten Weltkrieges«; Econ Taschenbuch Verlag, Düsseldorf 1983
(11)	F. Richter	»Tendenzen des Raumtransportes«; SAFR-Mitteilungen, S. 5 ff, Schweizer Arbeitsgemeinschaft für Raumfahrt, Luzern, Nr. 169, Juli/August 1988

Zu Kapitel 16

(1)	B. Ruland	»Wernher von Braun – Mein Leben …«; S. 70 ff
(2)	W. Dornberger	»V2 – Der Schuß ins Weltall«; S. 23 ff, und Denkschrift »Die Eigenentwicklung des Heereswaf-

fenamtes auf dem Raketengebiet in den Jahren 1930/43«; Archiv H. Niethammer

(3) K. v. Gersdorff, K. Grasmann   »Flugmotoren und Strahltriebwerke«; S. 222 ff

(4) F. Gosslau   Nachlaß von F. Gosslau; Archiv H. Niethammer

(5) E. Bruns   Persönliche Mitteilungen

(6) Verf. siehe Text   Besprechung im RLM am 7. Dezember 1939: »Fernfeuer – Kennwort Erfurt«; Brief vom RLM, LC4 Nr.: 160-40.4/III g. KdoS. vom 21. März 1940 an Argus: »Projekt ›Erfurt‹«; Begleitschreiben von Argus, Dr. Gosslau, an Generalluftzeugm. vom 14. Oktober 1940; Brief vom RLM, LC2 Nr.: 1212/41, Generalluftzeugm. Udet an Argus, vom 27. Juli 1941; ergänzender Schriftwechsel Nachlaß Dr. Gosslau; Archiv H. Niethammer

(7) J. Garlinski   »Deutschlands letzte Waffen …«; S. 19 und 127

(8) F. Trenkle   »Kirschkernverfahren, Projekt ›Erfurt‹ = ›Argus-Fernfeuer‹«; als Manuskript geschrieben

(9) F. Gosslau   »Entwicklung des V1-Triebwerkes«; AGARD-Vortragsmanuskript; Gosslau gibt hier für den Standbetrieb einen Einspritzdruck von 2,2 bar Überdruck (atü) an. Im Scharferprobungsbericht Nr.: 1077, S. 8 ff, siehe (33), wird aber ein Sollwert von 1,8 bar (atü) angegeben; Nachlaß J. Dantscher

(10) R. Pawlas   Luftfahrt international; 1976, Nr.: 17, S. 2715 ff

(11) F. Gosslau   Zum Memorandum: »Die Vorgeschichte des Flakzielgerätes 76 (später V1)«; Blatt 1–3: »Wie Herr Lusser mit der V1 in Verbindung kam«; Archiv H. Niethammer

(12) E. Bruns   Persönliche Mitteilungen

(13) G. Diedrich   »Entwicklung des ›V1‹-Triebwerkes«; MTZ, Mai 1954, Nr. 5

(14) E. Bruns, H. Niethammer   »Entwicklung und Aufbau der Fi 103«; Manuskript vom Juni 1983 und Archiv H. Niethammer

(15) K. Kens, H. J. Nowarra   »Die deutschen Flugzeuge …«; S. 609 f

(16) K. Kens, H. J. Nowarra

Ebenda, S. 85

(17) H. Steuer

Persönliche Mitteilungen vom 8. Mai 1987, 12. Dezember 1987, 24. Februar 1995 und viele telefonische Informationen

(18) J. Tarrach

Fotos der Fi 103 in verschiedenen Montagezuständen aus Neu-Tramm, siehe auch Buch: »Ein Hauch von ›Tausend Jahren‹«; Köhring & Co, Lüchow 1988

(19) G. Hopp, RLM

Vergleichende Vermessung von maßstäblichen Zeichnungen des Canadian War Museum, Ottawa, mit Hilfe des Gerätehandbuches FZG 76 von März 1944

(20) G. Fieseler

»Meine Bahn am Himmel«; S. 251 ff; Brief von R. Lusser an Christian, Fa. Argus, vom 30. März 1942; Archiv H. Niethammer

(21) J. M. Koog, Uytenbogaard

»Ballistics of the Future«; S. 262 ff, McGraw Hill, New York 1946

(22) RLM

Gerätehandbuch FZG 76, herausgegeben vom RLM GL/C-E2 VIII, vom März 1944; S. (148) ff; Archiv Jansson/Niethammer

(23) H. Niethammer

Persönliche Mitteilungen vom 4. August und 22. September 1987

(24) W. Fiedler

Persönliche Mitteilungen vom 1. Februar und 15. Dezember 1987 und 4. April 1989

(25) E. Kruska

»Das Walter-Verfahren«; Archiv Niethammer

(26) K. Kens, H. J. Nowarra

»Die deutschen Flugzeuge ...«; S. 545 f

(27) H. D. Hölsken

Schriftverkehr des Verf. mit H. D. Hölsken über Rückenflosse und Kreuzleitwerk der Fi 103; siehe auch (26)

(28) B. Stüwe

Beschreibung zusammengestellt aus Gerätehandbuch FZG 76, S. (6) ff; aus (18); Vermessung von Originalteilen in Neu-Tramm durch Verf.; viele Informationen von E. Bruns, Fa. Fieseler

(29) H. Overberg

»Erprobungsbericht FZG 76 für die Zeit vom 18. August bis 26. November 1944«; Bericht der E-Stelle d. Lw. Karlshagen, ET, B.Nr.: 3461/44 g. KdoS. ET vom 5. Dezember 1944; DM, München

835

(30) H. Niethammer

Archiv Niethammer; Kriegstagebuch des Flak-regimentes 155 (W); BA-MA, Freiburg

(31) F. Wissendaner

Bericht vom 2. Dezember 1987, entsprechend eigenen Versuchen in Pee.-West, E7

(32) A. Reck

»Zündererprobung FZG 76«; Bericht der E-Stelle d. Lw. Karlshagen, B.Nr.: 4179 g. KdoS. E7 vom 9. November 1943; DM, München

(33) Kreeb, H. Overberg, K. Czychy, H. Temme, Spilger, K. Czychy, H. Temme

»Scharferprobung FZG 76 in Heidelager«, Teil I; Bericht der E-Stelle d. Lw. Karlshagen und der Flak Lehr- und Versuchs-Abt. (W) B.Nr.: 1076/44 g. KdoS. ET vom 4. Mai 1944 Ebenda, Teil II; B.Nr.: 1077/44 g. KdoS. vom 4. Mai 1944; Original im Nachlaß Dr. Gosslau; Archiv H. Niethammer

(34) H. Temme

»Entwicklung und Erprobung der Steuerung der V1«; AGARD-Vortragsmanuskript; Nach-laß J. Dantscher

(35) W. Oppelt

»Über die Entwicklung der Flugregler in Deutschland«; »Luftfahrt international« 1/82 und 2/82; Mittler & Sohn

(36) G. Hahn

Bericht an Verf. vom 31. Dezember 1985; Aus-schnitt aus dem Lebenslauf von Herrn Wilde

(37) W. Latzel

»Methoden der Regelungstechnik«; »Der Elek-triker« 5/75, S. 121

(38) H. Ehrich

»Grundsätzliche und konstruktive Probleme bei Kreiselgeräten für Land- und Wasserfahr-zeuge«; »Feinwerktechnik«, 4/1964

(39) W. Heuser

»Physik des Steuermanns«; Mittler & Sohn, Berlin, 1943, S. 21 f

(40) Askania-Werke, BAMBERGWERK, Berlin-Friedenau

»Einbauvorschrift für Fernkompaßanlagen«; Zeichnung vom 28. April 1934

(41) Askania-Werke

Ebenda, »Vollsteuerung I«; Arbeitsweise der Askania-Vollsteuerung, Bauart Sperry

(42) W. Möller

»Die Entwicklung des Fernkompasses und seine Bedeutung für die automatische Steuerung«; Vortrag von Möller auf der Breslauer OMV, in »Flugtechnik und Motorluftschiffahrt«, 24. Heft, 1930

(43) K. Bartels »Sondergerät V-1 (Fi 103)«; französische Studie, von Bartels übersetzt. B. war früher im Fluggerätewerk Berlin-Weißensee, einer Tochterges. der Askania-Werke, wo die Fi-103-Steuerung u. a. gefertigt wurde; Brief an Verf. vom 13. Februar 1985

(44) K. Magnus, H. Niethammer, RLM Funktionszeichnung und Foto einer Fi-103-Steuerung; zeitweilige Überlassung einer Originalsteuerung von H. Niethammer; Gerätehandbuch FZG 76, S. (54)

(45) RLM Gerätehandbuch ...; Kontaktlaufwerk, S. (67) f; Archiv Jansson/Niethammer

(46) B. Barvink »Oberstufe der Physik«; S. 92, Viehweg & Sohn AG, Braunschweig 1929

(47) Graudenz »Die navigatorischen Richtlinien für den Flugzeugeinsatz mit FZG 76«; Blatt 6, E-Kdo. Banneick Karlshagen, vom 4. Mai 1944

(48) Keul »Drahtlose Funkmeßanlage zur Registrierung der das Flugverhalten bestimmenden Größen bei FZG 76«; Bericht der E-Stelle d. Lw. Karlshagen, B.Nr.: 562/44 g. KdoS. E4 FMG vom 4. März 1944; DM, München

(49) R. Böhm »Funkvermessung Fi 103 mit FuG 23«; Bericht der E-Stelle d. Lw. Karlshagen, B.Nr.: 2756/44 E4 g. KdoS., 3. Teilbericht vom 30. September 1944; DM, München

(50) Spohr »Fliegen lernen«; Verlag Dr.-Ing. Spohr, Dresden, Broschüre, zusammengestellt unter Mitwirkung des RLM, Sommer 1942

(51) B. Dietrichs Berichte über die Entwicklung, Erprobung und den Einsatz der Fi 103 vom 8. Februar 1989 und Information vom 18. März 1989 an Verf.

(52) Baulig BWB Koblenz, Beschreibung und Fotos des Abstiegsgerätes anhand einer Original-Fi 103; siehe auch Gerätehandbuch FZG 76

(53) J. Dantscher »Schriften über ferngelenkte Körper«

(54) H. Walter »Entwicklung von Wasserstoffsuperoxyd-Raketen«; AGARD-Vortragsmanuskript; Nachlaß J. Dantscher

(55) W. v. Braun — »Luftwaffenprojekt ›Kirschkern‹«; Bericht aufgrund des Befehls Wa Prüf 11, 72 p 71 Stab B1 Bb.Nr.: 2037/42 g., vom 9. Oktober 1942; Waffen Revue Nr.: 68, S. 126 ff, Archiv Niethammer

(56) A. Beck — Mitteilung an Verf. über durchgeführte Vermessung von »Bumsköpfen« und Fi-103-Abschüssen

(57) H. Kuhn, W. Schmitz — Bericht vom 16. Januar und Besprechung mit Verf. vom 31 Mai 1985 über Erprobung und Einsatz Fi 103; Mitarbeiter von H. Temme (ET) in Peenemünde. Später im Einsatz bei ITG

(58) D. Irving — »Die Tragödie ...«; S. 230

(59) D. Irving — Ebenda; S. 247

(60) D. Irving — Ebenda; S. 298 ff

(61) D. Irving — Ebenda; S. 335 und 336

(62) D. Irving — Ebenda; S. 343 ff

(63) E. Bruns, H. Niethammer — »Entwicklung und Fertigung der Fi 103«; ergänzende persönliche Mitteilungen; Archiv H. Niethammer

(64) G. Fieseler — »Meine Bahn ...«

(65) G. Fieseler — Ebenda; S. 264

(66) E. Bruns — Persönliche Mitteilung bzw. Archiv Bruns

(67) R. Lusser — »Lusser-Bericht« vom 21. Juni 1943; BA-MA, Freiburg-RL 3/69

(68) R. Lusser — Ebenda

(69) RLM — GL-Besprechungsprotokolle 43/44; BA-MA, Freiburg-ZA 3/91 u. f.

(70) M. Bornemann — »Geheimprojekt Mittelbau«, Bernard & Graefe, 1994, S. 115 ff

(71) KTB Flak-Rgt. 155 (W) — Archiv H. Niethammer; BA-MA, Freiburg

(72) H. D. Hölsken — »Die V-Waffen«; S. 48

(73) A. Reck — »Zündererprobung FZG 76«; Bericht der E-Stelle ...; DM, München

(74) J. Engelmann   »Die fliegende Bombe Fi 103«; S. 44, Podzun-Pallas, 1986

(75) J. Engelmann   Ebenda; S. 41

(76) J. Tarrach   »Festschrift zum 25jährigen Bestehen des Fernmeldesektor B der Bundeswehr« (Neu-Tramm), siehe auch: »Ein Hauch von Tausend Jahren«; Köhring & Co, Lüchow 1988

(77) E. Bruns, H. Niethammer   Reisebericht B 52 S/Bs II vom 10. Mai 1943; M/Hil/Ot vom 24. Mai 1943 und B 52 S/Bs vom 25. Mai 1943; Archiv Niethammer

(78) W. Fiedler   Persönliche Mitteilungen

(79) H. D. Hölsken   Brief an H. Overberg vom 7. Januar 1988, mit Schleuderabbildungen von Peenemünde-West

(80) P. Pauly   Brief an Verf. vom Februar 1985; Schilderung der Beschleunigungsmessungen der Fi 103 auf der Schleuder

(81) W. Dornberger   »V2 – Der Schuß ins Weltall«; S. 103 ff

(82) E. Bork   Bericht der E-Stelle d. Lw.; DM, München

(83) U. Pauls   Persönliche Mitteilung

(84) Übungsstab FZG 76   Transportübung FZG 76, vom 22. März bis 3. April 1944; BA-MA, Freiburg-RL 36/67

(85) B. Ruland   »Wernher von Braun, Mein Leben ...«; S. 176 f

(86) K. Grasser   Kopie vom KTB des Flak-Regiments 155 (W), das für alle die Einsatzvorgänge der Fi 103 zu schildernden Abläufe herangezogen wird. Von Herrn Grasser, Nürnberg, zur Verfügung gestellt

(87) J. Garlinski, Kiehl   »Deutschlands letzte Waffen im 2. Weltkrieg«; »Kampfgeschwader Legion Condor 53« (Lufteinsatz FZG 76)

(88) H. Agel   Persönliche Mitteilung vom 22. Februar 1985

(89) Th. Erb, F. Dilg   Flugbuch von A. Keil und Th. Erb; persönliche Information von Th. Erb vom 19. Dezember 1982, Bericht des Flugzeugführers F. Dilg in »Die Rakete« 1/84, S. 16

(90)	Neubert	KTB der Ln Abt./Flak-Rgt. 155 (W); BA-MA, Freiburg-8A-2823
(91)	B. Johnson	»Streng geheim«; S. 154, Motorbuch Verlag, Stuttgart 1983
(92)	W. Hellmold	»Die V1«; S. 48 ff; Bechtle 1988
(93)	W. Dettmering	Persönliche Mitteilung vom 29. September 1986
(94)	B. Johnson	»Streng geheim«; S. 137 f
(95)	B. Ruland	»Wernher von Braun, Mein Leben …«; S. 159 ff
(96)	W. Dornberger	»V2 – Der Schuß ins Weltall«; S. 167 ff und Erlebnis des Verf.
(97)	K. Herold	Persönliche Mitteilung einer englischen Information von 1953, die Herold anläßlich einer Einladung in das englische Hauptquartier erhielt
(98)	F. Trenkle	»Bordfunkgeräte – Vom Funkensender …«; S. 193 f
(99)	P. Paus	»Die letzten Bomber«; Bd. 325, S. 30 f, Pabel, Rastatt
(100)	D. Irving	»Die Geheimwaffen des 3. Reiches«; Siegbert Mohn, Gütersloh 1964 (Luftangriff auf Pee. vom 17./18. August 1943)
(101)	K. Kens, H. J. Nowarra	»Die deutschen Flugzeuge …«; S. 468 f
(102)	Hanna Reitsch	»Fliegen mein Leben«; S. 293 ff, Herbig Verlag
(103)	Hanna Reitsch	Brief an Dr. Gosslau vom 6. Februar 1951; Archiv H. Niethammer
(104)	H. Kensche	»Zusammenfassung über die Entstehung der ›Reichenberg‹-Version der Fi 103« vom 22. Juni 1953; Brief an Dr. Gosslau vom 22. Juni 1953; Archiv H. Niethammer
(105)	P. Paus	»Raketenflieger«; Bd. 327, S. 45 ff, Pabel, Rastatt
(106)	E. Bruns, W. Fiedler	Persönliche Mitteilungen vom 16. März 1984 bzw. 1. Februar 1987
(107)	P. W. Stahl	»Geheimgeschwader KG 200«; S. 159, 164 und 166

(108) KTB Flak Rgt. 155 (W),   KTB, ab S. 500; BA-MA, Freiburg-RL 12/76 m.
     Argus-Bericht   Erg. RL 892821/23; Argus-Bericht der Reichwei-
                                     tenzelle FZG 76 S-EV Dr. Go. vom 11. Januar 1945
                                     und Kurzbeschr. Fieseler FZG Baureihe F-1 8355,
                                     vom 20. Februar 1945; Archiv H. Niethammer

(109) K. v. Gersdorff, K. Grasmann »Flugmotoren …«; S. 294

(110) E. Fischel   »Die Korrekturlenkung der V-1«; AGARD-
                                     Vortragsmanuskript, Punkt 6; Nachlaß J. Dant-
                                     scher

(111) F. Trenkle   »Kirschkern-Verfahren/Fi-103-Verfahren/DFS-
                                     Verfahren«; persönliche Mitteilung als Manu-
                                     skript

(112) OKL   Fernschreiben SSD Asien 1393 vom 23. Novem-
                                     ber 1944 (Abschrift Stabsing. Fiedler)

(113) ET   »Studie über Abwehrmöglichkeiten gegen flie-
                                     gende Bomben nach der Art der V1«; Bericht
                                     der ET Pee.-West, B.Nr.: 3720/44 g. KdoS. vom
                                     23. Dezember 1944; DM, München

(114) W. Hellmold   »Die V1«; S. 236 ff

(115) Verfasser nicht bekannt   »Popular Science«; Januar 1945

(116) W. Hellmold   »Die V1«; S. 301 und Gerätehandbuch FZG 76

(117) W. Fiedler, G. Fieseler   Persönliche Mitteilung vom 1. Januar 1987 bzw.
                                     Brief an Dr. J. Dantscher vom 7. Januar 1978

(118) Verfasser nicht bekannt   »Der Spiegel«; Nr.:43/1986, S. 86 bis 103

(119) F. Kurowski   »Alliierte Jagd auf deutsche Wissenschaftler«;
                                     Kristall bei Langen-Müller, 1982

(120) F. Trenkle   »Bordfunkgeräte – Vom Funkensender …«;
                                     S. 109

(121) KTB Flak-Rgt.155 (W)   Archiv H. Niethammer; BA-MA, Freiburg

(122) R. Voigt   Angebotsbeschreibung Me 328B, vom 15. De-
                                     zember 1942, Fa. Messerschmitt AG

(123) H. Niethammer   Persönliches Archiv über Fi 103

(124) RLM   Geräte-Handbuch FZG 76 – herausgegeben
                                     vom RLM GL/C-E2 VIII, im April 1944 – Ar-
                                     chiv Jansson/Niethammer

Zu Kapitel 17

(1) J. Dantscher   »Die Erprobung der ferngelenkten …«

(2) R. Weipert   Persönliche Informationen vom 8. Mai 1983

(3) Ruth M. Wagner, H. U. Stamm   »Ihre Spuren verwehen nie«; S. 95 ff

(4) W. Späte   »Der streng geheime Vogel …«; S. 156 ff

(5) M. Ziegler   »Raketenjäger Me 163«; S. 136 ff

(6) H. Merker   Tätigkeitsberichte vom 20. bis 28. Februar 1945,
                                       Gruppe E4

(7) H. Merker   Flugbuch vom 1. Februar 1944 bis 13. Januar 1945

(8) H. Agel   Flugbuch vom 5. November 1943 bis 23. Juni
                                       1944

(9) K. Ries, W. Dierich   »Fliegerhorste und Einsatzhäfen der Luftwaf-
                                       fe«; S. 37, Motorbuch Verlag, Stuttgart 1993

Zu Kapitel 18

(1) F. Hahn   »Deutsche Geheimwaffen …«; S. 186 ff

(2) J. Dantscher   »Weiterentwicklung der Fernlenkanlage und
                                       Fernlenkung von Jägerraketen«; AGARD-Vor-
                                       tragsmanuskipt

(3) J. Stemmer   »Raketenantriebe«; S. 350 ff

(4) F. Trenkle   »Bordfunkgeräte – Vom Funkensender …«;
                                       S. 230f

(5) H. Merker   Tätigkeitsberichte vom September 1944 bis Fe-
                                       bruar 1945, E4

(6) A. Beck   persönliche Mitteilung

(7) K. Kens, H. J. Nowarra   »Die deutschen Flugzeuge …«; S. 565

Zu Kapitel 19

(1) J. Dantscher   »Die Erprobung der ferngelenkten Körper auf
                                       der …«

(2) GL-Flak-E   »Flakraketen«; GL/Flak-E, Az. 13 X 10 Nr.:
                                       800/43 g. KdoS. (Chefsache) B.V. vom 4. Okto-
                                       ber 1943; DM, München

(3) General d. Flakwaffe »Übersicht des Entwicklungsstandes und Ent-wicklungsrichtlinien der Flakartillerie«; Fü. Sf. IT/Genst. 6.Abt. IV Sp/Gen. d. Flakwaffe, vom Juni 1942; DM, München

(4) General d. Flakwaffe »Übersicht über den Entwicklungsstand und die Entwicklungsabsichten der Flakartillerie«; Az. 67, Nr.: 1373/42 g. KdoS. (II) vom 18. September 1942; DM, München

(5) W. v. Braun »Besuch des Generalstabsing. Lucht bei der Heeresversuchsstelle Peenemünde«; vom 18. Juli 1941; DM, München

(6) R. Pawlas Die Flakrakete Hs 117 »Schmetterling«; Waffen Revue Nr.: 73 bis 77, 1989/90

(7) G. Reisig »Systemkonzept Flugabwehr-Rakete ›Wasser-fall‹«; vom 9. März 1989, Manuskript

(8) M. Mayer Persönliche Mitteilung

(9) J. Müller Persönliche Mitteilung

(10) Dolezal, Schmid »Zusammenarbeit der Vermessungsgruppen der Flakversuchsstelle und TD5«; Bb.Nr.: E942/44 g. HAP, vom 7. Februar 1944; DM, München

(11) K. Kens, H. J. Nowarra »Die deutschen Flugzeuge …«; S. 557 ff

(12) J. Stemmer »Raketenantriebe«; S. 344 ff

(13) General d. Flakwaffe »Vorschläge für Einsatz und Bodenorganisation von Flaraketen«; Bb. Nr.:1082/43 g. KdoS. – Chef-sache, vom 15. Dezember 1943; DM, Mün-chen

(14) E. Bork »Erprobung des Triebwerkes BMW 109-558 für Hs 117«; Bericht der E-Stelle Karlshagen, B.Nr.: 3488/44 g. KdoS. E3b, 1. und 2. Teilbericht vom 13. September und 8. Dezember 1944; DM, München

(15) F. Hahn »Deutsche Geheimwaffen«

(16) M. Frauenheim »Inhaltsverzeichnis Sammlung Reinhold Til-ling« vom 7. April 1987

(17) F. Trenkle »Bordfunkgeräte – Vom Funkensender …«; S. 214 ff

(18)	R. Schäfer	»Lenkverfahren H-V und Hawai II«; AGARD-Vortragsmanuskript; Nachlaß J. Dantscher
(19)	F. Müller	»Fernlenkung fliegender Objekte«; Nachlaß J. Dantscher
(20)	G. Ernst	»Steuerung von Flugkörpern mittels Spoiler«; AGARD-Vortragsmanuskript; Nachlaß J. Dantscher
(21)	F. Trenkle	»Fla-Raketenlenkung Vesuv-Programm«; Privatarchiv
(22)	K. H. Schirrmacher	»Lenkung von Fla-Raketen mit Einsatz von Funkmeßgeräten«; AGARD-Vortragsmanuskript; Nachlaß J. Dantscher
(23)	E. Klee, O. Merk	»Damals in Peenemünde«; S. 65 ff
(24)	W. Dornberger	»V2 – Der Schuß ins Weltall«; S. 124 ff und 277 ff
(25)	M. Marquardt	»Vergleich verschiedener Lenkaufschaltungen«; Bericht der E-Stelle Karlshagen, Br.B.-Nr.: 9442/44 (E4) geh., vom 5. Oktober 1944; DM, München
(26)	König	»Versuchsstellenbefehl Nr.:27« der Flakversuchsstelle d. Lw. Karlshagen vom 21. April 1944; DM, München
(27)	H. Kienzle	Privatarchiv
(28)	R. H. Reichel	»Die ferngesteuerte Flabrakete C2 ›Wasserfall‹«; S. 569 ff, Interavia, Nr. 10, 1951
(29)	O. Schmidt-Hieber	»Chemie für Techniker«; S. 33 f, Konrad Wittwer, Stuttgart 1941
(30)	M. Manzke	»Raketen zwischen Leba und Bornholm«, Beitrag in der »Pommerschen Zeitung« (PZ)

Zu Kapitel 20

| (1) | F. v. Rautenfeld | »Übersicht über die Entwicklung von Abstands- und Annäherungszündern«; AGARD-Vortragsmanuskript; Nachlaß J. Dantscher |
| (2) | F. Trenkle | »Bordfunkgeräte – Vom Funkensender …«; S. 160f und 234f |

(3) F. Trendelenburg   »Einführung in die Akustik«; S. 64 ff, Julius Springer, Berlin 1939

(4) F. Hahn   »Deutsche Geheimwaffen …«; S. 215

(5) B. Stüwe   Erprobungsarbeiten des Verf. in Peenemünde-West, 1944/45

(6) Th. Erb   Persönliche Mitteilung

(7) M. Mayer   »Akustischer Abstandszünder für X4«; als Manuskript geschrieben; Nachlaß Dr. Dantscher

(8) T. Kunstfeld   Persönliche Mitteilungen

(9) J. Dantscher   »Die Erprobung der ferngelenkten und selbstgesteuerten Körper …«; 1945

(10) W. Greifeld   Persönliche Mitteilung (Ing.Soldat der E-Stelle Werneuchen, 1944 nach Pee.-West versetzt)

(11) R. Weipert   Persönliche Mitteilung

(12) W. Peskow   »Flucht mit dem Flugzeug«; gekürzter Artikel der Wochenpost Nr. 13/1985 (DDR), aus: Komsomolskaja Prawda

Zu Kapitel 21

(1) R. Bolz   »Synchronopse des Zweiten Weltkrieges«; S. 209 ff

(2) J. Dantscher   »Erprobungsprogramm der E-Stelle d.Lw. Karlshagen«; Zeitraum 1944 bis 1945, vom 2. Juli 1945, weitere Organisationsangaben

(3) K. Kens, H. J. Nowarra   »Die deutschen Flugzeuge …«; S. 79 ff

(4) Th. Erb   Bericht über die Fahrt nach Zirl/Tirol, Briefe vom 15. Februar 1948 und 30. September 1991

(5) J. Dantscher   »Die Erprobung der ferngelenkten und selbstgesteuerten Körper …«

(6) B. Stüwe   Persönliche Erlebnisse des Verf.

(7) J. Lange   »Die letzten Tage in Peenemünde«; angefangen 6. Juli 1946, nicht vollendet

(8) H. Birkholz

Bericht von J. Lange nach eigenem Erleben und Recherchen vervollständigt; persönliche Mitteilung an Verf.

(9) Störtenbecker

Schreiben der Stadt Burg auf Fehmarn vom 25. Oktober 1984, mit Antworten auf die Fragen des Verf. aus der Gemeindechronik

(10) C. Marien

Brief und Erlebnisbericht der letzten Tage in Peenemünde-West und der beginnenden Nachkriegszeit in Zinnowitz, vom 24. Dezember 1946

(11) R. Hudalla

Report on C.I.O.S. Trip Nr. 242 über: Seefliegerhorst Wesermünde (containing an evacuation from Erprobungsstelle der Luftwaffe Karlshagen)

(12) B. Ruland

»Wernher von Braun, Mein Leben ...«; S. 240 ff

(13) T. Agoston

»Teufel oder Technokrat«; E. S. Mittler, Berlin, Bonn, Herford 1993

(14) H. G. Prager, Chr. Ostersehlte

»Dampfeisbrecher Stettin«; S. 228 ff, H. G. Prager Verlag, Hamburg 1987

(15) M. Mayer

Persönliche Mitteilung

(16) Th. Erb

Persönliche Mitteilung

(17) J. Dressel, M. Griehl

»Die deutschen Raketenflugzeuge ...«; S. 56 ff

(18) H. Kuhn, W. Schmitz

Bericht vom 16. Januar 1985 und Besprechung vom 31. Mai 1985 über Erprobung und Einsatz der Fi 103

(19) A. Beck

Persönliche Mitteilung

(20) O. Weidinger

»Kameraden bis zum Ende«; S. 380 ff

(21) Zentralstelle der Landesjustizverwaltungen, Ludwigsburg

Eidliche Aussage des Zeugen Kurt P. vom 30.6.1965 über Kammlers Tod; Archiv H. Niethammer

25. Technische Größen und Begriffe

Im Text verwendete heute gültige SI-Einheiten (Système International)

Absoluttemperatur	°C	$T = 273 + \vartheta$	T
Arbeit	Nm	Newtonmeter	A
Aufladespannung	V	Volt	U_L
Aufladestrom	µA	Mikro-Ampere	i_L
Ausbreitungsgeschwindigkeit			
Beleuchtungsstärke	lx	Lux	E
Beschleunigung	m/s^2	Meter pro Sekunde^2	a
Drehzahl	U/min; U/s	Umdrehungen pro Minute bzw. Sek.	n
Elektrische Feldstärke	V/m	Volt pro Meter	He
Elektrische Ladung	C	Coulomb	Q
Elektromagn. Wellen	m/s	3×10^8 Meter pro Sekunde	c
Elektrischer Widerstand	Ω	Ohm	R
Empfängerempfindlichkeit	µV	Mikro-Volt	e
Fallbeschleunigung	m/s^2	$9{,}81 \ m/s^2 = 1 \ g$	g
Fläche von Grundstücken	ha	Hektar	S
Frequenz; Schwingungen/s	Hz	1Hz = 1 Schwingung/s	f
Geschwindigkeit	m/s; km/h	Meter pro Sekunde bzw. pro Stunde	v
Gewicht	kg	Kilogramm	G
Impuls	kNs	Kilonewton Sekunde	I
Kraft, Schub	kN	Kilonewton	F
Lautstärke	phon	phon	Λ
Leistung	Nm/s	1 Nm/s = 1 Watt	P
Magnetische Induktion	T	Tesla	Bm
Magnetische Induktion, kritische	T	Tesla	Bm krit
Masse	kg	Kilogramm	m
Temperatur	°C	Grad Celsius	ϑ
Treibstoffverbrauch	kg/s	Kilogramm pro Sekunde	K
Treibstoffverbrauch, spezifisch	kg/kN × h	kg-Verbrauch pro 1 kN Schub u. Stunde	B
Überdruck in Gasen	bar	Bar	$p_ü$
u. Flüssigkeiten			
Wärmeenergie	kJ	Kilojoule	Q
Weg, Länge	m	Meter; 1m = 1000 mm; 1/1000 mm = 1 µm	s
Wellenlänge	cm; dm; m	Zentimeter; Dezimeter; Meter	λ
Winkel	°	Grad; 1 Kreis = 360°	α, β, γ
Winkel	g	Neugrad; Gon; 1 Kreis = 400 g	α, β, γ
Zeit	sec; min; h	Sekunde, Minute, Stunde	t